Phot. E. Bieber, Berlin.

Jahrbuch

der

Schiffbautechnischen Gesellschaft

Siebenter Band

1906

Springer-Verlag Berlin Heidelberg GmbH
1906

ISBN 978-3-642-47096-7   ISBN 978-3-642-47334-0 (eBook)
DOI 10.1007/978-3-642-47334-0

Softcover reprint of the hardcover 1st edition 1906

Inhalts-Verzeichnis.

Geschäftliches.

I. Mitgliederliste.

Protektor:

SEINE MAJESTÄT DER DEUTSCHE KAISER UND KÖNIG VON PREUSSEN
WILHELM II.

Ehrenvorsitzender:

SEINE KÖNIGLICHE HOHEIT DER GROSSHERZOG
FRIEDRICH AUGUST VON OLDENBURG.

Vorsitzender:

C. Busley, Geheimer Regierungsrat und Professor, Berlin.

Stellvertretender Vorsitzender:

Johs. Rudloff, Geheimer Ober-Baurat u. vortrgd. Rat i. Reichs-Marine-Amt, Professor, Berlin.

Fachmännische Beisitzer:

Rud. Assmann, Geheimer Ober-Baurat und vortragender Rat im Reichs-Marine-Amt, Berlin.

C. Pagel, Professor, Technischer Direktor des Germanischen Lloyd, Berlin.

Gotth. Sachsenberg, Kommerzienrat, Werftbesitzer, Roßlau a. E.

Otto Schlick, Konsul, Direktor des Germanischen Lloyd, Hamburg.

R. Zimmermann, Königl. Baurat, Schiffbau-Direktor der Stettiner Maschb.-Akt.-Ges. Vulcan, Stettin.

Beisitzer:

Fr. Achelis, Konsul, Vizepräsident des Norddeutschen Lloyd, Bremen.

Aug. Schultze, Geheimer Kommerzienrat, Direktor der Oldenburg-Portug. Dampfschiffs-Reederei, Oldenburg i. Gr.

Ed. Woermann, Konsul und Reeder, i. Fa. C. Woermann, Hamburg.

Geschäftsführer: H. Seidler, Schiffbau-Ingenieur, Berlin.
Geschäftsstelle: Berlin NW6., Schumann-Str. 2 pt.

1. Ehrenmitglieder:

SEINE KÖNIGLICHE HOHEIT, Dr. Ing.
HEINRICH, PRINZ VON PREUSSEN
(seit 1901)

SEINE KAISERLICHE UND KÖNIGLICHE HOHEIT,
WILHELM, KRONPRINZ DES DEUTSCHEN REICHES U. VON PREUSSEN
(seit 1902)

SEINE KÖNIGLICHE HOHEIT
FRIEDRICH FRANZ IV., GROSSHERZOG V. MECKLENBURG-SCHWERIN
(seit 1904).

2. Fachmitglieder.

a) Lebenslängliche Fachmitglieder:

Bergius, Walter, C., Ingenieur, Queen Street 77, Glasgow.

Berninghaus, C., Ingenieur und Werftbesitzer, Duisburg.

Biles, John Harvard, Professor für Schiffbau an der Universität Glasgow.

Blohm, Herm., i. Fa. Blohm & Voß, Hamburg, Steinwärder.

10 Busley, C., Geheimer Regierungsrat und Professor, Berlin NW., Kronprinzen-Ufer 2·

de Champs, Ch., Kapitänleutnant der Königl. Schwed. Marine, Schiffbau- und Elektro-Ingenieur von der Königl. Techn. Hochschule in Stockholm, Stockholm, Johannesgatan 20.

Claussen, Georg W., Techn. Direktor der Schiffswerft von Joh. C. Tecklenborg Akt.-Ges., Geestemünde, Dock-Str. 4.

Delaunay-Belleville, L., Ingénieur-Constructeur, Rue de l'Ermitage, St. Denis (Seine).

Elgar, Dr. Francis, Naval Architect, London NW., 18 Cornwall Terrace, Regents Park.

15 Flohr, Justus, Königl. Baurat, Maschinenbau-Direktor der Stett. Maschb.-Akt.-Ges. Vulcan, Stettin, Kant-Str. 9.

Howaldt, Bernhard, Ingenieur, Rastorfer Mühle, Poststation Raisdorf i. Holstein.

Klose, A., Ober-Baurat a. D., Berlin W., Kurfürstendamm 33.

Kraft de la Saulx, Ritter Friedrich, Sektions-Ingenieur der Ges. John Cockerill, Seraing.

Kummer, O. L., Kommerzienrat, Radebeul bei Dresden.

Masing, Berthold, Direktor der Werft 20 Uebigau bei Dresden.

Meyer, Georg C. L., Ingenieur und Direktor, Hamburg, Rothenbaum-Chaussee 11.

Niclausse, Jules, Ingénieur-Constructeur. Paris, Rue des Ardennes 24.

Pommée, P. J., Direktor des Ottensener Eisenwerk, Altona-Ottensen.

Sachsenberg, Georg, Kommerzienrat, Werftbesitzer, Roßlau a. E.

Sachsenberg, Gotthard, Kommerzienrat, 25 Werftbesitzer, Roßlau a. E.

Steinike, Karl, Schiffbaudirektor der Fried. Krupp Germania-Werft, Gaarden bei Kiel.

Topp, C., Direktor der Schiffswerft von F. Schichau zu Danzig, Neufahrwasserweg 6.

Wilton, B., Werftbesitzer, Rotterdam.

Wilton, J. Henry, Werftdirektor, Rotterdam.

Ziese, Carl H., Dr. Ing., Geheimer Kom- 30 merzienrat und Besitzer der Schichauschen Werke zu Elbing und Danzig, Elbing.

Ziese, Rud. A., Ingenieur, St. Petersburg, Wassili Ostrow, 12. Linie 27.

Zimmermann, R., Königl. Baurat, Schiffbau-Direktor der Stettiner Maschb.-Akt.-Ges. Vulcan, Stettin, Karkutsch-Str. 1.

b) Ordnungsmäßige Fachmitglieder:

Abel, Herm., Schiffsmaschinenbau-Ingenieur, Lübeck, Israelsdorfer Allee 23a.

Abel, Wilh., Schiffbau-Ingenieur, Oberlehrer am Technikum zu Hamburg, Hamburg-Borgfelde, Burg-Str. 56 I.

35 Abraham, J., Schiffbau-Ingenieur, Inhaber der Firma O. Kirchhoff Nachfolger, Stralsund.

Ahlrot, Georg, Schiffbau-Ingenieur, Malmö, Kockums Mek. Verkstads A. B.

Alverdes, Max, Oberingenieur und Vertreter des Osnabrücker Georgs-Marien-Bergwerks- und Hüttenvereins, Hamburg-Uhlenhorst, Bassin-Str. 8.

Amnell, Bengt., Schiffbau-Ingenieur, Hop ved Bergen, Norwegen.

de Angulo, Enrique Garcia, Excellenz, Général du Génie maritime Espagnol, Madrid, Salesas 10.

40 Arendt, Ch., Marine-Baurat, Langfuhr, Friedenssteg 12.

Arnold, Alb., C., Schiffbau-Ingenieur, Berlin NW., Luisen Str. 64.

Arppe, Johs., Oberingenieur u. Prokurist d. Fa. F. Schichau, Danzig, Große Allee 25/26.

Assmann, Rud., Geheimer Ober-Baurat und vortragender Rat im Reichs-Marine-Amt, Berlin W., Kalckreuth-Str. 9.

Baars, Georg, Schiffbau-Ingenieur, Hamburg, St. P., Annen-Str. 10.

45 Bachmeyer, Robert, Direktor der Berliner Maschinenbau-Akt.-Ges. vorm. L. Schwartzkopff, Berlin N. 4, Chaussee-Str. 17/18.

Barg, G., Schiffbau-Direktor der Neptunwerft, Rostock i. M.

Bauer, V. J., Direktor der Flensburger Schiffsbau-Gesellschaft, Flensburg, Neustadt 49.

Bauer, Dr. G., Stellvertretender Direktor der Stett. Maschinenb.-Akt.-Ges. Vulcan, Bredow a. O.

Bauer, M.H., Schiffbau-Ingenieur, Hamburg 21, Uhlenhorsterweg 50.

50 Bauer, O., Betriebs-Ingenieur d. Flensburger Schiffsbau-Gesellschaft, Flensburg.

Beck, Marine-Oberbaurat a. D., Sömmerda i. Th.

Becker, Richard, Maschinen-Ingenieur, Stettin, Pölitzer Str. 17 III.

van Beek, J. F., Oberingenieur der Königl. Niederländischen Marine, Amsterdam, Marinewerft 5.

Behn, Theodor, Diplom-Ingenieur, Hamburg, Kirchenallee 47 II.

Benetsch, Armin, Schiffsmaschinenbau- 55 Ingenieur, Oberlehrer a. d. Städt. Maschinist.- und Gewerbeschule, Bremerhaven.

Berendt, M., Ingenieur, Hamburg, Admiralität-Str. 52.

Bergemann, W., Marine-Baumeister, Wilhelmshaven, Kaiserl. Werft.

Berghoff, O., Marine-Baumeister a. D., Berlin C., Dragoner-Str. 23 I.

Berling, G., Marine-Baumeister, Kiel, Hospital-Str. 23 pt.

Berndt, Fritz, Elektro-Ingenieur, Hamburg, 60 Werft von Blohm & Voß.

Berner, Otto, Ingenieur, Hamburg, Admiralität-Str. 58.

Bernhardt, C., Direktor der Lübecker Maschinenbau-Gesellschaft, Lübeck, Kaiser Friedrich-Str. 3.

Bertram, Ed., Geh. Marine-Baurat u. Maschinenbau-Ressortdirektor, Gaarden b. Kiel.

Beul, Th., Oberinspektor des Norddeutschen Lloyd, Bremerhaven, Lloyd-Dock.

Billig, H., Maschinenbau-Oberingenieur, 65 Roßlau a. E., Süd-Str. 10.

Blackstady, E., Direktor der Oderwerke, Stettin, Schiller-Str. 11.

Block, Hch., Ingenieur, Hamburg, Bei den Mühren 74/75.

Blohm, Eduard, Ingenieur, Hamburg, Koop-Str. 26.

Blohm, M. C H., Ingenieur, Hamburg-Eimsbüttel, Bismarck-Str. 60.

Blümcke, Richard, Direktor der Schiffs- und 70 Maschinenbau-Akt.-Ges. Mannheim in Mannheim.

Blumenthal, G. E., Direktor der Hamburg-Amerika-Linie, Hamburg, Ferdinand-Str.

Bocchi, Guido, Schiffbau-Ingenieur, Sestri Ponente, Via Garibaldi 15 II.

Bock, W., Marine-Baumeister, Berlin W. 50, Kulmbacher Str. 6.

Bockhacker, Eug., Marine-Oberbaurat und Schiffbau-Betriebsdirektor, Berlin W. 50, Spichern-Str. 11/12.

75 Boekholt, H., Marine-Baumeister, Berlin W.9, Reichs-Marine-Amt.

Bonhage, K., Marine-Baurat, Kiel, Falk-Str. 2.

Böning, O., Schiffbau - Ingenieur, Stettin, Deutsche Str. 55 II.

Borgstede, Ed., Schiffbau - Direktor der Firma F. Schichau, Elbing.

Bormann, Ed., Direktor des Technikum Riesa i. S.

80 Böttcher, Max, Schiffbau-Ingenieur, Langfuhr b. Danzig, Brunshöferweg 18 p.

Bramigk, Schiffbau-Ingenieur, Roßlau a. E., Dessauer Str. 90 I.

Bredsdorff, Th., Schiffbau-Direktor, Flensburg, Apenrader Str. 25.

Breer, Wilh., Schiffbau-Ing. und erster Schiffs-Vermesser, Hamburg, Frucht-Allee 38.

Brinkmann, G., Geheimer Marine-Baurat und Schiffbau - Ressortdirektor, Wilhelmshaven, Adalbert-Str. 11.

85 Brinkmann, Oberingenieur der Germania-Werft, Kiel, Berg-Str. 25.

Brodin, O. A., Werftbesitzer, Gefle.

Brommundt, G., Marine - Oberbaurat und Maschinenbau - Betriebsdirektor, Kiel, Feld-Str. 42.

Brotzki, Julius, Kaiserl. Regierungsrat, Berlin W. 15, Düsseldorfer Str. 6.

Bruns, Heinr., Zivil-Ingenieur, Kiel, Niemannsweg 90.

90 Bub, H., Schiffbau-Ingenieur, Vegesack, Bremer Vulkan.

v. Buchholtz, W., Marine - Baumeister, Kiel, Knooper Weg 35.

Bufe, C., Schiffbau-Ingenieur, Elbing, Johannis-Str. 19.

Bull, Harald, Ingenieur, Hamburg, Eckernförder Str. 79.

v. Bülow, Schiffbau-Ingenieur, Geestemünde, Georg-Str. 4.

95 Bürkner, H., Marine-Oberbaurat u. Schiffbau-Betriebs-Direktor, Berlin W. 15, Joachimsthaler Str. 14.

Buschberg, E., Marine-Baumeister, Berlin W., Achenbach-Str. 7/8.

Caldwell, James, Marine-Engineer, Glasgow, Elliot-Street 130.

Capitaine, Emil, Ingenieur und Maschinenfabrikant, Frankfurt a. M., Mainzer Land-Str. 153.

Carlson, C. F., Schiffbau-Ingenieur, Danzig, Werft von F. Schichau.

100 Chace, Mason, S., Präsident der Crescent, Shipyard, Elizabeth, New Jersey, U. S. A.

Chapman, H. R., Techn. Direktor der Viktoria Works, Gateshead on Tyne.

Clark, Charles, Professor am Polytechnikum, Riga, Mühlen-Str. 58 II.

Clausen, Ernst, Schiffbau-Ingenieur, Kiel, Jahn-Str. 8 II.

Cleppien, Max, Marine - Baumeister, Wilhelmshaven, Kaiserl. Werft.

105 Conradi, Carl, Marine-Ingenieur, Christiania, Prinsens Gade 2 b.

Collin, Max, Marine - Oberbaurat und Maschinenbau - Betriebsdirektor, Kiel, Kaiserl. Werft.

Cornehls, Otto, Direktor der Reiherstieg-Schiffswerfte und Maschinenfabrik, Hamburg, Kl. Grasbrook.

Cramp, Chas. H., President of Ww. Cramp & Sons Ship and Engine Building Co., Philadelphia Pa.

Crets, M. C. Edmond, Direktor der Chantier naval Cockerill, Hoboken—Anvers.

110 Creutz, Carl Alfr., Schiffbau-Oberingenieur der Chantiers navals, Ateliers et Fonderies de Nicolaieff.

Daevel, C., Kommerzienrat, Direktor der Kieler Maschinenbau - Aktiengesellschaft vorm C. Daevel, Kiel.

Degn, Paul Frederik, Diplom - Ingenieur, Bremen, Nord-Str. 37.

Delaunay-Belleville, Robert, Ingenieur, Saint-Denis sur Seine.

Dentler, Heinr., Schiffsmaschinenbau - Ingenieur, Stettin, Friedrich Karl-Str. 38 III.

115 Dieckhoff, Hans, Prof., Techn. Direktor der Woermann-Linie und der Ost-Afrika-Linie, Hamburg, Gr. Reichen-Str.27, (Afrikahaus).

Dietrich, A., Marine-Baumeister, Kiel, Feld-Str. 69.

Dietze, E., Schiffbau-Oberingenieur, Roßlau a. E., Linden-Str. 65.

Dix, Joh., Marine-Baumeister, Berlin W., Hohenstaufen-Str. 45.

v. Dorsten, Wilhelm, Ingenieur der Rheinschiffahrt A.-G. vorm. Fendel, Mannheim.

120 Drakenberg, Jean, Maschinen-Ingenieur, Direktor der Bergungs-Gesellschaft „Neptun", Stockholm, Kungsträdgårdsgatan 12.

Dreyer, E., Max, Ingenieur für Schiff- und Maschinenbau, Inspektor des Germanischen Lloyd, Hamburg, Graumannsweg 43.

Dreyer, Fr., Schiffbau-Ingenieur, Hamburg, St. P., Encke-Platz 4.

Drossel, Aug., Schiffbaumeister, Stettin, Birkenallee 40 II.

Dugé de Bernonville, Ingénieur de la Marine, Ingénieur en Chef des Ateliers Niclausse, 1 Rue Eugène Flachat, Paris.

125 Dümling, Fr., Direktor, Osterholz-Scharmbeck.

Egan, Edward, Oberingenieur in der Schiffahrtssektion des k. ungar. Handelsministeriums, Budapest II.

Eggers, Julius, Oberingenieur der Hamburg-Amerika-Linie, Hamburg, Ferdinand-Str.

Eichhorn, Osc., Marine-Oberbaurat und Schiffbau-Betriebsdirektor, Wilhelmshaven, Viktoria-Str. 5.

Ekström, Gunnar, Extra-Marine-Ingenieur, Marinförvaltningens, Ingenieurafdelning, Stockholm.

130 Elste, R., Schiffbau-Ingenieur, Hamburg, Zeughaus-Str. 46 I.

Elze, Theodor, Schiffbau-Ingenieur, Roßlau a. E., Burgwall.

Engel, Otto, Marine-Baumeister, Berlin W. 9, Reichs-Marine-Amt.

von Essen, W. W., Ingenieur, Hamburg, Rathaus-Markt 8 II.

Euterneck, P., Marine-Oberbaurat und Schiffbau-Betriebsdirektor, Langfuhr bei Danzig, Jäschkenthaler Weg 2d.

Evans, Charles, Oberingenieur bei Mestrs. 135 Vickers, Sons and Maxim Ltd. 2, Cavendisch Park, Barrow-and-Furness, England.

Evers, C., Direktor, Charlottenburg, Guericke-Str. 41.

Evers, Charles, Civil-Ingenieur, Dortmund, Fuhrgabel-Str. 13.

Evers, F., Ober-Ingenieur der A.-G. Weser, Bremen, Reinhold-Str. 3.

Evers, G., Schiffbau-Ingenieur, Bevollmächtigter des Germanischen Lloyd, Bremen, Schlachte 21.

Falk, W., Schiffbau-Ingenieur und Yacht- 140 Agentur, Schiffbaulehrer a. d. Navigationsschule, Hamburg 4, Hafen-Str. 23.

Fechter, Gust., Schiffbaumeister, Königsberg i. Pr.

Festerling, S., Ingenieur, Hamburg-Hohenfelde, Richard-Allee 7.

Fischer, Fr., Betriebs-Ingenieur, Elbing Altst., Wall-Str. 13.

Flach, H., Marine-Oberbaurat, Stettin, Friedrich Carl-Str. 36.

Flamm, Osw., Geheimer Regierungsrat und 145 Rektor der Königl. Techn. Hochschule, Charlottenburg, Leibniz-Str. 44.

Fliege, Gust., Oberingenieur des Bremer Vulkan, Vegesack.

Flügel, Paul, Ingenieur und Maschinen-Inspektor, Lübeck, Fischergrube 55 I.

Folkerts, H., Direktor, Wolfenbüttel, Goslar-Str.

Föttinger, Herm., Dr. Ing., Schiffsmaschinenbau-Ingenieur, Stettin, Prutz-Str. 4 I.

Frahm, Herm., Direktor der Werft Blohm 150 & Voß, Hamburg, Kloster-Allee 18.

Frankenberg, Ad., Marine-Baumeister, Stettin, Buggenhagen-Str. 18 I.

Fränzel, Curt, Direktor der Königl. Seemaschinistenschule in Stettin.

Frick, Ph., Ingenieur, Stettin-Grabow, Gustav Adolph-Str. 4a.

Fritz, G., Marine-Oberbaurat und Maschinenbau-Betriebsdirektor, Berlin W. 30, Winterfeld-Str. 33 pt.

155 Früchtenicht, O., Schiffbau-Ingenieur, Werft vorm. Janssen & Schmilinsky A.-G., Hamburg, Steinwärder.

Galetschky, W., Ingenieur, Groß-Flottbeck b. Altona, Fritz Reuter-Str. 9.

Gamst, A., Fabrikbesitzer, Kiel, Eckernförder Chaussee 61.

Gannott, Otto, Rechnungsrat im Reichs-Marine-Amte, Groß-Lichterfelde-West, Holbein-Str. 6 I.

Gätjens, Heinr., Schiffbau-Ingenieur der Hamburg-Amerika-Linie, Hamburg, Ferdinand-Str.

160 Gebauer, Alex, Schiffsmaschinenbau-Ingenieur, Werft von F. Schichau, Elbing.

Gebers, Fr. Schiffbau-Ingenieur, Dresden-Uebigau, Schwind-Str. 16 I.

Gehlhaar, Franz, Dipl. Schiffbau-Ingenieur, Mitglied des Kaiserl. Schiffs-Vermessungs-Amtes, Berlin-Westend, Eschenallee 13.

Gerner, Fr., Maschinen-Ingenieur, Nicolaieff, Gouv. Cherson, Große Morskaja 26.

Gierth, R., Betriebs-Oberingenieur der D. E. G. Kette, Dresden-Plauen, Würzburger Str. 38.

165 Giese, Ernst, Kaiserl. Regierungsrat, Berlin NW., Schleswiger Ufer 13.

Gleim, W., Direktor der Aktiengesellschaft Weser, Bremen.

Gnutzmann, J., Schiffbau-Ingenieur, Langfuhr bei Danzig, Heiligenbrunnerweg 4.

Goecke, E., Marine-Baurat, Elbing, Schichauwerft.

Grabow, C., Marine-Baumeister, Berlin W. 50, Kulmbacher Str. 6 II.

170 Grabowski, E., Schiffbau-Ingenieur, Bremen, Friedrich Wilhelm-Str. 35.

Grauert, M., Marine-Baumeister, Langfuhr bei Danzig. Baumbach-Allee 2.

Green, Rudolf, Oberingenieur, Breslau II, Ernst-Str. 10.

Grond, Josef, k. und k. Schiffbau-Oberingenieur 2. Kl., Bauleiter in S. Marco bei Triest.

Gronwald, Otto, Schiffbau-Ingenieur, Stettin, Töpferpark-Str. 9.

175 Groth, W., Ingenieur der Hanseat. Elektr.-Ges., Hamburg, Gr. Reichen-Str. 27, Afrikahaus.

Grotrian, H., Schiffbau-Ingenieur, Oberlehrer am Technikum zu Hamburg, Hamburg, Barca-Str. 2.

Gümbel, L., Oberingenieur und stellvertr. Direktor der Norddeutschen Maschinen- u. Armaturenfabrik, Bremen, Nord-Str. 46.

Haack, Otto, Schiffbau-Ingenieur, Inspektor des Germanischen Lloyd, Stettin, Sellhausbollwerk 3.

Haack, R., Königl. Baurat, Eberswalde, Schickler-Str. 1.

180 Hadenfeldt, Ernst, Direktor, Hamburg, 2. Vorsetzen 4.

Haedicke, Fachschuldirektor, Siegen.

Haensgen, Osc., Maschinenbau-Ingenieur, Flensburger Schiffsbau-Ges., Flensburg.

Hahn, Carl, Ingenieur der Bremer Assekuradeure, Bremen, Am Wall 164.

Halberstaedter, Paul, Schiffsmaschinenbau-Ingenieur, Werft von F. Schichau, Elbing.

185 Hammar, Hugo G., Schiffbau-Ingenieur, Lindholmens Verkstad A. B., Göteborg.

Harmes, F., Schiffbau-Ingenieur, Stettin, Birkenallee 8a III.

Hartmann, C., Erster Revisor der Baupolizeibehörde, Hamburg, Juratenweg 4.

Hartmann, Hans, Marine-Baumeister, Wilhelmshaven, Viktoria-Str. 8.

Hartung, Carl Herm., Schiffsmaschinenbau-Ingenieur, Joh. C. Tecklenborg Akt.-Ges., Geestemünde.

190 Hass, Hans, Diplom-Ingenieur, Hamburg, Hansa-Str. 78 I.

Heberrer, F., Ing., Stettin, Birkenallee 30 III.

Hein, Th., Rechnungsrat im Reichs-Marine-Amt, Charlottenburg, Kant-Str. 68 I.

Heitmann, Johs., Schiffbau-Ingenieur, Hamburg, St. G., Langereihe 112 pt.

van Helden, H., Inspektor bei der Holland-Amerika-Linie, Rotterdam, Boompjes 117.

195 Hempe, Gust., Oberingenieur d. Germaniawerft, Kiel-Gaarden, Carlstal 15.

Henke, Gust., Schiffsmaschinenbau-Ingenieur, Elbing, Aeußerer Mühlendamm 24 b.

Herner, H., Diplom-Schiffbau-Ingenieur, Oberlehrer an der Königl. höheren Schiff- und Maschinenbauschule, Kiel Göthe-Str. 30.

Herzberg, Emil, Maschinen-Inspektor, Experte für Lloyds Register, Stettin, Bollwerk 12—14.

Heyn, Bruno, Schiffbau-Ingenieur, Elbing, Hospital-Str. 1.

200 Hinrichsen, Henning, Schiffsmaschinenbau-Ingenieur, Werft von F. Schichau, Elbing.

Hitzler, Th, Schiffbau-Ingenieur, Lauenburg (Elbe), Schiffswerft und Maschinenfabrik.

Holtz, R., Werftbesitzer, Harburg a. E.

Hölzermann, Fr., Marine-Oberbaurat und Schiffbau - Betriebsdirektor, Wilhelmshaven, König-Str. 37.

Hossfeld, P., Geheimer Marine-Baurat und Schiffbau-Ressortdirektor, Danzig, Kaiserl. Werft.

205 Howaldt, G., Kommerzienrat, Kiel, Düsternbrook 75.

Howaldt jr., Georg, Ingenieur, Kiel.

Hüllmann, H., Marine - Oberbaurat und Schiffbau-Betriebsdirektor, Kiel, Gerhard-Str. 31 I.

Ilgenstein, Ernst, Schiffbau-Ingenieur, Berlin-Wilmersdorf, Kaiserplatz 16.

Isakson, Albert, Schiffbau-Ingenieur, Inspektor des Brit. Lloyd, 34 Skeppsbron, Stockholm.

210 Jacobsen, Waldemar, Oberingenieur, Bergsunds Mek. Verkstads A. B., Stockholm.

Jaeger, Johs., Geheimer Ober- Baurat und Schiffbau - Ressortdirektor, Berlin W., Ansbacher Str. 26 II.

Jahn, Paul, Schiffbau-Oberingenieur, Dresden-Neustadt, Leipziger Str. 27—29.

Jahnel, A., Schiffbau-Oberingenieur, Vereinigte Elbschiffahrts-Gesellschaft, Radebeul b. Dresden, Bismarck-Str. 5.

Jänecke, Carl, Schiffbau-Ingenieur, Danzig, Pfefferstadt 72.

215 Janke, Paul, Marine - Baurat und Schiffbau-Betriebsdirektor a. D., Generaldirektor, Danzig.

Jappe, Fr., Betriebs-Ingenieur, Kiel-Gaarden, Germaniawerft.

Jensen, Alb., Schiffbau - Ingenieur, Oliva (Westpr.), Georg-Str. 10.

Jensen, Ernesto, Ingenieur, Roßlau (Anhalt).

Johannsen, W., Schiffbaumeister, Direktor der Danziger Schiffswerft und Maschinenbauanstalt Johannsen & Co., Danzig.

Johansen, P. C. W., Schiffbau-Ingenieur, 220 Flensburg, Bauer Landstr. 11 I.

Johns, H. E., Ingenieur, Hamburg, Admiralitäts-Str. 37 pt.

Johnson, Alex A., Schiffbau-Ingenieur, Newcastle on Tyne, Sandhill 14.

Jülicher, Ad., Schiffbau-Ingenieur, Bremen, Am Wall 62.

Jungclaus, E. W., Besichtiger des Germ. Lloyd, Bremerhaven.

Kagerbauer, Ernst, k. und k. Schiffbau- 225 Oberingenieur III. Kl. d. R., Wien IX, Frankgasse 10.

Karstens, Paul, Ingenieur, Harburg-Elbe, Buxtehuder Str. 102.

Kasch, Fr., Marine - Oberbaurat und Schiffbau-Betriebsdirektor, Kiel, Feld-Str. 10 pt.

Kasten, Max, Schiffbau-Ingenieur, Grabow a. O., Gustav Adolf-Str. 11 a.

Keil, Friedrich, k. und k. Maschinenbau-Oberingenieur II. Kl., Maschinenbau-Direktor des k. und k. Seearsenals, Pola.

Keiller, James, Oberingenieur, Göteborg. 230

Kell, W., Schiffsmaschinenbau - Ingenieur, Stettin, Birkenallee 3.

Kern, Wilh., Schiffsmaschinenbau-Ingenieur, Roßlau a. E.

Keuffel, Aug., Maschinenb.-Oberingenieur d. Akt.-Ges. Weser, Bremen, Ellhorn-Str. 18a.

Kielhorn, Carl, Schiffbau-Ingenieur, Berlin-Schlachtensee, Terrassen-Str.

Kiepke, Ernst, Maschinen-Ingenieur, Stettin, 235 Poelitzer Str. 86.

Kindermann, B., Baurat, Mitglied des Kaiserl. Schiffsvermessungsamtes, Friedenau bei Berlin, Wieland-Str. 28.

Klamroth, Gerhard, Marine - Oberbaurat und Maschinenbau-Betriebsdirektor. Kiel, Holtenauer Str. 144.

Klawitter, Fritz, Ingenieur u. Werftbesitzer, Danzig, i. F. J. W. Klawitter, Danzig.

Klawitter, Jul., Schiffbaumeister und Werftbesitzer, i. F. J. W. Klawitter, Danzig.

240 Kleen, J., Ingenieur, Hamburg - Hamm,
Landwehr-Str. 81.

Kluge, Otto, Marine-Baumeister, Kiel,
Jägersberg 19a.

Klust, Herm., Ober - Ingenieur, Elbing,
Berliner Chaussee 9.

Knaffl, A., Ingenieur, Dresden-A., Bende-
mann-Str. 13.

Knappe, H., Maschinenbau-Direktor, Neptunwerft, Rostock.

245 Knorr, Paul, Ingenieur, Kiel, Annen-Str. 90.

Koch, Joh., Ingenieur, Wellingdorf bei Kiel.

Koch, W., Ing., Lübeck, K. Friedrich-Platz 4.

Köhn von Jaski, Th., Marine-Oberbaurat
u. Maschinenbau-Betriebsdirektor, Langfuhr, Johannistal 22.

Kolbe, Chr., Werftbesitzer, Wellingdorf b. Kiel.

250 Kolkmann, J., Schiffsmaschinenb.-Ingenieur,
Elbing, Brandenburger Str. 15.

Konow, K., Marine-Oberbaurat und Schiffbau - Betriebs - Direktor, Charlottenburg,
Fasanen-Str. 11.

Kopp, Herm., Schiffbau - Betriebs - Direktor,
Kiel, Kirchhofallee 15.

Körner, Paul, Ingenieur, Langfuhr, Bruns-
höfer Weg 40.

Kraft de la Saulx, Ritter Johann, Chef-
Ingenieur d. Gesellschaft John Cockerill,
Seraing.

255 Krainer, Paul, Ingenieur, Elbing, Alter
Markt 10—11.

Krell, H., Marine - Baumeister, Kiel,
Kaiserliche Werft.

Kremer, J. H., Schiffbau-Ingenieur, Elmshorn, Hafen-Str. 16.

Kretschmer, Otto, Geheimer Marine-
Baurat a. D. u. Professor, Berlin C., Am
Circus 12a.

Kretzschmar, F., Schiffbau - Ingenieur
bei Escher Wyss & Cie., Zürich, Sonneg-
gasse 72.

260 Krieger, Ed., Marine - Oberbaurat und
Schiffbau - Betriebsdirektor, Langfuhr-
Danzig, Kastanienweg 10.

Krüger, C., Direktor, Hamburg 24, Reiherstieg-
Schiffswerfte und Maschinenfabrik.

Kruft, J. L., Oberingenieur und Expert des
Bureau Veritas, Material-Abnahme-Bevoll-
mächtigter der Kaiserl. Deutschen Marine,
Essen a. Ruhr.

Kruth, Paul, Maschinen-Ingenieur, Hamburg-
Eimsbüttel, Wiesen-Str. 3.

Kuck, Franz, Marine-Baumeister, Kiel,
Kaiserl. Werft.

Kühne, Ernst, Ingenieur, Langfuhr b. Danzig, 265
Eschenweg 2.

Kuschel, W., Schiffbau-Ingenieur, Stettin,
Grabower Str. 6 II.

Laas, Walter, Professor für Schiffbau an der
Königl. Techn. Hochschule, Berlin W. 15,
Kurfürstendamm 51.

Lampe, Marine-Baumeister, Wilhelmshaven,
König-Str. 35.

Lange, J. W., Ingenieur, Direktor der Schiffswerft und Maschinenfabrik Akt. - Ges.
vorm. Lange & Sohn, Riga.

Lange, Leo, Betriebs-Ingenieur der Schiffs- 270
werft und Maschinenfabrik Akt.-Ges. vorm.
Lange & Sohn, Riga, Schiffs-Str. 44.

Lechner, E., Marine-Baumeister a. D., Generaldirektor, Köln - Bayenthal, Alteburger
Str. 357.

Lehr, Julius, Regierungs-Baumeister, Breslau,
Königsplatz 3 b.

Leux, Carl, Schiffbau-Oberingenieur, Prokurist
bei F. Schichau, Elbing.

Lex, Karl, Schiffbau-Ingenieur der Stettiner Maschinenb.-Akt.-Ges. Vulcan, Bredow-Stettin.

Libbertz, Otto, Generaldirektor, Rendsburg. 275

Liddell, Arthur R., Schiffbau - Ingenieur,
Charlottenburg, Herder-Str. 14.

Lilliehöök, H. H., Chef-Konstrukteur der Kgl.
Schwed. Marine, Stockholm, Linnégatan 22.

v. Lindern, Kaiserl. Marine - Baurat a. D.,
Berlin W., Burggrafen-Str. 11.

Lindfors, A. H., Ingenieur, Göteborg,
Skeppsbron 4.

Lipkow, Herm., Ingenieur, Roßlau a. E., 280
Dessauer Str. 47.

Lippold, Fr., Schiffbau-Ingenieur, Stettin,
Grabower Str. 3 II.

Loder, C. L., Schiffbau-Direktor der Königl.
Niederländischen Marine, s'Gravenhage,
Laan van Meerdervoort 137.

Löfstrand, Gust. L., Schiffbau-Ingenieur, Stettin, Gustav Adolf-Str. 5.

Lösche, Joh., Marine-Baumeister, Kiel, Hohenberg-Str. 11 II.

285 Losehand, Fritz, Maschinen-Ingenieur, Kiel, Germania-Werft.

Ludewig, Otto, jr., Schiffbaumeister, Rostock, Schiffswerft beim Wendenthor.

Lundholm, O. E., Professor d. Königl. Techn. Hochschule, Stockholm, Thulegatan 27.

Lühring, F. W., Schiffbau-Oberingenieur, Bremerhaven, Lange Str. 32 II.

Mainzer, Bruno, Schiffbau-Ingenieur, Elbing, Hospital-Str. 3.

290 Malisius, Paul, Marine-Baumeister, Langfuhr-Danzig, Am Johannisberg 19.

Markwart, Th., Ingenieur, Stettin, Bollwerk 12/14.

Martens, Rud., Marine-Baumeister, Kiel, Preußer-Str. 1.

Mechlenburg, K., Marine-Oberbaurat a. D., Elbing.

van Meerten, Henrik, Oberingenieur der Königl. Niederl. Marine a. D., Buitenzorg, Java.

295 Mehlis, H., Dr. Ing., Regierungs-Baumstr. a. D., Berlin W., Wittenberg-Platz 2.

Meifort, Joh., Ingenieur, Hamburg, Berg-Str. 6.

Meinke, Aug., Ingenieur, Kiel, Königsweg 29.

Meldahl, K. G., Schiffbau-Direktor der Aktieselskabet Burmeister u. Wain, Kopenhagen, Malmögade 9.

Menier, Gaston, Zivilingenieur, Paris, Rue de Châteaudun 15.

300 Mentz, Walter, Professor an der Königl. Techn. Hochschule Danzig, Langfuhr, Jäschkentaler-Weg 6c.

Merten, Paul, Ingenieur, Hamburg, Klostertor 3.

Meyer, F., Schiffbau-Ingenieur, Kgl. Techn. Hochschule, Charlottenburg.

Meyer, F., Schiffbau-Ingenieur, Stett. Maschb.-Akt.-Ges. Vulcan, Betriebsbureau, Bredow-Stettin.

Meyer, Franz, Jos., Schiffbau-Ingenieur, i. Fa. Jos. L. Meyer, Papenburg.

Meyer, Johs., Marine-Baumeister, Wilhelms- 305 haven, Kaiser-Str. 72.

Meyer, Jos. L., Schiffbaumeister, Papenburg.

Michael, Alfred, Oberingenieur, Bremen, Nordd. Maschinen- und Armaturen-Fabrik.

Michelbach, Jos., Schiffsmaschinenbau-Ingenieur, Hamburg, Kirchenallee 26.

Milde, Fritz, Schiffbau-Ingenieur, Stettin, Deutsche Str. 57 I.

Misch, Ernst, Civil-Ingenieur, Halensee bei 310 Berlin, Georg Wilhelm-Str. 1.

Misdorf, J., Direktor der Stettiner Oderwerke, Grabow a. O., Burg-Str. 11.

Möller, J., Schiffbaumeister, Rostock, Friedrich Franz-Str. 36.

Möller, W., Oberingenieur, Hamburg, Frucht-Allee 69.

Mötting, Emil, Ingenieur, Dampfschiffahrts-Gesellschaft Argo, Bremen.

Moszeick, Anton, Schiffbau-Ingenieur, Kaiserl. 315 Schiffs-Vermessungsamt, Berlin NW. 87.

Müller, A. C. Th., Oberingenieur und Prokurist der Firma F. Schichau, Elbing.

Müller, Carl, Schiffbau-Ingenieur, Berlin NW., Reichstagsufer 16, Germ. Lloyd.

Müller, Ernst, Diplom-Schiffbau-Ingenieur, Oberlehrer am Technikum Bremen, Rhein-Str. 6 pt.

Müller, Gust., Schiffbau-Ingenieur, Kiel, Unter-Str. 30.

Müller, Paul, Schiffsmaschinenbau-Ingenieur, 320 Wilhelmshaven, Kurze Strasse 44.

Müller, Rich., Marine-Baumeister, Wilhelmshaven, Adalbert-Str. 12.

Müller, Wenzel, k. und k. Oberster Maschinenbau-Ingenieur i. R., Pola.

Mugler, Julius, Marine-Baumeister, Elbing, Äußerer Mühlendamm 23.

Nagel, Joh. Theod., Schiffsmaschinenbau-Ingenieur, Hamburg, Glashütten-Str. 5 pt.

Nawatzki, V., Direktor des Bremer Vulkan, 325 Vegesack.

Neudeck, Georg, Marine-Baumeister, Kiel, Karl-Str. 42.

Neukirch, Fr., Zivilingenieur, Maschineninspektor des Germanischen Lloyd, Bremen, Dobben 17.

Neumann, W., Marine-Baumstr., Wilhelmshaven, Markt-Str. 45.

Neumeyer, W., Ingenieur des Nordd. Lloyd,
Bremerhaven, Mittel-Str. 2.

330 Nixdorf, Osw., Betriebsingenieur des Nordd.
Lloyd, Stettin, Kronenhof-Str.

Nordhausen, Fr., Schiffbau-Oberingenieur,
Hamburg-Hamm, Jordan-Str. 25.

Normand, J. A., Ingénieur-Constructeur,
Le Havre (Seine Inférieure).

Nott, W., Geheimer Marine-Baurat und
Maschinenbau-Ressortdirektor, Wilhelmshaven, Kaiserl. Werft.

Nüscke, Joh., Schiffbaumeister, Grabow a. O.,
Burg-Str. 1.

335 Oertz, Max, Jacht-Konstrukteur, Neuhof
am Reiherstieg, Hamburg.

Oestmann, C. H., Schiffsmaschinenbau-Ingenieur, Elbing, Trauben-Str. 2I.

Orbanowski, Kurt, Diplom-Ingenieur,
Hamburg, Eppendorfer Weg 273 II.

Ortlepp, Max W., Schiffbau-Ingenieur, Elbing,
Sonnen-Str. 76 pt.

Otto, H., Schiffbau-Ingenieur, Hamburg St. P.,
Annen-Str. 18.

340 Overbeck, Paul, Schiffbau-Ingenieur, Bremen, Walter-Chaussee 100.

van Overbeeke, Adrian, Oberingenieur,
Budapest, Leopoldsring 16.

Pagel, Carl, Professor, Techn. Direktor des
Germanischen Lloyd, Berlin W. 50, Nürnberger Str. 33.

Paradies, Reinh., Ingenieur, Altona,
Am Brunnenhof 11 II.

Paulus, K., Regierungsrat, Berlin W. 30,
Münchener Str. 48.

345 Peters, Karl, Ingenieur, Kiel, Lerchen-Str. 15.

Petersen, Otto, Marine-Baumeister,
Berlin W., Kalckreuth-Str. 7.

Petersen, Pehr Wilh., Kgl. Marine-Ingenieur,
Marineförvaltningens, Ingenieurafdelning,
Stockholm.

Peuss, Franz, Schiffbau-Ingenieur, Bremerhaven, Fähr-Str. 26.

Peuss, Otto, Werftbesitzer, i. Fa. Nüscke & Co.,
Stettin, Grabower Str. 12.

Piaud, Léon, Ingenieur i. Hause Delaunay- 350
Belleville & Cie., Chatou (Seine et Oise),
Boulevard de la République 8.

Pihlgren, Johan, vorm. Schiffbaudirektor der
Kgl. Schwed. Marine, Ministerialdirektor,
Stockholm, Carlavågen 28.

Pilatus, Rich., Marine-Baumeister, Kiel,
Kaiserl. Werft.

Poeschmann, C. R., Ingenieur, Bremerhaven, Deich-Str. 180.

Pohl, Robert, Ober-Ingenieur, Hamburg,
Große Reichen-Str. 27, Afrikahaus.

Pophanken, Dietrich, Marine-Baumeister, 355
Kiel, Kaiserl. Werft.

Popper, Siegfried, k. und k. General-Schiff-
bau-Ingenieur, Vorstand d. 1. Abteil. d.
Marine-Techn. Komitees, Pola.

Potyka, Ernst, Schiffbau-Betriebs-Ingenieur d.
Germania-Werft, Kiel-Gaarden, Jahn-Str. 9 II.

Presse, Paul, Marine-Baumeister, Langfuhr
b. Danzig, Jäschkenthaler-Weg 26 a.

Prunner, F. W., Techn., Direktor d. Société
Anonyme de Wiborg (Finland).

Prusse, G., Schiffbau-Ingenieur, Kiel, 360
Lerchen-Str. 20.

Putscher, Heinr., Schiffbau-Oberingenieur,
Besichtiger des Germanischen Lloyd,
Emden, Parallel-Str. 8.

Raben, Friedr., Schiffbaumeister a. D., Hamburg, Innocentia-Str. 21.

Radermacher, Carl, Schiffbau-Ingenieur,
Godesberg b. Bonn, Augusta-Str. 20.

v. Radinger, Carl Edler, Ingenieur, Stettin,
Friedrich Carl-Str. 38.

Radmann, J., Schiffbau-Ingenieur, Hamburg, 365
Werder-Str. 25.

Rahn, F. W., Schiffbau-Ingenieur, Kiel,
Knooperweg 125.

Rammetsteiner, Moritz, k. u. k. Maschinenbau-Oberingenieur I. Kl., Pola, Marine-
technisches Komitee.

Rauchfuss, Marine-Oberbaurat a. D.,
Werftdirektor, Kiel-Gaarden.

Rea, Harry E., Schiffbau-Ingenieur, Whitley
Bay, Park Avenue 10, England.

Rechea, Miguel, Ingénieur de la Marine, 370
Constructeur naval, Cadiz, Isabel la
Catolica, 2 Prål.

Reimers, H., Marine-Baumeister, Wilhelmshaven, Kaiserliche Werft.

Reitz, Th., Marine-Oberbaurat u. Maschinenbau - Betriebsdirektor, Wilhelmshaven,
Adalbert-Str. 8.

Renner, Wilh., Werftbetriebsleiter, Rotterdam, Varkenvordsche Gade 62.

Richmond, F. R., Direktor, i. Fa. G. & J. Weir
Ltd. Holm-Foundry, Cathcart bei Glasgow.

375 Rickmers, A., Vorsitzender des Aufsichtsrates der Rickmers-Schiffswerft, Bremen.

Riechers, Carl, Schiffsmaschinenbau - Ingenieur, Elbing, Am Lustgarten 14.

Rieck, Ch., Ingenieur des Brit. Lloyd,
Hamburg-Eimsbüttel, Marktplatz 26.

Rieck, John, Ingenieur, Mitinhaber der
Werft von Heinr. Brandenburg, Hamburg,
Eimsbüttel, Tornquist-Str. 32.

Rieck, Rud., Ingenieur, Hamburg, Hayn-Str. 26.

380 Riehn, W., Geh. Regierungsrat u. Professor,
Hannover, Taubenfeld 19.

Riess, O., Dr. phil., Kaiserl. Regierungsrat,
Berlin W., Kaiserin Augusta-Str. 23.

Roedel, Georg, Schiffsmaschinenbau - Ingenieur, Germaniawerft, Kiel-Gaarden.

Rosenberg, Conr., Maschinenbau-Oberingenieur, Geestemünde, Joh. C. Tecklenborg,
Akt.-Ges.

Rosenstiel, Rud., Schiffbau - Ingenieur,
Hamburg, Rothenbaum-Chaussee 77.

385 Roters, F., Direktor der Blake Pumpen Comp.
G. m. b. H., Hamburg, Hansa-Str. 72.

Rothe, Rud., Maschinenbau-Ingenieur, Stett.
Maschinenb.-Akt.-Ges. Vulcan, Bredow,
Stettin.

Rottmann, Alf., Schiffbau-Ingen., Berlin NW.,
Kaiserl. Schiffs-Vermessungsamt.

Rudloff, Johs., Geheimer Marine-Ober-Bau-
rat und vortragender Rat im Reichs-Marine-
Amt, Professor, Berlin W. 15, Kostnitzer
Straße 2.

Rusch, Fr., Ober-Ingenieur, Papenburg, Bahnhof-Str.

390 Rusitska, Fr., Ingenieur, Elbing, Wall-Str. 8 II.
Speicher-Insel.

Sachse, Theodor, Ingenieur, Germaniawerft,
Kiel-Gaarden.

von Saenger, Wladimir, Ingenieur, Leiter
der Schiffbau - Abteilung der Putilow-
Werke, St. Petersburg, Fontanka 17.

Schaefer, Karl, Ingenieur, Langfuhr bei
Danzig, Haupt-Str. 97.

Schenk, Otto, Schiffsmaschinenbau-Ingenieur,
Wilhelmshaven, Kaiser-Str. 124.

Scheurich, Th., Marine - Baumeister, Kiel, 395
Gneisenau-Str. 3.

Schirmer, C., Marine-Ober-Baurat u. Schiffb.-
Betriebs-Direktor, Kiel, Niemannsweg 39.

Schlick, Otto, Konsul, Direktor des Germanischen Lloyd, Hamburg, Rathausmarkt 8

Schlüter, Chr., Ingenieur, Stettiner Maschb.-
Akt.-Ges. Vulcan, Bredow.

Schlueter, Fr., Marine-Bauinspektor a. D.,
Techn. Direktor der Röhrenkesselfabrik
Dürr, Düsseldorf, Göthe-Str. 22.

Schmidt, Eugen, Marine - Oberbaurat und 400
Schiffbau - Betriebsdirektor, Kiel, Waitz-
Straße 33.

Schmidt, Harry, Marine - Baumeister,
Hamburg, Uhlenhorsterweg 38.

Schnack, S., Ingenieur, Flensburg, Große-
Str. 48.

Schnapauff, Wilh., Professor der Königl.
Techn. Hochschule Danzig, Langfuhr
b. Danzig, Heiligenbrunnerweg 6.

Schneider, F., Schiffbau-Ingenieur,
Hamburg-Hamm, Mittel-Str. 48.

Schnell, J., Ingenieur, Ruhrort. 405

Schömer, W., Werftbesitzer, Tönning.

Schönherr, Paul, Ingenieur, Germaniawerft,
Kiel-Gaarden.

Schroeder, O., Ingenieur, Stettin, Gustav
Adolf-Str. 9 II.

Schubart, O., Ingenieur, Germaniawerft,
Kiel-Gaarden.

Schubert, Ernst, Maschinenbau-Techniker, 410
Elbing, Innerer Georgendamm 9.

Schubert, E., Schiffbau-Ingenieur, Werft
von Heinr. Brandenburg, Hamburg, Steinwärder.

Schultenkämper, Fr., Betriebs-Ingenieur,
Hamburg, Bundes-Str. 10 I.

Schulthes, K., Direktor der Siemens-
Schuckert-Werke, Marine-Baumeister a. D.,
Berlin NW., Reichstagsufer 10.

Schultz, Alwin, Schiffsmaschinenbau - Ingenieur, Werft von Joh. C. Tecklenborg, Akt.-Ges., Geestemünde.

415 Schultz, Hans L., Direktor und Vorstand der Nordseewerke, Emder Werft und Dock, A.-G., Emden.

Schultze, Ernst, Ingenieur, Kiel, Sophienblatt 61a.

Schulz, R., Direktor, Berlin NW., Flensburger Str. 2.

Schulz, Rich., Ingenieur, Werft von F. Schichau, Danzig.

Schulze, Bernhard, Ingenieur und Masch.-Inspektor des Germanischen Lloyd, Düsseldorf, Wagner-Str. 29.

420 Schulze, Fr. Franz, Schiffbau-Ingenieur, Mülheim a. Rh., Franz-Str. 5 II.

Schumacher, C., Schiffbau - Ingenieur, Hamburg, Bernhard-Str. 10.

Schunke, Geheimer Regierungsrat, Vorstand des Kaiserl. Schiffs-Vermessungsamtes Charlottenburg, Fasanen-Str. 21.

Schütte, Joh., Professor für Schiffbau an der Königl. Techn. Hochschule, Danzig.

Schwartz, L., Stellvertretender Direktor der Stett. Maschinenb. - Akt. - Ges. Vulcan, Stettin, Kronenhof-Str. 10 I.

425 Schwarz, Tjard, Kaiserl. Marine-Oberbaurat und Schiffbau - Betriebsdirektor, Wilhelmshaven, Adalbert-Str. 3 a.

Schwerdtfeger, Schiffbau - Oberingenieur bei J. W. Klåwitter, Danzig.

Seidler, Hugo, Schiffbau-Ingenieur, Berlin NW., Schumann-Str. 2 pt.

Sieg, Georg, Marine-Baumeister, Wilhelmshaven, Schloß-Str. 5 I.

Sievers, C., Ingenieur, Hamburg, Paulspl. 12.

430 Smitt, Erik, Extra Marine-Ingenieur, Stockholm, Kungl. Marineförvaltningen.

Södergren, Ernst, Schiffsmaschinenbau-Ingenieur, Stettin, Birken-Allee 30.

Soliani, Nabor, Direktor der Werft Gio Ansoldo, Armstrong & Co., Sestri Ponente.

Sombeek, C., Oberingenieur und Prokurist der Nordseewerke, Emder Werft- und Dock-A.-G., Walthusen b. Emden.

Spieckermann, L., Ingenieur, Hamburg, Hafen-Str. 118 II.

435 Staeding, Hugo, Marine-Bauführer a. D., Civilingenieur, Camden, 569 Stevens Street.

Stammel, J., Ingenieur, Hamburg, Hansa-Str. 19 I.

Steen, Chr., Maschinen-Fabrikant, Elmshorn, Gärtner-Str. 91.

Steinbeck, Friedr., Ingenieur, Rostock, Patriotischer Weg 100.

Stellter, Fr., Schiffbau-Ingenieur, Dietrichsdorf bei Kiel, Heickendorferweg 41.

Stockhusen, Schiffbau - Ingenieur, Bremer- 440 haven, Langes Dock.

Stolz, E., Schiffbau - Ingenieur, Lübeck, Israelsdorfer Allee 22.

Strache, A., Marine-Baumeister, Wilhelmshaven, Kaiser-Str. 15.

Strebel, Carlos, Schiffsmaschinenbau - Ingenieur, Stettin, Kaiser Wilhelm-Str. 67.

Strüver, Arnold, Schiffsmaschinenbau-Ingenieur d. Nordd. Lloyd, Bremerhaven, Mittel-Str. 3a II.

Stülcken, J. C., Schiffbaumeister, i. Fa. 445 H. C. Stülcken Sohn, Hamburg, Steinwärder.

Swensen, Gunder, Direktor der Akers Werft, Christiania.

Süssenguth, H., Marine - Baumeister, Kiel, Kaiserl. Werft.

Süssenguth, W., Schiffsmaschinenbau-Ingenieur, Werft von F. Schichau, Elbing.

Sütterlin, Georg, Oberingenieur der Werft von Blohm & Voß, Hamburg, Eppendorferweg 59.

Täge, Ad., Schiffbau - Ingenieur, Stettin, 450 Birken-Allee 12 III.

Techel, H., Schiffbau-Ingenieur, Kiel, Ziegelteich 14 I.

Teucher, J. S., Oberingenieur der Germaniawerft, Kiel, Holstenbrücke 28 II.

Thämer, Carl, Geh. Marine - Baurat und Maschinenbau - Ressort - Direktor, Berlin W. 50, Fürther Str. 11.

Thiel, Josef, k. und k. Schiffbau-Obering. a. D., Direktor der Stabilimento tecnico triestino, Triest.

Thrändorf, Paul, Betriebs-Ingenieur, Stettin, 455 Birken-Allee 8.

Timm, A., Schiffbau-Ingenieur, Hamburg, Admiralitäts-Str. 52 II.

Totz, Richard, k. u. k. Maschinenbau-Oberingenieur III. Kl., Wien, k. u. k. Reichs-Kriegsministerium, Marine-Sektion.

Toussaint, Heinr., Maschinenbau-Direktor der Germaniawerft, Kiel-Gaarden.

Treplin, Wilhelm, Schiffbau-Ingenieur, Berlin NW. 52, Paul-Str. 28.

460 Troost, Joh. N., Schiffbaudirektor der Eiderwerft A.-G., Tönning.

Truhlsen, H., Geheimer Baurat, Friedenau, Mosel-Str. 7.

Turk, P. J., Oberingenieur der Königl. Niederländischen Marine, Willemsoord, Helder.

Tuxen, J. C., Schiff- und Maschinenbau-Direktor, Orlogsvarftet, Kopenhagen.

Ullrich, J., Civil-Ingenieur, Hamburg, Steinhöft 3 II.

465 Ulm, Johann, k. und k. Oberster Maschinenbau-Ingenieur I. Kl., Vorstand der II. Abt. des k. und k. Marinetechn. Komitees, Pola.

Unger, R., Direktor, Akt.-Ges. Weser, Bremen.

Uthemann, Fr., Geh. Marine-Baurat und Maschinenbau-Ressortdirektor, Langfuhr bei Danzig, Heiligenbrunner Weg 6.

van Veen, J. S., Oberingenieur der Königl. Niederländischen Marine, s'Gravenhage, Adelheidstraat 81.

Veith, R., Geheimer Marine-Baurat und Maschinenbau-Ressortdirektor, Kiel, Niemannsweg 38.

470 Viereck, W., Ingenieur, Kiel, Wall 30a.

Vogeler, H., Kaiserl. Marine-Baumeister, Kiel, Wall 1 II.

Vollert, Ph. O., Schiffbau-Ingenieur, Kiel, Samm-Str. 21.

Voß, Ernst, i. Fa. Blohm & Voß, Hochkamp bei Kl. Flottbeek, Holstein.

Vossnack, Ernst, Schiffbau-Ingenieur, Bremerhaven, Hafen 29.

475 Wagner, Rud., Dr. phil., Schiffsmaschinen-Ingenieur, Stettin, Kronenhof-Str. 5 pt.

Wahl, Herm., Marine-Baumeister, Wilhelmshaven, Kaiserl. Werft.

Walter, M., Schiffbau-Oberingenieur, Bremen, Nordd. Lloyd, Zentralbureau.

Walter, W., Schiffbau-Ingenieur, Grabow a. O., Post-Str. 27.

Weir, William, Direktor, i. Fa. G. & J. Weir Ltd. Holm-Foundry, Cathcart b. Glasgow.

Weiss, Georg, Marine-Baumeister, Gaarden 480 bei Kiel, Schöneberger Str. 33

Weiss, Otto, Ingenieur, Charlottenburg, Schloß-Str. 67 d.

Wellenkamp, Herm., Marine-Baumeister, Kiel, Kaiserl. Werft.

Wendenburg, H., Marine-Baumeister, Berlin W., Gleditsch-Str. 27.

Werner, A., Schiffbau-Oberingenieur, Karolinen-Str. 2.

Wiebe, Ed., Schiffsmaschinenbau-Ingenieur, 485 Werft von F. Schichau, Elbing.

Wiesinger, W., Geheimer Marine-Baurat und Schiffbau-Ressortdirektor, Kiel-Gaarden, Kaiserl. Werft.

Wiking, And. Fr., Schiffbau-Ingenieur, Stockholm, Slussplan 63 b.

Wilda, Herm., Ingenieur und Oberlehrer für Maschinenbau, Bremen, Rhein-Str. 3.

Willemsen, Friedrich, Schiffbau-Ingenieur und Besichtiger des Germanischen Lloyd, Düsseldorf, Kaiser Wilhelm-Str. 38.

William, Curt, Marine-Baumeister, Berlin 490 W. 15, Joachimstaler Str. 5.

Wilson, Arthur, Schiffbau-Oberingenieur, Grabow a. O., Burg-Str. 11.

Winter, M., Schiffsmaschinenbau-Ingenieur, Hamburg, St. P., Paulinen-Str. 16 III.

Wippern, C., Ingenieur des Norddeutschen Lloyd, Bremerhaven.

Witte, Gust. Ad., Schiffbau-Ingenieur, Werft von Heinr. Brandenburg, Hamburg, Steinwärder.

Worsoe, W., Ingenieur, Germaniawerft, 495 Kiel-Gaarden.

Wulff, D., Ober-Inspektor der D. D. Ges. Hansa, Bremen, Altmann-Str. 34.

Wys, Fr. S. C. M., Oberingenieur der Königl. Niederländischen Marine, C. 42, Hellevoetsluis.

Zahn, Dr. G. H. B., Oberingenieur, Berlin N., Chaussee-Str. 17/18.

Zarnack, M., Geh. Regierungsrat und Professor, Berlin W., Kurfürsten-Str. 15.

500 Zeiter, F., Ingenieur und Oberlehrer am Technikum Bremen, Bülow-Str. 22.

Zeitz, Oberingenieur, Kiel, Karl-Str. 38.

Zeltz, A., Schiffbau - Direktor, Akt. - Ges. Weser, Bremen, Olbers-Str. 12.

Zetzmann, Ernst, Schiffbau - Ingenieur, Bremen, Krefelder Str. 26.

Zimnic, Josef Oscar, k. und k. Maschinenbau-Ingenieur 1. Klasse, Budapest, Szobi-utcza 4.

Zirn, Karl A., Direktor der Schiffswerft und 505 Maschinenfabrik vorm. Janßen & Schmilinsky A.-G., Hamburg St. P., Sophien-Str. 38 II.

Zöpf, Th., Schiffsmaschinenbau - Ingenieur der Schiffswerft und Maschinenfabrik Akt.-Ges. vorm. Lange & Sohn, Riga.

Zweig, Heinrich, k. und k. Schiffbau-Oberingenieur II. Kl., Schiffbau-Direktor im k. und k. Seearsenal, Pola.

3. Mitglieder.

a) Lebenslängliche Mitglieder:

Achelis, Fr., Konsul, Vicepräsident des Norddeutschen Lloyd, Bremen, Am Dobben 25.

Arnhold, Eduard, Geheimer Kommerzienrat, Berlin W., Französische Str. 60/61.

510 Borsig, Ernst, Kommerzienrat und Fabrikbesitzer, Berlin N., Chaussee-Str. 6.

Boveri, W., i. Fa. Brown, Boveri & Cie., Baden (Schweiz).

Brügmann, Wilh., Kommerzienrat, Hüttenbesitzer und Stadtrat, Dortmund, Born-Str. 23.

Buchloh, Hermann, Reeder, Mühlheim-Ruhr, Friedrich-Str. 26.

Edye, Alf., i. Fa. Rob. M. Sloman jr., Hamburg, Baumwall 3.

515 Fehlert, Carl, Civilingenieur und Patentanwalt, Berlin NW., Dorotheen-Str. 32.

Flohr, Carl, Ingenieur und Fabrikbesitzer, Berlin N. 4, Chaussee-Str. 28 b.

v. Guilleaume, Max, Kommerzienrat, Köln, Apostelnkloster 23.

Heckmann, G., Fabrikbesitzer, Berlin W. 62, Maaßen-Str. 29.

Heckmann, Paul, Kommerzienrat, Berlin W. 35, Ulmen-Str. 2.

520 Heimann, Augustus, Fabrikbesitzer, Charlottenburg, Schiller-Str. 121/122.

v. Hewald, Max, Freiherr, Rittergutsbesitzer auf Podewils in Pommern.

von der Heydt, August, Freiherr, Generalkonsul und Kommerzienrat, Elberfeld.

Huldschinsky, Oscar, Fabrikbesitzer, Berlin W. 10, Matthäikirch-Str. 3a.

Jacobi, C. Adolph, Konsul, Bremen, Osterdeich 58.

Kannengießer, Louis, Königl. Kommerzien- 525 rat und Württembergischer Konsul, Mülheim a. d. Ruhr.

Karcher, Carl, Reeder, i. Fa. Raab, Karcher & Co., G. m. b. H., Duisburg.

Kessler, E., Direktor der Mannheimer Dampfschiffahrts-Gesellschaft Mannheim, Parkring 27/29.

Kiep, Johannes N., Kaiserl. Deutscher Konsul, Glasgow, 128 St. Vincent Street.

Knaudt, O., Hüttendirektor, Essen a. Ruhr, Julius-Str. 10.

Küchen, Gerhard, Reeder, Mülheim a. d. Ruhr. 530

v. Linde, Dr. Carl, Professor, Thalkirchen b. München.

Loesener, Rob. E., Schiffsreeder, i. Fa. Rob. M. Sloman & Co., Hamburg, Alter Wall 20.

Märklin, Ad., Generaldirektor, Borsigwerk, Oberschlesien.

Meister, C., Direktor der Mannheimer Dampfschiffahrts-Gesellschaft, Mannheim.

Meuthen, Wilhelm, Direktor der Rhein- 535 schiffahrts - Aktien - Gesellschaft vorm. Fendel, Mannheim.

Moleschott, Carlo H., Ingenieur, Konsul der Niederlande, Rom, Via Volturno 58.

v. Oechelhaeuser, Wilh., $\mathfrak{Dr}$. $\mathfrak{Ing}$., Generaldirektor, Dessau.

Oppenheim, Franz, Dr. phil., Fabrikdirektor,
Wannsee, Friedrich Carl-Str. 24.

Palmié, Heinr., Kommerzienrat, Dresden-
Altstadt, Hohe-Str. 12.

540 Pintsch, Albert, Fabrikbesitzer, Berlin O.,
Andreas-Str. 72/73.

Pintsch, Julius, Geheimer Kommerzienrat,
Berlin W., Tiergarten-Str. 4a.

Plate, Geo, Präsident des Norddeutschen
Lloyd, Bremen.

Ravené, Kommerzienrat, Berlin C., Wall-
Str. 5/8.

Riedler, A., $\mathfrak{Dr}$. $\mathfrak{Ing}$., Geh. Regierungsrat
und Professor, Charlottenburg, Königl.
Techn. Hochschule.

545 Ribbert, Julius, Königl. Kommerzienrat,
Haus Hünenpforte bei Hohenlimburg.

Rinne, H., Hüttendirektor, Essen a. Ruhr,
Kronprinzen-Str. 17.

Rodenacker, Theodor, Reeder, Langfuhr bei
Danzig, Haupt-Str. 90.

Roer, Paul G., Vorsitzender im Aufsichts-
rate der Nordseewerke, Emder Werft und
Dock Aktien - Gesellschaft zu Emden,
Bad Bentheim.

Schappach, Albert, Bankier, Berlin, Markgrafen-Str. 48 I.

550 Scheld, Theodor Ch., Technischer Leiter der
Firma Th. Scheld, Hamburg 11, Elb-Hof.

Schlutow, Alb., Geheimer Kommerzienrat,
Stettin, Roßmarkt 1.

Selve, Gust., Geheimer Kommerzienrat,
Altena (Westf.).

v. Siemens, Wilh., Fabrikbesitzer, Berlin SW.,
Markgrafen-Str. 94.

Simon, Felix, Rentier, Berlin W., Matthäikirch-Str. 31.

Siveking, Alfred, Dr. jur., Rechtsanwalt, 555
Hamburg, Gr. Theater-Str. 35.

Sinell, Emil, Ingenieur, Berlin SW., Linden-
Str. 16/17.

v. Skoda, Karl, Ingenieur, Pilsen, Ferdinand-
Str. 10.

Sloman, Fr. L., i. Fa. F. L. Sloman & Co.,
Hamburg, Dovenfleet 20.

Smidt, J., Konsul, Kaufmann, in Fa. Schröder,
Smidt u. Co., Bremen, Söge-Str. 15 A.

Stahl, H. J., $\mathfrak{Dr}$.$\mathfrak{Ing}$., Kommerzienrat, Direktor 560
der Stettiner Maschb.-Akt.-Ges. Vulcan,
Bredow.

Stinnes, Gustav, Reeder, Mülheim a. Ruhr.

Traun, H. Otto, Fabrikant, Hamburg,
Meyer-Str. 60.

Ulrich, R., Verwaltungs-Direktor des Germanischen Lloyd, Berlin NW., Reichstagsufer 16.

Wiegand, H., Dr. jur., Generaldirektor d.
Nordd. Lloyd, Bremen, Papen-Str. 5/6.

Woermann, Ed., Konsul und Reeder, i. Fa. 565
C. Woermann, Hamburg, Gr. Reichen-
Str. 27.

b) Ordnungsmäßige Mitglieder:

Abé, Rich., Ingenieur, Annen (Westf.).

Abel, P., Ingenieur, Düsseldorf,
Worringer-Str. 12.

Abel, Rud., Geheimer Kommerzienrat,
Stettin, Heumarkt 5.

Achenbach, Albert, Schiffsmaschinenbau-
Ingenieur, Kiel, Adolf-Str. 59.

570 Achgelis, H., Ingenieur u. Fabrikbesitzer,
Geestemünde, Dock-Str. 9.

Ahlborn, Friedrich, Professor, Dr. phil.,
Oberlehrer, Hamburg 24, Mundsburger-
damm 63 III.

v. Ahlefeld, Vize-Admiral, Exzellenz, Direktor
des techn. Departements im Reichs-Marine-
Amte, Berlin W., Viktoria Luise-Platz 6.

Ahlers, O. J. D., Direktor, Bremen,
Park-Str. 40.

Amsinck, Arnold, Reeder, i. Fa. C. Woermann, Hamburg, Gr. Reichen-Str. 27.

575 **Amsinck**, Th., Direktor der Hamburg-Südamerikan. Dampfschiffahrts - Gesellschaft, Hamburg, Holzbrücke 8 I.

Arenhold, L., Marinemaler und Korvetten-Kapitän a. D., Kiel, Düsternbrook 104.

v. **Arnim**, V., Vize - Admiral, Excellenz, Inspekteur des Bildungswesens der Marine, Kiel.

Ascher, Kapitän zur See z. D., Bibliothekar der Marine-Akademie und -Schule, Kiel.

Baare, B., Kommerzienrat, Berlin NW. 40, Alsen-Str. 8.

580 **Baare**, Fritz, Kommerzienrat, Generaldirektor des Bochumer Vereins, Bochum.

Bahr, Johann, Fabrikbesitzer, Altona, Palmaille 77.

Ballin, General - Direktor der Hamburg-Amerika-Linie, Hamburg, Alsterdamm.

Banning, Heinrich, Fabrikdirektor, Hamm i. Westf., Moltke-Str. 7.

Barandon, C., Kontre-Admiral a. D., Kiel, Niemannsweg 67a.

585 **Baumann**, M., Walzwerks-Chef, Burbach a. S., Hoch-Str. 17.

Becker, J., Fabrikdirektor, Kalk b. Köln a. Rh.

Becker, Julius Ferdinand, Schiffbau-Ingenieur, Hamburg, Admiralitäts-Str. 3—4.

Becker, Theodor, Ingenieur, Berlin NO., Elbinger Str. 15.

Beehler, William H., Commander, U. S. Navy, Annapolis U. S. A., College Avenue.

590 **Behrens**, Karl, Bergrat und Generaldirektor, Herne i. W.

Benkert, Hermann, Oberingenieur, Chemnitz, Reichs-Str. 38.

Bergner, Fritz, Kaufmann, Düsseldorf, Graf Adolf-Str. 71.

Berndt, Franz, Kaufmann und Stadtrat, Swinemünde, Lootsen-Str. 51 I.

Bier, A., Amtlicher Abnahme - Ingenieur, St. Johann a. d. Saar, Kaiser-Str. 30.

595 **Bierans**, S., Ingenieur, Bremerhaven, Siel-Str. 39 I.

Bluhm, E., Fabrikdirektor, Berlin S , Ritter-Str. 12.

Blumenfeld, Bd., Kaufmann und Reeder, Hamburg, Dovenhof 77/79.

Boner, Franz A., Dr. jur., Dispacheur, Bremen, Börsen-Nebengebäude 24.

Borja de Mozota, A., Direktor des Bureaus Veritas, Paris, 8 Place de la Bourse.

Börner, Oscar, Fabrikbesitzer, Berlin SW. 61, 600 Blücher-Str. 17.

Borsig, Conrad, Fabrikbesitzer, Berlin W., Bellevue-Str. 6a.

Böcking, Rudolph, Kommerzienrat, Halbergerhütte b. Brebach a. d. Saar.

Böger, M., Direktor der Vereinigten Bugsier- und Frachtschiffahrt-Gesellschaft, Hamburg, Steinhöft 3.

Bramslöw, F. C., Reeder, Hamburg, Admiralitäts-Str. 33/34.

Brand, Robert, Fabrikant, Remscheid-Hasten. 605

Braun, Dr. F., Professor, Direktor des Physikal. Instituts an der Universität Straßburg i. E.

Bremermann, Joh. F., Lloyd - Direktor, Bremen.

Breest, Wilhelm, Fabrikbesitzer, Berlin W., Cornelius-Str. 10.

Bresina, Richard, Fabrikdirektor, Wolfenbüttel, Campe-Str.

Breuer, L. W., Ingenieur, i. Fa. Breuer, 610 Schumacher & Co., Kalk b. Köln a. Rh., Haupt-Str. 315.

Briede, Otto, Ingenieur, Direktor der Benrather Maschinenfabrik-Akt.-Ges., Benrath b. Düsseldorf.

Broström, Dan, Schiffsreeder, Göteborg.

Bröckelmann, Ernst, Generaldirektor a. D., Beedenbostel, Prov. Hannover.

Brunner, Karl, Ingenieur, Mannheim, Rupprecht-Str. 6.

von **Budde**, H., Minister der öffentl. Arbeiten, 615 Excellenz, Generalmajor a. D., Berlin W., Wilhelm-Str. 79.

Bueck, Henri Axel, Generalsekretär, Berlin W. 35, Karlsbad 4a.

Büttner, Dr. Max, Ingenieur, Berlin W., Achenbach-Str. 7/8.

Buschow, Paul, Ingenieur, General - Vertreter von A. Borsig-Tegel, Hannover, Bödeker-Str. 71.

Cellier, A., Schiffsmakler, Hamburg, Neuer Wandrahm 1.

620 Claus, Hubert, Königl. Kommerzienrat und Generaldirektor des Eisenhüttenwerks Thale, Berlin W., Margarethen-Str. 7.

Clouth, Franz, Fabrikbesitzer, Köln-Nippes.

Conti, Alfred, Leiter des Schütte-Kessel-Konsortiums, Charlottenburg 4, Niebuhr-Str. 72.

Courtois, Louis, Ingenieur, Berlin W., Potsdamer Str. 122c.

Custodis, Alphons, Ingenieur und Vorstand der Alphons Custodis Akt.-Ges. für Essen- und Ofenbau, Düsseldorf.

625 Dahlström, Axel, Direktor der Reederei Akt.-Ges. von 1896, Hamburg, Vorsetzen 15 I.

Dahlström, H., Direktor d. Nordd. Bergungs-Vereins, Hamburg, Ness 9 II.

Dahlström, W., jr., Direktor der Reederei Aktien-Gesellschaft von 1896, Hamburg, Vorsetzen 15 I.

Danneel, Fr., Dr. jur., Wirkl. Geheimer Admiralitätsrat, Grunewald b. Berlin, Trabener-Str. 2.

Debes, Ed., Fabrikdirektor, Hamburg, Meyer-Str. 59.

630 Deissler, Rob., Ingenieur, Berlin SW., Gitschiner Str. 108.

Dieckhaus, Jos., Fabrikbesitzer und Reeder, Papenburg a. Ems.

Diederichsen, H., Schiffsreeder, Kiel.

Dietrich, Otto, Fabrikbesitzer, Charlottenburg, Potsdamer Str. 35.

Ditges, Rud., Generalsekretär des Vereins Deutscher Schiffswerften, Berlin W., Lützow-Ufer 13.

635 Doehring, Heinr., Direktor der Hanseat. Dampfschifff.-Ges., Lübeck.

Dolgorouky, Fürst, Kaiserl. Russisch. Freg.-Kapt. u. Marine-Attaché, Berlin NW., In den Zelten 12.

Dreger, P., Hüttendirektor, Peine bei Hannover.

Duncker, Arthur, Assekuradeur, Hamburg, Trostbrücke 1, Laeiszhof.

Duschka, H., Fabrikant, i. Fa. F. A. Sening, Hamburg, Vorsetzen 24/27.

640 Dümling, W., Kommerzienrat, Schönebeck a. E.

Dürr, Gust., Direktor, Düsseldorf, Grafenberger Chaussee 81.

Dürr, Ludwig, Zivil-Ingenieur, München, Mozart-Str. 18.

Eberhardt, Emil, Maschinen-Inspektor, Stettin, Bollwerk 21.

Ecker, Dr. jur., Direktor der Hamburg-Amerika-Linie, Hamburg, Alsterdamm.

Eckmann, C. John, Maschinen-Inspektor der 645 Deutsch-Amerikan. Petrol.-Ges., Hamburg, Paul-Str. 38.

Eckstein, Chas. G., Ingenieur, Berlin C., Spandauer Str. 16.

Ehlers, Paul, Dr. jur., Rechtsanwalt, Hamburg, Adolphsbrücke 4.

Ehrensberger, E., Mitglied des Direktoriums der Firma Fried. Krupp, Essen-Ruhr.

Eich, Nicolaus, Direktor, Düsseldorf, Stern-Str. 38.

Eichhoff, Ingenieur, Essen-Rüttenscheid, 650 Essener Str. 210.

v. Eickstedt, A., Kontre-Admiral, Vorstand der Konstruktions-Abteilung des Reichs-Marine-Amtes, Charlottenburg, Schiller-Str. 127.

Einbeck, Joh., Direktor, Berlin W., Landshuter Str. 37.

Ellingen, W., Ingenieur, Direktor der J. Pohlig A.-G., Köln-Zollstock.

Elvers, Ad., Schiffsmakler, Hamburg, Steinhöft 8.

Engel, K., Mitinhaber der Werft von Heinr. 655 Brandenburg, Hamburg, Feldbrunnen-Str. 46.

Engel, Bergmeister, Essen a. Ruhr, Friedrich-Str. 2.

Engels, Hubert, Geheimer Hofrat und Professor, Dresden A., Schweizer Str. 12.

Essberger, J. A., Oberingenieur, Prokurist der A. E. G. und U. E. G., Schöneberg b. Berlin, Motz-Str. 69.

Faber, Theodor, Schiffahrtsdirektor, Dresden-Strehlen, Residenz-Str. 8.

v. Finckh, Ingenieur, Oldenburg i. Gr., 660 Elisabeth-Str. 5.

Fischer, Curt, Salomon, Direktor der Sächsisch-Böhmischen Dampfschiffahrts-Gesellschaft, Dresden A., Gerichts-Str. 26 II.

Fitzner, R., Fabrikbesitzer, Laurahütte O.-S.

Fleck, Richard, Fabrikbesitzer, Berlin N., Chaussee-Str. 29 II.

Foerster, Ernst, Diplom.-Schiffbauingenieur, bei Blohm & Voß, Hamburg, Eckernförder Str. 89.

665 Förster, Georg, i. Fa. Emil G. v. Höveling, Hamburg, Sechslingspforte 3.

François, H. Ed., Konstrukteur Elektrischer Apparate für Kriegs- und Handelsschiffe, Hamburg, Holstenwall 9 II.

de Freitas, Carlos, Reeder, i. Fa. A. C. de Freitas & Co., Hamburg, Ferdinand-Str. 15 I.

Frese, Herm., Senator, Mitglied des Aufsichtsrates des Nordd. Lloyd, Kaufmann i. F. Frese, Ritter & Hillmann, Bremen.

Frick, Richard, Direktor der „The Langston Mooring Company", Berlin W., Mohren-Str. 16.

670 Friedhoff, L., Bureauvorsteher der Burbacherhütte, Burbach a. Saar.

Friedrich, Osc., Hüttendirektor, Duisburg, Kronprinzen-Str.

de Fries, Wilhelm, Fabrikdirektor, Düsseldorf, Harald-Str. 8.

Frikart, J. R., Zivilingenieur, München, Akademie-Str. 17.

Fritz, Heinrich, Ingenieur, Elbing, Große Lastadien-Str. 11.

675 Fritz, P., Konsul und Ingenieur, Berlin W. 9, Link-Str. 33.

Froriep, Paul, Maschinenfabrikant, Rheydt.

Frölich, Fr., Ingenieur in der Redaktion der Zeitschrift des Vereins Deutscher Ingenieure, Berlin NW., Charlotten-Str. 43.

Frühling, O., Regierungs-Baumeister, Braunschweig, Monumentsplatz 5.

Fürbringer, Oberbürgermeister, Emden, Bahnhof-Str. 10.

680 Galli, Johs., Hüttendirektor, Annen i. W., Gußstahlwerk.

Ganssauge, Paul, Prokurist der Firma F. Laeisz, Hamburg, Trostbrücke 1.

Gathmann, A., Direktor, Bonn, Kaiser-Str. 65.

van Gendt, Hans, Betriebsdirektor, Magdeburg-Buckau, Schönebecker Str. 88.

Genest, W., Generaldirektor der Akt.-Ges. Mix & Genest, Berlin W., Bülow-Str. 67.

Gerdau, B., Oberingenieur, Düsseldorf- 685 Grafenberg, p. a. Haniel & Lueg.

Gerling, F., Kaufmann, Direktor der Chantier Naval Anversois, Antwerpen.

Geyer, Wilh., Regierungsbaumeister a. D., Berlin W., Luitpold-Str. 44.

Gillhausen, G., Mitglied des Direktoriums d. Fa. Fried. Krupp A.-G., Essen a. Ruhr, Hohenzollern-Str. 12.

Goldtschmidt, Dr. Hans, Fabrikbesitzer, Essen a. Ruhr, Bismarck-Str. 98.

Gradenwitz, Richard, Ingenieur und Fabrik- 690 besitzer, Berlin S., Dresdener Str. 38.

Graefe, E., Direktor der Akt.-Ges. Weser, Bremen, Contreescarpe 186.

Graemer, Osc., Fabrikant, Coblenz-Lützel.

de Grahl, Gustav, Oberingenieur und Prokurist, Friedenau b. Berlin, Sponholz-Str. 47.

Griebel, Franz, Reeder, Stettin, Große Lastadie 56.

Grosse, Carl, Generalvertreter von Otto 695 Gruson & Co., Buckau, Hamburg, Alsterdamm 16/17.

v. Grumme, F., Kapitän zur See a. D., Direktor der Hamburg-Amerika-Linie, Hamburg, Alsterdamm.

Grunow, Roderich, Kaufmann, Stettin, Kronenhof-Str. 17a.

de Gruyter, Dr. Paul, Fabrikbesitzer, Berlin W., Kurfürstendamm 36.

Guilleaume, Emil, Kommerzienrat, Generaldirektor der Carlswerke, Mülheim a. Rh.

Guthmann, Robert, Baumeister und Fabrik- 700 besitzer, Berlin W., Voß-Str. 18.

Gutjahr, Louis, Generaldirektor der Badischen Akt.-Gesellsch. für Rheinschifffahrt u. Seetransport, Antwerpen.

Haack, Hans, Kaufmann, i. Fa. Gustav Haac, Bremen.

Hackelberg, Eugen, Kaufmann, Charlottenburg, Bismarck-Str. 106.

Hahn, Dr. phil. Georg, Fabrikbesitzer, Düsseldorf-Oberbilk.

705 Hahn, Willy, Dr. jur., Rechtsanwalt, Berlin W.9,
Köthener Str. 1.

Haller, M., Ingenieur, Direktor der Gebr.
Körting Aktien-Gesellschaft, Berlin NW.,
Alt-Moabit 108.

Hammar, Birger, Kaufmann, Hamburg,
König-Str. 7/9.

Harbeck, Martin, Hamburg,
Glashütten-Str. 37/40.

Harder, Hans, Ingenieur, Nikolassee,
Tristan-Str. 22.

710 Harms, Otto, Vorstand der Deutsch-Austral.
D. G., Hamburg, Trostbrücke 1.

Hartmann, Aug., Kaufmann, Netherfield
House, Weybridge, Surrey.

Hartmann, Geo, Reeder, Newlands, Thames
Ditton, Surrey.

Hartmann, Wm., Reeder, Milburn, Esher,
Surrey.

Hartmann, W., Professor, Berlin W.,
Augsburger Str. 64.

715 Hartwig, Rudolf, Dipl. Ingenieur, Assistent
des Direktoriums der Firma Fried. Krupp,
A.-G., Rüttenscheid bei Essen-Ruhr,
Andreas-Str. 31.

Hechelmann, G., Fabrikant naut. Instrumente, Hamburg, 1. Vorsetzen 3.

Hedberg, Sigurd, Reeder, Malmö, Kalender-
gatan 6/8.

Heidmann, J. H., Kaufmann, Altona a. E.,
Markt-Str. 43.

Heidmann, R. W., Kaufmann, Hamburg,
Hafen-Str. 97.

720 Heidmann, Henry, W. Ingenieur, Hamburg,
Gr. Reichen-Str. 25.

Heinrich, W., Diplom-Ingenieur, Hamburg,
Eimsbüttler Str. 23a.

Heller, E., Direktor, Wien I, Schwarzenberg-
Platz 7.

Helling, Wilhelm, Ingenieur, Groß-Flottbeck
b. Altona, Grotten-Str. 9.

Hennicke, Geheimer Ober-Postrat,
Berlin W. 66, Reichs-Postamt (Bibliothek).

725 Hernsheim, F., Konsul, Hamburg, Artushof,
Jaluit-Gesellschaft.

Hertz, Ad., Direktor der Deutschen Ost-Afrika-
Linie, Hamburg, Gr. Reichen-Str. 25.

Herzberg, A., Königl. Baurat u. Ingenieur,
Wilmersdorf b. Berlin, Landhaus-Str. 23.

Hess, Henry, i. Fa. The Hess Machine Co.,
1002 Pensylvania Building, 15th and
Chestnut Street, Philadelphia, U. S. A.

Hessenbruch, Fritz, Direktor, Duisburg,
Mülheim-Str. 59.

Heubach, Ernst, Ingenieur, Berlin SO., 730
Elisabethufer 19.

Heumann, W., Generaldirektor, Berlin NW.,
Dorotheen-Str. 43/44.

Heyne, Walter, Reeder, i. Fa. Heyne &
Hessenmüller, Hamburg, b.d.Mühren 66/67.

Hilbenz, Dr. phil., Hüttendirektor, Friedenshütte b. Morgenroth O. S.

Hirsch, Emil, Kaufmann, Mannheim, E. 7. 21.

Hirschfeld, Ad., Dampfkessel-Revisor der 735
Baupolizei-Behörde Hamburg, Uhlenhorst,
Overbeck-Str. 15.

Hirte, Johs., Regierungs-Baumeister, Berlin C.,
Post-Str. 27.

Hjarup, Paul, Ingenieur und Fabrikbesitzer,
Berlin N., Prinzen-Allee 24.

Hoffmann, Erwin, Direktor des Stahl- und
Walzwerks Rendsburg, A.-G., Rendsburg.

Hoffmann, M. W., Dr. phil., i. Fa. Motoren-
werk Hoffmann & Co., Potsdam, Neue
König-Str. 49.

v. Holleben, Fregatten-Kapitän, Berlin W. 9, 740
Reichs-Marine-Amt.

Holzapfel, A. C., Fabrikant, London E. C.,
Fenchurch Street 57.

d'Hone, Heinrich, Fabrikbesitzer, Duisburg.

Hopf, Wilhelm, Ingenieur, Malstatt-Burbach,
Wilhelm-Str.

Hölck, Heinr., Konsul von Brasilien, Düsseldorf, Humboldt-Str. 63.

Höltzcke, Paul, Dr. phil., Chemiker, Kiel, 745
Eisenbahndamm 12.

v. Höveling, Emil G., Fabrikant, Hamburg,
Steinhöft 13.

Hornbeck, A., Ingenieur, Hamburg 19, Tornquist-Str. 26.

Houkowsky, A., Ingenieur, Berlin NW. 7,
Dorotheen-Str. 43/44, Abwärmekraft-
maschinen-Gesellschaft m. b. H.

Hübner, K., Direktor, Kiel, Schwanenweg 23.

Hummel, Wilhelm, Schiffsfarben-Fabrikant, 750
Hamburg, Steinhöft 1.

Ihlder, Carl, Ingenieur, Bremerhaven, Deich 24.

Imle, Emil, Diplom-Ingenieur, I. Assistent a. d.
Königl. Techn. Hochschule zu Dresden,
Dresden A., Bismarckplatz.

Inden, Hub., Fabrikant, Düsseldorf,
Neander-Str. 15.

Ivers, C., Schiffsreeder, Kiel.

755 Jacobsen, J., Schiffbau-Ingenieur, Techn. u.
kaufm. Leiter der „Neue Werft", Neu-
mühlen b. Kiel.

Jahn, W., Fabrikdirektor, Düsseldorf, Graf
Adolf-Str.

Jarke, Alfred, Präsident des Syndicat
Continental des Compagnies de Navigation
à vapeur au La Plata, Antwerpen, Place
de Meir 21.

Jebsen, J., Reeder, Apenrade.

Jebsen, M., Reeder, Hamburg, Große
Reichen-Str. 49/57, Reichenhof.

760 Johnson, Axel Axelson, Civil-Ingenieur
und Konsul, Stockholm, Wasagatan 4.

Joost, J., Direktor der Norddeutschen Farben-
fabrik Holzapfel, G. m. b. H., Hamburg,
Steinhöft 1.

Jordan, Dr. Hans, Direktor der Bergisch-
Märkischen Bank, Mitglied des Aufsichtsrates des Nordd. Lloyd, Elberfeld.

Johnson, Axel, Generalkonsul und Reeder,
Stockholm, Wasagatan 4.

Jordan, Paul, Direktor der Allgem. Elektr.-
Ges., Grunewald b. Berlin, Bismarck-
Allee 26.

765 Jürgens, R., Ingenieur, Hamburg, Kl. Schäfer-
kamp 58 II.

Kaemmerer, W., Ingenieur, Berlin NW.,
Charlotten-Str. 43.

Kafemann, Otto, Verleger der Danziger
Zeitung, Danzig.

Kampffmeyer, Theodor, Baumeister,
Berlin SW., Friedrich-Str. 20.

Kapal, G., Direktor, Berlin W., Sommer-
Str. 4 a.

770 Karcher, E., Hüttendirektor, Dillingen a. d. Saar.

v. Katzler, Rud., Dr. jur., Rechtsanwalt,
Limburg (Lahn).

Kauermann, August, Oberingenieur und
Prokurist, Duisburg, Realschul-Str. 42.

Kaufhold, Max, Fabrikdirektor, Essen-Ruhr,
Elisabeth-Str. 7.

Kayser, M., Direktor des Westfäl. Stahlwerkes Bochum.

Keetman, Th., Kommerzienrat, Duisburg, 775
Mühlheimer Str. 39.

Keetman, Wilhelm, Direktor, Duisburg,
Hedwig-Str. 29.

Kelch, Hans, Leutnant a. D., i. Fa. Motoren-
werk Hoffmann & Co., Potsdam, Neue
König-Str. 95.

Kelly, Alexander, Direktor v. H. Napier
Brothers Ltd., Glasgow, Hyde-Park
Street 100.

Kerlen, K., Direktor der Maschinenfabrik
Sack, G. m. b. H., Rath b. Düsseldorf.

Kiefer, Georg, Ingenieur, Wien IV, Heu- 780
gasse 4.

Kins, Johs., Direktor der Dampfschifff.-Ges.
Stern, Berlin SO., Brücken-Str. 13 I.

Kintzel, E., Torpeder-Oberleutn., Friedrichsort b. Kiel, Minendepot.

Kippenhan, Ph., Direktor der Karlsruher
Schiffahrts-Gesellschaft m. b. H., Karlsruhe, Kaiser-Allee 107.

Kirsten, Friedrich, Kaufmann und Reeder,
Hamburg, Kehrwieder 13.

Klatte, Johs., Schiffbau-Ingenieur, i. Fa. 785
J. H. N. Wichhorst, Hamburg, Kl. Grasbrook, Arning-Str. 11.

Klawitter, Willi, Kaufmann u. Werftbesitzer,
i. F. J. W. Klawitter, Danzig.

Klée, W., Kaufmann, i. Fa. Klée & Koecher,
Hamburg, Hohe Bleichen 49.

Klein, Ernst, Kommerzienrat, Dahlbruch
i. Westf.

Klemperer, F., Direktor der Berliner Maschinenbau A. G. vorm. L. Schwartzkopff,
Berlin N. 4, Chaussee-Str. 17/18.

Klock, Chr., Ingenieur, Hamburg,   790
Bismarck-Str. 5 pt.

Klüpfel, Ludwig, Finanzrat, Mitglied des
Direktoriums der Firma Fried. Krupp,
Essen a. Ruhr.

Knackstedt, Ernst, Fabrikdirektor, Düsseldorf, Ahnfeld-Str. 107.

Knobloch, Emil, Königl. Kommissionsrat, Berlin W. 9, Link-Str. 15.

Knust, H., Kapitän a. D., Stadtrat, Stettin, Königsplatz 5.

795 Koehlmann, C. A., Fabrikbesitzer, Rittmeister a. D., Charlottenburg, Kant-Str. 134.

Korten, R., Direktor, Malstatt - Burbach, Hoch-Str. 19.

Kosegarten, Max, Generaldirektor der Deutschen Waffen- und Munitionsfabriken, Berlin NW. 7, Dorotheen-Str. 43/44.

Köhncke, Heinr., Zivil-Ingenieur, Bremen, Markt 14.

Körting, Ernst, Ingenieur, Techn. Direktor der Gebr. Körting A.-G., Körtingsdorf b. Hannover.

800 Köser, Fr., Kaufmann, i. Fa. Th. Höeg, Hamburg, Kajen 23.

Krauschitz, Georg, Ingenieur und Fabrikant, Berlin SW., Königgrätzer Str. 47 II.

Krause, Max, Königl. Baurat, Direktor von A. Borsig's Berg- und Hüttenverwaltung, Berlin N., Chaussee-Str. 6.

Krause, Max, Arthur, Fabrikant, Berlin-Charlottenburg, Knesebeck-Str. 28.

Krell, Otto, Direktor der Kriegs- u. Schiffbautechnischen Abteilung bei den Siemens-Schuckert Werken, Berlin W. 15, Kurfürstendamm 22.

805 Krell, Rudolf, Oberingenieur der Vereinigt. Maschinenfabr. Augsburg u. Maschinenbau·Gesellschaft Nürnberg, Nürnberg, Fromann-Str. 8.

Kreymann, L., Vorsteher der Maschinistenschule, Lübeck, Johannis-Str. 67.

Krieger, R., Hüttendirektor, Düsseldorf, Garten-Str. 79.

Kroebel, R., Ingenieur, Hamburg, Glockengiesserwall 1.

Krogmann, Richard, Vorsitzender der See-Berufsgenossenschaft, Hamburg, Trostbrücke 1.

810 Kunstmann, W., Konsul und Reeder, Stettin, Bollwerk 1.

Kunstmann, Arthur, Konsul und Reeder, Stettin, Kaiser Wilhelm-Str. 9.

Kübler, Wilhelm, Ingenieur für Elektromaschinenbau, Professor a. d. Techn. Hochschule zu Dresden, Dresden A., Münchener Str. 25.

Küpper, Carl, Direktor des Hochfelder Walzwerks-Akt.-Ver., Duisburg a. Rh.

Küpper, W., Ingenieur, Duisburg, Hochfelder Walzwerks-Akt.-Ver.

815 Lange, Chr., Ingenieur, i. Fa. Waggonleihanstalt Ludewig & Lange, Berlin W., Ranke-Str. 34.

Lange, Dr. phil. Otto, Ingenieur, Stahlwerkschef des Hoerder Vereins, Hoerde i. W., Tull-Str. 4.

Langheinrich, Ernst, Fabrikdirektor, Kalk b. Köln a. Rh.

Langreuter, H., Kapitän des Nordd. Lloyd, Bremerhaven.

Lans, W., Kapitän zur See, Kommandant S. M. S. Kaiser Wilhelm II., Kiel, Niemannsweg 94.

820 Lasche, O., Direktor der Turbinenfabrik der Allgem. Elektr.-Gesellsch., Berlin NW., Hutten-Str. 12.

Lass, F., Ing., Hamburg, Sophien-Allee 18.

Laubmeyer, Hermann, Zivil-Ingenieur, Danzig, Winterplatz 15.

Laue, Wm., Generaldirektor, Düsseldorf, Kaiser-Str. 47.

Lehmann, Kaiserl. Marine - Ober - Stabsingenieur, Kiel, Feld-Str. 54.

825 Lehnkering, Carl, Kommerzienrat, Duisburg.

Leipoldt, Geheimer Finanzrat, Generaldirektor der Stolberger Gesellschaft, Aachen, Hohe-Str. 11.

Leist, Chr., Direktor des Nordd. Lloyd, Bremen, Papen-Str. 5/6.

Leithelf, Otto, Zivil-Ingenieur, Berlin SW., Großbeeren Str. 55 u. 56 d.

Lentz, Hugo, Ingenieur, Berlin W., Potsdamer Str. 10/11.

830 Leopold, Direktor, Hoerde i. W.

Leue, Georg, Ingenieur, Berlin W. 15 Kurfürstendamm 24.

Liebe-Harkort, Ch., Direktor der Düsseldorfer Kranbaugesellschaft Liebe-Harkort m. b. H., Düsseldorf.

Liebe-Harkort, W., Ingenieur, i. Fa. Casp. Harkort G. m. b. H., Harkorten b. Haspe i. Westf.

Liechtensteiner, Ludwig, Ingenieur, Berlin W. 15, Meier-Otto-Str. 3.

835 Lipin, Alexander, Wirklicher Staatsrat und Ingenieur, St. Petersburg, Italienische Str. 17.

Lipp, M., Direktor und Vorstandsmitglied des deutschen Gußröhren-Syndikats A.-G., Köln a. Rh., Unter Sachsenhausen 25/27.

Loeck, Otto, Kaufmann, Hamburg, Agnes-Str. 22.

Loewe, J., Geheimer Kommerzienrat, Generaldirektor von Ludw. Loewe & Co. Akt.-Ges., Berlin NW. 6, Dorotheen-Str. 43/44.

Lorenz, Dr. Hans, Dipl. Ingenieur, Professor an der techn. Hochschule in Danzig, Langfuhr, Johannisberg 7.

840 The Losen, Paul, Direktor der Bergisch-Märkischen Bank, Düsseldorf, Uhland-Str.4.

Loubier, G., Patentanwalt, Berlin NW. 7, Dorotheen-Str. 32.

Lueg, E., Ingenieur, i. Fa. Haniel & Lueg, Düsseldorf-Grafenberg.

Lueg, H., Geheimer Kommerzienrat, Düsseldorf-Grafenberg.

Lüders, Peter W., Ingenieur, Erfurt, Kaiserplatz 1.

845 Lüders, W. M. Ch., Fabrikant, Hamburg, Annen-Str. 1 II.

Lütgens, Henry, Vorsitzender des Aufsichtsrates der Vereinigt. Bugsier- und Frachtschiffahrt-Ges., Hamburg, Steinhöft 3.

Magnus, Emil, Vorsitzender im Aufsichtsrate der Neptunwerft-Rostock, Hamburg, Heimhuder-Str. 64.

Manler von Elisenau, Ritter Josef, k. u. k. Kontre-Admiral, Seearsenals-Kommandant, Pola.

Martens, A., Professor, Geh. Regierungsrat, Direktor des Königl. Materialprüfungsamtes der Techn. Hochschule zu Berlin, Gr.-Lichterfelde-West, Fontane-Str.

850 Mathies, Carl, Reeder, i. Fa. L. F.Mathies&Co., Hamburg, Grimm 27.

Mathies, Osk., i. Fa. L. F. Mathies & Co., Hamburg, Grimm 27.

Mathies, Regierungs- und Baurat a. D., Generaldirektor, Dortmund.

May, Hermann, Hüttendirektor, Laurahütte O.-S.

Meier, M., Hüttendirektor, Differdingen, Luxemburg.

855 Mendelssohn, A., Staatsanwaltschaftsrat, Potsdam, Neue König-Str. 65.

Merck, Johs., Direktor der Hamburg-Amerika-Linie, Hamburg, Dovenfleth 18/21.

Merk, Karl, H., Ingenieur, Halensee b. Berlin, Ringbahn-Str. 124.

Merkel, Carl, Ingenieur, i. Fa. Willbrandt & Co., Hamburg, Kajen 24.

Mertens, Kurt, Ingenieur, Direktor der Hanseatischen Siemens-Schuckert-Werke, Hamburg-Uhlenhorst, Carl-Str. 7.

860 Mette, C., Direktor der Lübecker Maschinenbau-Gesellschaft, Lübeck, Lachswehrallee 15a.

Meuss, Fr., Kapitän z. See z. D., Berlin W., Voß-Str. 20.

Meyer, Eugen, Schloß Itter, Hopfgarten, Tirol.

Meyer, Josef, Dipl. Ingenieur, Halensee b. Berlin, Georg Wilhelm-Str. 24a.

Miehe, Otto, G., Kaufmann i. Fa. J. A. Lerch Nachflg Seippel, Hamburg, Rödingsmarkt 16.

865 Mintz, Maxim., Ingenieur und Patentanwalt, Berlin S.W., Königgrätzer Str. 93.

Moeller, Gustav, Vertreter der Hamburg-Südamerik. Dampfsch.-Ges. in Montevideo, Hamburg, Lübecker Str. 29.

Möbus, Wilh., Ingenieur, Düsseldorf, Stein-Str. 67.

Moldenhauer, Louis, Direktor der Akt.-Ges. Gebr. Böhler & Co., Berlin NW., Quitzow-Str. 24.

Moltke, Graf Otto, Klosterprobst, M. d. A. H., Uetersen in Holstein.

870 Mönkemöller, Fr. P., Ingenieur und Maschinenfabrikant, i. Fa. Bonner Maschinenfabrik und Eisengießerei Fr. Mönkemöller & Cie., Bonn a. Rh.

Morrison, C. Y., Techn. Leiter der Firma C. Morrison, Hamburg, Admiralität-Str. 40.

Mrazek, Franz, Ingenieur, Direktor der Skodawerke Akt.-Ges. Pilsen, Wien III, Strohgasse 24.

Müller, Gustav, Direktor der Rheinischen Metallwaaren- und Maschinenfabrik, Düsseldorf, Arnold-Str. 8.

Münzesheimer, Martin, Direktor der Gelsen-
kirchener Gußstahl- und Eisenwerke,
Gelsenkirchen.

875 Nebe, Friedr., Direktor der Aktien-Gesellschaft Balcke, Tellering & Co., Röhren-
walzwerk, Benrath b. Düsseldorf.

Nebelthau, August, Kaufmann und Reeder,
Bremen, Holler Allee 25.

Netter, Ludwig, Regierungs-Baumeister a. D.
u. Fabrikbesitzer, Berlin SW., Linden-Str. 5.

Neubaur, Fr., Dr. phil., Schriftsteller, Charlottenburg, Knesebeck-Str. 72/73.

Neufeldt, Ingenieur, Kiel, Horvien-Str. 58.

880 Niedt, Otto, Generaldirektor der Huld-
schinskyschen Hüttenwerke Akt.-Ges.,
Gleiwitz O.-Schlesien.

Niemeyer, Georg, Fabrikbesitzer, Hamburg,
Steinwärder, Neuhofer-Str.

Nimax, Ingenieur und Generaldirektor,
Ransbach (Westerwald).

Nissen, Andreas, Ober-Ingenieur, Hamburg,
Bei den Mühren 66/67.

Noske, Fedor, Ingenieur und Fabrikant,
Altona, Arnold-Str. 28.

885 Notholt, A., Maschinen-Inspektor, Oldenburg i. Gr., Amalien-Str. 14.

Oeking, Fabrikbesitzer, i. Fa. Oeking & Co.,
Düsseldorf-Lierenfeld.

Oppenheim, Paul, Ingenieur und Fabrikbesitzer, Berlin NW., Klopstock-Str. 19.

O'Swald, Alfr., Reeder, Hamburg, Große
Bleichen 22.

Overweg, O., Kaufmann, Hamburg, Admiralitäts-Str. 33/34.

890 Ott, Max, Diplom-Ingenieur, Linden vor
Hannover, Minister Sture-Str. 18.

Pagenstecher, Gust., Kaufmann, Vorsitzender im Aufsichtsrate der Akt.-Ges.
Weser, Bremen, Park-Str. 9.

Parje, Wilhelm, Direktor des Blechwalz-
werkes Schulz Knaudt Akt.-Ges., Essen
a. d. Ruhr.

Patrick, J., Ingenieur u. Fabrikant, Frankfurt a. M., Höchster-Str. 51.

Paucksch, Felix, Fabrikdirektor, i. Fa. Akt.-
Ges. H. Paucksch, Landsberg a. W.,
Berlin W. 15, Joachimthaler Str. 24.

Paucksch, Otto, Fabrikdirektor, Akt.-Ges. 895
H. Paucksch, Landsberg a. W.

Pekrun, Otto, Fabrikbesitzer, Coswig in
Sachsen.

Pepper, Gust., Kaufmann, Hamburg,
Rödingsmarkt 24.

Peters, Th., Dr. ing., Königl. Baurat,
Berlin NW., Charlotten-Str. 43.

Petersen, Bernhard, Zivil-Ingenieur und
Patentanwalt, Berlin S.W., Hede-
mann-Str. 5.

Philipp, Otto, Ingenieur, Berlin W., Unter 900
den Linden 15.

Piners, Dr. phil., Apothekenbesitzer, Brühl
b. Köln a. Rh.

Piper, C., Direktor der Neuen Dampfer-
Compagnie, Stettin.

Piper, Edmund, Prokurist der Fa. Franz
Haniel & Co., Ruhrort a. Rh.,
Damm-Str. 10.

Podeus, H., jr., Konsul, Wismar i. M.

Podeus, Paul, Ingenieur, Wismar i. M., 905
Ravelin Horn.

Poensgen, C. Rud., Vorstandsmitglied der
Düsseldorfer Röhren- u. Eisenwalzwerke,
Düsseldorf, Jägerhof-Str. 7.

Poensgen, Emil, Vorstandsmitglied der
Düsseldorfer Röhren- und Eisenwalzwerke, Düsseldorf, Jacobi-Str. 7.

Poetsch, E., Geh. Justizrat, Roßlau a. E.,
Haupt-Str. 25.

Pohlig, J., Fabrikant, Köln-Zollstock.

Polis, Albert, Kapitän und Prokurist der 910
Hamburg-Amerika-Linie, Hamburg-Uhlen-
horst, Adolf-Str. 74.

Polte, Eugen, Königl. Kommerzienrat und
Fabrikbesitzer, Magdeburg-Sudenburg,
Halberstädter Str. 35.

Poock, Jos., Fregatten-Kapitän z. D., Kiel,
Feld-Str. 54.

Potts, Templin M., Lieutnant-Commander,
U. S. Navy, Washington.

Predöhl, Dr. jur., Max, Senator, Hamburg,
Alsterterrasse 8.

Prégardien, J. E., Ingenieur für Dampf- 915
kesselbau, Kalk bei Köln a. Rhein.

Preiner, Johann, Ingenieur, Eichberg, Post
Gloggnitz, Nieder-Oesterreich.

Preuss, Aug., Königl. Ital. Generalkonsul,
i. Fa. Rob. Kleyenstüber & Co.,
Königsberg i. Pr.

Prieger, H, Direktor der Deutschen Niles
Werkzeugmaschinenfabrik, Berlin W. 15,
Kurfürstendamm 199.

Probst, Paul, Düsseldorf, Immermann-Str. 59

920 Quellmalz, Emil, Mitglied des Aufsichtsrates der Vereinigten Elbschiffahrts-
Gesellschaft, Dresden-A., Prager Str. 20.

Radke, Max, Fabrikdirektor, Berlin S.,
Prinzessinnen-Str. 18.

Ragg, Manfred, Ingenieur, Wien X/1, Laxen-
burger Str. 34.

Rágóczy, Egon, Syndikus a. D. und Generalsekretär, Berlin W. 30, Motz-Str. 72 III.

Rahtjen, Heinr., Kaufmann und Fabrikant,
Bremerhaven, Lloyd-Str. 18.

925 Rahtjen, John, Kaufmann, Hamburg, Mittelweg 19.

Rathjen, J., Frank, Kaufmann, Hamburg,
Mittelweg 19.

Raps, Dr. Prof. Aug., Direktor von Siemens &
Halske, Westend, Nonnendamm.

Raschen, Herm., Ingenieur der Chem.
Fabriken Griesheim-Elektron,
Griesheim a. M.

Rascher, Georg, Fabrikdirektor, Reinicken-
dorf b. Berlin, Hein, Lehmann & Co.,
A.-G., Nieder-Schönhausen, Kaiserweg 69.

930 Rathenau, Emil, Geheimer Baurat, Generaldirektor der Allgem. Elektr.-Ges.,
Berlin NW., Schiffbauerdamm 22.

Rathenau, Dr. W., Direktor der Berliner
Handelsgesellschaft, Berlin W.,
Behren-Str. 32.

Rehmann, Fritz, Direktor der Reederei
Stachelhaus & Buchloh, G. m. b. H.,
Mülheim a. d. Ruhr, Friedrich-Str. 28.

Redenz, Hans, Ingenieur, Düsseldorf-Grafenberg.

Recke, Kapitän zur See, Berlin W. 9,
Leipziger Platz 17.

935 v. Reichenbach, Major a. D., Berlin W. 50,
Eislebener Str. 12 III.

Reincke, H. R. Leopold, Ingenieur,
2 Laurence Pountney Hill, London E. C.

Reinecke, F., Ingenieur, Expert des Germanischen Lloyd und des Bureaus Veritas,
Gleiwitz O.-S., Wilhelm-Str. 34.

Reinhardt, Karl, Ingenieur, Direktor bei
Schüchtermann & Kremer, Dortmund,
Arndt-Str. 36.

Reusch, Paul, Vorstandsmitglied der Gute-
hoffnungshütte, Sterkrade-Rheinland.

Reuter, Wolfgang, Inhaber der Fa. Ludwig 940
Stuckenholz, Wetter a. Ruhr.

Richter, Hans, Kaufmann, Berlin S.,
Alexandrinen-Str. 95/96.

Rickert, Dr. F., Verleger der „Danziger
Zeitung", Danzig.

Riemer, Julius, Oberingenieur und Prokurist
der Firma Haniel & Lueg, Düsseldorf-
Grafenberg.

Rieppel, A., Dr. Jng., Königl. Baurat und
Fabrikdirektor, Nürnberg 24.

v. Ripper, Julius, K. und K. Kontre-Admiral, 945
Pola.

Rischowski, Alb., Vertreter der Firma
Caesar Wollheim, Breslau, Wall-Str. 23.

Röchling, L., Fabrikbesitzer, Völklingen
a. d. Saar.

Röper, A., Direktor d. Akt.-Ges. de Fries & Co.,
Düsseldorf, Grafenberger Chaussee 84.

Rogge, A., Marine-Oberstabs-Ingenieur a. D.,
Westend, Nonnendamm.

v. Rolf, W., Freiherr, Direktor der Dampf- 950
schifff.-Ges. f. d. Nieder- u. Mittel-Rhein,
Düsseldorf, Tell-Str. 8.

Rolle, M., Architekt, Berlin W., Manstein-Str. 5.

Romahn, H., Privatier, Freiburg i. B.,
Hilda-Str. 52.

Rump, Wilh., Kaufm., Hamburg, Raboisen 96.

Ruperti, Oscar, Kaufmann, in Firma H. J.
Merck & Co., Hamburg, Dovenhof 6.

Sachse, Walter, Kapitän und Oberinspektor 955
der Hamburg-Amerika-Linie, Hamburg,
Ferdinand-Str. 62.

Sachsenberg, P., Kaufmann und Fabrikbesitzer, Roßlau a. E.

Sack, Hugo, Ingenieur und Fabrikbesitzer,
Rath bei Düsseldorf.

Saefkow, Otto, Kaufmann, St. Petersburg, Obwodnykanal 105.

Salzmann, Heinrich, Architekt, Düsseldorf, Graf Adolf-Str. 19.

960 Sanders, Ludwig, Kaufmann, Hamburg, Rathausmarkt 2 I.

Sartori, A., Konsul und Reeder, in Fa. Sartori & Berger, Kiel.

Sartori, P., Konsul und Reeder, in Fa. Sartori & Berger, Kiel.

Sattler, Bruno, Maschinen-Inspektor und Hauptmann der Reserve, Kattowitz O.-S., Friedrich-Str. 35.

Schachtel, Leo, Dr. jur., Rechtsanwalt, Berlin W. 66, Leipziger Str. 117/118.

965 Schaffran, Karl, Diplom-Schiffbau-Ingenieur, Westerplatte b. Danzig, Linden-Str.

Schäfer, W., Direktor der Ziegeltransport-Gesellschaft m. b. H., Berlin NW. 6, Luisen-Str. 45.

Scharbau, Fr., Werftdirektor, Tönning, Deich-Str. 2.

Scharrer, G., Kaufm., Duisburg, Unter-Str. 84.

Schaubach, M., Fabrikant, Coblenz-Lützel.

970 Schauenburg, M., Ingenieur, Berlin W. 15, Lietzenburger Str. 3.

Schauseil, M., Direktor der Seeberufs-Genossenschaft, Hamburg 11, Beim alten Waisenhaus 1.

Scheder, Georg, Kontre-Admiral und Ober-werftdirektor, Kiel-Gaarden, Kaiserl. Werft.

Scheer, Kapitän zur See, Berlin W. 9, Leipziger Platz 13.

v. Schichau, Rittergutsbesitzer, Pohren b. Ludwigsort, Ostpr.

975 Schiess, Ernst, Geheimer Kommerzienrat und Fabrikbesitzer, Düsseldorf.

Schilling, Professor Dr., Direktor der See-fahrtsschule, Bremen.

Schimmelbusch, Julius, Ingenieur, Kaisers-lautern.

Schinckel, Max, Vorsitzender d Aufsichtsrats der Reiherstieg Schiffswerfte u. Maschinen-fabrik, Hamburg, Adolphsbrücke 10.

Schleifenbaum, Fr., Direktor der Felten & Guilleaume Carlswerke, Akt.-Ges., Mül-heim (Rhein), Regenten-Str. 69.

980 v. Schlichting, Kaiserl. Ober-Postdirektor, Bremen, Domsheide 15.

Schmidt, Kontre-Admiral, Kiel, Reventlow-Allee 8.

Schmidt, Ehrhardt, Kapitän zur See, Kiel, Waitz-Str. 46 I.

Schmidt, Emil, Ingenieur, Hamburg-Uhlen-horst, Herder-Str. 64.

Schmidt, Herm., Fabrikant, Hamburg-Uhlen-horst, Herder-Str. 62.

Schmidt, Henry, Beeidigter Dispacheur und 985 Syndikus des Vereins Hamburger Asse-kuradeure, Hamburg, Börsenbrücke 4.

Schmidt, Max, Ingenieur, Direktor der Maschb.-Akt.-Ges. vorm. Starke & Hoffmann, Hirschberg i. Schles.

Schmidt, Wilh., Zivil-Ingenieur, Wilhelms-höhe b. Kassel.

Schmidtlein, C., Ingenieur und Patentanwalt, Berlin SW., Königgrätzer-Str.

Schmitt, E., Königl. Baurat, Pillau, Ostpr.

Schneider, Heinrich, Fabrikdirektor, 990 Laurahütte, O.-S.

Schnitzing, Gustav, Direktor der Vereinigt. Elbschiffahrts-Gesellschaften, Akt.-Ges., Dresden, Permoser-Str. 13.

Schrader, Korvetten-Kapitän, Berlin W. 9, Leipziger Platz 13.

Schröder, Emil, Ingenieur, Bremerhaven, Keil-Str. 1.

Schrödter, Dr.Jng. E., Ingenieur, Düsseldorf, Jacobi-Str. 5.

Schuchardt, B., Inhaber der Fa. Schuchardt 995 & Schütte, Berlin C., Spandauer Str. 59/61.

Schult, Hans, Ingenieur, i. Fa. W. A. F. Wiech-horst & Sohn, Hamburg, Pinnasberg 46.

Schumann, G., Generaldirektor des Guß-stahlwerkes Witten, Witten.

Schultz, Max, Oberleutnant zur See, Kiel, Düppel-Str. 68.

Schultze, Aug., Geh. Kommerzienrat, Direktor der Oldenburg-Portug. Dampf-schiffs-Reederei, Oldenburg i. Gr.

Schulz, Gustav Leo, Vertreter des Hoerder 1000 Bergwerks- u. Hüttenvereins, Berlin W. 50, Ranke-Str. 35.

Schulze, F. F. A., Fabrikbesitzer, Berlin N., Fehrbelliner Str. 47/48.

Schulze-Vellinghausen, Ew., Fabrik-besitzer, Düsseldorf, Stern-Str. 18.

Schümann, Egon, Kaiserl. Regierungsrat, Südende, Brandenburger Str. 15a.

Schütte, H., Kaufmann, i. Fa. Alfr. H. Schütte, Köln, Zeughaus 16.

1005 v. Schütz, Julius, Ingenieur, Vertreter der Fried. Krupp A.-G., Berlin W. 50, Marburger Str. 17.

Schwanhäusser, Wm., Dir. der Hydraulic Works Henry R. Worthington, Brooklyn, New-York.

Sehmer, Th., Fabrikbesitzer, St. Johann a. d. Saar, Mainzer Str. 95.

Seiffert, Franz, Ingenieur, Direktor der Akt.-Ges. Franz Seiffert & Co., Berlin-Eberswalde, Berlin, Köpnicker Str. 154a.

Selck, Fr. W., Kommerzienrat, Flensburg.

1010 Selve, Walter, Ingenieur, Altena i. W.

v. Senden-Bibran, Gust., Freiherr, Admiral, Exzellenz, Chef des Marine-Kabinets u. General-Adjutant Sr. Majestät des Kaisers, Berlin W., Voß-Str. 25.

Senfft, Carl, Direktor, Düsseldorf, Graf Adolf-Str. 95.

Sening, Aug., Fabrikant, i. Fa F. A. Sening, Hamburg, Vorsetzen 25/27.

Siebel, Walter, Ingenieur, i. Fa. Bauartikel-Fabrik A. Siebel, Düsseldorf-Rath.

1015 Siebel, Werner, Fabrikbesitzer, i. Fa. Bauartikel-Fabrik A. Siebel, Düsseldorf-Rath.

Siebert, F., Direktor der Firma F. Schichau, Elbing.

Siebert, G., Prokurist der Firma F. Schichau, Elbing, Altstädt. Wall-Str. 10.

Siedentopf, Otto, Ingenieur und Patentanwalt, Berlin SW., Friedrich-Str. 208.

Sieg, Waldemar, Kaufmann u. Reeder, Danzig, Brodbänkengasse 14.

1020 Siegmund, Walter, Direktor der Turbinia, Deutsche Parsons Marine-Aktien-Gesellschaft, Berlin W. 62, Luther-Str. 52.

Simon, Heinrich, Dr. phil. Königl. Bibliothekar, Langfuhr, Techn. Hochschule.

Slaby, Ad., Professor Dr., Geheimer Reg.-Rat, Charlottenburg, Sophien-Str. 33.

Sorge, Kurt, Mitglied des Direktoriums der Firma Fried. Krupp, Vorsitzender Direktor des Fried. Krupp Grusonwerk, Magdeburg, Moltke-Str. 12c.

Sorge, Otto, Maschinen-Ingenieur, Spezialist f. moderne Groß-Kondensationsanlagen, Grunewald b. Berlin, Margarethen-Str. 5.

Springer, Ferdinand, Verlagsbuchhändler, 1025 Berlin N. 24, Monbijouplatz 3.

Springer, Fritz, Verlagsbuchhändler, Berlin N. 24, Monbijouplatz 3.

Springmann, Rudolf, Teilhaber der Firma Funcke & Elbers, Hagen i. W.

Springorum, Fr., Direktor der Eisen- und Stahlwerke Hoesch, A.-G., Dortmund, Eberhardt-Str. 20.

Stachelhaus, Herm., Reeder u. Fabrikant, i. Fa. Stachelhaus & Buchloh, Mannheim.

Stahl, Paul, Direktor des Stettiner Vulcan, 1030 Bredow-Stettin.

Stange, Heinr., Metallwaren- u. Armaturen-Fabrikant, Hamburg, Tornquist-Str. 46.

Steegmann, Erich, Schiffbau-Ingenieur, Elbing, Friedrich Wilhelm Platz 17 II.

Stein, C., Ingenieur, Direktor der Gasmotorenfabrik „Deutz"-Deutz.

Steinbiss, Karl, Königl. Eisenbahn-Direktor, Ottensen-Altona, Eggers-Allee 12 I.

Stenzel, Alfr., Kapitän z. See à la suite der 1035 Marine, Göttingen, Obere Karspüle 45.

Strasser, Geh. Regierungsrat, Berlin NW., Flemming-Str. 14.

Strokarck, Ad., Reeder, i. Fa. Rob. M. Sloman jr., Hamburg, Baumwall 3.

Strube, Dr. A., Bankdirektor, Deutsche Nationalbank, Bremen.

Struck, H., Prokurist der Firma F. Laeisz, Hamburg, Trostbrücke 1.

de Sugny, Graf G., Capitaine de vaisseau, 1040 Französischer Marine-Attaché, Berlin W., Bendler-Str. 16 II.

Sugg, Direktor der Vereinigten Königs- und Laurahütte A.-G., Königshütte O.-Schl., Girndt-Str. 13.

Suppán, C. V., Schiffsoberinspektor, Wien III, Donau-Dampfschiffs-Direktion.

Sylvester, Emilio, Ingenieur, Friedenshütte O.-S.

Taggenbrock, J., Direktor, Longue rue d'Argile 100, Antwerpen.

Takikawa, Tomokazu, Kapitän zur See, 1045 Kaiserl. japanischer Marine-Attachee, Berlin W. 30, Habsburger Str. 12.

Tecklenborg, Ed., Kaufmann, Direktor der Schiffswerft von Joh. C. Tecklenborg Akt.-Ges., Bremen, Park-Str. 41.

Thiele, Ad., Kontre-Admiral z. D., Reichs-Kommissar bei dem Seeamte Bremerhaven, Bremen, Richard Wagner-Str. 21.

Thomsen, Aug., Admiral z. D., Exzellenz, Kiel.

Thulin, C. G., Italienischer Generalkonsul und Reeder, Stockholm (Schweden), Skeppsbron 34.

1050 Thulin, P. G., Vize - Konsul, Stockholm, Skeppsbron 34.

Thumann, G., Kapitän des Nordd. Lloyd, Vegesack, Grüne Str. 36.

Thyen, Heinr. O., i. Fa. G. H. Thyen, Brake.

Tietgens, G. W., Kaufmann, Vorsitzender im Aufsichtsrate der Hamburg-Amerika-Linie, Hamburg, Gr. Reichen-Str. 51.

v. Tirpitz, Alfr., Admiral, Exzellenz, Staatsminister und Staatssekretär des Reichs-Marine-Amtes, Berlin W. 9, Leipziger Platz 13.

1055 Tonne, Carl Gust., Kommerzienrat, Magdeburg, Villa auf dem Werder.

Trappen, Walter, Generaldirektor der Skodawerke, Pilsen.

Tschirch, Emil, Rentier, Berlin W., Tauenzien-Str. 7b.

Tull, M., Geheimer Kommerzienrat, Generaldirektor des Hoerder Bergwerk- und Hüttenvereins, Hoerde i. W.

Vervier, Jos., Kaufmann, Berlin W., Ansbacher Str. 19 I.

1060 Vielhaben, Dr. jur., Rechtsanwalt, Hamburg, Hohe Bleichen 31.

van Vloten, Hütten-Direktor, Hoerde i. W.

Volckens, Wm., Kommerzienrat, Hamburg, Admiralitäts-Str. 52/53.

Vollbrandt, Adolf, Kaufmann, Hamburg 17, Heimhuder Str. 64.

Vollmer, Adolf, Direktor der Elbinger Metallwerke G. m. b. H., Elbing.

1065 Vorbeck, Geheimer Ober-Postrat u. Ober-Postdirektor, Hamburg, Stephansplatz 5.

Vorwerk, Ad., Vorsitzender der D. D. Ges. Kosmos, Hamburg, Paul-Str. 29.

Wagenführ, H., Ober-Ingenieur der Allgem. Elektrizitäts-Gesellsch. Hamburg, Dammtor-Str. 30.

Wallenberg, G. O., Kapitän zur See und Reichstagsabgeordneter, Stockholm.

Wallmann, Kapitän zur See, Kiel, Niemannsweg 61.

Wätjen, Georg W., Konsul und Reeder, 1070 Bremen, Papen-Str. 24.

Weinlig, O. Fr., Generaldirektor, Dillingen a. d. Saar.

Weber, Ed.. Kaufmann, Hamburg, Große Reichen-Str. 27, Afrikahaus.

Weber, Richard, Fabrikant, Berlin O. 34, Königsberger Str. 16.

Weber, W. A., Ingenieur, i. Fa. Weber & Westphal, Hamburg 21, Arndt-Str. 16.

Weber, Paul, Geschäftsführer des Verbandes 1075 Deutscher Grobblech-Walzwerke und der Schiffbaustahl-Vereinigung, Essen, Selma-Str. 15.

Wegener, Hauptmann a. D., Direktor des Preß- und Walzwerkes Düsseldorf—Reisholz, Düsseldorf, Rochus-Str. 23.

Weisdorff, E., Generaldirektor der Burbacherhütte, Burbach a. Saar.

Weitzmann, J., Direktor der deutschen Vacuum Oil Comp., Hamburg, Overbeck-Str. 14.

Welin, Axel, Ingenieur, Hopetoun House, Lloyds Avenue, London E. C.

Wendemuth, Wasserbauinspektor, 1080 Hamburg 14, Dalmann-Str.

Wessels. Joh., Fr., Senator, Bremen, Langen-Str. 86 I.

Wichmann, Alfred O., Kaufmann, Hamburg, Gr. Bleichen 32.

Wiecke, A., Direktor des Oberbilker Stahlwerkes, Düsseldorf-Oberbilk, Stern-Str. 67.

Wiener, Albert, i. Fa. Johnassohn, Gordon & Co., Hamburg, Admiralitäts-Str. 33/34.

Wiengreen, Heinr., Maschinen - Inspektor, 1085 Hamburg, Bismarck-Str. 28.

Wiethaus, O., Kommerzienrat und Generaldirektor, Hamm i. W.

Wilda, Johs., Marineschriftsteller, Lübeck, St. Jürgenring 1a.

Wilhelmi, J., Ingenieur, Hamburg, Erlenkamp 1.

Windscheid, G., Kaufmann und k. und k. Oesterr.-Ung. Vize-Konsul, Nicolaieff.

1090 Winters, Carl, Kaufmann und Reeder, Vorstand der Dampfschiffahrts-Gesellschaft Triton A.-G., Bremen, Söge-Str. 15 a.

Wirtz, Adolf, Dipl. Hütten-Ingenieur und Direktor des Stahlwerk Mannheim, Rheinau bei Mannheim.

Witthöfft, L., Oberingenieur a. D., Wiesbaden, Adelheid-Str. 76 a.

Woermann, Ad., Kaufmann, Hamburg Große Reichen-Str. 27.

Wolff, G., Geheimer Oberbaurat a. D., Ilfeld a. Harz, Villa Schütte.

1095 Wolff, G., Direktor der Hamburg-Amerika-Linie, Hamburg, Dovenfleth 18/21.

Zanders, Hans, Fabrikbesitzer, Bergisch-Gladbach, Rheinprovinz.

Zapf, Georg, Direktor der Land- und Seekabelwerke A.-G. Köln-Nippes, Nichler-Str. 72.

Zapp, Adolf, Ingenieur, i. Fa. Robert Zapp, Düsseldorf, Harold-Str. 10 a.

Zapp, Gustav, i. Fa. Robert Zapp, Düsseldorf.

Zeise, Alf., Ingenieur und Senator, i. Fa. Theodor Zeise, Othmarschen, Reventlow-Str. 10. 1100

Zimmer, A., Schiffsmakler und Reeder, i. Fa. Knöhr & Burchard Nfl., Hamburg, Steinhöft 8.

Zopke, Hans, Regierungs-Baumeister a. D., Direktor der Aktiengesellschaft Mix & Genest, Telephon- und Telegraphenwerke, Berlin W. 30, Münchener Str. 47.

Zörner, Königl. Bergrat und Generaldirektor, Kalk bei Köln a. Rhein.

Abgeschlossen am 31. Dezember 1905.

Die Gesellschaftsmitglieder werden im eigenen Interesse ersucht, jede Wohnungsveränderung sofort auf besonderer Karte dem Geschäftsführer anzuzeigen.

II. Satzung.

I. Sitz der Gesellschaft.

§ 1.

Die am 23. Mai 1899 gegründete Schiffbautechnische Gesellschaft hat ihren Sitz in Berlin und ist dort beim Königlichen Amtsgericht I als Verein eingetragen.

Sitz.

II. Zweck der Gesellschaft.

§ 2.

Zweck der Gesellschaft ist der Zusammenschluß von Schiffbauern, Schiffsmaschinenbauern, Reedern, Offizieren der Kriegs- und Handelsmarine und anderen mit dem Seewesen in Beziehung stehenden Kreisen behufs Erörterung wissenschaftlicher und praktischer Fragen zur Förderung der Schiffbautechnik.

Zweck.

§ 3.

Mittel zur Erreichung dieses Zweckes sind:
1. Versammlungen, in denen Vorträge gehalten und besprochen werden.
2. Drucklegung und Uebersendung dieser Vorträge an die Gesellschaftsmitglieder.
3. Stellung von Preisaufgaben und Anregung von Versuchen zur Entscheidung wichtiger schiffbautechnischer Fragen.

Mittel zur
Erreichung dieses
Zweckes.

III. Zusammensetzung der Gesellschaft.

§ 4.

Die Gesellschaftsmitglieder sind entweder:
1. Fachmitglieder,
2. Mitglieder, oder
3. Ehrenmitglieder.

Gesellschafts-
mitglieder.

§ 5.

Fachmitglieder können nur Herren in selbständigen Lebensstellungen werden, welche das 28. Lebensjahr überschritten haben, einschließlich ihrer Ausbildung, bezw. ihres Studiums, 8 Jahre im Schiffbau oder Schiffsmaschinenbau tätig gewesen sind, und von denen eine Förderung der Gesellschaftszwecke zu erwarten ist.

Fachmitglieder.

§ 6.

Mitglieder.

Mitglieder können alle Herren in selbständigen Lebensstellungen werden, welche vermöge ihres Berufes, ihrer Beschäftigung, oder ihrer wissenschaftlichen oder praktischen Befähigung imstande sind, sich mit Fachleuten an Besprechungen über den Bau, die Einrichtung und Ausrüstung, sowie die Eigenschaften von Schiffen zu beteiligen.

§ 7.

Ehrenmitglieder.

Zu Ehrenmitgliedern können vom Vorstande nur solche Herren erwählt werden, welche sich um die Zwecke der Gesellschaft hervorragend verdient gemacht haben.

IV. Vorstand.

§ 8.

Vorstand.

Der Verwaltungs-Vorstand der Gesellschaft setzt sich zusammen aus:

    1. dem Ehrenvorsitzenden,
    2. dem Vorsitzenden,
    3. dem stellvertretenden Vorsitzenden,
    4. mindestens vier Beisitzern.

Den geschäftsführenden Vorstand im Sinne des § 26 des Bürgerlichen Gesetzbuches bilden:

    1. der Vorsitzende,
    2. der stellvertretende Vorsitzende,
    3. mindestens vier Beisitzer.

§ 9.

Ehren-Vorsitzender.

An der Spitze der Gesellschaft steht der Ehrenvorsitzende, welcher in den Hauptversammlungen den Vorsitz führt und bei besonderen Anlässen die Gesellschaft vertritt. Demselben wird das auf Lebenszeit zu führende Ehrenamt von den in § 8, Absatz 1 unter 2—4 genannten Vorstandsmitgliedern angetragen.

§ 10.

Vorstands-mitglieder.

Die beiden geschäftsführenden Vorsitzenden und die fachmännischen Beisitzer werden von den Fachmitgliedern aus ihrer Mitte gewählt, während die anderen Beisitzer von sämtlichen Gesellschaftsmitgliedern aus den Mitgliedern gewählt werden.

Werden mehr als vier Beisitzer gewählt, so muß der fünfte Beisitzer ein Fachmitglied der sechste ein Mitglied sein, u. s. f.

§ 11.

Ergänzungs-wahlen des Vorstandes.

Die Mitglieder des geschäftsführenden Vorstandes werden auf die Dauer von drei Jahren gewählt. Im ersten Jahre eines Trienniums scheiden der Vorsitzende und die Hälfte der nicht fachmännischen Beisitzer aus; im zweiten Jahre der stellvertretende Vorsitzende und die Hälfte der fachmännischen Beisitzer; im dritten Jahre die übrigen Beisitzer. Eine Wiederwahl ist zulässig.

§ 12.

Ersatzwahl des Vorstandes.

Scheidet ein Mitglied des geschäftsführenden Vorstandes während seiner Amtsdauer aus, so muß der geschäftsführende Vorstand einen Ersatzmann wählen, welcher verpflichtet ist, das Amt anzunehmen und bis zur nächsten Hauptversammlung zu führen. Für den Rest der Amtsdauer des ausgeschiedenen Vorstandsmitgliedes wählt die Hauptversammlung ein neues Vorstandsmitglied.

§ 13.

Der geschäftsführende Vorstand leitet die Geschäfte und verwaltet das Vermögen der Gesellschaft. Er stellt einen Geschäftsführer an, dessen Besoldung er festsetzt. *Geschäftsleitung.*

Der geschäftsführende Vorstand ist nicht beschlußfähig, wenn nicht mindestens vier seiner Mitglieder zugegen sind. Die Beschlüsse werden mit einfacher Majorität gefaßt, bei Stimmengleichheit gibt die Stimme des Vorsitzenden den Ausschlag.

Der Geschäftsführer der Gesellschaft muß zu allen Vorstandssitzungen zugezogen werden, in denen er aber nur beratende Stimme hat.

Das Geschäftsjahr ist das Kalenderjahr.

V. Aufnahmebedingungen und Beiträge.

§ 14.

Das Gesuch um Aufnahme als Fachmitglied ist an den geschäftsführenden Vorstand zu richten und hat den Nachweis zu enthalten, daß die Voraussetzungen des § 5 erfüllt sind. Dieser Nachweis ist von einem fachmännischen Vorstandsmitgliede und drei Fachmitgliedern durch Namensunterschrift zu bestätigen, worauf die Aufnahme erfolgt. *Aufnahme der Fachmitglieder.*

§ 15.

Das Gesuch um Aufnahme als Mitglied ist an den geschäftsführenden Vorstand zu richten, dem das Recht zusteht, den Nachweis zu verlangen, daß die Voraussetzungen des § 6 erfüllt sind. Falls ein solcher Nachweis gefordert wird, ist er von einem Mitgliede des geschäftsführenden Vorstandes und drei Gesellschaftsmitgliedern durch Namensunterschrift zu bestätigen, worauf die Aufnahme erfolgt. *Aufnahme der Mitglieder.*

§ 16.

Jedes eintretende Gesellschaftsmitglied zahlt ein Eintrittsgeld von 30 M. *Eintrittsgeld.*

§ 17.

Jedes Gesellschaftsmitglied zahlt einen jährlichen Beitrag von 25 M., welcher im Januar eines jeden Jahres fällig ist. Sollten Gesellschaftsmitglieder den Jahresbeitrag bis zum 1. Februar nicht entrichtet haben, so wird derselbe durch Postauftrag eingezogen. *Jahresbeitrag.*

§ 18.

Gesellschaftsmitglieder können durch einmalige Zahlung von 400 M. lebenslängliche Mitglieder werden und sind dann von der Zahlung der Jahresbeiträge befreit. *Lebenslänglicher Beitrag.*

§ 19.

Ehrenmitglieder sind von der Zahlung der Jahresbeiträge befreit. *Befreiung von Beiträgen.*

§ 20.

Gesellschaftsmitglieder, welche auszutreten wünschen, haben dies vor Ende des Geschäftsjahres bis zum 1. Dezember dem Vorstande schriftlich anzuzeigen. Mit ihrem Austritte erlischt ihr Anspruch an das Vermögen der Gesellschaft. *Austritt.*

§ 21.

Erforderlichen Falles können Gesellschaftsmitglieder auf einstimmig gefaßten Beschluß des Vorstandes ausgeschlossen werden. Gegen einen derartigen Beschluß gibt es keine Berufung. Mit dem Ausschlusse erlischt jeder Anspruch an das Vermögen der Gesellschaft. *Ausschluß.*

VI. Versammlungen.

§ 22.

Versammlungen.

Die Versammlungen der Gesellschaft zerfallen in:

1. die Hauptversammlung,
2. außerordentliche Versammlungen.

§ 23.

Hauptversammlung.

Jährlich soll, möglichst im November, in Berlin die Hauptversammlung abgehalten werden, in welcher zunächst geschäftliche Angelegenheiten erledigt werden, worauf die Vorträge und ihre Besprechung folgen.

Der geschäftliche Teil umfaßt:

1. Vorlage des Jahresberichtes von seiten des Vorstandes.
2. Bericht der Rechnungsprüfer und Entlastung des geschäftsführenden Vorstandes von der Geschäftsführung des vergangenen Jahres.
3. Bekanntgabe der Namen der neuen Gesellschaftsmitglieder.
4. Ergänzungswahlen des Vorstandes und Wahl von zwei Rechnungsprüfern für das nächste Jahr.
5. Beschlußfassung über vorgeschlagene Abänderungen der Satzung.
6. Sonstige Anträge des Vorstandes oder der Gesellschaftsmitglieder.

§ 24.

Außerordentliche Versammlungen.

Der geschäftsführende Vorstand kann außerordentliche Versammlungen anberaumen, welche auch außerhalb Berlins abgehalten werden dürfen. Er muß eine solche innerhalb vier Wochen stattfinden lassen, wenn ihm ein dahin gehender, von mindestens dreißig Gesellschaftsmitgliedern unterschriebener Antrag mit Angabe des Beratungsgegenstandes eingereicht wird.

§ 25.

Berufung der Versammlungen.

Alle Versammlungen müssen durch den Geschäftsführer mindestens 14 Tage vorher den Gesellschaftsmitgliedern durch Zusendung der Tagesordnung bekannt gegeben werden.

§ 26.

Anträge für Versammlungen.

Jedes Gesellschaftsmitglied hat das Recht, Anträge zur Beratung in den Versammlungen zu stellen. Die Anträge müssen dem Geschäftsführer 8 Tage vor der Versammlung mit Begründung schriftlich eingereicht werden.

§ 27.

Beschlüsse der Versammlungen.

In den Versammlungen werden die Beschlüsse, soweit sie nicht Aenderungen der Satzung betreffen, mit einfacher Stimmenmehrheit der anwesenden Gesellschaftsmitglieder gefaßt.

§ 28.

Aenderungen der Satzung.

Vorschläge zur Abänderung der Satzung dürfen nur zur jährlichen Hauptversammlung eingebracht werden. Sie müssen vor dem 15. Oktober dem Geschäftsführer schriftlich mitgeteilt werden und benötigen zu ihrer Annahme drei Viertel Mehrheit der anwesenden Fachmitglieder.

§ 29.

Wenn nicht von mindestens zwanzig anwesenden Gesellschaftsmitgliedern namentliche Abstimmung verlangt wird, erfolgt die Abstimmung in allen Versammlungen durch Erheben der Hand.

Wahlen erfolgen durch Stimmzettel oder durch Zuruf. Sie müssen durch Stimmzettel erfolgen, sobald der Wahl durch Zuruf auch nur von einer Seite widersprochen wird.

§ 30.

In allen Versammlungen führt der Geschäftsführer das Protokoll, welches nach seiner Genehmigung von dem jeweiligen Vorsitzenden der Versammlung unterzeichnet wird.

§ 31.

Die Geschäftsordnung für die Versammlungen wird vom Vorstande festgestellt und kann auch von diesem durch einfache Beschlußfassung geändert werden.

VII. Auflösung der Gesellschaft.

§ 32.

Eine Auflösung der Gesellschaft darf nur dann zur Beratung gestellt werden, wenn sie von sämtlichen Vorstandsmitgliedern oder von einem Drittel aller Fachmitglieder beantragt wird. Es gelten dabei dieselben Bestimmungen wie bei der Abänderung der Satzung.

§ 33.

Bei Beschlußfassung über die Auflösung der Gesellschaft ist über die Verwendung des Gesellschafts-Vermögens zu befinden. Dasselbe darf nur zum Zwecke der Ausbildung von Fachgenossen verwendet werden.

III. Satzung

für den

Stipendienfonds der Schiffbautechnischen Gesellschaft.

§ 1.

Der Stipendienfonds ist aus den Organisationsbeiträgen und den Einzahlungen der lebenslänglichen Mitglieder gebildet worden. Er beträgt 200 000 Mark, welche im Preuß. Staats-Schuldbuche, mit $3\frac{1}{2}\,\%$ verzinsbar, eingetragen sind.

§ 2.

Die jährlichen Zinsen des Fonds in Höhe von 7000 Mark sollen verwendet werden:
   a) Zur Sicherstellung des Geschäftsführers der Gesellschaft,
   b) zur Gewährung von Reise-Stipendien an jüngere Fachmitglieder,
   c) als Beihilfe zu wissenschaftlichen Untersuchungen von Gesellschaftsmitgliedern,
   d) als Anerkennung für hervorragende Vorträge an jüngere Fachmitglieder.

§ 3.

In unruhigen oder sonst ungünstigen Zeiten, in denen die Mitglieder-Beiträge spärlich und unbestimmt eingehen, können die Bezüge des Geschäftsführers alljährlich bis zur Höhe von 7000 Mark aus den Zinsen des Stipendienfonds bestritten werden, wenn dies vom Vorstande beschlossen wird.

§ 4.

Hervorragend tüchtige Fachmitglieder, welche nach vollendetem Studium mindestens 3 Jahre erfolgreich als Konstruktions- oder Betriebs-Ingenieure auf einer Werft oder in einer Schiffsmaschinenfabrik tätig waren und hierüber entsprechende Zeugnisse beibringen, können ein einmaliges Reisestipendium erhalten. Sie haben im März des laufenden Jahres ein dahingehendes Gesuch an den Vorstand zu richten, welcher ihnen bis zum 1. Mai mitteilt, ob das Gesuch genehmigt oder abgelehnt ist. Gründe für die Annahme oder Ablehnung braucht der Vorstand nicht anzugeben. Derselbe entscheidet auch von Fall zu Fall über die Höhe des zu bewilligenden Reise-Stipendiums. Gegen die Entscheidung des Vorstandes gibt es keine Berufung. Nach der Rückkehr von der Reise muß der Unterstützte in knappen Worten dem Vorstande eine schriftliche Mitteilung davon machen, welche Orte und Werke er besucht hat. Weitere Berichte dürfen nicht von ihm verlangt werden.

§ 5.

Gesellschaftsmitgliedern, welche sich mit wissenschaftlichen Untersuchungen bezw. Forschungsarbeiten auf den Gebieten des Schiffbaues oder des Schiffsmaschinenbaues beschäftigen, kann der Vorstand aus den Zinsen des Stipendienfonds eine einmalige oder eine mehrjährige Beihilfe bis zur Beendigung der betreffenden Arbeiten gewähren. Über die Höhe und die Dauer dieser Beihilfen beschließt der Vorstand endgültig.

Beihilfen.

§ 6.

Für bedeutungsvolle Vorträge jüngerer Gesellschaftsmitglieder kann der Vorstand aus den Zinsen des Stipendienfonds, wenn es angebracht erscheint, geeignete Anerkennungen aussetzen.

Anerkennungen.

§ 7.

Die in einem Jahre für vorstehende Zwecke nicht verbrauchten Zinsen werden den Einnahmen des laufenden Geschäftsjahres zugeführt.

Überschüsse.

§ 8.

In der jährlichen Hauptversammlung muß der Vorstand einen Bericht über die Verwendung der Zinsen des Stipendienfonds im laufenden Geschäftsjahre erstatten. Die Rechnungsprüfer haben die Pflicht, die diesem Berichte beizufügende Abrechnung durchzusehen und daraufhin die Entlastung des Vorstandes auch von diesem Teile seiner Geschäftsführung bei der Hauptversammlung zu beantragen.

Jahresbericht.

§ 9.

Vorschläge zur Abänderung der vorstehenden Satzung dürfen nur zur jährlichen Hauptversammlung eingebracht werden. Sie müssen vor dem 15. Oktober dem Geschäftsführer schriftlich mitgeteilt werden und benötigen zu ihrer Annahme drei Viertel der anwesenden Fachmitglieder.

Änderungen der Satzung.

IV. Statut für die silberne und goldene Medaille der Schiffbautechnischen Gesellschaft.

§ 1.

Die Schiffbautechnische Gesellschaft hat in ihrer Hauptversammlung am 24. November 1905 beschlossen, silberne und goldene Medaillen prägen zu lassen und nach Maßgabe der folgenden Bestimmungen àn verdiente Mitglieder zu verleihen.

§ 2.

Die Medaillen werden aus reinem Silber und reinem Golde geprägt, haben einen Durchmesser von . . . mm und in Silber ein Gewicht von . . . g, in Gold ein Gewicht von . . . . g.*)

§ 3.

Die silberne Medaille wird Mitgliedern der Schiffbautechnischen Gesellschaft zuerkannt, welche sich durch wichtige Forscherarbeiten auf dem Gebiete des Schiffbaues oder des Schiffmaschinenbaues verdient gemacht und die Ergebnisse dieser Arbeiten in den Hauptversammlungen der Schiffbautechnischen Gesellschaft durch hervorragende Vorträge zur allgemeinen Kenntnis gebracht haben.

§ 4.

Die goldene Medaille können nur solche Mitglieder der Schiffbautechnischen Gesellschaft erhalten, welche sich entweder durch hingebende und selbstlose Arbeit um die Schiffbautechnische Gesellschaft besonders verdient gemacht, oder sich durch wissenschaftliche oder praktische Leistungen auf dem Gebiete des Schiffbaues oder Schiffmaschinenbaues ausgezeichnet haben.

§ 5.

Die Medaillen werden durch den Vorstand der Gesellschaft verliehen, nachdem zuvor die Genehmigung des Allerhöchsten Protektors zu den Verleihungsvorschlägen eingeholt ist.

*) Die Herstellung der Probe-Medaillen war bis zur Drucklegung des Jahrbuches noch nicht beendet. Die fehlenden Angaben müssen deshalb vorläufig noch offen bleiben.

§ 6.

An Vorstandsmitglieder der Gesellschaft darf eine Medaille in der Regel nicht verliehen werden, indessen kann die Hauptversammlung mit Zweidrittel-Mehrheit eine Ausnahme hiervon beschließen.

§ 7.

Über die Verleihung der Medaillen wird eine Urkunde ausgestellt, welche vom Ehrenvorsitzenden oder in dessen Behinderung vom Vorsitzenden der Gesellschaft zu unterzeichnen ist. In der Urkunde wird die Genehmigung durch den Allerhöchsten Protektor sowie der Grund der Verleihung (§§ 3 und 4) zum Ausdruck gebracht.

§ 8.

Die Namen derer, welchen eine Medaille verliehen wird, müssen an hervorragender Stelle in der Mitgliederliste der Schiffbautechnischen Gesellschaft in jedem Jahrbuche aufgeführt werden.

V. Bericht über das siebente Geschäftsjahr 1905.

Allgemeine Lage.

Im Berichte des Vorjahres konnte gesagt werden, daß die Entwickelung der Schiffbautechnischen Gesellschaft sich im Stadium eines ruhigen und regelmäßigen Fortschrittes befinde. Dieser erfreuliche Zustand hat auch im abgelaufenen Geschäftsjahre fortbestanden. Trotz eines nicht unbedeutenden Abganges an Mitgliedern hat die steigende Tendenz der Mitgliederzahl angehalten, so daß die Ziffer 1100 binnen kurzem überschritten sein wird.

Veränderungen in der Mitgliederliste.

Im Laufe des Geschäftsjahres meldeten den Austritt aus der Gesellschaft an:

1. Arntzen, Reeder, Köln.
2. von Bippen, Kaufmann, Hamburg.
3. Breymann, Marine-Baumeister, Tsingtau.
4. Diderichsen, Exzellenz, Vize-Admiral, Berlin.
5. von Essen sen., Ingenieur, Hamburg.
6. v. Halle, Universitätsprofessor, Berlin-Grunewald.
7. Hartmann, Ingenieur, Bremerhaven.
8. Hoffert, Marine-Baurat, Kiel.
9. Jacobi, Kommerzienrat, Sterkrade.
10. Jahnke, Ingenieur, Essen.
11. Jencke, Geh. Finanzrat, Dresden.
12. John, Ingenieur, Roßlau.
13. Kapp, Professor, Birmingham.
14. Klug, Ingenieur, Hamburg.
15. Koop, Direktor, Bremen.
16. Lange, Reeder, Hamburg.

17. Ludwig, Ingenieur, Stettin.
18. Plehn, Marine-Baumeister, Wilhelmshaven.
19. Riedemann, Kommerzienrat, Hamburg.
20. v. Schuckmann, Exzellenz, Vize-Admiral, Berlin.
21. Smit jr., Werftbesitzer, Rotterdam.
22. Truppel, Kontre-Admiral, Tsingtau.
23. Wentzel, Kapitän z. S., Kiel.

Durch den Tod wurden abgerufen:

1. Castellote, Leutnant - Kolonel der Königl. spanischen Marine, Madrid, am 23. Oktober 1904.
2. Fitzner, Kommerzienrat, Laurahütte, am 3. Januar.
3. Groß, Konsul, Brake i. O., am 4. Januar.
4. Kayser, Generalkonsul, Hamburg, am 17. Februar.
5. Haubold, Kommerzienrat, Chemnitz, am 12. März.
6. Scharowsky, Reg.-Baumeister, Berlin, am 18. April.
7. Steck, Oberingenieur, Stettin, am 20. April.
8. Jacobs, Direktor, Berlin, am 15. Mai.
9. Dr. Schramm, Direktor, Witten, am 15. Juli.
10. Blumberg, Baumeister, Berlin, am 20. Juni.
11. Philippi, Kommerzienrat, Dresden, am 21. Juni.
12. Hoppe, Hugo, Ingenieur, Westend, am 21. Juli.
13. Uhlenhaut, Direktor, Essen, am 25. August.

Diesem Abgange gegenüber steht ein Zugang von 79 Neueintritten.

Wirtschaftliche Lage.

Durch die in der geschäftlichen Sitzung der VI. Hauptversammlung im Vorjahre beschlossene Herabsetzung des Mitgliederbeitrages von 30 auf 25 M. erlitten die Einnahmen der Gesellschaft eine Einbuße von rund 5000 M. Es war somit geboten, die äußerste Sparsamkeit walten zu lassen und jede nicht unabweisbare Ausgabe zu unterlassen. Zum Glück blieb auch im laufenden Jahre die wichtige und nötige Unterstützung des Reichs-Marine-Amtes nicht aus, hierzu kam, daß der Stipendienfonds nicht übermäßig belastet zu werden brauchte. Diesen glücklichen Umständen ist es zuzuschreiben, daß die Einnahmen mit den Ausgaben in Einklang zu bringen waren, und daß sogar der Vorstand den Ankauf von Staatspapieren beschließen konnte. Das festangelegte Vermögen der Gesellschaft hat dadurch die Höhe von 270 000 M. erreicht.

Die von den Herren Rechnungsprüfern revidierte und für richtig erklärte Abrechnung des Vorjahres stellt sich wie folgt:

Einnahmen.   **1904.**   **Ausgaben.**

Einnahmen	M.	Ausgaben	M.
1. Kassenbestand ult. Dezember 1903	1 032,82	1. Jahrbuch nebst Versendung	10 178,56
2. Banksaldo ult. Dezember 1903	19 764,82	2. Gehälter	6 808,72
3. 940 Mitgliederbeiträge 1904	28 205,70	3. Bureaubetrieb	2 757,10
4. 32 Eintrittsgelder 1904	960,—	4. Postausgaben	341,19
5. Eintrittsgelder und Beiträge 1901—03	4 787,50	5. Bibliothek	72,43
6. Zuschuß des Reichs-Marine-Amtes	2 000,—	6. VI. Hauptversammlung	2 531,84
7. Jahrbuchertrag	2 319,02	7. Verschiedenes	1 991,40
8. Einmalige Einnahmen	212,95	Sa. Ausgaben der Geschäftsführung	24 681,24
9. Lebenslängliche Mitgliedsbeiträge	2 687,—	8. Ankauf von Staatspapieren	30 763,50
10. Bankzinsen	9 005,80	9. Bankspesen	97,47
		Kassenbestand ult. Dezember 1904	625,40
		Unerhoben bei der Bank	14 808,—
Sa.	70 975,61	Sa.	70 975,61

Berlin, den 31. Dezember 1904.

Die Richtigkeit von Einnahmen und Ausgaben bescheinigen.

gez. B. Masing.   gez. Vielhaben.

Sommerversammlung in Danzig.

Die von der VI. Hauptversammlung in der geschäftlichen Sitzung beschlossene Sommerversammlung konnte dank dem überaus freundlichen Entgegenkommen der maßgebenden Danziger und Elbinger Kreise vom 21. bis 24. Mai 1905 zur Ausführung kommen, worüber im Besonderen berichtet wird. Die Versammlung reihte sich würdig den früheren ähnlichen Veranstaltungen der Gesellschaft an und wird noch lange den zahlreichen Teilnehmern in angenehmster Erinnerung bleiben.

Tätigkeit der Gesellschaft.

Die Arbeiten der Schiffbaumaterialkommission konnten vorläufig noch zu keinem Ende geführt werden. Der Vorsitzende derselben, Herr Geheimer Ober-Baurat Rudloff, erstattete in der geschäftlichen Sitzung am 24. November 1905 hierüber folgenden Bericht:

Meine Herren! Es ist Ihnen erinnerlich, daß wir im vorigen Jahre kommissarische Beratungen gepflogen haben über einen alten Wunsch der Eisenhüttenleute, für unser Schiffbaumaterial ganz weichen Stahl zu nehmen, Stahl von einer Festigkeit von 36 kg gegenüber den 42 kg, die wir jetzt in Anwendung bringen. Die Hüttenleute begründeten diesen Antrag damit, daß sie sagten, dieses weiche Material sei außerordentlich viel gleichmäßiger und zuverlässiger. Sie wiesen darauf hin, daß die Streckgrenze dieses weichen Materials verhältnismäßig günstiger liege, daß das Material zäher sei, als das festere, und belegten das durch eine große Reihe von Versuchen.

Von Seiten der Schiffbauer wurde jedoch gegen diesen Antrag scharf Stellung genommen, und es wurde erklärt, daß es ganz unmöglich sei, ein Material von solcher geringen absoluten Festigkeit als Schiffbaumaterial zu verwenden, solange Lloyds und Veritas bei ihren höheren Zahlen verbleiben. Es wurde bemerkt, daß der deutsche Schiffbau garnicht mehr konkurrenzfähig bleiben würde, wenn wir ein solches Material einführten. Es würde zweifellos verlangt werden, das Manko an absoluter Festigkeit durch eine größere Dicke des Materials auszugleichen.

Es hat indessen doch eine Verständigung stattgefunden insofern, als wir einer weiteren technischen Prüfung des Materials nähertreten wollen. Herr Direktor Pagel vom Germanischen Lloyd hatte sich bereit erklärt, hierfür ein Programm aufzustellen, und das ist in diesem Jahre geschehen. Wir haben das Programm an die Mitglieder gesandt, und diese haben sich mit demselben einverstanden erklärt bis auf die Eisenhüttenleute, deren Stellungnahme wir noch erwarten. Nach Verständigung sollen die Versuche von dem Königlichen Materialprüfungsamte in Groß-Lichterfelde unter Leitung von Herrn Geheimrat Martens ausgeführt werden.

Die Versuche sollen sich im wesentlichen auf Feststellung der absoluten Festigkeit, der Dehnbarkeit, der Streckgrenze, insbesondere aber auch auf rückwirkende Festigkeit, auf Knickfestigkeit, auf Wasserschlag usw. erstrecken.

Wenn wir auch sobald noch nicht mit dieser Frage zu Ende kommen werden, und wenn es vielleicht zur Lösung derselben internationaler Vereinbarungen bedarf, so soll doch alles geschehen, um wenigstens vom rein technischen Standpunkte aus diese Materialfrage zu klären, soweit es irgend möglich ist.

An den Arbeiten der vom Verein deutscher Ingenieure berufenen Kommission für die Beratung der neuen polizeilichen Bestimmungen über die Anlage von Dampfkesseln war der Vorsitzende beteiligt. Herr Geheimrat Busley berichtet hierüber folgendermaßen:

Es haben im internationalen Verbande der Dampfkessel-Überwachungsvereine und im Verein deutscher Ingenieure im verflossenen Jahre mehrere Sitzungen stattgefunden, in denen die Neubearbeitung der Würzburger und Hamburger Normen beraten wurde. Nachdem diese nun in endgültiger Form vorliegen, soll demnächst im Reichsamte des Innern eine Konferenz von Sachverständigen zusammentreten, um die neuen polizeilichen Bestimmungen über die Anlegung von Dampfkesseln zu beraten. Zu diesen Sitzungen wurde der Vorsitzende als Vertreter des Vereins deutscher Schiffswerften geladen. Die aus diesen Beratungen hervorgehenden Bestimmungen sollen dem Bundesrate vorgelegt werden, und dürften wohl die Grundlage für die neuen polizeilichen Bestimmungen abgeben.

Außerdem wandte sich im Oktober dieses Jahres der Deutsche Nautische Verein an den Vorstand mit dem nachstehenden Schreiben:

Oldenburg, den 12. Oktober 1905.

An

den Vorstand der Schiffbautechnischen Gesellschaft

Berlin.

Dem Vorstand der Schiffbautechnischen Gesellschaft übersende ich in der Anlage einige Exemplare der Verhandlungen des 36. Vereinstages. Ich gestatte mir auf die S. 69 ff. abgedruckten Verhandlungen, betr. Vermessung, Klassifikation und Versicherung, ergebenst hinzuweisen. Der Vorstand des Deutschen Nautischen Vereins, dem die weitere Behandlung dieser Angelegenheit übertragen wurde, hat dazu folgende Resolution gefaßt:

> „Der Vorstand des Deutschen Nautischen Vereins hält die Vorschriften bezüglich der Versicherung und Vermessung seinen früheren Beschlüssen entsprechend zurzeit für geregelt; über Klassifikation und Bauvorschriften ein Gutachten abzugeben, dürfte Sache der Schiffbautechnischen Gesellschaft sein."

Ich verfehle nicht, der Schiffbautechnischen Gesellschaft hiervon ergebenst Kenntnis zu geben mit dem Anheimgeben, sich mit der Angelegenheit weiter beschäftigen zu wollen.

Hochachtungsvoll und ergebenst

gez. Schultze.

Der Vorstand hat diesem Ersuchen stattgegeben und unter dem Vorsitze des Herrn Geheimen Ober-Baurates Rudloff eine Kommission zur Beratung dieser Angelegenheit eingesetzt. Die erste Sitzung derselben hat am 22. November stattgefunden.

Der Germanische Lloyd hatte zu der Sache durch Einsendung des nachstehenden Schriftsatzes Stellung genommen.

Berlin, NW. 7, den 14. November 1905.
Reichstagsufer 16.

An

den Vorstand der Schiffbautechnischen Gesellschaft,

Berlin.

In Erledigung Ihres Beschlusses vom 21. Oktober d. J. nehmen wir hiermit Gelegenheit, uns zu demjenigen Teile des von Herrn Professor Schütte im Februar d. J. vor dem Deutschen Nautischen Verein gehaltenen Vortrages, der sich mit der Klassifikation der Schiffe befaßt, zu äußern. Es erscheint uns hierbei zweckmäßig, einige Worte vorauszuschicken, um die Aufgaben und Ziele der Schiffsklassifikation klarzustellen.

I. Aufgaben und Ziele der Schiffsklassifikation.

Der Schiffsklassifikation fällt die Aufgabe zu, die Handelsschiffe in bezug auf ihre Bauart, Ausrüstung und Unterhaltung zu überwachen. Sie dient damit allen denjenigen, welche ein Interesse an der guten Beschaffenheit der Handelsflotte haben, also dem Staate, welcher das Leben der Passagiere und der Schiffsmannschaft zu schützen hat: den Reedern, welchen daran liegen muß, ein unparteiisches, sachverständiges Gutachten über die Beschaffenheit ihrer Schiffe zwecks Verfrachtung derselben zu haben, und welche für die Gesundheit und das Leben ihrer Leute im Umfang der geltenden Gesetze einstehen müssen; den Kaufleuten, welche Güter über See schicken und dieselben einem für den Transport geeigneten Schiffe anvertrauen wollen, und den Assekuradeuren, welche bei der Versicherung von Schiff und Ladung das Seerisiko richtig schätzen und dementsprechend ihre Prämien bemessen müssen.

Die Schiffsklassifikations-Gesellschaften haben nun dafür zu sorgen, daß sie die den Verkehrsbedürfnissen entsprechenden Ansprüche an die seetüchtige Beschaffenheit der Fahrzeuge stellen. Geschieht dies nicht in ausreichendem Maße, so verlieren sie das Vertrauen der Interessenten. Der Staat entzieht solchen Instituten die Anerkennung ihrer Klasse für Auswanderer- und Passagierschiffe, die See-Berufsgenossenschaft des Deutschen Reiches läßt die von nicht vertrauenswerten Gesellschaften klassifizierten Schiffe durch ihre eigenen technischen Aufsichtsbeamten besichtigen, und die Assekuradeure verweigern die Anerkennung der von ihnen erteilten Klassen. Die Geschäftsführung der Klassifikations-Gesellschaften wird kontrolliert durch die mit der Untersuchung der Seeunfälle beauftragten Behörden, durch die Experten der Assekuradeure, namentlich bei der Feststellung der Ursachen der Seeschäden. Unzulängliche Maßnahmen der Klassifikations-Gesellschaften werden daher sehr schnell ans Licht gebracht. Letztere haben daher ein lebhaftes Interesse daran, auch ihre Bauvorschriften für Schiffe so abzufassen, daß die danach gebauten Schiffe den Bedürfnissen des Reedereibetriebes entsprechen, daß sie dauerhaft und sicher sind. Werden Konstruktionsarten zugelassen, welche sich nicht bewähren, so büßt die Klassifikations-Gesellschaft das Vertrauen zu ihrem sachverständigen Urteil ein, und es werden andere Institute bevorzugt, die vorsichtiger zu Werke gehen.

Die Urteilsfähigkeit über den diesen Bauvorschriften zu grunde zu legenden Begriff der Seetüchtigkeit kann die Schiffsklassifikation nur durch langjährige Erfahrung erwerben. Man ist im Schiffbau nicht in der glücklichen Lage, die Verbandstücke eines Schiffes, etwa wie die einer Brücke, durch eine exakte Festigkeitsrechnung vorweg zu bestimmen, weil die aus den dynamischen Kraftwirkungen einer bewegten See in den Verbänden des Schiffes entstehenden Beanspruchungen ihrer Größe nach nicht bekannt sind. Die Erfordernisse einer rationellen Schiffskonstruktion sind daher durch langjährige Beobachtung der in Fahrt befindlichen Schiffe seitens der Klassifikations-Gesellschaften zu ermitteln und werden in deren Bauvorschriften der Allgemeinheit zugänglich gemacht.

Bei der Abfassung und Ausgestaltung der Bauvorschriften werden aber nicht nur die in den Akten der Klassifikations-Gesellschaften befindlichen zahlreichen Berichte über die periodischen Besichtigungen und die infolge unzweckmäßiger Bauart vorgekommenen Havarien zu Rate gezogen, sondern auch die Erfahrungen benutzt, welche die Werften beim Bau und der Reparatur, und die Reeder bei der Verwendung der Schiffe gemacht haben. Das geschieht nicht nur in England, sondern auch in Deutschland, wo der Verein deutscher Schiffswerften und die Deutschen Reedereivereine dem Germanischen Lloyd je drei geeignete Persönlichkeiten bezeichnet haben, welche an den alle zwei Jahre stattfindenden Beratungen über die Abänderung der Bauvorschriften teilnehmen. Aufgabe der Werften ist es, in der Konstruktion der Schiffe nach neuen Bahnen zu suchen, um allen durch die wachsenden Verkehrsbedürfnisse neu entstehenden Wünschen der Reeder gerecht zu werden. Sache der Schiffsklassifikations-Institute ist es, demgegenüber dafür zu sorgen, daß sich diese Bestrebungen in angemessenen Grenzen halten.

Während des Bestehens der auf diese Weise entstandenen und auf der Höhe der Zeit gehaltenen Bauvorschriften haben sich die von der ganzen Welt bewunderten Fortschritte im Schiffbau der letzten Jahrzehnte vollzogen, wodurch die Brauchbarkeit und Anpassungsfähigkeit der Bauvorschriften erwiesen wird.

Bezüglich der praktischen Handhabung der Bauvorschriften gehen die Ansichten der verschiedenen Schiffsklassifikations-Gesellschaften grundsätzlich auseinander. Lloyds Register of British and Foreign Shipping in London klassifiziert im allgemeinen nur solche Schiffe, welche nach seinem Bausystem ausgeführt sind. Er lehnt deshalb z. B. die Klassifikation von Schiffen, die in Deutschland nach den Regeln des Germanischen Lloyd gebaut sind, ab. Das andere in Großbritannien bestehende Klassifikations-Institut, nämlich die im Jahre 1890 gegründete British Corporation for the Survey and Registry of Shipping in Glasgow, steht dagegen auf einem viel freieren Standpunkte. Der Germanische Lloyd endlich klassifiziert auch solche Schiffe, die nach ihrer Bauausführung oder in einzelnen Teilen von seinen Vorschriften abweichen, wenn das neue Bausystem ihnen nach Ansicht des Vorstandes der Gesellschaft eine der ersten Klasse entsprechende genügende Stärke gewährleistet. Dieses Verhalten des Germanischen Lloyd hat wohl auch Herr Professor S c h ü t t e im Auge, wenn er in seinem Vortrage ausführt, daß der Germanische Lloyd allen Klassifikations-Gesellschaften voran in anerkennenswerter Weise bestrebt sei, bezüglich der Materialverteilung den Werften nach Möglichkeit entgegenzukommen (S. 81 des Protokolls des Nautischen Vereinstages 1905).

II. Einwendungen des Herrn Professor Schütte.

Die von Herrn Professor S c h ü t t e in seinem Vortrage gegebenen Anregungen gehen darauf hinaus, die nach den jetzigen Klassifikations-Vorschriften für die Abmessung der einzelnen Schiffsteile gewählten Unterlagen abzuändern. Im einzelnen führt er hierzu folgendes aus:

1. Die Herren Statiker hielten die Bestimmung der Quer- und Längsverbände nur nach Quer- und Längsnummern für bedenklich (S. 78 des Protokolls des Nautischen Vereinstages 1905). Wir sind indessen durch langjährige Erfahrungen zu der Ansicht gelangt, daß die Quer- und Längsnummern geeignete und deshalb anwendbare Hilfsmittel zur Bestimmung der einzelnen Verbandteile sind. Es ist auch nachgewiesen worden, daß dieses Verfahren den Forderungen der Wissenschaft gerecht wird. Die statische Festigkeitsrechnung kann der Bestimmung der Materialstärke für die verschiedenen Verbandteile deshalb nicht zu grunde gelegt werden, weil sie auf unsicheren Annahmen beruht. Außerdem kann die Längsbeanspruchung der Verbände allein für ihre Abmessung nicht maßgebend sein. Es ist vielmehr auch Rücksicht zu nehmen auf die Beanspruchung in der Querrichtung, ferner auf diejenigen Kräfte, welche aus Druck, Stoß, Wellenschlägen, Vibrationen, Schlinger- und Stampfbewegungen hervorgehen, sowie auf den Einfluß der Abrostung. Für die hieraus entstehenden Anforderungen an die Materialstärken kann allein die Erfahrung maßgebend sein.

2. Auf S. 79 ff. des Protokolls des Nautischen Vereinstages 1905 wird der Wunsch ausgesprochen, daß die Klassifikations-Gesellschaften spezielle Bauvorschriften für Schiffe, welche für besondere Zwecke bestimmt sind, namentlich für Passagier-Schnelldampfer aufstellen möchten. Diesem Wunsche steht aber das Bedenken entgegen, daß solche Schiffstypen noch in der Entwickelung begriffen sind. Die Klassifikations - Gesellschaften müssen abwarten, bis die Verhältnisse bei einem neuen Schiffstyp genügend geklärt sind. So lange dies noch nicht der Fall ist, kann die Festlegung bestimmter Bauvorschriften für den Schiffbau mehr Schaden als Nutzen im Gefolge haben, denn sie hindern denselben daran, sich den wechselnden Bedürfnissen der Reeder schnell anzupassen.

Was speziell die von Herrn Professor S c h ü t t e erwähnte Verbreiterung eines Schnelldampfers um 3 m ohne Erhöhung des Eigengewichtes und ohne Verstärkung der Deckbalken, Deckstützen usw. anbelangt, so führt dieselbe zu Materialstärken, von denen niemand vorhersagen kann, ob sie den Beanspruchungen, welche sich aus der Verwendungsart der Schnelldampfer ergeben, noch gewachsen sind. Nach der Erfahrung des Germanischen Lloyd können die Verbände der Schnelldampfer nicht mehr ohne Gefahr erheblich reduziert werden.

3. Auf S. 81 des Protokolls des Nautischen Vereinstages 1905 wird darauf hingewiesen daß nach den neuesten Vorschriften des Germanischen Lloyd große Sturm- und Spardeckschiffe hinsichtlich ihres Gewichtes schlechter wegkommen als Volldeckschiffe. Wir erwidern hierauf, daß nur bei Spardeckschiffen unter Umständen nach den jetzigen Vorschriften das Eigengewicht größer werden kann als das eines gleich großen Volldeckers.

Der Germanische Lloyd pflegt in solchen Fällen der Bauwerft anheim zu stellen, das Schiff als Volldecker zu bauen. Auch ist er damit beschäftigt, neue Vorschriften für Spardeckschiffe im Zusammenhange mit den Freibordregeln der See-Berufsgenossenschaft auszuarbeiten.

4. Herr Professor S c h ü t t e empfiehlt schließlich auf S. 85 des Protokolls des Nautischen Vereinstages 1905, sofern seine Ausführungen von der Notwendigkeit der Einigung aller schiffahrttreibenden Nationen hinsichtlich der Klassifizierung überzeugt haben sollten, eine Kommission zu wählen, welche den einschlägigen Fragen und eventuell der Bildung einer internationalen Konferenz näher tritt, die aus Reedern, Mitgliedern der Klassifikations-Gesellschaften, Assekuradeuren und Ingenieuren zusammengesetzt ist.

Nachstehend soll diese Anregung zunächst auf ihre Zweckmäßigkeit und dann auf ihre praktische Durchführbarkeit hin geprüft werden:

Was zunächst die Z w e c k m ä ß i g k e i t der Einigung aller Schiffahrt treibenden Nationen hinsichtlich der Klassifizierung anbelangt, so stehen derselben unseres Erachtens folgende Bedenken entgegen:

a) Durch die einheitliche Gestaltung der Bauvorschriften in allen seefahrenden Staaten würde die Konkurrenz ausgeschaltet werden, welche sich die Schiffsklassifikations-Gesellschaften in den einzelnen Ländern jetzt durch ihren Geschäftsbetrieb machen. Diese Konkurrenz hat aber bisher außerordentlich segensreich gewirkt, weil jede Klassifikations-Gesellschaft ein Interesse daran hat, sich möglichst schnell den Fortschritten und Bedürfnissen des Schiffbaues und des Verkehrs anzupassen, und ihre Vorschriften fortgesetzt zu verbessern.

Bestehen internationale Bauvorschriften, so fällt dieser Impuls für die Ausgestaltung der Bauvorschriften naturgemäß fort. Zudem würde eine Abänderung internationaler Vorschriften nur mit ungleich größeren Schwierigkeiten und erheblichem Zeitaufwande möglich sein.

Ein lehrreiches Beispiel für die Zweckmäßigkeit eigener nationaler Vorschriften in den einzelnen Ländern gibt die Geschichte der deutschen Tiefladelinie. Die englische Regierung hat früher stets den Standpunkt vertreten, daß eine internationale Verständigung über die Tiefladelinie nur darin bestehen könne, daß die anderen Länder ihre Freibordregeln übernehmen. Die deutsche See-Berufsgenossenschaft hat dies nicht getan, sondern hat in Gemeinschaft mit dem Germanischen Lloyd besondere Freibordregeln aufgestellt, nach welchen gewisse Schiffstypen tiefer geladen werden können, als nach den englischen Regeln zulässig ist. Nach Bekanntwerden der deutschen Regeln drückt nun die öffentliche Meinung in England, welche die Zweckmäßigkeit der deutschen Vorschriften anerkennt, auf das englische Board of Trade, um eine Änderung der englischen Freibordvorschriften im deutschen Sinne zu erreichen. Die englische Regierung hat diesem Druck nachgeben müssen. Deutschland hat somit durch sein getrenntes Vorgehen einen Erfolg erzielt, den es durch direkte Verhandlungen mit der englischen Regierung, um gemeinschaftliche Freibordregeln für England und Deutschland zu vereinbaren, sicherlich niemals erzielt hätte.

b) Die Aufstellung internationaler Bauvorschriften würde sich dadurch schwierig gestalten, daß die Methoden für die Bestimmung der Leitnummern und die Maßsysteme (Fuß und Meter) in den einzelnen Ländern abweichen.

Was schließlich die praktische Durchführbarkeit einer Einigung aller Schiffahrt treibenden Nationen hinsichtlich der Klassifizierung anbelangt, so kommt namentlich die Stellung von England in Betracht. Die Erfahrungen, die man bisher bei den Versuchen einer internationalen Verständigung in Seeschiffahrtsfragen gemacht hat, gehen dahin, daß England sich derselben nur dann anschließen will, wenn man sich seinen Grundsätzen anpaßt. Dies könnte aber für Deutschland nur von Nachteil sein. Herr Professor Schütte gibt, wie bereits früher erwähnt, selbst zu, daß der Germanische Lloyd sich vor allen anderen Klassifikations-Gesellschaften dadurch auszeichne, daß er den berechtigten Wünschen der Werften entgegenkomme. Würden nun die zu schaffenden internationalen Bauvorschriften der in England bestehenden engeren Auffassung angepaßt, so müßte der Germanische Lloyd naturgemäß mit seiner freieren Praxis brechen und sich überhaupt in allen Punkten dem entscheidenden Einfluß Englands unterwerfen.

Wir bitten, der von dem verehrlichen Vorstande eingesetzten Kommission von diesen Ausführungen Kenntnis zu geben und uns von der Entscheidung der Kommission Mitteilung machen zu wollen.

Mit vorzüglicher Hochachtung

Germanischer Lloyd

gez. Ulrich.   gez. Pagel.

Über das Ergebnis der gepflogenen Verhandlungen gibt das folgende Protokoll Aufschluß:

Protokoll

über die Sitzung der technischen Kommission zur Beratung des Antrages des Deutschen Nautischen Vereins wegen Änderung der Bauvorschriften des Germanischen Lloyd.

Auf die Bitte des Vorstandes der Schiffbautechnischen Gesellschaft waren in die Kommission zur Behandlung des Antrages des Deutschen Nautischen Vereins nachbenannte Herren eingetreten:

1. Geheimer Oberbaurat Rudloff (Vertreter Marinebaumeister Dix),
2. Herm. Blohm, i. Fa. Blohm & Voß (Vertreter Oberingenieur Nordhausen),
3. Kommerzienrat Howaldt sen.,
4. Schiffbau-Ingenieur Seidler (Schriftführer).
5. Direktor Steinike (Vertreter Oberingenieur Teucher),

6. Direktor C. Topp (Vertreter Oberingenieur Gnutzmann),
7. Oberingenieur Walter,
8. Baurat R. Zimmermann (Vertreter Oberingenieur L. Schwartz).

Zu der auf Mittwoch, den 22. November, vormittags 10 Uhr, in die Geschäftsräume der Gesellschaft anberaumten Sitzung waren folgende Herren erschienen:

1. Geheimer Oberbaurat Rudloff mit
2. Marinebaumeister Dix,
3. Oberingenieur Gnutzmann,
4. Kommerzienrat Howaldt,
5. Oberingenieur Nordhausen,
6. Schiffbau-Ingenieur Seidler.
7. Direktor Steinike,
8. Oberingenieur Walter,
9. Baurat R. Zimmermann.

Auf Vorschlag des Vorstandes hatte Herr Geheimrat Rudloff unter Zustimmung der anwesenden Herren den Vorsitz übernommen. Der Vorsitzende eröffnete um $10^{1}/_{4}$ Uhr vormittags die Sitzung und erläuterte den Anwesenden die Veranlassung und den Zweck des Zusammentritts der Kommission. Durch Verlesung des Antrages des Deutschen Nautischen Vereins, sowie der vorstehenden Denkschrift des Germanischen Lloyd werden die Herren mit den Einzelheiten des Beratungsgegenstandes bekannt gemacht.

Herr Geheimrat Rudloff, auf die Sache eingehend, führt aus, daß nach seiner Meinung die Berechnung der Verbände in der von Herrn Professor Schütte angedeuteten Weise in besonderen Fällen nicht entbehrt werden könne, wenn auch diese Berechnungen allein das Problem der Festigkeit der Schiffe nicht vollständig erschöpfe.

Herr Baurat Zimmermann ist der Meinung, daß der Antrag des Deutschen Nautischen Vereins nicht an die zuständige Stelle gerichtet sei. Es sei nicht Aufgabe der Schiffbautechnischen Gesellschaft, in Meinungsverschiedenheiten zwischen den Werften einerseits und dem Germanischen Lloyd andrerseits einzugreifen. Außerdem hält der Redner die von Professor Schütte angeregte Frage eines internationalen Zusammenschlusses aller Klassifikations-Gesellschaften für undurchführbar.

Herr Kommerzienrat Howaldt vertritt dagegen den Standpunkt, daß die Bauvorschriften sehr wohl verbesserungsfähig seien, und daß es sehr wünschenswert sei, wenn eine vollkommen sachliche Instanz wie die Schiffbautechnische Gesellschaft sich mit der angeregten Frage beschäftige; welche ferner auch dahin wirken könne, daß nur sehr geeignete Persönlichkeiten als Experten des Germanischen Lloyd zuzulassen seien. Die Denkschrift des Germanischen Lloyd sei nicht in allen Punkten unanfechtbar.

Herr Geheimrat Rudloff erwidert hierauf, daß dies zu weit ginge, und daß Fragen, welche sich auf den Geschäftsbetrieb des Germanischen Lloyd erstreckten, hier auszuscheiden seien. Die Frage einer Änderung der Grundsätze für die Aufstellung der Bauvorschriften hält der Redner indes für erörterungsfähig.

Herr Kommerzienrat Howaldt schildert an einigen Beispielen die Unzuträglichkeiten mancherlei Art, welche sich daraus ergeben, wenn namentlich bei Reparaturen nur die Ansicht des Germanischen Lloyd allein maßgebend sein solle. Er verlangt, daß der Schiffbauer mehr Rechte eingeräumt erhalten müsse. Seine Ausführungen gipfeln in der Forderung einer ständigen Kommission zur Regelung der Streitfragen zwischen Experten und Werften.

Herr Oberingenieur Nordhausen bemerkt hierauf, daß zur Zeit eine technische Kommission besteht, welche aus Schiffbauern und neuerdings auch aus Reedern zusammengesetzt ist, und welche sich damit befaßt jede Neuerung in den Regeln des Germanischen Lloyd mit diesem zu beraten.

Herr Direktor Steinike stimmt der Meinung des Herrn Baurat Zimmermann zu und ührt aus, daß für die Behandlung der ganzen Angelegenheit der Verein Deutscher Schiffswerften wohl in erster Linie in Frage käme.

Herr Oberingenieur Walter bemerkt zunächst, daß die Schütte'schen Vorschläge, soweit sie sich auf eine sachgemäße, den Festigkeitslehren entsprechende Verteilung der Materialstärken zur Erzielung eines möglichst geringen Schiffs-Eigengewichtes beziehen, bereits beim Bau der letzten Schnelldampfer des Norddeutschen Lloyd, vor Bekanntgabe der Schütte'schen Ideen, auf das weitgehendste berücksichtigt worden sind. In dieser Richtung jedoch noch weiter zu gehen, könne er mit Rücksicht auf die im Betriebe gesammelten Erfahrungen nicht empfehlen und glaube auch kaum, daß der Germanische Lloyd hierfür eine Verantwortung übernehmen werde. — Was nun die angeregte Aenderung der Leitnummern des Germanischen Lloyd anbetrifft, so liege nach seiner Ansicht ein Bedürfnis hierfür nicht vor, da sich dieselben bis jetzt als recht brauchbar erwiesen hätten, und auch die Vorschriften des Germanischen Lloyd, wie aus den vorher über die Schnelldampfer gemachten Aeußerungen hervorgehe, weitgehende sachgemäße Abweichungen gestatteten. Er müsse noch bemerken, daß der Germanische Lloyd auf vernünftige diesbezügliche Anregungen stets auf das bereitwilligste eingegangen sei.

Die von Herrn Professor Schütte angeregte Frage eines internationalen Zusammenschlusses aller Klassifikations-Gesellschaften halte er für sehr beachtenswert, da ein solcher seiner Ansicht nach große Vorteile im Gefolge haben würde. Beispielsweise würden dann alle von den verschiedenen Gesellschaften gemachten praktischen Erfahrungen bei den gemeinschaftlichen Beratungen sehr schnell allen Nationen zugute kommen, auch würde dann der Verkauf von Dampfern nach dem Auslande viel leichter sein als jetzt, was wirtschaftlich von nicht zu unterschätzender Bedeutung sei. — Ob die einem internationalen Zusammenschluß entgegenstehenden Schwierigkeiten unüberwindlich sind, könne er nicht beurteilen, doch scheine ihm die Möglichkeit eines solchen Zusammenschlusses bei gutem Willen nicht ausgeschlossen.

Herr Baurat Zimmermann weist ebenfalls darauf hin, daß die Längs- und Quernummern sich durch eine jahrzehntelange Praxis bewährt haben, und daß deshalb keine Veranlassung vorliege, von deren Anwendung abzugehen. In Erwägung zu ziehen sei nur eine bessere Instruktion der Experten, wodurch die meisten Schwierigkeiten sofort beseitigt sein würden.

Herr Kommerzienrat Howaldt macht nochmals seine abweichende Meinung von den Ausführungen der Denkschrift geltend und betont die Notwendigkeit, die genaue Rechnung an Stelle der Lloyd-Bauvorschriften zu setzen.

Die Kommission faßt hierauf das Ergebnis ihrer Beratungen in folgende 4 Resolutionen zusammen:

> I. Eine generelle Änderung der Längs- und Quernummern in den Bauvorschriften des Germanischen Lloyd erscheint zurzeit nicht angezeigt, weil sich das System bei Schiffen normaler Bauart vollkommen bewährt habe.
>
> II. Bei allen Schiffen besonderer Bauart (§ 2 der Bauvorschriften des Germanischen Lloyd) ist die exakte wissenschaftliche Festigkeitsrechnung stets möglichst zu berücksichtigen.
>
> III. Der Kommission erscheint es erwünscht, daß in Streitigkeitsfällen eine über den Parteien stehende Instanz zu hören sei, welche aus einer größeren Anzahl Fachleuten zu bestehen hat.
>
> IV. Eine internationale Regelung der Klassifikations-Vorschriften hält die Kommission zwar für wünschenswert, aber die Schwierigkeiten, auf welche in der Denkschrift

des Germanischen Lloyd hingewiesen wird, können nicht in Abrede gestellt werden.

Die Kommission glaubt damit dem Antrag des Deutschen Nautischen Vereins entsprochen zu haben und beschließt, die genannten 4 Resolutionen dem Vorstande der Schiffbautechnischen Gesellschaft zur weiteren Veranlassung zu überreichen.

Der Vorsitzende schließt hiernach die Sitzung um 11 Uhr 45 Minuten vormittags.

Berlin, den 15. Dezember 1905.

gez. R u d l o f f,   gez. H. S e i d l e r ,
Vorsitzender.   Schriftführer.

Zu den im Oktober stattgefundenen Verhandlungen des Deutschen Verbandes für Materialprüfungen der Technik hatte der Vorstand den Geschäftsführer delegiert. Die Beratungen der Tagung erstreckten sich in diesem Jahre im besonderen auf hochbautechnische Fragen und auf die Prüfung der Schmieröle. Die die Schiffbautechnische Gesellschaft vom Vorjahre her besonders interessierende Frage der Qualitätsbezeichnung des Roheisens stand in diesem Jahre nicht auf der Tagesordnung und dürfte erst im nächsten Geschäftsjahre zur Erledigung kommen. Der Vorstand beschloß, sich an den Arbeiten des Verbandes für die Materialprüfung der Technik dauernd zu beteiligen und erwarb hierzu die korporative Mitgliedschaft.

Wie alljährlich, wurde auch in diesem Geschäftsjahre das Jahrbuch dem Allerhöchsten Protektor zum Geburtstage übersandt. Seine Majestät der Kaiser und König hatte die Gnade, hierfür in nachstehendem Schreiben an Seine Königliche Hoheit den Ehrenvorsitzenden zu danken.

D u r c h l a u c h t i g s t e r F ü r s t ,
F r e u n d l i c h lieber V e t t e r und B r u d e r !

E u r e K ö n i g l i c h e H o h e i t haben in der Eigenschaft als E h r e n - V o r s i t z e n d e r der Schiffbautechnischen Gesellschaft Mir zu Meinem Geburtstage freundliche Glück- und Segenswünsche dieser Vereinigung in dem Schreiben vom 24. v. Mts. ausgesprochen und Mir zugleich das neueste Jahrbuch der Gesellschaft zugehen lassen. Ich habe Mich über diese Aufmerksamkeit gefreut und bitte Euere Königliche Hoheit, Selbst Meinen herzlichen Dank entgegenzunehmen und denselben auch gütigst den Mitgliedern der Schiffbautechnischen Gesellschaft zu übermitteln. Ich verbleibe mit den Gesinnungen unveränderlicher Hochachtung und Freundschaft

E u e r e r K ö n i g l i c h e n H o h e i t
f r e u n d w i l l i g e r V e t t e r und B r u d e r

B e r l i n , d e n 17. F e b r u a r 1904

W i l h e l m
I. R.

An des Großherzogs von Oldenburg Königliche Hoheit.

4*

Aus dem Kreise der Gesellschaftsmitglieder sind folgende Jubilartage bekannt geworden:

1. Herr Willi Klawitter-Danzig feierte am 25. Februar sein 50 jähriges Schiffbaumeister-Jubiläum.

2. Herr Oberingenieur L. Schwartz-Stettin beging sein 25 jähriges Dienst-Jubiläum im Vulcan.

3. Herr Rud. A. Ziese - St. Petersburg feierte am 1. November sein 25 jähriges Dienst-Jubiläum bei F. Schichau.

Der Vorstand nahm Gelegenheit, den genannten Herren die herzlichsten Glückwünsche der Gesellschaft durch Telegramme zum Ausdruck zu bringen.

VI. Bericht über die Sommerversammlung zu Danzig

vom 21. bis 24. Mai 1905.

Seit dem Bestehen der Schiffbautechnischen Gesellschaft hatte in dem vergangenen Geschäftsjahre 1904 zum ersten Male die in Aussicht genommene Sommerversammlung in St. Louis wegen zu geringer Beteiligung unterbleiben müssen. Um so freudiger wurde deshalb ein Vorschlag des Vorstandes in der geschäftlichen Sitzung der VI. Hauptversammlung begrüßt, der, einer Anregung aus dem Kreise der Mitglieder folgend, für das Jahr 1905 eine Sommerversammlung in Danzig beabsichtigte.

Wie wenige deutsche Städte eignet sich Danzig für eine Sommertagung unserer Gesellschaft. Die in hoher Blüte stehende Schiffbauindustrie, die neue Technische Hochschule und nicht zum mindesten die berühmten Sehenswürdigkeiten der alten Handelsstadt bieten des Interessanten so viel, daß das Programm für einen dreitägigen Aufenthalt der Gesellschaft ein besonders reichhaltiges zu werden versprach, wenn namentlich noch ein Besuch des Hochschlosses in Marienburg, sowie der Schichauschen Werke zu Elbing mit ins Auge gefaßt wurde. Als der Vorsitzende in der geschäftlichen Sitzung der VI. Hauptversammlung, Herr Geheimrat Busley, die Abhaltung einer Sommerversammlung in dem erwähnten Umfange vorschlug, erntete er allseitige Zustimmung. Da eine offizielle Einladung von seiten der Technischen Hochschule, sowie der Stadt Danzig und ihrer Kaufmannschaft in Aussicht stand, so konnte unter Bewilligung eines Garantiefonds von 3000 M. eine im Sommer 1905 zu Danzig stattfindende Versammlung einstimmig beschlossen werden.

Die Vorarbeiten für die Tagung wurden ungesäumt in Angriff genommen. Unter dem Vorsitz des Herrn Oberbürgermeisters Ehlers bildete sich in Danzig ein Festausschuß, dessen energischer und umfangreicher Tätigkeit es zu danken war, daß der Vorstand bereits am 28. März den Gesellschaftsmitgliedern ein vorläufiges Programm nebst Einladung zu der Versammlung übersenden konnte. Eine überraschend große Zahl von Herren und Damen sagten hierauf ihre Beteiligung an den für die Tage vom 21. bis 24. Mai angesetzten Veranstaltungen zu. Hierdurch war ein erfolgreicher Verlauf der Sommerversammlung sicher gestellt, und nachdem noch eine erfreulich große Anzahl von Gästen aus den Kreisen der Königlichen Regierung, der Garnison, der städtischen Behörden und der Kaufmannschaft die an sie ergangene Einladung angenommen hatte, konnte am 20. Mai die Liste aller Teilnehmer mit der stattlichen Zahl von mehr als 400 Damen und Herren [geschlossen werden.

Sonntag, der 21. Mai war als Reisetag für unsere sich in Berlin sammelnden Mitglieder in Aussicht genommen. Am Abend vereinigte sich die Gesellschaft nebst den geladenen Danziger Gästen zu einer zwanglosen Begrüßung in den schönen und ehrwürdigen Räumen des Artushofes. In ihrem heiteren Verlauf bildeten die hier verbrachten Stunden eine glückliche Einleitung für die folgenden Tage.

Erster Tag:

Am Montag, den 22. Mai um $9\frac{1}{2}$ Uhr eröffnete der Vorsitzende, Herr Geheimrat Busley, die Sitzung in der Aula der Königlichen Technischen Hochschule zu Langfuhr, im Namen des Ehrenvorsitzenden Seiner Königlichen Hoheit des Großherzogs von Oldenburg, welcher an der Leitung der Versammlung durch eine Erholungsreise verhindert war.

Herr Geheimrat Busley begrüßte sodann die Versammlung in folgender Rede:

„Meine Herren! Vor wenigen Monaten weilten viele der heute hier Anwesenden ebenfalls in diesem Raume, als es galt, die Eröffnung der Königlichen Technischen Hochschule feierlich zu begehen. Schon damals habe ich von dieser Stelle darauf hingewiesen, wie hohe Befriedigung es in den Kreisen der deutschen Schiffbauer und Reeder hervorgerufen hat, daß die neue, nächst Berlin gegründete vollständige Abteilung für Schiffbau und Schiffsmaschinenbau der hiesigen Hochschule angegliedert worden ist. Ich machte darauf aufmerksam, daß wir in Danzig auf einem für den deutschen Schiffbau gewissermaßen klassischen Boden stehen, insofern als hier bereits in der zweiten Hälfte des 14. Jahrhunderts jene berühmten Koggen gezimmert wurden, welche im Verein mit den lübischen dem Seeräuberunwesen der Vitalienbrüder auf der Ostsee in harten Kämpfen ein Ende bereiteten.

Ich habe ferner hervorgehoben, daß vor ungefähr einem halben Jahrhundert auf der damaligen Königlichen, jetzigen Kaiserlichen Werft, die ersten preußischen gedeckten Korvetten, die Linienschiffe jener Zeit, auf Stapel gesetzt worden sind. Während ihres Baues wurden die ersten deutschen Marineschiffbaumeister herangebildet und gleichzeitig die in der Werftdivision als Einjährig-Freiwillige dienenden jüngeren Schiffbauingenieure mit den Anforderungen und Bedürfnissen des Kriegsschiffbaues vertraut gemacht. So ist es gekommen, daß die Kaiserliche Werft in Danzig die Pflanzschule für den jetzt in so hoher Blüte stehenden gesamten deutschen Kriegsschiffbau geworden ist.

Auf einem so vorbereiteten Boden, in der Nähe einer alten Handelsstadt mit großen Werften und einem vielbefahrenen Strome sind die Lebensbedingungen für eine Hochschule des Schiffbaues in weitem Umfange gegeben. Wir freuen uns deshalb auch, daß die Anzahl der Schiffbaustudierenden schon jetzt im zweiten Semester auf 50 gestiegen ist, und wir sind fest davon überzeugt, daß sich diese Zahl noch weiterhin vermehren wird, ehe sie ihren natürlichen Abschluß gefunden hat.

Wie weite und starke Wurzeln die Danziger Hochschule schon in allen Kreisen der hiesigen Bevölkerung geschlagen hat, das zeigt am deutlichsten die heutige Versammlung. Wir sehen die Professoren der Hochschule neben den Vertretern der Armee und Marine neben den Vertretern der königlichen Staatsregierung und den städtischen Behörden, neben den Bürgern Danzigs und den Mitgliedern der Schiffbautechnischen Gesellschaft. Möge dies als ein gutes Zeichen gelten für einen regen Wechselverkehr zwischen den Männern der Wissenschaft und den Männern der Praxis, da nur durch ein inniges Zusammenwirken beider die deutsche Technik zu noch reicherer Blüte entfaltet werden kann.

Im Namen der Schiffbautechnischen Gesellschaft habe ich die Ehre, den Herren Vertretern der Königlichen Staatsregierung, sowie den Herren Vertretern des Heeres und der Flotte für ihr Erscheinen zu danken. Ich danke ferner den Herren des Magistrats und der Stadtverordneten, sowie der Korporation der Kaufmannschaft der Stadt Danzig für die liebenswürdige Gastfreundschaft, die sie uns in den Mauern ihrer ebenso alten und interessanten als frisch aufstrebenden Stadt hat zuteil werden lassen. Ich danke Herrn Geheimen Kommerzienrat Dr. ing. Ziese für das weitgehende Entgegenkommen, mit welchem er uns die Besichtigung der Schichauwerke erleichtert, und ich danke dem Rektor und Senat der Technischen Hochschule für die freundliche Aufnahme, die wir in ihrem prächtigen Hause gefunden haben. Ich schließe mit dem Wunsche, daß die folgenden Verhandlungen einen allseitig befriedigenden Verlauf nehmen möchten, und in der Hoffnung, daß wir hier nicht zum letzten Male zu gegenseitigem Gedankenaustausch zusammengekommen sind."

Im Namen der Königlichen Staatsregierung führte Seine Exzellenz der Oberpräsident von Westpreußen, Herr Delbrück, hierauf folgendes aus:

„Sehr geehrte Herren! Es gereicht mir zur besonderen Ehre, die Schiffbautechnische Gesellschaft heute hier im Namen der Staatsbehörde der Provinz Westpreußen herzlichst begrüßen zu können. Ihre Tagung in Danzig in den Räumen der neuen Technischen Hochschule ist ein Ereignis, das uns mit aufrichtiger Freude erfüllt, denn sie ist der erste Beweis dafür, daß wir den richtigen Weg eingeschlagen haben, als wir uns bemühten, in Danzig eine Technische Hochschule zu errichten. Wir wissen, daß alle Brücken, von denen die heutige Tagung die erste ist, von der Technischen Hochschule und ihren Dozenten geschlagen werden. Wir begrüßen die Anwesenheit der Schiffbautechnischen Gesellschaft an dieser Stelle und in dieser Stadt deshalb mit so besonderer Freude, weil Sie zu Beratungen hierher gekommen sind, welche die Industrie anspornen. Ich muß, ebenso wie Ihr Herr Vorsitzender, dem Wunsche Ausdruck geben, daß die Verhandlungen zur allseitigen Befriedigung verlaufen möchten, daß sie aber auch recht oft hier stattfinden möchten und dahin führen, ein dauerndes festes Band zwischen den Schiffbauern und der Stadt Danzig zu knüpfen, zum Wohle des engeren, wie zum Wohle des weiteren Vaterlandes, zum Wohle des Handels und der Kriegsmarine, auf deren weiterem Ausbau unsere Zukunft in großem Maße beruht."

(Beifall.)

Der Oberbürgermeister von Danzig, Herr Ehlers, richtete an die Gesellschaft im Namen der Stadt nachstehende Worte:

„Meine Herren! Ich kann mich namens der Stadt Danzig den Begrüßungsworten Seiner Exzellenz nur anschließen. Wenn Sie schon einige Tage früher gekommen wären, so hätten Sie die schwungvollen Leitartikel in unseren Zeitungen lesen können, mit denen Sie begrüßt worden sind. Daß wir uns freuen, einen solchen Kongreß hier zu haben, das liegt in unserer ganzen Geschichte und der ganzen Entwickelung unserer Stadt, denn was könnte wichtiger für uns sein als der Schiffbau! Ihr Herr Vorsitzender hat schon hierauf hingewiesen, als er an die frühere Zeit unserer städtischen Entwickelung erinnerte. Ich kann nur meiner Freude darüber Ausdruck geben, daß er die Worte, die er am 6. Oktober an uns richtete, und die sich auf die Stadt Danzig bezogen, dadurch bekräftigt hat, daß er die Einladung der Technischen Hochschule an die Schiffbautechnische Gesellschaft, der wir von Stadt wegen uns sofort freudig angeschlossen haben, angenommen hat und Ihre Sommerversammlung unter allseitiger Zustimmung hierher verlegte. Es ist von ihm auch darauf hingewiesen worden, welche Bedeutung gerade der Schiffbau an der hiesigen Technischen Hochschule besitzt. Meine Herren, ich kann es heute richtig sagen, die Schiffbauabteilung der Technischen Hochschule war der Mittelpunkt des Streites, der sich entspann, als es sich darum drehte, ob die Technische Hochschule hierher oder in eine andere Stadt kommen sollte. Als Abgeordneten hat man mir von maßgebender Seite gesagt: „Wir wollen den Widerspruch aufgeben, wenn Sie auf die Schiffbauabteilung verzichten wollen.“ Ich lehnte dies rundweg ab, obwohl darauf hingewiesen wurde, daß Aachen auch keine Schiffbauabteilung habe. Wir freuen uns aber trotzdem, einen Rektor aus Aachen bekommen zu haben. Wir sehen jetzt, was uns damals schon zweifellos war, daß gerade die Schiffbauabteilung eine wesentliche Rolle an unserer Hochschule spielt. Wir wünschen, daß die Schiffbautechnische Gesellschaft die Freundlichkeit, welche sie uns schon bei der Einweihung der Hochschule erwies und uns in diesen Tagen wieder erweist, uns auch weiterhin erhalten und mit uns dafür arbeiten möge, daß an unserer Technischen Hochschule der Schiffbau immer an erster Stelle stehen möge. Mit dem Wunsche, daß dies geschehe, heiße ich Sie namens der Stadt und der Bürgerschaft herzlichst willkommen.“

(Beifall.)

Seine Magnifizenz, der Rektor der Technischen Hochschule, Herr Geheimer Regierungsrat Professor Dr. von Mangold erwiderte die Begrüßung des Vorsitzenden durch die nachstehende Ansprache:

„Selten ist wohl ein Plan mit solcher allgemeinen und einstimmigen Freude begrüßt worden, wie der Gedanke, daß die Schiffbautechnische Gesellschaft ihre Sommerversammlung hier in Danzig abhalten könnte. Es war nicht leicht, seitens unserer jungen Hochschule eine so angesehene Gesellschaft einzuladen. Aber wir durften uns sagen, daß die Räume, die wir der Gesellschaft für die Verhandlungen zur Verfügung stellen konnten, an Schönheit und Zweckmäßigkeit von keinen anderen im ganzen deutschen Reiche übertroffen werden, und wir durften uns der Hoffnung hingeben, daß es der Wunsch der Mitglieder der Gesellschaft ist, die einzige Stätte für Pflege des Schiffbaues kennen zu lernen, die am Meere liegt, wo die Jugend die erforderliche Ausbildung empfangen kann. Hat doch die Königliche Staatsregierung bei der Einrichtung und Ausrüstung dieser Stätte alles getan, was sich denken ließ, um die Arbeit zu erleichtern und fruchtbringend zu gestalten. Dazu kommen die erheblichen Opfer, welche die Stadt Danzig gebracht hat, und die Bereicherung der Sammlungen und sonstigen Zuwendungen, die wir den verschiedensten Behörden und Privaten zu verdanken haben. So ist hier ein bleibendes Denkmal emsigen Schaffens errichtet, welches auch für den Kenner sehenswert ist. Ferner durften wir darauf vertrauen, daß Danzigs sonstige Sehenswürdigkeiten und herrliche Umgebung nach des Tages Arbeit zu edler Erholung reichlich Gelegenheit bieten. So hoffe ich, daß Sie, meine Herren und Ihre Damen von dem, was geboten wird, befriedigt sein werden, und heiße Sie im Namen der Technischen Hochschule herzlichst willkommen. Ich gestatte mir, ferner der Hoffnung Ausdruck zu geben, daß die gegenwärtige Tagung zur Anknüpfung dauernder Beziehungen Anlaß geben und nicht die einzige hier in Danzig stattfindende Versammlung bleiben möge. Mit ganz besonderer Freude hat es mich deswegen erfüllt, daß Ihr Herr Vorsitzender bereits gesagt hat, er hoffe, daß wir uns noch öfter in diesen schönen Räumen wiedersehen werden. Auch in künftigen Jahren hoffen wir, Neues bieten zu können, denn die Entwickelung unserer Hochschule ist mit ihrer Eröffnung und Einrichtung keineswegs als abgeschlossen anzusehen. Wenn Sie sich nach dem geräumigen Schnürboden für unsere Schiffbauer begeben wollen, so müssen Sie noch 2 Treppen hinaufsteigen. Lassen Sie nach der ersten Treppe eine Ruhepause eintreten und öffnen Sie die erste zunächst liegende Tür, so befinden Sie sich in einem Raume, der fast so groß ist wie diese Aula, und der als Baubureau dient. Jetzt spielt dort die Abrechnung über den Bau der Hochschule die Hauptrolle, eine Arbeit, welche der schaffende Architekt nicht gerade liebt, und die er gern unterlassen würde, die aber auch notwendig ist. Wir hoffen nun, daß dort bald ein neues Planen und Entwerfen einziehe, denn wo frisches Leben pulsiert, kann das Baubureau nicht einschlafen. Wir werden deshalb das Baubureau als einen lieben Gast behandeln und wünschen, daß es dauernd hier bleibe. Unsere Pläne sind sehr verschieden, es soll zuerst eine Versuchsrinne für hydraulische Versuche gebaut werden, eine Rinne für Versuche im großen Maßstabe. So hoffe ich, daß unsere Danziger Hochschule immer neue Anziehungspunkte gewähren wird, und daß sich um die in der Praxis Stehenden und die sich für ihren künftigen Beruf Vorbereitenden ein festes Band schlingt. Möge die Tagung der Schiffbautechnischen Gesellschaft zu einer bleibenden Einrichtung werden, welche alte und junge Freunde unserer Schiffahrt und Schiffbautechnik zusammenführt, die ihnen Anregungen gewährt, zum Gedankenaustausch Gelegenheit gibt und sie zu erneuter eifriger Arbeit zurückkehren läßt.“

(Bravo. Beifall.)

Vor dem Eintritt in die Tagesordnung richtete der Vorsitzende die Bitte an die Mitglieder der Schiffbautechnischen Gesellschaft, die Absendung der nachstehenden beiden Telegramme genehmigen zu wollen. Nach lebhafter Zustimmung der Versammlung werden die Telegramme aufgegeben.

An des Kaisers Majestät, Wiesbaden.

Die zu ihrer Sommerversammlung in der Hochschule zu Danzig vereinte Schiffbautechnische Gesellschaft huldigt Euerer Majestät als dem fürsorgenden Schöpfer dieser neuen Pflanzstätte deutscher technischer Wissenschaft im Osten des Reiches.

gez. Busley.

Seiner Königlichen Hoheit, Großherzog v. Oldenburg, Oldenburg.

Die in Danzig vereinten Mitglieder der Schiffbautechnischen Gesellschaft haben Euere Königliche Hoheit, ihren Gnädigsten Ehrenvorsitzenden, schmerzlich vermißt. Sie wünschen Euerer Königlichen Hoheit ehrerbietigst eine angenehme Fortsetzung der Erholungsreise und hoffen Euere Königliche Hoheit im Herbst als Leiter der Hauptversammlung verehren zu können.

gez. Busley.

In die Verhandlungen eintretend, erteilte der Vorsitzende nunmehr dem Oberingenieur und Prokuristen der Schichauwerke, Herrn A. C. Th. Müller-Elbing, das Wort zu seinem Vortrage:

„Die Entwickelung der Schichauschen Werke zu Elbing,
Danzig und Pillau".

Die interessanten Ausführungen des Redners, welche ein fesselndes Bild des Werdeganges eines der bedeutendsten deutschen industriellen Werke gaben, riefen lauten Beifall hervor. Zu einer Diskussion bot die Eigenart des Themas keine Veranlassung!

Als zweiter Redner des Tages trat Herr Professor Dr. K. Thieß aus Danzig auf, welcher

„Über Mannschaftsbüchereien an Bord"

sprach. Der Redner wandte sich in seinen Ausführungen besonders an Reeder und Schiffbauer, denen er die für eine geistige Beschäftigung der Schiffs-mannschaften während ihrer Ruhepausen so wichtige Bibliothekfrage warm ans Herz legte. Seine Ausführungen boten viel Bemerkenswertes und ernteten lauten Beifall. In der Diskussion pflichtete Herr Fr. Achelis, Vizepräsident des Norddeutschen Lloyd, den Ausführungen des Redners bei und wies auf die bereits bestehenden Schiffsbüchereien der größeren deutschen Reede-reien hin.

Der Vortrag, zu dem sich Herr Professor Dr. Thieß in liebenswürdigster Weise bereit gefunden hatte, kann leider in unserem Jahrbuche nicht ver-öffentlicht werden, weil der Herr Verfasser bereits literarisch über seine Arbeit verfügte, und wir nach unserem Verlagsvertrage verpflichtet sind, ledig-lich noch nicht veröffentlichte Originalaufsätze aufzunehmen.

Hiermit waren die Vorträge des ersten Verhandlungstages abgeschlossen. Der Nachmittag wurde von den Herren zur eingehenden Besichtigung der Kaiserlichen Werft und der Danziger Werft von F. Schichau benutzt.

Den Damen unserer Gesellschaft waren im Laufe des Vormittags von einem Damenausschuß, der sich aus den Kreisen unserer Danziger Gastgeber gebildet hatte, in liebenswürdigster Weise die Sehenswürdigkeiten Danzigs gezeigt worden, von denen besonders das Rathaus, der Artushof, das Franzis-kanerkloster, die Marienkirche u. a. m. das Interesse der Besucherinnen erregten. Am Nachmittage, während die Herren die technischen Werke besichtigten, unternahmen die Damen trotz des strömenden Regens einen Ausflug nach Oliva, wo sie nach einem Nachmittagskaffee die alte Klosterkirche mit der berühmten Orgel besichtigten. Den Schluß des ersten Tages bildete das Festmahl im Franziskanerkloster, zu welchem die Stadt Danzig und die Korporation der Kaufmannschaft unsere Mitglieder mit ihren Damen eingeladen hatten. ꞏDie gebotenen leiblichen und musikalischen Genüsse, die Tischreden, sowie die vornehmen Festräume erzeugten eine so echte Feststimmung, daß der glänzende Verlauf des Festessens noch lange bei allen Teilnehmern in bester Erinnerung bleiben wird.

Z w e i t e r   T a g :

Am Dienstag, den 23. Mai, wurde die Sitzung programmäßig um 9 Uhr 30 Min. von dem Vorsitzenden, Herrn Geheimrat Busley, eröffnet. Vor dem Eintritt in die Tagesordnung verlas er unter lebhaftem Beifall der Versammlung die nachstehenden Antworttelegramme, welche ihm am Montag Nachmittag zugegangen waren.

Herrn Geheimen Regierungsrat Professor B u s l e y , Danzig.

Seine Majestät ꞌder Kaiser und König haben Allerhöchst Sich über den freundlichen Gruß der dort vereinten Schiffbautechnischen Gesellschaft sehr gefreut und lassen Sie ersuchen, allen Beteiligten Allerhöchst Ihren herzlichen Dank aussprechen.

Auf Allerhöchsten Befehl

gez. v o n   L u c a n u s .

Geheimrat B u s l e y , Langfuhr.

Seine Königliche Hoheit der Großherzog sind zurzeit auf See und für Telegramme nicht erreichbar. Die Begrüßung der schiffbautechnischen Versammlung wird Höchstdenselben vielleicht erst nach Ankunft auf der Weser 27. Mai erreichen.

Großherzogliches Kabinett.

Am folgenden Tage lief noch ein Telegramm von der Signalstation in Ouessant ein, welcher Seine Königliche Hoheit der Großherzog von Oldenburg im Vorbeifahren mit Höchstseiner Dampf-Yacht „Lensahn" einige herzliche Begrüßungsworte zu unserer Sommerversammlung mittels Flaggensignal übermittelt hatte.

Herr Professor Dr. Lorenz sprach als erster Redner des Tages über das Thema

„Die neuere Entwickelung der Mechanik und ihre Bedeutung für den Schiffbau"

und begleitete seine Darlegungen durch eine Reihe höchst gelungener Vorführungen. Der mit reichem Beifall gehörte Vortrag rief allseitiges lebhaftes Interesse hervor und gab Veranlassung zu einer Erörterung, an der sich Herr Oberingenieur Möller-Hamburg und Herr Geheimrat Busley beteiligten, worauf Herr Professor Lorenz in einer kurzen Schlußrede antwortete.

Herr Direktor Frick-Berlin als zweiter Redner des Tages hielt einen kurzen Vortrag über den

„Langston-Anker",

welchen er durch die Vorführung eines Modells sehr anschaulich unterstützte. Die Versammlung wurde durch den Vortrag mit einer neuen amerikanischen Verankerungsmethode bekannt gemacht, was sie mit großer Aufmerksamkeit verfolgte. An den Vortrag und den Versuch mit dem Modell knüpfte sich eine kurze Diskussion, in welcher Herr Hackelberg-Charlottenburg seine Ansicht aussprach, dem Herr Frick antwortete.

Als letzter Redner der Tagung sprach dann Herr Dr. Hans Goldschmidt-Essen über die von ihm ausgeführten

„Großen Schweißungen mittels Thermit im Schiffbau".

Der Vortrag fand im Hörsaal des Maschinenbaulaboratoriums der Hochschule statt, dem am Schlusse die Vorführung einer Probeschweißung in dem großen Laboratoriumsraume folgte. Der mit großem Interesse aufgenommene und von wiederholtem Beifall begleitete Vortrag bot Veranlassung zu einer lebhaften Besprechung, an welcher sich Herr Geheimrat Wiesinger-Kiel und Herr Direktor Wiecke-Düsseldorf beteiligten.

Nach Beendigung der Diskussion über diesen Vortrag, bevor sich die Versammlung in den Laboratoriumsraum begab, schloß der Vorsitzende die Sommerversammlung mit folgenden Worten:

„Ich nehme an, daß wir uns in dem Laboratorium nach Ausführung der von Herrn Dr. Goldschmidt vorgeführten Schweißprobe schnell zerstreuen werden, und deshalb möchte ich gleich hier unsere Tagung schließen. Wir haben gestern und heute sehr interessante Vorträge gehört, die uns noch vielfache Anregung bieten werden. Jetzt scheint auch das Wetter besser zu werden, so daß wir die noch geplanten Ausflüge hoffentlich programmäßig durchführen können. Jedenfalls dürfen wir aber auch schon heut mit großer Befriedigung auf die Danziger Tagung zurückblicken. Auf Wiedersehen bei der Hauptversammlung im November!"

Während die Damen am Vormittage wie am vorhergehenden Tage die Besichtigungen der Danziger Sehenswürdigkeiten fortgesetzt hatten, beteiligten sie sich am Nachmittage des zweiten Tages an einem gemeinsamen Ausfluge nach Zoppot. Mittels Sonderzuges begaben sich die Gäste und die Mitglieder der Gesellschaft nach dem reizenden Seebadeorte, wo sie nach einem Ausblick auf das Meer von dem großen Seestege aus in den Hallen des Kurgartens den Kaffee einnahmen. Daran schloß sich ein Spaziergang über die Strandpromenade nach Stolzenfels, am Thalmühle-Wäldchen entlang und über die Rickertstraße zurück zum Bahnhofe.

Für den Abend hatte die Schiffbautechnische Gesellschaft zu einem Festessen mit darauffolgendem Balle im großen Saale des Danziger Hofes eingeladen, welche beide zu allseitiger Zufriedenheit verliefen. Der neue Tag begann schon, als sich die letzten tanzlustigen Paare von der gastlichen Stätte trennten.

D r i t t e r   T a g :

Am Mittwoch, den 24. Mai, besuchten die Teilnehmer laut Programm die Marienburg und die Elbinger Schichauwerke. In einem von Herrn Geheimen Kommerzienrat Dr. ing. C. H. Ziese höchst entgegenkommend gestellten Extrazuge verließen sie morgens um $9^1/_2$ Uhr Danzig und machten zunächst in Marienburg zur Besichtigung des Hochschlosses Halt. Der Besuch dieses großartigen Baudenkmals aus der Glanzzeit des Deutschen Ordens erregte allgemeine Befriedigung. Nur zu schnell mußte der Aufenthalt in Marienburg abgebrochen werden, um rechtzeitig Elbing zu erreichen, woselbst bei der Ankunft in den Räumen des Kasinos bereits die gedeckten Tafeln der Gäste harrten, welche Herr Geheimrat Dr. ing. Ziese zu einem auserlesenen Frühstück geladen hatte.

Nach Beendigung des Frühstücks, bei welchem der Gastgeber die Anwesenden bewillkommnete und Herr Vizepräsident Achelis den Dank der Gesellschaft für die großartige Bewirtung aussprach, ging es an die Besichtigung der vorzüglich eingerichteten und weit ausgedehnten Schichauwerke, deren Entstehen und allmähliches Anwachsen infolge des Vortrages von Herrn Oberingenieur ⌈A. C. Th. Müller den Besuchern noch in frischer Erinnerung war.

Den Schluß des Tages und damit der Versammlung bildete ein Abschiedsschoppen mit Konzert in dem idyllisch gelegenen Elbinger Stadtgarten zu Vogelsang. Ein in Elbing bereit stehender Extrazug brachte die Teilnehmer an der abwechslungsreichen und anregenden Fahrt spät abends wieder nach Danzig zurück.

VII. Bericht über
die siebente ordentliche Hauptversammlung.

Unter den bisherigen Tagungen der Schiffbautechnischen Gesellschaft nimmt die am 23. und 24. November 1905 abgehaltene VII. ordentliche Hauptversammlung dadurch einen hervorragenden Platz ein, weil der Verein bei dieser Gelegenheit die Ehre hatte, drei Mitglieder unseres Kaiserhauses in seiner Mitte zu sehen. Unser Allerhöchster Protektor, Seine Majestät der Kaiser und König hatten geruht, Allerhöchst seine Anwesenheit für den ersten Sitzungstag zuzusagen, und außerdem hatten Ihre Königliche Hoheiten die Prinzen Eitel Fritz und Adalbert von Preußen die Gnade, die Ihnen vom Vorstande auf Veranlassung des Höchsten Ehrenvorsitzenden, Seiner Königlichen Hoheit des Großherzogs von Oldenburg übersandten Einladungen anzunehmen.

Die Leitung der Verhandlungen, zu denen etwa 500 Gesellschaftsmitglieder und Gäste aus den Kreisen der höchsten Militär- und Zivilbehörden erschienen waren, lag wie im Vorjahre in der Hand Seiner Königlichen Hoheit des Großherzoges von Oldenburg.

Erster Tag.

Wie üblich war der Beginn der Versammlung auf 9 Uhr Vormittag angesetzt worden. Pünktlich zu dieser Zeit betraten Seine Majestät der Kaiser und König in Begleitung der vorgenannten beiden Prinzen die Hochschule, um von Rektor und Senat empfangen, durch Seine Königliche Hoheit den Ehrenvorsitzenden und den Vorstand nach der Aula geleitet zu werden.

Nachdem Seine Königliche Hoheit der Ehrenvorsitzende von dem Allerhöchsten Protektor die Erlaubnis zur Eröffnung der Sitzung erhalten hatte, begannen die Verhandlungen mit dem Experimental-Vortrage des Herrn Professor Wilhelm Kübler-Dresden über:

„Die vermeintlichen Gefahren der elektrischen Anlagen.“
Der Redner wandte sich in seinen Ausführungen gegen weitverbreitete Irrtümer über die Unfälle in den elektrotechnischen Betrieben und bot neben den einschlägigen Betrachtungen sehr interessante Perspektiven allgemeiner Art. Der Vortrag, zu dem die neueste Richtung der Gesetzgebung eine gewisse Anregung gegeben hatte, wurde von einer großen Zahl vorzüglich gelungener Versuche unterstützt und erntete reichen Beifall.

In der anschließenden Erörterung sprach Herr Marinebaumeister Engel, worauf Herr Professor Kübler in einem kurzen Schlußworte erwiderte.

Als zweiter Redner des Tages trat Herr Ingenieur Dr. Rudolf Wagner-Stettin auf mit seinem Vortrage:

„Neuere Propellerversuche und deren Ergebnisse.“

Zu seinen Ausführungen benutzte der Redner das sehr reichhaltige Material der lehrreichen und wichtigen Schraubenversuche, welche die Direktion des Stettiner Vulcan im Laufe der letzten Zeit angestellt und in überaus dankenswerter Weise der Gesellschaft zur Verfügung gestellt hatte. Der durch Lichtbilder wirksam unterstützte Vortrag rief eine lebhafte Diskussion hervor, an welcher sich die Herren Professor Dr. Ahlborn-Hamburg, Senator Zeise-Ottensen und Dr. ing. Föttinger-Stettin beteiligten. Herr Dr. Wagner antwortete in einer Schlußausführung.

Nach der nunmehr folgenden Frühstückspause stand als dritter Redner Herr Professor Dr. H. Lorenz-Danzig auf der Tagesordnung mit seinem Vortrage:

„Theorie und Berechnung der Schiffspropeller.“

Leider konnte dieser Vortrag, welcher ein Seitenstück zu dem vorher-gegangenen Thema bildete, nicht zur Verhandlung kommen, weil Herr Professor Dr. Lorenz durch einen plötzlichen Todesfall in seinem engsten Familienkreise von der Versammlung fern gehalten wurde.

Auf Veranlassung Seiner Königlichen Hoheit des Ehrenvorsitzenden wurde namens der Versammlung ein Beileidstelegramm an den Autor gesandt.

Den letzten Vortrag des ersten Tages hielt nun Herr Professor Walter Laas-Berlin. Sein Thema lautete:

„Messung der Meereswellen und ihre Bedeutung für den Schiffbau.“
Der Vortrag behandelte die Ergebnisse vieler mühevoller Versuche, welche der Redner während einer Segelschiffsreise nach der Westküste Süd-Amerikas

persönlich angestellt hatte. Die Versammlung folgte den Ausführungen des Vortragenden, welche durch Lichtbilder bestens unterstützt waren, mit gespannter Aufmerksamkeit und lohnte ihm mit reichem Beifall. Zur Besprechung des Vortrages meldete sich Herr Dr. Kohlschütter als Gast zum Worte.

Zweiter Tag.

Wie auf den bisherigen Versammlungen wurden laut Tagesordnung am Vormittage des 2. Sitzungstages zunächst die geschäftlichen Angelegenheiten unter dem Vorsitze des Herrn Geheimen Regierungsrates Professor Busley erledigt. Hierüber gibt das Protokoll auf Seite 68 näheren Aufschluß.

Um 10 Uhr übernahm Seine Königliche Hoheit der Ehrenvorsitzende wiederum das Präsidium und erteilte Herrn Direktor O. Krell-Berlin das Wort für seinen Vortrag:

„Die Erprobung der Ventilatoren und Versuche über den Luftwiderstand von Panzergrätings.“

In fesselnder Weise behandelte der Redner seine umfangreichen praktischen Versuche auf dem Gebiete der Ventilation von Schiffsräumen. Die durch Modelle, sowie zahlreiche Zeichnungen und Lichtbilder erläuterten Ausführungen erregten die gespannte Aufmerksamkeit der Zuhörer, welche es zum Schlusse an lebhaftem Beifalle nicht fehlen ließen.

An der folgenden Besprechung des Themas beteiligten sich die Herren: Ingenieur Rud. Rothe-Stettin, Marinebaumeister Wellenkamp-Kiel und Dr. Rud. Wagner-Stettin, zu deren Ausführungen Herr Direktor Krell sich in einem Schlußworte äußerte.

Nach Beendigung dieser Diskussion begann Herr Marine-Oberbaurat Tjard Schwarz-Wilhelmshaven seinen Vortrag über:

„Die Bekohlung der Kriegsschiffe.“

In seinem ebenfalls von Lichtbildern begleiteten Vortrage machte der Redner neue Vorschläge für eine andere Benutzung und Anordnung der Kohlenbunker an Bord und erklärte zwei Projekte für Apparate zur Kohlenübernahme von in Fahrt begriffenen Schiffen. Die sehr interessanten Ausführungen riefen lebhaftes Interesse hervor und veranlaßten eine angeregte Erörterung des Themas. Hierbei sprachen Herr Kontre-Admiral v. Eickstedt-Berlin, Herr Ingenieur Leue-Berlin, Herr R. W. Heidmann-Hamburg, Herr Dipl. Ing. Orbanowski-Hamburg und Herr Geheimer Oberbaurat Rudloff-Berlin. Herr Oberbaurat Schwarz erwiderte hierauf in einer längeren Schlußrede.

Nach der nunmehr eintretenden Frühstückspause folgte der Vortrag des Herrn Ingenieur Leue-Berlin über ein dem Vortrage Schwarz ähnliches Thema, nämlich:

„Der Leue-Apparat zum Bekohlen von Kriegsschiffen in Fahrt."

An einem Modelle größeren Maßstabes, sowie durch Zeichnungen und zahlreiche Lichtbilder erläuterte der Redner einen ihm patentierten Bekohlungsapparat, welcher das schwierige Problem der Kohlenübernahme bei in Fahrt befindlichen Schiffen lösen soll und bereits Versuchen im Großen unterliegt.

Die sehr beifällig aufgenommenen Modellversuche, sowie der Vortrag selbst entfesselten eine sehr lebhafte Besprechung, an welcher teilnahmen: Herr Marine-Oberbaurat Schirmer-Kiel, Herr Oberingenieur Adam-Dresden (Gast), Herr R. W. Heidmann-Hamburg und Seine Excellenz Herr Vize-Admiral v. Ahlefeld.

Den Schlußvortrag der Tagung hielt der Generalsekretär des Vereins zur Hebung der deutschen Fluß- und Kanalschiffahrt, Herr Syndikus a. D. Rágóczy-Berlin, über das Thema:

„Binnenschiffahrt und Seeschiffahrt."

An der Hand eines reichhaltigen statistischen Materials, welches eine beträchtliche Arbeitsleistung darstellt, beleuchtete der Redner die innigen Wechselbeziehungen des See- und Flußtransports. Dem Vortragenden, welcher ebenfalls zahlreiche Lichtbilder zur Anschauung brachte, gelang es trotz der vorgeschrittenen Zeit sich ein aufmerksam lauschendes Auditorium zu erhalten, welches am Schlusse für die wohldurchdachte Rede mit seinem Beifall nicht kargte. Der Eigenart des Themas entsprechend unterblieb eine Diskussion.

Dritter Tag.

Programmäßig fand am Sonnabend, den 25. November die Fahrt zur Besichtigung der Fürstenwalder Werke der Firma Julius Pintsch-Berlin O.

statt, indem die Gesellschaft der liebenswürdigen Einladung der Firmeninhaber' der Gebrüder Pintsch folgte.

Ein von der Firma gestellter Extrazug, der trotz der zahlreichen Anmeldungen zu der Fahrt leider nur mäßig besetzt war, brachte die Teilnehmer nach Fürstenwalde, wo die im höchsten Maße sehenswerten Fabrikanlagen einer eingehenden Besichtigung unterzogen wurden. Die den Schluß des Jahrbuches bildende Beschreibung der Werke gibt ein anschauliches Bild von der großen Mannigfaltigkeit der Betriebe, welche diese Weltfirma aufzuweisen hat.

Der nicht ohne Anstrengung zu bewältigende Rundgang durch die Fabrikanlagen wurde mittags durch eine Frühstückspause unterbrochen. Die liebenswürdigen Herren Gebrüder Pintsch hatten es sich nicht nehmen lassen, in großartigster Gastfreundlichkeit auch für das leibliche Wohl ihrer Besucher durch ein auserlesenes Frühstück zu sorgen. Hierbei nahm unser Vorsitzender, Herr Geheimrat Busley, Gelegenheit, in [zündender, von großem Beifall begleiteter Rede der Firma für die ausgezeichnete Aufnahme zu danken, welche unserer Gesellschaft bereitet worden war.

Als nach Beendigung des zweiten Teiles der Besichtigung der bereitstehende Extrazug die Besucher wiederum nach Berlin zurückführte, schied jeder Teilnehmer an der Fahrt mit dem Bewußtsein, einen der interessantesten und gelungensten technischen Ausflüge mitgemacht zu haben, welchen die Schiffbautechnische Gesellschaft seit ihrem Bestehen unternommen hat.

VIII. PROTOKOLL

der geschäftlichen Sitzung der siebenten Hauptversammlung

am 24. November 1905.

Auf der Tagesordnung stehen folgende Punkte:

1. Vorlage des Jahresberichtes.
2. Bericht der Rechnungsprüfer und Entlastung des geschäftsführenden Vorstandes von der Geschäftsführung des Jahres 1904.
3. Bekanntgabe der Namen der neuen Gesellschaftsmitglieder.
4. Ergänzungswahlen des Vorstandes und Wahl der beiden Rechnungsprüfer für das nächste Jahr.

Anwesend sind 88 Gesellschaftsmitglieder.

Verhandelt wird wie folgt:

1. Der Vorsitzende eröffnet die Sitzung programmäßig um 9 Uhr vormittags und erteilt dem Geschäftsführer das Wort zur Verlesung des Berichtes über das VII. Geschäftsjahr. Die Versammlung ist mit Inhalt und Form des Berichtes einverstanden.

2. Herr Rechtsanwalt Dr. Vielhaben-Hamburg erstattet den Bericht der Rechnungsprüfer. Die Abrechnung des Jahres 1904 zirkuliert in der Versammlung. Der Redner beantragt hiernach die Entlastung des Vorstandes von der Geschäftsführung des Jahres 1904. Die Entlastung wird ausgesprochen.

3. Eingetreten sind im Laufe des Jahres bis zum Tage der Versammlung 68 Mitglieder. Die Versammlung verzichtet in Rücksicht auf die kurze verfügbare Zeit auf die Verlesung der Namen der neuen Mitglieder. Es sind die in folgender Liste aufgeführten Herren:*)

---

*) Die Namen der bis zum Jahresschluß noch eingetretenen Herren sind in dieser Liste mit enthalten.

I. ORDNUNGSMÄSZIGE FACHMITGLIEDER.

1. Berndt, Fritz, Ingenieur, Hamburg.
2. Cleppien, Max, Marine-Schiffbaumeister, Bremen.
3. Gebers, Fr., Schiffbau-Ingenieur, Dresden-Übigau.
4. Hass, Hans, Diplom-Ingenieur, Hamburg.
5. Karstens, Paul, Ingenieur, Harburg.
6. Mentz, Walter, Professor, Langfuhr.
7. Mugler, Julius, Marine-Schiffbaumeister, Elbing.
8. Orbanowski, Kurt, Diplom-Ingenieur, Hamburg.
9. v. Saenger, W. Joachim, Ingenieur, St. Petersburg.
10. Sieg, Georg, Kaiserl. Marine-Maschinenbaumeister, Wilhelmshaven.
11. Sütterlin, Georg, Oberingenieur, Hamburg.
12. Troost, Joh. N., Schiffbaudirektor, Tönning.
13. Wagner, Rud., Dr. phil., Schiffmaschinen-Ingenieur, Stettin.

II. LEBENSLÄNGLICHE MITGLIEDER.

14. Buchloh, Hermann, Reeder, Mülheim-Ruhr.
15. Kannengießer, Louis, Königlicher Kommerzienrat, Mühlheim-Ruhr.
16. Karcher, Karl, Reeder, Duisburg.
17. Pintsch, Julius, Geheimer Kommerzienrat, Berlin.
18. Schappach, Albert, Bankier, Berlin.
19. Scheld, Theodor Chr., Technischer Leiter, Hamburg.

III. ORDNUNGSMÄSZIGE MITGLIEDER.

20. Achenbach, Albert, Schiffmaschinenbau-Ingenieur, Kiel.
21. Banning, Heinrich, Fabrikdirektor, Hamm.
22. Becker, Julius Ferdinand, Schiffbau-Ingenieur, Hamburg.
23. Börner, Oskar, Fabrikbesitzer, Berlin.
24. Borsig, Conrad, Fabrikbesitzer, Berlin.
25. Breest, Wilhelm, Fabrikbesitzer, Berlin.
26. Bresina, Richard, Fabrikdirektor, Wolfenbüttel.
27. Claus, Hubert, Hüttendirektor, Berlin.
28. Conti, Alfred, Direktor, Charlottenburg.
29. Courtois, Louis, Ingenieur, Berlin.
30. Faber, Theodor, Schiffahrtsdirektor, Dresden-Strehlen.

31. Fleck, Richard, Fabrikbesitzer, Berlin.
32. Francois, H. Ed., Konstrukteur elektrischer Apparate, Hamburg.
33. Frick, Richard, Direktor, Berlin.
34. Fritz, Heinrich, Ingenieur, Elbing.
35. Heinrich, W., Diplom-Ingenieur, Hamburg.
36. Helling, Wilhelm, Ingenieur, Gr. Flottbeck.
37. Hilbenz, Dr., Hüttendirektor, Friedenshütte.
38. Hjarup, Paul, Ingenieur und Fabrikbesitzer, Berlin.
39. Hoffmann, Erwin, Direktor, Rendsburg.
40. Hoffmann, M. W., Dr. phil., Fabrikbesitzer, Potsdam.
41. Hölck, Heinrich, Konsul von Brasilien, Düsseldorf.
42. d'Hone, Heinrich, Fabrikant, Duisburg.
43. Kafemann, Otto, Verleger der Danziger Zeitung, Danzig.
44. Kapal, G., Direktor, Berlin.
45. Keetmann, Wilhelm, Direktor, Duisburg.
46. Kelch, Hans, Leutnant a. D. und Fabrikbesitzer, Potsdam.
47. Köhncke, Heinrich, Zivil-Ingenieur, Bremen.
48. Körting, Ernst, Ingenieur und technischer Direktor, Linden.
49. Krell, Rudolf, Oberingenieur, Nürnberg.
50. Lasche, O., Direktor, Berlin.
51. Laubmeyer, Hermann, Zivil-Ingenieur, Danzig.
52. Leue, Georg, Ingenieur, Berlin.
53. Mette, C., Direktor, Lübeck.
54. Moltke, Graf Otto, Klosterprobst u. M. d. A. H., Uetersen i. H.
55. Netter, Ludwig, Regierungsbaumeister, Berlin.
56. Nissen, Andreas, Oberingenieur, Hamburg.
57. Notholt, A., Maschinen-Inspektor, Oldenburg.
58. Paucksch, Felix, Fabrikdirektor, Berlin.
59. Prieger, H., Direktor, Berlin.
60. Raschen, Hermann, Ingenieur, Griesheim.
61. v. Reichenbach, Major a. D., Berlin.
62. Reusch, Paul, Vorstandsmitglied der Gutehoffnungshütte, Sterk-
    rade.
63. Rickert, F., Dr., Verleger der Danziger Zeitung, Danzig.
64. Rieppel, A., Dr. ing., Baurat und Fabrikdirektor, Nürnberg.
65. Schaffran, Karl, Schiffbau-Diplomingenieur, Danzig.
66. Scharbau, Fr., Werftdirektor, Tönning.

67. Schauseil, M., Direktor, Hamburg.

68. Scheder, Georg, Kontre-Admiral, Kiel-Gaarden.

69. Schimmelbusch, Julius, Ingenieur, Dresden.

70. Schmidt, Max, Direktor, Hirschberg i. Schles.

71. Schmidt, Wilhelm, Zivil-Ingenieur, Wilhelmshöhe.

72. Schnitzing, Gustav, Direktor, Dresden.

73. Seiffert, Franz, Ingenieur und Direktor, Berlin.

74. Simon, Heinrich, Königlicher Bibliothekar, Langfuhr.

75. Steegmann, Erich, Schiffbau-Ingenieur, Elbing.

76. Strasser, Geheimer Regierungsrat, Berlin.

77. Tschirch, Emil, Rentier, Berlin.

78. Vollmer, Adolf, Direktor, Elbing.

79. Wendemuth, Wasserbauinspektor, Hamburg.

4. Satzungsgemäß stehen zur Neuwahl der Vorsitzende, Geheimer Regierungsrat Professor Busley und der nicht fachmännische Beisitzer Herr Vizepräsident Achelis. Ehe zur Wahl durch Stimmzettel geschritten wird, beantragt Herr Kontre-Admiral Ad. Thiele die Wiederwahl der aus dem Vorstande scheidenden beiden Herren durch Zuruf. Der Vorsitzende hält die Wahl durch Stimmzettel für wünschenswert, weil eine Wahl durch Zuruf nur dann gültig sei, wenn von keiner Seite ein Widerspruch erfolgt. Herr Admiral Thiele hält dagegen seinen Antrag aufrecht, worauf die Versammlung die Wiederwahl des Vorsitzenden, Geheimen Regierungsrats Professor Busley und des nichtfachmännischen Beisitzers, Vizepräsidenten Achelis einstimmig vollzieht.

Beide Herren erklären sich zur Annahme ihres Amtes bereit.

Als Rechnungsprüfer für das Jahr 1906 empfiehlt der Vorsitzende die Wiederwahl der bisherigen Herren. Auch hiermit ist die Versammlung ohne Widerspruch einverstanden. Herr Rechtsanwalt Dr. Vielhaben-Hamburg und Herr Direktor Masing-Dresden nehmen die Wahl an.

5. Der Vorstand beantragt, mehrfacher Anregung Folge gebend, die Stiftung einer silbernen und goldenen Medaille der Gesellschaft zur Auszeichnung besonderer Verdienste um den Verein. Die Satzung für die Verleihung der Medaillen liegt vor. Der Vorstand empfiehlt die en bloc-Annahme dieser Satzung unter Hinweis darauf, daß Form und Inhalt die Zustimmung des Allerhöchsten Protektors gefunden habe.

Herr Marinebaumeister Grauert spricht nicht gegen die Annahme des Antrages des Vorstandes und die Genehmigung der Satzung, meint aber, es sei nicht einwandfrei, daß der Vorstand die Angelegenheit ohne Zustimmung der Hauptversammlung bereits zu Ende geführt habe. Der Vorsitzende rechtfertigt das Vorgehen des Vorstandes, worauf Herr Blohm bemerkt, daß es immerhin recht früh sei, wenn die Schiffbautechnische Gesellschaft bereits im VII. Jahre ihres Bestehens zur Verleihung von Auszeichnungen schreiten wolle.

Der Vorsitzende erwidert dagegen, daß der Vorstand nur einer mehrfach an ihn herangetretenen Aufforderung mit seinem Antrage entsprochen habe. Herr Admiral Thiele ersucht nunmehr, den Vorstandsantrag und die Satzung anzunehmen. Hiergegen erhebt sich kein Widerspruch, sodaß die Stiftung der Medaille und die Annahme der Satzung beschlossen ist.

Zum Schluß spricht Herr Marinebaumeister Buschberg den Wunsch aus, daß, entsprechend dem früher geäußerten Verlangen, die Tagesordnung der geschäftlichen Sitzung den Teilnehmern der Versammlung schon vor der Sitzung zugehen möchte. Der Vorsitzende sagt die Erfüllung dieses Wunsches zu.

Herr Professor Laas wünscht noch eine besondere Bekanntgabe über die Inanspruchnahme des Stipendienfonds. Der Vorsitzende bemerkt hierzu, daß die Ausgaben aus dem Stipendienfonds in der Jahresrechnung enthalten seien. Es soll jedoch künftig im Jahresbericht noch ein besonderer Hinweis auf die Verwendung des Fonds erfolgen. Damit ist die Tagesordnung erschöpft, und da keiner der Versammelten das Wort weiter wünscht, schließt der Vorsitzende die geschäftliche Sitzung um $9^{1}\!/_{2}$ Uhr.

Charlottenburg, den 24. November 1905.

    gez. Busley,   gez. H. Seidler,

    Vorsitzender.   Geschäftsführer.

IX. Der deutsche Schiffbau 1905.

Von *Rudolf Ditges*.

Im Gegensatz zu anderen Industrien pflegt der Auf- und Niedergang im Schiffbau nicht mit der allgemeinen wirtschaftlichen Entwickelung zusammenzufallen. Erst dann, wenn die Güterbewegung im Inlande, sowie der Austausch von Waren mit dem Auslande einen großen Umfang bereits angenommen haben, pflegen die Reeder Bestellungen auf Schiffe zu machen. Daß eine Werft Schiffe auf Vorrat baut, ist für Deutschland wenigstens so gut wie ausgeschlossen. Solche Bestellungen können naturgemäß nicht von heute auf morgen ausgeführt werden und gehen deshalb in Jahre über, in denen die wirtschaftliche Welle bereits wieder im Sinken begriffen ist. Infolgedessen können solche Jahre für die Schiffbauindustrie noch nicht als schlecht bezeichnet werden, während sie für andere Industrien bereits den ausgesprochenen Charakter des Niederganges aufweisen. Ferner ist der Schiffbau nicht allein von den wirtschaftlichen Bewegungen im Inlande abhängig; auf ihn wirken mehr als auf andere Industrien die wirtschaftlichen und politischen Vorgänge in fernen Ländern. Kriege, Aufstände, Mißernten im Auslande können den Schiffsverkehr dorthin gänzlich lahm legen; die Folge ist ein Nachlassen des Bedarfs an Schiffsraum und der Bestellungen auf neue Schiffe.

So sehen wir denn in der Schiffbaustatistik, daß, während der allgemeine wirtschaftliche Niedergang in Deutschland bereits mit dem Jahre 1900 einsetzte, die Schiffbauindustrie den Höhepunkt ihrer Erzeugung in den folgenden Jahren, nach der Statistik des Germanischen Lloyd sogar erst im Jahre 1903 erreicht hat, während die Jahre des größten Aufschwungs der deutschen Industrie eine verhältnismäßig geringe Schiffbautätigkeit aufzuweisen hatten. Ihr Niedergang setzte erst Mitte des Jahres 1903 ein und hat sich bis in die erste Hälfte des Berichtsjahres 1905 fortgesetzt. Die in Auftrag gegebenen

Schiffe waren abgeliefert; neue Bauten schienen fürs erste nicht erforderlich zu sein. Zudem war ein starkes Sinken der Frachten eingetreten, sodaß die Reeder mit neuen Aufträgen sehr zurückhaltend waren. Die infolge des russisch-japanischen Krieges in den ostasiatischen Gewässern herrschende Unsicherheit legte einen Teil unseres Außenhandels beinahe vollständig lahm, hierdurch wurden die früher hierfür benutzten Schiffsräume verfügbar. Auch die deutsche Hochseefischerei, die dem Schiffbau nicht unerhebliche Bestellungen an Heringsloggern und Fischdampfern zugeführt hatte, wies wenigstens im Jahre 1904 recht ungünstige Ergebnisse auf, sodaß bei den Gesellschaften nur geringe Meinung für neue Aufträge bestand. Das Ausland hielt sich fern; infolgedessen wurden die durch den Mangel an einheimischem Bedarf entstandenen Lücken nicht ausgefüllt.

Durch alle diese Verhältnisse {mußten die Preise der Neubauten stark gedrückt werden. Die Konkurrenz der Werften untereinander war groß, und Baustätten, die sonst nur Aufträge größter Art, wie Kriegsschiffe und Reichspostdampfer, auszuführen gewöhnt waren, bemühten sich auch um kleinere Fahrzeuge. Die Leistungsfähigkeit der Werften war nicht geringer geworden, sondern stark gestiegen. So waren denn die Jahre 1903 und 1904 recht traurige für den deutschen Schiffbau.

Die geschilderten Verhältnisse setzten sich zum Teil noch bis in das Jahr 1905 fort. Allmählich aber trat eine nicht zu verkennende Besserung ein, soweit wenigstens die Beschäftigung der ·Schiffswerften in Betracht kommt. Die Frachtraten stiegen, teilweise infolge der Zunahme des überseeischen Güteraustausches, teilweise auch durch internationale Abmachungen der Reeder. Infolge der vermehrten Auswanderung aus Rußland und Polen wurden die Zwischendecke der nach Amerika fahrenden Dampfschiffe besser denn je besetzt, während die Zahl der für den Verkehr zur Verfügung stehenden Schiffe infolge des Verkaufs von 6 Dampfern durch die Hamburg-Amerika-Linie sich vermindert hatte. Die deutschen Truppensendungen nach Südwest-Afrika, sowie die Beförderung des Kriegsmaterials dorthin nahm die Transportfähigkeit einer großen Reederei beinahe vollständig in Anspruch. Schließlich kam noch der Friedensschluß zwischen Rußland und Japan hinzu; der Rücktransport der russischen und japanischen Gefangenen, sowie die Versorgung der vom Kriege betroffenen Gebiete mit Nahrungs- und Gebrauchsmitteln aller Art und das Wiederaufleben des Handels stellen jetzt noch große Ansprüche an die in Betracht kommenden Reedereien.

Infolge aller dieser Umstände ist im Verlaufe des hinter uns liegenden Jahres 1905 eine unzweifelhafte Zunahme der Aufträge festzustellen, die dem deutschen Schiffbau zugeflossen sind.

Die Richtigkeit dieser Ausführungen läßt sich an den für den deutschen Schiffbau vorliegenden Statistiken nachweisen. In Betracht kommen hierfür in der Hauptsache zwei Aufstellungen: die des Germanischen Lloyd und die des Vereins Deutscher Schiffswerften.*) In den Einzelheiten weichen sie nicht unbedeutend von einander ab. Der Grund hierfür liegt zunächst darin, daß die Statistik des Vereins Deutscher Schiffswerften den Ablauf des Schiffes für die Vollendung als maßgebend annimmt, während der Germanische Lloyd die Übergabe des Schiffes an den Besteller hierfür in Betracht zieht. Hierdurch könnte aber nur eine Verschiebung der auf die verschiedenen Jahre entfallenden Bauten hervorgerufen werden, während das Endresultat das gleiche bleiben müßte. Dies trifft aber nicht zu, denn die Statistik des Vereins Deutscher Schiffswerften hat sich erst allmählich herausgebildet. Die Zahl der dem Verein angehörenden Werften ist in den letzten Jahren nicht unbedeutend gewachsen; andererseits hat auch eine bedeutende Firma die erbetenen Angaben verweigert, sodaß sie in der Statistik der früheren Jahre fehlen. Für 1905 sind sie teilweise gemacht und, soweit sie fehlen, durch Schätzung ermittelt worden. Die Aufstellung des Germanischen Lloyd dagegen wird schon seit längerer Zeit geführt. Auch berücksichtigt sie Werften, die dem Verein Deutscher Schiffswerften nicht angehört haben und auch jetzt noch nicht angehören. Wenn es sich hierbei auch nur um kleinere Betriebe handeln kann, so kommen diese doch besonders für die Zahl der Fahrzeuge in Betracht. Dagegen ist die Statistik des Vereins Deutscher Schiffswerften die einzige, die den Gesamtwert der Produktion in den einzelnen Jahren wenigstens annähernd enthält. Die Statistik stellt sich wie folgt:

Zahl der Fahrzeuge:

	1899	1900	1901	1902	1903	1904	1905
Schiffswerften-Verein	318	314	309	421	341	502	511
Germanischer Lloyd	466	385	441	507	507	534	645

Gesamt-Tonnengehalt der Schiffe in Brutto-Registertons:

	1899	1900	1901	1902	1903	1904	1905
Schiffswerften-Verein	256 958	237 181	254 487	291 153	227 124	262 549	342 100
Germanischer Lloyd	236 624	272 778	291 703	270 998	305 311	260 711	308 361

---

*) In beiden Statistiken sind die Bauten der Kaiserlichen Werften nicht mit aufgenommen.

Gesamtwert der Produktion in Mark:

1899	1900	1901	1902	1903	1904	1905
105 038 293	121 553 228	127 529 491	113 258 587	122 648 875	116 007 645	132 613 700

In beiden Statistiken finden wir ein allmähliches Nachlassen besonders in den Werten vom Jahre 1901 ab bis zum Jahre 1904; das Jahr 1905 ist das erste, das wieder steigenden Tonnengehalt und zunehmenden Gesamtwert der Produktion aufweist. Das Jahr 1900 erscheint deutlich als dasjenige, in dem die meisten Aufträge erteilt worden sind, deren Ausführung die folgenden Jahre in Anspruch nimmt bis zum Jahre 1904. Erst im Jahre 1905 sind die Reeder anscheinend zu neuen Bestellungen in größerem Umfange übergegangen, die nach der Statistik des Vereins Deutscher Schiffswerften höher erscheinen als nach der des Germanischen Lloyd, da ja in jener die Vollendung des Fahrzeuges früher angenommen wird, als in dieser.

Noch deutlicher tritt die Besserung in den Zahlen der zur Zeit im Bau befindlichen Schiffe hervor. Der Verein Deutscher Schiffswerften hat sie für 1905 zum ersten Mal festgestellt. Hiernach beläuft sie sich auf 335 Fahrzeuge mit einem Gesamt-Tonnengehalt von 407 044 Brutto-Registertons. Der Tonnengehalt der im Bau befindlichen Schiffe ist also bereits höher, als der der im Jahre 1905 überhaupt abgelaufenen Fahrzeuge. Der Germanische Lloyd gibt die Zahlen der im Dezember 1905 im Bau befindlichen Fahrzeuge auf 377, ihren Gehalt an Brutto-Registertons auf 471 804 an.

Interessant ist schließlich noch die Feststellung, daß das Gesamtergebnis beider Statistiken für die letzten 7 Jahre nicht so sehr stark von einander abweicht. Nach der Statistik des Vereins Deutscher Schiffswerften sind in diesem Zeitraum auf deutschen Werften 2716 Schiffe mit einem Gesamt-Tonnengehalt von 1 871 552 Brutto-Registertons erbaut worden, während die Statistik des Germanischen Lloyd 3485 Schiffe mit 1 946 486 Brutto-Registertons aufweist. Auch hierdurch wird erwiesen, daß in der Statistik des Vereins Deutscher Schiffswerften in der Hauptsache kleinere Fahrzeuge fehlen. Der Gesamtwert dieser Fahrzeuge beläuft sich nach der Statistik des Vereins Deutscher Schiffswerften auf 838 649 819 M. Unter Berücksichtigung aller für diese Statistik aufgeführten Verhältnisse wird man den wirklichen Gesamtwert mit rund 950 000 000 M. nicht zu hoch veranschlagen.

In der Beschäftigung der deutschen Schiffswerften im Jahre 1905 hat sich auch das Ausland wieder stärker bemerkbar gemacht, als in früheren

Jahren. Die in Deutschland für fremde Staaten hergestellten Fahrzeuge aller Art, darunter auch Kriegsschiffe, belaufen sich auf:

Zahl der fertiggestellten Schiffe:

	1899	1900	1901	1902	1903	1904	1905
Schiffswerften-Verein	58	49	25	34	28	75	117
Germanischer Lloyd	89	59	50	35	56	92	131

Brutto Registertons:

	1899	1900	1901	1902	1903	1904	1905
Schiffswerften-Verein	43 942	32 735	30 648	23 151	17 809	14 733	23 390
Germanischer Lloyd	28 417	41 133	48 166	27 420	20 406	16 637	17 599

Auch diese beiden Statistiken weichen erheblich stärker in der Zahl der gebauten Schiffe, als in der Gesamttonnage von einander ab. Erstere beträgt für 7 Jahre zusammen nach der Statistik der Schiffswerften 386, nach der des Germanischen Lloyd 512, während die Gesamt-Tonnenzahl sich auf 186 408 bezw. 199 778 beläuft.

Beachtenswert ist bei beiden Statistiken die allmähliche Abnahme der Bestellungen, die jetzt wieder einem Aufschwunge zu weichen scheint. Hierauf deutet auch die Zahl der zur Zeit auf deutschen Werften für das Ausland im Bau befindlichen Fahrzeuge, die 47 mit einem Gesamtgehalt von 16 800 Brutto-Registertons beträgt.

Ganz andere Zahlen weist die deutsche Ein- und Ausfuhrstatistik auf, in der die Zollausschlüsse, besonders Hamburg mit seinen zahlreichen Werften, als Ausland behandelt wird. Hiernach betrug die Ausfuhr an Schiffen der Stückzahl und dem Werte nach:

1899		1900		1901		1902		1903		1904	
Stck.	1000 M.	Stck.	1000 M.	Stck.	1000 M.	Stck.	1000 M.	Stck.	1000 M.	Stck.	1000 M.
411	11 550	464	26 777	447	13 838	468	12 194	468	10 357	639	10 393

Die Zahlen für 1905 liegen noch nicht vor. Auch aus dieser Statistik ist der Niedergang der Bautätigkeit der deutschen Schiffswerften für das Ausland deutlich zu erkennen.

Nach den vorliegenden Berichten scheint man in der deutschen Schiffbau-Industrie mit ziemlicher Gewißheit auf das Anwachsen der Arbeiten für fremde Staaten und Reeder zu rechnen. In Betracht kommen zunächst Kriegsschiffe nach der beinahe völligen Vernichtung der russischen Flotte; dann aber bestellt das Ausland mit Vorliebe kleinere und kleinste Schiffe in Deutschland, deren Ruf den der in England gebauten zu übertreffen beginnt. Dieselben werden fast durchgängig auf Werften in Hamburg und Harburg gebaut.

Eine Zunahme der ausländischen Bestellungen bei den deutschen Schiffswerften wäre um so wünschenswerter, als trotz der gesteigerten Bautätigkeit die Beschäftigung der Werften noch viel zu wünschen übrig läßt. Gerade die letzte Zeit hat bedeutende Erweiterungen der deutschen Schiffbaustätten gebracht. Nachdem in den letzten Jahren die Stettiner Maschinenbau-Aktiengesellschaft „Vulcan" in Stettin-Bredow, F. Schichau in Elbing und Danzig, sowie Blohm & Voß in Hamburg und die „Weser" in Bremen ihre gesamten Werke erneuert und in ihrer Leistungsfähigkeit ganz erheblich verstärkt haben, sind zuletzt noch besonders die Werften von Joh. C. Tecklenborg in Geestemünde, R. Holtz in Harburg a. d. Elbe und Frerichs & Co. in Osterholz-Scharmbeck, mit Erweiterungen vorgegangen. Die Nordseewerke in Emden haben am 10. Januar 1905 den Betrieb vollständig neu aufgenommen. Pläne zur Gründung neuer Werften werden vielfach geäußert. Gerade angesichts solcher Projekte muß darauf hingewiesen werden, daß die Lage des deutschen Schiffbaues durchaus noch keine übermäßig glänzende ist, und daß auch das Jahr 1905 in der Hauptsache nur den Ausgleich früherer Verluste gebracht hat.

Wenn auch die Beschäftigung zugenommen hat, so kann das von den Preisen nicht behauptet werden, die immer noch als gedrückt bezeichnet werden. Hierzu trägt zunächst die Konkurrenz der Werften untereinander das Ihrige bei, die im letzten Jahre eher stärker als schwächer geworden ist. Besonders aber ist es der ausländische Wettbewerb, der den deutschen Schiffbau an der Erlangung von Preisen verhindert, die der aufgewendeten Summe von Intelligenz und Arbeit entsprechen. Für Seeschiffe gibt England teilweise Offerten ab, zu denen deutsche Werften den Bau von Fahrzeugen nicht übernehmen können. Den deutschen Flußschiffbau namentlich auf dem Rhein monopolisiert Holland in steigendem Maße. Daneben tritt auch die Schweiz als Konkurrent auf dem deutschen Markte auf. Es ist in hohem Grade bedauerlich, daß, wie die Statistik des Germanischen Lloyd für 1905 ausweist, besonders die im Rheinisch-Westfälischen Industriegebiet belegenen Firmen des Kohlensyndikats ihren Bedarf an Schiffen mit Vorliebe in Holland decken. Aber auch die großen überseeischen Reedereien machen noch immer in England große Bestellungen. Wenn es sich hierbei teilweise auch um Schiffe handelt, deren Bau auf den ersten deutschen Werften möglicherweise zu teuer werden würde, so könnten dieselben doch der deutschen Schiffbau-Industrie durch Vergebung an solche Werften erhalten werden, deren Einrichtungen ihnen billigere Produktion gestatten.

Wie groß die Zahl der für deutsche Rechnung in den letzten 7 Jahren im Auslande gebauten Schiffe ist, ergibt sich aus nachstehender Statistik des Germanischen Loyd:

Für deutsche Rechnung im Auslande gebaut:

	Zahl der Schiffe	Tonnengehalt
1899	57	76 436
1900	62	109 292
1901	60	110 396
1902	44	57 734
1903	33	37 038
1904	24	17 611
1905	90	92 589

Vor allen Dingen ist hierin die ganz bedeutende Zunahme der im Jahre 1905 ins Ausland vergebenen Seeschiffe bemerkenswert, zumal, da zu befürchten ist, daß diese Statistik nicht vollständig ist.

Im Dezember 1905 waren nach derselben Statistik für deutsche Rechnung auf ausländischen Werften 25 Schiffe mit einem Gehalt von 48 883 Registertons in Bau. Hierzu kommt noch die gleichfalls nicht unbedeutende Zahl von Schiffen, die durch deutsche Reeder alt vom Auslande gekauft worden sind.

Der Wettbewerb mit dem Auslande ist den deutschen Werften im Jahre 1905 durch die steigenden Materialpreise stark erschwert worden. Hierdurch sind etwaige Preissteigerungen für Schiffe zum großen Teil aufgewogen worden. Hieraus erklärt sich auch zum Teil die für das Jahr 1905 festgestellte Zunahme des Bezuges von Schiffsblechen und Profilstahlen aus dem Auslande, in erster Reihe aus England. Mitbestimmend hierfür waren 'auch die durch Auflösung des Grobblechverbandes am Schlusse des Jahres 1904 entstandenen Unregelmäßigkeiten in der Lieferung der bestellten Materialien. Als Folge

derselben hatte sich vieler Werften eine ziemlich große Verstimmung gegen
ihre bisherigen Lieferanten bemächtigt, die in Käufen im Auslande zum Ausdruck kam, und die auch die ersten Schritte des neugebildeten Schiffbaustahl-
Kontors nicht beseitigen konnten. Jedoch gelang es in einer im Mai 1905
abgehaltenen gemeinsamen Besprechung der Vertreter der deutschen Walzwerke und Schiffswerften, die vorgekommenen Mißverständnisse aufzuklären.
Es steht zu hoffen, daß der deutsche Schiffbau im kommenden Jahre seinen
alten Grundsätzen treu bleiben wird, nach Möglichkeit die deutschen Schwester-
Industrien bei der Bestellung seiner Materialien zu bevorzugen. Den Fluß-
schiffswerften wird dies durch die mit dem 1. März 1906 getroffene Aufhebung
des Eingangszolles auf ihr Material erleichtert werden, da hiermit für die deutschen
Walzwerke der Anreiz zur billigeren Auslandslieferung fortgefallen ist.

Nachstehend folgt eine Statistik über die von den deutschen Schiffswerften in den letzten 7 Jahren vorgenommenen Materialbezüge, geteilt nach
Lieferungen aus dem In- und Auslande (in Tonnen à 1000 kg):

	Überhaupt	Von deutschen Eisenwerken	Aus dem Auslande	Prozent
a) Schiffsbleche:				
1899	98 876	71 948	26 928	27,2
1900	92 540	70 806	21 734	23,5
1901	102 875	94 478	8 397	8,2
1902	105 204	98 776	6 428	6,1
1903	94 152	92 521	1 631	1,7
1904	109 406	102 267	7 139	6,5
1905	148 081	128 846	19 235	12,9
b) Profilstahle einschließlich Stabeisen:				
1899	49 281	36 515	12 766	25,9
1900	42 494	31 418	11 076	26,1
1901	53 855	49 325	4 530	8,4
1902	51 034	48 381	2 653	5,2
1903	44 599	43 492	1 107	2,5
1904	55 185	51 401	3 784	6,9
1905	69 481	60 256	9 225	13,3

Die Arbeiterverhältnisse im deutschen Schiffbau während des Jahres 1905 waren sehr unbefriedigend.

Die Zahl der auf den Vereinswerften beschäftigten Arbeiter betrug:

	1899	1900	1901	1902	1903	1904	1905
am 1. Januar	27 975	32 211	34 144	39 121	34 988	32 868	34 398
„ 1. April	29 116	33 518	34 534	39 822	34 434	34 093	36 716
„ 1. Juli	30 096	33 512	35 163	39 946	32 773	34 670	34 691
„ 1. Oktober . . .	31 474	32 089	35 026	38 210	31 618	34 261	38 591

Wie die vorstehende Statistik zeigt, hat die Arbeiterzahl entsprechend der steigenden Beschäftigung im Jahre 1905 stark zugenommen. Infolgedessen war es vielfach schwierig, Arbeiter in genügender Anzahl zu erhalten. Besonders wird über den Mangel an genügend vorgebildeten Nietern und Stemmern geklagt. Auch der Wechsel in den Belegschaften war ein sehr starker und wird von einzelnen Werften auf 10 bis 15 % aller Arbeiter im Monat angegeben.

Die durch gewerbsmäßige Agitatoren genährte Unzufriedenheit unter den Arbeitern hat im Jahre 1905 sehr um sich gegriffen und kam in mehrfachen Strikes zum Ausdruck. Größere Ausstände fanden statt bei den Firmen:

Flensburger Schiffbau-Gesellschaft, Flensburg.
Aktiengesellschaft „Neptun", Rostock.
R. Holtz, Harburg a. d. Elbe.
Joh. C. Tecklenborg, A.-G., Geestemünde.
Rickmers Reismühlen, Bremerhaven.
Bremer Vulkan, Vegesack.
Aktien-Gesellscaft G. Seebeck, Bremerhaven.
Aktiengesellschaft „Weser", Bremen.

Allerdings hat auch der Zusammenschluß der Arbeitgeber, der ja im Schiffbau schon längere Zeit besteht, kräftige Fortschritte gemacht. Infolgedessen traten die betreffenden Werften den unberechtigten Ansprüchen ihrer Arbeiter mit größter Entschiedenheit entgegen und gingen an der Unterweser teilweise bis zur völligen Schließung ihrer Betriebe. Diese Periode kommt in der Arbeiterstatistik des Jahres 1905 deutlich zum Ausdruck. Nach dem energischen Auftreten der Arbeitgeber im Schiffbau ist zu hoffen, daß für die nächste Zeit größere Ruhe in diesem Industriezweige herrschen wird.

So sehen wir, daß das Jahr 1905 teilweise Ansätze zur Besserung der Lage der Schiffbauindustrie gezeitigt hat, daß aber zu übertriebenen Hoffnungen durchaus keine Veranlassung vorliegt. Zwar steht zu erwarten, daß auch die neue Flottenvorlage nach ihrer Annahme im Reichstage dem deutschen Schiffbau weitere Beschäftigung zuführen wird. Auch wird, wie schon erwähnt, seitens der Werften mit einer Vermehrung der Aufträge aus Reedereikreisen und aus dem Auslande gerechnet. Diesen Aussichten stehen aber andauernd steigende Materialpreise und ungünstige Arbeiterverhältnisse entgegen. Es wird die Aufgabe der Leiter der deutschen Werften sein, im kommenden Jahre diese Schwierigkeiten zu überwinden und das Ansehen des deutschen Schiffbaues, wie bisher, durch gewissenhafte Ausführung der ihnen zufallenden Aufträge in Deutschland und auf der ganzen Erde aufrecht zu erhalten und weiter zu heben.

X. Unsere Toten.

Im VI. Geschäftsjahre hat die Schiffbautechnische Gesellschaft durch den Tod herbe Verluste erlitten, dreizehn Mitglieder wurden aus dem Leben abberufen.

1. Herr José Castellote, Leutnant-Colonel der Königl. spanischen Marine, Madrid, am 23. Oktober 1904.
2. Herr Wilhelm Fitzner, Kommerzienrat, Laurahütte, am. 3. Januar.
3. Herr Carl Groß, Konsul, Brake i. O., am 4. Januar.
4. Herr Alfred Kayser, Generalkonsul, Hamburg, am 17. Februar.
5. Herr Carl Haubold, Kommerzienrat, Chemnitz, am 12. März.
6. Herr Carl Scharowsky, Regierungsbaumeister, Berlin, am 18. April.
7. Herr Richard Steck, Oberingenieur, Stettin, am 20. April.
8. Herr Wilhelm Jacobs, Direktor, Berlin, am 15. Mai.
9. Herr Dr. Carl Schramm, Direktor, Witten, am 15. Juli.
10. Herr Richard Blumberg, Baumeister, Berlin, am 20. Juni.
11. Herr Carl Philippi, Kommerzienrat, Dresden, am 21. Juni.
12. Herr Hugo Hoppe, Ingenieur, Westend, am 21. Juli.
13. Herr Max Uhlenhaut, Direktor, Essen, am 25. August.

JOSÈ CASTELLOTE.

Herr José Castellote, Ingenieur der Königl. Spanischen Marine, wurde zu Valencia am 23. März 1860 geboren. Nach Beendigung seiner Schulzeit bezog er die Universität seiner Vaterstadt, worauf er am 21. September 1879 als Eleve zur Schiffsbauschule in Ferrol zugelassen wurde. Nachdem er hier im Jahre 1881 seine Studien beendet hatte, erhielt er seine Ernennung zum Unteringenieur und begann seine praktische Tätigkeit in der Maschinenbau-Abteilung des Arsenals zu Ferrol.

Am 21. Oktober 1883 zum Ingenieur I. Klasse befördert, wurde er nach Kartagena versetzt, wo er als Chef der Konstruktionsabteilung und gleichzeitig als Professor an der dortigen Marineschule wirkte. Später übernahm er an diesem Platze die Stellung des obersten Leiters der Maschinenbau-Abteilung und erledigte verschiedene Kommissorien in Madrid und Port Mahon.

Als man die Schiffbauschule von Ferrol nach Cadix verlegte, wurde er zum Professor der neuen Anstalt ernannt. Diesen Posten bekleidete er vom 15. Juni 1885 bis zum 1. Februar 1888, worauf er in das Marine-Ministerium versetzt wurde.

Bis zu seinem Tode verblieb Castellote nunmehr bei der obersten Zentralbehörde. Er arbeitete in verschiedenen Abteilungen derselben und wurde während dieser Zeit zum Chef II. Klasse befördert. Am 26. Januar 1902 wurde er zum Chef I. Klasse (Leutnant colonel) ernannt. In dieser Eigenschaft wurde er mehrfach im Auslande zur Erwerbung und Abnahme neuer Schiffe der Königl. Spanischen Marine verwendet, auch wirkte er bei der Ausarbeitung der Pläne verschiedener Schiffe, wie der Panzer „Cisneros", „Princesa" und „Cataluna" mit. Im Sommer 1902 war er mit dem Inspekteur-General der Königl. Spanischen Marineingenieure, Excellenz de Angulo, als Delegierter nach Düsseldorf zu der damaligen von der Schiffbautechnischen Gesellschaft veranlaßten internationalen Versammlung der Schiffbauer geschickt worden. Seit jener Zeit gehörte er den Fachmitgliedern unserer Gesellschaft an.

Castellote erfreute sich eines sehr hohen Ansehens bei seinen Fachkollegen infolge seines tiefen Wissens und seines [durch große Energie unterstützten Könnens. Mannigfache schwierige Aufträge hat er mit Ehren erledigt, wobei ihm seine sehr sympathische Persönlichkeit außerordentlich zu statten kam.

Er hatte ein großes Sprachtalent und beherrschte fließend die deutsche, englische, französische und italienische Sprache.

Ein Sportsmann mit Leib und Seele, pflegte er mit Vorliebe die körperlichen Übungen; hierbei hatte er vor einigen Jahren das Unglück, einen Sturz von 10 m Höhe zu tun, wobei er schwere innerliche Verletzungen davontrug. Obgleich augenscheinlich wieder hergestellt, war doch eine Schwäche der Lungen zurückgeblieben, welche infolge einer Erkältung am 23. Oktober des vergangenen Jahres seinen Tod zu Jaen in Andalusien herbeiführte, wo er sich zufällig zum Besuche seines Bruders, des Bischofs der dortigen Diöcese, aufhielt.

Mit Castellote verlor das Ingenienkorps, dem er angehörte, einen seiner befähigtsten Kameraden, die Königl. Spanische Marine einen ihrer besten Beamten, und alle Mitglieder der Schiffbautechnischen Gesellschaft, welche den Vorzug hatten ihn näher zu kennen, einen ausgezeichneten Freund.

WILHELM FITZNER.

Wilhelm Fitzner wurde am 8. Februar 1833 in Gleiwitz geboren, wo sein Vater, der aus Mittelschlesien stammte, das Schmiedehandwerk betrieb.

Seinen ersten Unterricht erhielt Wilhelm Fitzner in der Privatschule des Ortes, woran sich der Besuch der Realschule zum Zwinger in Breslau anschloß. Gegen seinen Willen, jedoch auf das unerbittliche Geheiß seines Vaters, mußte er als Primaner die Schule verlassen und in die väterliche Fabrik eintreten, wo er von früh bis spät in harter Arbeit praktisch tätig war. Zur weiteren Ausbildung arbeitete er dann eine zeitlang in dem Borsigschen Werk in Berlin, genügte seiner Militärpflicht als Einjährig-Freiwilliger in dem damaligen Grenadier-Regiment No. 11 in Breslau und arbeitete hiernach ein weiteres Jahr in den Rufferschen Werken dortselbst.

Am 15. Juli 1869 legte Fitzner den Grundstein zu seiner Kesselfabrik, dem Blechschweißwerk und den mechanischen Werkstätten. Besondere Verdienste hat er sich als Fabrikbesitzer um die Ausbildung des Blechschweißens erworben. Er brachte diesen Industriezweig durch stete Verbesserungen auf eine hohe Stufe der Entwickelung. Ganz wesentlich hat dazu die Errichtung einer Wassergas-Schweißerei beigetragen, und auch hiermit war Fitzner bahnbrechend, da er der erste war, welcher Wassergas zur Herstellung der verschiedenartigsten Schweißarbeiten benutzte.

Infolge der örtlichen Lage seiner Werke unterhielt Fitzner lebhafte Beziehungen zu Rußlands Industrie und im Jahre 1881 entschloß er sich, mit seinem Freunde Gamper in der Nähe von Sosnowice in Russisch-Polen ein Tochterwerk seiner Fabrik unter der Firma W. Fitzner & K. Gamper anzulegen. Diese Anlage trat er 1895 an eine Aktiengesellschaft ab, um dem blühenden Unternehmen ausgiebige Mittel zur Erweiterung zuzuführen.

An den verschiedensten Anerkennungen für seine außerordentlichen Leistungen hat es Fitzner nicht gefehlt; so brachte ihm schon das Jahr 1881 die Goldene Staatsmedaille für gewerbliche Leistungen. Um das Jahr 1900 wurde die Kaiserliche Marine auf die Fitznerschen Schweißarbeiten aufmerksam und suchte sie für ihre Zwecke zu verwenden. Versuche fielen sehr günstig aus, und alsbald lieferte Fitzner die bekannten hohlgeschweißten Bootsdavits, Masten, Raaen, Stengen, Spieren, Wellenrohre usw. für die deutsche und für ausländische Kriegs- und Handelsmarinen als hervorragende Spezialität seines Werkes.

Seinen Arbeitern war Fitzner stets ein väterlicher Freund. Zu allen Zeiten war das Verhältnis zwischen Arbeitgeber und Arbeitnehmern ein vertrauensvolles, auch als in dieser Gegend zersetzende Bestrebungen Boden zu gewinnen suchten. Dieses Vertrauen und die höchste Wertschätzung verdiente der Verstorbene in vollem Maße. Seine bewährte und allseits begehrte Kraft widmete er insbesondere der Kirche als Gemeindekirchenrat und Mitglied der Provinzialsynode, den Interessen des Kreises als Kreisausschußmitglied und Kreisdeputierter und den wirtschaftlichen Angelegenheiten der Provinz als Abgeordneter des Provinziallandtages. Viele Jahre hindurch war er außerdem Mitglied der Handelskammer und eine zeitlang auch Handelsrichter.

Auch amtlich wurden die Verdienste Fitzners anerkannt und belohnt. Im Jahre 1889 wurde ihm der Kronenorden IV. Klasse, 1903 der Kronenorden III. Klasse verliehen, nachdem er inzwischen im Jahre 1895 zum Königlichen Kommerzienrat ernannt war.

Die Schiffbautechnische Gesellschaft verliert in dem Entschlafenen ein mit reichen Gaben des Geistes und des Herzens ausgestattetes Mitglied, dem wir ein treues, ehrendes Andenken bewahren werden.

CARL GROSS.

Carl Groß ist am 25. August 1833 in Brake an der Weser als Sohn des Kaufmanns Gerhard Groß geboren. Er wurde durch einen Hauslehrer im Elternhause unterrichtet und besuchte dann das Gymnasium und die höhere Bürgerschule (Oberrealschule) in Oldenburg.

1849 trat er als Junker in die deutsche Flotte ein, in der er bis zu ihrer Auflösung verblieb. Eine noch lebende ältere Schwester von ihm war mit dem Admiral Brommy der deutschen Flotte verheiratet. Nach dem Verkauf der Flotte lehnte er es ab, in die preußische oder österreichische

Marine überzutreten, und nahm Dienste auf Handelsschiffen. Seine Seereisen — 1852 bis 1857 — führten ihn nach Süd-Amerika und Australien.

1857 erhielt er die Leitung einer von seinem Vater angelegten Schiffswerft in Hammelwarden bei Brake, die er 1865 für eigene Rechnung übernahm. Infolge des Rückgangs des Baues hölzerner Schiffe gab er 1871 den Betrieb der Werft auf und trat 1872 in ein bereits bestehendes Speditionsgeschäft in Brake ein. 1876 gründete er ein eigenes Geschäft dieser Art, welches er bis zu seinem Tode fortführte.

Im politischen Leben Oldenburgs stand er an hervorragender Stelle. Seit 25 Jahren gehörte er dem Landtag an, dessen Präsident er die letzten 10 Jahre war. In der Handelskammer für das Herzogtum Oldenburg bekleidete er die Stelle des 2. Vorsitzenden. Für die wirtschaftliche Entwickelung seiner Vaterstadt hat er eine unermüdliche und erfolgreiche Tätigkeit entfaltet, was ihm seine Mitbürger mit Dank gelohnt haben. Am 4. Januar starb er nach kurzer Krankheit an den Folgen eines Leberleidens.

ALFRED KAYSER.

Alfred Kayser entstammte einer Kaufmannsfamilie Hamburgs, wo er im Jahre 1852 geboren war. Seine Schulbildung genoß er in seiner Vaterstadt, und es war selbstverständlich, daß er sich nach Beendigung derselben dem kaufmännischen Berufe im Geschäfte seines Vaters widmete, nachdem er noch vorher seiner einjährigen Militärpflicht bei den 15. Husaren genügt hatte. Durch den im Jahre 1877 erfolgten Tod seines Vaters auf eigene Füße gestellt, gründete Kayser im folgenden Jahre die Im- und Exportfirma Scharf & Kayser, deren rege Handelsbeziehungen besonders den Südseeinseln galten. Neben seinem geschäftlichen Wirkungskreise entfaltete der Verstorbene noch eine sehr ausgedehnte Tätigkeit im öffentlichen Leben. Er war in mehr denn zwanzig Vereinen und Instituten Hamburgs als Vorstands- oder Verwaltungsratsmitglied tätig, so bei der Deutschen Bank, der Norddeutschen Affinerie, der Neuen Sparkasse, dem Zoologischen Garten, der Stadttheater-Gesellschaft. Besonders erfreute sich auch der Sport seiner Teilnahme; er beteiligte sich an den Rennen und gehörte fast 25 Jahre dem Vorstande des Norddeutschen Regattavereins und dem Germania-Ruderklub an. Vor allen Dingen aber war Kayser ein ebenso stiller wie großherziger Wohltäter, den niemand, der sich in Notlagen an ihn wandte, ungetröstet verließ. Diese seine mitleidige und barmherzige Gesinnung veranlaßte ihn auch, im Armenwesen seiner Vaterstadt tätig zu sein und sich zum Mitglied der Gefängnisdeputation wählen zu lassen. Zehn Jahre vor seinem Tode wurde er Königlich Rumänischer Generalkonsul. Verschiedene ihm verliehene preußische und rumänische Orden beweisen, daß seine Bestrebungen auch an höheren Stellen Anerkennung fanden.

Am 17. Januar machte ein Schlaganfall seinem Leben ein unerwartetes Ende. Das Ableben dieses hochgeschätzten, allverehrten Mannes hat in den weitesten Kreisen die tiefste Teilnahme erweckt.

CARL HAUBOLD.

Carl Haubold wurde am 21. Juni 1845 in Chemnitz als Sohn des Maschinenfabrikanten Friedrich Haubold geboren.

Nach beendeter Schulzeit trat er in die Fabrik seines Vaters für vier Jahre in die Lehre. Hierauf besuchte er die technischen Lehranstalten in Chemnitz, die er nach bestandenem Examen 1862 verließ. Nun begann für ihn die eigentliche Tätigkeit in der Fabrik. Auf Montage in alle Gegenden hinausgesandt, lernte er viele Fabriken sowie die Bedürfnisse und Anforderungen derselben kennen. Hierdurch erwarb er sich den Scharfblick für die Werkstattpraxis, die es ihm beim Aufblühen seines Geschäftes ermöglichte, seine eigenen Werkstätten, den erhöhten Anforderungen der modernen Technik entsprechend, zu vervollkommnen.

Im Jahre 1874 trat Haubold in die väterliche Fabrik C. G. Haubold jr. als Teilhaber ein. Nach dreijähriger gemeinschaftlicher Tätigkeit schied im Jahre 1877 sein Vater aus, sodaß er alleiniger Inhaber der Firma wurde. Mit 70 Arbeitern übernahm er das väterliche Werk und verbrauchte bald seine geringen Ersparnisse zu Neuanschaffungen und Verbesserungen desselben.

In dem Bestreben, den Zentrifugen-, Kalander- und Appretur-Maschinenbau zu vervollkommnen, blühte ihm trotz manchen Mißerfolges mit den Jahren doch mehr und mehr der Erfolg. Seinem Weitblick entgingen die Vorteile des englischen und amerikanischen Werkzeugmaschinenbaues nicht und frühzeitig schon bemühte er sich, dieselben seinem eigenen Betriebe dienstbar zu machen.

Seit dem Jahre 1867 besuchte er alle Weltausstellungen, von keiner kehrte er zurück, ohne nicht etwas neues für seine Firma mitzubringen. In ihm vereinigte sich in seltener Harmonie technischer Scharfsinn mit kaufmännischem Geschick. Durch seinen Fleiß und seine Energie erhob er sein

Etablissement zu einer Firma von Weltruf, unterstützt durch eine wohlgebildete Arbeiterschaft und einen Stab tüchtiger Beamter, die ihm im wahrsten Sinne des Wortes Mitarbeiter waren, was er stets hervorzuheben suchte.

Seine Verdienste um die sächsische Industrie wurden zu wiederholten Malen seitens des Königs von Sachsen durch Ordensauszeichnung und Ernennung zum Kommerzienrat, wie auch durch Besuche der Fabrik anerkannt.

Am öffentlichen Leben nahm er keinen Anteil, weil er allzusehr von seinem Geschäfte in Anspruch genommen wurde, umsomehr beteiligte er sich bei gemeinnützigen und wohltätigen Bestrebungen und hat öffentlich, aber mehr noch im Stillen, viel Gutes getan.

Seine kräftige, blühende Gesundheit ließ niemand ahnen, daß ein heimtückisches Leiden ihn bedrohe, von welchem er nach dreiwöchentlichem Krankenlager am 12. März hinweggerafft wurde, mitten aus seiner schaffensfreudigen Tätigkeit, viel zu früh für sein Werk, besonders aber für seine Familie, die in ihm einen treubesorgten Gatten und Vater verlor.

CARL SCHAROWSKY.

Durch das am 18. April 1905 erfolgte Hinscheiden des Regierungsbaumeisters und Zivilingenieurs Carl Scharowsky hat die deutsche Technik einen herben Verlust erlitten, denn mit ihm ist ein Mann von bedeutendem Wissen und Können dahingeschieden.

Am 6. November 1846 in Braunsberg in Ostpreußen geboren, trat Carl Scharowsky nach den Schuljahren und nach dreijähriger praktischer Arbeitszeit in Maschinenfabriken am 1. Januar 1865 in die erste Klasse der Königlichen Gewerbeschule in Königsberg in Preußen ein und bezog am 1. Oktober 1866 die Königliche Gewerbe-Akademie in Berlin zu dreijährigem Studium. Nachdem dieses beendet, nahm er für einige Monate Beschäftigung bei einem Königlichen Feldmesser und dann folgte die Ableistung seiner Dienstpflicht bei der Kriegsmarine vom 1. Januar 1870 bis Mai 1871. Hatte sich des Krieges wegen auch seine Dienstzeit verlängert, so bot sie ihm dafür die erwünschte Gelegenheit, die Kriegsschiffe und ihre Maschinenanlagen gründlich kennen zu lernen.

Im Juli 1871 trat er als Ingenieur in die Fabrik für Brückenbau von Johann Kaspar Harkort in Harkorten bei Haspe ein. Wie sehr sich hier seine Tüchtigkeit und Zuverlässigkeit bewährte, zeigt sich darin, daß er schon im folgenden Jahre 1872 zur Montage der großen Rotunde und der übrigen Eisenbauten für die Weltausstellung nach Wien geschickt wurde, einer

Arbeit, die zu den bedeutendsten jener Zeit gerechnet wird. Damals gab er auch mit seinem Freunde L. Seifert die Tabellen zur Gewichtsberechnung von Walzeisen und Eisenkonstruktionen heraus. Dieses Werk hat sich weitester Verbreitung erfreut und liegt nun schon in fünfter Auflage vor. Nach der glücklichen Vollendung der Bauten auf der Wiener Ausstellung führte er eine Reihe von Brückenbauten aus, deren Berechnung und Montage ihm übertragen wurde, wie der Elbbrücke bei Riesa, der Taborbrücke in Wien und andere mehr. Anfang 1875 sehen wir ihn bereits als Chefingenieur des ganzen Montagewesens der Harkortwerke. In diese Zeit fallen die Brückenbauten über den Oderarm bei Zeglin, über die Peene, über die Geeste bei Bremerhaven, über die Ruhr bei Kettwig, auf der Bahnstrecke Gera—Greiz und zwei große Brücken in Rotterdam.

Am 1. April 1876 trat Scharowsky aus den Harkortwerken aus und gründete mit seinem Freunde Dr. C. Proell in Dresden unter der Firma Dr. Proell & Scharowsky ein Ingenieurbureau, in dem er, allerdings auf ganz anderem Gebiete, eine reiche Tätigkeit entfaltete. Aber er gedachte keineswegs seiner Neigung für große Eisenkonstruktionen zu entsagen, vielmehr wollte er seine Kenntnisse auf diesem großen Gebiete der Ingenieurkunst vertiefen und erweitern. Zu diesem Zwecke hörte er auf dem Polytechnikum in Karlsruhe die Vorlesungen, die ihm dazu die dienlichsten erschienen, absolvierte im Jahre 1877 in Dresden das Staatsexamen und wurde Regierungsbaumeister.

Bei der Konkurrenz für den Palast der Hygiene-Ausstellung in Berlin am Lehrter Bahnhof im Jahre 1882 wurde sein Projekt als das beste mit der goldenen Medaille gekrönt und ihm die Ausführung übertragen. Dies gab ihm die Veranlassung, seine geschäftliche Verbindung mit Dr. Proell in Dresden zu lösen, und nun in Berlin ein eigenes Ingenieurbureau zu eröffnen, welches er bis zu seinem Tode mit größtem Erfolge geführt hat. Es war seine neue und originelle Idee, das Hygiene-Ausstellungsgebäude in einzelne gleiche Teile zu zerlegen und auf diese Weise sowohl die Herstellung zu vereinfachen und zu verbilligen, als auch spätere Vergrößerungen nach jeder Richtung hin leicht zu ermöglichen. In den nächsten Jahren waren es dann zumeist große Fabrikanlagen, denen seine ganze Tätigkeit galt, die im einzelnen anzuführen an dieser Stelle nicht möglich ist. Hervorgehoben muß indessen werden, daß er für eine ganze Reihe deutscher Werften die neuen großen Werkstätten entwarf, welche noch heute die Bewunderung des Auslandes hervorrufen.

Neben diesen weitschichtigen Arbeiten, deren Ausführung ihm vermöge seiner großen Erfahrung und seines unermüdlichen Eifers stets volle Erfolge und die Anerkennung seiner Auftraggeber eintrugen, fand er noch Zeit, mehrere gediegene literarische Werke zu verfassen, die allgemeine Anerkennung gefunden haben: „Das Musterbuch für Eisenkonstruktionen", „Widerstandsmomente und Gewichte genieteter Träger", „Säulen und Träger" und seine neue Ausgabe der „Gewichtstabellen in Flußeisen".

Mitten aus dieser reichen und vielseitigen Tätigkeit wurde er abgerufen, ein unersetzlicher Verlust für seine Familie und alle, die ihm nahe standen. Er war ein energischer Mann, der das, was er wollte, auch ganz tat; er war ein unbestechlicher Charakter und ein treuer Freund. Wir werden ihn lange betrauern und nie vergessen.

RICHARD STECK.

Richard Steck wurde als Sohn eines Kaufmanns in Demmin am 28. März 1846 geboren. Nach Absolvierung des dortigen Progymnasiums wandte er sich dem Schiffbau zu und trat beim Schiffbaumeister Hammer in Demmin als Eleve ein. Nach beendigter Lehrzeit arbeitete er, um sich praktisch noch weiter zu vervollkommnen, auf verschiedenen Werften in Rostock und Swinemünde. Hierauf besuchte er die Schiffbauschule in Grabow bei Stettin und legte dort sein Examen als Schiffbaumeister ab. Das Jahr 1870 rief ihn zur Marine. Er war längere Zeit auf der gedeckten Korvette „Arcona" eingeschifft, die im Atlantischen Ozean kreuzte.

Nach beendigtem Kriege trat er am 1. September 1871 in die Dienste des Vulcan, welcher Gesellschaft er bis zu seinem am 20. März 1905 erfolgten Tode angehörte. Mitten aus einer von Erfolgen gekrönten Tätigkeit wurde er durch einen Schlaganfall jäh herausgerissen. Anfänglich im Konstruktionsbureau beschäftigt, wurde er bald in den Werftbetrieb übernommen, in welchem er als Oberingenieur bis zu seinem Tode pflichttreu und aufopferungsvoll gewirkt hat. Im Sommer 1893 wurde ihm vom Vulcan die Prokura übertragen und am 1. September 1896 feierte er sein 25 jähriges Jubiläum als Beamter dieser Gesellschaft. In seiner langjährigen Dienstzeit wurden ihm mancherlei Ehrungen zuteil, er erhielt den Kronenorden IV. Klasse, den Roten Adlerorden IV. Klasse, das Ritterkreuz des Sächsischen Albrechtsordens II. Klasse, den Russischen Stanislausorden III. Klasse und den Chinesischen Drachenorden III. Kl.

WILHELM JACOBS.

Wilhelm Jacobs wurde am 28. September 1860 zu Ludwigslust in Mecklenburg geboren. Seine Schulausbildung genoß er auf der Realschule seiner Vaterstadt, worauf er sich dem Bauhandwerk zuwandte. Nachdem er seine praktische Lehrzeit beendet, besuchte er die Baugewerksschule zu Buxtehude, genügte seiner einjährigen Militärpflicht in Schwerin bei der Infanterie, und studierte dann einige Semester als Hospitant auf der Königl. Technischen Hochschule zu Charlottenburg. Seine Laufbahn als ausführender Architekt begann er bei der Firma Solms & Wichers in Berlin. Durch seine Tüchtigkeit und Zuverlässigkeit gelang es ihm bald, sich zu bauleitenden Stellen im Dienste mehrerer hiesiger Privat-Baugesellschaften aufzuschwingen; zuletzt bekleidete Jacobs die Stellung als Direktor der Aktiengesellschaft für Bauausführungen. In dieser Eigenschaft entstanden unter seiner Leitung eine Anzahl bedeutender moderner Bauten, wie das neue Kaiserliche Patentamt, das zweite Berliner Rathaus, das Privathaus Alt-Bayern, Potsdamerstraße 10—11, u. a. m. Leider war ihm nur eine kurze Zeit des Schaffens beschieden. Im Alter von nicht ganz 45 Jahren setzte ein Darmleiden, welches sich bei ihm eingestellt hatte, am 1. Juli 1905 seinem Leben ein Ziel.

CARL SCHRAMM.

Carl Schramm wurde am 7. August 1862 zu Duisburg geboren. Mit dem Reifezeugnis des Realgymnasiums seiner Vaterstadt versehen, widmete er sich Ostern 1882 der Chemie und arbeitete zunächst ein Semester im Institut Fresenius zu Wiesbaden. Nachdem er dann in Hannover seiner Militärpflicht genügt hatte, studierte er je drei Semester in Charlottenburg und Kiel. Am ersteren Orte hörte er auch Vorlesungen über Hüttenkunde und promovierte in Kiel am 26. November 1887.

Seine praktische Tätigkeit begann er im April 1888 auf der Friedenshütte und setzte sie zunächst bei der Firma Heckmann in Berlin und später als Stahlwerks-Ingenieur bei den Rheinischen Stahlwerken fort. Seit April 1896 war er technischer Direktor und Leiter des Stahl- und Walzwerksbetriebes beim Gußstahlwerk Witten.

Neben diesem ersprießlichen fachmännischen Wirken schenkte Dr. Schramm gemeinnützigen und öffentlichen Angelegenheiten seine Aufmerksamkeit: so organisierte er auf den Rheinischen Stahlwerken eine freiwillige Feuerwehr und gründete in Witten einen blühenden Zweigverein des Deutschen Flottenvereins. Die Ortsgruppe der nationalliberalen Partei in Witten verliert in Dr. Schramm einen tatkräftigen, für die Sache begeisterten Vorsitzenden und das Offizierkorps des Seebataillons, dem er als Hauptmann der Reserve angehörte, einen pflichttreuen, liebenswürdigen Kameraden. Außerdem war er seit einigen Jahren Mitglied des Wittener Stadtverordnetenkollegiums. Dr. Schramms Wirken für den Ausbau der Flotte wurde von Allerhöchster Stelle durch die Verleihung des Kronenordens IV. Klasse anerkannt.

RICHARD BLUMBERG.

Richard Blumberg wurde am 10. Juli 1856 als Sohn des Bankiers Otto Blumberg geboren. Nachdem er das Gymnasium und ein Jahr als Baueleve absolviert hatte, studierte er auf den technischen Hochschulen in Stuttgart und München Architektur. Inzwischen diente er sein Jahr beim rheinischen Kürassier-Regiment in Deutz, welchem er bis zu seinem Ende, zuletzt als Rittmeister der Reserve, angehörte. Nach vollendetem Studium arbeitete er bei verschiedenen namhaften Architekten und übernahm dann im Jahre 1881 das Baugeschäft seines Onkels Theodor Blumberg. Zu Anfang des Jahres 1882 assozierte er sich mit dem Baumeister R. Schreiber und gründete mit diesem die Firma Blumberg & Schreiber, Bureau für Architektur und Bauausführungen in Berlin. Als Mitinhaber dieser Firma führte er eine Reihe großer Berliner Bauten aus, unter denen besonders zu nennen sind: das Hotel Continental, der Tattersall am Schiffbauerdamm—Luisenstraße, das Sedan-Panorama und der Zirkus Busch. Mitten in seiner vielseitigen geschäftlichen Tätigkeit ergriff ihn ein schleichendes Leiden, von dem er vergeblich durch längeren Aufenthalt in Ägypten und Korsika Heilung suchte. Ein gebrochener Mann kehrte er am 20. Mai 1905 nach der Heimat zurück, wo er wenige Wochen später, am 20. Juni, verstarb.

CARL PHILIPPI.

Carl Philippi, der am 21. Juni in Magdeburg plötzlich und unerwartet aus dem Leben schied, war am 9. Mai 1843 in Frankfurt a. M. geboren. Er verlor früh seine Eltern und kam in jungen Jahren nach Dresden, das ihm zur zweiten Heimat werden sollte. Ausgerüstet mit einer guten Schulbildung, widmete er sich dem Kaufmannsstande und bekleidete in verhältnismäßig jungen Jahren in dem altangesehenen Speditionshause Lüder & Tischer in Dresden die Stellung eines Prokuristen. Nach vorübergehender Selbständigkeit wurde er im Jahre 1875 durch den Inhaber der erwähnten Speditionsfirma, den Geheimen Kommerzienrat Lüder, zur Leitung der „Frachtschiffahrts-Gesellschaft in Dresden", eines kleineren Schiffahrtunternehmens, berufen, die er am 28. April 1875 übernahm und mit geschickter und starker Hand führte.

Philippi erkannte sehr bald, daß die Zuverlässigkeit und Schnelligkeit der Güterbeförderung auf der Elbe nicht den Bedürfnissen des Handels entsprächen, die von demselben geführten Klagen fanden daher bei ihm nicht nur ein williges Ohr, sondern auch den ernsten Willen zur Beseitigung der bestehenden Mängel.

Es galt vor allen Dingen, eine schnellere Lieferung der von Hamburg aus zur Verfrachtung gelangenden Güter zu erreichen, deren Reisedauer durch die oft viele Tage in Anspruch nehmende Revision an der Zollgrenze und in Hamburg und durch das Anlegen der Fahrzeuge an mehreren Elbplätzen eine unverhältnismäßig lange war. Philippi ließ daher in Hamburg Elbschiffe beladen, die nur Güter für Dresden einnehmen durften, und erreichte dadurch eine wesentliche Verkürzung der Reisedauer dieser Fahrzeuge.

Am 1. Januar 1878 war die Frachtschiffahrts-Gesellschaft in die „Ketten-Schleppschiffahrt der Ober-Elbe" aufgegangen, und der geniale Schöpfer und Leiter des Unternehmens, Ingenieur Ewald Bellingrath, und Philippi, der als stellvertretender Vorstand in die Bellingrathsche Schiffahrtsgesellschaft eingetreten war, ergänzten sich in glücklicher Weise. Beide arbeiteten gemeinsam an der weiteren Ausgestaltung der Elbschiffahrt. Es wurden die ersten Versuche zum Verschließen der Elbschiffe nach den Forderungen der Zollbehörde gemacht, um die zeitraubenden zollamtlichen Revisionen, mit denen die Ausladung und Verwiegung des größten Teiles der in den Fahrzeugen verladenen Güter verknüpft war, an den Grenzzollämtern in Hamburg und Schandau zu vermeiden. Zwar hatten bereits einzelne Kähne auf der Unterelbe ein festes Deck mit Zollverschlußvorrichtungen, indessen gebührt den beiden Männern, Bellingrath und Philippi, doch das Verdienst, die Verschließbarkeit der Elbschiffe in größerem Maße eingerichtet zu haben. Welche Wohltat der Schiffahrt wie nicht minder dem Handel damit erwiesen worden ist, vermögen nur diejenigen zu ermessen, welche die Mühseligkeiten der vorhergehenden Zeit praktisch mit durchlebt haben.

Nach Angliederung der „Elb-Dampfschiffahrts-Gesellschaft in Dresden" im Oktober 1881 und der „Vereinigten Hamburg-Magdeburger Dampfschifffahrts-Compagnie" am 1. Januar 1882 an die „Ketten-Schleppschiffahrt der Ober-Elbe" wurde Philippi zum Vorstandsmitgliede der vereinigten und unter der Firma „Kette", Deutsche Elbschiffahrts-Gesellschaft, geführten Unternehmungen ernannt.

Vor dem Jahre 1878 bestand in Dresden der Brauch, daß der Frachtbrief über angekommene Güter dem Empfänger ohne Zahlung der Fracht ausgehändigt wurde, und erst nach einer Frist von 8 bis 14 Tagen durfte der Schiffer wegen seiner Fracht vorsprechen. Hier schaffte Philippi Wandel indem er Zahlbarkeit der Fracht bei Übergabe des Frachtbriefes an den Güterempfänger einführte. Die scheinbar damit verbundene Härte für den Handelsstand milderte er dadurch, daß er für den Fall von Streitigkeiten Schiedsgerichte schuf, in denen Vertreter des Handels und der Schiffahrt Sitz und Stimme hatten.

Eine grundlegende richterliche Entscheidung über Qualitätsverschlechterung von Getreide während der Flußreise führte er im Jahre 1879 zum Segen der Schiffahrt herbei; mit derselben wurden in der Folgezeit vielfach ungerechtfertigte Ansprüche wegen natürlicher Verschlechterung und Minderung bei Getreideladungen wirkungsvoll abgewiesen.

Finanzielle Lasten und Nebenspesen, die alter Gepflogenheit gemäß, aber zu Unrecht von der Schiffahrt getragen worden waren, wie Kosten für Heranholen der Güter an die Elbschiffe und der Zuführung an die Empfänger und Seeschiffe in Hamburg, die vollen Ausladekosten usw. übertrug Philippi auf die sinngemäß und rechtlich zur Bezahlung Verpflichteten. Die Unsummen, die im Laufe der Jahre hierdurch der Schiffahrt erhalten worden sind, sichern dem Verstorbenen den Dank für alle Zeiten. Zu noch größerem Danke aber verpflichtete er die Binnenschiffahrt durch seine hervorragende Mitarbeit bei der Schaffung geordneter Rechtsverhältnisse mittels der Binnenschiffahrts-Ordnung und des Gesetzes „betreffend die privatrechtlichen Verhältnisse der Binnenschiffahrt und der Flößerei". 1893 war er auch Mitglied der Sachverständigenkommission zur Begutachtung des Entwurfs zum Binnenschiffahrtsgesetz.

In Anerkennung seiner Verdienste um die Gesellschaft „Kette" wurde er nach dem Rücktritt Bellingraths anläßlich seiner 25jährigen Tätigkeit am 1. Januar 1903 zu deren Generaldirektor ernannt, und im folgenden April wurde ihm für seine Verdienste um die Binnenschiffahrt im allgemeinen, die er sich namentlich als langjähriger Vorsitzender des „Konzessionierten sächsischen Schiffer-Vereins" erworben hatte, der Titel eines Königlichen Kommerzienrates verliehen.

Nach Verschmelzung der Gesellschaft „Kette" mit den übrigen großen Elbschiffahrts-Gesellschaften in die „Vereinigte Elbschiffahrts-Gesellschaften", Aktiengesellschaft, trat Philippi Ende 1903 von der Leitung der Geschäfte zurück und wurde in den Aufsichtsrat dieser letzteren Gesellschaft berufen.

In dieser Stellung und als Vorsitzender des Sächsischen Schiffervereins betätigte er sein Interesse für die Elbschiffahrt weiter in der segensreichsten Weise, und es gewährte ihm hohe Befriedigung, wenn er, aus dem reichen Schatze seiner Erfahrungen und seines Wissens schöpfend, mit gleichgesinnten Männern zum Wohle der Binnenschiffahrt wirken konnte. Seit 1901 war er Ehrenmitglied des „Konzessionierten sächsischen Schiffer-Vereins", des „Hamburger Vereins Oberländischer Schiffer" und des „Vereins zur Förderung der Elbeschiffahrt in Magdeburg".

Als Mitglied der Königlich preußischen Elbschiffahrtskommission hat er noch an der von dieser veranstalteten Strombereisung teilgenommen, bei der ihn am 21. Juni in Magdeburg der Tod ereilte, viel zu früh für die Seinen, für seine zahlreichen Freunde und für die Sache, der er sein Leben geweiht hatte.

Der Name dieses Mannes ist mit lichtvollen Lettern in die Geschichte der Elbschiffahrt eingetragen.

HUGO HOPPE.

Hugo Hoppe wurde am 21. April 1851 in Berlin als jüngster Sohn des bekannten Fabrikbesitzers C. Hoppe geboren. Er erhielt seine Schulbildung auf der Friedrichs-Realschule in Berlin und auf der Provinzial-Gewerbeschule in Halberstadt; hierauf studierte er drei Semester in der Königl. Bergakademie sowie in der Königl. Gewerbeakademie in Berlin und vollendete seine berg- und hüttenmännischen Studien nach weiteren fünf Semestern auf der Königl. Bergakademie in Freiburg i. S. — Nach Ableistung seines Militärdienstjahres in Dresden ging er nach Sterkrade bei Oberhausen, wo er $2^1/_2$ Jahre Assistent in der dortigen Gießerei der „Gute-Hoffnungshütte" war. Hierauf nahm er ein Engagement in London an, wo er in dem Etablissement von Siemens

Brothers in Charlton bei London ca. $1^1/_2$ Jahre zuerst als Ingenieur und dann als hüttenmännischer Chemiker tätig war. Nach dieser Zeit kehrte er auf Wunsch seines Vaters nach Deutschland zurück und trat in dessen Maschinenfabrik als Chef der Eisengießerei ein, welche Stellung er fünf Jahre lang eingenommen hat. Mit dem Tode seines Vaters übernahm er mit seinem Bruder Paul Hoppe die vom Vater 1844 gegründete Maschinenfabrik, in welcher er bis 1902 tätig war. Darauf trennte er sich von seinem Bruder und gründete ein technisches Bureau, dem er bis zu seinem, am 21. Juli 1905 erfolgten Tode vorgestanden hat. Er starb auf einer Geschäftsreise in Hamburg plötzlich am Herzschlage. Hugo Hoppe hatte einen liebenswürdigen und geraden Charakter, seinen Freunden war er stets ein treuer Freund.

MAX UHLENHAUT.

Am 25. August d. Js. starb in Essen der stellvertretende Direktor der Gußstahlfabrik Fried. Krupp A.-G, Max Uhlenhaut.

An Uhlenhaut verliert die Kruppsche Fabrik einen ihrer ältesten Ingenieure, dem es vergönnt war, in 42 jähriger Dienstzeit an der Entwickelung der Fabrik mitzuarbeiten.

Uhlenhaut war in den Stahlfabriken tätig. Es war seine Aufgabe, für die außerordentlich vielseitigen Stahlfabrikate der Fabrik das geeignetste Stahlmaterial zu beschaffen, und es waren infolgedessen in ihm reiche Erfahrungen verkörpert bezüglich der Bedürfnisse, welche die gesamte Technik an die Stahlfabrikation stellt.

Uhlenhaut wurde geboren am 25. Juli 1843 in Braunschweig. Daselbst erhielt er auf dem Gymnasium und Polytechnikum seine wissenschaftliche Ausbildung. Im Jahre 1863 trat er auf Anregung seines älteren Bruders, welcher zur Zeit mit der Leitung der Stahlfabrikation der Firma Fried. Krupp betraut war, als dessen Assistent in die Dienste dieser Firma ein.

In den ersten Jahrzehnten seiner Tätigkeit bestand die Aufgabe Uhlenhauts in der Leitung der Tiegelstahlfabrikation, welche den wichtigsten Fabrikationszweig der Kruppschen Fabrik bildete.

Um den Anforderungen, welche man an diese Fabrikate stellt, gerecht zu werden, und um zu der Vollkommenheit der Qualität, welche den Weltruf der Kruppschen Fabrikate begründete, zu gelangen, bedurfte es einer außerordentlichen Sorgfalt in der Auswahl des Rohmaterials, in der Herstellung der Tiegel, in der Führung des Schmelzprozesses und einer musterhaften Disziplin beim Gießen. Der Tiegelstahlfabrikation widmete denn auch der Verstorbene während seiner ganzen Dienstzeit sein Hauptinteresse, und er hat sich in dieser Beziehung um die Fabrik hervorragende Verdienste erworben.

Im Jahre 1890 wurde Uhlenhaut die Oberleitung des Stahlressorts übertragen, zu welchem neben dem Tiegelstahlwerke die verschiedenen Siemens-Martinwerke und Stahlgießereien gehören.

Einige Jahre später wurde Uhlenhaut Prokurist der Firma und im Anschluß daran stellvertretender Direktor. In dieser Eigenschaft war er in erster Linie in der Verwaltung tätig. Auch hier zeichnete er sich durch unermüdlichen Fleiß und durch seltene Pflichttreue aus.

Leider war das Leben des Verstorbenen reich an Sorgen um die Gesundheit seiner Gattin, mit welcher er im innigsten Verhältnisse lebte. Diese Sorgen erschütterten auch seine Gesundheit. Im Frühjahre d. J. starb unerwartet schnell die seit vielen Jahren Leidende. Mit dem Hinscheiden seiner Gemahlin schienen auch seine Kräfte erschöpft zu sein, wenige Monate nach seinem Tode folgte ihr der Gatte in die Ewigkeit.

Vorträge

der

Sommerversammlung

in Danzig.

XI. Die Entwickelung der Schichauschen Werke in Elbing, Danzig und Pillau.

Vorgetragen von A. C. Th. Müller.

Selbst der flüchtige Besucher wird die Städte Danzig und Elbing nicht berühren, ohne den Namen Schichau zu hören, der namentlich für letztere Stadt eine Bedeutung erlangt hat, wie wenig andere.

Die Stadt Elbing, an den Ufern des gleichnamigen Flusses gelegen, wird zuerst zur Zeit der Ordensritter genannt. Zur Zeit der Hansa erfreute sie sich eines lebhaften Handels und bedeutenden Wohlstandes, der indes aus verschiedenen Umständen gegen Ende des 18. Jahrhunderts zurückzugehen begann und zu Anfang des 19. Jahrhunderts ganz vernichtet wurde, da die Stadt, wenn auch abseits der großen Verkehrswege, doch für die nach Rußland ziehenden Heerscharen Napoleons günstig genug lag, um mit schweren Bedrückungen und Kriegssteuern aller Art heimgesucht zu werden, sodaß sie erst im Jahre 1900 imstande war, den letzten Rest der Kriegsschulden aus jener Zeit zu tilgen. In beschränkten Verhältnissen, mit geringem Handel, Ackerbau und bescheidenster Hausindustrie war Elbing Jahrzehnte lang wenig beachtet, bis es in der zweiten Hälfte des 19. Jahrhunderts als Industrieplatz wieder aufzublühen begann, was insbesondere der durch F. Schichau und seine Maschinenfabrik gegebenen Anregung zu verdanken ist.

Es kann nicht hoch genug angeschlagen werden und ist ein Zeichen rastlosester Schaffenskraft, eisernen Fleißes und nie ermüdender Energie, wenn im äußersten Osten der Monarchie, unter den ungünstigsten Verkehrsverhältnissen, in einem Landesteil ohne Eisen und ohne eigene Kohlen, wo ein Arbeiterstamm erst herangebildet werden mußte, eine bisher fremde Industrie entstehen konnte, die sich heute eines Weltrufes erfreut und Elbing weltbekannt gemacht hat. Sind inzwischen auch noch andere industrielle

Etablissements zur Entwickelung gelangt, so ist das der Firma Schichau doch das weitaus bedeutendste und wichtigste, als ein Beweis hierfür möge nur der eine Umstand angeführt werden, daß von der Firma Schichau und ihrem Personal heute etwa $^3/_4$ der gesamten Steuerlast Elbings, die im Laufe der letzten Jahrzehnte recht erheblich herangewachsen ist, getragen wird.

Wie sich im Laufe von noch nicht 70 Jahren die Schichauwerke aus unbedeutenden Anfängen entwickelt haben, und wie sich die Lebensgeschichte ihres Begründers gestaltet hat, soll durch das Nachstehende soweit dies möglich ist, gewürdigt werden.

Geboren am 31. Januar 1814 in Elbing als Sohn des Gelbgießermeisters Schichau, äußerte Ferdinand Schichau schon als Knabe für den damals im Werden begriffenen Dampfmaschinenbau großes Interesse.

Schichau hatte seinen Sohn, nachdem er die Volksschule besucht, zu einem Schlossermeister in die Lehre gegeben, da er wohl erkannte, daß das damals erwachende Interesse für Technik und Industrie für den Einzelnen als sichere Basis zum Erfolg einer gründlichen praktischen Vorbildung bedurfte. Wie richtig diese Anschauung ist, haben ja auch andere spätere Großindustrielle bewiesen, die zu jener Zeit, da die technische Bildung erst im Entstehen begriffen war, als praktische Schlosser, Schmiede, Zimmerleute ihre Laufbahn begannen, und deren Hauptstärke im Gegensatz zu vielen Technikern der Neuzeit in großer praktischer Erfahrung und praktischem Können beruhte.

Die vorzüglichen Leistungen des jungen Schichau veranlaßten den Elbinger Gewerbeverein, sich am Ende des Jahres 1830 als Anerkennung seines großen Eifers und zur weiteren Förderung des unzweifelhaft hervorragenden Talents für seine Aufnahme in das Königliche Gewerbeinstitut in Berlin zu verwenden. Ferdinand Schichau machte den Kursus in dieser Anstalt, aus der eine ganze Reihe der besten Techniker jener Zeit hervorgegangen ist, durch und hatte dabei auch Gelegenheit die dortigen Industriestätten, die Königliche Porzellan-Manufaktur, die Königliche Gießerei, die Egellssche Maschinenfabrik u. a. kennen zu lernen. Nach Beendigung seiner Studien ging Schichau noch für einige Zeit nach England, der damals ausschließlichen Heimat des Maschinenbaues und der Industrie, um dort seine praktischen Kenntnisse und seinen Gesichtskreis zu erweitern. Nach Elbing zurückgekehrt errichtete er hier am 5. Oktober 1837 eine kleine Maschinenwerkstätte, in der bald 8 Arbeiter beschäftigt wurden. Die Annonce, durch die in den Zeitungen die Eröffnung der Werkstätte mitgeteilt wurde, ist inhaltlich interessant, sie lautet:

Maschinenbauanstalt.

Unterzeichneter fertigt Dampfmaschinen, sowohl Wattsche Maschinen als Kondensationsmaschinen mit Expansion und Hochdruckmaschinen, eiserne Wasserräder jeder Art, Pferdegöpel, hydraulische Pressen, Walzwerke, Apparate zum Abdampfen des Zuckers in luftverdünnten Räumen usw. Auch übernimmt derselbe ganze Anlagen als Ölmühlen, Sägemühlen, Runkelrüben-Zuckerfabriken einzurichten.

Elbing, den 4. Oktober 1837.

F. Schichau, Altstädtische Wallstraße No. 10.

Erste Werkstätte von F. Schichau.

Fig. 1.

Das war der Grundstein der heutigen Weltfirma. Im Besitz einer guten Bildung, einer tüchtigen Willenskraft und des nötigen Selbstvertrauens konnte Schichau der Erfolg nicht fehlen.

Aus der kleinen Werkstätte in der Wallstraße hat sich die große Maschinenfabrik entwickelt, daneben, nur durch eine schmale Straße getrennt, liegt die Schiffswerft, etwas nördlicher die Stahlgießerei, in der Nähe des Bahnhofes die Lokomotivfabrik und Kesselschmiede, in Pillau die Dockanlage mit Reparaturwerkstatt, und in Danzig die Werft für große Schiffe, eine Entwickelung, die wohl die kühnste Phantasie nicht voraussehen konnte.

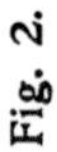

Dreherei. 
Fig. 2.

Montage-Halle.

Fig. 3.

Dreherei und Schlosserei.

Fig. 4.

Über die ersten Arbeitsausführungen Schichaus ist nichts Bestimmtes mehr nachzuweisen, es können naturgemäß wohl nur kleinere Arbeiten aller Art in Betracht gekommen sein.

Die erste Dampfmaschine von 4 HP baute er im Jahre 1840, sie hat jedenfalls allen Anforderungen entsprochen, da sie sehr bald zu weiteren Bestellungen Veranlassung gab. Hoch- und Niederdruckmaschinen, Balancier- und liegende Maschinen folgten einander in bunter Reihe. Im Jahre 1847 tritt

Modell des ersten Baggers.

Fig. 5.

unter No. 26/27 zum erstenmal eine Schiffsmaschine in den Kreis seiner Tätigkeit.

Eine besonders wichtige Arbeit brachte für Schichau das Jahr 1841 durch den Auftrag auf den Bau des ersten Dampfbaggers und es kann vielleicht behauptet werden, daß dieser für die spätere Tätigkeit und die Entwickelung der Fabrik von entscheidendem Einfluß war.

Die ungünstigen Fahrwasserverhältnisse im Elbingfluß und Frischen Haff, die sich infolge Versandung durch die Nogat von Jahr zu Jahr weiter verschlechterten, verlangten dringend eine energische Abhilfe, und so entschloß sich die Elbinger Kaufmannschaft, zum Teil wohl auch auf Betreiben Schichaus, zur Erbauung eines Dampfbaggers.

Es war dies der erste derartige Apparat, der in Deutschland gebaut wurde, und einen Fachmann, der für das Gelingen eine Garantie bieten konnte, wie dies heutzutage durch Hinterlegung von Kautionssummen gefordert wird, gab es damals nicht. Die Kaufmannschaft hatte aber Vertrauen zu Schichau, der selbst die Herstellung der Maschinenanlage übernahm und die Ausführung des hölzernen Schiffskörpers dem Schiffbauer Mitzlaff übertrug. Daß das Werk gut gelungen war, beweist, wenn nichts anderes, sicher der Umstand, daß der Bagger bis zum Abbruch des altersschwachen Schiffskörpers, — Ende des Jahres 1886 — ununterbrochen in Betrieb war.

Diesem ersten folgten bald weitere Bagger in verschiedener Größe und mehr oder minder verschiedener Konstruktion, zunächst, da auch die Regierung aufmerksam geworden war, ein größerer Bagger für die Hafenbauinspektion Neufahrwasser, später für die verschiedenen Häfen am näheren und ferneren Ostseestrande, namentlich auch für eine Anzahl russischer Hafenorte. Besonders zu erwähnen wäre hierunter ein großer Bagger für Riga, der 1880 zur Ablieferung kam.

Ein großes Absatzgebiet und lohnende Aufträge bot in früherer Zeit die Weichsel- und Nogatniederung. Hinter den großen Deichen, die das Binnenland vor dem Einbrechen der Flut schützen, befinden sich ausgedehnte Ländereien, die das Zufluß- und Sickerwasser unbrauchbar machte, da sie zum Teil auf demselben, zum Teil auf tieferem Niveau als der mittlere Wasserspiegel der Ostsee liegen. Für die Entwässerung dieser Ländereien waren seit Jahrzehnten Windmühlen in großer Zahl vorhanden, da diese aber nicht genügten, wurden anfang der 40er Jahre Dampfmaschinen zunächst zum Betriebe von Schöpfrädern, später von Kreiselpumpen aufgestellt. Sind auch manche dieser Anlagen später modernisiert, so sind doch viele der ältesten heute noch zufriedenstellend in Betrieb. Nach und nach wurden weitere Anlagen aller Art für die verschiedensten industriellen Zwecke, wie Brennereien, Betriebsmaschinen für Getreide-, Öl- und Schneidemühlen sowie andere Betriebe, geschaffen.

Selbstverständlich konnte damals nicht, wie dies die heutige Spezial- und Massenfabrikation ermöglicht, nach einem bestimmten Schema gearbeitet werden, sondern jede Aufgabe verlangte ihre besondere sorgfältige Durcharbeitung, und da diese jeder Bestellung zuteil wurde, befestigte sich das Vertrauen zu Schichau mehr und mehr.

Alte Balanciermaschine, erbaut 1842, im Betriebe bis 1902.

Fig. 6

Ein äußerst ehrenvoller Auftrag aus früherer Zeit war die Herstellung der Maschinen und Kessel für die auf der Werft von J. W. Klawitter in Danzig im Jahre 1851 erbaute preußische Radkorvette „Danzig" als erste Arbeit für die Kriegsmarine. Als weitere Marineaufträge folgten 1859 die Maschinenanlagen für die bei Mitzlaff in Elbing gebauten hölzernen Kanonenboote „Jäger" und „Crocodil", 1862 für die Kanonenboote „Basilisk" und „Blitz", die Lüpke in Wolgast baute. Um noch einzelne Werke des allgemeinen Maschinenbaues zu nennen, sei das große, für jene Zeit eine hervorragende Leistung bildende Pumpwerk für die Kanalisation der Stadt Danzig erwähnt, das heute noch tadellos arbeitet, sowie die Betriebsmaschinen für die Königlichen Gewehrfabriken in Danzig und Erfurt. Eine Reihe von Jahren später — 1879 — wurde das dem Danziger ähnliche, noch größere Pumpwerk für die Stadt Breslau zufolge der in Danzig erzielten guten Resultate ebenfalls Schichau übertragen.

Nicht lange dauerte es, bis das Compoundsystem von Schichau auch für seine stationären Maschinen eingeführt wurde und erfreute sich später Jahre hindurch die ebenfalls der Schiffsmaschine nachgebildete vertikale Anordnung dieser Maschine, namentlich später als Dreifachexpansionsmaschine, ihrer Einfachheit, Übersichtlichkeit und Wirtschaftlichkeit wegen der größten Beliebtheit. Maschinen dieser Art gelangten in jeder Größe für das In- und Ausland zur Ausführung.

Die sich immer mehr ausbreitende elektrische Beleuchtung, die zum Betriebe der Dynamos Maschinen mit ganz besonders ruhigem und gleichmäßigem Gang erforderte, gab Veranlassung zur Bestellung einer sehr großen Anzahl von Maschinen der bezeichneten Konstruktion, und viele bedeutende Städte des Kontinents, u. a. Rom, Madrid, Barzelona, Budapest, Moskau, St. Petersburg, Altona, Bremen, Hannover, Breslau usw. besitzen in ihren elektrischen Zentralen für Beleuchtung und Straßenbahnbetrieb Dampfmaschinen, die aus den Schichauwerken hervorgegangen sind und sich durch ruhigen Gang und eine unverwüstliche Lebensdauer auszeichnen.

Ganz besonders verdient eine Maschine von 1000 IHP, die auf der Weltausstellung in Chicago 1893 berechtigtes Aufsehen erregte, erwähnt zu werden, ferner eine Maschine von 1600 IHP für die Jute-Spinnerei, Hamburg-Schiffbeck, 3 Maschinen von 3600 IHP für die elektrische Zentrale Hamburg-Barmbeck, eine von 1200 IHP für die elektrische Zentrale Berlin-Schöneberg, 2 für die elektrische Zentrale Königsberg i. Pr. von 1000 IHP und viele andere mehr.

Fünfzylindrige Vierfachexpansionsmaschine in der elektrischen Zentrale von F. Schichau, Elbing.

Fig. 7.

Aus dem allgemeinen Maschinenbau, wohl der Anfang jeder Maschinenfabrik, entstanden verschiedene Spezialitäten. Im Anschluß an das Vorerwähnte möge hier kurz bemerkt sein, daß, nachdem 1841 der erste Dampfbagger gebaut war, 1855 das erste eiserne Dampfschiff, 1860 die erste Lokomotive, 1880 die erste Compoundlokomotive und 1882 die erste Dreifachexpansionsmaschine aus den Werkstätten hervorgingen. Die Firma konnte im Jahre 1887 bei der Feier ihres 50jährigen Bestehens auf eine Arbeitsleistung auf den verschiedenen Gebieten des praktischen Maschinenbaues zurückblicken, wie sie nur wenige andere Werke zu verzeichnen haben, denen unter wesentlich günstigeren Verhältnissen zu arbeiten beschieden war.

Nachdem Schichau erst mit dem Bau von Schiffskörpern — soweit bei den älteren Baggern von solchen die Rede sein kann — den Anfang gemacht hatte, lag es nicht mehr allzufern, auch dem Bau von wirklichen Schiffen näher zu treten, umsomehr, da die Werkstätten bereits für eine größere Anzahl anderweitig gebauter Holzschiffe, zuerst 1848 für den bei Mitzlaff gebauten hölzernen Raddampfer „James Watt", dann die Dampfer „Kowno", „Elbing" u. a. die Maschinenanlagen geliefert hatten.

Im Jahre 1854 bestellte die aus 6 Teilhabern gebildete Elbinger Dampfschiffs-Gesellschaft ihr erstes Schiff. Dieser erste, auf einer preußischen Werft gebaute eiserne Seedampfer „Borussia" war ein Schraubenschiff von 39,5 m Länge, 6,7 m Breite, mit Maschine von 60 HP, nach heutiger Rechnung etwa 200 IHP, lief 1855 vom Stapel und machte noch im Spätherbst desselben Jahres eine Reise nach London, vom nächsten Jahre ab regelmäßige Touren zwischen Königsberg, St. Petersburg, London und Rotterdam.

Schon dieses erste Schiff war durchaus gelungen und bald folgten weitere Bestellungen, die ebenso viele für die Werft neue Schiffstypen darstellten. Das zweite Schiff war ein Hinterraddampfer „Julius Born", der heute noch zwischen Elbing und Danzig mit seiner ersten Maschine regelmäßig verkehrt, das dritte Schiff ein Seitenraddampfer „Expreß", welcher für die Fahrt auf dem Frischen Haff zu groß, 1857 in den Dienst der dänischen Post gestellt wurde und zwischen Wismar, Bornholm und Kopenhagen verkehrte. Später wurde er verlängert, zum Schraubendampfer umgebaut und dient heute dem Frachtverkehr zwischen Elbing und Königsberg.

Da Schichau allen Aufträgen die größte Sorgfalt widmete und nur gediegene Ausführungen seine Werkstätten verließen, drang sein Ruf bald in weitere Ferne, es folgten Aufträge auf größere und kleinere Schiffe, Rad- und Schraubendampfer verschiedener Bauart in kurzen Zwischenräumen, die nicht nur der Schiffswerft, sondern auch der Maschinenfabrik und Kesselschmiede reichliche Arbeit gaben.

Bis zum Jahre 1872 lag der Schiffbauplatz von Schichau an einem Arm des Elbingflusses und ehemaligen Festungsgraben der Stadt, der im

Maschine für S. M. Linienschiff „Elsaß“.   16 000 IHP.

Fig. 8

Laufe der Jahre verbreitert und schiffbar gemacht worden war. Die ersten etwa 50 Schiffe waren hier querschiffs zum Ablauf gelangt.

Im Jahre 1873 kaufte Schichau die benachbarte, allerdings nur für Holzschiffbau eingerichtete Mitzlaffsche Werft, die von ihm in kurzem vollständig umgestaltet wurde.

War bis zum Jahre 1873 auch schon eine nicht unbeträchtliche Anzahl von Schiffen gebaut, so blieb dies doch immer nur eine Gelegenheitsarbeit, bis durch den in dem genannten Jahre von Schichau engagierten Schiffbaumeister, jetzigen Direktor Borgstede der Schiffbau und durch den Ingenieur Ziese der Schiffsmaschinenbau allmählich auf die Höhe der Zeit gebracht wurde.

Bald kam nun der Schiffbau in ein flotteres Tempo, als dies bisher der Fall gewesen war. Schon im Jahre 1874 gelang es Schichau, den Auftrag auf einen Passagierdampfer zu erhalten, der weit größer als die bisher gebauten Schiffe war und an den auch inbetreff der Geschwindigkeit für die damalige Zeit sehr hohe Anforderungen gestellt wurden. Die nicht leichte Aufgabe wurde befriedigend gelöst. Als der Dampfer im Jahre 1896 zum Einsetzen eines neuen Kessels Elbing wieder aufsuchte, konnte gleichzeitig der Beweis erbracht werden, wie vorzüglich sich infolge der guten Ausführung das ganze Schiff gehalten hatte, trotzdem es 19 Jahre ununterbrochen in Dienst gestanden hatte.

Neben einigen großen Baggern für Pillau, Memel und verschiedenen Seedampfern, die zunächst den Schiffbau in Anspruch nahmen, gelangte gleichzeitig eine neue Spezialität zur Entwickelung, die in mancher Beziehung noch größere Anforderungen stellte, es war dies der Bau besonders leichter und flachgehender Flußdampfer, die im Verlauf einer Reihe von Jahren in großer Zahl für verschiedene Rhedereien behufs Passagierbeförderung auf russischen Flüssen gebaut wurden, bis die Erhöhung der Einfuhrzölle, die den Preis der Schiffe um etwa 30 %/_0 steigerte, in neuerer Zeit dieses Geschäft zum großen Teil lahm legte.

Abgesehen von einer Anzahl großer Schleppdampfer für den Rhein mit Maschinen von 1000—1200 IHP waren die erwähnten Schiffe meistens Raddampfer von 20—40 m Länge, 350—800 mm Tiefgang, mit einer Maschinenleistung von 80—300 IHP. Durch besterwogene Materialverteilung an dem Schiffskörper und eine möglichst leichte, dabei aber doch kräftig konstruierte Maschine wurden gute Resultate erzielt, und auch diese Schiffe haben, wenn sie gelegentlich zu Reparaturen wieder nach Elbing kamen, die Zweck-

Fig. 9.

mäßigkeit ihrer Konstruktion und die Richtigkeit der ihr zu Grunde gelegten Prinzipien erwiesen, namentlich auch, wie wichtig es war, ohne Rücksicht auf höheren Preis nur die besten Materialien zu verwenden.

Im Jahre 1878 wurde der Firma Schichau vom Reichs-Marine-Amt der Bau der beiden Kanonenboote „Habicht“ und „Möwe“ übertragen. Es waren dies Schiffe von 53 m Länge, 8,9 m Breite mit einem Deplacement von 850 t, die mit einer Maschinenleistung von 600 IHP 11 Knoten Geschwindigkeit erreichen sollten. Von großem Interesse und besonderer Wichtigkeit war die Maschine dieser Schiffe, weil sie die erste Compoundmaschine war, zu deren Bau sich die deutsche Marine nach langen Verhandlungen entschloß. Für Schichau war die Sache nicht mehr neu, denn schon im Jahre 1872 hatte er eine ca. 250 IHP starke Compound-Räderschiffsmaschine für einen Dampfer nach Cherson in Südrußland geliefert, der bald weitere gefolgt waren, da, nachdem Ziese seine Stellung bei Schichau angetreten hatte, es sein Bemühen gewesen war, die erst in wenigen Exemplaren in der Handelsmarine vertretene Compoundmaschine, deren Bedeutung er selbst wie auch Schichau voll erkannt hatte, weiter auszubilden und zur Aufnahme zu bringen. Hatte er auch in der Handelsmarine schon nennenswerte Erfolge erzielt, so hielt sich die Kriegsmarine doch noch zurück und erst nachdem die Manövrierfähigkeit der Compoundmaschine unzweifelhaft erwiesen war, entschloß sich die Marine zu einem Versuch. Vorsichtiger Weise wurde indes darauf Bedacht genommen, daß, falls die Compoundmaschine nicht den gestellten Anforderungen entsprechen sollte, die Cylinder nebeneinander geschaltet und die ganze Maschine als Hochdruckmaschine in der bisher bewährten Weise arbeiten konnte, indes wurde von dieser Einrichtung nie Gebrauch gemacht. Statt der verlangten 600 IHP hatte Ziese, ohne das für die Maschinenanlage vorgesehene Gewicht zu überschreiten, mit der Compoundmaschine eine Leistung von ca. 900 IHP und eine Schiffsgeschwindigkeit von ca. 12 Knoten erzielt, während der Kohlenverbrauch 1 kg pro IHP und Stunde nicht überstieg, ein für die damalige Zeit höchst günstiges Resultat, womit sich die Compoundmaschine auch in der Kriegsmarine endgültig Eingang verschaffte.

Im Laufe der Jahre gelangte eine neue Abteilung des allgemeinen Maschinenbaues zur Aufnahme, es war dies der Bau und die Einrichtung von Zuckerfabriken. Da derartige ausgedehnte Anlagen nur einem in jeder Hinsicht zuverlässigen, und in technischer sowie finanzieller Hinsicht leistungsfähigen Werk übertragen werden konnten, kam für die umliegenden Landes-

teile in erster Linie die Firma Schichau in Betracht. Eine Anzahl tüchtiger
Spezialisten, die von Schichau engagiert wurden, hatten die eigentlichen

Compoundmaschine für S. M. Kanonenboote „Habicht" und „Möwe". 900 IHP.

Fig. 10.

Zuckerapparate herzustellen, während die übrigen Arbeiten keinerlei Schwierigkeiten verursachten; waren Dampfkessel, Dampfmaschinen, Rohrleitungen

und Baukonstruktionen aller Art doch eine längst gewohnte Arbeit. Die erste und gleich gelungene Fabrikanlage war die in Marienburg, der sich in rascher Folge Hirschfeld, Rastenburg, Riesenburg, Gr. Zünder, Marienwerder, Dirschau (Ceres) anschlossen, alle mit einer ungefähr gleichen Leistungsfähigkeit, die auf die Verarbeitung von etwa 5000 Ztr. Rüben pro Tag bemessen war.

Damit war der Bedarf an derartigen Anlagen in der erreichbaren Nähe gedeckt, doch wurden im Laufe der späteren Jahre die Fabriken auf Grund neuer Erfahrungen teilweise umgebaut und ihre Leistungsfähigkeit auf das doppelte bis vierfache erhöht, so daß immer wieder aufs neue große Arbeiten auf diesem Gebiet zu bewältigen waren. Außerdem wurde das früher mit den erforderlichen Baukonstruktionen beschäftigte Personal in neuerer Zeit durch Bauausführungen für den eigenen Bedarf sehr stark in Anspruch genommen, da die zahlreichen Neubauten, es sei hier nur der neuen Montagehalle, der neuen Kesselschmiede und der Gebäude der Stahlgießerei gedacht, nach eigenen Entwürfen und Konstruktionen auf den Werken selbst ausgeführt wurden.

Im Jahre 1870 fand eine Teilung des Werkes bezw. die Einrichtung einer dritten Abteilung statt, da damals das von allen Seiten durch Straßen begrenzte Grundstück in der Stadt, sowie die Werft selbst eine Weiterausdehnung nicht mehr zuließ und für den Lokomotivbau, um den gesteigerten Anforderungen gerecht werden zu können, eigene große Werkstätten unbedingt erforderlich waren. Um für diese Raum zu gewinnen, entschloß sich Schichau zur Verlegung der Lokomotiv-Werkstätten auf das Gelände des Gutes Trettinkenhof in der Nähe des Bahnhofes.

Im Jahre 1859 hatte der Lokomotivbau begonnen und unter Ueberwindung großer Schwierigkeiten und vieler Mühsal, die heute ein Lächeln hervorrufen, war am 24. und 25. April 1860 die erste Maschine auf das Geleise am Bahnhof gebracht worden. Später wurden, um den Transport zu vereinfachen, die Maschinen auf einen Prahm gestellt bis an die Eisenbahnbrücke, die etwa $1\frac{1}{2}$ km außerhalb der Stadt über den Elbingfluß führt, gefahren und auf das dort endigende tote Geleise der Ostbahn geschoben. Nach und nach waren gegen 100 Lokomotiven zur Ablieferung gelangt, doch blieben die bisherigen Verhältnisse auf die Dauer unhaltbar. Es wurde also eine neue Lokomotivwerkstatt, die allen Anforderungen der Zeit entsprach, mit Berücksichtigung aller Fortschritte der Technik für eine Jahresproduktion von etwa 100 Maschinen mit Zubehör eingerichtet und, da es in der Nähe an passenden

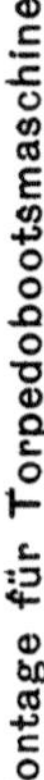

Fig. 11.

Wohnungen fehlte, gleichzeitig auch eine Anzahl Arbeiterwohnhäuser gebaut. Im Sommer 1873 konnte die Fertigstellung der 100 sten Lokomotive zugleich mit der Einweihung des neuen Etablissements gefeiert werden.

Die bei der Einrichtung der Lokomotivfabrik gewählten Verhältnisse erwiesen sich als glücklich getroffen, weil der Betrieb immer ziemlich gleichmäßig aufrecht erhalten werden konnte, und der fast gleichbleibende Absatz an die deutschen Staats-Eisenbahnen im allgemeinen lohnende Arbeit sicherte. Auch an das Ausland, namentlich Rußland, wurde eine recht erhebliche Anzahl von Lokomotiven geliefert, so daß bereits im Jahre 1898 die 1000 ste Maschine die Werkstätten verlassen konnte und noch im Laufe dieses Jahres über 1500 Maschinen, die jetzt bedeutend größere Abmessungen als bei Beginn der Fabrikation erhalten, somit eine wesentlich größere Arbeitsleistung repräsentieren, zur Ablieferung gelangt sein werden.

Die für stationäre und Schiffsmaschinen mit so vielem Erfolg eingeführte Compoundmaschine legte den Gedanken nahe, dieses System auch für Lokomotiven nutzbar zu machen. Im Jahre 1880 bestellte die Hannoversche Staatsbahn sowie die Königliche Ostbahn je 2 Stück Compound-Lokomotiven, die ersten in Deutschland. Die auf diese Maschinen gesetzten Erwartungen wurden erfüllt und gaben Veranlassung zu weiteren Aufträgen, so daß vom Jahre 1885 ab noch eine große Anzahl derselben zur Ausführung gebracht wurde.

Beim Bau der Lokomotivfabrik ergab es sich ohne weiteres, auch die Kesselschmiede dorthin zu verlegen. Nachdem im Jahre 1840 zur ersten Dampfmaschine von Schichau auch der erste Dampfkessel gebaut war, folgten bald weitere für die verschiedensten Zwecke, darunter viele von recht ansehnlichen Dimensionen. Es möge hier noch erwähnt sein, daß sich Schichau schon Mitte der 40er Jahre mit dem Bau von Wasserrohrkesseln beschäftigt hat. Aus jener Zeit sind etwa 30 Ausführungen solcher Kessel nachweisbar, doch war die Idee damals jedenfalls noch verfrüht. Nachdem in den letzten Jahren die Wasserrohrkessel in neuer geänderter Form wieder in Aufnahme gekommen sind, bilden sie eine Spezialität der Kesselschmiede und bis jetzt sind mehrere hundert derselben gebaut.

Wer irgend Gelegenheit oder Veranlassung hatte, noch vor wenigen Jahrzehnten dem Bau größerer Kessel für hohen Dampfdruck näher zu treten, weiß, welche Schwierigkeiten deren Herstellung aus vielen kleinen Blechen verursachte. Schichau, der wie erwähnt, schon früh große Kessel ausgeführt hatte und sich die möglichste Steigerung des Dampfdrucks angelegen sein ließ, machte sich natürlich alle Fortschritte des Hüttenwesens zunutze und

Kesselschmiede.

Fig. 12.

bemühte sich von jeher, ohne Rücksicht auf die Kosten, stets um Bleche größter Dimensionen und bester Qualität. Er war der erste, der für Kesselmäntel, um das Gewicht zu reduzieren, Nickelstahl benutzte.

Im Jahre 1877 fing die russische Marine an, sich ernstlich mit der Torpedofrage zu beschäftigen, doch kamen zunächst nur Spierentorpedos in Betracht, für deren Verwendung kleine, möglichst schnell fahrende und inbetreff der Manövrierfähigkeit den höchsten Anforderungen entsprechende Boote Grundbedingung waren. Ziese und Borgstede bauten gemäß den gestellten Bedingungen ein Probeboot, das bei 18 m Länge, 3 m Breite mit 180 IHP eine Geschwindigkeit von 16 Knoten erreichte. Das Boot wurde mit der Bahn nach St. Petersburg gebracht und fand dort so großen Beifall, daß eine Bestellung auf weitere 10 Boote der Schichauwerft übertragen wurden.

Die Schiffe waren ziemlich dieselben, wenn auch etwas größer (20 m Länge und 3,3 m Breite) und auch die Maschine blieb im wesentlichen unverändert, eine Compoundmaschine mit geteiltem Niederdruckzylinder, ca. 250 IHP stark, dazu ein Lokomotivkessel mit Unterwindgebläse.

Schon am 7. Juli 1878 konnte das erste Boot die Reise nach St. Petersburg antreten. Da es damals noch als ein großes Wagnis erschien, mit einem so kleinen Dampfer eine Fahrt über die offene See zu unternehmen, ließ Ziese es sich nicht nehmen, die erste Reise als leitender Ingenieur selbst mitzumachen und sein Vertrauen zu seiner Arbeit zu beweisen. Stürmisch genug verlief die Fahrt und stellte an Schiff und Besatzung nicht geringe Anforderungen, doch kam das Boot nach schnell zurückgelegter Reise glücklich in St. Petersburg an, um dort seine Probefahrten zur größten Zufriedenheit der Beteiligten zu erledigen. Statt der verlangten Geschwindigkeit von mindestens 16 Seemeilen mit voller Ausrüstung und einem für 5 Fahrstunden bei voller Geschwindigkeit reichenden Kohlenvorrat wurden $17\frac{1}{2}$ Knoten, also $1\frac{1}{2}$ Knoten mehr erreicht, für ein Fahrzeug der angegebenen Größe eine recht bemerkenswerte Leistung.

Die mit den Maschinen der russischen Torpedoboote erzielten Resultate legten den Gedanken nahe, das Maschinensystem weiter auszubauen, den Druck noch weiter zu steigern und den Dampf statt wie bisher in 2, in 3 Zylindern expandieren zu lassen. So konstruierte Ziese im Jahre 1882, die erste solcher Maschinen auf dem europäischen Kontinent, zunächst eine kleine Versuchsmaschine von ca. 180 IHP und dann als erste größere Ausführung die Maschine von 450 IHP für den Dampfer „Nierstein" der Hansa Dampfschiffahrts-Gesellschaft in Bremen.

Die ersten Torpedoboote für die Kaiserl. Russische Marine.

Fig. 13.

Die Bremer Kaufleute gingen zunächst mit großem Mißtrauen auf Z i e s e s Vorschlag ein und sicherten sich durch eine hohe Konventionalstrafe, doch überstieg der Erfolg die gehegten Erwartungen sowohl hinsichtlich des

Die erste Dreifachexparsionsmaschine.

Fig. 14.

ruhigen Ganges der Maschine, als auch inbetreff des Kohlenverbrauchs. Als besondere Anerkennung wurde der Firma das nachstehend abgedruckte Zeugnis ausgestellt.

DEUTSCHE DAMPFSCHIFFAHRTS-GESELLSCHAFT

HANSA.

Telegramm-Adresse „HANSAFAHRT“.   B r e m e n, den 9. Februar 1884.

Herrn

F. S c h i c h a u

Elbing.

Hiermit bescheinigen wir Ihnen gern, daß Ihre 3 Cylinder-Compound-Maschine, welche jetzt ca. 3 Monate auf unserm Dampfer „Nierstein“ ununterbrochen in Betrieb ist, in jeder Beziehung die von Ihnen garantierten Vorzüge erfüllt hat.   Diese Maschine erspart ca. 30 pCt. an Brennmaterial, braucht sehr wenig Schmiermaterial und hat selbst bei dem schlechtesten Wetter einen tadellos ruhigen, gleichmäßigen und lautlosen Gang.

Die Kessel sowohl wie sämmtliche Verpackungen, inneren Gleitflächen und Lager haben sich bis jetzt tadellos gehalten. — Die hohen Erwartungen, welche wir auf diese Maschine stellten, haben sich daher vollständig erfüllt, so daß wir nicht beanstandet haben, Ihnen ein größeres Schiff mit gleicher 3 Cylinder-Maschine in Auftrag zu geben.

Hochachtungsvoll

Deutsche Dampfschiffahrts-Gesellschaft „Hansa“.

Die Direktion gez. O. J. D. Ahlers.

Ein ungemein störender Zwischenfall ereignete sich im Jahre 1884, als in der Nacht vom 29. Februar zum 1. März eine Reihe der Fabrikgebäude in der Wallstraße niederbrannte, was um so unangenehmer war, als außer einer Menge anderer Arbeiten auch die Maschinen für die ersten Torpedoboote der deutschen Marine im Bau waren und nichts gerettet werden konnte. Es wurde indes sofort in der Lokomotivfabrik und andern Räumen eine Nachtschicht eingerichtet, um die sonst verdienstlos werdenden Arbeiter zu beschäftigen und die wartenden Besteller zu befriedigen, sowie alles getan, um den Betrieb voll aufrecht zu erhalten. Ohne Zeitverlust wurden dann an Stelle der niedergebrannten neue Fabrikgebäude aufgeführt, die noch dadurch eine bedeutende Erweiterung erfuhren, daß S c h i c h a u auf dem angrenzenden, von ihm inzwischen angekauften Grundstück der vormals Steckel'schen Maschinenfabrik nach Abbruch der alten Gebäude eine neue Gießerei errichtete.

Seit Jahren hatten sich verschiedene Marineverwaltungen mit Torpedo- und Torpedoboots-Versuchen beschäftigt, während die deutsche Marine sich vorläufig noch abwartend verhalten hatte, bis im Jahre 1883 unter dem damaligen Marineminister v o n C a p r i v i auf Grund der gesammelten Erfahrungen, sowie sonstiger Ermittelungen und Erwägungen aller Art ein ausführliches Bauprogramm für ein Torpedoboot ausgearbeitet und den für diese Arbeit in

Torpedobootswerft in Elbing.

Fig. 15.

Betracht kommenden Firmen, darunter auch S c h i c h a u, übermittelt worden war. Leicht war die Aufgabe nicht, denn schon damals waren die von deutscher Seite gestellten Bedingungen so scharf und hoch, wie sie bisher keine andere Marineverwaltung gefordert hatte. Es wurde — das war der Kernpunkt des Programms — nicht eine Rennmaschine, sondern ein ganz besonderes seefähiges, starkes Bot mit höchst erreichbarer Geschwindigkeit verlangt.

Dem Bauprogramm entsprechend, sollte jedes Wetter in Nord- und Ostsee gehalten werden können, dabei die Länge der Boote 37 m nicht überschreiten, während die Breite und die übrigen Dimensionen freigestellt waren. Eine Armierung mit 4 Torpedos und 2 Schnellfeuerkanonen von 36 mm Kaliber sollte vorgesehen und namentlich auf möglichst bequeme und zweckmäßige Wohnräume Rücksicht genommen werden, was in einem Boote von der angegebenen Größe schwierig genug zu vereinigen war.

Wie in so zahlreichen Fällen, war auch hier die Lösung, nachdem sie erst erfolgt, für jeden klar und selbstverständlich, allerdings war sie so geglückt, daß das damals geschaffene Boot heute noch vorbildlich ist, wenn sich auch im Laufe der Jahre Größe und mancherlei anderes geändert hat.

Schon lange vorher hatte Z i e s e sich bemüht, kleine schnellfahrende Boote zu bauen, und die einige Jahre vorher für Rußland gebauten Torpedoboote hatten den Beweis für die Richtigkeit seiner Anschauungen geliefert. Es war ohne weiteres klar, daß die zulässige Maximallänge aufs äußerste ausgenutzt, und die Breite im Gegensatz zur englischen Bauweise etwas reichlicher bemessen werden mußte, um ein stabiles, seefähiges Schiff zu erhalten. Aus den angenommenen Dimensionen ergab sich ein Deplacement von ca. 85 Tonnen, was nach den damaligen Erfahrungen, soweit solche überhaupt vorlagen, für die verlangte Geschwindigkeit von 18 Knoten eine Maschinenleistung von ca. 900 IHP erforderte. Die damals noch neue, von Z i e s e konstruierte Dreifachexpansionsmaschine sollte das Boot treiben. Der Dampf für dieselbe wurde in einem Lokomotivkessel erzeugt, dessen Feuerung ein Unterwindgebläse Patent Z i e s e erhalten hatte, welches den Vorteil gewährte, daß man das so unangenehm empfundene Arbeiten im geschlossenen Heizraume vermied.

Die Armierung, die Unterbringung der Besatzung, sowie sonstige Details waren in glücklicher Weise gelöst und im Jahre 1884 fand in der Eckernförder Bucht bei Kiel die Erprobung, man kann ohne weiteres sagen ein Wettrennen, der angelieferten Boote statt, in dem das Schichau-Boot sich überlegen zeigte.

S. M. Torpedoboot „S. 121."

Fig. 16

Torpedoboot-Schraubenpropeller.

Fig. 17.

War die Firma auch im Laufe der Jahre schon in weiteren Kreisen bekannt geworden und durch die Gediegenheit ihrer Erzeugnisse geschätzt, so arbeitete sie sich jetzt nach und nach zur Weltfirma in des Wortes weitester Bedeutung empor. Die erzielten Resultate erregten berechtigtes Aufsehen und sehr bald folgten Bestellungen auf weitere Torpedoboote, zunächst von der deutschen Marine auf 21 Stück, von der italienischen Marine auf 4, von der russischen Marine auf 9, von der österreichischen auf 2 und der ottomanischen auf 5 Stück. Hierauf folgten von der deutschen Marine weitere 30 Stück, alle ungefähr von derselben Größe, 80—90 t; von der chinesischen Marine 11 kleinere Boote und ein großes Boot von 43 m Länge und ca. 140 Tonnen Deplacement. Das letztere war das erste Boot, welches eine wirklich große Seereise machte, indem es unter eigenem Dampf und ohne Begleitschiff sehr rasch — in ca. 60 Tagen die Reise von Elbing nach Futschau unter Führung des Schiffskapitäns Schmidt ohne Unfall glücklich zurücklegte.

Im Jahre 1886 fing die deutsche, 1887 die österreichische, 1888 die russische Marine an, die Torpedoboote zu vergrößern, indem erstere sogenannte Divisionsboote, die österreichische Marine Torpedo-Vedetteschiffe, und die russische Marine Torpedokreuzer bauen ließ. Doch bildeten diese Boote vorläufig die Ausnahmen und die meisten Marine-Verwaltungen blieben zunächst noch bei der bisherigen Größe von 100—150 t Depl. stehen, von der noch eine beträchtliche Anzahl — im ganzen nach und nach 175 Boote — zur Ausführung kamen, die sich auf Deutschland, Österreich, Rußland, Italien, Japan, China, Brasilien, Schweden und Norwegen verteilen. Darunter sind 2 Boote von 90 t, die unter eigenem Dampf ohne Begleitschiff 1895 die Reise von Elbing nach Nanking unter Führung des Kapitäns Rabiger zurücklegten, dieses Umstandes wegen noch besonders zu erwähnen.

Der Torpedobootsbau entwickelte sich so rasch, daß Schichau im Jahre 1887 bei der Feier des 50jährigen Bestehens seiner Werke Vertreter der meisten bedeutenden Marine-Verwaltungen, die teils als Baubeaufsichtigende, teils als Mitglieder von Abnahme-Kommissionen für Torpedoboote in Elbing anwesend waren, an der Festtafel begrüßen konnte.

Zwischen den verschiedenen Torpedobooten kam 1889/90 das Aviso- und Torpedodepotschiff „Pelikan" für die K. u. K. österreichische Marine zum Bau, das größte auf der Elbinger Werft bisher entstandene Schiff, welches am 21. März 1891 vom Stapel lief.

Von größeren Torpedobooten, Torpedokreuzern oder wie sonst dieser Schiffstyp genannt werden mag, seien hier noch erwähnt „D 1 bis D 9" für die

Schichau-Boote in chinesischen Gewässern.

Fig. 18.

deutsche Marine, „Meteor", „Blitz", „Komet", „Satellit" und „Magnet" für die österreichische Marine, „Adler" (besonders bemerkenswert als seinerzeit schnellstes Schiff mit 27 Knoten), „Kasarski", „Wojewoda" und „Possadnik" für die russische Marine, „Valkyrien" für die norwegische Marine. Nachdem dieser große Bootstyp Eingang gefunden hatte, sind davon bisher 105 Boote mit 250—450 t Deplacement geliefert.

Stapellauf des 100. Torpedobootes für die Kaiserl. deutsche Marine. 23. April 1900.

Fig. 19.

Einen ganz außerordentlichen Erfolg erzielten vier im Jahre 1898 für die chinesische Marine gebaute Torpedobootszerstörer von 60 m Länge, 6,3 m Breite, 2 m Tiefgang und ca. 280 t Deplacement mit Maschinen von ca. 6000 IHP mit der bisher noch nirgends erreichten Geschwindigkeit von 35,2 Seemeilen = 65,2 km in der Stunde an Stelle der kontraktlich ausbedungenen Geschwindigkeit von 32 Knoten. Diese Fahrzeuge machten dann unter eigenem Dampf, und wie die früher gelieferten Boote, ohne Begleitschiff die Überfahrt nach China. Es wurde dabei die Strecke Port Said, Colombo —

Stapellauf des Aviso und Torpedo-Depotschiffes „Pelikan"
für die K. und K. österr.-ungar. Marine, 2450 t Deplacement, 4000 IHP.

Fig. 20.

Torpedojäger für die Kaiserl. chinesische Marine, 35 Knoten Geschwindigkeit.

Fig. 21.

3550 Seemeilen = 6575 km — ohne Aden anzulaufen, in rascher Fahrt zurückgelegt und hätte infolge der sehr ökonomischen Arbeit der Maschinen eine noch größere Dampfstrecke zurückgelegt werden können. Nach der Einnahme der Takuforts sind bekanntlich von diesen Booten je eines in den Besitz der deutschen, russischen, französischen und englischen Marine übergegangen.

Technisches Bureau in Elbing.

Fig. 22.

Hat sich die Elbinger Werft im wesentlichen mit dem Bau von Torpedobooten und kleineren Schiffen betätigt, wie dies durch die Verhältnisse bedingt ist, so sind doch auch eine beträchtliche Anzahl größerer Schiffe von ihr geliefert worden und dürfen von diesen aus den letzten Jahren namentlich die Dampffähren für die Linie Warnemünde-Gjedser genannt werden, Schiffe von 85 m Länge, 14 m Breite und 4 m Tiefgang, mit Maschinen von 2500 IHP. Wie erwartet, bereitete der Tiefgang bei der Fahrt durch den Elbingfluß und das Frische Haff nicht unerhebliche Schwierigkeiten.

Schon bald nach der Aufnahme des Baues von Torpedobooten stellte sich das Bedürfnis heraus, zum Reinigen ihrer Böden und zu Revisionsarbeiten ein Schwimmdock herzustellen. Zunächst wurde für die Elbinger Werft ein kleines Dock gebaut, welches allerdings im Bedarfsfalle auch die verschiedenen sonst noch in Betracht kommenden Schiffe aufnehmen konnte, das indes

Technisches Bureau in Danzig.

Fig. 23.

nicht lange genügte. Später mußte S c h i c h a u sich entschließen, in Pillau ein zweites größeres Dock aufzustellen, das groß genug war, um nicht nur die größten Torpedoboote, sondern auch Seedampfer, wie sie die Ostsee befahren, docken zu können.

Die Bauerlaubnis war in Pillau, welches bekanntlich stark befestigt ist, nicht ohne Schwierigkeiten zu erlangen, doch konnte das in Elbing erbaute Schwimmdock schon im Sommer 1889 vom Stapel laufen und wenige Tage später an seinen neuen Standort in Pillau überführt werden. Mit dem

Räderfähre „Friedrich Franz IV" für die Linie Warnemünde—Gjedser. 2000 t Deplacement. 2500 IHP.

Fig. 24.

Maschinen des Lloyddampfers „Prinzregent Luitpold", 6000 IHP

Fig. 25.

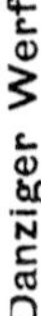

Fig. 26.

Schnürboden in Danzig.

Fig. 27.

Dock wurden eine Reparaturwerkstatt, Magazin, Kohlenlager usw. nebst Beamtenwohnhaus angelegt und hat sich diese, wenn auch kleinste und abgelegenste Abteilung der Schichau-Werke sowohl für den eigenen Bedarf als auch bei Arbeiten an größeren Schiffen bestens bewährt, trotzdem mußte später das Elbinger Dock noch vergrößert und ein zweites dazu gebaut werden.

Als Schichau seinerzeit mit dem Bau von Eisenschiffen begann, konnte er natürlich ebensowenig wie irgend ein anderer Schiffbauer voraussehen, mit welchen riesigen Dimensionen schon wenige Jahrzehnte später zu rechnen sein würde, doch auch hiervon abgesehen, dauerte es nicht lange, bis die geringe Breite und Tiefe des Elbingflusses und das flache Fahrwasser im Frischen Haff sich sehr störend bemerkbar machte, so daß schon recht früh allerlei Projekte entstanden, wie der Bau der inzwischen zu immer größeren Abmessungen anwachsenden Schiffe in Elbing und ihre Überführung in die offene See zu ermöglichen sein würde.

Da ungeachtet aller Petitionen und obwohl immer aufs neue Untersuchungen angestellt und Gutachten abgegeben wurden, auf die längst gehoffte Kupierung der Nogat, die eine Besserung der Fahrwasserverhältnisse im Frischen Haff und im Pillauer Haff verspricht, immer noch nicht zu rechnen war, mußte auf den Bau großer Schiffe verzichtet oder in anderer Weise Rat geschafft werden. Zwischen Pillau und Danzig schwankte die Wahl, wo eine neue Werft anzulegen wäre, bis aus verschiedenen Gründen die Entscheidung zu Gunsten des letztgenannten Ortes getroffen wurde. Mit gewohnter Energie wurde das Werk in die Hand genommen, doch waren zunächst große Hindernisse zu überwinden, bis die erforderlichen Baubewilligungen erteilt waren.

Zwar war die Entfestigung der Stadt Danzig längst ins Auge gefaßt, wenn nicht endgültig beschlossen, trotzdem mußte auf Verlangen der Fortifikationsbehörde die Werft mit einem verteidigungsfähigen, starken Eisenzaun umgeben und für eine vorgeschobene Bastion Raum und große Geldmittel bereitgestellt werden, doch konnte schließlich Alles glücklich geordnet, und die Möglichkeit gewonnen werden auf einem wüsten, mit tiefen Wassergräben durchzogenen grundlosen Sumpfland mit der Arbeit zu beginnen.

Um das Terrain zu erhöhen und trocken zu legen, mußte 2—3 m und mehr fester Boden aufgeschüttet werden, der sich aber erst allmählich soweit befestigte um überall passierbar zu werden, während anfänglich oft genug Pferde und Wagen in dem weichen Grunde versanken und nur mit Mühe wieder gerettet werden konnten. Wie schon so oft, führte auch hier Ausdauer

S. M. Kreuzer „Gefion". Deplacement 3770 t. 9000 IHP.

Fig. 28.

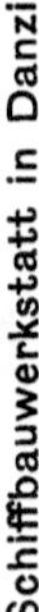

Fig. 29. Schiffbauwerkstatt in Danzig.

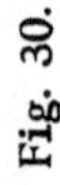
Modelltischlerei in Danzig.
Fig. 30.

und Beharrlichkeit zum Ziel und auf dem neu geschaffenen festen Lande konnten nach und nach die erforderlichen Gebäude und sonstigen, für eine Werft großen Styls nötigen Anlagen emporwachsen und in der Nähe eine Reihe von Arbeiterwohnhäusern der Firma entstehen.

Mit der Fertigstellung des in Elbing vom Stapel gelassenen Torpedo-depotschiffes „Pelikan" für die österreichische Marine wurden im Sommer 1891 die Arbeiten der Danziger Werft begonnen und das erste Personal beschäftigt.

Bereits im Herbst 1891 wurde der neuen Werft im Vertrauen auf die oft bewiesene Leistungsfähigkeit des Elbinger Werkes, das sich auch auf das neue Unternehmen übertrug, vom Reichs-Marine-Amt der Bauauftrag auf die Korvette „J" erteilt. Damit konnte die Werft erst als wirklich eröffnet gelten.

Daß in dem Schiffsbaumeister, jetzigen Direktor Topp der rechte Leiter des neuen Unternehmens gefunden war, lehrte schon die nächste Zeit, indem gleich der erste Bau zur Zufriedenheit des Auftraggebers, wie auch zur Genugtuung der Firma Schichau ausfiel. In Gegenwart Seiner Majestät des Kaisers und unter der Teilnahme von Tausenden von Zuschauern, den Spitzen der Zivil- und Militärbehörden und Hunderten von geladenen Gästen erhielt das Schiff den Namen „Gefion" und lief als erstes der neuen Werft am 31. Mai 1893 glücklich ohne jeden Zwischenfall vom Stapel. Nach einigen weiteren Monaten rüstiger Arbeit war das Schiff vollendet und das Werk der vereinigten Danziger und Elbinger Werkstätten konnte von der Kaiserlichen Marine übernommen werden, um später in Ostasien seinen Dienst zu versehen.

In der Folge gab die Kaiserliche Marine die Kanonenboote „Iltis" und „Jaguar" in Auftrag, ersteres bekannt durch seine ruhmreiche Tätigkeit bei der Einnahme der Takuforts. Später wurden bestellt: die Linienschiffe „Kaiser Barbarossa", 115 m Länge, 11 150 t Wasserverdrängung, mit Maschinen von 13 000 IHP, Stapellauf 21. April 1900; (wenige Tage darauf, am 23. April lief auf der Elbinger Werft das 100. für die deutsche Marine gebaute Torpedoboot vom Stapel) „Wettin" 120 m Länge mit 11 800 t Wasserverdrängung und 14 000 IHP, Stapellauf 6. Juni 1901; „Elsaß" 122 m Länge, 13 200 t Wasserverdrängung, mit Maschinen von 16 000 IHP, Stapellauf am 26. Mai 1903 in Gegenwart Seiner Majestät des Kaisers; ein Jahr später das Schwesterschiff „Lothringen" Stapellauf am 27. Mai 1904. Seit kurzem befindet sich das Linienschiff „R" im Bau, dessen Fertigstellung im Jahre 1907 erfolgen soll.

Lloyddampfer „Bremen", 7000 IHP. Deplacement 18 000 t.

Fig. 31.

Lloyddampfer „Großer Kurfürst." 9000 IHP. Deplacement 22 500 t.

Fig. 32.

S. M. Kanonenboot „Iltis". 900 t Deplacement. 300 IHP.

Fig. 33.

S. M. S. „Elsaß". 13200 t Deplacement. 16000 IHP.

Fig. 34.

Stapellauf von S. M. Linienschiff „Lothringen". 27. Mai 1904. 13 200 t Deplacement. 16 000 IHP.

Fig. 35.

Inzwischen wurde der Werft vom Norddeutschen Lloyd der Bau eines großen Passagier- und Frachtdampfers, „Prinzregent Luitpold" und bald darauf auch seines Schwesterschiffes „Prinz Heinrich" übertragen, denen nachher

Bureaugebäude in Elbing.

Fig. 36.

„Bremen" und „Großer Kurfürst", damals das größte Schiff des Norddeutschen Lloyd, später „Zieten" und „Seydlitz" folgten, und nicht minder wie die früheren Arbeiten und zahlreiche Ausführungen einzelner Schiffe für verschiedene andere Rhedereien ein beredtes Zeugnis dafür ablegten, auf welch hoher Stufe der Leistungsfähigkeit die neue Werft stand und welche gediegene Arbeit von ihr geliefert wurde.

Von den sonstigen, nicht für die Kaiserlich deutsche Marine bestimmten Bauten der Danziger Werft verdient besonders hervorgehoben zu werden der Kreuzer „Nowik" für die russische Marine, ein Schiff von 106 m Länge, 12,2 m

Sitzungssaal in Elbing.

Fig. 37.

Breite, das bei ca. 3000 Tonnen Wasserverdrängung mit Maschinen von 18000 IHP die für ein derartiges Schiff bisher nicht erreichte Geschwindigkeit von 26 Knoten erzielte und damit der schnellste der bei sämtlichen Seemächten vorhandenen Kreuzer war. Die oft erprobte Form der Torpedoboote hatte sich, da das Schiff nicht nur hinsichtlich der Geschwindigkeit, sondern auch inbetreff seiner Seeeigenschaften allen Anforderungen entsprach, auch bei dieser Übertragung in vergrößertem Maßstabe bewährt.

Es sei hier noch der im Herbst 1904 zur Ablieferung gelangte Saugebagger nach Patent Frühling, für die Kaiserliche Werft Wilhelmshaven erwähnt, der größte bisher in Betrieb befindliche Bagger mit einer Leistungsfähigkeit von 5000 cbm pro Stunde, dem auch die hohe Ehre zu teil wurde, am 9. März d. J. von Seiner Majestät dem Kaiser besichtigt zu werden.

Kaufmännisches Bureau in Elbing.

Fig. 38.

Durch das genannte Baggersystem, Patent Frühling, dessen ausschließliche Benutzung sich die Firma gesichert hat, ist eine vollkommene Umwälzung des bisherigen Baggerbetriebes bedingt. Abgesehen von anderen Vorteilen sind namentlich in wirtschaftlicher Beziehung große Erfolge damit erzielt, weil sich der frühere Preis für 1 cbm gebaggerten Bodens auf etwa $^1/_{10}$ der bisherigen Kosten vermindert.

Über die ersten Geschäfsräume Schichaus sind bestimmte Nachrichten

Kreuzer „Nowik" für die Kaiserl. russische Marine.   3000 t Deplacement.   18000 IHP.

Fig. 39.

Saugebagger für die Kaiserliche Werft, Wilhelmshaven. 4500 t Deplacement. 2000 IHP.

Fig. 40.

nicht erhalten, erst nach Erbauung seines heute noch unverändert bestehenden Wohnhauses an der Ecke der Wall- und Königsbergertor-Straße wurden in dessen unterer Etage zeitgemäße technische und kaufmännische Bureaus untergebracht, die daselbst nach mannigfachen Erweiterungen und teilweiser Verlegung in andere Räume bis 1896 verblieben. Naturgemäß bemühte sich Schichau sehr bald, tüchtige technische und kaufmännische Kräfte heranzuziehen, die unzweifelhaft sehr wesentlich zum Aufblühen des Geschäfts beigetragen haben, die einzeln zu nennen hier jedoch nicht möglich ist. Es sei daher nur der älteste heute noch im Amte befindliche Mitarbeiter genannt, der jetzige kaufmännische Direktor und Generalbevollmächtigte, Ferdinand Siebert, in dessen bewährten Händen seit 44 Jahren die Leitung der kaufmännischen Geschäfte ruht.

Heute finden die Geschäfte, die seitens des Elbinger Stammhauses abgeschlossen werden, ihre Erledigung in den imposanten Räumen des neuen Bureau- und Verwaltungsgebäudes, das in den Jahren 1894/96 an Stelle einer Anzahl kleiner Gebäude in der damaligen Königsbergertor-Straße erbaut wurde, die seit 1894 zu Ehren ihres Mit- und Ehrenbürgers von der Stadt Elbing Schichau-Straße benannt wurde.

Dem alten Herrn war es nicht mehr vergönnt, diesen Neubau zu beziehen, der in der Folge die ganze geistige Leitung des inzwischen so umfangreich gewordenen Geschäftsbetriebes an einer Stelle vereinigen sollte. Die erste Beratung, die in dem neuen großen Sitzungssaale stattfand, galt der Ordnung der Trauerfeierlichkeit nach seinem am 23. Januar 1896 erfolgten Ableben.

Bis in sein hohes Alter hatte sich Ferdinand Schichau einer seltenen Frische des Geistes und körperlicher Rüstigkeit erfreuen können und bewahrte bis zu seinen letzten Lebenstagen ein reges Interesse an allen Ereignissen des wirtschaftlichen und politischen Lebens insbesondere natürlich an den Vorkommnissen auf seinen Werken. Hatten sich auch bei ihm im Laufe der Jahre mancherlei unvermeidliche Beschwerden des Alters eingestellt, so hatte ihn doch nie eine ernstliche Krankheit befallen. Um so unerwarteter war es deshalb selbst für seine nächste Umgebung, als er am 23. Januar 1896 im 82. Lebensjahre nach einem nur wenige Tage dauernden Unwohlsein sanft und ruhig entschlief. An seiner Bahre trauerten nicht nur seine Familienmitglieder sondern mit denselben in aufrichtigem Beileid alle seine früheren treuen Mitarbeiter.

Schichau-Denkmal.

Fig. 41.

Seine Majestät der Kaiser ehrte die Familie durch ein Beileidstelegramm und ließ durch den damaligen Generaladjutanten, jetzigen Generalleutnant v. Mackensen einen Lorbeerkranz auf dem Sarge niederlegen. Viele Behörden des In- und Auslandes, zahlreiche Vereine und eine außerordentlich große Anzahl von Freunden und Privatpersonen bezeugten der Familie ihre Teilnahme, als am 28. Januar ein unabsehbares Trauergefolge der Bestattung beiwohnte.

Hatte sich Ferdinand Schichau in seiner Lebensarbeit durch seine Werke bereits ein unvergängliches Denkmal gesetzt, so wünschten seine Beamten und Arbeiter doch, sich die Persönlichkeit ihres verewigten Meisters erhalten zu sehen. Um den Gefühlen der Dankbarkeit und Verehrung Ausdruck zu verleihen, errichteten sie anläßlich des 25jährigen Dienstjubiläums seines Schwiegersohnes und Nachfolgers Carl H. Ziese als Festgabe für diesen ein Denkmal des Verstorbenen, welches jetzt, in der Nähe des Haupteingangs zur Fabrik aufgestellt, eine Zierde der Stadt Elbing bildet.

Nachdem Carl H. Ziese alleiniger Besitzer der Firma F. Schichau geworden, war es seine erste Sorge, die den gesteigerten Anforderungen nicht mehr genügende Gießerei zu erweitern und gleichzeitig die Herstellung von Stahlguß aufzunehmen. So wurde denn die Stahlgießerei von F. Schichau ein nach den neuesten Erfahrungen gebautes und auf das beste mit allen technischen Hilfsmitteln ausgerüstetes Werk ganz neu angelegt. Am Elbingfluß gelegen, ist es durch Schienengleise sowohl mit der Haffuferbahn, als auch mit der Hauptlinie der preußischen Staatsbahnen verbunden. Durch diese günstige Lage wird einerseits ein leichter Bezug der Rohmaterialien zu Wasser (durch eigene große, nach dem Rhein und nach England verkehrende Dampfer), andererseits ein bequemer Transport der fertigen Gußstücke zu Wasser und zu Lande ermöglicht. Das Werk besteht aus zwei Hauptgebäuden: der eigentlichen Stahlgiesserei und dem für das Fertigstellen der Gußstücke erforderlichen Putz- und Glühhaus, denen sich noch verschiedene Nebenbauten, wie die Gasgenerator-Anlage, das Maschinenhaus, Lagerräume, Bureaus, Laboratorium usw. angliedern.

Die Stahlformerei und Gießerei befindet sich in einem mächtigen, in Eisen ausgeführten Hallenbau mit Haupt- und Seitenschiffen, für deren Bedienung elektrisch betriebene Laufkrane vorhanden sind. An der Westseite des Gebäudes sind 3 Siemens-Martinöfen aufgestellt, die Stahl für Gußstücke bis zu 60 t Reingewicht liefern können.

Von der Formerei und Gießerei getrennt ist das zweite Hauptgebäude, die Putzerei und das Glühhaus, eine gleichfalls in Eisenkonstruktion ausge-

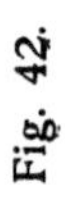

Stahlgießerei.

Fig. 42.

Stahlgießerei

Fig. 43.

Putzhalle der Stahlgießerei.

Fig. 44.

führte Halle, in deren nördlichem Teil sich die Glühöfen befinden, die für die sperrigsten Gußstücke, wie z. B. Steven, Ruderrahmen usw. Platz aufweisen, während im südlichen Teil große, elektrisch angetriebene Bearbeitungsmaschinen mit den erforderlichen Laufkranen aufgestellt sind.

Die Stahlgießerei ist im Stande, alle Arten Stahlguß bis zu den größten Dimensionen und Gewichten von 50—60 t, als Besonderheit große Schiffssteven herzustellen. Der Stahl erreicht in seinen härteren Qualitäten bis zu 70 kg auf ein qmm Festigkeit bei 15 % Dehnung, während die weicheren gut schweißbaren Sorten bis 50 kg auf ein qmm Festigkeit und 30 % Dehnung aufweisen.

Von sonstigen Vergrößerungen, die die Fabrikanlagen erfahren haben, seitdem Ziese Besitzer derselben ist, sind noch zu erwähnen: die große Montagehalle, eine bedeutende Erweiterung der Kesselschmiede in Trettinkenhof und eine erhebliche Ausdehnung des Werftgeländes durch Ankauf der sämtlichen Nachbargrundstücke, so daß mit weitschauendem Blick für Jahre vorgesorgt ist. Außerdem sind Neuanlagen von Werkstätten und Hellingen entstanden, wodurch die Elbinger Werke allen in Betracht kommenden Anforderungen auf absehbare Zeit hinaus zu genügen imstande sein dürften.

Nicht minder hat die Danziger Werft durch die Anlage neuer Hellinge und Vergrößerung der Werkstätten eine zweckentsprechende Erweiterung erfahren.

Aus den umstehenden Diagrammen und den beigefügten Plänen ist die Entwicklung und Vergrößerung der Werke seit ihrer Begründung durch Ferdinand Schichau im Jahre 1837 und das Anwachsen der Arbeiterzahl in Zeiträumen von 5 bis 10 Jahren ersichtlich.

Mit einem kleinen Gebäude auf einem Grundstück von 10 Ar und 8 Gehilfen beginnend, war das Werk 1865 immer noch in dem ursprünglich durch die vorhandene Straße gegebenen, allerdings durch Ankauf der erreichbaren Nachbargrundstücke erweiterten Rahmen auf 1,15 ha mit 260 Arbeitern angewachsen; im Jahre 1870 erfolgte die erste ausgiebige Erweiterung durch die Einrichtung der neuen Lokomotivfabrik und bald darauf durch den Ankauf der früher Mitzlaffschen Werft, so daß 1875 eine Grundfläche von 5,87 ha mit 1250 Arbeitern vorhanden war.

Die auffallendste Vergrößerung geschah dann 1890 durch Errichtung der Danziger Werft, die einen Zuwachs von 50 ha und etwa 2500 Arbeitern ergab, worauf durch die Stahlgießerei und Vergrößerung der Werftgrundstücke in Elbing eine weitere namhafte Vergrößerung unter Zieses Leitung erfolgte, die wohl als Beginn einer neuen Entwickelungsperiode der Werke aufgefaßt werden kann.

Zur Zeit umfassen die Werke eine Grundfläche von 63,53 ha, auf der ein Personal von rund 7000 Köpfen tätig ist.

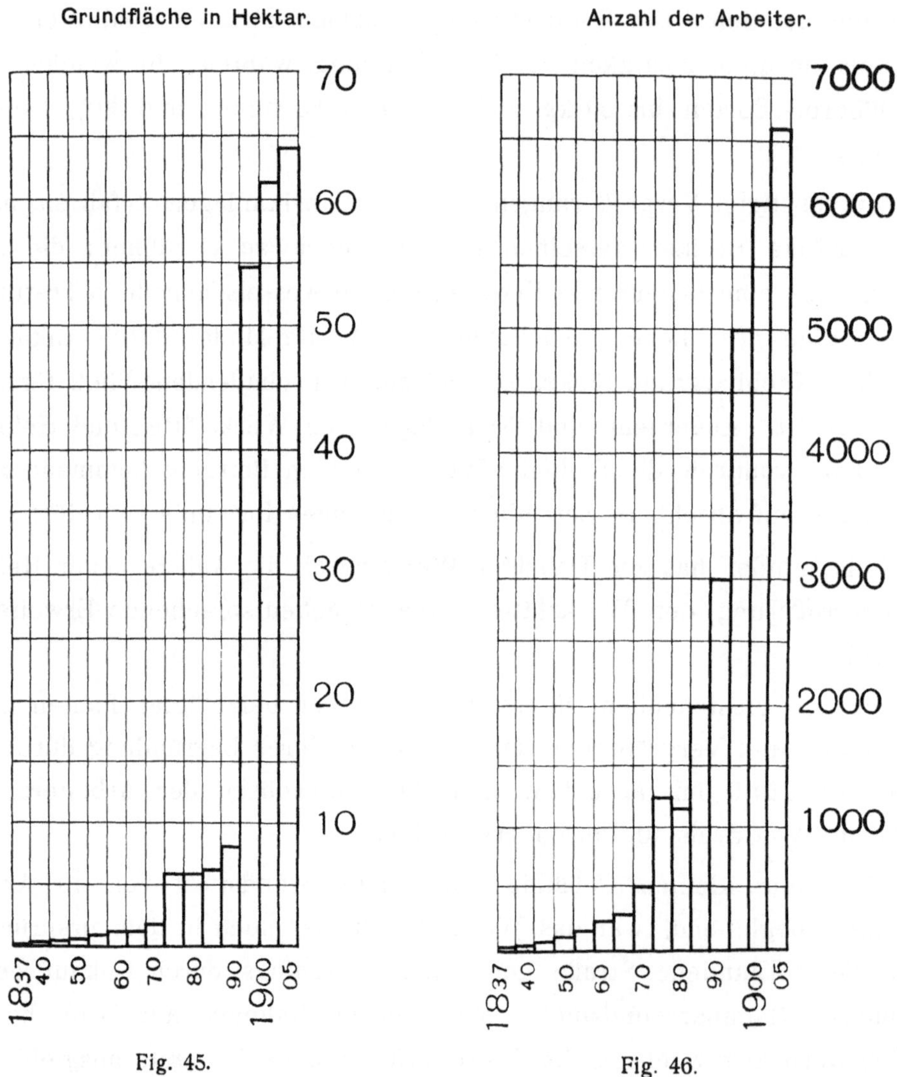

Fig. 45.   Fig. 46.

Seit ihrem Bestehen hat die Firma Schichau im ganzen 3650 Dampfmaschinen mit einer Gesamtleistung von 1 800 000 IHP und 3950 Kessel geliefert, unter den Maschinen sind 780 Schiffsmaschinen von zusammen 856 500 IHP und 450 Dreifachexpansionsmaschinen mit 747 500 IHP, sowie 1500 Lokomotiven.

Additional information of this book

(Jahrbuch der Schiffbautechnischen Gesellschaft); 978-3-642-47096-7;

978-3-642-47096-7_OSFO1) is provided:

http://Extras.Springer.com

Die Schiffe haben die laufende Nummer 772 erreicht. Hierunter sind 294 Schiffe für die Kriegsmarine, davon 174 kleinere und 105 größere Torpedoboote, ferner 378 Schiffe für die Handelsmarine, darunter 16 Schiffe der allergrößten Dimensionen, 212 Flußschiffe verschiedener Größe, und 163 Bagger und sonstige Schiffsgefäße aller Art.

Wo Ferdinand Schichau mit 8 Arbeitern anfing, sind heute bald ebenso viele Tausende tätig, um auf dem Platz, auf den das Geschick den Einzelnen gestellt, Einer für Alle und Alle für Einen, an dem Glück und Gedeihen des Ganzen, wie nicht minder des eigenen, rüstig zu schmieden. Der Wunsch, daß hierbei einem Jeden reiche Erfolge beschieden sein mögen, darf wohl der Zustimmung weitester Kreise sicher sein.

Diskussion.

Herr Geheimrat B u s l e y - Berlin:

Im Namen der Versammlung danke ich Herrn Oberingenieur M ü l l e r für die anschauliche Schilderung des hochinteressanten Entwickelungsganges eines unsrer bedeutendsten deutschen Industriewerke. Wir haben mit Bewunderung die Lebensarbeit von Ferdinand S c h i c h a u verfolgt, dem seinerzeit auch der Verein deutscher Ingenieure die goldene Grashof-Denkmünze in Anerkennung seiner hervorragenden Leistungen als Ingenieur verliehen hatte.

XII. Die neuere Entwickelung der Mechanik und ihre Bedeutung für den Schiffbau.

Vorgetragen von **H. Lorenz.**

Unter den mannigfachen Problemen, vor welche sich der Konstrukteur eines modernen Schiffes der Handels- oder Kriegsmarine mit Rücksicht auf die Verwendungsart und die Sicherheit des Fahrzeuges gestellt sieht, gewinnen solche aus dem Gebiete der Mechanik eine immer steigende Bedeutung. Infolgedessen kommt der praktisch tätige Ingenieur heute öfter als früher in die Lage, auf dieses als Grundlage alles technischen Wirkens ebenso anerkannte, wie wegen seiner vorwiegend mathematischen Ausgestaltung gern mit einer gewissen Scheu betrachtete Gebiet zurückzugreifen, seine Kenntnisse wieder aufzufrischen und gelegentlich sogar zu erweitern. Dabei stellt sich nicht selten heraus, daß die ins Auge gefaßten Probleme von der bisher überlieferten Mechanik überhaupt noch nicht in Angriff genommen wurden, sodaß nichts weiter übrig bleibt, als entweder unter Verzicht auf eine exakte Lösung sich durch Probieren zu helfen oder aber selbst an die Aufgaben heranzutreten. Das erstere Verfahren erfreut sich bekanntlich unter der Devise „Probieren geht über Studieren" einer allgemeinen Beliebtheit und wird nun zweifellos da unter allen Umständen eingeschlagen werden, wo es sich um die Gewinnung neuer Erfahrungsgrundlagen überhaupt handelt. Liegen solche Grundlagen, — und dies trifft für einen großen Teil der mechanischen Probleme glücklicherweise zu, — aber schon fest, so ist die theoretische Lösung nicht nur der kürzeste, sondern auch billigste Weg zum Ziele, und daher sollte man auch in der Praxis wenigstens den Versuch, auf demselben vorwärts zu kommen, nicht unterlassen. Geeignete Kräfte hierzu stehen größeren Werken heute sicherlich schon zur Verfügung, insbesondere nachdem die Forderungen der ausführenden Technik in den letzten Jahren eine ganz wesentliche Umgestaltung des Unterrichts in der Mechanik an unseren Hochschulen hervorgerufen haben. Unterstützt wurde diese Bewegung durch

die Berufung von Ingenieuren, welche nicht allein aus der Praxis selbst
hervorgegangen, sondern auch mit ihr in Fühlung geblieben sind, auf die Lehr-
stühle dieses noch vor wenigen Jahren fast ausschließlich von reinen Mathematikern vertretenen Faches. Während diese letzteren sich oft vergeblich
bemüht hatten, die Studierenden der Technik dem rein formalen und aller
Anwendung abholden Gedankengang der analytischen Mechanik nach dem
Vorgange von Meistern wie Lagrange[1]) und Jacobi[2]) anzupassen, finden wir
bei den Ingenieuren eine dem Studium, wie auch der späteren praktischen
Verwendung gleich förderliche Vorliebe einerseits für das Experiment, anderseits für graphische Methoden. Auch inhaltlich hat die Mechanik unter diesen
Händen eine Wandlung erfahren, indem man sich nicht mehr auf die Behandlung der einfachsten Schulaufgaben nach dem Muster des weitverbreiteten
und seinerzeit sehr verdienstlichen Weisbachschen Lehrbuches[3]) beschränkte,
sondern unmittelbar schwierigere technische Probleme heranzog, welche
naturgemäß dem Mathematiker nicht zu Gebote standen. Wollte dieser das
Niveau der Mechanik heben, so blieb ihm außer einer beschränkten Anzahl
meist gesuchter Probleme nur die ziemlich unfruchtbare Diskussion der sogenannten Prinzipien der Mechanik übrig, welche auch heute noch in der
deutschen mathematischen Literatur das ganze Gebiet der analytischen
Mechanik beherrscht.

Unter den Problemen, durch welche nicht nur der Unterricht an unseren
Hochschulen eine neue Belebung erfuhr, sondern auch die technische Mechanik
selbst wieder engere Fühlung mit der ausführenden Praxis erlangte, stehen
die Schwingungsvorgänge durchaus im Vordergrunde, und zwar sowohl
in der Mechanik starrer Körper, wie in der Elastizitäts- und Festigkeitslehre,
welche infolgedessen in der Neuzeit ein immer mehr dynamisches Gepräge
annimmt. Schwingungen in einem starren System von technischer Bedeutung
wurden wohl zuerst von dem englischen Astronomen Airy 1840 untersucht,
der den bekannten Wattschen Regulator zum Zwecke seiner Verwendung für
astronomische Uhren studierte und auf Grund seiner Betrachtungen die Einschaltung der jetzt allgemein gebräuchlichen Flüssigkeitsbremse (des sogenannten Kataraktes) vorschlug[4]). Etwas später beschäftigte sich der große

---

[1]) Lagrange, Mécanique analitique, Paris 1788.
[2]) Jacobi, Vorlesungen über Dynamik, herausgegeben von Clebsch.
[3]) Weisbach, Lehrbuch der Ingenieur- und Maschinenmechanik, 1. Aufl. Braunschweig 1896.
[4]) Memoirs of the Astronomical Society, Bd. 20. 1851.

schottische Physiker Cl. Maxwell[1]) mit demselben Gegenstand, ohne daß diese Arbeiten jedoch in der noch in den Anfangsstadien ihrer Entwickelung begriffenen Maschinentechnik Beachtung gefunden hätten. Wenn man bedenkt, welchen Schwierigkeiten damals der Ingenieur bei seinen Konstruktionen schon von seiten des Materials begegnete, so begreift man, daß für das Studium subtilerer Einzelheiten zunächst nur wenig Neigung vorhanden sein konnte.

Ganz dasselbe Schicksal hatten Studien über die Schwingungen von Lokomotiven während der Fahrt, wie sie von den Franzosen Lechatelier (1849), Yvon Villasceau (1852) und Résal (1853) sowie von den deutschen Forschern Redtenbacher (1855) und Zeuner angestellt wurden. Auch auf diesem Gebiete hielten die Sorgen um nächstliegende Fragen die praktisch tätigen Ingenieure von weitergehenden theoretischen Untersuchungen ab, sodaß dieselben auf lange Zeit hinaus geradezu der Vergessenheit anheim fielen. Wenigstens findet man — abgesehen von den Hauptwerken Redtenbachers — in der technischen Literatur, insbesondere in den Schriften über technische Mechanik bis am Ende des vergangenen Jahrhunderts kaum eine Spur davon. Ja, die technische Mechanik selbst schlug in dieser Zeit abweichend von den Bahnen, die ihr Männer, wie Poncelet[2]) und Redtenbacher[3]) vorgezeichnet hatten, unter dem Einflusse der damals aufkommenden Sondergebiete der graphischen Statik und der Kinematik eine Richtung ein, welche die Verfolgung von dynamischen Problemen geradezu ausschloß. Innerlich begründet war diese Entwickelung durch das Bestreben, mit möglichst anschaulischen Methoden zu arbeiten, während die Dynamik unter den Händen ebenso hervorragender, wie abstrakter Mechaniker, z. B. des Begründers der Theorie der elliptischen Funktionen Jacobi eine Gestalt angenommen hatte, welche dem Ingenieur keine unmittelbar brauchbare Hilfsmittel mehr darbot. Äußerlich zeigten diese grundsätzlich verschiedenen Wege eine Entfremdung zwischen der Technik und der sogenannten reinen Wissenschaft, welche häufig genug sogar innerhalb der Lehrkörper unserer Hochschulen recht scharfe Formen annahm und bis heute jedenfalls noch nicht völlig überwunden ist. Das für ein ersprießliches Zusammenwirken erforderlich gegenseitige Verständnis wird eben nur erzielt, wenn man unter Beachtung der Verschiedenartigkeit

---

[1]) Proc. of the Reg. Soc. Bd. 16. 1863.

[2]) Poncelet, Cours de mécanique appliquée aux machines, Metz 1826.

[3]) Redtenbacher, Prinzipien der Mechanik und des Maschinenbaues. Mannheim 1852 (2. Aufl. 1859).

der Ziele die gemeinsamen Berührungspunkte kräftig betont. Diese Berührungspunkte aber sind in der dynamischen Behandlung der Mechanik in reichem Maße geboten, sodaß diese neuere Richtung geradezu berufen erscheint, Wissenschaft und Technik einander näher zu bringen.

Einstweilen allerdings war davon in dem 6. bis 8. Jahrzehnt des vergangenen Jahrhunderts keine Rede, obwohl Radingers 1870 erschienene Schrift über Dampfmaschinen mit hoher Kolbengeschwindigkeit[1] den dynamischen Begriff der Massenwirkung mit voller Klarheit zur Geltung brachte und durch graphische Konstruktion der Beschleunigungsdrücke dem praktischen Bedürfnisse der Ingenieure entgegenkam. Statt auf dem hier eröffneten Wege voranzuschreiten, versuchte man im Gegenteil die neue Lehre in die Zwangsjacke der Kinematik zu pressen, wobei naturgemäß nicht nur die Eigenart verloren ging, sondern auch ihre Wirkung auf das Gesamtgebiet der technischen Mechanik abgeschwächt wurde. Es kam dies wohl auch daher, daß in Radingers Schrift der — allerdings etwas verwickelte, bezw. zusammengesetzte — Schwingungsvorgang, der das Wesentliche der Bewegungen im Kurbelgetriebe ausmacht, nicht deutlich genug hervortrat, um davon ausgehend eine Brücke zu der in abstrakten Bahnen weiter wandelnden Dynamik der Mathematiker zu schlagen. Auch des Russen Wischnegradsky[2] elegante Vollendung der schon oben erwähnten Regulatortheorie (1877) fand bei den deutschen Ingenieuren trotz der Bemühung Grashofs in gleicher Richtung nur wenig Beachtung, da man sich nach wie vor auch in diesem Spezialgebiete auf die Betrachtung von Gleichgewichtszuständen beschränkte.

Wie auf so vielen Gebieten des menschlichen Wissens und Könnens, so mußten auch in der Mechanik erst praktische Schwierigkeiten bezw. ungünstige Erfahrungen den wissenschaftlichen Fortschritt einleiten, also in unserem Falle das Verständnis dynamischer Probleme wieder wecken. So brachte es z. B. das Versagen der berühmten Kaiserglocke des Kölner Domes mit sich, daß der Mathematiker Veltmann (1876) die Bedingungen hierfür analytisch ableitete[3], allerdings unter Zuhilfenahme der Lagrangeschen Gleichungen, welche den Ingenieuren auch heute noch nicht geläufig sind, und außerdem ohne den eigentlichen Schwingungsvorgang im Doppelpendel Glocke und Klöppel näher zu verfolgen. Der Schwingungsvorgang aber verleiht gerade diesem System eine gewisse Bedeutung für den Schiffbau, weil

---

[1] Die 3. Auflage erschien wesentlich erweitert 1892.
[2] Wischnegradsky, „Über direkt wirkende Regulatoren", Zivilingenieur 1877.
[3] Dinglers, Polytechnisches Journal 1876.

sich durch Diskussion desselben ganz exakt die Unmöglichkeit nachweisen läßt, auf einem rollenden Schiffe eine pendelnd aufgehängte Ebene in Ruhe zu erhalten[1]). Es würde dies nämlich nur durchführbar sein, wenn die Drehachse dieser Ebene im Schiff stets mit der Momentanachse des letzteren während der Drehung zusammenfällt. Da nun diese Momentanachse des Schiffes bei endlichen Ausschlägen fortwährend ihre Lage im Schiffe ändert, so müßte dieser Bedingung auch die Achse der ruhenden Ebene genügen, was offenbar praktisch ganz unmöglich ist. Der exakten Verfolgung der ganzen Erscheinung, welche übrigens an einem mit verstellbaren Achsen versehenen Doppelpendel für alle möglichen Fälle experimentell bequem studiert werden kann, stellt sich die Schwierigkeit entgegen, daß in den beiden Grundformeln der Bewegung, welche im wesentlichen die Schwingungen jedes der beiden Pendel gestört durch das andere darstellen, die Veränderlichen im allgemeinen nicht getrennt werden können. Es gelingt dies vielmehr nur unter der Voraussetzung, daß man es mit unendlich kleinen Ausschlägen zu tun hat, deren Potenzen dann als unendlich klein höherer Ordnung vernachlässigt werden dürfen. Unter dieser für die ganze Theorie der kleinen Schwingungen, um deren mathematische Ausbildung sich der Engländer Bruth[2]) hervorragende Verdienste erworben hat, maßgebender Voraussetzung habe ich in meiner Technischen Mechanik starrer Systeme die Aufgabe streng durchgeführt, während mein Kollege Wien, den die Erscheinung als Analogon für elektrische Schwingungen bei der Funkentelegraphie interessiert, durch Einführung der Dämpfung noch einen Schritt weiter gegangen ist[3]). Das Charakteristische bei solchen Systemen, wie wir sie in der Glocke mit dem Klöppel sowie in einem in ruhendem Wasser schwingenden Schiff mit einem darin aufgehängten Pendel vor uns haben, ist die Möglichkeit des Eintretens der sogenannten Resonanz der beiden Schwingungen, welche sich gegenseitig beeinflussen. Diese Erscheinung ist den Schiffbauern schon geläufig durch die Erfahrung, daß Schiffe in bewegter See dann besonders starken, ja sogar bis zum Kentern gesteigerten Ausschlägen unterworfen sind, wenn die Schwingungsdauer des Schiffes mit der Periode der Wasserwellen übereinstimmt. In diesem Falle vollzieht das

---

[1]) Lorenz, Technische Mechanik starrer Systeme (Techn. Physik Bd. I). München 1902, S. 318.

[2]) Bruth, A treatise on the stability of a given state of motion, 1877.

[3]) M. Wien, Über die Rückwirkung eines resonierenden Systems. Annalen d. Physik. Bd. 61. 1897.

Schiff erzwungene Schwingungen unter der sich immer verstärkenden Wirkung der Wellen; die auf einander folgenden Ausschläge wachsen alsdann, wenn keine Dämpfung vorliegt, direkt proportional mit der Zeit. Um der hierin ruhenden Gefahr zu begegnen, gibt man bekanntlich dem Schiffe Seitenkiele, deren Wirkung nichts anderes als eine erhöhte Dämpfung bedeutet.

Es ist gewiß bemerkenswert, daß wir ganz ähnlichen Erscheinungen auch in der Himmelsmechanik begegnen, welche der Ingenieur schon darum nicht ganz außer acht lassen sollte, weil sie uns die einzigen Beispiele widerstandsfreier, d. h. ohne Reibung und Dämpfung verlaufender Bewegungen darbietet. Die Störungen, welche z. B. zwei dasselbe Gravitationszentrum umkreisende Himmelskörper vermöge ihrer gegenseitigen Anziehung erleiden, erscheinen hier als Schwingungen um die ungestörte, d. h. normale Bahn, die für Planeten und deren Monde nach dem zweiten Kepplerschen Gesetze bekanntlich Ellipsen sind. Stehen nun die beiden Umlaufszeiten zu einander in einem rationalen Verhältnis, was nach dem dritten Kepplerschen Gesetze auch ein bestimmtes Verhältnis der großen Achsen der Bahnellipsen bedingt, so würden die Störungen sich nach einer gewissen Anzahl von Umläufen immer an derselben Stelle wiederholen und darum wie bei einem im Wellengange schwingenden Schiffe verstärken. Das schließliche Resultat einer solchen sogenannten instabilen Bewegung muß demnach eine vollständige Änderung der beiden Bahnelemente sein, d. h. zwei Himmelskörper können nicht für alle Zeiten mit einem rationalen Verhältnis ihrer Umdrehungsdauern ein Gravitationszentrum umkreisen. In der Tat finden wir nirgends im Weltall derartige Verhältnisse, wohl aber z. B. in dem aus einer ungeheuren Anzahl sehr kleiner Trabanten bestehenden Saturnring[1]) einige Lücken, deren Radius auf ein rationales Verhältnis mit der Umdrehungsdauer einzelner Hauptmonde schließen läßt und daher dort die Existenz von kleinen Trabanten auf die Dauer ausschließt. Ich darf wohl annehmen, daß diese schlagende Analogie, welche zugleich die wundervolle Einheit der Naturgesetze in den scheinbar verwickeltsten Erscheinungen bestätigt, einigermaßen unsere kurze Abschweifung in den Weltenraum entschuldigt, von dem wir uns nunmehr wieder irdischen Vorgängen zuwenden wollen.

Die oben berührten Rollbewegungen von Schiffen beziehen sich, ebenso

---

[1]) Den Beweis hierfür verdankt man Maxwell in seiner Stability of Saturn Rings, 1859. S. hierüber u. a. G. H. Darwin, Ebbe und Flut sowie verwandte Erscheinungen im Sonnensystem, Leipzig 1902.

wie auch das analog, aber langsam verlaufende Stampfen und schließlich noch die Schwingungen beim Auf- und Niedertauchen auf den ganzen Schiffskörper, den man hierfür auch als starr ansehen darf. Diese letztere Annahme trifft allgemein um so genauer zu, je kürzer und kräftiger gebaut, d. h. je steifer das Schiff ist, wie man leicht an den hierfür typischen kleinen Holzkähnen beobachten kann. Steigert man dagegen entsprechend den modernen Forderungen hoher Fahrgeschwindigkeit die Länge des Schiffes im Verhältnis zu seinen Querdimensionen, so tritt die Elastizität des ganzen Körpers immer deutlicher hervor, der nunmehr als ein durch den Auftrieb kontinuierlich belasteter, hohler Träger mit veränderlichem Querschnitt zu betrachten ist. Von einem solchen Körper wissen wir aber, daß er neben seinen Schwingungen als Ganzes auch periodischen Formänderungen unterworfen ist, die wiederum nichts anderes als Elastizitätsschwingungen darstellen. Es bietet nun gar keine Schwierigkeit, nach dem Vorgange des französischen Mathematikers Poisson[1]) die Differentialgleichung 4. Ordnung für diesen Vorgang anzuschreiben; ihre Integration ist jedoch trotz der einfachen Form nicht allgemein durchführbar, weil ein vom Schiffsquerschnitt abhängiger Faktor darin auftritt, dessen Veränderlichkeit in der Längsrichtung jedenfalls analytisch nicht gegeben ist und naturgemäß auch nur graphisch dargestellt werden kann. In solchen Fällen ist man auf approximative Lösungen des Problems angewiesen, denen die Mathematiker nach langer Vernachlässigung jetzt ebenfalls ihr Interesse entgegenbringen. Für unser Problem gelangt man zu einer ersten Näherungslösung, wenn man sich das Schiff durch einen gleich langen Körper von konstantem Querschnitt ersetzt denkt, für den sich sowohl die elastische Linie, wie auch die Eigenschwingungsdauer leicht angeben lassen. Bestimmt man dann die letztere am Schiffe empirisch, so kann man rückwärts daraus das Trägheitsmoment des Ersatzkörperquerschnitts ermitteln und das Resultat für alle analog gebauten Schiffe nach der Froudesche Modellregel anwenden. Natürlich entsprechen jeder anderen Schiffsform auch wieder andere relative Konstanten, welche auf demselben Wege des Vergleichs mit der Erfahrung gewonnen werden. Hierauf machte in der deutschen technischen Literatur wohl zuerst Kleen[2]) (1893) aufmerksam und zeigte dann, daß zu solchen Eigenschwingungen durch die schon oben erwähnten Massenwirkungen der hin- und hergehenden Maschinenteile erzwungene

---

[1]) Poisson, Traité de mécanique, Paris 1811, Bd. II.
[2]) Kleen, Die elastischen Schwingungen der Schiffskörper. Zeitschr. d. V. d. Ing. 1893.

Schwingungen hinzutreten, deren Resonanz mit den ersteren wiederum zu bedenklichen Ausschlägen führen müsse. Die Gefahr des Eintretens dieser Resonanz rückte aber für die Praxis immer näher, weil durch die immer zunehmenden Schiffslängen die Eigenschwingungsdauer, welche für steife, kurze Boote sehr klein ist, ebenfalls zunahm und schließlich mit der jedenfalls nicht gesteigerten Umdrehungsdauer der Maschinen übereinstimmte.

Wie berechtigt diese Befürchtungen waren, zeigten die Probefahrten der durch ihre Größe für die damalige Zeit allgemeines Aufsehen erregenden Cunarddampfer „Campania" und „Lucania", bei denen infolge der Resonanz so heftige den Zusammenhang des Schiffskörpers gefährdende Vibrationen auftraten, daß man sich zu einer Veränderung der Maschinenumdrehungszahl und damit der Steigung der Propeller entschliessen mußte. Natürlich wird hierdurch auch die Fahrtgeschwindigkeit etwas beeinträchtigt, auf die bei Schnelldampfern aus Konkurrenzgründen das höchste Gewicht gelegt werden muß, sodaß durch derartige nachträgliche Änderungen in letzter Linie die Rentabilität des Schiffes eine Beeinträchtigung erleidet. Jedenfalls war durch diese Erfahrungen die Einsicht in das Wesen der Vibrationen und ihrer Ursachen angebahnt, sowie das Bedürfnis nach Abhilfe in den zunächst beteiligten Kreisen der Werften und der Reeder geweckt worden. Dahin gehende Vorschläge ließen denn auch nicht lange auf sich warten. Hätte man es, wie bei einer Einkurbelmaschine, nur mit Massendrücken in einer Ebene zu tun, so könnten dieselben durch entgegengesetzt gleiche Massendrücke eines in derselben Ebene bewegten Körpers offenbar aufgehoben werden. Dies trifft z. B. zu bei Maschinen mit gegenläufigen Kolben, wie wir sie heute in Zweitakt-Großgasmotoren vor uns haben. Für stehende Schiffsmaschinen ist diese Anordnung wegen der großen Bauhöhe natürlich unbrauchbar, weshalb der amerikanische Ingenieur Taylor[1]), der durch Beobachtungen an leicht gebauten Torpedozerstörern auf die Untersuchung der Schiffsvibrationen schon 1891 geführt wurde, die mit der Maschine verbundene Luftpumpe zu diesem Zwecke vorschlug. Theoretisch war Taylor in seiner Abhandlung allerdings viel weiter gegangen, indem er nicht nur unter der speziellen Annahme, daß die Bewegung im Kurbelgetriebe dem reinen Sinusgesetze folge, mithin als einfache Schwingung aufzufassen sei, die Formeln für den Ausgleich der Massendrücke und Massendruckmomente für ein System von beliebig

---

[1]) Taylor, The causes of vibrations of screw steamers, Journal American of the Soc. of Nav. Architects. Vol. III. 1891.

vielen Kurbeltrieben an einer Welle entwickelte und zeigte, daß diese Gleichungen graphisch durch geschlossene Polygone der Getriebemassen, bezw. deren Momente als Vektoren mit den Kurbelschränkungswinkeln dargestellt werden konnten. Er bemühte sich dann, für einige schon ausgeführte Maschinen durch Probieren die Polygone zum Schluß zu bringen, gelangte aber, da er seine Grundformeln nicht weiter diskutiert hatte, nicht zu praktisch unmittelbar verwendbaren Resultaten. Dies ist vielleicht der Grund, warum die sehr bemerkenswerte Arbeit Taylors nur wenig Beachtung fand und auf die Praxis des Schiffsmaschinenbaues zunächst keinen Einfluß ausübte. Jedenfalls ging der Engländer Yarrow[1]) (1892) von ganz andern Gesichtspunkten aus bei seinem Vorschlage, die Beschleunigungsdrücke durch zwei an den Enden der Maschine angebrachten Kurbeltriebe mit toten Massen auszugleichen. Demselben lag offenbar die Überlegung zugrunde, daß jede zwei- und mehrkurbelige Maschine nicht nur einen resultierenden Massendruck, sondern auch ein resultierendes Massendruckmoment hervorruft, welche beide zusammengenommen durch einen mindestens zweikurbeligen Mechanismus aufgehoben werden können. Vom Standpunkte der reinen Mechanik ist dies identisch mit dem Satze, daß man ein Kräftepaar nicht durch eine Einzelkraft ersetzen kann, daß aber durch Parallelverschiebung einer Einzelkraft ohne weiteres daneben ein Kräftepaar geweckt wird.

Die sehr verschiedene Wirkung dieser resultierenden Kraft und des zugehörigen Kräftepaares, welche durch die Änderungen der Beschleunigungen innerhalb einer mehrkurbligen Maschine geweckt werden, auf den Schiffskörper bildeten nun den Ausgangspunkt der Untersuchungen Schlicks[2]), der sich hierfür in dem bekannten Pallographen[3]) ein Instrument schuf, welches in der technischen Praxis seither längst Eingang gefunden hat. Schlick stellte zunächst anknüpfend an die Vorstellung des Schiffskörpers als eines durch den Auftrieb kontinuierlich belasteten, biegsamen Balkens fest, daß die elastische Linie dieses Balkens für jede Schwingungsgattung sogenannte Knoten besitzt, deren Zahl von der Schwingungsdauer, bezw. der Wellenlänge der Schwingung im Verhältnis zur Schiffslänge abhängt. Er zeigte weiter,

---

[1]) Englisches Patent No. 5321/1892.

[2]) Schlick, On the Vibration of steam vessels, Inst. of. Nav. Arch. 1884; Über den Einfluß des Aufstellungsortes der Dampfmaschine auf die Vibrationserscheinungen bei Dampfern. Zeitschr. d. V. d. Ing. 1894.

[3]) Schlick, On an apparatus for measuring and registering the vibrations of steamers. Inst. of Nav. Arch. 1893. Neuerdings wird dieser Apparat bedeutend verbessert durch H. Mahack in Hamburg ausgeführt.

daß der Eintritt der verschiedenen Schwingungsarten nur von der Periode der Erregung, also vor allem der Umdrehungsdauer der Maschine abhängt, und daß in den Knoten selbst die Wirkung der von ihm als Vertikalkräfte bezeichneten Beschleunigungsdrücke auf die entsprechende Schwingung verschwindet, während diejenige des zugehörigen Momentes dort ein Maximum wird. Steht andererseits die Maschine gerade zwischen zwei Knoten, so kehrt sich die Wirkung des resultierenden Massendruckes und seines Momentes um. Würde es also möglich sein, in einer Maschine die Massendruckmomente für sich auszugleichen, so wäre einer der Knotenpunkte, welche der Schwingung mit der Umdrehungsdauer als Periode entsprechen, der gegebene Aufstellungsort, während im Falle, daß die Massendrücke nur ein Moment, also keine Resultante besitzen, die Mitte zwischen je zwei solcher Knoten hierfür in erster Linie in Frage käme. An allen anderen Stellen des Schiffes machen sich wohl die Massendrücke, wie auch ihre Momente gleichzeitig geltend und zwar, da ihre Schwankungen im allgemeinen um eine bestimmte Phase verschoben sind, unter abwechselnder gegenseitiger Verstärkung und Abschwächung. Bei bekannten Dimensionen des Schiffes und der Maschine läßt sich alsdann ein Aufstellungsort der letzteren ermitteln, an dem ihre Gesamtwirkung auf das Schiff ein Minimum wird, wobei indessen nicht außer acht bleiben darf, daß nur im Falle des Zusammentreffens der Schwingungsdauer und der Umdrehungszahl bezw. eines rationalen Verhältnisses beider überhaupt nennenswerte Durchbiegungen eintreten.

Allen diesen Überlegungen ist man naturgemäß enthoben, wenn die Maschine von vornherein so dimensioniert und angeordnet wird, daß die Massendrücke ihrer Einzelgetriebe überhaupt weder eine Resultante noch ein resultierendes Kräftepaar besitzen; und dieser vollkommene Ausgleich war das zweite Ziel der Schlickschen Untersuchungen. Er gelangte durch die einfache Überlegung, daß zwei zu einander ganz symmetrisch gebaute Zweikurbelmaschinen, deren Schränkungswinkel aber nicht 90° betragen müssen, ihre Beschleunigungsdrücke und Momente unter sich aufheben, solange man vom Einflusse der endlichen Schubstangenlänge absieht, zu der bekannten ausgeglichenen Vierkurbelmaschine, welche Yarrow sofort veranlaßte, auf die weitere Verfolgung seiner Methode zu verzichten. Da Schlick ähnlich wie vor ihm schon Radinger die Massendrücke als Komponenten der Zentrifugalkraft auffaßte, so erkennt man ohne weiteres, daß seine Ausgleichsbedingungen auch in den Satz zusammengefaßt werden können, daß die um das Wellenmittel im Kurbelkreise angeordneten und auf die

Kurbelzapfen reduzierten Massen sich wie an einer Wage das Gleichgewicht halten müssen, und daß dieses Gleichgewicht auch für jede senkrecht zur Welle durch das System gelegte Achse bestehen muß. Alsdann bleibt nämlich nicht nur der Schwerpunkt relativ in Ruhe, sondern es erleidet auch das System als Ganzes keine Drehungen um denselben, womit das Auftreten von Kräften und Kräftepaaren zwischen Maschine und Schiff selbst ausgeschlossen erscheint. Aus den diese Sätze enthaltenden Diagrammen, welche naturgemäß den Taylorschen Polygonen nahe verwandt sind, leitete nun Schlick, der von diesen keine Kenntnis besaß, die einfachen Beziehungen zwischen den Massen, den Kurbelwinkeln und Abstandsverhältnissen ab, welche seitdem jedem Schiffsmaschinenkonstrukteur geläufig sind. Er blieb indessen hierbei nicht stehen, sondern zeigte auch, daß zur Erzielung eines möglichst vollkommenen Ausgleichs insbesondere der Kräfte und Momente in einer Horizontalebene durch die Welle die rotierenden Massen unabhängig von den hin- und hergehenden für sich zweckmäßig durch Gegengewichte auszugleichen seien, worin man gelegentlich irrtümlicherweise eine Unvollkommenheit seiner Methode gesehen hat.

Dieser und noch einige andere, hauptsächlich während des wohl in aller Erinnerung noch haftenden äußerst lebhaften Patentstreites, erhobene Einwände veranlaßten mich dann zu einer grundsätzlichen Untersuchung des Problems auf rein dynamischer Grundlage[1]) sowie unter gleichzeitiger Berücksichtigung einiger Nebeneinflüsse. Dabei stellte sich heraus, daß der ursprüngliche Schlicksche Ausgleich nur eine Annäherung darstellt, da er nur die Impulse mit der Umdrehungsdauer der Maschine als Periode berücksichtigt, während infolge der Einwirkung der endlichen Schubstangenlänge auch noch Impulse mit Perioden auftreten, welche ganzzahlige Bruchteile der Umdrehungsdauer sind. Da nun jeder dieser, wenn auch stark abnehmenden Impulse Massendrücke und Massendruckmomente darstellt, welche durch solche mit anderer Periode nicht aufgehoben werden können, so müssen sie unter sich ausgeglichen werden, wodurch wir zu einem Ausgleich erster, zweiter usw. Ordnung gelangen. Daß Schlick von sich aus schon den Ausgleich zweiter Ordnung, der allein neben dem ersten noch von praktischer Bedeutung ist, ins Auge gefaßt hatte, war mir damals noch nicht bekannt.

---

[1]) Lorenz, Die Massenwirkungen im Kurbelgetriebe und ihr Ausgleich bei mehrkurbeligen Maschinen, Zeitschr. d. V. d. Ing. 1897, sowie Lorenz, Dynamik der Kurbelgetriebe, Leipzig 1901.

Außerdem bewiesen kurz darauf und fast gleichzeitig der Mathematiker Schubert[1]) in Hamburg, sowie der österreichische Ingenieur Knoller[2]), daß der Ausgleich der Momente zweiter Ordnung mit dem der zugehörigen Massendrucke und dem Ausgleich erster Ordnung nur mit Kurbelwinkeln von 120°, welche sich durch Verdoppelung selbst wiederholen, durchführbar sei, was praktisch auf die Kombination von zwei Dreikurbelmaschinen analog dem Schnelldampfer „Kaiser Wilhelm II" hinausläuft, für die Vierkurbelmaschine dagegen unbrauchbar wird. Damit war die Frage des Massenausgleiches vollständig in dem Sinne geklärt, daß man nunmehr auch die Grenzen seiner Ausführbarkeit und seiner Wirkung überblicken konnte[3]).

Mit großem Interesse sah man daher in technischen und wissenschaftlichen Kreisen der praktischen Erprobung des Massenausgleichs entgegen, welche ja Schlick durch seinen Pallographen selbst ermöglicht hatte. Zunächst ergab sich sofort, daß die früher manchmal gefährlichen Durchbiegungen im Falle der Resonanz auf ein geringes Maß zurückgeführt worden waren, ohne indessen ganz zu verschwinden. Außerdem aber zeigten sich insbesondere bei den verdienstlichen Untersuchungen des Marinebaumeisters Berling[4]) an deutschen Kriegsschiffen mit ausgeglichenen Maschinen sehr erhebliche Horizontalschwingungen, deren Deutung anfänglich gewisse Schwierigkeiten bot. Das Problem der Schiffsschwingungen war somit durch die Lösung des Massenausgleichs der Maschinen offenbar noch nicht erschöpft, sondern erforderte immer neue, tiefergehende Studien, welche vor allem eine möglichst genaue harmonische Analyse der Pallographendiagramme voraussetzten. Ein sehr bequemes, den Mathematikern übrigens schon länger bekanntes Verfahren hierzu veröffentlichte gerade zu rechter Zeit der Elektrotechniker Fischer-Hinnen[5]), nachdem auch in der Wechselstromtechnik sich das dringende Bedürfnis nach dieser Richtung herausgestellt hatte. Wir sehen aber, daß trotz der immer fortschreitenden Spezialisierung der Technik immer wieder Berührungspunkte scheinbar heterogener Gebiete auftauchen, welche erfreulicherweise stets eine gegenseitige Befruchtung zur Folge haben.

Das oben genannte Verfahren besteht nun im wesentlichen darin, daß

---

[1]) Schubert, Zur Theorie des Schlickschen Problems, Mitt. d. math. Gesellschaft zu Hamburg 1898.

[2]) Zeitschr. d. V. d. Ing. 1897, S. 1371.

[3]) Schlick, On balancing of steam engines, Inst. of Naval Architects 1900.

[4]) Berling, Über Schiffsschwingungen, Zeitschr. d. V. d. Ing. 1899.

[5]) Elektrotechn. Zeitschr. 1901, S. 396, siehe auch Lorenz, Techn. Mechanik, S. 214.

man das vorgelegte Diagramm, welches naturgemäß einen ausgesprochen periodischen Charakter tragen muß, von irgend einer Ordinate ausgehend in ebenso viele Teile zerlegt, als Schwingungen von der zu untersuchenden Art auf die Grundschwingung entfallen, und dann den Mittelwert dieser Teilordinaten ermittelt. Dieser Mittelwert stellt dann angenähert die Ordinate der gesuchten Unterschwingung dar. Auf diese Weise zeigte sich nun, daß in den Pallographendiagrammen in der Tat trotz des Ausgleiches im allgemeinen noch alle Schwingungsarten enthalten waren, von denen die über der zweiten Ordnung liegenden natürlich kein Befremden erregen konnten. Solche der ersten Ordnung durften ebenso naturgemäß nicht mehr der Maschine zur Last gelegt werden und ergaben sich, wie Schlick durch Abkuppelung der Schraube zeigte, als Wirkungen der ungleich geformten bezw. bearbeiteten Schraubenflügel. Da die Schraube überhaupt nicht in unendlicher Tiefe, sondern im Gegenteil nahe dem Wasserspiegel arbeitet, so war ohnehin zu erwarten, daß die Wirkung der Flügel von ihrer momentanen Stellung abhängig sei, und in der Tat zeigten die Pallographendiagramme innerhalb der Grundperiode fast überall ebenso viele ausgesprochene Schwingungen, als die Flügelzahl betrug[1]. Schwieriger gestaltete sich schon die Deutung der noch übrig bleibenden Schwingungen zweiter Ordnung, weil in ihnen die Wirkung der unausgeglichenen Massendruckmomente steckte. Diese können aber, wie man leicht einsieht, nur in vertikaler Richtung zur Geltung kommen, während man für die Horizontalschwingungen nach einer anderen Ursache zu suchen hatte. Da nun seitliche Durchbiegungen des Schiffes von merkbarer Größe wegen der Versteifung durch die verschiedene Decke sehr unwahrscheinlich sind, so blieb nur der Schluß auf Torsionsschwingungen übrig, welche ohne Zweifel die Folge von Schwankungen des Drehmomentes und der Winkelgeschwindigkeit der Maschine sein müssen. Die Schwankungen der Winkelgeschwindigkeit rufen für sich ein Moment hervor, welches ganz den Charakter eines Massendruckmomentes der oben besprochenen Art trägt, während das im sogenannten Tangentialdruckdiagramm gegebene Maschinendrehmoment aus dem Indikatordiagramm der einzelnen Zylinder abzuleiten ist. Durch das Hinzutreten der Dampfwirkung unterscheidet sich diese Erscheinung wesentlich von dem Einfluß der vertikalen bezw. horizontalen Beschleunigungsdrücke, für welche der vom Maschinengestell beidseitig aufgenommene Dampfdruck gleichgültig

---

[1] Schlick, Pallographische Untersuchungen an Bord des Schnelldampfers Deutschland, Schiffbau 1901.

ist. Das Maschinendrehmoment steht nun mit dem Widerstandsmoment am Propeller und der Winkelgeschwindigkeit in der als Energiegleichung bekannten Beziehung, welche im Falle, daß die Welle selbst Formänderungen erleidet, noch durch Hinzunahme der Deformationsarbeit ergänzt werden muß. Sehen wir hiervon zunächst ab, betrachten also, wenigstens angenähert die Wellenleitung der Maschine als starr, so wird bei konstant angenommenem Widerstandsmoment am Propeller die Winkelgeschwindigkeit nur dann Schwankungen erleiden können, wenn solche schon im Maschinendrehmoment enthalten sind. Hierauf beruht ja das bekannte Radingersche Verfahren der Ermittelung des sogenannten Ungleichförmigkeitsgrades an Kolbenmaschinen, der bekanntlich um so größer ausfällt, je kleiner das polare Trägheitsmoment der lediglich rotierenden Massen ist. Da nun bei Schiffsmaschinen der Propeller fast allein für dieses Trägheitsmoment in Frage kommt, vermöge seiner geringeren Masse im Verhältnis zur Maschinenstärke aber niemals denselben Einfluß ausüben kann, wie das Schwungrad einer ortsfesten Dampfmaschine, so wird man bei Schiffsmaschinen im allgemeinen erheblich größere Schwankungen der Winkelgeschwindigkeit mit in Kauf nehmen müssen. Will man diese herabziehen, so kann dies nur durch das Drehmoment der Dampfdrücke geschehen, also durch zweckmäßige Anordnung mehrerer Zylinder an einer Welle. Die Frage der Einschränkung der Torsionsschwingungen des Schiffes unter dem Einflusse der Maschine ist damit auf die Herstellung eines möglichst gleichförmigen Drehmomentes zurückgeführt.

Diesem Problem trat zuerst wohl Fränzel[1]) (1897) anläßlich einer Untersuchung über den Ungleichförmigkeitsgrad von Schiffsmaschinen näher; er schlug vor, die Arbeiten auf die einzelnen Zylinder in gleichem Verhältnis wie die hin- und hergehenden Massen zu verteilen, wobei der Massenausgleich als durchgeführt angenommen wurde. Dieser Vorschlag konnte indessen nicht befriedigen, da er zwei nicht ohne weiteres von einander abhängige Dinge verknüpfte, und außerdem auf die grundsätzlich verschiedene Form des Massendruck- und Tangentialdiagramms keine Rücksicht nahm. Für den speziellen Fall der Vierkurbelmaschine mit gleicher Arbeitsverteilung gab dann (1899) Gümbel[2]) die richtige Lösung in dem Satze, daß diese Arbeiten

---

[1]) Fränzel, Umdrehungsgeschwindigkeiten von Schiffsmaschinen, Marine-Rundschau 1897.

[2]) Gümbel, Einige Kapitel der Theorie der modernen Schiffsmaschine, Marine-Rundschau 1899, sowie „Ebene Transversalschwingungen usw. mit besonderer Berücksichtigung der Schwingungsprobleme des Schiffbaues", Jahrbuch d. Schiffbautechn. Gesellschaft 1901.

als Strecken mit den doppelten Kurbelwinkeln aufgetragen, ein Rhombus bilden müßten. Während nun Gümbel von der Form des sogenannten Kolbenkraftdiagramms eines Zylinders ausgegangen war, welches er angenähert als eine Ellipse erkannte, griff ich 1900 auf das Tangentialdruckdiagramm selbst zurück[1]). Dasselbe hat offensichtlich für jeden Zylinder innerhalb einer Umdrehung zwei ausgesprochene Schwankungen, denen sich solche mit höheren Perioden noch überlagern. Sieht man von diesen als unerheblich zunächst ab, so erkennt man die Schwankungen des Drehkraftdiagramms als trigonometrische Funktionen des doppelten Drehwinkels der Kurbel und erhält so für mehrere Zylinder ganz allgemein den Satz, daß die Hauptschwankungen des resultierenden Diagramms verschwinden, wenn die einzelnen Zylinderarbeiten als Strecken mit den doppelten Schränkungswinkeln aufgetragen ein geschlossenes Polygon bilden. Es läßt sich dann weiter beweisen, daß die Berücksichtigung der oben erwähnten Schwankungen höherer Ordnung für den Ausgleich der Drehmomente auf Widersprüche führt, während für die praktisch wichtigsten Fälle meine Lösung mit dem Massenausgleich ohne Schwierigkeit vereinbar ist. Auch hier haben wir es also mit einem Problem zu tun, welches nur angenähert lösbar ist, eine Tatsache, welche Admiral Melville, der 1902 eine ausführliche Besprechung[2]) aller einschlägigen Arbeiten veröffentlichte, wohl übersehen hat. Jedenfalls ergab der Vergleich von Tangentialdruckdiagrammen an ausgeführten Maschinen die volle Richtigkeit des oben abgeleiteten Satzes, indem nicht nur die Schwankungen des Drehmomentes im Falle einer zufälligen Erfüllung sehr gering, im andern Falle aber sehr groß ausfielen.

Dieses Verhalten spiegelte sich dann auch in den Schwankungen der Winkelgeschwindigkeit der Schiffsmaschinen wieder, deren Untersuchung in gleicher Zeit und zwar unter Zuhilfenahme der aus der Physik wohlbekannten Methode der synchronen Stimmgabelschwingungen von Fränzel und Dr. Bauer[3]) in Angriff genommen wurde. Dabei zeigte sich sofort ein ganz erheblicher Unterschied der Ergebnisse von Messungen in unmittelbarer Nähe der Maschine und in der Nachbarschaft des Propellers, der nur auf Torsionsschwingungen der Welle zurückgeführt werden konnte. Alsdann aber lag

---

[1]) Lorenz, On the uniformity of turning moments of marine engines, Inst. of Nav. Architects 1900.

[2]) Melville, Die Vibration der Dampfschiffe, Schiffbau 1903.

[3]) Bauer, Untersuchungen über die periodischen Schwankungen in der Umdrehungsgeschwindigkeit der Wellen an Schiffsmaschinen, Jahrbuch d. Schiffbautechn. Gesellschaft 1900.

wieder die Möglichkeit des Eintretens der Resonanz vor, welche nicht nur eine sehr starke Ungleichförmigkeit des Ganges der Maschine, sondern auch eine direkte Gefährdung der Welle zur Folge haben konnte. Hierauf deuteten auch einige ganz rätselhafte, meist mit Verlust der Schraube verbundene Wellenbrüche, welche damals die interessierten Kreise lebhaft beunruhigten. Angesichts der Mannigfaltigkeit und scheinbaren Kompliziertheit der beobachteten Erscheinungen war eine Klärung nur durch eine gründliche, theoretische Untersuchung zu erwarten, welche durch den Umstand erleichtert wurde, daß der Einfluß der nach der Rotationsachse konzentrierten Wellenmasse mit ihrem sehr kleinen polaren Trägheitsmoment nur verschwindend sein konnte. Mit der Vernachlässigung dieses Einflusses gelang mir die Lösung des Problems[1]) im Jahre 1900, deren Hauptergebnis zunächst eine neue Formel für die Schwingungsdauer eines rotierenden, masselosen Stabes mit zwei lediglich rotierenden Massen an den Enden war. Weiterhin bestätigten die Untersuchungen die Vermutung, daß die Schwankungen des Drehmomentes Torsionsschwingungen der Welle weckten, welche im Falle der Resonanz, wenn man von der Dämpfung absieht, unbedingt zum Bruche führen müßten. Da nun im Drehkraftdiagramm auch Schwankungen höherer Ordnung auftreten, dasselbe aber, mathematisch gesprochen, durch eine im allgemeinen unendliche periodische (oder Fouriersche) Reihe analysiert dargestellt werden kann, so folgt daraus für die Praxis der wichtige Satz, daß die Eigenschwingungsdauer der rotierenden Welle, wie schon früher die des ganzen Schiffes, nicht in einem rationalen Verhältnis zur Umdrehungsdauer der Maschine stehen darf.

Durch die schönen Experimentaluntersuchungen, welche Frahm[2]) 1902 auf der Hamburger Naturforscherversammlung vortrug, wurden diese theoretischen Ergebnisse in vollem Umfang noch bestätigt, außerdem aber gestatteten diese Versuche, zu deren Durchführung Frahm die Messung der Torsionsschwingungen wesentlich vervollkommnet hatte, einige wertvolle Schlüsse einerseits auf die von mir aus Gründen der Übersichtlichkeit zunächst vernachlässigte Dämpfung und andererseits auf das Gesetz der Abhängigkeit des Propellerwiderstandes von der Umdrehungsgeschwindigkeit, welches im Anschluß an die schon erwähnten Untersuchungen von Berling ebenfalls lebhaft diskutiert wurde. Der Propellerwiderstand selbst ergab sich aus der mittleren

---

[1]) Lorenz, Dynamik der Kurbelgetriebe, Leipzig 1900. S. 133 ff.

[2]) Frahm, Neue Untersuchungen über die dynamischen Vorgänge in Wellenleitungen von Schiffsmaschinen, Zeitschr. d. V. d. Ing. 1902.

Torsion der Welle, sodaß diese geradezu als Dynamometer benutzt werden kann. Um die Ausbildung dieser Methode hat sich dann weiter noch Föttinger[1] bezw. der Stettiner Vulcan große Verdienste erworben; durch den in den Jahrbüchern der Schiffbautechnischen Gesellschaft in seiner stetigen Vervollkommnung mehrfach besprochenen, aus diesen Bestrebungen hervorgegangenen Torsionsindikator kann nunmehr auch die Frage des mechanischen Wirkungsgrades der großen Schiffsmaschinen in der Hauptsache und zwar in überraschend günstigem Sinne als gelöst betrachtet werden, womit zugleich die empirische Grundlage zur Beurteilung der Propellerwirkung geschaffen wurde. Dies erscheint um so wichtiger, als wir von einer Theorie der letzteren und damit von einer exakten Vorausberechnung der Schraube analog derjenigen der Turbinen leider noch recht weit entfernt sind. Die diesem praktisch eminent wichtigen Problem entgegenstehenden Schwierigkeiten sind allerdings durchaus hydrodynamischer Natur und erfordern zu ihrer Bewältigung eine Versuchstätigkeit in größtem Maßstabe, für welche die Meßmethoden erst noch auszubilden sind.

Es würde undankbar sein, wenn wir an dieser Stelle einige Fortschritte der technischen Mechanik übergehen würden, welche zwar nicht von der Schiffbautechnik ausgegangen sind, die aber doch in hohem Maße anregend auf die Ausgestaltung der oben besprochenen Theorie eingewirkt haben. Ich denke zunächst an die Theorie der Biegung einer rasch rotierenden dünnen Welle, z. B. in der Lavalschen Dampfturbine, welche von Föppl 1894 in meisterhafter Weise entwickelt wurde.[2] Föppl zeigte, daß in einem solchen Falle, ganz analog der Ausknickung eines Stabes durch bestimmte Lasten nach Euler, gefährliche Ausbiegungen und eine auf einander folgende Reihe sog. kritischer Umdrehungszahlen möglich ist, während für dazwischen liegende Werte die Welle sich selbsttätig einstellt. Es ist durchaus nicht ausgeschlossen, daß dieses Problem bei weitergehender Verwendung von Dampfturbinen als Antriebsmaschinen von Schiffen auch für uns noch eine große Bedeutung gewinnt, wozu dann als Komplikation die Ausknickung durch den Propellerschub und die Kreiselwirkung der rasch rotierenden Räder auf die Welle und damit auf den Schiffskörper selbst, hinzutritt.

---

[1] H. Föttinger, Effektive Maschinenleistung und effektives Drehmoment und deren experimentelle Bestimmung, Jahrbuch d. Schiffbautechn. Gesellschaft 1903, sowie: Die neuesten Konstruktionen des Torsionsindikators und deren Versuchsergebnisse, ebenda 1905.

[2] Föppl, Das Problem der Lavalschen Turbinenwelle, Zivilingenieur 1895.

Das Verhalten eines Kreisels, d. h. die Bewegung eines starren Körpers um einen Fixpunkt ist von jeher eines der hervorragendsten Studienobjekte der höheren Mechanik[1]) gewesen, hat aber erst seit verhältnismäßig kurzer Zeit das Interesse der Ingenieure erregt. Diese Wendung ist unstreitig der fortwährenden Steigerung der Winkelgeschwindigkeit der Räder von Fahrzeugen, in letzter Linie also dem in alle Zweige der Technik immer mehr eindringenden Schnellbetrieb zu verdanken, durch den das eigentümliche Widerstreben rotierender Massen gegen Richtungsänderungen ihrer Achse erst zur praktischen Geltung kam. Hierauf beruht u. a. die Möglichkeit der Benutzung von Fahrrädern, an denen man sich auch von der weiteren Eigenschaft der Kreiselachse, einer Richtungsänderung senkrecht zu derselben auszuweichen, leicht und fühlbar überzeugen kann, während man zur objektiven Demonstration am einfachsten ein kurzes Pendel mit einem in rasche Drehung versetzten Schwungring benutzt. Hieraus folgt sofort, daß der als Kreisel aufzufassende Propeller im Verein mit der Welle und den rotierenden Maschinenteilen auf das Stampfen der Schiffe mit einer horizontalen Drehung zu reagieren, dem Schiffe also eine Schlingerbewegung zu erteilen sucht. Infolge der großen Masse und der Länge des Schiffes würde dieselbe allerdings auch dann kaum merklich sein, wenn das Schiff und die Welle als starr angesehen werden darf, dagegen ist im anderen Falle das Auftreten von horizontalen, wenn auch kaum gefährlichen Biegungsschwingungen insbesondere des Propellerschaftes nicht von der Hand zu weisen.

Viel deutlicher als diese Erscheinungen wird dagegen der Einfluß von seitlichen Schaufelrädern auf die Rollbewegung der Schiffe merkbar und zwar trotz mäßiger Winkelgeschwindigkeit infolge des großen Trägheitsmomentes der Schaufelräder sowie wegen der durch das ganze Schiff hindurchgehenden Achse. Auch hierbei tritt unter gleichzeitiger, scheinbarer Dämpfung des Rollens ein schwaches Schlingern des ganzen Systems auf, dem naturgemäß nur eine kleine Winkelgeschwindigkeit um eine Vertikalachse entspricht. Dieser auch dem Kreisel zugehörigen Winkelgeschwindigkeit der Seitenabweichung ist aber seine Wirkung auf das ganze System proportional, und daher kann eine kräftige Dämpfung des Rollens nur durch Ermöglichung starker, seitlicher Ausschläge der Kreiselachse, welche somit

---

[1]) Siehe u. a. die umfassende, noch nicht abgeschlossene Monographie: Klein und Sommerfeld, Über die Theorie des Kreisels, Leipzig 1897—1903, 3 Hefte.

von dem Ballast der ganzen Schiffe befreit werden muß, erzielt werden. Hierzu ist nur nötig, daß nach dem Vorschlage von Schlick die Kreiselachse nicht unmittelbar im Schiff befestigt, sondern daß dieselbe in einem Rahmen hängt, welcher selbst mit dem Kreisel im Schiff sich drehen kann. Das ganze System von Schiff und Kreisel kann man alsdann als ein Kreiselpendel betrachten an dem sich alle Bewegungen bequem verfolgen und nach den Lehren der Froudeschen Modelltheorie auf das Schiff übertragen lassen. Eine mathematische Behandlung des Problems ist, wie ich[1]) und unabhängig von mir kurz darauf Föppl[2]) gezeigt hat, nur möglich, wenn man sich auf kleine Ausschläge von Schiff und Kreisel beschränkt; die Rechnungsergebnisse stehen übrigens im vollen Einklange mit den Beobachtungen. Auch ohne Formeln erkennt man leicht, daß man es hier mit zwei Schwingungsvorgängen zu tun hat, welche durch die Kreiselwirkung aneinander gekettet sind und sich daher gegenseitig derart beeinflussen werden, daß auf diese Grundschwingung des Schiffes eine solche des Kreisels und umgekehrt sich überlagert. Weniger einfach zu übersehen ist die Tatsache, daß die Grundschwingung, d. i. das Rollen, allerdings unter gleichzeitigem Auftreten von darübergelagerten Erzitterungen, welche man indessen durch Einschalten von Katarakten dämpfen kann, ganz erheblich verzögert wird. Ob und inwieweit diese von Schlick erdachte Vorrichtung im Schiffbau praktische Anwendung finden wird, kann naturgemäß nur durch Versuche in großem Maßstabe entschieden werden, den Vertretern der Mechanik an der Hochschule, welchen zugleich die wissenschaftliche Weiterbildung des Faches obliegt, hat sie jedenfalls eine ganz unschätzbare Anregung gebracht, welche ohne Zweifel noch weitere Früchte tragen wird.

Es ist gewiß ein erfreuliches Moment, daß die gegenseitige Befruchtung von Theorie und Praxis sich wie ein roter Faden durch die ganze moderne Entwickelung der Mechanik hindurchzieht, und darum glaube ich meine Ausführungen nicht besser als mit dem Wunsche schließen zu können, daß dieses Zusammenarbeiten, insbesondere im Rahmen der Schiffbautechnischen Gesellschaft, auch in der Zukunft von gleichem Erfolge begleitet sein möge.

----

[1]) Lorenz, Die Wirkung eines Kreisels auf die Rollbewegung von Schiffen, Phys. Zeitschrift 1904, Heft 1.

[2]) Föppl, Die Theorie des Schlickschen Schiffskreisels, Zeitschr. d. V. d. Ing. 1904.

Diskussion.

Herr Oberingenieur Willy Möller - Hamburg:

Ich habe dem Vortrage des Herrn Professor Lorenz direkt nichts hinzuzufügen, glaube aber, daß es Ihr Interesse finden wird, wenn ich Ihnen ein Stimmungsbild entwickle von dem Eindruck, der in England hervorgerufen wurde, als es Herrn Schlick seinerzeit vorbehalten war, Licht in diese bisher dunkle Frage der Schiffsvibrationen zu bringen.

Herr Professor Lorenz sagte bei dem Fall „Campania", daß man sich habe entschließen müssen, um den starken Vibrationen Einhalt zu tun, den Propellern mehr Steigerung zu geben. Das ist insofern nicht ganz richtig, als man keineswegs gezwungen war, gerade dies zu tun.

Es wurde in England als ganz selbstverständlich angesehen, daß die Schuld für diese starke Vibration lediglich der Schwäche des Schiffes zuzuschreiben sei. Infolgedessen verstärkte man das Schiff und gab außerdem den Propellern mehr Steigerung. Durch diese Verstärkung vergrößerte man die Schwingungszahl des Schiffes und durch die Vergrößerung der Steigung der Propeller verringerte man die Schwingungszahl der Maschinen. Dieses Vorgehen und die damit erzielten besseren Resultate sind lediglich als Glückssache anzusehen, denn von einer zielbewußten Beeinflussung der Schwingungsperiode, von beabsichtigter Vermeidung des Synchronismus zwischen Schiffs- und Maschinenschwingung war zu der Zeit keine Rede. Theoretisch würde man dasselbe Resultat erzielt haben, wenn man die Steigung der Propeller verringert und das Schiff verschwächt hätte; durch letzteres Vorgehen wäre man aber in Konflikt mit dem Englischen Lloyd geraten. Ich möchte besonders darauf aufmerksam machen, welch außerordentliches Glück die maßgebenden Persönlichkeiten bei den damals vorgenommenen Änderungen entwickelten, denn die Möglichkeit, daß man das Schiff verstärken und zugleich die Steigung der Propeller verringern würde, war in Anbetracht der Tatsachen, daß man garnicht wußte, was man eigentlich tat, keineswegs von der Hand zu weisen.

Da blieb es Herrn Schlick vorbehalten, Licht in diese Angelegenheit zu bringen gerade zu der Zeit, als sich die ganze schiffbautechnische Welt Englands über diese „Campania"- Angelegenheit aufregte. Herrn Schlicks Darlegung zog zuerst den Schleier von diesem Dunkel. Dieser Beweis Schlicks war nicht allein eine Bereicherung der schiffbautechnischen Wissenschaft, sondern, und das hat man ihm in England stets gedankt, eine Ehrenerklärung für einige Herren, denen man die Mißerfolge der beiden Fairfield-Dampfer unwissender und ungerechter Weise in die Schuhe geschoben hatte.

Herr Geheimrat Busley - Berlin:

Die starken Vibrationen der „Campania" kann ich bestätigen, weil ich die Abnahmeprobefahrt mitgemacht habe. Bei einer Fahrt von etwa $22^{1}/_{2}$ Knoten konnte man deutlich sehen, wie sich das obere Deck des Schiffes bewegte.

Ich hoffe in Ihrer aller Namen zu sprechen, wenn ich Herrn Professor Dr. Lorenz für seine geistreichen Ausführungen unsres wärmsten Dankes versichere.

(Wiederholter lauter Beifall.)

Herr Professor Dr. Lorenz - Danzig (Schlußwort):

Ich hätte meinen Ausführungen nichts weiter hinzuzufügen. Eine alte Regel ist, daß man bei Aufdeckungsversuchen von irgend welchen Fehlern nicht mit zwei Sachen auf einmal vorgeht, sondern man muß da immer Schritt für Schritt vorgehen, etwas ändern und, wenn das nicht hilft, etwas anders, aber nicht zweierlei, denn ändert man zweierlei auf einmal, so wird man meist so weit kommen, daß man gar nichts weiß. Das ist eine alte Erfahrung.

XIII. Der Langston-Anker.

Vorgetragen von **R. Frick.**

Den Gegenstand der Erfindung, über den ich heute die Ehre habe zu berichten, bildet ein neuer, eigenartiger Anker zum Festlegen von Kriegs-, Handels-, Leuchtschiffen, Yachten, Baggern, Heul-, Beleuchtungs- und Richtungsbojen usw., kurzum für jede Verankerungsart. Derselbe ist in der Weise konstruiert, daß er rasch in beliebiger Tiefe im Meeresgrunde versenkt werden kann, derart, daß ein Hinausziehen desselben, wie groß auch immer der Zug sein möge, welcher von den verankerten Schiffen, der Boje usw. ausgeübt wird, ausgeschlossen ist.

Auch für Bergungszwecke zum Abbringen auf Grund geratener Schiffe ist der neue Anker mit großem Vorteile verwendbar, und wird derselbe hoffentlich zu letzterem Zwecke bald zum stehenden Inventar eines jeden Schiffes gehören, welches sich dann, wenn es einmal auf den Grund gerät, selbst losarbeiten kann, da der neue Anker zum ersten Male gestattet, sich im Meere einen festen Punkt zu schaffen.

Seit den ältesten Zeiten wurden, wie allgemein bekannt, zum Zwecke der permanenten Verankerung Stein- oder Metallblöcke verwendet, die an Tauen befestigt, durch ihre Reibung auf dem Grunde die Schiffe am Vertreiben verhindern sollten. Später versah man diese Blöcke mit einem Haken zum Eingreifen in den Grund und fügte schließlich einen zweiten in entgegengesetzter Richtung abstehenden Haken oder Arm hinzu. In dieser Form hat sich der Schiffsanker ohne wesentliche Veränderungen bis heute erhalten.

Wie bereits erwähnt, besteht die bisherige Methode zum Festlegen von Schiffen in einem offenen Hafen darin, daß das Schiff an eine im Hafen schwimmende Boje, eine sogenannte Festmacherboje anlegt. Diese Festmacherboje ist mittels Kette an einem im Meere versenkten Stein, der für Kriegsschiffe beiläufig eine Schwere von ca. 30 000 kg hat, befestigt. Diese

Art der Befestigung bietet indes keine absolute Sicherheit gegen ein Verreiben der Schiffe samt Boje und Stein bei schwerem Wetter, was schon daraus erhellt, daß bei herannahendem Sturm Dampf aufgemacht wird, resp. bei Seglern rechtzeitig für Schlepper-Assistenz Sorge getragen wird.

Noch vielmehr macht sich das Fehlen einer zuverlässigen Verankerungsmethode bei Leuchtschiffen, Leucht- und Richtungsbojen fühlbar. Viele solcher Bojen treiben alljährlich von ihren Plätzen und gehen teilweise unwiederbringlich verloren; und tausende solcher Bojen, welche nach der bisherigen Methode verankert, vielfach in Gefahr sind abzutreiben, liegen an den Küsten aller Länder. Zweifellos würden oft noch mehr solcher Bojen zur besseren Bezeichnung des Fahrwassers ausgelegt werden, wenn man nicht die Schwierigkeit der Verankerung scheute.

Durch die Verankerungsmethode, über die ich Ihnen heute vorzutragen die Ehre habe, eine Erfindung des amerikanischen Ingenieurs F. B. Langston, sind alle diese Schwierigkeiten beseitigt. Die neue Verankerung besteht aus einer eisernen Schale von beliebigem Durchmesser, an welcher durch vernietete Bolzen, Doppelringe zur Befestigung der Ankerkette angebracht sind. Um die Schiffe zu verankern, führt man ein Rohr durch ein, in der Mitte desselben befindliches Loch. Am oberen Ende desselben wird ein Schlauch, welcher in Verbindung mit einer Pumpe steht, befestigt. Letztere drückt das Wasser unter die auf dem Grunde ruhende Schale. Der ganze Apparat, nämlich das Rohr, der Schlauch, die Kette und Schale wird durch einen Flaschenzug in vertikaler Richtung gehalten.

Sobald die Schale bis auf den Meeresboden herabgefallen ist, wird die Pumpe in Bewegung gesetzt. Der Wasserstrahl lockert nun den Meeresboden ungefähr im Querschnitt der zu verankernden Schale auf, und dadurch kann die Schale samt Rohr und Kette in beliebiger Tiefe in den Meeresgrund versenkt werden (Fig. 1). Ist die zur Verankerung erwünschte Tiefe erreicht, so wird das Rohr aus der Öffnung der Schale heraus und in die Höhe gezogen, und binnen kürzester Zeit wird durch die Strömung das aufgewirbelte Loch wieder durch Meeresboden bedeckt, und die Ankerschale liegt derart fest eingegraben, daß keine äußere Gewalt imstande ist, sie wieder herauszuziehen. Wohl aber läßt sich der Anker unter Anwendung von abermaliger Wasserspülung leicht wieder aus dem Grunde herausheben.

An einem einfachen Modell werde ich mir nunmehr gestatten, Ihnen die Art der Verankerungsmethode zu zeigen, und werde bitten, den Versuch zu machen, die versenkte Ankerschale aus dem Grunde heraus-

zuheben. Die Versuche auf der Kaiserlichen Werft in Kiel haben ergeben,
daß zur Einsenkung des Ankers von 600 mm Durchmesser pro Meter
22 Sekunden gebraucht werden.

Es bedarf jedenfalls keiner weiteren Erörterung, daß das Haltevermögen

Versenken eines Langston-Ankers mittels Spülung.

Fig. 1.

einer nach dieser Methode betriebenen Verankerung ein erheblich größeres
ist, als dasjenige, welches durch die bisher in Gebrauch befindliche Verankerungsart, deren Halten auf dem Meeresboden natürlich nur ein ganz
oberflächliches ist, erzielt wurde. Zahlreiche Versuche sind von der Reichs-
marine mit der neuen Verankerungsmethode in den Häfen Danzig, Kiel und

Wilhelmshaven angestellt worden und haben, soweit die Berichte darüber meiner Gesellschaft, welche die Inhaberin sämtlicher darauf bezüglicher Inlands- und Auslandspatente ist, bekannt geworden sind, durchaus günstige Resultate

Langston-Anker mit seitlicher Versenkung.

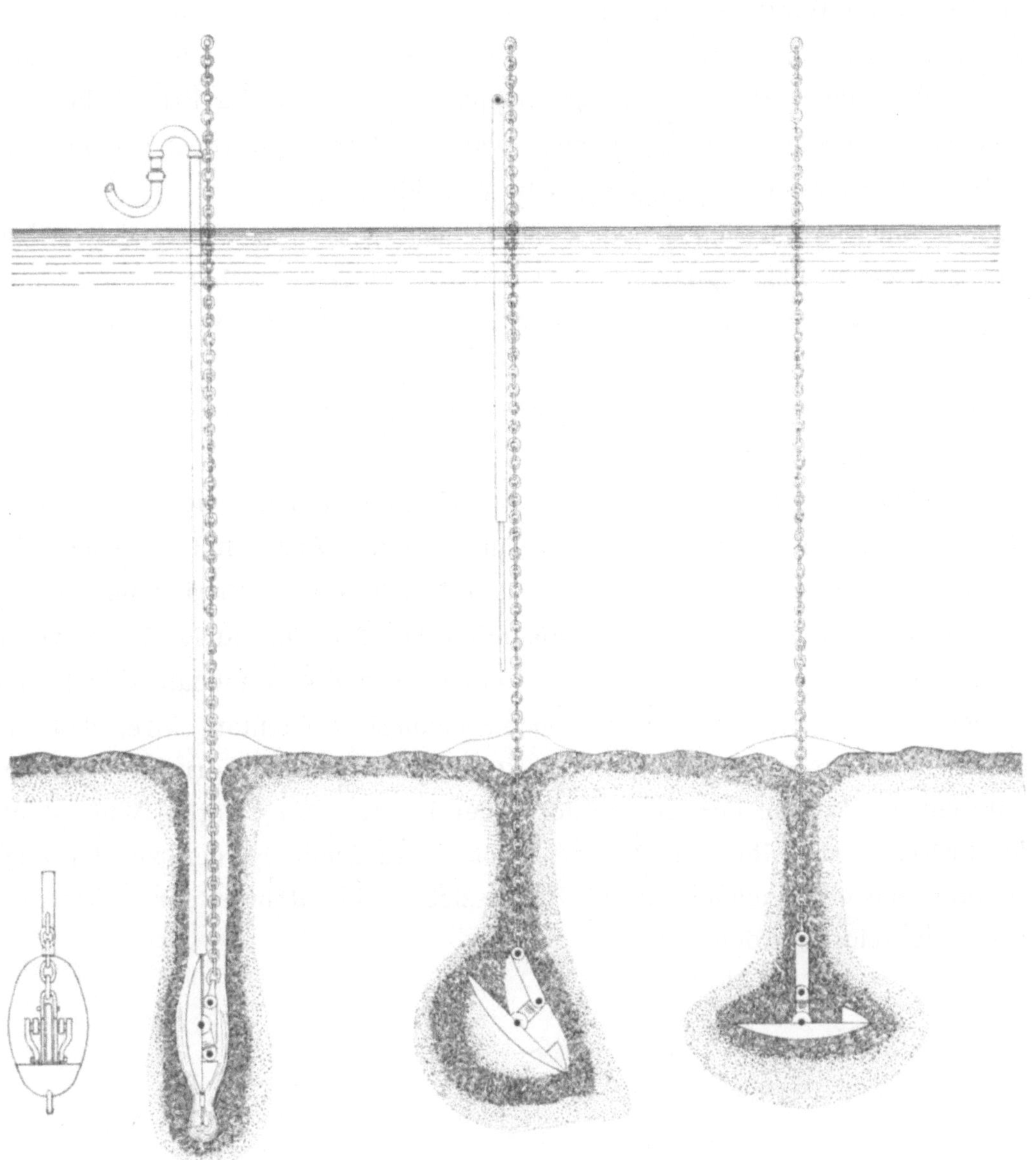

Fig. 2.

ergeben, und ich will mir heute nur gestatten, von einem einzigen Bericht, der Kaiserlichen Werft Danzig vom 4. Mai d. J. auszugsweise Kenntnis zu geben.

In dem Bericht heißt es:

„Der im Schreiben vom 15. August vorigen Jahres ausgesprochenen Absicht zufolge, wurden im November Versuche angestellt, den im August ausgelegten Mooringanker zu heben. Nachdem am 5. November festgestellt war, daß der Anker seine Lage innegehalten hatte, wurden von einem 500 PS starken Werftdampfer verschiedene Verschleppungsversuche angestellt, bei langsamem und allmählich aufs höchste gesteigerten Maschinengang und Verwendung einer 24 mm starken Schleppkette von 21 700 kg Bruchbelastung, welche verschieden lang ausgesteckt war. Der Anker wurde bei beiden, je 20 Minuten dauernden Versuchen nicht verschleppt.“

In Amerika hat sich der Anker bei jeder Gelegenheit glänzend bewährt, und zahlreiche Bestätigungen und Gutachten liegen darüber vor. Ebenso wird der Anker in Amerika von Sportklubs usw., für die Verankerung von Yachten viel verwendet. Ich möchte noch besonders erwähnen, daß auch in Deutschland S. M. Segelfregatte „Royal Louise“ in Potsdam an einer Langston-Mooring verankert ist.

Schließlich möchte ich mir noch erlauben, Ihnen eine zweite Ausführungsform der Langston-Mooring, nämlich einen Anker mit seitlicher Einführung zu zeigen (Fig. 2). Dieser Anker bedeutet eine Ergänzung des besprochenen Systems und kommt namentlich bei Ton- und anderem schweren Boden insofern zur Geltung, als das Versenken der Ankerschale mittels der Pumpe in den Fluß- oder Meeresboden dadurch erleichtert wird, daß die Schale in ihrem geringsten Querschnitt in denselben einzudringen vermag, während bei Zug an der Kette infolge der Hebelwirkung durch Widerstand des Erdrejchs, dieselbe sich in ihrer größten Ausdehnung quer zu der Zugrichtung umstellt, nachdem durch Herausziehen des Rohres der verriegelte Hebel ausgelöst worden ist.

Diskussion.

Herr H a c k e l b e r g - Charlottenburg:

Meine Herren, was wir soeben gesehen, war sehr interessant, aber ich glaube, dieser Anker wird sich nur einseitig verwenden lassen. Die Voraussetzung für die Verwendung scheint wohl die, daß stets ein Sandboden wie dieser, auf dem Herr F r i c k sein Experiment gemacht, vorhanden ist. Ich weiß nicht, wie sich die Brauchbarkeit des Ankers bei festem Lehm- und Tongrunde gestalten, und ob da die Spülung in derselben Weise wirken wird, wie wir das hier gesehen.

Bei felsigem, steinigem oder mit Geröll bedecktem Meeresboden dürfte der Anker niemals verwendet werden können, weil da die Spülung versagen muß. Günstige Bedingungen vorausgesetzt, könnte der Anker für festanzulegende Verankerung, wie für Bojen, Seezeichen, Feuerschiffe usw. Verwendung finden. Bei treibenden Schiffen oder solchen, welche plötzlich vor Anker gehen wollen, dürfte der Langston-Anker mit Erfolg nicht anzuwenden sein, denn bei dem Schleifen desselben könnte die Pumpenvorrichtung unmöglich in Tätigkeit gesetzt werden. Vielleicht klärt uns Herr F r i c k noch darüber auf.

Herr Direktor F r i c k - Berlin (Schlußwort):

Darf ich erwidern, daß bei felsigem Boden d i e s e r Anker Verwendung findet. (Er zeigt ihn und erläutert ihn.) Damit ist wohl die Frage erledigt. Der Langston-Anker soll nicht jeden Schiffsanker ersetzen, sondern soll speziell für feste Verankerung dienen.

Herr Geheimrat B u s l e y - Berlin:

Ich danke Herrn F r i c k für seine Darlegungen über die Eigentümlichkeiten des Langston-Ankers, der sich unter passenden Verhältnissen sicherlich bewähren wird.

XIV. Große Schweißungen mittels Thermit im Schiffbau.

Vorgetragen von **Hans Goldschmidt**.

Wenn ich Ihnen heute einen Vortrag über Schiffssteven-Schweißungen mittels „Thermit" halte, so kann ich mich deswegen schon etwas kurz fassen, weil „Thermit" kein so unbekannter Stoff mehr ist wie noch vor einigen Jahren. Trotzdem möchte ich mit Rücksicht auf diejenigen Herren, welche vielleicht noch nicht Gelegenheit gehabt haben, „Thermit" kennen zu lernen, kurz erwähnen, daß dieses im wesentlichen nichts weiter ist als eine Mischung von feingepulvertem Aluminium und Eisenoxyd. Dieser Stoff besitzt nicht nur die Eigenschaft, einmal an irgend einer Stelle entzündet, von selbst weiter zu brennen, sondern es findet bei dem hierauf folgenden, chemischen Verbrennungsprozeß die Ausscheidung von ziemlich reinem Eisen und Aluminiumoxyd, sogenanntem Corund statt unter Entwickelung ganz außerordentlicher Temperaturen, deren Höhe nicht mehr meßbar ist und nur rechnerisch auf etwa 3000 ° C. festgestellt werden kann. Das aus dem Thermit erschmolzene Eisen hat die Zusammensetzung des sogenannten Stahlgusses, nur ist es viel heißer als flüssiger Stahl des Martinofens. Kleine und große Mengen in Tiegel entsprechender Größe gefüllt, brennen ziemlich gleich schnell, in etwa 1 Minute nieder. Wiederholt sind Mengen von 600 kg Thermit auf einmal zur Reaktion gebracht, die über die Hälfte des Gewichtes flüssigen Stahl liefern, da die Temperatur des Thermiteisens so hoch ist, daß noch mehrere Prozent Eisen gleichzeitig mit eingeschmolzen werden.

Die außerordentliche Einfachheit des Prozesses wird nur durch die Schnelligkeit des Vorganges und die Ausdehnung des Anwendungsgebietes übertroffen. Es bedarf wohl keiner näheren Begründung, daß das Thermitverfahren auch seine Kinderkrankheiten erst durchmachen mußte, denn Thermit muß tatsächlich dem elektrischen Strom verglichen werden insofern, als es in der Hand des Unerfahrenen Unheil anrichten, in der Hand des Fachmannes aber großen Segen stiften kann.

Das Hauptanwendungsgebiet für Thermit war bisher die Schienenschweißung, die in tausenden und abertausenden Fällen zur Ausführung gekommen ist. Mindestens aber ebenso entwickelungsfähig scheint mir ein anderes Gebiet zu sein, nämlich die Verwendung des Thermiteisens besonders für Reparaturen gebrochener Schiffssteven. Die Photographien, welche ich nachher vermittels Diapositive auf den Wandschirm zur Ansicht bringen werde, zeigen Ihnen, daß auch derartige Arbeiten bereits mit Erfolg in der Praxis ausgeführt sind. Trotzdem sind in schiffbautechnischen Kreisen, besonders auf Seiten der Versicherungsgesellschaften Bedenken gegen die Anwendung vorhanden, deren Berechtigung auch bisher nicht abzuleugnen war. Ich will diese Bedenken kurz auseinandersetzen und Ihnen zeigen, in welcher Weise das Verfahren auf diesem Gebiete vervollkommnet worden ist.

Allgemein wird zwar bei derartigen Reparaturen von Schweißungen gesprochen, was aber streng genommen, nicht richtig ist, denn tatsächlich geschieht weiter nichts, als daß der gebrochene Querschnitt mit einer Lasche von Thermiteisen umgossen wird, die mit den abgebrochenen Enden selbst völlig verschmilzt. Da bei jedem dieser Prozesse die verschiedenartige Kühlung der einzelnen Querschnitte eine wesentliche Rolle spielt und da besonders bei größeren Querschnitten es bislang nicht immer gelungen ist, einen Schrumpfriß im Innern zu verhüten, so ist es ohne weiteres selbstverständlich, daß es gänzlich verkehrt ist, eine Schiffssteven-Schweißung, wenn ich sie einmal so nennen darf, nach dem Ergebnis von Zerreißstäben zu beurteilen, die aus der Mitte des Stückes herausgenommen sind; ein solcher Zerreißstab brauchte nicht erst auf die Maschinen gebracht zu werden, da er gegebenenfalls von selbst auseinanderfällt! Ich komme auf diesen Punkt nochmals zurück.

Aber ein sehr wesentliches und vollberechtigtes Bedenken bestand darin, daß das mit Thermit vergossene Stevenmaterial oft größere Poren aufwies, die selbstverständlich die Festigkeit beeinträchtigten. Dieser große Übelstand ist nun beseitigt worden, und zwar lediglich dadurch, daß das zu verschweißende Stück in eigenartiger Weise angewärmt wird. Ich muß bei dieser Gelegenheit den Namen meines verehrten Mitarbeiters, Herrn Regierungsbaumeister Lange erwähnen, der dies Verfahren besonders durchgearbeitet hat. Eine Anwärmung auf gewöhnlichem Wege durch eingebautes Koksfeuer ist ausgeschlossen, denn eine Vorbedingung für das gute Gelingen einer Schweißung ist die sorgfältigste Herstellung und Anbringung der die Schweißstelle umgebenden Form, und hierzu gehören bei den Maßen, die bei Schiffssteven-Schweißungen in Frage kommen, nicht Minuten, sondern Stunden. Bis also die Form an den etwa vorher angewärmten Stücken befestigt ist, wäre bereits eine große Abkühlung erfolgt. Zudem bietet das Ausrichten der Form an dem heißen Steven große Schwierigkeiten dar. Wir haben Erfolg auf anderem Wege gesucht und auch gefunden, indem wir die Form gewissermaßen zum Fuchs des Ofens gestalten und den natürlichen Zug durch Preßluft ersetzen, welche die Feuergase durch die Form hindurch und um das Werkstück herumtreibt, was infolge des starken Zuges nicht nur die Form reinigt, sondern wegen des abgeschlossenen Raumes die Erhitzung des Werkstückes und, was sehr wichtig ist, der Form selbst in kürzester Zeit bewerkstelligt. Eine Form, welche an den inneren Wandungen auch nur Spuren von Feuchtigkeit enthält, bedingt ein Wühlen des Thermiteisens und hat zweifellos nicht nur auf die Porenbildung Einfluß, sondern bedingt in vielen Fällen wegen Auftretens der sich bildenden Gasblasen geradezu ein Mißlingen der Arbeiten. Wie schwer eine größere Form zu trocknen ist, mag auch aus der Tatsache erkannt werden, daß bei einer kürzlich in Bremerhaven an dem Lloyddampfer „Friedrich der Große" ausgeführten Stevenschweißung der Formsand in den äußeren Partien noch dampfte als die umgossene Lasche bereits auf 100° abgekühlt war, obwohl die Form allein gegen 4 Stunden mittels des Vorwärmeofens angewärmt und also in den inneren Partien auf Rotglut gebracht war.

Als indirekte Folge der Vorwärmung habe ich bei den zahlreichen Versuchen, die in meiner Werkstatt und zum Teil in der Praxis angestellt sind, nicht nur die sichere Verschmelzung des Thermiteisens mit dem Werkstück, den Wegfall der Porenbildung, sondern auch ein dichteres Eisen erzielt. Verschiedene Stücke, die hier zur Einsicht ausliegen, werden meine Behauptungen unterstützen.

Das einzige Bedenken, was also heute bestehen kann, ist die Bildung innerer Schrumpfrisse. Indessen glaube ich, daß eine einfache Rechnung Sie darüber aufklären wird, daß diese zwar der Schönheit der Ausführung einen gewissen Abbruch tun, praktisch aber ganz ohne Bedeutung sind, weil man folgerichtig nur die Forderung stellen darf, daß die Bruchstelle mindestens ebenso stark ist wie sie vorher war. Nehmen wir beispielsweise einen Steven von 18 cm im Quadrat, so besitzt dieser ein Widerstandsmoment von 972 cm³. Da die Fläche des Schrumpfrisses nun, wie wir aus den zahlreichen Versuchen gesehen haben, niemals den ursprünglichen Querschnitt erreicht, so würde, gleiche Materialfestigkeit vorausgesetzt, bereits eine kastenförmig umgossene Lasche genügen, deren äußerer Durchmesser 22 cm ist. Tatsächlich haben wir die Dicke der Lasche immer etwas größer gewählt und alle Versuche, die ich wegen nicht ausreichender Größe der Biegemaschine nur bis auf Stevenstücke von etwa 14 cm Quadrat ausdehnen konnte, haben durch Auftreten des Bruches neben der Lasche, also im gesunden Material die Richtigkeit meiner Darlegungen bewiesen.

Ich will die Frage unerörtert lassen, ob nicht komplizierte Steven, wie sie besonders bei Doppelschraubendampfer nötig sind, billiger aus einzelnen, nachträglich aus Thermit zusammengeschweißten Stücken herzustellen seien, es genügt mir vielmehr vollständig, wenn sich etwas allgemeiner die Vorteile einer solchen relativ sehr einfachen und oft ungeheure direkte und indirekte Kosten ersparenden Reparatur einbürgern.

Wie schon kurz angedeutet, ist die Ausführung der Reparatur von Stevenbrüchen nur eine der vielen Anwendungen des aluminothermischen Verfahrens in Marinekreisen; die Schweißung gebrochener Wellen sowie von Maschinenteilen, die Enthärtung von Panzerplatten zwecks Einziehung von Bolzen kommen hinzu.

In dem Thermit besitzt man ein Mittel, jederzeit und überall flüssigen Stahl herzustellen, mit dem es möglich ist, plötzlich gebrochene Stücke, für die ein Ersatz nicht gleich vorhanden, durch einen Neuguß zu ersetzen.

Bietet somit das aluminothermische Verfahren der Schiffbauindustrie im allgemeinen bereits wesentliche Vorteile, so wird das Thermit für die Kriegsmarine ein geradezu unumgänglich notwendiges Material, um den Schiffen die Möglichkeit einer schnellen Reparatur irgend welcher Beschädigungen zu geben. In dieser Beziehung hat es auch bereits in dem russisch-japanischen Kriege eine Rolle gespielt.

Ein inzwischen vorbereiteter, nunmehr zur Ausführung kommender Versuch einer Schweißung von einfachen Schiffsstevenstücken wird Sie, wie ich hoffe, noch besser von dem Vorteil des Verfahrens überzeugen.

Diskussion.

Herr Geheimrat W i e s i n g e r - Kiel:

Das Verfahren ist seit der ersten Vorführung zweifellos erheblich verbessert und ausgebaut worden, aber ich muß sagen, das war auch notwendig, denn die ersten Erfahrungen, die wir damit machten, waren nicht gerade ermutigend. Ich habe früher selbst zwei Schweißungen vornehmen lassen, das eine Mal am Ruderherz eines kleinen Kreuzers. Da lag die Sache einfach, weil es sich um die Auffüllung eines offenliegenden Hohlraumes an einer Stelle handelte, wo die Haltbarkeit des Stückes nicht weiter in Frage kam, obgleich die Schweißung etwas porös ausgefallen ist. Ein zweiter Versuch, bei dem es sich darum handelte, an einem Wellenbock eine Schweißung vorzunehmen, hatte nur den Erfolg, daß die Stelle noch weiter ausgebrannt war als vorher. Auf Grund dieser Erfahrungen baten wir, einen Ingenieur zur Ausführung der Schweißung zu schicken, was aber abgelehnt wurde. Ich möchte der Firma dringend empfehlen, solchen Anforderungen nach Personen, die mit dem Schweißverfahren vertraut sind, in weitestem Maße zu folgen. Nach meiner Überzeugung gehört zu der Ausführung unbedingt jemand, der mit der Anwendung des Verfahrens völlig vertraut ist. Nichtgestellung geeigneter Sachverständiger ist sehr leicht angetan, das ganze Verfahren in Mißkredit zu bringen. Die Schweißungen, wie sie hier im Bilde gezeigt worden sind, sind anders ausgeführt, wie es früher wohl beabsichtigt war. Es handelte sich früher nicht wie jetzt um eine Auffüllung von Material, nicht um den Aufguß einer Lasche, sondern tatsächlich um eine Schweißung des Materials an der Bruchstelle. In dem Verfahren, was heute angewandt wird, ist daher eine größere Gewähr dafür geboten, Bruchstücke wieder in Zusammenhang zu bringen. Aber ich habe noch ein anderes Bedenken, das ich äußern möchte. Die ungeheuren Wärmemengen, welche in die Bruchstelle gebracht werden, haben ganz selbstverständlich eine außerordentliche lokale Erhitzung zur Folge. Ist nun nicht zu befürchten, daß durch eine solche räumlich eng begrenzte Erhitzung lokale Spannungen in das Gußstück hineingebracht werden, die die Zuverlässigkeit und damit die Verwendbarkeit des reparierten Gußstückes in Frage stellen? Ich weiß nicht, ob ungünstige Erfahrungen in dieser Hinsicht gemacht worden sind und möchte daher um eventuelle nähere Auskunft bitten. Ein weiteres Bedenken, das auch Herr Dr. G o l d s c h m i d t erwähnt hat, sind die Schrumpfrisse. Ich möchte doch glauben, daß er das Auftreten derselben etwas zu optimistisch ansieht. Es handelt sich nach seinen Ausführungen nur um kleine Risse an der Innenfläche der Lasche, deren Ausdehnungen sich unseren Beobachtungen entziehen. Wer will nun aber dafür garantieren, daß die Risse wirklich nur klein und deshalb ohne Bedeutung sind. Wir haben nach unseren Erfahrungen in der Marine jedenfalls alle Veranlassung, gerade diesen Schrumpfrissen gegenüber ganz außerordentlich vorsichtig und zurückhaltend zu sein.

Herr H a r t i n g (Gast):

Der Schrumpfriß wird nach meiner Ansicht immer eintreten, wenn das eingegossene und verwendete Material verschieden ist. Wenn der Ausdehnungsquotient gleichgemacht wird, dann werden sich auch die Schrumpfrisse vermeiden lassen. Das ist nun der Fall, wenn der Kohlenstoffgehalt des eingegossenen und vorhandenen Materials derselbe ist. Ich glaube, daß sich der Schrumpfriß auch nur insoweit ausdehnt, wie das alte Material reicht, und daß er sich nicht auch auf die Lasche ausdehnen wird.

Herr Direktor W i e c k e - Düsseldorf:

Diese Ausführungen möchte ich insofern ergänzen, als das Rechenexempel nicht ganz richtig ist. Es kommen da Theorie und Praxis in Kollision. Haben wir im Innern einen kleinen Riß, so ist bekannt, daß der kleine der Ausgangspunkt für einen großen ist. Deshalb möchte ich das Exempel nicht ganz unterschreiben.

Herr Dr. G o l d s c h m i d t - Essen (Schlußwort):

Ich werde diese Ideen weiter verfolgen. Ich möchte nicht sagen, daß so etwas noch nicht passiert ist, die Möglichkeit ist vorhanden. Aber ich kann auch nur sagen, ich habe die Stücke zerbrochen und nachher die Berechnung angestellt und gefunden, daß die Schweißstelle immer die stärkste gewesen ist. Aber ich habe die Schrumpfstellen doch zu stark betont, denn sie sind durchaus nicht immer vorhanden; ich will aber aus Vorsicht mit der Möglichkeit solcher rechnen. Es scheint aber notwendig, daß sie unter allen Umständen beseitigt werden, und sobald die Mittel dafür gefunden sind, würde eine weitere Vervollkommnung des Verfahrens erzielt sein. Ich bin mir nicht zweifelhaft darüber, daß dies gelingen wird. Ich bin Ihnen ferner sehr dankbar für die Anregungen, daß meine Firma selbst die Schweißungen ausführen soll. Insoweit dies irgend möglich ist, ist das schon geschehen. Aber eine große Schwierigkeit ist damit verbunden und das ist, das geeignete Personal zu finden. Das ist so schwierig, wie es auf den ersten Augenblick nicht zu denken ist. Wir haben uns bemüht, junge Techniker zu finden, die herausgeschickt werden und ganz selbständig das leicht zu erlernende Verfahren vornehmen. Aber die meisten werden ihrer Aufgabe nicht gerecht. Die Schwierigkeit, die bei der Ausführung der Arbeit entsteht, ist keine technische — sie ist eine rein persönliche —! Die jungen Herren — ich spreche von jungen hierfür angestellten sog. Technikern oder Monteuren — haben, fern von der gewohnten Beaufsichtigung, völlig sich selbst überlassen, ein äußerlich brillierendes Verfahren auszuüben und infolge der vielen Anfragen — die häufig auch von Reportern an sie gestellt werden — werden sie von ihrer Aufgabe abgelenkt und verlieren schließlich in dem ihnen ungewohnten Milieu die Kontrolle über ihre Person. Die Arbeiten bezw. Vorbereitungen gehen auch durchaus nicht immer schnell voran, so daß oft freie Zeit zur Verfügung steht, was das schlimmste Übel ist. Die Ausführung der Arbeit, die ungeteilte Aufmerksamkeit erfordert, leidet unter diesen Umständen zumeist erheblich und die verwöhnten Herren kommen, verdorben für weitere derartige ernste Arbeit, bei der sie ohne Kontrolle gelassen werden müssen, heim. Ein baldiges Entlassen ist nötig und andere müssen angelernt werden — viele sind berufen, aber nur wenige auserwählt —! Im Laufe der Zeit ist dieser Übelstand durch geeignete Auswahl erheblich gebessert und es hat sich dadurch das Verfahren in vielen Betrieben besser eingeführt. Daß aber in erster Linie Sorgfalt und Umsicht, also keine besonderen technischen Fähigkeiten dazu gehören, selbst schwierige und sehr große Thermitschweißungen auszuführen, beweist die Tatsache, daß Vertreter meiner Firma, die keine technische Vorbildung besitzen und die nur 8—14 Tage auf den Essener Werkstätten die Handhabungen mit dem Thermit erlernt haben, sogar Schweißungen, bei denen mehrere 100 Kilo Thermit mit einmal verbrannt wurden, zur vollsten Zufriedenheit z. B. in Österreich, Holland, Italien ausgeführt haben. — Wie sehr richtig bemerkt, wird das Verfahren durch eine falsche Anwendung diskreditiert, und deswegen werde ich auch gern bereit sein, geeignete Monteure oder Techniker zu entsenden, um die nötigen Informationen an Ort und Stelle zu erteilen.

Herr Geheimrat B u s l e y - Berlin:

Im Namen der Gesellschaft danke ich Herrn Dr. G o l d s c h m i d t für die ausführliche Mitteilung seiner Erfahrungen und die uns bildlich vorgeführten Beispiele aus der Praxis. Wir werden nun zu der Vorführung einer großen Schweißung gehen, und ich bin fest überzeugt, daß dieselbe vollständig gelingen wird.

Vorträge

der

VII. Hauptversammlung.

XV. Die vermeintlichen Gefahren der elektrischen Betriebe.

Vorgetragen von **Wilhelm Kübler.**

Die heutige Kultur ist ohne weitgehendste Ausnützung technischer Einrichtungen nicht denkbar. Technische Einrichtungen bedeuten eine Dienstbarmachung, also eine Fesselung und zwangläufige Leitung von Naturkräften. Wo aber Zwang besteht, ist natürlich auch eine Möglichkeit der Selbstbefreiung und einer ihr folgenden schädlichen Wirkung gegeben oder doch wenigstens nicht ganz und gar ausgeschlossen, und deshalb sind mit allen auch den einfachsten technischen Einrichtungen immer gewisse Gefahren verbunden. Diese Gefahren kann man als das Potential des Schädlichen bezeichnen und so gleich zum Ausdruck bringen, daß je nach der Wahrscheinlichkeit, mit der Selbstbefreiung zu erwarten ist, und je nach dem Umfange der Schädigung, die aus ihr hervorgehen könnte, verschiedene Grade von Gefährlichkeit zu unterscheiden sind. Die wirklich einwandfreie Bestimmung des Gefährlichkeitsgrades ist allerdings nicht ganz so leicht, wie gewöhnlich geglaubt wird, und darf weder von Laien noch von Dilettanten vorgenommen werden; denn der heutige Stand der sogenannten allgemeinen Bildung reicht bei der leider ja doch noch immer nur geringen Pflege technischer Intelligenz auf den Mittelschulen für die Aufstellung eines zutreffenden Urteils nicht aus. Wo Laien oder Laientechniker in der Sache mitsprechen, wird regelmäßig der grobe Fehler begangen, daß das mehr oder weniger Aufregende des einzelnen Vorkommnisses als für den Grad der Gefährlichkeit mit bestimmend angesehen wird. Wohl gegen den eigenen Willen wirkt ferner treibend das Jägerlatein jener Eintagsliteratur, die von Zobeltitz treffend „die Kolportagelektüre in Zeitungsformat" genannt hat, und die aus naheliegenden Gründen das Sensationelle und womöglich Pikante eines Unfalles unterstreichend die ja doch nicht ganz einflußlose öffentliche Meinung zur Re- und Räsonanz bringt.*)

Können andererseits die guten Leute, wo sie von einem Unglück hören, im Zusammenhange von Ursache und Wirkung einen alltäglichen Vorgang erkennen, so sprechen sie von Unvorsichtigkeit, zucken die Achseln, strafen auch wohl und zwar wegen „grober Fahrlässigkeit" und beruhigen sich bald wieder. Man denkt nicht im entferntesten daran, daß „so etwas" wirklich öfter vorkommen könnte, und daß eine „Gefahr" besteht. Da hat es denn in weiten Kreisen sehr überrascht, als zu Anfang dieses Jahres Herr von Bach in einer interessanten und treffenden Besprechung des Neuentwurfes für das Dampfkesselgesetz**) einmal die in Tabelle 1 und Fig. 1 wiedergegebene

Tabelle I.

Zusammenstellung der in den „Amtlichen Nachrichten des Reichsversicherungs- amtes" nachgewiesenen jährlichen Unfälle durch Fall von Leitern, Treppen usw., aus Luken usw., in Vertiefungen usw. und der bei der Schiffahrt und dem Verkehre zu Wasser gezählten.

Jahr	Fall von Leitern, Treppen usw. gezählt bei					Total	Wasserverkehr Total
	Gewerblichen Betrieben	Baugewerkschaften	Landwirtschaftlichen Betrieben	Staatl. Ausführungsbehörden	Provinzial- und Kommunal- Ausführungsbehörden		
1890	3735	137	1 562	235	3	7 562	433
1891	4144	202	3 061	276	4	7 687	430
1892	4608	225	4 050	321	9	9 213	387
1893	4748	277	6 568	302	5	11 900	373
1894	5372	290	7 762	375	13	13 812	435
1895	5466	304	9 045	400	17	15 232	479
1896	5890	380	10 815	445	29	17 595	515
1897	6652	387	12 346	455	31	19 871	592
1898	6959	412	13 601	537	36	21 545	570
1899	7242	439	13 903	502	34	21 120	702
1900	7832	362	14 920	555	32	23 701	661
1901	8483	388	14 847	611	37	24 366	667
1902	8787	422	16 370	620	35	26 234	728
1903	—	—	—	—	—	26 795	—

*) In einem „Betriebsunfalle und Presse" überschriebenen Artikel heißt es in der Zeit- schrift des Vereines Deutscher Eisenbahnverwaltungen 1905, S. 1041 treffend: „Das Maß von Sachunkunde und Verblendung, das aus Anlaß namentlich des Spremberger Unglücks in den Tageszeitungen, auch in sonst maßvollen Blättern, geleistet worden ist, setzt den sachver- ständigen Beobachter in Erstaunen und bietet ein höchst betrübendes Bild von dem Mangel an ruhiger Urteilskraft."

**) Zeitschr. d. V. d. Ing. 1905, S. 114.

Graphische Darstellung der Tabelle I.

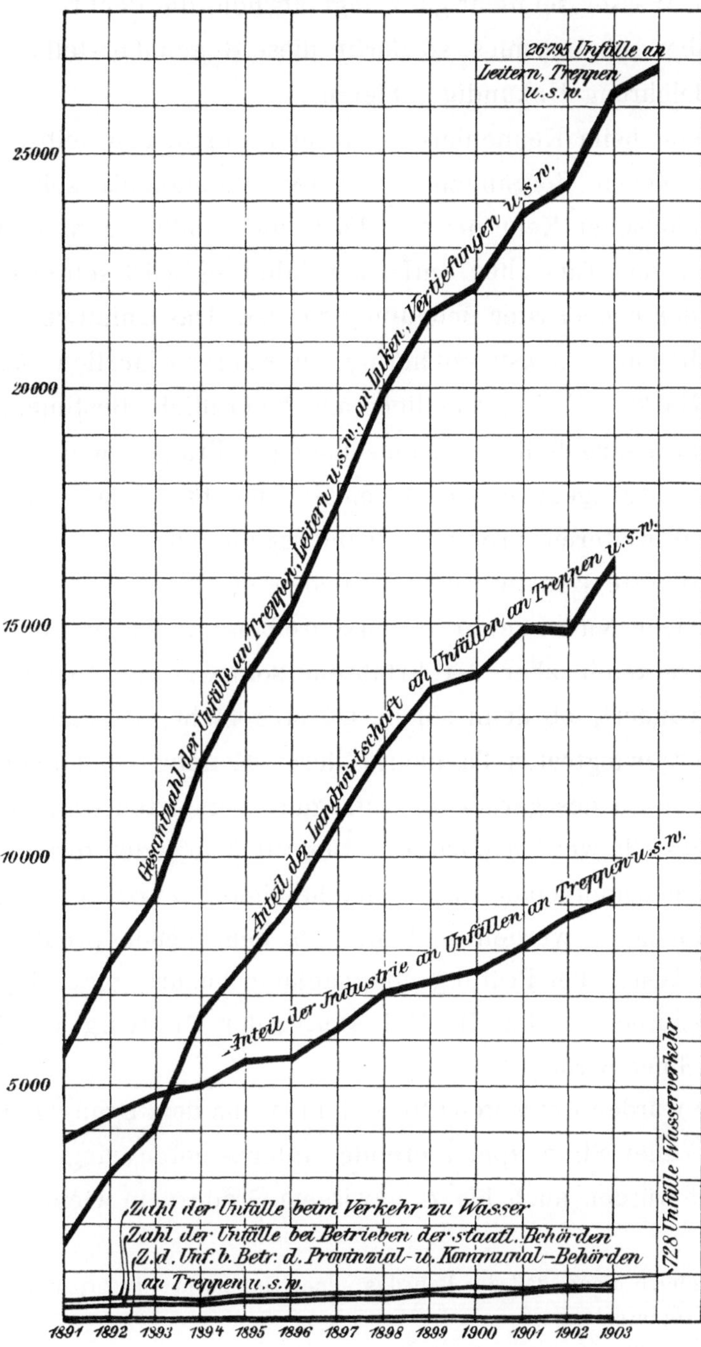

Fig. 1.

Statistik zu etwas allgemeinerer Kenntnis brachte. Um diese Statistik hier noch anschaulicher zu machen, habe ich sie durch Hinzufügung der Unfälle, die von derselben Behörde zu gleichen Zeiten bei der Schiffahrt und dem Verkehr zu Wasser gezählt wurden, ergänzt. Da allgemein angenommen wird, der Verkehr zu Wasser sei nicht ganz ungefährlich, die Benützung von Leitern und Treppen aber sehr harmlos, so dürfte diese Gegenüberstellung wertvolles Material zur Belehrung Unkundiger bieten.

Es erscheint beim Kennenlernen dieser Statistik fast selbstverständlich, daß sich bei solchen Vorgängen, zu deren Verständnis schon eine Spur speziellerer technischer Kenntnisse gehört, die landläufigen Ansichten noch weit mehr von den Tatsachen entfernen; aber es wird selten bedacht, von wie weitgehender und ernster Bedeutung das ist. Das Unfallwesen verursacht nach den Angaben des Reichsversicherungsamts zurzeit jährliche Ausgaben von etwa 150 Mill. Mark*). Viele gesetzliche und behördliche Bestimmungen regeln dabei schon eine ganze Reihe von einschlägigen Fragen; aber gegenüber den Riesensummen, die ausgegeben werden müssen, macht sich, was zu verstehen ist, ein Streben nach weiteren, prohibitiven Maßregeln geltend. Das kommt darauf hinaus, daß formale Bestimmungen neben die Bedingungen treten sollen, die unabänderliche Naturgesetze vorschreiben. Beim Durchdenken dieser Bestimmungen erkennt aber der Erfahrene sofort gewaltige Schwierigkeiten und fragt verwundert, ob denn solche Gesetze nicht nur nach Vorbereitung durch die allergewiegtesten Fachleute, deren Kenntnis und Erkenntnis über die engeren Grenzen des gerade in Aufregung versetzten Gemeinwesens hinausgehen, aufgestellt werden dürften? Denn daß in jeder formalen Regelung technischer Arbeitsmethoden eine Benachteiligung einzelner Gruppen liegt, kann nicht geleugnet werden und wird in dem neuen preußischen Gesetz betreffend die Kosten bei Prüfung überwachungsbedürftiger Anlagen dadurch geradezu ausgesprochen, daß die Erlassung der Prüfung als Vergünstigung**) bezeichnet wird.

Fachleute würden wenigstens Mittel finden, um dem Drängen geschreckter Laien und in aller Stille spekulierender Interessenten siegreich zu widerstehen, und sie würden auch bis zu gewissem Grade dem wichtigen Umstande

---

*) Zum Vergleich diene, daß der Bau des neuen Hafens in Antwerpen auf 140 000 000 Fr. = 112 Mill. Mark veranschlagt ist.

**) Es heißt wörtlich in § 3: „Mitglieder von Vereinen zur Überwachung der in § 1 bezeichneten Anlagen, die den Nachweis führen, daß sie die Prüfung mindestens in dem behördlich vorgeschriebenen Umfange durch anerkannte Sachverständige sorgfältig ausführen lassen, können durch den Minister für Handel und Gewerbe von den amtlichen Prüfungen ihrer Anlagen widerruflich befreit werden. Die gleiche Vergünstigung kann einzelnen Besitzern derartiger Anlagen für deren Umfang gewährt werden, auch wenn sie einem Überwachungsverein nicht angehören."

Rechnung zu tragen wissen, daß in der Unfallverhütung nichts eine so ausschlaggebende Bedeutung hat, als die planmäßige Entwickelung der technischen Intelligenz des Publikums. Schwer muß es freilich auch für sie sein, für die Zeit der späteren Ausführung des Gesetzes gegenüber dem dann einmal bestehenden formalen Rechte aus dem Konflikt der bei ihrer grundsätzlichen Bedeutung notwendig langsamen Entscheidungen der Behörden und der unter dem Zwange der Naturgesetze, der Wirtschaftlichkeit und des Wettbewerbs noch notwendiger schnellen Entscheidungen des Ingenieurs im technischen Frontdienst den Ausweg zu finden und einer verhängnisvollen Minderung der Wahrhaftigkeit des Geschäftganges vorzubeugen.

Die Frage gesetzlicher Maßregelung ist neuerdings zur Überraschung der Fachwelt für die Elektrotechnik angeschnitten und mit einer Eile betrieben worden, als handle es sich wirklich um eine öffentliche Gefahr. Man forderte amtliche Revisoren. Auch die Schiffbautechnische Gesellschaft ist dadurch veranlaßt gewesen, der Sache näher zu treten und in aufrichtiger Sorge vor Irrtümern Abwehrmaßregeln zu ergreifen. In der Tat hat ja der Schiffbau sowohl in den Landanlagen der Werften als auch an Bord so viel und in so schnell steigendem Maße mit den immer mehr als vorteilhaft und teilweis als unentbehrlich erkannten elektrischen Betriebsweisen zu tun, daß hier für ihn ein sehr großes Interesse in Frage kommt. Die Schiffbautechnische Gesellschaft ist in dem Streit gegen die Kleinmütigen Schulter an Schulter mit den bedeutendsten anderen technischen Gesellschaften Deutschlands vorgegangen, und doch ist leider der Mahnruf dieser vielen, die es gewiß mit der öffentlichen Sicherheit im Vaterlande mindestens ebenso ehrlich meinen, wie ihre Gegner, noch nicht stark genug gewesen, wohl mit deshalb, weil eine ausführliche Besprechung der eigentlichen Tatsachen mit gleichzeitigen technischen Erklärungen in den bisherigen Verhandlungen nicht durchzuführen war. Daher glaube ich, daß eine solche hier, wo dank der Liebenswürdigkeit unserer Wirte von der Charlottenburger Technischen Hochschule und auch vieler Herren der Praxis Hilfsmittel zur unmittelbaren Demonstration verfügbar sind, nicht ganz nutzlos und unwillkommen sein wird.

Um von vornherein klar zum Ausdruck zu bringen, worum es sich handelt, will ich die Gegensätze der Parteien in zwei Thesen zusammenfassen und dann prüfen, welche als die richtigere erscheint.

Die erste These lautet mit den eigenen Worten ihrer Vertreter: „Daß aber erhebliche Gefahren aus der Elektrizität entstehen, wird doch niemand leugnen können, der sich die zahlreichen Todesfälle zusammenstellt, die alljährlich durch elektrische Anlagen verursacht werden . . . ; wie man leugnen will, daß die Notwendigkeit einer Beaufsichtigung für die elektrischen Anlagen bestände, das begreife ich nicht."*)

Die zweite These, die ich selbst in Übereinstimmung mit allen mir persönlich bekannten Fachleuten der ersten gegenüberstelle, heißt: „Ich habe bei mehr als fünfzehnjähriger Erfahrung in der praktischen und wissenschaftlichen Elektrotechnik nach reiflicher Prüfung aller Einzelheiten keinen sachlichen Grund finden können, der die Behauptung des Vorhandenseins einer gegenüber anderen alltäglichen Einrichtungen besonderen Gefährlichkeit elektrischer Anlagen rechtfertigen könnte; ich halte deshalb die Überwachung elektrischer Anlagen durch eigens dazu bestellte, den Betrieben nicht angehörende und für sie nicht verantwortliche Beamte für unbegründet und nachteilig."

Ich weiß, daß auch in diesem Kreise mancher die These, die ich als die meinige bezeichne, für kühn halten wird, aber ich hoffe genügende Beweise für ihre Richtigkeit erbringen zu können. Damit dabei von vornherein der Einwand abgeschnitten wird, der mir als technischem Lehrer von mit der heutigen Organisation der technischen Hochschulen weniger Vertrauten gemacht werden könnte, ich behandelte die Sache rein theoretisch und akademisch, so will ich, um vor allem den Befähigungsnachweis für mich zu erbringen (wie vor kurzem einer meiner Charlottenburger Kollegen geistvoll sagte), mit der Erörterung eines Unfalles beginnen, dessen Zeuge ich vor etwa 7 Jahren gewesen bin und bei dem ein damals ganz jung von der Hochschule gekommener Ingenieur sein Leben verloren hat. Es geschah das im „Versuchsfeld" und zwar während der Nachtschicht. Die Anordnung des Versuches, um den es sich handelte, ist in Fig. 2 wiedergegeben. Ein sogenannter Wechselstromsynchronmotor, eine Maschine, die nur selten für praktische Zwecke benutzt wird, stand zur Prüfung bereit. Wie aus der Figur ersichtlich ist, kamen zwei Stromkreise in Betracht, von denen der eine mit einer Gleichstromquelle, der andere mit einer Wechselstromquelle zu verbinden war Die Drähte des Gleichstromkreises lagen über die Maschine weg und waren nicht mehr ganz neu, und die Umspinnung war, wie das in Laboratorien vorkommt, etwas lädiert. Der Teil des Motors, der vom Wechsel-

*) Verhandl. des Hauses der Abgeordneten, 20. Legisl. I. Session 1904. S. 6883.

strom durchflossen werden sollte, hatte wenig, der andere verhältnismäßig viele Windungen. Wenn nun zwei Wickelungen sich gegenüber stehen und in der einen Wechselstrom fließt, so werden in dem zweiten System auch Wechselströme hervorgerufen. Ich kann das mit Hilfe des Apparates Fig. 3

Wechselstromsynchronmotor als Unfallursache im Laboratorium.

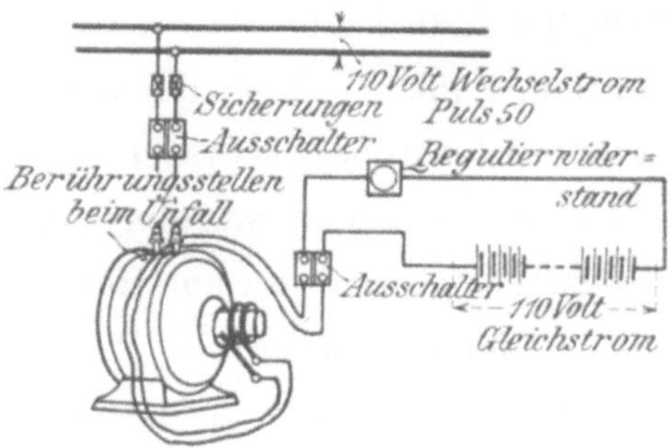

Fig. 2.

leicht zeigen. Wird da in die Spule I Wechselstrom geschickt, so zeigt das Instrument, das mit der Spule II verbunden wird, an, daß in ihr auch Strom fließt. Die Spannung in der einen Spule verhält sich zu der Spannung in der anderen unter gewöhnlichen Verhältnissen nahezu wie die Windungs- zahlen. Auf dieser Erscheinung beruht bekanntlich das Prinzip der Trans-

Spulenapparat zur Demonstration der Transformatorwirkung.
(Ausführung vom Grissonwerk, Heidenau b. Dresden.)

Fig. 3.

formatoren, die wir in Wechselstrom- und Drehstromanlagen verwenden, um von den hohen Spannungen der Fernleitungen auf die niedrigen Gebrauchs- spannungen der Lampen und kleineren Motoren überzugehen. Wenn also — ich greife jetzt auf den Motor zurück — in der Motorwickelung mit wenig Windungen Strom von niedriger Spannung fließt, so ist, so lange wenigstens die Gleichstromwickelung noch nicht mit ihrer Stromquelle verbunden ist, in ihr infolge der hohen Windungszahl, durch die Transformatorwirkung hohe Spannung zu erwarten. Und hohe Spannung trat denn auch auf. Der Wechselstromteil wurde nämlich aus einem besonderen Grunde, der hier nichts zur Sache tut, zuerst eingeschaltet, und nun zeigten sich unter dem Einfluß der im Gleichstromteil induzierten Spannung da, wo die Drähte über die Maschine hinweg führten, Funken. Mein damaliger Kollege wollte durch Unterlegen eines Lappens die Isolation verbessern, überhörte den Warnungsruf eines Älteren, griff, ehe es verhindert werden konnte, zu und stürzte sogleich mit dem charakteristischen Schrei der von Hochspannung Getroffener zu Boden. Dabei fiel er so unglücklich, daß er im Fallen einen zweiten elektrischen Schlag und zwar in den Kopf bekam. Diesem Ereignis folgten natürlich sehr erregte Szenen, die ich hier nicht im einzelnen schildern will. Ich selbst fuhr per Rad sogleich zur Unfallstation, von wo ich mit einem Arzt zurückkehrte. Unsere bis zum Morgen fortgesetzten Wiederbelebungsversuche blieben leider erfolglos.

Scheidet man nun einmal alles nicht rein Sachliche aus, so hat man festzustellen: 1. Es handelt sich um einen Unfall im Laboratorium, also nicht im öffentlichen Betriebe; 2. der Verunglückte hat einen groben Fehler gemacht indem er die Hochspannung führenden Drähte angefaßt hat; 3. weder Gesetze noch Revisionsbeamte hätten den Unfall verhindern können, so wenig, wie sie hindern können, das jemand, der ein Streichholz unvorsichtig hält, seine Kleidung in Brand setzt und elend zu Schaden kommt.

An derselben Stelle ist einige Jahre früher ein anderer Unfall vorgekommen, den ich zwar nicht mitangesehen habe, den ich aber seines ganz anderen Ausgangs wegen erwähnen will. Es wurde ein größerer Transformator für sehr hohe Spannung probiert. Rings war Alles mit Latten abgesperrt und der Zutritt zum Versuchsapparat streng untersagt. Plötzlich ließ sich ein Knistern hören. Der diensttuende Monteur entfernte darauf eine Latte, ging an den Transformator heran und näherte sein Ohr horchend so weit, daß ein Funke nach seinem Kopfe übersprang. Der Mann verlor die Besinnung, kam aber unter den Wiederbelebungsversuchen wieder zu sich und war nach einigen Tagen ganz gesund. Der einzige Schaden, den er hatte, war der, daß er von vielen Ärzten als besonders interessantes Versuchsobjekt untersucht wurde und dadurch ein etwas zu großes Selbstbewußtsein bekam!

Abgesehen von den besonderen Kennzeichen dieser Spezialfälle bleibt allgemein die wichtige Tatsache, daß Hochspannung eine tödliche Verletzung verursachen kann, eine Eigenschaft, die sie mit allen Werkzeugen, kochendem Wasser, ätzenden Flüssigkeiten usw. gemein hat. Wie bei jenen, so besteht aber bei ihr für das Zustandekommen einer Verletzung die maßgebende Voraussetzung, daß Berührung stattfindet, und dadurch ist ein wichtiger Anhaltspunkt zur Bestimmung des Gefährlichkeitsgrades gewonnen, den man sogleich als wesentlich geringer erkennt, als den von Gas- oder Dampfleitungen, Benzin- und Petroleumgefäßen usw., bei denen Undichtigkeiten oder Explosionen alle im Wirkungskreis Befindlichen ohne Voraussetzung eines Zutuns von ihrer Seite und im allgemeinen auch ohne Unterschied ihrer gerade vorhandenen Aufstellung bedrohen. Bei solchen Unfällen können daher Menschen und Tiere gleich massenweise zu Schaden kommen, während bei Hochspannungsschlägen in der Regel nur die Schädigung eines einzelnen zu erwarten ist und auch erfahrungsgemäß nur eintritt. Die Behauptung der besonderen Gefährlichkeit elektrischer Anlagen ist in diesem Zusammenhange also umzukehren in eine Behauptung besonderer Sicherheit oder Ungefährlichkeit! Mit den Worten der Gegner möchte ich sagen, wie man das übersehen konnte, begreife ich nicht!

Weiter ist wichtig, was freilich nicht mehr aus den beschriebenen Unfällen hervorgeht, daß Hochspannungsschläge durchaus nicht i m m e r tödlich wirken. Bekanntlich haben die Amerikaner trotz sorgfältiger Vorbereitung der absichtlich herbeigeführten Hochspannungsschläge bei den elektrischen Hinrichtungen große Mißerfolge gehabt. Auf jeder Schule wird die Geschichte vom Physiklehrer erzählt, der die Elektrisiermaschine durchnimmt und dabei ausführt, die Maschine wirke so kräftig, daß ihr höchstens ein Ochse tot widerstehen könne, und dann selbst anfaßt und für einen Augenblick, aber trotz seiner vorhergehenden Erklärung, doch nicht dauernd das Bewußtsein verliert.

Geheimrat Slaby hat in einer Rede vor dem Herrenhause erzählt, wie sein Laboratoriumsdiener stürmische Heiterkeit des Auditoriums hervorgerufen habe, als er kurz nach der Erklärung des Geheimrates, daß ein bestimmter Stromkreis lebensgefährlich sei, diesen ganz gemütlich anfaßte.*) Er hat an derselben Stelle mitgeteilt, daß er persönlich einmal einen Schlag von 30 000 Volt erhalten habe, ohne irgend wie dadurch geschädigt worden zu sein. Ich kann aus meiner Erfahrung mitteilen, daß ich einen Hochspannungsschlag, allerdings nur von 3500 Volt, aber aus einer ziemlich

---

*) Herrenhaus, Protokoll der 28. Sitzung am 1. Dezember 1904, S. 633.

Anordnung der Stromzuführung zu Elektromotoren.

Zweckmäßige Anordnung, weil Klemmen etc. geschützt.
(Die am Fuße sichtbaren Klemmen sind bei der Aufstellung an Bord nicht vorhanden.)

Unzweckmäßige Anordnung, weil Klemmen etc. ungeschützt.
Fig. 4.

großen Maschine (Wechselstrom, Puls 50) ohne Nachteil ausgehalten habe, und ein in dem mir unterstehenden Betriebe beschäftigter Maschinist hat sogar in seiner früheren Tätigkeit als Kabelmonteur das Hochspannungskabelnetz der Dresdener städtischen Elektrizitätswerke unter Spannung (2000 Volt Wechselstrom) mit einer Säge angeschnitten.

Wenn nun alle diese — ich stehe nicht an zu sagen fehlerhaften — Vorkommnisse auch ohne jede nachteiligen Folgen geblieben sind, so werde ich doch natürlich niemand raten, Hochspannungsleitungen anzugreifen, da das ja doch sehr nachteilig verlaufen kann. Ja im Gegenteil, ich suggeriere die Annahme, daß das Anfassen immer tödlich oder schwer schädigend wirken wird, und verlange deshalb als Konstruktionslehrer in Erfüllung der vom Verbande Deutscher Elektrotechniker sich selbst diktierten Sicherheitsvorschriften, daß alle Teile elektrischer Einrichtungen, die Strom führen, auch

Unzureichende Abdeckung von Leitungen in einem Bergwerk.

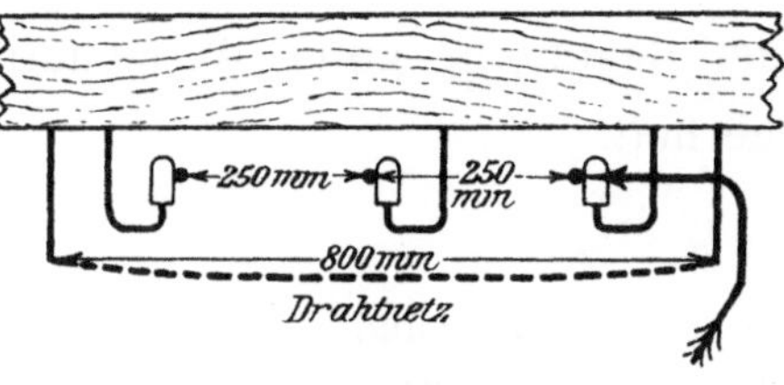

Fig. 5.

bei niedriger Spannung, sofern sie nicht betriebsmäßig blank bleiben müssen, gegen jede zufällige oder in törichtem Übermute versuchte Berührung abgedeckt werden. Das ist für mich ebenso selbstverständlich, wie die Forderung von Wärmeschutz bei Dampfleitungen oder die Erfüllung der Gesetze der Festigkeitslehre bei mechanischen Konstruktionen. Um diese Forderung durchzuführen, versuche ich aber nicht die Anwendung von Zwangsmitteln — damit würde ich mich lächerlich machen —, ich eröffne kein Disziplinarverfahren, wenn ein Studierender einmal, vielleicht in Anlehnung an veraltete Vorbilder, gegen die fachmännische Regel verstößt, sondern ich zeige ihm das Unzweckmäßige seiner Konstruktion und erreiche, sofern er mich verstanden hat, mit absoluter Sicherheit, daß er den Fehler nicht wieder macht.

Eine Abdeckung, wie sie Fig. 5 zeigt, würde ich da, wo ein großes und nicht sehr zuverlässiges Personal beschäftigt wird, nicht als ausreichend ansehen. Diese Abdeckung genügte in einem Bergwerk tatsächlich nicht, da ein Arbeiter, um, wie er selbst sagte, einmal zu probieren, ob seine Hand angezogen würde, wenn er sie der Leitung nähern würde, um das Schutzblech in der durch Pfeil angedeuteten Richtung herumgriff. Er kam der Leitung zu nahe, konnte nicht wieder los lassen und rief um Hilfe. Ein zweiter Mann suchte ihn loszureißen und bekam nun seinerseits einen Hochspannungsschlag, der bei ihm tödlich wirkte, während der erste mit dem Schreck davon kam.*)

Veraltete Vorbilder gibt es, obwohl die Elektrotechnik bemüht ist, sie auszurotten, immer noch (vgl. Fig. 3 rechts) und hat es im praktischen Gebrauche zur Zeit geringerer Erkenntnis massenhaft gegeben. Aber sehr bezeichnenderweise verursachten sie nur wenige und geringe Unfälle; sie haben sich als lange nicht so gefährlich erwiesen, wie Treppen, Leitern usw. Meine Forderung erscheint daher als eine lediglich dem gewissenhaften Ingenieurgefühl entsprechende Maßregel, zur Erzielung der in der Technik ebenso aus der natürlichen Sorge um das Gemeinwohl, wie, was ich den Gegnern gegenüber unterstreichen möchte, aus der Beachtung guter Wirtschaftlichkeit gebräuchlichen Vervielfachung der Sicherheit.

---

*) Die Sache hatte ein gerichtliches und schiedsgerichtliches Nachspiel. Dabei erstattete die Königl. technische Deputation für Gewerbe ein Gutachten, in dem gesagt wurde: „Entweder hat nun die angewandte Gummiisolierung dieser Bedingung nicht entsprochen, oder sie ist im Laufe des Betriebes schadhaft geworden. Im letzteren Falle würde bei der nach § 23 der Sicherheitsvorschriften angeordneten jährlichen eingehenden Revision der Mangel erkannt worden sein. Die Vorschriften waren zur Zeit der Erbauung der Anlage noch nicht erlassen, sodaß die ausführende Firma ein Vorwurf nicht treffen kann, doch wird zu erwägen sein, durch welche Maßnahmen in Zukunft Sicherheit dafür geboten werden kann, daß die in den Sicherheitsvorschriften des Verbandes Deutscher Elektrotechniker geforderten Revisionen auch wirklich und sachgemäß ausgeführt werden." (Nach „Zeitschrift für das Berg-, Hütten- und Salinenwesen" 1900, S. 460.) Dies Gutachten läßt erkennen, welche Auslegung der Vorschriften möglich ist, sobald eine Sache in den Akten behandelt wird. Die fragliche Leitung lag auf Porzellan; eine Revision in dem hier geforderten Umfange ist also durch Isolationsmessung nicht möglich und könnte nur durch eine, womöglich mit der Lupe vorzunehmende Besichtigung der Drähte, Zentimeter für Zentimeter ausgeführt werden, wobei im Interesse des Revisionsbeamten der Betrieb eingestellt werden müßte. Wenn nun die Leitung 2000 m lang, die Drahtlänge also 6000 m gewesen wäre, so würde bei 5 Minuten Arbeitszeit pro Meter eine Zeit von 30 000 Minuten oder 500 Stunden für die Revision erforderlich sein! Wenn aber die Schutzverkleidung geschlossen ausgeführt und den Arbeitern durch genügend geschulte Steiger eine erklärende Instruktion erteilt worden wäre, wäre der Unfall sehr wahrscheinlich vermieden worden und besondere Revisionen wären dann überflüssig. Übrigens mußte der Arbeiter, der angefaßt hat, wegen groben Unfugs bestraft werden. — Ich erwähne diesen Fall, weil er für das Weitere von Interesse ist.

Es ist nicht in Abrede zu stellen, daß es einige Fälle gibt, in denen Abdeckung der blanken Kontakte schwierig ist; diese Fälle betreffen gewisse Betriebseinrichtungen und namentlich die oberirdischen Fernleitungen. Die wenigen, in verschlossenen und nur besonders instruiertem Personal zugänglichen Räumen aufgestellten Einrichtungen mit offenen Kontakten bedeuten aber zunächst unter keinen Umständen eine öffentliche Gefahr. Für die Berufsangehörigen besteht ihnen gegenüber der beste Schutz im Selbsterhaltungstrieb und dessen Wachhaltung. Man muß daher als Betriebsleitender gegen jede Abstumpfung arbeiten und arbeiten können; und Revisionen durch Fremde bewirken eine solche zum mindesten bei den höheren Stellen.*) Dieser Schutz dürfte dann aber bei genügender Instruktion als völlig ausreichend anzusehen sein, viel ausreichender als die Maßregel, die man anderweitig als genügenden Schutz betrachtet, nämlich daß man vor nicht zu vermutenden Treppen eine Warnungstafel anbringt:

„Achtung Stufe!“

Trotzdem arbeitet man unablässig und mit Erfolg daran, und zwar, was ich wiederhole, aus eigenem Interesse und ohne Antrieb durch Fremde, auch diese Gefahrenquellen mehr und mehr auszumerzen. Ein Beispiel einer solchen Bestrebung zeigt Fig. 6, die einen Teil der Schalttafel des Elektrizitätswerkes der Dresdener Technischen Hochschule darstellt.**)

Bei den Freileitungen hat man freilich die Sorge, daß, wenn sie auch so hoch gespannt werden, daß normale Menschen selbst mit ausgestreckten Stöcken nicht gut an sie heranreichen können, so doch Wagen, Reiter mit Lanzen, Leute, die zufällig Stangen tragen und aufrichten, usw. mit solchen Leitungen in Berührung kommen könnten. (Der Nachweis auch nur eines solchen Falles fehlt mir allerdings.) Und das könnte eigentlich doch auch nur an Wegkreuzungen geschehen; dort werden aber die Beamten, denen ganz allgemein der Wegebau obliegt, von sich aus Vorsichtsmaßregeln fordern und haben es bisher immer getan. Daß ein besonderer, wildfremder Revisionsingenieur kommt, der allenfalls nachsehen kann, ob sich etwa jemand die Schutzvorrichtungen zu anderen Zwecken abgenommen hat, ist gänzlich unnötig. Dagegen ist es von großer Bedeutung, daß alle Schutzvorrichtungen

---

*) Mir sagte jemand: „Wenn revidiert wird, kann ich ruhiger schlafen!“

**) Weitere Einzelheiten sind veröffentlicht in „Elektr. Bahnen und Betriebe“ 1905, Heft 15. R. Oldenbourgs Verlag, München.

von den verantwortlichen Ingenieuren des betreffenden Betriebes und nicht
von Fremden gebaut werden, die die örtlichen Verhältnisse nur oberflächlich
beurteilen können, und dass genügende Freiheiten bleiben, um notwendig
werdende Änderungen sofort ausführen zu können. Hierfür ein Beispiel aus

**Anordnung der Verteilungstafel im Elektrizitätswerk der K. S. Technischen
Hochschule zu Dresden.**

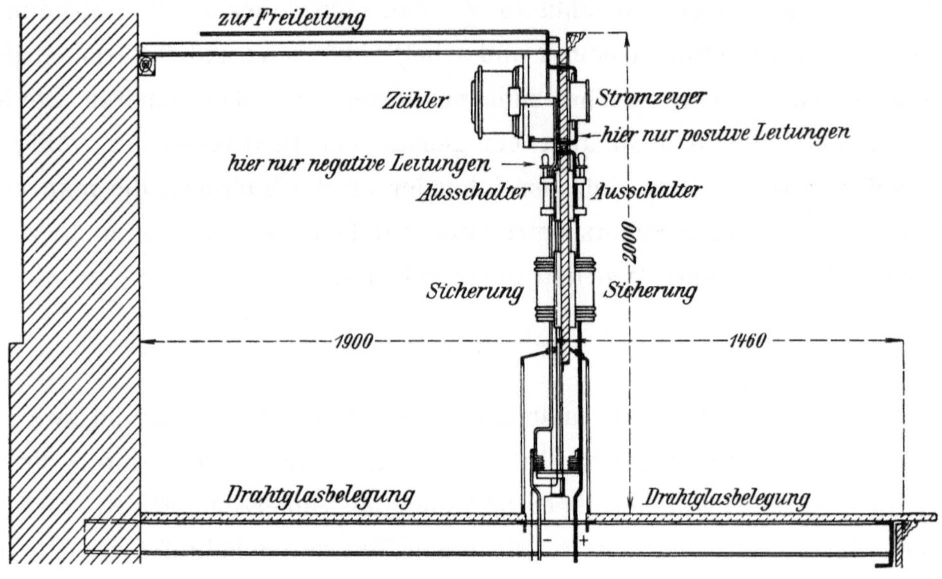

Fig. 6.

Die Anordnung gestattet das Arbeiten an den Schalteinrichtungen ohne Betriebsunterbrechung. Die Trennung der Pole beseitigt die Möglichkeit von Kurzschlüssen; die Draht-
glasbelegung des Bedienungsganges isoliert die vor der Schalttafel stehende Personen, so
daß sie beim Berühren der stromführenden Teile trotz der Spannung von 440 Volt nicht
das Geringste fühlen. (Entwurf vom Verfasser. Ausführung durch die Siemens-Schuckert-
Werke unter Aufsicht von Regierungsbaumeister Hofmeister.)

der Erfahrung: Es sind eine Zeit lang in einzelnen Gegenden kastenförmige
Schutznetze, Fig. 7 und 8, zwangsweise verlangt worden. Diese Einrichtungen
fanden anfangs zwar die Zustimmung der Fachleute, waren aber doch unzweckmäßig, weil sie das Gestänge mit einer großen zusätzlichen Last beanspruchten, dem Winddruck und der Schneelast bedeutende Angriffsflächen
boten und schließlich durch Bruch Veranlassung zu Unfällen gaben.*) Man
mußte, wie oft, erst seine Erfahrungen machen. Wären diese Netze „gesetz-
lich“ vorgeschrieben worden, so hätte es große Mühe und viel Zeit gekostet,
etwas Besseres einzuführen. Das Beispiel ist zu beachten und bildet ein ver-

---

*) Vergl. Elektrotechn. Zeitschr. 1905, S. 154.

lockendes Thema für gelegentliche anderweitige Betrachtungen darüber, daß vermeintliche Schutzvorrichtungen zur Unfallursache werden können.

Ein Revisionsbeamter, der derartige Vorrichtungen gegen den Willen der Betriebe durchgesetzt hätte, müßte kein Mensch sein, wenn er in solchen

Unzweckmäßiges sogenanntes Schutznetz für Hochspannungsleitungen.

Fig. 7.

Fällen sich nicht selbst vorredete, er hätte recht, und anderen gegenüber in Abrede zu stellen suchte, daß er den eigentlichen schuldigen Teil darstellt. Wer aber hat dann die so drückende Beweislast?

Geht man mit den Leitungen in großer Höhe über die Straße weg, wie das üblich ist, so ist die Gefahr wirksamer beseitigt, als durch Schutznetze. Aber es bleibt die Möglichkeit des Drahtbruches. Auch hier ist indessen das Nötige vorgesehen. Wir sind gegenwärtig so weit, daß bei Drahtbruch in einfachster Weise mit Sicherheit erreicht werden kann, daß der zu Boden fallende Draht sich entweder sogleich von der Leitung löst oder sich doch stromlos macht. Das ist für den Betriebsleiter sehr beruhigend, für den ja doch nichts

Unzweckmäßiges, sogenanntes Schutznetz für Hochspannungs-Fernleitungen.

Fig. 8.

unangenehmer ist, als Betriebsunterbrechung durch einen Unfall, zumal sie große Kosten verursacht. Er also ist der Interessent an der Sicherheit. Die Figuren 9 und 10 zeigen entsprechende Einrichtungen und sind durch den dazugesetzten Text sofort verständlich. Die Einrichtung Fig. 9 wurde bei den Schnellbahnversuchen zwischen Marienfelde und Zossen benützt und einmal unfreiwillig erprobt. Als nämlich bei einem Fahrversuch ein Draht zerrissen wurde, traf er, ehe sein Ende die Erde berührte, einen an der Strecke aufgestellten Soldaten, dem er die Hosen aufschlitzte. Außer den Hosen hatte der Mann aber keinen Schaden zu beklagen, obwohl der Draht vor dem Bruch unter mehr als 10 000 Volt Spannung gestanden hatte!*)

Fangvorrichtung (System F r i s c h m u t h) für Schutz bei Drahtbruch.

Fig. 9.

An den die Drähte haltenden Klemmösen sitzen Schlingen, die sich bei Drahtbruch gegen einen vertikal ausgespannten geerdeten Draht legen. Ausgeführt von Siemens & Halske bei der Schnellbahnversuchsstrecke Marienfelde-Zossen.

Die angeführten Beispiele mögen zur Charakteristik der Hochspannungsanlagen genügen, wenigstens, soweit die Gefahr durch Berührung in Frage kommt. Die Angelegenheit hier im Rahmen eines Vortrages erschöpfend zu behandeln ist nicht gut möglich. Es dürfte ersichtlich sein, daß wirkliche Gefahren nur bestehen für den, der den einfachsten Erscheinungen mit völliger

---

*) Ich verdanke diese Mitteilung meinem Kollegen Herrn Prof. Dr. Ing. W a l t e r R e i c h e l.

Verständnislosigkeit gegenüber steht — die Zahl dieser Leute nimmt täglich ab —, und auch da nur in so geringem Maße, daß ein Vergleich mit anderen Unfallsursachen diese viel bedenklicher erscheinen läßt. Ich habe leider eine Spezialstatistik der Unfälle, die durch Hochspannungsleitungen verursacht wurden, aus amtlichen Quellen nicht gewinnen können. Einige Angaben finden sich immerhin in dem interessanten Ergebnis einer Rundfrage im Anhang; ferner gibt die Tabelle II

Fangvorrichtung (System Wentzke-Dresden) für Schutz bei Drahtbruch.

Fig. 10.

Ein abbrechender Draht fängt sich mit Hilfe der an den oberen Draht gelöteten Bügel und macht Kurzschluss, so dass die Sicherungen ausbrennen oder der Automat ausschaltet.

Tabelle II.

| Jahr | Gesamtzahl der tödlichen Unfälle | Unfälle in Bergwerken*) | | durch Explosionen | durch einbrechende Gebirge |
| | | durch elektrischen Strom | | | |
		tödlich	nicht tödlich	tödlich	tödlich
1899 . . .	859	4	1	26	394
1900 . . .	848	2	5	20	403
1901 . . .	956	2	0	59	431
1902 . . .	818	4	5	10	391

*) Nach der Zeitschrift für Berg-, Hütten- und Salinenwesen.

ein Urteil über die von den Gegnern so gern ins Feld geführten Unfälle in Bergwerken und zwar zugleich auch durch Vergleich mit einigen bezeichnenden, der allgemeinen amtlichen Statistik entnommenen Zahlen über die in Preußen überhaupt im Grubenbetrieb beobachteten, tödlichen Unfälle. Diese Statistik ist deswegen von besonderem Interesse, weil in den Gruben für die Herbeiführung von Unfällen durch Elektrizität infolge der Beengtheit der

Graphische Darstellung des Ergebnisses der Zählung der Unfälle durch Fuhrwerk nach den amtlichen Nachrichten des Reichs-Versicherungs-Amtes.

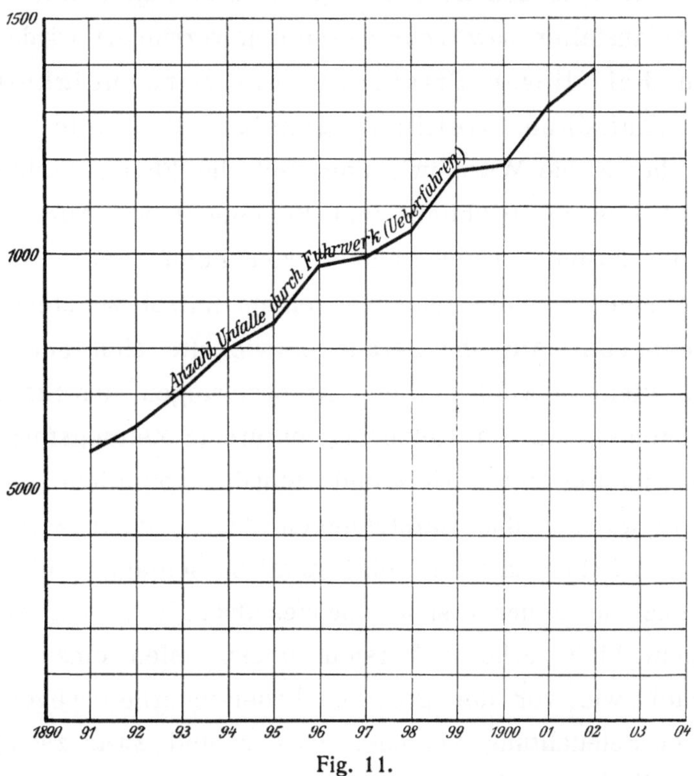

Fig. 11.

Eine Eintragung der Unfälle durch Elektrizität ist hier des Maßstabes wegen untunlich.

Räume und der in Bergwerken unvermeidlichen Feuchtigkeit mehr als anderswo Gelegenheit geboten ist. Die Verhältnisse sind in mancher Richtung vergleichbar mit denen an Bord; ein sehr wesentlicher Unterschied ist aber der, daß man bei den Gruben längst Spannungen bis zu mehreren 1000 Volt zugelassen hat.

Wenn ich nun zwanzig Unfälle durch Elektrizität auf Straßen, Wegen usw. als Maximum für ein Jahr annehmen würde, wobei ich übertreibe, so stünde diesen von anderen Unfällen im Verkehr auf öffentlichen Straßen u. a. die in Fig. 11

dargestellte Zählung gegenüber; dazu würden noch kommen die Unfälle beim Reiten, beim Auf- und Abladen von Wagen und beim Durchfahren von versehentlich — und zwar von öffentlichen Beamten — offengelassenen Eisenbahnschranken während der Vorüberfahrt von Zügen usw.

Man hat eine zweite Gefahrenquelle der elektrischen Anlagen in ihrer sogenannten Feuergefährlichkeit finden zu müssen geglaubt. Die öffentliche Meinung hat diesen Irrtum ruhig mitgemacht, obwohl sie sich unmittelbar vor seinem Aufkommen an dem Gedanken begeistert hatte, daß durch die Einführung der elektrischen Beleuchtung die Feuersgefahr in Theatern, Gefängnissen, Irrenanstalten usw. sehr wesentlich verringert wird. Selten hat sich so, wie bei dieser Erfahrung, die Notwendigkeit stärkerer Pflege der technischen Intelligenz gezeigt. Man hatte ja doch bei den Beleuchtungsanlagen die Wärmewirkung und die Flammenbildung im elektrischen Stromkreise im Glühlicht und Bogenlicht vor Augen und glaubte trotzdem an die absolute Unmöglichkeit von Zündungen! Als dann doch Brandfälle vorkamen, meinte man vor einem Rätsel zu stehen und verfiel einer Gedankenpanik. Aus ihr heraus entwickelte sich ein Operieren mit Schlagwörtern, vielfach wohl um den Anforderungen des Stammtisches zu genügen und nach Genuß der Kolportagelektüre in Zeitungsformat. Man las und sprach von imprägniertem Holz und natürlich vor allem vom Kurzschluß, und man folgte gläubig den Darstellungen derer, die inzwischen aus dem Mangel an wahrer Erkenntnis für sich Kapital zu schlagen wußten. In dieser Zeit kamen einzelne Feuerversicherungsgesellschaften dazu, für die Häuser mit elektrischem Licht erhöhte Versicherungsprämien einzuführen, obwohl gleichzeitig nach wie vor der größeren Feuersicherheit wegen die Theater mit elektrischer Beleuchtung versehen wurden und zwar zwangsweise. Es sind da auch allerlei amüsante Sachen vorgekommen. So wird von einem Amtshauptmann aus österreichischer Quelle berichtet, er habe eine Verordnung erlassen, in der er darauf hinwies, daß er erfahren habe, daß sich der Kurzschluß als sehr feuergefährlich erwiesen habe, und sei daher veranlaßt, den Gebrauch des Kurzschlusses ein für allemal zu verbieten. Wiederholt wurde nachgewiesen, daß als Ursache für Brände Kurzschluß angegeben wurde, obwohl in den betreffenden Gebäuden gar keine elektrischen Anlagen existierten!

Kurzschluß ist die unmittelbare Verbindung von Leitern entgegengesetzter Polarität durch einen Körper, der nur mit geringem elektrischen Widerstande behaftet und zurzeit nicht Sitz einer gegenelektromotorischen Wirkung ist. Wenn z. B. (vergl. Schema Fig. 12 und 13) ein Anker eines

Gleichstrom-Nebenschlußmotors bei stillstehendem Motor plötzlich ohne vor-
geschalteten Anlaßwiderstand aufs Netz geschaltet wird, so gibt's einen Kurzschluß, weil der Anker sehr geringen Widerstand hat und, so lange der Motor
still steht, keinerlei gegenelektromotorische Kraft liefert, die die Netz-

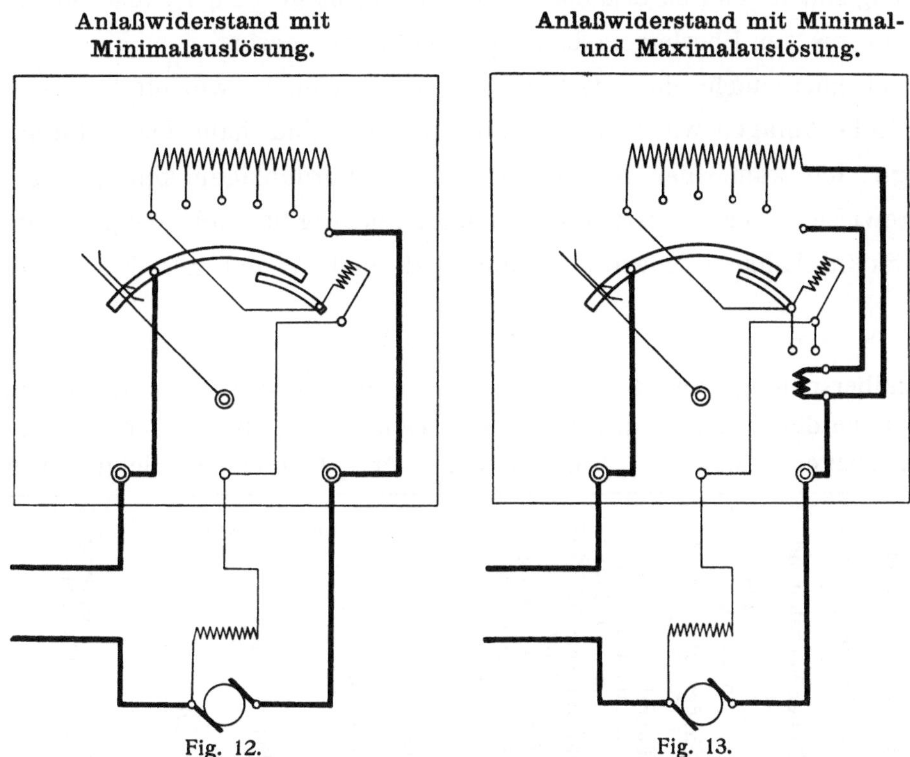

Kurzschluß würde eintreten, wenn bei nach rechts ausgelegten Kurbeln eingeschaltet würde.
Die Kurbeln werden daher so eingerichtet, daß sie im Ruhezustande des Motors durch Feder-
kraft nach links gedrückt werden. Während des Betriebes hält ein Magnet sie in der
äußersten rechten Stellung fest. Wird ausgeschaltet, so fallen die Kurbeln sogleich nach
links. Verkehrtes Anlassen aus Unachtsamkeit ist bei dieser Anordnung ausgeschlossen.

spannung balanzieren könnte. Bei richtiger Anlage ist dieser und jeder
andere wirkliche Kurzschluß aber nicht gefährlich, da die Leitung eine höchst
einfache Einrichtung enthält, um ihn zu parieren.

Sobald der Kurzschluß eintritt, ergießt sich nämlich, gerade als hätte man
bei einer Kammerschleuse ohne vorherigen Wasserspiegelausgleich plötzlich
die Tore geöffnet, eine sehr große Stromstärke in die Leitung, die sofort eine
Erwärmung zur Folge hat. Am Eingang der Leitung befindet sich aber ein Schnell-
schlußventil, entweder in Form eines schnell schmelzenden Sicherungsstreifens
oder in Form eines selbsttätigen Starkstromschalters. Es gibt in Deutsch-

land weder zu Wasser noch zu Lande von Fachleuten eingerichtete Anlagen, die nicht solche Schnellschlußventile enthielten. Diese Starkstromsicherungen zeichnen sich dabei durch eine ganz wesentlich größere Zuverlässigkeit aus, als die Schnellschlußventile der Dampfleitungen der heutigen Bauart. Die Gefahr, daß durch Kurzschluß von Leitungen übermäßige Erwärmung eintritt und so Brandschäden verursacht werden, ist also, soweit sich das rein aus der Überlegung beurteilen läßt, sehr gering.

Um aber auch ein Urteil darüber zu gewinnen, wie oft Brände durch elektrische Anlagen wirklich verursacht worden sind, habe ich vielfach nachgefragt. Ich kann hier feststellen, daß für Bordanlagen kein einziger Fall nachgewiesen worden ist; für Landanlagen ergibt sich einiges aus der Statistik im Anhange, sowie aus Tabelle III und IV und aus Fig. 14 und 15.

Tabelle III.

Gegenüberstellung der Brandschäden, die auf elektrische Vorgänge zurückgeführt werden (Statistik des Verbandes Deutscher Privat-Feuerversicherungs-Gesellschaften) und der Entwickelung der öffentlichen Elektrizitätswerke.

Jahr	Gesamtzahl der Brände	Mutmaßlich hergehörend	Sicher hergehörend	Schaden bis 100 M. in Fällen	Schaden über 100 M. in Fällen	Zahl der durch Fahrlässigkeit und Unkenntnis verursachten Fälle	Zahl der zweifelhaften Fälle	Zahl der Fälle, in denen vielleicht Revision geholfen hätte	Zahl der deutschen öffentlichen Elektrizitätswerke *)	Anschlußwerte			Anschlüsse im Äquivalent an Glühlampen	Brände pro äqu. Lampe
										Glühlampen 50 Watt	Bogenlampen 10 A.	Motoren P. S.		
1899	143	?	?	93	50	49	13	17	489	1 940 744	41 172	68 628	3 587 235	0,0000 41
1900	270	70	200	164	106	74	34	27	652	2 623 893	50 070	106 368	5 039 217	0,0000 53
1901	265	67	198	180	85	48	18	38	768	3 403 205	64 278	141 414	6 591 437	0,0000 40
1902	238	61	177	142	96	41	9	15	870	4 200 203	84 891	192 059	8 506 175	0,0000 28
1903	246	67	178	168	78	61	13	9	939	5 050 584	93 415	218 953	9 925 888	0,0000 25

Sieht man die Statistik im Anhang genauer an, so ist auffallend die relativ große Zahl von Zündungen durch Glühlampen, die leicht entflammbaren Stoffen lange Zeit zu nahe gebracht worden sind. Hierbei ist es recht lehrreich in der Zusammenstellung die Größe des Entschädigungsobjektes zu beachten. Ein Behängen von Glühlampen in so ungeschickter Weise, daß dadurch Brand entsteht, ist nichts anderes als ungeschicktes Umgehen mit Streichhölzern, bloß

---

*) Nach der Statistik der Elektrotechnischen Zeitschrift; zu beachten ist, daß die Einzelanlagen Privater nicht berücksichtigt sind.

daß letzteres, wie die Tabelle zeigt, viel häufiger vorkommt und zu Schaden führt, als die mißbräuchliche Handhabung der Glühlampen. Viele Fälle von Brandschäden werden durch Funkenbildung erklärt, d. h. im allgemeinen

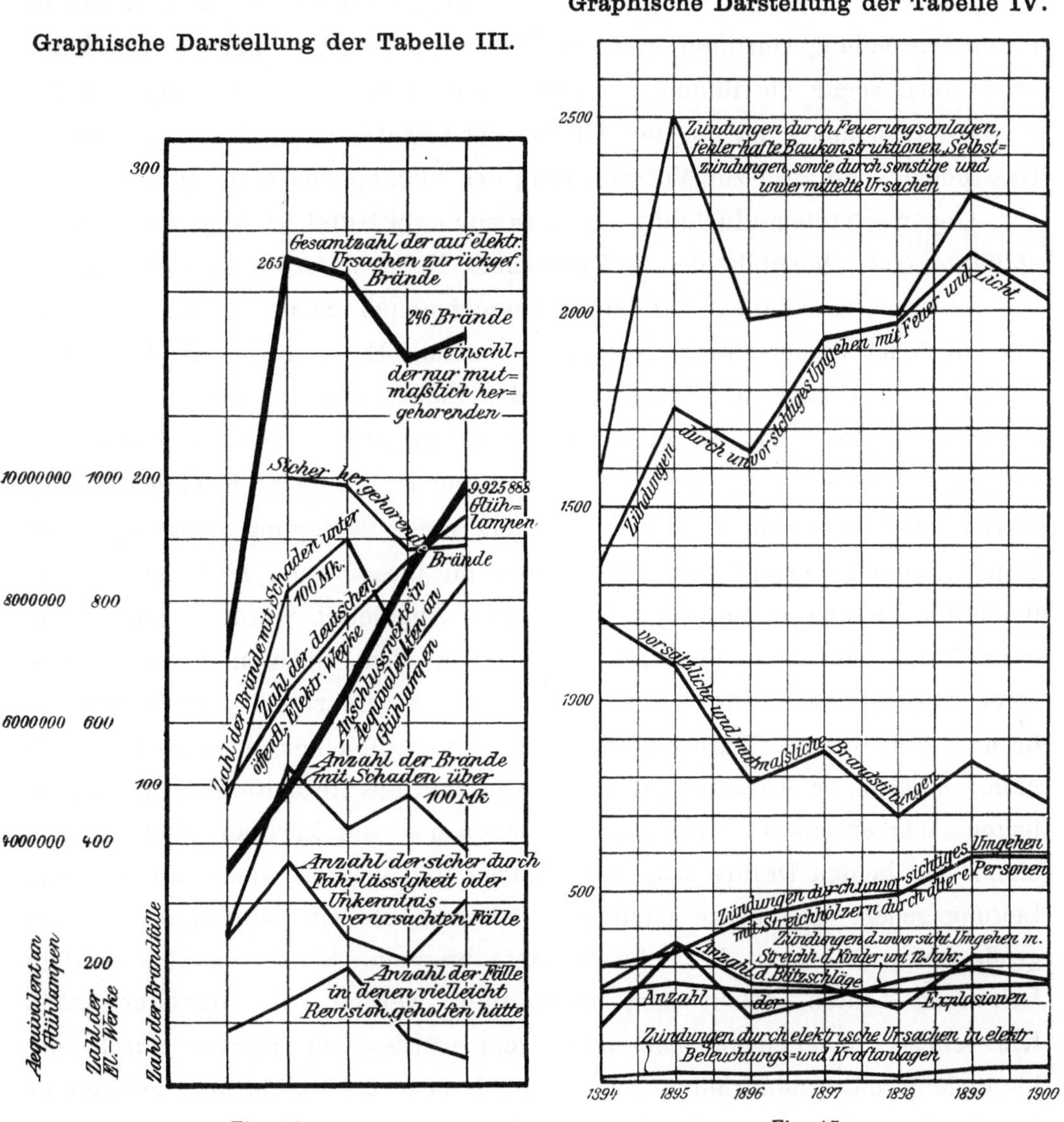

Fig. 14.   Fig. 15.

durch eine Lichtbogenbildung, wie man sie in der Bogenlampe absichtlich herbeiführt. Damit kommen wir zu dem ernstesten Teile der Gefährlichkeitsfrage.

Daß Flammen zünden, wo sie mit brennbarem Materiale in Berührung kommen, ist selbstverständlich. Daß heller Lichtschein blendet und Augenentzündungen hervorrufen kann, ist bekannt. Erschwerend für die elektrischen Anlagen ist, daß der Lichtbogen besonders hell und heiß ist und deswegen auch schwer entflammbare Stoffe leicht zündet. Er zerstört ferner die meisten Stoffe, die er nicht zünden kann, durch sehr schnelle Schmelzung.

Es ist ein etwas verfehltes Begehren, gegen elektrische Zündung Schutz durch Anwendung von imprägnierten Hölzern zu suchen. Imprägnierte Hölzer erleichtern sogar die Bildung von Flammen, weil sie bei der Imprägnation Stoffe aufgenommen haben, die sich bei der Erwärmung. verflüchtigen und in Gas- oder Dampfform zur Vergrößerung des Lichtbogens beitragen.

Gegen schädliche Lichtbögen gibt es nur zwei Mittel, richtige und gute Installation und — horribile dictu — Kurzschluß. Nehmen wir den letzteren zuerst.

Lichtbögen können bei sehr verschiedenen Spannungen und sehr verschiedenen Stromstärken zustande kommen. Es kann deshalb für irgend einen Leitungsstrang die Stromstärke des Lichtbogens so gering sein, daß die Sicherung an deren Eingang noch nicht ausbrennt. Soll der Lichtbogen nützlich verwandt werden, z. B. in einer Bogenlampe oder in einem Scheinwerfer oder in einem Lötkolben, so muß diese Bedingung sogar selbstverständlicherweise erfüllt sein. Nun kann an irgend einer Stelle einer nicht umhüllten Leitung dadurch ein Lichtbogen eingeleitet werden, daß jemand ganz kurze Zeit eine Verbindung zwischen den Drähten herstellt, und sofort die gebildete Brücke ein kleines Stück zurückzieht. Der Lichtbogen brennt dann weiter. Wäre dagegen die Leitung mit einer metallenen Schutzhülle umgeben, so würde abgesehen davon, daß die Herbeiführung des Lichtbogens sehr erschwert wäre, der Lichtbogen nur sehr kurz ausfallen und von einem der beiden Drähte zum Metallschutz und von da wieder zur anderen Leitung gehen. Der kurze Lichtbogen führt in solchem Falle eine genügend große Stromstärke, um die Sicherung auszubrennen. Solche metallgeschützte Leitungen sollten daher dort angewandt werden, wo unvollkommene Kurzschlüsse möglich und bedenklich sein würden; sie können durch Umklöppelung mit Stahldrähten mit eventuell über die Stahldrähte gebrachter Garnbeklöppelung oder nach Fig. 16 als Kabel mit Metallhülle oder nach Fig. 17 durch Verlegung in Panzerrohr hergestellt werden. Da sie dabei gleichzeitig sehr an mechanischer Haltbarkeit gewinnen, so sind diese Ausführungsarten ja an Bord, wo alles auf starke Beanspruchung und rohe Behandlung zugeschnitten werden muß, sehr beliebt. In der Tat hält das Material außerordentlich viel aus, wie die Darstellung der Versuche in den Figuren 18 zeigt.

Metallpanzerung eines Kabels

(Ausführung der Siemens-Schuckert-Werke).

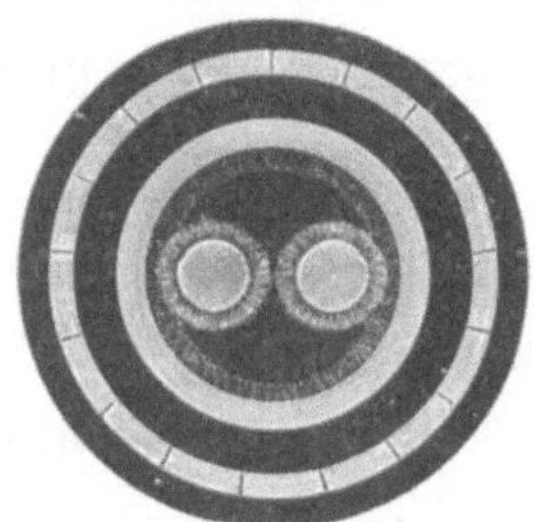

Fig. 16.

Metallrohrschutz von Leitungen

(Ausführung der Bergmann-Elektrizitätswerke.)

Fig. 17.

**Maschinisten des Elektrizitätswerkes der Technischen Hochschule Dresden
prüfen die Betriebssicherheit von Leitungen**

mit Stahldrahtbeklöppelung   in Bergmann-Panzerrohr

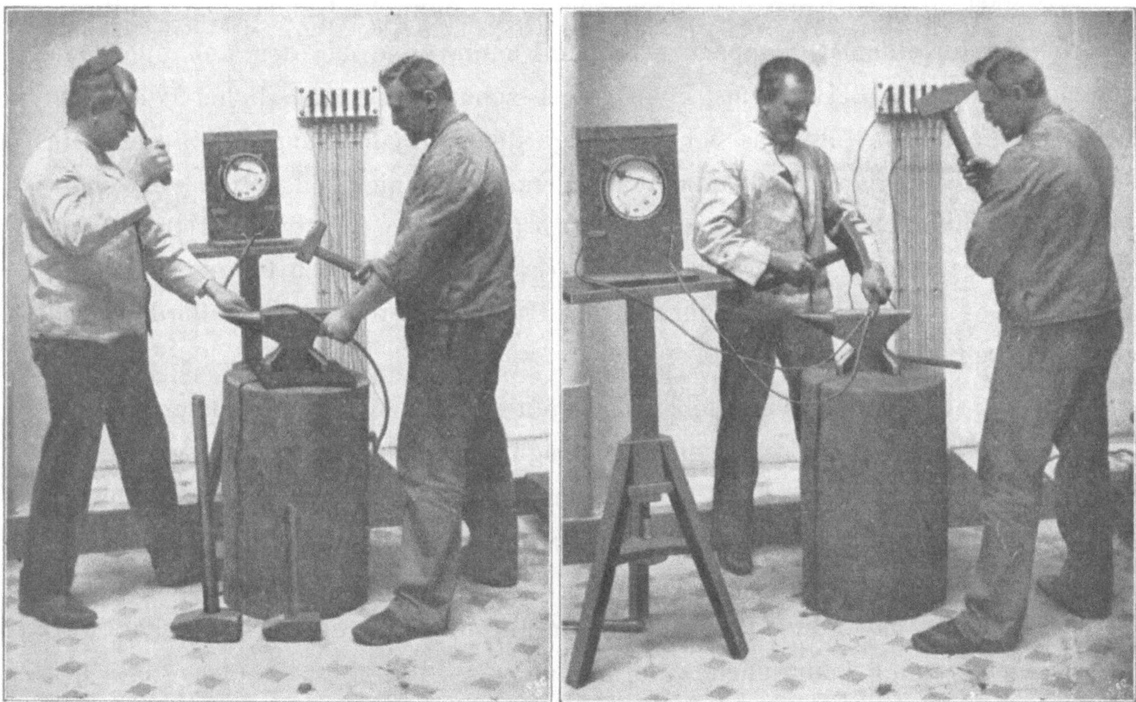

Fig. 18.

(Die Angabe der Spannungszeiger ist zu verdoppeln. Instrumente mit doppeltem Meßbereich.)

Der Kurzschluß wirkt hier also als Retter; gut, daß das zitierte amtliche Verbot noch nicht allgemeine Gültigkeit erlangt hat.

Vielfach bilden Kurzschließer sogar das einzige zuverlässige Mittel, um sich bei Arbeiten in Leitungsnetzen davor zu schützen, daß nicht ein abgeschalteter Leitungsstrang versehentlich oder durch Bosheit plötzlich unter Spannung gesetzt wird.

Es ist nötig, den von mir erwähnten Schnellschlußventilen, also den Sicherungen und selbsttätigen Ausschaltern hier noch einige weitere Aufmerksamkeit zu widmen. Das Ausschalten muß bei diesen Einrichtungen immer mit Sicherheit auch dann stattfinden können, wenn die Leitungen Strom führen und zwar in der Regel sogar anormal große Stromstärken. Ein solches Ausschalten hat aber immer wieder Lichtbogenbildung zur Folge, und diese Lichtbogen könnten ihrerseits zünden. Auf die Durchbildung von Einrichtungen, die das wirkungsvoll verhindern, ist viel Sorgfalt verwendet worden. Bei kleinen Stromstärken wäre das übrigens noch nicht einmal so ängstlich gewesen, insbesondere bei Wechselstrombetrieben. Man kann durch Versuch leicht zeigen, daß man einen gewöhnlichen Blei- oder Silberstreifen, der stark genug ist, um den Strom für 60 gewöhnliche Glühlampen zu führen, ruhig unter einem Mullappen verbrennen kann, ohne daß der Mullappen entzündet wird.*) Bei Gleichstrom ist das schon etwas ängstlicher (was übrigens nicht ohne Interesse für die Frage der Normalisierung der Stromart in Bordanlagen sein dürfte). Aber das tut natürlich niemand. Man verwendet vielmehr verschlossene Sicherungskästen (Fig. 19), wenigstens an Bord noch überwiegend, oder Sicherungspatronen (Fig. 20 bis 22). Ich für meine Person würde es für gut halten, wenn sich das Patronensystem auch für Bordanlagen einführen würde.

Bei den offenen Streifensicherungen in geschlossenen Kästen älterer Bauart ist es beim Zusammentreffen ungünstiger Umstände nicht unmöglich, daß nach dem Ausbrennen einer Sicherung ein Lichtbogen stehen bleibt. Ein solcher Fall ist an Bord der Dampfyacht Seiner Königlichen Hoheit des Großherzogs von Oldenburg „Lensahn" kürzlich vorgekommen und mir bekannt geworden. Die Sache war allerdings nicht ängstlich, hat aber immerhin einige Beunruhigung verursacht.

---

*) Ich habe das bereits vor einem Jahre gelegentlich eines Vortrages im Berliner Bezirksverein deutscher Ingenieure gezeigt. Neuerdings sind ähnliche Versuche von Herrn Direktor Leitgebel im Breslauer Stadttheater gemacht worden.

In Kästen eingeschlossene Sicherungen für Bordanlagen.

(Ausführungen der Siemens-Schuckert-Werke.)

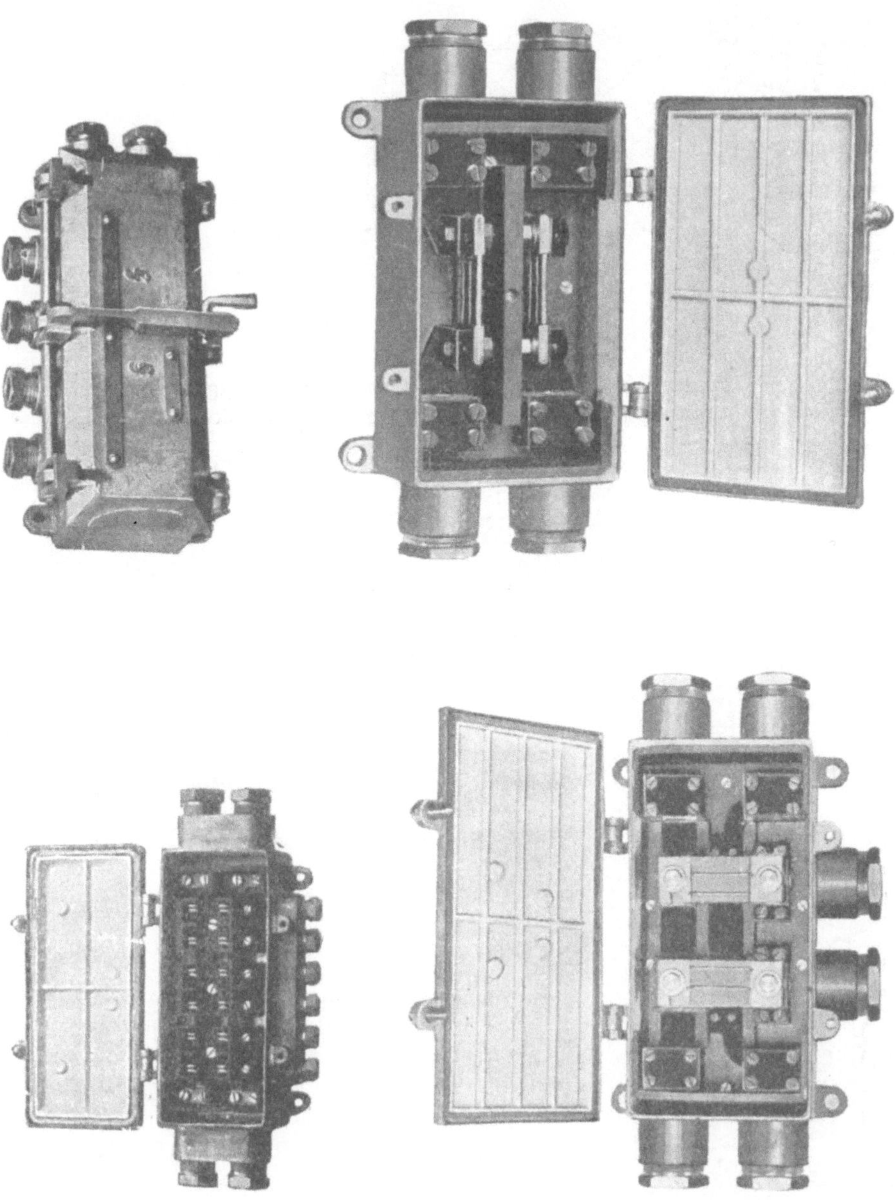

Fig. 19.

Der Lichtbogen bleibt um so leichter stehen, je höher die Spannung am Lichtbogen selbst ist, je weniger Luftzug vorhanden ist, je mehr Nahrung der Lichtbogen aus verdampfenden Stoffen bekommt und je weniger er ausweichen kann. Bei eingeschlossenem Lichtbogen und bei hohen Spannun-

Ausführung und Prinzip der Patronensicherungen. Bauart Siemens-Schuckert.

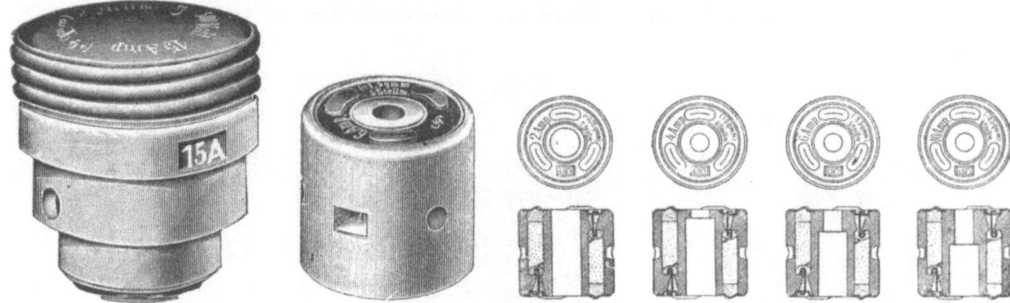

Fig. 20.

Erzielung der Unverwechselbarkeit der Patronensicherungen für verschiedene Stromstärken. Bauart Siemens & Halske.

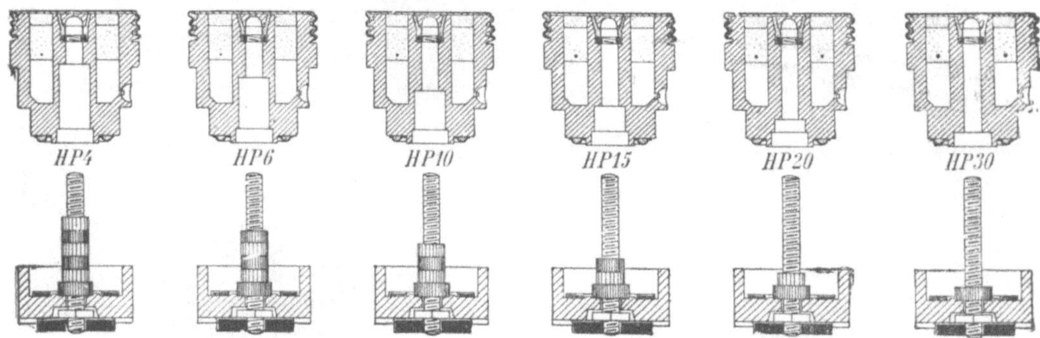

Fig. 21.

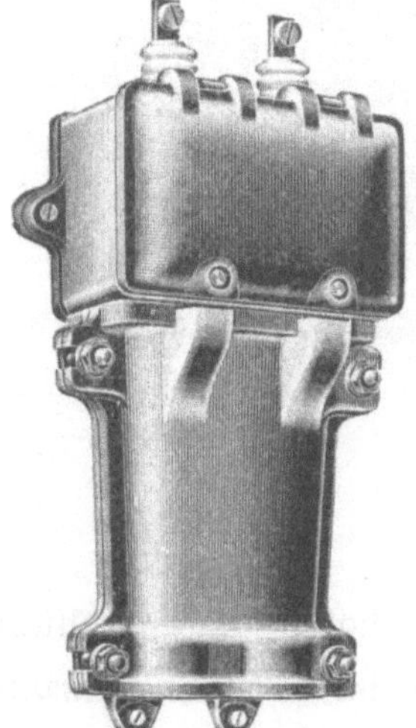

Einbau von Patronensicherungen in gußeiserne Kästen mit Leitungsverschluß.

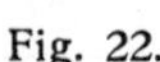

Fig. 22.

gen lassen sich außerordentliche Längen der Flamme erzielen. Die Figuren 23 a und b zeigen einige Erscheinungsformen von Lichtbogen.

Um größere Lichtbogen zu löschen, verwendet man entweder magnetische Funkengebläse oder Steighörner oder man erstickt den Lichtbogen im Ölbade oder bläst ihn mittels Schornsteins unter seiner eigenen Wärmewirkung aus. Die Zuverlässigkeit dieser Einrichtungen ist durch Tausende im Gebrauch befindlicher Apparate erwiesen.

Lichtbogen.

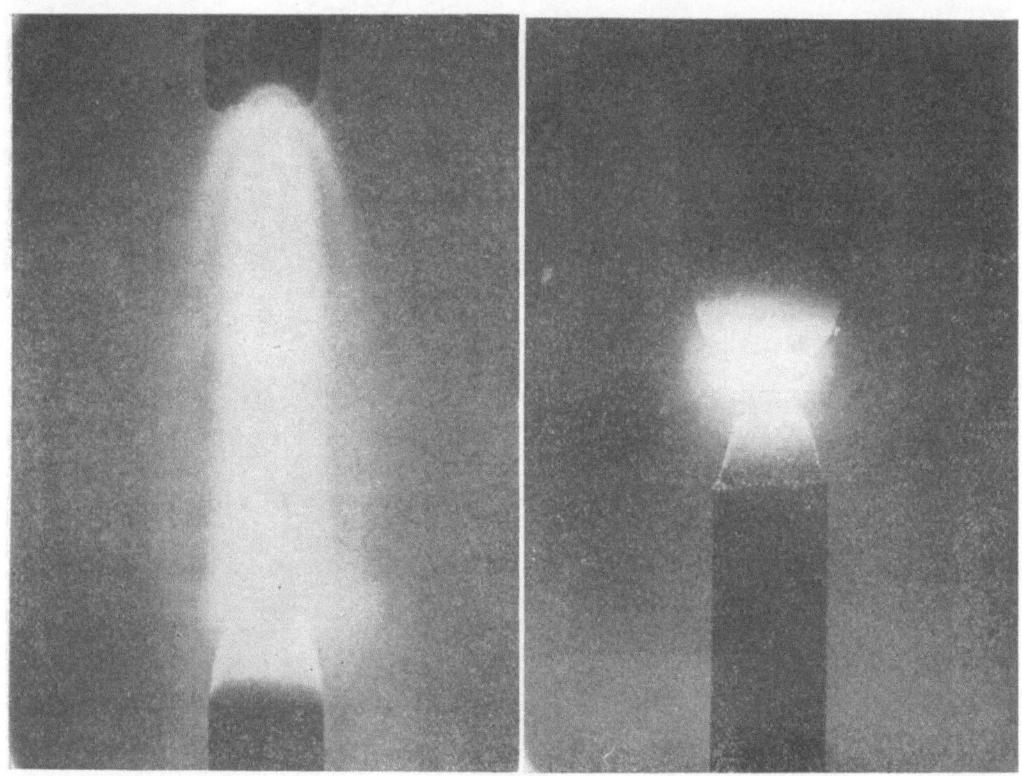

Lichtbogen eingeschlossen
220 Volt.

Lichtbogen offen
40 Volt.

Fig. 23 a.

Ich hatte gesagt, daß auf gute Ausführung der Anlagen viel Wert zu legen ist. Das ist ja selbstverständlich. Wir wollen eben mehrfache Sicherheit. Kein Ingenieur baut anders. Aber auch hier will ich mitteilen, daß ich Anlagen älterer Ausführung kenne, die seit mehr als zehn Jahren im Betriebe sind, die ich vom Standpunkte der heutigen Anschauung nicht für mustergültig feuersicher erklären könnte, und in denen doch nichts

Lichtbogen.

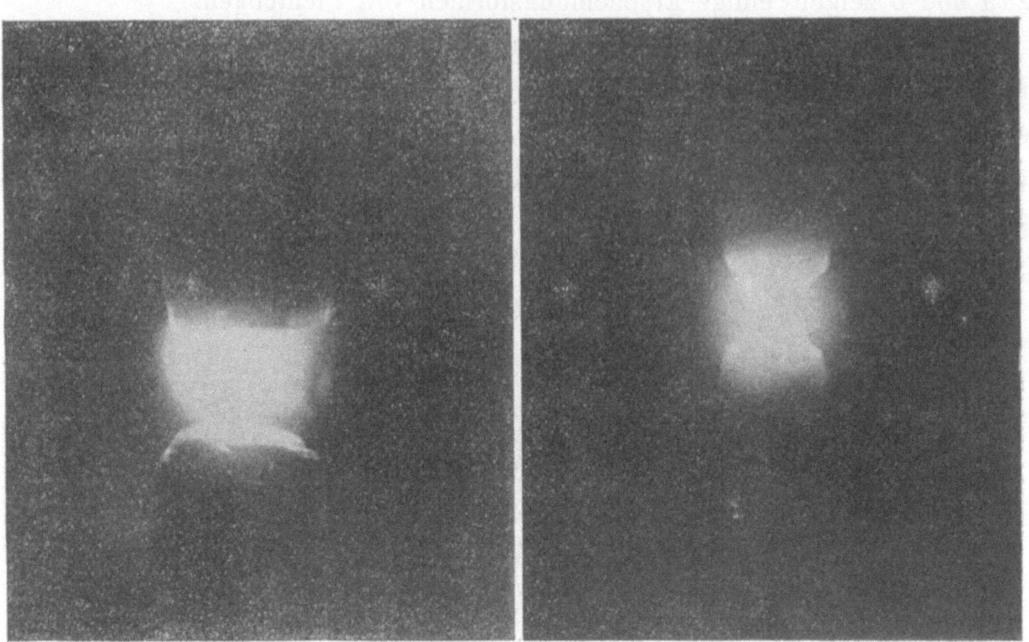

Gewöhnliche Bogenlampen.

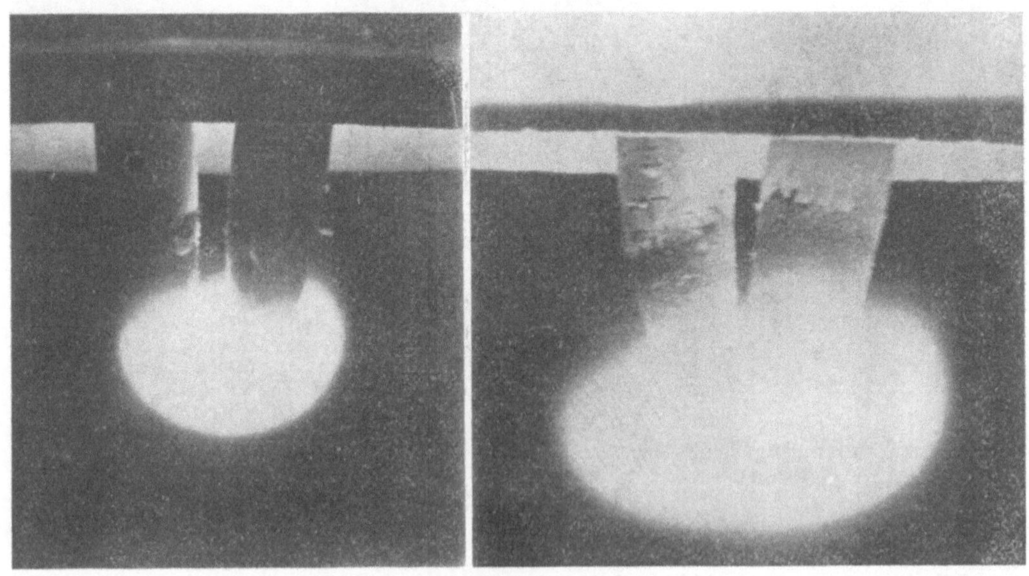

Flammenbogenlampen. (Kohlenstifte enthalten besonderen Docht.)

Fig. 23 b.

passiert ist. Daraus folgt immer wieder, daß die Gefahr an sich nicht so
groß ist, wie behauptet wird. Durch Fig. 24, die einen Versuch an einer
Leitung darstellt, die in sehr verpönter Weise auf Holzleisten durch An-

krampen befestigt, mit Dampf angeblasen, mit Seife beschmiert, mit Soda und Kochsalz bestreut und in diesem Zustande stundenlang belassen wurde, ohne bei einer Spannung von 220 Volt durchzubrennen, ist der Sicherheitsgrad des normalen Materials veranschaulicht. Auch diesen Versuch erwähne ich selbstverständlich nicht als Aufforderung zur Einführung schlechter Installationen, sondern lediglich als Nachweis des niedrigen Gefahrengrades. Würde die Leitung durchschlagen, und schließlich würde es ja dahin kommen,

Laboratoriumversuch zur Demonstration des Sicherheitsgrades, den Gummiaderleitungen unter abnormalen Verhältnissen bieten.

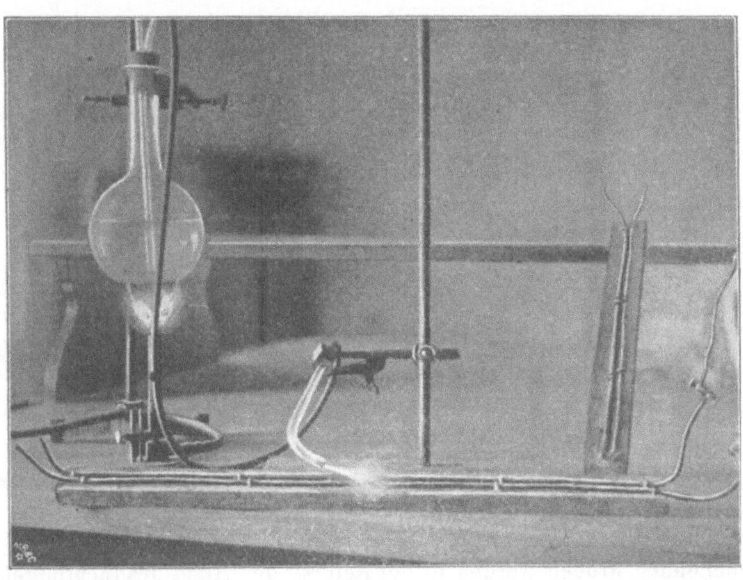

Fig. 24.

wie ja bei lange genug fortgesetzten Hieben mit stumpfem Beil auch die stärkste Eiche fallen muß, so wäre die Möglichkeit gegeben, daß unter der Hitze des zu erwartenden Lichtbogens eine trockene Destillation von Isolationsstoffen, Holz usw. einträte. Die dann sich sammelnden Gase würden explosiv sein und daher bei etwaiger Detonation Schaden anrichten können. Der Fall ist vereinzelt vorgekommen. Ausführliche Studien darüber hat Herr Diplom-Ingenieur Benisch in Dresden mit Hilfe des in Fig. 25 dargestellten Apparates gemacht.

Um nun auch dieser Eventualität mit Sicherheit zu entgehen, hat man sich mehr und mehr bestrebt, ·Materialien, die schwelen können, von elek-

15*

trischen Leitungen fern zu halten. Schon ganz allgemein ist ja vom Standpunkt der Unfallverhütung der Gefahr des Schwelens und Qualmens viel mehr Aufmerksamkeit zuzuwenden, als dem eigentlichen Feuer. Hier gilt etwas Ähnliches aus besonderen Gründen. Ich habe es deswegen nicht gern wahrgenommen, daß an Bord die Sicherungen fast durchweg auf Hartgummi gesetzt werden, das im erörterten Sinne nicht so extrem einwandfrei ist, wie z. B. Porzellan, und ich würde es für besser halten, wenn man auch dort

Apparate zur Untersuchung von Isoliermitteln auf die Möglichkeit] der Entwickelung explosibler Gase.

Konstruiert von Ingenieur Benisch-Dresden.

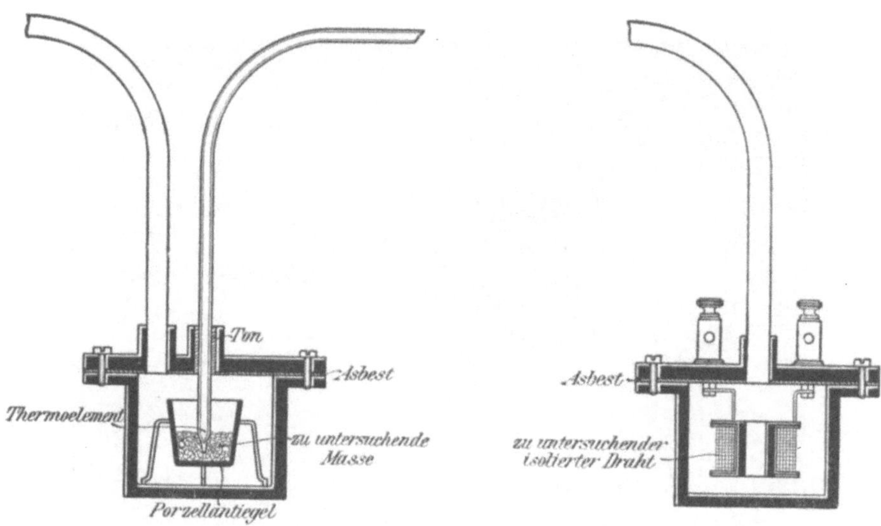

Fig. 25.

Die zu untersuchenden Proben werden in der Retorte der Hitze des Lichtbogens ausgesetzt; das entwickelte Gas entweicht durch das im Deckel sitzende Rohr nach einem geeigneten Prüfgefäß.

durchweg Porzellan verwenden wollte. Porzellan ist sehr feuersicher, weil es überhaupt nicht entflammbar ist; es ist ferner absolut wasserbeständig, und es hat obendrein noch den Vorzug, billiger zu sein, als die sonstigen Isoliermittel. Viele Konstrukteure haben allerdings noch eine große Abneigung gegen das spröde Material. Man weiß von der täglich benützten Kaffeetasse, daß sie zu Boden geworfen in Scherben geht! Die Sprödigkeit ist natürlich nicht zu leugnen, die Festigkeit auf Druck und Zug ist dagegen sehr befriedigend, wie die in Fig. 26 bis 29 und Fig. 40 dargestellten Versuche zeigen. Die Druckfestigkeit liegt bei 4500 kg/qcm, die Zugfestigkeit bei 1500 kg*), Biegung

---

*) Das Porzellan als Isolier- und Konstruktionsmaterial. Verlag der Porzellanfabrik Hermsdorf-Klosterlausnitz. 1904.

muß vermieden werden. Aus diesen Tatsachen folgen für den Konstrukteur die einfachen Regeln für die Behandlung des Porzellans. Gegen stumpfen Stoß verwendet man elastische Lagerung, am besten auf Holz oder Glanzpappe gegen Biegung hilft passender Einbau und Verwendung kurzer Konstruktionsteile. So kommt man dem Steine bei, wie man ja sogar neuerdings schnellaufende Pumpen, Zentrifugen usw. in Stein zu bauen ge-

Apparat zur Prüfung der Festigkeit von Isolatoren.
Konstruiert von Diplomingenieur Weicker, erbaut von der Porzellanfabrik A.-G. Hermsdorf-Klosterlausnitz.

Fig. 26.

lernt hat.*) Die Verlegung auf Porzellan und die Verwendung gepanzerter Leitungen geben auch für sehr schwierige Verhältnisse eine absolute Sicherheit gegen die Bildung von schwache Ströme führenden Überbrückungen, wie sie beim Lichtbogen erwähnt wurden und wie man sie wohl als schleichende Kurzschlüsse bezeichnet. Ist es dabei möglich, was an Bord allerdings des Kompasses wegen auf Schwierigkeiten stößt, bei Landanlagen aber möglichst durchgängig angestrebt werden sollte, eine weitgehende Trennung der Leitungen verschiedener Polarität vorzunehmen (Fig. 5), so kann auf ein

---

*) Z. d. V. d. Ing. 1905.

Versuche zum Nachweis der Unempfindlichkeit guter Isolatoren gegen Stoß bei Einbau zwischen Holzunterlagen.

Fig. 27.

Fallhammer zur Prüfung der Festigkeit von Porzellanisolatoren.

Konstruiert von Diplomingenieur Weicker, ausgeführt von der Porzellanfabrik Hermsdorf-Klosterlausnitz.

Fig. 28.

Höhe ca. 2 m; Schwere des Hammers bisher bis 150 kg versucht.

Hohler Porzellanstab von 29 mm äuß. Durchmesser u. ca. 5 mm inner. Durchmesser, belastet mit einer 20 P.S.-Drehstrommaschine.

Fig. 29.

Im Hintergrunde ein Generalschalter des Elektrotechnischen Institutes der K. S. Technischen Hochschule zu Dresden. Auf Marmor montierte Messingschienen nehmen in Porzellangriffen befestigte Schnurstöpsel auf. Kurzschließen zweier Schienen mit den Stöpseln ist durch deren Formgebung unmöglich gemacht. Konstruiert von Professor Görges, Ausführung von der E. A. G. vorm. Pöge & Co., Chemnitz.

völliges Verschwinden auch der wenigen noch vorkommenden Brandfälle gerechnet werden.

In Landanlagen kann man den Sicherheitsgrad, ohne unwirtschaftliche Ausgaben machen zu müssen, noch weiter treiben und hat das mit Erfolg in der Durchbildung der Schaltanlagen getan. Dabei hat man als ausge-

Beispiele für die Ausführbarkeit beliebig großer Isolatoren.

(Ausführungen der Porzellanfabrik Hermsdorf-Klosterlausnitz.)

Fig. 30.

zeichnetes Konstruktionsmaterial den gewöhnlichen Ziegelstein erkannt, der bei hoher Wärmekapazität die schnelle Ausbreitung intensiver Hitze zu verhindern und sogar der unmittelbaren Einwirkung des Lichtbogens lange Zeit zu widerstehen vermag. Eine in Backstein ausgeführte Schaltanlage zeigt die Figur 31.

Die Annahme, daß gegen die durch Erfahrung und wissenschaftliche Erkenntnis gewonnenen Grundsätze aus Leichtsinn oder Trotz in größerem

In Ziegelmauerwerk ausgeführte Drehstromschaltanlage (500 Volt) in der Eisen- und Stahlgießerei von Meier & Weichelt,
Leipzig-Großzschocher. (Nach Angabe des Verfassers ausgeführt von der Allgemeinen Elektrizitäts-Gesellschaft und Zivilingenieur
Ranft, Leipzig.)

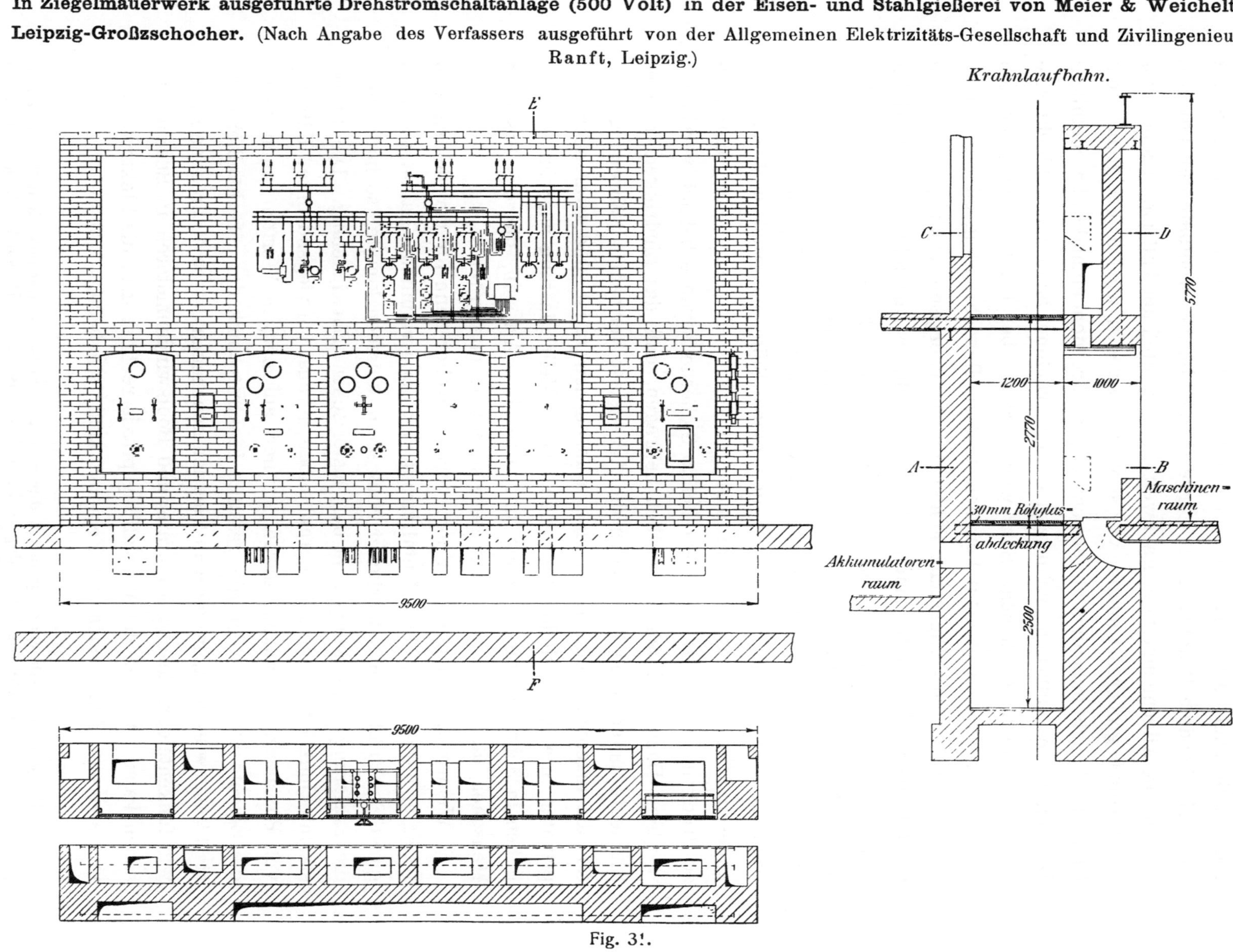

Fig. 3.

Umfange gefehlt werden könne, entbehrt zurzeit der Begründung; die angeführten Beispiele des Vorgehens in der Richtung auf immer weitergehende und opferfreudige Beachtung aller irgend denkbaren Eventualitäten beweist, daß für die Allgemeinheit der Fachwelt das Gegenteil der Fall ist. Käme aber Leichtsinn in größerem Umfange vor, so wäre deswegen, wie ich gezeigt habe, ein Unfall noch nicht unbedingt unvermeidlich; er wäre nicht einmal wahrscheinlich! Denkbar ist es natürlich, daß irgend ein Unternehmer einen Bau schlecht ausführt, um viel zu verdienen. Sehr weit wird er aber bei dem gegenwärtigen Stand der Praxis dabei nicht kommen, und die Betriebsleitung oder der Konsument werden aus Eigennutz Fehler immer energisch bekämpfen. Wenn freilich die Tendenz aufkommen sollte, eine richtige Ausbildung der Betriebsbeamten aus falscher Sparsamkeit für unnötig zu erklären, was nebenbei bemerkt Haftpflichtstrafen nach sich ziehen würde, und die Stellung der mit der Pflege gesunden Geistes in der Arbeiterschaft vernünftigerweise zu betrauenden Betriebsingenieure auf der einen Seite materiell und auf der anderen Seite durch unverdiente und kränkende*) Bevormundung moralisch zu drücken, so könnte der bestehende Sicherheitsgrad erheblich verringert werden. Dazu wird sehr wesentlich beitragen, daß das Eindringen fremder Elemente unter allen Umständen die Arbeitslast vermehrt, während gerade für die Ingenieure eine Entlastung wünschenswert ist, und zwar ebenso in privaten, wie in staatlichen Betrieben. Diese Mehrbelastung wird im wesentlichen in Schreibarbeit bestehen und von einer Art sein, die das Beste im Menschen, die Freude an seiner Berufstätigkeit untergräbt.

Wenn man sich nun die Frage vorlegt, woher denn für die elektrischen Anlagen diese übertriebene Unfallfurcht und der irrtümliche Glaube an einen günstigen Erfolg nur äußerlicher Maßregeln kommen konnte, so findet man die Erklärung ungezwungen in der historischen Entwickelung. Die Starkstromtechnik ist aus dem Telegraphenbau heraus, vorwiegend unter Führung von Physikern entstanden; daran erinnert auf einigen Werften noch heute die Eigentümlichkeit, daß die gesamte Elektrotechnik der „Mechanikerwerkstatt" zugewiesen ist, in der man friedlich nebeneinander so heterogene Dinge, wie funkentelegraphische Apparate und Bootswindenmotoren in Bearbeitung sehen kann. Auch in der Verwaltungspraxis rechnet man die Elektrotechnik in gewissem Sinne noch zur Feinmechanik; wenigstens gehören fast alle

---

*) Ein junger Hamburger Ingenieur, der von mir zuerst von der beabsichtigten zwangsweisen Revision der elektrischen Anlagen durch betriebsfremdes Personal hörte, sagte ganz spontan, aber sehr richtig: „Das wäre ja geradezu eine Beleidigung der Werften."

elektrischen Betriebe zur Berufsgenossenschaft der Feinmechaniker. Diese den jüngeren Ingenieur etwas befremdende Rubrizierung stammt, wie gesagt, aus der Zeit der Physiker. Damals war die konstruktive Tätigkeit vielfach ganz den Werkmeistern überlassen; der Ingenieur des allgemeinen Maschinenbaues hielt sich mit einer gewissen Voreingenommenheit abseits. Unter solchen Umständen wurde natürlich manches nicht so gut gemacht, wie es hätte gemacht werden können, zumal man seine Spezialmaterialien erst näher kennen lernen mußte. Je weniger aber bekannt war, desto mehr konnte erfunden und verdient werden, und es stellte sich deshalb ein nicht ganz unbedenkliches Vordringen minderwertiger Elemente ein, dessen Gefahren für eine gedeihliche Entwickelung von den wahren Fachleuten wohl erkannt wurden, zumal tatsächlich in dem oben näher gekennzeichneten geringen Umfange Unfälle vorkamen und ihrer Eigenartigkeit und der in manchen Teilen der Presse gegebenen, übertriebenen Darstellung wegen Aufsehen erregten. Da begann man denn, um vorzubeugen, durch Herausgabe der „Sicherheitsvorschriften" des Verbandes deutscher Elektrotechniker Regeln für solche aufzustellen, deren eigenes Können nicht zur Beurteilung der einschlägigen Fragen ausreichte. Die Bearbeitung der Sicherheitsvorschriften hat bisher 21 Plenarsitzungen zu je ca. 24 Stunden mit einer Dauer von zusammen 38 Tagen und 67 Sitzungen der Unterkommissionen mit einer Dauer von zusammen 76 Tagen, sowie die Privatarbeit einer Reihe von Herren, die zusammengerechnet wohl ein paar Monate Zeit ausgemacht haben dürfte, beansprucht. Sie hat hiernach geschätzt der Industrie mehr als 12 000 Ingenieurstunden Arbeitszeit und, wie ich festgestellt habe, außerdem 24 272,60 M. direkte Ausgaben gekostet; sie ist aus freien Stücken und in ehrlicher Klarstellung aller irgend in Frage kommenden Verhältnisse und mit Hintansetzung jedes Geschäftsinteresses vom Verbande deutscher Elektrotechniker zur Ausführung gebracht worden und verdient daher wohl die weitgehendste Anerkennung. In diesen Vorschriften ist wiederholt die Revision gewisser Anlagen mit besonderen Betriebsverhältnissen gefordert, wobei die weitaus überwiegende Mehrzahl der Fachleute sich gedacht hatte, daß diese Revision durch das Betriebspersonal erfolgen sollte, so, wie man dem Maschinisten eine Prüfung seiner Maschine vor der Ingangsetzung aufträgt. Daraus haben dann Übereifrige geglaubt folgern zu dürfen, daß die Revisionen, wenn sie schon einmal gefordert würden, erstens auf alle elektrischen Einrichtungen auszudehnen wären, und daß sie zweitens vom Betriebspersonal nicht zuverlässig genug besorgt werden würden. Daher müsse man für sie besondere Beamte anstellen. Es handelt sich also bei der Idee der Revision um eine irrtümliche Auffassung Einzelner, die leider sogleich auf Laienkreise überging und bei ihnen zu argem Mißverstehen führte. Dieses Mißverständnis konnte sich so bedauernswert auswachsen, weil man sich auf einem Gebiete bewegte, das der Mehrheit der Gebildeten und sehr vielen, die mitsprachen, praktisch nahezu ganz und theoretisch doch in sehr erheblichem Umfange eine terra incognita war.

Unterdessen hatte die Elektrotechnik aber ihre Lehrzeit überwunden. Nachdem unter dem Druck der elektrotechnischen Erfolge und zunächst mit Hilfe inzwischen über die der älteren Maschinenbauschule hinausgewachsener maschinentechnischer Kenntnisse der Dynamofabriken der Dampfturbinenbau endlich zu praktischem Erfolge durchdrang, haben sich die Herren vom allgemeinen Maschinenbau wieder enger an die Elektrotechnik angeschlossen. Gegenwärtig werden die immer seltener, die sich mit elektrischen Dingen grundsätzlich nicht befassen wollen, und Kenntnisse in der Elektrizitätslehre werden heute ebenso allgemein gefordert wie solche in der Wärme- und Bewegungslehre.*) Und nun gerade soll der „Überwächter" kommen und die ganze Entwickelung stören!

Meine Gegner werden sagen: Sie übertreiben. Die Revisionsbeamten werden die Ingenieure nicht belasten, sondern entlasten. Die Unfälle werden ganz verschwinden, und dabei werden die Unkosten gering und der Geschäftsgang wird ein sehr kulanter sein!

Die Erfahrung und die rein praktische Erwägung soll da entscheiden und zwar durch Beantwortung folgender zwei Fragen:

1. Welche Erfolge haben in der allgemeinen Unfallverhütung die bisher darin tätigen Revisionsbeamten gehabt?

2. Wer hat das größere persönliche Interesse an der Verhütung von Unfällen; der Betriebsleiter oder der nicht haftbare fremde, vom Revidieren lebende Revisionsbeamte?

Zu 1 geben die amtlichen Zahlen des Reichs-Versicherungs-Amtes Material; aus ihnen sind die Tabelle IV u. V und die graphische Darstellung Fig. 32 und 33 gewonnen; beide zeigen, daß bei gleich bleibender Zahl der amtlich überwachten gewerblichen Betriebe und bei einer gleichzeitigen, bedeutenden Steigerung der Zahl der Revisionsbeamten und der Ausgaben, die Zahl der gesamten Unfälle**) prozentual ganz

---

*) Vgl. u. a. die neuen Studienpläne der Charlottenburger Hochschule.
**) Im Gegensatz zu den durch elektrische Vorgänge verursachten.

Tabelle IV.*)

Nachweis der prozentualen Zunahme der Unfälle in gewerblichen Betrieben trotz dauernd gesteigerter amtlicher Überwachung.

Gewonnen aus den amtlichen Mitteilungen des Reichs-Versicherungs-Amtes.

Jahr	Zahl der überwachten Betriebe	Zahl der tätigen Revisions-beamten	Unfälle pro 1000 Versicherte	Tötliche Unfälle pro 1000 Versicherte
1887	319 453	79	—	0,77
1888	3 396 704	125	—	0,68
1889	5 126 044	141 (157)	28,04	0,71
1890	5 234 243	148	29,42	0,73
1891	5 181 761	165	30,28	0,71
1892	5 274 953	158	31,94	0,65
1893	5 190 117	170	32,94	0,69
1894	5 219 591	209	35,23	0,65
1895	5 248 709	202	36,37	0,67
1896	5 087 829	205	37,90	0,71
1897	5 097 547	214	40,69	0,70
1898	5 110 542	224	41,77	0,73
1899	5 154 374	229	42,89	0,72
1900	5 189 829	238	44,89	0,74

Tabelle V

Vergleich der prozentualen Unfälle in überwachten und nicht überwachten Betrieben.

Gewonnen aus den amtlichen Nachrichten des Reichs-Versicherungs-Amtes.

Jahr	Auf 1000 Versicherte kommen Unfälle:			
	Gewerb-liche (über-wachte)	Land-wirtschaft-liche	Staatliche	Kom-munale
		(nicht überwachte Betriebe)		
1889	28,04	1,28	—	—
1890	29,42	2,43	—	—
1891	30,28	3,98	29,70	5,49
1892	31,94	3,44	31,45	5,48
1893	32,49	4,08	31,61	7,26
1894	35,23	4,80	33,37	11,40
1895	36,37	5,59	33,77	12,07
1896	37,90	6,56	33,92	12,54
1897	40,69	8,14	38,91	13,44
1898	41,77	8,79	42,44	14,59
1899	42,89	9,22	44,27	13,97
1900	44,89	9,64	47,42	15,05
1901	44,76	9,56	47,59	17,02
1902	46,42	10,38	50,72	17,99

*) Vergl. auch den Anhang.

Graphische Darstellung der prozentualen Zunahme der Unfälle sowohl in überwachten als auch in nicht überwachten Betrieben.

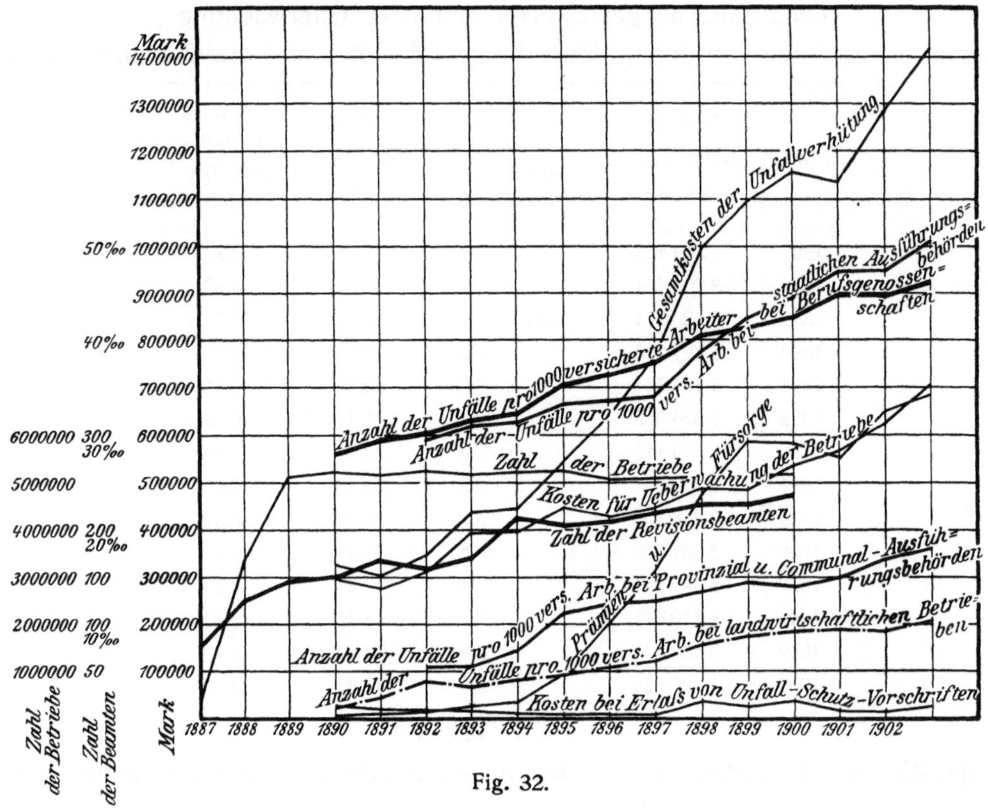

Fig. 32.

Graphische Darstellung der tödlichen Verunglückungen in überwachten Betrieben.

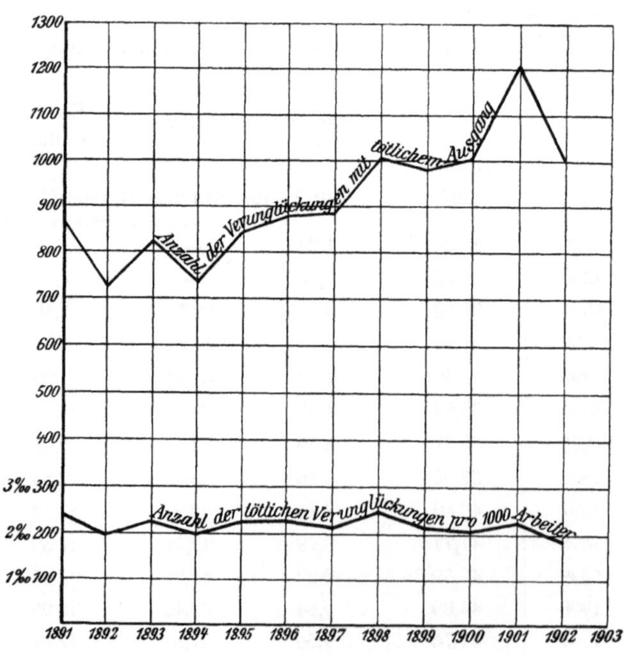

Fig. 33.

erheblich zugenommen haben und die Zahl der tödlich verlaufenen Unfälle eine prozentuale Verringerung nicht erfahren hat.*) Weiter ist ersichtlich, daß auch in den staatlichen, also von Beamten geleiteten Betrieben eine erhebliche Zunahme der prozentualen Unfälle eingetreten ist. Wenn nun auch unzweifelhaft die Erfahrung die Versicherten gelehrt haben wird, die Unfallmeldung mehr für sich auszunützen, so kann doch unter keinen Umständen bei der außerordentlichen Zunahme der Fälle gerade in den überwachten Betrieben behauptet werden, daß diese Erklärung ausreichen würde, um Abzüge zu rechtfertigen, nach denen dann ein durchschlagender Erfolg der Überwachung gefolgert werden könnte. Ich sehe mich vielmehr zu dem Schlusse gezwungen, daß die Erfahrung mit amtlichen Ziffern zu ungunsten der zwangsweisen Revision spricht. Diesen Schluß muß ich hinter meiner These, der zweiten der eingangs erwähnten, als Entscheidungsgrund notieren.

Ehe ich zur Frage 2 übergehe, betone ich, daß ich selbstverständlich nur sachlich prüfe, was ich um so eher kann, als die beabsichtigten Revisionsingenieure ja glücklicherweise noch nicht einberufen sind. Ich erachte es im übrigen auch als bedeutungslos, ob hierbei Beamte des Staates oder Privatbeamte in Frage kommen würden; wesentlich ist nur, daß sie hinsichtlich der zu revidierenden Betriebe lediglich die Stellung des Revisors haben, also betriebsfremd sein sollen. Wenn ich nun wieder bedenke, daß durch jeden vorkommenden Unfall die Bedeutung der Prüfung der Anlagen zu gewinnen scheint, daß aber andererseits der Betrieb und dessen verantwortlicher Leiter von jedem Unfall die größten Unannehmlichkeiten haben, so erscheint mir das Interesse des Betriebsleiters an der Unfallverhütung doch das größere zu sein und eine sehr viel weitergehende Garantie für die Sicherheit zu bieten. Wollte ich im Sinne des Mathematikers eine Reihe entwickeln und in ihr bis an die Grenze gehen, so würde ich finden: Wenn die Unfallziffer zu Null wird, so ist der Betriebsleiter glücklich und der Revisionsbeamte nicht, — denn er fühlt sich überflüssig. Käme man an dieser Grenze an, so müßte der Staat, um nicht allzu unwirtschaftlich zu arbeiten, seinerseits die Nurrevisoren in den Ruhestand versetzen. Wie es aber bei den elektrischen Anlagen werden würde, zu deren Prüfung die Anlagenbesitzer die Kosten**) aufbringen sollen, ist nicht recht abzusehen. Auch die Erwägungen zu 2. führen mich dazu, ihr Resultat als Entscheidungsgrund für meine These zu buchen.

---

*) Eine solche wurde irrtümlicherweise von anderer Seite angenommen.

**) Eine Kommission des Dresdener Bezirksvereins deutscher Ingenieure hat im Dezember 1905 diese Kosten für den heutigen Stand der Anlagen zu jährlich über drei Millionen berechnet; in wenigen Jahren dürfte sich diese Summe doppelt so hoch stellen u. s. w.

Gegenüber dem Verlangen nach Revisionsingenieuren, das ich als irrig erkenne, mache ich einen anderen Vorschlag, der dahin geht, daß man statt amtlich zu prüfen und amtliche Prüfungsakten zu schreiben, lediglich für richtige Belehrung sorgen möchte. Zum Teil kommt die Belehrung durch die Praxis von selbst, zum Teil müßte aber damit schon auf den Volksschulen angefangen werden; in seiner Weise müßte sich das Verfahren dann auch bei der Ausbildung aller Beamten und zwar sowohl der Verwaltungsbeamten mit vorwiegend juristischer als auch der technischen Beamten wiederholen, und die Ingenieurerziehung muß schließlich dafür Sorge tragen, daß jeder Ingenieur als ein Lehrer für populären Maschinenbau auftreten kann. Auf diese Eigenschaft wäre bei der Anstellung von Betriebsbeamten Wert zu legen. Welche Erfolge Unterweisung im Gegensatz zum Verbot und zur Strafe erzielen kann, das zeigt u. a. die unter Leitung des Herrn Geheimen Baurats Borck in Berlin durchgeführte planmäßige Erziehung des Publikums zur richtigen Benutzung der Straßenbahn, über die er in Glasers Annalen*) berichtet.

Je mehr man das Verständnis stärkt, desto mehr kann man auf sachgemässe richterliche Erkenntnisse bei Handhabung des an sich durchaus ausreichenden, bestehenden Gesetzes über die Notwendigkeit der Beachtung der anerkannten Regeln der Technik**) rechnen und infolgedessen zugleich die Paragraphenhäufung in den sogenannten Unfallverhütungsvorschriften mildern, was dringend zu wünschen ist. Ich kenne eine dienstliche Unfallverhütungs-Vorschriftensammlung, die rund 500 Paragraphen enthält! Das kommt daher, daß jeder daraufhin arbeitet, gegenüber den Unfallfolgen für seine Person „gedeckt" zu sein; ein solcher papierner Bau zum Selbstschutz ist aber nicht sturmsicher. Überall in der Welt können unerwartete Erscheinungen auftreten; das gilt natürlich auch da, wo technische Anlagen bestehen oder vielmehr da ganz besonders. Man darf nun behaupten, daß diese unerwarteten Erscheinungen, wenn sie Gefahren bringen sollten, um so sicherer abgewehrt werden, je weniger der Betroffene in der Instruktion herumsuchen muß, wie er sich zu verhalten hat, und je mehr er in der Lage ist, die Vorgänge in verständiger Weise zu beurteilen. Wer je mit erfahrenen Monteuren gearbeitet hat, die als Menschen weder Engel noch Gelehrte zu sein pflegen, und sich doch in kritischen Fällen infolge ihres einfachen Verständnisses für praktische Dinge bewähren, der weiß das.

---

*) Glasers Annalen für Gewerbe und Bauwesen 1905, Bd. 57, Heft 2, S. 22.
**) Reichsstrafgesetzbuch § 230, Gewerbeordnung § 120a.

Die Belehrung ist auch deshalb sehr erwünscht, weil sonst Mißstände zu Lasten von Einrichtungen gerechnet werden, die damit in keinem Zusammenhang stehen, und so ein Gegensatz zwischen Wirklichkeit und Aktenwelt entsteht, aus dem nachher im Einzelfalle garnicht und grundsätzlich schwer wieder herauszukommen ist. Das zeigte sich hinsichtlich der elektrischen Anlagen deutlich bei der Brandstatistik. Ich fand auch u. a. einen dafür kennzeichnenden Fall in der Unfallstatistik unter „Tötung durch den elektrischen Strom". Dabei handelte es sich um einen Mann, der seinen Finger zwischen Anker und Feldmagnet einer Dynamomaschine gequetscht, die Wunde schlecht gepflegt und Blutvergiftung bekommen hatte. Das ist natürlich kein Fall von Tötung durch den elektrischen Strom; denn die Sache hätte ja eben so gut passieren können, während der Motor bereits ausgeschaltet gewesen und der Anker lediglich durch Massenwirkung weitergelaufen wäre!

Massenwirkungen kommen außerordentlich viel in der modernen Technik und namentlich auch bei der Lösung bestimmter Aufgaben durch Anwendung elektrischer Antriebe in Frage; die Herren kennen das Problem sehr genau von der Bootswinde her. Nach meiner Erfahrung gibt es aber außerhalb der Technik außerordentlich wenig Menschen, die ein klares Verständnis für Massenwirkungen haben. Das zeigt sich u. a. darin, daß jede Steigerung der Verkehrsgeschwindigkeiten anfänglich zu ernsten Störungen führt. Diese Erfahrung hat sich immer in der gleichen Weise wiederholt: erst bei den Pferdebahnen, dann bei den Fahrrädern, dann bei den elektrischen Bahnen, dann bei den Automobilen. Würde man drastisch jemand fragen, was ist gefährlicher, eine Flintenkugel oder eine Billardkugel, so würde er gewiß antworten „eine Flintenkugel". Daß es sehr auf den Bewegungszustand der einen oder anderen Kugel ankommt, bedenkt er nicht! Bewegte Massen sind wirklich gefährlich, und interessanterweise werden sie durch elektrische Einrichtungen weniger gefährlich. Man kann mit Elektromotoren gekuppelte Massen fast momentan zum Stillstand abbremsen, wenn man die Motorwirkung in Dynamowirkung umkehrt, das in den Massen vorhandene Arbeitsvermögen in Form elektrischer Leistung aufnimmt und irgendwie in harmloser Weise in einem Widerstand verbraucht. Man hat hin und wieder Gelegenheit, das Verfahren bei Betätigung der sogenannten Kurzschlußbremsen auf den Straßenbahnen zu beobachten. Das elektrische Fangeballspielen mit den Massen läßt noch eine große Anzahl anderer interessanter Wirkungen zu, weil sich die elektrische Energie, ob es sich nun um 10 oder 10000 Pferdestärken handelt, in der Hand des Kundigen mit sehr einfachen Mitteln außerordentlich sicher hantieren läßt. Wir haben z. B. in Dresden in der Übigauer Schiffsversuchsanstalt von einem solchen Verfahren Gebrauch gemacht; Fig. 34 zeigt das

Fahrerstand in der Versuchsanstalt der Vereinigten Elbschiffahrts-Gesellschaft, Werft Übigau.

Fig. 34.

Der Fahrer steht hinter dem Pult und handhabt eine Kurbel, durch die die Spannung einer der zwei links sichtbaren Maschinen reguliert wird. Diese Maschine liegt mit dem Motor des Versuchswagens in Hintereinanderschaltung und beeinflußt ihn so, daß jede gewünschte Fahrgeschwindigkeit oder Bremsung erzielt werden kann. Als Fahrer dient ein gewöhnlicher Arbeiter ohne irgendwelche spezielle elektrotechnische Ausbildung.

(Die Anlage wurde nach Angaben des Verfassers durch die Siemens-Schuckert-Werke ausgeführt.)

Nähere. Oberingenieur Ilgner hat ferner für die Wechselwirkung zwischen Schwungmasse und Stromkreis besondere, hochinteressante Anordnungen entworfen, die zu einer Umwälzung im Bau und Betrieb von Schachtförderungen geführt haben und die in der Zukunft auch einmal für schnelles Manövrieren mit Schiffen bei momentaner Entfaltung sehr großer Leistungen Bedeutung gewinnen könnten. Leider gestattet mir die verfügbare Zeit nicht hierauf noch einzugehen. Ich will nur auf die in Fig. 35 schematisch und in Fig. 36 durch Abbildung einer Demonstrationsversuchsanlage dargestellte Anordnung für den Antrieb dreier Schiffsschrauben für Flußschiffe hinweisen, die eine kleine Verbesserung der Anordnung der Allemenna Swenska anlagen auf einigen Newadampfern (mit Dieselmotoren) darstellt. Die Regelung des Ganges wird mit einem einzigen Hebel besorgt. Legt man ihn nach vorn aus, so laufen die Schiffsschrauben alle drei für Vorwärtsgang und zwar

Schaltungsschema für ein Dreischraubenboot.

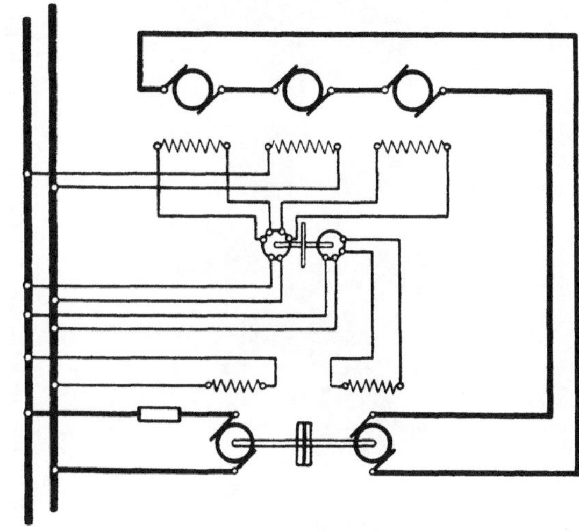

Fig. 35

Oben die Motoren.
Darunter die Erregerwickelungen.
Darunter die Universalsteuerung.
Darunter die Reguliermotordynamo oder Primärdynamo.

um so schneller, je weiter man den Hebel auslegt. Eine Seitenbewegung des Hebels bewirkt ein Schnellergehen der einen und ein Langsamergehen, Stoppen oder Umkehren der anderen äußeren Schraube. Wird der Hebel rückwärts ausgelegt, so gehen auch die Schrauben in umgesteuerter Richtung. Dabei werden, auch wenn es sich um sehr große Maschinen handelt, immer nur Ströme von sehr geringer Stromstärke geschaltet, weil die Regulierapparate, wie das Schema zeigt, alle im Nebenschluß liegen. Die Handhabung des Hebels erfordert sicher keinerlei elektrotechnische Spezialkenntnisse, und die Maschinen folgen dem Schalter mit absoluter Sicherheit. Es würde bei dem Verfahren übrigens nichts im Wege stehen, die Anker mit Hoch- und die Regulierwiderstände mit Niederspannung zu betreiben, was vielleicht gerade an Bord wertvoll gefunden werden könnte.

Demonstration eines Schiffschraubenantriebes für Dreischraubenschiffe mit Manövriereinrichtung.

Fig. 36.

Die im Hintergrunde stehenden zwei Regulierwiderstände werden für die praktische Ausführung durch konstruktiv ausgeführte Apparate mit gemeinsamem und einzigem Regulierhebel ersetzt.

(Ausführung durch die Siemens-Schuckert-Werke nach Angabe des Verfassers.)

Prüfung von Porzellanisolatoren mit Hochspannung.

Fig. 37.

Künstliches St. Elmsfeuer auf einem Porzellanisolator.

Fig. 38.

Noch überraschender als das Spiel mit den Massenwirkungen sind für den Laien die mancherlei elektrischen Entladungen mit Licht- und Funkenerscheinungen, die sich einstellen können. Schon die einfache Prüfung eines Isolators, Fig. 37, wirkt auf den Nichtfachmann etwas beunruhigend.

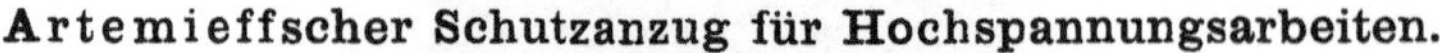

Artemieffscher Schutzanzug für Hochspannungsarbeiten.

Fig. 39.

Der Körper ist durch Umhüllung mit Drahtgaze gegenüber Hochspannungsentladungen kurz geschlossen.

Noch überraschender ist es, wenn plötzlich in Niederspannungsstromkreisen erhöhte Spannungen auftreten, was mit besonderer Kunst erreicht werden kann. Nimmt man z. B. den anfangs benützten Spulenapparat (Fig. 3) und schaltet einen sogenannten Kondensator zur sekundären Spule parallel, so überlagern sich die magnetischen Wirkungen der zwei Spulen aufeinander so eigenartig, daß die Spannung nicht, wie sonst, mit wachsender Stromstärke fällt, sondern steigt. Bei geschickter Ausnützung dieser Wirkung lassen sich ganz amüsante Kunststückchen machen. Man kann z. B. ein künstliches St. Elmsfeuer erzeugen, Fig. 38, oder die Wirkung in einer Spule so mächtig steigern, daß oben Blitze herausfahren. Das ist doch ganz gewiß gefährlich!? Aber ein Mann im Hochspannungs-Taucheranzug, einer Erfindung des russischen Professors Artemieff, tritt als Retter auf und beseitigt die schreckenverbreitenden elektrischen Zungen, er faßt die Zuleitungen an und macht Kurzschluß!!

Wenn wir nun aber alle immer solche Schutzanzüge tragen sollten, dann würde es in der Welt recht unbequem werden, und ob Jemand in diesem Kostüm zu Wasser oder zu Lande wohlgemut, sicher und wehrhaft seinen Dienst tun könnte, das ist sehr zweifelhaft. Zum Glück können wir aber das Drahtfutteral entbehren, und zwar körperlich ebensogut wie geistig. Der Schutzanzug ist ein Sinnbild des Zustandes, zu dem wir kommen würden, wenn man mit den bei der Elektrotechnik begonnenen Revisionsbestrebungen in logischer Konsequenz allmählich auf andere Gebiete übergehend fortfahren sollte. Dann wäre eine Zeit zu erwarten, in der der Mensch in ein Netz von Sicherheits- und Polizeivorschriften eingesponnen von Tag zu Tag mehr verlernen würde, dem wahren Leben mutig und klug ins Gesicht zu sehen. Die so sich allmählich und unbemerkt wie eine schleichende Krankheit entwickelnde Hinfälligkeit müßte den Feinden deutscher Arbeit und deutscher Kultur die allergrößte Freude bereiten. Deshalb soll die deutsche Technik sich zum Bewußtsein bringen, daß es hier gilt, eine wirkliche Gefahr abzuwenden.

Anhang.

„Unfallverhütungskosten“ bei den Berufsgenossenschaften.*)

Jahr	Überwachung der Betriebe	Kosten bei Erlaß von Unfall-verhütungs-Vorschriften	Prämien und Fürsorge	Zusammen
1890	297 459,89	25 492,43	5 114,78	328 517,10
1891	276 407,15	19 276,83	15 692,11	306 376.09
1892	311 081,26	16 942,71	17 355,63	345 379,60
1893	394 478,30	12 581,97	28 741,69	435 801,96
1894	397 587,51	9 672,25	38,600,01	445 859,77
1895	444 407,06	5 610,21	95 800,39	545 817,66
1896	428 461,93	6 243,36	203 941,76	638 647,05
1897	446 027,66	5 572,00	313 459,21	765 058,87
1898	485 801,79	32 997,29	473 536,94	992 336,02
1899	481 007,58	26 127,06	586 345,18	1 093 479,82
1900	536 070,43	37 387,98	582 682,60	1 156 141,01
1901	564 123,88	18 563,22	555 161,72	1 137 848,82
1902	622 163,97	14 489,59	650 260,82	1 286 914,33
1903	705 057,81	28 635,71	681 564,11	1 415 267,63

*) Nach den amtlichen Nachrichten des Reichs-Versicherungs-Amtes.

Ergebnis einer Rundfrage bei öffentlichen Elektrizitätswerken betreffend Unfälle.

Abgesandt wurden 142 Anfragen (entsprechend dem Mitgliederverzeichnis der Vereinigung der Elektrizitätswerke).

Es gingen 75 Antworten ein.

57 Werke melden, daß bei ihnen kein einziger Unfall durch elektrische Ursachen eingetreten sei. Von diesen Werken sind in Betrieb seit:

1886 . . . 1		1893 . . . 3		1899 . . . 4	
1888 . . . 1		1894 . . . —		1900 . . . 3	
1889 . . . 1		1895 . . . 3		1901 . . . 3	
1890 . . . 1		1896 . . . 6		1902 . . . 5	
1891 . . . 2		1897 . . . 5		1903 . . . 4	
1892 . . . 2		1898 . . . 5		1904 . . . 1	

Von den Übrigen konnte der Eröffnungstermin nicht ermittelt werden. Diese Werke gruppieren sich hinsichtlich der höchsten vorkommenden Spannung wie folgt:

220 Volt	8 Werke		600 Volt	2 Werke		3250 Volt	1 Werk	
300 „	1	„	1000 „	1	„	4000 „	2	„
440 „	9	„	2200 „	1	„	4200 „	1	„
500 „	5	„	2750 „	1	„	5000 „	2	„
550 „	3	„	3000 „	3	„	5300 „	1	„

Von Unfällen ohne tödlichen Ausgang bei überwiegend sehr leichten Verletzungen sind zu zählen:

bei 1 Werk seit 1885 arbeitend	1
„ 2 „ „ 1890 „	18[*]
„ 1 „ „ 1891 „	1
„ 1 „ „ 1892 „	3
„ 1 „ „ 1895 „	1
„ 1 „ „ 1896 „	2
„ 1 „ „ 1899 „	1
„ 1 „ „ 1897 „	9[**]
„ 1 „ „ 1900 „	2
„ 2 „ „ 1901 „	2
„ 1 „ „ 1902 „	1

Im ganzen bei 12 Werken 41

bei 1 Werk seit 1885 arbeitend	2
„ 1 „ „ 1891 „	2
„ 2 „ „ 1895 „	4
„ 1 „ „ 1897 „	3
„ 5 „ „ 1899 „	10[***]
„ 1 „ „ 1900 „	1

Im ganzen bei 10 Werken 22

Die Anzahl der Werke, die hier behandelt wurden, multipliziert mit den Betriebsjahren, ergibt 575 Werkbetriebsjahre.

Es folgt also pro Werk und Jahr an Verletzungen 0,071

„ „ „ „ „ Todesfällen 0,038.

Bemerkenswert ist, daß bei den Werken, die nach 1900 eröffnet wurden, keine tödlichen und bei solchen, die nach 1902 eröffnet wurden, überhaupt keine elektrischen Unfälle vorkamen.

---

[*] 17 in einem durch eine Behörde betriebenen Werk.

[**] Versorgungsgebiet 3 Städte und 25 Gemeinden (400 000 Einwohner).

[***] Hiervon u. a. ein Fall, wo jemand den Leitungsdraht nachts abschneiden und stehlen wollte.

Sogenannte „elektrische" Unfälle, die in den Jahren 1903—1905 in der Accumulatorenfabrik Aktiengesellschaft in Hagen vorgekommen sind:

Name	Wodurch ist der Unfall entstanden?	Zeitdauer der Erwerbs-unfähigkeit		Bezieht der Verletzte infolge dieses Un-falls Rente?
		von	bis	
Abendroth, Frz.	Beim Reinigen eines in Betrieb befindlichen Elektromotors die innere Fläche der linken Hand zerrissen	20. 2. 03	13. 6. 03	ja
Böttcher, Paul	Durch Kurzschluß an einer Dynamomaschine in Anlage Schmidt, Elberfeld, den Zeigefinger (rechten und linken) und linken Mittelfinger verbrannt	6. 9. 03	9. 9. 03	nein
Dülfer, Jean	Durch Bruch der Leiter, welche D. zwecks Verlegen elektrischer Leitungen bestiegen hatte, stürzte er aus einer Höhe von ca. 5 m auf den Hof und erlitt hierbei einen Bruch des äußeren l. Knöchels des Unterschenkels und l. Armverletzung	5. 12. 03	16. 3. 04	ja
Rügamer, Wilh.	Durch beim Losbinden der Zellenschalterleitungen entstandenen Kurzschluß eine Brandwunde am Zeige- und Mittelfinger der l. Hand zugezogen	18. 7. 04	23. 8. 04	ja
Wagemann, Ferd.	Beim Besteigen eines Baumes zwecks Aufhängen einer Bogenlampe brach ein Ast und W. stürzte ca. 8 m vom Baum in das Ennepebett und zog sich hierbei einen Bruch des Stirnbeins, des Oberkiefers und des Nasenbeins zu	27. 8. 04	6. 11. 05	ja
Günther, Pet.	Durch entstandenen Kurzschluß zwischen Säurepumpe und Batteriekasten die linke Gesichtsseite über und neben dem Auge verbrannt	28. 11. 04	29. 11. 04	nein
Kistner, Frz.	Durch Kurzschluß an der Zellenschalterverbindung Brandwunden an der Hand und im Gesicht zugezogen	19. 12. 04	24. 12. 04	nein
Kozurek, Ant.	Durch Kurzschluß, welcher zwischen zwei Elementen durch die Lötlampe hervorgerufen wurde, wobei sich das Benzin entzündete, verbrannte sich K. das Gesicht und die linke Hand	4. 3. 05	13. 3. 05	nein

Name	Wodurch ist der Unfall entstanden?	Zeitdauer der Erwerbs-unfähigkeit		Bezieht der Verletzte infolge dieses Un-falls Rente?
		von	bis	
Wrobbel, Mich.	W. hatte ein Luftleitungsrohr zu streichen und verursachte hierbei mit dem Farbtopf Kurzschluß an den vorbeiführenden Starkstromleitungen und verbrannte sich Gesicht und Hände	16. 3. 05	1. 4. 05	nein
Borggräfe, Gust.	Beim Verbinden der Leitung mit einem Stromzeiger entstand Kurzschluß und verbrannte sich B. die linke Hand	4. 4. 05	15. 4. 05	nein
Grabow, Louis	Beim Laden eines elektrischen Bootes entstand durch Zusammenknüpfen von zwei Kabelenden Kurzschluß, wobei sich G. Gesicht und r. Hand verbrannte	23. 5. 05	4. 6. 05	nein
Trinkwitz, Carl	Beim Anbringen eines Ausschalters, wobei T. den stromführenden Leitungen zu nahe kam, entstand Kurzschluß, wodurch er schwere Brandwunden an der l. Hand und leichte Brandwunden am l. Auge erlitt	1. 9. 05		?

Zusammengestellt ist das Resultat folgendes:

Jahr	Arbeiterzahl	Gesamtunfälle	Davon auf Elektrizität zurück-geführte*)
1903	890	51	3
1904	1360	64	4
1905	2000	55	5
Durchschnitt	1416	57	4

Wie aus dem Verzeichnis der angeführten Unfälle hervorgeht, ist keiner tödlich verlaufen, vielmehr sind nur einige von ihnen etwas schwererer Natur, während die andern als harmlos zu bezeichnen sind. Die auf Elektrizität zurückzuführenden Unfälle betragen nur 7 % aller vorgekommenen Unfälle. Auf 350 Arbeiter entfällt überhaupt im Jahr nur ein einziger auf Elektrizität zurückzuführender Unfall.

Noch günstiger stellt sich das Verhältnis für die Montage.

---

*) Man beachte, was dabei alles mitgerechnet wird!

Nachweisung

der bei Ausführung von Montagearbeiten in den Jahren 1903 und 1904 vorgekommenen Betriebsunfälle.

I. Im Jahre 1903.

Beschäftigt wurden durchschnittlich:

200 Monteure und 95 Hilfsarbeiter, zusammen 295 Personen.

Es ereigneten sich folgende Unfälle:

a) Quetschungen beim Materialtransport, Verletzung bei sonstigen Hantierungen sowie durch Unvorsichtigkeit . . . . 11 Fälle

b) Schnittwunden durch Glas (Glasrohre und Elementgläser) . . . . 6 „

c) Ätzung der Augen usw. durch Schwefelsäure infolge Unvorsichtigkeit . . . . 3 „

d) Durch Kurzschluß hervorgerufene Unfälle . . . — „

Summa . . . . . 20 Fälle.

Todesfälle kamen keine vor, die Verletzungen waren unbedeutender Natur, heilten in längstens 14 Tagen und ließen keine Beeinträchtigung der Erwerbsfähigkeit zurück.

II. Im Jahre 1904.

Beschäftigt wurden durchschnittlich:

275 Monteure und 140 Hilfsarbeiter, zusammen 415 Personen.

Es ereigneten sich folgende Unfälle:

ad a) . . . . 10 Fälle

„ b) . . . . 6 „

„ c) . . . . 2 „

„ d) . . . . 1 „

Summa . . . 19 Fälle.

Todesfälle kamen ebenfalls nicht vor, die Verletzungen waren ebenfalls leichterer Natur mit Ausnahme eines Falles ad b), wobei sich ein Monteur an einem Elementglase 4 Hauptschlagadern zerschnitt und infolgedessen Krankenhausaufnahme nachgesucht werden mußte.

Die durch Elektrizität entstandenen Unfälle bestehen somit in 2 Jahren bei durchschnittlich 355 beschäftigten Personen in einem einzigen durch Kurzschluß hervorgerufenen. Der Kurzschluß entstand dadurch, daß ein Monteur die Lötlampe auf 2 Bleileisten von Elementen stellte, zwischen denen hohe Spannung war, also durch grobe Fahrlässigkeit. Hierbei verbrannte er sich 2 Finger, die in 14 Tagen wieder heil waren.

Zusammenstellung der Ursachen der bei einer großen Feuerversicherungsgesellschaft behandelten Brände.

Jahr	Zündungen durch sonstige u. unermittelte Ursachen durch Feuerungsanlagen, durch fehlerhafte Baukonstruktion und Selbstzündungen	Zündungen durch unvorsichtiges Umgehen mit Feuer und Licht	Zündungen durch unvorsichtiges Umgehen mit Streichhölzern durch ältere Personen	Zündungen durch unvorsichtiges Umgehen mit Streichhölzern durch Kinder unter 12 Jahren	Vorsätzliche und mutmaßliche Brandstiftung	Anzahl der Blitzschläge	Anzahl der Explosionen	Zündungen in elektrischen Anlagen
1894	1586	1351	302	144	1215	238	234	7
1895	2500	1758	335	356	1092	354	253	22
1896	1976	1643	430	165	793	257	235	20
1897	2032	1931	470	213	871	241	233	26
1898	1935	1971	493	261	703	186	232	19
1899	2309	2144	591	296	841	330	245	35
1900	2251	2036	588	261	730	325	254	40

Zusammenstellung der bei einer großen deutschen Feuerversicherungs-Gesellschaft in den Jahren 1900 bis 1904 angemeldeten „Brände", die durch elektrische Licht- und Kraftanlagen veranlaßt worden sind.

Man beachte die weitgehende Anwendung des Begriffes „Brand".

Tag des Brandes 1900	Entstehungsursache	erwiesen	mutmaßlich	Art der betroffenen Objekte	Höhe des Schadens M.
12. 1.	Kurzschluß		„	Waren	4 053,40
„	do.		„	Gebäude	408,15
4. 1.	Absprlngen von Funken von den Kohlenstiften einer Bogenlampe		„	Kleidungsstücke	20,00
6. 2.	Kurzschluß		„	Vorräte	478,78
14. 2.	do.		„	Waren	—
3. 3.	do.		„	Vorräte	2 034,65
7. 3.	do.		„	Maschinen und Vorräte	41 415,30
7. 3.	Zerspringen einer Glühlichtbirne	„		do.	1 042,84
14. 3.	Kurzschluß		„	Gebäude, Maschinen und Vorräte	16 263,00
18. 3.	do.		„	Elektromotor	565,98
28. 3.	do.		„	Vorräte	1 838,00
14. 4.	do.		„	Maschinen und Vorräte	16 820,65
25. 4.	do.	„		do.	3 906,00
1. 5.	do.	„		Mobiliar	342,00
„	do.	„		Modell	35,00
1. 6.	do.		„	Gebäude	40,00
6. 6.	Herabfallen glühender Kohlenteilchen einer Bogenlampe	„		do.	24 167,00
„	do.	„		do.	31,00
18. 6.	Kurzschluß	„		Mobiliar	58,82
25. 6.	do.		„	Mobiliar und Waren	4 128,39
9. 7.	do.		„	Elektromotor	600,00
24. 8.	do.		„	Gebäude, Maschinen und Vorräte	311,65
5. 10.	do.		„	Maschinen, Utensilien und Vorräte	5 854,15
2. 10.	do.	„		Elektr. Leitung	51,81
5. 10.	do.		„	Utensilien	—
4. 10.	Man hatte ein elektr. Bügeleisen auf einigen Kopfkissenbezügen stehen lassen, ohne den Strom auszuschalten	„		Wäsche	26,00
19. 10.	Eine Fahne war gegen die Drähte der elektr. Leitung geweht worden	„		Fahne	7,00
2. 11.	Kurzschluß		„	Mobiliar	457,50
„	do.		„	do.	101,43
„	do.		„	do.	45,00
8. 11.	do.	„		Kleidungsstücke	15,00
22. 11.	do.		„	Waren	62,98

Tag des Brandes 1900	Entstehungsursache	er-wiesen	mut-maßlich	Art der betroffenen Objekte	Höhe des Schadens M.
23. 11.	Kurzschluß		„	Inventar, Vorräte	11,95
5. 12.	do.	„		Gebäude, Maschinen und Vorräte	612,86
4. 12.	do.	. „		Mobiliar	83,50
8. 12.	do.	„		do.	25,00
13. 12.	do.		„	Waren	6,86
13. 8.	do.	„		Akkumulatoren-Wagen	25,48
24. 12.	Herabfallen eines Glühstiftteilchens auf ein Kleidungsstück	„		Kleidungsstück	3,25
?	Elektr. Glühbirnen sind mit Kleiderstoffen in Berührung gekommen	„		Waren	22,50
1901					
5. 1.	Kurzschluß		„	ein Pelz	20,00
18. 1.	do.		„	Gebäude	749,00
16. 1.	do.	„		Akkumulatoren-Wagen	119,66
3. 2.	Eine seidene Bluse ist infolge längerer Berührung mit einer elektr. Glühbirne versengt	„		eine seidene Bluse	40,00
4. 2.	Kurzschluß		„	Elektromotor	27,54
15. 2.	do.	„		Motorwagen	133,62
21. 2.	do.		„	Trockenapparate	638,67
23. 2.	Infolge Berührung mit einer elektr. Glühbirne	„		Anzüge	12,00
4. 3.	Kurzschluß		„	Motorwagen	157,86
11. 3.	do.	„		Telephon-Apparat	66,38
10. 4.	do.		„	Gebäude	78,00
6. 4.	do.	„		Waren	40,00
14. 4.	do.	„		Gebäude, Treibriemen	78,84
2. 3.	do.	„		Motorwagen	8,90
4. 4.	do.	„		do.	—
9. 4.	do.	„		do.	—
14. 1.	do.	„		do.	—
12. 4.	do.	„		Gebäude	6,76
25. 4.	do.		„	Gebäude, Maschinen und Vorräte	168 022,80
19. 5.	Eine Fahne ist gegen den elektr. Leitungsdraht geweht worden	„		Fahne	16,00
28. 5.	Kurzschluß		„	Gebäude	17,50
1. 6.	do.	„		do.	375,00
4. 6.	do.		„	Inventar, Ernte	1 622,00
4. 6.	do.	„		Laden-Einrichtung	45,00
7. 5.	do.	„		Akkumulatoren-Wagen	—
26. 5.	do.	„		do.	—
5. 6.	do.	„		do.	12,35
29. 5.	do.	„		do.	8,71

Tag des Brandes 1901	Entstehungsursache	erwiesen	mutmaßlich	Art der betroffenen Objekte	Höhe des Schadens M.
13. 6.	Kurzschluß	„		Akkumulatoren-Wagen	10,60
3. 7.	do.	„		do.	10,73
26. 7.	Eine Bluse ist mit einer elektr. Glühbirne in Berührung gekommen	„		Bluse	6,00
20. 8.	Kurzschluß	„		Vorräte	117,30
1. 9.	do.	„		Mobiliar	40,00
12. 9.	do.	„		Gebäude	23,75
23. 9.	do.		„	Gebäude, Maschinen, Vorräte	19 961,90
28. 9.	do.		„	Maschinen usw., Vorräte	1 900,00
14. 10.	do.		„	Gebäude usw., Vorräte	14 502,00
20. 10.	do.		„	do.	553,94
6. 11.	do.		„	elektr. Leitung	104,57
8. 11.	do.		„	Kontor-Einrichtung, Vorräte	24,60
3. 12.	do.		„	Theater-Requisiten	250,00
27. 11.	do.		„	Mobiliar	64,10
7. 12.	do.	„		Akkumulatoren-Wagen	11,44
11. 12.	do.		„	Motor	11,47
12. 12.	do.	„		Akkumulatoren-Wagen	—
31. 12.	do.	„		Theater-Requisiten	56,00
22. 12.	do.		„	Getreidesäcke	23,00
1902					
1. 1.	do.	„		Gebäude	43,46
6. 1.	do.	„		Gebäude und Mobiliar	467,00
20. 1.	do.		„	Operngläser	60,00
24. 1.	Mangelhafte Anlage der elektr. Lichtleitung		„	Mobiliar, Maschinen und Vorräte	1 891,30
27. 1.	Kurzschluß		„	elektr. Anlage	74,40
27. 3.	do.	„		Gebäude	50,00
20. 1.	do.		„	Theater-Requisiten	60,00
20. 1.	do.		„	Opernglas	95,00
11. 4.	do.	„		Mobiliar	136,50
17. 5.	Eine Glühlampe fiel auf einen Stoß Tuch, die Glasbirne zersprang und der glühende Draht brannte ein Loch in das Zeug ein	„		s. vorn	12,00
29. 5.	Kurzschluß		„	Motorwagen	1 082,00
18. 6.	do.		„	Getreide	66,50
6. 7.	Man hatte einen elektr. Kochapparat, ohne den Strom abzustellen, auf einem Tische stehen lassen	„		Mobiliar	18,00
26. 7.	Kurzschluß	„		do.	53,00
8. 8.	do.	„		Theater-Requisiten	200,00
7. 8.	do.	„		Gebäude	5,00

Tag des Brandes 1902	Entstehungsursache	er- wiesen	mut- maßlich	Art der betroffenen Objekte	Höhe des Schadens M.
25. 8.	Kurzschluß	„		Gebäude	40,00
30. 8.	do.	„		Mobiliar	125,00
16. 9.	do.	„		Hemden	4,00
20. 9.	do.	„		Mobiliar	67,20
20. 9.	do.	„		Elektromotor	3,20
27. 9.	do.		„	Mobiliar	3 002,80
27. 9.	do.		„	Mobiliar und Vorräte	138,75
5. 10.	do.		„	Gebäude	47,25
11. 10.	do.		„	Vorräte	50,00
12. 10.	do.		„	Mobiliar	149,60
22. 10.	do.		„	Gebäude	99,17
3. 11.	do.		„	Gebäude, Utensilien, Vorräte	39 211,00
10. 11.	do.		„	Wäschestücke	50,00
5. 11.	Ein Muff ist mit einer elektr. Glüh- birne in Berührung gekommen		„	s. vorn	3,00
4. 11.	Kurzschluß		„	Gebäude, industrielles Material	38,00
29. 11.	do.		„	Mobiliar, landwirtschaft- liches Inventar, Ernte	2 281,20
29. 11.	do.		„	Mobiliar	1 134,10
29. 11.	do.		„	Mobiliar und Ernte	211,20
6. 12.	Infolge Zerplatzens einer elektr. Glühbirne wurde ein zum Deko- rieren eines Schaufensters benutztes Kissen beschädigt	„		s. vorn	4,50
11. 12.	Kurzschluß		„	Gebäude, Maschinen und Vorräte	13 700,00 —
17. 12.	do.	„		Mobiliar	17,00
29. 12.	do.	„		Kleidungsstücke	10,00
1. 1.	do.	„		Akkumulatoren-Wagen	—
25. 1.	do.		„	Materialien, Werkzeuge	175,09
8. 1.	do.	„		Akkumulatoren-Wagen	—
20. 2.	do.	„		do.	—
12. 2.	do.	„		do.	—
27. 2.	do.		„	Mobiliar	17,00
2. 3.	do.	„		Akkumulatoren-Wagen	—
26. 2.	do.		„	Kontor-Einrichtung	15,00
21. 3.	do.		„	Motorboot	1 091,46
28. 3.	do.		„	Mobiliar	142,75
16. 7.	do.		„	Akkumulatoren-Wagen	—
2 8.	do.		„	elektr. Leitung	64,40
7. 9.	do.		„	Maschinen, Utensilien	458,50
29. 11.	do.		„	Gebäude, Maschinen, Vorräte	182,10

Tag des Brandes 1902	Entstehungsursache	erwiesen	mutmaßlich	Art der betroffenen Objekte	Höhe des Schadens M.
30. 11.	Kurzschluß	„		Motorwagen	6,87
12. 12.	do.		„	Akkumulatoren-Wagen	16,47
10. 12.	Ein Monteur ist mit einem hochgespannten elektr. Leitungsdraht in Berührung gekommen, wodurch seine Kleidung in Brand geriet	„		s. vorn	4,20
1903					
7. 2.	Kurzschluß	„		Mobiliar	8,00
8. 2.	do.		„	Gebäude und Maschinen	279,28
14. 2.	do.		„	Gebäude, Maschinen und Vorräte	7 408,40
12. 2.	do.	„		Maschinen und Vorräte	49,00
19. 2.	do.	„		Vorräte	92,70
23. 2.	do.	„		Motorwagen	13,95
20. 11. 02	do.		„	Elektromotor	33,70
28. 3.	In einem Schaufenster fiel ein Unterrock auf eine Glühlampe und wurde dadurch beschädigt	„		s. vorn	5,00
10. 5.	Kurzschluß	„		Dekoration eines elektr. Kronleuchters	3,00
20. 5.	do.	„		Mobiliar	10,00
30. 5.	do.		„	Vorräte	471,65
11. 6.	do.		„	Mobiliar	150,00
19. 6.	do.	„		do.	545,25
14. 6.	do.		„	do.	40,00
11. 6.	Eine Fahne war gegen die elektr. Leitung geweht worden	„		s. vorn	6,00
27. 6.	Kurzschluß		„	Mobiliar	782,95
27. 6.	do.		„	do.	100,00
12. 7.	do.	„		do.	6,90
22. 7.	do.		„	Gebäude, Mobiliar	8 491,00
23. 7.	do.	„		Eisenbahnwagen	2 030,14
4. 9.	do.	„		do.	91,59
5. 10.	do.	„		Mobiliar	238,00
6. 10.	do.		„	Mobiliar, Inventar, Ernte	1 953,90
2. 10.	Ein elektr. Frisierapparat ist mit einem Teppich in Berührung gekommen	„		s. vorn	40,00
11. 10.	Eine Fahne ist gegen die elektr. Leitung geweht worden	„		s. vorn	9,00
6. 10.	Kurzschluß		„	landwirtschaftliches Inventar	25,00
21. 10.	do.	„		Dynamomaschine	—
22. 10.	do.	„		elektr. Krone	—
25. 9.	do.	„		elektr. Leitung	3,29

Tag des Brandes **1903**	Entstehungsursache	er-wiesen	mut-maßlich	Art der betroffenen Objekte	Höhe des Schadens M.
2. 11.	Kurzschluß		„	Gebäude, Maschinen, Vorräte	1 005,00
4. 11.	do.		„	Maschinen, Vorräte	490,39
27. 11.	do.		„	Gebäude	44,61
15. 12	do.		„	Mobiliar	—
1904					
7. 1.	do.	„		Motor	17,40
21. 1.	do.		„	Elektromotor	90,17
8. 2.	Eine elektr. Glühlampe ist mit einem Bett in Berührung gekommen	„		s. vorn	44,00
5. 4.	Kurzschluß		„	Waren, Einrichtung	10 816,58
27. 4.	do.	„		Elektromotor	422,00
5. 5.	do.	„		Mobiliar	59,10
12. 5.	do.	„		do.	70,00
11. 5.	do.	„		Gebäude	6,41
14. 6.	do.		„	Maschinen und Modelle	2 269,75
21. 6.	do.		„	Utensilien, Vorräte	15,00
22. 6.	do.	„		Mobiliar	10,30
6. 7.	Funken von einer Bogenlampe	„		ein photogr. Apparat	40,00
14. 7.	Kurzschluß	„		Maschinen	90,30
31. 7.	do.		„	Eisenbahnwagen	3 191,00
1. 8.	Durch Kohlenteilchen einer Bogen-lampe	„		Utensilien	114,50
6. 8.	Kurzschluß	„		Mobiliar	26,00
18. 8.	do.		„	Gebäude, Maschinen, Vorräte	23 514,07
31. 8.	do.		„	Geschäfts-Einrichtung	53,00
15. 9.	do.		„	Inventar	30,00
28. 9.	Infolge Berührung von Kleider-stoffen mit einer Glühbirne	„		Kleiderstoffe	24,00
27. 9.	Kurzschluß	„		Gebäude	11,00
16. 10.	Infolge Versagens der Sicherung eines elektr. Bügeleisens	„		Mobiliar	30,00
11. 10.	Kurzschluß		„	do.	268,77
11. 10.	do.	„		Billard	32,60
5. 10.	do.	„		Mobiliar	60,00
3. 11.	do.	„		Apparate, Utensilien	18,02
7. 11.	Ein glühender Kohlenstift einer Bogenlampe war mit einem Teppich in Berührung gekommen	„		s. vorn	52,50
27. 10.	Kurzschluß		„	Apparate	105,00
11. 11.	do.		„	Mobiliar, Maschinen, Vorräte	385,00
13. 11.	Eine Glühbirne war auf einen Tischläufer gefallen	„		s. vorn	67,50

Tag des Brandes 1904	Entstehungsursache	erwiesen	mutmaßlich	Art der betroffenen Objekte	Höhe des Schadens M.
20. 11.	Kurzschluß		„	Gebäude	45,00
24. 11.	do.	„		Pelzsachen	20,00
20. 12.	do.	„		Gebäude	102,00
23. 12.	do.	„		Gebäude, Apparate	186,06
23. 12.	In einem Schaufenster ist ein Kissen mit einer elektr. Glühbirne in Berührung gekommen	„		s. vorn	5,50
31. 12.	Kurzschluß		„	Gebäude, Maschinen und Vorräte	192,67

Diskussion.

Herr Marinebaumeister Engel-Berlin:

Der Herr Vortragende hat in der allgemeinen Betrachtung, welche er dem gesamten elektrischen Installationswesen gewidmet hat, verschiedentlich auf spezielle Bordkonstruktionen Bezug genommen und daran seine Verbesserungsvorschläge geknüpft. U. a. hat er vorgeschlagen — wenigstens in dem gedruckten Vortrage — anstelle der jetzt an Bord verwendeten Draht- oder Streifensicherungen Patronensicherungen einzuführen. Er hat dazu als Beleg einen Fall auf Eurer Königlichen Hoheit Yacht „Lensahn" angeführt, woselbst ein Sicherungskasten in der üblichen Marineausführung zu feuergefährlichen Erscheinungen Anlaß gegeben hat, indem beim Durchschlagen der Sicherung der Lichtbogen sich nach dem Gehäuse zog, und unter nach außen tretendem Feuer den Kasten zerstörte.

Solche Fälle sind auch innerhalb der Marine in älteren unvollkommenen Anlagen vielfach vorgekommen. Namentlich wenn wir Anlagen, welche für eine Bordspannung von 67 oder 74 Volt gebaut waren, von der Werft her mit einer dort gebräuchlichen Spannung von 110 Volt speisten, hatten wir häufig die Erscheinung, daß die Kästen durchschlugen. Die Polabstände waren eben zu gering für diese höhere Spannung, der Lichtbogen sprang nach dem Gehäuse über, und dann war der Kasten erledigt.

Wir haben aber daran gelernt. Man hat zunächst die Bleisicherungen, deren man sich früher bediente, durch Silberdrahtsicherungen, welche eine bedeutend geringere Schmelzmasse haben, ersetzt. Man hat zweitens die Polabstände vergrößert, und wo dies nicht anging oder nicht rätlich erschien, hat man isolierende Zwischenwände eingeführt. Neuerdings erproben wir auch vor dem Einbau an Bord unsere Sicherungskästen daraufhin, ob sie bei Überspannung und künstlich hergestelltem Kurzschluß unter allen Umständen feuersicher sind und haben in dieser Beziehung auch die besten Erfolge erzielt.

Patronensicherungen einzuführen verbietet sich zurzeit aus verschiedenen Gründen. Zunächst brauchen Patronensicherungen einen verhältnismäßig großen Raum, sodann haben sie ein bedeutendes Gewicht, kosten viel und sind bislang auch noch nicht über Stromstärken von 100 Ampère entwickelt, während wir an Bord Streifensicherungen bis zu 400 Ampère Betriebsstromstärke und höher verwenden. Ich glaube, die Patronensicherungen auf größere Stromstärken zu entwickeln, begegnet einer grundsätzlichen Schwierigkeit, da es kaum angängig ist, unter Beibehaltung der Patronenform einen guten Kontakt für hohe Stromstärken herzustellen. Es ist mir übrigens nicht bekannt, daß man in anderen gleichartigen Anlagen, wie unterirdischen Kabelnetzen und auch in Bergwerken für größere Stromstärken Patronensicherungen verwendet; sondern man hat da in ähnlicher Weise wie an Bord in wasserdichten Kästen eingeschlossene Sicherungsstreifen.

Im übrigen gehen wir bei dem Einbau der Sicherungskästen an Bord auch in anderer Hinsicht vorsichtig vor. Wir ordnen Kästen grundsätzlich in solchen Räumen an, wo eine Feuergefahr ausgeschlossen ist. In Räumen, wo feuergefährliche Stoffe lagern oder irgendwie Explosionen auftreten könnten, ordnen wir weder Sicherungskästen, noch Schalter, noch Anschlußdosen, noch sonstige Apparate an, an denen Funken entstehen können. Wir haben daher auch die Beleuchtung derart eingerichtet, daß entweder die Beleuchtungskörper nur außerhalb des Raumes zugänglich sind, der Beleuchtungskörper wird mit seinem außerhalb des Raumes liegenden Ausschalter derart verblockt, daß er nur in abgeschaltetem Zustande geöffnet, revidiert und mit neuer Lampe versehen werden kann; und umgekehrt kann ein geöffneter Beleuchtungskörper nicht eingeschaltet werden, indem der Schalter so lange gesperrt ist.

Sodann hat der Herr Vortragende sich über Eisengummi, den wir in Installationen vielfach verwenden, ungünstig geäußert und dafür die Einführung von Porzellan in ausgedehnter Weise empfohlen. Gewiß, Eisengummi hat in einigen Beziehungen nicht so günstige elektrische Eigenschaften wie Porzellan. Aber er läßt sich vorzüglich bearbeiten, ein Vorteil, der bei der Verschiedenheit der einzelnen Marinekonstruktionen unter einander wesentlich ins Gewicht fällt. Bei Porzellan ist immer das Herstellungsverfahren langwierig, man braucht besondere Formen, und es lohnt sich daher nur da Porzellan anzuwenden, wo Massenartikel in Frage kommen. Wo dies in der Marine der Fall ist, haben wir uns auch nicht gescheut, Porzellan einzuführen, so z. B. bei Schaltersockeln. Für größere Kästen von Schwachstromanlagen, wo eine wesentliche Erwärmung durch die geringen Belastungen nicht auftritt, würde ich Eisengummi als Isoliersockel auch unbedingt für zulässig halten. Indes für Licht- und Kraftanlagen erscheint mir Eisengummi auch aus einem anderen Grunde nicht ganz angebracht. Wir haben vielfach die Erfahrung gemacht, daß Eisengummi sich bei höheren Temperaturen wirft. Es ist mir ein Fall bekannt, wo gerade durch das Werfen des Eisengummis zwei allerdings nahe liegende Schienen verschiedenen Potentials sich derart näherten, daß dadurch Kurzschluß entstand. Man hat daher neuerdings im Reichs-Marine-Amt Konstruktionen erwogen, bei denen Eisengummi als Sockel ganz vermieden wird. Man benutzt unmittelbar das Metallgehäuse, das die ganze stromführende Armatur umschließt, als Träger der stromführenden Teile, und verwendet ausschließlich Glimmer und Mikanit zur Isolation. Wir hoffen, dadurch Leitungsarmaturen zu gewinnen, welche in jeder Beziehung feuersicher und isolierungsfest sind und auch bedeutend höhere Spannungen vertragen könnten als diejenigen sind, welche wir zurzeit anwenden.

Schließlich hat der Herr Vortragende — allerdings, soviel ich habe feststellen können, ebenfalls nur in dem gedruckten Vortrage — zwischen Bergwerksanlagen und elektrischen Anlagen an Bord einen Vergleich gezogen. Er hat Bergwerksanlagen als in gewisser Beziehung vorbildlich für die elektrischen Anlagen an Bord bezeichnet und die geringen Spannungen, die man bislang an Bord verwendet, als rückständig im Gegensatz zu den 1000 und mehr Volt in Bergwerksanlagen hingestellt. Sicherlich sind zwischen beiden Installationszweigen große Ähnlichkeiten vorhanden. In beiden Fällen ist die elektrische Anlage gegen das Eindringen von Wasser, von Feuchtigkeit, von Staub sowie gegen mechanische Beschädigung zu schützen; ferner ist hier wie dort an manchen Stellen mit Explosionsgefahr zu rechnen. Dieses sind die Hauptpunkte, in denen die beiden Anlagen sich gleichen. Aber der grundsätzliche Unterschied besteht doch zwischen beiden Anlagen, daß man es bei Bergwerken hauptsächlich mit größeren Kraftübertragungsanlagen auf oft kilometerweite Entfernungen zu tun hat, während bei den elektrischen Anlagen an Bord eine vereinigte Glühlicht-, Bogenlicht- und Kraftübertragungsanlage vorliegt, deren äußere Ausdehnung sich vielleicht auf den Bereich einer großen Montagehalle erstreckt. Wenn man nun eine solche Montagehalle an Land für sich allein elektrisch zu installieren hätte, so würde man im allgemeinen zu niederen Spannungen greifen und auch meist zu Gleichstrom; letzteres namentlich, wenn man sich noch des Vorteils einer Akkumulatorenbatterie bedienen will, wie wir es an Bord haben, um sich für gewisse Anlageteile bei Ausfall der Primärmaschinen eine Reserve zu sichern. Aus diesem Grunde ist es daher auch anzuerkennen, daß der Verband Deutscher Elektrotechniker in seinen Beschlüssen vom Jahre 1903 Gleichstrom, und zwar eine niedere Spannung von 110 Volt, als den gegebenen Verhältnissen am besten entsprechend, empfohlen hat. Es ist indessen nicht unmöglich, daß wir die Spannung steigern, wenn wir wesentlich größere Anlagen auszuführen haben, als es die bisherigen sind. Bei einer solchen Steigerung der Spannung wird man indessen darauf bedacht sein müssen, auch die bewährten Marinekonstruktionen planmäßig weiter zu entwickeln, sodaß eine Gefährdung durch die elektrischen Anlagen unter allen Umständen ausgeschlossen ist, damit wir auch weiterhin mit gutem Gewissen wie heute sagen können, daß in Euerer Majestät Marine bislang durch Verschulden der Elektrizität noch kein Todesfall vorgekommen ist.

Herr Professor Wilhelm Kübler - Dresden:

Die Ausführungen über die Auswahl der Sicherungen für Bordzwecke, die sich im Abdruck des Vortrages finden, sind vielleicht doch etwas zu weitgehend aufgefaßt worden. Ich würde es in dieser Frage als Hochschulprofessor niemals ohne weiteres auf mich nehmen, in den Arbeitsbereich der Herren Spezialisten ohne eingehende Vorstudien einzudringen. Zu solchen Studien habe ich bisher weder Veranlassung noch Gelegenheit gehabt; ich muß mich daher durchaus dem anschließen, was über die planmäßige Entwickelung der Bordanlagen soeben gesagt wurde.

Wenn ich dagegen als Elektrotechniker auf das eingehen darf, was wir eben hörten, so möchte ich das eine doch zu bedenken geben: Wenn man mit Glimmer oder mit Eisengummi oder ähnlichen Stoffen isoliert, so kostet das jedenfalls immer ganz bedeutend mehr, als wenn man Porzellan nimmt, und das ist ein Grund, weshalb es unter allen Umständen berechtigt ist, den technisch, wie wir gesehen haben, ja sehr vervollkommneten Porzellankörpern die nötige Aufmerksamkeit zuzuwenden und zu prüfen, ob man sie nicht auch an Bord brauchen kann. Kann man sie nicht brauchen, so läßt man sie weg. — Also es liegt mir fern zu sagen, es müssen unbedingt Patronensicherungen genügen, und es muß unbedingt Porzellan genommen werden.

Was ferner die Spannung anbelangt und die Stromart, so bin ich der Überzeugung daß man in fünf, vielleicht auch schon in drei Jahren ganz anders darüber denken wird als heute. Man braucht bloß darauf hinzuweisen, wie sich die Landanlagen entwickelt haben. Wir wollen einmal ins Ausland gehen. Ich will daran erinnern, wie man sich in der Schweiz zu den elektrischen Bahnen gestellt hat. Da waren zunächst 500 Volt zu lebensgefährlich dann waren 750 Volt zu lebensgefährlich jetzt sind es 1000. Vielleicht sind es in drei Jahren

5000. Das hängt sehr davon ab, wie sich die Materialien entwickeln, mit denen man baut, und ich habe deswegen das Porzellan hier so in den Vordergrund gerückt, weil das dafür das allerbeste Beispiel ist, was man bei planmäßiger Entwickelung des Materials auf einen bestimmten Zweck hin erreichen kann.

Der Ehrenvorsitzende, Seine Königliche Hoheit der Großherzog von Oldenburg:

Wünscht noch von den Herren jemand das Wort? Wünschen Sie (zu Herrn Professor Kübler) noch ein Schlußwort? (Wird verneint.)

Dann spreche ich dem Herrn Vortragenden den wärmsten Dank der Schiffbautechnischen Gesellschaft aus für den für das tägliche praktische Leben hochwichtigen Vortrag. Ich möchte hoffen, daß derselbe richtig gewürdigt würde, und daß durch Ausnutzung der hier gebrachten, aus dem Leben genommenen Ratschläge die Unfälle zum Heile der Menschheit in Zukunft möglichst beschränkt werden möchten.

XVI. Versuche mit Schiffsschrauben und deren praktische Ergebnisse.

*Vorgetragen von **Rudolf Wagner**-Stettin.*

Es ist Ihnen bekannt, wie außerordentlich mannigfaltig, mitunter seltsam die Formen sind, die für den Schraubenpropeller seit dessen Einführung zur Fortbewegung von Schiffen im Laufe der Jahre vorgeschlagen wurden. Von all den zahlreichen Formen sind allerdings nur noch ganz wenige in praktischer Verwendung, in den meisten Fällen ist man der bequemen Herstellung wegen wieder zur ursprünglichen einfachen Schraube von Ressel oder Smith mit 2 bis 4 Flügeln von durchweg konstanter Steigung zurückgekehrt, und man hat damit bei einigermaßen richtiger Bemessung von Durchmesser, Steigung und Flügelareal im Vergleich zu den früheren Propellern von Hirsch, Griffith, Mangin usw. noch immer die besten Resultate erzielt. Damit ist natürlich noch nicht bewiesen, daß die einfache Schraube in der heute üblichen Ausführung im Prinzip auch immer die zweckmäßigste ist und in Bezug auf Ökonomie das überhaupt erreichbare Maximum darstellt. Es besteht jedenfalls große Wahrscheinlichkeit, daß sie durch sachgemäße Modifikationen noch verbesserungsfähig ist; in welcher Weise man dabei vorzugehen hat, darüber gehen allerdings die Meinungen noch ziemlich auseinander. Daß überhaupt das Propellerproblem an sich noch nicht vollkommen geklärt, beweisen die jüngsten Veröffentlichungen und Kontroversen in den Fachzeitschriften über die Wirkungsweise des Propellers, bei welcher Gelegenheit die widersprechendsten Ansichten geäußert wurden. Eine Klärung der Frage wird erst dann erzielt werden, sobald wir eine genaue Kenntnis einerseits der Strömungserscheinungen im Bereich der Schraube, anderseits über den Einfluß der verschiedenen Konstruktionselemente auf den Wirkungsgrad des Propellers besitzen. Auf Grund der unzähligen Probefahrten allein, die jahraus, jahrein gemacht werden, werden wir diese Kenntnis allerdings kaum jemals erlangen, da uns die Probefahrten immer nur ein individuelles Gesamtresultat liefern, sondern nur Hand in Hand mit systematischen Propellerversuchen in analysatorischer Richtung, wie solche von Herrn Prof. Dr. Ahlborn vergangenen Jahres hier vorgetragen wurden. Derartige Versuche erweisen sich z. B. als dringend notwendig mit Bezug auf Schiffs-Dampfturbinen, für welche die Schaffung eines bei den hohen Umdrehungszahlen noch einigermaßen ökonomischen Propellers zur Lebensfrage geworden ist.

Es liegt in der Natur der Sache, daß Experimente mit Modellpropellern, sofern aus ihnen praktische Schlüsse für die wirklichen Verhältnisse gezogen werden sollen, in einem möglichst großen Maßstabe und unter Umständen ausgeführt werden müssen, die denen der Wirklichkeit möglichst entsprechen. Eine Übertragung von dem Modell auf das Original ist nur dann in gewissen Grenzen richtig, wenn sich das umgebende Mittel, das Wasser, nicht ändert, da das Froudesche Ähnlichkeitsgesetz ja nur unter dieser Voraussetzung gilt; wird jedoch die Dichte des umgebenden Wassers bei hoher Umfangsgeschwindigkeit infolge Schaumbildung eine geringere, so können selbstredend die Resultate mit solch kleinen Propellern mit ganz geringer Umfangsgeschwindigkeit, wie sie z. B. in den Schleppversuchsstationen angewandt werden, keinen großen praktischen Wert beanspruchen.

Auf Anregung des Herrn Konsul Otto Schlick, Hamburg, hatte sich nun die Direktion der Stettiner Maschinenbau-Aktien-Gesellschaft „Vulcan" seinerzeit entschlossen, ebenfalls Versuche mit Schiffsschrauben, jedoch relativ größeren Maßstabs, mit einem elektrisch angetriebenen **Modellboot** von ca. 10 m Länge anzustellen, über welche Versuche mein Kollege Herr Dr. Foettinger bereits voriges Jahr hier einige vorläufige Mitteilungen machte. Mit Hilfe der exakten Meßeinrichtungen dieses Bootes war es wohl möglich, genaue Vergleiche mit verschiedenen Propellern auszuführen, sowie in möglichst fehlerfreier Weise den absoluten Wirkungsgrad eines solchen zu bestimmen. Im Wesen der Versuchsmethode ist es aber begründet, daß damit eine qualitative Beobachtung des Propellers und eingehende Untersuchung seiner Umgebung nur sehr schwierig ausführbar ist. Außerdem erlaubte die geringe zur Verfügung stehende Kraft nicht, gerade das so interessante und praktisch wichtige Gebiet hoher Umfangsgeschwindigkeiten zu erschließen.

In Erkenntnis dieses Umstandes stimmte daher die Direktion des „Vulcan" meinem Vorschlage bei, als Ergänzung der Bootsversuche **Tank-**

Reiseresultate des Schnelldampfers

Reise von Cherbourg nach Newyork.

Alte Schraubenflügel

Reise	Reisedauer			Zurück-gelegte Meilen	Mittlere Ge-schwin-digkeit p. Std.	Größtes Etmal	Mittlere Umdre-hung	Mittlere Gesamt-leistung	Bemerkungen
	Tage	Std.	Min.		Knoten	Meilen	n	JHP	
1903 1.	5	23	00	3160	22,10	560	80,24	37 300	Schiff stampft und rollt. Bewegt.
2.	5	21	48	3179	22,42	572	81,78	43 787	Leicht bewegt.
3.	5	21	58	3176	22,37	562	80,00	40 072	Bewegt.
4.	5	22	35	3143	22,04	566	78,5	39 101	„
5.	5	15	10	3052	22,58	580	78,7	42 003	„
6.	5	23	10	3052	21,32	545	75,92	38 815	Grobe See.
7.	5	17	10	3052	22,25	562	79,12	40 287	Sehr hohe See. Schiff rollt stark. 6 Stunden Nebel, reduz.
8.	5	21	10	3056	21,65	552	78,0	38 701	Nebel. 7 Stund. reduz. wegen Stampfens des Schiffes.
9.	5	21	10	3054	21,63	555	79,0	42 201	Bewegt.
1904 1.	6	10	10	3052	19,79	546	76,9	36 298	Meistens Sturm und sehr hoher Seegang.
2.	6	1	23	3143	21,62	557	77,6	38 541	Zeitweise Nebel, reduz.
3	6	3	25	3141	21,31	560	77,9	39 911	Stürmisches Wetter und hohe See.
4.	6	4	40	3140	21,12	534	78,0	40 237	Stürmisches Wetter und hohe See.
Mittel	5	23	98	3108	21,71		78,52	39 789	

Geschwindigkeit im Mittel (aus 26 Reisen) = **22,0** Seemeilen.

Neue Schraubenflügel

Reise	Reisedauer			Zurück-gelegte Meilen	Mittlere Ge-schwin-digkeit p. Std.	Größtes Etmal	Mittlere Umdre-hung	Mittlere Gesamt-leistung	Bemerkungen
1904 5.	5	22	50	3177	22,25	566	78,24	40 094	8 Std. reduz weg. Nebel.
6.	5	19	10	3170	22,78	576	79,4	43 735	5 „ „ „ „
7.	5	17	4	3139	22,90	581	79,1	43 488	
8.	5	12	44	3053	23,00	583	79,6	44 190	
9.	5	13	17	3049	22,88	574	78,77	41 673	Grobe WSW-See. 8 Std. halbe Kraft weg. Nebel.
10.	5	12	25	3049	23,03	581	79,5	43 501	
11.	5	21	25	3054	21,59	560	76,86	40,088	Sehr stürm. Wetter und hohe See von vorne, oft reduz. wegen heftigen Stampfens d. Schiffes.
Mittel	5	16	59	3099	22,63		78,78	42 395	

Geschwindigkeit im Mittel (aus 14 Reisen) = **22,79** Seemeilen

„Kaiser Wilhelm II."   Tabelle I.

Reise von Newyork nach Cherbourg.

D = 6950, Steig. (Mittel aus 26 Reisen) = 10 314, Abgew. Fl. = 13,55 qm.

Reise	Reisedauer			Zurück-gelegte Meilen	Mittlere Ge-schwin-digkeit p. Std.	Größtes Etmal	Mittlere Umdre-hung	Mittlere Gesamt-leistung	Bemerkungen
	Tage	Std.	Min.		Knoten	Meilen	n	JHP	
1.	6	1	30	3110	21,37	512	80,06	39 026	Sehr hohe See. Schiff stampft heftig.
2.	5	17	48	3109	22,56	533	81,35	41 588	Bewegte See.
3.	5	21	25	3086	21,82	522	80,5	41 103	„ „
4.	5	14	55	3048	22,86	541	79,65	41 280	„ „
5.	5	10	42	2971	22,73	530	79,32	43 570	Leicht bewegt.
6.	5	12	00	2970	22,50	536	79,5	44 390	10 Std. Nebel, reduz.
7.	5	17	20	2968	21,62	520	79,5	42 395	Grobe See, Schiff stampft und rollt.
8.	5	13	35	2983	22,33	537	79,6	42 141	Bewegte See.
9.	5	13	40	2980	22,29	532	80,5	43 863	„ „
1.	5	19	26	3065	21,99	532	80,0	41 822	Stürmisches Wetter und sehr hohe See.
2.	5	16	55	3084	22,53	534	80,0	42 214	Vor dem Kanal Nebel, gelotet und reduz.
3.	5	16	50	3080	22,51	536	80,4	42 400	Hohe See von hinten. Das Schiff rollte stark.
4.	5	17	18	3114	22,68	535	80,7	43 072	
Mittel	5	16	44	3044	22,29		80,08	42 220	

Mittlere Leistung = **41 005 JHP bei 79,30** Umdr.

D = 7200, Steig. variabel { max. 10 420 ; min. 8 600 } Abgew. Fl. = 17,49 qm.

Reise	Reisedauer			Zurück-gelegte Meilen	Mittlere Ge-schwin-digkeit p. Std.	Größtes Etmal	Mittlere Umdre-hung	Mittlere Gesamt-leistung	Bemerkungen
5.	5	11	58	3112	23,58	564	80,3	44 611	
6.	5	13	20	3100	23,26	542	79,56	44 450	Zeitweise Nebel, reduz.
7.	5	12	30	3075	23,21	546	79,00	43 660	Grobe See von hinten, Schiff rollte stark.
8.	5	10	10	2979	22,89	547	79,65	43 866	Zeitweise Nebel, reduz.
9.	5	8	20	2971	23,15	545	79,75	43 459	Grobe See von hinten, Schiff rollte stark.
10.	5	10	15	2969	22,79	538	79,49	42 983	Sehr grobe See, Schiff rollte und stampfte.
11.	5	16	00	2969	21,83	526	78,00	41 555	Sehr grobe See, Schiff rollte und stampfte
Mittel	5	11	48	3025	22,96		79,39	43 512	

Mittlere Leistung = **42 953 JHP bei 79,09** Umdr.

experimente auszuführen und zwar in der Weise, daß in einem Wasserbehälter von kettengliedartiger Form ein zirkulierender Wasserstrom von bestimmter Geschwindigkeit erzeugt wird und darin der Propeller an Ort und Stelle rotiert. Auf diesem Wege war es auch möglich, den Propeller bis zu praktisch vorkommenden Umfangsgeschwindigkeiten zu untersuchen, da ja der Leistung des Antriebsmotors theoretisch keine Grenze gezogen war.

Wie bereits angedeutet, verfolgten diese Versuche vor allem den Zweck, den Geschwindigkeitsverlauf des Wassers im Bereich der Schraube näher zu studieren, um daraus Material für die Konstruktion neuer und Beurteilung vorhandener Propeller zu gewinnen. Dank dem Freimut der Direktion des „Vulcan" bin ich in der Lage, Ihnen heute über die Tankversuche, die bereits vor ca. 2 Jahren ausgeführt wurden, zu berichten. Ich möchte noch bemerken, daß für die Ausführung solcher Experimente für den „Vulcan" damals ein umso größeres Interesse vorlag, als die Aufgabe gestellt war, für den Schnelldampfer „Kaiser Wilhelm II" neue, günstigere Schrauben zu entwerfen. Mit welchem Erfolge zum Teil auf Grund der Tankversuche die Aufgabe gelöst wurde, zeigt die umstehende vergleichende Tabelle I der Reiseresultate des Schnelldampfers „Kaiser Wilhelm II" mit den alten und neuen Schrauben in drastischer Weise.

Um ein genaues Bild der Strömungsverhältnisse bei einem arbeitenden Propeller zu erhalten, wäre es natürlich am richtigsten, bei einem fahrenden Schiffe die Geschwindigkeiten des Wassers vor und hinter dem Propeller in verschiedenen Ebenen und verschiedenen Punkten derselben nach Richtung und Größe zu messen. Außerdem wäre die Größe des Vorstromes an verschiedenen Stellen des Hinterschiffes bei abgenommenen Schrauben und geschlepptem Schiff zu bestimmen. Eine solche Aufgabe würde aber außerordentlich zeitraubende experimentelle Schwierigkeiten bieten, die sie fast undurchführbar machen. Der betreffende Meßapparat soll nämlich bei den relativ großen Geschwindigkeiten bis zu 10 oder 12 m pro Sekunde noch zuverlässige Angaben machen, er soll nach jeder Richtung verschiebbar angeordnet und für die großen Wasserdrücke solide ausgeführt sein, dabei doch wenig die ganze Wasserströmung behindernd; er soll ferner die Beobachtung der zu messenden Größen an bequem zugänglicher Stelle ermöglichen und möglichst wenig Veranlassung zum Unklarwerden und zu Störungen geben. Daß es möglich ist, einen brauchbaren Apparat zu schaffen, der allen genannten Bedingungen entspricht, möchte ich sehr bezweifeln; aber abgesehen davon würde die Methode doch etwas unvollkommen bleiben, da eine qualitative Beobachtung der Wasserfäden, Luftbildungen usw. wenn nicht gerade ausgeschlossen, so doch nur unter sehr günstigen Umständen möglich ist. Eine quantitative und zugleich qualitative Beobachtung in bequemster Weise ist erst möglich, wenn man den Vorgang auf dem Lande reproduziert, indem man die Bewegungsverhältnisse umkehrt, der Propeller also an Ort und Stelle rotiert, und das Wasser fortschreitet. Der Gedanke, Schiffsschrauben in dieser Weise zu untersuchen, ist zwar nicht neu; von verschiedenen Experimentatoren wurde dieses Prinzip schon benutzt, u. a. von Parsons,*) um die sog. Kavitation mit kleinen Schrauben von ca. 2″ Durchmesser in einem mit Glasfenstern versehenen Tank sichtbar zu machen. Neu und wesentlich war aber bei der Versuchseinrichtung des „Vulcan“ der Umstand, daß der eigentliche Beobachtungsraum mit einem Rücklauf verbunden war, sodaß das Wasser einen möglichst gleichmäßig parallelen Strom bildend in kontinuirlicher Weise zum Propeller zurückkehrte, so daß (bei zweckmäßigem Antrieb des Wassers) auch wirklich die Verhältnisse beim fahrenden Schiffe mit gewisser Annäherung kopiert, insbesondere die richtigen Slipverhältnisse hergestellt werden können. Bei einem einfachen Tank ohne Rücklauf ist dies nicht möglich; der Propeller arbeitet in diesem Falle unter Umständen wie bei einem vertäuten Schiffe, d. h. mit einem Slip gegen das umgebende Wasser = 1, wobei die Geschwindigkeitsunterschiede innerhalb des Propellerkreises viel größer als bei der normalen Arbeitsweise werden.

Versuchseinrichtung und Beobachtungsmethode.

Fig. 1 zeigt den **Versuchstank** mit den Ausführungsmaßen und allen wesentlichen Details; seine Form erinnert an ein Kettenglied, dessen lange Seiten ein Stück gerade sind, um das Wasser möglichst parallel der Achse des Versuchspropellers diesem zuzuführen. Zur Erzeugung des Wasserstromes von bestimmter Geschwindigkeit, die der Schiffsgeschwindigkeit entspräche, war ursprünglich beabsichtigt, auf der Rücklaufseite einen Hilfspropeller (strichpunktiert) einzubauen, um die Versuchsschraube für die verschiedenen Schiffsgeschwindigkeiten mit beliebigem Slip untersuchen zu können.

Wie aus der Photographie des Tanks (Fig. 2) ersichtlich, waren an demselben auch bereits die nötigen Vorkehrungen zur Anbringung der Stopfbuchse, Drucklager usw. getroffen, außerdem war die vordere oder Beobachtungsseite des Tanks etwas breiter als die hintere Seite ausgeführt, um

---

*) Transactions of the Instit. of Nav. Arch. vol. XXXVIII p. 234. Siehe auch Transact. of the Inst. of Eng. and Shipbuilders in Scotland. 44th sess. 1900—1901.

Holzwand
Glasplatte
Verbindung mit der Luftpumpe
Standrohr
Wasserstand
1500
1200
350
Schnitt durch den Rahmen des Einsteigedeckels.
Gummi
Versuchstank.
500 0 500 1000 1500 2000 mm
rot. Blende
Druck lager
Blattfeder=dynamometer
Kettenantrieb der Blende
Blech=verschalungen
Versuchs=propeller
Glasplatte
Versuchs=propeller
1600
1050
1050
950
800
1600
3500
960
Umlaufricht. des Wassers
Hilfs=propeller
Wasser=ablauftrichter
Dampfverlustventil zum umrühren
nachträglich eingebaute Holzwand
Füllventil

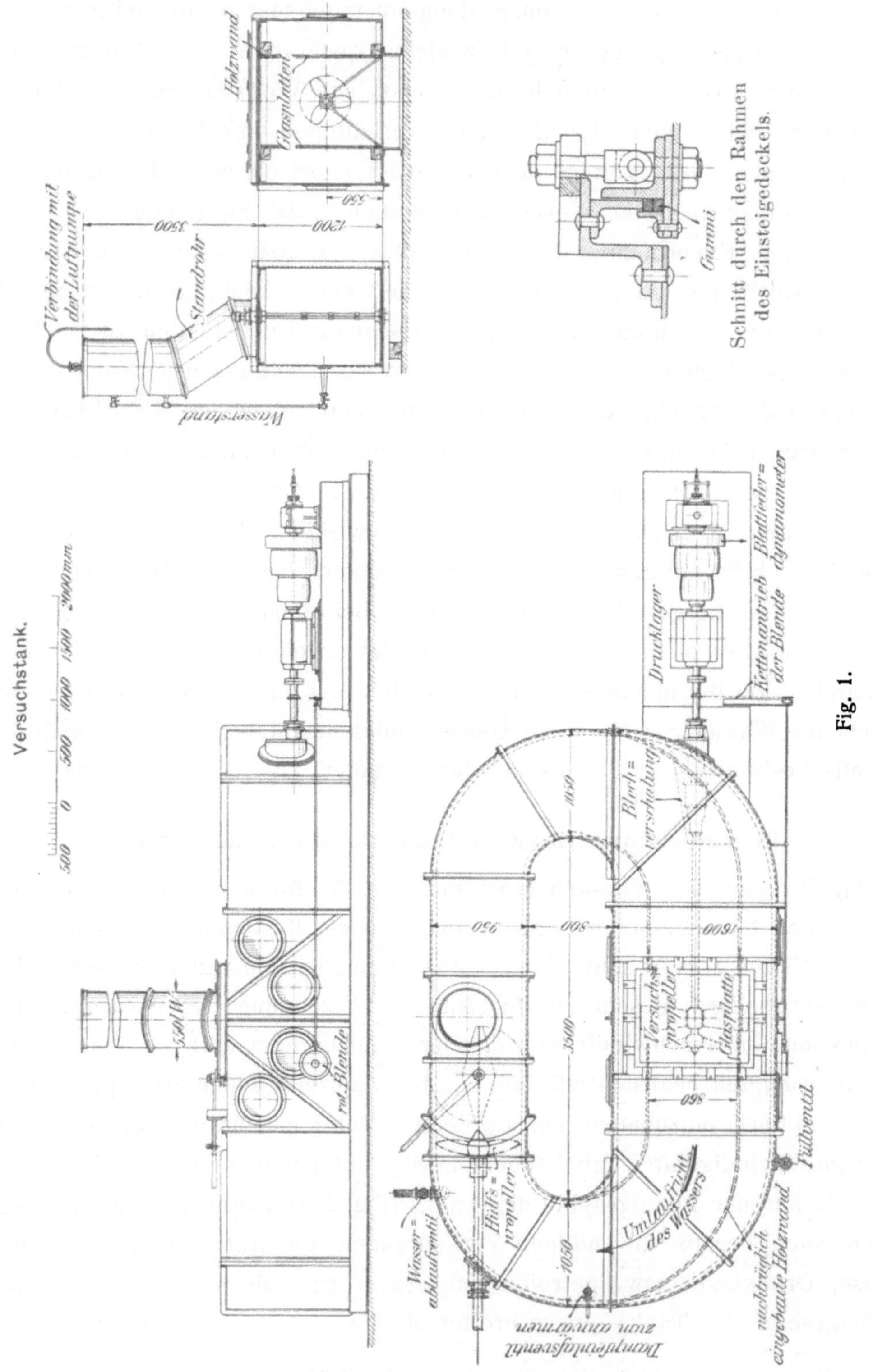

Fig. 1.

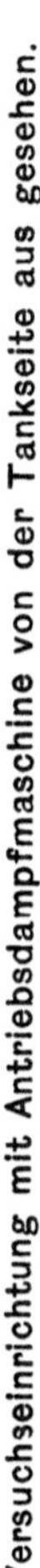

Versuchseinrichtung mit Antriebsdampfmaschine von der Tankseite aus gesehen.

Fig. 2.

den Einfluß der Wände auf die Versuchsschraube zu verringern. Bei Beginn der Versuche zeigte sich, daß dieselben außerordentlich zeitraubend waren; um daher das vorläufige Versuchsprogramm durch Einführung einer neuen Variablen und zwar der Umdrehungszahl des Hilfspropellers, nicht übermäßig auszudehnen, wurde von der Verwendung des letzteren zunächst abgesehen und die Versuchsschraube selbst als Bewegungsorgan für die Zirkulation des Wassers benützt. Es wurde dadurch aber auch nötig, die Breite der vorderen Tankseite durch Einbauen zweier Holzwände auf 860 mm zu verringern. Bei gegebener max. Größe des Versuchspropellers stellten sich nämlich die Bewegungswiderstände als zu groß heraus und traten infolgedessen schon Rückströmungen im vorderen Raum auf, welche die Messung der Wassergeschwindigkeit und Beobachtung der Kavitationserscheinungen unmöglich machten.

Nach Einbau der Holzwände waren diese Rückströmungen zwar beseitigt, aber der Geschwindigkeitsabfall gegen die Wände war in der Nähe des Propellers immer noch erheblich.

Der Slip der Versuchspropeller war nun nicht mehr beliebig einzustellen, da derselbe ja nur noch abhing von den Bewegungswiderständen; eine Drosselklappe in der Tankrücklaufseite war zur Abänderung des Slips ungeeignet und wurde daher entfernt.

Infolge der verhältnismäßig großen Widerstände war auch das Geschwindigkeitsbild innerhalb des Schraubenkreises gegenüber der Wirklichkeit etwas verzerrt, d. h. der Maßstab der Geschwindigkeitsdifferenzen vergrößert, ein Umstand, der bei der Übertragung der Resultate auf tatsächliche Verhältnisse zu berücksichtigen ist. Derselbe hat übrigens nur geringe Bedeutung, sofern es sich um vergleichende Messungen handelt. Es möge bemerkt werden, daß gerade diese Vergrößerung der Geschwindigkeitsunterschiede es war, die zu einem sehr wesentlichen praktischen Erfolge der Tankversuche führte.

Wie aus Fig. 1 hervorgeht, war auf der hinteren Seite des Tanks noch ein Standrohr angebracht, um die Druckhöhe über dem Propeller, also dessen Tiefgang ändern zu können. Um andererseits bei noch geringerem Druck als der Atmosphäre die Erscheinung der Kavitation hervorzurufen, konnte der Tank mit der Luftpumpe der Antriebsdampfmaschine in Verbindung gesetzt werden. Infolge von Undichtigkeiten und der beim Arbeiten des Propellers frei werdenden gelösten Luft konnte allerdings kein höheres Vacuum als 0,4—0,45 erzielt werden, wobei ein Einfluß auf die kritische Umdrehungszahl, d. h. den Beginn der Luftschleifen nicht zu konstatieren war. Ich nahm daher auch von eigentlichen Vacuumversuchen Abstand.

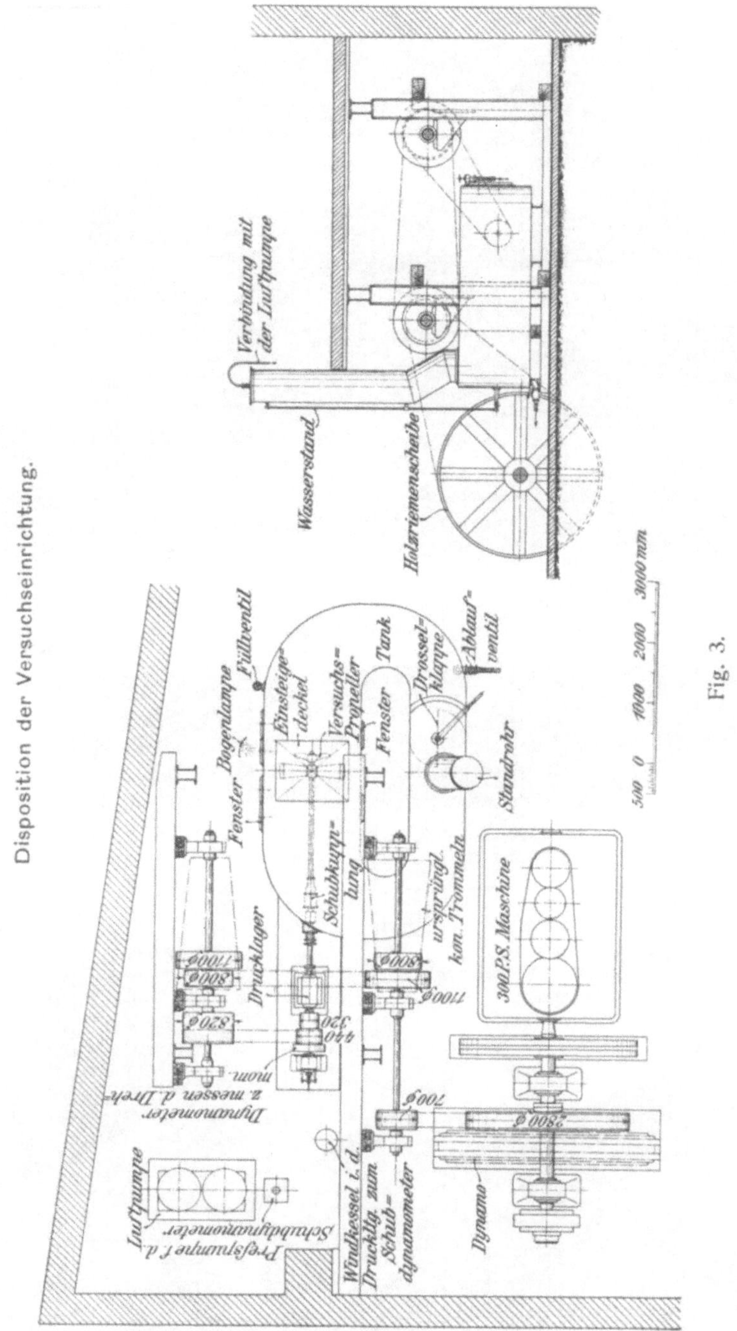

Die Disposition der ganzen Versuchseinrichtung in der elektrischen Zentrale des „Vulcan" zeigt Fig. 3; Fig. 4 ist eine photographische Aufnahme von der Dynamometerseite aus. Als Antriebsmotor diente die 300 pferdige Dampfmaschine Nr. 6, von welcher aus die Leistung mittels zweier Vorgelege auf die Propellerwelle übertragen wurde. Durch Umlegen

Versuchseinrichtung, von der Dynamometerseite aus gesehen.

Fig. 4.

der Riemen und Veränderung der Umdrehungszahl der Dampfmaschine konnte die Umdrehungszahl des Propellers zwischen ca. 500 bis ca. 1800 p. Min., entsprechend einer maximalen Umfangsgeschwindigkeit des Propellers von ca. 40 m p. Sek. abgestuft werden.*) Die dabei übertragene maximale Leistung betrug ca. 35 eff. PS; eine weitere Steigerung ließ der Riemenantrieb leider nicht zu. Die Regulierung besorgte der Maschinist an der Dampfmaschine, der bei einiger Übung immerhin die Umdrehungszahl so genau halten konnte, daß die Abweichungen in der Umdrehungszahl der Propellerwelle während 10—20 Ablesungen innerhalb ca. 5 Min. nur etwa 4—5 % betrugen.

Zur Messung des Drehmoments wurde ein Blattfederdynamometer Fig. 5, (mit auswechselbaren Federn in verschiedenen Stärken) nach dem Ayrtonschen Prinzip benutzt, dessen radialer Zeigerausschlag an einer herausragenden weißgefärbten Spitze selbst bei 1800 Umdrehungen noch deutlich und sicher abgelesen werden konnte. Bei der Konstruktion des Dynamometers war besondere Rücksicht genommen, daß keine Fehler infolge Fliehkraftwirkungen und Eigenreibungen entstehen. Zeiger mit Zugstange waren daher genau ausbalanciert und mit Schneidenzapfen versehen. Dagegen verursachte die Eigenreibung der Federn zwischen den einzelnen Blättern einige Fehler bei der Ablesung (besonders bei hoher Belastung), die nur durch wiederholte Messung bei zu- und abnehmender Umdrehungszahl ausgeschaltet werden konnten**). Die Eichung des Dynamometers erfolgte in üblicher Weise dadurch, daß bei festgesetzter Propellerwelle ein bekanntes Drehmoment auf die antreibende Riemenscheibe ausgeübt wurde. Aus dem Mittel für zu- und abnehmende Belastung wurde dann je eine Kurve für die verschiedenen Blattfedern aufgetragen. Infolge der Anordnung des Dynamometers außerhalb des Tanks und vor dem Drucklager gab das Dynamo-

---

*) Konische Holztrommeln (in der Disposition Fig. 3 strichpunktiert eingezeichnet), die für diesen Zweck ursprünglich eingebaut waren, bewährten sich nicht, da beim Übertragen größerer Kräfte ein häufiges Gleiten des Riemens auftrat und sich dieser an den Leitvorrichtungen bald abscheuerte.

Für Neuausführungen wird der Antrieb durch einen direkt gekuppelten Elektromotor natürlich bequemer sein; von der Aufstellung eines solchen wurde jedoch im vorliegenden Falle zunächst abgesehen.

**) Für Neueinrichtungen ähnlicher Art würde es sich empfehlen, statt geschichteter Blattfedern achsial liegende Schraubenfedern in entgegengesetzter Anordnung zu verwenden, so daß die achsialen Verkürzungen beim Verwinden sich gegenseitig aufheben. Die Eigenreibung wäre dadurch beseitigt, andererseits ist bei solchen Federn, da die Windungen nahe der Welle, der Fehler durch Fliehkraftwirkung so klein, daß er vernachlässigt werden kann.

meter nur das totale Drehmoment inkl. dem Verlust im Drucklager, Stopf-
buchsen- und Wasserreibung der Propellerwelle an. Zur Bestimmung des
effektiven Drehmoments wurden daher die genannten Verluste durch Leer-
laufversuche bei zu- und abnehmender Umdrehungszahl vor und nach
jedem Propellerversuche mittels einer ganz schwachen Feder gemessen. Allerdings war bei der Leerlaufsbestimmung kein Achsialschub auf die Welle vorhanden; indessen konnte der Mehrverbrauch durch einen solchen nur von

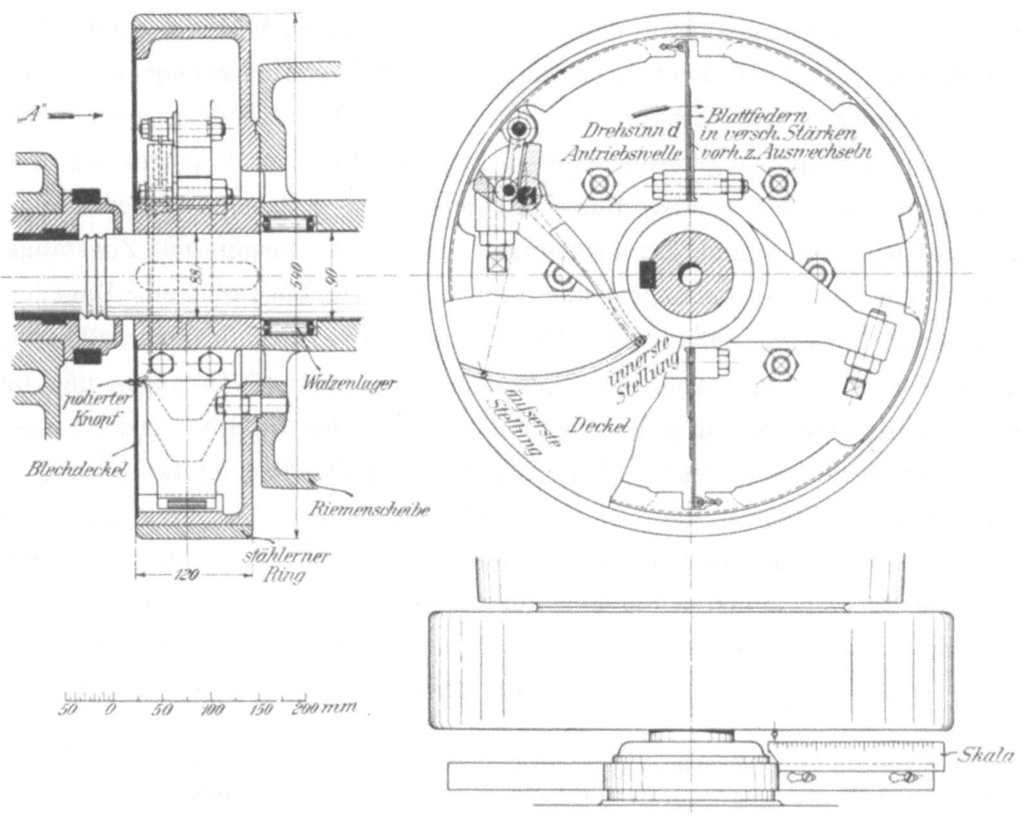

Fig. 5.

geringem Einfluß sein, da der größte Teil der Verluste aus Lagerreibung
infolge des bedeutenden Riemenzuges, sowie aus der Wasserreibung der
Propellerwelle bestand. Da die Propellerversuche lediglich vergleichen-
der Natur waren, konnte nur die Veränderlichkeit der zusätzlichen Druck-
lagerreibung einen kleinen Fehler bedingen, der aber schätzungsweise unter
1 %/₀ blieb.

Die **Messung des Achsialschubes** erfolgte hydraulisch, indem zwischen Propeller- und Antriebswelle eine verschiebbare Kuppelung mit Wasserkolben Fig. 6 eingeschaltet war.

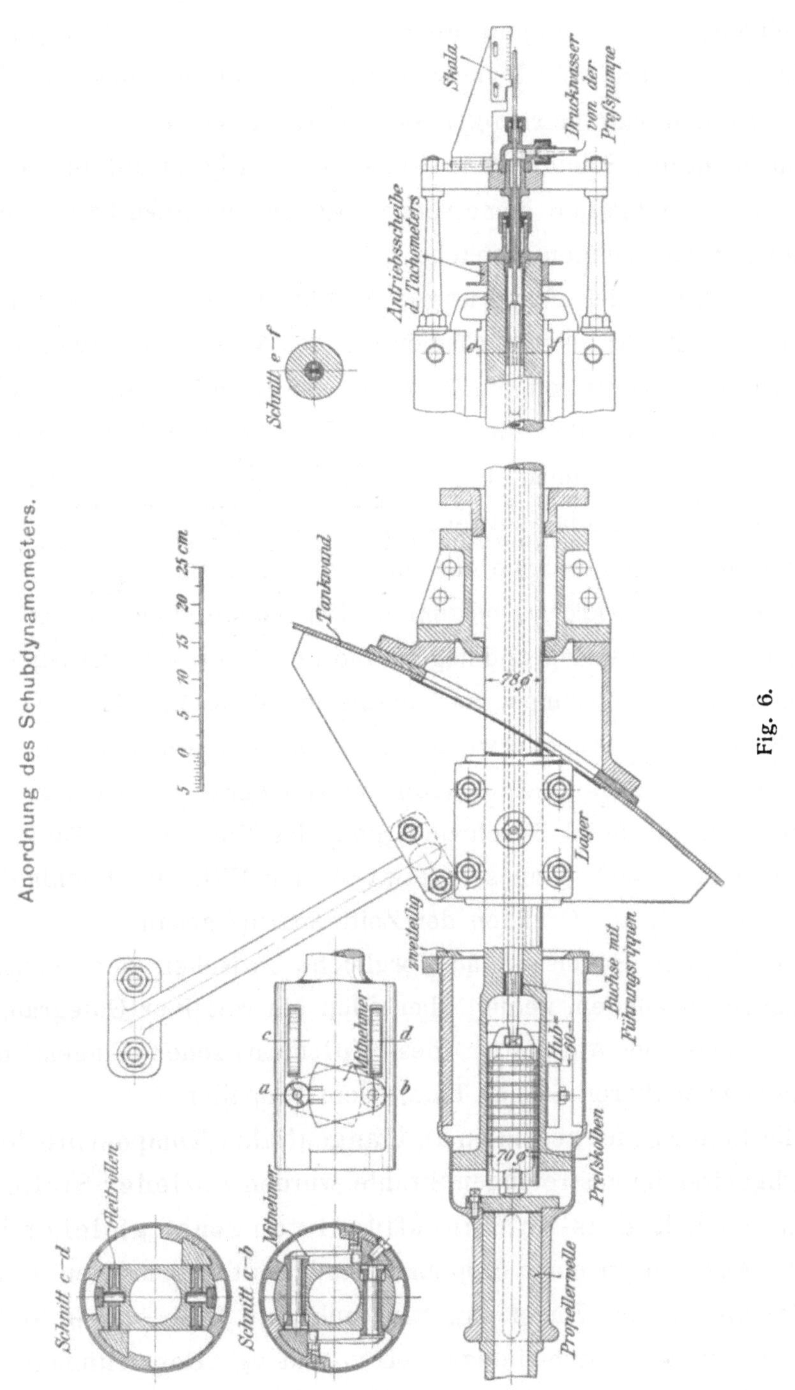

Der durch eine Handpreßpumpe erzeugte Gegendruck wurde an einem Manometer abgelesen. Zur Beobachtung des Spiels des Meßkolbens, d. h. des Gleichgewichtes zwischen hydraulischem Druck und Propellerschub, war durch die ganze Antriebswelle zentral eine dünne Zeigerstange nach außen geführt. Infolge weitgehender Beseitigung aller Eigenreibungen in der Kuppelung bewährte sich das hydraulische Dynamometer sehr gut, so daß die beobachteten Schubkurven einen sehr befriedigenden Verlauf nahmen.

Drehmoment und Schub wurden stets gleichzeitig für auf- und absteigende Stufen der Umdrehungszahl gemessen; für jeden einzelnen Punkt der Kurven wurden etwa 10 Ablesungen gemacht.

Zur Bestimmung des „Wirkungsgrades" der Propeller war jedoch die Beobachtung noch des dritten Elementes, der **Wassergeschwindigkeit** notwendig. Dieselbe wurde mit einem Woltmannschen Flügel gemessen und zwar hinter dem Propeller im Sinne der Bewegungsrichtung des Wassers. Nach dem auf S. 303 angedeuteten Verfahren wurde aus den Einzelmessungen für verschiedene radiale Entfernungen und einem gewissen Abstande des Flügels von der Propellerebene die mittlere Austrittsgeschwindigkeit innerhalb des Propellerkreises bestimmt. Ich möchte von vornherein darauf hinweisen, daß der unter Zugrundelegung dieser mittleren Austrittsgeschwindigkeiten berechnete „Wirkungsgrad" natürlich nicht identisch ist mit dem üblichen Begriff des Propellerwirkungsgrades, sondern nur ein relativer Gütemaßstab ist. Um den absoluten Wirkungsgrad zu erhalten, wäre die Feststellung der mittleren Geschwindigkeit des Wassers im Tank, d. h. der „Schiffsgeschwindigkeit" (gemessen etwa in der Mitte des Rücklaufes) nötig gewesen, wovon ich aus Gründen der Zeitersparnis absah.

Um praktische Schlüsse und Vergleiche zwischen den einzelnen Propellern ziehen zu können, genügt aber auch ein relativer Gütegrad.

Fig. 7 zeigt die Anordnung des Woltmannschen Flügels auf einer seitlich ausschwenkbaren Stange hinter dem Propeller.

Zur Bestimmung der **achsialen** und **tangentialen Komponente** der Wassergeschwindigkeiten im austretenden Strahle wurden an jeder Stelle Beobachtungen mit einem Rechts- und Linksflügel von genau gleicher Steigung angestellt. Aus den an einer Stoppuhr wiederholt abgelesenen Zeiten für je 100 Umdrehungen der Flügel ergaben sich mit Hilfe deren Steigung zunächst zwei gewisse Geschwindigkeiten v_1 und v_2. Das arithmetische Mittel aus diesen beiden Angaben lieferte die achsiale Komponente, während der Unterschied derselben auf Rechnung einer tangentialen Komponente zu setzen war. Diese halbe Differenz ist dabei zunächst nur ein Maß für die „Wirbelgröße" an der betreffenden Stelle, d. h. einer tangentialen Geschwindigkeitsdifferenz*) zweier Wasserringe oder „Wirkungskreise" in bestimmten Entfernungen von Mitte Meßflügel. Beim Zusammenfallen der Achse des Meßflügels mit der des Propellers liefert die halbe Differenz der Angaben unmittelbar ein Maß für die Rotationsbewegung in der Mitte, d. h. der tangentialen Komponente im Druckmittelpunkt der Flügelblätter. Hier-

Anordnung des Woltmannschen Flügels.

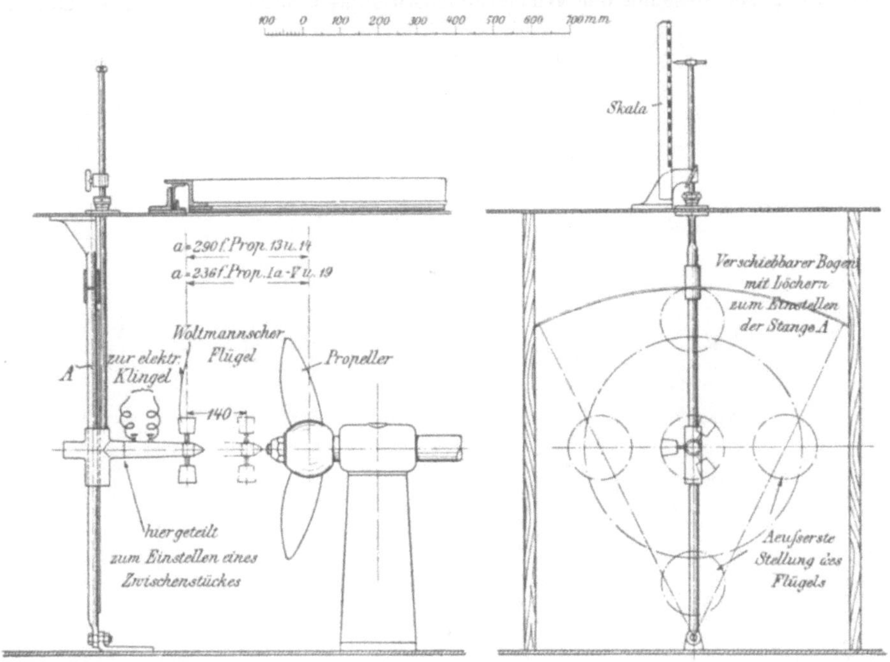

Fig. 7.

von ausgehend, konnte durch Antragen der Geschwindigkeitsdifferenzen für exzentrische Stellung des Meßflügels der ganze Verlauf der tangentialen Geschwindigkeiten festgestellt werden. Die Berechnung der Wirkungskreisabstände ist im Anhange mitgeteilt. Zur Messung der achsialen Geschwindigkeitskomponenten hatte ich bei den ersten Versuchen auch **Pitotsche Düsen** (**Fig. 8**) benutzt; meine Erfahrungen darüber habe ich ebenfalls im Anhange wiedergegeben.

---

*) Sind v_1 und v_2 einander gleich, so heißt das nur, daß sich die tangentiale Geschwindigkeit für verschiedene Abstände vom Wellenmittel nicht ändert, null braucht dieselbe noch nicht zu sein.

Die dritte Geschwindigkeitskomponente, die **radiale,** war mit den benutzten Hilfsmitteln nicht meßbar; sie läßt sich aber bestimmen, sobald man die Richtung der Wasserfäden gegenüber der Propellerachse kennt. Zu diesem Zwecke versuchte ich anfangs, den Verlauf der Wasserfäden mittels eingestreuter Sägespäne sichtbar zu machen, indessen bewährte sich diese Methode nicht besonders. Man kann wohl die Späne verfolgen, solange sie noch vor dem Propeller relativ kleine Geschwindigkeit haben, sobald sie aber in dessen Strudel gelangen, sind sie verschwunden; nach Stillsetzen

Vorrichtung zur Messung der **Wassergeschwindigkeit** mittels **Pitotscher** Düsen.

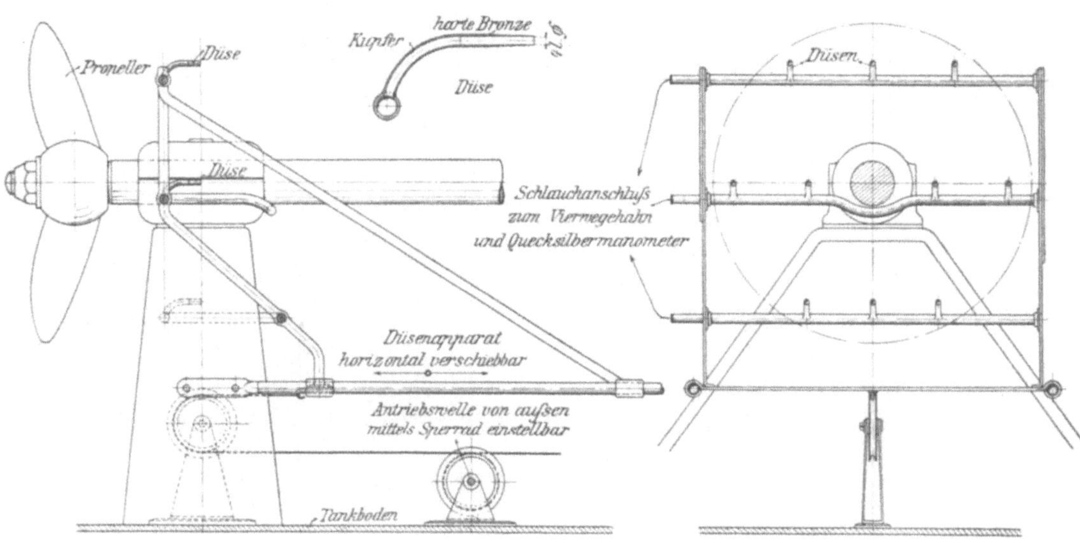

Fig. 8.

des Propellers fand sich meist ein großer Teil dieser Späne an den eintretenden Kanten zu ganzen Bärten zusammengeballt vor. Zum Verfolg der Wasserfäden hinter dem Propeller gab aber nun die Erscheinung der Kavitation einen sehr guten Anhalt. Bei einer gewissen Umdrehungszahl beginnen von den Flügelspitzen Luftschleifen oder Strähnen auszugehen, die vom Schraubenstrahl fortgetragen, sich entsprechend der Flügelzahl als einen 3 oder 4 gängigen Wirbel darstellen.

Von der Tatsache ausgehend, daß diese Luftschleifen genau den Wasserströmungen folgen, läßt sich aus dem verschiedenen Durchmesser der Wirbel in verschiedener Entfernung von der Propellerebene die Kontraktion und nachfolgende Erweiterung des Wasserstrahls eine ziemliche Strecke verfolgen. Ohne besondere Hilfsmittel sind allerdings diese Wirbel im allgemeinen nicht erkennbar; dagegen konnten sie auf stroboskopischem Wege mittels einer mit dem Propeller genau gleich schnell rotierenden Blende (Fig. 9) zum scheinbaren Stillstand und durch photographische Zeitaufnahmen festgehalten werden. Momentaufnahmen nach dem Verfahren von Herrn Professor Dr. Ahlborn waren bei den hohen Umdrehungszahlen und dicken Wasserschichten ganz ausgeschlossen. Auch die Zeitaufnahmen gelangen nur bei

Rotierende Blende zur Beobachtung und photograph. Aufnahme.

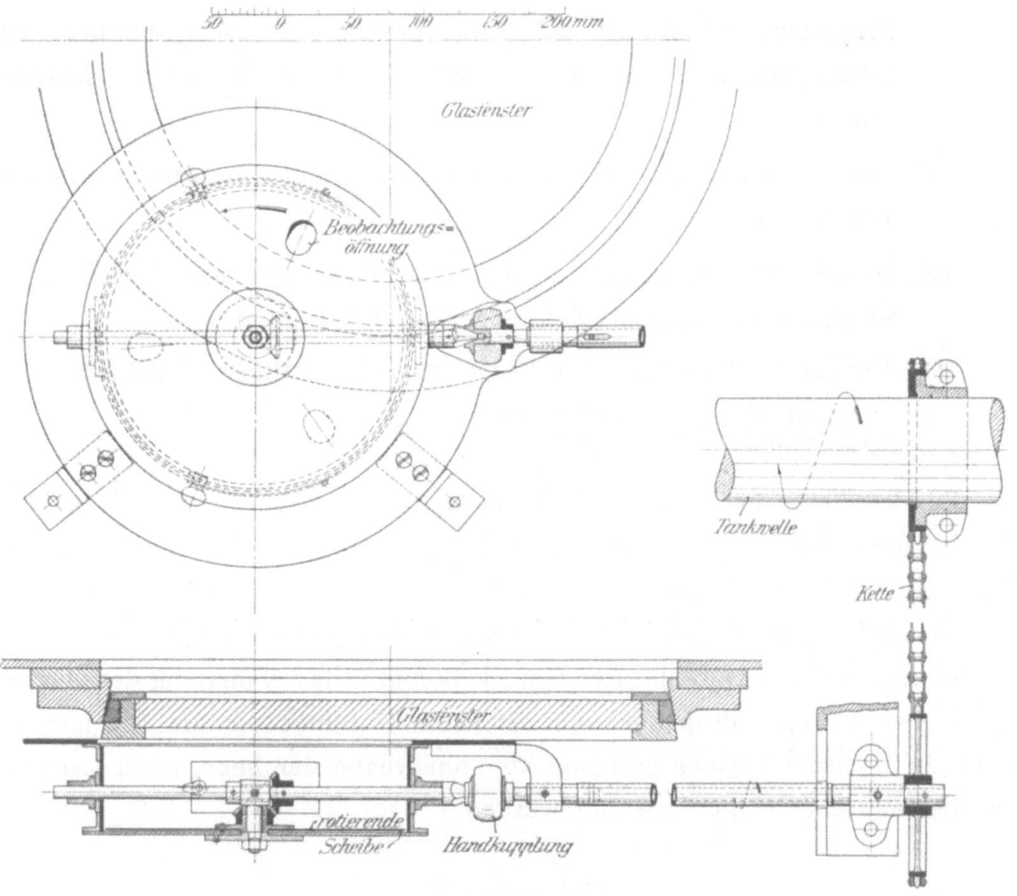

Fig. 9.

ganz klarem Brunnenwasser und kurz nach der Ingangsetzung des Propellers. Bei längerem Arbeiten desselben wurde das Wasser durch die Luftbläschen bald getrübt und eine Aufnahme unmöglich. Zur Beleuchtung verwandte ich dabei eine ganz starke mit einem Reflektor versehene Bogenlampe von ca. 30 Amp., die vor einem der Glasfenster des Tanks aufgehängt war.

Versuchsresultate.

Zwecks Zeitersparnis beschränkte ich mich zunächst auf die Untersuchung solcher Fragen, für deren Klärung ein dringendes praktisches Bedürfnis vorlag, und aus denen event. sofort konstruktive Fingerzeige abgeleitet werden konnten. Entsprechend den einzelnen Konstruktionselementen des Propellers wurden daher folgende Aufgaben in das Versuchsprogramm eingestellt:

I. Untersuchung der Wasserströmungen im Bereiche des Propellers mit Bezug auf günstigsten Steigungsverlauf zur Vermeidung von Kavitation und günstigste Form des Flügelblattes.

II. bezügl. Flügelquerschnitt: Reibungs- und Formwiderstandsversuche.

III. bezügl. Flügelareal: Ermittelung des maximal zulässigen Schubes pro qcm unter verschiedenen Umständen.

IV. Vergleich verschiedener Propeller auf günstigstes Verhältnis von

$$\frac{\text{Flügelareal}}{\text{Kreisfläche}} \quad \text{und} \quad \frac{\text{Durchmesser}}{\text{Steigung}}.$$

Zu den Versuchen I, III und IV wurden die Tankpropeller Nr. 13, 14*) und 19, sowie die Propeller Nr. Ia, Ib, II, IIIa, IIIb, III, IV und V von dem eingangs erwähnten Versuchsboot benutzt; die Daten dieser beiden Propellergruppen sind aus den Figuren 10 und 11 ersichtlich, woraus nur hervorgehoben werden mag, daß der Durchmesser von Nr. 13 und 14 je 520 mm, der der übrigen je 392 mm betrug. Propeller von größerem Durchmesser als 520 mm bei nicht zu anormal kleiner Steigung konnten wegen der begrenzten Leistung des Riementriebes nicht verwandt werden.

Versuche I.

a) Untersuchung des Strömungsverlaufes.

Vorerst stellte ich fest, ob es nicht genügen würde, statt in der Vertikalund Horizontalebene, bloß in der ersteren die Geschwindigkeiten zu messen. Aus Fig. 12 Vergleich der achsialen Geschwindigkeiten in der Vertikal- und

---

*) Ursprünglich war die Ausführung einer ganzen Serie von Propellern Nr. 1—14 mit verschiedenen Steigungs- und Flächenverhältnissen beabsichtigt.

Versuchspropeller Nr. 13, 14, 19 und Ia (abgebogen).

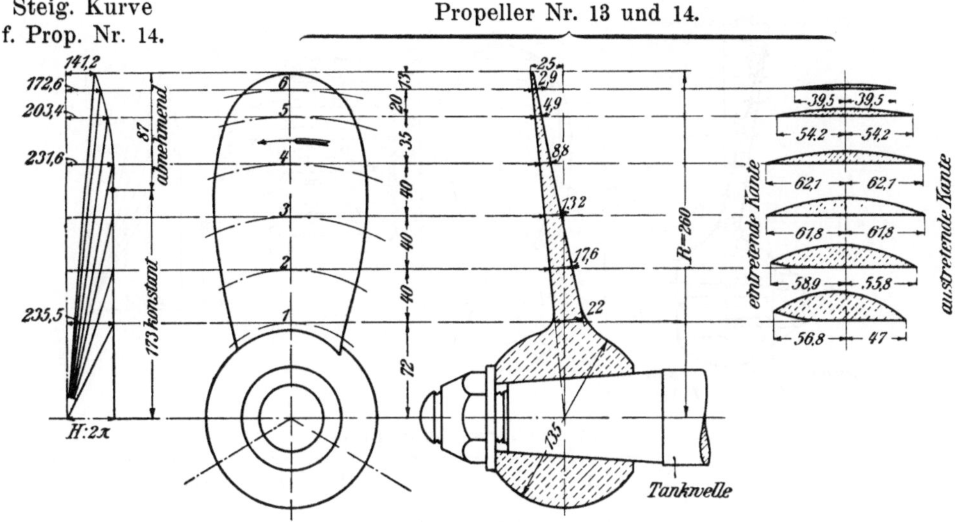

Daten der Propeller.

Nr.	13	14	19
Durchmesser	520	520	392
Steigung	konst. 216,6	variab. 235,5–141,2	konst. 440
Anzahl der Flügel	3	3	3
Abgew. Fläche d. 3 Fl. qcm. .	640	640	475,2
Projekt. „ „ 3 „ „	623,4	619	405
Abgew. Fl. : Kreisfl.	0,300	0,300	0,394
Projekt. „ : „	0,294	0,291	0,336

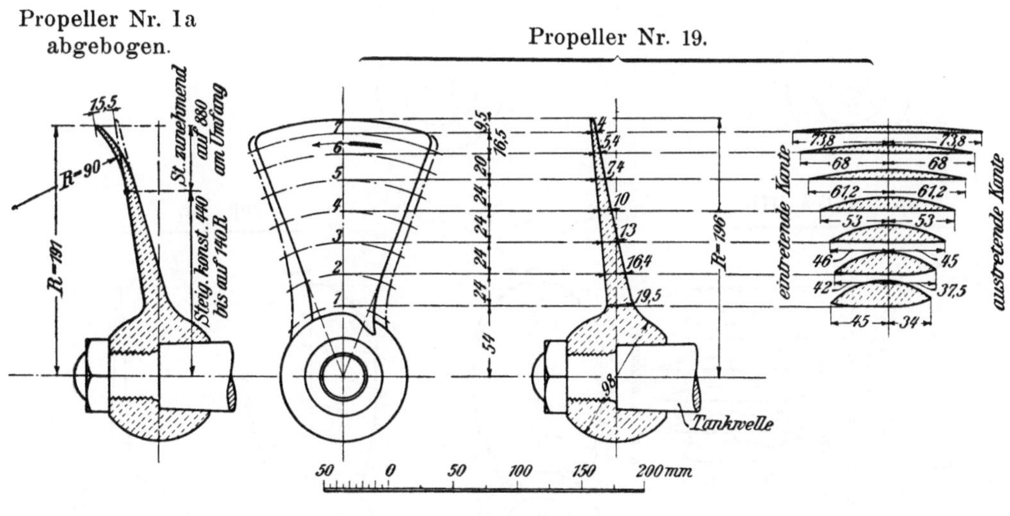

Fig. 10.

Versuchspropeller Nr. Ia—V.

| Längsschnitt des Propellers Nr. Ia, Ib, II, III, IIIa, IIIb, IV. | Propeller Nr. Ia, Ib. | Querschn. Schabl. für Ia, Ib, IV, V. | Steig. Kurve f. Prop. Ib, IIIb. |

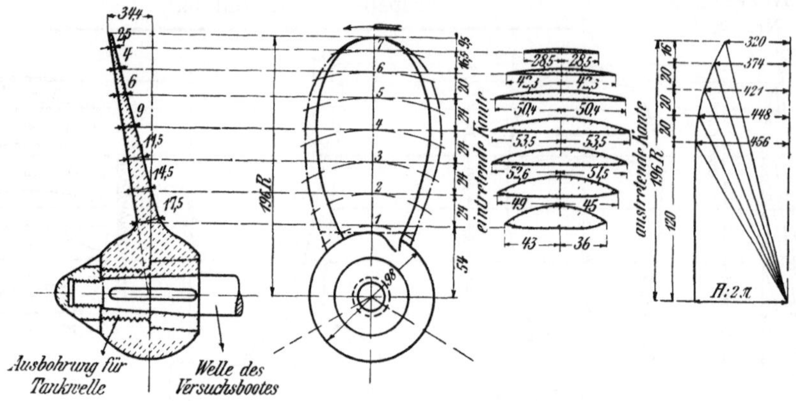

Daten der Versuchspropeller.

Nr.	Ia	Ib	II	III	IIIa	IIIb	IV	V
Durchmesser	392	392	392	392	392	392	392	392
Steigung	konst. 440	var. 456—320	konst. 440	konst. 440	konst. 440	var. 455—320	konst. 220	konst. 150
Anzahl der Flügel	3	3	3	3	3	3	3	3
Abgew. Fläche d. 3 Fl. qcm .	402	402	322	543	482	482	402	402
Projekt. „ „ „ „ „ .	335	335	267	456	399	399	378	384
Abgew. Fl. : Kreisfl	0,333	0,333	0,267	0,450	0,400	0,400	0,333	0,333
Projekt. „ : „	0,278	0,278	0,221	0,380	0,331	0,331	0,313	0,319

Prop. Nr. II.   Prop. Nr. III.

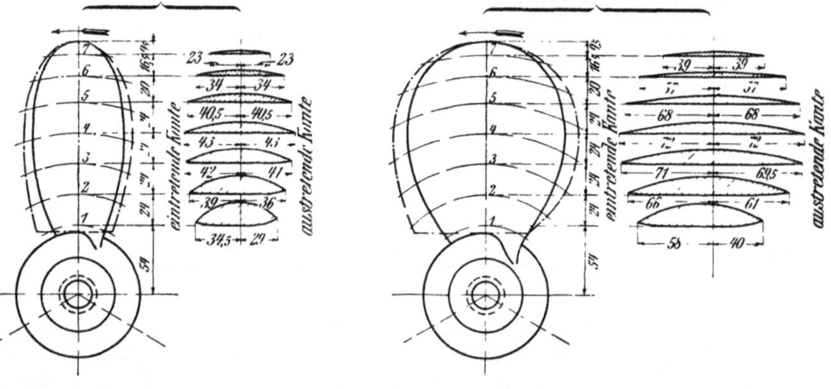

Prop. Nr. IIIa, IIIb.   Prop. Nr. IV.   Prop. Nr. V.

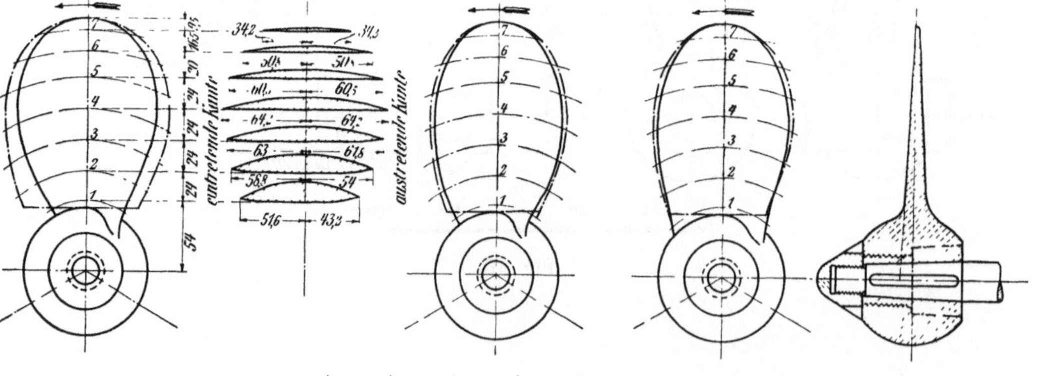

Horizontal-Ebene für Propeller Nr. 13 geht hervor, daß in der Tat das Bild der achsialen Komponenten eine angenäherte Rotationsfläche ist, indem die beiden Kurven sich jeweils nur geringfügig unterscheiden, und zwar fallen für die Vertikalebene die Geschwindigkeiten nach oben etwas weniger rasch ab als nach

Vergleich der achsialen Wassergeschwindigkeit in der vertikalen und horizontalen Ebene für Propeller Nr. 13.

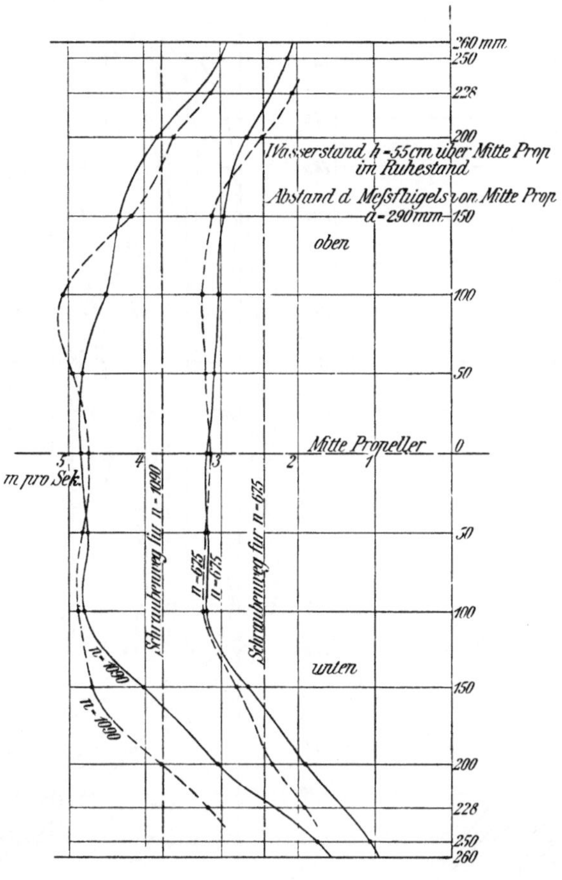

Fig. 12.

Die ausgezogenen Linien gelten für die vertikale Ebene.
Die strichpunktierten Linien gelten für die horizontale Ebene.

unten. Diese Unsymmetrie erklärt sich daraus, daß die unteren Wasserschichten mehr gebremst werden als die nahe der Oberfläche. Um Zeit zu sparen, sah ich daher von einer Messung in der Horizontalebene bei allen folgenden Versuchen ab, da es für Vergleichszwecke vollkommen genügt, wenn das jeweilige Geschwindigkeitsbild von der Vertikalebene allein zugrunde gelegt wird, nur muß dieses möglichst genau bestimmt sein.*)

Achsiale Wassergeschwindigkeiten bei Propeller Nr. 13 und 14.

Propeller Nr. 13. (H = konst.)   Propeller Nr. 14. (H = variabel.)

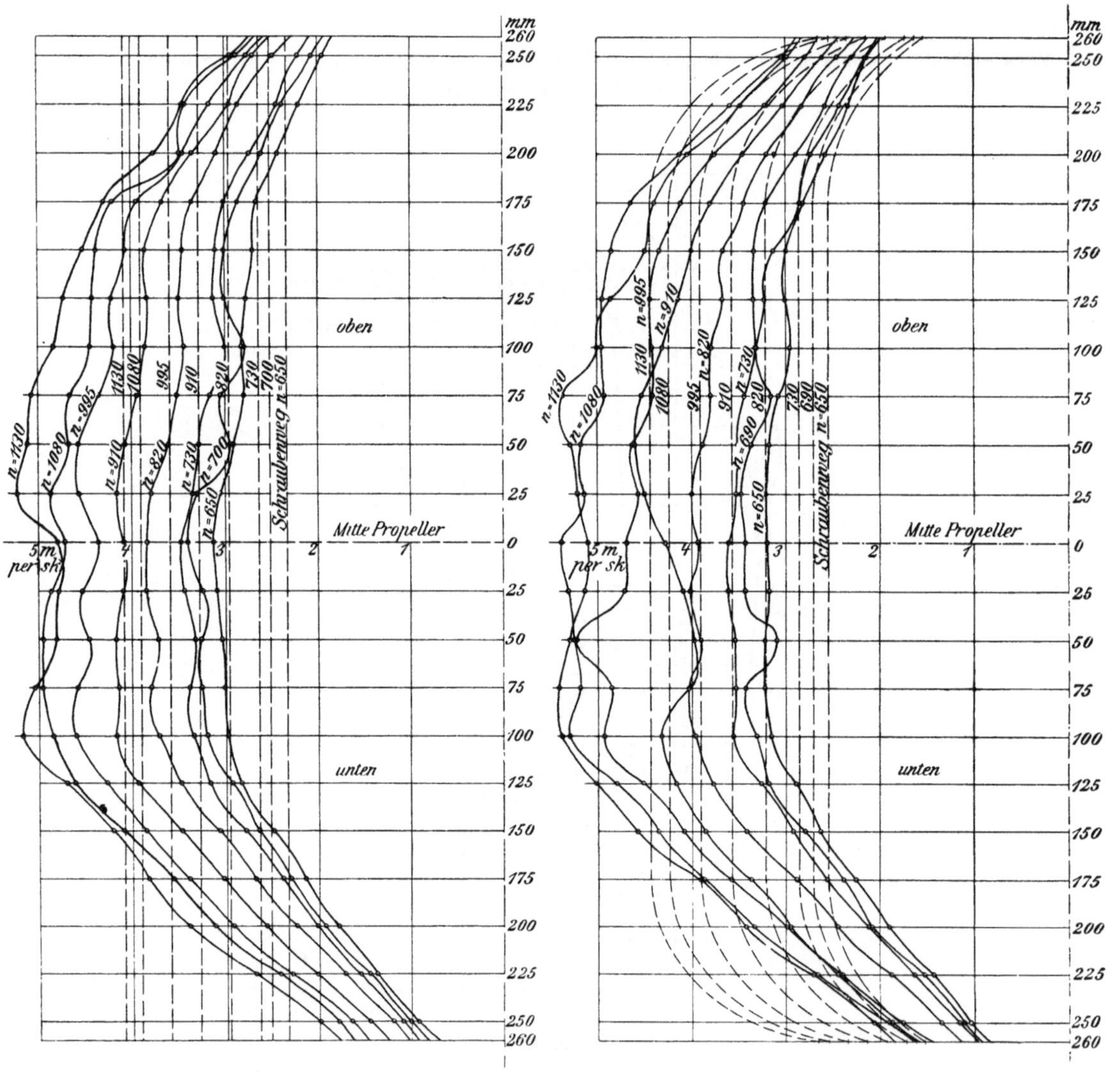

Fig. 13.

Abstand a = 290 mm; Wasserstand h = 55 cm.

Wie ein Blick auf die Figuren 13, 14 und 15 erkennen läßt, war der Charakter dieser Kurven der Achsialkomponenten bei verschiedenen

---

*) Der Meßflügel wurde jeweils um 25 mm verschoben, dabei die Zeiten an jedem Punkt zweimal gemessen und im Verhältnis der augenblicklichen Umdrehungszahl zur mittleren während der ganzen Vertikalmessung korrigiert.

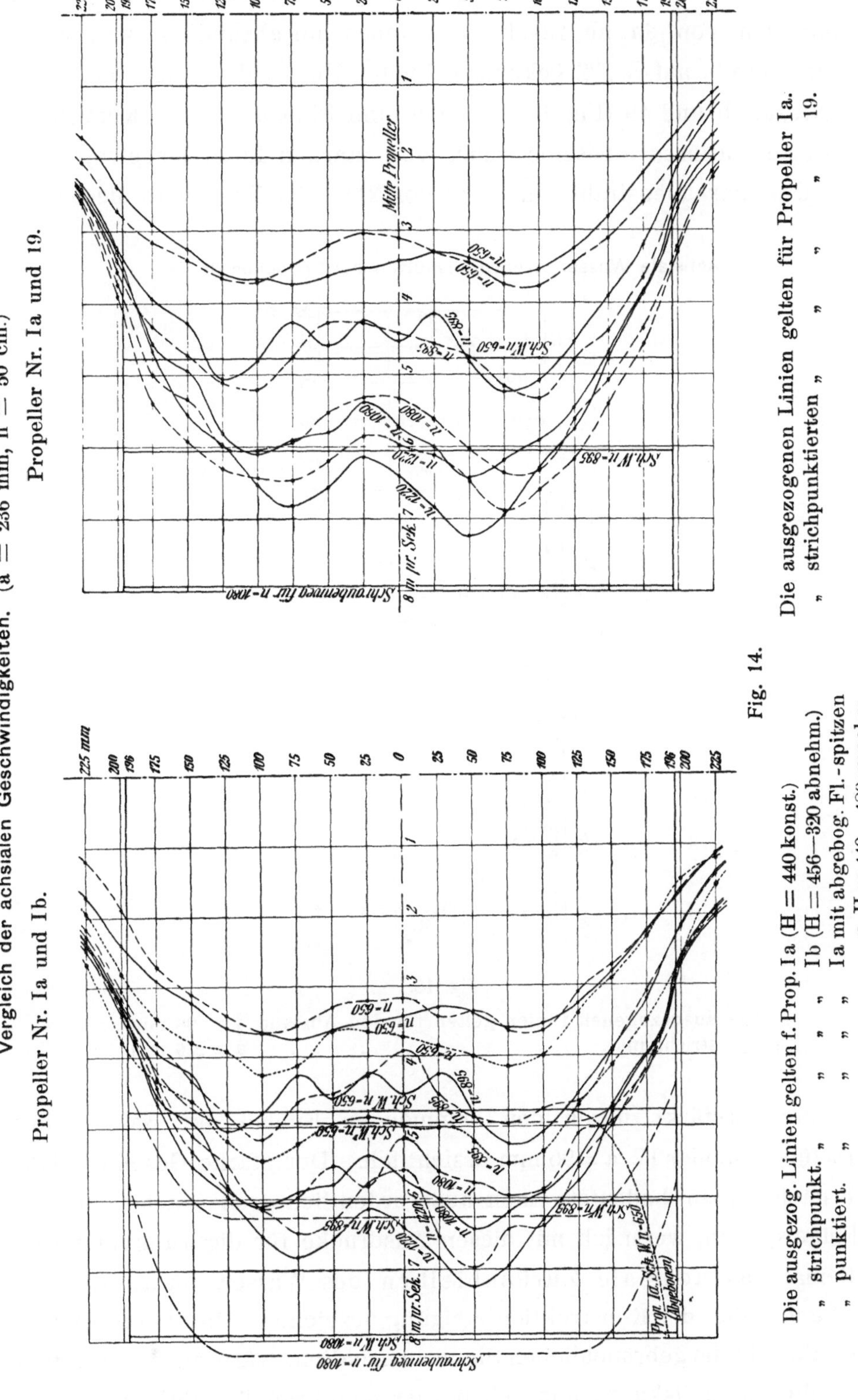

Fig. 14.

Die ausgezogenen Linien gelten für Propeller Ia.   19.
  " strichpunktierten "   "   "   "

Die ausgezog. Linien gelten f. Prop. Ia (H = 440 konst.)
  "   "   "   "   Ib (H = 456—320 abnehm.)
  " strichpunkt.   "   "   "   Ia mit abgebog. Fl.-spitzen
  " punktiert.   "   "   "   u. H = 440—480 zunehm.

Propellern und verschiedenen Umdrehungszahlen im wesentlichen stets derselbe: bis zur Hälfte des Propellerradius ein annähernd konstantes Maximum, um von da ab rasch nach außen hin abzufallen, was zum Teil durch die bereits auf S. 272 gekennzeichneten Umstände bedingt ist. Bei Propeller Nr. Ia, Ib und 19 (Fig. 14) ist noch eine Einbeulung der Kurven in der Mitte zu konstatieren; dieselbe rührt von starken Rotationsbewegungen im Inneren des Schraubenstrahles her. In der Nähe der Nabe wird diese zentrale

Achsiale Wassergeschwindigkeiten bei Propeller Nr. IV.

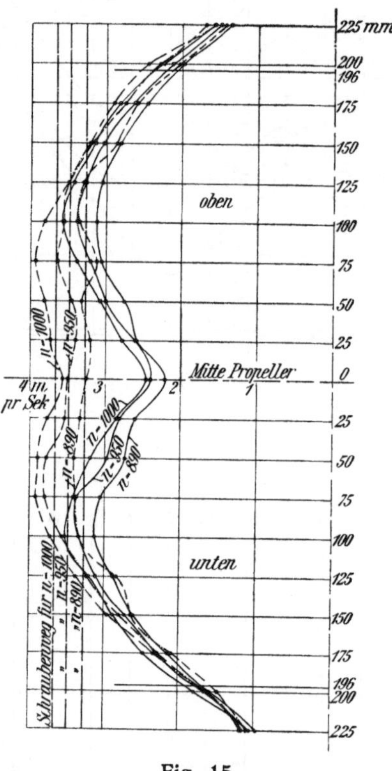

Fig. 15.

Die ausgezogenen Linien gelten für den Abstand a = 96 mm.
„ strichpunkt. „ „ „ „ „ a = 236 mm.

Einbeulung verstärkt durch den hemmenden Einfluß der Nabe, wie aus Fig. 15 für Propeller IV a = 96 mm ersichtlich. Der starke Geschwindigkeitsabfall nach außen bedeutet einen außerordentlich großen achsialen Slip an den Flügelspitzen, wenn ich mit diesem Ausdrucke für die Tankversuche ein für allemal das achsiale Zurückbleiben des Wassers im austretenden Strahl gegenüber der Konstruktionssteigung bezeichne. Um den tatsächlichen oder totalen Slip im gebräuchlichen Sinne zu erhalten, wäre auch die Aufnahme der Geschwindigkeitskurve unmittelbar vor dem Propeller nötig gewesen, was indessen die Konstruktion des Woltmannschen Flügels nicht zuläßt. Wie ich weiter unten noch näher begründen werde, muß aber zweifellos das Geschwindigkeitsbild des eintretenden Strahles ein ähnliches wie das des austretenden sein; wegen der folgenden Beschleunigung in der Schraube ist das erstere Bild natürlich im ganzen etwas flacher als das letztere. Das tatsächliche Zurückbleiben des Wassers an den äußeren Partien des Flügels gegenüber der Konstruktionssteigung ist daher jedenfalls noch größer als den gemessenen Kurven entspricht. Infolgedessen trat auch schon bei verhältnismäßig niedriger Umdrehungszahl Kavitation, verbunden mit einer nur noch geringen Zunahme des Propellerschubes bei steigender Umdrehungszahl auf. Von der Überlegung ausgehend, daß beim Schiff das erwähnte Zurückbleiben wohl geringer, daß aber wegen der Ähnlichkeit des hydrodynamischen Vorganges das Geschwindigkeitsbild qualitativ ein ähnliches sein müsse, konnte man nicht lange im Zweifel über die aus den beobachteten Tatsachen zu ziehenden Konsequenzen sein, daß nämlich zur Erzielung größtmöglicher Ökonomie die Steigung dem wirklichen Geschwindigkeitsbilde angepaßt, also nach außen abnehmend sein muß, besonders im Falle hoher Umfangsgeschwindigkeit. Propeller Nr. 14, Ib und IIIb sind derartige Schrauben, bei denen die Steigung bis auf etwa $^2/_3$ des Radius konstant ist und von da ab durch Umklopfen der Flügelspitzen auf einen nach außen allmählich abfallenden Betrag gebracht ist. Die minimale Steigung an der Spitze ist durch die Bedingung gegeben, daß dort der tatsächliche Slip annähernd $= 0$, weil ja dort auch die Fläche auf Null zusammenschrumpft, somit auch kein Druck ausgeübt werden kann. Die Spitzen wirken dann ungefähr wie ein Messer und vermitteln einen harmonischen Übergang der Bewegungs- und Druckverhältnisse mit dem umgebenden Wasser ohne Sprung. Um gleichen Totalschub wie früher zu erhalten, muß man bei einem derartigen Propeller die Steigung in der Mitte, soweit sie konstant ist, etwas größer annehmen, als für einen entsprechenden Propeller mit durchweg konstanter Steigung. Dies wirkt aber günstig, weil dann die mittleren Partien der Schraube mehr zur Arbeitsleistung herangezogen werden.

Schrauben mit abfallender Steigung werden schon hier und da ausgeführt, aber meist mit anderer Steigungskurve, z. B. hyperbolisch; aus den Geschwindigkeitskurven (Fig. 12—15) geht aber zur Evidenz hervor, daß jeder andere Steigungsverlauf, als wie oben angedeutet, unrichtig ist, weil den wirklichen Verhältnissen nicht angepaßt. Der Vergleich der Propeller Nr. 13 und 14 (Fig. 16) ergab in der Tat für Propeller Nr. 14 mit variabler Steigung

Vergleich von Propeller Nr. 13 (konstante Steigung) mit Propeller Nr. 14 (variable Steigung).

Propeller Nr. 13.

Durchm. = 520,
Steigung = 216,6 konstant,
Projekt. Fläche d. 3. Flügels = 623,4 qcm,
Abgew. „ „ „ „ = 640 „

Prop. Nr. 14.

Durchm. = 520,
Steigung = 235,5 bis auf 173 Rad., von da auf 171 an der Spitze abnehmend,
Proj. Fläche der 3 Flügel = 619 qcm,
Abgew. „ „ „ „ = 640 „

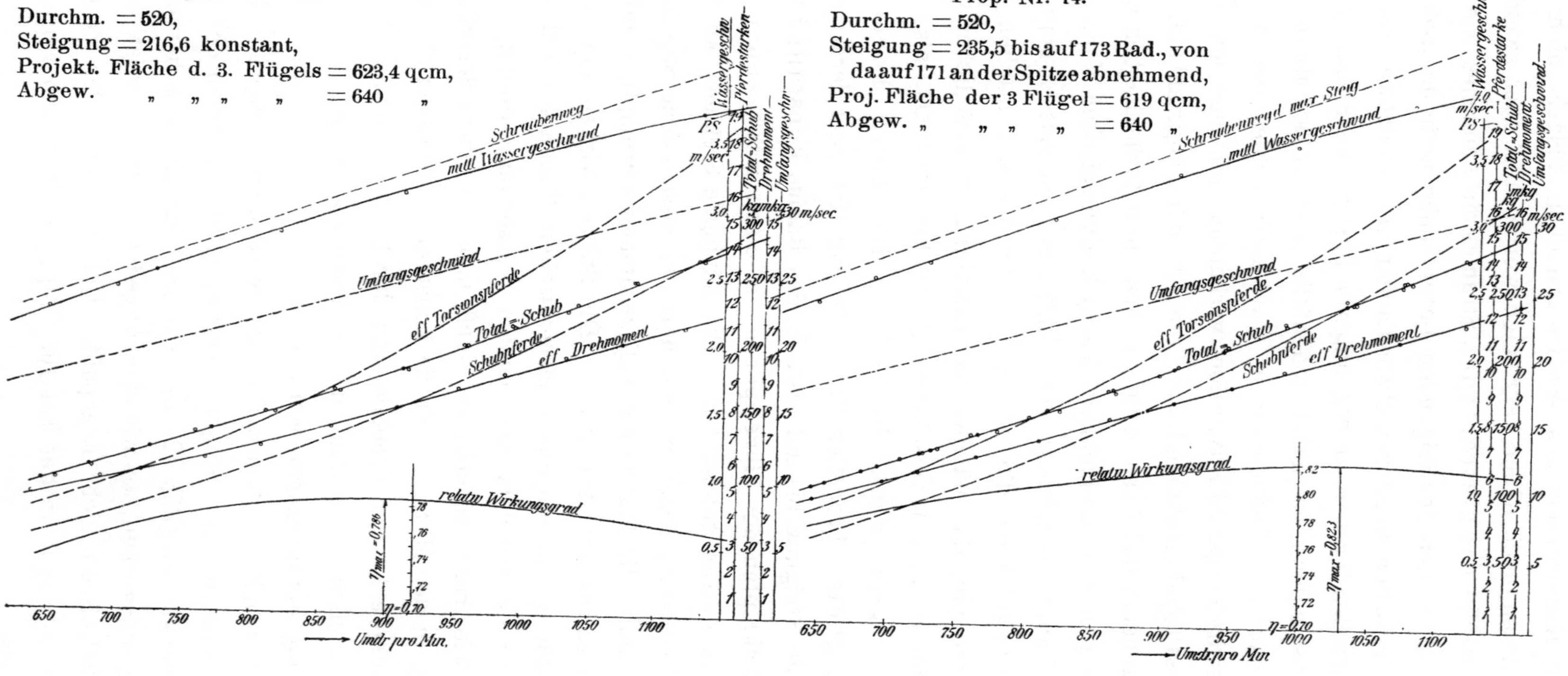
Schraubenweg
mittl Wassergeschwind
Umfangsgeschwind
eff Torsionspferde
Total = Schub
Schubpferde
eff Drehmoment
relatv Wirkungsgrad
Schraubenweg d. max Steig
Wassergeschw.
Pferdestärke
Total-Schub
Drehmoment
Umfangsgeschw.
m/sec
PS
mkg
Umdr pro Min.

Fig. 16.

einen um ca. 4 % höheren relativen Wirkungsgrad als für Nr. 13 mit konstanter Steigung. Da das Geschwindigkeitsbild beim wirklichen Schiffe weniger verzerrt ist, so wird auch die Verbesserung des Wirkungsgrades natürlich geringer sein, also nur etwa 2—3 % betragen.

Die neuen Propeller vom Schnelldampfer „Kaiser Wilhelm II." sind, abgesehen von einer Vergrößerung der Flügelfläche um ca. 29 %, nach den oben skizzierten Gesichtspunkten ausgeführt. Es wäre jedenfalls sehr zweifelhaft gewesen, ob eine so glänzende Verbesserung des Reiseresultats um ca. 0,8 Seemeilen bei fast der gleichen Leistung in dem Maße sich eingestellt, wenn man die Steigung nicht nach außen abfallend ausgeführt hätte. Gerade die äußeren Partien der Schraube erfordern, weil nach der bisherigen Ausführung am stärksten belastet, das größte Drehmoment und wirken bestimmend auf die Umdrehungszahl und den Wirkungsgrad ein; sobald aber diese ungünstig arbeiten, muß natürlich auch der Wirkungsgrad der Schraube merklich sinken. Bei einem Propeller von konstanter Steigung wäre aber dies trotz der größeren Fläche unvermeidlich gewesen, weil die kritische Umdrehungszahl, d. h. die Kavitationsgrenze schon überschritten worden wäre. Darauf werde ich noch später zurückkommen.

Man wäre versucht, anzunehmen, daß infolge der abnehmenden Steigung die Kurve der achsialen Geschwindigkeiten nun noch rascher nach außen abfällt, weil der Antriebsimpuls außen kleiner wird. Der Vergleich von Propeller Ia (H = 440 konstant) mit Ib (H = 456—320 abnehmend) Fig. 14 zeigt aber, daß eine solche Erscheinung nicht auftritt; die jeweiligen Kurven für die verschiedenen Umdrehungszahlen unterscheiden sich fast gar nicht, d. h. die Konfiguration des Geschwindigkeitsbildes wird von dem Steigungsabfall nicht beeinflußt. Ein weiterer Beweis für diese Tatsache ergibt sich beim Vergleich von Propeller Ib mit Ia, nachdem letzterer durch Umklopfen auf eine nach außen stark zunehmende Steigung*) H = 440—880 gebracht war (Fig. 14 links). Auch der allgemeine Verlauf der (punktierten) Kurven für Ia (abgebog.) ist fast genau derselbe wie früher bei der konstanten Steigung (die Abszissen sind natürlich etwas größer für die gleiche Umdrehungszahl infolge der vergrößerten mittleren Steigung).

Daraus folgt aber, daß der Charakter des achsialen Geschwindigkeitsbildes überhaupt nicht oder nur in sehr geringem Maße von dem Steigungs-

---

*) Infolge falscher Schablonen wurde beim Abbiegen der Flügelspitzen nach Fig. 10 die Steigung irrtümlicherweise auf 880 mm gebracht, statt sie auf 440 mm zu belassen; ich benutzte dann diesen Umstand zu obigem Vergleich.

verlaufe abhängt, sondern nur durch die Bewegungsverhältnisse des die Schraube umgebenden Ringwirbels bedingt ist.

Es ist einleuchtend, daß dagegen die nach der Spitze zu abnehmende Breite des gewöhnlichen elliptischen Flügelblattes nicht ohne Einfluß auf den Verlauf der achsialen Geschwindigkeiten ist, weil infolge der geringeren Breite auch eine geringere Wassermenge in der Zeiteinheit getroffen wird. Die Gegenüberstellung von Nr. Ia (ellipt. Flügelblatt) und Nr. 19 mit Kreissektor-Flügelblatt, Fig. 14 rechts, läßt deutlich erkennen, daß bei Nr. 19 das Maximum der Geschwindigkeit etwas nach außen verschoben ist und der Abfall etwas später eintritt. Immerhin ist auch hier der Charakter der Kurve derselbe wie bei der normalen Schraube. Wenn dieser somit unter den verschiedensten Umständen derselbe bleibt, so muß er mehr in den äußeren Verhältnissen und zwar, wie oben bemerkt, in der Mechanik des sog. Schraubenwirbels begründet sein.

Bei der im freien Wasser rotierenden Schraube bildet sich, wie leicht einzusehen, nach Eintritt des stationären Zustandes infolge der Kontinuitätsbedingung ein großer Ringwirbel mit kreisförmiger Wirbelachse aus, dessen allgemeine Natur durch die Photogramme des Herrn Professor Dr. Ahlborn bereits bekannt ist. Die Aufnahme eines geschlossenen Ringwirbels war mir allerdings nicht möglich, da derselbe an der vollständigen Ausbildung durch die nahen Tankwände verhindert wurde. Immerhin gelang es mir nach der eingangs beschriebenen Methode, den Verlauf des Ringwirbels in seinem wichtigsten Teil, beim Passieren der Schraube, festzustellen. Zustatten kam mir dabei der Umstand, daß die Meridiankurve des die Flügelspitzen begrenzenden Schraubenstrahles in der Nähe des Propellers sich als eine scharf markierte hellere Linie (von mitgerissenen Luftbläschen herrührend) kennzeichnete. In Fig. 17 ist diese Begrenzungskurve für Propeller Nr. IV bei $n = 950$ p. M., soweit ich sie aufnehmen konnte, durch stärkeres Hervorheben dargestellt; die Ergänzung zu einem geschlossenen Ringwirbel für freies Wasser ist punktiert angedeutet. Das Wasser wird zentripetal in die Schraube hineingesogen und bewegt sich in konvergenten Linien durch dieselbe, um in einiger Entfernung hinter der Schraube, da, wo die Massen wieder achsial verzögert werden, in divergenten Bahnen auseinander zu gehen (Trompetenbildung) und in elliptischem Kreislauf vor die Schraube zurückzukehren. a ist die kreisförmige Wirbelachse; die mit zunehmender Umdrehungszahl wachsende Einschnürung oder Kontraktion des Strahles hinter dem Propeller bildet ein Maß für den von ihm erteilten Antriebsimpuls. Der Ort der größten Einschnürung oder des Geschwindigkeitsmaximums liegt umsoweiter hinter der Propellerebene,*) je größer der Antriebsimpuls, d. h. die Gesamtbeschleunigung ist. Dasselbe trifft für die Lage der Wirbelachse a zu, wie durch die Beobachtungen von Herrn Professor Dr. Ahlborn bestätigt wird. Die Verschiebung hängt jedenfalls mit der sich ändernden Arbeitsverteilung auf die Saug- und Druckseite des Flügelblattes zusammen.

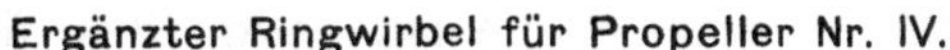

Ergänzter Ringwirbel für Propeller Nr. IV.

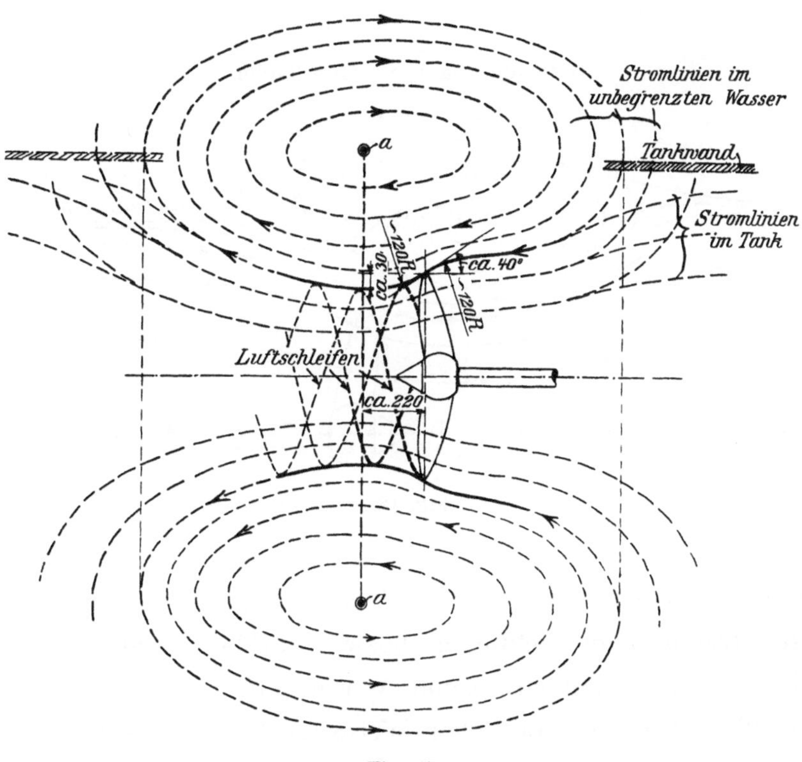

Fig. 17.

Beim Arbeiten der Schraube nahe der Wasseroberfläche (Fig. 18) kann sich der Wirbel nicht mehr vollständig ausbilden und überstürzt sich daher oben, bei b die bekannte Stauwelle bildend. Solche Verhältnisse lagen auch im Tank vor, da derselbe im allgemeinen nur bis h = 50 cm über Mitte Propeller gefüllt war, sodaß die Oberfläche des Wassers noch nicht die

---

*) Bei Propeller Nr. IV war beispielsweise der Ort des Geschwindigkeitsmaximums wie aus den vergleichenden Messungen für die Abstände a = 236 und a = 96 (Tabelle 2) und den photographischen Aufnahmen der Luftschleifen festgestellt, ca. **200—250** mm hinter der Propellerebene, ein Beweis, daß die größte Geschwindigkeit beim Verlassen des Flügelblattes noch lange nicht erreicht ist.

Tankdecke berührte. Wie ich besonders für $h = 35$ cm beobachten konnte fand bei c ein heftiges Herunterreißen bezw. trichterförmiges Einsaugen von Luft, verbunden mit starken Kavitationsschleifen, statt.

Es ist kein Grund vorhanden, warum bei einem fahrenden Schiffe das Strömungsbild wesentlich anders sein sollte, als oben beschrieben, die Ringe können sich jedoch im allgemeinen (d. h. bei nicht zu anormal großem Slip wie z. B. beim Anfahren) nicht mehr vollständig schließen, da der Propeller wieder längst an einer anderen Stelle ist, bevor das Wasser Zeit gefunden

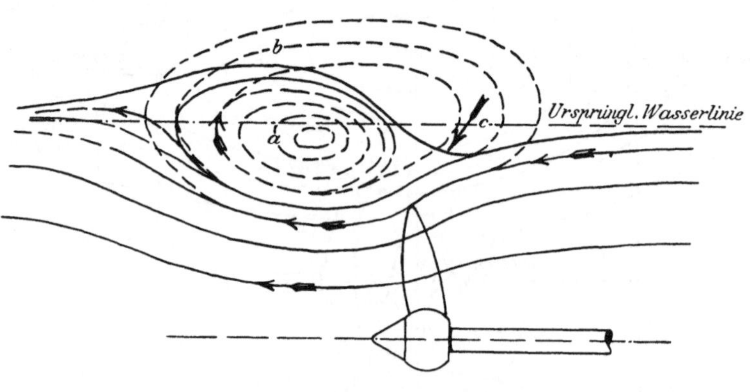

Fig. 18.

hat, außerhalb der (weit abliegenden) Wirbelachse nach vorn zu strömen. Statt dessen treten beim Aufstauen, bezw. Aufrollen oder Umstülpen des austretenden Strahles sekundäre kleine Wirbel auf.

In Fig. 19 sind in übersichtlicher Weise die Geschwindigkeits- und Slipverhältnisse qualitativ wiedergegeben, wie sich bei einem fahrenden Schiffe in der Propellerebene A — A einstellen. Die Ebene A — A ist dabei als im Raume stillstehend angenommen und die relativen Geschwindigkeiten in üblicher Weise nach rückwärts aufgetragen. Aus der Figur ist auch der Zusammenhang mit den Tankversuchen zu ersehen. Um die Verhältnisse quantitativ richtig wiederzugeben, wäre natürlich in jedem speziellen Falle die genaue Kenntnis der Vorstromfläche notwendig.

Bezüglich der abfallenden Steigung bin ich noch den Beweis für die Annahme schuldig, daß schon der eintretende Strahl eine außen stark abnehmende Geschwindigkeit hat. Aus der Natur des Ringwirbels läßt sich ein, wenn auch nicht strenger, so doch sehr plausibler Beweis dafür herleiten.

Denkt man sich bei einem Wirbelring (derselbe sei der Einfachheit halber mit kreisförmigen statt elliptischen Bahnen angenommen) mit zunächst gerader Achse die gegenseitige Reibung der Wasserzylinder für einen Augenblick so groß, daß sie fest zusammenhängen, so wird ein in der Richtung des

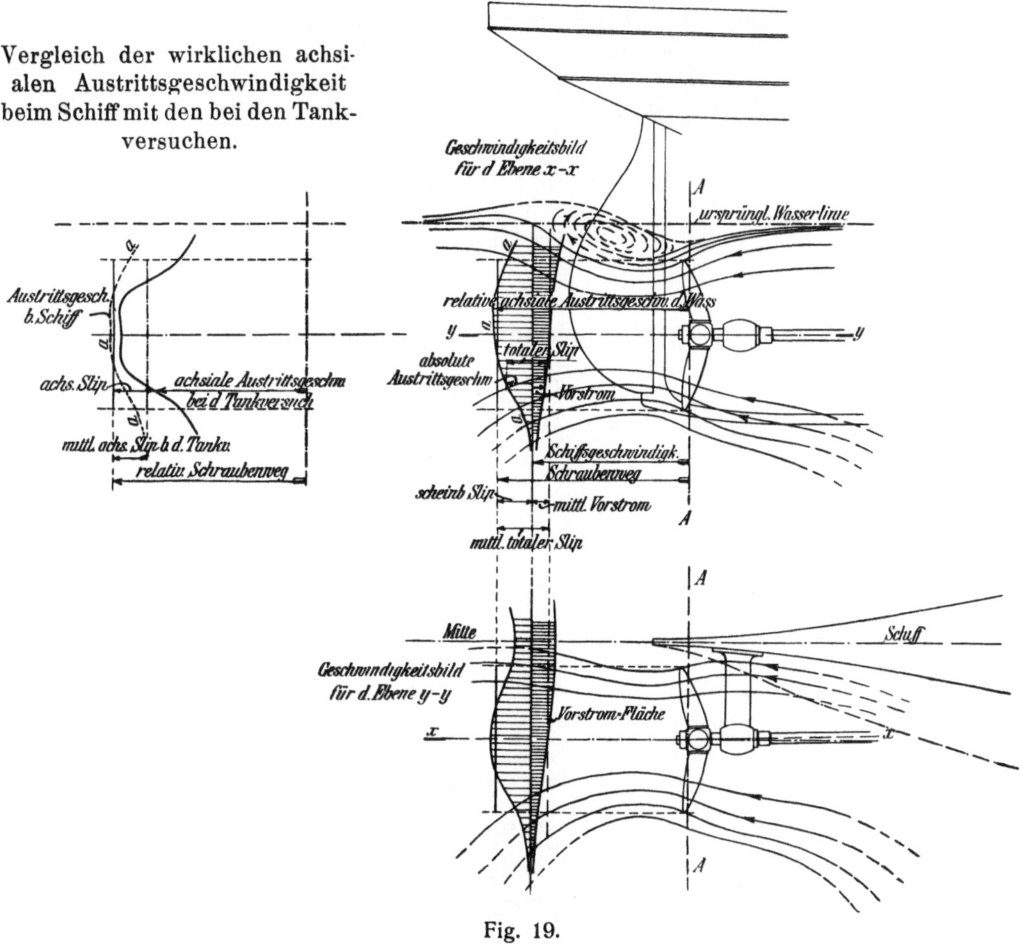

Fig. 19.

Pfeils (Fig. 20 links) gegebener Impuls bedingen, daß sich die Geschwindigkeiten $v_1 v_2$ zweier Wirbelringe verhalten wie deren Radien $r_1 r_2$ von der Achse a. Ist die Wirbelachse aber ein Kreis, (Fig. 20 rechts) so müssen sich die Geschwindigkeiten beim Passieren der Ebene A — A im Verhältnis der Durchtrittsquerschnitte $f_1 f_2$ ändern, falls nach jedem vollen Umlaufe die auf einem Radius von a aus liegenden Wasserteilchen gleichzeitig die Zylinderfläche y — y passieren sollen. In den inneren Partien würden demnach die verschiedenen Wirbelringe gezwungen sein, sich zu beschleunigen, in denen außerhalb der Wirbelachse zu verzögern, was eine gegenseitige Verschiebung auf den äußeren und inneren Umlaufbahnen zur Folge hat.

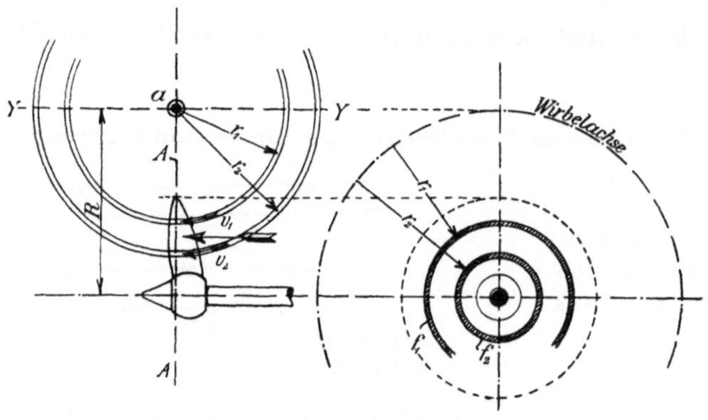

Fig. 20.

Für die Ebene A — A verhielten sich somit die Geschwindigkeiten

$$\frac{v_1}{v_2} = \frac{r_2}{r_1} \cdot \frac{R - r_1}{R - r_2},$$

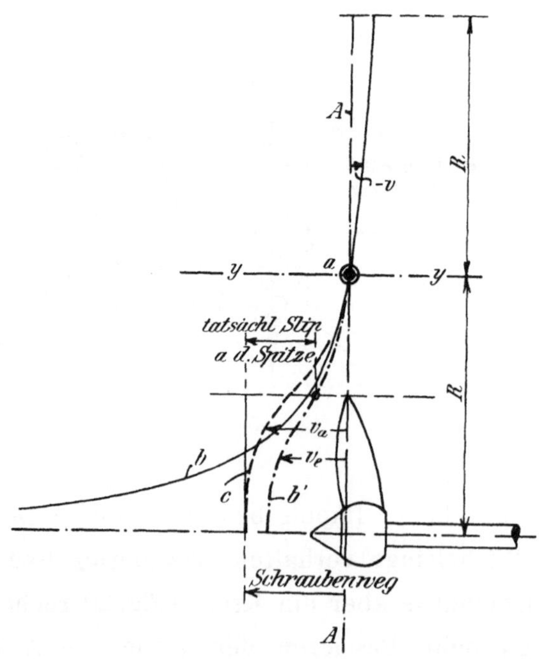

Fig. 21.

welcher Gleichung die hyperbolische Kurve b in Fig. 21 entspricht. An der Schraubenwelle müßte also eine unendlich große Geschwindigkeit herrschen.

Die gegenseitige Verschiebung wird aber umsomehr gehemmt, je größer die Tendenz zur Verschiebung ist, außerdem macht sich in der Nähe der Nabe deren bremsender Einfluß geltend. Die wahren Geschwindigkeiten beim Eintritt in die Schraube verlaufen daher ungefähr nach der strichpunktierten Kurve b′. Dieselbe besagt, daß die Saugewirkung in der Mitte größer ist als am Rande. Im austretenden Strahle ist der Geschwindigkeitsverlauf etwa nach der punktierten Kurve c verzerrt, weil bloß innerhalb des Schraubenkreises die Wirbelringe Antriebsimpulse erhalten, die äußeren Wassermassen dagegen am Umfange des Schraubenstrahles bremsend wirken.

Abgesehen von den Beobachtungsresultaten läßt daher auch diese Überlegung erkennen, daß bei einem gewöhnlichen Propeller mit konstanter Steigung außen der tatsächliche Slip zu groß ist, welcher Umstand sich besonders bei hoher Umdrehungszahl ungünstig bemerkbar macht.

Der Schraubenstrahl erfährt beim Passieren des Propellers aber nicht nur eine achsiale, sondern auch eine tangentiale Beschleunigung im Sinne der Rotation der Schraube. Die letztere ist im allgemeinen von ungefähr gleicher Größenordnung wie die achsiale Beschleunigung und nimmt mit dieser zu und ab. Die Messungen der tangentialen Geschwindigkeiten haben diesen, übrigens sehr einleuchtenden Zusammenhang bestätigt und zugleich einen vollständigen Einblick in die Bewegungsverhältnisse des Strahles eröffnet. Die Diagramme der tangentialen Geschwindigkeit (Fig. 22, 23, 24 u. 25) zeigen alle übereinstimmend den gleichen Charakter, bis zu etwa $^2/_3$ des Radius nimmt sie stark zu, um von da gegen den Umfang des Propellerkreises hin mehr oder weniger rasch abzufallen. Im Verhältnis zur Umfangsgeschwindigkeit des betreffenden Radius liegt das Maximum natürlich weiter nach innen, etwa bei $^1/_8$ des Propellerhalbmessers, wie aus Fig. 22 (Prozentuale Kurve) hervorgeht.

Der Verlauf der tangentialen Komponente läßt einen Schluß auf die Güte des Propellers zu, indem dieser um so schlechter, je größer der Wirbelverlust ist.

Der Vergleich von Propeller Ia mit Ib Fig. 23 läßt erkennen, daß bei Nr. Ib mit nach außen abnehmender Steigung das Wasser einen geringeren tangentialen Impuls erfährt, als bei Nr. Ia mit konstanter Steigung; der Grund hierfür ist leicht einzusehen. Aus den Kurven für 2 verschiedene Meßflügelabstände (Fig. 22 u. 24 Prop. Nr. IV u. 19) geht andererseits hervor, daß im Gegensatz zur achsialen Geschwindigkeit die

Tangentiale Wassergeschwindigkeiten bei Propeller Nr. IV für verschiedene Umdrehungen und verschiedene Abstände des Meßflügels.

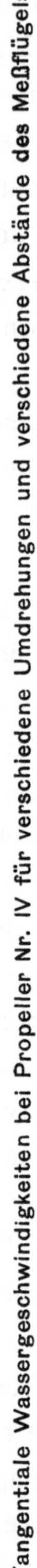

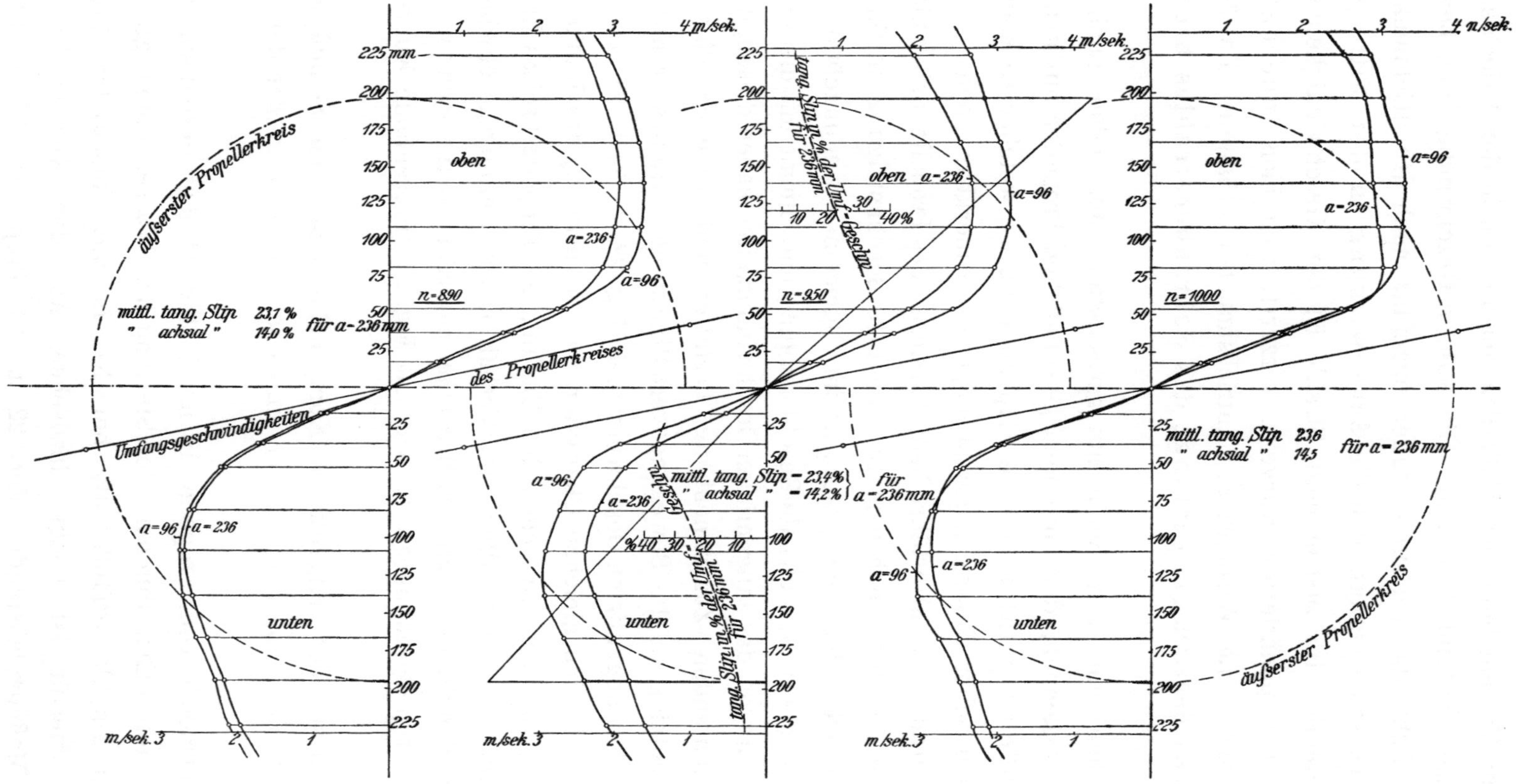

Fig. 22.

NB. Die Abszissen der ausgezogenen Kurven geben die [tangentiale Komponente der Wassergeschwindigkeiten für die Abstände a = 96 bezw. 236 mm des Meßflügels von der Propeller-Ebene an.

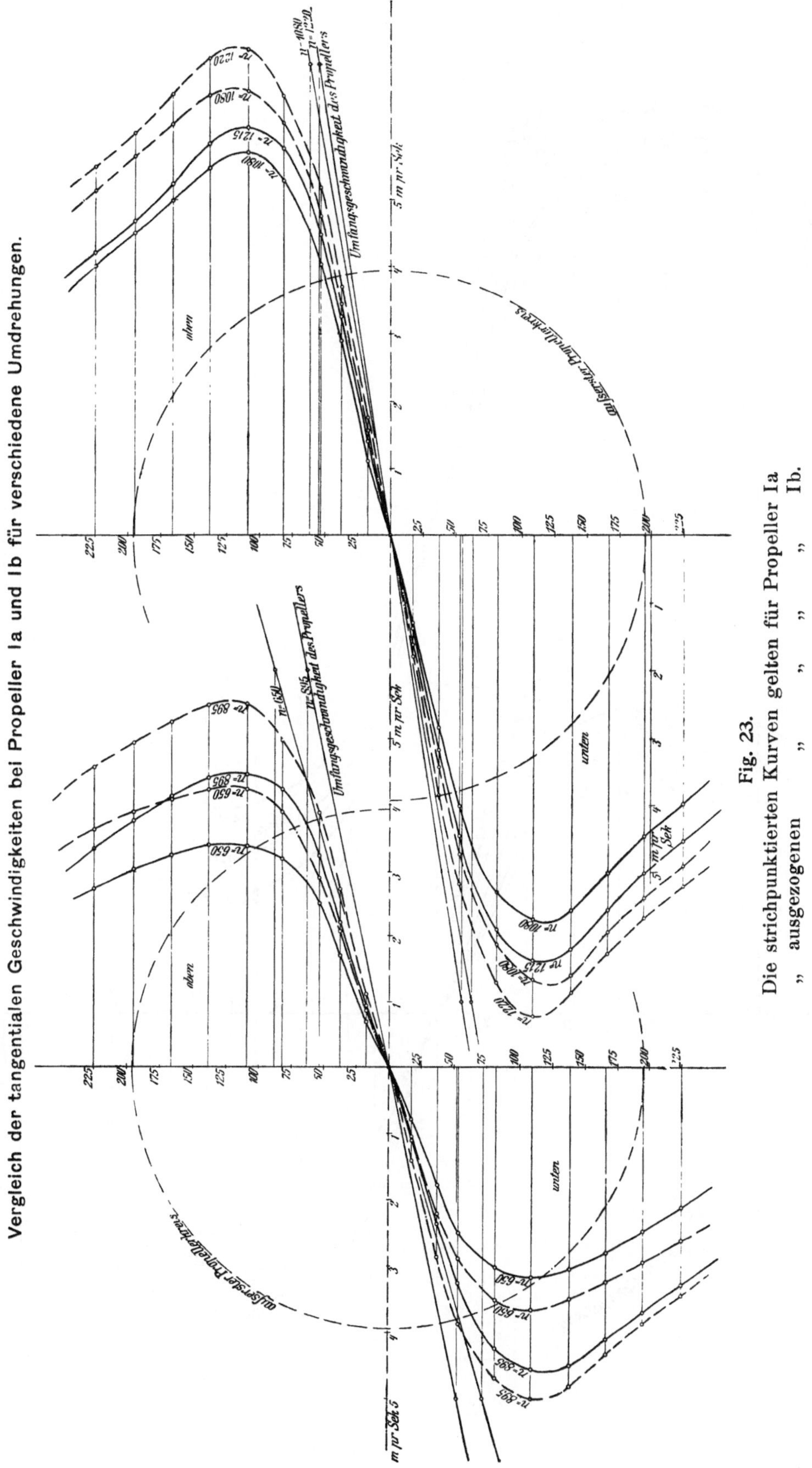

Fig. 23.

Die strichpunktierten Kurven gelten für Propeller Ia.
„   ausgezogenen   „   „   „   „ Ib.

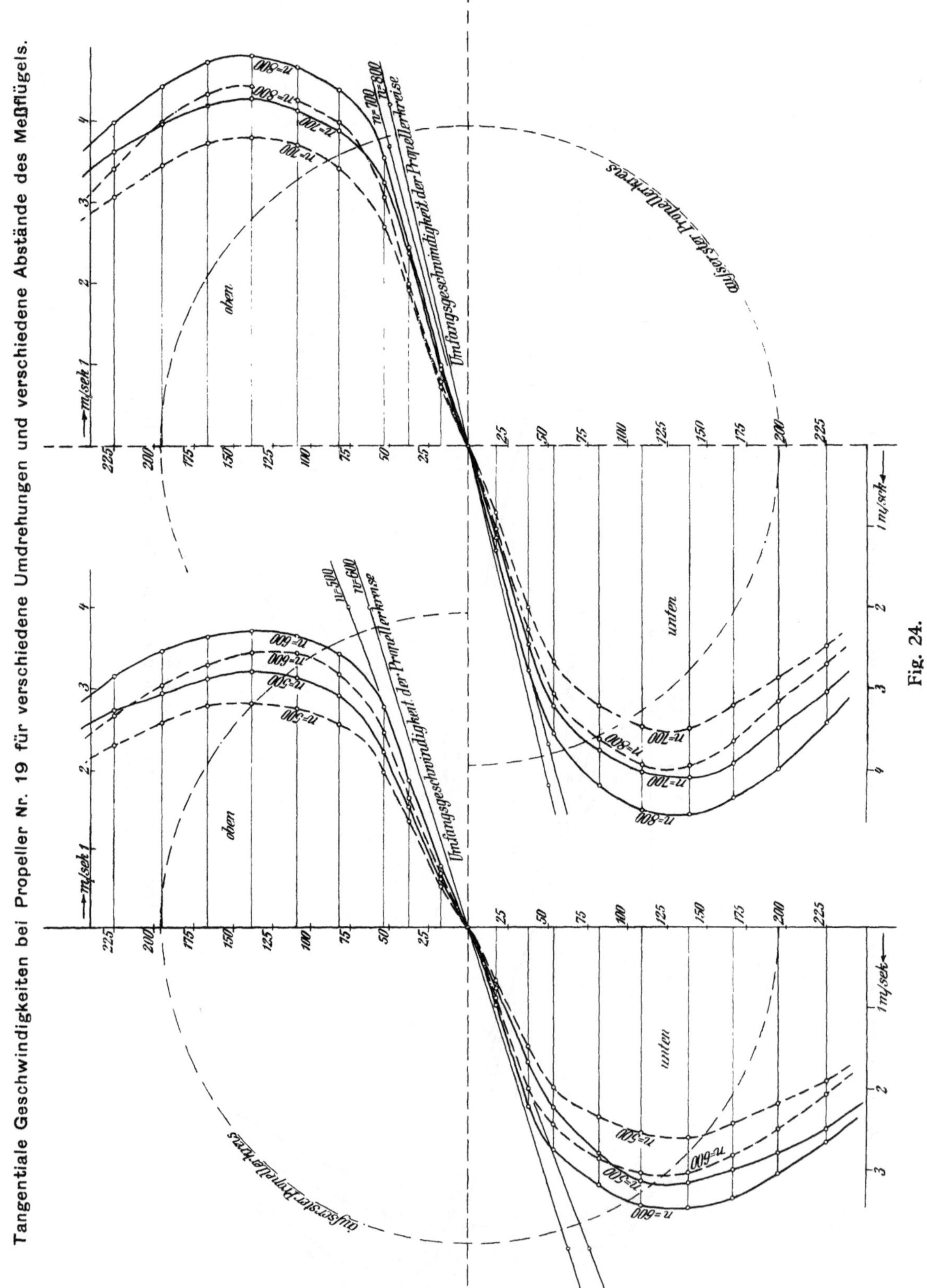
Tangentiale Geschwindigkeiten bei Propeller Nr. 19 für verschiedene Umdrehungen und verschiedene Abstände des Meßflügels.
n=800
n=800
n=700
n=700
n=700
n=800
oben
unten
Umfangsgeschwindigkeit der Propellerkreise
äußerster Propellerkreis
n=500
n=600
n=600
n=600
n=500
n=500
oben
unten
Umfangsgeschwindigkeit der Propellerkreise
äußerster Propellerkreis
n=700
n=700
n=800
n=600
n=600
n=500
m/sek
1 m/sek
Fig. 24.

größte tangentiale Geschwindigkeit in der unmittelbaren Nähe des Propellers auftritt, weil hier der Form- und Reibungswiderstand die tangentiale Geschwindigkeitskomponente vergrößern hilft.

Aus den verschiedenen Messungen für Propeller IV (Fig. 15, 17 und 22) habe ich nun aus Draht ein Modell der Wasserfäden rekonstruiert (Fig. 26),

Tangentiale Geschwindigkeiten bei Propeller Nr. V

für verschiedene Umdrehungen, gemessen im Abstand a = 236 mm.

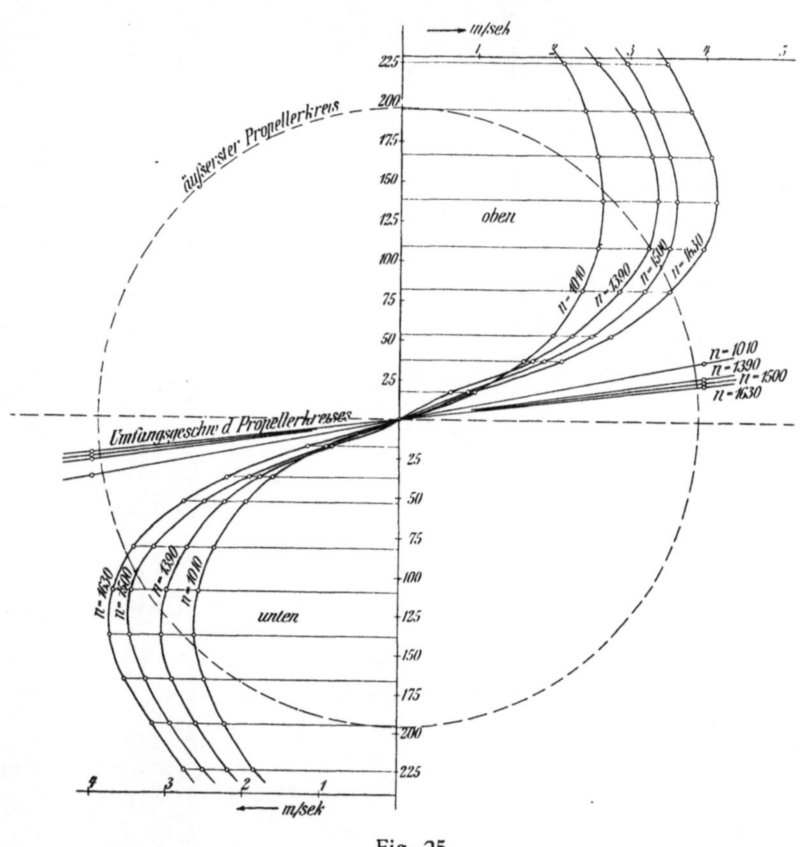

Fig. 25.

welches die Kontraktion und Verdrehung des Schraubenstrahles in anschaulicher Weise wiedergibt.

Es ist naheliegend, entsprechend dem achsialen Slip, die tangentiale Beschleunigung als „tangentialen Slip" zu bezeichnen; derselbe ist natürlich ebenso wie der achsiale von Punkt zu Punkt verschieden. Als Mittelwert des tangentialen Slips kann man im Wegdiagramm Fig. 27 das Verhältnis der von der nachgeeilten Wassermenge beschriebenen Fläche

Modell der absoluten Wasserbahnen durch einen Propeller von 220 mm Steigung bei 950 Umdrehungen pro Minute.

Fig. 26.

Mittlerer achsialer Slip = 17,8 %
„   tangent.   „ = 20,3 %

(doppelt schraffiert) zu dem vom Propellerradius durchlaufenen Areal (einfach schraffiert) setzen.

Zwecks Vergleich dieser beiden Slips, sowie zur späteren Berechnung der Propellerwirkungsgrade sind in Tabelle II die gemessenen mittleren achsialen Austrittsgeschwindigkeiten und achsialen Slips zusammengestellt; in

Wegdiagramm der rotierenden Wassermassen
bei Propeller Nr. IV für n = 950.

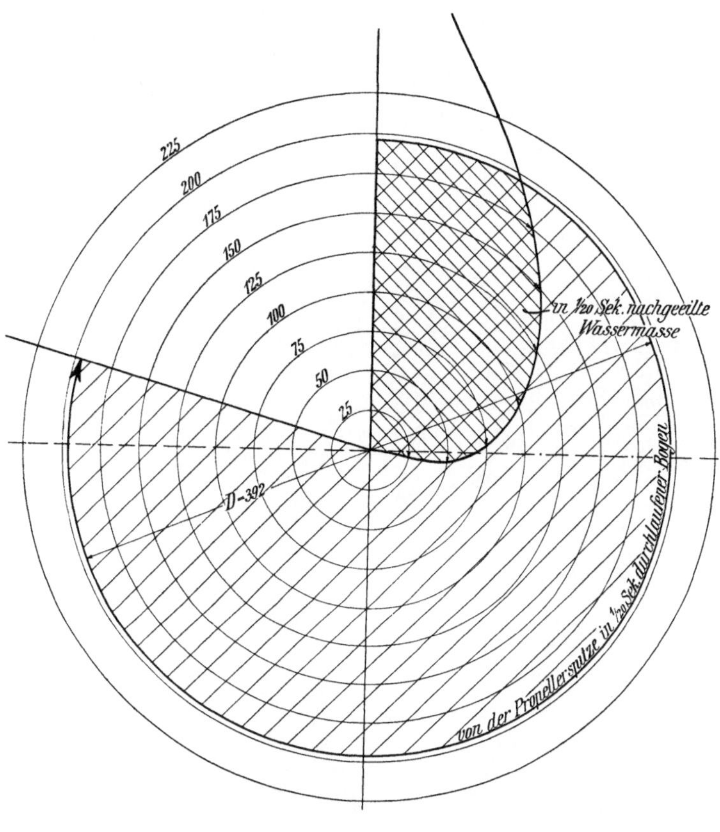

Fig. 27.

Fig. 28 sind die Kurven der ersteren aufgetragen. Dabei ist als mittlere achsiale Austrittsgeschwindigkeit die mittlere Höhe der beiden Halbrotationskörper*) innerhalb des Schraubenkreises verstanden, die durch Drehen des oberen und unteren Geschwindigkeitsdiagramms um die Propellerachse entstehen.

---

*) Die Berechnung des Inhalts derselben geschah auf einfache Weise nach der Guldinschen Regel, indem die Geschwindigkeitsdiagramme aus starkem Papier ausgeschnitten und durch Aufstellen auf eine Spitze deren Schwerpunkt ermittelt wurde.

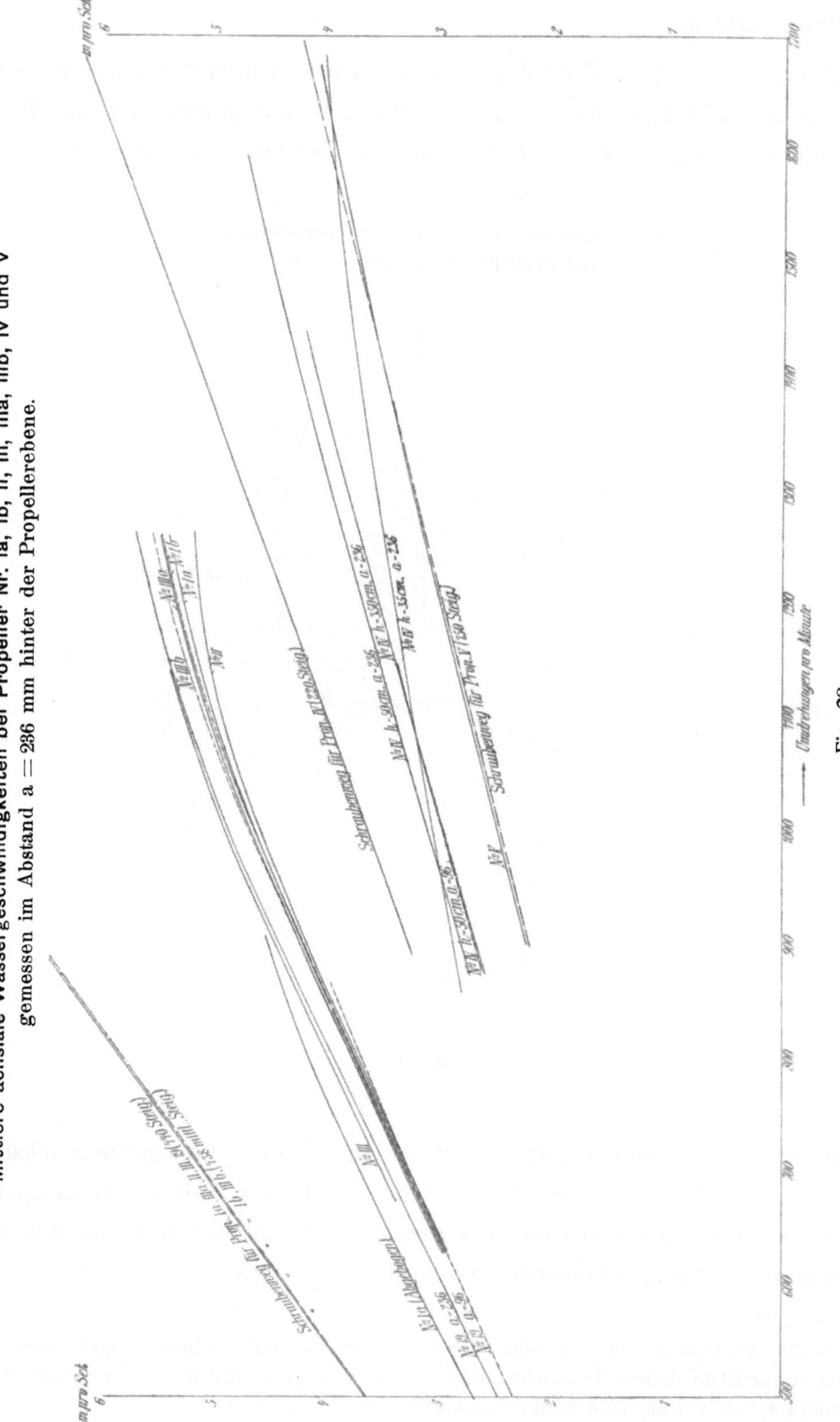

Fig. 28.

Tabelle II.

Tabelle der gemessenen mittl. axialen Wassergeschwindigkeiten und Slips.

Hierzu auch Fig. 28.

Prop. Ia h=50; a=236			Prop. Ib h=50; a=236			Prop. Ia Flügel abgebogen			Prop. II h=50; a=236			Prop. III h=50; a=236		
n	v_{ax}	Slip %	n	v_{ax}	Slip %	n	v_{ax}	Slip %	n	v_{ax}	Slip %	n	v_{ax}	Slip %
650	3,084	35,30	650	3,040	35,92	500	2,655	63,7	660	3,120	35,52	670	3,304	32,74
680	3,238	35,04	685	3,208	35,84	600	3,162	64,0	690	3,266	35,46	710	3,588	31,15
710	3,422	34,32	705	3,255	36,77	700	3,672	64,2	720	3,455	34,57	750	3,806	30,80
800	3,801	35,20	805	3,862	34,25	800	4,292	63,4	800	3,729	36,40	820	4,045	32,72
895	4,190	36,13	895	4,175	36,10	900	4,512	65,8	905	4,263	35,78	910	4,463	33,10
990	4,614	36,46	990	4,690	35,13	—	—	—	1000	4,677	36,28	1000	4,867	33,67
1080	4,952	37,45	1080	5,025	36,23	—	—	—	1090	4,960	37,92	1040	4,866	36,40
1175	5,340	37,39	1170	5,285	38,08	—	—	—	1150	5,084	39,74	1090	5,328	33,35
1220	6,392	39,68	1215	5,315	40,11	—	—	—	1200	5,162	41,30	—	—	—
1260	5,460	40,85	1260	5,382	41,48	—	—	—	1250	5,140	43,85	—	—	—

Prop IIIa h=50; a=236			Prop. IIIb h=50; a=236			Prop. IV h=350; a=236			Prop. IV h=50; a=236			Prop. IV h=50; a=96		
n	v_{ax}	Slip %	n	v_{ax}	Slip %	n	v_{ax}	Slip %	n	v_{ax}	Slip %	n	v_{ax}	Slip %
650	3,124	34,48	655	3,110	35,00	920	2,734	18,98	890	2,800	14,17	890	2,695	17,37
680	3,180	36,10	690	3,195	36,55	990	2,963	18,38	950	3,105	12,14	950	2,882	17,23
710	3,457	33,70	730	3,388	36,37	1060	3,160	18,74	1000	3,185	13,14	1000	3,010	17,91
795	3,804	34,78	820	3,832	35,95	1140	3,425	18,03	1120	3,475	15,44	1060	3,175	18,34
890	4,230	35,20	900	4,292	34,60	1210	3,565	19,63	1200	3,718	15,50	—	—	—
990	4,739	34,78	995	4,704	35,20	1280	3,770	19,71	1260	3,901	15,56	—	—	—
1085	5,060	36,34	1080	5,201	34,04	1340	3,964	19,31	1380	4,214	16,76	—	—	—
1175	2,252	39,03	1175	5,578	35,05	1410	4,220	18,33	1450	4,433	16,60	—	—	—
1220	5,454	39,03	—	—	—	—	—	—	1510	4,625	16,50	—	—	—
1260	5,500	40,42	—	—	—	—	—	—	—	—	—	—	—	—

Prop. IV h=35; a=236			Prop. V h=50; a=236			Prop. 19 h=50; a=236			Prop 19 h=50; a=96		
n	v_{ax}	Slip %	n	v_{ax}	Slip %	n	v_{ax}	Slip %	n	v_{ax}	Slip %
920	2,988	11,44	910	2,330	− 2,42	500	2,500	31,80	500	2,387	34,90
1000	3,140	14,37	960	2,429	− 1,21	600	2,997	31,90	600	2,781	36,78
1070	3,258	16,93	1010	2,580	− 2,22	700	3,486	32,11	700	3,270	36,30
1150	3,352	20,48	1130	2,800	+ 0,92	800	3,944	32,74	800	3,713	36,65
1280	3,527	24,87	1260	3,172	− 0,70	850	4,204	32,58	—	—	—
1410	3,743	27,54	1390	3,456	+ 0,55	900	4,486	32,00	—	—	—
1530	3,915	30,23	1500	3,730	+ 0,53	1000	5,065	30,95	—	—	—
1660	4,027	33,82	1565	3,900	+ 0,38	1100	5,340	33,82	—	—	—
—	—	—	1630	3,992	+ 2,04	1150	5,516	34,63	—	—	—
—	—	—	—	—	—	1200	5,670	35,60	—	—	—

Fig. 29 zeigt den Vergleich des achsialen mit dem tangentialen Slip für die 3 Propeller mit gleichem Areal, aber verschiedener Steigung.

Hierbei ist bemerkenswert, daß der tangentiale Slip nicht in gleichem Maße abnimmt als der achsiale. Während der letztere bei Propeller I a, IV, V $\sim$ 36 — 15 — 0 %, ist der entsprechende tangentiale Slip $\sim$ 45 — 24 — 17 %, d. h. der tangentiale Slip und damit der Wirbelverlust*) läßt sich

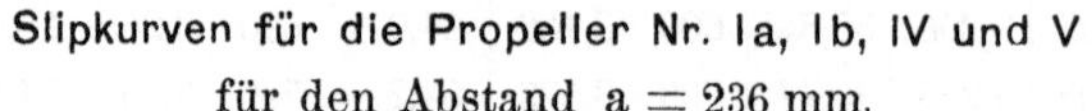

Slipkurven für die Propeller Nr. Ia, Ib, IV und V
für den Abstand a = 236 mm.

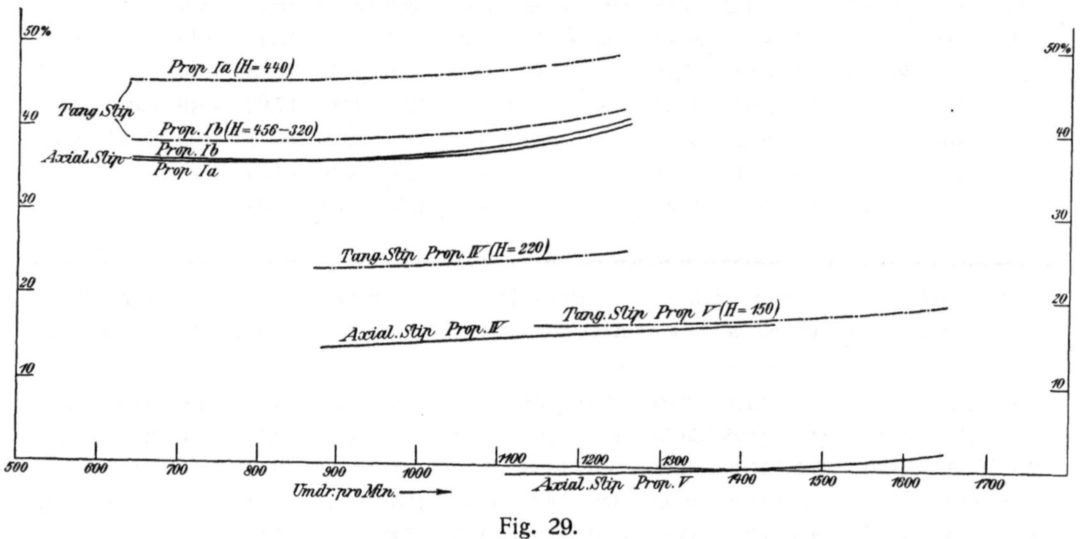

Fig. 29.

auch bei günstigstem Steigungsverhältnis nicht unter ein gewisses Maß von ca. 10—15 % herabdrücken. Ein Propeller mit kleiner Steigung übt wohl einen geringeren tangentialen Angriff auf das Wasser aus als ein solcher mit großer Steigung, dagegen ist bei ihm der Einfluß des mit der größeren Umdrehungszahl rapid wachsenden Form- und Reibungswiderstandes größer.

Bei der Aufstellung der verschiedenen Propellertheorien werden gewöhnlich die folgenden Voraussetzungen getroffen:

------

*) Der Wirbelverlust ist die Energie

$$L = \frac{1}{2} \int\limits_{0}^{R} m \, v_t^2$$

wo m die in der Zeiteinheit durch den Ringquerschnitt $2 r \pi \, dr$ strömende Wassermasse und v_t die tangentiale Geschwindigkeit für den betr. Radius bedeutet.

1. Das Wasser ströme achsial zu;

2. die Wasserteilchen bewegen sich beim Durchströmen auf denselben Zylinderschnitten weiter;

3. das Wasser habe beim Ein- und Austritt für verschiedene Radien dieselbe achsiale Geschwindigkeit;

4. das Wasser verlasse die Schraube mit einer zur Welle (und zum Flügelblatt) parallelen Richtung.

Ein Blick auf das Modell Fig. 26 und die verschiedenen Geschwindigkeitsdiagramme lehrt, daß alle diese Voraussetzungen in Wirklichkeit mehr oder

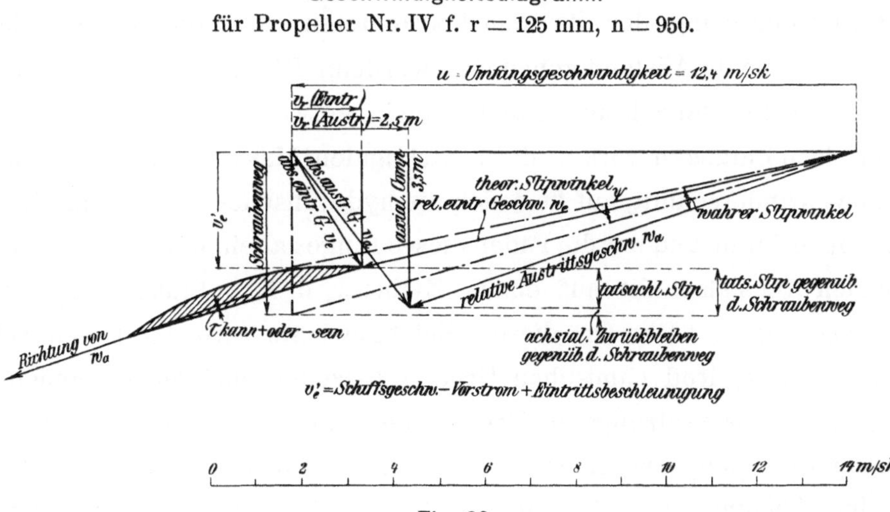

Fig. 30.

weniger unzutreffend sind. Aus diesem Grunde können auch die Koëffizienten nicht viel helfen, die zwecks Anpassung an die Erfahrung in die verschiedenen Formeln eingeführt werden. Eine genaue Propellertheorie muß die genannten Verhältnisse, wenigstens zum Teil berücksichtigen und ebenso wie bei den Wasserturbinen sich vor allem auf das Geschwindigkeitsdiagramm mit Berücksichtigung der Rotationskomponente stützen. Fig. 30 ist ein solches Diagramm, das sich beispielsweise auf Propeller Nr. IV für n = 950 und r = 125 bezieht. τ ist dabei ein veränderlicher Winkel, auf den ich bei Besprechung der Formwiderstandsversuche zurückkommen werde.

Vor nicht langer Zeit wurde im „Schiffbau" ein lebhafter Meinungsaustausch darüber geführt, ob in der Schraube zentripetale oder zentrifugale Strömungen vorhanden sind. Die achsialen in Verbindung mit den tangentialen Geschwindigkeitsdiagrammen erlauben, einen Beitrag zur Klärung dieser Frage zu liefern.

Infolge der verschiedenen Geschwindigkeiten der einzelnen Wasserfäden gegeneinander treten radiale hydraulische Pressungen auf, die entsprechend den Eulerschen hydrodynamischen Grundgleichungen sich nach

$$h = h_1 - h_2 = \frac{v_1{}^2 - v_2{}^2}{2\,g}$$

berechnen. $v_1\,v_2$ sind die aus der achsialen und tangentialen Komponente resultierenden Geschwindigkeiten an zwei verschiedenen Stellen des Radius. (Da es sich nur um eine angenäherte Rechnung handelt, soll von einer Berücksichtigung der für den betrachteten Strahlquerschnitt kleinen radialen Komponente Abstand genommen werden.) Diese Pressungen wirken in den äußeren Partien der Schraube radial nach innen, weil dort v_{ax} und v_t rasch abfällt; denselben entgegen wirken die zentrifugalen Massenkräfte. Es gibt nun stets einen Zylinderschnitt, auf dem sich die hydraulischen Drücke und Massenkräfte kompensieren, und nur die Fäden dieses Ringes allein bewegen sich in dem betreffenden Achsialschnitt auf einem Zylinder, d. h. vollführen eine reine Schraubenbewegung. Der Ort dieses Gleichgewichts wird durch den Schnitt der Kurve der hydrodynamischen Drücke (bezogen auf die Längeneinheit) mit derjenigen der zentrifugalen Drücke bestimmt. Die Ableitung dafür ist im Anhang zu finden. Dieser Schnittpunkt P ist nun mit bezug auf die Meßebene im Abstand $a = 236$ mm für verschiedene Propeller ermittelt (Fig. 31) und ergibt sich dabei, daß derselbe stets innerhalb des Propellerkreises liegt. Der Abstand dieses Punktes vom Wellenmittel hängt hauptsächlich von der Größe der Rotationsgeschwindigkeit ab, er bildet daher ein Kriterium für die Güte des Propellers, indem dieser um so schlechter, je weiter P von der Mitte entfernt ist.

Bemerkenswert ist hierbei speziell der Vergleich des normalen Propellers Nr. I a mit Nr. 19, Kreissektor-Flügelblatt. Für letzteren liegt der Punkt etwas weiter vom Mittel entfernt, weil die große Flügelbreite an der Spitze dem Wasser einen zu großen tangentialen Impuls erteilt; der Wirkungsgrad ist somit geringer als der von Nr. Ia. Das normale, mehr oder weniger elliptische Flügelblatt dürfte daher, wie dies ja auch durch die Erfahrung bestätigt ist, in den meisten Fällen vorzuziehen sein. Das Sektor-Flügelblatt kann höchstens für Schlepp- und Flußfahrzeuge mit ge-

Vergleich der Zentrifugalwirkungen bei verschiedenen Propellern.

Abstand des Maßflügels a = 236 mm.

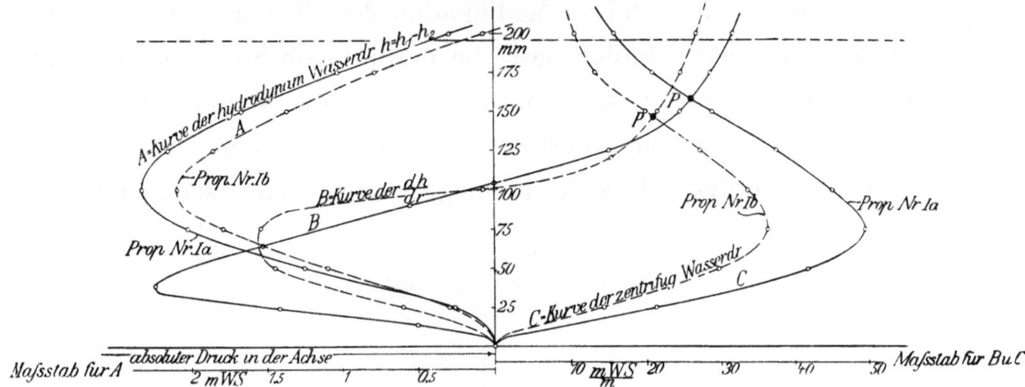

Propeller Nr. Ia (H = 440) und Propeller Nr. IV (H = 220).

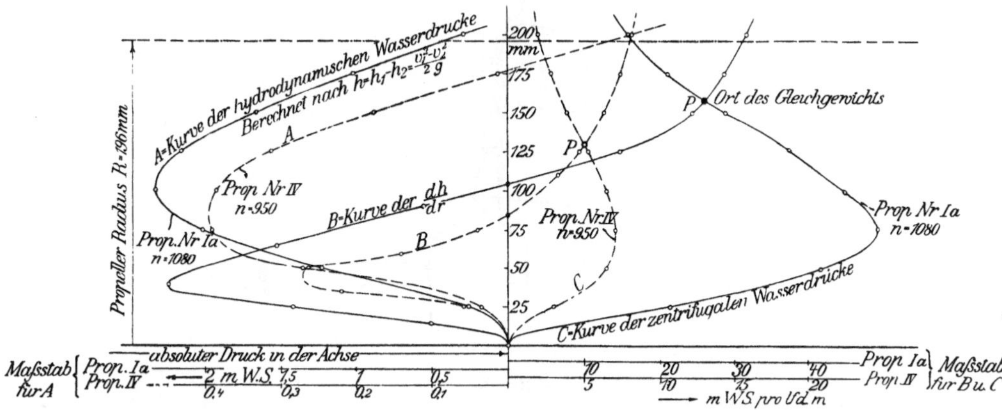

Propeller Nr. Ia (H = konst.) und Propeller Nr. Ib (H = variab.) f. n = 1080.

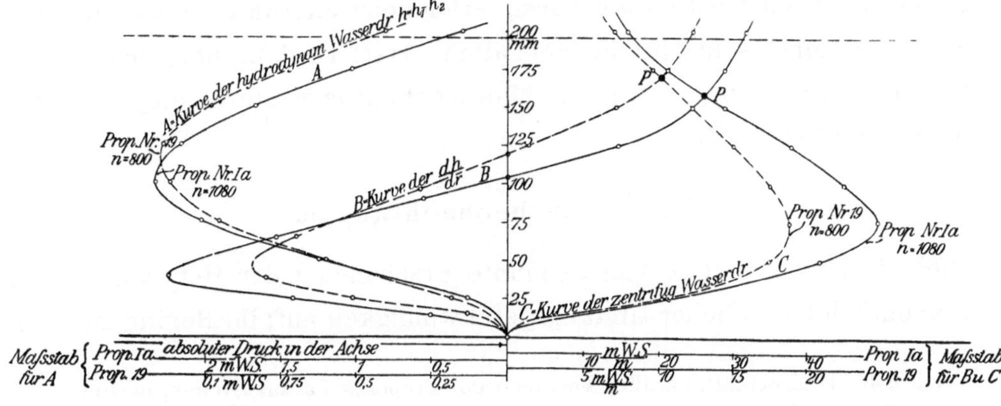

Propeller Nr. Ia (ellipt. Flügelbl.) und Propeller Nr. 19 (Kreissektor-Flügelbl.).

Fig. 31.

ringem Tiefgang geeignet sein, die einen Propeller mit geringem Durchmesser und großem Flügelareal erfordern.

Dagegen dürfte eine andere Modifikation des Flügelblattes einen Erfolg versprechen, wenn man nämlich dasselbe derart nach hinten vom Schiff abbiegt, daß jedes Element $\perp$ zum betreffenden Wasserfaden*) steht (Fig. 32, Kurve 1). Der Durchmesser der Schraube kann dann gegenüber 2 etwas kleiner werden. Das Zurückbiegen nach einer solchen Kurve ist

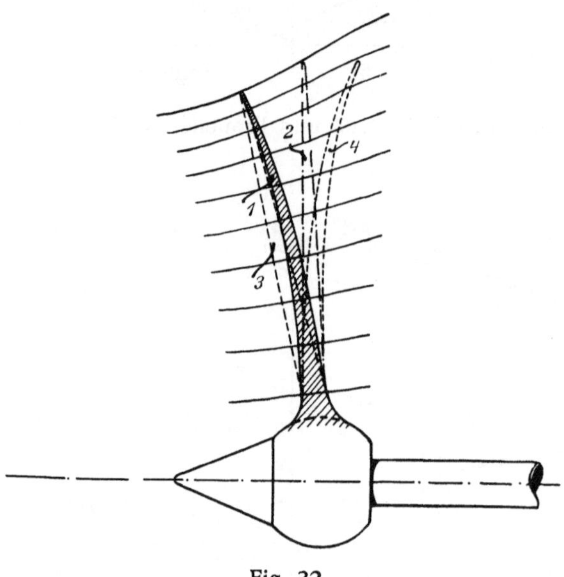

Fig. 32.

übrigens schon häufig ausgeführt worden (u. a. für die Lloyddampfer „Trave" und „Saale"). Die übliche Schiefstellung der Flügel nach hinten (3) ist nur eine Annäherung an die richtige Form, erleichtert allerdings etwas die Herstellung. Die Kurve 4 entspricht der alten Griffith-Schraube, bei der die Flügel nach vorn gebogen waren. Man sieht ohne weiteres ein, daß dies vollkommen verkehrt war.

b) Kavitationsbeobachtungen.

Diese in letzter Zeit so viel genannte Erscheinung der Hohlraumbildung tritt bekanntlich bei zu hoher Umfangsgeschwindigkeit auf; ihr Beginn markiert

---

*) Ich hatte beabsichtigt, darüber Versuche mit Propeller I a anzustellen, nachdem derselbe nach Fig. 10 abgebogen war. Durch die gleichzeitige starke Steigungsveränderung (siehe Fußnote S. 291) konnte ich natürlich keinen brauchbaren Vergleich im beabsichtigten Sinne erhalten.

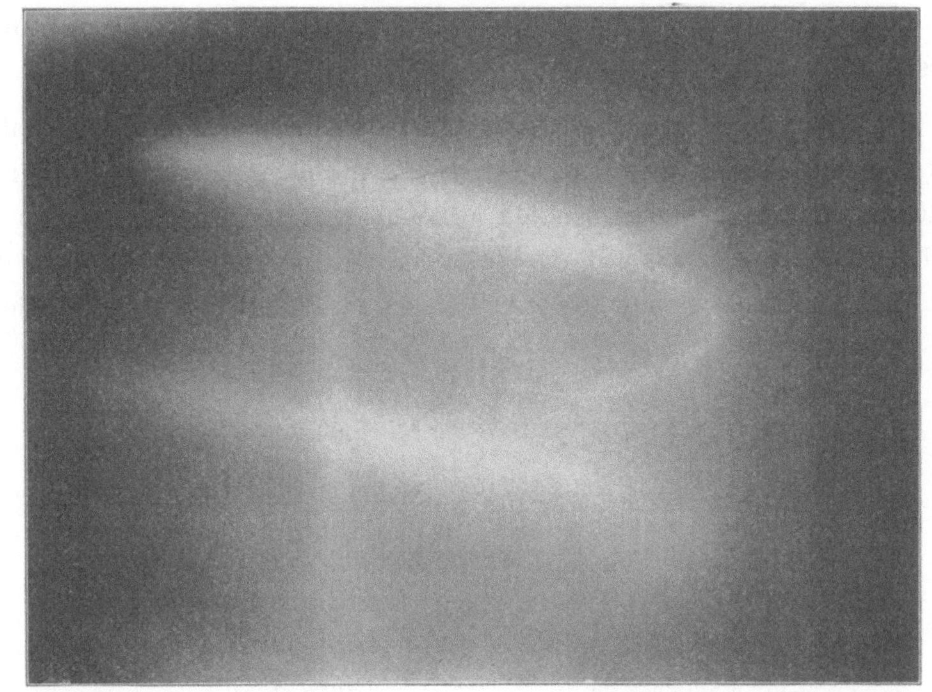

Kavitationserscheinung bei Propeller Ia
n = 910.

Fig. 34.

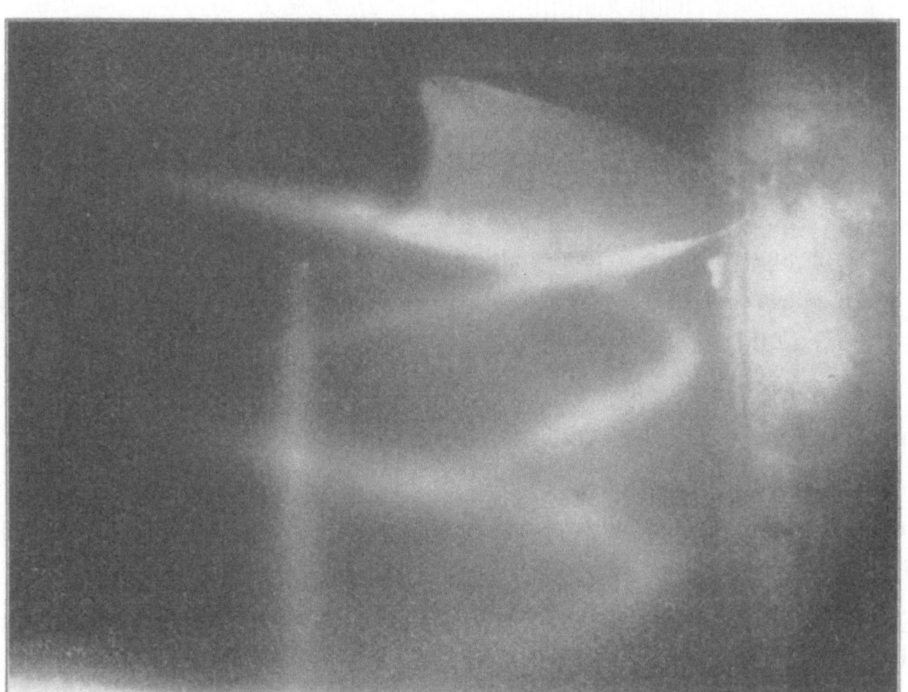

Kavitationserscheinung bei Propeller Ia
n = 710.

Fig. 33.

sich durch eine Strähne oder Luftschleife, die von dem hinteren Teile der Spitze bezw. dem Flügelrücken ausgehend, durch das Fortschreiten des Wassers im Tank oder des Propellers beim Schiff, sich als schraubenförmige Wirbel darstellen.

Die Figuren 33 und 34 stellen verschiedene stroboskopische Aufnahmen des Propellers Ia für n = 710 und 910 Umdrehungen pro Minute dar, bei welchen die Erscheinung deutlich erkennbar ist. Mit zunehmender Umdrehungszahl wächst auch die Größe und Breite der Luftschleife und dehnt sich dieselbe bis zu immer größeren Partien des Flügels aus, bis schließlich

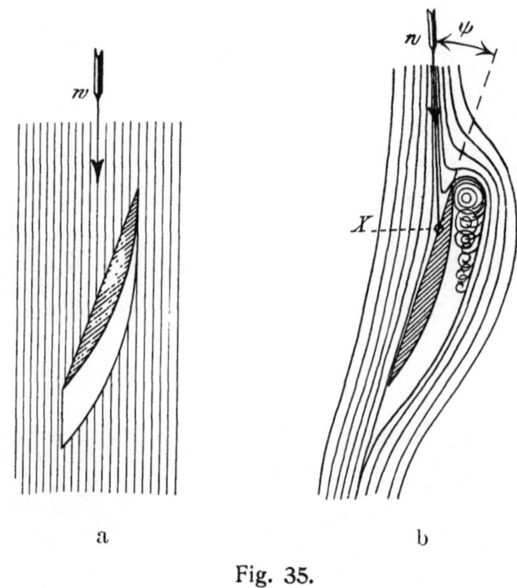

Fig. 35.

das ganze austretende Wasser zu Schaum geschlagen ist. (Eine Aufnahme bei noch höherer Umdrehungszahl war mir daher auch nicht möglich, weil das Gesichtsfeld infolge des Schaumes vollkommen trübe war.)

Der Vorgang der Kavitation wird häufig dem eines zu rasch eilenden Pumpenkolbens verglichen, bei dem der atmosphärische Druck plus dem Druck der darüber stehenden Wassersäule nicht mehr genügt, um das Wasser so schnell nachzuschieben, daß es stets am Kolben bezw. am Rücken des Flügels anliegt oder, wie man sich gewöhnlich ausdrückt, nicht abreißt. Dieser Vergleich wäre nur streng richtig, wenn das Wasser in parallelen Fäden am Flügelblatt vorbeistreichen würde (Fig. 35a), so daß der Flügel bei seinem Vorrücken einen äquidistanten Hohlraum hinter sich ließe. In Wirklichkeit fließt aber das Wasser vom Druckmittelpunkte x

(Fig. 35b) nach allen Seiten ab, dabei hinter der eintretenden Kante einen Wirbel und Hohlraum bildend, den ich mit „Eintrittskavitation" bezeichnen möchte. Diese Erscheinung geht nun längs des Flügelrückens stetig in jene der Pumpenwirkung, der eigentlichen Kavitation, über. Der ganze Vorgang ist also in letzter Linie eine Widerstandserscheinung des Flügelblatts.

c) Kritische Umdrehungszahl.

Beim ersten Auftreten der Schleifen, bei der sogenannten „kritischen Umdrehungszahl des Propellers", ist die Depression hinter dem Flügelblatt noch sehr gering, weil das entstehende Vakuum sich sofort mit der frei werdenden im Wasser gelösten Luft (falls solche nicht von oben heruntergerissen) und Wasserdampf teilweise ausfüllt. Der Druck ist daher an der betreffenden Stelle ungefähr gleich der darüber stehenden Wassersäule. Wenn ein größeres Vakuum in den Schleifen vorhanden wäre, so könnten dieselben übrigens nicht so lange sichtbar bleiben. Aus Fig. 35b ist andererseits zu erkennen, daß die Kavitation hauptsächlich vom Slipwinkel ψ abhängig ist, unter dem das Wasser den Flügel trifft.

Auf Grund dieser beiden Bedingungen läßt sich leicht eine Formel für die kritische Umdrehungszahl finden, wenn man davon ausgeht, daß

$$\frac{w^2 \sin\psi}{2\,g} = h$$

sein muß, wo h im Grenzfall bloß die darüber stehende Wassersäule in m bedeutet (ohne Atmosphärendruck) und w die relative Eintrittsgeschwindigkeit. Die hieraus entspringende Formel für n_k

$$n_k = 152 \sqrt{\frac{h}{s_R\,H\,D}}$$

ist im Anhange abgeleitet.

Es bedeutet darin:

s_R den tatsächlichen Slip in Prozenten an der Flügelspitze,

H die Steigung und

D den Durchmesser der Schraube.

Darnach ergibt sich für Propeller Ia:

$$s = 0{,}3; \; H = 0{,}44; \; D = 0{,}392; \; h = 0{,}5 + 0{,}196 \backsimeq 0{,}7 \text{ m};$$

$$n_k = 555.$$

Beobachtet wurde der erste schwache Beginn der Schleifen bei $\sim$ 650 Umdrehungen*). Für die abfallende Steigung ergibt sich für $s_R = 0{,}15$, $n_k \simeq 800$ Umdrehungen, bei welcher Umdrehung auch tatsächlich der Beginn konstatiert werden konnte.

Kavitationserscheinung bei Propeller Ia

mit abgebogenen Flügelspitzen und zunehmender Steigung;

$n = 450$.

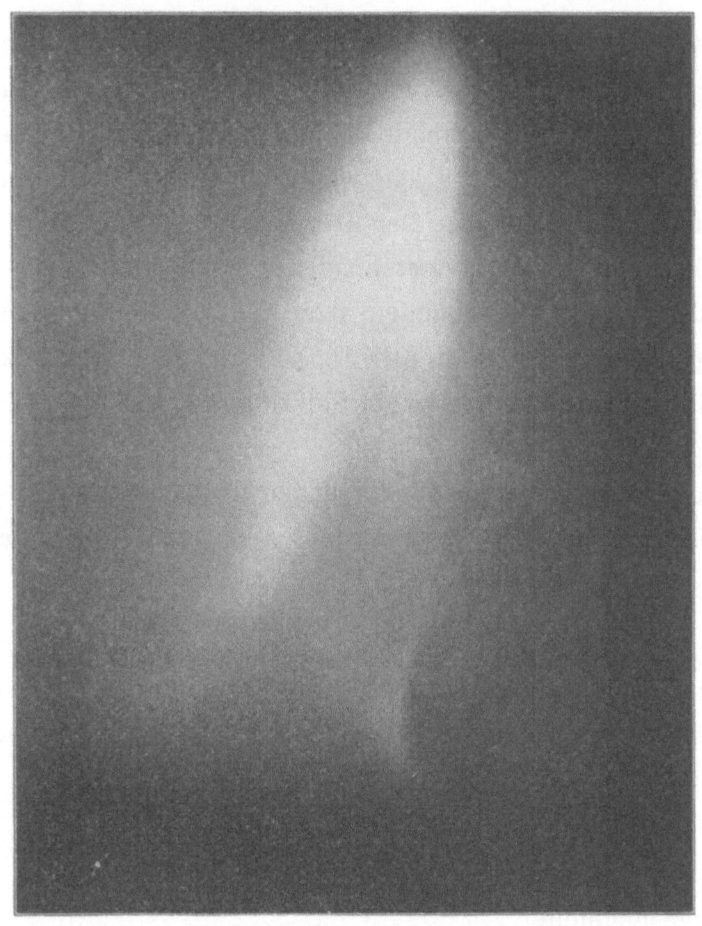

Fig. 36.

Für den Schnelldampfer „Kaiser Wilhelm II" würde bei konstanter Steigung von $\sim$ 10,3 m, $D = 7{,}2$ m, $s_R \sim 30\,^0/_0$ und $h = 4{,}3$ m (Propellermitte) eine kritische Umdrehungszahl von 66,3 resultieren (für die Flügelspitze in oberster Stellung mit $h \sim 1$ m sogar nur $n_k \simeq 32$), die sich infolge der

---

*) Die Aufnahmen wurden bei höherer Umdrehungszahl gemacht, wo die Erscheinung etwas weiter fortgeschritten und daher deutlicher sichtbar war.

abfallenden Steigung und damit eines kleineren Umfangsslips von $\sim 10\,\%$ auf ca. 117 hinausschiebt.

Diese kleine Rechnung läßt den Wert der abfallenden Steigung klar erkennen, indem die kritische Umdrehungszahl und damit der Eintritt der Kavitation weiter hinaus verlegt und eine solche Schraube besonders für hohe Umfangsgeschwindigkeiten befähigt wird.

Den negativen Erfolg einer nach außen stark zunehmenden Steigung ersieht man aus dem Kavitationsbild, Fig. 36, für Propeller Ia mit abgebogenen Flügelspitzen, H = 440—880, das schon bei $\sim$ 450 Umdrehungen breite, starke Wirbel zeigt.

Aus den Figuren 33, 34 und 36 ist ersichtlich, daß außer an den Flügelspitzen auch noch hinter der Nabe Kavitation, kenntlich durch eine lange achsiale Strähne, auftritt. Diesem nachteiligen Einfluß kann nur durch eine recht lange, schlank verlaufende Nabe begegnet werden, wie dies bei den neueren Turbinenpropellern bereits üblich.

II. Versuche über Reibungs- und Formwiderstand.

a) Reibungswiderstand.

Dieser wird nach Froude proportional der Fläche mal der 1,84. Potenz der Geschwindigkeit gesetzt. Es erscheint fraglich, ob dieses Gesetz auch für Umfangsgeschwindigkeiten, wie sie bei Propellern vorkommen, noch richtig ist. Um darüber Aufschluß zu gewinnen, wurden einige Versuche mit drei rotierenden, schmiedeeisernen Scheiben[*] von 1000, 800 und 600 mm Durchmesser angestellt und dabei Umfangsgeschwindigkeiten bis über 40 m pro Sekunde erreicht. Fig. 37 zeigt den Verlauf der effektiven Drehmomente für die betr. Scheiben. Aus dem unteren Teil der drei Kurven ergab sich als wahrscheinlichster Wert für das Drehmoment der Ausdruck

$$M = \mu \left(\frac{4\,\pi}{4,5} \right) \cdot R^{\,4,5} \cdot \omega^{\,1,5}$$

wo R den äußeren Radius der Scheibe und μ den sog. Reibungskoëffizienten

---

[*] Dieselben waren auf 12 mm Dicke beiderseits glatt abgedreht, am Rande zugeschärft und auf eine lose Nabe gesetzt, die ein freies Einstellen in die Rotationsebene ermöglichte. Es geschah dies in der Absicht, einen etwa durch seitliches Schwanken verursachten Mehrverbrauch an Kraft auszuschließen.

bedeutet. Diese Gleichung entsteht durch einfache Integration der Elementarreibung

$$\mathrm{d}\,F = \mu \cdot v^{1{,}5}\,\mathrm{d}\,f,$$

in welchem Ansatz v die Umfangsgeschwindigkeit eines Flächenelements d f ist.

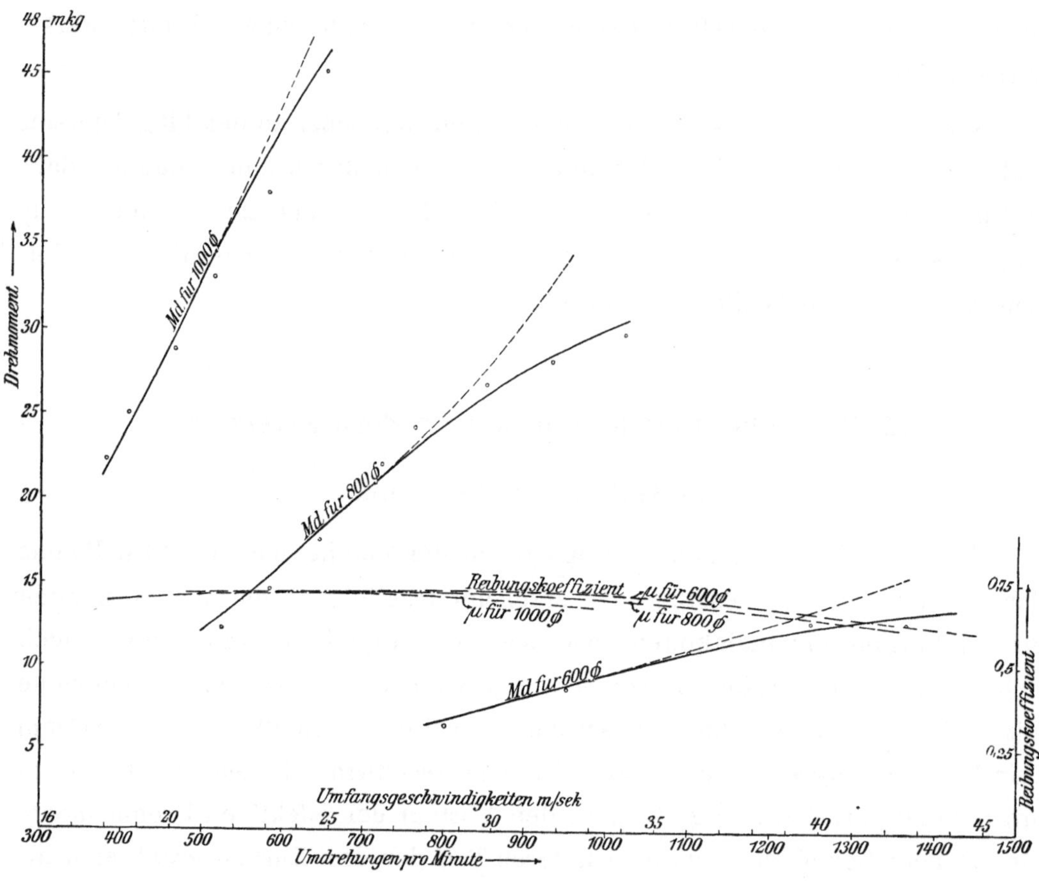

Fig. 37.

Die punktierten Kurven geben die Zunahme des Drehmoments nach der 1,5ten Potenz an.

Der Exponent von v ist somit kleiner als der für lineare Bewegung ermittelte Froudesche Wert 1,84. Dieses Ergebnis findet eine plausible Begründung in den Bewegungsverhältnissen des der rotierenden Scheibe benachbarten Wassers.

Die sog. „Reibung" einer im Wasser fortschreitenden Platte besteht bekanntlich in der Erzeugung und Aufrechterhaltung von Oberflächenwirbeln.

Bei rotierenden Flächen werden die adhärierenden Wasserteilchen tangential beschleunigt; die Wirbelachsen stehen daher nicht mehr senkrecht zur Bewegungsrichtung, sondern mehr oder weniger schief, d. h. exzentrisch zur Welle. Die Folge davon ist ein spiralförmiger Verlauf der Wasserbahnen nach außen. Wegen der Kontinuitätsbedingung bilden sich dann zwei große Wirbelkränze auf beiden Seiten der Platte aus (Fig. 38), die im Sinne der

Strömungslinien bei den Reibungsscheiben.

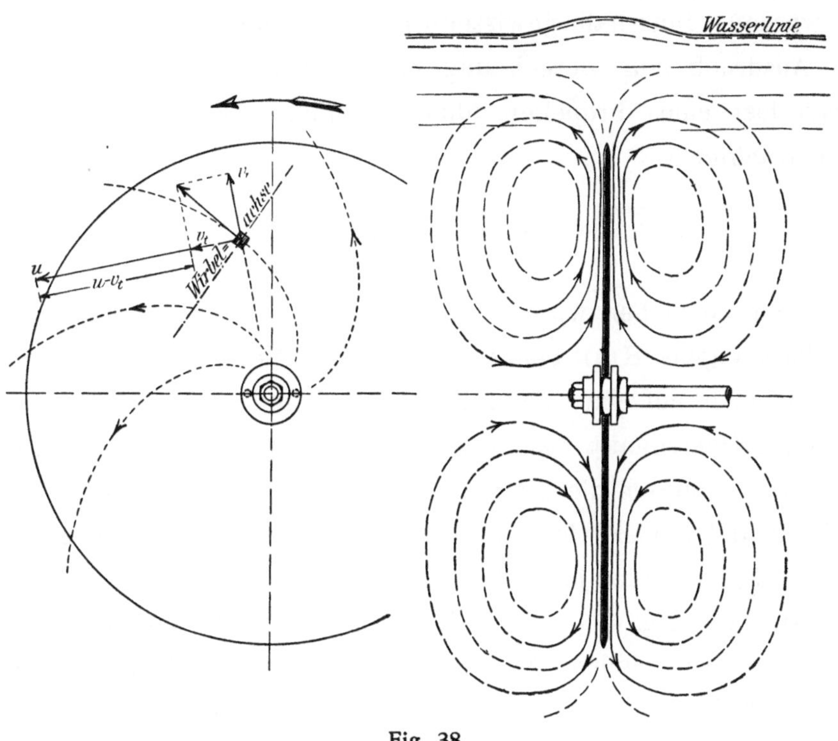

Fig. 38.

Rotation der Scheibe sich langsam mitdrehen. Dieser Strömungsverlauf konnte durch eingestreute Fremdkörper sehr gut beobachtet werden. Es ist daher einleuchtend, daß, sobald einmal diese Bewegungsverhältnisse eingeleitet sind, der Kraftverbrauch anders und zwar kleiner ausfällt, als bei einer in ruhigem Wasser linear fortschreitenden Platte.

Die angegebene Formel für M stimmt mit dem Anfangsverlauf der Drehmomente (Fig. 37) gut überein, wie aus den fast identischen Kurven für μ hervorgeht; dagegen fällt beim Überschreiten einer gewissen Umdrehungszahl das Drehmoment immer mehr vom theoretischen Wert ab. Es erklärt sich dies aus dem Umstande, daß mit zunehmender Umfangsgeschwindigkeit das anliegende Wasser nicht mehr homogen ist, sondern infolge der Schaumbildung (besonders nahe dem Umfang) aus einem Gemisch von Luft und Wasser besteht, dessen Dichte natürlich stetig abnimmt. Das Drehmoment steigt daher langsamer an und nähert sich einem bestimmten Grenzwert. Daß es eine solche Grenze geben muß, und das Drehmoment nicht bis ins Unendliche wachsen kann, sieht man übrigens auch ohne Messung ohne weiteres ein. Um die Reibung richtig darzustellen, darf daher der Exponent von v nicht konstant gesetzt, sondern muß variabel und zwar als abnehmende Funktion der Geschwindigkeit angenommen werden. Innerhalb gewisser Grenzen kann aber immerhin der angeführte Ausdruck zur Berechnung eines oberen Grenzwertes für den Reibungsverlust eines Propellers dienen, indem man denselben als volle Scheibe betrachtet.*)

b) Formwiderstand.

Zu diesen Versuchen wurden die Propeller Nr. 15—18 (Fig. 39) mit der Konstruktionssteigung H = 0 benutzt, von denen Nr. 15 und 16 gewöhnlichen Flügelschnitt, d. h. auf einer Seite eben, Nr. 17 und 18 dagegen symmetrisch linsenförmigen Querschnitt besaßen. Nr. 15 unterschied sich von Nr. 16 dadurch, daß bei letzterem die Flügelblätter versetzt waren, um zu sehen, ob der Kraftaufwand größer wird, wenn das eine Blatt dem anderen nicht im Kielwasser folgt, wie dies ja auch bei einem Propeller mit endlicher Steigung der Fall ist. Aus Fig. 40 geht hervor, daß diese Vermutung in der Tat eine zutreffende war, indem Nr. 16 ein um etwa 10—12 %₀ größeres Drehmoment als Nr. 15 erfordert. Anderseits fällt auf, daß der unsymmetrische Propeller Nr. 16 bei gleichem Durchmésser, gleichem Areal und gleicher Flügeldicke ganz erheblich mehr Kraft verbraucht als Nr. 17 mit symmetrischem Flügelschnitt.**) Es ist dies allerdings selbstverständlich, wenn man

---

*) Mit bezug auf die Reibungsscheibe von 1000 ⌀ bei n = 600 und M = 42 mkg erhält man z. B. für den Propeller von „Kaiser Wilhelm II" mit 7,2 m ⌀, n = 80, ω = 8,37

$$\frac{M_1}{M_2} = \left(\frac{7,2}{1}\right)^{4,5} \cdot \left(\frac{80}{600}\right)^{1,5} = 3,52 \text{ und } E_r = \frac{42 \cdot 352 \cdot 8,37}{75} = 1650 \text{ PS,}$$

ein Wert, der als etwas zu hoch zu betrachten ist, weil für eine volle Scheibe gültig. Nach Riehn würde man 1020 PS. erhalten.

**) Die Kurven der Figur 40 lassen außerdem erkennen, daß das Drehmoment entsprechend der Riehnschen Gleichung für den Formwiderstand ungefähr quadratisch mit der Umdrehungszahl zunimmt. Zum Vergleiche ist für Propeller 16 und 17 die quadratische Zunahme punktiert eingetragen.

Formwiderstandspropeller Nr. 16, 17 u. 18.

Propeller Nr. 16 (Flügelquerschnitt unsymmetrisch).

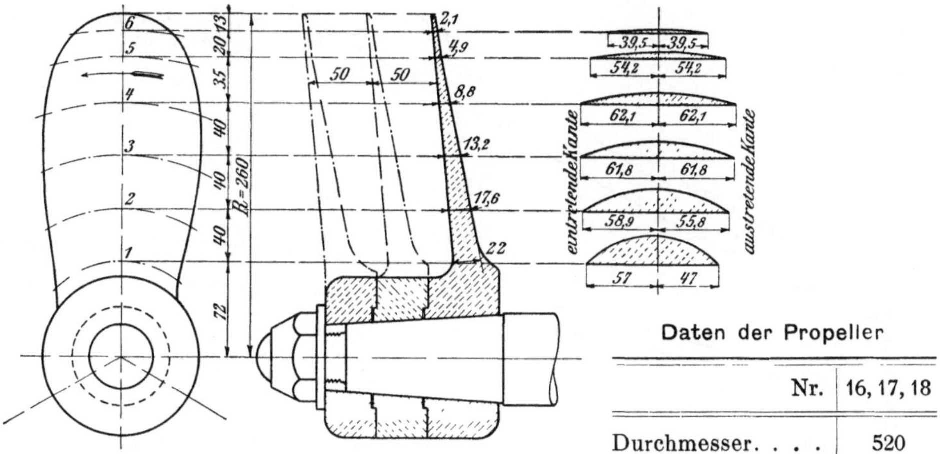

Daten der Propeller

Nr.	16, 17, 18
Durchmesser. . . .	520
Steigung.	0
Anzahl der Flügel .	3
Fläche der 3 Flügel	640 qcm

Propeller Nr. 18
(Flügelquerschnitt symmetrisch)

Propeller Nr. 17
(Flügelquerschnitt symmetrisch).

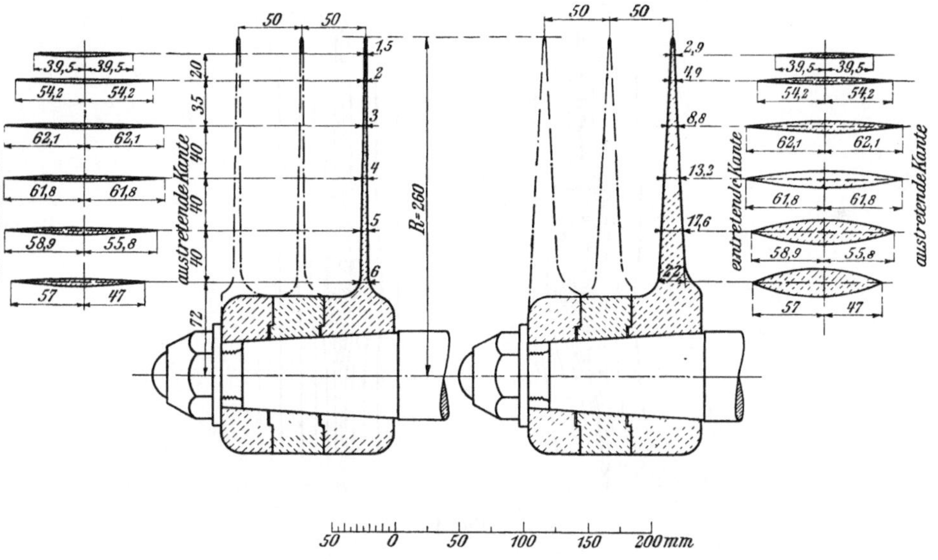

Fig. 39.

sich den Stromlinienverlauf bei beiden vergegenwärtigt. Bei der Linsenform erfolgt die Teilung der Stromfäden symmetrisch von der Spitze aus (Fig. 41 b), während bei unsymmetrischem Querschnitt die Resultante des Widerstands bezw. die Teilungslinie des Wassers auf den Rücken des Flügelblattes zeigt. Infolge des scharfen Umlenkens der oberen Stromfäden entstehen daher auf der geraden Druckfläche des Flügels starke Wirbel und Hohlräume (Fig. 41 a).

Effektive Drehmomente der Formpropeller Nr. 15, 16, 17 u. 18.

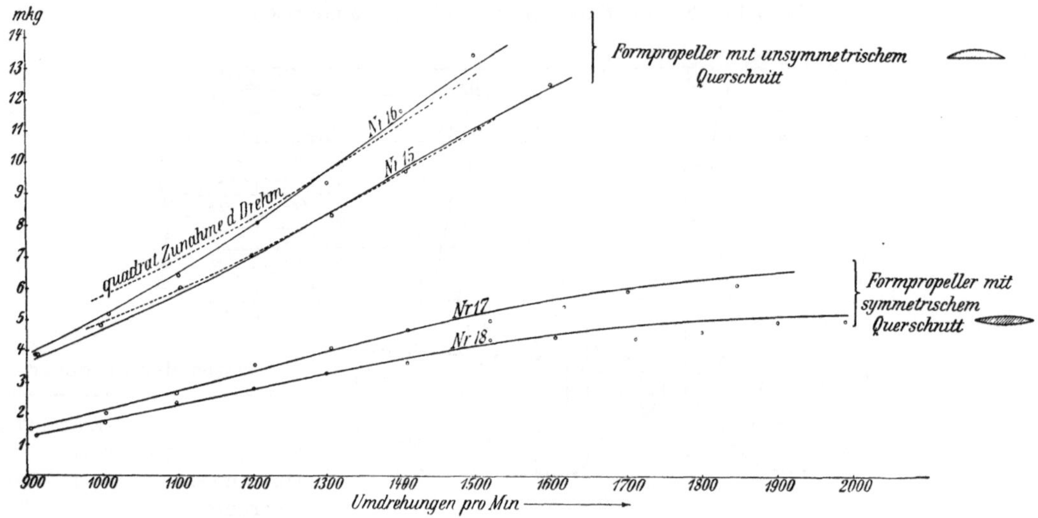

Fig. 40.

Strömungslinien bei den Formpropellern.

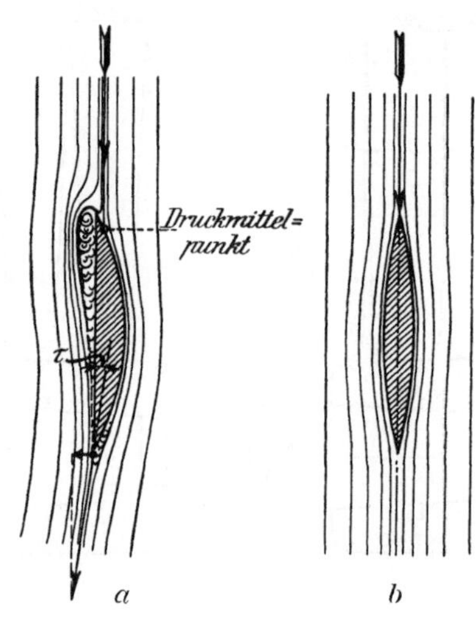

Fig. 41.

Die Figuren 42 und 43 zeigen Propeller Nr. 16 bezw. 17 im Ruhezustande bei gefülltem Tank, Fig. 44 und 45 jeweils als stroboskopisches Bild bei 940 Umdrehungen. Bei Fig. 44 sind nun jene Wirbel durch einen hellen Streifen längs des Flügelblatts deutlich gekennzeichnet, außerdem verraten die hellen verwaschenen Partien hinter dem Propeller starke Schaumbildung, während bei Fig. 45 das Gesichtsfeld noch vollkommen ungetrübt, und die Flügel sehr gut erkennbar sind.

Formpropeller Nr. 17

im Ruhezustande bei gefülltem Tank.

Fig. 43.

Formpropeller Nr. 16

Fig. 42.

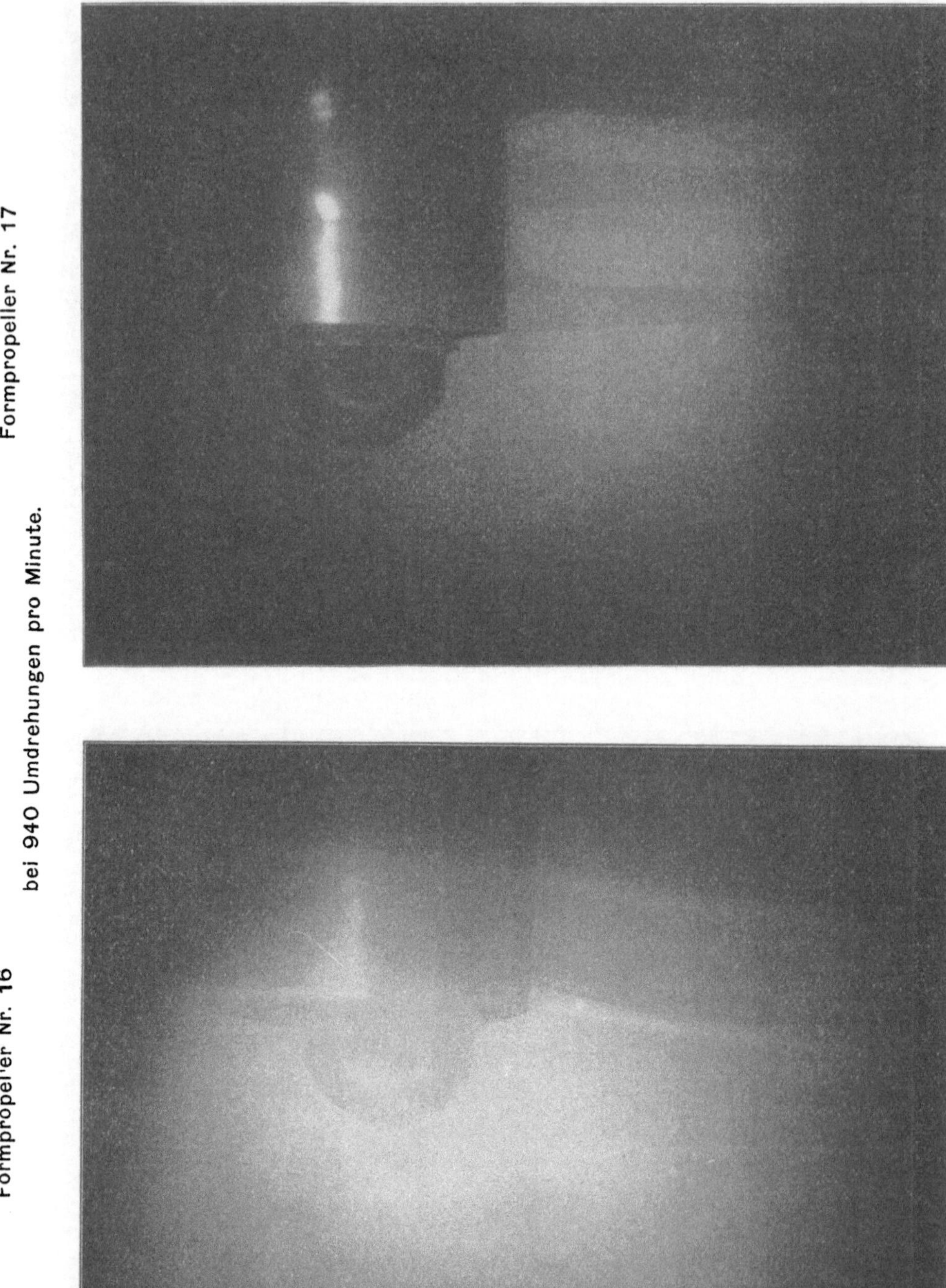

Formpropeller Nr. 17
Formpropeller Nr. 16
bei 940 Umdrehungen pro Minute.
Fig. 45.
Fig. 44.

Der Vergleich zeigt, daß die Form der Flügelquerschnitte von außerordentlicher Bedeutung für die vorteilhafte Arbeitsweise des Propeller ist, ein Umstand, dem bisher viel zu wenig Beachtung geschenkt wurde. Es wäre natürlich völlig verkehrt, wollte man aus dem geringen Kraftverbrauch für Nr. 17 folgern, daß die Linsenform ökonomischer sei als die unsymmetrische, denn bei einem arbeitenden Propeller tritt das Wasser ja nicht parallel zur Druckseite zu, sondern trifft schief auf das Flügelblatt. Bei endlichem Slipwinkel ψ rückt daher der Druckmittelpunkt auch beim unsymmetrischen Flügelschnitt auf die Spitze oder trifft schon auf die Druckfläche des Flügels. Nur bei den der Nabe zunächst liegenden dicken Querschnitten trifft

Flügelquerschnitte nahe der Nabe.

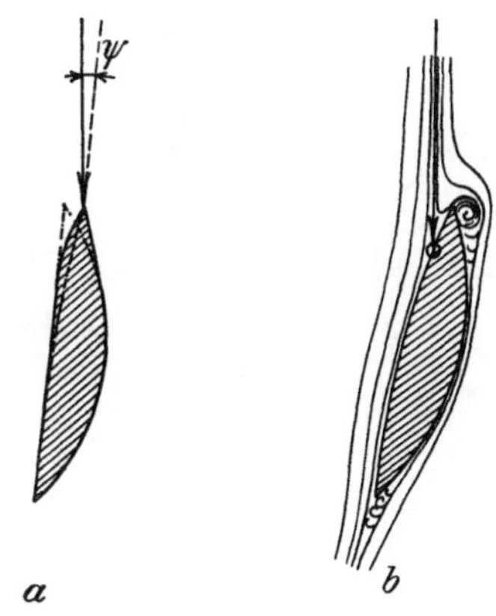

Fig. 46.

noch die Resultante auf den Rücken, und es empfiehlt sich, wie es ja auch in der Praxis meist geschieht, an diesen Stellen die Spitze zu verlegen (Fig. 46a), sodaß der Rückenstoß fortfällt. Es dürfte vorteilhaft sein, die Abrundung auf die ganze Breite auszudehnen, wodurch eine unsymmetrische Linsenform (Fig. 46a punktiert) entsteht. Zu weit darf man bei dem Verlegen der Spitze nicht gehen, weil sonst leicht der Druckmittelpunkt zu sehr in die Mitte der Druckseite rückt (Fig. 46b) und das Wasser keine genügende Ablenkung mehr erfährt bezw. der nützliche Schub verringert wird. Außerdem entsteht dann auf der Rückseite jener Wirbelverlust, den ich mit Eintrittskavitation bezeichnete. Für die weiter nach außen liegenden dünnen Flügelpartien scheint indessen in Übereinstimmung mit den praktischen Erfahrungen der gewöhnliche Flügelschnitt mit durchweg gerader Druckseite der günstigste zu sein.

21*

Das Interessanteste bei Propeller Nr. 16 war indessen die Beobachtung, daß derselbe trotz seiner Planfläche das Wasser doch nach hinten in Bewegung versetzte und einen wenn auch geringen Schub ausübte. Fig. 47 gibt die achsialen Geschwindigkeitskurven für n = 830 und 1240,

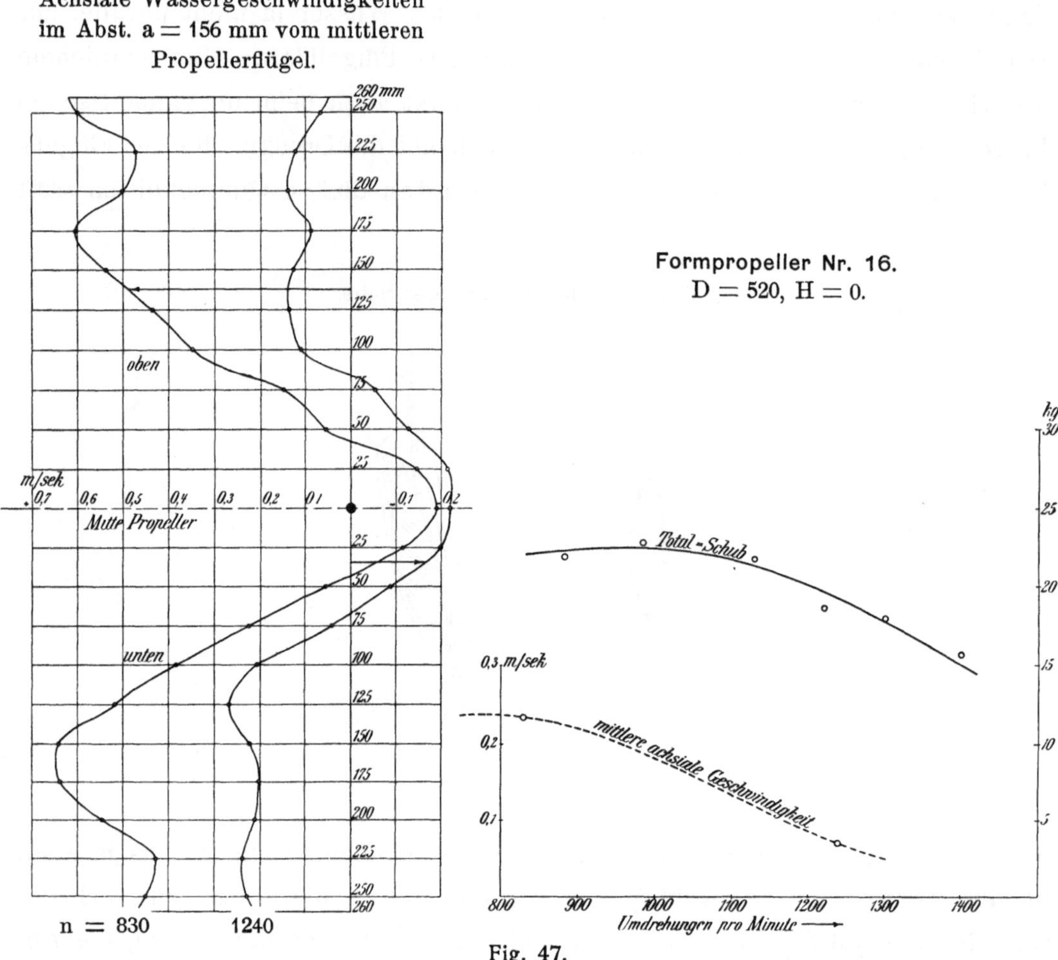

Fig. 47.

woraus sich eine mittlere achsiale Geschwindigkeit von 0,235 bezw. 0,07 m/Sek. berechnet. Dieselbe nimmt im vorliegenden Falle ab, weil bei höherer Umdrehungszahl das Umherwirbeln des Wassers und die zentrifugale Wirkung ähnlich bei den rotierenden Scheiben mehr in den Vordergrund tritt.

Die Feststellung einer nach hinten gerichteten Bewegung überzeugt in drastischer Weise, daß dieser Propeller mit der Konstruktionssteigung 0 noch eine endliche Steigung besitzt.

Dieses Ergebnis kann nur darauf zurückgeführt werden, daß sich die austretende Flügelkante selbst bei gleicher Form und Zuschärfung wie die eintretende anders verhält als diese. Ein Blick auf Fig. 41 a läßt uns sofort erkennen, daß das auf der Sogseite des Flügels parallel der Endtangente abfließende Wasser bei seiner Vereinigung mit dem von der Druckseite kommenden Strome diesen um einen gewissen mittleren Winkel τ nach hinten drängt, sodaß eine nach hinten gerichtete Geschwindigkeitskomponente entsteht. Dieser Winkel τ beträgt beispielsweise für Propeller Nr. 16 bei $n = 830 = 1\,°$, ein Betrag, der zwar klein, aber von gleicher Größenordnung wie der Slipwinkel ψ ist, innerhalb dessen unter normalen Umständen der größte Teil der Schubarbeit geleistet wird. Für den Propeller des „Kaiser Wilhelm II." beträgt derselbe z. B. für 12 % Slip auf 0,7 R rund 3 °. Dieser Vergleich läßt erkennen, daß die Sogseite des Flügels jedenfalls einen erheblichen Anteil an der Gesamtwirkung hat und daß es sich daher empfiehlt, nicht nur die Druckflächen, sondern auch die austretenden Partien des Rückens zu bearbeiten, um für alle Flügel genau die gleiche Wirkung zu erzielen bezw. Vibrationen tunlichst zu vermeiden.

Der Winkel τ gibt die eigentliche wirksame Steigung des Flügels an; er ist übrigens nicht konstant, sondern ändert sich mit der Umdrehungszahl bezw. der Belastung des Propellers. Bei geringer Belastung der Druckfläche ist er positiv, d. h. die Konstruktionssteigung erhöhend, wobei die Sogseite einen großen Teil der Schubarbeit verrichtet; mit zunehmender Belastung nimmt er ab, so daß die wirksame Steigung sich der Konstruktionssteigung nähert.

Als wesentliches Resultat geht aus dem Versuche hervor, daß ein gewöhnlicher Propeller mit gerader Druckseite, aber gekrümmtem Rücken in Wirklichkeit ein solcher mit verschiedener Ein- und Austrittssteigung ist und demnach den Anforderungen des idealen, möglichst dünnen gekrümmten Flügelblattes entgegen kommt.

Damit fallen alle die gezwungenen Erklärungen des negativen Slip bei geringer Umdrehungszahl oder bei Frachtschiffen mit großen Flügelflächen in sich zusammen. Ein negativer Slip ist ein Unding; wenn ein solcher konstatiert wird, so heißt das einfach, die Steigung ist falsch und zwar zu klein in die Rechnung eingesetzt.

Eine nicht unwichtige konstruktive Regel folgt noch aus dem Gesagten, daß man nämlich auf keinen Fall die austretende Kante auf der Druckseite zurückziehen oder abrunden darf, wie man dies bei vielen Ausführungen bezüglich der Partien an der Nabe bemerken kann (Fig. 48 punktiert). Dieselbe ist vielmehr bis zur Wurzel gerade (Fig. 48 schraffierter Querschnitt) durchzuführen.*)

Das vorläufige Versuchsmaterial mit Formpropellern reicht nun allerdings nicht aus, um eine Formel zur Berechnung des Verdrängungswiderstandes für große Propeller aufzustellen, dazu müßte noch der Einfluß von R bezw. der linearen Dimensionen festgestellt werden. Übrigens würde es sehr

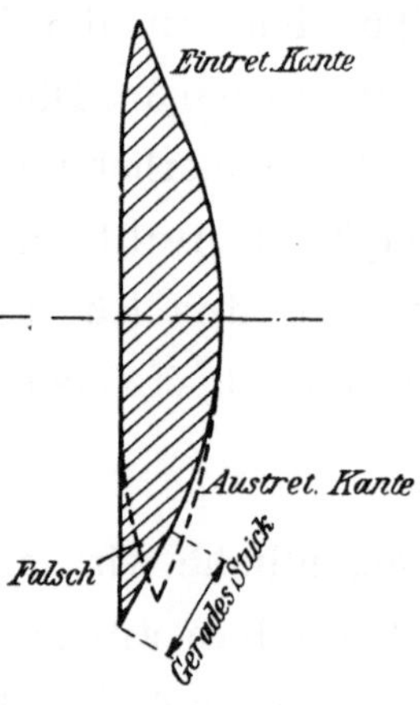

Fig. 48.

fraglich sein, ob auf dem beschriebenen Wege überhaupt eine streng richtige Formel gefunden werden kann, da beim arbeitenden Propeller, wie vorhin bemerkt, die Strömungsrichtung des Wassers und damit auch der Verdrängungswiderstand etwas anders ausfällt, als unter den Umständen des Versuches.

III. Vergleichende Schubmessungen.

Fig. 49 zeigt den Verlauf der gemessenen Totalschübe für die einzelnen Propeller bei gleicher sowie für Propeller IV bei verschiedener Tauchungstiefe. Von Interesse sind jedoch nur die hieraus abgeleiteten Kurven des spezifischen Schubes (Fig. 50).

Betrachtet man zunächst die Kurven für die Propeller mit größter Steigung (Nr. Ia bis III), so fällt sofort auf, daß dieselben sämtlich nur bis zu einer gewissen Umdrehungszahl dem quadratischen Gesetz (punktierte Kurven)

---

*) Bringt man dabei die Bolzen nicht gut unter, so ist eben die Nabe größer zu machen.

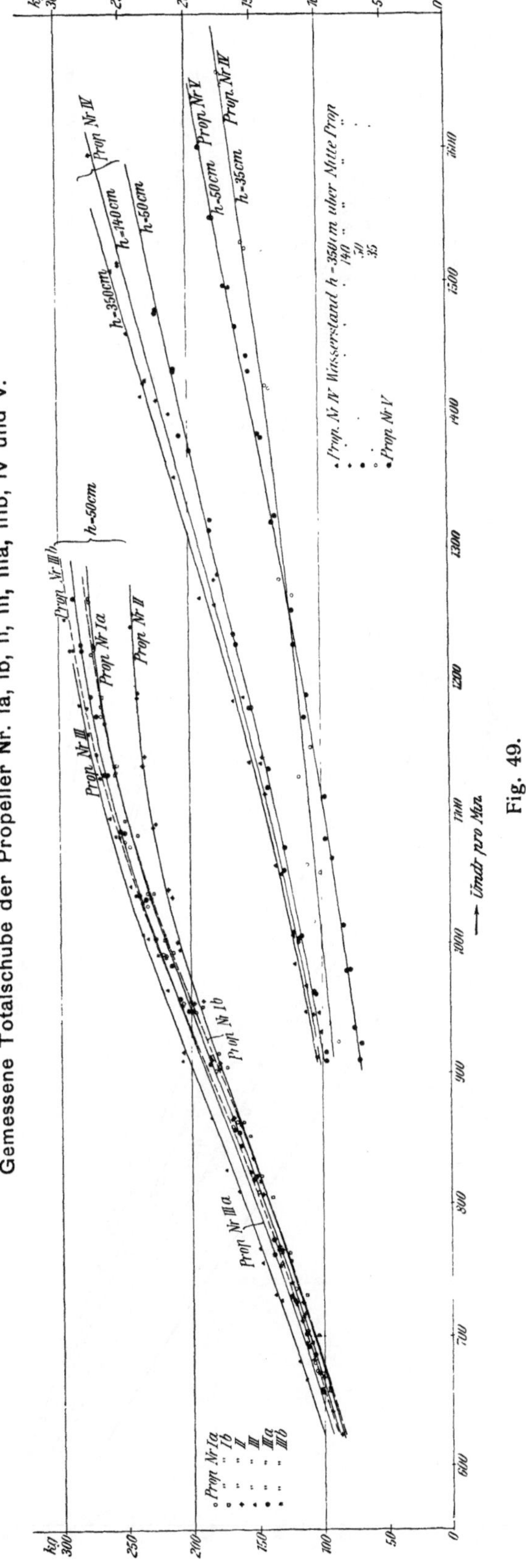

Gemessene Totalschübe der Propeller Nr. Ia, Ib, II, III, IIIa, IIIb, IV und V.
kg
300
250
200
150
100
50
0
Propr. Nr II
h=350cm
h=140cm
h=50cm
Propr. Nr V
Propr. Nr IV
h=50cm
h=35cm
Propr. Nr IV Wasserstand h=350 m über Mitte Propr
140
50
35
Propr. Nr V
h=50cm
Propr. Nr IIIb
Propr. Nr Ia
Propr. Nr II
Propr. Nr Ib
Propr. Nr III
Propr. Nr IIIa
Propr. Nr Ia
Ib
II
III
IIIa
IIIb
600
700
800
900
1000
1100
1200
1300
1400
1500
1600
Umdr. pro Min.
Fig. 49.

Effektiver Schub pro qcm Projektionsfläche bei Propeller Nr. Ia—V.
kg/qcm
Propeller Nr. II
Prop. Nr. Ib
Prop. Nr. Ia
Prop. Nr. IIIb
Prop. Nr. IIIa
Prop. Nr. III
Prop. Nr. IV h=350 cm
Prop. Nr. IV h=410 cm
Prop. Nr. IV h=50 cm
Prop. Nr. V
Prop. Nr. I
Prop. Nr. III h=35 cm
Prop. Nr. IIIa
Prop. Nr. Ia
Prop. Nr. Ib
Prop. Nr. IIIb
h=Wasserstand über Mitte Propeller
die -·-·- punktierten Kurven entsprechen quadratischer
Zunahme des spezifischen Flächendruckes
Umdr. pro Min.
kg/qcm
600 700 800 900 1000 1100 1200 1300 1400 1500 1600 1700

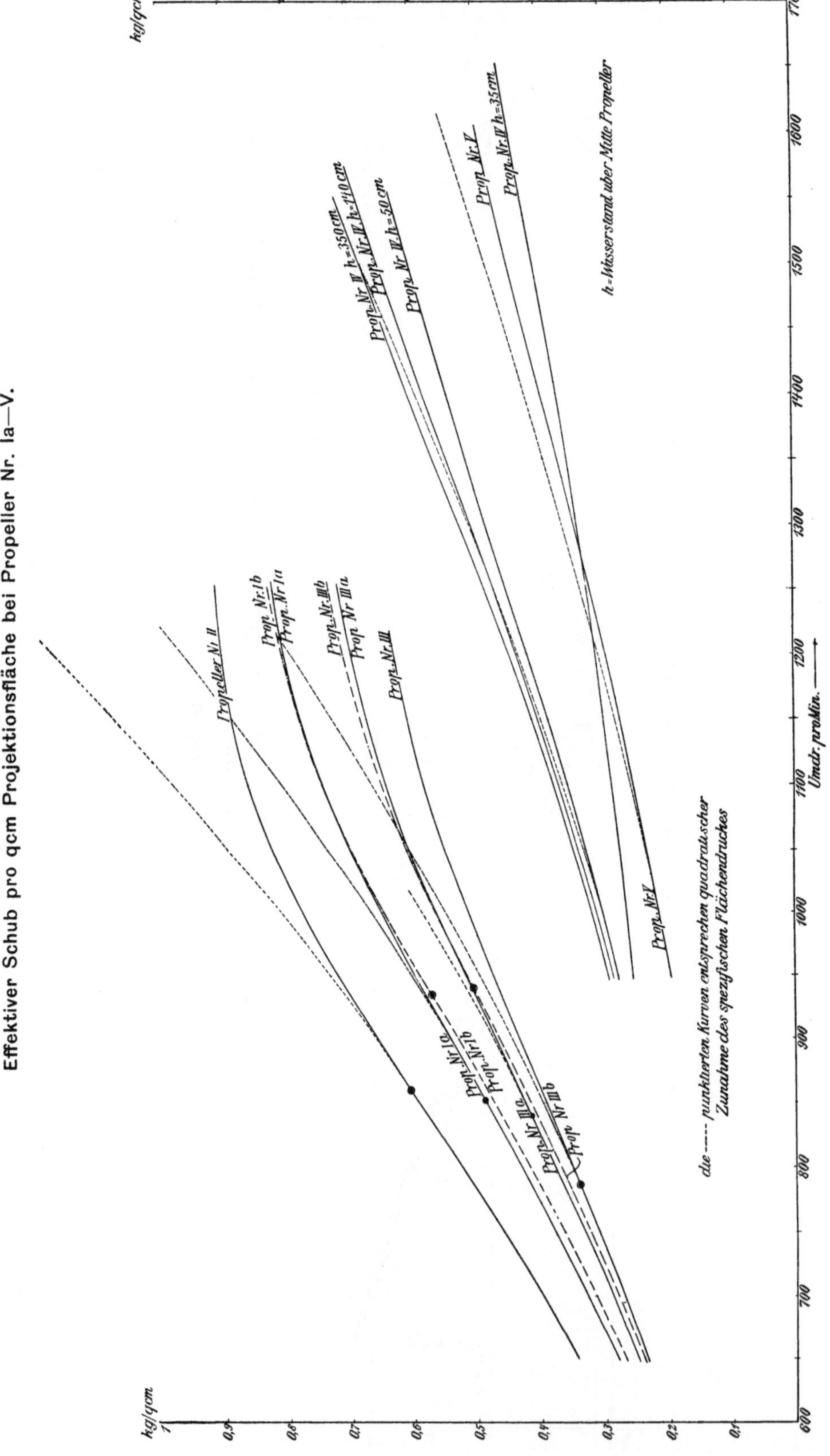

Fig. 50.

folgen, von da an biegen sie allmählich ab und steigen nur noch langsam an, um sich asymptotisch einer oberen Grenze zu nähern. Die Stelle des Wendepunkts charakterisiert den Beginn der Kavitation und die kritische Umdrehungszahl; mit dem Fortschreiten der Kavitation ist daher der weitere Verlauf der Kurve ganz natürlich, denn der Schub kann infolge der Veränderung des Wassers nicht bis ins Unendliche wachsen, sondern muß sich einem, für jeden Propeller ganz bestimmten Maximalwerte nähern. Der Wendepunkt gibt ein ungefähres Maß für den höchst zulässigen effektiven oder kritischen Schub pro Quadratzentimeter Projektionsfläche und zwar für eine bestimmte Tauchtiefe.

Derselbe beträgt z. B.

bei Propeller II		$p_{krit.}$ $\sim$ 0,61 kg	bei n $\sim$ 860
„ „	Ia (H = konst.)	„ „ 0,49 „	„ „ „ 850
„ „	Ib (H = variab.)	„ „ 0,57 „	„ „ „ 935
„ „	IIIa (H = konst.)	„ „ 0,41 „	„ „ „ 840
„ „	IIIb (H = variab.)	„ „ 0,50 „	„ „ „ 940
„ „	III	„ „ 0,34 „	„ „ „ 790

Bei den flach ansteigenden Schubkurven von Propeller IV und V ist der Wendepunkt nicht scharf ausgesprochen (anscheinend liegt er fast am Ende der betreffenden Kurven), so daß eine bestimmte Zahlenangabe nicht möglich.

Es muß bemerkt werden, daß die obenstehenden Werte vorläufig noch nicht als allgemein, d. h. auch für wirkliche Verhältnisse gültig betrachtet werden können, da dieselben zunächst nur für die Versuchsumstände und die gewisse Tauchungstiefe gelten; sobald das Geschwindigkeitsbild weniger verzerrt ist bezw. nicht so schroff nach außen abfällt, wird auch die kritische Umdrehungszahl und damit der zulässige maximale Schub etwas höher liegen. Barnaby*) gibt allerdings auf Grund der Erfahrungen mit der „Daring" den Kavitationsbeginn bei einem indizierten Druck von 0,75 kg pro Quadratzentimeter Projektionsfläche an, oder wenn $p_{eff.}$ $\sim$ 0,7 p_i gesetzt wird, bei einem effektiven Schub von 0,53 kg, ein Wert, der meine Versuchszahlen (bezüglich Propeller Ia, Ib und II) annähernd bestätigt.

Der Barnabysche Wert von 0,75 kg bezieht sich auf eine Wassersäule

---

*) Transact. of the Inst. of nav. arch. Vol. XXXIX p. 142. Barnaby bemerkt dabei, daß der Wert von 0,75 kg zwar vom Durchmesserverhältnis etwas beeinflußt werde, jedoch so gering, daß davon abgesehen werden könne.

von 0,28 m über Flügelspitze in oberster Stellung. Für jeden weiteren Meter Tiefgang soll sich dieser Betrag um 0,0865 kg erhöhen.

Daß der kritische maximale Druck hauptsächlich von der Tauchungstiefe abhängig, geht übrigens unmittelbar aus dem Ausdrucke für die kritische Umdrehungszahl (S. 313) hervor, die ja auch ein Maß für den kritischen Druck ist.

Es folgt daraus, daß die kleinen Turbinenschrauben etwas günstiger daran sind als große Schrauben, weil bei ersteren sowohl Wellenmittel als Flügelspitze sehr tief liegen, während große Schrauben aus konstruktiven Gründen nur noch wenig Wasser über der Flügelspitze haben.

Zur Bestätigung der Barnabyschen Zahlenwerte sind jedenfalls noch eingehende Versuche notwendig; so lange aber keine weiteren experimentellen Daten vorliegen, wird man dieselben immerhin in Verbindung mit den angegebenen Tankversuchszahlen als Anhalt benutzen können.

Bei der Konstruktion eines Propellers wird man natürlich bemüht sein, den wirklichen Schub (auch für die oberen Flügelspitzen) möglichst unter dem kritischen zu halten. Der einem bestimmten tatsächlichen Slip von z. B. 25 % entsprechende zulässige Schub hängt bekanntlich quadratisch von der Schiffsgeschwindigkeit ab; für langsame Schiffe ist derselbe meist erheblich geringer als der kritische Schub, und kann man daher in diesem Falle der genannten Forderung ohne weiteres genügen. Nur bei schnellen Schiffen erreicht der zulässige Schub den kritischen oder übersteigt ihn noch; in letzterem Falle wird man deshalb Kavitation und einen größeren tatsächlichen Slip als den vorausgesetzten von 25 % zu gewärtigen

Tabelle der spezifischen

Schiffstype	Handelsdampfer					
	1.	2.	3.	4.	5.	6.
Deplacement in Tonnen	871	11 150	11 400	15 300	12 500	13 630
Schiffsgeschwindigkeit in Knoten . .	11,95	12,62	14,2	14,9	15	15,68
$\dfrac{D}{H}$	0,786	0,885	0,75	0,873	0,896	0,888
p_i pro Quadratzentimeter proj. Flügelfläche	0,292	0,348	0,463	0,458	0,457	0,451
p_{eff} pro Quadratzentimeter proj. Flügelfläche (aus dem Schiffswiderstand berechnet)	0,185	0,220	0,308	0,275	0,293	0,320

haben. Die genannte quadratische Abhängigkeit des zulässigen Druckes erklärt sich durch den Umstand, daß der Schub innerhalb gewisser Grenzen proportional ist der einen bestimmten Propellerkreis in der Zeiteinheit durchfließenden Wassermasse M erteilten Beschleunigung $\varDelta$ v. M sowie $\varDelta$ v = tats. Slip, sind proportional V, somit p proportional V². Zur Prüfung dieses Zusammenhanges sind in Tabelle III einige Werte von p_i sowie die zugehörigen p_e für verschiedene Schiffsklassen angegeben. In Fig. 51 ist durch

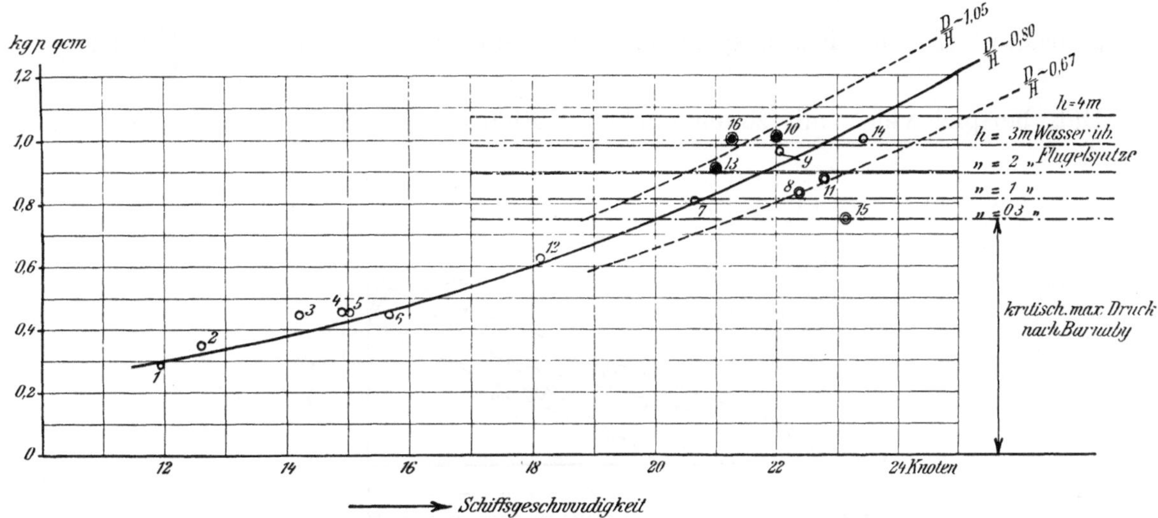

Fig. 51.

Nr. 10 = Alte Propeller „Kaiser Wilhelm II“.
  „ 11 = Neue   „   „   „

Flügeldrücke.   **Tabelle III.**

Schnelldampfer					Linienschiff	Kreuzer			Torpedojäger	
7.	8.	9.	10.	11.	12.	13.	14.	15.	16.	17.
10 315	18 840	20 145	24 800		12 114	9 870	6 600	3 212	850	500
20,65	22,4	22,06	22,02	22,79	18,10	21	23,45	23,15	21,28	26,95
0,708	0,65	0,65	0,675	0,702	S. 0,762 M. 0,714	1,06	0,86	0,66	1,08	1,05
0,807	0,835	0,966	1,083	0,878	0,623	0,915	1,02	0,748	1,035	0,916
0,552	0,593	0,658	0,770	0,594	0,481	0,65	0,704	0,635	0,643	0,687

die Werte p_i für annähernd gleiches Durchmesserverhältnis jeweils eine quadratische Kurve gelegt, welche den genannten Zusammenhang sehr deutlich beweist. Der kritische maximale Druck bezw. Kavitationsbeginn ist darin für die verschiedenen Wassertiefen durch die horizontalen strich-punktierten Linien entsprechend den Barnabyschen Werten begrenzt.

Der zulässige Schub p_i ist in gewissem Maße abhängig vom Verhältnis $\frac{D}{H}$; diese Veränderlichkeit ist in Fig. 51 durch höher oder tiefer liegende Kurven durch die Punkte mit größerem oder kleinerem Verhältnis $\frac{D}{H}$ aus-gedrückt. (Die mittlere ausgezogene Linie entspricht dem normalen $\frac{D}{H} \backsim 0{,}8$.) Daß beispielsweise mit zunehmendem Verhältnis $\frac{D}{H}$, mit anderen Worten

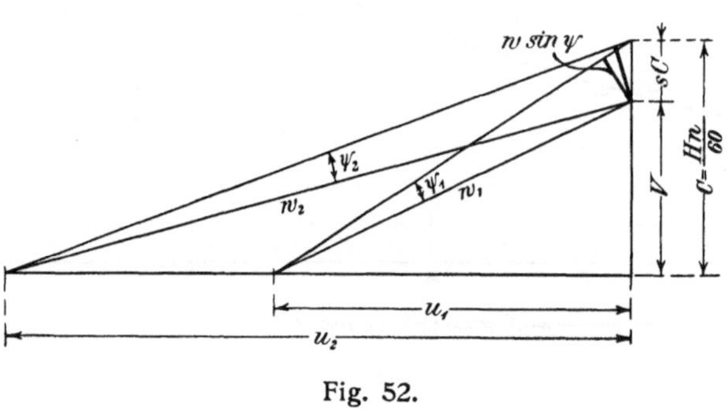

Fig. 52.

kleinerer Steigung und höherer Umfangsgeschwindigkeit, der Wert von p höher wird, beweisen die bis jetzt vorliegenden Ergebnisse von Turbinen-dampfern mit $\frac{D}{H} = 1{,}2\text{—}1{,}5$; bei diesen finden sich Werte von p_i bis 1,5 kg/qcm allerdings war dabei der Slip auch etwas größer als normal. Diese Zunahme des spezifischen Druckes läßt sich übrigens auch physikalisch begründen. Taylor setzt den Normaldruck auf das Flügelelement proportional der Größe $w^2 \sin \psi$ (Fig. 52), eine Annahme, die nach allen bisherigen Erfahrungen sich am besten mit den Tatsachen deckt*) (auch mit den Versuchen von Lössl

---

*) Nach dem Ansatz von Redtenbacher und Riehn, wonach der Normaldruck proportional $(w \sin \psi)^2$, würde allerdings eine größere oder kleinere Umfangsgeschwindigkeit in bezug auf den projizierten Druck gleichgültig bleiben, da die Komponente $w \sin \psi$ fast immer die gleiche Größe besitzt (siehe Fig. 52). Diese Annahme kann aber speziell für kleine Winkel ψ

über Winddruck). Wenn aber dies der Fall, dann ist leicht einzusehen, daß selbst unter der Annahme gleichen tatsächlichen Slips eine größere Umfangsgeschwindigkeit nicht 'unerheblich den Normaldruck und damit auch den achsialen Schub erhöht, weil w^2 rascher wächst, als $\sin \psi$ abnimmt.

Dieser Umstand ist für die Konstruktion rasch laufender Schrauben für Turbinenantrieb sehr willkommen, indem dadurch deren Fläche und Durchmesser verringert wird. Allerdings muß man bei diesen Propellern den größeren Form- und Reibungswiderstand, sowie einen gewissen Kavitations-

Spezifischer Flächendruck als Funktion des Tiefganges der Schraube.

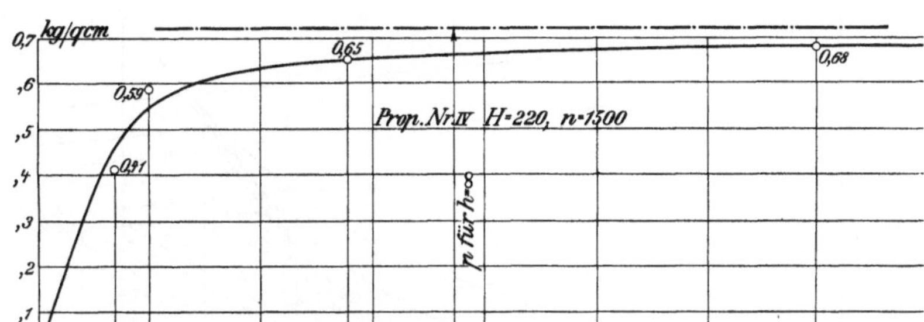

Fig. 53.

verlust (d. h. beim gewöhnlichen Propeller ohne radial abnehmende Steigung) mit in den Kauf nehmen, und daher die effektive Leistung von vornherein etwas größer ansetzen als bei einer Kolbenmaschine.

Auch mit größerem Tiefgang der Schraube nimmt der zulässige Schub analog dem kritischen zu (bezw. nimmt der Slip bei gleichem Schub ab); der Vergleich von Propeller IV bei verschiedenen Druckhöhen (Fig. 50) gibt dafür einen auffallenden Beweis.

In Fig. 53 sind beispielshalber die spezifischen Schübe für $n = 1500$ mit der Druckhöhe als Abszisse aufgetragen. Es ergibt sich, daß p im Anfang sehr rasch ansteigt, um sich asymptotisch einem bestimmten Grenzwert für unendlich große' Wassertiefe zu nähern, ein Verhalten, das sehr verständlich ist. Der vollständige Verlauf von p_i als Funktion der Schiffs-

---

unmöglich zutreffend sein, weil sie dann viel zu kleine Werte gibt. Um über diese für die ganze Propellertheorie wesentliche Frage, ob $(w \sin \psi)^2$ oder $w^2 \sin \psi$, ein eigenes Urteil zu gewinnen, hatte ich ebenfalls Versuche mit unter verschiedenem Winkel zugeschärften rotierenden Formkörpern angestellt; dieselben sind indessen bis jetzt noch nicht abgeschlossen.

geschwindigkeit und der Tauchtiefe h wird daher durch eine Körperfläche (Fig. 54) dargestellt. Der Kavitationsbereich wird dabei durch verschiedene Ebenen parallel zu den V—h-Achsen abgegrenzt. Für verschiedene $\frac{D}{H}$ ändert sich etwas der Höhenmaßstab des Körpers.

Die Kurven der Figur 51 gelten somit nur für ein gewisses Tiefenbereich, innerhalb dessen die Veränderlichkeit von p_i mit h allerdings nur noch gering ist.

Spezifischer Flächendruck als Funktion der Schiffsgeschwindigkeit und der Tauchtiefe.

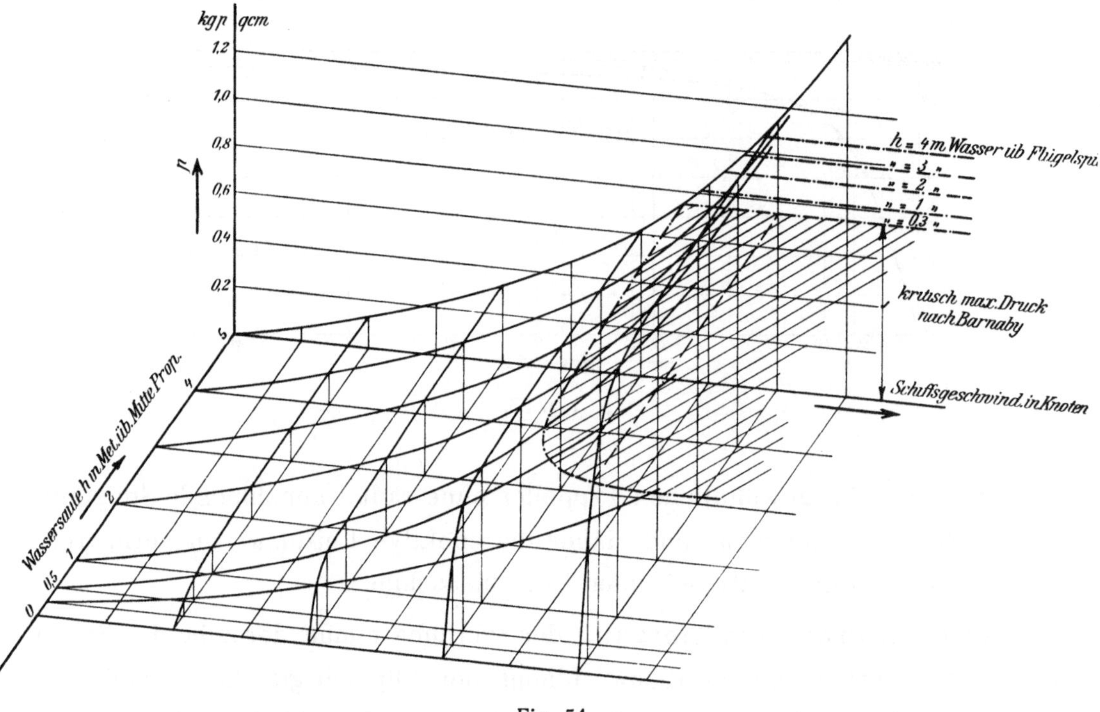

Fig. 54.

Aufgabe weiterer Versuche und Probefahrten wird es sein, diese Kurven möglichst zu vervollständigen, da solche den Konstrukteur in die Lage versetzen, auf einfachste Weise für gegebene Verhältnisse das zweckmäßigste Flügelareal abzulesen.

Zurückkehrend zu den Schubkurven der Propeller Ia bis III (Fig. 50) entdecken wir bei deren Vergleich, daß auch das Verhältnis $\frac{\text{abgewick. Fl.}}{\text{Kreisfl.}}$ bezw. das mittlere Breitenverhältnis der Flügel den Wert von p_e (bezw. p_i) beeinflußt. So ist z. B. für n = 800 bei Propeller II $\dfrac{F_a}{\text{Kreisfl.}} = 0{,}267;\quad p_o = 0{,}592$ kg pro qcm

„ „ Ia „ $= 0{,}334$ „ $= 0{,}486$ „

„ „ IIIa „ $= 0{,}400$ „ $= 0{,}425$ „

„ „ III „ $= 0{,}450$ „ $= 0{,}392$ „

Während die mittlere Breite der Flügel von III gegenüber II um 68,5 % größer ist, wächst der Totalschub nur um 160—141 kg = 13,5 %, der spezifische Schub nimmt daher ab.

Diese Tatsache wird sofort erklärlich, wenn man das **Druckdiagramm** über der Flügelbreite (Fig. 55) betrachtet. Die größte Ablenkung der Wasserfäden erfolgt nahe der eintretenden Kante, an dieser Stelle ist auch

Druckdiagramm über der Flügelbreite.

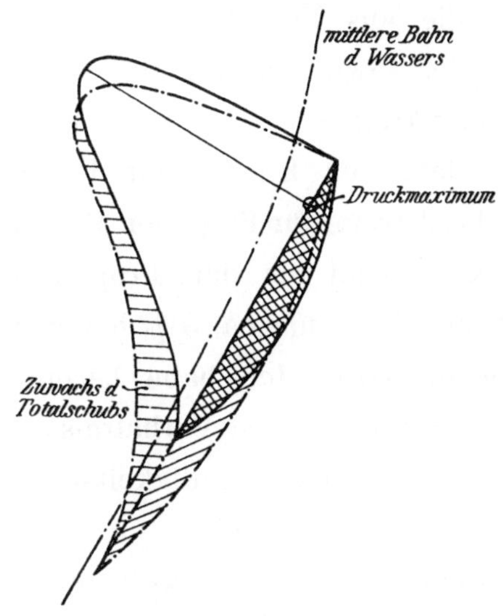

Fig. 55.

das Druckmaximum und die wirksamste Flügelpartie, während nach der austretenden Kante hin der Druck sehr rasch abfällt.

Man erkennt hieraus, daß ein Zuviel an Fläche unter Umständen wieder ungünstig wirken kann, weil der Totalschub nur noch wenig zunimmt, dagegen die Reibungsarbeit bedeutend wächst.

Dem aus Fig. 51 ermittelten Wert von p_i hat man daher stets das günstigste Flächenverhältnis zugrunde zu legen, womit dann auch sofort der günstigste Durchmesser fixiert ist. Die gebräuchliche Formel

$$D = K \sqrt{\dfrac{N_i}{\left(\dfrac{n \cdot H}{100}\right)^3}}$$

gibt dann bloß noch eine Kontrolle für D.

IV. Günstigstes Flächen- und Durchmesserverhältnis.

Zur Ermittelung der Wirkungsgrade war als Ergänzung der Geschwindigkeits- und Schubmessungen nur noch die Messung des Drehmoments vorzunehmen. Fig. 56 gibt die Effektivwerte desselben für die einzelnen Propeller wieder; der Charakter der Kurven ist ungefähr der gleiche wie der der Schubkurven, indem dieselben an einer gewissen Stelle einen Wendepunkt besitzen, um von da ab einer oberen Grenze zuzustreben. Auch dieser Verlauf ist ganz natürlich, denn das Drehmoment kann ebenso wie der Schub nicht bis ins Unendliche wachsen, weil vom Kavitationsbeginn ab die Dichte des Wassers abnimmt. Irgend ein Propeller ist somit nur befähigt, ein ganz bestimmtes maximales Drehmoment aufzunehmen.

In Fig. 57 sind nun die aus Fig. 28, 49 und 56 berechneten effektiven Torsions- und Schubpferde, sowie die hieraus sich ergebenden relativen Wirkungsgrade zusammengetragen.

Beim Vergleich der letzteren Kurven für Propeller Ia—Ib, IIIa—IIIb bestätigt sich zunächst das bereits für Propeller 13 und 14 gefundene Resultat, daß der maximale Wirkungsgrad bei den Propellern mit nach außen abnehmender Steigung (Ib und IIIb) um ca. 3 % höher ist, als bei denen mit konstanter Steigung (Ia und IIIa). Ich habe bereits bei der früheren Gelegenheit bemerkt, daß für tatsächliche Verhältnisse wegen des relativ geringeren Abfalls der achsialen Geschwindigkeitskurve auch der wirkliche Gewinn jedenfalls etwas geringer sein wird.

So lange das Wasser noch homogen, also bis ca. 700—800 Umdrehungen, fallen die vier Kurven der Wirkungsgrade für Propeller Ia, b, IIIa, b fast zusammen, d. h. bringt die radial veränderliche Steigung keinen merklichen Gewinn; der Vorteil derselben kommt erst dann und zwar umsomehr zur Geltung, je größer die Umfangsgeschwindigkeit und je weiter man in das Kavitationsgebiet des entsprechenden Propeller mit konstanter Steigung kommt.

Es ist damit bewiesen, daß man durch das gekennzeichnete Mittel in der Lage ist, den Anforderungen der Dampfturbine entgegen zu kommen und den Verlust, der mit der hohen Umfangsgeschwindigkeit verbunden ist, etwas herabzumindern.

Bei dieser Gelegenheit möchte ich noch auf einen anderen, mehr konstruktiven Vorteil aufmerksam machen, der mit der abfallenden Steigung erzielt wird. Dieser besteht darin, daß infolge der Entlastung der Flügelspitzen

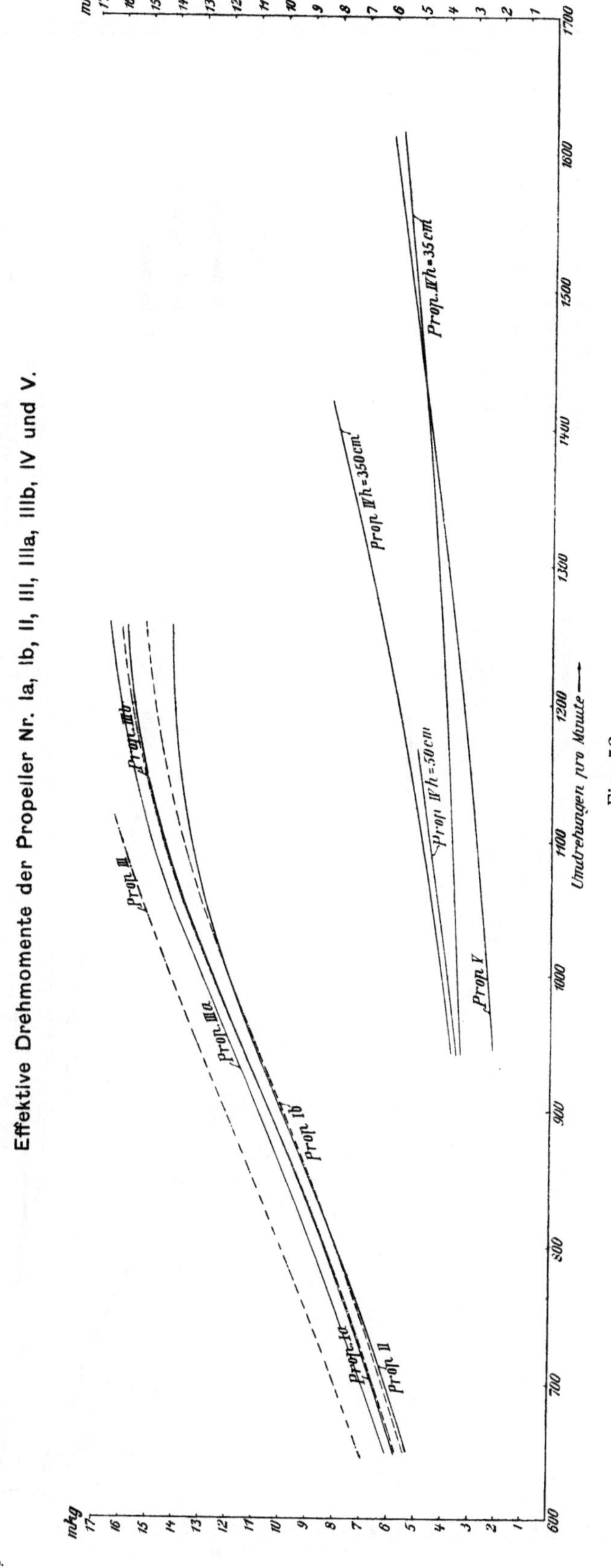
Effektive Drehmomente der Propeller Nr. Ia, Ib, II, III, IIIa, IIIb, IV und V.
mkg
Prop. III
Prop. IIIb
Prop. IIIa
Prop. Ib
Prop. Ia
Prop. II
Prop. IV h=350cm
Prop. IV h=35cm
Prop. IV h=50cm
Prop. V
Umdrehungen pro Minute
Fig. 56.

Effektive Torsionspferde, Schubpferde und relative Wirkungsgrade der Propeller Nr. Ia—V.
Die relat. Wirkungsgrade beziehen sich auf die mittlere Geschwindigkeit des austretenden Strahls im Abstande a = 236 mm
Pferdestärken
TORSIONSPFERDE
SCHUBPFERDE
REL. WIRKUNGSGRADE
Umdrehungen pro Minute

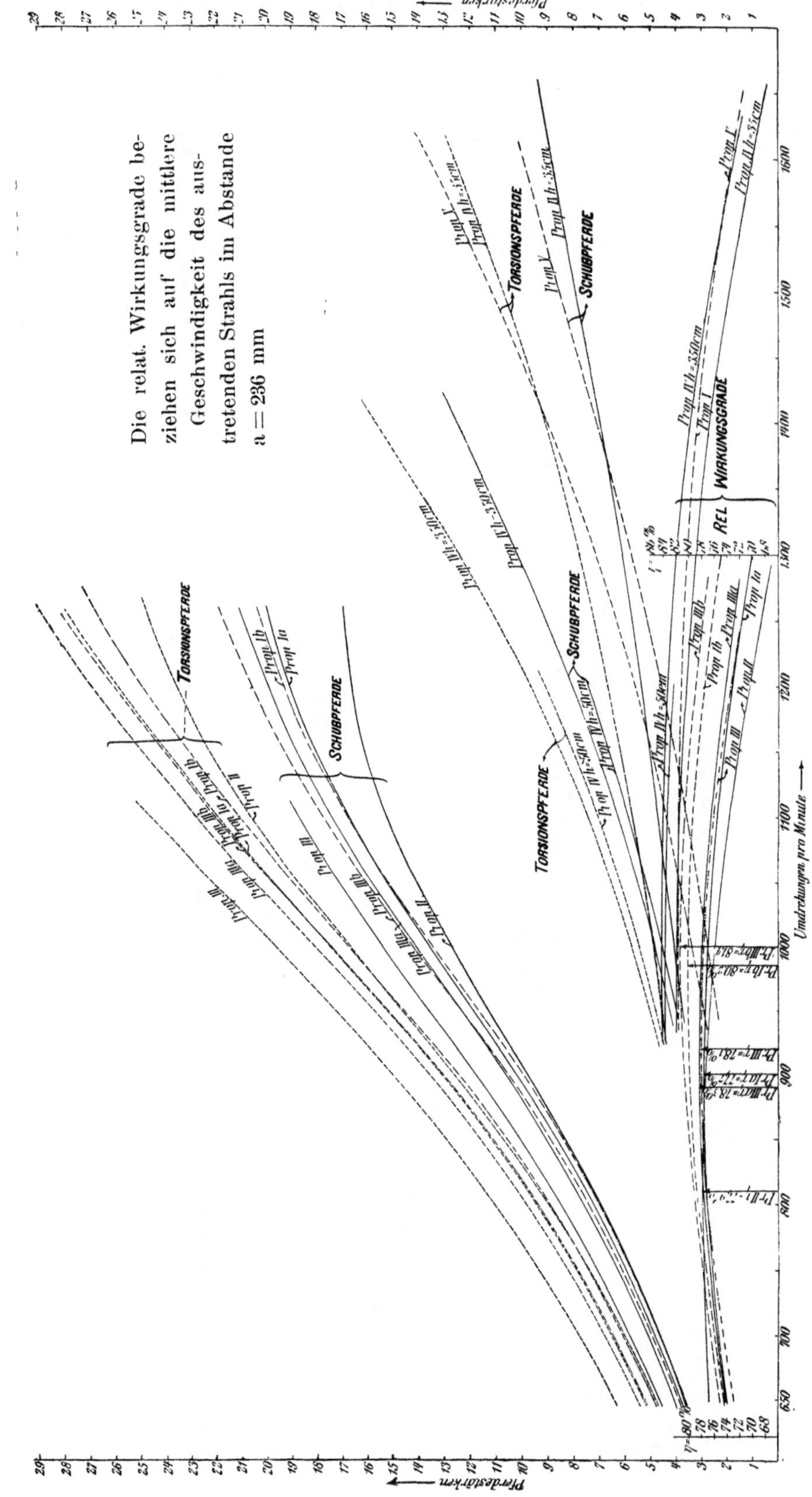

Fig. 57.

der Druckmittelpunkt etwas mehr nach der Wellenmitte rückt und das Biegungsmoment geringer wird. Man kann daher den Flügel etwas dünner

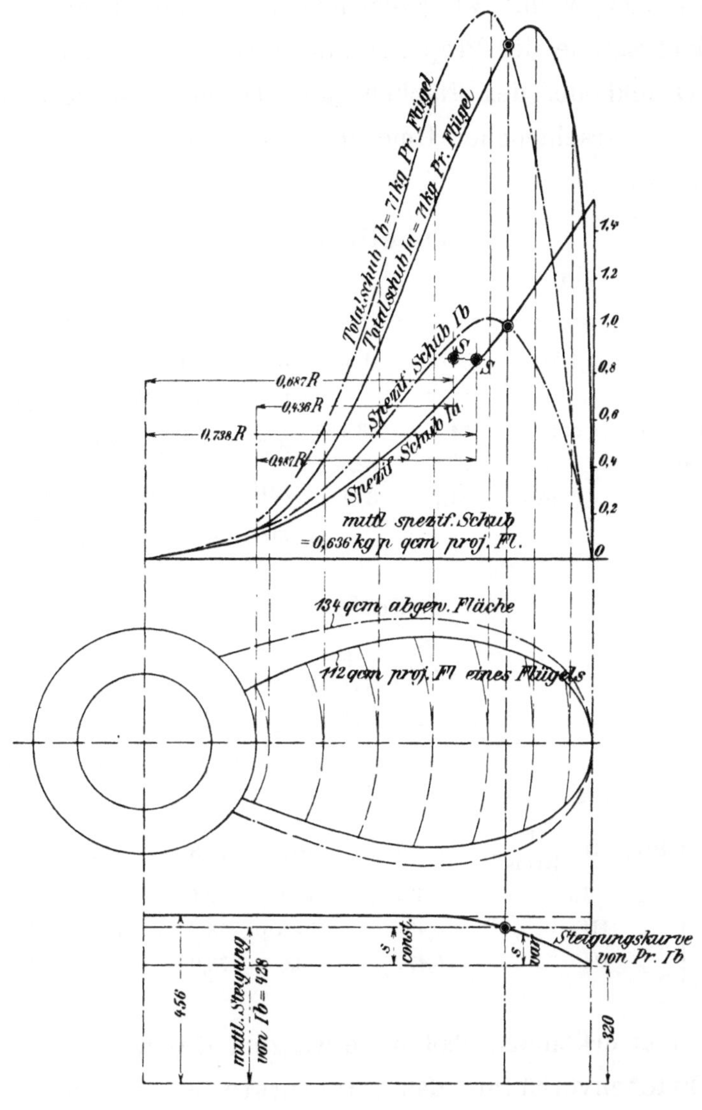

Fig. 58.

ausführen und Material ersparen. Fig. 58 zeigt als Beispiel hierfür den **Vergleich der radialen Druckverteilung auf das Flügelblatt***) bei Pro-

---

*) Die beiden Kurven der Totalschübe sind derart aufgezeichnet, daß zunächst für Ia mit konstanter Steigung der spezifische Druck entsprechend einem konstant angenommenen Slip s als quadratisch nach außen zunehmend aufgetragen ist. Für die variable

peller Ia und Ib. Darnach liegt [der Druckmittelpunkt bei Ia (konst. Steig.) im Abstand 0,738 R von der Mitte, bei Propeller Ib (abfall. Steig.), bei 0,687 R, das Biegungsmoment an der Nabe ist daher um $\frac{0,487-0,436}{0,487} \backsimeq 10,5\ \%$ geringer als bei Propeller Ia.

Die Tabellen IV, V und VI geben nun noch eine Gegenüberstellung der relativen Wirkungsgrade der Propeller mit konstanter Steigung und zwar als Funktion der Druckhöhe, des Flächen- und Durchmesserverhältnisses. Die betr. Werte für verschiedene Umdrehungszahlen sind aus den Kurven Fig. 57 entnommen.

Tabelle IV.

$$\eta = f\,(h).$$

n =	1000	1100	1200
Prop. IV $\{$ h = 350 cm	$\eta = 84,4$	84,2	83,4 %
H = 220 $\{$ 50 „	83,8	83,6	82,4 „
35 „	82,1	81,1	80,4 „

Aus $\eta = f\,(h)$ geht hervor, daß mit zunehmender Tauchungstiefe der Wirkungsgrad etwas ansteigt, ein Resultat, das bereits auf Grund der Schubmessungen zu erwarten war.

Tabelle V.

$$\eta = f\left(\frac{Fa}{Kreisfl.}\right)$$

n =	650	800	950	1100
D = 392 $\{$ Prop. II $\frac{Fa}{Kreisfl.} = 0,267$	$\eta = 76,8$	77,8	76,8	73,7 %
H = 440 $\{$ „ Ia „ = 0,334	74,1	77,1	77,5	75,5 „
„ IIIa „ = 0,400	74,3	78,3	78,3	76,5 „
„ III „ = 0,450	73,0	78,0	78,0	76,1 „

Tabelle V läßt erkennen, daß bis etwa zum Kavitationsbeginn (n $\backsim$ 800) das kleinste Flächenverhältnis das günstigste ist, erst bei größerer Umdrehungszahl und höherer Flügelbelastung geht das Maximum des Wir-

<hr>

Steigung ist nun diese Druckkurve im Verhältnis des veränderlichen Slip (für den betr. Radius) zum konstanten Slip reduziert. Bei richtiger Reduktion müssen die Flächen der Totalschübe einander gleich sein, was sich durch einiges Probieren in bezug auf die Wahl des konstanten Slips leicht erreichen läßt. In Wirklichkeit waren auch diese Totalschübe für dieselbe Umdrehungszahl fast gleich; durch Projektion des Schnittpunktes der beiden Druckkurven auf die Steigungskurve ergibt sich demnach sofort die entsprechende mittlere Steigung für Ia, in diesem Falle zu 428 mm.

kungsgrades auf ein größeres Flächenverhältnis von 0,4—0,45 über. Dieses Ergebnis, daß innerhalb gewisser Belastungsgrenzen ein kleines Flächenverhältnis günstiger als ein großes ist, deckt sich übrigens mit den vor nicht langer Zeit von Taylor angestellten vergleichenden Versuchen[*] mit Modellschrauben.

Tabelle VI.

$$\eta = \mathrm{f}\left(\frac{D}{H}\right)$$

		$n=$	1000	1100	1200
$D = 392$	Prop. Ia $H = 440$ $\frac{D}{H} = 0,891$		$\eta = 77,1$	75,6	73,2 %
$F_a = 402$ qcm	„ IV $H = 220$ „ $= 1,78$		83,8	83,4	82,4 „
	„ V $H = 150$ „ $= 2,60$		81,7	81,7	81,5 „

Der Vergleich in bezug auf das Durchmesserverhältnis (Tab. VI) besagt, daß das günstigste Verhältnis etwa 1,8 beträgt. Dieser Wert, der weit über dem normalen von ca. 0,8—1 liegt, gilt indessen bloß für die speziellen Versuchsumstände und kann nicht auf die Wirklichkeit übertragen werden, weil der achsiale Slip bei den drei Propellern zu sehr verschieden war. Immerhin scheint er darauf hinzudeuten, als ob die Taylorsche Angabe[**] von $\sim$ 0,4 für das günstigste Verhältnis etwas zu niedrig wäre.

Die vorstehenden Besprechungen lassen erkennen, daß — richtige Bemessung von Durchmesser und Flügelareal vorausgesetzt — der Wirkungsgrad eines Propellers prinzipiell nur noch durch zweckmäßige Flügelschnitte, Bearbeitung der Vor- und Rückseite sowie passenden Steigungsverlauf für hohe Umfangsgeschwindigkeiten etwas verbessert werden kann. Angesichts der wirklichen Nutzeffekte von nur ca. 65 bis max. 73 %, wie sie für ausgeführte Propeller von verschiedenen Seiten[***] festgestellt wurden, ist dieses

[*] D. W. Taylor: Some recent experiments at the U. S. Model Basin. Read at the 12th general meeting of the Society of Nav. Arch. and Marine Eng., held in New York, Nov. 17. and 18., 1904.

[**] Dr. W. Taylor: Resistance of Ships and Screw Propulsion.

[***] U. a von Dr. H. Foettinger für das Modellboot (s. Jahrbuch der Schiffbautechnischen Gesellschaft 1904, S. 168).

Resultat im Hinblick auf die Wirkungsgrade von 80—82 % bei modernen gut konstruierten Wasserturbinen als nicht gerade günstig zu bezeichnen. Der Grund, warum bisher mit Propellern noch keine bessere Ökonomie erzielt wurde, liegt in dem als unvermeidlich betrachteten großen Wirbelverlust des austretenden Strahls.

Die Bilanz für den Propeller „Kaiser Wilhelm II" ergibt z. B. bei 21 000 P S_i pro Welle und einem noch hoch angenommenen Wirkungsgrad von 72 % einen Gesamtverlust von $\sim$ 5900 PS, davon entfallen, wie früher (nach Riehn) berechnet,

> ca. 1 100 PS auf die Reibungsarbeit,
> ca.   900 „ „ den Verdrängungsverlust,
> Sa. 2 000 PS,

so daß also noch ca. 2900 PS oder ca. 14 % der Gesamtarbeit auf den Wirbelverlust kommen.

Wenn es gelingen würde, durch irgend eine Anordnung diese verlorene Energie selbst nur mit 50 % auszunutzen, so würde sich der Wirkungsgrad der ganzen Propulsionsvorrichtung um ca. 5—7 % verbessern, d. h. ebenso hoch treiben lassen, als bei den besten Wasserturbinen.

Diesen Gedanken haben schon verschiedene Propellerkonstrukteure (Parsons, Thornycroft usw.) zu verwirklichen gesucht, indem sie noch hinter den Propeller feste Leitschaufeln setzten zur Ablenkung des Wassers in die achsiale Richtung und Erzielung einer nach vorwärts gerichteten Schub-komponente. Dabei beging man stets den Fehler, diese Leitschaufeln in ein den Propeller umhüllendes Rohr unterzubringen, wodurch der freie Zu- und Durchfluß des Wassers gehemmt und der Schiffswiderstand vermehrt wurde; oder die Schaufeln waren zu lang, so daß die Verluste der äußeren Partien deren Nutzen übertrafen. Der erhoffte Gewinn wurde daher in den meisten Fällen durch die prinzipiell falsche Ausführung zunichte gemacht.

Die vorliegenden Versuche geben nun einen Anhalt, wie ein solcher Gegen-Propeller rationell konstruiert sein muß. Aus den tangentialen Geschwindigkeitsdiagrammen ging hervor, daß der größte Wirbelverlust nur bis zu etwa $^2/_3$ des Radius sich erstreckt; es genügt daher, den Durchmesser des Gegenpropellers auf ca. 0,8—0,9 des Hauptpropellers zu beschränken; die Kurven haben außerdem gezeigt, daß das prozentuale Maximum des nacheilenden Wirbels nahe der Wellenmitte, daß es daher vorteilhaft sein dürfte, den Nabendurchmesser zu vergrößern, um die unwirksamen oder schädlichen inneren Flügelelemente überhaupt herauszuschneiden. Durch eine solche Maßnahme wird der Flügelansatz an der Nabe (infolge des geringeren Biegungsmomentes) etwas dünner und die Schraubenwirkung dort korrekter.

Eine nach diesen Gesichtspunkten entworfene Ausführungsart ist in Fig. 59 für ein Doppelschraubenschiff (als Beispiel habe ich den Schnell-

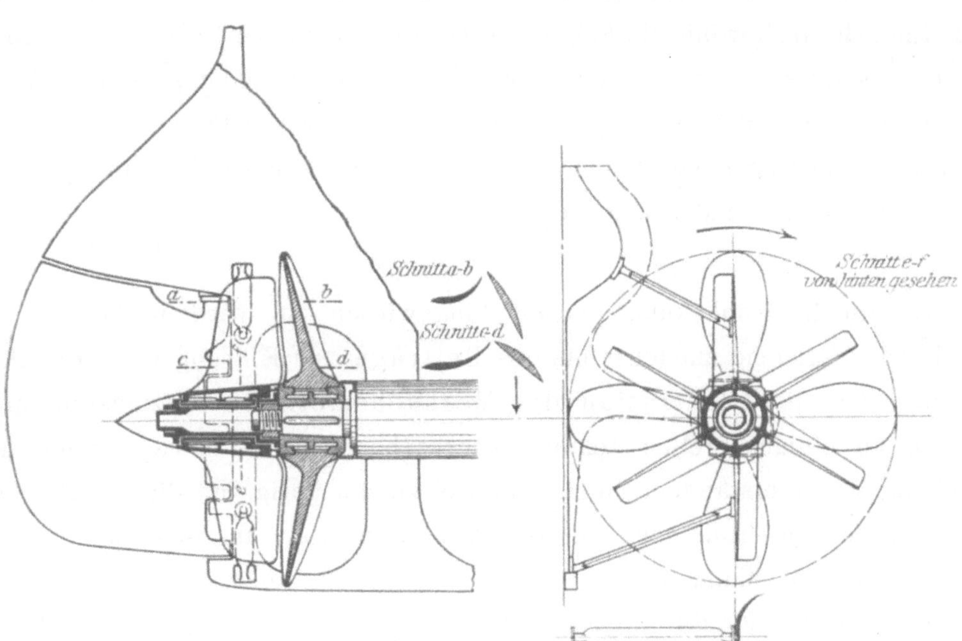

Fig. 59.

dampfer „Deutschland" gewählt) dargestellt.*) Dieselbe verursacht nur relativ geringe Mehrkosten und dürften damit Betriebsstörungen so gut wie ausgeschlossen sein.

Die Konstruktion hat außerdem den Vorteil, daß der Gegenpropeller ohne maschinelle oder schiffbauliche Änderungen jederzeit abgenommen oder aufgesetzt werden kann, so daß man einen direkten Vergleich über den Wirkungsgrad anstellen kann. Ein den Haupt- und Hilfspropeller umhüllendes Rohr ist nicht vorhanden; die Flügel des Gegenpropellers sind direkt auf eine separate Nabe gesetzt, welche den notwendigen schlanken Fortsatz der vergrößerten Nabe des Hauptpropellers bildet.

---

*) Die Vorrichtung ist inzwischen zum Patent angemeldet.

Auf diese Weise sind alle zusätzlichen Widerstände und Verluste früherer Ausführungen beseitigt; der dargestellte Gegenpropeller dürfte daher auch wirklich seinen Zweck, eine disziplinierte und somit verbesserte Wirkungsweise der Schraube herbeizuführen, erfüllen. Den einzigen Einwand, den man gegen die Vorrichtung erheben könnte, wäre der, daß durch zwischen die Flügel des Haupt- und Gegenpropellers geratende Fremdkörper — Eisschollen, Holzstücke usw. — ein Abbrechen der einen oder anderen Flügel verursacht werden könnte. Eine solche Gefahr läßt sich aber sehr herabmindern. Man braucht ja, wie dies aus den Versuchen hervorgeht, ohne große Einbuße an Gewinn die Flügel des Gegenpropellers nicht unmittelbar an jene des Hauptpropellers heranzurücken (in der Zeichnung ist dies allerdings geschehen). Bei großen Propellern kann unter Umständen bis ca. $^1/_2$ m Spielraum dazwischen verbleiben, wodurch Fremdkörpern der Durchfluß gewährt wird, ohne Schaden anzurichten.

————————

Es braucht wohl kaum darauf hingewiesen zu werden, daß die besprochenen Versuche zunächst nur als Beiträge zur Klärung des Propellerproblems und als Illustration der Versuchsmethode aufzufassen sind. Wie ich an einigen Stellen schon bemerkt habe, bleibt in experimenteller Beziehung selbstverständlich noch sehr viel zu tun übrig, um die praktischen und theoretischen Grundlagen für den Propellerentwurf auszubauen.

Bei der Beurteilung des vorliegenden Materials möge man indessen berücksichtigen, daß für die ganze Versuchseinrichtung noch keine Erfahrungen vorlagen, daß dieselbe zunächst so einfach wie möglich sein sollte, daß außerdem die nach greifbaren Ergebnissen drängende Praxis nicht soviel Zeit zur Verfügung stellen kann, als etwa ein Laboratorium.

Trotz der bisherigen Unvollkommenheiten der Einrichtung gelang es aber, bereits einen generellen Einblick in die Wirkungsweise der Schraube und einige wertvolle konstruktive Fingerzeige zu erhalten. Es beweist dies, daß die beschriebene Versuchsmethode ein sehr geeignetes Hilfsmittel zu derartigen Untersuchungen*) darstellt, besonders wenn sie auf Grund der gesammelten Erfahrungen (durch Anwendung eines Hilfspropellers, elektrischen Antrieb, registrierende Meßapparate usw.) noch verbessert,

---

*) Auch zum Studium einer Reihe anderer, mit dem Propeller zusammenhängender Fragen, z. B. über den Einfluß der Bordwand und Form des Hinterschiffs, dürfte die Methode sehr bequem sein, indem die betreffenden Modelle ohne großen Kosten- und Zeitaufwand in den Tank eingebaut und leicht verändert werden können.

bezw. verfeinert wird. In Verbindung mit Modellbootsversuchen wird man dann in der Lage sein, einwandfreie Resultate zu erzielen und das Schraubenproblem einer baldigen vollkommenen Lösung entgegenzuführen.

Zum Schluß möchte ich nicht unterlassen zu erwähnen, daß ich Herrn Kollegen Dr. Föttinger manchen Rat bei der Ausarbeitung der Apparate, sowie die Anregung bezügl. des Einflusses des Flügelrückens auf die Propellerwirkung verdanke.

Es verbleibt mir noch die angenehme Aufgabe, der Direktion der Stettiner Maschinenbau-Akt.-Ges. „Vulcan" für die Bereitwilligkeit, mit der sie mir die vollständige Veröffentlichung sowohl der Konstruktionen als der Versuchsresultate gestattete, an dieser Stelle meinen verbindlichsten Dank auszusprechen.

Anhang.

1. Messung von tangentialen Geschwindigkeitskomponenten mittels des Woltmannschen Flügels.

Gegenüber tangentialen Geschwindigkeitskomponenten verhält sich der achsial gestellte Woltmannsche Flügel wie ein Wasserrad, das auf beiden Hälften beaufschlagt ist. Das Rad wird sich dann im Sinne des resultierenden Moments drehen, falls die Geschwindigkeiten der auftreffenden Wasserströme verschieden ist. Der benutzte Woltmannsche Flügel (v. Ott, Kempten) hatte nur drei Schaufelblätter, das Drehmoment auf den beiden Beaufschlagungsseiten ist daher zeitlich nicht konstant, wie beim Wasserrade sondern variabel. An Stelle dieses veränderlichen Drehmoments läßt sich aber ein konstantes setzen, das während einer halben Umdrehung dieselbe Arbeit verrichtet.

Mit Bezug auf Fig. 60 sei:

x die augenblickliche Entfernung des Meßflügels von der Propellerachse,

$p_1 p_2$ die der mittleren Tangentialgeschwindigkeit auf der inneren und äußeren Seite entsprechenden hydrodynamischen Drücke pro Flächeneinheit,

r der Radius des Druckmittelpunktes, welch letzterer für eine gleichmäßige Strömung in der Mitte des Flügelblattes liegt,

e und i der Abstand des äußeren bezw. inneren Wirkungskreises, auf welchem die Kraft $p \cdot f$ normal auf das Flügelblatt wirkend nach Durchlaufen des Bogens A′B′ dieselbe Arbeit verrichtet, als die variable Kraft p sin ψ auf dem Bogen A B. e bezw. i bildet gewissermaßen den Eingriffsradius eines äußeren Zahnrades mit dem Radius x + e bezw. x — i, welches eine konstante Kraft auf den Flügel ausübt.

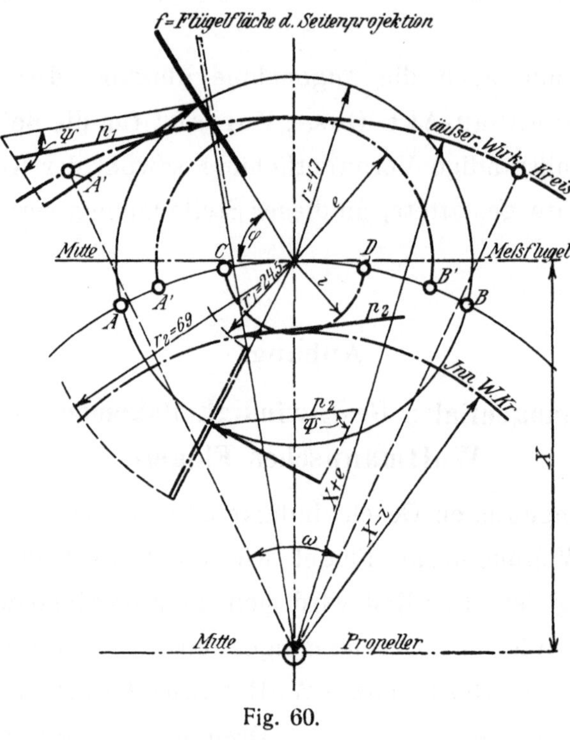

Fig. 60.

Dann muß sein für den äußeren Bogen:

$$p . f . r \int_{\varphi\,(A)}^{\varphi\,(B)} \sin \psi \, d\varphi = p . f (e + x) . \omega$$

$$\omega = \frac{e . \varphi\,(A'B')}{e + x}$$

$$e = \frac{r}{\varphi\,(A'\,B')} . \int_{\varphi\,(A)}^{\varphi\,(B)} \sin \psi \, d\varphi$$

und für den inneren Bogen:

$$i = \frac{r}{\varphi\,(C'\,D')} \int_{\varphi\,(B)}^{\varphi\,(A)} \sin \psi \, d\varphi ,$$

sin ψ läßt sich leicht durch φ ausdrücken, indessen ist es einfacher, durch eine graphische Integration den Wert des Integrals für verschiedene Abstände x zu bestimmen.　Auf diese Weise sind die Kurven Fig. 61 entstanden. Für x = o verschwindet der innere Wirkungskreis und der äußere geht in den Druckmittelpunktskreis für eine proportional nach außen zunehmende Rotationsgeschwindigkeit über.　Unter dieser vereinfachenden Annahme, die für die Nähe der Achse gestattet ist, nimmt der Wasserdruck auf die Seitenprojektion der Flügelfläche proportional r², also quadratisch mit dem Radius zu.　Durch eine einfache Integration findet sich der Angriffspunkt der Resultierenden dieser Wasserdrücke zu:

$$r_s = \frac{3}{4} \cdot \frac{r_2{}^4 - r_1{}^4}{r_2{}^3 - r_1{}^3} = 53{,}3 \text{ mm.}$$

Abstände der Wirkungskreise von Mitte Meßflügel.

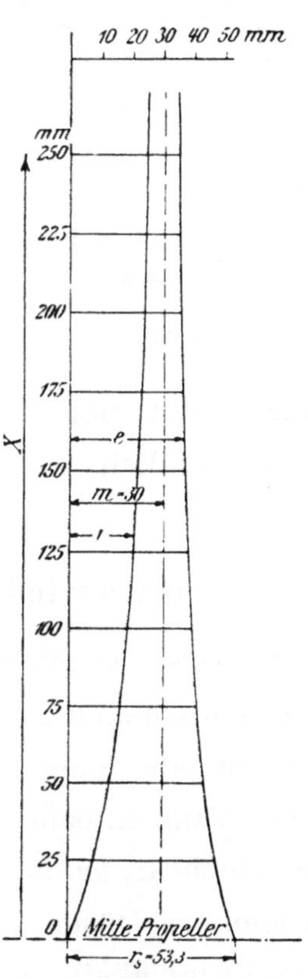

Fig. 61.

Für x = ∞ wird e = i = m, weil dann die Wasserbahnen geradlinige sind und mit Bezug auf Fig. 62 ergibt sich m aus:

$$p \cdot r \int_{\varphi\,=\,0}^{\varphi\,=\,\pi} \sin \varphi \, \mathrm{d}\varphi = p \cdot m \cdot \pi$$

$$m = \frac{2\,r}{\pi} = 30 \text{ mm.}$$

Dieser Abstand bildet die Asymptote zu den beiden Kurven für e und i (Fig. 61).

Die Angabe des Woltmannschen Flügels für die Stellung Mitte Propellerachse gibt demnach die tangentiale Komponente v_0 auf dem Radius 53,3. Von diesem ausgehend, wird die bei der nächsten um i entfernten Flügelstellung gemessene halbe Differenz $\frac{v_1 - v_2}{2}$ im Punkte $53,5 + (i + e)$ zu v_0 angetragen.

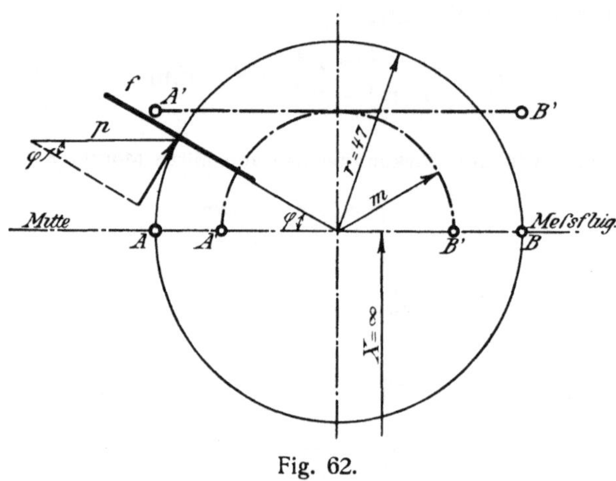

Fig. 62.

Durch successive Verschiebung ergibt sich so die Kurve der tangentialen Komponenten mit genügender Genauigkeit.

2. Pitotsche Düsen für Geschwindigkeitsmessungen.

Der Gedanke, die Pitotsche Düse wegen ihrer Einfachheit und kleinen Dimensionen für Geschwindigkeitsmessungen zu benutzen, ist sehr bestechend, und ich ließ daher auch ursprünglich einen Apparat mit einem Komplex solcher Düsen, (Fig. 8, S. 280), in den Tank einbauen. Wie ersichtlich, war die Vorrichtung von außen achsial verschiebbar, um in verschiedenen Ebenen messen zu können, außerdem waren mehrere Düsen zu einer Gruppe vereinigt, um gleich die mittlere achsiale Geschwindigkeit in der betreffenden Höhe zu erhalten. Die Druckhöhe wurde für große Geschwindigkeiten mittels Quecksilbersäule, für kleine mit einer Schwefelkohlenstoffsäule, die durch Alcannafarbstoff rot gefärbt war, gemessen. Es zeigte sich nun, daß in der Nähe des Propellers die Flüssigkeitssäule infolge von Druckänderungen beim Vorbeipassieren der Flügel und ungleicher Drehung des Propellers ungemein stark auf- und abschwankte, so daß eine sichere Ablesung ausgeschlossen war. Ich versuchte durch eingeschaltete kleine Windkessel diese Bewegung etwas zu

dämpfen, erzielte indessen keinen großen Erfolg damit. Da ich keine weitere
Zeit mit der Sache verlieren wollte, gab ich die Messung mit dem Düsen-
apparat auf, umsomehr als es mir sehr zweifelhaft erschien, ob die in einem
normal auftreffenden Wasserstrahl geeichte Düse auch für eine schief gerichtete Wasserbewegung deren achsiale Komponente richtig wiedergäbe.
Außerdem hätte ich mit dem Apparat nicht die tangentialen Komponenten
messen können. Immerhin machte ich die Erfahrung, daß sich die Düse besonders für gro ß e Geschwindigkeiten, sobald dieselben einigermaßen konstant
sind, ganz gut eignet, weil man dann eine Quecksilbersäule benutzen kann.
Es liegt daher der Gedanke nahe, sie vielleicht für Messung der Geschwindig-

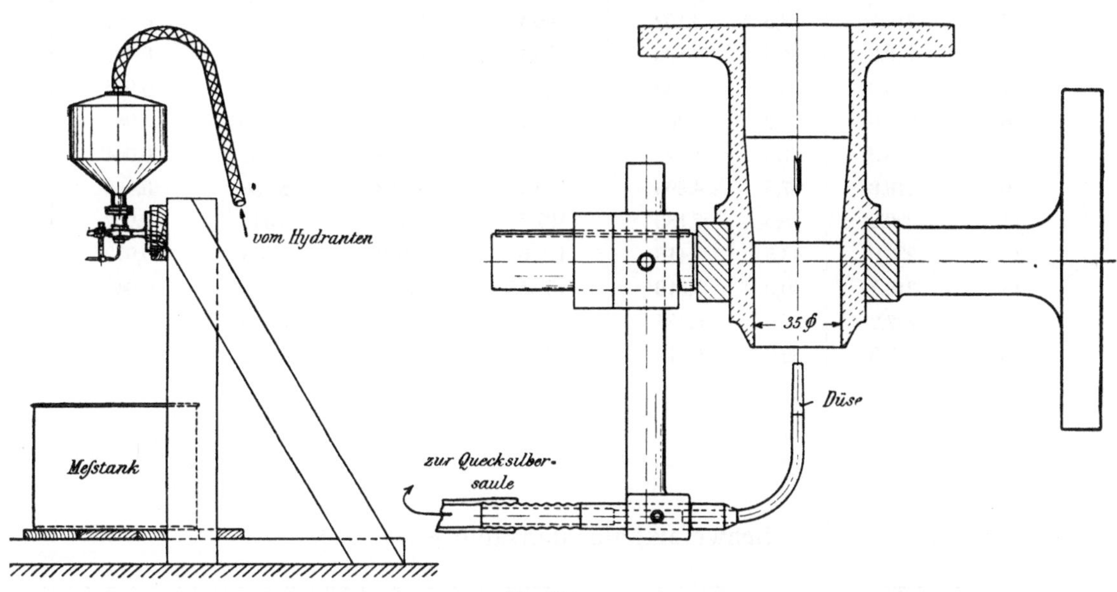

Fig. 63.

keiten bei einem wirklichen Schiffe wie einleitend angedeutet zu verwenden,
sofern es gelingt, durch ein geeignetes Dämpfungsmittel die Schwankungen
zu beseitigen. Man könnte die Düse dann etwa beweglich ausführen, um
durch Beobachtung der maximalen Angabe auch gleich die Richtung des
betreffenden Wasserfadens festzustellen. Es haben daher die Eichresultate
für solche Düsen vielleicht ein gewisses Interesse, weshalb ich sie in nach-
folgender Tabelle VII angebe. Aus derselben geht hervor, daß man mit sehr
großer Genauigkeit die Formel $v = C \sqrt{2\,g\,h}$ innerhalb weiter Geschwindigkeits-
grenzen benützen kann. Die betreffende Vorrichtung zum Eichen ist in Fig. 63
dargestellt.

Tabelle VII.

Eichung der Düse mittels Quecksilbersäule $\gamma = 13{,}59$.

Nr des Ver- suches	Aus- gelaufene Wasser- menge Q Liter	Zeit Sec.	Beob- achtete Wasser- geschw. v m/Sec.	Druckhöhe h mm Quecks.	h m Wasser	Berechnete Wasser- geschw. nach $v' = \sqrt{2g \cdot h}$	C in der Formel $v = C\sqrt{2gh}$ $C = \dfrac{v}{v'}$
1	196,8	240	0,871	2,0	0,027	0,727	1,197
2	211,7	131	1,715	10,5	0,143	1,673	1,023
3	216,0	94,5	2,422	22,5	0,306	2,448	0,991
4	215,2	78,5	2,910	32,7	0,444	2,950	0,986
5	219,1	73,5	3,162	40,45	0,547	3,272	0,967
6	218,8	64,5	3,602	50,42	0,685	3,663	0,983
7	218,2	56,0	4,136	67,5	0,917	4,239	0,976
8	222,0	55,0	4,280	73,95	1,003	4,436	0,966
9	219,2	51,5	4,515	82,8	1,123	4,686	0,964
10	218,8	47,5	4,890	95,9	1,302	5,050	0,969
11	220,2	45,5	5,138	107,5	1,460	5,340	0,962
12	222,0	43,5	5,418	117,0	1,590	5,580	0,972
13	218,7	40,0	5,810	137,55	1,868	6,048	0,962
14	227,2	37,5	6,425	169,5	2,303	6,716	0,957
15	217,2	36,0	6,410	170,85	2,320	6,740	0,951

$C_m = 0{,}9735$

Schwefelkohlenstoffsäule $\gamma = 1{,}2652$.

Nr. des Ver- suches	Aus- gelaufene Wasser- menge Q Liter	Zeit Sec.	Beob- achtete Wasser- geschw. v m/Sec.	Druckhöhe h mm CS_2	h m Wasser	Berechnete Wasser- geschw. nach $v' = \sqrt{2g \cdot h}$	C in der Formel $v = C\sqrt{2gh}$ $C = \dfrac{v}{v'}$
1	59,8	140	0,454	3,5	0,0044	0,295	1,54
2	55,3	85	0,692	24,5	0,0310	0,779	0,888
3	57,3	60	1,013	48,0	0,0607	1,088	0,933
4	56,7	45,5	1,322	74,9	0,0948	1,362	0,973
5	58,8	37	1,688	118,6	0,1501	1,714	0,985
6	59,8	31	2,052	171,1	0,2174	2,062	0,994
7	58,6	26	2,395	235,2	0,2976	2,416	0,992
8	58,6	23,5	2,645	268,1	0,3395	2,580	1,024

$C_m = 0{,}970$

3. Zu Fig. 31 „Vergleich der Zentrifugalwirkungen".

Die radiale Gleichgewichtsbedingung für einen Flüssigkeitsfaden von der Länge 1, der durch 2 Zylinderschnitte im Abstand d r und 2 radiale Schnitte mit dem Zentriwinkel d φ begrenzt ist, lautet:

$$(\mathrm{h}+\mathrm{d\,h})\,(\mathrm{r}+\mathrm{d\,r})\,\mathrm{d}\varphi - \mathrm{h.r.d}\varphi - 2\left(\frac{2\,\mathrm{h}+\mathrm{d\,h}}{2}\right)\mathrm{d\,r}\,\sin\frac{\mathrm{d}\varphi}{2}$$

$$-\frac{1000}{\mathrm{g}}\,\mathrm{r.d}\varphi.\mathrm{d\,r}\frac{\mathrm{v_t}^2}{\mathrm{r}}=0$$

wo h der absolute Flüssigkeitsdruck an der betreffenden Stelle und $\mathrm{v_t}$ die tangentiale Komponente der Wassergeschwindigkeit. Die Gleichung reduziert sich auf:

$$\mathrm{r\,d\,h} - \frac{1000}{\mathrm{g}}\cdot\mathrm{v_t}^2\,\mathrm{d\,r}=0 \quad \ldots \ldots \ldots \ldots \quad 1)$$

$$\text{oder } \frac{\mathrm{d\,h}}{\mathrm{d\,r}}=\frac{1000}{\mathrm{g}}\frac{\mathrm{v_t}^2}{\mathrm{r}}=0 \quad \ldots \ldots \ldots \ldots \quad 2)$$

Die Dimension der rechten Seite ist $\frac{\mathrm{kg}}{\mathrm{m}^3}$; da h durch die Relation

$$\mathrm{h}=\mathrm{h_1}-\mathrm{h_2}=\frac{\mathrm{v_1}^2-\mathrm{v_2}^2}{2\,\mathrm{g}} \text{ in m Wassersäule}$$

ausgedrückt ist, so ergibt rechts die Umrechnung auf dieselbe Dimension

$$\frac{\mathrm{kg}}{\mathrm{m}^3}=\frac{\mathrm{kg}}{\mathrm{m_2}} : \mathrm{m}=0{,}0001 \text{ kg/cm}^2 : \mathrm{m}=0{,}001 \text{ m Wassersäule pro lfd. m.}$$

Daher

$$\frac{\mathrm{d\,h}}{\mathrm{d\,r}}=0{,}102\cdot\frac{\mathrm{v}^2}{\mathrm{r}} \quad \ldots \ldots \ldots \ldots \quad 3)$$

Wenn Gleichung 1) nicht erfüllt ist, so stellt der Ausdruck

$$\left(\mathrm{r\,d\,h}-\frac{1000}{\mathrm{g}}\cdot\mathrm{v}^2\,\mathrm{d\,r}\right)\mathrm{d}\varphi$$

die Kraft dar, welche das Flüssigkeitsteilchen nach innen oder außen treibt, und es tritt eine radiale Bewegung auf, für welche die Gleichung

$$\mathrm{r\,d\,h}-\frac{1000}{\mathrm{g}}\,\mathrm{v}^2\,\mathrm{d\,r}+\frac{1000}{\mathrm{g}}\,\mathrm{r\,d\,r}\frac{\mathrm{d}^2\,\mathrm{r}}{\mathrm{d\,t}^2}=0$$

gilt.

4. Berechnung der kritischen Umdrehungszahl.

Nach den angegebenen Bedingungen muß sein

$$\frac{\mathrm{w}^2 \cdot \sin \psi}{2\,\mathrm{g}} = \mathrm{h},$$

nach Fig. 64 ist

$$\mathrm{w}^2 = \left(\frac{\mathrm{n}}{60}\right)^2 \left[(\mathrm{D} \cdot \pi)^2 + (1 - \mathrm{s})\,\mathrm{H}^2\right]$$

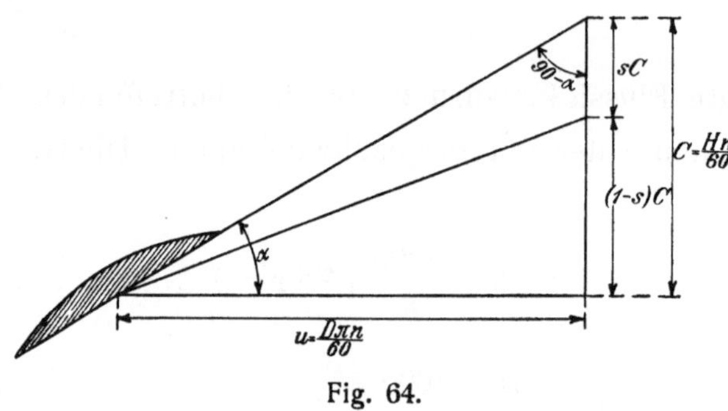

Fig. 64.

wo s den tatsächlichen Slip an den Flügelspitzen in $^0/_0$ bedeutet. Es verhält sich ferner:

$$\mathrm{s}\,\mathrm{C} : \mathrm{w} = \sin \psi : \sin (90° - \alpha)$$

$$= \sin \psi : \cos \alpha$$

$$\cos \alpha = \frac{\mathrm{D} \cdot \pi}{\sqrt{(\mathrm{D}\,\pi)^2 + \mathrm{H}^2}}$$

demnach

$$\sin \psi = \frac{\mathrm{s}\,\mathrm{H}\,\mathrm{D}\,\pi}{\sqrt{(\mathrm{D}\,\pi)^2 + \mathrm{H}^2}} \cdot \frac{1}{\sqrt{(\mathrm{D}\,\pi)^2 + (1 - \mathrm{s})^2\,\mathrm{H}^2}}$$

$$\mathrm{h} = \frac{\mathrm{w}^2 \sin \psi}{2\,\mathrm{g}} = \left(\frac{\mathrm{n}}{60}\right)^2 \cdot \frac{\mathrm{s}\,\mathrm{H}\,\mathrm{D}\,\pi}{\sqrt{(\mathrm{D}\,\pi)^2 + \mathrm{H}^2}} \cdot \sqrt{(\mathrm{D}\,\pi)^2 + (1 - \mathrm{s})^2\,\mathrm{H}^2}$$

Die beiden Wurzelgrößen sind für praktische Verhältnisse annähernd einander gleich, da die Glieder mit s relativ klein gegenüber den übrigen Termen unter der Wurzel sind.

Es ergibt sich daher für $\mathrm{n_k}$ die vereinfachte Formel

$$\mathrm{n_k} \simeq 60 \sqrt{\frac{2\,\mathrm{g}\,\mathrm{h}}{\mathrm{s}\cdot\mathrm{H}\,\mathrm{D}\,\pi}} = 152 \sqrt{\frac{\mathrm{h}}{\mathrm{s}\,\mathrm{H}\,\mathrm{D}}}.$$

Diskussion.

Herr Professor Dr. Ahlborn-Hamburg:

Der Gegenstand des Vortrages, den wir soeben gehört haben, liegt auf einem Gebiete, auf dem ich seit einigen Jahren tätig gewesen bin; es ist mir daher wohl gestattet, zunächst an den Herrn Vortragenden einzelne Fragen zu richten, die sich auf die Methode seiner Untersuchungen erstrecken.

Bei den Versuchen des Herrn Dr. Wagner ist zum erstenmal in Deutschland ein ringförmiger Tank in verhältnismäßig großen Dimensionen zur Anwendung gebracht. Es kann nicht ausbleiben, daß bei zukünftigen Versuchen ähnlicher Art die Frage auftreten wird, ob es angebracht sei, überall dem Tank eine ringförmige Gestalt zu geben, oder ob man bei der bisherigen geradlinigen Anordnung bleiben soll. Ich komme auf diese Frage, weil bei meinen Bemühungen um die Errichtung eines größeren Versuchsbeckens in Hamburg in der Tat dieser Einwurf mit einem gewissen negativen Erfolge geltend gemacht wurde. Deshalb möchte ich fragen, ob sich nicht manche Schwierigkeiten bei der Herstellung einer gleichmäßigen Strömung im Innern des Tankes geltend gemacht haben*).

Herr Dr. Wagner hat hervorgehoben, daß die Versuche nicht in der Vollkommenheit ausgeführt werden konnten, wie er selbst wünschte; namentlich fehlte der Hilfspropeller, welcher in dem ringförmigen Tank eine gleichförmige Wasserströmung herbeiführen sollte. Dieser Strom — so war es beabsichtigt — sollte auf den Versuchspropeller treffen, so etwa, wie der Propeller des bewegten Schiffes ja auch in einer Wasserströmung arbeitet, und es sollte auf diese Weise der Slip, wie er in der Natur an fahrenden Schiffen zustande kommt, durch geeignete Änderung der Stromgeschwindigkeit geregelt werden. Da der Hilfspropeller in den vorhandenen Tank nicht eingebaut war, so waren die Versuche im wesentlichen derselben Art, wie ich sie in etwas kleineren Verhältnissen in einem geradlinigen Tank durchgeführt habe, und von denen ich im vorigen Jahre Mitteilung machen konnte; das heißt, es waren Versuche mit Schrauben, welche am festen Orte rotieren. In meinem vorjährigen Vortrage war ich aus Zeitmangel leider nicht in der Lage, auch die Erscheinung vorzuführen, wie sie sich gestalten, wenn die rotierende Schraube, wie hinter einem Schiff, durch das Wasser geführt wird. Ich hatte mir vorbehalten und das auch in meinem Vortrage angekündigt, in diesem Jahre darüber Bericht zu erstatten. Aber leider war es mir, als ich die Meldung Ende Juli an den geschäftsführenden Leiter der Schiffbautechnischen Gesellschaft richtete, nicht mehr möglich, zum Vortrage zugelassen zu werden, weil die Vormeldungen zu den Vorträgen bereits über die Zahl hinausgegangen waren, die angenommen werden konnte.

Da in dem gedruckten Vortrage des Herrn Dr. Wagner einige nähere Ausführungen hinsichtlich der Bewegung des Schiffsschraubenstrahles bei fortschreitendem Schiffe

------

*) Zur näheren Begründung der Frage möchte ich nachträglich hinzufügen, daß nach den Erfahrungen anderer Experimentatoren, welche mit Ringtanks von kleineren Dimensionen gearbeitet haben, die Schwierigkeit, eine gleichförmige Strömung zu erzielen, sehr bedeutend ist. Stets treten unregelmäßige, von der geraden Richtung abweichende, wirbelnde Nebenerscheinungen auf, die sich auch durch Einschaltung mehrerer hintereinander stehender feinmaschiger Siebe nicht völlig beseitigen lassen. Die Ursachen liegen darin, daß das Wasser an einer Stelle durch das Antriebsmittel, Schaufelrad oder Schraube, in heftige drehende und wirbelnde Bewegung versetzt wird, daß es ferner gezwungen wird, zeitweilig in stark gekrümmter Bahn zu fließen, und endlich an dem ganz unvermeidlichen Einfluß der Reibung des Wassers an den engen Wänden des Behälters. Zweifellos liegen in diesen störenden Nebenströmungen Fehlerquellen, die durch Verwendung geradliniger Wasserbehälter und genau kontrollierbarer Bewegung der Versuchskörper in ruhendem Wasser vermieden werden.

gemacht worden sind, die sich nicht ganz aus den Versuchen bei am Ort rotierender Schrauben ergeben, so möchte ich hierüber einiges Wenige hinzufügen. Der von mir nachgewiesene und auch von Herrn Dr. Wagner erwähnte Wirbelring, welcher sich am hinteren Umfang der Schraube bildet, entsteht zu Anfang der Schraubenbewegung. Er wandert dann, wie die Schraube fortfährt sich zu drehen und wie das Schiff den Ort verläßt, nach hinten, bleibt dort stehen und läuft sich aus, und die Schraube spinnt nun einen stielförmigen Schraubenstrahl, auf welchem der Wirbelring gleichsam wie der Hut eines Pilzes steht.

Solange die Schraube in Bewegung ist, erhalten wir bei einer gleichmäßig fortschreitenden Bewegung des Schiffes mit der Schraube einen Schraubenstrahl von durchaus charakteristischem Aussehen mit deutlicher Abgrenzung gegen das umgebende Wasser. Herr Dr. Wagner hat auf die Ursachen hingewiesen, die uns die scharfen Begrenzungen erkennen lassen. Sie liegen darin, daß jeder Schraubenflügel — es war das der Fall bei sämtlichen Propellern, die mir zur Verfügung standen — während der fortschreitenden Drehungen stets mit seiner Spitze einen kleinen Wirbelring erzeugt, welcher mit dem Schraubenstrahl fortläuft, sodaß man nun bei stereoskopischen Aufnahmen des Schraubenstrahls deutlich erkennt, wie diese Wirbel den Schraubenstrahl spiralig umspannen. Sofern die Schraubenflügel gleichmäßig in der Querebene des Propellers verteilt sind, erscheinen auch die Spitzenwirbel in gleichmäßigen Abständen, wenn jedoch die Flügel in der Richtung der Welle auf der Nabe verschoben sind, wie bei dem Propeller, welcher von Eurer Königlichen Hoheit angegeben worden ist, — so beschreiben auch die Wirbelbänder der Flügelspitzen keine gleichförmig von einander abstehenden Spiralen, sondern solche, die gewisse, den verschiedenen Abständen der Flügel entsprechende Differenzen aufweisen.

Von ganz besonderem Interesse waren für mich die Beobachtungen Dr. Wagners über die Geschwindigkeit der Wasserfäden im Innern des Schraubenstrahles. Ich muß sagen, ich habe mich gefreut über die Ausführlichkeit und Sorgfalt, mit der Herr Dr. Wagner gerade dieses wichtige Kapitel behandelt hat, und kann nur konstatieren, daß die von ihm gegebenen Geschwindigkeitskurven mit den Bewegungsvorgängen, wie sie sich durch die Photographie darstellen lassen, recht gut im Einklang stehen, insofern als eben in der Mitte des Schraubenstrahles hinter der Nabe eine geringere fortschreitende Bewegung vorhanden ist, als etwa in dem halben Radialabstande der Flügel.

Herr Dr. Wagner bemerkte an einer andern Stelle, daß die Gestaltungsverhältnisse des Flügels keinen wesentlichen Einfluß haben auf die Geschwindigkeit der Stromfäden in dem Schraubenstrahl. Das mag im allgemeinen zuzugeben sein. Ich habe aber Gelegenheit gehabt, einen merkwürdigen Schiffspropeller — Schiffsschraube darf man in diesem Fall nicht sagen — zu untersuchen, bei dem tatsächlich etwas derartiges vorkam. Das ist der bekannte Propeller des Grafen Westphalen. Es ist keine Schraube, da statt der schraubenartig gewundenen Schraubenflügel ebene Platten mit Stielen an der Nabe befestigt sind. Ein derartiges Gebilde würde, wenn wir es in festem Material rotieren lassen würden, sich sehr bald festschrauben; so klemmt es sich auch gewissermaßen am Wasser fest, und wir erhalten das eigentümliche Verhalten, daß der Strahl bei gewissen Rotationsgeschwindigkeiten eine verschiedenartige Drehung hat. Nach der Außenseite dreht er sich, wenn die Schraube rechtsläufig ist, rechts herum, und in der Mitte aber rotieren die Wassermassen in entgegengesetzter Richtung. Es ist damit nicht gesagt, daß in dieser Anordnung ein Nachteil enthalten sei. Vielleicht könnte man denken, daß durch diese geraden Flügel etwas ähnliches erreicht wird, wie durch den Gegenpropeller, über dessen Konstruktion Herr Wagner vorhin eine Andeutung machte.

Herr Dr. Wagner hat zum Schluß die Frage nach der hydrodynamisch besten Gestalt des Flügelquerschnittes erörtert und dabei die Bewegungserscheinungen an prismatischen

Körpern von der Querschnittform eines Schraubenflügels zu Rate gezogen, wie sie auftreten, wenn solche Körper geradlinig durch das Wasser bewegt werden. Die Abbildungen, die Herr Dr. Wagner gab, waren für mich sehr überraschend, denn ich hatte selbst vor einigen Jahren durch die Güte der Herren Blohm und Voß eine Anzahl derartiger Modelle zur Untersuchung erhalten und bin daher durch zahlreiche photographische Aufnahmen über den Verlauf dieser Strömungen genau orientiert. Ich glaube nun nicht, daß man von dieser Seite her dem Problem näher kommt und habe daher auch auf die Veröffentlichung meiner Beobachtungen seither verzichtet. Denn als ich später namentlich in den stereoskopischen Abbildungen die Vorgänge in der wirklichen Schiffsschraube überblickte, zeigte sich, daß die Verhältnisse hier doch ganz wesentlich anderer Art sind. Es sei mir gestattet, in dieser Richtung nur kurz das hinzuzufügen, was ich über die Erscheinungen der Kavitation, das heißt die Bildung von Hohlräumen im Innern des Strahles, beobachtet habe. Die Kavitation setzt ein an der hinteren Kante des einschneidenden Flügelrandes und läuft in die Spiralwirbel der Spitzen aus. Denken Sie sich die Schraube als ein einfaches Kreuz, welches rotiert. Durch dieses Kreuz wird die Wassermasse, welche der Schraube zuströmt, in vier Strähnen zerlegt. Das Wasser in jedem der vier Stränge wird durch die Wirkung der Schraube noch einmal halbiert. Die eine Hälfte folgt dem vorhergehenden Flügelrande und die andere Hälfte biegt nach hinten aus, beschreibt einen großen Bogen, um hinter den Vorderrand des nachfolgenden Flügels zu gelangen. Dadurch entsteht hinter diesem Rande der Beginn eines Wirbels. Es kommt für gewöhnlich, bei normalen Geschwindigkeiten, nicht zur völligen Ausbildung des Wirbels, weil das entstehende Vakuum sofort durch das zufließende Wasser wieder ausgefüllt wird. Sobald aber die Geschwindigkeit die von Herrn Dr. Wagner angegebene Grenze erreicht, wird die Wirbelung an dieser Stelle so stark, daß die Wasserteilchen auseinandergeschleudert werden, und in der Mitte der Wirbel Luft aus dem Wasser herausgesogen wird. Man kann dann sehr klar verfolgen, wie diese Luftmassen in Form von hellen Bändern in den vorhin erwähnten Spiralwirbeln der Flügelspitzen den Schraubenstrahl umgeben. Die Luftpartikel sind dabei gleichfalls in Rotation begriffen. In meinen Photogrammen erscheint die Rotation in eine cykloide Bewegung aufgelöst, weil die Bewegung fortschreitend ist, und die Kamera zugleich mit der Schiffsbewegung fortgeführt wurde. An einem ringförmigen Wasserbehälter lassen sich derartige photographische Aufnahmen nicht ausführen, da es nicht möglich ist, der Kamera die bezeichnete Bewegung zu erteilen.

Zum Schluß möchte ich die Bemerkung nicht unterlassen, daß Herrn Dr. Wagner für seine so sorgfältigen und interessanten Beobachtungen der Dank der Gesellschaft wohl gebührt. Wenn ich einen Wunsch hinzufügen darf, so kann es nur der sein, daß wir fortfahren auf diesem Gebiete, nicht nur die Erscheinungen, die sich im Innern des Schiffspropellers abspielen, sondern auch die Widerstandsvorgänge, die sich an der Seite des Schiffskörpers vollziehen, des näheren zu untersuchen, um so eine auf den wahren, natürlichen Vorgängen beruhende Grundlage für die Theorie und Praxis des Flüssigkeitswiderstandes zu schaffen. (Beifall.)

Herr Senator Zeise-Altona-Ottensen:

Wenn ich auch nicht zu allen Teilen dieses in wissenschaftlicher sowie in praktischer Beziehung hochbedeutsamen Vortrages, welcher mein besonderes Interesse erregte, mich so ausführlich äußern kann, wie ich wohl möchte, so liegt dies erstens daran, daß mir seit Zustellung der Druckschrift leider die genügende Zeit zur gründlichen Durcharbeitung fehlte und zweitens an dem Rahmen der Diskussion, der alle Äußerungen schon aus Zeitmangel auf ein geringes Maß beschränken muß. Ich nehme daher nur zu den Punkten Stellung, welche mir durch meine praktische Tätigkeit besonders nahe liegen.

Zunächst fühle ich mich veranlaßt, mit einiger Genugtuung konstatieren zu können, daß Herr Dr. Wagner durch seine analytischen Versuche zu annähernd demselben Endergebnis gekommen ist, wie ich vor 18 Jahren schon durch synthetische Reflexion, für deren Richtigkeit aus Mangel an Versuchseinrichtungen durch nichts anderes der Beweis geführt werden konnte, als durch die Erfolge der Praxis. Zu um so größerem Danke bin ich daher Herrn Dr. Wagner verpflichtet, daß er meine Arbeit durch den wissenschaftlichen Beweis vervollständigt hat.

Wie wohl vielen von Ihnen bekannt sein dürfte, konstruierte ich im Jahre 1887 einen Propeller mit nach dem Umfange zu abnehmender Steigung, jenen mit hyperbolischer Steigungskurve, welchen auch Herr Dr. Wagner in seinem Vortrage erwähnte. Dieser Propeller wurde mir vom Kaiserlichen Patentamt unter No. 46 588 patentiert. — Berichtigen möchte ich doch, daß nicht etwa, wie in dem gedruckten Vortrage gesagt worden ist, „hier und da" ein solcher Propeller ausgeführt wird, sondern daß im Laufe der Jahre bereits weit über 1000 an den verschiedensten Schiffstypen in Betrieb genommen sind und sich bestens bewährt haben.

Herr Dr. Wagner behauptet nun, daß die von ihm entworfene Steigungskurve deshalb die günstigste sei, weil sie den experimentell bestimmten Geschwindigkeitskurven am besten entspricht, d. h. an allen Punkten eines Durchmessers möglichst gleichen Slip ergibt. Ein Beweis dafür, daß diese Anordnung auch den günstigsten Wirkungsgrad ergibt, kann jedoch nicht erbracht werden, und auch Herr Dr. Wagner macht eine Ausnahme von seiner Hypothese, am Umfange der Schrauben nämlich, wo er den Slip infolge der kleinen Fläche der Spitzen rapide auf Null sinken läßt.

Die Hyperbelkurve meines Propellers, die das Prinzip der nach dem Umfange abfallenden Steigung mit den von Herrn Dr. Wagner vorgeschlagenen Steigungskurven teilt, weicht am Umfange und an der Nabe von jener ab, und zwar gibt sie an beiden Stellen eine größere Steigung. In den mittleren Partien von größter Wirkung dürften sich beide nicht wesentlich unterscheiden.

Betrachtet man den starken Geschwindigkeitsabfall in dem Wagnerschen Versuchsdiagramm am Umfange genauer und sieht nach seinen Ursachen, so muß man zu der Überzeugung kommen, daß bei den tatsächlichen Verhältnissen der Praxis derselbe bedeutend geringer ausfallen muß. Herr Dr. Wagner bewegt mit seinem Propeller eine Wassersäule in einem festen Tank, der immer die Geschwindigkeit Null haben muß. Die diesem anhaftenden Wassermassen werden von ihm zurückgehalten, sodaß rings um den Propeller herum am Umfange Widerstände auftreten, welche die äußeren Teile der Wassersäule verzögern. Nur an der Oberfläche ist, wie zu erwarten, diese Verzögerung geringer. Würde die feststehende Schraube frei im offenen Wasser arbeiten, müßten sich ähnliche Diagramme ergeben.

Anders jedoch beim Schiffe, wo das gesamte Wasser der Schraube gegenüber schon eine Relativgeschwindigkeit hat, die gleich der Schiffsgeschwindigkeit ist. Für diesen Fall muß die Verzögerung am Umfange bedeutend schwächer sein und trägt, falls sie nur auf die genannten Ursachen zurückzuführen ist, bei 20 %/0 Slip z. B. nur ca. ein Fünftel der bei den Wagnerschen Versuchen beobachteten. Eine Ausnahme machen vielleicht Tunnelschraubenschiffe. — Einem solchen Geschwindigkeitsverlaufe wird nun jedenfalls die am Umfange schwach abfallende Hyperbel weit besser gerecht als die steilen Kurven der Propeller des Herrn Dr. Wagner.

Ich komme jetzt zu den inneren Flächenteilen. — An diesen Stellen steigt die Hyperbel meines Propellers sehr stark an, in ähnlicher Weise, wie die von Herrn Dr. Wagner —

auf Seite 296 Fig. 21 der Druckschrift — theoretisch entwickelte Hyperbelkurve für die Achsialgeschwindigkeit des Wassers. Diese Kurve allein müßte schon auf die Hyberbel als auf die richtige Steigungskurve hinweisen. Inwieweit die von Herrn Dr. Wagner angegebenen praktischen Abweichungen von der Hyperbel bei gewönlichen Schrauben wirklich auftreten, läßt sich nicht beurteilen. Dagegen glaube ich, daß gerade durch Anwendung der hyperbolischen Steigung der bremsende Einfluß der Nabe selbst sich sehr vermindern läßt, ebenso muß eine derartige Steigung die Kavitationen, die sich auch hinten an der Nabe infolge der Fortbewegung bei schnellen Schiffen bilden, durch den energischen nach rückwärts geworfenen Wasserstrom vermindern. Der größere Slip an der Nabe, der durch Steigungsanordnung bedingt ist, ist nötig, um bei so steilen Flächen den gleichen spezifischen Druck zu erzeugen, der bei den flacheren äußeren Teilen durch geringeren Slip erzeugt wird.

Ich glaube daher, daß meine Schraube eine gleichmäßigere Druckverteilung zeigen wird als eine solche, deren ganzer innerer Teil eine konstante Steigung besitzt. Ferner wird diese Steigung den theoretisch zu erwartenden Geschwindigkeitsverhältnissen besser gerecht. Denn, wenn auch die von Herrn Dr. Wagner untersuchten Schrauben Wassergeschwindigkeiten ergaben, die in der Nähe der Nabe nahezu überall gleich waren, so glaube ich, daß meine Schraube entsprechend ihrer Steigung auch beim Experiment ein Geschwindigkeitsdiagramm ergibt, das sich mehr dem hyperbolischen Verlauf, der durch die Wirbelringbildung theoretisch bedingt ist, nähert. — Dies bedingt aber eine Verbesserung des Wirkungsgrades infolge Verminderung der inneren Reibungswiderstände in der Wassermasse. Als bestimmt nehme ich an, daß bei dem Schnelldampfer „Kaiser Wilhelm II." mit den neuen Schrauben eine noch etwas bessere Wirkung sich hätte erzielen lassen, wenn die Steigungsanordnung nach den von mir soeben entwickelten Gesichtspunkten erfolgt wäre. In dieser Ansicht werde ich bestärkt durch die Tatsache, daß der scheinbare Slip am Umfange der Schrauben des „Kaiser Wilhelm II." im Durchschnitt 3 % beträgt. Diese auffällige Erscheinung ist bei dem scharfen Schiffe nicht durch den Vorstrom zu rechtfertigen, und auch die von Herrn Dr. Wagner gegebene Erklärung kann ich in diesem Falle nicht für genügend erachten, denn die Schnitte der Propellerflügel am Umfange sind äußerst scharf, die Steigungsabweichungen an der Saugseite also nur gering. In der ausgeführten Form werden jedenfalls die Spitzen im Gegendruck arbeiten.

Ein weiteres Bedenken, welches ich gegen die Propeller des Herrn Dr. Wagner äußern möchte, ist deren Herstellung. Bei den Versuchsschrauben wurde die variable Steigung durch einfaches „Umklopfen" erzeugt, ein Verfahren, welches ich im Interesse der Genauigkeit für sehr bedenklich halte. Bei größeren Schrauben aber wird das Formverfahren sich ziemlich kompliziert gestalten, während eine Schraube mit hyperbolischer Steigung nicht schwieriger einzuformen ist, als eine solche mit konstanter Steigung. — Schwieriger gestaltet sich allerdings die Konstruktion und richtige Dimensionierung dieser letzteren Schrauben, und auf Grund langjähriger Erfahrungen, deren empirisches Material ich nach theoretischen Grundsätzen bearbeitet habe, bin ich jetzt in der Lage, überall das Richtige zu treffen, wenn nur die zahlenmäßigen Unterlagen richtig sind. — Dieselben Schwierigkeiten, welche ich jetzt überwunden habe, werden aber zweifellos der neuen Konstruktion, welche Herr Dr. Wagner vorschlägt, auch noch erstehen, falls dieselbe Eingang in die Praxis finden sollte.

Hieran anschließend möchte ich noch mit einigen Worten an Hand der Wagnerschen Versuchsergebnisse ein Propellersystem beleuchten, welches in neuester Zeit die Augen der ganzen Fachwelt auf sich gelenkt hat. Ich meine die Erfindung unseres Hohen Ehrenvorsitzenden, Seiner Königlichen Hoheit des Großherzogs von Oldenburg, den Niki-Propeller. Bei diesem Propeller sind die Flügelmitten auf einer Schraubenlinie angeordnet, deren

Drehungssinn derselbe ist, wie der der Schraubenflächen. Die Ganghöhe dieser Schraubenlinie ist jedoch bedeutend kleiner als die Steigung. Ich habe mir erlaubt, ein kleines Modell einer Niki-Schraube sowie einige Photographien ausgeführter Schrauben mitzubringen, und empfehle dieselben zur Ansicht. Bei den sich stetig steigenden Umlaufgeschwindigkeiten moderner Ausführungen und insbesondere der Turbinenschiffe, welche doch jedenfalls eine bedeutende Rolle in der Zukunft spielen werden, hat Herr Dr. Wagner mit Recht bei seinen Versuchen ein besonderes Gewicht auf die Erscheinung der Kavitationen gelegt und nachgewiesen, daß dieselben bei kleinerem Slipwinkel geringer ausfallen. Gelingt es also, einen Propeller herzustellen, der bei gleicher Schubleistung ohne Vermehrung der Reibungsverluste geringeren Slip hat, so muß dieser schon aus diesem Grunde günstiger sein.

Nun hat der Niki-Propeller, wie durch unsere Ausführungen einwandsfrei bewiesen ist, einen ganz bedeutend kleineren Slip als ein bis auf die schraubenförmige Vorsetzung genau gleicher Propeller. — Es ist also ohne weiteres klar, daß derselbe beim Auftreten von Kavitationen günstiger arbeiten muß. Daß ein kleiner Slip auch aus anderen Gründen bei gleichem Reibungsverlust einen größeren Wirkungsgrad erklärlich macht, wird Ihnen jedenfalls einleuchten, doch will ich diese Frage als nicht zum Vortrage gehörig nicht weiter berühren.

Andererseits gibt der Vortrag des Herrn Dr. Wagner jedoch auch Aufschluß über die Ursache dieser eigenartigen Erscheinung des geringeren Slips bei Versetzung der Flügel. Wie nämlich Herr Dr. Wagner nachgewiesen hat, fließt bei den bisherigen Propellern das Wasser dem Propeller konvergent zu, um kurz hinter dem Propeller wieder zu divergieren. Es wird also nur in einem einzigen Punkte genau nach hinten geworfen. Gelingt es nun, die achsiale Richtung des Wassers auf eine längere Strecke beizubehalten, so wird offenbar die achsiale Komponente des Schubes auf Kosten der anderen vergrößert. Das heißt, derselbe Achsialdruck stellt sich bei geringerer Wassergeschwindigkeit ein.

Zeichnet man nun die Figur 17 des Vortrages für einen Niki-Propeller, so geben obige Ausführungen ohne weiteres eine genügende Erklärung für das eigentümliche Verhalten desselben. Auch ist dies jedenfalls eine viel einfachere Methode, den Schraubenstrom zu disziplinieren als die von Herrn Dr. Wagner vorgeschlagenen Konstruktionen mit Gegenpropeller. Ebenso findet sich beim Niki-Propeller die von Herrn Dr. Wagner empfohlene schlanke Nabe und kommt ihm zu statten.

Auf weitere interessante Eigenschaften dieser bedeutsamen Neuerung, wie die erhebliche Verminderung der Vibrationen, sowie das Verhindern des Durchgehens der Maschine bei einem Übermaß der Kavitationen und die Verbesserung der Manövrierfähigkeit einzugehen, verbietet mir leider die Zeit und der Zweck der Diskussion. Doch hoffe ich, daß diese Abschweifung, welche ich mir in Anlehnung an den Vortrag erlaubt habe, Ihrer aller Interesse gefunden hat und Ihnen einen kleinen Einblick in das Wesen der Erfindung Seiner Königlichen Hoheit gewährt hat, deren glücklichem, in vielfacher Beziehung so vorteilhaftem Grundgedanken, der ohne große konstruktive Schwierigkeiten durchzuführen ist, wir wohl alle einen schönen Erfolg wünschen.

Herr Dr. ing. H. Föttinger-Stettin:

Ich möchte mir zunächst gestatten, Herrn Dr. Wagner meinen persönlichen Dank dafür auszusprechen, daß er den Anteil erwähnt hat, den ich an den grundlegenden Ideen habe, auf denen sich die heute vorgetragene Anschauung über Propellerwirkung aufbaut.

In sachlicher Beziehung kann ich mich manchen Schlüssen und Resultaten des Herrn Vortragenden nicht vollständig anschließen. Meine Einwände richten sich zum Teil gegen die Meßeinrichtung, zum Teil gegen die Untersuchungsmethode überhaupt.

Gegen die erstere wäre einzuwenden, daß die Bestimmung der Wassergeschwindigkeit mit Hilfe eines Woltmannschen Flügels im vorliegenden Fall nur annähernd richtig sein kann, aus dem einfachen Grunde, weil der Durchmesser des Woltmannschen Flügels im Vergleich zur Schraubenflügellänge viel zu groß war. Infolgedessen dürften sich die einzelnen Blätter des Woltmannschen Flügels, namentlich am Umfange der untersuchten Schrauben, in Stromfäden von ganz verschiedener Geschwindigkeit bewegt haben. Nach den Diagrammen Fig. 13—15 ist es sogar wahrscheinlich, daß nur wenig außerhalb des untersuchten Stromgebietes die Wassergeschwindigkeit $= 0$ und negativ war, daß infolgedessen die einzelnen Blätter des Woltmannschen Flügels sich zum Teil in entgegengesetzt strömendem Wasser befanden. Ein anderer Einwand gegen die Geschwindigkeitsmessung ist der, daß die bisherigen Erfahrungen und Messungen mit Woltmannschen Flügeln sich nur auf solche Wasserströmungen beziehen, welche in der Richtung der Flügelachse verlaufen. Aus den Figuren 13—15, bezw. 22—25 geht aber hervor, daß die achsialen bezw. tangentialen Komponenten der Wassergeschwindigkeiten an manchen Punkten annähernd gleich, die Strömungsrichtungen daher unter ca. 45° zur Achse des Woltmannschen Flügels gerichtet waren. Es ist infolgedessen auch problematisch, ob das arithmetische Mittel aus den Angaben des Rechts- und Linksflügels ohne weiteres den zutreffenden Wert der Achsialgeschwindigkeit genau angibt.

Daher dürften die auf die Geschwindigkeitsmessung gegründeten Schlüsse, in allererster Linie die relativen Wirkungsgrade, nicht scharf genug erwiesen sein.

Was meine Einwände gegen die Untersuchungsmethode, die sich zum Teil aus dem schon Gesagten ergeben, betrifft, so kann mit sehr großer Wahrscheinlichkeit behauptet werden, daß am wirklichen Schiffe während der Fahrt die Wasserströmung anders ist, als in dem Diagramme des Herrn Vortragenden wiedergegeben. (Sehr richtig!) Wenn man die Kurven Fig. 13—15 um ca. 25—50 mm extrapoliert, so erkennt man, daß die Geschwindigkeitskurve dort die Nullinie unter steilem Winkel schneidet, daß mit anderen Worten ca. 25 bis 50 mm über die Flügelspitze hinaus das Wasser relativ zum Propeller nach vorn sich bewegt hat und daher ähnliche Verhältnisse wie beim vertäuten Schiffe eingetreten sind. Demgegenüber berechnet Herr Professor Lorenz in seinem heute nachmittag stattfindenden Vortrage für den Schnelldampfer „Kaiser Wilhelm der Große" eine relative Austrittsgeschwindigkeit des Wassers von 13,06 m gegenüber einer Relativgeschwindigkeit von 11,6 m/sek. zwischen Schiff und Wasser.*) Daher ist meines Erachtens das Geschwindigkeitsbild am fahrenden Schiff mit dem im Tank bei festgehaltenem Propeller beobachteten nicht zu vergleichen; die an der festgehaltenen Schraube gewonnenen Resultate und Schlüsse sind demnach nur mit großer Vorsicht auf fahrende Schiffe übertragbar, und ich möchte Ihnen diese meine Ansicht durch einige Beweise erhärten.

Zum Beispiel ist in Tabelle VI der Wirkungsgrad von Schrauben, abhängig vom Verhältnis des Durchmessers D zur Steigung H gegeben. Unter anderem wurde dabei für Propeller Ia, der dem Originalpropeller des Kreuzers „Bogatyr" genau nachgebildet ist, ein relativer Wirkungsgrad von ca. 75%, für den genau entsprechenden Propeller IV mit halber Steigung ein relativer Wirkungsgrad von 83% ermittelt. Daraus wäre zu entnehmen, daß der Propeller mit halber Steigung wesentlich besser sei. Am Versuchsboot hat sich dies nun nicht bestätigt; gegenüber einem Wirkungsgrade von ca. 76% des Original-Bogatyrpropellers (Ia) wurde ein wesentlich geringerer Wirkungsgrad beim Propeller halber Steigung konstatiert. Dies läßt schließen, daß Versuche mit festgehaltener

---

*) Diesen Zahlen liegt eine absolute Austrittsgeschwindigkeit des Wassers von 1,46 m, berechnet für den Lorenzschen Idealpropeller, zu Grunde. Am wirklichen Propeller dürfte dieselbe wohl näher an 2 m/sek. liegen.

Schraube die Unterschiede in den Wirkungsgraden nicht scharf genug erkennen lassen. Analog wurden auch am Boot die Propeller konstanter und variabler Steigung verglichen, dabei ließ sich aber kein Vorteil zugunsten der variablen Steigung nachweisen, wenigstens lagen etwaige Unterschiede innerhalb der unvermeidlichen Beobachtungsfehlergrenzen. —

Weiterhin möchte ich mir noch die Behauptung erlauben, daß die Tankversuche auch in qualitativer Beziehung, nämlich bezüglich der Kavitation, gerade wegen der abweichenden Geschwindigkeits- und Slipverhältnisse einer Korrektur bedürfen.

Herr Dr. Wagner hat auf Grund seiner Versuche eine Formel zur Berechnung derjenigen „kritischen Tourenzahl" angegeben, bei der die Kavitation eintreten soll. Nach dieser Formel ergibt sich aber, daß die meisten der am Boot untersuchten Propeller schon bei Tourenzahlen von einem Drittel bis einem Viertel ihrer Maximaltourenzahl (max. 600 bis 700) Kavitation aufgewiesen hätten. Trotzdem wurden am Versuchsboot auch bei den genannten Maximaltourenzahlen noch Wirkungsgrade von 70—75 % ermittelt!

Diese letzteren Zahlen sind durch die Untersuchungen Taylors vollkommen bestätigt worden, welcher im ungestörten Wasser Maximalwirkungsgrade von 79 % bei ganz gewöhnlichen fahrenden Propellern festgestellt hat. Würde man daher auf Grund der genannten Formel die Tatsache als richtig annehmen, daß bei den niedrigen Tourenzahlen am Boot schon Kavitation eingetreten ist, so wäre damit doch nur bewiesen, daß die hier festgestellte Kavitation ein Schreckgespenst ist, das auf den Wirkungsgrad der Schrauben längst nicht den Einfluß hat, den man heutzutage annimmt.

Aus der erwähnten Formel folgt nun aber weiter, daß Modellbootsversuche, überhaupt Modellversuche auch in Bezug auf die „kritische Tourenzahl", also in Bezug auf den Beginn der Kavitation mechanische Ähnlichkeit, d. h. ein getreues Abbild der Erscheinung im Großen, aufweisen, daß also auch die winzigen Schrauben der Modellschleppstationen bei der kritischen Vergleichstourenzahl Kavitation erzeugen. In der Formel

$$n_k = 152 \sqrt{\frac{h}{s_R \cdot H \cdot D}}$$

ist $\frac{h}{H}$ und s_R sowohl am Modell, wie am Original der gleiche Wert; es verhalten sich somit die „kritischen Tourenzahlen" n_k der Original- und Modellschraube umgekehrt wie die Wurzeln aus den Durchmessern. Dies spricht aber das mechanische Ähnlichkeitsgesetz aus. Daraus würde hervorgehen, daß Modellversuche auch in Bezug auf Kavitation genau richtigen Aufschluß geben. Meine persönliche Ansicht ist die, daß dies nicht, bezw. nur unter ganz bestimmten Voraussetzungen zutrifft.

Ich will weiter nicht eingehen auf die Frage, wie die Verhältnisse tatsächlich liegen werden, und wohin sich die Propellerfrage entwickeln wird. Ich persönlich glaube, daß nachdem Resultate von 79 % Wirkungsgrad (von Taylor an fahrenden Schrauben im ungestörten Wasser ermittelt,) und von 76 % Wirkungsgrad (am Modellboot ermittelt), bei ganz gewöhnlichen Schrauben ohne Leitapparate u. dergl. festgestellt sind, die Frage nicht darauf hinauslaufen wird, welche Verbesserungen noch anzubringen sind, um die Schraube auf die Wirkungsgrade der besten Axialturbinen (80—82 % mit Leitapparat) zu bringen, sondern auf die klare Ausbildung der Anschauungen, auf Grund deren die Propellerberechnungen in Zukunft durchgeführt werden können.

Ich halte es auch in diesem Falle für das Richtige, nach einem bekannten Wort:

Mehr zu konstruieren, weniger zu erfinden!

Lebhafter Beifall.)

Der Ehrenvorsitzende Seine Königliche Hoheit Großherzog von Oldenburg:

Wünscht noch einer der Herren das Wort, dann bitte ich, sich zu melden. — Es meldet sich niemand zum Wort. Dann erteile ich dem Herrn Vortragenden das Schlußwort.

Herr Dr. phil. Rud. Wagner-Stettin (im Schlußwort):

Es ist mir selbstverständlich bei der Kürze der für die Diskussion zur Verfügung stehenden Zeit nicht möglich, auf alle die Einwendungen und Anregungen einzugehen, welche die Ausführungen der Herren Vorredner enthielten. Ich muß es mir deshalb vorbehalten, im Jahrbuche unserer Gesellschaft des Näheren zu antworten. Danken aber möchte ich an dieser Stelle Herrn Professor Dr. Ahlborn und Herrn Senator Zeise für die anerkennenden Worte, die sie meinen Versuchen gezollt haben. Es ist eine Ermutigung, den beschriebenen Weg weiter zu verfolgen und zu verbessern. Falls dabei Resultate gezeitigt werden, die der Veröffentlichung wert sind, werden wir nicht verfehlen, Ihnen dieselben zur Kenntnis zu bringen. Es ist nur zu wünschen, daß auch alle anderen Werke oder Privatpersonen, die sich mit derartigen Versuchen beschäftigen, dieselben ebenso offenherzig der Öffentlichkeit zur Verfügung stellen, als wie dies seitens des Vulcan geschehen ist. Es wird dann nicht ausbleiben, daß die schwierige Propellerfrage einer baldigen Klärung entgegengeht. (Beifall.)

Der Ehrenvorsitzende Seine Königliche Hoheit Großherzog von Oldenburg:

Ich halte es für meine Pflicht, auch namens der Schiffbautechnischen Gesellschaft dem Stettiner Vulcan den wärmsten Dank auszusprechen dafür, daß er sich nicht gescheut hat, diese Versuche den Interessen der Allgemeinheit zur Verfügung zu stellen, und dem Herrn Vortragenden sage ich den besten Dank für die reichhaltige Forschungsarbeit, die dazu beitragen wird, auf diesem so schwierigen Gebiete Theorie und Praxis immer mehr zu vereinigen. Hat sich die Arbeit des Herrn Dr. Wagner schon bei unserem größten deutschen Dampfer doch immerhin bewährt, so darf man mit Recht wünschen und hoffen, daß die ferneren Resultate nicht ausbleiben werden und ein Lohn für die viele Mühe und Arbeit, der er sich unterzogen hat, sein werden.

Eingesandt von Herrn Dr. Rud. Wagner-Stettin (Erweiterung des Schlußwortes):

Auf die Frage des Herrn Professor Dr. Ahlborn bezüglich der Strömungen im Ringtank gestatte ich mir zu erwidern, daß bei den vorliegenden Versuchen größere ungleichmäßige schiefe Strömungen oder Wirbel im ankommenden Wasserstrom (abgesehen von den bereits beschriebenen Erscheinungen in der Nähe des Propellers) nach dessen Eintritt in den geraden Teil des Versuchsraumes aus dem Verhalten der Wasseroberfläche und Beobachtung mitfließender kleiner Fremdkörper nicht zu konstatieren waren. Die geraden Teile des Tanks waren so lang, daß das Wasser genügend Zeit hatte, um aus der gekrümmten Bahn in die gerade überzugehen. Bei Neuausführungen dürfte es sich empfehlen, in die Zuflußseite noch parallele Zwischenwände zur Unterteilung des Wasserstroms einzubauen, außerdem den (möglichst großen) Hilfspropeller in der Mitte des Rücklaufs anzuordnen, so daß dessen ungünstiger Einfluß auf die Gleichmäßigkeit der Strömung sich ausgleichen kann. Etwa noch bestehende kleine Unterschiede in der Größe und Richtung der Geschwindigkeiten dürften die Untersuchung kaum beeinträchtigen. Wirbelnde Nebenerscheinungen können übrigens nach meinen Erfahrungen bei den in Betracht kommenden großen Wassergeschwindigkeiten in der Hauptmasse des ankommenden Stromes kaum auftreten.

Die Bemerkung des Herrn Senator Zeise, daß die hyperbolisch nach außen abfallende Steigung zweckmäßiger als die von mir vorgeschlagene sei und sich bei vielen Ausführungen bewährt habe, betrachte ich weniger als Einwand, denn als Beweis für meine Schlußfolgerung aus den Geschwindigkeitsdiagrammen. Jede Annäherung an die aus den Versuchen abgeleitete theoretisch und praktisch günstigste Form — und eine solche Annäherung ist auch der Zeise-Propeller — kann auch in Wirklichkeit schon einen Gewinn bringen. Daß beim Zeise-Propeller die Steigung gerade hyperbolisch verläuft, ist wohl mehr Zufälligkeit infolge der exzentrischen Aufstellung des Streichbrettes zwecks bequemer Herstellung der abfallenden Steigung. Herrn Zeise dürfte es gegenüber dem Versuchsmaterial (besonders mit Rücksicht auf Fig. 15 mit zentraler Einbeulung der Geschwindigkeitskurven) schwer fallen, die theoretische Notwendigkeit der außerordentlich starken Steigungszunahme gegen die Wellenmitte bei hyperbolischer Steigungskurve nachzuweisen, ebenso die Annahme zu rechtfertigen, daß das Resultat beim Schnelldampfer „Kaiser Wilhelm II." mit Zeise-Propellern noch günstiger geworden wäre. Ich vermute, daß die zu große Steigung an der Nabe den Wirbelverlust vermehrt; wie groß ein solcher Einfluß ist, kann natürlich nur durch eingehende Messung und Vergleich des Strömungsverlaufs mit dem bei anderen Propellern entschieden werden. — Herr Zeise bemerkt weiterhin, daß die von mir vorgeschlagene Steigung sich schwieriger einformen lasse als beim Zeise-Propeller. Dies trifft selbstredend nur für die äußeren Partien zu. Etwas mehr Sorgfalt muß man allerdings auf die Herstellung eines ökonomischen Propellers verwenden. Dafür bietet aber der beschriebene Steigungsverlauf den Vorteil, daß die Druckfläche des Propellers bis zu etwa $^2/_3$ des Radius bearbeitet werden kann, wie bei einem gewöhnlichen Propeller; dies ist auch bei den neuen Schrauben des „Kaiser Wilhelm II." geschehen.

Auf den Einwand des Herrn Dr. Föttinger bezüglich der Meßeinrichtung gestatte ich mir zunächst zu bemerken, daß mir wohl bekannt war, daß der Woltmannsche Apparat kein ideales Instrument für wissenschaftlich exakte Messung ungleichmäßiger Strömungen ist, da seine Angabe stets nur ein Mittelwert innerhalb seines Flügelkreises ist, welcher Mittelwert nicht gerade identisch zu sein braucht mit der wahren Wassergeschwindigkeit in der Flügelachse. Die Abweichung kann aber bei dem betreffenden Flügeldurchmesser von 140 mm (in Betracht kommt jedoch bloß der Druckmittelpunktskreis mit 94 mm Durchm.) relativ nur gering sein: vor allen Dingen kann sie — und darauf kommt es nur an — den Charakter der Kurven nicht wesentlich ändern, wie aus dem Vergleiche der Achsialkurven für Propeller Nr. 13 und 14 von je 520 mm (Fig. 13) und der der übrigen von je 392 mm Durchm. (Fig. 14 und 15) zur Evidenz hervorgeht. Das Verhältnis von Flügelkreis zu Propellerkreis war in diesen beiden Fällen doch erheblich verschieden. Durch eine Verkleinerung des Flügeldurchmessers hätte man den obengenannten möglichen Fehler noch etwas herabsetzen können, dadurch würde aber die Messung der Tangentialgeschwindigkeit ungenauer geworden sein. Für einen Vergleich der einzelnen Propeller kommt übrigens dieser Fehler kaum in Betracht, da er überall in gleichem Sinne und fast gleicher Größe gemacht wird.

Herr Dr. Föttinger hält es ferner für problematisch, ob bei zur Welle schief gerichteten Wasserströmungen das arithmetische Mittel aus den Angaben des Rechts- und Linksflügels die wahre Achsialgeschwindigkeit[*]) ergibt. Dieser Zweifel entbehrt zunächst irgend eines Anhaltspunktes. Solange aber ein solcher nicht vorgebracht werden kann, darf meine Messung als richtig angesehen werden. Der Zweifel hätte erst dann eine gewisse Berechtigung, wenn der Flügel der Drehung im einen oder anderen Sinne einen größeren Widerstand entgegensetzen würde. Dies ist aber nicht der Fall; bei der Gewalt der Wasserströmungen kommt übrigens der kleine Eigenwiderstand des Flügels (daher auch

---

[*]) Dabei sind natürlich Fehler gemeint, die größer als etwa 5 %.

die sogenannte „Konstante“ desselben) gar nicht in Betracht und der letztere muß unbedingt den Strömungen folgen. Wenn daher die eine Angabe infolge einer mitdrehenden tangentialen Komponente zu groß war, so muß die andere Angabe um dasselbe Maß zu klein werden. Es ist kein Grund vorhanden, warum für die tatsächliche Wirkung von Geschwindigkeiten die Zerlegung in Komponenten*) nicht zulässig sein soll; für die restierende achsiale Komponente muß sich demnach der Woltmannsche Flügel wie im normalen Gebrauchsfalle verhalten.

Wie ich bereits in meinem Vortrage (S. 279 und 348) hervorgehoben, hatte ich ursprünglich beabsichtigt, statt des Woltmannschen Flügels Pitotsche Düsen anzuwenden, die ja im Prinzip genauere Messungen erlauben. Die außerordentlich starken und stoßartigen Schwankungen der Flüssigkeitssäule infolge des ungleichmäßigen Riemenantriebs ließen jedoch keine genauen Ablesungen zu. Gewiß, diese Schwankungen bewiesen, daß die Pitotsche Düse ein empfindliches Instrument ist; an der zeitlichen Aufnahme dieser Schwankungen hatte ich jedoch gar kein Interesse, sondern nur an dem Mittelwert innerhalb eines gewissen Zeitraumes. Zur Angabe eines solchen eignet sich aber der Woltmannsche Flügel als integrierender Apparat zweifellos besser. Daß man bei gleichmäßigem elektrischem Antrieb und Benutzung geeigneter Dämpfungsmittel unter Umständen doch die Pitotsche Düse anwenden kann, halte ich nicht für ausgeschlossen, und habe ich dies auch im Anhange meines Vortrages (S. 349) erwähnt. Mir kam es bei der Kürze der zur Verfügung stehenden Zeit in erster Linie darauf an, den Strömungsverlauf in der Nähe des Propellers zunächst in großen Zügen kennen zu lernen, auch auf die Gefahr hin, kleinere Fehler mit in den Kauf zu nehmen. Dieser Zweck wurde mit der benutzten Meßeinrichtung auch jedenfalls erreicht. Daß dieselbe noch verfeinert werden kann, ist selbstverständlich.

Den Einwand des Herrn Dr. Föttinger, daß beim fahrenden Schiff die Wasserströmung „anders“ sein soll als beim Versuch, bestreite ich in quantitativer Hinsicht keineswegs; dieser für die Propellerkonstruktion fundamentale Unterschied ist mir selbst von vornherein nicht entgangen und habe auch des öfteren in meinem Vortrag (S. 291, 294, 336) darauf hingewiesen. Als Ergänzung meines Vortrages gestatte ich mir jedoch in folgendem den schon mehrfach erwähnten Zusammenhang zwischen Tankversuch und Schiff etwas zu präzisieren.

Beim vertäuten Schiff ist der Slip $= 1$, es bildet sich ein geschlossener Ringwirbel aus, und der achsiale Geschwindigkeitsabfall von der Mitte des Propellers nach außen ist sehr stark. Im anderen idealen Grenzfalle, daß der Slip $= 0$, würde das Wasser relativ zum Schiff den Propeller als glatten Zylinder durchstreichen, ein Ringwirbel existiert natürlich nicht (mathematisch gesprochen liegt dessen Achse im ∞), und die Geschwindigkeit ist längs des Radius überall dieselbe. Zwischen diesen beiden Grenzfällen liegt die Wirklichkeit des fahrenden Schiffes mit endlichem Slip zwischen 0 und 1, es liegen auch alle möglichen Zwischenstufen der graduellen Entwickelung des Ringwirbels und alle möglichen Zwischenstufen der graduellen Zunahme des radialen Geschwindigkeitsabfalles. Eine solche Zwischenstufe bildeten auch die Verhältnisse im Tank, die Entwickelung des Ringwirbels bezw. der damit verbundene Geschwindigkeitsabfall war jedoch noch nicht so weit fortgeschritten als beim vertäuten Schiff, dazu hätte man den Wasserumlauf im Tank vollständig unterbinden müssen. Eine Rückströmung außerhalb der Schraube, wie Herr Dr. Föttinger aus einer willkürlichen Extrapolation meiner Diagramme geschlossen hat, fand nach Verengung der vorderen Tankseite nicht mehr statt, insbesondere nicht in der Horizontalebene und

---

*) Eine Einschränkung muß natürlich für die kleine Komponente $\omega \sin \psi$ bei sehr kleinem Winkel ψ gemacht werden, siehe Fußbemerkung S. 332.

dem oberen Teile der Vertikalebene. Wie schon wiederholt betont, besteht somit zwischen Tankversuch und Schiff nur ein gradueller Unterschied.

Es ist klar, daß für das stärker abfallende Geschwindigkeitsbild im Tank der Vorteil der abnehmenden Steigung markanter in die Erscheinung treten mußte. Auf Grund der oben angedeuteten Überlegung ist aber eine sinngemäße Übertragung jenes Ergebnisses auf das fahrende Schiff mit Berücksichtigung des allerdings erheblich geringeren Abfalles wohl gestattet. Einen derartigen Einblick in die Wasserströmung und Propellerwirkung wie bei den Tankversuchen kann man durch Bootsversuche nicht erlangen, höchstens indirekt durch Vergleiche sehr vieler Propeller. Bootsversuche erlauben eben keine Analyse der Propellerwirkung, weil die Verhältnisse während der Fahrt zu veränderlich sind. Außerdem ist die Messung mit zu großen experimentellen Schwierigkeiten verbunden. Bisher hatte man ja wohl schon gewußt, daß die achsiale Geschwindigkeit nach Außen abnimmt, aber wie sie in einem speziellen Falle verläuft, darüber lag bis jetzt kein Versuchsmaterial vor, denn gemessen hatte bis jetzt noch niemand, weder an einem Schiffe, noch in einem Tank mit Umlauf. Ebensowenig lagen Messungen über die Tangentialgeschwindigkeit vor, welche doch einen sehr großen Einfluß auf die theoretischen Propellergrundlagen hat. Wenn ein Vorwurf der Methode gemacht werden kann, so ist es der, daß der Hilfspropeller fehlt, wodurch der Versuchsschraube als Zirkulationsorgan eine zu große Arbeit, verbunden mit einem zu großen Geschwindigkeitsabfall, übertragen wurde. Die von Herrn Dr. Föttinger angezogene Tabelle VI kann daher selbstverständlich nicht zum Vergleich mit den Bootsergebnissen benutzt werden, weil sie sich bloß auf die gegebenen Versuchsumstände bezieht, außerdem der mittlere Slip der 3 Propeller zu sehr verschieden war, wie auf S. 341 ausdrücklich bemerkt ist. Ich habe die betr. Zahlen*) nur der Vollständigkeit halber erwähnt, ohne praktischen Wert darauf zu legen. Erst die Anwendung eines Hilfspropellers gestattet, den Vergleich der verschiedenen Propeller (mit $1/_1$, $1/_2$ und $1/_3$ Steig.) auf gleiche Grundlage zu basieren. Tank- und Bootsergebnis werden sich dann zweifelllos einander nähern.

Herr Dr. Föttinger bespricht weiterhin meine Formel für die kritische Umdrehungszahl und folgert aus deren Anwendung auf die Bootsversuche, daß entweder die Formel unrichtig, oder aber daß die Kavitation längst nicht den Einfluß habe, den man heutzutage annimmt. Bevor ich auf diesen Einwand eingehe, gestatte ich mir zunächst festzustellen, daß die betr. Formel nicht unmittelbar auf Grund der Versuche, sondern rechnerisch abgeleitet ist. Die Versuche gaben mir aber gute Gelegenheit, dieselbe zu prüfen, weil die Diagramme den Slip für die äußere Partie der betr. Schraube unmittelbar abzulesen gestatten.

Herr Dr. Föttinger hat bei der Anwendung der Formel aber übersehen, daß dieselbe selbstredend nur für den allerersten Beginn der Erscheinung gilt, nicht aber für deren weitere Entwickelung, bei welcher in den Kavitationsschleifen eine stetig zunehmende Depression eintritt. Diese Entwickelung schreitet aber beim Boot langsamer als beim Tankversuch und viel langsamer als bei einem großen Schiffe

---

*) Die Erscheinung, daß im Tank bei Propeller IV mit $1/_2$ Steig. der relative Wirkungsgrad sogar noch etwas höher war, als bei Nr. I a, erklärt sich ohne weiteres aus Fig. 49. Beim gleichen Schraubenweg und gleichem mittleren Slip sind die Bewegungswiderstände für die Zirkulation annähernd gleich, die Schübe verhalten sich jedoch nach Figur wie etwa 150 zu 250. Bei I a wird daher die mittlere Wassergeschwindigkeit im Tank kleiner, bis sich wieder Gleichgewicht einstellt zwischen den antreibenden und widerstehenden Kräften. Mit zunehmendem achsialen Slip wächst aber auch der tangentiale (siehe Fig. 29) und nimmt der Wirkungsgrad ab.

fort, wie ich sogleich an einem Beispiel dartun werde. Wenn Herr Dr. Föttinger findet, daß meine Formel für den Beginn mit dem mechanischen Ähnlichkeitsgesetz in Einklang steht, so ist mir diese Bestätigung willkommen. Sie muß dies auch tun, weil ja im Beginn noch homogenes Wasser vorhanden ist. Für irgend ein Stadium der Erscheinung gilt:

$$n \sim 152 \sqrt{\frac{h+b}{s_R \cdot H \cdot D}}$$

wo b die gerade herrschende Depression (in m Wassersäule) bedeutet. Für den Beginn ist $b = 0$ (wie auf S. 313 vorausgesetzt). Für diese Formel ist natürlich keine mechanische Ähnlichkeit mehr vorhanden. Wie groß b bei einem gegebenen Stadium der Entwickelung ist, läßt sich natürlich schwer experimentell feststellen. Um aber den Vergleich des Bootes mit einem großen Schiffe auf gleiche Basis zu stellen, sei angenommen, daß die Entwickelung der Kavitation in beiden Fällen gleichweit fortgeschritten sei und, der Unterdruck z. B. $10\,^0/_0$ oder 1 m Wassersäule betrage, ferner daß der Slip für die äußeren Partien beidemal $\sim 30\,^0/_0$. Dann ergeben sich mit Benutzung der folgenden Daten die kritischen Umdrehungszahlen, sowie diejenigen für das gekennzeichnete Entwickelungsstadium aus untenstehender Tabelle:

Für das Boot ist bei Propeller I a $H = 440$, $D = 392$ mm, $s_R = 0,3$
    Flügelspitze oben $h \sim 0,1$ m, Propellermitte $h \sim 0,3$ m.

Für die Propeller „K. W. II.“ ist H (bei const. Steig.) ~ 10.3 m, $D = 7,2$ m, $s = 0,3$,
    Flügelspitze oben $h \sim 1$ m, Propellermitte $h \sim 4,3$ m.

	Boot		„K. W. II.“	
	n_k	n für 10 $^0/_0$ Vac.	n_k	n für 10 $^0/_0$ Vac.
Flügelspitze oben . .	211	**697**	32,2	**45,4**
Propellermitte	366	**761**	66,3	**74,1**

Aus diesem Vergleiche geht in drastischer Weise hervor, daß beim Boot die Umdrehungszahl viel rascher wachsen muß als beim Schiff, um die Kavitation zur Entwickelung zu bringen; bei den kleinen Schräubchen der Schleppstationen selbstverständlich noch rascher als beim Boot. Die Angabe des Herrn Dr. Föttinger, daß er selbst bei 600—700 Umdrehungen noch Wirkungsgrade von 70—75 $^0/_0$ ermittelt habe, klärt sich also ganz von selbst auf. Übrigens gibt Herr Dr. Föttinger nicht an, wie groß und bei welcher Umdrehungszahl der Maximalwirkungsgrad war. Daß kein größeres Sinken des Wirkungsgrades konstatiert werden konnte, liegt nur an dem zu engen Untersuchungsbereich infolge der geringen zur Verfügung stehenden Kraft von max. ca. 7,5 PS., während beim Tank auf denselben Propeller ca. 25—30 PS im Maximum übertragen wurden. Herr Dr. Föttinger hat durch seine Messungen somit direkt und indirekt nur meine Bemerkung bekräftigt (S. 265), daß Bootsversuche in kleinem Maßstabe für Kavitationsbeobachtungen ungeeignet sind.

Auch die weitere Bemerkung des Herrn Dr. Föttinger, daß er mit dem Boot keine merklichen Unterschiede der Propeller mit konstanter und abfallender Steigung feststellen konnte, klärt sich durch das oben Gesagte in natürlicher Weise auf und bestätigt nur mein Ergebnis bei den Tankversuchen, daß unterhalb des Kavitationsbereichs der Einfluß der veränderlichen Steigung nur gering ist und erst innerhalb desselben ein in wachsendem Maße günstiger wird.

Herr Dr. Föttinger glaubt schließlich, daß — im Hinblick auf die bereits mit gewöhnlichen Propellern erzielten Wirkungsgrade von 76—79% — die Bestrebungen auf Verbesserung des Wirkungsgrades vorerst verfehlte seien. Solche hohen Wirkungsgrade treffen aber höchstens für das Boot und die Taylorschen Modellpropeller zu, nicht aber für große Propeller, weil mit Vergrößerung des Maßstabs der Reibungverlust verhältnismäßig viel rascher wächst. Aber selbst 79% dürften für den Konstrukteur noch keine Grenze bilden, nachdem man einmal die Hauptursache des restierenden Verlustes erkannt und Mittel zur Verminderung desselben an der Hand hat. Ob der Gegenpropeller in der von mir vorgeschlagenen Form das zweckmäßigste Mittel hierfür ist, kann natürlich nur durch praktische Versuche mit Schiffen entschieden werden.

Selbstredend muß jedermann mit Herrn Dr. Föttinger auf dem Standpunkte stehen, daß sich die weiteren Bemühungen auf baldige Beschaffung der Unterlagen für genaue Propellerberechnungen richten müssen; die Vorarbeit hierzu muß aber eine Klärung der allgemeinen Wirkungsweise anhand von Tankversuchen und Ausschaltung der auch heute noch entstehenden extremen Vorschläge bilden, für welche das Wort — weniger erfinden, mehr konstruieren — allerdings angebracht ist. Zu diesen gemeinsamen Zwecken werden sich aber Tankexperimente und Bootversuche — jede ein gesondertes Gebiet bearbeitend — vorteilhaft ergänzen; ein Zusammenwirken, das am besten illustriert wird durch das strategische Prinzip Moltkes:

Getrennt marschieren und vereint schlagen!

XVII. Theorie und Berechnung der Schiffspropeller.

Vorgetragen von **H. Lorenz**-*Danzig*.

Zur Fortbewegung von Schiffen benützt man 2 Gattungen von Treibvorrichtungen, nämlich Schaufelräder und Schraubenpropeller, von denen die ersteren vorwiegend da Verwendung finden, wo, wie in Flüssen, nur eine mäßige Wassertiefe zur Verfügung steht, während die letzteren für die Seeschiffahrt fast ausschließlich in Frage kommen. In beiden Fällen handelt es sich um eine reine Reaktionswirkung, derart, daß der von der Schiffsmaschine bewegte, im Schiffe gestützte Treibapparat vermöge seiner Rotation in der Zeiteinheit eine bestimmte Menge Q des in der Umgebung des Schiffes ruhenden Wassers erfaßt und ihm eine der Fahrtrichtung des Schiffes entgegengesetzte Beschleunigung erteilt, deren Reaktion alsdann die das Schiff vorwärts treibende Kraft, den sogenannten Propellerschub P darstellt.

Wir wollen uns an dieser Stelle auf die Untersuchung der Schiffsschraube als der wichtigeren Form des Treibapparates beschränken. Diese besteht aus einer Anzahl von nahezu schraubenförmig gestalteten Flügeln, welche auf der aus dem Schiffe hinten herausragenden Maschinenwelle vermittels einer Nabe befestigt sind. Die Erfinder dieses Propellers gingen von dem Gedanken einer Fortschraubung im Wasser wie in einem festen Körper aus. Dieser grundsätzliche Irrtum ist insofern von großer Bedeutung gewesen, als er bis in die Jetztzeit die Aufstellung einer exakten Theorie und Berechnung der Propeller verhindert hat, welche nur auf hydrodynamischer Basis gewonnen werden kann.

Dabei ist vor allem zu beachten, daß der Schiffsschraube das zu beschleunigende Wasser durch die Schiffsbewegung selbst relativ zugeführt wird. Findet die Strömung nach der Schraube hin derart statt, daß das Wasser schon vorher beschleunigt wird, so muß sich auch vor der Schraube eine Höhlung bilden, welche den Schiffswiderstand ungünstig beeinflußt. Sind ferner die Flügel willkürlich begrenzt, so werden sie Wasserteile fassen und wieder abstoßen, welche nicht vollständig zur Propulsion ausgenützt werden. Außerdem sind, wenn die Bewegung des Wassers in der Schraube und um dieselbe willkürlich erzwungen wird, Stoßverluste, sowie die Bildung von Wirbeln und toten Räumen nicht zu vermeiden, welche ihrerseits unter allen Umständen Energieverluste bedingen.

Es handelt sich also in erster Linie um die Herstellung einer geordneten Wasserbewegung, der sich dann der Propeller selbst anpassen muß. Da die Wirkung desselben, wie schon erwähnt, auf der Reaktion des nach hinten beschleunigten Wassers beruht, so wird durch den Propeller ein Wasserstrom hindurch gehen, welcher der Zunahme der Relativgeschwindigkeit entsprechend konvergent verläuft. Dieser Strömung müssen sich zunächst die Außenkanten des Propellers anpassen, damit der Zusammenhang des Wassers gewahrt bleibt und kein totes Wasser mitgerissen wird. Die Vermeidung von Hohlräumen in der Nähe der Nabe bedingt weiter, daß auch deren Begrenzung durch Stromlinien gebildet wird, welche dem Gesetze der Gesamtströmung folgen. Die Konvergenz des Wasserstromes bringt es nun mit sich, daß neben der achsialen Bewegung noch eine radiale, nach der Mitte gerichtete sich einstellt. Die derselben entsprechende Radialgeschwindigkeit muß vom Propeller unter Energieaufwand erzeugt werden und sollte daher möglichst klein gehalten werden. Daraus folgt sofort, daß es nicht zweckmäßig ist, die Nabe des Propellers sehr kurz zu gestalten, da hierbei das Wasser sehr rasch, d. h. mit relativ hoher Radialgeschwindigkeit nach innen strömt.

Schließlich ist noch zu beachten, daß die Übertragung eines Drehmomentes auf das Wasser durch die Propellerflügel eine Rotationskomponente der Geschwindigkeit bedingt, welche ihrerseits im Verein mit der Winkelgeschwindigkeit des Propellers an jeder Stelle die Bewegung bestimmt, wenn dieselbe stoßfrei verlaufen soll.

Vor dem Propeller darf demnach das Wasser nur eine mäßige absolute Radialgeschwindigkeit besitzen, hinter demselben dagegen eine Radial-, Achsial- und Rotationskomponente, welche sich zur resultierenden Geschwindigkeit zusammensetzen und den unvermeidlichen Energieverlust bestimmen. Anderseits ist nicht zu vergessen, daß der nach hinten austretende Strahl durch seine Wirkung auf das umgebende Wasser die richtige Strömung neben dem Propeller einleitet und aufrecht erhält, ohne den Zusammenhang zu stören.

Wir denken uns, um das Problem nicht von vornherein mit zu großen

Schwierigkeiten zu belasten, die Schraube in einer nach allen Seiten unendlich ausgedehnten Wassermasse arbeitend, sehen also von dem
zweifellos vorhandenen Einflusse der Wasseroberfläche, in deren Nähe tatsächlich alle Schraubenpropeller arbeiten, ab und vernachlässigen die stetige
Veränderlichkeit des hydraulischen Druckes p in der Schraube. Außerdem
aber spielt, da die Schiffsschraube sich in der Richtung ihrer horizontalen
Drehachse vorwärts bewegt, die Erdbeschleunigung g keine Rolle für diese

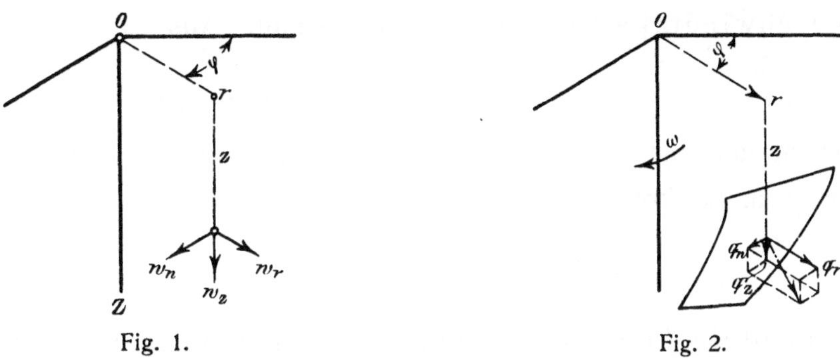

Fig. 1.   Fig. 2.

als z-Achse gewählte Richtung, während anderseits in der radialen und der
Drehrichtung jedem aufwärts steigenden Wasserelemente ein um ebensoviel
abwärts bewegtes entspricht. Mit diesen Bemerkungen gehen die hydraulischen Grundformeln, welche für ein Zylinderkoordinatensystem (Fig. 1 und 2)
r, φ, z lauten:

$$q_r - \frac{g}{\gamma}\frac{\partial p}{\partial r} + \frac{w_n^2}{r} = \frac{d\,w_r}{d\,t},$$

$$q_n - \frac{g}{\gamma}\frac{\partial p}{\partial \varphi}\frac{1}{r} - \frac{w_n\,w_r}{r} = \frac{d\,w_n}{d\,t},$$

$$q_z - \frac{g}{\gamma}\frac{\partial p}{\partial z} = \frac{d\,w_z}{d\,t},$$

über in

$$\left.\begin{array}{r} q_r + \dfrac{w_n^2}{r} = \dfrac{d\,w_r}{d\,t} \\[2ex] q_n - \dfrac{w_n\,w_r}{r} = \dfrac{d\,w_n}{d\,t} \\[2ex] q_z = \dfrac{d\,w_z}{d\,t} \end{array}\right\} \quad \cdots \cdots \cdots \quad (1)$$

worin γ das spezifische Gewicht des Wassers, q_r, q_n und q_z allgemein die
Beschleunigungskomponenten äußerer Kräfte, hier aber die Komponenten der
von den Schaufeln auf das Wasser ausgeübten Zwangsbeschleunigung q und

w_r, w_n, w_z die Radial-, Rotations (bezw. Tangential-) und Achsialkomponente der Geschwindigkeit bedeuten. Aus diesem Ansatz erkennt man schon, daß der Schraubenpropeller nichts anderes als eine ohne Leitapparat im Wasser arbeitende Kreiselpumpe darstellt, welche sich von dieser nur durch ihre Eigenbewegung unterscheidet. Dementsprechend ist die Geschwindigkeitskomponente w_z in unseren Formeln (1) die **relative Achsialgeschwindigkeit des Wassers**, welche, um die mit der Schiffsgeschwindigkeit c identische fortschreitende Geschwindigkeit des Propellers vermindert, die **absolute Achsialgeschwindigkeit des Wassers** v ergibt. Aus

$$v = w_z - c \quad \cdots \cdots \cdots \cdots \quad (2)$$

folgt aber für den uns allein interessierenden Fall der gleichförmigen Schiffsbewegung, d. h. für konstantes c

$$\frac{d v}{d t} = \frac{d w_z}{d t} \quad \cdots \cdots \cdots \cdots \quad (2\,a)$$

d. h. die **absolute Achsialbeschleunigung des Wassers** beim Durchströmen durch den Propeller ist mit seiner **relativen Beschleunigung in Bezug auf denselben identisch.**

Multiplizieren wir die Gleichungen (1) der Reihe nach mit $d\,r$, $r\,d\varphi$, sowie dem Differential $d\,z'$ des absoluten Weges in der Achsenrichtung, und beachten

$$w_r = \frac{d\,r}{d\,t}, \quad w_n = r\frac{d\,\varphi}{d\,t}, \quad v = \frac{d\,z'}{d\,t} \quad \cdots \cdots \cdots \quad (3)$$

sowie, daß durch

$$w_r{}^2 + w_n{}^2 + v^2 = w'^2 \quad \cdots \cdots \cdots \cdots \quad (4)$$

die **absolute Wassergeschwindigkeit** w' gegeben ist, so folgt nach Addition

$$q_r\,d\,r + q_n\,r\,d\varphi + q_z\,d\,z' = w'\,d\,w',$$

oder wegen

$$d\,z' = d\,z - c\,d\,t \quad \cdots \cdots \cdots \cdots \quad (2\,b)$$

auch

$$q_r\,d\,r + q_n\,r\,d\varphi + q_z\,d\,z = q_z\,c\,d\,t + w'\,d\,w' \quad \cdots \cdots \quad (5)$$

Multiplizieren wir diese Gleichung noch beiderseitig mit dem Massenelement Wasser pro Zeiteinheit, also mit $\frac{d\,m}{d\,t}$, so erhalten wir nach Integration:

$$\int\left(q_r\frac{d\,r}{d\,t} + q_n\,r\frac{d\,\varphi}{d\,t} + q_z\frac{d\,z}{d\,t}\right)d\,m = c\int q_z\,d\,m + \int\frac{d\,m}{d\,t}\,w'\,d\,w' \quad \cdots \quad (5\,a)$$

Hierin bedeutet die linke Seite offenbar die gesamte von den Schaufeln auf das Wasser in der Zeiteinheit ausgeübte Arbeit, für die wir, unter M das Drehmoment und ω die Winkelgeschwindigkeit des Propellers verstanden, auch $\omega\,M$ setzen dürfen. Das erste Integral der rechten Seite ist dann nichts anderes als die Reaktion des Wassers auf den Propeller, bezw. das Schiff, d. h. der Propellerschub P, während das letzte Glied die Änderung der kinetischen Energie das Wassers beim Durchströmen des Propellers angibt. Wir dürfen also anstelle von (5 a) auch schreiben:

$$M\,\omega = P\,c + \int \frac{d\,m}{d\,t}\,w'\,d\,w' \quad\ldots\ldots\ldots\ldots \text{(5b)}$$

Beachten wir noch, daß infolge der von uns bisher noch nicht weiter verfolgten Reibung des Wassers an den Schaufelflächen und Kanten ein Teil der eingeleiteten Energie voraussichtlich verloren geht, so haben wir auch, indem wir diesen Betrag als eine Vermehrung des Schiffswiderstandes P auffassen, mit einem Koëffizienten $\varsigma > 1$

$$M\,\omega = \varsigma\,P\,c + \int \frac{d\,m}{d\,t}\,w'\,d\,w' \quad\ldots\ldots\ldots\ldots \text{(6)}$$

Wir haben in dieser Energiegleichung absichtlich die Größe $\dfrac{d\,m}{d\,t}$ nicht vor das Integralzeichen gesetzt, da im allgemeinen die Änderung der kinetischen Energie für die einzelnen Elemente längs der Schaufeln verschieden ausfallen wird. — Formen wir dann noch die zweite Gleichung (1) durch Zusammenziehung zweier Glieder um in

$$q_n\,r = \frac{d\,(w_n\,r)}{d\,t} \quad\ldots\ldots\ldots\ldots\ldots \text{(1 a)}$$

und multiplizieren sie, ebenso wie auch die dritte Gleichung (1) mit $d\,m$, so folgt nach Integration unter Beachtung der Bedeutung von M und P

$$\left.\begin{aligned}
M &= \int q_n\,r\,d\,m = \int \frac{d\,m}{d\,t}\,d\,(w_n\,r)\\
P &= \int q_z\,d\,m = \int \frac{d\,m}{d\,t}\,d\,w_z
\end{aligned}\right\} \quad\ldots\ldots\ldots \text{(7)}$$

Da nun $M\,\omega$ die von der Schiffsmaschine auf den Propeller übertragene Arbeit darstellt, von der zur Fortbewegung des Schiffes nur der Betrag $P\,c$ nutzbar zur Verwendung gelangt, so kann man den Bruch

$$\eta = \frac{P\,c}{M\,\omega} \quad\ldots\ldots\ldots\ldots\ldots \text{(8)}$$

als den hydraulischen Wirkungsgrad des Propellers bezeichnen.

Mit den Grundformeln (6) und (7) ist natürlich für die Theorie und die Berechnung der Propeller nicht viel gewonnen, wenn wir nicht in der Lage sind, die in denselben vorkommenden Integrale in geschlossener Form auszuwerten. Dies ist aber nur möglich unter Zugrundelegung bestimmter Gesetzmäßigkeiten für die Geschwindigkeitskomponenten. Zu denselben gelangen wir nun durch die folgenden Überlegungen:

Zunächst ist die Forderung eines kontinuierlichen, durch keinerlei Hohlräume gestörten Verlaufes der Wasserströmung durch den Propeller, d. h. die Kontinuitätsgleichung

$$\frac{\partial (w_r\, r)}{\partial r} + \frac{\partial w_n}{\partial \varphi} + \frac{\partial (w_z\, r)}{\partial z} = 0 \quad . \quad . \quad . \quad . \quad . \quad . \quad . \quad (9)$$

zu erfüllen. Dieselbe vereinfacht sich mit der Bedingung eines durchaus gleichen Bewegungszustandes auf einem Parallelkreise um die Achse, also mit $\dfrac{\partial w_n}{\partial \varphi} = 0$ in

$$\frac{\partial (w_r\, r)}{\partial r} + \frac{\partial (w_z\, r)}{\partial z} = 0 \quad . \quad . \quad . \quad . \quad . \quad . \quad . \quad (9\,\mathrm{a})$$

Diese Beziehung wird erfüllt durch Einführung einer Funktion

$$\Psi = \Psi (r, z) \quad . \quad . \quad . \quad . \quad . \quad . \quad . \quad . \quad (10)$$

welche durch die Beziehungen

$$w_r = -\frac{1}{r}\frac{\partial \Psi}{\partial z}, \quad w_z = +\frac{1}{r}\frac{\partial \Psi}{\partial r} \quad . \quad . \quad . \quad . \quad . \quad . \quad (11)$$

bestimmt ist, und die wir als Stromfunktion bezeichnen wollen. Sie stellt nichts anderes dar, als die Gleichung des Meridianschnittes einer Schar von Wasserfäden; ihr Verlauf ist in Fig. 3 im Meridianschnitt ersichtlich. Während sich aus dieser Stromfunktion durch (11) die beiden Komponenten w_r und w_z ergeben, bestimmt sich das zwischen zwei Stromlinien mit den Parametern Ψ' und Ψ'' in der Zeiteinheit strömende Wassergewicht zu

$$Q = 2\,\pi\,\gamma\,(\Psi' - \Psi'') \quad . \quad . \quad . \quad . \quad . \quad . \quad . \quad (12)$$

worin $\gamma = 1000$ kg/cbm zu setzen ist. Aus diesen Überlegungen folgt sofort: daß die Flügel des Propellers, der in der Zeiteinheit die Wassermenge Q beschleunigt, im Meridianschnitt durch die beiden Stromlinien Ψ' und Ψ'' außen und innen begrenzt sein müssen, wenn der Zusammenhang der Flüssigkeit während der Bewegung gewahrt bleiben soll. Außerdem müssen aber derartige Stromlinien $\psi' > \psi > \psi''$ längs der Flügel selbst verlaufen, womit zugleich nach (11) die beiden Geschwindigkeitskomponenten w_r und w_z an allen Stellen gegeben sind. Die Funktion ψ selbst kann ganz willkürlich gewählt werden, nur müssen sich die ihr folgenden Stromlinien im Meridianschnitt symmetrisch um die mit der Propellerachse zusammenfallende z-Achse gruppieren und außerdem in der relativen Bewegungsrichtung des Wassers der Achsialbeschleunigung entsprechend konvergieren. Da nun weiter das vor dem Propeller befindliche Wasser in der Achsialrichtung absolut in Ruhe befindlich ist, bezw. im

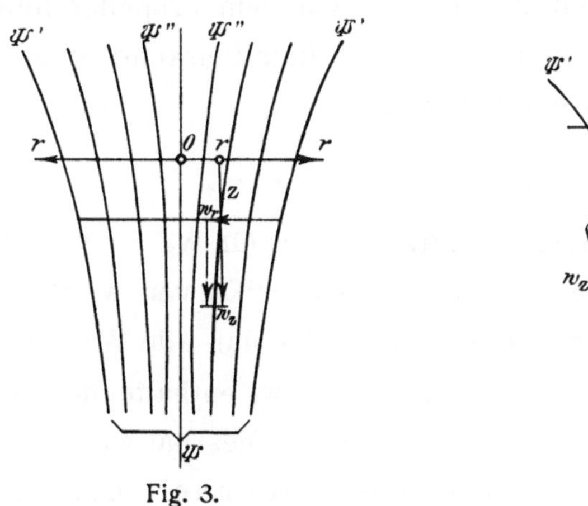

Fig. 3.

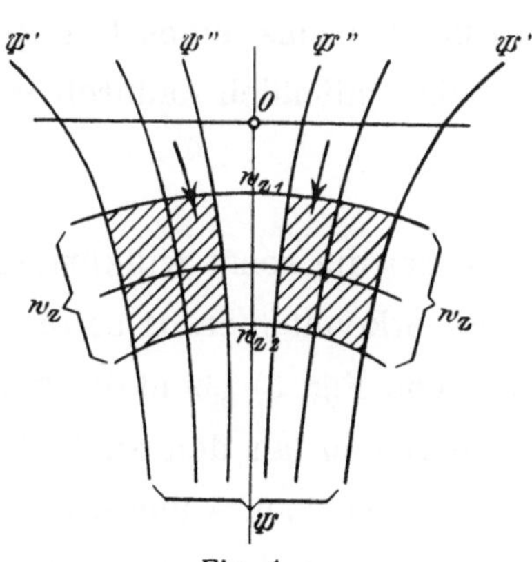

Fig. 4.

Falle einer Strömung (z. B. in einem Flusse) durchweg eine und dieselbe Achsialgeschwindigkeit w_{z_1} besitzt, so ist die Eintrittskante der Propellerschaufeln jedenfalls so zu formen, daß längs derselben w_z den konstanten Wert w_{z_1} behält. Die Geschwindigkeitskomponente w_z bildet somit den Parameter einer Kurvenschar

$$w_z = \frac{1}{r} \frac{\partial \psi}{\partial r}, \quad \cdots \cdots \cdots \cdots \quad (11\,\mathrm{a})$$

welche mit den Stromkurven ψ zusammen ein auf den Schaufeln während der Bewegung liegendes Netz bildet, und von denen zwei Kurven w_{z_1} und w_{z_2} sofort zur Begrenzung der Schaufeln im Meridianschnitt dienen (Fig. 4). Da hiernach die Änderung $d\,w_z$ für alle Wasserelemente denselben Wert besitzt, so können wir auch in der zweiten Gleichung (17) den Quotienten

$$\frac{dm}{dt} = \frac{Q}{g} \quad \cdots \cdots \cdots \cdots \cdots \quad (13)$$

herausnehmen und die Integration ausführen, wodurch die Gleichung übergeht in

$$P = \frac{Q}{g}\,(w_{z_2} - w_{z_1}) \quad \ldots \ldots \ldots \ldots \quad (7\,a)$$

Ist das Wasser, wie wir im speziellen Falle der Seeschiffahrt voraussetzen wollen, vor dem Propeller in Ruhe, so ist w_{z_1} mit der Schiffsgeschwindigkeit c identisch, und wir haben anstelle von (7a), sowie mit (2) auch

$$P = \frac{Q}{g}\,(w_{z_2} - c) = \frac{Q}{g}\,v \quad \ldots \ldots \ldots \ldots \quad (14)$$

Der letzten Bedingung, daß das Wasser vor dem Propeller infolge des
Nichtvorhandenseins eines Leitapparates keine Rotationskomponente besitzt,
werden wir schließlich dadurch gerecht, daß wir

$$w_n\,r = f\,(w_z) \quad \ldots \ldots \ldots \ldots \ldots \quad (15)$$

setzen, wobei die sonst willkürliche Funktion f nur für $w_z = c$ verschwinden
muß. Man erkennt hieraus sofort, daß $w_n\,r$ längs der Kurven w_z im Meridianschnitt (siehe Fig. 3) ebenfalls konstant bleibt, oder daß alle Wasserelemente
beim Hinströmen an den auch die Kurven Ψ und w_z enthaltenden Schaufeln
gleichzeitig dieselben Änderungen $d\,(w_n\,r)$ erleiden. Dies hat **weiter zur Folge,**
daß alle Wasserelemente, welche in der Zeiteinheit den Propeller
durchströmen, dieselben Bruchteile des Drehmomentes M und
damit der Maschinenarbeit aufnehmen, während sie andererseits
sämtlich dieselbe Achsialbeschleunigung erfahren. Wir dürfen somit
auch in der ersten Gleichung (7) den Quotienten (13) herausnehmen und
erhalten durch Integration mit $(w_n\,r)_1 = 0$

$$M = \frac{Q}{g}\,(w_n\,r)_2 \quad \ldots \ldots \ldots \ldots \quad (16)$$

Aus den Formeln für die Geschwindigkeitskomponenten ergibt sich sofort

$$\frac{r^2\,d\,\varphi}{d\,z} = \frac{(w_n\,r)}{w_z}$$

und daraus nach Elimination z. B. der Variabeln r mit Hilfe von (10) und
Integration der Winkel φ des Fahrstrahles der **absoluten Wasserbahn** mit
dem Eintrittsradius

$$\varphi = \int_{z_1}^{z} \frac{(w_n\,r)}{r^2\,w_z}\,d\,z = \int_{z_1}^{z} \frac{f\,(w_z)}{r^2\,w_z}\,d\,z \quad \ldots \ldots \ldots \quad (17)$$

bezw. der Winkel χ der Relativbahn auf der Schaufel aus

$$d\,\chi = d\,\varphi - \omega\,d\,t = d\,\varphi - \omega\,\frac{dz}{w_z}$$

zu

$$\chi = \int_{z_1}^{z} \frac{f(w_z)}{r^2\,w_z}\,d\,z - \omega \int_{z_1}^{z} \frac{dz}{w_z} \quad . \quad . \quad . \quad . \quad . \quad . \quad . \quad (18)$$

Damit ist aber auch die Schaufel vollkommen bestimmt, wenn die Form ihrer Eintrittskante auf der Rotationsfläche w_{z_1} gegeben ist. — Benutzen wir beispielsweise für die Stromfunktion Ψ die Form

$$\Psi = a\,r^2\,z\,.\quad . \quad . \quad . \quad . \quad . \quad . \quad . \quad . \quad (19)$$

welche den Bedingungen der Symmetrie der Stromlinien im Meridianschnitt um die z-Achse und ihrer Konvergenz mit wachsendem z entspricht, so haben wir nach (11)

$$w_r = -\,a\,r,\ w_z = 2\,a\,z \quad . \quad . \quad . \quad . \quad . \quad . \quad . \quad (20)$$

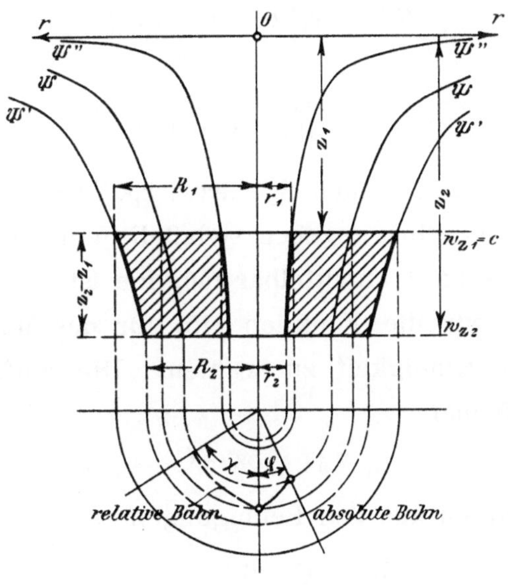

Fig. 5.

wonach die Flächen konstanter Werte von w_z und damit von $w_n\,r$ Ebenen z_1 und z_2 darstellen, in denen also die Ein- und Austrittskanten des Propellers liegen müssen (Fig. 5). Aus (20) folgt sofort

$$2\,a\,(z_2 - z_1) = w_{z_2} - w_{z_1} = w_{z_2} - c = v,$$

sodaß sich bei gegebener absoluter Wassergeschwindigkeit v in der Achsial-richtung und vorgelegter Länge des Propellers $z_2 - z_1$ die Konstante

$$a = \frac{v}{2\,(z_2 - z_1)} \qquad \ldots \ldots \ldots \ldots \quad (21)$$

sofort berechnet. Aus (14) folgt dann auch sogleich die in der Sekunde zu beschleunigende Wassermenge

$$Q = \frac{P\,g}{v} \qquad \ldots \ldots \ldots \ldots \ldots \quad (22)$$

der dann die Ein- und Austrittsquerschnitte

$$\left.\begin{array}{l} \pi\,(R_1{}^2 - r_1{}^2) = \dfrac{Q}{\gamma\,c} \\[2.5ex] \pi\,(R_2{}^2 - r_2{}^2) = \dfrac{Q}{\gamma\,w_{z_2}} \end{array}\right\} \qquad \ldots \ldots \ldots \ldots \quad (23)$$

entsprechen müssen. Aus der zweiten dieser Gleichungen (23) bestimmt sich nach Wahl des kleinsten Nabendurchmessers $2\,r_2$ der Austrittsradius R_2, und da nach (19)

$$\left.\begin{array}{l} \psi' = a\,R_1{}^2\,z_1 = a\,R_2{}^2\,z_2 \\[1ex] \psi'' = a\,r_1{}^2\,z_1 = a\,r_2{}^2\,z_2 \end{array}\right\} \qquad \ldots \ldots \ldots \quad (19\,a)$$

ist, mit

$$\frac{r_1{}^2}{R_1{}^2} = \frac{r_2{}^2}{R_2{}^2} \qquad \ldots \ldots \ldots \ldots \quad (19\,b)$$

aus der ersten Gleichung (23) auch $R_1{}^2$ bezw. $r_1{}^2$. Damit aber sind die Parameter ψ' und ψ'' in (19a) selbst gegeben, sodaß die Verzeichnung des Propellerumfanges im Meridianschnitt unmittelbar möglich ist.

Nunmehr haben wir die Funktion (15) für das Moment der Rotationskomponente der Geschwindigkeit zu wählen. Die einfachste mit (20) verträgliche Form ist offenbar

$$w_n\,r = b\,z + C \qquad \ldots \ldots \ldots \ldots \quad (24),$$

worin sich die Konstanten aus den Bedingungen

$$\left.\begin{array}{l} b\,z_1 + C = 0 \\[1ex] b\,z_2 + C = (w_n\,r)_2 \end{array}\right\} \qquad \ldots \ldots \ldots \quad (24\,a)$$

berechnen, nachdem $(w_n\,r)_2$ im Austritt gegeben ist. Zur Ermittelung dieses Wertes müssen wir aber auf die bisher nicht weiter verwendete Energiegleichung (6) zurückgreifen, welche nach Elimination des Momentes (16) in

$$\omega\,\frac{Q}{g}\,(w_n\,r)_2 = \tfrac{1}{2}\,P\,c + \int \frac{dm}{dt}\,w'\,d\,w' \qquad \ldots \ldots \ldots \quad (6\,a)$$

übergeht. Für das Integral können wir aber, da das Wasser ohne den Propeller sich in absolutem Ruhezustande befindet, unter w_2' jetzt einen Mittelwert der absoluten Austrittsgeschwindigkeit verstanden, auch schreiben

$$\int \frac{dm}{dt}\, w'\, d\, w' = \frac{Q}{2\,g}\, w_2'^2 \quad \ldots \quad \ldots \quad \ldots \quad (6\,b),$$

sodaß es sich noch um die Ermittelung dieses Mittelwertes selbst handelt. Sind w_{r_2}, w_{n_2} und $v = w_{z_2} - c$ die Komponenten der Geschwindigkeit im Abstande r des Austrittsquerschnittes, so ist, da w_{z_2} bezw. v nach (20) für alle diesen Querschnitt passierenden Elemente denselben Wert hat, offenbar

$$\pi\,(R_2{}^2 - r_2{}^2)\, w_2'^2 = 2\,\pi \int_{r_2}^{R_2} \left\{ w_{r_2}{}^2 + w_{n_2}{}^2 + (w_{z_2} - c)^2 \right\} r\, d\, r$$

oder wegen (20), sowie unter Berücksichtigung der Konstanz von $(w_n\, r)_2$ über den Austrittsquerschnitt, d. h. wegen

$$w_{n_2} = \frac{(w_n\, r)_2}{r}$$

$$\pi\,(R_2{}^2 - r_2{}^2)\, w'_2{}^2 = 2\,\pi \int_{r_2}^{R_2} \left\{ a^2\, r^2 + \frac{(w_n\, r)_2{}^2}{r^2} + v^2 \right\} r\, d\, r$$

$$(R_2{}^2 - r_2{}^2)\, w_2'^2 = 2 \left\{ a^2\, \frac{R_2{}^4 - r_2{}^4}{4} + (w_n\, r)_2{}^2\, \lg\, \mathrm{nat}\, \frac{R_2}{r_2} + v^2 \cdot \frac{R_2{}^2 - r_2{}^2}{2} \right\}.$$

Mithin ist der gesuchte Mittelwert

$$w_2'^2 = a^2\, \frac{R_2{}^2 + r_2{}^2}{2} + (w_n\, r)_2{}^2\, \frac{\lg\, \mathrm{nat}\, \left(\frac{R_2}{r_2}\right)^2}{R_2{}^2 - r_2{}^2} + v^2 \quad \ldots \quad \ldots \quad (25)$$

oder nach Einführung der Abkürzungen

$$\left. \begin{array}{l} v^2 + \dfrac{a^2}{2}\,(R_2{}^2 + r_2{}^2) = v_0{}^2 \\[2mm] \dfrac{R_2{}^2 - r_2{}^2}{\lg\, \mathrm{nat}\, \left(\dfrac{R_2}{r_2}\right)^2} = \varrho^2 \end{array} \right\} \quad \ldots \quad \ldots \quad \ldots \quad (26)$$

auch[*)

$$w_2'^2 = v_0{}^2 + \frac{(w_n\, r)_2{}^2}{\varrho^2} \quad \ldots \quad \ldots \quad \ldots \quad (25\,a)$$

---

*) Da in dem nach der obenstehenden Theorie berechneten Propeller alle Wasserelemente dieselbe Achsialbeschleunigung erfahren, d. h. gleiche Beiträge zur Überwindung des Propellerschubes liefern, während sie andererseits auch gleiche Bruchteile der Maschinen-

Dies gibt in Gl. (6a) eingesetzt

$$\omega \frac{Q}{g} (w_n r)_2 = \xi \, P \, c + \frac{Q}{2 \, g} \left(v_0{}^2 + \frac{(w_n r)_2{}^2}{\varrho^2} \right) \quad \ldots \ldots \quad (27)$$

d. h. eine quadratische Gleichung für $(w_n r)_2$. Schreiben wir dafür unter Benutzung von (14), d. h. mit $P = \dfrac{Q}{g} v$ nach Wegheben von Q/g

$$(w_n r)_2{}^2 - 2 \, \omega \, \varrho^2 \, (w_n r)_2 = - \varrho^2 \, (v_0{}^2 + 2 \, \xi \, v \, c),$$

so ergibt sich als Lösung

$$(w_n r)_2 = \omega \, \varrho^2 \left(1 \pm \sqrt{1 - \frac{v_0{}^2 + 2 \, \xi \, v \, c}{\omega_0{}^2 \, \varrho^2}} \right) . \quad \ldots \ldots \quad (28)$$

Von den beiden Vorzeichen der Wurzel kommt in unserem Falle nur das negative in Frage, da das andere eine unerwünschte Erhöhung von $\dfrac{(w_n r)_2}{\varrho^2}$ und damit nach (25a) eine solche der als verloren zu betrachtenden kinetischen Wasserenergie beim Austritt bedingen würde.

Auch der hydraulische Wirkungsgrad des Propellers

$$\eta = \frac{P \, c}{M \, \omega}$$

ist damit festgelegt. Er folgt, nachdem wir P und M aus (14) und (16) eingesetzt haben, zu

$$\eta = \frac{v \, c}{\omega \, (w_n r)_2} \quad \ldots \ldots \ldots \quad (29)$$

oder mit (28)

$$\eta = \frac{v \, c}{\omega^2 \, \varrho^2 \left(1 - \sqrt{1 - \frac{v_0{}^2 + 2 \, \xi \, v \, c}{\omega^2 \, \varrho^2}} \right)} \quad \ldots \ldots \quad (29a)$$

---

arbeit aufnehmen, so müßte — abgesehen von den Reibungsverlusten — auch die kinetische Energie aller Elemente beim Austritt denselben Wert besitzen, womit sich die obenstehende Berechnung der Mittelwerte dieser Energie erübrigen würde. In Wirklichkeit ist aber die absolute Endgeschwindigkeit w_2 gegeben durch

$$w_2{}^2 = a^2 \, r^2 + v^2 + \frac{(w_n r)_2{}^2}{r^2}$$

also im allgemeinen nicht identisch mit (25a). Der hierin liegende Widerspruch ist natürlich auf unsere Vernachlässigung der Änderungen des hydraulischen Druckes p in Gl. (1) zurückzuführen, welche, wenigstens über den Austrittsquerschnitt, durch den Unterschied $w_2{}^2 - w_2'{}^2$ unmittelbar gegeben sind. Eine weitergehende Berücksichtigung des hydraulischen Druckes, der ja überdies noch durch die Nähe der niemals in Ruhe befindlichen Wasseroberfläche bedingt ist, würde mathematisch unüberwindliche Schwierigkeiten bereiten und damit jede Berechnung der Propeller illusorisch machen.

Dieser Wert ist natürlich nur solange reell, als

$$\omega^2 \varrho^2 > v_0{}^2 + 2\,\xi\,v\,c$$

oder wegen (26)

$$\omega^2\,\frac{R_2{}^2 - r_2{}^2}{\lg\,\mathrm{nat}\left(\dfrac{R_2}{r_2}\right)^2} > v^2 + \frac{a^2}{2}(R_2{}^2 + r_2{}^2) + 2\,\xi\,v\,c$$

ist. Ersetzen wir darin die Konstante a durch ihren Wert aus (21)

$$a = \frac{v}{2\,(z_2 - z_1)},$$

so folgt

$$\omega^2\,\frac{R_2{}^2 - r_2{}^2}{\lg\,\mathrm{nat}\left(\dfrac{R_2}{r_2}\right)^2} > v^2\left(1 + \frac{1}{8}\frac{R_2{}^2 + r_2{}^2}{(z_2 - z_1)^2}\right) + 2\,\xi\,v\,c \quad \ldots \ldots \quad (30)$$

Dieser Bedingung haben die Dimensionen R_2, r_2, sowie die **achsiale Länge** $(z_2 - z_1)$ des Propellers zu genügen, damit derselbe überhaupt funktioniert.

Verlangen wir dann noch, daß der Propeller einen ganz bestimmten hydraulischen Wirkungsgrad η besitzt, so haben wir aus (29a) auch nach Wegschaffung der Wurzel und Ersatz von $v_0{}^2$ aus (26) bezw. a nach (21)

$$\frac{R_2{}^2 + r_2{}^2}{(z_2 - z_1)^2} = 16\,\frac{c}{v}\left(\frac{1}{\eta} - \xi\right) - 8\left(1 + \frac{c^2}{\omega^2 \varrho^2 \eta^2}\right) \quad \ldots \ldots \quad (31)$$

woraus sich bei bekannten Radien R_2, r_2, sowie vorgelegten Werten von c und v die Achsenlänge $z_2 - z_1$ berechnet. Die Reellität von $(z_2 - z_1)$ erfordert dann, daß immer

$$2\,\frac{c}{v}\left(\frac{1}{\eta} - \xi\right) > 1 + \frac{c^2}{\omega^2 \varrho^2 \eta^2} \quad \ldots \ldots \ldots \quad (31\,\mathrm{a})$$

bleibt, woraus wiederum hervorgeht, daß

$$\frac{1}{\eta} > \xi \ \text{oder} \ 1 > \xi\,\eta \quad \ldots \ldots \ldots \ldots \quad (32)$$

sein muß. Bei sehr raschlaufenden, insbesondere von Dampfturbinen angetriebenen Propellern kann man das Glied

$$\frac{c^2}{\omega^2 \varrho^2 \eta^2}$$

in erster Annäherung vernachlässigen und erhält dann als Bedingung für die Reellität von $z_2 - z_1$ aus (31 a)

$$\frac{v}{c} < 2\left(\frac{1}{\eta} - \xi\right) \quad \ldots \ldots \ldots \ldots \quad (31\,b)$$

während andererseits wegen $w_{z_2} = v + c$ aus (22) und (23)

$$v\,(v + c) = \frac{P\,g}{\pi\,(R_2{}^2 - r_2{}^2)\,\gamma} \quad \ldots \ldots \ldots \ldots \quad (33)$$

oder

$$v = -\frac{c}{2} \pm \sqrt{\frac{c^2}{4} + \frac{P\,g}{\pi\,(R_2{}^2 - r_2{}^2)\,\gamma}} \quad \ldots \ldots \ldots \quad (33\,a)$$

wird. Da v nicht negativ werden kann, so hat hierin nur das positive Vorzeichen einen Sinn. Ist man andererseits, wie z. B. bei Doppelschraubendampfern infolge der Nähe der Schiffswand in der Wahl des größten Radius R_1 beschränkt, so wird man sich zur Berechnung von v der aus (22) und der ersten Gleichung (23) folgenden Formel:

$$v = \frac{P\,g}{\pi\,(R_1{}^2 - r_1{}^2)\,\gamma\,c} = \frac{P\,g}{\pi\,R_1{}^2\left(1 - \dfrac{r_1{}^2}{R_1{}^2}\right)\gamma\,c} \quad \ldots \ldots \ldots \quad (34)$$

bedienen, in welcher das Verhältnis

$$\left(\frac{r_1}{R_1}\right)^2 = \left(\frac{r_2}{R_2}\right)^2$$

durch die Festigkeit der Welle als gegeben anzusehen ist.

Schließlich erhalten wir für den Winkel φ des Fahrstrahles r der absoluten Wasserbahn mit dem Eintrittsradius (Fig. 5) durch Verbindung von (20) und (24) mit (17)

$$\varphi = \int_{z_1}^{z} \frac{b\,z + C}{2\,a\,r^2\,z}\,d\,z = \frac{1}{2\,\psi}\int_{z_1}^{z}(b\,z + C)\,d\,z$$

$$\varphi = \frac{1}{2\,\psi}\left(\frac{b}{2}\,(z^2 - z_1{}^2) + C\,(z - z_1)\right) \quad \ldots \ldots \ldots \quad (35)$$

sowie den für die Flügelkonstruktion maßgebenden Winkel χ der Relativbahn

$$\chi = \varphi - \omega \int_{z_1}^{z} \frac{d\,z}{2\,a\,z} = \varphi - \frac{\omega}{2\,a}\,\lg\,\mathrm{nat}\,\frac{z}{z_1},$$

$$\chi = \frac{1}{2\,\psi}\left(\frac{b}{2}\,(z^2 - z_1{}^2) + C\,(z - z_1)\right) - \frac{\omega}{2\,a}\,\lg\,\mathrm{nat}\,\frac{z}{z_1} \quad \ldots \quad (36)$$

womit alle Daten zur Ausführung des Propellers gegeben sind, wenn der oben in Gleichung (6) eingeführte Koëffizient ξ der Wasserreibung feststeht. Dies ist nun von vornherein keineswegs der Fall, so daß die vorstehende Rechnung zunächst einen provisorischen Charakter trägt und nach endgültiger, unten folgender Ermittelung von ξ eventuell durch eine definitive ergänzt werden muß.

Beispiel.

Berechnung der Schrauben des Schnelldampfers

„Kaiser Wilhelm der Große“ (Fig. 6).

Derselbe hat bei einer Geschwindigkeit von 22,5 Knoten, also

$$c = 11{,}6 \ \text{m/Sek.},$$

einen Widerstand von 112 000 kg zu überwinden, so daß auf jede Schraube ein Propellerschub

$$P = 56\,000 \ \text{kg}$$

entfällt. Die Maschinenumdrehungszahl ist $n = 78$ pro Minute, folglich ist die Winkelgeschwindigkeit

$$\omega = \frac{\pi\,n}{30} = 8{,}17, \quad \omega^2 = 66{,}75.$$

Die dem Propellerschub entsprechende Leistung ist für eine Maschine

$$N_1 = \frac{P\,c}{75} = 8660 \ \text{PS}.$$

Soll nun der Durchmesser keines der Propeller 6,6 m überschreiten, so erhalten wir für den (größeren) Eintrittsradius

$$R_1 = 3{,}3 \ \text{m}$$

und mit einem Verhältnis

$$\frac{2\,r_1}{2\,R_1} = \frac{2}{9}, \quad \left(\frac{r_1}{R_1}\right)^2 = \left(\frac{r_2}{R_2}\right)^2 \sim \frac{1}{20},$$

$$R_1{}^2 = 10{,}89 \ \text{m}^2, \quad r_1{}^2 = 0{,}545 \ \text{m}^2, \quad r_1 = 0{,}74 \ \text{m}.$$

sowie aus (23) die sekundlich zu beschleunigende Wassermenge

$$Q = \pi \left(R_1{}^2 - r_1{}^2\right) \gamma\, c = 377\,000 \ \text{kg}.$$

Daraus folgt mit (22) die absolute Austrittsgeschwindigkeit

$$v = \frac{P\,g}{Q} = \frac{56\,000 \cdot 9{,}81}{377\,000} = 1{,}458 \ \text{m/Sek.}$$

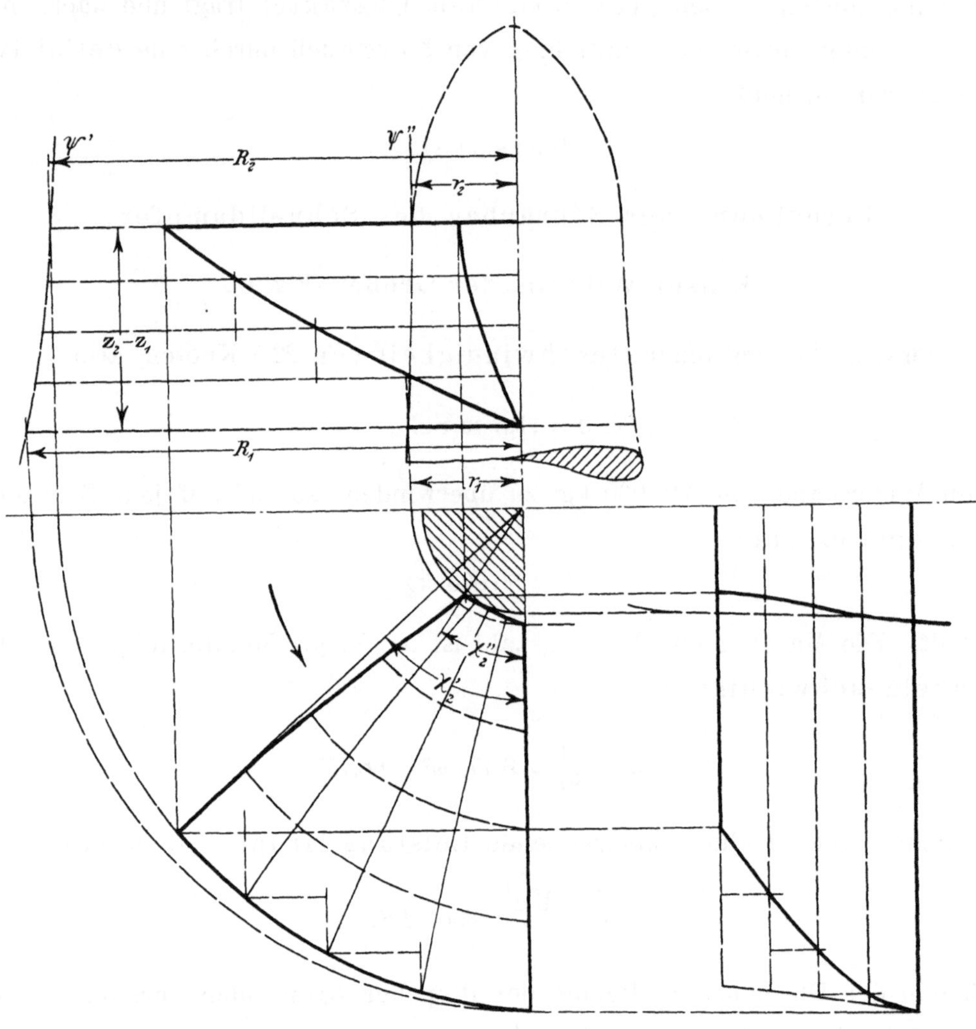

Fig. 6.

und die relative Austrittsgeschwindigkeit mit (2)

$$w_{z_2} = c + v = 13{,}058 \ \text{m/Sek.}$$

dies gibt in (23) für den Austrittsradius

$$\pi\,(R_2{}^2 - r_2{}^2) = \pi\,R_2{}^2 \left[1 - \left(\frac{r_2}{R_2}\right)^2 \right] = \frac{Q}{\gamma\,w_{z_2}} = 28{,}87 \ \text{m}^2$$

$$R_2{}^2 = 9{,}67 \ \text{m}^2 \qquad\qquad r_2{}^2 = 0{,}484 \ \text{m}^2$$

$$\mathbf{R_2 = 3{,}11 \ m} \qquad\qquad \mathbf{r_2 = 0{,}695 \sim 0{,}7 \ m}$$

Wir setzen nunmehr die achsiale Länge des Propellers zu

$$z_2 - z_1 = 1{,}3 \ \mathbf{m}$$

fest und erhalten damit aus (21) die Konstante der Stromfunktion

$$a = \frac{v}{2\,(z_2 - z_1)} = 0{,}56\,, \quad a^2 = 0{,}314,$$

woraus nach (26)

$$v_0{}^2 = v^2 + \frac{a^2}{2}\,(R_2{}^2 + r_2{}^2) = 3{,}72 \ \mathrm{m^2/Sek.^2}$$

$$\varrho^2 = \frac{R_2{}^2 - r_2{}^2}{\log\,\mathrm{nat}\left(\dfrac{R_2}{r_2}\right)^2} = 3{,}067 \ \mathrm{m^2}$$

folgt. Weiter ist dann

$$2\,v\,c = 33{,}816, \quad \omega^2\,\varrho^2 = 204{,}7, \quad \omega\,\varrho^2 = 25{,}057$$

und mit einem Erfahrungskoeffizienten $\xi = \mathbf{1{,}06}$, d. h. einer Wasserreibung an den Propellerschaufeln, welche 6 % des gesamten Schiffswiderstandes beträgt,

$$2\,\xi\,v\,c = 35{,}845\,, \quad \frac{v_0{}^2 + 2\,\xi\,v\,c}{\omega^2\,\varrho^2} = 0{,}1933$$

$$\sqrt{1 - \frac{v_0{}^2 + \xi\,v\,c}{\omega^2\,\varrho^2}} = \sqrt{0{,}8067} = 0{,}898$$

Eingesetzt in (28) ergibt dies für das Moment der Tangential-geschwindigkeit

$$(w_n\,r)_2 = 2{,}556 \ \mathrm{m^2/Sek.}, \quad \omega\,(w_n\,r)_2 = 20{,}88$$

und in (29) bezw. (29a) für den hydraulischen Wirkungsgrad

$$\eta = \frac{16{,}908}{20{,}88} = 0{,}81$$

entsprechend einer effektiven Maschinenleistung am Propeller von

$$\mathbf{N_2} = \frac{\mathrm{N_1}}{\eta} = \mathbf{10\,700 \ PSe.}$$

Wir gehen nunmehr über zur Berechnung der Parameter ψ der Stromfunktion für die äußere und innere Flügelbegrenzung und erhalten zunächst aus (20) die Abstände der Ein- und Austrittsstellen von der im übrigen gleichgültigen Nullebene.

$$z_1 = \frac{c}{2\,a} = \frac{11{,}6}{2\,.\,0{,}56} = 10{,}36 \text{ m},$$

$$z_2 = \frac{w_{z2}}{2\,a} = \frac{13{,}06}{2\,.\,0{,}56} = 11{,}66 \text{ m}$$

in Übereinstimmung mit der Annahme $z_2 - z_1 = 1{,}3$ m.

Alsdann ist für die beiden Begrenzungs-Stromlinien

$$\psi' = a\,R_1{}^2\,z_1 = 0{,}56\,.\,10{,}89\,.\,10{,}36 = 63{,}16,$$

$$\psi'' = a\,r_1{}^2\,z_1 = 0{,}56\,.\,0{,}545\,.\,10{,}36 = 3{,}16,$$

mithin wieder zur Kontrolle nach Gleichung (12)

$$2\,\pi\,\gamma\,(\psi' - \psi'') = 377\,000 = Q.$$

Aus (24) folgt sodann

$$10{,}36\,b + C = 0,$$
$$11{,}66\,b + C = 2{,}55,$$
$$b = 1{,}96 \qquad C = -\,20{,}3$$

und in (35) die absoluten Fahrstrahlwinkel des äußersten und innersten Stromelementes beim Austritt gegen die Eintrittslage

$$\varphi_2' = \frac{1}{2\,\psi'}\left(\frac{b}{2}\,(z_2{}^2 - z_1{}^2) + C\,(z_2 - z_1)\right) = +\,0{,}0132,$$

$$\varphi_2'' = \frac{1}{2\,\psi''}\left(\frac{b}{2}\,(z_2{}^2 - z_1{}^2) + C\,(z_2 - z_1)\right) = +\,0{,}263$$

sowie die entsprechenden Winkel der Relativbahn, d. h. die Verdrehung der äußeren und inneren Schaufelspitzen gegen einander

$$\chi_2' = \varphi_2' - \frac{\omega}{2\,a}\,\lg \text{nat}\,\frac{z_2}{z_1} = 0{,}0131 - 0{,}86297 = -\,0{,}850,$$

$$\chi_2'' = \varphi_2'' - \frac{\omega}{2\,a}\,\lg \text{nat}\,\frac{z_2}{z_1} = 0{,}262 - 0{,}86297 = -\,0{,}598,$$

oder in Graden

$$\chi_2' = -\,48{,}7\,° \qquad \chi_2' = -\,34{,}3\,°.$$

Mit diesen Daten können wir jetzt angenähert die Fläche F des Flügels berechnen und erhalten bei n Flügeln mit je 2 Oberflächen, sowie mit einer relativen Gesamtaustrittsgeschwindigkeit w'' einen Zusatz zum Propeller-widerstand[*)]

$$W = 2\,\mathrm{n}\,\mathrm{f}\,\mathrm{F}\,w''^{\,1,83},$$

sodaß unser Erfahrungskoëffizient

$$\xi = 1 + \frac{W}{P} = 1 + \frac{2\,\mathrm{n}\,\mathrm{f}\,\mathrm{F}}{P}\,w''^{\,1,83} \quad . \quad . \quad . \quad . \quad . \quad . \quad (37)$$

wird. Der Reibungskoëffizient ist hierin für glatte Bronze, bezw. Kupfer

$$\mathrm{f} = 0,16$$

zu setzen, während sich die relative Austrittsgeschwindigkeit w'' ganz analog, wie oben die absolute durch die Gleichung

$$\pi\,(R_2{}^2 - r_2{}^2)\,w''^2 = 2\,\pi \int\limits_{r_2}^{R} (w_{r_2}{}^2 + w_{z_2}{}^2 + w_n{}'^2)\,\mathrm{r}\,\mathrm{d}\,\mathrm{r}$$

bestimmt, in der

$$w_n{}' = w_n - \omega\,\mathrm{r} = \frac{(w_n\,\mathrm{r})}{\mathrm{r}} - \omega\,\mathrm{r}$$

die relative Rotationskomponente bedeutet. Führen wir diesen Wert in die obige Gleichung ein, setzen noch $w_r = -\mathrm{a}\,\mathrm{r}$ und beachten ferner, daß w_{z_2} über den ganzen Austrittsquerschnitt konstant bleibt, so folgt

$$(R_2{}^2 - r_2{}^2)\,w''^2 = 2 \int\limits_{r_2}^{R_2} \left\{ \mathrm{a}^2\,\mathrm{r}^2 + w_{z_2}{}^2 + \left(\frac{(w_n\,\mathrm{r})_2}{\mathrm{r}} - \omega\,\mathrm{r} \right)^2 \right\} \mathrm{r}\,\mathrm{d}\,\mathrm{r}$$

$$= 2 \int\limits_{r_2}^{R_2} (\mathrm{a}^2 + \omega^2)\,\mathrm{r}^3\,\mathrm{d}\,\mathrm{r} + 2 \int\limits_{r_2}^{R_2} (w_{z_2}{}^2 - 2\,\omega\,(w_n\,\mathrm{r})_2)\,\mathrm{r}\,\mathrm{d}\,\mathrm{r} + 2 \int\limits_{r_2}^{R_2} \frac{(w_n\,\mathrm{r})_2{}^2}{\mathrm{r}}\,\mathrm{d}\,\mathrm{r}$$

$$= \frac{\mathrm{a}^2 + \omega^2}{2}\,(R_2{}^4 - r_2{}^4) + (w_{z_2}{}^2 - 2\,\omega\,(w_n\,\mathrm{r})_2)\,(R_2{}^2 - r_2{}^2)$$

$$+ (w_n\,\mathrm{r})_2{}^2 \log \mathrm{nat} \left(\frac{R_2}{r_2} \right)^2,$$

oder nach Division mit $(R_2{}^2 - r_2{}^2)$

$$w''^2 = \frac{\mathrm{a}^2 + \omega^2}{2}\,(R_2{}^2 + r_2{}^2) + w_{z_2}{}^2 - 2\,\omega\,(w_n\,\mathrm{r})_2 + \frac{(w_n\,\mathrm{r})_2{}^2}{\varrho^2} \quad . \quad . \quad . \quad (38)$$

[*)] Siehe Dr. B a u e r, Berechnung und Konstruktion der Schiffsmaschinen und Kessel. München und Berlin 1902. S. 306 und Tab. 27.

Für unser Beispiel ist nun

$$\frac{a^2 + \omega^2}{2}\,(R_2{}^2 + r_2{}^2) = 340,7 \qquad w_{z_2}{}^2 = 170,6,$$

$$2\,\omega\,(w_n\,r)_2 = 41,8 \qquad \frac{(w_n r)_2{}^2}{\varrho^2} = 2,1,$$

also

$$w''^2 = 471,6, \qquad w'' = 21,7\ \text{m/sek.}, \qquad w''^{1,88} = 279,430.$$

Weiterhin können wir jeden Flügel angenähert als ein Trapez (Fig. 7) auffassen, dessen beide parallelen Seiten durch die gebogene Innen- und Außenkante dargestellt sind, während

$$h = \frac{R_1 - r_1 + R_2 - r_2}{2} = 2,485\ \text{m} \ . \ . \ . \ . \ . \ . \ . \ . \ (39)$$

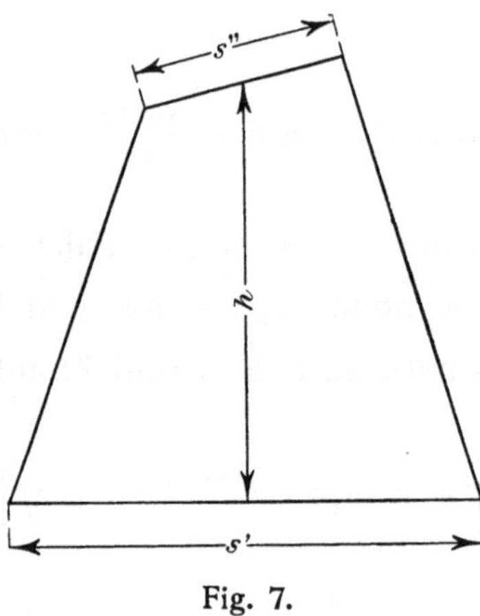

Fig. 7.

die Höhe darstellt. Für die beiden Bogen dürfen wir, da es sich nur um eine Näherungsrechnung im Korrektionsglied handelt, unbedenklich den Mittelwert der beiden Radien einführen, also setzen

$$\left.\begin{aligned}
s'^2 &= (z_2 - z_1)^2 + \frac{(R_1 + R_2)^2}{4}\,\chi_2{}'^2 \\
s''^2 &= (z_2 - z_1)^2 + \frac{(r_1 + r_2)^2}{4}\,\chi_{2\prime}{}'^2
\end{aligned}\right\} \ . \ . \ . \ . \ . \ . \ . \ (40)$$

Dies liefert mit unsern oben ermittelten Werten

$$s'^2 = 1,3^2 + 2,88_5{}^2 = 10,01\ \text{m}^2,\ s' = 3,16\ \text{m},$$
$$s''^2 = 1,3^2 + 0,47^2 = 1,91\ \text{m}^2,\ s'' = 1,38\ \text{m}.$$

Die Fläche ist nun angenähert

$$F = \frac{h}{2}\,(s' + s'') \quad \ldots \ldots \ldots \ldots \quad (41)$$

also in unserem Falle, bezw. für $n = 4$ Flügel

$$F = 5{,}641 \text{ m}^2, \qquad 8\,F = 45{,}13 \text{ m}^2,$$

womit sich nunmehr der Reibungswiderstand zu

$$W = 0{,}16 \cdot 45{,}13 \cdot 279{,}4 = 2017{,}5 \text{ kg},$$

sowie der Widerstandskoëffizient (37) zu

$$\xi = 1 + \frac{2\,017{,}5}{56\,000} = 1{,}036$$

ergibt entgegen unserer Annahme $\xi = 1{,}06$.

Rechnet man damit nochmals die hiervon allein betroffenen Größen $(w_n\,r)_2$ und η, so folgt

$$(w_n\,r)_2 = 2{,}50 \text{ m}^2/\text{sek.}, \qquad \eta = 0{,}827.$$

Beachtet man angesichts dieses geringen Unterschiedes, daß auch die Hinterfläche der Flügel, vermöge ihrer aus Festigkeitsrücksichten der Gleichung (18) sicher nicht genügenden Form einen ungünstigen Einfluß auf die Wasserströmung im Propeller haben muß, und daß obendrein noch ein Betrag für die bisher nicht berücksichtigte, auch gar nicht abzuschätzende Umfangsreibung der Flügel hinzukommen dürfte, so scheint es zweckmäßig, den früher angenommenen größeren Wert von ξ für die spezielle Formgebung beizubehalten. Diese erfordert nunmehr die Festlegung der Koordinaten z, r und χ für jeden Punkt der Flügelfläche, deren Kante in der Eintrittsebene wir indessen noch beliebig gestalten können, womit dann die radiale Krümmung der Schaufeln sich bestimmt. Da eine Erhöhung derselben indessen stets mit einer Vergrößerung der Flügelfläche und damit der Wasserreibung verbunden ist, so scheint es zweckmäßig, die Eintrittskante, wenn möglich, radial zu gestalten. Alsdann bedeuten die Winkel χ unmittelbar die Neigungen der einzelnen Fahrstrahlen gegen die Eintrittskante selbst.

Für die Einzelberechnung bilden wir nun am einfachsten ein Schema aus, indem wir auf dem Flügel eine Anzahl paralleler Ebenen z und Stromfäden Ψ sich schneiden lassen (Fig. 6). Da in unserm Falle $z_2 - z_1 = 1{,}3$ m ist, so dürfte es genügen, außer den Endflächen noch 3 Ebenen im achsialen Abstande von je 0,325 m anzuordnen und ebenso die Eintrittsbreite $R_1 - r_1 = 2{,}56$

in 4 Abschnitte zu teilen, welche wir indessen, der größeren Wichtigkeit des
außen liegenden Teiles halber, nicht ganz gleich annehmen wollen. Wir tragen
vielmehr von außen Stücke von je 0,625 m ab und erhalten so in der Eintrittskante 5 Punkte mit den Radien

$$r_1 = \quad 3,30 \qquad 2,675 \qquad 2,05 \qquad 1,425 \qquad 0,740 \text{ m},$$
$$\text{woraus } r_1{}^2 = 10,89 \qquad 7,156 \qquad 4,203 \qquad 2,031 \qquad 0,548 \text{ m}^2$$
$$\text{und } \Psi = a\, r_1{}^2\, z_1 = 63,16 \qquad 41,5 \qquad 24,4 \qquad 11,78 \qquad 3,16$$

folgt.

Den verschiedenen Parallelebenen z entsprechen dann die Werte:

z	$\dfrac{b}{2}(z^2 - z_1{}^2) + C(z - z_1)$	$\dfrac{\omega}{2\,a}\,\lg\,\mathrm{nat}\,\dfrac{z}{z_1}$	$a\,z$
$z_1 = 10,36$ m	0	0	5,80
10,68 5 „	0,1057	0,2254	5,982
11,01 „	0,4170	0,4443	6,165
11,33 5 „	0,9350	0,6582	6,346
$z_2 = 11,66$ „	1,667	0,8630	6,529

Daraus folgen die Werte der Fahrstrahlwinkel der absoluten Wasserbahnen

$$\varphi = \frac{1}{2\,\Psi}\left(\frac{b}{2}(z^2 - z_1{}^2) + C(z - z_1)\right)$$

Für $\Psi =$	63,16	41,5	24,4	11,78	3,16
und $z = 10,36$	0	0	0	0	0
10,68	0,00084	0,00127	0,00217	0,0045	0,0167
11,01	0,00330	0,00502	0,00854	0,0177	0,0660
11,33	0,00740	0,01126	0,0191	0,0397	0,1479
11,66	0,0132	0,02008	0,0342	0,0708	0,2630

Hiervon werden die den einzelnen Parallelebenen entsprechenden Werte

$$\frac{\omega}{2\,a}\,\log\,\mathrm{nat}\,\frac{z}{z_1}$$

abgezogen, woraus sich die Relativwinkel der Fahrstrahlen gegen die Eintrittskante

$$\chi = \varphi - \frac{\omega}{2\,a}\,\log\,\mathrm{nat}\,\frac{z}{z_1}$$

ergeben, welche in absolutem Maße, sowie in Graden nachstehend zusammengestellt sind:

Für $\Psi =$	63,16	41,5	24,4	11,78	3,16
und $z = 10,36$	0	0	0	0	0
10,68 $\{$	$-0,224$ $-12,8^0$	$-0,224$ $-12,8^0$	$-0,223$ $-12,8^0$	$-0,221$ $-12,7^0$	$-0,208$ $-11,9^0$
11,01 $\{$	$-0,441$ $-25,3^0$	$-0,439$ $-25,15^0$	$-0,436$ $-25,0^0$	$-0,426$ $-24,4^0$	$-0,378$ $-21,1^0$
11,33 $\{$	$-0,651$ $-37,3^0$	$-0,647$ $-37,1^0$	$-0,639$ $-36,6^0$	$-0,619$ $-35,5^0$	$-0,510$ $-29,2^0$
11,66 $\{$	$-0,850$ $-48,7^0$	$-0,843$ $-48,3^0$	$-0,829$ $-47,5^0$	$-0,792$ $-45,4^0$	$-0,598$ $-34,3^0$

Schließlich erhalten wir noch die den einzelnen Punkten zugehörigen Radien aus

$$r^2 = \frac{\Psi}{a\,z} \qquad r = \sqrt{\frac{\Psi}{a\,z}}$$

Für $\Psi =$	63,16	41,5	24,4	11,78	3,16
und $z = 10,36$	3,3	2,68	2,05	1,43	0,74
10,68	3,25	2,63	2,02	1,40	0,73
11,01	3,20	2,60	1,99	1,38	0,715
11,33	3,16	2,56	1,96	1,36	0,706
11,66	3,11	2,52	1,93	1,34	0,70

Damit sind auf jeder Flügelfläche 25 Punkte durch ihre Koordinaten z, χ und r festgelegt, so daß die Aufzeichnung bezw. Modellierung derselben sofort vonstatten gehen kann.

Schließlich sei noch bemerkt, daß für die nach vorstehender Methode berechneten und konstruierten Propeller wegen der sowohl in achsialer wie radialer Richtung wechselnden Steigung, der Begriff eines „Slips" seinen Sinn verliert.

Fassen wir nunmehr die gewonnenen Resultate zusammen, so zeigt sich, daß man auf Grund der kontinuierlichen Wasserströmung für jeden praktisch vorkommenden Fall, d. h. für jeden Propellerschub, jede Winkelgeschwindigkeit und jede Schiffsgeschwindigkeit einen stoßfrei arbeitenden Propeller exakt dimensionieren und den hydraulischen Wirkungsgrad desselben berechnen kann. Der letztere wird um so größer ausfallen, je kleiner die absolute Austrittsgeschwindigkeit des Wassers aus dem Propeller wird. Diese aber setzt sich, wie wir schon in der Einleitung gesehen haben, aus drei Bestandteilen zusammen, von denen die Achsialgeschwindigkeit hauptsächlich vom Querschnitt abhängt. Man wird also bestrebt sein, um die Achsialgeschwindigkeit niedrig zu halten, den Durchmesser des Propellers so groß wie möglich zu machen, außerdem aber auch die Nabe dick gestalten, da in ihrer unmittelbaren Nachbarschaft die Rotationsgeschwindigkeit große Werte annimmt, welche für den Energieverlust ins Gewicht fallen. Schließlich wird man die achsiale Länge des Propellers nicht zu klein wählen, damit die Radialgeschwindigkeit niedrig bleibt.

Ein hiernach konstruierter Propeller, welcher sich von den bisher üblichen Formen wesentlich dadurch unterscheidet, daß seine Flügel nicht mehr durch eine stetig gekrümmte Kurve begrenzt sind, und außerdem eine sowohl achsial wie auch radial ganz gesetzmäßig veränderliche Steigung besitzen, wird im normalen Betriebe keine oder doch nur eine sehr geringe Höhlenbildung vor sich erzeugen und darum auch den Schiffswiderstand nicht mehr erhöhen, als es die Zerstörung des sogenannten Vorstromes bedingt.

XVIII. Messung der Meereswellen und ihre Bedeutung für den Schiffbau.

Vorgetragen von **Walter Laas** *- Berlin.*

Solange die Schiffahrt besteht, haben die Bewegungsformen der Meeresoberfläche das Interesse der Seefahrer gefunden. Die Angaben über die Größe der Wellen beschränkten sich aber im wesentlichen auf recht unsichere Vergleiche; die Seeleute erzählten von haushohen oder turmhohen Wellen.

Eingehenderes Studium beginnt erst im vergangenen Jahrhundert in den verschiedenen Ländern; es beginnt die Mathematik, es folgt der Versuch im kleinen und großen; dann die Bemühungen, um Theorie und Beobachtung unter einen Hut zu bringen, was in dieser Frage, wie in so mancher anderen, bis heute noch nicht gelungen ist.

In den einzelnen Ländern vollzog sich diese Entwickelung auf verschiedene Weise.

In England ist als einer der ersten zu nennen der Astronom und Mathematiker Airy mit einer Abhandlung „On Tides and Waves" 1845. Ferner der berühmte Erbauer des „Great Eastern" J. Scott Russel, welcher sich allerdings nicht mit den durch stetigen Wind erzeugten Meereswellen, sondern mit den durch Stoß gebildeten Übertragungswellen in der Theorie und mit Versuchen in der Wasserrinne eingehend beschäftigte. Es folgen dann Beobachtungen im großen, z. B. von Walker und weiter von Dr. Scoresby, der erst Seemann, dann Seepastor, auf verschiedenen Reisen sich um die Messung der Dimensionen bemüht hat.

Ein wesentlicher Fortschritt wurde in der Theorie der Meereswellen etwa von 1860 an durch die berühmten englischen Schiffbauer Rankine und Froude erreicht.

In den Transactions der Institution of Naval Architects, welche stets einen ausgezeichneten Barometer abgeben für den Stand der Tagesfragen im

Schiffbau, finden wir in den ersten Bänden ungemein oft die Frage der Meereswellen behandelt, allein oder in Verbindung mit den Problemen des Schiffbaues: Stabilität, Rollen, Stampfen und Widerstand. Froude hat für die englische Marine eine Vorschrift ausgearbeitet zur Messung der Meereswellen; dieselbe soll auch von den Führern der englischen Kriegsschiffe angewendet worden sein, indes ist eine eingehende Bearbeitung der Ergebnisse, abgesehen von einigen Angaben der Challenger Expedition 1872—1876, nicht bekannt geworden.

Im Gegensatze dazu hat in Frankreich die Kriegsmarine außerordentlich viel getan, um die Frage zu klären. Auch hier geht die Theorie voraus, behandelt von Physikern wie Arago und Schiffbau-Ingenieuren, unter denen uns der Name Bertin vertraut ist. Von den Beobachtern sind am bekanntesten Admiral Paris und Sohn, von denen der letztere auf langen Reisen 1867—1870 eine außerordentlich große Zahl von Beobachtungen gemacht hat. Zweifellos gebührt der großen Mühe die größte Anerkennung, aber mir scheint, als ob die Ergebnisse von Paris doch stark überschätzt werden; er war der erste und ist lange der einzige geblieben, der eine große Zahl von Beobachtungen systematisch zu ordnen versucht hat; ich muß es aber bezweifeln, daß es ihm möglich gewesen ist, wie er angibt, täglich Wellenhöhen zu messen, und ich fürchte, daß die Phantasie schließlich bei seinen Zahlenangaben mitgespielt hat. Zu diesem Zweifel muß jeder kommen, der selbst versucht hat, auf hoher See Wellen zu messen; auch Dr. Schott und Prof. Krümmel sind nach ihren Erfahrungen beim Wellenmessen zu demselben Urteil über die Angaben von Paris gekommen.

Im Anschluß daran hat die französische Marine auf nicht weniger als 28 ihrer Schiffe in den Jahren 1871—1878 Wellenbeobachtungen anstellen lassen. Der große Fleiß ist höchst anzuerkennen, das Ergebnis entspricht aber nicht der aufgewendeten Mühe; bei der Bearbeitung der Angaben durch Ch. Antoine (auch ein Schiffbau-Ingenieur) hat sich doch herausgestellt, daß eine Übereinstimmung zwischen den einzelnen Angaben nur sehr schwer zu erzielen ist. Eine sehr große Anzahl von Beobachtungen muß ohne weiteres ausgeschaltet werden, weil sie offenbar auf Irrtümern oder groben Schätzungsfehlern beruhen.

Auch in anderen Ländern ist einiges in dieser Frage getan worden, z. B. in Amerika und Italien, ich kann darauf hier jedoch nicht eingehen.

In Deutschland sind eine Reihe von Untersuchungen angestellt, u. a. von Wasserbau-Ingenieuren (ich nenne nur Hagen, Handbuch der Wasserbaukunst);

ferner verdanken wir den Mathematikern und Physikern G e r s t n e r , Gebr. W e b e r die theoretische Entwickelung, und einige Meteorologen und Geographen, wie Dr. S c h o t t , Prof. K r ü m m e l , haben sich mit Beobachtungen auf hoher See gelegentlich von Expeditionen beschäftigt. In Deutschland hat jedoch w e d e r d e r S c h i f f b a u n o c h d i e K r i e g s m a r i n e b i s h e r f ü r d i e s y s t e m a - t i s c h e B e o b a c h t u n g u n d e i n g e h e n d e r e B e h a n d l u n g d i e s e r F r a g e n Z e i t g e f u n d e n .

Was ist nun bisher erreicht worden?

Die T h e o r i e ist sich ziemlich einig über die Bewegung der Meereswellen; die Trochoïdentheorie ist bisher unbestrittenes Ergebnis der Analysis ge-blieben; sie ist mit einer großen Zahl einwandfreier Beobachtungen in leid-licher Übereinstimmung und hat für die theoretischen Untersuchungen über die Bewegung des Schiffes in den Wellen eine einigermaßen brauchbare Grundlage abgegeben.

Keineswegs einig sind die Gelehrten jedoch über die Entstehung der Meereswellen, ob durch Stoß der unregelmäßigen Winde, ob durch Reibung oder durch Saugwirkung der darüber streichenden Luft? Diese Frage zu klären, können wir den berufenen Vertretern der Physik überlassen; ebenso-wenig ist es bisher wegen der geringen Zahl sicherer Beobachtungen ge-lungen, den Zusammenhang zwischen Windstärke und Wellenbildung gesetz-mäßig zu ermitteln.

Durch die B e o b a c h t u n g sind die Grenzen annähernd festgestellt wor-den; wir wissen, daß Wellen über 12 m Höhe nur sehr selten, über 15 m überhaupt nicht einwandfrei beobachtet worden sind; die Grenze für die Länge ist noch wesentlich unsicherer; einige behaupten, Wellen bis über 800 m Länge gemessen zu haben, andere bezweifeln, ob längere als 500 m vorkommen; ebenso geht es mit den Perioden.

Als mittlere Zahlen für den normalen Zustand des Meeres gibt P a r i s an: Länge 60—140 m, Geschwindigkeit 11—15 m/sec, Periode 6—10 Sec.

Das bisher durch die Beobachtung Erreichte ist im Verhältnis zu der darauf verwendeten Arbeit und der Zahl der Beobachter nur gering. Der Grund hierfür liegt in der außerordentlich großen Schwierigkeit, Beobachtungen oder gar Messungen bei bewegter See an Bord zu machen.

Bei der Messung der Meereswellen sollen folgende Größen bestimmt werden:

    1. Periode, d. i. die Zeit, welche vergeht, bis 2 hintereinander folgende Wellenberge oder Wellentäler denselben Punkt passieren;

2. Geschwindigkeit der Bewegung, gewöhnlich angegeben als die Strecke in Meter, welche der Wellenkamm in einer Sekunde durchläuft;

3. die Wellenlänge, d. h. der Abstand von Wellenberg zu Wellenberg;

4. die Höhe = Vertikaldifferenz zwischen Wellenberg und -tal.

Als Ort für die Messung dieser Größen auf hoher See kommt nur das fahrende Schiff in Frage.

Bisher wurden die erwähnten Größen auf folgende Weise gemessen:

Die Periode als Mittel aus einer Anzahl von Beobachtungen wird bestimmt durch Notieren der Zeit, welche eine fortlaufende Reihe von Wellenkämmen braucht, um eine bestimmte Stelle am Schiffe zu passieren. (Hierzu genügt ein Beobachter.) Die beobachtete Zeit bedarf der Korrektur wegen der Fahrt des Schiffes.

Die Geschwindigkeit wird in ähnlicher Weise am Schiff gemessen durch Bestimmen der Zeit, welche ein oder mehrere Kämme brauchen, um eine bestimmte Meßstrecke am Schiffe zu durchlaufen; hierzu sind unbedingt zwei Beobachter, je einer an jedem Ende der Meßstrecke erforderlich. Die Beobachtungen bedürfen der Korrektur wegen der Fahrt des Schiffes und der Richtung der Wellenbewegung.

Die Länge der Wellen kann, sobald sie größer als das Schiff ist, geschätzt werden im Vergleich zur Schiffslänge (ein Beobachter) oder wird durch eine Logleine vom Heck aus gemessen; die Logleine wird so weit ausgesteckt, bis das Log auf einem Wellenberg steht, wenn das Heck über dem nächsten Berg liegt.

Eine große Anzahl von Beobachtungen ist ergänzt worden dadurch, daß von den 3 Größen: Periode, Geschwindigkeit und Länge nur 1 oder 2 beobachtet worden sind, und die 2. und 3. aus der Trochoïdentheorie berechnet worden ist, nach welcher ein mathematischer Zusammenhang zwischen je 2 dieser 3 Größen besteht.

Die Höhe, für welche die Trochoïdentheorie keinen Zusammenhang mit den bisherigen Größen liefert, ist entweder nur geschätzt, oder auf folgende Weise zu messen versucht worden:

1. Der Beobachter sucht eine Stelle am Schiff (obere Decks, Webleinen in den Wanten), von denen aus er die Kämme der Wellen in Horizonthöhe sichtet, wenn das Schiff im Wellental sich befindet; die Augenhöhe über Wasserlinie wird als Wellenhöhe angegeben.

Der Ausdruck „Schiff im Wellental“, charakterisiert genügend die Unzuverlässigkeit derartiger Angaben. Ich kann nur den Mut bewundern, auf Grund derart unsicherer Methoden bestimmte Zahlenwerte sogar in Dezimetern anzugeben. Paris traut sich z. B. zu, daß die angegebenen Werte um höchstens 10% falsch sind; ich halte das für einen großen Optimismus.

2. Die andere Methode, welche meines Wissens mit einigem Erfolge nur von dem Engländer Abercromby und Dr. Schott nach dem Vorschlage G. Neumayers angewendet worden ist, besteht darin, daß in einem möglichst ruhigen Raume mittschiffs die Höhendifferenz abgelesen wird an einem Aneroïd-Barometer mit mikroskopischer Ablesung; ich habe auch diese Methode versucht, muß jedoch gestehen, daß sie nur sehr unsichere Zahlenwerte liefern kann. Bei den Schwankungen des Schiffes ist es sehr schwer, annähernd richtige Ablesungen zu bekommen ($1/10$ mm bedeutet 1 m Höhendifferenz), und außerdem fällt das Schiff weder ganz ins Wellental, noch steigt es ganz auf den Wellenberg. Das Barometer registriert also keineswegs die Höhe der Wellen, selbst unter der unbewiesenen Annahme, daß die Höhendifferenz von dem schwankenden Barometer richtig angezeigt wird. Die von den Beobachtern angewendeten Korrekturen sind mehr oder weniger unsichere Annahmen.

Es ist weiterhin der Versuch gemacht worden, die Höhe und Form der Wellen genauer zu bestimmen. Apparate sind dazu von Froude und Admiral Paris erdacht worden.

Beide Apparate müssen vom Schiffe ausgesetzt und nach Gebrauch wieder an Bord aufgenommen werden; dadurch beschränkt sich ihre Verwendung auf verhältnismäßig ruhige See und an der Küste; auf hoher See sind die Apparate bei Seegang nicht verwendbar.

Aus den angeführten bisher gebrauchten Meßmethoden ergibt sich ohne weiteres die Unsicherheit sämtlicher Angaben über Wellen. Fehler von 20, 30, ja 50% und höher sind nicht zu vermeiden. Die Unzuverlässigkeit hängt zu sehr mit den Methoden selbst zusammen, und dazu kommt die mehr oder minder große Geschicklichkeit des Beobachters; ein Fortschritt ist auf diesem Wege nicht erreichbar, und tatsächlich sind wir in der ganzen Frage der Wellenmessung in den letzten Jahrzehnten nicht vorwärts gekommen.

Bei der großen Geschwindigkeit, mit welcher die Wellenform sich ändert, und der Unsicherheit des Beobachters auf schwankendem Schiffe bei Seegang, haben Messungen nur dann Aussicht auf Erfolg, wenn es gelingt, die Bewegung im Bilde festzuhalten. Die Photographie zu diesem Zweck zu benutzen, liegt nahe. Im Jahre 1875 hat bereits in einem Vortrage vor der

Institution of Naval Architects Rundell den Vorschlag gemacht, das Wellenprofil durch Photographieren zu messen; an einer Anzahl unter Wasser schwimmender Rundhölzer von zusammen etwa 200 m Länge sollten im Abstande von etwa 5 m aufrechtschwimmende Meßspieren befestigt werden, und diese Spierenreihe sollte von einem Schiffe vor einem Leuchtturm vorbeigeschleppt werden, auf dem Photographen aufgestellt werden sollten. Der Plan erforderte aber eine derartige Unsumme von Vorbereitung, Arbeit und Kosten, daß er nicht zur Ausführung kam.

An Land wird die Photographie seit Jahren mit Erfolg benutzt zur Ausmessung von Bauten und zur Ergänzung der Topographie. Auf See lassen sich Methoden, welche sich an Land gut bewährt haben, nicht ohne weiteres verpflanzen; allein schon der Umstand, daß an Bord die Hilfsmittel des Lotes, der Wasserwage, des Ausrichtens nach festen Punkten ausfallen, kennzeichnen die Schwierigkeit von topographischer Messung auf See. Dazu treten noch allerhand Schwierigkeiten, die jedem bekannt sind, welcher Versuche auf hoher See angestellt hat, Rücksichten auf den Verwendungszweck des Schiffes, Platzmangel, schlechtes Wetter, beschränkte Hilfsmittel usw. Es ist daher begreiflich, daß bisher Versuche in dieser Richtung noch nicht gemacht worden sind, zumal auch die Moment-Photographie erst seit einiger Zeit sich zu der Höhe entwickelt hat, welche für die Verwendung auf See Aussicht auf Erfolg bot.

In neuester Zeit hat sich nun an Land ein Zweig der photographischen Meßkunst, die Stereophotogrammetrie entwickelt. Diese ist durch einen besonderen Meßapparat, den Stereokomparator, welchen Herr Dr. Pulfrich der Firma Carl Zeiß-Jena erfunden und ausgebildet hat, in den letzten Jahren zu einer Meßmethode ausgereift, welche in den verschiedensten Gebieten bereits Verwendung findet und noch für sehr viel neue Gebiete zweifellos sich geeignet erweisen wird, u. a. benutzt die Astronomie den Apparat zu vielseitigen Zwecken, die Topographie zur Terrainaufnahme. Einer Anregung folgend, welche Herr Geh. Rat Rottock in einer Abhandlung „Meereswellenbeobachtungen" im Jahre 1903 gegeben hat, entschloß ich mich, diese Methode zur Messung von Meereswellen zu erproben, da sich hierfür eine günstige Gelegenheit durch eine Reise bot, welche ich voriges Jahr zum Studium des modernen Segelschiffes an Bord des Fünfmast-Vollschiffes „Preußen" der Firma F. Laeisz-Hamburg unternahm.

Die Aussichten für die Messung von Meereswellen waren günstig, weil das Schiff nach Chile bestimmt war und daher in die hohen südlichen Breiten kommen mußte, wo bekanntlich durch die stetig wehenden starken West-winde die größten Meereswellen sich am reinsten ausbilden können.

Die Hoffnungen sind allerdings nicht ganz erfüllt worden, das Schiff traf auf dieser Reise dauernd keine größere Windstärke als 8 bis 9, und der höchste Seegang betrug nur 5—6, entsprechend einer Höhe von etwa 6 m. Trotzdem ist der Versuch als vollkommen geglückt zu bezeichnen. Es ist tatsächlich gelungen, mit besonderen Apparaten stereophotogrammetrische Aufnahmen zu machen, und aus diesen Aufnahmen nicht nur die Höhe und Länge der Meereswellen genau zu messen, sondern auch ihre Form im ein-zelnen festzulegen, was mit den bisherigen Methoden ganz außerhalb der Möglichkeit lag.

Für die Stereophotogrammetrie ist es nötig, von 2 Punkten mit genau be-kanntem Abstande Aufnahmen desselben Gegenstandes zu machen; Bedingung für die Benutzung des Meßapparates, des Stereokomparators ist, daß die optischen Achsen der Apparate parallel sind, und die Platten der beiden Auf-nahmen in einer Ebene liegen. Für Landaufnahmen lassen sich diese Be-dingungen mit einem Apparat erfüllen, der an 2 Standorten genau aus-gerichtet wird. An Bord für Wellenaufnahmen sind 2 Apparate erforderlich, welche gleichzeitig elektrisch ausgelöst werden müssen.

Zur Sicherheit habe ich in der von Herrn Prof. Meydenbauer geleiteten Königl. Meßbildanstalt gleich 3 gleichartige Apparate anfertigen lassen und die-selben an Vorkante und Hinterkante des Brückenhauses und Vorkante der Poop aufgestellt (Fig. 1).

Die parallele Ausrichtung machte außerordentlich große Schwierigkeiten, wurde aber schließlich mit vollständig genügender Genauigkeit erreicht, und mit Aufnahmen nach der Sonne und der Kimm dauernd kontrolliert.

Die Apparate waren mit festem Unterkasten losnehmbar verbunden. Die Unterkästen standen auf fest eingebauten Unterbauten, welche von der Firma Blohm & Voß mit dankenswertem Entgegenkommen hergestellt wurden (Fig. 2 und 3).

Durch die Aufstellung von Unterkästen wurde erreicht, daß die einmal ausgerichteten Apparate stets sofort richtig standen, wenn sie in ihre Unter-kästen hineingesetzt wurden.

Die Kamera war so einfach wie möglich, ganz aus Messingblech her-gestellt, mit Goerz-Doppelanastigmat-Objektiv und genau eingestellter optischer Achse. Die Plattengröße betrug 18×18, die Brennweite 182,2 mm.

Nach der Rückkehr wurden die Aufnahmen mit dem Stereokomparator aufgemessen; hierzu konnten dank dem freundlichen Entgegenkommen der Nautischen Abteilung des Reichs-Marine-Amtes und des Chefs der Königl. Landesaufnahme die dort vorhandenen Apparate benutzt werden. Als Beispiel möge die Aufnahme Figur 4 dienen, welche sehr ausführlich aufgemessen

Stellung der Aufnahme-Apparate auf S. „Preußen".

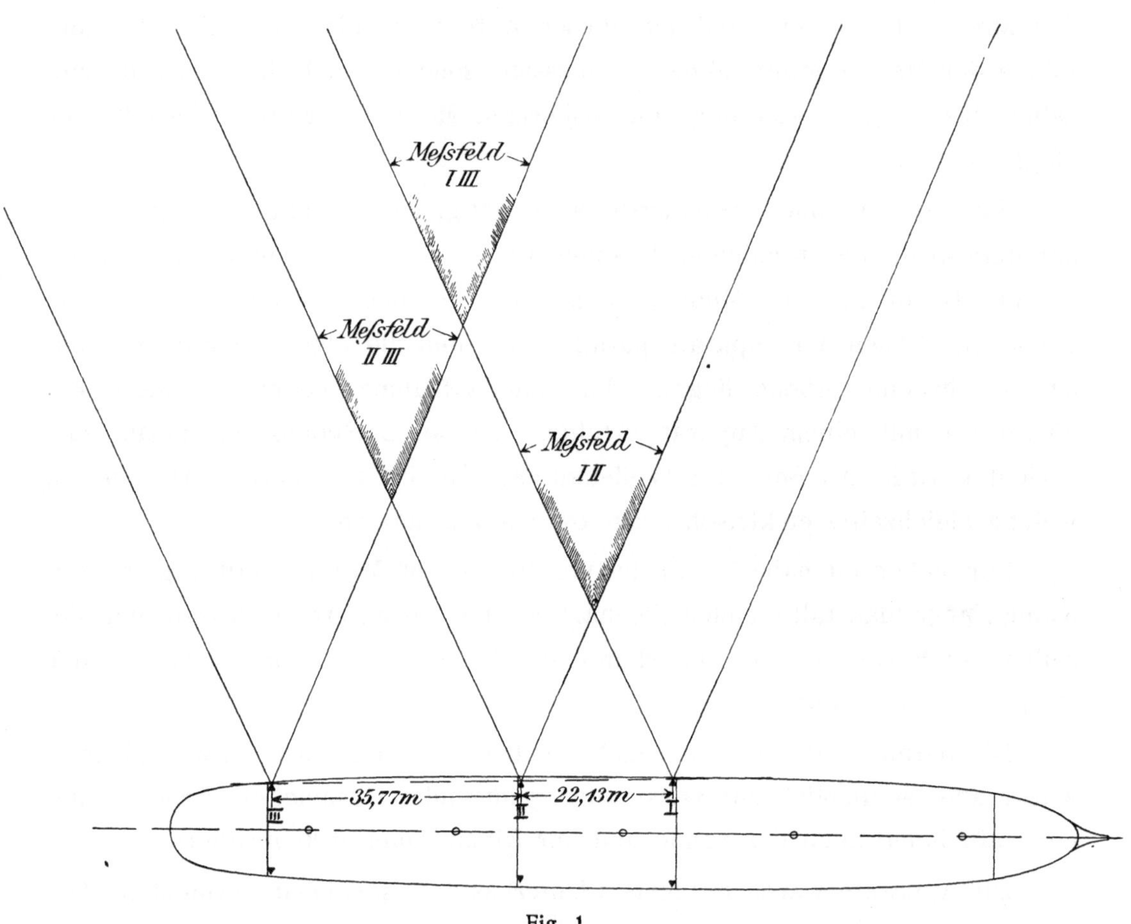

Fig. 1.

wurde, um zu zeigen, wie eingehend die Einzelheiten aus einer stereoskopischen Aufnahme herausgemessen werden können (Tafel I). Die dazu gehörigen Profilschnitte zeigt Tafel II.

Wenn auch bei der Aufnahme und bei der Ausmessung noch mancherlei zu verbessern bleibt, was ich in einer besonderen Abhandlung*) eingehend

---

*) Laas, Die photographische Messung der Meereswellen. Zeitschrift des Vereins deutscher Ingenieure, 25. Nov. 05 u. ff. — Dort auch Angaben über die Literatur.

besprochen habe, so ist doch aus diesem einen Beispiele mit voller Klarheit zu ersehen, daß auf diesem Wege alles Wünschenswerte erreicht werden kann.

Apparat III mit Unterbau an Vorkante Poop.

Fig. 2.

Apparat I mit Unterbau und elektrischer Auslösung; an Vorkante Brücke.

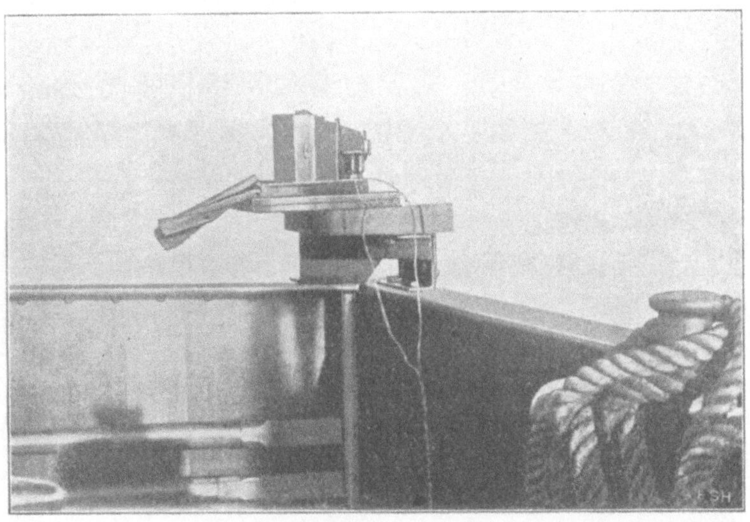

Fig. 3.

Wir sind durch die Stereophotographie in die Lage gesetzt, in jedem Augenblick, welcher uns wertvoll erscheint, die Meeresoberfläche und ihre Wellen-

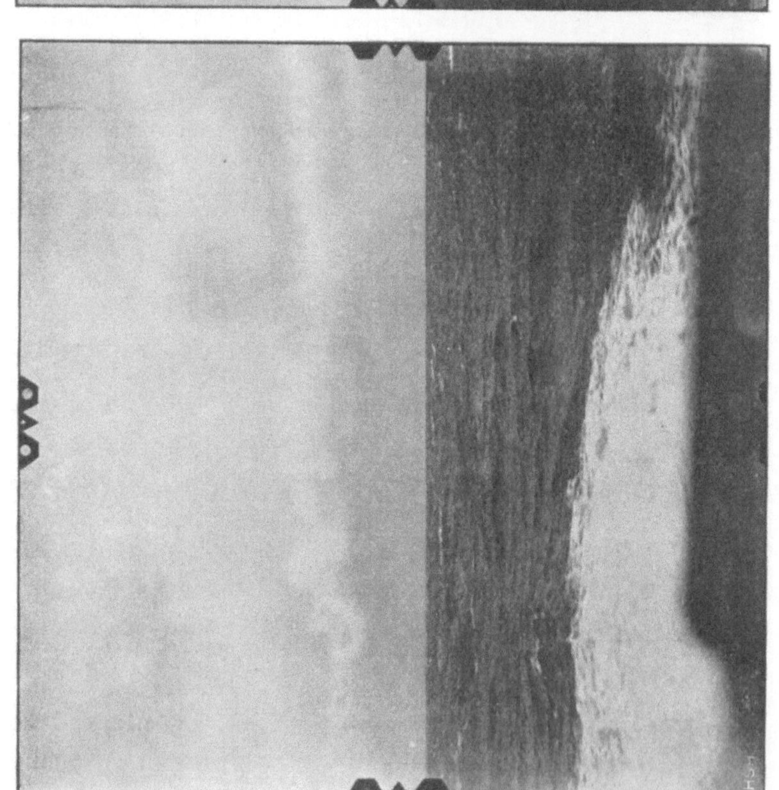

Aufnahme vom 3. November 1904.   82° 40′ westl. Länge, 53° 18′ südl. Breite.

Fig. 4.

bewegung in der Umgebung des Schiffes gleichsam erstarren zu lassen, und dann in aller Ruhe alles das herauszumessen, was uns interessant oder notwendig erscheint.

Nach jahrzehntelangem Stillstande ist also hier der Weg, nicht nur zum Fortschritt, sondern zum Ziele gewiesen. Soviel ist aber schon jetzt klar zu erkennen, daß die Form der Meereswellen, man kann fast sagen, alles eher als eine reine Trochoïde darstellt; die recht unregelmäßige Form der Querschnitte entsteht aus einer Anzahl durch einander laufender Wellen; diese Unregelmäßigkeit ist aber die Regel auf hoher See.

Damit fallen die meisten Schlüsse, welche wir aus der Trochoïdenform ziehen, in nichts zusammen. Wir müssen durch langsame, stetige Beobachtung von neuem sichere Unterlagen schaffen, auf denen eine einwandfreie Theorie der Meereswellen sich aufbauen kann. Nur auf diesem Wege ist ein Fortschritt denkbar auf den Gebieten des Schiffbaues, welche mit der Wellenbewegung in Zusammenhang stehen.

Damit komme ich zu der Frage, welchen Wert für den Schiffbau hat die Kenntnis von der Bewegung der Meereswellen?

Aus der historischen Entwickelung haben wir gesehen, daß vor 30 bis 40 Jahren die ersten Schiffbau-Ingenieure in England und Frankreich sich sehr eingehend mit der Wellenbewegung beschäftigt haben. Es liegt ja auch jedem Schiffbauer das Interesse dafür außerordentlich nahe, wie bewegt sich die Oberfläche des Meeres, auf dem unsere Schiffe fahren sollen, und weiter, wie bewegt sich unser Schiff auf dieser Oberfläche, wie können wir durch Wahl der Hauptabmessungen und Form das Schiff so gestalten, daß es sich unseren Zwecken entsprechend auf dem Meere möglichst günstig bewegt?

Der erste und größte Wert der Kenntnis von den Meereswellen lag natürlich darin, die Bewegungen des Schiffes in den Wellen zu erforschen, im Zusammenhange mit den Fragen der Stabilität, der Schlingerbewegung und des Widerstandes. Für die theoretische Behandlung dieser Fragen genügt eine sehr angenäherte Kenntnis der Länge und Höhe, und vor allem der Periode, welch letztere von allen wissenswerten Eigenschaften der Wellen noch am leichtesten und daher zuverlässigsten gemessen werden konnte. Die erwähnten Fragen haben außerdem den großen Vorzug, daß sich ihnen rechnerisch verhältnismäßig gut beikommen läßt, und daß sie durch Versuche im Bassin behandelt werden können.

Abgesehen davon aber, daß alle derartigen theoretischen Rechnungen und Versuche nur dann in gute Übereinstimmung mit der Wirklichkeit gebracht werden können, wenn die Bewegung der Wellen selbst recht genau bekannt ist, bedarf die Theorie der Kontrolle durch Messungen an Bord, welche nur auf dem Wege genauer Messung der Meereswellen Aussicht auf Erfolg haben kann.

Außer den erwähnten Fragen jedoch, welche mehr oder weniger gut auch theoretisch oder im Bassin behandelt werden können, hat eine Frage in neuerer Zeit wesentlich an Bedeutung gewonnen, welche nur auf hoher See im Seegang entschieden werden kann, die Frage der Beanspruchung der Schiffsverbände im Seegang. Wir finden auch diese Frage in den letzten Jahren außerordentlich häufig in der neueren Fachliteratur von den verschiedensten Seiten angefaßt und behandelt.

Auf diesem Gebiet sind wir jedoch noch nicht über die Anfangsgründe hinaus; bisher ist fast ausschließlich gerechnet worden und zwar unter Annahmen, die eigentlich keine andere Berechtigung haben, als daß sie bequem sind. Wenn für solche Festigkeitsberechnung davon ausgegangen wird, daß das Schiff, unter der weiteren Annahme gleichen Deplacements wie im ruhigen Wasser, sich in einem trochoïdisch geformten Wellental oder Wellenberg befindet, auf einer Welle von einer Länge gleich der Schiffslänge, einer Höhe gleich $1/_{20}$ der Länge, so sind das alles Annahmen, von denen nicht eine einzige auch nur annähernd den tatsächlichen Verhältnissen entspricht.

Das Schiff hat im Seegang keineswegs stets dasselbe Deplacement, auch ist der Auftrieb des bewegten Seewassers keineswegs an allen Stellen gleich dem Deplacement. Die gewählte Wellendimension und die Form der Trochoïde trifft das Schiff voraussichtlich nie in seinem Leben.

Immerhin sind solche Berechnungen eine gute Vorbereitung zum Fortschritt. Die errechnete Beanspruchung der Verbände jedoch in Zahlenwerten danach festlegen zu wollen, wie bei Maschinenbau und Brückenbau, ist unzulässig, selbst wenn versucht wird, wie dies in neuerer Zeit geschehen ist, die Stampfbewegung des Schiffes in der theoretischen Rechnung zu berücksichtigen.

Dies ist zwar eigentlich nichts Neues, immerhin ist es nicht überflüssig, das hier hervorzuheben, nachdem in neuerer Zeit bereits ernsthaft der Vorschlag gemacht worden ist, anstelle der bewährten Grundzahlen unserer Klassifikations - Gesellschaften, Festigkeitsrechnungen zur Ermittelung der Materialstärken der Verbände zu fordern. Soweit sind wir noch lange nicht, — aber es ist nicht ausgeschlossen, daß wir einmal dahin kommen werden, nie aber allein auf dem Wege der Rechnung, sondern nur durch gleich-

zeitige Beobachtungen und Versuche. Auch auf diesem
Gebiete der Technik ist es Zeit, die Hoffnung aufzugeben,
als ob die Mathematik allein uns zum Ziele führen könnte,
und den zweiten Schritt der Entwickelung zu tun, Beobachtung und Versuch!

Der Weg ist durch die Möglichkeit gegeben, die Bewegung der Meereswelle mit der gewünschten Genauigkeit kennen zu lernen; das wird die nächste Aufgabe
sein, bei welcher wir Schiffbauer die Mitwirkung der
Kapitäne und Ozeanographen erbitten. Aber wir Schiffbauer wollen noch mehr, wir müssen versuchen, die Beanspruchung der Verbände auf See durch die Bewegung
des Schiffes in sich bei Seegang, durch seine Biegungen und
Verdrehungen zu ermitteln.

Auf „Preußen" habe ich gelegentlich versucht, die
Durchbiegung im Seegang auf folgende Weise zu messen,
um ein ungefähres Bild über die Größe der Ausschläge zu
erhalten. Auf der Poop (Fig. 5) wurde an einem festen
Punkte ein Theodolith aufgestellt, auf der Brücke und
der Back wurden Maßstäbe angebracht, und an diesen
Maßstäben die Durchbiegungen des Schiffes beobachtet;
bei starkem Seegang konnten bei Schiff in Ballast Ausschläge nach oben und unten, auf der Back bis zu 12 cm,
auf der Brücke bis zu 4 cm beobachtet werden; es ist dies
nur ein kleiner Anfang, welcher aber zeigt, daß die Durchbiegungen großer Schiffe im Seegang so beträchtlich sind,
daß ihre Beobachtung sicher zu interessanten Schlüssen
führen wird. Aus diesen Durchbiegungen wird es zweifellos gelingen, ein Urteil über die tatsächlich auftretenden
Beanspruchungen der Schiffsverbände zu gewinnen.

Ich glaube Ihnen so den Nachweis des Wertes genauer
Wellenmessung für den Schiffbau geführt zu haben; zunächst gilt es das Wissen zu fördern, im Anschluß daran
werden auch wertvolle praktische Folgen nicht ausbleiben.

Die Nautische Abteilung des Reichs-Marine-Amts,
welche Ende 1905 das neue Vermessungsschiff „Planet"

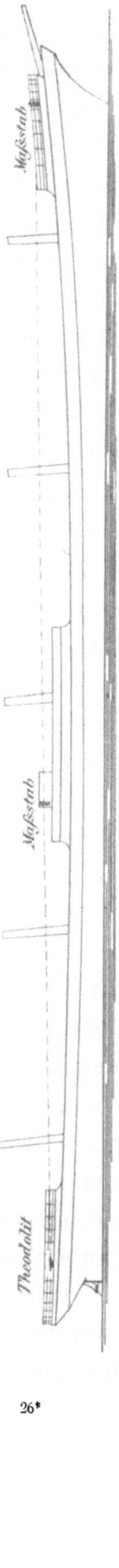

Fig. 5. Versuch zur Messung der Durchbiegung im Seegang.

hinaus sendet, beabsichtigt nach Möglichkeit stereoskopische Wellenaufnahmen zu machen; die an Bord befindlichen Apparate sind aber meines Wissens in erster Linie für die Aufnahme der Küsten unserer Kolonien bestimmt und für diesen Zweck eingerichtet. Es ist im Interesse der Sache sehr zu hoffen, daß das Schiff auf der Ausreise recht viel hohe Wellen antrifft, und daß die Aufnahme derselben glückt. Immerhin ist es natürlich für ein kleines Schiff wie das Vermessungsschiff bei schwerem Seegang viel schwieriger, solche Aufnahmen zu machen als für ein großes. Wenn demnach auch dieser weitere Versuch freudig begrüßt werden muß, so kann derselbe keineswegs die Frage der Messung der Meereswellen erschöpfen.

Wie selten wirklich hohe Wellen angetroffen werden, welche gerade für die Wissenschaft und den Schiffbau von größtem Interesse sind, geht schon daraus hervor, daß auf der ganzen Reise der „Preußen", weder auf Hin- noch auf Rückfahrt, also im Laufe eines halben Jahres Seefahrt, trotz 2maligem Passieren des berüchtigten Kap Horns, nur sehr selten Wellen angetroffen wurden, deren Messung lohnte, und daß die höchsten gemessenen Wellen nur ca. 6 m Höhe besaßen.

Ein wirklicher Fortschritt ist nur dadurch zu erreichen, daß mehreren Schiffen auf großer Fahrt nach den verschiedenen Meeren dauernd Aufnahme-Apparate mitgegeben werden. Zu diesem Zwecke eignen sich Segelschiffe gut, da sie die längsten Reisen machen und vor allem die einzigen sind, die weit in die südlichen Breiten hinaufkommen; und ich zweifle nicht, daß es gelingen wird, unsere großen Segelschiffsreedereien, welche schon oft in dankenswerter Weise der Wissenschaft auf ihren Schiffen eine Arbeitsstätte gegeben haben, auch für diesen Zweck zu interessieren; und es wird nicht schwer halten unter den Segelschiffskapitänen Herren zu finden, welche gern der Wissenschaft den Dienst leisten, die Apparate mitzunehmen und die Versuche nach Kräften zu unterstützen. Allerdings wird es wenigstens zu Anfang notwendig werden, zur Bedienung der Apparate und zur Ermittelung der sonstigen Angaben, z. B. zur Messung der Periode und Geschwindigkeit und der sonst interessierenden näheren Umstände, jedem Schiffe einen vorbereiteten und geschulten Herrn mitzugeben; für solche Aufgaben kämen jüngere Schiffbau-Ingenieure oder Ozeanographen in Frage, denen nachher auch die Ausmessung der Aufnahmen und Verwertung übertragen werden könnte.

Es wird sich weiterhin empfehlen, von unseren großen Passagierdampfern aus Wellen zu stereophotographieren; dieselben haben vor den Segelschiffen voraus, daß in den Aufbaudecks feste hohe Punkte zur Aufstellung der Appa-

Additional information of this book

(Jahrbuch der Schiffbautechnischen Gesellschaft); 978-3-642-47096-7;

978-3-642-47096-7_OSFO2) is provided:

http://Extras.Springer.com

rate gefunden werden können; ob die Erschütterungen der großen Dampfer die Aufnahmen stören werden, bleibt abzuwarten. In Verbindung mit diesen Wellenmessungen muß dann auch mit besonders für Bordzwecke brauchbaren Apparaten versucht werden, die Beanspruchungen der Verbände großer Schiffe zu ermitteln.

Aber solche Aufgaben kosten viel Geld. Meines Erachtens ist die Schiffbautechnische Gesellschaft nach ihren Satzungen die nächste dazu, derartige Aufgaben nach Möglichkeit zu fördern und zu unterstützen; wenn von dieser Stelle aus der Frage volles Interesse und kräftige Förderung gewidmet wird, so hoffe ich bestimmt, auch andere technische Vereine und Stiftungen zur Unterstützung zu gewinnen.*)

Und wenn wir an die großen Mittel denken, welche für wissenschaftliche Aufgaben, für Polar- und Tiefsee-Expeditionen verfügbar gemacht wurden, so dürfen wir die Hoffnung aussprechen, daß schließlich auch der Staat die Mittel bereit stellen möge zur Erforschung der Meeresoberfläche und zur vollen Lösung dieser für den Fortschritt des Schiffbaues außerordentlich wichtigen Frage.

———

Diskussion.

Herr Dr. E. Kohlschütter-Berlin (Gast):

Von dem Herrn Vortragenden haben wir eben gehört, welch großen Wert für den Schiffbau die Messung der Meereswellen hat. Er hat auseinandergesetzt, wie durch die Einführung der Stereophotogrammetrie die Möglichkeit exakter Messungen gewonnen worden ist, und er hat auch bereits erwähnt, daß die erste Anregung dazu von der Nautischen Abteilung des Reichs-Marine-Amts ausgegangen ist.

Ich glaubte, daß es von Interesse sein würde, Ihnen im Anschluß daran die ersten Versuche, die auf diesem Gebiete von der Nautischen Abteilung an Bord S. M. S. „Hyäne" angestellt worden sind, hier vorzuführen. Für die praktische Verwertung im Schiffbau werden sie zwar ohne Nutzen sein und nur ein historisches Interesse bieten, da sie in der Kieler Föhrde vorgenommen worden sind und infolgedessen nur ganz kleine Wellenhöhen vorkamen. (Der größte Unterschied zwischen Wellental und Wellenhöhe, den wir gemessen haben, ist 72 cm.) Sie können und sollen daher auch mit den Aufnahmen von Herrn Professor Laas in keiner Weise konkurrieren.

———

*) Der Verein Deutscher Ingenieure hat mir bereits vor der erwähnten Studienreise die beantragten Mittel bewilligt, welche jedoch die Kosten nicht annähernd gedeckt haben.

Sie sehen hier in Fig. 7 eine kartographische Darstellung der Ausmessungen mit Höhenschichtlinien von 10 cm zu 10 cm. (Demonstration.) Die Wellenberge sind heller, die Wellentäler am dunkelsten angelegt. Außerdem habe ich noch, um das allgemeine Bild deutlicher hervortreten zu lassen, die parallelen [schwarzen Linien gezogen, welche die Hauptwellenkämme darstellen. Diese Wellen sind entstanden unter dem Einfluß eines Südwestwindes, von der Stärke 5, und haben sich in senkrechter Richtung zu den parallelen Linien fortgepflanzt. Damit ist kombiniert ein zweites System von Wellen, das aus dem Kieler Hafen herauskam, und dessen Einfluß Sie in den horizontalen Kamm- und Tallinien sehen; und schließlich ist noch angedeutet eine ganz schwache Dünung dadurch, daß in der Mitte ein breiterer Streifen in der dunklen Farbe durchgeht. Diese 'Dünung, die 41 m Länge und nur wenige Zentimeter Höhe hatte, wird es auch gewesen sein, die ein schwaches Rollen des Schiffes bedingte, während die anderen kleinen Wellen von ca. 5 m Länge wohl kaum imstande gewesen sind, das Schiff zu bewegen.

Außerdem habe ich diese Darstellung noch in Form von Modellen illustriert, von denen Fig. 6 eine Abbildung enthält.

Leider habe ich mich dazu verleiten lassen, die Modelle in überhöhtem Maßstabe auszuführen, sodaß die Form der Wellen und die Böschungswinkel nicht richtig dargestellt sind, sondern einen etwas unnatürlichen Eindruck machen. Aber wenn ich die Höhe in natürlicher Größe dargestellt hätte, würde man wahrscheinlich überhaupt nichts gesehen haben, da, wie gesagt, die höchsten Unterschiede bloß 72 cm betragen.

Wie genau die Methode der Stereophotogrammetrie ist, sehen Sie jedoch gerade aus dieser Aufnahme vielleicht am besten, bei welcher Höhenunterschiede von 10 cm und weniger noch sehr deutlich und scharf festgestellt worden sind, wie auch daraus hervorgeht, daß sich die Höhenschichtlinien von 10 cm zu 10 cm haben ohne Schwierigkeit zeichnen lassen. Daß dabei auch nicht die Phantasie mitgesprochen hat, sondern daß 'das, was Sie sehen, wirkliche Ausmessungen sind, zeigt dieses hier aufgestellte kleine Stereoskop mit unsern stereophotogrammetrischen Aufnahmen, die zu den Messungen gedient haben. Es sind über der Wasseroberfläche mit ihren Wellen, die man im Stereoskop ebenso plastisch wie in einem Modell sieht, kleine aufrechtstehende schwarze Pfeilchen eingezeichnet worden, und wenn Sie sich das Bild ansehen, werden Sie finden, daß die Pfeilchen genau auf einzelne Wellen hindeuten, und man nicht im Zweifel ist, auf welche Stelle der Meeresoberfläche ein jeder der Pfeile eingestellt ist. Diese Pfeile bedeuten verschiedene Stellungen der Meßmarke des Stereokomparators, und indem man bei einer jeden die Skalen des Apparats abliest, erhält man die Grundlagen zur Berechnung der rechtwinkeligen Koordinaten der eingestellten Punkte. Dadurch, daß man die Meßmarke des Stereokomparators in alle Täler hineinsteigen und auf alle Höhen hinaufklettern läßt, findet man die Schnitte, die der Vortragende vorgeführt hat, und kann sie entweder zu solchen Karten oder zu den Modellen zusammensetzen, die ich Ihnen gezeigt habe. (Beifall.)

Der Ehrenvorsitzende, Seine Königliche Hoheit Großherzog von Oldenburg:

Wünscht noch einer von den Herren das Wort? Dann erteile ich Herrn Professor Laas das Schlußwort.

Herr Professor Walter Laas-Berlin (im Schlußwort):

Dem Herrn Vorredner gebührt zweifellos das Verdienst, im Prinzip die Stereophotogrammetrie für die Wellenmessung zuerst verwendet zu haben. Es ist jedoch ein Unterschied, ob man die Aufnahmen bei gutem Wetter in der Kieler Föhrde macht, oder bei starkem Seegang auf hoher See, und gerade die Schwierigkeiten auf hoher See waren der Grund, daß solche Messungen bisher nicht angestellt worden sind.

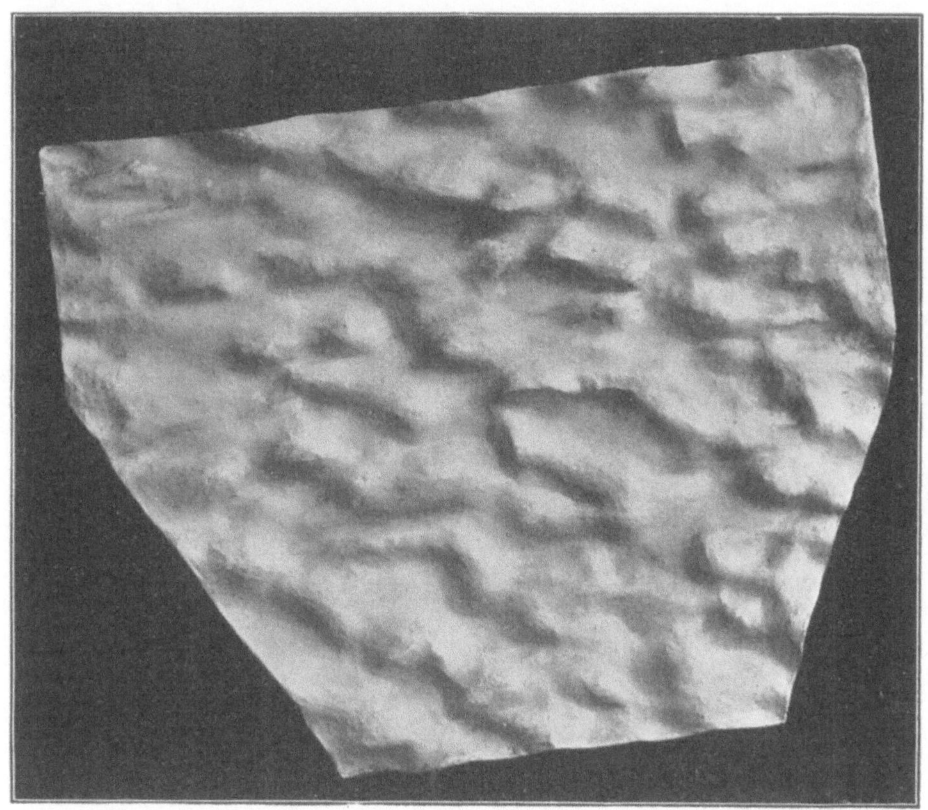

Fig. 6.

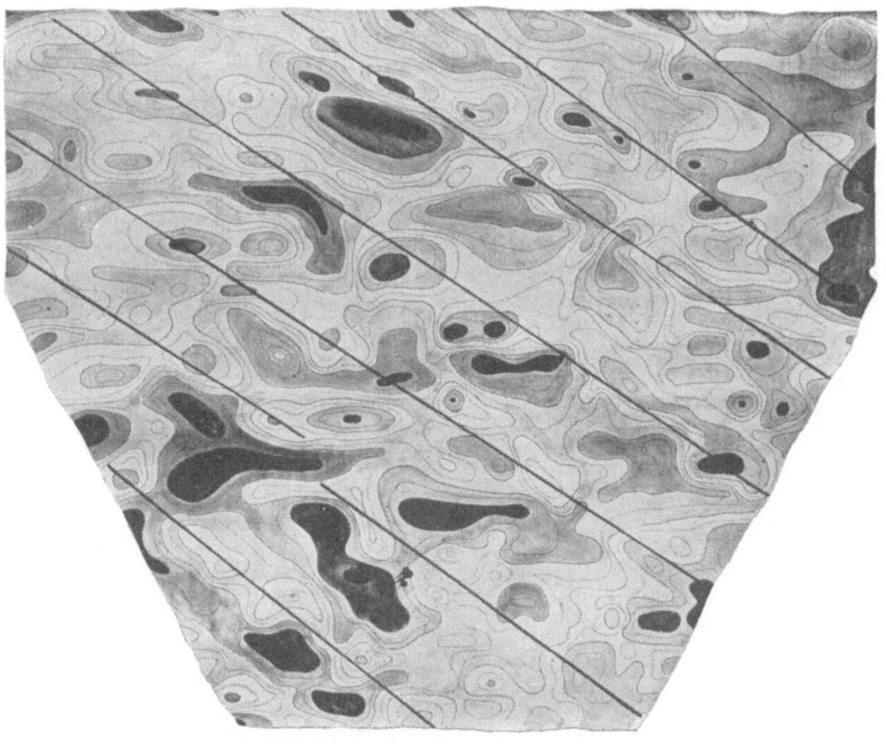

Fig. 7.

Seite 406 a.

Ich kann nur den Wunsch aussprechen, daß die Wellenmessungen des Herrn Dr. Kohlschütter und die meinigen nicht die letzten sind, sondern daß recht bald weitere auf hoher See folgen mögen.

Durch das Entgegenkommen der Firma Zeiß ist es mir möglich, Ihnen den Stereokomparator zu zeigen, mit welchem meine Aufnahmen aufgemessen worden sind. Diejenigen Herren, welche sich dafür interessieren, möchte ich bitten, nach der Diskussion sich den Apparat anzusehen. Es sind die Aufnahmen aufgestellt, welche ich soeben im Bilde und in der Aufmessung gezeigt habe. Es ist daran ohne weiteres das Verfahren der Stereophotogrammetrie zu erkennen.

Der Ehrenvorsitzende, Seine Königliche Hoheit Großherzog von Oldenburg:

Dem Herrn Vortragenden spreche ich namens der Schiffbautechnischen Gesellschaft den wärmsten Dank für seinen Vortrag aus!

Wenngleich die Resultate der Versuche bisher keine abschließenden sind, so haben sie uns doch eine Stufe weiter gebracht, sodaß zu hoffen sein wird, daß, wenn mit demselben Eifer und derselben Sachkenntnis fortgefahren wird, der Nutzen derselben für unsere Schiffbauer nicht ausbleiben wird.

XIX. Die Erprobung von Ventilatoren und Versuche über den Luftwiderstand von Panzergrätings.

Vorgetragen von **O. Krell**-*Berlin*.

Bei der wichtigen Rolle, die heutzutage im modernen Schiffbau und besonders im Kriegsschiffbau die Ventilationseinrichtungen spielen und bei der Unmenge von verschiedenen Ventilatorkonstruktionen, unter denen der Schiffbauer seine Wahl zu treffen hat, dürfte hier der Ort und die Zeit sein, eine Prüfungsmethode für Ventilatoren zu besprechen, die es gestattet, einen klaren Überblick über alle wichtigen Eigenschaften einer Ventilatorkonstruktion zu geben.

Ich möchte mich hier auf die Erörterung von Versuchen beschränken, die an Zentrifugalventilatoren gemacht worden sind, obwohl die Methode ebensogut auf Schraubenventilatoren angewendet werden kann. Die Schleudergebläse sind aber für die Verwendung an Bord bei weitem wichtiger, wegen der in der Regel ziemlich beträchtlichen Drucke, die zur Überwindung der Widerstände der langen mehrfach gewundenen Leitungen erforderlich sind.

Wenn man bedenkt, daß es ausgeschlossen ist, einen Zentrifugalventilator so fehlerhaft zu konstruieren, daß er überhaupt nicht bläst — denn auch ein einfaches Brett oder Blech in ein Schneckengehäuse gebracht und um eine in seiner Ebene liegende Achse in Umdrehung versetzt, wird eine sehr fühlbare Blaswirkung erzeugen —, so ergibt sich, daß der ganze Unterschied zwischen den einzelnen Ventilatorkonstruktionen im größeren oder geringeren Nutzeffekt liegt, d. h. ein Ventilator soll mit möglichst geringem Kraftbedarf eine möglichst große Luftmenge durch ein gegebenes Kanalsystem fördern.

Wenn daher seitens der Konstrukteure der Nutzeffektsfrage mit Recht großes Gewicht beigelegt wird, so wird man auch bei der Untersuchung von Ventilatoren dieser Frage sein besonderes Interesse zuwenden müssen.

Wollen wir ein erschöpfendes Bild über die gesamte Leistungsfähigkeit eines Ventilators gewinnen, so müssen wir zunächst dem Flügelrade alle in der Praxis möglichen oder zweckmäßigen Tourenzahlen geben, dann bei den verschiedenen Tourenzahlen den Gegendruck alle möglichen Werte durchlaufen lassen und immer die dabei geförderte Luftmenge und damit den Nutzeffekt des Ventilators unter Berücksichtigung der jeweils zugeführten Energie bestimmen.

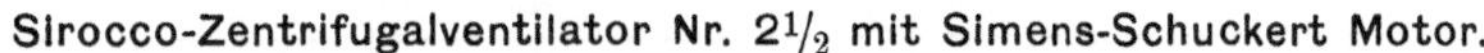

Sirocco-Zentrifugalventilator Nr. $2^1/_2$ mit Simens-Schuckert Motor.

Fig. 1.

Derartige Versuche habe ich schon vor längerer Zeit mit einem Sirocco-Zentrifugalventilator Nr. $2^1/_2$, wie er in Fig. 1 abgebildet ist, vorgenommen und das in Fig. 2 zusammengestellte Ergebnis erhalten.

Der Ventilator lief nach einander mit den Tourenzahlen 400, 800, 1000, 1200, 1600 und 2000, wobei jedesmal unter Konstanthaltung der Tourenzahl durch allmähliches Abdrosseln der Ausblaseleitung, Druckbestimmung und Luftmessung die hier abgebildeten Nutzeffektskurven erhalten wurden.

Ein recht anschauliches Bild erhält man, wenn man die Nutzeffektskurven im räumlichen Koordinatensystem zur Darstellung bringt, indem man die zu den verschiedenen Tourenzahlen gehörigen Nutzeffektskurven koulissenartig hintereinander stellt und zwar in Zwischenräumen proportional der Tourenzahl oder mit anderen Worten, indem man in einem räumlichen Koordinatensystem auf der X-Achse die Gegendrucke, auf der Y-Achse die Tourenzahlen und auf der senkrechten Z-Achse die Nutzeffekte aufträgt. — Die Nutzeffektskurven begrenzen dann eine räumliche Fläche, die das Aussehen eines Gebirgszuges zeigt, und zwar eines Gebirgszuges mit ganz ausgesprochener Spitze und schroffen Abstürzen. —

Versuche mit einem Sirocco-Zentrifugalventilator Nr. 2½.

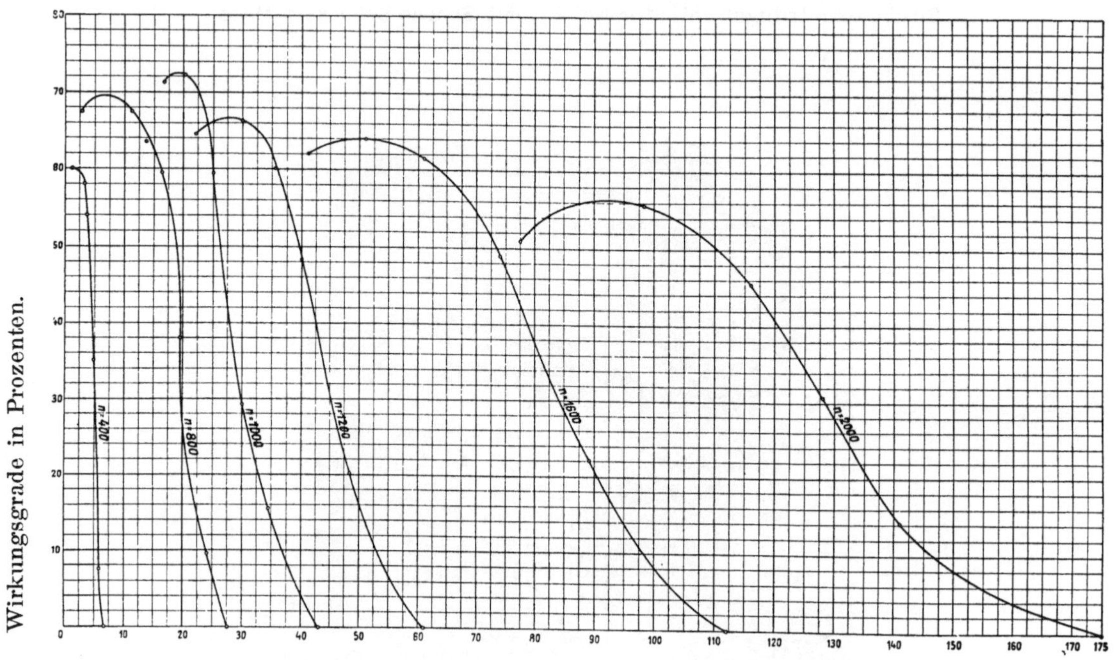

$$\eta = \frac{F \sqrt{\dfrac{2gh}{\gamma}} \,(h+p)}{75\,N}$$

g = Beschleunigung der Schwere 9,81
h = Geschwindigkeitshöhe der Luft in mm W.S.
p = Luftpressung in mm W.S.
η = Wirkungsgrad
F = Rohrquerschnitt in qm

γ = sp. Gewicht der Luft unter Berücksichtigung der Temperatur und des Barometerstandes
N = die vom Ventilator aufgenommenen P.S. e.

Fig. 2.

Die 1000 Tourenkurve ist in diesem Falle die Trägerin des höchsten Nutzeffektsgipfels von 72,5 %. Macht man jedoch beim Projektieren der Lüftungsanlage nur einen kleinen Fehler in der Berechnung und erhält statt der errechneten 22 mm Wassersäule 30 mm Wassersäule Druck, so stürzt man von der stolzen Höhe von 72,5 % in die Tiefe von 29,3 % herab.

Ich habe die räumliche Darstellung einer solchen Nutzeffektsfläche und zwar derjenigen für den Sirocco Nr. 2½ in Gyps ausführen lassen (Fig. 3) und man sieht an ihr tatsächlich, daß sich das Gebiet des größten Nutzeffektes auf eine Spitze von ganz geringer Ausdehnung beschränkt, in deren unmittelbarer Nachbarschaft die gefürchteten Abgründe minimalen Nutzeffektes gähnen.

Man sieht aus diesem Beispiel einerseits, wie außerordentlich wichtig die zuverlässige Vorausbestimmung des endgültig eintretenden statischen

Räumliche Darstellung der Nutzeffektsfläche eines Siroccoventilators Nr. 2¹/₂.

Fig. 3.

Druckes für den Nutzeffekt ist, andererseits, wie eng begrenzt die Zone des maximalen Wirkungsgrades für diesen Ventilator ist.

Aus dieser Darstellung erhellt auch, daß für den projektierenden Ingenieur derjenige Ventilator der vorteilhafteste ist, welcher eine möglichst hoch gelegene, möglichst flach gewölbte Kuppe als Nutzeffektsfläche besitzt, weil dann Ungenauigkeiten in der Vorausbestimmung des statischen Druckes weniger ins Gewicht fallen. Das Ideal eines Ventilators müßte ein zwischen 60 und 70 °/₀ oder noch höher gelegenes Hochplateau als Nutzeffektsfläche aufweisen.

Selbstverständlich lassen sich für die Darstellung der räumlichen Nutzeffektsfläche auch alle anderen Methoden der Gebirgsdarstellung wählen, so z. B. die Methode der Niveaukurven. Diese Niveaukurven sind auch bei dem Gypsmodell Fig. 3 besser noch in Fig. 7 und 8 dargestellt und zwar entsprechen die Zwischenräume von Kurve zu Kurve je 2 °/₀ Nutzeffekt.

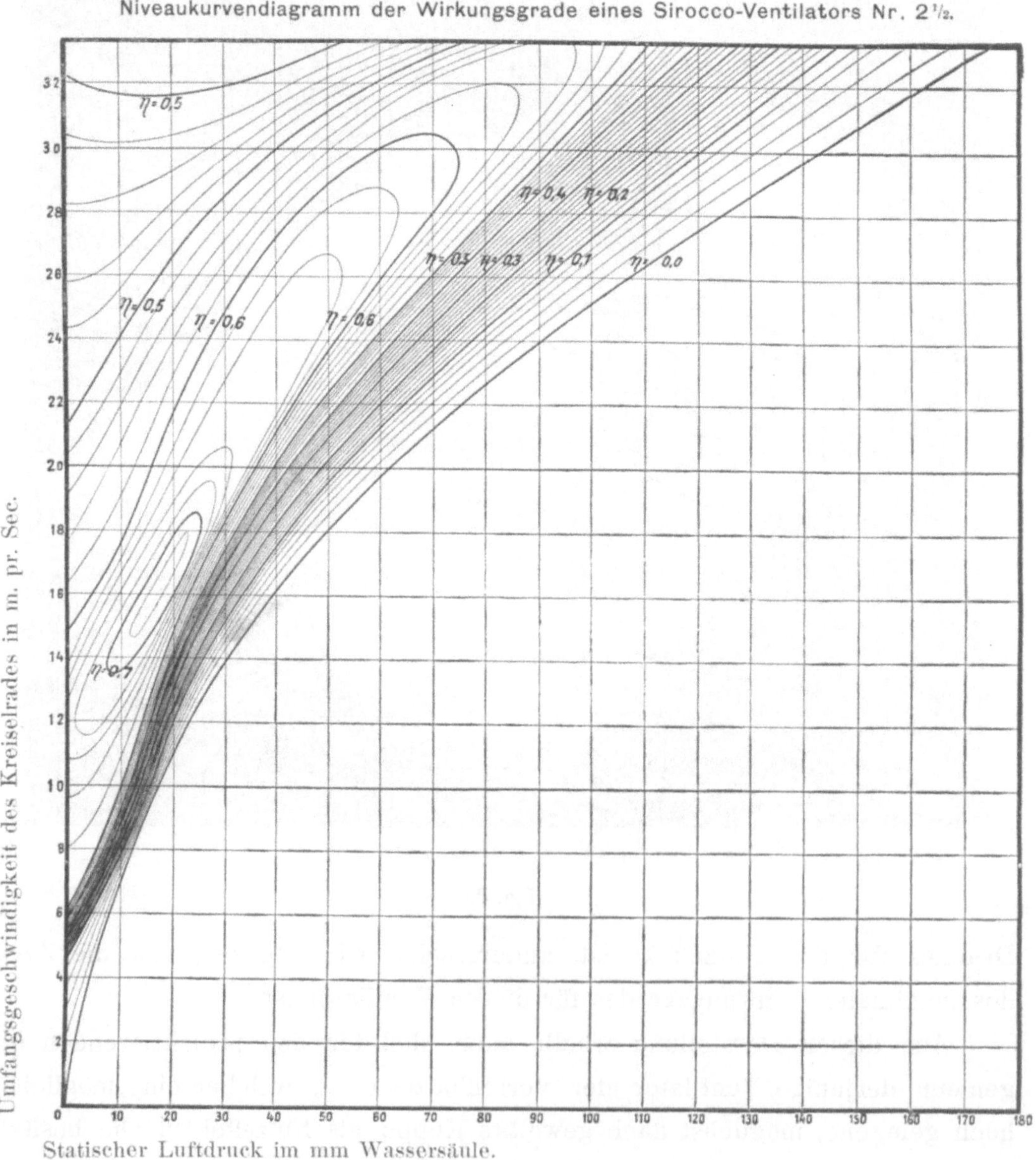

Fig. 4.

Projiziert man die Kurven gleichen Nutzeffekts auf die XY-Ebene so ergeben sich, wie bei der Darstellung des Geländes, Niveaukurven, wie in Fig. 4 dargestellt. In diesem Diagramm hat man nur nötig, den zu der projektierten Tourenzahl und dem zu erwartenden Druck gehörigen Punkt zu suchen, um sofort die Zone des zugehörigen Nutzeffektes zu erhalten.

In der gleichen Weise sind die von den beiden in Fig. 5 schematisch abgebildeten Ventilatoren festgestellten Nutzeffektskurven und -flächen gewonnen. Fig. 6, 7 und 8.

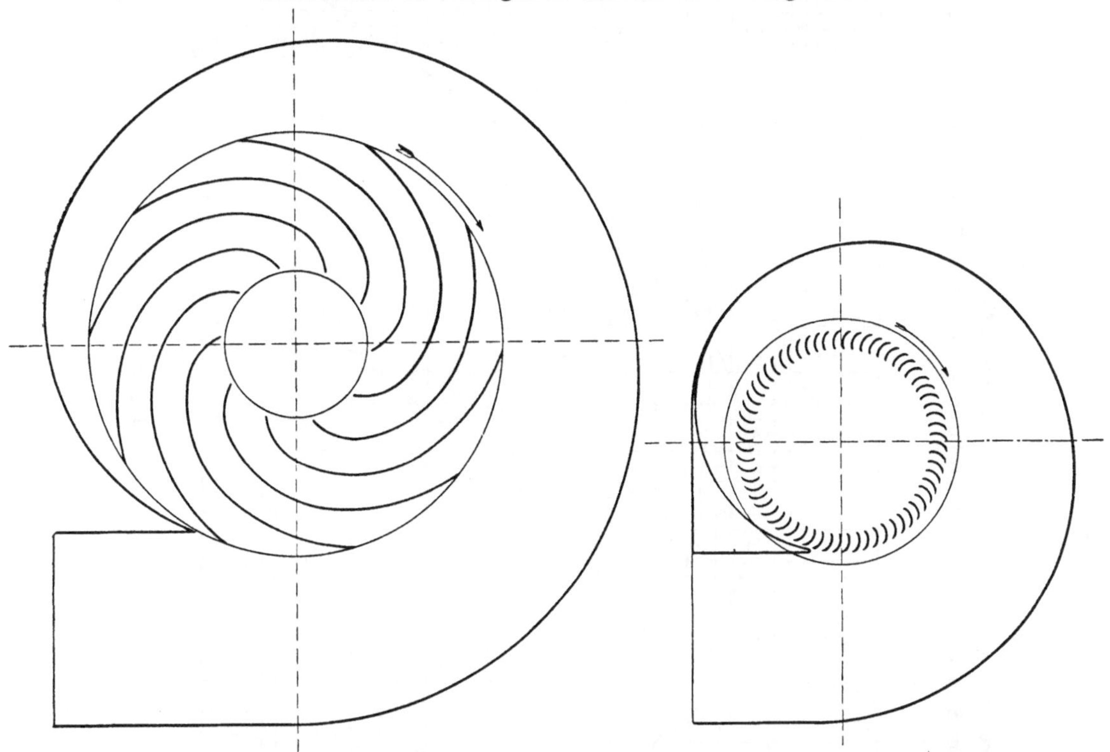

Fig. 5.

Ich habe hier absichtlich extrem verschiedene Ventilatorkonstruktionen zusammengestellt, weil dadurch auch in den Nutzeffektsflächen die charakteristischen Unterschiede deutlich zum Ausdruck kommen.

Beide Ventilatoren sollen annähernd die gleiche Leistung, wenn auch bei verschiedenen Tourenzahlen, haben. Der kleinere (ein Sirocco No. 7) besitzt, nach dem Vorbilde der Ser schen Ventilatoren, viele in radialer Richtung kurze und nach vorwärts gekrümmte Schaufeln. Der größere von 1750 mm Kreiselraddurchmesser hat relativ wenige, in radialer Richtung sehr lange nach und rückwärts gekrümmte Schaufeln.

Bevor wir die Folgen dieser konstruktiven Verschiedenheiten an den

Vergleichende Versuche zwischen einem Zentrifugalventilator von 1750 mm Kreiselraddurchmesser
und einem Sirocco-Zentrifugalventilator Nr. 7 von 890 mm Kreiselradduchmesser.
Kurven des großen Ventilators.
„ Sirocco- „
n-710
n-625
n-615
n-568
n-500
n-400
n-300
n-200
n-500
n-400
n-300
n-200
Statischer Luftdruck in mm Wassersäule.

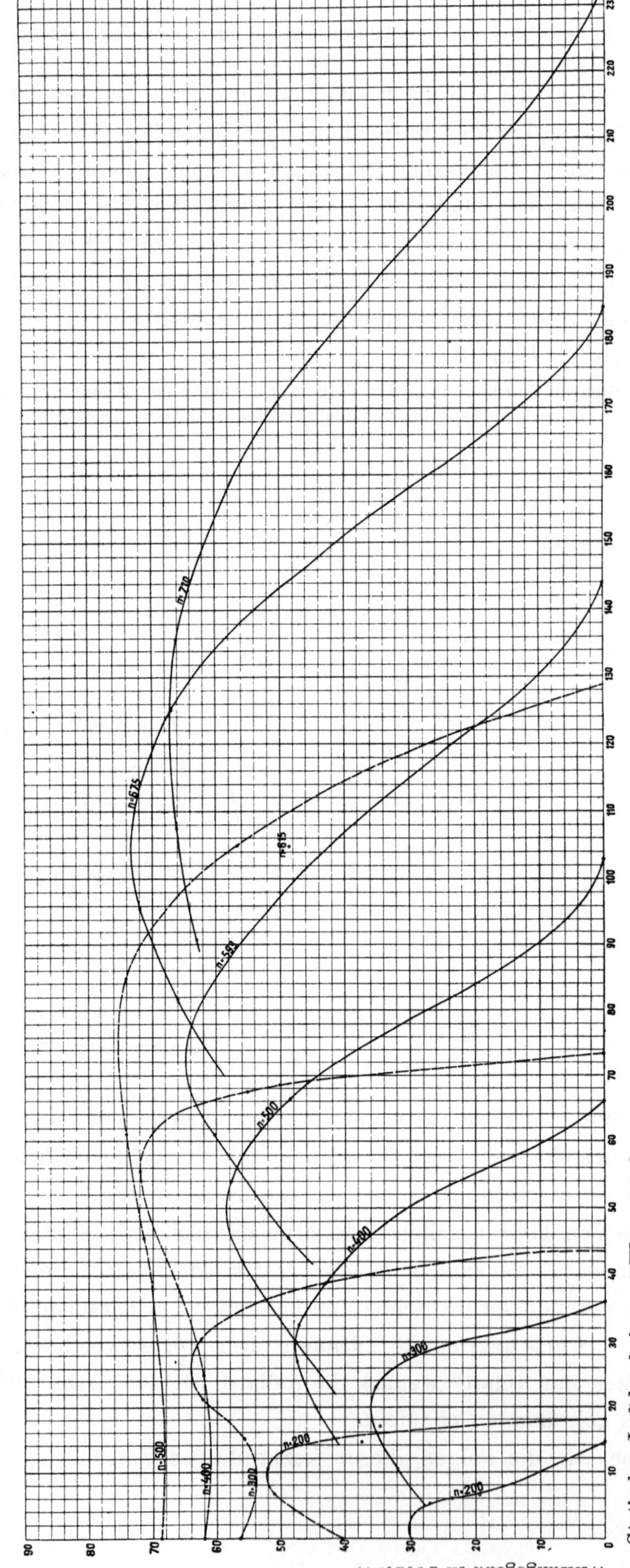

Fig. 6.

Diagrammen im einzelnen diskutieren, dürfte es zweckmäßig sein, sich im allgemeinen die Grundsätze klar zu machen, nach denen der Konstrukteur von Schleudergebläsen zu verfahren hat.

Halten wir uns vor Augen, daß ein Schleudergebläse lediglich die Fliehkraft des zu fördernden Mediums benutzt, um die Bewegung desselben zu

Räumliche Darstellung der Nutzeffektsfläche eines Siroccoventilators Nr. 7.

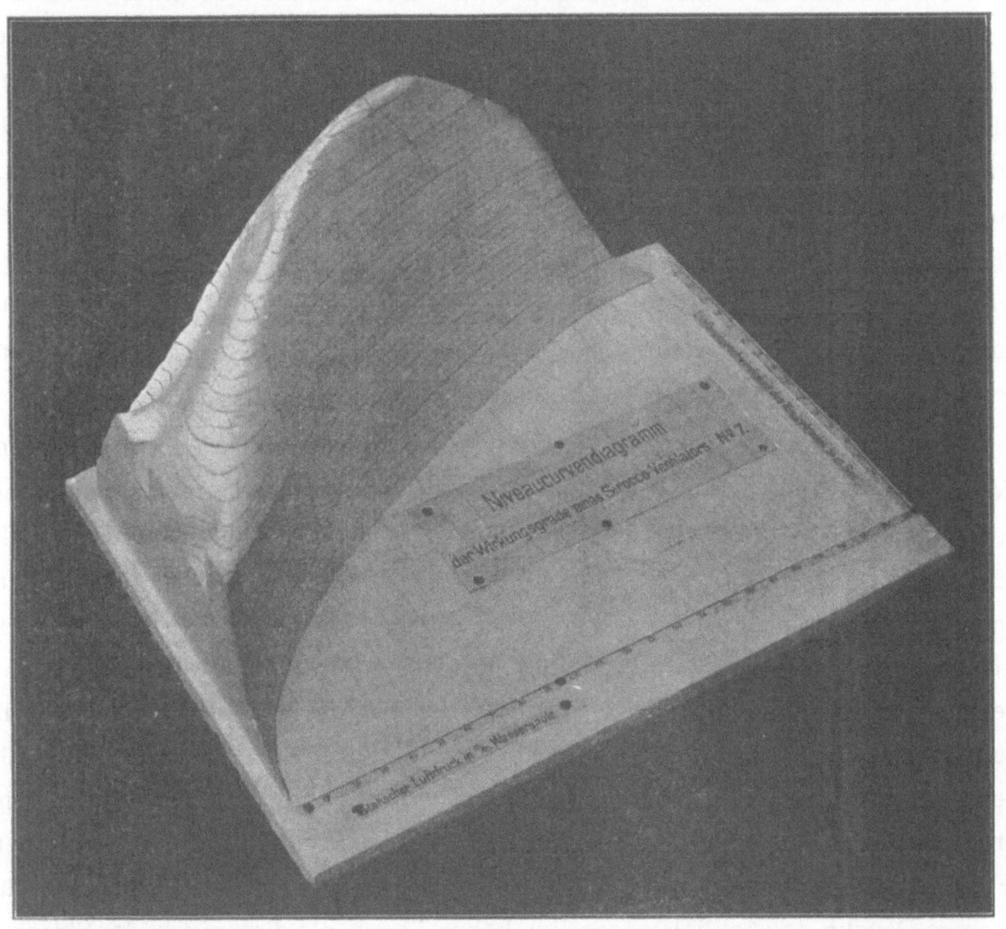

Fig. 7.

bewirken, und daß die Fliehkraft eine Funktion der Umfangsgeschwindigkeit des Kreiselrades ist, so ergeben sich ganz von selbst für die Konstruktion der Schleudergebläse nachstehende Gesichtspunkte:

　　1. Der gesamten Menge der zu fördernden Flüssigkeit muß die Umfangsgeschwindigkeit des Kreiselrades so vollkommen wie möglich erteilt werden.

2. Die Durchflußquerschnitte und die Reibungsoberflächen des Kreiselrades müssen möglichst groß bezw. möglichst klein gemacht werden.

3. Die Luftführung innerhalb eines Schleudergebläses muß so geschehen, daß Wirbelungen möglichst vermieden werden.

Prüfen wir die vergleichsweise dargestellten beiden Ventilatorkonstruktionen an Hand dieser Gesichtspunkte, so sehen wir, daß die Konstrukteure ganz verschieden zu Werke gegangen sind. Der Sirocco-Ventilator sucht die Sicherheit der Luftmitnahme am Umfange des Kreiselrades durch sehr viele, löffelförmig gekrümmte, in radialer Richtung schmale Schaufeln zu erreichen. Die Anzahl der Schaufeln wird nur dadurch begrenzt, daß durch zu viele Schaufeln der Durchflußquerschnitt durch das Kreiselrad zu sehr eingeengt und die Reibungsoberfläche zu groß wird. Durch die nach vorwärts gekrümmten Schaufeln dieses Ventilators wird ferner die Luft gezwungen, nach vorn aus dem Flügelrade unter spitzem Winkel auszutreten, wodurch sie bereits ungefähr in der Richtung aus dem Rade geschleudert wird, welche sie in dem Schneckengehäuse annehmen muß, um zur Ausblaseöffnung zu gelangen.

Ganz anders der große Ventilator. Die Anzahl der Schaufeln ist im Vergleich zu der Größe des Kreiselrades gering zu nennen; die Sicherheit der Luftmitnahme wird von dem Konstrukteur durch die Tiefe der Schaufeln angestrebt. Die Luft tritt aus dem Kreiselrade mehr in radialer Richtung aus und wird daher in dem Schneckengehäuse mehr Wirbelungen erzeugen, als es bei dem kleineren Ventilator der Fall ist. Für große Luftmengen und geringe Drücke wird der große Ventilator wegen seines geringeren Durchflußwiderstandes durch das Kreiselrad einen höheren Nutzeffekt ergeben als der kleine Ventilator mit seinen vielen Schaufeln und dem verhältnismäßig größeren Durchflußwiderstand. Wir sehen dies deutlich auf den Diagrammen (Fig. 5) dadurch ausgedrückt, daß die Nutzeffekte des großen Ventilators für geringe Drücke tatsächlich wesentlich höher liegen als diejenigen des Sirocco-Ventilators. Bei steigendem Gegendruck jedoch fallen die Nutzeffekte des großen Ventilators mit wenig Schaufeln außerordentlich rasch, mitunter fast senkrecht ab, was darin seinen Grund hat, daß die große Teilung der Schaufeln am Umfange des Kreiselrades die Mitnahme der Luft nicht mehr genügend sichert, sodaß innerhalb des Kreiselrades zwischen zwei Schaufeln starke innere Wirbelungen entstehen, welche Effektverluste bedingen.

Beim Sirocco-Ventilator ist es umgekehrt. Beim Durchströmen großer Luftmengen, d. h. also bei verhältnismäßig niedrigen Drucken, ist der Durch-

strömwiderstand durch das vielflüglige Kreiselrad relativ hoch und die Nutzeffekte niedrig. Dagegen tritt der Vorteil der großen Anzahl der Schaufeln
in die Erscheinung, wenn der Gegendruck gesteigert wird.

Räumliche Darstellung der Nutzeffektsfläche eines Zentrifugalventilators
von 1,75 Flügelraddurchmesser.

Fig. 8.

Wir sehen, daß der vielflüglige Ventilator für gleiche Umfangsgeschwindigkeit des Kreiselrades (32 m/sec) ungefähr den vierfachen Druck erzeugt wie das
Flügelrad des großen Ventilators (Fig. 9 und 10). Beide Ventilatoren müssen als
sehr gut bezeichnet werden, da ihre maximalen Nutzeffekte beträchtlich 70%
übersteigen. Für niedrige Drücke ist der große Ventilator sogar als ganz

Niveaukurvendiagramm der Wirkungsgrade eines Zentrifugalventilators
von 1,75 m Kreiselraddurchmesser.

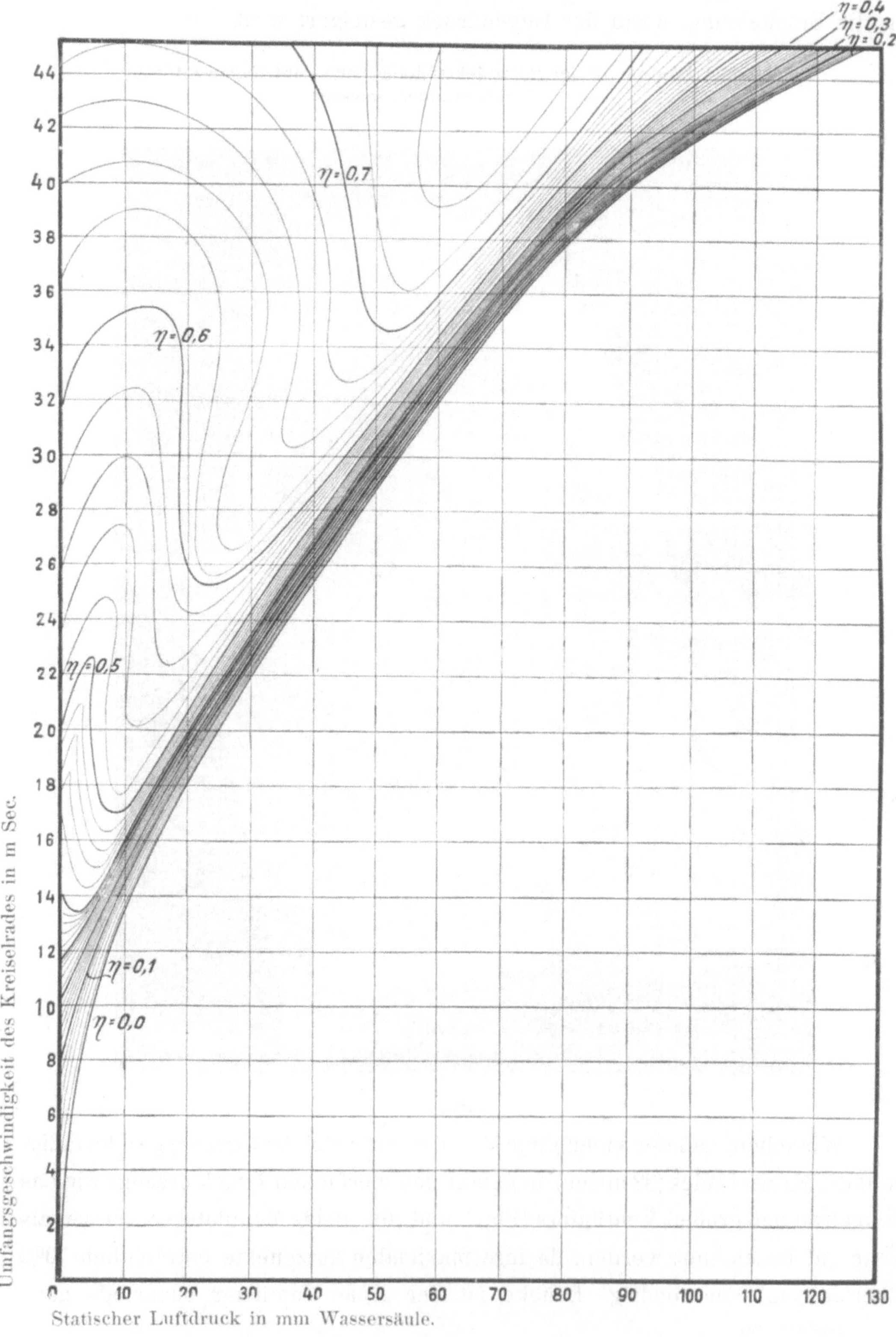

Fig. 9.

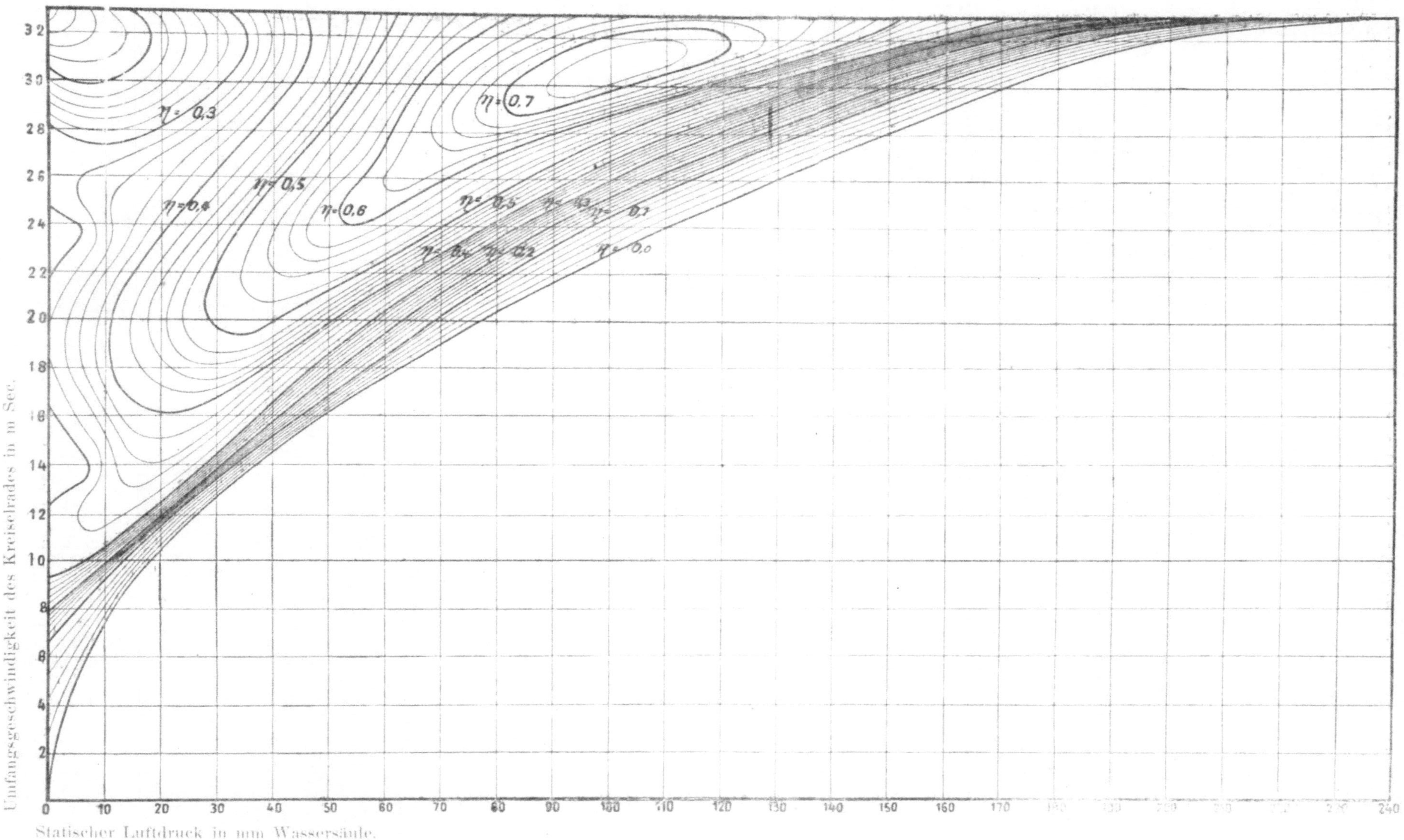

Fig. 10.

vorzüglich anzusehen, da seine Nutzeffektskurven in diesem Bereich in sehr geringer Neigung verlaufen, was auch auf dem Niveauliniendiagramm und in Fig. 8 dadurch zum Ausdruck kommt, daß wir hier ein leidlich gut ausgeprägtes Hochplateau mit nicht allzusehr hervorragenden Erhöhungen erkennen können.

Gefährlich für den projektierenden Ingenieur würde die Anwendung dieses Ventilators nur dann, wenn er gezwungen ist, an die Druckgrenze zu gehen, weil dann die Nutzeffekte bei verhältnismäßig ganz geringfügigen Druckunterschieden bis auf 30 und 20 % fallen können. Die Niveaukurven-Diagramme sind in gleichem Maßstabe gezeichnet. Statt der Tourenzahlen sind als Ordinaten gleiche Umfangsgeschwindigkeiten eingetragen, wegen der verschiedenen Durchmesser der Vergleichsventilatoren.

Außer den Betrachtungen über die absolute Leistung müssen natürlich auch Erhebungen über die relative Leistung im Vergleich zum Gewicht und zum Raumbedarf gepflogen werden, die das aus den Nutzeffektsdiagrammen gewonnene Bild vervollständigen.

Ich hoffe, hierdurch einige Anhaltspunkte zur Diskussion derartiger Versuchsdiagramme gegeben zu haben und möchte mich nun zu dem zweiten Teile meines Vortrages, nämlich der Besprechung der

Versuche über den Luftwiderstand von Panzergrätings

wenden.

Es ist hier wohl erforderlich, mit einigen kurzen Worten die von mir bei diesen Versuchen angewendete Meßmethode zu berühren. Hierbei sind zweierlei Messungen notwendig: Erstens die Messung der Luftgeschwindigkeit zur Bestimmung der pro Zeiteinheit durchströmenden Luftmenge, zweitens die Ermittelung der Druckdifferenz vor und hinter dem Hindernis als Maß für den Widerstand.

Für gewöhnlich mißt man Luftgeschwindigkeiten durch die allgemein bekannten Flügelrad-Anemometer, wie ein solches in Fig. 11 hier abgebildet ist. Das abgebildete Instrument gehört zu den empfindlichsten, die für solche Zwecke hergestellt werden, ist von der Firma R. Fueß in Steglitz gebaut und gestattet tatsächlich, die geringsten Luftströmungen zu konstatieren. So ist z. B. der von einem Menschen aufsteigende Luftstrom hinreichend, um das Flügelrad dieses Anemometers in Umdrehung zu versetzen (der Versuch wird vorgeführt). Immerhin haben diese Instrumente den Nachteil, daß sie für Messungen innerhalb von Kanälen sehr unbequem sind und auch die Luftgeschwindigkeit erst kontrollieren lassen, nachdem man sie eine gewisse

Zeit dem Luftstrome ausgesetzt hat. Man ist also niemals in der Lage, momentane Messungen auszuführen, sondern muß erst aus der Anzahl der Umdrehungen während einer bestimmten Zeit die Geschwindigkeit berechnen.

Endlich ist man bei der Messung auch niemals sicher, ob nicht inzwischen eingetretene mechanische Verletzungen die additionelle Konstante für die Reibung nicht wesentlich geändert haben. Wegen dieser Nachteile habe ich auch bei meinen Messungen vorgezogen, hydrostatische Meßinstrumente zu verwenden, deren kurze Beschreibung ich hier einschalte.

Flügelradanemometer von R. Fueß.

Fig. 11.

Professor Recknagel hat den Nachweis geliefert, daß bei einer einem Luftstrome senkrecht entgegengehaltenen Scheibe in der Mitte dieser Scheibe ein Druck entsteht, welcher der Geschwindigkeitshöhe der Luft gleichkommt. Unter Geschwindigkeitshöhe versteht man den Druck derjenigen Flüssigkeitssäule, die erforderlich ist, um der Flüssigkeit die betreffende Ausflußgeschwindigkeit zu erteilen. Diese Geschwindigkeit ist nämlich gleich derjenigen, die ein schwerer Körper besitzen würde, nachdem er die Höhe der Flüssigkeitssäule durchfallen hat. Man kann den Zusammenhang zwischen Geschwindigkeitshöhe und Staudruck auch sehr hübsch in der in Fig. 12a dargestellten Weise experimentell zeigen. Bringt man unten in einem mit Wasser gefüllten Gefäß in der dünnen Blechwand eine seitliche Ausflußöffnung an, so

wird die theoretische Austrittsgeschwindigkeit an dieser Stelle, wie schon bemerkt, gleich derjenigen sein, die ein freifallender Körper nach dem Durchfallen
der Höhe h im luftleeren Raum erlangt haben würde. Überlegt man sich hierbei,
daß die innere Reibung des Wassers eine außerordentlich geringe ist, so be-

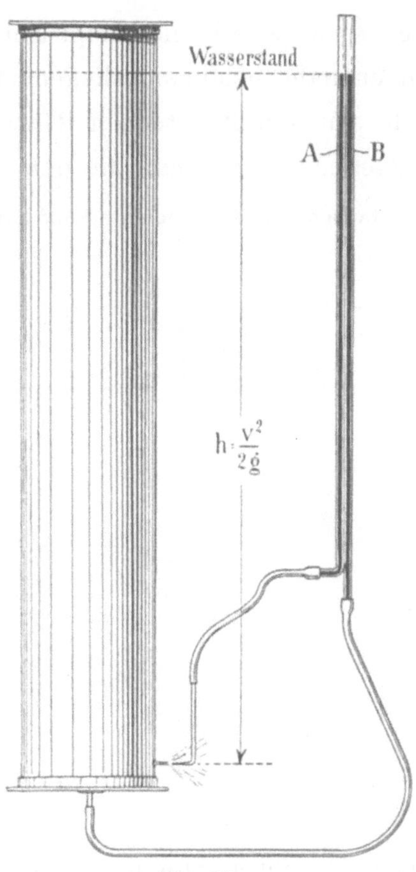

Fig. 12a.

steht die Hoffnung, daß man beim Herausfangen des mittelsten Wasserfadens
diese theoretische Geschwindigkeit ziemlich genau erhält. Stellt man also eine
zugespitzte Pitotsche Röhre so in den austretenden Wasserstrahl, daß der
mittlere Wasserfaden auf die Spitze trifft, so entsteht dort ein Staudruck,
welcher die Wassersäule eben so hoch treiben wird, wie der Wasserstand
in dem Gefäß ist. Die in Fig. 12a mit B bezeichnete Röhre kommuniziert
mit dem Gefäß und zeigt den Wasserstand an, die danebengestellte Stau-
röhre A gibt den Staudruck zu erkennen. Beim Versuch wurde eine Differenz zwischen den Wassersäulen A und B nicht bemerkt, jedenfalls war sie
so klein, daß sie innerhalb der Grenze der Beobachtung lag[1]. Man hat hier

---

[1] Der Versuch während des Vortrages mißlang wegen Verstopfung der Pitotschen Röhre.

also eine beinahe verlustfreie Umsetzung von potentieller Energie in kinetische und zurück von kinetischer in potentielle Energie. Wenn es gestattet ist, an dieser Stelle auf den gestrigen Vortrag des Herrn Dr. Wagner zurückzukommen, so möchte ich bemerken, daß ich für die Geschwindigkeitsmessungen hinter den Schraubenflügeln die Pitotsche Röhre für das gegebene Meßinstrument halte, weil es erstens keinen empirischen Koëffizienten besitzt und zweitens die Messungen nahe beieinanderliegender Wasserfäden gestattet. Außerdem ist es möglich, mit der Pitotschen Röhre die jeweilige Richtung des Wasserfadens festzustellen, indem man die dem Wasserstrom entgegen

Doppelseitige Stauscheibe (Pneumometerkopf nach Krell sen.)

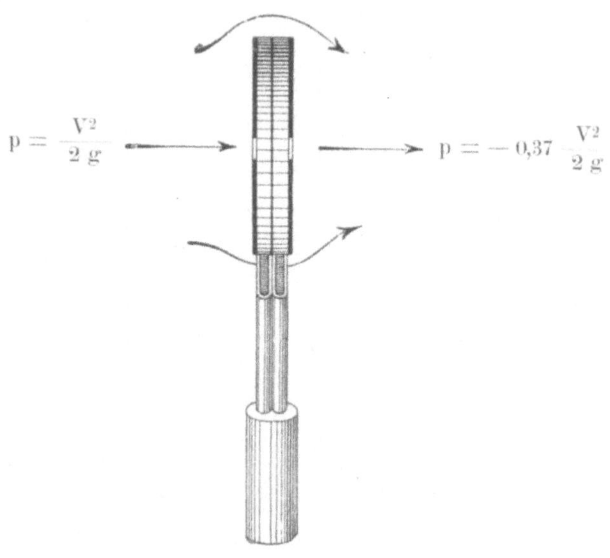

Fig. 12b.

zurichtende Spitze solange in ihrer Stellung verändert, bis der maximale Druck entsteht. Man hat dann die Gewißheit, daß die Spitze in der Richtung des Wasserfadens sich befindet.

Jedenfalls haften der Pitotschen Röhre nicht die Mängel an und die Ungenauigkeit, wie dem bei den Versuchen des Herrn Dr. Wagner benutzten Woltmannschen Flügel, auf dessen Nachteile auch Herr Dr. Föttinger in der Diskussion schon mit Recht hingewiesen hat.

Ferner hat Recknagel festgestellt, daß auf der Rückseite der dem Luftstrome entgegengehaltenen Scheibe in der Mitte derselben eine Saugpressung = 0,37 derjenigen auf der Vorderseite entsteht. Die gesamte Pressungsdifferenz zwischen Vorder- und Hinterseite der Stauscheibe beträgt demnach 1,37 der Geschwindigkeitshöhe. Mißt man nun diese Pressungsdifferenz, so kann man aus dem erhaltenen Resultat ohne weiteres die Luftgeschwindigkeit an der Stelle der Stauscheibe einwandfrei berechnen. Zu diesem Zweck ist das in Fig. 12b dargestellte Instrument konstruiert worden, das auch mit dem Namen Pneumometerkopf belegt wurde. Es besteht aus einer möglichst dünnen, kreisförmigen Dose, die durch eine Scheidewand in 2 Kammern geteilt ist. Die vordere und die hintere Dosenwand sind in der Mitte mit einer kleinen Öffnung versehen. Von jeder der Kammern geht ein dünnes

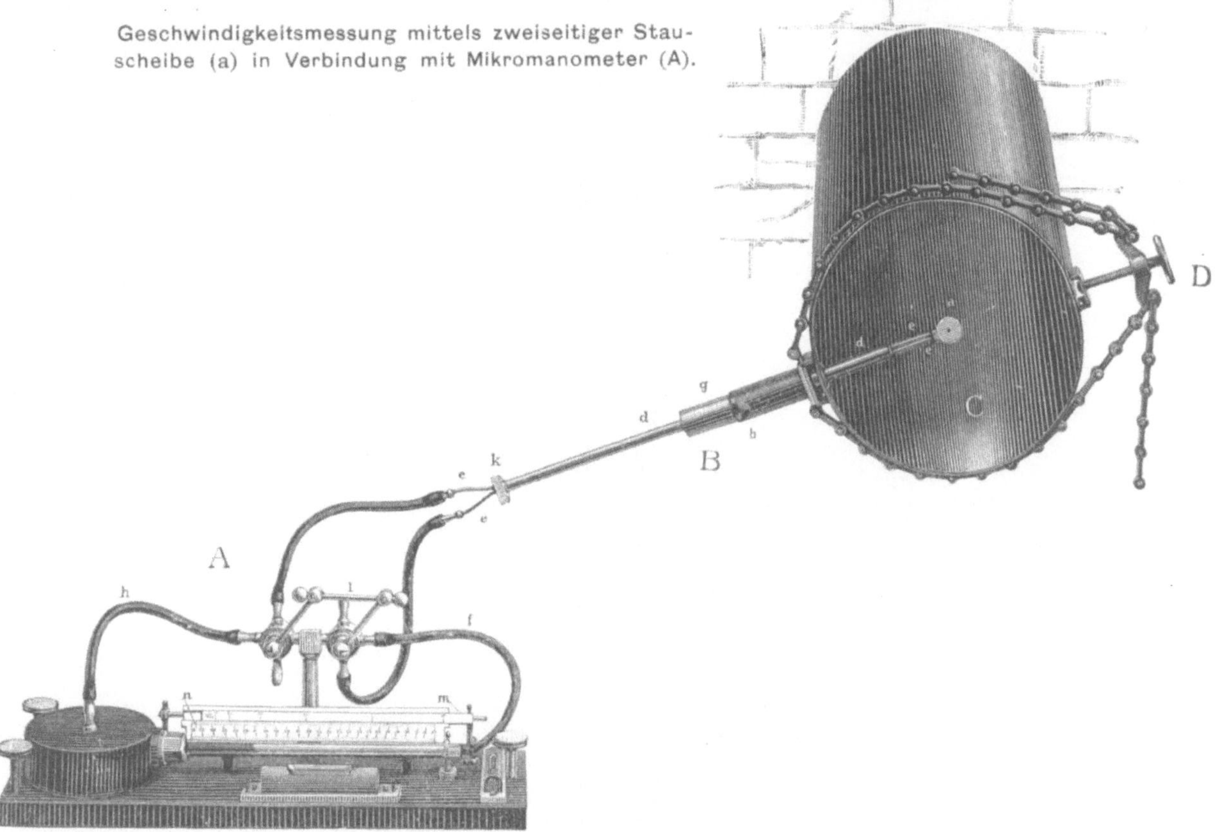

Fig. 13.

Rohr ab, wodurch ermöglicht wird, die Pressungsdifferenz zwischen der vorderen und der hinteren Kammer festzustellen, indem man die beiden Röhrchen mittelst Schläuchen mit einem Mikromanometer in Verbindung bringt. Diese Art der Stauscheibe hat noch den Vorzug, daß man sich durch die gleichzeitige Messung des Druckes vor und hinter der Scheibe von dem im Kanal herrschenden statischen Druck unabhängig macht, der ja auf die Vorderfläche in der gleichen Weise wirkt, wie auf die Hinterfläche, wodurch er bei der Messung eliminiert wird. Eine solche Kombination von doppelseitiger Stauscheibe mit einem Mikromanometer ist in Fig. 13 dargestellt und dürfte

nach dem vorher Gesagten ohne weiteres verständlich sein. Mit einem Mikromanometer mit der Steigung 1 : 10 kann man Geschwindigkeiten bis zu 14 m

Standmanometer mit konstantem Nullpunkt.

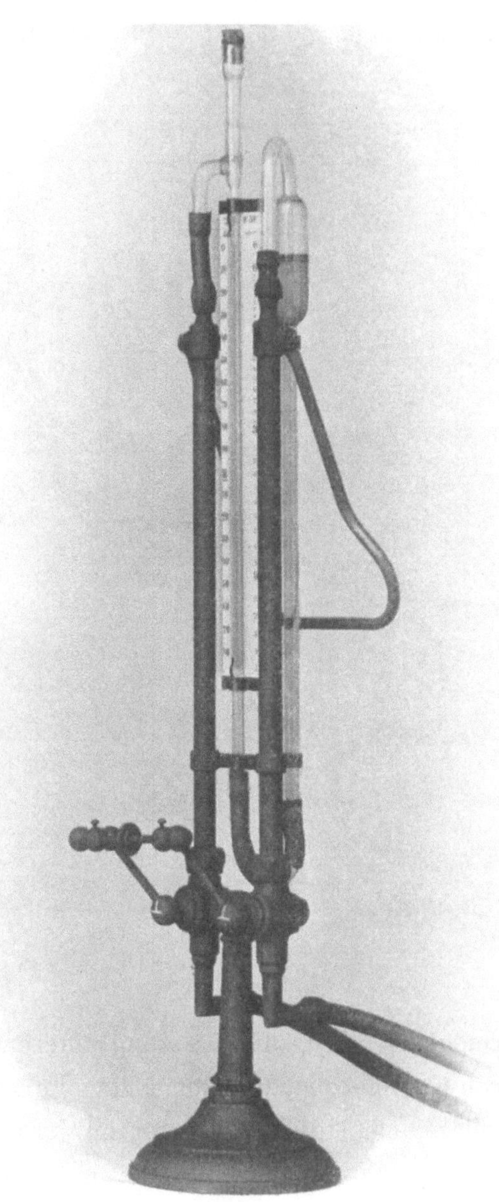

Fig. 14.

messen. Darüber hinaus benützt man zweckmäßigerweise das in Fig. 14 abgebildete Standmanometer, das nichts anderes als eine U-Röhre mit einseitig
erweitertem Schenkel ist, um einen konstanten Nullpunkt zu erhalten. Auch

das Mikromanometer ist nichts anderes als eine U-Röhre, deren einer Schenkel zur Erhaltung eines konstanten Nullpunktes sehr weit ist, und deren anderer Schenkel eng und unter geringem Winkel gegen die Horizontale geneigt ist, um für geringe Pressungsdifferenzen schon große Ausschläge zu erhalten. Sowohl das Mikromanometer, als auch das Standmanometer haben Skalen, welche für den Gebrauch in Verbindung mit der doppelseitigen Stauscheibe Teilungen direkt in Meter Geschwindigkeit pro Sekunde besitzen.

Der größte Vorzug der doppelseitigen Stauscheibe ist das momentane Anzeigen der Luftgeschwindigkeiten. Dadurch wird es ermöglicht, einen auf Luftgeschwindigkeiten zu untersuchenden Kanalquerschnitt gewissermaßen abzutasten und sich so rasch ein Bild von der größeren oder geringeren Gleichmäßigkeit der Luftströmung in dem Kanalquerschnitt zu machen.

Die Druckmessungen wurden bei den Versuchen in der Weise vorgenommen, daß in der Wandung des Versuchsrohres ein etwa $1^1/_2$ mm großes Loch eingebohrt wurde, an welchem durch stumpfes Gegensetzen des mit dem Mikromanometer verbundenen Schlauches direkt der Über- bezw. Unterdruck gegenüber dem Versuchsraum gemessen wurde. Diese Art der Druckmessung ist jedoch nur zulässig, wenn man sich vorher davon überzeugt hat, daß in dem betreffenden Kanalquerschnitt eine genügend gleichmäßige Geschwindigkeitsverteilung vorhanden ist.

Die im Nachstehenden zu besprechende Versuchseinrichtung wurde daher auch hauptsächlich mit Rücksicht auf möglichst gleichmäßige Luftströmung angeordnet wie folgt:

An die Saugöffnung eines elektrisch angetriebenen großen Zentrifugal-Ventilators wurde mittelst eines Übergangsstückes ein 4 m langes Rohr quadratischen Querschnittes von 750 mm Seitenlänge angeschlossen. Um die Lufteinströmung in das Versuchsrohr gleichmäßig zu gestalten, wurde ein Einströmungstrichter vor den Kanal gesetzt, dessen Krümmung möglichst mit der Kontraktionskurve übereinstimmt. Die Messungen wurden im Saugkanal gemacht, weil hier die Strömungsverhältnisse der Luft in unmittelbarer Nähe des Ventilators gleichmäßiger werden als direkt hinter der Ausblaseöffnung, besonders, wenn der ebenerwähnte Trichter außerdem noch angewendet wird. Das Versuchsrohr war in seiner halben Länge geteilt und mit Winkeleisenflanschen verbunden, zwischen welche die verschiedenen Arten der zu untersuchenden Grätingsformen eingesetzt werden konnten. Zunächst wurde das in Fig. 15 abgebildete gerade Versuchsrohr ohne Einsätze untersucht. Die Luftgeschwindigkeiten wurden möglichst in der Mitte der Rohrlänge gemessen, während der statische Druck gleich hinter dem Einströmtrichter und kurz vor dem Saugstutzen des Ventilators entnommen wurde. Die Druckmeßöffnungen waren 3,5 m voneinander entfernt und die Pressungsdifferenz zwischen dem vorderen und hinteren Querschnitt wurde durch direkte Verbindungen der Druckmeßöffnungen mit den Schenkeln eines Mikromanometers erhalten. Untersucht wurden die in den Figuren 16, 17, 18, 19 abgebildeten Grätings, deren Abmessungen in nachstehendem wiedergegeben sind.

Gerades Versuchsrohr

Fig. 15.

Alte Grätingform, scharfkantig.

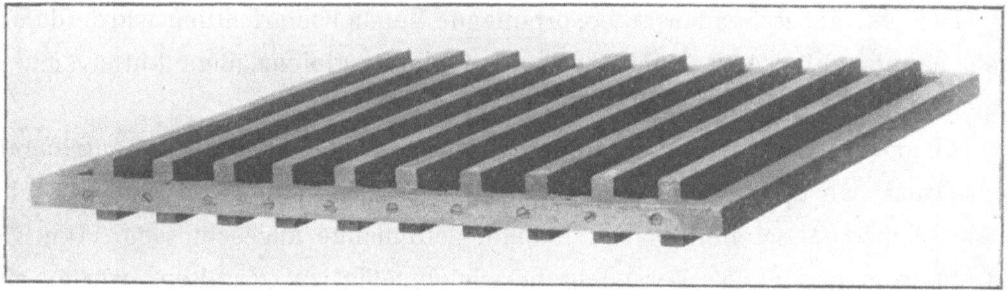

Fig. 16.

Neue Grätingform, Eintrittskanten abgerundet

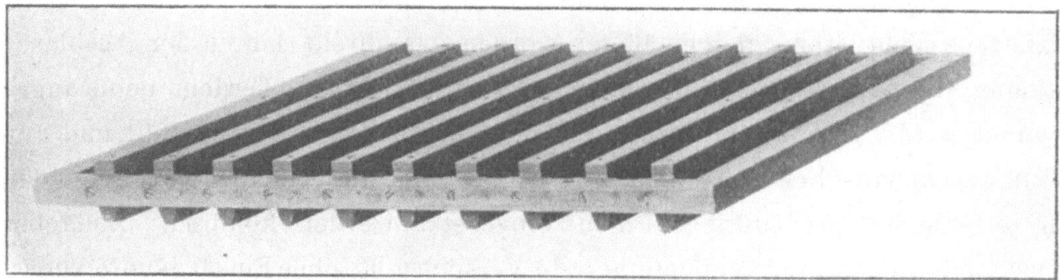

Fig. 17.

Fig. 16: Dicke 25, Höhe 70 mm, Zwischenraum 50 mm. Fig. 17: Dicke 25, Höhe 75, Zwischenraum 50 mm. Fig. 18: Abmessungen wie Fig. 17, jedoch mit aufgesetzten, 125 mm hohen, schlanken Keilen. Dann Fig. 19: Dicke 15, Höhe 120, Zwischenraum 75 mm.

Theoretisch günstigste Grätingform (Keilaufsätze zur Erzielung von Diffusorwirkung beim Luftaustritt.)

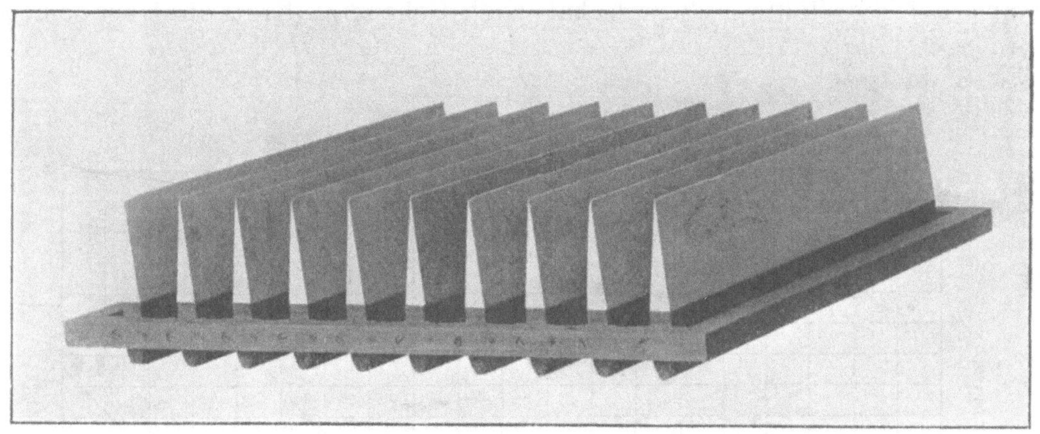

Fig. 18.

Neue schmale Grätingform (Versuch der deutschen Marine.)

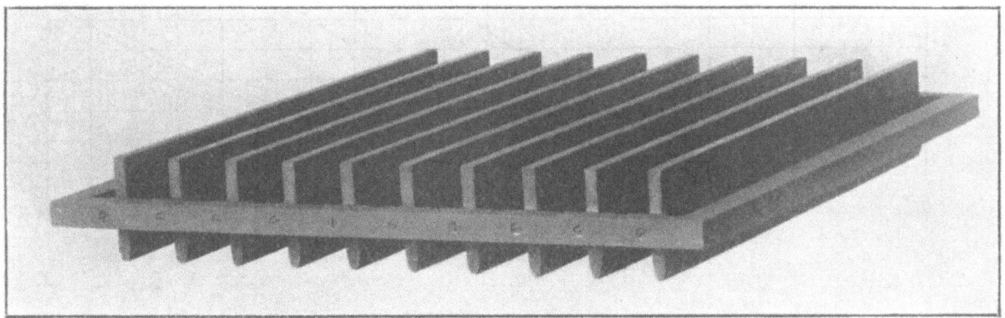

Fig. 19.

Zunächst wurde bei verschiedenen Luftgeschwindigkeiten, und zwar von 4 m aufwärts bis zu 18 m pro Sekunde der Druckverlust im freien Rohr gemessen, wobei sich die im Diagramm Fig. 20 dargestellte Widerstandskurve a ergab. Durch Einsetzen der jetzt allerdings schon lange nicht mehr verwendeten scharfkantigen Grätings erhielt man die sehr beträchtlichen Widerstand zeigende Kurve b. Durch Abrunden der scharfen Kanten auf der Lufteintrittsseite wird der Grätingswiderstand, wie Kurve c zeigt, ganz beträchtlich reduziert, und zwar etwa auf die Hälfte desjenigen der scharfkantigen Grätings, wenn man als Grätingswiderstand immer die Differenzen zwischen der Kurve a und der betreffenden Grätingskurve betrachtet.

In den Diagrammen sind der rascheren Orientierung wegen an den Kurven auch die Darstellungen der untersuchten Grätingsquerschnitte eingetragen.

Die Tatsache, daß sich durch Abrunden der Kanten der Grätingswiderstand auf die Hälfte reduziert, hat auch Geheimrat Rietschel bei seinen

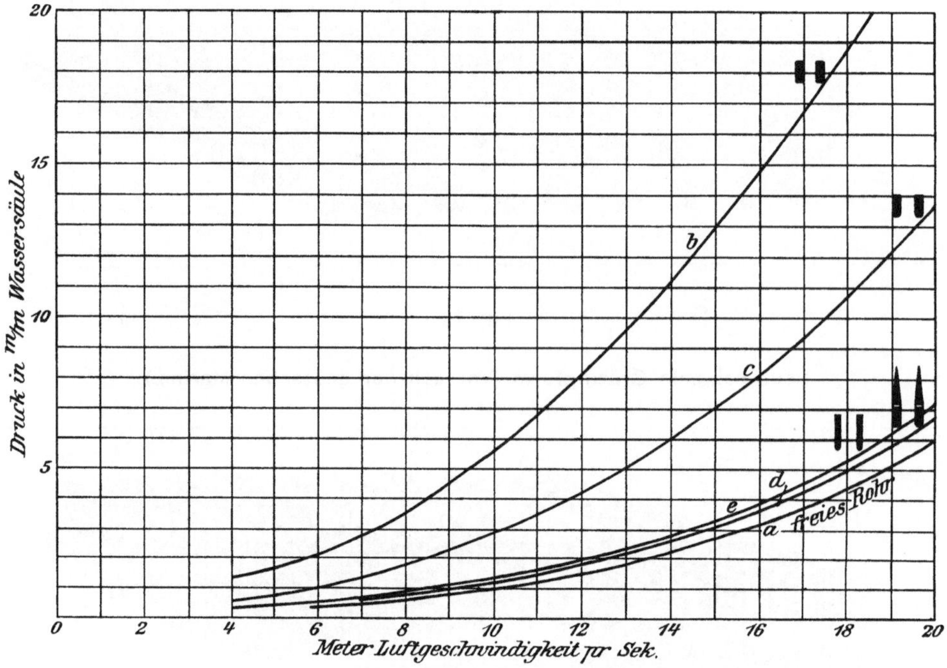

Fig. 20.

Untersuchungen (siehe „Gesundheits-Ingenieur“, Festnummer für die 5. Versammlung von Heizungs- und Lüftungs-Fachmännern in Hamburg 1905, Seite 9 und folgende) bestätigt gefunden. Eine Abrundung der Grätings auf der Luftaustrittsseite übt nach Rietschel einen wesentlichen Einfluß nicht aus. Bedenkt man aber, daß hinter den Grätingsstäben Luftwirbelungen auftreten, die besonders bei höheren Luftgeschwindigkeiten beträchtliche Verluste erzeugen müssen, so erscheint die Anwendung eines Mittels, welches diese Wirbelungen unterdrückt, erfolgversprechend. Ich setzte daher auf die Grätingsstäbe auf der Luftaustrittsseite schlanke Keile, in der Erwartung, eine diffusorartige

Wirkung damit zu erreichen. Der Erfolg war ausgezeichnet, wie aus der Widerstandskurve d im Diagramm hervorgeht, welche nur unbeträchtlich höher liegt als die Widerstandskurve des freien Rohres. Eine fast eben so günstige Widerstandskurve e wie die starken Grätings mit aufgesetzten Spitzen zeigen die schmalen, hohen Grätings (Fig. 19).

Zur Veranschaulichung der Diffusorwirkung sei hier ein Versuch eingeschaltet. Fig. 21. An die Ausblaseöffnung eines Zentrifugalventilators sehen

Versuchsanordnung zur Vorführung der Diffusorwirkung.

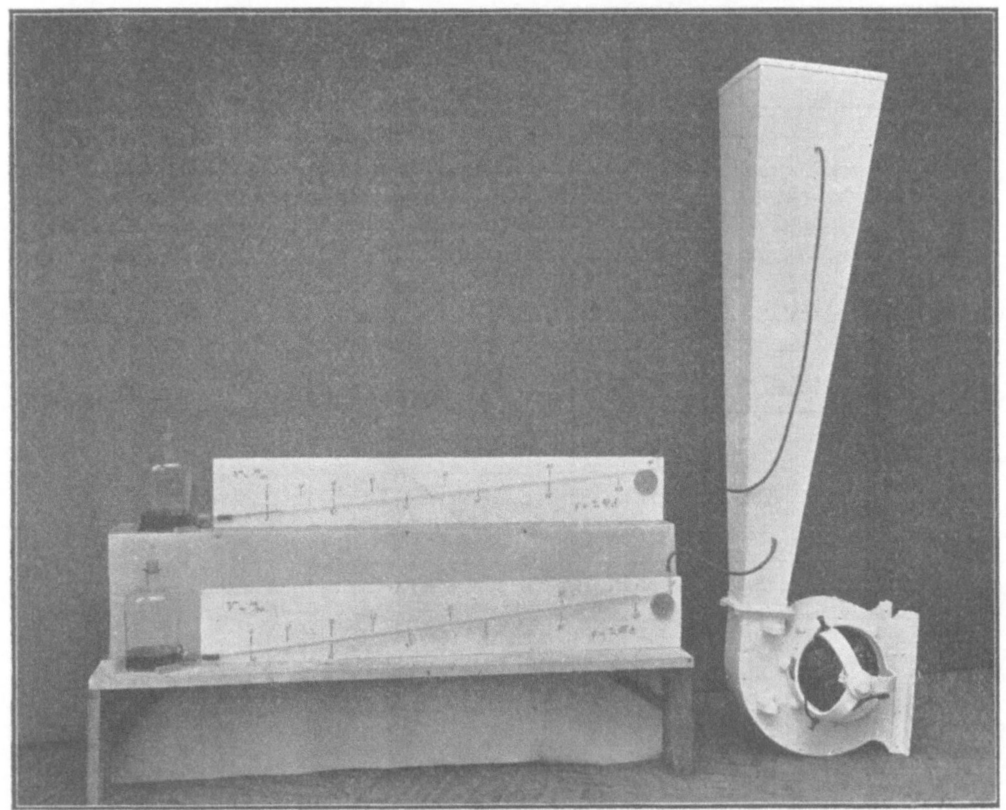

Fig. 21.

Sie einen trichterförmigen Diffusor angeschlossen, dessen Öffnung am Austritt neun Mal größer ist als an der engsten Stelle. Die mit großer Geschwindigkeit, d. h. großer kinetischer Energie begabte Luft wird nun in dem Trichter gezwungen, ihre Geschwindigkeit auf $1/9$, d. h. ihre kinetische Energie auf $1/81$ zu reduzieren, wobei die kinetische Energie zu $80/81$ in statischen Druck umgesetzt wird. An den angeschlossenen improvisierten Mikromanometern ist zu erkennen, daß der Saugdruck an der engen Stelle sehr hoch, 100 mm

W. S., an der weiten Stelle des Diffusors nur einige Millimeter W. S. ist. Während also der Ventilator ohne Diffusor gegen den Druck der umgebenden Atmosphäre blasen müßte, schafft der Diffusor einen Unterdruck von in diesem Fall ca. 100 mm W. S., der die Wirkung des Ventilators unterstützt.

Die Frage, ob und in welcher Weise sich die schneidenartige Grätingsform praktisch wird anwenden lassen, z. B. durch Aufsetzen von Blechschneiden, möchte ich unerörtert lassen, da es mir bei diesen Versuchen in erster Linie darauf ankam, den Einfluß der verschiedenen Grätingsformen wissenschaftlich zu untersuchen.

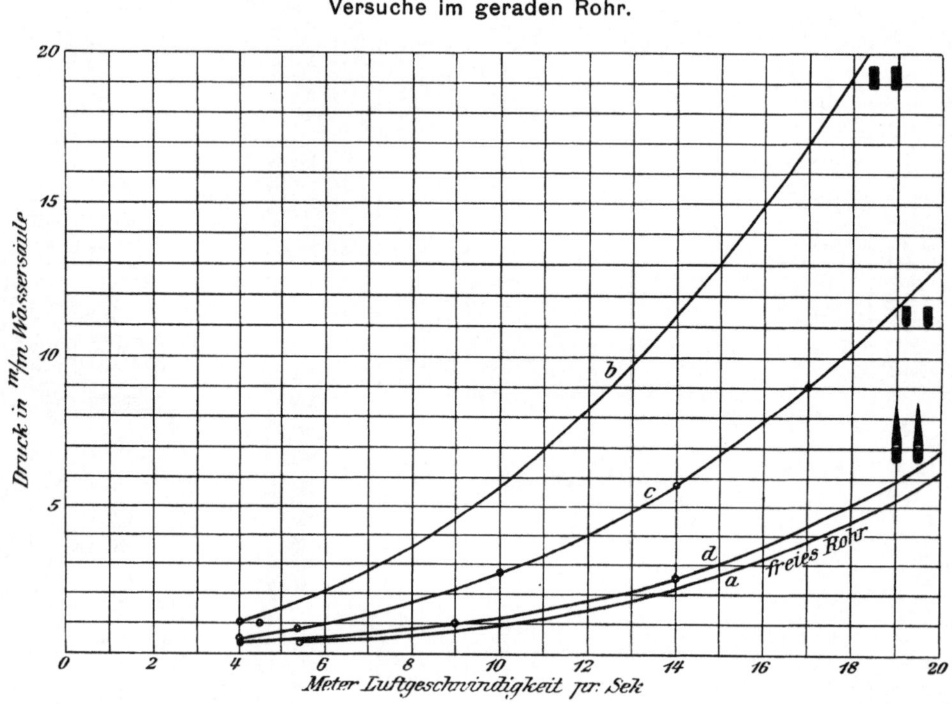

Fig. 22.

In Diagramm Fig. 22 sind noch die Widerstandskurven für die schwächeren Grätingsstäbe (20 mm dick, 50 mm hoch und 40 mm Zwischenraum) zusammengestellt, die sich aber fast genau mit denjenigen der stärkeren Grätings decken.

Eine zweite Versuchsreihe wurde nach Einsetzen eines Krümmers (Fig. 23) von 45 Grad gemacht, und zwar wurden die Grätings hinter dem Krümmer, also in die senkrechte Fuge eingesetzt. Man konnte dabei in zweifacher Weise vorgehen, indem man die Grätings parallel oder

Versuchsrohr mit 45° Knie.

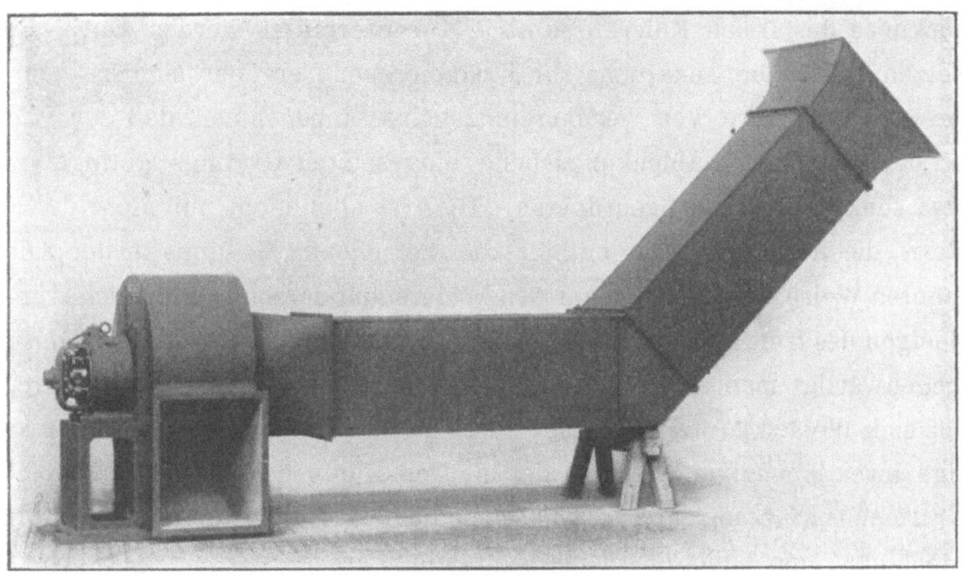

Fig. 23.

Versuche im Rohr mit 45 ⁰ Krümmer, Grätings hinter dem Krümmer.

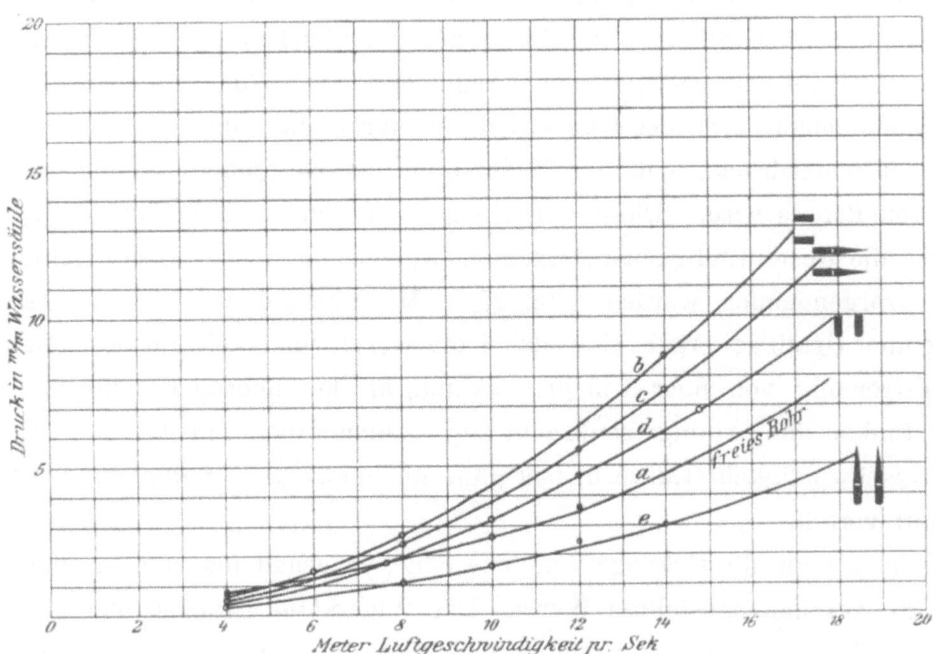

Fig. 24.

senkrecht zur Krümmerebene einsetzte. Für den ersteren Fall sind die Kurven in Diagramm Fig. 24 als b und c eingetragen, nachdem die Widerstandskurve des freien Knierohres als a-Kurve ermittelt worden war. — Beim Einsetzen der Stäbe senkrecht zur Krümmerebene ergeben sich die Kurven d und e. Man wäre von vornherein geneigt, anzunehmen, daß der Widerstand bei parallel zur Ablenkungsebene eingesetzten Grätings geringer wird als bei senkrecht dazu angeordneten. Dies ist aber nicht nur nicht der Fall, sondern die Anbringung der mit Spitzen versehenen Grätings in der zuletzt genannten Weise vermindert sogar den Widerstand um ein beträchtliches unter denjenigen des freien Knierohres. Auf den ersten Blick erscheint das sonderbar; vergegenwärtigt man sich aber den Strömungsvorgang in einem Knierohre, so ergibt sich die Erklärung sehr bald. Die in Bewegung befindliche Luft kann infolge ihrer lebendigen Kraft an der inneren Kante des Knies nicht plötzlich ihre Strömungsrichtung ändern, sondern schießt im freien Knierohre über diese Kante hinaus und bildet hinter der Kante einen großen Wirbel. Setzt man nun Grätings ein, so erhalten die Luftfäden an der inneren Kniekante eine Ablenkung in der neuen Richtung des Rohres, und der Wirbel hinter der inneren Kniekante kann, wenn die Leitflächen der Grätings genügend lang sind, überhaupt nicht mehr zustande kommen. Der Gewinn an Energie durch den unterdrückten Wirbel ist nun offenbar größer als der Verlust durch den hinzukommenden Widerstand der Grätings. Ja noch mehr! Vergleichen wir die Widerstandskurve e mit der entsprechenden im geraden Rohr Fig. 20 (d), so decken sich diese fast vollkommen, d. h. der Kniewirbel ist durch die hohen Grätings so vollkommen unterdrückt, daß der Widerstand des Knierohres gleich dem des geraden Rohres wird. Diese Verhältnisse werden noch genauer beleuchtet durch die Geschwindigkeitsmessungen, welche im Rohre 33 cm hinter dem Knie vorgenommen wurden (Fig. 25). Mit parallel zur Ablenkungsebene liegenden Grätings ergab sich dabei die Geschwindigkeitskurve a mit einer Rückströmung von über 3 m pro Sekunde an der inneren Kniekante. Nach dem Einbau der Grätings senkrecht zur Krümmerebene an der Stelle G wird die Geschwindigkeit (Kurve b) fast ganz gleichmäßig über den ganzen Querschnitt verteilt.

Setzt man die Grätings vor das Knie, so erhält man die in Diagramm Fig. 26 zusammengestellten Werte. Der Widerstand wächst hier nicht nur um den Betrag des Grätingwiderstandes, denn das würde die Kurve a + b ergeben, sondern noch darüber hinaus. Diese Anordnung wäre also nach Möglichkeit zu vermeiden. Ist dies nicht angängig, so legt man zweckmäßig die Stäbe parallel zur Ablenkungsebene, wobei man voraussichtlich auf die Kurve a + b kommen wird. Ein Versuch nach dieser Richtung wurde nicht gemacht.

Nachweis des Kniewirbels durch direkte Geschwindigkeitsmessung der Luft.

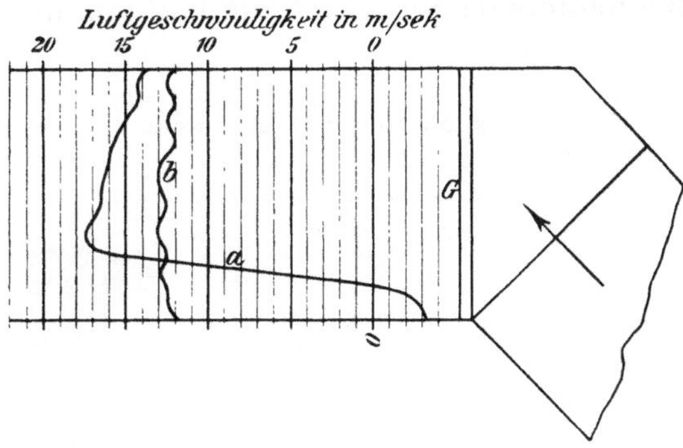

Fig. 25.

Versuche im Rohr mit 45⁰ Krümmer, Grätings vor dem Krümmer.

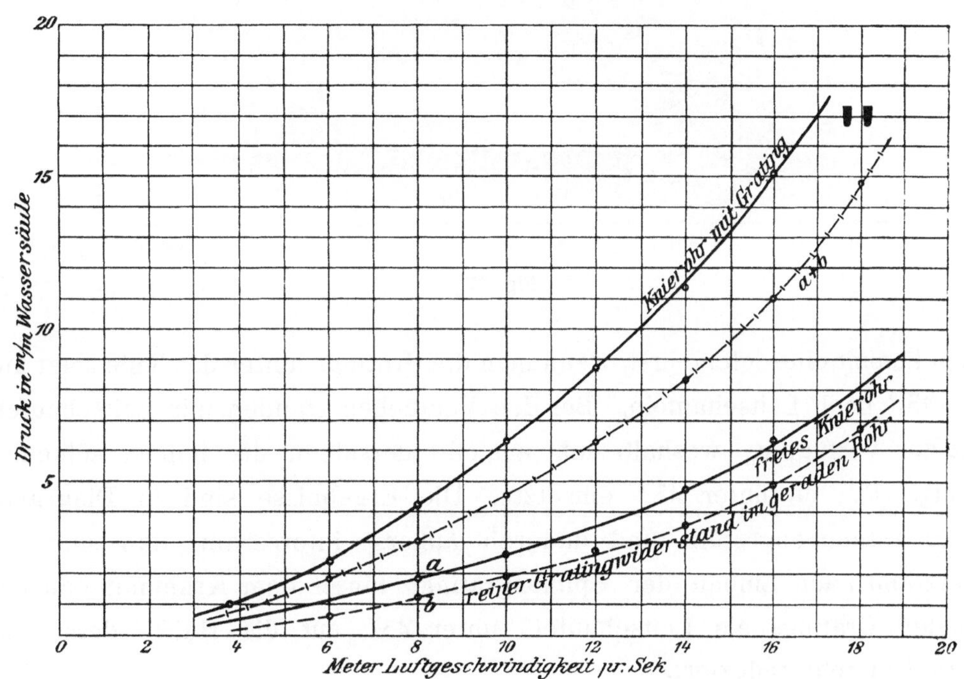

Fig. 26.

Bei der Untersuchung von Grätings im 90 °-Krümmer (Fig. 27) wurden dieselben zunächst unter 45° eingebaut, die Stabrichtung immer senkrecht zur Krümmerebene. Das Resultat ist im Diagramm Fig. 28 dargestellt. Die niedrigen Grätings (Kurve b) ergeben einen etwas günstigeren, die hohen Spitzengrätings (Kurve c) einen etwas ungünstigeren Widerstand als das freie Rohr (Kurve a), ein Zeichen, daß die Leitschaufelwirkung in diesem Falle nicht sehr vollkommen ist.

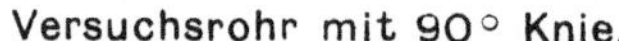

Fig. 27.

Man bekommt eine solche erst, wenn man die Grätings hinter das Knie setzt und unter 45 ° noch Leitschaufeln. Bei den Versuchen standen mir Leitschaufeln nicht zur Verfügung, weshalb ich anstelle derselben die hohen, schmalen Grätings (Fig. 19) unter 45 ° einsetzte. Die Ergebnisse sind in Diagramm Fig. 29 zusammengestellt und dadurch äußerst interessant, daß sich der Widerstand nach Einbau der Spitzengrätings hinter dem Krümmer und den schmalen Grätings als Leitschaufeln unter 45 ° auf die Hälfte dessen im freien Knierohr reduziert.

Dieses Ergebnis weist in zwingender Weise auf die Wichtigkeit der Verwendung von Leitschaufeln in Krümmern hin. Deren zweckmäßigste

Versuche im Rohr mit 90° Krümmer, Grätings unter 45° im Krümmer.

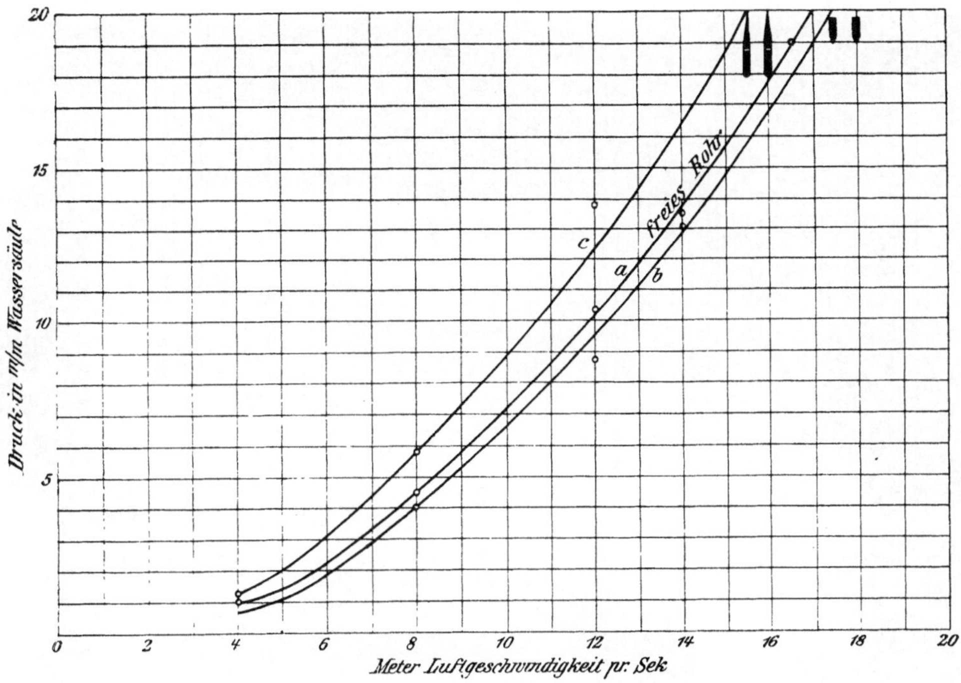

Fig. 28.

Versuche im Rohr mit 90° Krümmer, Grätings hinter und in dem Krümmer.

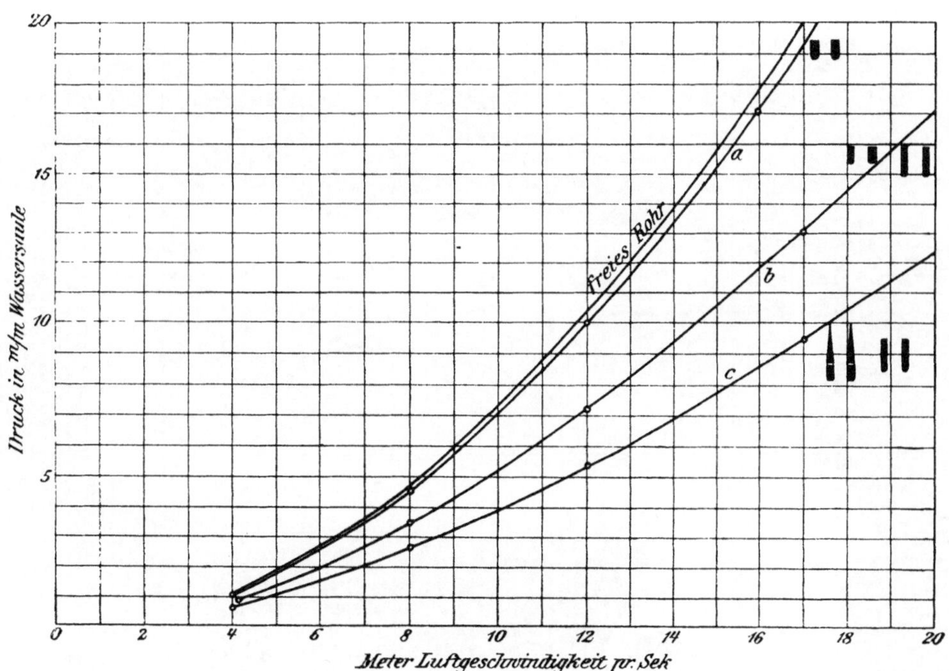

Fig. 29.

28*

Versuchsanordnung zum Nachweis der Leitschaufelwirkung der Grätings in Krümmern.

Fig. 30.

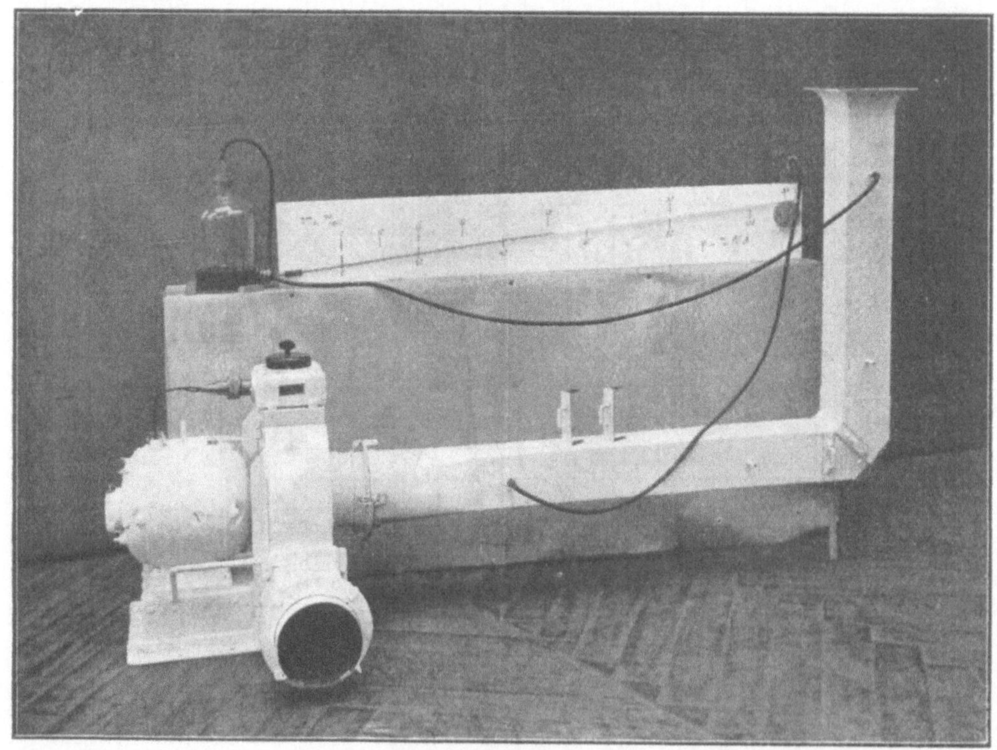

Fig. 31.

Ausgestaltung nach Form und Lage müßte jedoch noch in einer neuen Versuchsreihe ermittelt werden.

Der in den Figuren 30 und 31 dargestellte Versuch zeigt am kleinen Modell die Wirkung der hinter und in dem Knie eingesetzten Miniaturgrätings. In Fig. 30 sind die Grätings herausgenommen (man sieht sie auf der Rohrleitung stehen) und die Öffnungen durch einfache Klappen verschlossen. Die beiden Schenkel des improvisierten Mikromanometers sind vor und hinter dem Knie angeschlossen. Die Wassersäule zeigt einen Druck von etwa 100 mm. In Fig. 31 sind die Grätings eingesetzt und die einfachen

Strömungsverhältnisse der Luft hinter einem 90° Knie mit und ohne Leitschaufeln.

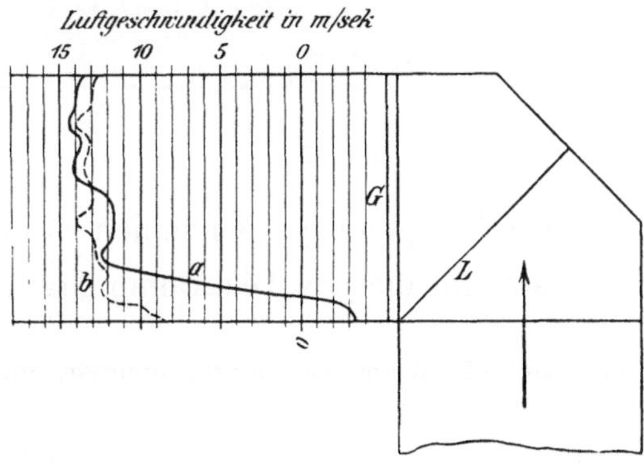

Fig. 32.

Klappen herausgenommen (man sieht nun diese auf der Rohrleitung aufgestellt). Der Druck im Mikromanometer ist tatsächlich bis beinahe auf die Hälfte des vorigen gesunken.

Auch bei dem 90°-Krümmer wurde die Geschwindigkeitsverteilung im Rohr hinter den Grätings untersucht. In Fig. 32 zeigt die Kurve a die Geschwindigkeitsverhältnisse mit nur einer Gräting an der Stelle G. — Wie zu ersehen, ist die Wirbelbildung an der inneren Kante des Knies sehr stark mit ca. 3 m pro Sekunde rückläufiger Strömung. Erst nach dem Einsetzen der zweiten Gräting als Leitapparat an der Stelle L wird die Geschwindigkeitskurve b günstiger.

Endlich wurden auch noch Versuche im Rohr mit zwei 45°-Krümmern, wie in Fig. 33 abgebildet, mit Grätings zwischen den Krümmern vorgenommen, wobei es sich zeigte, daß hierbei der Einbau von Grätings sehr ungünstig wirkt und zwar um so ungünstiger je höher die Grätings sind, d. h. einen je vollkommneren Leitapparat sie darstellen. Auch hierfür ist die Erklärung einfach. In freiem Rohr werden die mittleren Luftfäden in einer schlanken Linie ohne große Ablenkung hindurchgehen und nur die äußeren Fäden werden durch die S-Form gestört. Nach dem Einsetzen von hohen Grätings werden alle Luftfäden, auch die

Versuchsrohr mit zwei 45° Krümmern hintereinander.

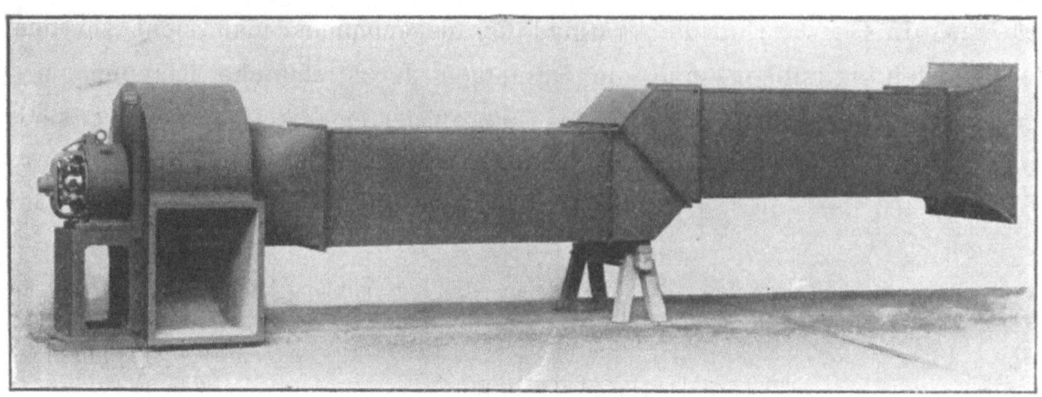

Fig. 33.

mittleren, gezwungen, den Schlangenweg zu nehmen, wodurch die beträchtlichen Energieverluste entstehen, die das Diagramm Fig. 34 aufweist.

Versuche im Rohr mit zwei 45° Krümmern (hintereinander, entgegengesetzt.)

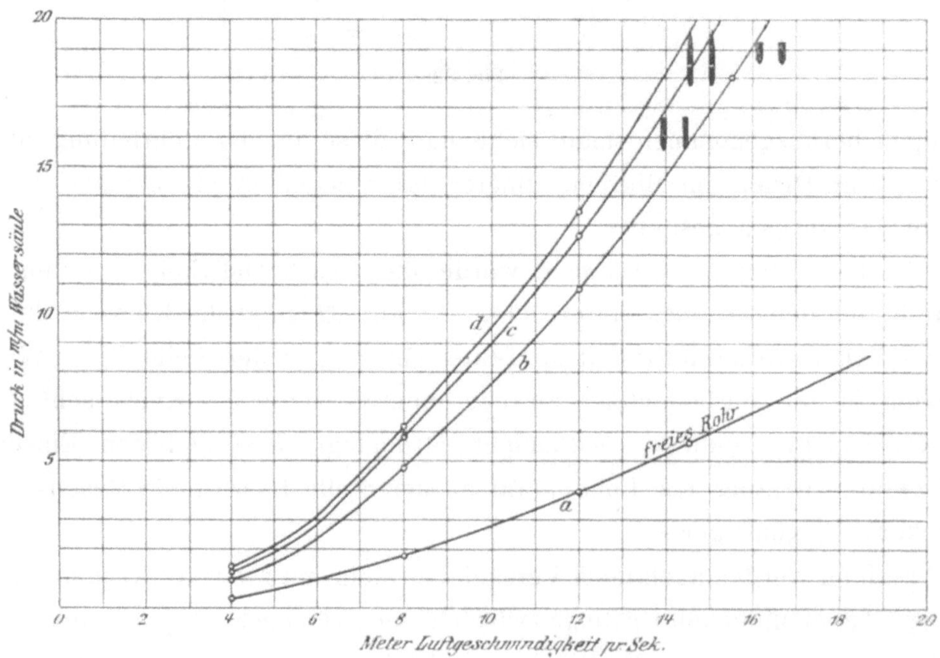

Fig. 34.

Dem gütigen Entgegenkommen des Reichs-Marine-Amtes verdanke ich es, wenn ich hier die Zeichnungen eines unserer allerneuesten großen Kreuzer

Additional information of this book

(Jahrbuch der Schiffbautechnischen Gesellschaft); 978-3-642-47096-7;

978-3-642-47096-7_OSFO3) is provided:

http://Extras.Springer.com

vorführen kann, Fig. 35, soweit sie sich auf die notwendigen Panzerdecksdurchbrechungen beziehen.

Auf dem Längsschnitt sieht man zunächst die Anordnung der beiden Panzerdecks.

Die hauptsächlichen Durchbrechungen, die durch Gräting zu schützen sind, werden notwendig für die Rauchkanäle, die Kesselraumventilation und die Maschinenraumlüftung. Diese Öffnungen sind im Grundriß für die beiden Panzerdecks schraffiert angegeben.

Laut Bauvorschrift soll die maximale Luftgeschwindigkeit, also diejenige bei forcierter Fahrt, in den Panzergrätings 7 m pro Sec. nicht überschreiten, sodaß also selbst bei Annahme der schmalen Grätings von 15 mm Dicke eine Luftgeschwindigkeit in dem Kanal an der Stelle der Grätings von maximal 6 m angenommen werden kann.

Für die Luftgeschwindigkeit von 6 m ist nun aber der Durchströmwiderstand bei den schmalen Grätings nur $^1/_5$ mm W. S. (Siehe Fig. 20).

Verringert man die Panzerdecksdurchbrechungen auf die Hälfte ihrer jetzigen Größe, so würde man 12 m Geschwindigkeit erreichen und müßte zur Überwindung des Grätingswiderstandes ca. $^1/_2$ mm W. S., also ungefähr $^3/_{10}$ mm pro Panzerdeckdurchbrechung mehr aufwenden.

Beachtet man, daß die Kesselraumventilatoren für dieses Schiff für maximal 60—65 mm Druck gebaut werden, so würde die viermalige Durchbrechung der zwei Panzerdecks einen Mehraufwand an Druck, von 1,2 mm W. S. erfordern. Rechnet man für die höheren Widerstände, die durch die engeren Kanäle erzeugt werden, noch ca. 5—8 mm Druck, so ergibt sich im ganzen ein Mehraufwand von etwa 6—10 mm Druck, also etwa 10 %—15 % des maximal in Aussicht genommenen.

Dieser Mehraufwand wäre im Vergleich zu dem Vorteil, der um die Hälfte kleineren Panzerdeckdurchbrechungen und der wesentlichen Raumersparnis durch die engeren Kanäle meiner Ansicht nach wohl zu rechtfertigen.

Auf alle Fälle sollte man aber die trichterförmigen Erweiterungen der Kanäle ober- und unterhalb der Grätings nicht mehr ausführen, da sie fast überall höchst störend wirken und bei zweckmäßig geformten Grätings den Widerstand der ganzen Leitung (vier Panzerdeckdurchbrechungen angenommen) nur um höchstens 1 mm W. S. vermehren.

Diskussion.

Herr Ingenieur Rud. Rothe-Stettin:

Zu den Ausführungen des Herrn Vortragenden gestatte ich mir folgendes und zwar zunächst zu dem ersten Teil des Vortrages, vom Standpunkte des entwerfenden Ingenieurs aus betrachtet, zu bemerken:

Die Anwendung eines Sirocco-Ventilators für die Ventilation der Maschinen- und Kesselräume eines Kriegs- oder Handelsschiffes wird Schwierigkeiten mit sich bringen, weil der Sirocco-Ventilator im allgemeinen zu breit ist. Nehmen wir an, der gewöhnliche Zentrifugalventilator und der Sirocco-Ventilator hätten dasselbe Lieferquantum zu geben, die Austrittsgeschwindigkeiten der Luft aus den Rädern wären auch gleich, so verhalten sich die Breiten beider Ventilatoren umgekehrt wie die Durchmesser, das heißt mit anderen Worten: der Zentrifugalventilator von 1750 mm Durchmesser könnte nahezu halb so breit sein wie die Sirocco-Ventilator von 890 mm Durchmesser. Wenn wir bedenken, wie knapp dem Konstrukteur der Raum an Bord von Kriegs- und modernen Handelsschiffen zugemessen ist, so werden Sie mir darin beistimmen, wie wichtig es ist, daß die Decksfläche, die Grundrißfläche, auf die es in der Hauptsache ankommt, verringert wird durch Anwendung eines Zentrifugalventilators gegenüber dem Sirocco-Ventilator.

Ich möchte dem Einwand gleich begegnen, daß ja das Volumen des Sirocco-Ventilators annähernd gleich dem Volumen des Zentrifugalventilators sein wird, der Raum, den beide beanspruchen, also theoretisch der gleiche sei. Dieser Einwand ist insofern nicht begründet, als ich bei der Raumbeanspruchung an Bord hauptsächlich auf den Raum zwischen zwei Decks angewiesen bin. Der Zentrifugalventilator nützt die Höhe zwischen den zwei Decks fast vollständig aus. Der Sirocco-Ventilator würde sie nicht ausnutzen, er würde in die Breite bauen; oberhalb und unterhalb des Ventilators würde noch ein Raum freibleiben, welcher mir meistens garnichts nützt. Infolgedessen würde der Sirocco-Ventilator in diesem Falle im Nachteil sein gegenüber dem Zentrifugalventilator.

Es mag allerdings für die Schiffsventilation, für die Ventilation kleiner Räume in manchen Fällen vorteilhaft sein, den Sirocco-Ventilator zu verwenden. Ich erinnere nur daran, daß es Ecken gibt, etwa zwischen schräg liegenden Rauchfang- oder Niedergangswänden und einem horizontalen Deck, in welche ich vielleicht sehr vorteilhaft einen Sirocco-Ventilator, der breit ist und geringen Durchmesser hat, einbauen könnte. Aber abgesehen von diesen Spezialfällen halte ich die Anwendung des Sirocco-Ventilators an Bord der modernen Kriegs- und Handelsschiffe für nicht sehr zweckmäßig.

Wenn ich den zweiten Teil des Vortrages vom Standpunkt des Detailkonstrukteurs betrachte, so möchte ich folgendes bemerken:

Die Formen der Kanäle, welche der Herr Vortragende zu seinen Versuchen gebraucht hat, sind nicht zweckentsprechend, sie sind, möchte ich sagen, direkt falsch. Es würde sich wohl kaum ein Konstrukteur darauf einlassen, einen rechtwinklig gebogenen Ventilationskanal in der Weise auszubilden, wie ihn der Herr Vortragende gebraucht hat. Der Ventilationskanal muß statt der scharfen Ecke einen inneren Radius und eine äußere Begrenzung mit einem Radius gleich dem inneren Radius plus Kanalbreite haben. Es ist jetzt allgemein bekannt, daß die Luft nicht der Körper ist, dem man alles zumuten kann. Man weiß, daß die Luft in vielen Fällen störrischer ist, als ein fester Körper. In Anbetracht dessen würde es, wie erwähnt, konstruktiv falsch sein, den Ventilationskanal in der gezeichneten Weise eckig zu bauen, und es ist schade, daß der Herr Vortragende nicht versucht hat, wie sich die Strömungsverhältnisse bei einem konstruktiv richtig ausgebildeten Ventilationskanal stellen.

Drittens möchte ich bemerken, daß der Vergleich des gewöhnlichen Zentrifugalventilators mit dem Sirocco-Ventilator jedenfalls günstiger ausgefallen wäre, wenn der zu den

Versuchen verwandte gewöhnliche Zentrifugalventilator eine größere Eintrittsöffnung, das heißt einen größeren Saugequerschnitt erhalten hätte und die Schaufelform eine etwas weniger stark gekrümmte gewesen wäre. Es liegen mir Resultate von Versuchen vor, die vor einigen Jahren gemacht worden sind. Es handelte sich um zwei Flügelradventilatoren von 1700 mm Durchmesser. Das eine Flügelrad hatte eine Eintrittsöffnung von 815 mm, das zweite Flügelrad eine solche von 1200 mm. Die Messungen ergaben bei dem ersten Ventilator mit dem kleinen Saugequerschnitt einen Wirkungsgrad von 0,15 bis 0,4 für eine Umfangsgeschwindigkeit von 27 bis 38 m pro Sekunde und einem statischen Druck von 5 bis 110 mm Wassersäule. Der andere Ventilator mit 1200 mm innerem Eintrittsdurchmesser hatte einen Wirkungsgrad von 0,4 bis 0,65 für eine Umfangsgeschwindigkeit von 25 bis 29 m, einen statischen Wasserdruck von 4 bis 28 mm. Als die Umfangsgeschwindigkeit dieses Ventilators von 38 bis 28 m gesteigert wurde, stieg der Wassersäulendruck von 25 auf 105 mm, der Wirkungsgrad sank jedoch von 0,65 auf 0,4.

Dieses Ergebnis deckt sich so ziemlich mit den Ausführungen des Herrn Vortragenden. Die Schaufelzahl des Ventilators mit der großen Eintrittsöffnung ist jedenfalls bei dem höheren Druck zu gering gewesen, sodaß die Luft aus dem Druckraum in den Saugeraum zurückgeströmt ist.

Ich möchte nun zum Schluß meine Auslassungen zusammenfassen und folgende Punkte aufstellen, welche bei der Konstruktion eines rationellen Zentrifugalventilators zu beachten sind.

Erstens, der Zentrifugalventilator muß einen großen Durchmesser haben, um an Grundrißfläche zu sparen, vorausgesetzt, daß ich ihn zur Ventilation von Maschinen- und Kesselräumen oder großen Schiffsräumen verwenden will.

Zweitens, er muß eine große Saugeöffnung haben, das heißt einen großen inneren Raddurchmesser, um den Wirkungsgrad zu erhöhen.

Drittens, alle Sauge- und Druckkanäle müssen in möglicht sanften Linien ausgeführt werden (hier möchte ich einschalten, daß die Bauvorschriften der deutschen Kriegsmarine diese sanfte Führung der Luftkanäle auch direkt schon vorschreiben).

Viertens, der Ventilator muß eine genügende Anzahl von Schaufeln besitzen.

Über die Dimensionierung des Ventilators und seiner Kanäle entsprechend den ersten drei Punkten ist sich der Konstrukteur so ziemlich sicher; über den vierten Punkt, welcher die Anzahl der Schaufeln betrifft, besteht jedoch noch eine gewisse Unklarheit, und diese durch weitere Versuche zu beseitigen, wäre daher wünschenswert.

Herr Marinebaumeister Wellenkamp-Kiel:

Der Vortrag enthielt verschiedene sehr schätzenswerte Anregungen, die gewiß noch weiter verfolgt zu werden verdienen. Ich glaube, daß ich auf Grund eigener Erfahrungen so sprechen darf, denn ich habe selbst eine Reihe von Versuchen ausgeführt, und es wird, falls dieselben fortgesetzt werden, sehr vorteilhaft sein, die Ergebnisse der Untersuchungen des Herrn Vortragenden benutzen zu können. Es ist deshalb sehr dankenswert, daß nicht bloß die Methoden, sondern auch die Resultate so ausgiebig mitgeteilt worden sind.

Ich möchte hier nicht auf den ersten Teil des Vortrags, auf die Frage der Ventilatoren eingehen, sondern nur einiges über die Widerstände der Panzergrätings hinzufügen. Die Ausführungen des Herrn Vortragenden haben gezeigt, daß es nicht schwer ist, zwischen dicken und dünnen Grätingstäben, zwischen rechteckigen und zugeschärften Querschnitten derselben zu wählen. Es würde danach unbedingt erforderlich sein, eine dünne Gräting mit zugeschärften Kanten zu verwenden.

Ich glaube, daß ich hier doch ein paar Worte für die dicken Grätings einlegen muß, denn es gibt noch andere Rücksichten bei dieser Wahl, als die auf den Widerstand der Luft.

Der ursprüngliche Zweck einer Panzergräting ist der, die unteren Räume gegen Geschosse und Sprengstücke zu schützen. Infolgedessen muß die Gräting in der Höhenrichtung stärker ausgebildet sein als in der Breite. Es ist aber anzunehmen, daß von Hunderten von Sprengstücken, die eventuell darauf treffen, nur vereinzelte direkt von oben kommen, während die meisten mehr von der Seite oder auch ganz schräg auftreffen, sodaß wir uns durchaus nicht mit Grätings begnügen können, die nur in vertikaler Richtung widerstandsfähig sind, sondern sie sollen nach allen Richtungen hin fest sein, und dazu ist natürlich eine dicke Gräting besser geeignet, als eine dünne. Daß allerdings der Luftwiderstand der ersteren größer sein muß als der der letzteren, ist sehr unbequem. Der Konstrukteur hat diesen Übelstand des Lufthindernisses doppelt empfunden, solange man nicht einmal wußte, wie groß eigentlich der Widerstand ist. Man kam daher zu dem übermäßig großen Querschnitt der Ventilationsöffnungen in den Panzerdecks, weil tatsächlich kein Anhaltspunkt da war, ob man sonst nicht zu sehr die Wirkung der Ventilation beeinträchtigte. Eine Untersuchung hierüber war also dringend notwendig.

Ich bin nun, um den schädlichen Einfluß von Panzergrätings zu bestimmen, auf einem etwas anderen Wege als Herr Direktor Krell zu meinen Resultaten gekommen, wonach dicke Grätings ohne Vergrößerung der Querschnitte anzuwenden sind. Schon nach dem hier vorgelegten Druckverlustdiagramm möchte ich folgern, daß die dicke Gräting ebensogut benutzt werden kann als die dünne.

Es handelt sich nämlich für uns im Schiffbau nicht um die großen Luftgeschwindigkeiten, die den Hauptteil des Diagramms (Fig. 17) einnehmen, sondern nur um die kleinen — der Herr Vortragende sagte selbst, es handelte sich um Geschwindigkeiten von höchstens 6 m. Diesen entsprechen die äußersten Enden der Kurven auf der linken Seite jenes Diagramms. Da sehen Sie aber, daß die Widerstände überhaupt keine große Rolle mehr spielen. Es handelt sich um Druckverluste von weniger als 1 mm Wassersäule. Wie groß der Einfluß auf die Arbeit der Ventilationsmaschinen ist, kann allerdings daraus noch nicht direkt ersehen werden.

Es sind ziemlich umfangreiche Versuche auf der Kieler Werft ausgeführt worden, um jenen Verlust an Arbeit mit einiger Sicherheit feststellen zu können, d. h. den Verlust an Arbeit pro Kubikmeter Luft, wenn diese durch eine Panzergräting hindurchgepreßt wird. Ich habe zu diesem Zweck eine Methode angewendet, bei der Rechnungen, Formeln und Theorien möglichst vermieden worden sind. Es wurde einfach die verbrauchte elektrische Energie des Motors bei den verschiedensten Leistungen gemessen. Nebenbei bemerkt, wurde der Nebenstrom konstant erhalten, um sicher zu sein, daß der Nutzeffekt des Motors sich möglichst wenig ändert. Zweitens wurden die statischen Drucke der Luft in zwei Windkesseln vor und hinter der Versuchsgräting gemessen. Dies geschah mit U-Röhren, die mit Alkohol gefüllt waren und durch besondere Einrichtungen genügend genaue Beobachtungen gestatteten. Also z. B. hatten die Röhren ziemlich großen Querschnitt, damit der Meniskus oder die Adhäsion nicht eine allzu große Rolle spiele. Es ist Faden- und Spiegelablesung angewandt worden und durch besondere Beleuchtungseffekte in dem Meniskus ein spiegelnd heller, scharf begrenzter Streifen gebildet, sodaß man mit absoluter Genauigkeit die Bewegungen dieses blanken Spiegels an der Skala beobachten konnte.

Einmal wurde der statische Druck der Luft vor der Gräting und sodann hinter derselben beobachtet. Es ist natürlich nur dann möglich, einen statischen Druck direkt abzulesen, wenn man die Geschwindigkeit der Luft soweit verringert, daß ihre Bewegung keine Beeinflussung des Alkoholstandes in der U-Röhre hervorbringt.

Das ist dadurch erreicht, daß ich den Luftstrom vom Ventilator nicht direkt durch den Kanal mit der Gräting führte, sondern ein ganz großes Bassin, das einen 50 oder 60 mal so großen Querschnitt hatte als der Austrittskanal des Ventilators, dazwischen schaltete und ein ebensolches Bassin dahinter anbrachte. Ich habe also zwei große Räume gebildet, eine Art von Windkesseln, in denen die Luft ihre Geschwindigkeit bis auf 2 oder 3 Decimeter verlor. Aus dem hinteren Windkessel wurde die Luft durch einen engen kurzen Kanal herausgelassen, an dem während der Versuche nichts geändert wurde, sodaß der statische Luftdruck im hinteren Windkessel gleichzeitig maßgebend für die Geschwindigkeit war, mit der die Luft aus dem Kanal heraustritt. Das heißt, wenn ich in dem Windkessel immer denselben statischen Luftdruck habe, habe ich auch immer dasselbe Quantum Luft per Sekunde hindurchgedrückt. Der Ventilator selbst interessierte mich weniger. Es hätte statt des Sirocco-Ventilators ebensogut ein anderer von ungefähr demselben Nutzeffekt benutzt werden können, denn es kam hier nur auf die Messung der Arbeit an, die durch die Grätings verloren ging.

Um von Theorien und Formeln unabhängig zu sein, habe ich in dem Versuchskanal zwischen den großen Windkesseln die Kanalweite durch Leitbleche verändert von 600 mm bis herab auf 300 mm, so daß verschiedene Versuchsreihen für die verschiedenen Querschnitte zustande kamen. Die Grätings, die in diese Querschnitte eingeschoben werden konnten, waren zum Teil nach der alten Form, die wir im Lichtbilde gesehen haben, rechteckig, oder in der praktischeren Form, nämlich an der Vorderkante abgerundet. Sie hatten außerdem drei verschiedene Dicken, so daß sich eine ganze Menge Variationen ergab, für die mehrere Hunderte von Versuchen notwendig wurden.

Die Beobachtungen bestanden, wie schon erwähnt, darin, daß einerseits die Arbeit gemessen wurde und andererseits die beiden statischen Drucke vor und hinter dem Versuchskanal. Die erhaltenen Werte lassen sich in Kurven zusammenstellen. Ich habe für jede gemessene Arbeit einen bestimmten Druck in dem ersten, und einen bestimmten niedrigeren Druck im zweiten Windkessel erhalten.

Wenn ich diese Drucke in Kurven vereinige, so fallen eine ganze Anzahl von Punkten, trotz sorgfältiger Ausführung der Versuche heraus. Das beweist, daß man aus einzelnen Versuchen nichts schließen kann, sondern man muß ganze Versuchsreihen betrachten, und die einzelnen Kurven sehr genau nachprüfen, was viele Mühe verursacht. Auch die einzelnen Kurven, sowohl die für verschiedene Grätingsorten, als auch die für verschiedene Kanalweiten müssen einander ähnlich sein und sich naturgemäß in Kurvenscharen, die eine gewisse Gesetzmäßigkeit zeigen, einreihen lassen. Solche Kurven, die augenscheinlich herausfallen, bedürfen der Korrektur. Ihre Fehler stammen weniger von falschen Beobachtungen, als von sonstigen äußeren wechselnden Einflüssen her. Aber auch durch die Korrektur der Kurven ist noch kein befriedigendes Resultat erzielt worden, sondern es bedurfte noch eines weiteren Kriteriums für die Zuverlässigkeit der sämtlichen Beobachtungen. Dieses bot sich dadurch, daß man die Kurvenscharen des Druckes im ersten Windkessel mit denen des Druckes im zweiten Windkessel verglich.

So wurde ein System von Kurven gewonnen, aus dem ich ohne weiteres ersehen kann, wie groß ist der Widerstand einer Gräting bei einer beliebigen Luftgeschwindigkeit. Ferner wie viel muß ich den Querschnitt vergrößern, um diesen Widerstand zu eliminieren und um mit derselben Leistung des Motors dieselbe Luftmenge hindurch zu befördern. Dabei sind wir darauf gekommen, daß die notwendige Vergrößerung ganz erheblich sein würde. Andererseits können wir aber auch ersehen, wie groß ist wirklich die Arbeit, die durch die Grätings verloren geht, wenn der Kanal nicht vergrößert wird.

In den ungünstigsten Fällen, die z. B. bei einer großen Kesselraum-Ventilationsanlage in Betracht kommen können, ist dieser Verlust gleich der Arbeit von ein oder ein paar Dutzend Glühlampen. Ein so geringer Arbeitsverlust spielt keine Rolle, und daher ist es zulässig, die dicken Grätings zu verwenden, ohne die Ventilationskanäle zu erweitern.

Besonders interessant ist von den sonstigen Ergebnissen die folgende Beobachtung. Die Leistungen des Motors pro 1 cbm oder seinen Wirkungsgrad habe ich bei verschiedenen Drucken in dem ersten Windkessel untersucht, und zwar von wenigen Millimetern Alkoholsäule bis hinauf zu 40 oder 50 mm, und dabei zeigte sich, daß die Arbeit pro 1 cbm nur wenig schwankt. Z. B. wurden ca. 1000 Watt für 1 cbm Luft gebraucht, wenn gegen einen Druck von 3 mm im ersten Windkessel geblasen wurde, während bei ca. 2000 Watt der Druck 27 oder 28 mm betragen hat. Die Leistung für 1 cbm ändert sich also mit der dritten Wurzel des Drucks.

Das gibt eine bessere Anschauung von den Wirkungsgraden des Ventilators bei verschiedenen Drucken, als wenn man diese für konstante Tourenzahlen betrachtet.

Es hat sich endlich noch gezeigt, daß bei großen oder kleinen Luftförderungen innerhalb normaler Grenzen die Leistung pro 1 cbm immer nur von dem Druck im ersten Windkessel abhängig war.

Ich wollte diese wichtigsten Ergebnisse meiner Versuche hier hinzufügen, da ich es für wünschenswert halte, daß die Frage des Luftwiderstandes der Panzergrätings möglichst von allen Seiten beleuchtet wird.

Herr Ingenieur Dr. Rud. Wagner-Stettin:

Herr Direktor Krell hat bei seinem Vortrage auch die Pitotsche Düse erwähnt und bei dieser Gelegenheit die Einwendungen des Herrn Dr. Föttinger gelegentlich meines gestrigen Vortrags bezüglich des Woltmannschen Apparates unterstützt. Infolge der ausführlichen Darlegungen in dem erweiterten Schlußworte meines Vortrages kann ich es mir hier ersparen, nochmals auf diese Einwendungen einzugehen. Ich gestatte mir nur noch zu wiederholen, daß schon bei Beginn meiner Versuche die Vorzüge der Pitotschen Düse mich selbst auf dieselbe hingewiesen, daß aber die bereits genannten Mißstände, wie besonders der Riemenbetrieb, welcher keinen ganz gleichmäßigen Antrieb zuläßt, deren Anwendung gegenüber dem Woltmannschen Apparat damals weniger vorteilhaft erscheinen ließen. Falls die Versuchseinrichtung des „Vulcan" durch elektrischen Antrieb noch verbessert wird, werde ich mir vorbehalten, weitere Versuche mit der Düse (auch in beweglicher Ausführung) anzustellen.

Herr Direktor O. Krell-Berlin (im Schlußwort):

Ich möchte nur mit ganz kurzen Worten auf das, was der erste Herr Diskussionsredner ausgeführt hat, erwidern. Mich auf weiteres einzulassen, sehe ich mich außerstande, weil wir da Punkte berühren und persönlich zusammen besprechen müßten, die die Allgemeinheit nicht interessieren.

Ich möchte nur erwähnen, daß der erste Herr Diskussionsredner einen Unterschied macht zwischen einem Zentrifugalventilator und dem Sirocco-Ventilator. Der Sirocco-Ventilator ist aber selbst in hervorragendem Maße ein Zentrifugalventilator. Also wenn wir uns über derartige Punkte hier unterhalten wollten, so glaube ich wohl, daß das die Allgemeinheit wenig interessieren würde. (Lebhafter Beifall.)

Es ist mir selbstverständlich auch bekannt, daß die von mir zu den Versuchen verwendeten eckigen Krümmerformen ungünstige Formen sind, und ich weiß wohl, daß der Konstrukteur runde Formen macht. Aber ich glaubte als selbstverständlich voraussetzen zu können, daß, wenn ich meine Resultate auf die denkbar ungünstigste Form beschränkte, dadurch auch gezeigt wird, daß man mit besseren runden Formen natürlich auch bessere Resultate erzielt. (Beifall.)

Ich möchte mich auf diese beiden Bemerkungen beschränken.

Den Ausführungen des Herrn Baumeisters Wellenkamp habe ich, soweit sie für mich bei der schlechten Akustik des Raumes verständlich waren, nichts hinzuzufügen, denn sie beweisen nur, daß man auch auf anderem Wege Versuche machen kann, und ich habe auch durchaus nicht behauptet, daß der von mir eingeschlagene der einzige Weg ist. Ich habe nur dafür plaidiert, daß der ganze Wirkungsbereich eines Ventilators möglichst genau untersucht werden sollte, und das kann man natürlich auch auf dem Wege machen, den Herr Baumeister Wellenkamp angegeben hat.

Was nun die Bemerkung des Herrn Dr. Wagner anbelangt, daß die Pitotsche Röhre deswegen nicht bei seinen Versuchen von ihm verwendet werden konnte, weil sie infolge der Ungleichmäßigkeit des Riemenantriebs der Schrauben Schwankungen ergab, so ist das meiner Ansicht nach ein Vorteil dieser Röhre, denn es ist ein Beweis für ihre Empfindlichkeit. Wenn sie Druckschwankungen angezeigt hat, so waren offenbar solche vorhanden, und man begeht doch eine Ungenauigkeit, wenn man ein Instrument (den Woltmannschen Flügel) nimmt, das nicht diese Empfindlichkeit zeigt. (Sehr richtig!)

Ich glaube also, auch die Ausführungen des Herrn Dr. Wagner sprechen vielmehr für die Pitotsche Röhre als dagegen. (Lebhafter Beifall.)

Der Ehrenvorsitzende Seine Königliche Hoheit Großherzog von Oldenburg:

Es ist bekannt, wie wichtig eine gute Ventilation nicht nur für den guten Aufenthalt auf Schiffen ist, sondern wie sie sogar unerläßlich ist für einen sicheren Betrieb der Maschinen und Kesselanlagen. Deshalb ist der Vortrag des Herrn Direktor Krell mit besonderem Danke zu begrüßen, und namentlich sind wir dem Herrn Vortragenden dafür verpflichtet, daß er auf diesem Gebiete bahnbrechend vorgegangen ist.

Eingesandt von Herrn Direktor O. Krell-Berlin:

Wegen der ungünstigen akustischen Verhältnisse war ich leider nicht in der Lage, den Ausführungen des Herrn Marinebaumeisters Wellenkamp in allen Einzelheiten zu folgen. Ich halte es aber für angezeigt, zu den mir jetzt schriftlich vorliegenden Äußerungen noch das Nachstehende zu bemerken:

Ohne mir ein Urteil in schiffbautechnischen Fragen anmaßen zu wollen, möchte ich Herrn Baumeister Wellenkamp bei seinem Eintreten für die dicken Grätings unterstützen, denn diese besitzen fraglos ein nach den verschiedenen Richtungen gleichmäßigeres Widerstandsmoment gegen Treffer als die dünnen trotz der Versteifung der letzteren durch Stehbolzen. Die Anschauung des Herrn Baumeisters Wellenkamp, daß die dicken Grätings unter allen Umständen größeren Luftwiderstand verursachen, ist unzutreffend, denn gerade meine Versuche mit den aufgesetzten schlanken Keilen zeigen, daß diese Grätingsform trotz der normalen Stabdicke bezüglich des Luftwiderstandes mit den dünnen Grätings mindestens gleichwertig ist. Die Ergebnisse der Versuche des Herrn Baumeister Wellenkamp, nach welchen die Größenordnung des Luftwiderstandes der Grätings für den Energiebedarf eine untergeordnete Rolle spielt, stimmen überein mit der Überlegung, welche überhaupt den Ausgangspunkt für meine Versuche bildete, und meine stets vertretene Ansicht, daß dieser Widerstand unerheblich und die für den Schiffbauer so unbequeme Vergrößerung des Kanalquerschnittes in den Panzerdecks daher überflüssig sei, konnte nur durch die Vornahme exakter Versuche erhärtet werden. Daß ich mich mit der Versuchsanordnung des Herrn Baumeisters Wellenkamp nicht einverstanden erklären kann, weil durch den konischen Übergang des großen Druckraumes in den engen Kanal, in welchen die zu untersuchenden Grätings eingebaut wurden, Kontraktionserscheinungen eintreten mußten, welche die Widerstandsbestimmungen der Grätings verschleierten, ändert nichts an der Übereinstimmung unserer Resultate bezüglich der untergeordneten Rolle, welche dieser Grätingswiderstand überhaupt spielt.

XX. Die Bekohlung der Kriegsschiffe.

Vorgetragen von **Tjard Schwarz** - *Wilhelmshaven.*

Die moderne Kriegführung zur See mit dampfgetriebenen Linienschiffen, großen und kleinen Kreuzern sowie Torpedofahrzeugen ist ohne ausgiebige Mittel und Einrichtungen zur steten Kohlenergänzung undenkbar. Die Größe des Kohlenvorrates bildet einen wichtigen Teil des Gefechtswertes der Kriegsschiffe, auch muß jedes Kriegsschiff über ein Mindestmaß von Kohlen verfügen können, um nicht allein den Kampfplatz aufsuchen, sondern auch während der Schlacht und nach Entscheidung derselben seine volle Bewegungsfreiheit aufrecht erhalten zu können. Von besonders einschneidender Bedeutung wird daher die Bekohlungsfrage der Kriegsschiffe, wenn man gezwungen ist, den Gegner fern von der heimischen Küste aufzusuchen, wie die spanische Marine im spanisch-amerikanischen Kriege oder die russische Ostseeflotte im russisch-japanischen Kriege. In diesen Fällen bildet die Möglichkeit sowie Notwendigkeit einer ständigen Erneuerung der Bunkerkohlen die Grundlage für die Operationen der Flotte. Die überseeische Kriegführung wird aber, wie die Geschichte lehrt, immer mehr die Regel als die Ausnahme bilden. Seit Jahren haben daher alle Kriegsmarinen dahin gestrebt, außer der Gründung befestigter Kohlenstationen am Lande Einrichtungen zu schaffen und zu erproben, um die Kohlenergänzung unabhängig vom Lande auf hoher See oder in geschützten Buchten vornehmen und mit Erfolg durchführen zu können.

Das nächstliegende Mittel könnte darin gefunden werden, den Kohlenvorrat eines Kriegsschiffes derart reichlich zu bemessen, daß eine Kohlenergänzung nur ausnahmsweise in Frage käme; dieser Weg ist aber kaum gangbar, wollte man die Gefechtskraft der Kriegsschiffe an Artillerie und Panzer nicht übermäßig schwächen. Denn trotz der bedeutenden Kohlenmengen von 1800—2000 t für Linienschiffe, 1500—2200 t für große Kreuzer

und 500—900 t für kleine Kreuzer reichen dieselben bei einer Marschgeschwindigkeit von 10—12 Knoten nur für höchstens 3000—5000 Seemeilen
aus, d. h. für eine sichere Durchquerung des Atlantischen Ozeans. Dabei
erreicht das Kohlengewicht etwa 10—14 % des voll ausgerüsteten Deplazements
der Kriegsschiffe, also ein Maß, welches im Verhältnis zu den übrigen
Gefechtswerten der Kriegsschiffe als recht bedeutend bezeichnet werden muß.
Für größere Marschstrecken und für eine längere Kriegführung ist es daher
unerläßlich, den Kohlenvorrat ständig zu ergänzen. Diejenige Flotte wird
daher auf die Dauer des Krieges im Vorteil sein, welche über die besten
Mittel zur Kohlenergänzung verfügt, und welche daher für ein offensives
Vorgehen am stärksten gerüstet ist. Das Anlaufen von Kohlenstationen an
Land kann nur als Notbehelf gelten, ganz abgesehen davon, daß die Erhaltung
der Kohlenstation bedeutende Verteidigungsmittel erfordert und überdies zu
einer Zersplitterung der Streitkräfte führt. Schwimmende Kohlendepots
können allein allen Anforderungen gerecht werden und zugleich bei etwaiger
Überrumpelung durch den Feind durch Versenken des Schiffes unschädlich
gemacht werden.

Die ganze Bekohlungsfrage hat zur Grundlage die Erhaltung der Kohlen
an Bord der Schiffe, Erhaltung einmal durch möglichst sparsamen Verbrauch
des Brennstoffs sowie Erhaltung seines kalorischen Heizwertes, Erhaltung
ferner durch sichergestellte Ergänzung. Hat die Ökonomie der Schiffsmaschinen
nach Einführung des hochgespannten Dampfes in Verbindung mit mehrfachen
Expansionsmaschinen ihre Höchstgrenze fast erreicht, so ist es mit der Erhaltung des Heizwertes der Kohlen an Bord der Kriegsschiffe zur Zeit noch
schlecht bestellt. Ist es doch eine unleugbare Tatsache, daß bei den Probefahrten
der Kriegsschiffe der Kohlenverbrauch pro I. H. P. und Stunde fast ausnahmslos
nach den Berechnungen der Konstrukteure innegehalten wird, daß aber
während der Indiensthaltung der Schiffe diese günstigen Resultate nur selten
wieder erreicht werden. Die Kohle leistet nicht mehr die vorgesehene Arbeit,
der Aktionsradius bleibt hinter dem bei der Konstruktion geplanten zurück.
Der Grund hierfür ist im allgemeinen darin zu suchen, daß bei den Probefahrten die Kohle eine wichtige Rolle spielt, man verwendet meist nur aus-
gepickte, beste Stückkohle, man behandelt die Kohle fast wie ein rohes Ei
und weiß mit andern Worten den Wert derselben zu schätzen. Während der
Indiensthaltung der Schiffe wird die Kohle als Rohmaterial rauher behandelt,
sie wird beim Übernehmen und Stauen gestürzt und durch die Reibung in den
Kohlenschütten weiter vergrust. Schließlich erzeugt das Ziehen und Trimmen der

Kohlen aus den Bunkern eine ganz erhebliche Grusbildung. Die zu den Feuern geschaffte Kohle verliert daher erheblich an Heizwert, beeinträchtigt den Kesselbetrieb und vermindert durch steigenden Verbrauch den Aktionsradius.

Bei den transatlantischen Schnelldampfern, wo neben der Höchstleistung an Geschwindigkeit auch der finanzielle Effekt in den Vordergrund tritt, wird die Kohle während des Betriebes wesentlich höher bewertet. Man verwendet nur beste, direkt von den Zechen mit der Eisenbahn herangefahrene Stückkohle. Jede Umladung wird vermieden und mit Waggons gekippte Kohle sogar ausgeschlossen, da das einmalige Stürzen allein den Wert der Kohle bis zu 8 % herabsetzt und das Entlöschen der Kohle aus Schiffen eine weitere Wertverminderung der Kohle bis zu 5 % verursacht. Dabei ist die Anordnung der Kohlenbunker auf den Schnelldampfern möglichst so getroffen, daß ein Beschütten derselben in nicht zu großer Höhe durch Seitenpforten möglich ist und daß ein Heranschaffen der Kohlen aus den Bunkern zu den Kesseln während der Fahrt möglichst durch mechanische Transportmittel, d. h. unter möglichster Schonung der Kohlen erfolgt.

Am sorgfältigsten mit Bezug auf die Erhaltung der Kohle arbeiten jedoch die großen elektrischen Landzentralen, bei welchen die Kohlen durch mechanische Transporteinrichtungen den Kohlenschiffen oder Kohlenwagen entnommen und meist selbsttätig direkt zu den Feuern geführt werden. Und dabei reichen die Maschinenleistungen solcher Zentralen nicht entfernt an die riesigen Maschinenanlagen der Linienschiffe und großen Kreuzer heran. Auch stehen am Lande jederzeit genügend Arbeitskräfte zur Verfügung, welche den Kohlentransport übernehmen könnten. Aber hier drängt die Ökonomie des Betriebes zum Ersatz der Handarbeit durch Maschinenarbeit. Da ferner in den großen Städten die Platzfrage von finanzieller Bedeutung ist, so ist man wie an Bord der Schiffe auf einen beschränkten Raum zur Unterbringung der Maschinen- und Kesselanlage sowie zur Lagerung der Betriebskohle angewiesen. Nach dem Vorbilde der amerikanischen Himmelkratzer ist man dazu übergegangen, den Raum der Höhe nach auszunutzen und den Kohlenraum über dem Kesselraum anzuordnen, wobei man die Mühe nicht scheut, die Kohlen mehrere Stockwerke hoch zu fördern und dann von oben zu den dann vielfach automatisch bedienten Feuerungen der Kessel hinabgleiten zu lassen (Fig. 1).

Wie liegen die Verhältnisse nun an Bord der Kriegsschiffe? Es ist auffallend, daß man bisher hier auf einen mechanischen Transport der Kohle hat verzichten müssen. Bei den Kriegsschiffen läßt die ungünstige und zergliederte Lage der Kohlenbunker sowohl zu den Kohlenübernahmedecks als auch zu den Heizräumen einen mechanischen Transport der Kohle kaum zu. Nach Einführung des Panzerdecks, sowie durch die stetig anwachsende Zahl der wasserdichten Abteilungen zur Sicherung des Schiffes bei Überflutungen ist der Kohlentransport wesentlich erschwert worden. Obwohl zu verschiedenen Zeiten und in verschiedenen Marinen von sachverständiger Seite darauf hingewiesen worden ist, den Kohlentransport im Schiff zu verbessern, so sind doch bis jetzt keine eingreifenden Änderungen zur Durchführung gekommen. Der Leutnant Kommandeur J. R. Edwards der U. S. N. hebt in einem Aufsatz

Selbsttätige Kohlenzufuhr für Land-Dampfkessel-Anlagen.

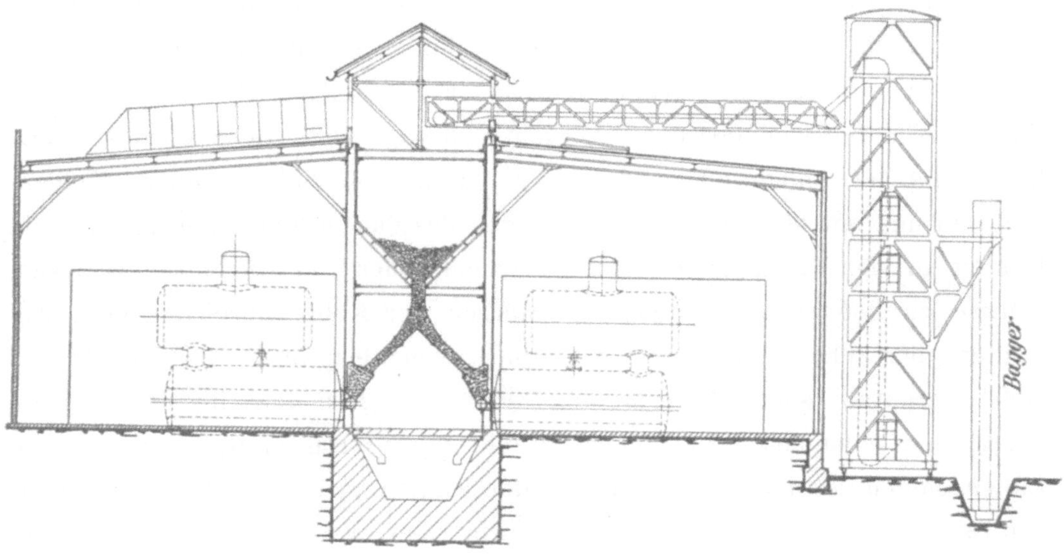

Fig. 1.

„The Coaling of Warships"*) mit Recht hervor: „It is at the bunkers where the real evil lies and in this direction improvements of an important character must be made." Die Anordnung und praktische Lage der Kohlenbunker bildet in allen Marinen meist auch heute noch eine untergeordnete Frage der Konstruktion. Nicht ohne bittere Ironie bezeugt dies auch eine Äußerung eines Seeoffiziers der amerikanischen Marine in der Diskussion zu einem Vortrage über Bekohlung der Kriegsschiffe**), welche lautet: „You see, in designing our ships in the beginning of the reconstruction of the Navy we have a good many

---

*) Journal of the American Society of Naval Engineers. Febr. 1901.

**) Transactions of the Society of Naval Architects and Marine Engineers. Vol. I.

serious problems to work out, and, naturally, we have devoted ourselves to those first and have been content to put the coal in any space that happened to be left.“

Die Behauptung, daß den Kohlenbunkern zu leicht Räume zugewiesen werden, welche für Gefechtszwecke sonst nicht beansprucht werden, läßt sich leider nicht gänzlich widerlegen. Der Konstrukteur wacht vornehmlich darüber, daß der Rauminhalt der Bunker groß genug ist, um die vorgeschriebene Kohlenmenge zu fassen, daß die Lage der Bunker so gewählt wird, daß die Schwerpunktslage der Kohlen einer wünschenswerten Stabilität entspricht, und daß bei allmählichem Aufbrauch der Kohlen ein größeres Trimmoment vermieden wird, d. h. daß das Schiff möglichst gleichmäßig auftaucht. Auch ist man bemüht, die Kohlenbunker nach den Heizräumen zu zugänglich zu machen und ferner das Füllen der Bunker durch Kohlenschütten von oben von vorneherein sicher zu stellen. Hier treten jedoch schon wichtige militärische Gesichtspunkte, wie Geschützaufstellung, Panzerung usw. hindernd in den Weg. Man muß sich mit engen Kohlenschütten und mit kleinen Durchbrechungen des Panzerdecks behelfen, um die Kohlen in den Raumbunker vom Oberdeck oder Batteriedeck aus herabstürzen zu können. Versuche, das Stürzen der Kohle durch geneigte Anordnung der Schütten zu verringern, sind gescheitert, da die Kohlenschächte sich hierdurch leichter verstopfen und Verzögerungen in der Kohlenübernahme entstehen. Seit Wiedereinführung des Kasemattpanzers auf den Linienschiffen ist nun die Zuführung der Kohlen zu den Bunkern weiter erschwert, da die Verwendung von niedrig über Wasser gelegenen Kohlenpforten in der Bordwand ausgeschlossen ist. Die Kohlen·müssen daher bis zum Oberdeck bezw. Aufbaudeck von Land oder von den Kohlenschiffen aus geheißt werden und werden dann durch 2—3 Decks hindurch direkt in die 5—6 m hohen Raumbunker gestürzt oder durch Umschütten vom Zwischendeck aus in dieselben befördert. Dabei muß Obacht gegeben werden, daß zu große Kohlenstücke zerkleinert werden, ehe sie in die Kohlenschütten gelangen, um Verstopfungen zu vermeiden. Wie schwierig das Füllen der Bunker der meisten Kriegsschiffe während der Kohlenergänzung sich durchführen läßt, mag an wenigen Beispielen dargetan werden. Nach Edwards beträgt das Bunkerfassungsvermögen des amerikanischen Panzerdeck-Kreuzers „San Francisco“ 628 t, welche in 52 Räume verstaut werden müssen, sodaß jeder Bunker nur etwa 12 t durchschnittlich faßt. Unsere kleinen Kreuzer besitzen zwar bei einem Bunkerraum von 800 t

Fassungsvermögen nur 28 Bunkerabteilungen, doch fassen die kleinsten nur 7 t. Edwards bringt ferner in dem erwähnten Aufsatz zur Sprache, daß ihm berichtet sei, der japanische Panzerdeckkreuzer „Itsukushima" von 4300 Tonnen Deplacement und 6000 I. H. P. habe in Port Said oder Aden keinen Bekohlungsvertrag mit einem Kohlendampfer abschließen können, weil sich keine Trimmer zum Füllen der Bunker meldeten. Die Bunkerabteilungen waren so zahlreich und so schwierig zugänglich, daß die Arbeit des Kohlenstauens über ihre Kräfte ging. Auch bei den verhältnismäßig primitiven Kohlenübernahmevorrichtungen der russischen Ostseeflotte mußte die Bekohlung zeitweise unterbrochen werden, da die Kohle nicht schnell genug in die Bunker gebracht werden konnte. Die Gliederung der Kohlenbunker in eine große Zahl wasserdicht gebauter Räume sowie die ungünstige Lage derselben unterhalb des Panzerdecks und weit entfernt von den Kohlenübernahmestellen wirkt daher nicht allein auf die Erhaltung des wichtigen und wertvollen Brennmaterials recht ungünstig, sie bedingt auch ein zahlreiches Personal von Trimmern, um die an Bord geschafften Kohlen in gleichem Tempo mit der übergenommenen Kohle vorteilhaft stauen zu können.

Nach der Bekohlung treten nun für den Schiffsbetrieb fast die gleichen Schwierigkeiten auf, wenn es heißt, die Kohlen aus den Bunkern zu den Heizräumen zu schaffen. Bei Beginn der Fahrt, wenn aus den Raumbunkern gefeuert wird, ist das Ziehen der Kohlen noch einfach, doch treten oft ganz bedenkliche Schwierigkeiten auf, wenn man zu den Kohlen der Zwischendecksbunker oberhalb des Panzerdecks greifen muß. Für den Kohlentransport reichen dann die vorgesehenen Kohlenzieher nicht mehr aus und müssen dann Deckmannschaften in die Bunker kommandiert werden. So äußerte sich Admiral Sampson vor etwa 5 Jahren dahin, daß nicht auf einem einzigen in den letzten 10 Jahren erbauten amerikanischen großen Kriegsschiffe die Kohle in genügender Menge für eine Zeitdauer von 12 Stunden zu den Feuern geschafft werden kann, wenn die Kessel forciert werden. Wesentlich schärfer lautet das Urteil des „Engineering" in einem Leitaufsatze vom 9. November 1900 „The Naval Position", in welchem gelegentlich des Amtsantrittes des ersten Lords der Admiralität Earl of Selborne die vorhandenen Mängel der englischen Marine dem neuen Minister zur Abstellung ans Herz gelegt werden. Hier heißt es wörtlich: „Wenn man die große Komplikation eines modernen Kriegsschiffes betrachtet, so erscheint es fast wie ein Wunder, die Maschinen in Gang zu setzen und die Schiffe aus dem Hafen laufen zu lassen. Bei hoher Fahrt müssen 50 bis 60 Deckmannschaften in die Bunker geschickt werden die Kohlen zu trimmen, da sonst die Kohlen nicht schnell genug aus den Bunkern geschafft werden können, damit die Heizer die Feuer in Gang halten können. Was geschieht nun, wenn im Kriegsfalle unsere Schiffe einen Feind von gleicher Stärke verfolgen. Die Deckmannschaft wird für die Geschütze und andere Manöver, den Feind zu stellen, benötigt; ist jedoch ein Teil derselben nicht in den Bunkern, so kann der Feind entkommen, weil die Heizer nicht genügend Kohlen zu den Feuern bekommen. Wird dagegen für ausreichende Kohlenzufuhr gesorgt, so ist der Feind in der stärkeren Position. Es ergibt sich daher für den Kommandanten ein eigenartiges Problem der Entscheidung, entweder die Forcierung aufzugeben und die Mannschaften zu den Geschützen zu kommandieren, oder die Fahrt zu erhöhen und die Geschützmannschaften zu schwächen." Wenngleich dieser Darstellung eine absichtliche Übertreibung nicht abzusprechen ist, so ist sie doch im Grunde genommen kennzeichnend für die unzureichende innere Bekohlung der Kriegsschiffe. Die Klagen über den mangelhaften Kohlentransport an Bord der Kriegsschiffe gehen daher durch alle Kriegsmarinen, ein Zeichen, daß es mit der inneren Bekohlung der Kriegsschiffe nicht allzu gut bestellt sein muß. Und dabei handelt es sich bei den Klagen nur um die schwierige Heranschaffung der Kohlen und wird ganz außer acht gelassen, daß bei einer so mühseligen und fast sklavenhaften Handarbeit der Zustand der Kohle weiter leiden muß. Es ist wohl nicht zu hoch gegriffen, wenn man damit rechnen muß, daß der Wert der Kohle nach diesen gewaltsamen Transporten bis zu den Feuern sich um etwa 20 % vermindert hat, mit andern Worten der Aktionsradius der Schiffe, welcher nach den Probefahrtsverhältnissen berechnet ist, sinkt infolge der mangelhaften inneren Bekohlung der Kriegsschiffe etwa um $1/5$.

Es wäre daher zunächst anzustreben, den schweren Arbeitsdienst der Kohlentrimmer sowie die Wertverminderung der Kohlen beim Stauen und Trimmen durch mechanische Transportmittel zu umgehen, nachdem für die wesentlich leichteren und nur vorübergehend auftretenden Kraftaufwendungen wie beim Ankerlichten, Bootsaussetzen, Munitionsmannen, Hilfsmaschinen in weitestem Maße eingeführt sind. Der Grundsatz, daß die Hilfsmaschinen die Besatzungszahl einschränken sollen, gilt vornehmlich auch für den Dauerbetrieb des Kohlentrimmens beim Schiff in Fahrt, ganz abgesehen davon, daß die mechanischen Beförderungsmittel die Kohle besser schonen. Wenn diese Gesichtspunkte bisher noch zu keinen Verbesserungen gedrängt haben, so kann dies nur der ungünstigen Lage der Kohlenbunker zugeschrieben werden und dem Widerstreben, das Panzerdeck für den Kohlentransport zu durchbrechen. Man weiß sich meist dadurch zu helfen, daß man die unten im Raume gelegenen Kohlen zunächst aufbraucht, und die oben im Zwischendeck gestauten Kohlen, welche ja auch meist als Reservebunker betrachtet werden, liegen läßt, wodurch freilich die Stabilität des Schiffes ungünstig beeinflußt wird.

Während man für die Kraftbetriebe an Land also die Kohle künstlich hebt, um sie dann selbsttätig den Feuerungen zuzuführen, werden an Bord der Kriegsschiffe die über dem Panzerdeck, d. h. über den Kesseln gelagerten Kohlen mit der Hand in schwieriger Arbeit nach unten getrimmt und dann in den Heizräumen von den Heizern in die Feuerungen geworfen. Warum lassen sich nun die Verhältnisse der Landzentralen nicht auf den Schiffsbetrieb übertragen? Einen stichhaltigen Grund wüßte ich nicht anzugeben, es sei denn, daß man Bedenken trüge, das Panzerdeck für den normalen Kohlentransport zu durchbrechen und ferner den Kohlenschutz des Panzerdecks aufzugeben. Nachdem aber zur Erleichterung des Kohlentransports der Reservekohlen zu den Heizräumen direkte Kohlenschütten in die letzteren für notwendig erachtet und auch eingeführt worden sind, dürfte die Umgestaltung der Kohlenbunker nicht mehr von einer Durchbrechung des Panzerdecks abhängig gemacht werden. Und so wäre dann ein gangbarer Weg gefunden, die innere Bekohlung der Kriegsschiffe zu verbessern, indem man den jetzigen Gebrauchsbunker und den Reservebunker mit einander vertauscht, d. h. die Bunker im Zwischendeck über den Kesseln als Gebrauchsbunker einrichtet und die Raumbunker neben einem Teil der Zwischendecksbunker zu Reservebunkern stempelt. Man kommt dann auf dieselben Verhältnisse wie bei den Landzentralen und heimst gleichzeitig eine große Menge weiterer Vorteile ein, welche aufzuzählen sich wohl verlohnt.

1. Die Bunkerkohle rutscht fast selbsttätig mitten in den Heizraum bezw. sie kann direkt zu den Feuern geführt werden.

2. Da die Zwischendecksbunker wegen ihrer Lage über Wasser weniger durch wasserdichte Schotte gegliedert sind, so bilden sie meist große Räume. Mechanische Transporteinrichtungen können daher leichter Eingang finden.

3. Der Rauminhalt der Zwischendecksbunker ist namentlich bei den Kreuzern erheblich größer als der Rauminhalt der Raumbunker und sind letztere daher als Reservebunker besser geeignet, zumal das Öffnen der Bunkerschieber bei Überflutungen eine Gefahr für das Schiff bilden kann.

4. Ein Nachfüllen der Zwischendecksbunker ist erheblich leichter durchzuführen, da sie näher der Kohlenübernahmestelle liegen und der Zugang zu denselben durch große Kohlenluken angängig ist.

5. Die Kohlen werden mehr geschont, da sie nicht so hoch herab gestürzt zu werden brauchen und das Trimmen leichter ist. Das Stürzen kann sogar ganz vermieden werden, wenn man die Kohlen durch Luken in den Bunker hinabführt, anstatt an Deck abzuladen oder besondere Sammelbehälter vorsieht.

6. Die Stabilität der Schiffe wird eine größere, namentlich für das Gefecht, da die Kohlen oben zuerst verbraucht werden.

7. Der Kohlenschutz der Raumbunker ist gegen Unterwasserexplosionen — Minen, Torpedos — günstig.

8. Die Durchbrechungen des Panzerdecks für den Kohlentransport liegen mehr mittschiffs und sind daher weniger bedenklich als bei der jetzigen Lage mehr nach der Bordwand zu. Die übrigen Kohlenlöcher bleiben während der Fahrt stets geschlossen und brauchen nur beim Bekohlen der Raumbunker geöffnet werden.

Die ersten Versuche einer automatischen Innenbekohlung auf Schiffen sind in Amerika gemacht worden und zwar auf den in New London erbauten beiden Riesendampfern „Dakota“ und „Minnesota“. Bei diesen mit Niclaussekesseln und automatisch beschickten Feuerungen ausgerüsteten Dampfern sind die Kohlenbunker über den Kesselräumen durch zwei Decks hindurch angeordnet derart, daß die Kohlen fast selbsttätig zu den Feuerungen hinabgleiten können. Die Bunker werden von oben durch Seitenluken, sowie von außenbords durch Kohlenpforten gefüllt. Die Begrenzungsquerschotte der Bunker sind in der Höhe nach vorne bezw. hinten geneigt angeordnet, sodaß die Bunker vorne über den Laderaum, hinten über den Maschinenraum hinweg ragen. Die Kohlenbunker haben daher im Oberdeck die größte Längenausdehnung und rutschen daher die Kohlen auf den geneigten Endschotten von selbst nach den Heizräumen zu. Die Rauchfänge und Schornsteine gehen durch den Bunker hindurch. Über die Bewährung dieser Einrichtung ist mir leider nichts bekannt geworden.

Für Kriegsschiffe ist diese Anordnung ohne weiteres nicht anwendbar, da für die Kohlenbunker nur das Zwischendeck, d. h. nur eine Deckshöhe, zur Verfügung steht und ferner bei der hohen Maschinenleistung die Durchbrechung der Bunker durch die Schornsteinführung ausgeschlossen ist. Man muß eine andere Raumeinteilung wählen. Bei Anordnung der Maschinenanlage in der Mitte zwischen den Heizräumen wie bei den meisten französischen Linienschiffen und großen Kreuzern kann der Zwischendeckbunker über den Maschinenräumen vorgesehen werden, und erfolgt dann der Kohlentransport in die Heizräume nach vorne und hinten auf kürzestem Wege. Um ein Überfluten des Zwischendecks einzuschränken, erhalten die Zwischendecksbunker von dem Knick des Panzerdecks bis zum Stringer des Batteriedecks reichende, geneigte Längsschotte. Der Raum zwischen diesen und der Außenhaut kann mit Reservekohlen oder Briketts gefüllt werden, sodaß ein Kohlenschutz für die Seiten des Panzerdecks auch bei Aufbrauch der Gebrauchskohlen verbleibt. Der Transport der Kohlen zu den Heizräumen kann fast automatisch ähnlich den Landzentralen durchgeführt werden. Die Bunker können durch große Luken bis zum Oberdeck zugänglich gemacht werden, und kann auf diese Weise das Übernehmen der Kohle mit dem Stauen derselben direkt verbunden werden. Bei dem selten stattfindenden Füllen der Raumbunker sind die Zwischendecksbunker leer, das Einbringen der Kohle in erstere durch das Panzerdeck ist daher wenig schwierig. Die Öffnungen im Panzerdeck sind aber in der Regel geschlossen, sie werden nur geöffnet zum Füllen der Reservebunker im Raum.

Um die Durchführbarkeit der neuen Bunkeranordnung zu prüfen, habe ich ein Linienschiffsprojekt nach dem Typ des „Lord Nelson" durchgezeichnet (Fig. 2 bis 10, Schiffspläne). Für die Maschinenanlage sind 4 Wellen mit Kolbenmaschinen oder Dampfturbinen gewählt, um die größere Raumbreite voll ausnutzen zu können und zugleich die Durchführung eines Mittelganges zu ermöglichen. Auch hat die Vierteilung den Vorzug eines geringeren Maschinengewichts gegenüber einer Dreischraubenanordnung. Der Verkehr im Zwischendeck wird durch einen durch die Rauchfänge hindurchgeführten Mittelgang aufrecht erhalten, von welchem die Niedergänge zu den Heiz- und Maschinenräumen abzweigen. Zu den Seiten derselben liegen die Gebrauchsbunker, vier an der Zahl, von etwa 250 t Fassungsvermögen, sodaß die Kohlen, ohne Schotte zu passieren, nach vorne und hinten zu den Heizräumen geschafft werden können. Da die an die Maschinenräume anschließenden Kesselräume genügenden Dampf für die Marschgeschwindigkeit liefern können, so wird der Kohlentransport aus den großen Mittschiffsbunkern für den Marsch der denkbar kürzeste. Die Raumbunker erstrecken sich über alle Maschinen und Kesselräume und ist daher größtmöglicher Torpedoschutz erreicht. Die Kohlenbunker zur Seite der Maschinenräume haben durch Nischen Zugang zu den angrenzenden Querbunkern. Die Längsschotte und Querschotte außerhalb der Längsbunkerschotte werden daher nicht durchbrochen. Die Zwischendecksgebrauchsbunker sind von oben durch 10 große Luken zugänglich, welche bei eingesetzten Booten frei bleiben, sodaß auch die Kohlenübernahme in See ungestört vor sich gehen kann. Das Mitteldeck zwischen den Schornsteinen kann für das Bekohlen im Hafen ganz ausgenutzt und können die Ladebäume des einzigen Mastes hierfür mit benutzt werden. Die Schornsteine stehen weit auseinander, geben ein kleines Zielobjekt ab und sind überdies durch den Panzer der Geschütz- und Kommandotürme geschützt. Die übrigen Einzelheiten ergeben sich aus den Schiffsplänen.

Für einen kleinen Kreuzer bietet die neue Bunkeranordnung wesentlich größere Vorteile, da bei diesen Schiffen die Raumbunker meist sehr beschränkt sind und nur etwa $^{1}/_{4}$ der gesamten Kohlenmenge fassen. Auch ist der Aufbrauch der oberen Kohlen für die Stabilität dieser Schiffe erwünscht. Durch die Anordnung der Maschinen in der Mitte zwischen den beiden Kesselgruppen kann ferner die Panzerhaube entbehrt werden, da die Maschinen wegen der völligeren Spanten mittschiffs tiefer im Schiff gelagert werden können; auch läßt sich das Panzerdeck in der Mitte leicht etwas höher ziehen.

Die neue Bunkeranordnung bietet hiernach für die innere Bekohlung der Kriegsschiffe beachtenswerte Vorteile. Aber auch für die äußere Bekohlung, d. h. für das Übernehmen der Kohlen von Land aus bezw. aus Kohlenschiffen, ist sie wesentlich besser geeignet, da sie die Durchführung einer rein mechanischen Kohlenübernahme erleichtert. Infolge Verwendung großer Ladeluken kann die äußere Bekohlung direkt an die innere angeschlossen, die Leistungsfähigkeit der Kohlenübernahme wesentlich gesteigert und die Schonung der Kohle bis auf das denkbarste Höchstmaß hinaufgeschraubt werden. Sind doch die außerordentlichen Leistungen beim Beladen und Löschen der großen Erz- und Kohlendampfer auf den nordamerikanischen Seen neben den fast automatisch arbeitenden Transportern vornehmlich der praktischen Anordnung der Luken zuzuschreiben, wodurch das Fördergut beim Beladen sich fast von selbst trimmt und beim Löschen mit Hilfe der Fördermittel direkt aus dem Laderaum entnommen und zu den Entladestellen geführt werden kann. Das bisher übliche Beladen der Kohlenschiffe durch Kippen der Eisenbahnwagen führt freilich am schnellsten zum Ziel, ist jedoch nur für Gas- und Schmiedekohle aufrecht erhalten, da die Bunkerkohle durch das Stürzen von der Kippbühne in den Schiffsraum hinein zerstückelt wird

Additional information of this book

(Jahrbuch der Schiffbautechnischen Gesellschaft); 978-3-642-47096-7;

978-3-642-47096-7_OSFO4) is provided:

http://Extras.Springer.com

und daher erheblich leidet. Der an einer Schwebebahn hängende Selbstgreifer hat daher für das Entladen und Beladen der Schiffe mit Kohlen mehr und mehr Eingang gefunden. Ich möchte hier nur auf den Vortrag des Herrn Pohlig im Jahrburch 1904 verweisen. Der Greifer hat neben einem stoßfreien Transport der Kohle den Vorteil, daß das Füllen und Entleeren des Fördergefäßes fast selbsttätig erfolgt, so daß Kohlenschaufler und Trimmer entbehrt werden können. Auch ist der Grusfall bei Benutzung von Greifern wesentlich geringer, als wenn die Kohlen eingeschaufelt werden. Für das Entladen der Kohlenschiffe finden dann auch Becherwerke in Verbindung mit Transportbändern namentlich für große Zentralen Verwendung, welche gleichfalls ein selbsttätiges Arbeiten gestatten und die Kohle schonen. Eine Umkehrung des Arbeitsprozesses ist jedoch ohne weiteres nicht möglich, und ist daher diese Einrichtung zum Beladen der Schiffe kaum ausgebildet.

Für die Bekohlung der Kriegsschiffe konnten beide Beförderungsmittel bisher mit Erfolg nicht in Frage kommen, da die Kriegsschiffe keine Kohlenluken besitzen. Die Kohlen müssen daher an Deck entladen und nach den einzelnen Kohlenlöchern hin verteilt und transportiert werden. Dies geschieht am schonendsten für die Kohle mit Hilfe von Säcken oder Körben, so daß von vornherein auf die Übernahme der Kohlen in Säcken oder Körben Bedacht genommen werden mußte, obwohl das Einsacken der Kohle bezw. das Füllen der Körbe Zeit und Arbeiter erfordert und demnach die Kohlenübernahme erschwert, sowie die Grusbildung durch das Einschaufeln erhöht. Die Kohlenübernahmevorrichtungen bestehen daher in allen Marinen in Ladebäumen und Kranen oder in Laufkatzen, welche durch Dampf- oder elektrische Winden angetrieben werden. Auf dem Transport mittels Laufkatze beruht der Temperleyapparat, die Marine Cable Way von Spencer Miller*) sowie die Bekohlungseinrichtung von Schuckert, während der Seilbahnbetrieb mit in bestimmten Abständen an das Förderseil angehängten Kohlensäcken von Mackrow & Cameron, Leue und Metcalfe ausgebildet ist. Spencer Miller, Mackrow & Cameron, Leue und Metcalfe haben ihre Bekohlungseinrichtungen ferner derart erweitert, daß die Kohle auch in See übernommen werden kann, indem das Kriegsschiff den Kohlendampfer achteraus schleppt oder umgekehrt der Kohlendampfer das Kriegsschiff. Da alle diese

---

*) Vergl. William H. Beehler, Kohlenübernahme auf See. Jahrbuch der Schiffbautechnischen Gesellschaft 1902.

Bekohlungsapparate nur ein Transportseil besitzen, so ist die stündliche Fördermenge auf etwa 40 t pro Stunde beschränkt, ein Quantum, welches für ein kriegsmäßiges Bekohlen unzulänglich erscheint. Daneben erfordern die Apparate zur Aufrechterhaltung einer gleichmäßigen Seilspannung sowie die automatischen oder mit Hand bedienten Aufgabe- und Abnahmevorrichtungen eine äußerst genaue bezw. aufmerksame Behandlung und Bedienung, so daß ein zuverlässiges Arbeiten nicht immer erreicht werden kann. In dieser Beziehung arbeitet der Temperley-Transporter zuverlässiger namentlich, wenn derselbe auf dem Kohlendampfer aufgebracht ist. Er gestattet jedoch nur die Kohlenübernahme von der Seite, d. h. bei Vertäuen bezw. beim Schleppen des Kohlenschiffes längsseits, wobei freilich die Schienen für die Laufkatzen mit großer Ausladung versehen werden können. Das gleichfalls auf 40 t pro Stunde ermittelte Förderquantum des Temperleyapparats ist dagegen nicht so nachteilig, da bis zu 4 Transporter gleichzeitig ausgebracht und in Tätigkeit gesetzt werden können. Auch ist man beim Temperleyapparat nicht an die Übernahme in Säcken oder Körben gebunden und haben Kübel zur Aufnahme des Förderguts auf Handelsdampfern bereits allgemeine Anwendung gefunden. Für die Bekohlung auf Reede oder in See müssen freilich große und stark gebaute Kohlendampfer zur Verfügung stehen mit großen Laderäumen mitschiffs bei Lage der Maschinen- und Kesselräume im Hinterschiff, mit zahlreichen und breiten Luken, mit kräftigen Masten und Ladebäumen sowie eingezogenen Bordwänden nach Art der Turmdeckschiffe, so daß ernste Beschädigungen beim Längsseitgehen ausgeschlossen sind.

Unter der Voraussetzung, daß ein Schleppen sowohl achteraus als auch längsseit für längere Zeit durchführbar ist, weisen doch alle genannten Bekohlungseinrichtungen immerhin den einen Nachteil auf, daß die Kohle eingesackt werden muß und demnach durch Schaufeln, Transportieren und Entladen zerstückelt wird, ehe sie an ihren Bestimmungsort gelangt. Beim Temperleyapparat ließe sich freilich bei Anwendung der neuen Bunkeranordnung mit großen Kohlenluken sowie bei gleichzeitiger Verwendung von Kübeln das Umladen der Kohlen bis auf das Füllen der Kübel einschränken, die Benutzung von Selbstgreifern erschwert jedoch den Laufkatzenbetrieb und den hiermit verbundenen Seilbetrieb so wesentlich, daß ein sicheres Arbeiten des so erweiterten Apparats in Frage gestellt ist.

Die zur Zeit erprobten und teilweise eingeführten Kohlenübernahmevorrichtungen haben noch nicht diejenige Leistungsfähigkeit und Sicherheit des Betriebes erreicht, welche für den Ernstfall anzustreben ist. Ein erfolg-

Kohlenübernahme in Fahrt mit Hilfe des Temperley-Transporters.

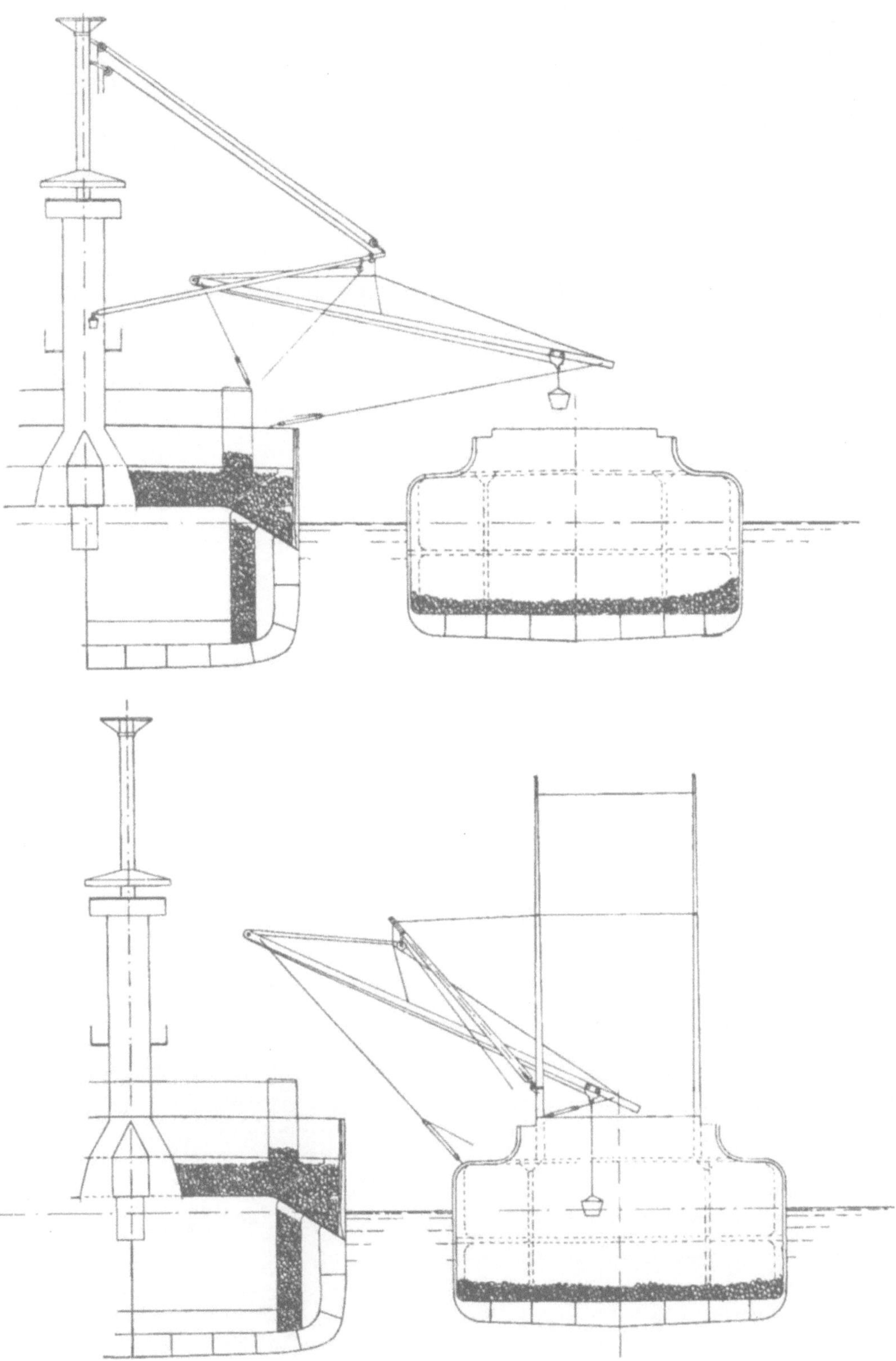

Additional information of this book

(Jahrbuch der Schiffbautechnischen Gesellschaft); 978-3-642-47096-7;

978-3-642-47096-7_OSFO5) is provided:

http://Extras.Springer.com

reicher Schritt ist jedoch nur dann zu erwarten, wenn die innere Bekohlung der Kriegsschiffe verbessert und mit der äußeren Bekohlung in Einklang gebracht werden kann. Auch wird man mehr und mehr den Grundsatz vertreten müssen, die Kriegsschiffe für die Kohlenübernahme von allen ihre Gefechtsstärke schädigenden Belastungen an Gewicht, Raum und Kraftbedarf, sowie schließlich auch an Bedienungspersonal frei zu machen und die Kriegskohlendampfer dementsprechend herzurichten. Auf diese Weise könnten die Kohlenübernahme-Vorrichtungen ganz den praktischen Bedürfnissen angepaßt und für den Reedereibetrieb der Kohlendampfer in Friedenszeiten als brauchbare Lade- und Löschvorrichtungen unabhängig von den Hafenverhältnissen verwendet werden. Nachdem in jüngster Zeit von seiten der Großindustrie sowie der Reedereibetriebe für Fluß- und Seeschiffahrt die Frage der Wertverminderung von Kohle und Koks bei der Schiffsbeförderung eingehend untersucht ist*) und zu mannigfachen Neuerungen der Transporteinrichtungen für den Güterumschlag vom Land zum Wassertransport und umgekehrt geführt hat, erscheint es nicht ausgeschlossen, daß diese Untersuchungen über kurz oder lang dahin drängen werden, auch für die äußere Bekohlung der Kriegsschiffe leistungsfähigere und die Kohlen in ihrem Wert besser erhaltende Förder- und Übernahmeeinrichtungen zu schaffen und mit Erfolg zu verwenden. Die besonderen Schwierigkeiten in der äußeren Bekohlung der Kriegsschiffe bestehen zwar vornehmlich darin, daß man von vornherein auf eine Bekohlung in See rechnen muß, um allen Kriegslagen gerecht werden zu können. Die Aufgabe ist daher eine besonders schwierige, und Verhältnisse müssen in Rechnung gezogen werden, welche dem Konstrukteur für Hebezeuge und mechanische Beförderungsmittel weniger vertraut sind. Wenn ich daher versucht habe, im Anschluß an das erörterte Bunkerprojekt für die innere Bekohlung auch zwei Entwürfe für die äußere Bekohlung durchzuarbeiten, so möchte ich dieselben von vornherein nicht als vollkommen einwandfrei und mustergültig hinstellen. Im Gegenteil, beiden Projekten haften auch einzelne Mängel an, welche zu beheben mir die Muße zur Zeit fehlte. Wenn ich trotzdem die Projekte bekannt zu geben mich entschlossen habe, so tue ich dies in dem Bewußtsein, anregend wirken und vielleicht einige Fingerzeige geben zu können, welche für die weitere Entwickelung der äußeren Bekohlung der Kriegsschiffe von Nutzen sein dürften.

---

*) Internationaler Schiffahrts-Kongreß, Düsseldorf 1902. Wertverminderung von Kohle und Koks.

Für ein zielbewußtes Vorgehen ist aber ein Programm notwendig, und so möchte ich zunächst die Hauptanforderungen an eine moderne Kohlenübernahmevorrichtung ihrer Wichtigkeit und Bedeutung nach geordnet aufzählen:

1. Gesamtförderquantum nicht unter 200 t pro Stunde.
2. Möglichst automatischer Betrieb und geringes Bedienungspersonal.
3. Möglichste Schonung der Kohlen, daher kein Stürzen, kein Schaufeln, wenig Reibung.

Hauptspant des Erztransport-Dampfers „Grängesberg". ·

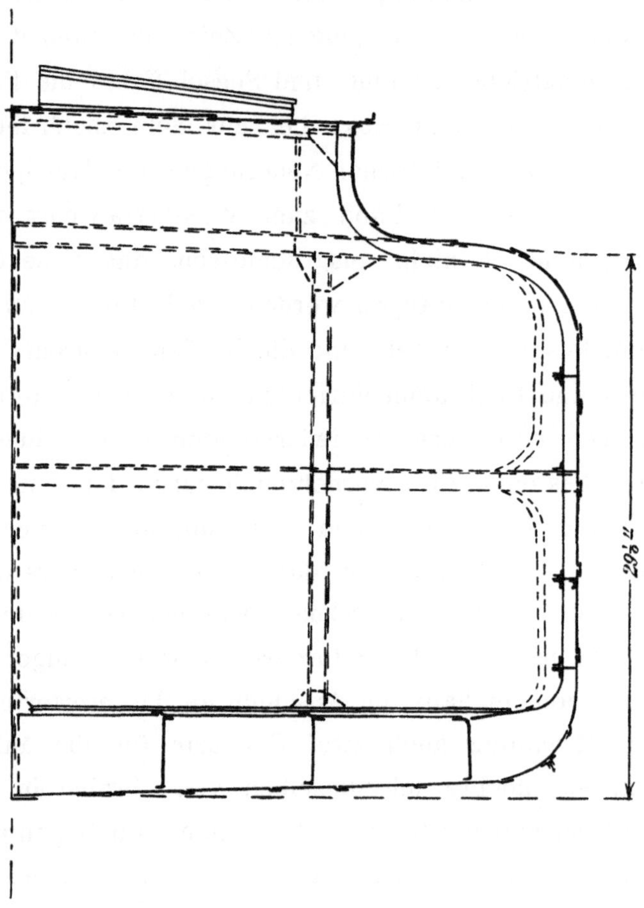

Fig. 12.

4. Möglichst große Entfernung zwischen Kriegsschiff und Kohlendampfer beim Kohlenübernehmen in See.
5. Vermeidung einer festen Verbindung zwischen Kohlenschiff und Kriegsschiff durch den Bekohlungsapparat; die Verbindung darf nur durch Trossen aufrecht erhalten werden.

6. Vereinigung der Kohlenübernahme mit dem Trimmen der Kohlen an Bord.

7. Möglichkeit, die Bunker beider Schiffsseiten beim Bekohlen von einem Kohlendampfer aus gleichzeitig zu füllen.

8. Einfachheit des Mechanismus und große Sicherheit des Betriebes.

9. Schnelles und sicheres Zurüsten der Apparate auf dem Kohlendampfer und schnelles Abtakeln, ohne den Schiffsbetrieb der Kriegsschiffe zu stören.

Unter Zugrundelegung dieser Hauptanforderungen habe ich mit freundlicher Unterstützung des Herrn Oberingenieur Kauermann von der Duisburger Maschinenbau-Akt.-Ges. vorm. Bechem & Keetmann, sowie des Herrn Oberingenieur Krell der Nürnberger Maschinenbau-Akt.-Ges. zwei Kohlenübernahme-Projekte durchgearbeitet, für welche der Erzdampfer „Grängesberg" als Typ des Kohlendampfers zugrunde gelegt ist. Fig. 11 und 12. Derselbe entspricht mit Bezug auf die Anordnung der Laderäume und die Lage der Ladeluken allen Anforderungen der modernen Kohlenübernahmevorrichtungen, wenngleich seine Maschinenkraft für einen Kriegskohlendampfer kaum genügen dürfte. Die Kohlenübernahme erfolgt bei beiden Projekten von der Seite aus derart, daß der Kohlendampfer längsseit vertäut ist oder längsseit geschleppt wird oder schleppt.

Das Projekt I — Kauermann-Schwarz — Fig. 13 und 14 sieht als Beförderungsmittel den fahrbaren Greifer vor und schließt sich daher eng an die neueren Lösch- und Ladevorrichtungen der Umschlagshäfen für Kohlen an. Die Kohle wird mit Hilfe des Greifers selbsttätig im Laderaume des Kohlendampfers aufgenommen und durch Heißen, Fahren und Fieren des Greifers an Deck des Kriegsschiffes entladen. Der Greifer bleibt ständig in möglichst zwangsläufiger Verbindung mit dem Kohlenschiffe und wird von demselben aus gesteuert. Da im Seegang eine Berührung des Kriegsschiffes durch den Greifer vermieden werden muß, so wird das Öffnen, d. h. das Entladen des Greifers in einiger Entfernung oberhalb des Kohlendecks vor sich gehen müssen. Ein Stürzen der Kohlen in geringer Höhe wird sich daher nicht vermeiden lassen. Um ein tieferes Stürzen der Kohle zu umgehen, sind oberhalb der Kohlenluken bezw. Kohlenschächte an Bord des Linienschiffes aufklappbare Schüttrichter vorgesehen, an welche sich nach unten Schüttrinnen mit Abschlußschieber anschließen, auf denen die Kohle in die Bunker gleiten kann. Durch diese Anordnung wird die Kohle geschont, da der Greifer direkt über dem gefüllten Trichter entleert wird, wodurch eine geringe Sturzhöhe für die Kohle sich ergibt, während die im Trichter sich ansammelnde Kohle in dem Maße, wie sie unten abgenommen wird, langsam nachsinkt. Der obere Teil des Trichters kann beim Nichtbekohlen eingeklappt werden. Um gegen Schluß der Bekohlung die Dreiecksräume über den seitlichen Dreiecksbunkern füllen zu können, sind in dem Trichter besondere Klappen vorgesehen, welche vertikal gestellt, die Kohlen zu besonderen Abzweigetrichtern nach unten führen. Die auf dem Kohlendampfer einzubauende Bekohlungsanlage besteht in der Hauptsache aus 4 fahrbaren Bockkranen mit schräg ansteigender Katzenfahrbahn, einklappbarem Ausleger und Selbstgreiferbetrieb. Die Bockkrane können auf kräftigen, auf dem Decksstringer des Kohlendampfers vernieteten Fahrschienen längsschiffs bewegt werden, um die einzelnen Ladeluken der Länge nach bestreichen zu können. Sie sind an den Kranfüßen mit Bügeln versehen, welche unter die Schienen greifen und auf diese Weise ein Entgleisen des Kranes beim Arbeiten des Schiffes im Seegang verhüten. Die Bewegung des Bockkranes erfolgt durch eine Triebstockverzahnung, deren Triebstock unter den Fahrschienen auf der ganzen Laderaumlänge des Schiffes angeordnet ist; nach beiden Richtungen wirkende elektromagnetisch betätigte Bremsen verhindern ein selbsttätiges Fortbewegen der Krane (Fig. 15). Das Fassungsvermögen der Greifer ist zu 1 bis 1,5 t angenommen und sind die Geschwindigkeiten zum Heben und Katzenfahren und Senken so bemessen, daß eine stündliche Leistung von 50 t sichergestellt ist. Als Antrieb dienen elektrisch betriebene Seiltrommeln, welche auf dem rückwärtigen Teile des Bockkrans aufgestellt sind, und von einem Führerhause aus betätigt werden. Dasselbe ist in Höhe der Katzenfahrbahn angeordnet, so daß der Kranführer einen freien Ausblick sowohl in den Innenraum des Kohlenschiffes als auch zu den bekohlenden Luken des Kriegsschiffes hat. Um die Schüttrichter auch beim Verfahren des Bockkrans mit dem Greifer bestreichen zu können und zugleich eine bequemere Beschüttung des Oberbunkers zu erzielen, dürfte es zweckmäßig sein, von vornherein auf möglichst lange Kohlenluken Rücksicht zu nehmen. Um auch die Bunker der dem Kohlendampfer abgewendeten Seite füllen zu können, sind besondere Muldenkippwagen vorgesehen worden, welche die Kohlen von den Schüttrichtern nach Öffnen der Abschlußschieber aufnehmen und durch besondere, in den Bunkerlängsschotten des Mittelgangs vorgesehene Türen nach der entgegengesetzten Bordseite gefahren werden können. Für den Fall, daß die Bekohlung des Kriegsschiffes sowohl von B B als auch von St B aus erfolgen

Additional information of this book

(Jahrbuch der Schiffbautechnischen Gesellschaft); 978-3-642-47096-7;

978-3-642-47096-7_OSFO6) is provided:

http://Extras.Springer.com

muß, wäre die Katzenfahrbahn horizontal anzuordnen und nach beiden Schiffs-seiten des Kohlendampfers durch einklappbare Ausleger zu verlängern.

Ein Mangel dieses Bekohlungsprojekts besteht darin, daß der Greifer, sobald er von den Kohlen im Laderaum freikommt, durch die Fahrbewegung sowie die Bewegungen des Kohlendampfers in Schwingungen gerät. Hier werden daher noch weitere Verbesserungen anzuordnen sein, um ein Kohlen-übernehmen auch bei schlechterem Wetter sicherzustellen.

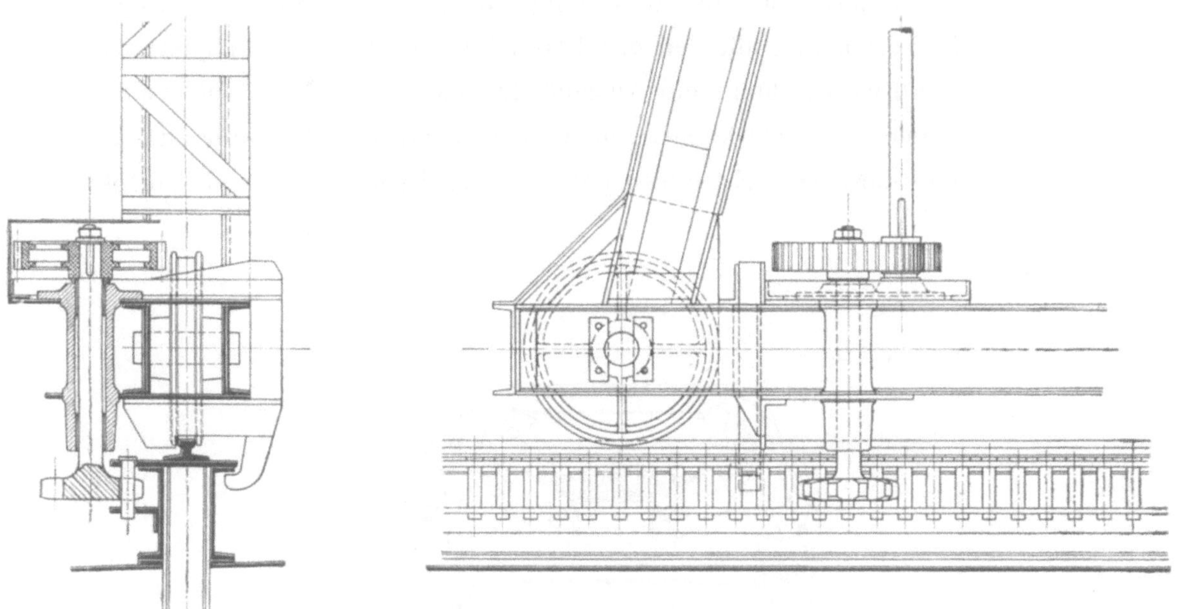

Fig. 15.

Bei dem zweiten Projekt — Fig. 16 Krell-Schwarz — ist versucht worden, diesen Mangel von vornherein zu beseitigen und die zu fördernde Kohle auf ihrem ganzen Wege vom Kohlendampfer bis zum Kriegsschiffe zwangsläufig zu führen. Als Beförderungsmittel ist auf dem Kohlendampfer ein Elevator in Verbindung mit einem Förderbande gewählt. Der Elevator hebt die Kohle automatisch aus dem Laderaume des Dampfers auf eine dem Förderbande entsprechende Höhe und gibt sie dann auf dieses über, um dann auf dem rotierenden Bande zum Kriegsschiff hinübergefahren zu werden. Hier schließt sich an dem Ende des Förderbandes ein Segeltuchschlauch mit äußerer Draht-spirale an, durch welchen die Kohle zu den Kohlenluken und durch diese zu den Bunkern geführt wird. Die Kohle wird daher in dem Elevator und auf dem Förderbande zwangsläufig bewegt und gelangt erst beim Eintritt in den

Segeltuchschlauch in freiere Bewegung. Der Elevator ist in einem Führungsrahmen, welcher auf einer Laufkatze mit Lauf- und Gegenrollen mittels Zahnstange zwangsläufig querschiffs verfahren werden kann, derart geführt, daß er mittels eines Windwerkes auf und nieder zu stellen ist. Er baggert gewissermaßen die Kohle aus dem Laderaum in die Höhe und muß demnach bei gefülltem Laderaum hochgestellt werden, um dann allmählich sich tiefer herunter zu arbeiten. Damit das Förderband, welches mittels Drahtseile an einem Ladebaum aufgehängt und durch Geeren und Taljen nach Deck zu gezurrt ist, der Bewegung des Elevators nicht zu folgen braucht, ist in Verbindung mit den drehbaren Laufkranträgern ein Querbandtransport mit Aufwurftrichter und Auslaufschnauze vorgesehen, auf welche die Kohle mittels eines teleskopartigen Auslaufrohres vom Elevator aus geführt wird. Von diesem Querbandtransport gelangt die Kohle entweder direkt

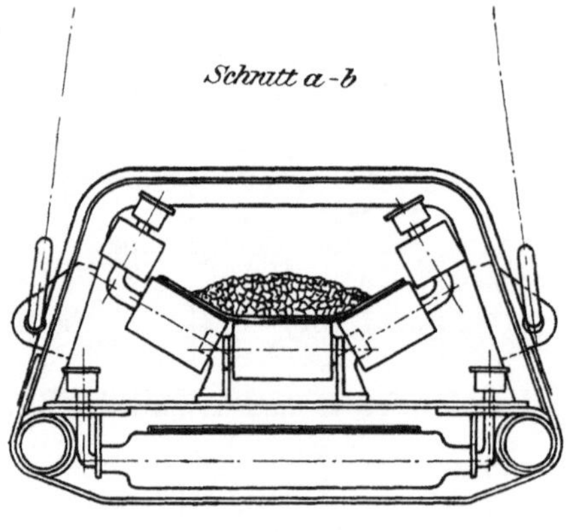

Fig. 17.

auf den Querbandtransport über Wasser zum Auslaufschlauch über der Kohlenluke des Kriegsschiffes oder unter Einschaltung eines Längsbandtransportes dorthin. Im letzten Falle braucht der Elevator nur einmal in der höchsten Stellung arbeiten und kann der Quertransport über Wasser ständig über Mitte Kohlenluke des Kriegsschiffes eingestellt bleiben. Das Förderband besteht aus einem stählernen Muldentransportbande, welches in einem leichten Eisengestell läuft und ganz mit Segeltuch umschlossen ist, um die Windwirkung von den Kohlen fern zu halten (Fig. 17). Die Querschiffslaufkatze nebst Laufkranträger ist in zwei Laufrollenträgern mit Lauf- und Gegenrollen und Zahnstangenantrieb drehbar gelagert, sodaß mit Hilfe der letzteren der Elevator auch längsschiffs verfahren werden kann. Um den Elevator aus den Luken heraus zu bekommen, wird derselbe mit dem Laufkranträger soweit

Additional information of this book

(Jahrbuch der Schiffbautechnischen Gesellschaft); 978-3-642-47096-7;

978-3-642-47096-7_OSFO7) is provided:

http://Extras.Springer.com

gekippt, daß er mit dem unteren Ende über Deck reicht. Der hierzu dienende Motor wird nach Umkuppelung zugleich als Kranfahrmotor verwendet. Alsdann kann er entweder längsschiffs zur nächsten Luke verfahren werden oder in horizontaler Lage über Deck verstaut werden. Für den Querschiffstransport an Bord des Kriegsschiffes wird ein besonderes Förderband mit Übergangs- und Endschlauch eingeschaltet und auf dem Aufbaudeck gelagert. Das Förderband über Wasser kann auf jeder Bordseite nach Belieben ausgebracht werden. Die Leistungsfähigkeit dieses Apparates kann bis zu 80 t pro Stunde gesteigert werden je nach Festsetzung der Elevatorabmessungen. Bei Verwendung von 4 Apparaten könnten daher bis zu 320 t Kohlen übergenommen werden. Die einzige Schwierigkeit bietet die ungleichmäßige Größe der Kohlenstücke, da zu große Stücke von den Bechern des Elevators zerkleinert werden müßten, wodurch Stöße und Überlastungen des Elevators eintreten können. Der Elevator mit Antriebstrommel müßte daher ziemlich stark gebaut werden.

Die Kohlenübernahmevorrichtung nach Projekt II erscheint hiernach in ihrer ganzen Wirkungsweise vorteilhafter; sie besitzt jedoch gegenüber dem Projekt I den Nachteil, daß sie nur zum Löschen des Kohlendampfers geeignet ist, und daß sie daher in Friedenszeiten als Transportmittel beim Laden des Schiffes nicht benutzt werden kann. Der Greiferbetrieb gestattet jedoch sowohl ein Löschen als auch ein Laden des Transportschiffes mit Massengütern und ist daher für den Reedereibetrieb verwendbar. In welchem Maße beide Bekohlungseinrichtungen dem Temperley-Transporter überlegen sein werden, werden allein praktische Versuche dartun müssen. Die Konkurrenz des Temperley-Apparates ist jedenfalls bei Aufbringung desselben auf dem Kohlendampfer und praktischer Anordnung der Winden nicht zu unterschätzen. Bei Verwendung von Kübeln würde der Schüttrichter des Projekts I gute Dienste leisten und stünde dann der Temperley-Förderer nur durch das Füllen der Kübel den beschriebenen Kohlenübernahmeeinrichtungen nach.

Für den Transport der Kohlen an Bord des Kriegsschiffes in dem Oberbunker zu den Schüttrinnen nach den Kesseln genügen einfache Deckenlaufkatzen mit angehängten und der Höhe nach verstellbaren Mulden von 200 bis 250 kg Kohleninhalt. Die Laufbahnen werden zweckmäßig in der Nähe des Mittelgangs angeordnet und direkt zu den Schüttrinnen geführt; sie erhalten nach außenbords zu Abzweigungen mit Weichen. Das Füllen und Verfahren der Mulden geschieht mit der Hand. Bei 12 Mulden käme auf jeden Kessel eine Laufkatze. Auf diese Weise läßt sich ein einfacher mechanischer Kohlentransport an Bord möglicherweise auch für die Raumbunker durchführen. Die Bekohlung der Kriegsschiffe würde dann zum großen Teile alle diejenigen Mängel beseitigen, welche im Eingange des Vortrages eingehend beleuchtet sind.

Durch Umgestaltung der inneren Bekohlung, namentlich durch zweckentsprechende Anordnung der Kohlenbunker sowie durch Verbesserung der äußeren Bekohlung, d. h. durch Einführung leistungsfähiger, fast automatisch wirkender und die Kohle schonender Kohlenübernahmevorrichtungen kann allein die Bekohlungsfrage der Kriegsschiffe einem sicheren Ziele entgegengeführt werden; mit kleinen Mitteln wird kaum ein beachtenswerter Erfolg zu erzielen sein. Man wird sich daher mit dem Plane vertraut machen müssen, die Kriegsschiffe in ihrer Raumeinteilung umzugestalten und als Kriegskohlendampfer nur große und praktisch eingerichtete Frachtdampfer zu verwenden. Die hierfür aufzuwendenden Mittel werden sich nicht allein im Kriegsfalle, sondern auch für die Friedensindiensthaltungen zum großen Teil dadurch wieder einbringen lassen, daß an Löhnen und Material für den Kohlentransport gespart wird und im besonderen der Wert der Bunkerkohle mit bezug auf ihren Heizeffekt besser erhalten bleibt. Eine Verbesserung der Bekohlung der Kriegsschiffe ist daher nicht allein von hohem militärischen Wert, sie ist auch vom wirtschaftlichen Standpunkte aus, wie die modernen Lade- und Löscheinrichtungen der Seehäfen dartun, berechtigt und erstrebenswert.

Diskussion.

Herr Kontreadmiral von Eickstedt-Charlottenburg:

Der Herr Vortragende hat sich ein Thema gestellt, welches für unsere Marine speziell von ganz hervorragendem Interesse und von Bedeutung ist. Ich glaube, schon von dem Moment her, wo die Maschine in die Schiffe eingeführt ist, hat man sich mit diesem Thema eingehend beschäftigt, und auch jetzt beschäftigen sich noch sowohl Seeoffiziere wie Techniker fortlaufend, besonders bei jedem neuen Projekt eines Schiffes, mit diesem Thema, den Bekohlungseinrichtungen des Schiffes.

Ich bin überzeugt, daß wir auch bei unseren modernen Schiffen schon zu einem Bekohlungssystem und zu Kohlenbunkereinrichtungen gekommen sind, die sehr wohl durchdacht sind. Wenn trotzdem von dem Herrn Vortragenden davon stark abweichende Vorschläge gemacht werden, so zeigt das, wie schwierig dieses Thema ist.

Der Herr Vortragende hat in nicht genug anzuerkennender Weise sehr viele Anregungen gegeben, und ich hoffe, daß wir durch diese Anregungen ein gut Stück weiter kommen werden. Das Beste werden wir aber auch dadurch jetzt wohl noch nicht erhalten.

Im folgenden möchte ich auf ein paar Einzelheiten zurückkommen.

Mehr in dem gedruckten Vortrage als im mündlichen hat der Herr Vortragende sich etwas abfällig geäußert über unsere Probefahrten. M. H., aus den Probefahrten günstige Resultate zu erzielen, liegt nicht im Interesse der Marine! Die Bauwerften konstruieren Kessel, Maschinen, und der Vertrag stellt ganz genau festgelegte Bedingungen auf, die innezuhalten durchaus für uns, für die Marine erwünscht ist. Also die Marine wird nicht dafür sorgen, daß die Verhältnisse bei Probefahrten günstiger werden als nachher im Betriebe des Schiffes. Wir haben für die Abnahme der Probemeßkohlen genau dieselben Bedingungen, wie für jede andere Kohle, die wir an Bord verwenden, nicht im geringsten etwas anderes. Wir haben jetzt die sogenannten Meßbunker eingeführt, in die ganz bestimmte Kohlenmassen für die Probefahrt hineinkommen, und diese Meßbunker werden beinahe immer aufgebraucht, sodaß auch der ganze Grus, der sich unten sammelt, bei den Kohlemeßfahrten und anderen Probefahrten verbraucht wird. Ich glaube, wir geben uns also bei dem Resultate dieser Meßkohle keinen Täuschungen hin, sondern wir haben nur verhältnismäßig günstige Zahlen zu erwarten; unabhängig vom Reichs-Marine-Amt wird durch die Schiffsprüfungskommission und durch Vertreter der Bauwerften gesorgt, daß diese Kohlemeßfahrten unter normalen günstigen Verhältnissen stattfinden. Wenn in der Praxis nachher manchmal abweichend von denen der Kohleverbrauch ein höherer ist, so liegt das an anderen Punkten. Ich möchte da nur hervorheben das Manövrieren und Evolutionieren der Schiffe, dann in gewissen Übungsperioden das Vorhandensein einer großen Anzahl ungeübter Heizer, am Schlusse einer Übungsperiode wiederum die Abnutzung einzelner Maschinenteile, Dampfverteilungsschieber usw., auch der Hilfsmaschinen. Da ergibt sich naturgemäß ein höherer Kohlenverbrauch. Aber auch dadurch wird der errechnete Kohlenverbrauch manchmal, wie wohl allen bekannt, ein höherer, daß wir nicht immer ganz das Quantum an Bord bekommen, das wir eigentlich haben sollen; besonders bei kriegsmäßigem Kohlennehmen fällt ab und zu einmal eine Kohle über Bord.

Ich möchte dann noch hervorheben, daß die Resultate der Kohlemeßfahrten bei späteren Fahrten und speziell bei längerer Indiensthaltung oft nicht nur erreicht, sondern teilweise überschritten sind. Die Schiffe haben, besonders bei weitröhrigen Wasserkesseln, später weniger Kohlenverbrauch gehabt als bei den Kohlemeßfahrten und auch größere Geschwindigkeiten gehabt als bei den Probefahrten.

Die Bedingungen sind in den letzten Jahren immer mehr und mehr verschärft worden, der Kohlenverbrauch, der garantiert werden muß, ist herabgesetzt, und trotzdem hat es eigentlich fast nie Schwierigkeiten gemacht, diese Bedingungen zu erfüllen. Häufig ist der Kohlenverbrauch ein viel niedrigerer gewesen als verlangt war. Das verdanken wir in erster Linie den hervorragenden Leistungen unserer Bauwerften, wie ich hier ganz besonders betonen möchte.

Was die Einrichtungen des Schiffes für das Kohlen anbelangt, so kann ich den großen Kohlenlöchern nicht ohne weiteres den Vorteil zuerkennen. Nur dann, wenn ich durch solche Löcher die Kohle bis unten hin bringen kann und kein Herunterfallen eintritt, halte ich sie für brauchbar. In der Praxis wird aber der Raum an Bord meistenteils nicht ausreichen. Beispielsweise ist auf solchen Schiffen, wo wir in Kasematten eine schwere Mittelartillerie haben, kaum Platz vorhanden, um die nötigen Kohlenschütten anzubringen, und wir sind häufig gezwungen, wegnehmbare anzubringen, weil die Geschütze sonst nicht bedient und nicht genügend verwendet werden können. Diese großen Schütten haben da, wo man von oben einschüttet, nach meiner Ansicht den Nachteil gegenüber den engen Schütten: in engen Schütten kann die Kohle nicht so schnell herunterfallen, und die Reibung an den Wänden wird der Kohle weniger schaden, als wenn sie plötzlich mit großer Geschwindigkeit herabfällt. Wir haben deshalb auch wiederholt schräge Schütten hergestellt, und die haben sich recht gut bewährt, nachdem die Kinderkrankheiten überwunden worden sind. Natürlich muß man derartige Schütten oben, wo die Kohle hineinkommt, am engsten machen und nach unten hin jedenfalls nicht enger, sondern erweitert, und man darf nicht irgendwelche Ecken lassen, wo die Kohle sich festsetzen kann. Wenn diese Grundsätze befolgt werden, so ist von einem Verstopfen derartiger Schütten sehr wenig die Rede.

Die direkte Zuführung der Kohle aus den Oberbunkern, die der Herr Vortragende als die Hauptbunker bezeichnet, nach den Kesseln ist sehr erwünscht, in allererster Linie aus militärischen Rücksichten. Sie erlaubt die Kohlenvorräte in der Wasserlinie bis nach dem Gefecht aufrechtzuerhalten. Aber, m. H., das ist keine neue Sache! Sie brauchen nur die Zeichnungen z. B. von „York" einzusehen, auch von „Friedrich Karl", da haben wir schon derartige Einrichtungen. Auf jedem kleinen Kreuzer ist gewissermaßen auch die Einrichtuug an den Kohlenschütten vorhanden, daß wir die Kohle von oben herunterbringen und zuerst gebrauchen. Wir haben auf den großen Kreuzern besondere Kohlenpforten teilweise über, teilweise neben den kohleführenden Bunkertüren im Heizraum und sind wohl in der Lage, die sämtliche Kohle, die oben liegt, herunterzubringen und zuerst zu verbrauchen und die eigentlichen Seitenbunker und besonders auch die Dreiecke über dem schrägen Panzerdeck voll zu lassen. Da noch einen besonderen Seitenbunker herzurichten, halte ich nicht für sehr erwünscht. Das kompliziert die Sache. Ich lasse lieber den Raum ungeteilt.

Den Bunker, wie der Vortragende will, ganz durchzuführen über das Panzerdeck, ist mit großen Schwierigkeiten verbunden. Wir haben immer mit dem Transport der Munition nach der Mittelartillerie zu rechnen, und der verlangt zwei Gänge, ein Gang in der Mitte ist nicht genug, sodaß die Schwierigkeiten recht groß sind, derartige Bunker über Panzerdeck noch wesentlich zu vergrößern. Wo Platz ist, da sind eigentlich jetzt schon Kohlenbunker angebracht.

Transportbahnen sind auch schon vorhanden, wir haben unter Deck laufende Transportvorrichtungen, die in ähnlicher Weise die Kohle befördern, wie der Herr Vortragende das vorgeschlagen hat.

Die Einrichtung der Prähme für das Bekohlen ist beinahe ebenso wichtig wie die der Schiffe, und ich bin vollständig damit einverstanden, die Kriegsschiffe möglichst zu entlasten von Einrichtungen für die Übernahme der Kohle. Aber, m. H., das ist nicht möglich! Derartige Sachen, wie der Vortragende sie vorführt, hat man nicht überall, das Schiff muß aber in der Lage sein, da, wo es sich gerade befindet, Kohlen zu nehmen, und es darf nicht ganz abhängig sein von den besonders eingerichteten Kohlenprähmen oder Kohlendampfern; deshalb werden wir doch diese Einrichtung an Bord behalten müssen.

Ich glaube, daß da, wo, wie auf „Deutschland", die ganze Bekohlung vom Außendeck stattfindet, wo die Kohle auch direkt in den Oberbunker hineinfällt, das Problem doch schon derart durchdacht und gelöst ist, daß sehr viel Verbesserungen nicht eingeführt werden können.

Herr Ingenieur Leue-Berlin:

Durch den Vortrag des Herrn Oberbaurat Schwarz zog sich wie ein roter Faden der Gedanke, die Kohle zu schonen. Wir haben im ganzen Transportwesen kein besseres Mittel, die Kohle zu zerstücken und sie im Heizwert herabzusetzen, als den Greifer und den Elevator. Wenn man Kohle mit einem Elevator fördern will, so ist es nötig, Kohle von fast gleichmäßiger Stückengröße, ungefähr wenigstens, von vornherein befördern zu wollen. Die Marine bekommt Stückgrößen bis zu größter Ausdehnung von 600 mm. Solche Stücke, m. H., so mit Bändern zu transportieren, ist vollkommen ausgeschlossen! Wenn der Herr

Oberbaurat S c h w a r z nun dazu auch noch Balata-Handtransport nehmen will — — — nun, m. H., ich kann zu diesem Versuch nicht raten! Ich werde mir erlauben, den Herren einen Bandtransport vorzuführen, der vor ca. 3 Jahren hier im Humboldthafen angewandt wurde und der von mir konstruiert ist. M. H., das ist ein Bandtransport (Demonstration), der war ca. 40 m lang, und wenn Herr Oberbaurat Bandtransporte verwenden will zur Bekohlung von Schiffen, aus der Längseits-Lage, dann muß er mindestens auf 30 m Länge rechnen. 20 bis 30 m reine Transportlänge halte ich unbedingt für nötig.

Ist es doch für den dargestellten Fall absolut erforderlich beim Längsseitliegen von Kriegsschiffen an Kohlendampfern, daß mindestens eine Schiffsbreite zwischen Bord und Bord bleibt.

Stahlbänder haben sich für die Bandtransporte in der Praxis bisher nicht bewährt. Keine Stahlsorte, nicht einmal Nickelstahl hält. Das einzige, das sich bewährt hat, war Gummi, m. H., wie dieser Abschnitt eines Gurtes aus Gummi (Demonstration). Dieser so breite Gurt würde noch zu schmal sein für Bandtransporte, die man für Kriegsschiffe zur Bekohlung aus der Längs-seite verwenden wollte. M. H., solche Gurte laufen im Freien und laufen vor allen Dingen in feuchter Luft. Ein Bandtransport aus Balata läuft nie im Freien in feuchter Luft.

Dann hat Herr Oberbaurat S c h w a r z Temperley - Apparate vorgeschlagen. Die deutsche Marine hat die Temperley-Apparate verworfen aus dem einfachen Grunde, weil sich die Balken für diese fortwährend verbogen, es war nicht möglich, diese so gerade zu er-halten, wie es erforderlich ist. Es war infolgedessen niemals ein absolut sicherer Betrieb mit Hilfe dieser Temperley-Apparate zu ermöglichen, und die Sicherheit in dem Betriebe ist für die Marine doch wohl mit die Hauptsache.

Herr Admiral von E i c k s t e d t hat erwähnt: das Kriegsschiff muß in der Lage sein, dort Kohlen nehmen zu können, wo es sich gerade befindet. Ja, m. H., sind Kohlendampfer, in dieser Weise vorbereitet, denn immer da, wo sie sein sollen? Ich erinnere an die russische Flotte. Herr Oberbaurat S c h w a r z hat von meinem Apparat, den ich die Ehre haben werde, nachher hier vorzuführen, gesagt, es ist niemals möglich, mit solchen Apparaten mit einem Seil mehr als 40 t in der Stunde überzubringen. Nun, m. H., ich habe vor 5 Tagen vor Ver-tretern des Reichs-Marine-Amts und zwar — das betone ich — unter Aufsicht des Herrn Oberbaurat S c h i r m e r — 80 t übergenommen an Land. (Zuruf: an Land!) Der Versuch vorher, der 53 t pro Stunde ergab, war der erste Versuch, der an Land stattfand, und der mußte unterbrochen werden, weil es nicht möglich war, die Kohlensäcke von der Rutschbahn — der Apparat war in einer Montagehalle aufgestellt, — so schnell wegzunehmen, wie sie an-kamen. Verlangt wird von der Marine 50 t in der Stunde. Streicht man von den 80 t, die ich übergenommen habe, rundweg 25 % à conto der günstigen Verhältnisse, in der Montage-halle, dann bleiben immer noch 60 t und ich glaube, damit wird die Marine unter allen Um-ständen zufrieden sein.

Der Herr Oberbaurat S c h w a r z hat außerdem noch gesagt: keine starre Verbin-dung zwischen Kohlendampfern und Kriegsschiffen. Eine starre Verbindung hat sein Projekt nicht. Aber wehe dem Kriegsschiff, das sich schon über Windstärke 3 eines Kohlendampfers bedient, der so eingerichtet wäre, wie dieser. Von den Masten und den Schornsteinen bleibt nichts übrig, und der Kommandant würde sich nachher nach seinem Brückendeck um-sehen; er wüßte nicht, wo es geblieben ist. (Heiterkeit.)

Herr Oberbaurat S c h w a r z hat die Bunker unten mit Schiebern verschlossen. Er wollte darin gewissermaßen ein Reservoir für das gleichmäßige Abfahren der Kohle schaffen. Nun, m. H., einen Schieber in dieser Weise zu öffnen, um die Kohle herauszulassen, das ist gar nichts! Aber, den Schieber zuzumachen (Heiterkeit), darauf kommt es an (Heiterkeit), und das bringt keiner fertig, es sei denn, er wendet Drehscheiben an.

Es ist ja sehr einfach, die Kohlen mit Leinen überzunehmen. Die Herren werden später sehen, wie sich das erreichen läßt. — Ich habe nachher die Ehre, ein Modell meines Apparates vorzuführen und ich glaube, es wird sich jeder überzeugen, daß die Sache geht. Daß sie noch nicht absolut tadellos ist, gebe ich gern zu. Aber bedenken Sie immer bei der Beurteilung des Apparates, m. H., es ist das erste Mal gewesen, daß der Apparat in See erprobt wurde.

Herr R. W. Heidmann-Altona:

Der Herr Vorredner hat der Hauptsache nach das gesagt, was ich Ihnen hätte sagen wollen und können. Mir bleibt nur noch eins übrig, und das ist, davor zu warnen, eine Bekohlung der Kriegsschiffe auf See mit solchen Schiffen vorzunehmen, die speziell dafür konstruiert sind, speziell aber auf Schiffe, die eine Konstruktion tragen, wie der Herr Oberbaurat Schwarz sie uns vorgetragen hat. Sollen denn diese Schiffe ausschließlich für die Marine gebaut werden, und sollen sie jahrzehntelang herumliegen ohne Nutzen, als höchstens während der Manöver einmal in Tätigkeit zu kommen? Es wäre doch ein ganz erhebliches Kapital. Ich glaube, die Herren werden immer die Bekohlung ihrer Schiffe auf das ihnen zur Verfügung stehende Material zurückzuführen haben. Kohlendampfer, die dafür brauchbar sind, gibt es sehr wenig. Was Sie dafür gebrauchen werden, das sind die großen Frachtdampfer unserer großen Schiffahrtsgesellschaften, der Hamburg-Amerika-Linie und des Lloyd und ähnlicher Gesellschaften. Das sind die Schiffe, die schon aus dem Grunde zur Verfügung stehen werden, und die Sie vorziehen werden, weil sie einigermaßen Fahrt laufen. Sie wollen doch mit Ihrer Flotte vorwärts und wollen nicht 8 oder 9 Meilen mit dem Kohlendampfer machen, sondern doch die Schiffe nehmen, die mindestens 12 bis 14 Meilen machen. Diese Schiffe haben sämtlich verhältnismäßig kleine Luken, sie haben Zwischendecks, und es ist nicht so leicht, aus einem solchen Schiffe die Kohlen heraus zu kriegen, wie aus diesem Dampfer, den der Herr Oberbaurat konstruiert hat oder sich herausgesucht hat, von denen es übrigens bis jetzt außerordentlich wenige gibt. Es kommt da gleich auf das neue Patent von Mr. Harroway oder auf die Turret-dampfer aus Doxford heraus, und wo sollen die verwendet werden? Hamburg ist der weitaus größte Platz für Kohlen, und es werden über 3 Millionen Tons an englischen Kohlen dort importiert. Wir können diese Schiffe nicht gebrauchen. Wir können auch die großen Schiffe, die Sie haben wollen, um diese Quantitäten zuzuführen, nicht gebrauchen, und wir können für solche Schiffe über 2500 t nur sehr schwer hinausgehen, nicht aus dem Grunde, weil wir die Kohle in Hamburg nicht verwenden können, sondern aus dem Grunde, weil die Zechen uns die großen Schiffe nicht regelmäßig prompt beladen können. Es sieht eigentümlich aus hier. Wir haben in England kein westfälisches Syndikat, sondern wir haben mit den englischen Eigentümlichkeiten zu rechnen. Die Greifbagger oder Elevatoren für die Bekohlung zu benutzen, ist meiner Ansicht nach gänzlich ausgeschlossen. Sie werden arbeiten müssen, wie Sie es bisher getan haben, und die Kohle in Säcken von 50 kg, höchstens 75 kg übergeben. Die größeren Massen schwingen ja auch schwerer, und sowie der geringste Seegang ist — was wollen Sie da mit solchen Greifbaggern anfangen? Der Herr Vorredner hat ganz recht: es bleibt ja an beiden Schiffen an Deck nichts heil. Körbe oder Säcke sind weit besser zu bearbeiten.

Dann kommt aber noch eins hinzu. Sie würden mit einem solchen Greifbagger nicht einmal in einer stillen Bucht kohlen können, denn wenn diese Dampfer nicht 8000 bis 10 000 t groß sind, würden sie mit dieser Konstruktion selbst in Schwingungen geraten, würden selbst anfangen zu pendeln, dadurch, daß der schwere Greifbagger mit der Kohlenlast an einem Hebelsarm über Bord weit hinausgebracht wird und dann das Schiff erheblich krängt. Erleben wir es doch schon an unseren kleineren Kohlendampfern, wenn wir Schalen an der einen Bordwand aufsetzen, in denen wir ungefähr 6—800 kg zurzeit wiegen, und die Dampfer leerer werden, daß sich die Schiffe dahin neigen, wo jeweilig die Schale voll ist. Das ist eine geringe Schwankung, die wir eben ertragen können, die aber immerhin lästig ist. Meiner Idee nach würden diese Schwankungen durch den Greifbagger viel zu groß werden.

Wie der Herr Oberbaurat überhaupt über die ganzen mechanischen Einrichtungen zu sprechen anfing, fragte ich mich: ist man in der Marine schon so weit, Staubkohlenfeuerung einzuführen, d. h. die Kohle zu zerkleinern und damit die Kessel zu feuern? Das würde ja gehen. Sobald Sie mit Staubkohle feuern, können Sie mechanische Apparate anwenden. Ich habe in meinem Leben viel versucht, an Arbeit zu sparen, aber es ist mir nie geglückt, dann zu sparen, wenn ich mit Stückkohle zu tun habe. Selbst bei Förderkohle ist dies sehr schwer, und soweit ich weiß, sind doch die Marinen aller Welt noch dabei, Stückkohle zu verbrauchen; und da sind mechanische Apparate nicht anwendbar.

Ich möchte also mit dem Vorredner davor warnen, daß der Weg des Herrn Oberbaurat Schwarz betreten wird. Man kann daran denken, ihn zu betreten, wenn man bei Staubfeuerung angelangt ist, und auch vor dieser Staubfeuerung möchte ich warnen, denn sie verteuert die Kohle erheblich. Es werden so viele mechanische Einrichtungen, die Feuerung auf mechanischem Wege zu beschicken, gebaut, daß wir heute schon großen Mangel, in England sogar einen außerordentlichen Mangel, an brauchbarer kleiner Kohle haben, und wir werden in ganz kurzer Zeit sehen, daß diese kleinen Sortimente, die ursprünglich außerordentlich viel billiger waren, teurer sein werden als die Stückkohle. Dieses Moment ist gar nicht so weit. Wir können die kleine Kohle heute schon nicht mehr passend in genügenden Mengen schaffen. Überall werden mechanische Feuerungsapparate angeschafft, also es kommt darauf hinaus, daß man die Kohle erst künstlich zerkleinert. Dadurch wird sie nicht billiger; ob sie besser wird, das hängt von den Apparaten ab, durch welche sie verfeuert werden soll.

Ich möchte nochmals entschieden von diesen Wegen abraten.

Herr Diplom-Ingenieur Orbanowski-Hamburg:

Ich möchte nur einige Gesichtspunkte erörtern, die bei Herrn Oberbaurat Schwarz nicht genügend Berücksichtigung gefunden haben.

Herr Oberbaurat Schwarz hat mit Recht hervorgehoben, daß die Stabilitätsbedingungen der Schiffe für den Gefechtsfall durch den Verbrauch der Kohle über dem Panzerdeck vor dem Gefecht verbessert werden. Er hat vergessen, hervorzuheben, daß die Stabilität durch die überwiegende Stauung der Kohle auf dem Panzerdeck doch auch wesentlich beansprucht wird. Leider hat er uns keine Zahlen darüber gegeben, wie er die Kohlen auf seinem Schiff verteilt. Bei der sonst üblichen Anordnung der Kohlenbunker hat man bei einem Linienschiff mit einem Gesamtkohlenvorrat von ca. 2000 t, etwa 900 t in den Raumbunkern und 1100 t in den Zwischendeckbunkern untergebracht. Nehmen wir nun einmal an, daß es Herrn Oberbaurat Schwarz gelungen ist, durch seine Kohlenstauung etwa 500 t mehr im Zwischendeck unterzubringen, so hat er eine Menge von 500 t um etwa 5 m gehoben. Das verursacht einen Verlust an Stabilitätsmoment von ca. 2500 mt und einen Verlust von ungefähr $1/_8$ der metazentrischen Höhe. Das wäre bei der jetzt usuellen metazentrischen Höhe von 1,20 m ein Verlust von ca. 15 cm. Ich glaube nicht, daß es angängig ist, die metazentrische Höhe gerade dann herabzusetzen, wenn das Schiff seinen vollen Kohlenvorrat mit sich führt, und so infolge der geringen Höhe des Gürtels über der Wasserlinie am meisten gefährdet ist. Ich möchte behaupten, daß, im Falle überhaupt ein Unterbringen der Kohle überwiegend im Zwischendeck in Frage kommt, man die metazentrische Höhe beibehalten müßte, wie wir sie jetzt haben, das heißt, wir müßten das Schiff in diesem Falle um 50 bis 60 cm verbreitern. Eine solche Verbreiterung würde ungefähr eine Gewichtsvermehrung von 60 bis 70 t am Schiffskörper herbeiführen. Hierzu kommt, daß man infolge der Schräge der Bunkerwände im Zwischendeck gezwungen ist, wieder Deckstützen einzubauen, und daß die schrägen Kohlenbunkerwände etwas mehr wiegen werden, als die vertikalen. Ich schätze das Mehrgewicht der ganzen Anlage, einschließlich der großen Schächte, auf ca. 100 t und es erscheint mir, da wir bei unseren Schiffen sonst überall am Gewicht sparen müssen, nicht angebracht, auf diese Anlage ein so großes Gewicht zu verwenden.

Herr Geheimer Oberbaurat Rudloff-Berlin:

Meine Herren, wir sind nicht gut weggekommen mit unseren Kohlenbunkern, aber sie sind nicht ganz so schlecht, wie Sie meinen könnten. Wir haben auf kleinen Kreuzern allerdings auch eine Anzahl kleiner Räume zur Unterbringung der Kohlen mitbenutzt, um den Kohlenvorrat möglichst zu steigern, im übrigen sind aber die Bunker und speziell die Gebrauchsbunker so groß, wie man sie sich nur wünschen kann.

Es ist ja ein sehr großes Thema, das Herr Oberbaurat Schwarz angeschnitten hat, aus dem hätte man ganz gut zwei Vorträge machen können (Heiterkeit) oder drei. Manche der Vorschläge sind gut, ich bin aber nicht mit allen einverstanden. Ich möchte mich aber auf die Besprechung der Bekohlung der kleinen Kreuzer beschränken, die Herr Schwarz hier vorgeführt hat, sonst könnten wir bis zum Abend debattieren, was den Herren gewiß viel zu lang werden würde.

Die kleinen Kreuzer haben eine so ideale Bekesselung und eine so gute Anordnung der Bunker, daß wir den Schiffen keinen Gefallen tun würden, wenn wir sie auf die Vorschläge des Herrn Vortragenden aptieren wollten. Gerade die gute Bekohlung und die Anordnung der Kessel hat den kleinen Kreuzern ein so großes Renommée verschafft. Wie Sie aus dem Lichtbilde sehen, liegen die Türen in den Querbunkern gegenüber den Kesseln, die Kohlen fallen also beinahe vor die Feuer. In die Querbunker werden dann aus den Bunkern über dem Panzerdeck, den Gebrauchsbunkern, die groß und geräumig sind, die Kohlen durch große Kohlenlöcher, die im mittleren Teile des Panzerdecks liegen, nachgefüllt. Die seitlich der Kessel unter Wasser liegenden kleinen Bunker sind unsere Reservebunker, die von dem Transport der Kohlen aus den Oberbunkern nicht berührt und nur gelegentlich in Gebrauch genommen werden. Die ganze Einrichtung entspricht also eigentlich tatsächlich den Wünschen des Herrn Vortragenden.

Nur bringt Herr Schwarz eine Teilung der Oberbunker durch eine schräge Wand in Vorschlag. Hierdurch würden aber die Gebrauchsbunker verkleinert werden, denn die Trennung derselben durch Querschotten kann man nicht aufgeben, da diese Querschotten für die Festigkeit des Schiffes notwendig sind. Auch würde das Auffüllen und Entleeren der durch die schrägen Wände gebildeten seitlichen Bunker von dreieckigem Querschnitt sehr umständlich sein. Diese Einrichtung wird man also nicht empfehlen können.

Man kann deshalb wohl sagen, daß die Anordnung der Bunker bei den kleinen Kreuzern eigentlich tadellos ist. Wenn wir abstimmen lassen wollten, würde die Versammlung der Einrichtung, wie sie jetzt ist, gewiß den Vorzug vor der in Vorschlag gebrachten geben.

Nur noch eins. Herr Schwarz denkt wohl an ein automatisches Beschicken der Feuer. Meine Herren, da denke ich an die gestrige Bemerkung des Herrn Föttinger und sage: Das ist zunächst noch eine Erfindung, aber noch keine Konstruktion (Heiterkeit und Beifall).

Herr Marineoberbaurat Tjard Schwarz-Wilhelmshaven (im Schlußwort):

Trotzdem die Zeit sehr vorgerückt ist, muß ich doch Ihre Geduld in Anspruch nehmen, um wenigstens im großen und ganzen auf die verschiedenen Einwendungen zurückzukommen.

Zunächst möchte ich in einem Punkte auf die Ausführungen des Herrn Admirals von Eickstedt erwidern. Ich glaube, ich bin da etwas mißverstanden worden. Ich habe durchaus nicht zum Ausdruck bringen wollen, daß bei den Probefahrten möglichst günstige Verhältnisse obwalten, wenigstens nicht in unserer Marine. Aber es ist doch richtig, daß bei Probefahrten jeder sein Bestes und Höchstes leistet, und wenn die sogenannte Probe vorbei ist, wenn man also nicht mehr so genau kontrolliert wird, dann ist es genau so wie beim Examen — beim Examen strengt man sich sehr an, um große Leistungen zu erzielen, ist dasselbe vorüber, dann kommt wieder eine Zeit, wo man weniger energisch arbeitet. Also, ich habe nur hervorheben wollen, daß man bei Probefahrten möglichst genau und sachgemäß vorgeht und dabei die Kohle möglichst sorgfältig behandelt.

Aber, meine Herren, wenn Sie nun von unserer Marine absehen, so treten die günstigen Resultate der Probefahrten bei den anderen Nationen noch mit besonderer Schärfe hervor. Ich erinnere nur an die Ausführungen des englischen Chefkonstrukteurs Sir William White, welcher zugestanden hat, daß er wohl wisse, daß bei Probefahrten die Schiffe ihre höchsten Leistungen erreichen, daß sie aber bei der Indiensthaltung diese Leistungen niemals wieder erreichen. White ist sich vollkommen bewußt, daß die Kriegsschiffe während der Indiensthaltung ein bis zwei Knoten weniger laufen als bei den Probefahrten, die Reklameprobefahrts-Resultate seien jedoch für die Entwickelung der Schiffbauindustrie von großer Bedeutung, und warum soll sie unterbunden werden. Also ich glaube, die Bestrebungen, bei Probefahrten günstige Resultate zu erzielen, werden sich nicht ganz von der Hand weisen lassen.

Was die übrigen Ausführungen des Herrn Admirals von Eickstedt betrifft, so darf ich wohl nur dankbar sein für die Anregungen, die der Herr Admiral gegeben hat.

Dann möchte ich auf die Ausführungen des Herrn Leue erwidern. Ich bin überrascht und erstaunt, daß Herr Leue behauptet, Greifer und Elevator wären diejenigen Transportmittel, welche die Kohle am schlechtesten behandeln. Ich habe ja eingehend auf die Untersuchungen über die Wertverminderung der Kohle hingewiesen, die gelegentlich des Düsseldorfer Kongresses herausgegeben wurden. Hiernach wird namentlich der Greifer wesentlich höher bewerktet, und das ist auch daduich bestätigt, daß alle Umschlagshäfen in Kohle mit Greiferbetrieb arbeiten, weil der Greifer die Kohle am besten schont. Wenn große Kohlenstücke zerschnitten werden, so schadet das ja auch nichts, große Stücke müssen ja sowie so zerkleinert werden. Es kommt nur darauf an, daß möglichst wenig Kohlenstaub erzeugt wird. In dieser Beziehung schont der Greifer die Kohle mehr, wie jede andere Übernahme-Vorrichtung.

Dann hat Herr Leue auch den Bandtransport besprochen und gemeint, der Bandtransport müßte nicht 30, sondern 40 m lang sein. Ich gebe zu, daß der Bandtransport, namentlich bei feuchter Luft und Regen, Schwierigkeiten haben kann. Wenn man aber Vorkehrungen trifft, z. B. Bürsten vorsieht, die das Band, nachdem die Kohle transportiert ist, wieder abbürsten, und auch Segeltuchbedachung vorsieht, so werden die Schwierigkeiten doch wohl nicht ganz so groß sein, wie Herr Leue annimmt.

Wesentlich ungünstiger natürlich sind die großen Kohlenstücke. Aber, meine Herren, das ist ja unzweifelhaft, daß man bei den Bändern und Elevatoren darauf Rücksicht nehmen muß, daß große Kohlenstücke schon bevor sie der Elevator faßt bei Seite gebracht oder zerstückelt werden müssen. Aber auch der Elevator wird sich gewissermassen seinen eigenen Weg formen, denn wenn er über ein großes Kohlenstück kommt, wird er etwas ausweichen. Er ist ja gondelnd aufgehängt und ich glaube nicht, daß hierdurch Schwierigkeiten entstehen werden.

Dann hat Herr Leue sich auch über den Temperley-Apparat geäußert und hat als Tatsache hervorgehoben, daß die deutsche Marine den Temperley-Apparat gebraucht hat und ihn nicht mehr hat verwenden können. Meine Herren, ich bin selbst an Bord der Kriegsschiffe gewesen, als in Helgoland mit Hilfe eines Temperley-Apparates Kohlen übergenommen wurden. Der eine Nachteil dieser Bekohlung war der, daß der Kohlendampfer, der ein gewöhnlicher Trampdampfer war, also von möglichst leichter Bauweise, sehr bald den Zug der Schlepptrosse nicht mehr aufnehmen konnte, da die Bordwand, durch welche die Schlepptrosse geführt war, einzuknicken drohte. Als ich zur Begutachtung aufgefordert wurde, ob sich das Schleppen noch ohne Beschädigung des Dampfers fortsetzen ließe, mußte ich wegen der schwachen Verbandteile des Kohlendampfers davon abraten, die Bekohlung fortzusetzen. Vorher hatte der Temperley-Apparat mehrfach seine Dienste versagt. Das lag vornehmlich daran, daß nur Wenige an Bord des Kriegsschiffes mit dem Apparat genau vertraut und in der Bedienung desselben geübt waren. Auch die Aufbringung des Apparats auf dem Kriegschiff wirkte nachteilig. Ich habe Ihnen ja vorher klar dargestellt, daß gerade das Aufbringen des Temperley-Apparates auf den Kriegsschiffen nachteilig wirkt, und daß man deshalb von einem Temperley-Apparat, der so aufgebracht ist, nicht viel erwarten darf.

Aber, meine Herren, die Engländer sind doch gewiß praktische Leute, sie geben bis nach Ostasien hin allen Kohlendampfern Temperley-Apparate in großer Menge mit, und auch die neuen Bekohlungsdampfer, die von Seiten der Marinen ausgerüstet werden, werden vorzugsweise mit Temperley-Apparaten ausgestattet, also doch ein Beweis, daß der Temperley-Apparat durchaus nicht so schlecht ist, wie Herr Leue ihm das nachzusagen beliebt.

Herr Leue kommt dann auf seinen Apparat zurück. Ja, meine Herren, wenn Herr Leue vor 3 Tagen einen Versuch gemacht hat mit einem Apparat, der 80 Tonnen in der Stunde fördert. — — —

Seine Königliche Hoheit der Ehrenvorsitzende unterbricht den Redner und verweist denselben auf den Vortrag am Nachmittag über den Leue-Apparat.

(Der Redner fortfahrend):

Ich möchte doch erwähnen, daß der Transport an Land und auf See immerhin wesentlich von einander verschieden sind.

Auf die Ausführungen des Herr Leue über eine Verschlingerung der Masten usw. durch die Greiferapparate einzugehen, würde mich zu weit führen.

Dann sagte Herr Leue, daß der Bunker-Schieber zwar aufgehe aber nicht zuzumachen sei. Hierauf möchte ich nur erwidern, daß solche Schieber in den rheinisch-westfälischen Umschlagshäfen für die Kohlenschütten allgemein im Gebrauch sind und sich jederzeit öffnen und schließen lassen.

Ich glaube, damit werden auch die Ausführungen des Herrn Heidmann, welcher sich ja im allgemeinen dem Herrn Leue angeschlossen hat, erledigt sein. Ich kann jedoch Herrn Heidmann darin nicht ganz zustimmen, daß wir nicht die Handelsschiffe mit Bekohlungseinrichtungen versehen können. Das Schiff braucht ja nicht ständig mit dieser Bekohlungseinrichtung zu fahren. Wir rüsten doch die transatlantischen Schnelldampfer für den Krieg als Kreuzer aus und bringen dann erst die Ausrüstungsgegenstände an Bord, Kanonen usw., die bis dahin an Land aufbewahrt waren, und die diese Schiffe befähigen, als Hilfskreuzer zu fahren. Ähnlich könnte man es ja mit den Kohlendampfern machen. Man braucht ja nicht die Kohlendampfer mit den Apparaten fahren zu lassen. Letztere werden auf der Werft niedergelegt, im Mobilmachungsfalle werden sie aufgebracht, und es muß natürlich eine Friedensindienststellung vorangegangen sein, damit die Leute mit dem Apparat umgehen können. Ich glaube, es hat doch seine großen Vorzüge, Kohlendampfer, die speziell für die Flotte eingerichtet sind, zu haben, und zwar als sogenannte Kriegskohlendampfer, und soweit ich es habe verfolgen können, ist man auch in unserer Marine den Bestrebungen nicht ganz abgeneigt, wenigstens einen Kriegskohlendampfer zu beschaffen, um die Bekohlungsfrage mit Hilfe desselben näher zu studieren. Jedenfalls bauen England, Italien, Amerika in größerer Zahl große Kriegskohlendampfer, die mit Kohlenübernahmevorrichtungen ausgestattet werden. Der Kohlendampfer, welchen ich Ihnen vorgeführt habe, ist ein normaler Erz- und Getreidedampfer, der im Frieden Erze und Kohlen transportieren und im Kriegsfalle als Kriegskohlendampfer schnell hergerichtet werden kann.

Ich komme nun zu den Ausführungen des Herrn Orbanowski bezüglich der Stabilität. Meine Herren, ich glaube, daß der Herr Vorredner mich falsch verstanden hat. Ich habe durchaus nicht den Zwischendecksbunker auf Kosten der Raumbunker vergrößern wollen und auch dies im Projekt nicht durchgeführt. Ich habe nur gesagt: Jeder Zwischendecksbunker faßt 250 t, das ganze Fassungsvermögen des Zwischendecksbunkers ist nach meinem Projekt etwa 1100 t. Das gesamte Kohlenfassungsvermögen der Zwischendecksbunker und Raumbunker stellt sich auf 2150 t. (Herr Geheimer Oberbaurat Rudloff: Der Bunker an den Seiten der Zwickel wiegt noch 300—400 t.) — Der Gebrauchszwischendecksbunker? (Herr Geheimer Oberbaurat Rudloff: Der Reservezwischendecksbunker!) Dieselben sind in den 1100 t bereits eingerechnet. Aber Herr Orbanowski erklärte, daß ich absichtlich aus dem Raumbunker 500 t nach oben gelegt hätte. Das ist nicht der Fall. Die Raumbunker, Quer- und Längsbunker fassen allein 1050 t und erstrecken sich über die ganze Maschinen- und Kesselanlage. Ich habe natürlich die Stabilität des Linienschiffes nur errechnet, und bin ich auf eine metazentrische Höhe von $MG = 1{,}2$ bis $1{,}4$ m gekommen; erstere bei vollen Bunkern. Daß aber das Fortnehmen der Kohlen oben für die Stabilität günstig ist, das ist bei den kleinen Kreuzern praktisch erwiesen, und bei dem Linienschiffsprojekt habe ich es rechnerisch nachgewiesen.

Ich komme nun auf die Ausführungen des Herrn Geheimen Oberbaurat Rudloff. Ich meine, wenn jemand die schrägen Schütten in dem Heizraum nicht liebt, dann kann er sie ja wegfallen lassen. (Heiterkeit.) Ich halte aber den Transport durch den Querbunker doch für wesentlich ungünstiger als durch eine direkte Schütte zu den Kesselfeuerungen, auch findet hierbei ein Schütten und Stürzen der Kohle statt. Außerdem sollte man möglichst die Bunker, die unterhalb des Panzerdecks liegen, gegen Gefahren von außen zu schützen suchen. Ich halte es für sehr wünschenswert, wenn gerade bei den kleinen Kreuzern die Überflutungsgefahr möglichst eingeschränkt wird.

Ich habe hiermit meine Erwiderung beendet und danke den Herren für Ihre freundliche Aufmerksamkeit.

Der Ehrenvorsitzende Seine Königliche Hoheit Großherzog von Oldenburg:

Der Herr Vortragende hat uns in sehr interessanter Weise in ein Gebiet eingeführt, das von besonderem Werte für die Kriegsmarine ist, und wir sind dem Herrn Oberbaurat Schwarz zu besonderem Danke dafür verpflichtet.

XXI. Der Leue-Apparat zum Bekohlen von Kriegsschiffen in Fahrt.

Vorgetragen von **Georg Leue**-*Berlin*.

Die Gefechtsbereitschaft einer in See befindlichen Flotte ist im wesentlichen davon abhängig, ob die einzelnen Kriegsschiffe in der Lage sind, ihre verbrauchten Kohlenvorräte rechtzeitig wieder zu ergänzen. Da im Kriegsfalle, also in Erwartung des Gegners, nur selten Zeit sein wird, Kohlenstationen oder andere Stützpunkte aufzusuchen, so dürfte das Bunkern auf See wohl als die hauptsächlichste und wichtigste Art der Ergänzung des Kohlenvorrates zu betrachten sein.

Diese Bekohlung auf See ist in der verschiedensten Weise möglich und zwar: vor Anker und in Fahrt!

Die einfachste Art ist die, daß die unmittelbare Übernahme von Schiff zu Schiff erfolgt, indem geeignete Kohlendampfer längsseit kommen. Diese Methode ist bisher nur so gehandhabt worden, daß neben den vor Anker liegenden Kriegsschiffen die Kohlendampfer längsseit gekommen sind und ihre Ladungen je nach den Einrichtungen des Dampfers, des Kriegsschiffes und dem Wetter, mehr oder weniger schnell gelöscht haben. Oft hat wegen See und schlechten Wetters überhaupt keine Übernahme in dieser Weise stattfinden können. Konnte die Übernahme erfolgen, so sind je nach den Verhältnissen 70–200 t in der Stunde übernommen worden. Die Maximalleistung war nur bei besonders günstigen Verhältnissen möglich.

Versuche in Fahrt mit längsseits geschleppten Schiffen sind mir nur in vereinzelten Fällen bekannt geworden und sind überhaupt nur bei sehr gutem Wetter möglich gewesen. Die Resultate sollen hierbei etwa 40–100 t pro Stunde betragen haben.

Diesen Arten der Bekohlung setzen See und Dünung, die auf den Ozeanen fast dauernd stehen, ebenso ungünstiges Wetter sehr bald ein Ziel.

Erfahrene Seeleute haben mir versichert, daß auch mit großen Fendern, die zwischen den Schiffen liegen und eine gegenseitige Berührung derselben verhindern sollen, nicht viel zu erreichen ist. Jedenfalls wäre über Windstärke 3 und schon bei geringem Seegang oder Dünung zu befürchten, daß durch die gegeneinander schwingenden Massen, bedingt durch die stets verschiedenen Schlinger- und Stampfbewegungen der immer abweichend geformten Schiffe erhebliche Havarien nicht ausbleiben können und auch stets eingetreten sind. Darin liegt aber die Gefahr, daß der Kampffähigkeit der Kriegsschiffe Abbruch getan wird, und unter Umständen der Kohlendampfer verloren geht, dessen rechtzeitiger Ersatz sehr schwierig sein wird.

Es bleiben schließlich nur zwei Methoden übrig, die auch bei Seegang und ungünstigem Wetter sich als möglich erweisen. Das sind:

1. der Transport der Kohlen von Schiff zu Schiff auf oder unter Wasser, und

2. der Transport durch die Luft!

Für den ersten Fall kommen jedoch so schwierige und schwere Übernahmevorrichtungen, sowie besonders konstruierte, umfangreiche, teuere und zahlreiche Fahrzeuge in Frage, abgesehen von anderen technischen Schwierigkeiten, daß dieses Problem technisch und seemännisch jedenfalls viel größere und kostspieligere Einrichtungen erfordert, als die Bekohlung von Schiff zu Schiff mittels der Seilbahn.

Die verschiedenen derartigen Apparate von Spencer-Miller, Metcalf usw., die zu einem befriedigenden Resultate noch nicht gelangt sind und auch wegen ihrer Konstruktionsbasis zu einem solchen niemals führen können, will ich übergehen und mir nur gestatten, hier die von mir zur Anwendung gebrachte Konstruktion zu erläutern. Vorausschicken will ich, daß mein Apparat bis heute zweimal in See erprobt worden ist. Die Resultate dieser Proben waren folgende:

1. Ende Februar 1904 zwischen S. M. S. „Neptun" und der „Sceleftea" in der Nähe der dänischen Inseln. Die Aufgabe dieses Versuches war: nachzuweisen, daß der Ausgleicher — über den ich die Ehre habe, Ihnen hier genauere Mitteilungen zu machen — in Wirklichkeit zweckentsprechend unter Berücksichtigung der größten künstlich herbeigeführten Gierstellungen der beiden Schiffe zueinander bei See und Wind arbeitet. Der Beweis ist durch den Versuch in bester Weise erbracht worden.

2. Im Juli dieses Jahres an mehreren Tagen vor Skagen zwischen S. M. S. „Prinz Heinrich" und dem „Herman Sauber" unter günstigen und unter auch besonders ungünstigen See- und Wetterverhältnissen.

Bei den Juliversuchen ist das tatsächlich zweckentsprechende Arbeiten des Apparates nachgewiesen worden, wenn auch das Resultat der geforderten Dauerleistung noch nicht erreicht wurde. Jedenfalls hat man die Überzeugung gewonnen, daß bei Wiederholung der Versuche der Apparat die geforderte Leistung, die von 30 t auf 50 t pro Stunde neuerdings gesteigert worden ist, mit Sicherheit erreichen wird. Bei Versuchen an Land ist neuerdings eine Leistung von 53 t pro Stunde erzielt worden.

Wenn das geforderte Resultat in den Gewässern bei Skagen nur hinsichtlich der Dauerleistung noch nicht erreicht wurde, so lag das in dem Provisorium, in dem die Anlage auf dem „Herman Sauber" in verhältnismäßig kurzer Zeit, entgegen der ursprünglichen Absicht, hergestellt werden mußte. Es zeigte sich nämlich, daß, in Rücksicht auf die schwache Kraftanlage auf dem Dampfer, nicht nur eine neue elektromotorische Anlage in 8 Tagen — der Vorbereitungszeit des Dampfers — geschaffen werden mußte, sondern auch die für den Betrieb nötige Dampfmaschinenanlage. Die Einrichtung dieser Kraftanlage ließ sich in der zur Verfügung stehenden Zeit nur durch Verwendung eines Riemens zum Betriebe der Primärmaschine erreichen. Durch Ölspritzer aus der Dampfmaschine kam dieser Riemen zum Schlieren, und nachdem die Anlage anstandslos bei schlechtem Wetter längere Zeit gearbeitet hatte, konnte der Dauerbetrieb nicht weiter durchgeführt werden.

Wie Sie bei dem Arbeiten des Modelles und aus dessen Lichtbildern sehen werden, ist ein ähnliches Vorkommnis bei endgültigem Einbau des Apparates ausgeschlossen, sodaß auch jeder kleinere Dampfer die Anlage erhalten kann.

Die Lichtbilder, die ich die Ehre habe jetzt vorzuführen, zeigen Ihnen sowohl die Anwendung des Apparates als auch seine Hauptbestandteile:

1. ein endloses Seil für den Transport der Kohlensäcke von Schiff zu Schiff (Fig. 1 und 2),

2. die Ausgleicherstation (Fig. 3 und 4),

3. die Umkehrstation (Fig. 5 und 6),

4. den für die veränderliche Länge des endlosen Seiles notwendigen Ausgleicher (Fig. 4) nebst

5. den mit diesem zusammenkonstruierten Antriebsmechanismus für das Umlaufen des endlosen Seiles (Fig. 4),

6. den Elevator in unmittelbarem Zusammenhange mit der Station — sei es Ausgleicher- oder Umkehrstation — auf dem Kohlenschiff, der die Säcke bis zur Seilbahn hebt (Fig. 5),

7. die Slipvorrichtung zum automatischen oder selbstgewünschten Abwerfen des endlosen Seiles beim Bruch der Schlepptrosse oder nach Beendigung des Kohlens (Fig. 6),

8. die Sackhaken mit den Säcken (Fig. 5),

9. die Rutschbahnen zum Herabfieren der Säcke an Deck (Fig. 6 und 7).

Um ein Bild zu geben, wie nun der Bekohlungsapparat als Ganzes arbeitet, bemerke ich folgendes:

Nachdem die Schlepptrosse angebracht ist, wird das endlose Seil eingeschoren. Die Slipleine wird zum anderen Schiff gegeben und dort an einem Blocke befestigt. Darauf wird durch Fieren der Schlepptrosse der richtige, normale Durchhang des endlosen Seiles festgelegt. In den Ausgleicher wird dann Luft eingelassen, wodurch das Seil steif kommt. Nunmehr stellt man den Betriebsmotor an. Das Seil beginnt zu laufen und betätigt dadurch den Elevator. Der Apparat ist fertig zum Kohlen.

Durch die Fahrt der Schiffe und durch die Bewegung der See kommt auch Bewegung in die Schlepptrosse, die bald steif, bald lose ist. Dieselbe Bewegung, in verstärktem Maße jedoch, würde in der Seilbahn von Mast zu Mast eintreten, sodaß ein Fördern damit unmöglich wäre. Um nun die Seilbahn zum Transport der Säcke, die mit besonderen Haken versehen sind, steif genug zu halten, ist der sogenannte Ausgleicher angeordnet.

Konstruiert nach Art eines Flaschenzuges, läßt er infolge seiner Eigenschaft als solcher ein Vielfaches von dem an Seil fahren, um wieviel sich die Rollensysteme nähern. Ebenso holt er ein Vielfaches an Lose ein, um wieviel sich die Entfernung zwischen den Rollenachsen vergrößert.

Die Rollensysteme sind durch teleskopartig in einander verschiebbare Zylinder verbunden. Im Inneren derselben wird ein gewisser Druck gehalten, der der Spannung im Seile das Gleichgewicht hält. Wird die Spannung im Seile größer, so entweicht Luft durch ein Maximumventil und die Rollensysteme nähern sich solange, bis sich Druck und Spannung einander ausgleichen. Das Umgekehrte tritt ein bei Verringerung der Spannung im

S. M. S. „Prinz Heinrich" nimmt von „Herman Sauber" bei Skagen mit dem Leueschen Bekohlungsapparat Kohlen über. 1. Tag des Versuches.

Fig. 1.

Seil. So kann der Apparat ganz nach Wunsch 60 und mehr Meter einholen und nachgeben. Die Endstellungen des Apparates sind durch zwangläufig betätigte Ventile festgelegt.

Skagen-Versuch.

1. Tag, Kohlenübernahme bei ruhigem Wetter und ruhiger See.

Fig. 2.

Für das Arbeiten des Ausgleichers ist es gleichgültig, wo derselbe Aufstellung findet, ob auf dem Kriegsschiffe, ob auf dem Kohlenschiff.

Ausgleicherstation.

Fig. 3.

Modell des unteren Teiles eines Kriegsschiffmastes mit eingebautem Ausgleicher.
(Ausgleicher in Tätigkeit und fast ganz ausgeschoben.)

Fig. 4.

Umkehrstation mit Elevator
von Steuerbord aus gesehen, im Betriebe.

Fig. 5.

Umkehrstation
von Backbord aus gesehen.

Fig. 6.

Aus dem Arbeiten des Modelles erkennt man deutlich die einzelnen Funktionen der Hauptbestandteile.

Fockmast des „Herman Sauber"
mit der Apparatstation von Steuerbord aus gesehen.

Fig. 6a

Auf dem Kohlendampfer werden die Säcke mit Kohlen gefüllt, was sich ohne Zeitverlust für das Arbeiten des Apparates ausführen läßt. Die mit Haken versehenen Säcke werden in die Elevatorkette gehängt und bis zur

Station gehoben, wo sie automatisch auf die Seilbahn übergehen. Das im
Umlauf befindliche Seil transportiert den Haken mit Sack bis zur Station am

Fockmast des „Herman Sauber"
von der Back aus gesehen.

Fig. 7.

Maste des Kriegsschiffes, hier löst sich der Haken automatisch vom Seile.
Beide gelangen durch den Rutschsack an Deck.

An Hand der Versuche ergab sich, daß in einer Stunde der Transport von mindestens 50 t Kohle möglich ist. Wenn man also pro Stunde an Kohlen-verbrauch für die Marschgeschwindigkeit des schleppenden Kriegsschiffes 5 t rechnet, so würde sich ein Mehr von rund 45 t pro Stunde ergeben.

Analog den vollen Säcken gehen die geleerten, von denen immer ca. 7 nebst dazugehörigen Haken in einen leeren Sack getan werden, zu dem Kohlenschiffe zurück.

Die Maststationen gestatten ein Gieren von 45° nach jeder Seite hin.

Sollte die Schlepptrosse brechen, so wirft sich das endlose Seil auto-matisch ab. Dieses Abwerfen kann auch von jedem Schiffe aus nach Wunsch vorgenommen werden, indem man an der Slipleine zieht.

Die Vorzüge des Apparates sind:

1. das geringe Gewicht,
2. das leichte Unterbringen an Bord,
3. das vollkommen automatische Arbeiten,
4. die Möglichkeit, daß die Schiffe nach beiden Seiten bis zu je 45° ausscheeren können,
5. die absolute Gefechtsbereitschaft des kohlenden Kriegsschiffes,
6. die hohe Marschgeschwindigkeit während des Kohlens,
7. die Möglichkeit, den Apparat auf jedem Schiffe unterzubringen, auf Kriegsschiffen unter Panzerschutz,
8. die hohe Leistungsfähigkeit,
9. das geringe Bedienungspersonal,
10. auf Kriegsschiffen: Kohlenübernahme möglich nur mit der Wache, wenn das Kohlenschiff seine eigene Besatzung hat,
11. schnelle Bereitschaft zum Kohlen.

Wie bereits vorher erwähnt, ist es für den Apparat gleichgültig, wo der Ausgleicher Aufstellung findet. Ebenso gleichgültig ist es, welches Schiff schleppt, Kriegsschiff oder Kohlenschiff. Will man sich freimachen von besonders eingerichteten Kohlendampfern, so wird durch Ausrüstung der Kriegsschiffe mit den beiden Stationen des Leue-Apparates das Problem gelöst, einen ungefähr unbegrenzten Aktionsradius zu gewinnen. Denn technische und seemännische Schwierigkeiten sind bei der Benutzung des vorgeführten Apparates weiter nicht zu überwinden, und jedes Kriegsschiff ist in der Lage, seine Kohlenvorräte aus aufgegriffenen Kohlenschiffen oder den Bunkern gekaperter Handelsschiffe beliebig zu ergänzen.

––––––––

Diskussion.

Herr Marine-Oberbaurat S c h i r m e r -Kiel:

Der Vortragende hat mich bei der Diskussion über den vorangegangenen Vortrag zum Zeugen für die Leistungen seines Apparates aufgerufen. Ich folge diesem Rufe sehr gern.

Es ist erklärlich, daß Herr Ingenieur L e u e die guten·Eigenschaften seines Apparates besonders betont und daraus den Schluß gezogen hat, daß sein Apparat für Bekohlung von Kriegsschiffen geeignet ist. Da ich Gelegenheit hatte, an den Bekohlungsversuchen in der Kaiserlichen Marine teilzunehmen, so glaube ich, in der Lage zu sein, auch ein Urteil über die Brauchbarkeit des bisher erprobten Apparates abgeben zu können.

Die im Juli 1905 angestellten Versuche haben ergeben, daß der Apparat L e u e in seinem damaligen Zustande auch nicht annähernd die beabsichtigte Leistung von 50 t pro Stunde erreichen konnte. Wenn der Apparat ohne Störung eine Stunde lang funktioniert hätte, würde eine Leistung von höchstens 9,3 t pro Stunde erreicht worden sein. Einzelne Teile, besonders das Förderwerk und die Haken, sind kompliziert und gewährleisten durchaus keinen sicheren Betrieb. Es ist nur einem glücklichen Zufall zu danken, daß durch die häufig von oben herabstürzenden Kohlensäcke kein Unglück hervorgerufen wurde.

Herr Ingenieur L e u e hat sich bemüht, mit Hilfe der Marine die Mängel, welche sich, bei den Versuchen in Kiel im Juli d. J. gezeigt hatten, zu beseitigen. Bei einem am 19. d. Mts. stattgefundenen Versuch am Lande stürzten von 800 Kohlensäcken nur noch 6 herab, während früher 10 bis 20 % herabfielen.

Herr Ingenieur L e u e hat bei der Diskussion zu dem vorhergegangenen Vortrage erwähnt, daß Sicherheit das Grundprinzip bei der Bekohlung sein soll. Die Versuche haben ergeben, daß sein Apparat nicht sicher genug ist, sondern viele Mängel zeigt.

Ob die Versuche in Fahrt dasselbe günstige Resultat wie am Lande ergeben würden ist mir zweifelhaft, da der Einfluß von Wind und Wellen ein starkes Pendeln der Säcke hervorruft, wodurch die Leistungsfähigkeit beeinträchtigt werden könnte. Das Übergleiten der Säcke von der Leitschine auf das Kabelar ist besonders beim Gieren der Schiffe unsicher. Ferner erfordern die komplizierten Haken eine große Sorgfalt in der Behandlung, damit sie überhaupt funktionieren. Bei der großen Geschwindigkeit des Förderwerkes ist der das Aus- und Einhängen der Haken bewirkende Mann nicht in der Lage, einen fehlerhaft eingeschalteten Haken zu erkennen, durch welchen beim Übergang von Förderwerk zum Kabelar dann das Herabstürzen herbeigeführt wird. Vielleicht wird es dem Herrn L e u e mit Hilfe der Marine gelingen, auch diesen Mangel zu beseitigen.

Während früher nur Fünfzigkilogrammsäcke in Anwendung kamen, sollen jetzt Hundertkilogrammsäcke gebraucht werden. Es ist nun fraglich, ob diese schweren Säcke für ein länger dauerndes Bekohlen handlich genug sein werden. Bei den letzten Versuchen am Lande wurden in einer Stunde tatsächlich 800 Säcke von einer Station zur anderen befördert, also eine Leistung von 80 t pro Stunde erreicht. Wenn jedoch wieder zu Fünfzigkilogrammsäcken zurückgegriffen werden müßte, würde die Leistung auf die Hälfte, also auf 40 t pro Stunde reduziert werden.

Bei den Versuchen am 19. November 1905 waren die in einer Werkstatt aufgestellten Masten, welche die beiden Stationen trugen, etwa 60 m von einander entfernt. Das mit 5 Säcken belastete Kabelar hing hierbei etwa 3 m durch. Eine schärfere Anspannung war jedoch nicht möglich, weil ein Rollenlager bereits nach einer halben Stunde warm geworden war, was auch bei den Versuchen im Juli eingetreten ist. Wird nun die Entfernung der Masten doppelt so groß, also 120 m, was der geringste Abstand zwischen den Masten eines Kriegsschiffes und des geschleppten Kohlendampfers ist, so müssen bei derselben Leistung auch doppelt so viel Säcke gleichzeitig am Kabelar hängen. Die Kraft zur Bewegung der Last wird daher entsprechend größer sein müssen, und ebenso die Spannung im Kabelar. Um dies zu erreichen, wird der Apparat voraussichtlich an Umfang noch mehr zunehmen, abgesehen von dem beträchtlichen Gewicht des Apparates. Er wird mit Zubehör nach meiner Schätzung nicht unter 12 t wiegen. Die Angabe des Herrn Ingenieur Leue, daß er nur 10 t wiegt oder noch nicht 10 t, kann ich nur auf den Ausgleichapparat selbst beziehen; das Gewicht der am Kriegsschiff angebrachten Teile war nach Wägungen bereits 3 t groß, dazu kommt die Aufgabestation auf dem Kohlendampfer mit 2 t und dann käme der Ausgleichapparat noch hinzu, der mindestens 7 t wiegt, das macht zusammen 12 t. Vielleicht wird sich das Gewicht aber noch erhöhen, wenn der Apparat mit seiner Antriebsmaschine verstärkt werden müßte.

Seine Dimensionen sind aber jetzt schon so groß, daß der nachträgliche Einbau des Ausgleichapparates auf einem vorhandenen Kriegsschiffe ausgeschlossen erscheint. Die Länge des Ausgleichapparates beträgt bei ausgefahrenem Kolben 11 m, die Breite und Tiefe etwa 2 m. Eine Aufstellung am Mast, wie Herr Ingenieur Leue vorgeschlagen hat, erscheint nicht zweckmäßig, da bekanntlich die Masten die besten Zielobjekte sind und wahrscheinlich bald zerschossen sein werden, wodurch auch der Apparat unbrauchbar werden würde. Der Apparat Leue kann daher nur auf einem Kohlendampfer aufgestellt werden, und hiermit fällt die Möglichkeit fort, von jedem beliebigen Dampfer, welcher dem Kriegsschiff begegnet, Kohlen in Fahrt überzunehmen, was als ein großer Mangel bezeichnet werden muß.

Wenn auch die Kosten niemals ausschlaggebend sein können, sobald es sich um die Erfüllung militärischer Forderungen handelt, so dürfte es interessant sein, auch die Kostenfrage ein wenig zu streifen. Die Herstellungskosten des Ausgleichapparates mit Antriebmaschine und Förderwerk werden meiner Schätzung nach etwa 50 000 M., der Verkaufspreis etwa 70 000 bis 75 000 M. betragen. Der Einbau des Apparates an Bord des Kohlendampfers und des Empfangsapparates auf dem Kriegsschiff wird etwa 10 000 M. kosten. Hierzu kommen für jeden Kohlendampfer 300 Haken à 36 M., rund also 10 000 M Das Aptieren von 1500 gewöhnlichen Kohlensäcken für die Benutzung der Haken wird etwa 5000 M. kosten. Die ganze Einrichtung erfordert also für einen Kohlendampfer 100 000 M.

Ich möchte hierbei erwähnen, daß die gewöhnlichen Säcke nicht ohne weiteres benutzt werden können. Es sind Schlaufen notwendig, um den Haken zu befestigen.

Die hohe Summe von 100 000 M. wird vielleicht manchen überraschen, aber ich hoffe, auch manchen anregen, seinerseits an der Lösung der schwierigen Aufgabe, Kriegsschiffe in Fahrt zu bekohlen, mitzuarbeiten. Es ist mit Sicherheit zu erwarten, daß es gelingen wird, vielleicht auch Herrn Leue, einen Apparat herzustellen, der weniger Gewicht und Raum beansprucht als der jetzige Leuesche Apparat, sodaß seine Aufstellung an Bord des Kriegsschiffes, wenn möglich unter Panzerschutz, erfolgen kann. Erst dann dürfte ein solcher Bekohlungsapparat geeignet sein, für die Kriegsschiffe im Ernstfalle ein zuverlässiges Hilfsmittel zu sein.

Herr Oberingenieur Otto Adam-Dresden (Gast):

Es ist mir eine kleine Beruhigung gewesen, zu sehen, daß ich nicht der einzige bin, der den Ausführungen des Herrn Ingenieur Leue nicht in allen Punkten zustimmt.

Bei der Art der Kriegsschiffbekohlung, wie sie uns Herr Leue soeben im Modelle vorgeführt hat, handelt es sich um die Lösung zweier springenden Punkte. Der eine ist der, welcher durch den Ausgleichapparat des Herrn Leue gelöst werden soll; er bezweckt, die Spannung in dem Transportseil konstant zu erhalten und dasselbe vor dem Zerreißen bei Seegang zu behüten. Der zweite springende Punkt ist der, eine geeignete An- und Abhak-

vorrichtung für die Kohlensäcke zu konstruieren, welche geeignet ist, die Kohlensäcke mit
großer Schnelligkeit an das Seil heranzubringen und sie automatisch an der Empfangsstation abzulösen. Als dritter Punkt käme noch hinzu eine Vorrichtung, welche die Kohlensäcke auf dem Kohlendampfer vom Deck des Schiffes zum Mast hochbringt.

M. H., die erste Aufgabe — die Spannung in dem Transportseil konstant zu halten —,
hat Herr Ingenieur Leue im Endzweck gelöst — wohl verstanden, im Endzweck, d. h.
insoweit, daß der Apparat, die Maschinerie, welche Herr Leue dafür ersonnen hat, funktioniert.
Aber wir dürfen nicht vergessen, mit welchen Mitteln dies erreicht ist. Der Leuesche
Ausgleichs-Apparat hat eine Länge — soviel ich ·gehört habe — von $12^{1}/_{2}$ m, beansprucht
eine Breite von 2 m und eine Höhe von 1,8 m. Bei senkrechter, also günstigster Aufstellung
dieses Apparates wäre eine Fläche auf dem Kriegsschiff oder auf dem Kohlenschiff, — je
nachdem, wo Herr Leue den Apparat aufstellen will, — von annähernd 4 qm erforderlich.
M. H., das sind ungeheure Zahlen! Einen solchen Apparat auf einem Kriegsschiff unterzubringen ist schon nach meinen Erfahrungen, — welche kaum so ausgiebig sein werden
wie die des Herrn Vorredners, der doch die Marineverhältnisse sicher noch besser kennt als
ich, — ausgeschlossen. Einen solchen Apparat aber unter Panzerdeck aufzustellen, ist
meiner Ansicht nach noch viel ausgeschlossener! (Heiterkeit!)

M. H., ich löse diese Aufgabe, — die Spannung in dem Seil konstant zu halten, — in
einfacherer Weise. Ich benutze dazu überhaupt keine besondere Maschinerie, sondern verwende denselben Motor, welcher zum Antrieb des Transportseiles ohnehin erforderlich ist,
direkt auch für die Konstanthaltung der Seilspannung in dem Rundlaufseil. Das einzige,
was zu dem Motor hinzukommt, sind einige kleine Rollen und ein Flaschenzug. Der alleinige
Unterschied zwischen dem gewöhnlichen ·Elektromotor und demjenigen, welchen ich für
diese Art der Bekohlung verwende, besteht darin, daß das Magnetgehäuse des Motors nicht,
wie gewöhnlich, mit Füßen auf Deck festgeschraubt wird, sondern daß das Magnetgehäuse,
ebenso wie der Anker, rotierend um dieselbe Achse gelagert ist. Jedem Anwesenden wird
die Wirkungsweise eines Elektromotors insoweit bekannt sein, als das Arbeiten des Motors
auf der elektromagnetischen Wechselwirkung zwischen den Polen des Magnetgehäuses und
den im Anker fließenden elektrischen Strom beruht.

Es ist mir leider nicht möglich, durch Illustrationen oder durch Modelle, — wie dies
Herr Ingenieur Leue getan hat, — meine Erfindung vor Augen zu führen. Ich muß mich
darauf beschränken, meine Sache durch bloße Worte zu erläutern.

Der Anker meines Motors treibt die Seilscheibe an, welche das Rundlaufseil in Tätigkeit setzt. Das Magnetgehäuse kann direkt als Windetrommel ausgebildet werden; an
dieser Windetrommel ist ein ·Spannseil befestigt, welches in einen Flaschenzug eingreift.
Der Motoranker läuft also konstant um und treibt das Rundlaufseil. In normalem Zustand
steht das Magnetgehäuse des Ankers still; es tritt in Bewegung, sobald das Rundlaufseil
beginnt, stärker durchzuhängen, sobald also die Spannkraft in dem Spannseil nachläßt und
nicht mehr imstande ist, der Umfangskraft des Ankers das Gleichgewicht zu halten. In
demselben Moment wickelt die Windetrommel das Spannseil auf und zieht das Transportseil
wieder straff. Wird aber die Spannung in dem Rundlaufseil durch eine plötzlich eintretende
Entfernung der Masten von einander zu stark angespannt, so reicht diese Spannkraft des
Transportseiles aus, um der Windetrommel oder dem Magnetgehäuse die entgegengesetzte
Bewegung zu erteilen, indem die Spannkraft dann die Ankerumfangskraft des Motors über-
windet.

M. H., das sind nicht bloße Hypothesen, die ich hier aufstelle, sondern dieses Prinzip
ist bereits durch Versuche bestätigt worden. Es hat sich dabei gezeigt, daß das Nachspannen
derart schnell erfolgt, daß ein größerer Durchhang des Seiles bei sich nähernden Masten
garnicht erst herbeigeführt wird, sondern daß das Seil tatsächlich fast fortwährend konstanten

Durchhang besitzt. Etwas Elastischeres als die magnetischen Kraftlinien eines Motors kann man sich meiner Ansicht nach nicht denken, und diese magnetischen Kraftlinien des Motors allein sind es, die das fortwährend gleichmäßige Spannen des Transportseiles hervorrufen.

Ich möchte nun noch kurz auf den zweiten springenden Punkt zurückgreifen, der in dem An- und Abhaken der Säcke besteht.

M. H., ich habe mich gefreut, daß Herr Leue seine Versuche hier nur im kleinen vorgeführt hat; sonst würden Ihnen auch sofort die großen Dimensionen des Apparates aufgefallen sein. Aber wenn man das in einem Zehntel der natürlichen Größe sieht, so erscheint es ja noch ganz plausibel!

Wie Sie gesehen haben, hat Herr Ingenieur Leue hier allein einen seiner Haken vorgeführt. Ich glaube, er allein war in natürlicher Größe. Ein solcher Haken wiegt 2,5 kg und kostet nach der Schätzung des Herrn Oberbaurat Schirmer mindestens 30 M. Für ein Kriegsschiff, welches mit einem derartigen Apparate ausgerüstet werden soll, sind aber mindestens 150 bis 200 solcher Haken erforderlich. Nehmen wir an, wir können mit 150 Haken auskommen, so ergibt sich für die Haken allein ein Gewicht von 375 kg, und rechnen wir die Kosten nicht zu 30, sondern bei Massenherstellung nur zu 20 M., — was meiner Ansicht nach reichlich tief gegriffen ist, — so ergibt das einen Kostenaufwand von 3000 M. pro Schiff. Bei einer Lebensdauer von vier Jahren und nur 20 % für Verschleiß und Verlust an Haken würde das etwa einen Kostenaufwand von 5400 M. pro Schiff betragen.

Auf die Kompliziertheit der Haken will ich nicht näher eingehen. Meiner Ansicht nach sind die Haken so kompliziert, daß sie überhaupt für eine derartige Bekohlung niemals brauchbar werden können. Wir haben ja soeben in dem kurzen Moment an dem Versuche im kleinen schon gesehen, daß die Haken versagten und mehrere abstürzten.

M. H., ich verwende bedeutend einfachere Haken. Ich habe hier in der Westentasche ein paar solcher Haken mitgebracht, welche, wie Sie sehen, in einer dünnen geschlossenen Schlinge bestehen. (Heiterkeit.) Dieses Tau, das ich hier vorführe, ist trotzdem stärker, als in Wirklichkeit erforderlich. Es besitzt eine Tragfähigkeit von weit über 100 kg.

Ich habe nur nichts Anderes zur Hand gehabt, und ich glaube, es ist besser zu sehen, als wenn es so schwach wäre, wie es der Wirklichkeit entspricht.

Die Wirkungsweise eines solchen Hakens ist nun einfach die. Der bedienende Mann nimmt die Schlinge in dieser Weise (Demonstration) in die Hand, zieht das eine Ende durch und schlingt so den Haken an das Transportseil. Hier wird mit einer einfachen Öse der Haken eingehakt, einer Öse etwa von dieser Größe. (Größe eines Fünfmarkstückes.) (Demonstration.)

Mit dieser Schlinge, welche den Sack vollkommen fest auf dem Transportseil hält, sodaß ein Gleiten auch beim stärksten Seegang absolut ausgeschlossen ist, läuft der Haken zu der Empfangsstation hinüber. Auf der Empfangsstelle befindet sich ein Messer unter dem Transportseil, welches jederzeit in einfachster Weise in der richtigen Lage zum Transportseil gehalten wird, und schneidet die Schlinge ab. (Heiterkeit.)

Der zweite Haken, m. H.! Dieselbe Schlinge; wird nur in etwas anderer Weise geschlungen! Ich ziehe so durch (Demonstration) und schlage hier herum und hänge den Sack in die zwei Enden der Schlinge ein. Es ist ohne weiteres klar, daß die Schlinge dann nur halb so stark zu sein braucht, und daß, — wenn auf der anderen Seite das Messer die Schlinge abschneidet, — die Schlinge automatisch von dem Transportseil durch den Kohlensack abgezogen wird.

Ich habe Versuche gemacht und gesehen, daß es garnichts ausmacht, ob die Schlingen auf dem Transportseil sitzen bleiben oder nicht; denn das abgeschnittene Taustück ist so klein, daß es unbedingt durch die Rundlaufrolle hindurchgehen kann.

Die Kosten der Tauschlingen sind ganz erheblich geringer als diejenigen der Leueschen Haken. 10 000 Meter würden ausreichen, um reichlich 500 t Kohle überzunehmen, und die ganzen 10 000 Meter kosten etwa 80 M. M. H., es brauchen nur vier solcher Leueschen Haken über Bord zu fallen, — wenn ich annehme, daß ein Haken nur 20 M. kostet, — dann sind schon die Kosten gedeckt, welche ausreichen, um 500 t Kohle nach meinem System zu nehmen. (Heiterkeit.) Das entspricht also einer 10 stündigen Bekohlung mit 50 t pro Stunde.

Die Hochheißvorrichtung habe ich ebenfalls in der einfachsten Weise gelöst. Die Schlinge wird in Wirklichkeit nicht direkt auf das Rundlaufseil gelegt, sondern es wird ein kleiner feststehender Hohlkegel um dasselbe angebracht, damit der Matrose mit aller Sicherheit in Ruhe die Schlinge bilden kann. Nachdem er sie zugezogen hat und der Sack eingehängt ist, tritt er mit dem Fuß gegen den Sack (Heiterkeit); dann wird die Schlinge von dem Hohlkegel abgestreift und geht samt Kohlensack mit dem Transportseil weg.

Sollen nun die Säcke automatisch vom Deck zum Mast des Kohlenschiffes gebracht werden, so besteht der einzige Unterschied darin, daß der Taukegel (Hohlkegel) unten auf Deck angebracht wird, die Schlinge wird unten auf Deck um den Taukegel gelegt und der Sack z. B. einfach in den Becher eines Paternosterwerkes hineingelegt. Der Sack geht neben dem Rundlaufseil hoch und die Schlinge geht oben durch die Rille der Laufrolle hindurch. Auf der anderen Seite der Laufrolle fällt der Sack aus dem Paternosterbecher heraus und die Schlinge zieht sich fest.

Ich sehe, daß verschiedenen Herren ein leises Lächeln über die Einfachheit dieser Methode gekommen ist. Ich kann wohl sagen, als ich zuerst auf diese Idee kam, konnte ich mich auch eines kleinen Lächelns nicht enthalten. (Heiterkeit.) Ich habe etwa 12 verschiedene eiserne Haken konstruiert, und jeder von diesen Haken hatte wieder seinen besonderen Haken. (Heiterkeit.) Aber ich bin immer wieder auf diese Methode zurückgekommen. Ich glaube, etwas Einfacheres kann man sich nicht denken. Die Matrosen wissen gut mit solchem Tauwerk zu hantieren, und die Schlingen lassen sich in der allereinfachsten und schnellsten Weise herstellen. Die Sache ist billig und gut und muß unbedingt funktionieren, denn das Messer kann derart stark gehalten werden, daß ein Versagen an der Empfangsstation absolut ausgeschlossen ist.

Das Niederbringen der Kohle auf Deck des Kriegsschiffes läßt sich in gleicher Weise besorgen, wie sie Herr Leue auch anwendet, und wie es von mir schon vor mehreren Jahren vorgeschlagen worden ist. Es besteht einfach in einem Rutschsack.

Es tut mir leid, daß ich nicht noch Gelegenheit habe, ausführlich auf meine Methode einzugehen. Ich möchte nur bemerken, daß ich die Winde noch als Doppelseilwinde ausgebildet habe, sodaß also zwei solcher Rundläufe nebeneinander gehen, und daß man meiner Schätzung nach auch bei Seegang mindestens 60 t, wahrscheinlich aber weit mehr Kohlen übernehmen kann. Die ganze Doppelseilwinde mit Spannungsvorrichtung wiegt $3^1/_2$ t.

Der Ehrenvorsitzende Seine Königliche Hoheit Großherzog von Oldenburg:

Ich möchte den Vorschlag machen, daß Sie für nächstes Jahr einen Vortrag über das Thema anmelden. Ihre Ausführungen gehen zu weit, das ist doch keine Debatte mehr. (Zustimmung.)

Herr Oberingenieur Otto Adam-Dresden:

Ich muß dann meine Bemerkungen zur Diskussion hiermit schließen.

Herr R. W. Heidmann-Altona:

Ich will auch diesmal versuchen, Ihre Zeit nur möglichst kurz in Anspruch zu nehmen. Ich hätte Ihnen ja vorhin vielleicht $1^1/_2$ oder 2 Stunden etwas auseinandersetzen können. Aber ich glaube, es wäre Ihnen langweilig geworden, und so will ich auch jetzt ganz kurz sein. Ich will mich auf keine Diskussion einlassen, ob Schlinge oder Haken besser ist; ich wette mit Ihnen, daß jeder Hamburger Hafenschmied und jeder ordentliche Seemann diese Frage viel fixer löst, als alle Herren Ingenieure zusammengenommen. Es sind Fragen, die sich in der Praxis ganz von selbst ergeben, für mich aber ziemlich gleichgültig sind. Gleichgültig ist aber nicht, was ich vorhin schon betont habe, daß wir mit dem Schiffsmaterial rechnen müssen, was wir haben, das uns zur Verfügung steht, und das für die Marine brauchbar ist.

Ich bin allerdings von der Wasserkante, m. H.; aber ich bin nicht Marine-Stratege. Ich denke mir aber doch, daß diese Schiffe, die den Kohlentransport für die Flotte bewerkstelligen sollen, auch in ähnlicher Zeit mobil sein müssen, wie die Kriegsschiffe, die hinausgehen. Sie sind ja ohnehin langsamer, die Flotte muß sich ohnehin mit ihnen aufhalten. Daß man den gecharterten Kohlenschiffen noch große Apparate einbauen kann, die man vielleicht nicht in genügender Zahl fertig hat, und bei deren Befestigung man nachher Schwierigkeiten findet, an die man vorher nicht gedacht hat, das ist meiner Ansicht nach ziemlich ausgeschlossen.

Die Idee von Herrn Leue, die Sache in der vorgeführten Weise zu machen, scheint mir an und für sich sehr gut. Aber sie wird dahin ausgebildet werden müssen, daß die Herren mit dem rechnen, was sie haben, und sie haben eine ganze Menge. Die großen Frachtschiffe des Norddeutschen Lloyd und der Packetfahrt-Gesellschaft, m. H., das sind die Schiffe, die Sie bekommen, Sie mögen sich noch so viel schönes Anderes denken. Wenn Sie diese Schiffe ansehen wollen, so werden Sie finden, daß sie ganz Vorzügliches in Form von allen möglichen Apparaten an Bord haben. Da werden Sie auch die gehörigen Stützpunkte finden, an denen Sie sehr viel befestigen können, und wenn Sie die vorzüglichen modernen Schiffswinden verwenden, kommen Sie sehr bald zum Ziel.

Die Hundertkilo-Säcke gehen nicht, die sind zu schwer. Der Herr Marine-Oberbaurat Schirmer hat Recht. Diese Säcke sollen doch vom ganzen Schiff her transportiert werden. Sie können Herrn Leues Apparat nicht an jedem Mast anbringen. Außerdem haben diese Schiffe häufig nur zwei Masten, und Sie müssen die Säcke, die an Deck gewunden werden, von den hinteren Räumen her auch nach vorne transportieren. Wenn Sie ganz ruhiges Wasser haben, legen Sie die Schiffe friedlich längsseit, dann brauchen Sie Apparate überhaupt nicht. Der Apparat soll wirken, wenn Seegang ist, und dieser Transport von Hundertkilo-Säcken bei unruhiger See ist ja nicht ganz so gefährlich, wie mit den Greifern, Baggern und anderen schweren Apparaten; aber immerhin würde es nötig sein, daß der Schiffsarzt sich in Bereitschaft hält, um gebrochene Beine usw. zu verbinden. Es ist ganz anders, wenn man bei Seegang 4 oder 5 arbeitet — bei viel mehr kann das Schiff die Luken überhaupt nicht offen halten — als wenn das Schiff friedlich im Hafen liegt.

Wenn die Herren sich dahin Mühe geben, dieses — Herrn Leues'—System so auszubilden, daß es mit den Schiffswinden getrieben werden kann; wozu erst eine große elektrische Maschine einbauen? Das scheint mir nicht nötig zu sein, es sind ja alle möglichen zuverlässigen Dampfkräfte vorhanden, und mir scheint auch für diesen Zweck immer noch Dampf zuverlässiger, als die beste provisorische elektrische Anlage auf See und im Seewasser.

Ich wollte auch noch kurz fragen, wie sich Herr Leue das vorstellt, daß er mit einer Wache die Bekohlung machen will, denn der Fracht-Dampfer, der die Kohlen transportiert, hat ja doch keine Leute, um das Hinaufbringen an Deck zu besorgen. Dazu wird wahrscheinlich genau so gut, wie es heute der Fall ist, die sämtliche Mannschaft der Kriegsschiffe notwendig sein, um das möglichst rasch zu befördern, denn die Kohlen sollen nicht nur herausgeschafft, sie sollen eingeschaufelt und gesackt werden im Raume, an Deck geschafft und nach vorn transportiert werden. Dazu gehören recht viele Leute. Dann sollen die Säcke, wenn sie auf Deck fallen, abgenommen und in die Bunker transportiert werden. Da kommen Sie mit einer Wache nicht weit.

In der Spannung der Transportleine liegt allerdings die bedenkliche Sache des Projekts Leue. Ich habe die Meinung, ohne Techniker zu sein, daß diese Leine resp. dieses Drahtseil stärker sein muß, als die Schlepp-Trosse, mit der das Kriegsschiff den Kohlen-Dampfer schleppt. Die Säcke sollen doch bei einer langen Entfernung, meiner Ansicht nach mindestens 100 Meter, über dem Seegang gehalten werden. Dieser Seegang ist ja durchaus nicht nur von der Seite, sondern es ist auch mit See von vorne zu rechnen, in der beide Schiffe mehr oder weniger schwer arbeiten, sodaß sich allein schon durch das ungleiche Arbeiten die Entfernung von Mast zu Mast wesentlich ändert. Die Kohlen in den Säcken dürfen aber trotzdem nicht naß werden, da sonst die Gefahr der Selbstentzündung an solchen Stellen der Kohlenbunker des Kriegsschiffes entsteht, aus denen die Kohlen zur Verfeuerung nicht in kurzer Frist wieder weggenommen werden.

Ein Seil aber von 100 Meter Länge, das an seinen Endpunkten nur ungefähr 20 bis 25 Meter über dem Wasserspiegel befestigt werden kann, so straff zu spannen, daß es eine Reihe von 100 kg schweren Säcken trägt, ohne daß dieselben in die bewegte See eintauchen, halte ich für nahezu unmöglich. Wahrscheinlich wird das Kohlenschiff in der Praxis nicht in der Schlepptrosse, sondern in diesem Hängeseil geschleppt werden, wenn man nicht eine ganz erhebliche Fahrtdifferenz zwischen dem schleppenden Kriegsschiff und dem geschleppten Kohlendampfer eintreten lassen will, wodurch der Verbrauch des Kriegsschiffes dann während der Zeit an Kohlen auch wieder erheblich gesteigert wird. — Das ist alles, was ich Ihnen sagen wollte.

Herr Vizeadmiral v. Ahlefeld, Excellenz-Berlin:

Es ist eine ganze Reihe von Schwierigkeiten schon hervorgehoben worden. Es tut mir eigentlich leid, daß ich noch eine weitere hinzufügen muß, die nach meiner Ansicht recht ins Gewicht fällt: ich meine das Schleppen, und, um das Eine vorweg zu nehmen, was Herr Ingenieur Leue schon gesagt hat: das Schleppen längsseit, meine Herren, geht überhaupt nicht.

Denken Sie doch: wann wird denn diese ganze Frage wichtig? Wir nehmen Kohlen aus achteraus geschleppten Dampfern nicht — das ist ja auch bereits gesagt —, wenn wir den Dampfer längsseit nehmen können; wir nehmen sie auch nicht, wenn man zu Anker gehen kann, sondern wir nehmen sie eben nur dann, wenn wir Fahrt machen wollen und wenn wir auf ganz hoher See sind, also auch nicht im Skagerack, nicht in der Nordsee, frühestens in der Atlantic. Also diese Fälle, wo ein solcher Apparat, wie wir ihn hier im Modell vor uns sehen, sei es nun, welcher es wolle, in Funktion kommt, sind erstens einmal selten, und dann sind es immer Fälle, wo wir mit ziemlich bewegter See rechnen müssen. Es braucht nicht Sturm zu sein oder schwere Dünung, nur „ocean swell"; den werden wir aber immer finden. Nun, in einem „ocean swell" ein großes Schiff längsseit zu schleppen, halte ich für vollkommen ausgeschlossen, und damit fällt das ganze Projekt Schwarz. Aber auch das Achterausschleppen ist sehr schwer. Wir haben viele Erfahrungen darin mit unseren Torpedobooten und haben seemännisch herausgefunden, wie Torpedoboote zu schleppen sind, aber nur ein Boot das andere, und auch nur dann haben wir die notwendige Elastizität auf dem — wenn ich Herrn Heidmann jetzt zitieren darf — praktisch-seemännischen Wege herbeigeführt, indem man auf die Schleppleine ein Bündel Roststäbe hing. Sowie die Leine loskommt, gehen das Rostbündel unter, die Leine bleibt in einer gewissen Spannung, und wenn die beiden Boote sich wieder voneinander wegbewegen, wird der Stoß gemildert, weil erstens die Last wieder gehoben werden muß, zweitens der Reibungswiderstand dieser schweren Bündel überwunden werden muß. Auf diese Weise ist es uns gelungen, daß ein

Boot das andere schleppen kann. Wir können aber nicht — und jetzt kommt der Punkt — mit einem großen Kriegsschiff ein Torpedoboot schleppen, denn wenn eines von den beiden unelastisch ist, dann geht es schon nicht. Wer immer das erlebt hat, wie ein großes Schiff ein kleines schleppt, wird mir darin recht geben. Das hat seine großen Bedenken.

Also ich sage, das Schleppen achteraus ist ein Problem, das noch nicht gelöst ist, und das diesem Leueapparat, dem ich alles Gute wünsche, zu lösen noch bevorsteht.

Ich erlaube mir, mit ein paar Worten auf eine Idee zurückzukommen, die ich seinerzeit mit Herrn Geheimrat Hoßfeld schon einmal ventiliert habe — er wird sich dessen entsinnen: ob man nicht die Schleppzüge, die ja wirtschaftlich den Dampfern außerordentlich überlegen sind, auch so konstruieren könnte, daß sie über See gehen könnten. Es war damals die Frage angeregt worden, weil Krupp seine Erze, die er aus Spanien bezog, sehr teuer verfrachten mußte. Es stellte sich aber heraus, daß die Seeversicherung, wenn ich es recht im Gedächtnis habe, — die Zahlen sind nicht zuverlässig — auf $1/2\,\%$ für Dampfer und $6\,\%$ für Schleppzüge ging. Das hieß also, das geht nicht, und auch in bezug auf die Frage, ob man nicht seemännisch, schiffbautechnisch Schleppzüge für Hochsee herrichten könnte, sind wir Beide, Herr Geheimrat Hoßfeld und ich, zu der Überzeugung gekommen, die Sache geht wahrscheinlich nicht, wenn sie aber geht, dann bedarf es noch einer ganz außerordentlichen Anstrengung, um zum Ziel zu kommen.

Zu dem hier vorgeführten Leueapparat möchte ich noch sagen: es ist durchaus möglich, daß er brauchbar wird; so brauchbar wird, daß unsere Marine ihn gebrauchen kann und auch so — daran habe ich auch ein großes Interesse —, daß er kauffähig wird. Wir sind dabei sehr interessiert, und wir wollen mit Herrn Ingenieur Leue alles tun, was wir können, um zum Ziel zu kommen. Aber die Aufgabe ist sehr schwer, und sie gelingt auch nur dann, wenn wir Beide, das heißt also die Marine einerseits und Herr Ingenieur Leue andererseits, mit vereinten Kräften die Aufgabe in die Hand nehmen. Sonst sind die Aussichten sehr gering. (Beifall.)

Herr Ingenieur Leue-Berlin (im Schlußwort):

Als ich vor 3 Jahren, wie ich vorhin erwähnt habe, aufgefordert wurde, mich an die Lösung dieser Aufgabe heran zubegeben, tat ich das als guter Patriot, weil mir offiziell mitgeteilt wurde, Seine Majestät der Kaiser wünsche, daß wir so etwas haben und haben müssen; wenn wir das selbst nicht schaffen könnten, müßten wir es mit großen Kosten aus dem Auslande beziehen. Daraufhin habe ich mich herangemacht. Es wurde mir vom Reichs-Marine-Amt die größte Mitarbeiterschaft der Kieler Werft zugesichert. Ich stellte meinen Apparat zur Verfügung, zur Erprobung, ganz wie es den Herren beliebte. Meine Herren, was glauben Sie wohl, was geschah da? Da wurde ein Apparat konstruiert hinter meinem Rücken unter Benutzung der Versuchsergebnisse, die man von meinem Apparat abgenommen hatte. (Bewegung.)

Die Versuche haben bisher über 300 000 M. gekostet. Ich bin von der Marine pekuniär nicht unterstützt worden. Die paar Säcke etwa 1500 Säcke, welche mir geliefert wurden, das ist garnichts.

Jetzt frage ich Sie, meine Herren, ob es angebracht ist, ob derjenige Herr, der gesagt hat bei den Versuchen im Juli dieses Jahres: wir waren erstaunt, wie die Sache ging, — richtig tut, wenn er — es war der Herr Oberbaurat Schirmer — in dem Tone, wie er es hier vorhin getan hat, gegen mich auftritt.

Meine Herren, ich bin dazu verpflichtet, Ihnen das mitzuteilen. Ich bin hier angegriffen worden, und ich bin nicht behandelt worden, wie ich es im Interesse der Allgemeinheit, im Interesse der Wehrkraft Deutschlands verdiene. (Lebhafter Beifall.)*)

Der Ehrenvorsitzende Seine Königliche Hoheit Großherzog von Oldenburg:

Der Vortragende hat uns eine Erfindung vorgeführt, deren Erläuterung wir mit großem Interesse gefolgt sind, und der wir den besten Erfolg wünschen. Für die Mühewaltung, welcher sich der Herr Vortragende unterzogen hat, sage ich ihm warmen Dank.

— — — — — — — — —

Eingesandt von Herrn Oberingenieur J. A. Eßberger-Berlin:

In der VII. Hauptversammlung der Schiffbautechnischen Gesellschaft wurde von Herrn Ingenieur Leue in seinem Vortrag über den Leue-Apparat zum Bekohlen von Kriegsschiffen in Fahrt der Ausspruch getan, daß die verschiedenen bisher erprobten Apparate zum Bekohlen von Schiff zu Schiff mittels Seilbahn, u. a. der Spencer Millersche Apparat noch nicht zu einem befriedigenden Resultate gelangt sei und wegen seiner Konstruktionsbasis zu einem solchen niemals führen könnte.

Dem gegenüber bin ich in der Lage, in nachstehendem den Beweis zu führen, daß der Spencer Millersche Apparat von viel höherer Leistungsfähigkeit, größerer Einfachheit in der Konstruktion und daher geringerem Gewicht und Raumbedarf als der Leue-Apparat und wohl geeignet ist, den Anforderungen der Kriegsschiffe betreffs Bekohlung in See nach allen Richtungen zu entsprechen. Beim Betriebe in See kommt für den Spencer Miller-Apparat gegenüber dem Leue-Apparat noch der Vorzug hinzu, daß derselbe den beiden Schiffen, Kriegsschiff und Kohlenschiff, durch seine größere Elastizität eine viel höhere Bewegungsfreiheit gestattet, insofern als das Bekohlen in jeder beliebigen Entfernung ausführbar ist, sodaß bei ruhiger See in ganz kurzer und bei bewegter See in entsprechend größerer Entfernung gearbeitet werden kann, während bei dem Leue-Apparat dieses nur in einer bestimmten Entfernung, welche von der Länge des endlosen Seils abhängig, möglich ist.

Betreffs der Leistungsfähigkeit beider Apparate ist hervorzuheben, daß bei dem Leue-Apparat die Grenze derselben dadurch gezogen ist, daß das Aufhängen der Säcke auf die Haken des endlosen Seils bei zu schnellem Gang des letzteren nicht mehr ausführbar ist, und ebenso das automatische Überführen auf die horizontale Seilbahn um so unsicherer vor sich geht, je schneller die Bahn vorwärts schreitet. Dadurch erklärt es sich, daß bei den Erprobungen des Leue-Apparats an Bord S. M. S. „Prinz Heinrich" nicht einmal die Hälfte der verlangten Leistung erzielt wurde, und ein großer Prozentsatz von Kohlensäcken von oben herunterfiel, weil die Überführung nicht exakt genug arbeitete.

Bei dem Spencer Millerschen Apparat ist die Leistung abhängig von der mittleren Geschwindigkeit des Kohlenwagens und der Belastung des Wagens. Erstere ist nach langen eingehenden Versuchen und Erfahrungen bis auf 500 m pro Minute gesteigert worden, ohne dabei die Kabel und sonstigen Apparate irgendwie zu überanstrengen. Wird für jede Ladung eine Last von 1 t angenommen und nimmt man eine Länge der Schlepptrosse von 100 m, so würden, wenn kleine Zeitverluste beim Auf- und Abhängen zunächst unberücksichtigt bleiben, in einer Minute eine Last von 1 t $2^1/_2$ mal befördert werden können, also 150 t pro Stunde.

Unter Berücksichtigung des An- und Abhakens kann bei geschultem Personal höchstens ein Viertel der gerechneten Zeit verloren gehen, und bliebe demnach noch eine Leistung von 110 t pro Stunde.

____

*) Der anwesende Vertreter des Reichs-Marine-Amts, Herr Vizeadmiral v. Ahlefeld, Excellenz, hat dem Herrn Ehrenvorsitzenden der Versammlung, Seiner Königlichen Hoheit dem Großherzog von Oldenburg, unmittelbar nach Schluß der Versammlung die Mitteilung gemacht, daß die Marineverwaltung sich wegen des von Ingenieur Leue der Marine gemachten Vorwurfs Weiteres vorbehalte.

Bei größerer Entfernung der beiden Schiffe, z. B. unter Annahme einer Schlepptrosse von 200 m würde die Leistung auf ca. die Hälfte = 55 bis 60 t pro Stunde anzunehmen sein.

Die eingesetzten Zahlen sind sehr vorsichtig gewählt, denn Spencer Miller hat ohne Bedenken bereits Seilgeschwindigkeiten von 1000 m pro Minute angewandt, und die Belastung des Wagens, welche hier mit 1 t angesetzt ist, ist bereits bis $1\frac{1}{2}$ t von ihm gesteigert worden.

Die oben angegebenen sehr gut erreichbaren Leistungen würden die von der Kaiserlichen Marine verlangte (50 t pro Stunde) noch übertreffen, und wenn dieselben bei den ersten Erprobungen in der russischen, englischen und amerikanischen Marine noch nicht dauernd erreicht sind, so hatte dies darin seinen Grund, daß einmal der Spencer Miller-Apparat sich erst bis zu seiner jetzigen Vollkommenheit entwickelt hat und, wie es ja betreffs der russischen Marine ·im japanischen Kriege bekannt ist, keine Zeit zum Einüben des Personals mit dem Apparat vorhanden war.

Die größere Einfachheit des Spencer Millerschen Apparates gegenüber dem Leue-Apparat besteht darin, daß der komplizierte teuere Ausgleichapparat von ca. 10 t Gewicht von Leue fortfällt und dafür ein einfacher Schwimmanker verwendet wird, der über das Heck des Kohlenschiffes hinausgehend mit dem Tragseil direkt verbunden ist. Der Schwimmanker wird in mehr oder weniger großer Entfernung während der Fahrt durch das Wasser gezogen und hält dadurch das Seil gespannt. Der Durchmesser des Schwimmankers ist dem zu fördernden Gewicht und der Schiffsgeschwindigkeit entsprechend zu wählen und ist bei geringer Geschwindigkeit und ruhiger See ein stärkerer Anker zu nehmen, als bei größerer Geschwindigkeit und bewegter See. Diese Ausgleichsvorrichtung in ihrer jetzigen verbesserten und vollkommensten Gestalt mit federnden Blöcken an den Masten, Wirbelgelenken an den Ankerverbindungen und Korkbojen am Anker, damit derselben nahe der Oberfläche schwimmend erhalten wird, hat bei den letzten Erprobungen keine Veranlassung zu Ausstellungen ergeben.

Das Setzen und ebenso das Bergen der ganzen Spencer Millerschen Einrichtung incl. Inschleppnehmen des Kohlenschiffes kann nach einiger Übung des Personals in einer Stunde bewerkstelligt werden. Für den Fall des Brechens der Schlepptrosse wird das Tragseil auf dem Kriegsschiff ausgelöst, ebenso das Seil an der Hohlwinde, und die freien Enden können eingeholt werden, sodaß dabei ein Schaden an der Bekohlungseinrichtung nicht eintreten kann. Das Aufbringen der Kohlensäcke an das Tragseil geschieht, nachdem die Säcke per Winde oder Block auf die Höhe des Tragseils geheißt sind, durch einfaches Überlegen eines Kettengliedes auf den Haken des Kohlenwagens per Hand, wozu zwei Personen erforderlich sind. Die Arbeit ist für diese außerordentlich leicht und ungefährlich. Spencer Miller ist bereit, auch diese Tätigkeit automatisch zu bewirken, wenn es verlangt wird, nur ist hierzu ein etwas komplizierter Apparat erforderlich. Das Abnehmen der Last auf dem Kriegsschiffe erzielt Spencer Miller neuerdings auf die Weise, daß das Tragseil mittels des sogenannten Herunterholblocks von Decksmannschaften soweit niedergezogen wird, daß die Last dicht über Deck schwebt. Durch Auslösen eines Sliphakens gleitet die Last auf Deck. Die eventl. leeren Säcke werden jetzt aufgehängt und der Wagen fährt fast ohne Zeitverlust zum Kohlendampfer zurück.

Es ist seitens hochstehender Seeoffiziere der Vorwurf erhoben worden, daß die zum Holen des Wagens erforderlichen Winden auf einem Kriegsschiff erheblichen Raum beanspruchen, der an Deck nicht mehr disponibel ist. Diesem Einspruch ist Spencer Miller dadurch gerecht geworden, daß er die Schiffskohlenwinden, welche bisher zum Kohleneinnehmen im Hafen verwendet wurden, als sogenannte Doppelwinden eingerichtet hat, sodaß dieselben nun für den alten Zweck und zugleich für Bekohlung in See verwendet werden können, und nur unmerklich größeren Raum beanspruchen, als früher. Sämtliche Kabel und Ankerteile können nach dem Gebrauch zusammengelegt und in einem unteren Schiffsraum verstaut werden. Der hierzu erforderliche Raum beträgt auf U. S. S. „Illinois" ca. 4 cbm.

Betreffs der durch die **Spencer Miller** Einrichtung einem Kriegsschiffe erwachsende Gewichtszunahme erwähne ich, daß das Mehrgewicht einer Doppelwinde gegen die gewöhnliche Kohlenwinde pro Winde 1 t beträgt,

also für 2 Winden	2,000 t
Gewicht des Wagens	0,120 t
Herunterholblock	0,100 t
Heißvorrichtung für das Kohlenschiff . . .	0,900 t
Die Blöcke auf dem Kohlenschiff	0,900 t
Zwei komplette Seeanker	0,450 t
1 kompletter Satz Kabel, Holleinen	3,000 t
	Sa. 8,020 t

Bei dem **Leue**-Apparat würden noch mindestens 10 t für den Ausgleichsapparat hinzukommen.

In sonstigen Veröffentlichungen in Zeitschriften sind dem **Spencer Miller**schen Apparat noch eine Reihe von Fehlern zugeschrieben worden, die teils auf Mangel der Kenntnis der jetzigen Einrichtung und vorgenommenen Verbesserungen teils auf irrige Darstellung zurückzuführen sind.

Es wird z. B. behauptet, daß die Kabel sehr schnell durch den Gebrauch zerstört werden. Diese Erscheinung ist früher aufgetreten und macht sich hauptsächlich geltend an den Holleinen der Winden und am Ankerende des Tragseils. Es ist aber, wie bereits erwähnt, eine vollkommene Beseitigung der Übelstände dadurch erzielt, daß anstatt der früheren $^3/_8$zölligen Holleine jetzt eine halbzöllige und zum Festhalten derselben am Wagen jetzt eine bessere elastische Klemmvorrichtung am Kohlenwagen verwendet wird. Die Beschädigung des Tragseils wird jetzt dadurch vermieden, daß man den Anker nicht mehr über Meeresgrund schleifen läßt, sondern schwimmend erhält, daß man ferner in den Verbindungsstellen Wirbelgelenke und federnde Blöcke verwendet. Die zweckmäßigste Seilstärke, welche jetzt verwendet wird, beträgt für das Tragseil $^7/_8$ bis 1″, für das Holseil $^1/_2$″.

Es ist außerdem als Nachteil bezeichnet, daß die Kohlensäcke leicht ins Wasser schlagen und naß werden können. Dieses wird allerdings bei schwerem Seegang nicht ganz ausgeschlossen sein, wird aber bei jedem System der Seilbeförderung vorkommen, und insofern die naß übergenommenen Kohlen zuerst verbraucht werden, wohl keinen weiteren Schaden anrichten.

Die in neuerer Zeit mehrfach aufgetauchten Konstruktionen von Drahtseilbahnen zum Bekohlen in See geben zu der Erwägung Veranlassung, ob dem endlosen Seil oder dem Einzelseil mit hin- und hergehendem Wagen der Vorrang gebühre. Ich möchte hierzu erwähnen, daß **Spencer Miller** bereits im Jahre 1898 seine ersten Versuche mit endlosem Seil und hierbei die Erfahrung gemacht hat, daß die Leistung aus den schon angeführten Gründen eine beschränkte bleiben wird. Dies war der Grund, daß er sich ganz dem Einzelseil zugewandt hat, welches bei einer hohen Fahrgeschwindigkeit eine außerordentliche Steigerung der Leistung zuläßt.

Spencer Miller beschreibt neuerdings noch eine Methode der Bekohlung von Torpedobooten im Schlepp eines Kriegsschiffes und zwar mittels Teile seines Bekohlungsapparates, wobei allerdings ruhige See vorausgesetzt ist. Er benutzt die halbzöllige Holleine als Seilbahn und die lose Trommel der Winde. Ein Ende ist an der Winde fest gemacht, am andern

Ende ist ein kleiner Seeanker befestigt und der mittlere Teil ist mittels Block über den Mast des Torpedobootes geführt, was dieser der geringen Belastung wegen leicht auszuhalten vermag. Der Kohlenwagen im Gewichte von ca. 12 kg wird durch eigenes Gewicht und Gewicht des Kohlensackes von ca. 50 kg vom Kriegsschiff zum Torpedoboot zum Teil hinabgleiten und dort bis an den Mast eingeholt, worauf die Last per Hand abgenommen wird. Der leere Wagen wird mittels kleiner Manillaleine wieder zurückgeholt.

Die Schwierigkeiten, welche seitens des Herrn Vizeadmiral von Ahlefeld Excellenz in der Hauptversammlung der schiffbautechnischen Gesellschaft in der Diskussion des Leue-Apparates betreffs Schleppens von Torpedobooten durch Kriegsschiffe hervorgehoben wurden, sind mit Hilfe des hier verwendeten Ausgleichankers zum größten Teil behoben worden.

Die Allgemeine Elektrizitäts-Gesellschaft ist mit Spencer Miller in Verbindung getreten, um dessen Apparat der Kaiserl. Marine dienstbar zu machen. Dieselbe beabsichtigt, dem Reichs-Marine-Amt eventuell einen kompletten Apparat zur Erprobung kostenlos zur Verfügung zu stellen, und hofft den Beweis liefern zu können, daß der Apparat den Anforderungen der Kaiserl. Marine nach allen Richtungen entsprechen wird.

XXII. Binnenschiffahrt und Seeschiffahrt.

Vorgetragen von **Egon Rágóczy-Berlin.**

Einleitung.

Ἄριστον μὲν ὕδωρ.

Wenn wir unseren Ausführungen das Wort des klassischen Dichters „*Ἄριστον μὲν ὕδωρ*" voranstellen, so geschieht es in der Überzeugung, daß, wie für den Körper des Menschen und für jedes Lebewesen das Wasser ein unentbehrliches Element, ja neben Luft und Sonne das „beste" Lebenselement darstellt, dies auch für das Leben eines Volkes, insbesondere einer im heutigen Wirtschaftsleben aufwärtsstrebenden Nation zutrifft. Es erübrigt sich in diesem Kreise dies des Näheren zu beweisen. Wir, die wir im praktischen Leben stehen, sind ohnehin überzeugt von der Notwendigkeit, unsere Verkehrsbeziehungen zu Lande und zu Wasser zu entwickeln; wir sind alle durchdrungen von der Notwendigkeit, die wirtschaftlichen Kräfte unseres Volkes zu heben durch den Schutz unserer heimischen Landwirtschaft, durch die Entwickelung unseres Handels und unserer Industrie, und als Mittel hierzu erscheint in erster Linie die Vervollkommnung der Technik und des Verkehrs geeignet. Eisenbahnen und Schiffahrt müssen sich diesen drei Erwerbszweigen dienend unterordnen. Wie die Eisenbahnen, auf deren finanziellen Überschüssen in Preußen z. B. allerdings zwei Drittel des gesamten Staatshaushaltsetats beruhen, zur Entwickelung des nationalen und internationalen Güteraustausches berufen sind, so ist auch die Schiffahrt, das ältere Schwesterkind der Eisenbahnen, nicht Selbstzweck, sondern, wenn auch ein wichtiges Transportgewerbe, jenen anderen, höheren Zwecken dienstbar.

Wenn in früheren Jahrhunderten diejenigen Nationen, welchen eine günstig gelegene Meeresküste beschieden war, ihre Kräfte vorwiegend dem Ziel widmeten, ihren überseeischen Handel zu entwickeln, und wiederum solche Staaten, welche nicht am Meere lagen, wie z. B. Rußland, mit unwiderstehlichem Drange die Erlangung des offenen Meeres erstrebten, so zeigt das zur Genüge, daß von alters her die Schiffahrt als eines der hervorragendsten Mittel zur Hebung des Volkswohlstandes betrachtet worden ist. Zu ihrem Schutze und in ihrem Interesse sind die erbittertsten Kriege geführt und die größten Opfer gebracht worden.

Auch heute erfordern diese Schiffahrtsinteressen einen besonderen Schutz; mit der Erweiterung unseres Seehandels wächst das Bedürfnis nach Sicherung des Verkehrs. Und wenn zu unseren Zeiten der frühere Deutsche Bund, und dann der Norddeutsche Bund die Schaffung einer Kriegsmarine als eines der notwendigen Machtmittel bald weniger ernstlich, bald mehr anstrebte, und wenn in den letzten 20 Jahren mit großem Nachdrucke auf eine außerordentliche Vermehrung unserer Kriegsflotte hingearbeitet worden ist, so haben wir trotz unserer ungünstigen geographischen Lage und trotz unserer schweren Rüstungen zu Lande doch die Opfer bringen müssen, welche die Rücksichten auf unsere Seeinteressen von uns fordern. Wenn der Deutsche Flottenverein in unserem Volke festen Fuß gefaßt hat, und es ihm in kurzer Zeit gelungen ist, seiner Aufgabe, das Verständnis für die Vermehrung unserer Kriegsmarine zu verbreiten und zu vertiefen, gerecht zu werden, so zeugt das von dem gesunden Sinn unseres Volkes, von der idealen Art, welche ihm, trotz der zunehmenden Verschärfung des wirtschaftlichen Wettbewerbs für den Einzelnen, noch immer anhaftet. Die vielfachen Angriffe, welchen jene Vereinigung ausgesetzt gewesen ist, beweisen ihre Daseinsberechtigung. Mit Stolz dürfen wir auf jene nationale Einrichtung. welche dem freien Willen gemeinnütziger Bürger entsprungen ist, blicken, zumal da sie das Vorbild für ähnliche Verbände in anderen Staaten geworden ist.

Die Kriegsmarine ist dazu berufen, unsere heimischen Küsten im Kriege zu schützen, die handeltreibenden Volksgenossen in fremden Staaten vor Unbill und Nachteil zu bewahren, unsere Handelsflotte auf allen Meeren der Welt zu schirmen, und so ist man gerade in unseren Küstenstädten an der Nord- und Ostsee mit ihren zahlreichen überseeischen Besitzungen voll des Dankes für die Vorteile, die ihnen das neue Deutsche Reich mit seiner starken Wehr nunmehr auch zu Wasser bietet.

Auch wir Binnenländer, die wir im letzten Menschenalter durch den Gang der Entwickelung unserer inneren Verhältnisse, durch die Zunahme unserer überseeischen Interessen veranlaßt worden sind, unseren Blick zu erweiteren und bis an die Wasserkante und darüber hinaus zu richten, haben ein freudiges Empfinden beim Anblick der mächtigen Kriegs- und Auswandererschiffe, die unsere Seehäfen beleben, der stolzen Seedampfer, die aus jenen Ländern die notwendigen Bedarfsartikel unserem Lande zuführen, die uns einen Blick in das Gefüge der Weltwirtschaft tun lassen.

Wie wenig denken wir aber daran, daß an allen diesen Küstenplätzen noch andere Faktoren hinzutreten müssen, um einen solchen Seeverkehr zu ermöglichen, daß nicht allein der Fleiß, die Intelligenz und die Kapitalkraft des Kaufmanns ausreicht, um diese gewaltigen Schiffskolosse zu beladen, ihre Richtung zu bestimmen und ihren Betrieb rentabel zu gestalten, sondern daß auch andere Transportzweige einen gleichwertigen Anteil an den Leistungen haben, die wir an unserer Seeschiffahrt bewundern. Wir meinen einmal die Eisenbahnen, welche den Umschlag von Land zu Wasser, vom Waggon zum Seeschiff und umgekehrt ermöglichen, und die den Seehäfen die Gütermengen in regelmäßigem Betriebe zuführen und ebenso von den ankommenden Seeschiffen die entlöschten Waren aufnehmen, um sie ins Binnenland hineinzurollen. Ein moderner Hafenbetrieb an den Seeplätzen ist ohne ein ausgedehntes Netz von Eisenbahngleisen, ohne die verteilende und sammelnde Tätigkeit der Schienenstränge, nicht denkbar. In Hamburg, wo sich ein gewaltiger Seeverkehr von jetzt 19 000 000 t jährlich abspielt, zeigt sich mit aller Deutlichkeit der Nutzen zweckmäßiger Eisenbahnanschlüsse im Gegensatze zu Antwerpen, wo seit Jahren die lebhaftesten Klagen über die unzureichenden Einrichtungen an der Tagesordnung sind.

Weiterhin aber kommt auch die meist weniger beachtete Binnenschifffahrt in Betracht. Unsere großen Seestädte liegen fast sämtlich an der Mündung eines Stromes. Während nun in früheren Jahrhunderten mit ihren einfacheren Verhältnissen die Seeschiffahrt an unseren deutschen Küsten allein im Stande war, kräftige und blühende Gemeinwesen zu schaffen und zu erhalten, hat in neuerer Zeit, obwohl die Eisenbahnen die gekennzeichnete, so wichtige Rolle für die Entwickelung und Gestaltung des Seeverkehrs spielen, sich eine Reihe von Seestädten der Erkenntnis nicht verschließen können, daß weder die Seeschiffahrt noch die Eisenbahnen unter den veränderten Verhältnissen allein im Stande sind, eine dauernde Blüte zu gewährleisten. Diejenigen Seeplätze, welche an den Mündungen großer schiffbarer Ströme liegen, haben einen glänzenden Aufschwung genommen, während diejenigen Seeplätze, wo diese Bedingung fehlt oder wo die schiffbaren Wasserwege nur eine beschränkte Leistungsfähigkeit besitzen, eine Stagnation oder sogar einen Rückgang auch in ihrem Seeverkehre aufweisen.

Der Anfang der siebziger Jahre von beachtenswerter Seite aufgeworfene Gedanke, den Rhein kurz vor der holländischen Grenze abzugraben und ihm durch ein neues Bett eine nationale Mündung in der Gegend von Emden zu schaffen, ging nicht nur von patriotischen Gesichtspunkten, sondern auch von der volkswirtschaftlich richtigen Überzeugung aus, daß gerade die Zufahrtstraße, die ein so mächtiger Strom darstellt, den Seeplatz an seiner Mündung befruchtet und ernährt. Was wäre Rotterdam, was wäre Antwerpen ohne den Rhein und die Schelde? Was wäre Hamburg ohne die Elbe? Und Bremen hat nicht allein wegen seiner geringeren Einwohnerzahl und der geringeren Kapitalkraft mit Hamburg nicht gleichen Schritt halten können, sondern vorwiegend deshalb, weil die großen Häfen an der Mündung des mächtigen Rheinstroms und Hamburg an der Elbmündung eine leichtere Aufgabe zu erfüllen hatten. Es genügt nicht, daß dem Seeplatz eine weitblickende, strebsame, opferbereite Bürgerschaft die Wege zeigt, wo Reichtum und Kraft zu erwerben sind, sondern es kommt insbesondere auch darauf an, daß ihm ein ausgedehntes Hinterland mit aufnahmefähiger Bevölkerung zur Verfügung steht, daß eine gut ausgebaute und stark besiedelte Wasserstraße die Güter auf die billigste Weise heranbringt und die ankommenden Waren aufnimmt. So sehen wir, daß Küstenplätze, wie Wismar, Lübeck, Rostock, Stettin, Danzig, Elbing, Königsberg, Memel seit Jahrzehnten, abgesehen von dem Verlangen nach günstigen Handelsverträgen mit den Nachbarstaaten, fast nur das eine Bestreben kennen, leistungsfähige Binnenwasserstraßen zu erhalten, die als Zubringer und Abfahrtswege eine Steigerung des Seeverkehrs ermöglichen sollen.

So ist es denn wohl angezeigt, Seeschiffahrt und Binnenschiffahrt in ihren Wechselbeziehungen zu einander eingehender zu betrachten. Daraus ergibt sich dann von selbst, was wir nach Lage der Verhältnisse im Interesse einer gesunden Weiterentwickelung unseres nationalen Wirtschaftslebens für die Folge von Gesetzgebung und Verwaltung, von Staat und Gemeinde, von Wissenschaft und Technik verlangen müssen.

Bestand der Schiffahrts-Fahrzeuge.

Betrachten wir nun zunächst das Material, unsere Flotte.

1. Was die Seeschiffahrt anlangt, so ist, ohne daß wir uns hier in statistische Einzelheiten verlieren wollen, doch von Interesse, anzuführen, wie für die Jahre seit Gründung des Deutschen Reiches, d. h. also etwa für die Epoche der Entwickelung unseres Großhandels und unserer Großindustrie, auch für sie ein ganz gewaltiger Aufschwung zu verzeichnen ist; zwar hat sich die Zahl der

Schiffahrtsfahrzeuge vermindert, indem sie von 4519 im Jahre 1871 auf 4156 im Jahre 1904 gesunken ist; indessen ist der Raumgehalt, der sich für das Jahr 1871 auf 982 355 und im Jahre 1904 auf 2 322 045 Netto-Registertons stellt, um fast das Zweieinhalbfache gestiegen. Ohne Unterbrechung hat sich diese günstige Entwickelung unserer Handelsmarine fortgesetzt und zwar ist sie vorzugsweise durch die erhebliche Zunahme der Dampfschiffe verursacht; während die Zahl der Dampfschiffe im Jahre 1871 nur 147 betrug mit 84 994 Registertons, waren es im Jahre 1904 1622 Dampfschiffe mit 1 739 690 Registertons Nettoraumgehalt, während gleichzeitig die Zahl der Segelschiffe sich vom Jahre 1871 von 4372 mit 900 361 Registertons Nettoraumgehalt auf 2258 Fahrzeuge mit 497 607 Registertons Nettoraumgehalt vermindert hat. In der Seeschiffahrt hat sich daher gewissermaßen eine vollständige Umwälzung vollzogen, wie schon daraus hervorgeht, daß auch die Besatzung der gesamten Segelschiffe in den bezeichneten 34 Jahren von 34 739 auf 12 701 d. h. also um etwa ein Drittel zurückging, während die Zahl und der Raumgehalt der Fahrzeuge nur um die Hälfte gesunken ist. Bei den Dampfschiffen dagegen zeigt sich eine Zunahme der Besatzung von 4736 auf 46 046 im Jahre 1904, also um das Zehnfache. Die Größenverhältnisse unserer Seeschiffahrtsfahrzeuge haben, wie aus diesen Ziffern hervorgeht, sich in einer ganz bedeutsamen Weise verändert: wir haben heute in unserer Handelsflotte nur noch eine geringe Zahl von Schiffen von einer Größe unter 30 Registertons Brutto, während wir eine beträchtliche Anzahl von Dampfschiffen in der Größe von 2000—2500 und darüber besitzen.

Eine besondere Beachtung verdienen auch in dieser Beziehung die Seeleichter, die erst vom Jahre 1882 an in der Reichsstatistik besonders aufgeführt werden. Während im Jahre 1886 nur 33 Seeleichter mit 6897 Registertons Nettoraumgehalt gezählt wurden, waren im Jahre 1904: 276 Seeleichter mit einem Raumgehalt von 84 748 Registertons vorhanden. Von diesen entfällt der Hauptteil auf das Gebiet der Nordsee, und hier wieder ist es die Hamburg-Amerika-Linie, die den Hauptbestandteil stellt. —

2. In der Binnenschiffahrt hat sich in den letzten 20 Jahren von 1882 bis 1902 die Entwickelung nach einer etwas anderen Richtung vollzogen. Im Jahre 1882 wurden im Ganzen 18 715 Schiffe gezählt mit einem Gesamttonnengehalt von 1 658 266, und Ende des Jahres 1902 waren 24 839 Fahrzeuge mit einem Tonnengehalt von 4 877 509. Es hat daher die Zahl der Schiffe um 33 v. H., gleichzeitig der Raumgehalt aber um 300 v. H., um das Zehnfache, zugenommen. Wenn wir die Fahrzeuge nach ihrer Gattung betrachten, so haben

die Segelschiffe, meist Schleppkähne genannt, eine Zunahme von 17 885 auf
22 235 zu verzeichnen und ihre Tragfähigkeit stieg von 1 625 111 auf 4 732 708 t.
Es hat demnach bei diesen dieselbe Zunahme um rund 33 v. H. in der Zahl und
um 300 v. H. in dem Raumgehalt stattgefunden.

Noch bemerkenswerter aber ist die Entwickelung in dem Bestande der
Dampfschiffe: während im Jahre 1882 erst 830 Fahrzeuge gezählt wurden,
waren zu Ende des Jahres 1902 : 2604 vorhanden; es ist demnach auch hier eine
Zunahme um mehr als das Dreifache eingetreten. Der Raumgehalt der Dampfschiffe
stieg dagegen von 33 155 auf 144 801 t, sodaß dabei eine Zunahme um beinahe das Fünffache stattgefunden hat. An dieser hervorragenden Entwickelung
der Dampfschiffahrt hat namentlich die Schleppschiffahrt teilgenommen, da
die Zahl der Dampfschleppschiffe von 345 im Jahre 1882 auf 1142 im Jahre 1902
gestiegen ist und sich gleichzeitig der Raumgehalt von 8781 t auf 61 351 t hob.

Betrachten wir besonders das letzte Jahrfünft (1897—1902), so ergibt sich,
daß die Zahl der Schiffe um etwa 10 v. H. (2253 Stück) gestiegen, darunter die
der Dampfschiffe um fast 33 v. H. (um 750), die der Schleppkähne dagegen
nur um 5,2 v. H. (um 1603). Ohne Zweifel ist die große Zahl der kleinen
holländischen Schleppdampfer auf dem Rheine bei jener Entwickelung hauptsächlich in Betracht zu ziehen.

Noch bemerkenswerter ist die Entwickelung in dem Bestande der Schiffsgefäße, wenn man diese nach ihrer Tragfähigkeit betrachtet.

Die Dampfer nahmen in dem Jahrfünft 1897—1902 um fast 42 v. H. (um
40 464 t) zu, und bei den Schleppkähnen beträgt diese Zunahme sogar noch
etwas mehr (Steigerung um 1 462 692 t), wobei die bedeutende Zunahme der
Schiffe über 300 t Tragfähigkeit (2121 Schiffe) zum Ausdruck kommt. Wenn
auch diese Steigerung durch die große Zahl von Neubauten an größeren Elb-,
Rhein- und Oderkähnen ihre Erklärung findet, so fällt doch die bedeutende
Abnahme der Schleppkähne auf, deren Tragfähigkeit in den Grenzen von
100 bis 150 t liegt. Zwar ist es Tatsache, daß die auf den Wasserstraßen
zwischen Elbe und Oder im Jahre 1902 vorgenommene Neueichung der
Schiffe in vielen Fällen eine höhere Tragfähigkeitsziffer als die bis dahin gültige
Schiffsvermessung ergeben hat, indessen kann dies allein den großen Unter-
schied in den Ziffern (1534 gegen 4278) wohl nicht hinreichend aufklären.

Auch in der Binnenschiffahrt hat die Entwickelung, die sich in der Seeschiffahrt und in der Industrie und im Handel vollzogen hat: das Bestreben
nach Vergrößerung der Betriebsmittel, ihren Einfluß geltend gemacht. Die
Zahl der Schiffe, deren Tragfähigkeit unter 20 t betrug, ist nahezu unverändert

geblieben, dagegen ist die Zahl der Fahrzeuge, mit einer Tragfähigkeit von 150 bis 300 t von 1764 auf 6847 t gestiegen und zwar sind dieses fast ausschließlich die Segelschiffe und Schleppkähne. Besonders bemerkenswert ist aber endlich diese erhebliche Zunahme der Fahrzeuge mit einer Tragfähigkeit von über 300 t, da deren Zahl sich von 696 auf 4633 im Jahre 1902 hob.

Die Entwickelung ist nicht allein auf die fortschreitende Vertiefung des Fahrwassers auf den wichtigen Binnenschiffahrtsstraßen, auf die Anlage von neuen Kanälen, die Vergrößerung der Schleusenanlagen usw., sondern auch, auf die Beziehungen der Binnenschiffahrt und Seeschiffahrt zu einander zurückzuführen.

Wenn heute auf dem Rheine Fahrzeuge von über 2200 t Tragfähigkeit verkehren, auf dem Dortmund-Ems-Kanal von über 1000 t und auf der Elbe Fahrzeuge von über 1200 t Tragfähigkeit, so ergibt sich vielleicht auch aus einem Vergleich mit den Durchschnittsgrößen der Seeschiffe das Streben nach einer Annäherung zwischen Binnenschiffahrt und Seeschiffahrt auch in Bezug auf die Aufnahmefähigkeit der Fahrzeuge.

Während aber für die Seeschiffahrt, abgesehen von den Verhältnissen der inländischen und der überseeischen Häfen, nur die Rücksichten auf die Lehren der Technik und auf die Rentabilität des Betriebes maßgebend sind, ist es in der Binnenschiffahrt erklärlicher Weise in erster Linie der Zustand der ganzen Wasserstraßen, welcher der Entwickelung nach oben hin eine bestimmte Grenze vorschreibt.

Ob nun auf dem Rheine wo die Regulierung des Fahrwassers als nahezu abgeschlossen werden darf, mit der jetzigen Größe der Fahrzeuge die Höchstgrenze erreicht ist, läßt sich heute nicht entscheiden. Jedenfalls wird sich aber auch infolge des Baues des Rhein-Hannover-Kanals, des Großschiffahrtsweges Berlin-Stettin, der Verbesserung der Oder-Weichsel-Wasserstraße, und des Baues sonstiger Kanäle, namentlich auch in den östlichen Stromgebieten weiterhin das Bestreben nach Erzielung größerer Tragfähigkeit zeigen, so das Verhältnis der einzelnen Kategorien von Fahrzeugen untereinander dürfte sich in den nächsten Jahrzenten wesentlich weiter verschoben werden.

Die merkantilen Beziehungen zwischen See- und Binnenschiffahrt.

Betrachten wir das Interesse, welches unsere hauptsächlichsten Seehäfen an der Binnenschiffahrt haben, und ihre wechselseitigen Beziehungen, so ergibt sich folgendes Bild.

In Memel, dem nördlichsten Seehafen Deutschlands, beruhen Handel und Schiffahrt fast ganz auf dem Holzverkehr. Die Ausfuhrwerte desselben (in 1904: $17\frac{1}{2}$ Millionen Mark) stellen etwa $\frac{7}{8}$ der Ausfuhr über See und $\frac{2}{3}$ der Gesamtausfuhr über See, bahnwärts und strom- und landwärts dar. Der Holzhandel wiederum ist im wesentlichen von der Zufuhr auf dem Memelstrom aus Rußland abhängig. Bis auf geringe Mengen ist sämtliches Holz, das hier gehandelt wird, russischen Ursprungs. Die russischen Rundhölzer, Sleeper, Schwellen usw. werden auf dem Fluß bis Memel geflößt, die Rundhölzer auf den hier befindlichen 24 Dampfschneidemühlen geschnitten und als Bretter, Planken, Balken über See ausgeführt. Da aber der Memelstrom etwa 5 deutsche Meilen von dort in das Kurische Haff fließt, wurde, um die sehr schwierige und verlustbringende Beförderung der Hölzer über das Haff zu vermeiden, s. Z. der König Wilhelm-Kanal angelegt*). Jetzt werden die Flöße aus dem Memelstrom in dessen Seitenfluß, die Minge, gebracht und in demselben etwa 2 deutsche Meilen stromaufwärts bis Lankuppen geflößt. Hier beginnt der rund 3 Meilen lange „König Wilhelm-Kanal", welcher in das Hafenbassin bei Schmelz, etwa 8 Kilometer von der Stadt, mündet. Von hier aus erfolgt die Weiterbeförderung auf dem Haff selbst nach den Holzplätzen auf dem sich 8 km am Haff hinziehenden Vororte Schmelz und nach der Stadt Memel.

Was die Hafenanlagen in Memel anlangt, so befanden sich diese bis 1870 in der Verwaltung des „Vorsteheramtes der Kaufmannschaft". Dann übernahm der Staat die Verwaltung derselben. Seit dieser Zeit sind finanzielle Aufwendungen seitens der Kaufmannschaft oder der Stadt für die Hafenanlagen nicht mehr erforderlich gewesen, abgesehen von der Unterhaltung der Bollwerke an dem die Stadt durchfließenden Dangefluß, welcher bis auf 14 Fuß ausgebaggert ist und ebenfalls als Hafen dient.

Für den Memelstrom, welcher, wie bemerkt, die Verkehrsader für den Memeler Holzhandel bildet, ist, soweit er preußisches Gebiet durchfließt, d. i. von Schmalleningken bis zu seiner Mündung in das Kurische Haff, seitens der Staatsregierung das Möglichste getan zur Verbesserung des Fahrwassers; aber auf russischem Gebiete fehlt es angeblich an jedweder Fürsorge, jedenfalls aber an der erforderlichen Rücksicht auf den deutschen Nachbar. Die mannigfachen Bestrebungen des „Vorsteheramtes der Kaufmannschaft" zu

---

*) Dieser Kanal wurde Anfangs der siebenziger Jahre des 19. Jahrhunderts auf Antrag der Memeler Kaufmannschaft erbaut.

Memel, eine Verbesserung des Fahrwassers auf russischem Gebiete herbeizuführen, sind nur von geringem Erfolge gewesen.

Die Wassertiefe im Memeler Hafeneingange wird zurzeit durch den in den letzten Jahren erfolgten Ausbau der Südmole und durch die Tätigkeit eines neu beschafften großen Saugbaggers auf 6—6$^1/_2$ m aufrechterhalten. Weitere Bestrebungen gehen dahin, das Fahrwasser vor den Holzlagerplätzen auf der Schmelz im Kurischen Haff zu vertiefen, wozu sich die Staatsregierung im Grundsatze bereit erklärt hat, sodaß sie zurzeit Versuchsbaggerungen anstellen läßt.

Der Seeschiffahrts- und Binnenschiffahrts-Verkehr hat sich im letzten Jahrzehnt in Memel ungefähr auf gleicher Höhe erhalten. Eine Ausdehnung desselben ist vorläufig n i c h t zu erwarten, da Memel eines größeren Hinterlandes und einer Eisenbahnverbindung nach Rußland entbehrt. Die russische Grenze zieht sich in einer Entfernung von 2 bis 3 deutschen Meilen von dem Kurischen Haff entfernt längs des Kreises Memel entlang, und Erzeugnisse von jenseits der Grenze nach Memel heranzuziehen, ist infolge der russischen Grenzverhältnisse mit großen Schwierigkeiten verbunden. Augenscheinlich sucht man russischerseits künstlich die Verbindungen mit Memel lahm zu legen. Der überwiegende Teil der russischen Ausfuhrerzeugnisse geht vielmehr nach dem 13 deutsche Meilen von Memel entfernten russischen Nachbarhafen Libau, der von der russischen Staatsregierung mit allen Mitteln gehoben werden soll.

Hier sehen wir also, daß zwar die Einrichtungen für den Seeschiffahrtsverkehr allen Anforderungen entsprechen, aber der Mangel, sowohl eines größeren konsumtionsfähigen Hinterlandes als auch einer leistungsfähigen Binnenwasserstraße jede Entwickelung verhindern. —

Nicht ganz so ungünstig liegen die Verhältnisse in dem weiter westlich gelegenen Königsberg, dem größten Seehafen Ostpreußens.

Die Überzeugung, daß der Seeverkehr eine wesentliche Belebung durch den Anschluß Königsbergs an ein Netz leistungsfähiger Wasserstraßen erfahren würde, hat in den dortigen berufenen Kreisen seit jeher das Bestreben gelenkt, die in Königsberg einmündenden Binnenwasserstraßen auszubauen und zu erweitern. Aus dieser Überzeugung ist die Königsberger Kaufmannschaft mit besonderem Nachdrucke für die Regulierung des oberen Pregels, für den Bau des Masurischen Kanals und für die Kanalisierung der Nogat eingetreten.*)

---

*) Vergl. den Aufsatz von Simon „Der Königsberger Seekanal und die ostpreußischen Binnenwasserstraßen" im Jahrgang 1901 der „Zeitschrift für Binnenschiffahrt".

Besonderes Gewicht wird dort aber auf den masurischen Schiffahrtskanal gelegt, dessen Herstellung auch für die Seehandelsinteressen Königsbergs von Bedeutung sein würde. In Würdigung dieser Sachlage hat der Magistrat zu Königsberg zu den Grunderwerbskosten dieses Kanals einen Beitrag von 100 000 M. zugesagt.

Leider ist diesem Wunsche der Königsberger bei Erledigung des preußischen Wasserstraßengesetzes nicht Rechnung getragen worden. Wenn für den ablehnenden Standpunkt der Staatsregierung vielleicht der geringe Verkehr des Hinterlandes maßgebend gewesen ist, so sei demgegenüber darauf hingewiesen, daß die Wasserstraße wie jeder neue Verkehrsweg meist erst einen Verkehr erzeugt, der vorher nicht vorhanden war. Es ist in dieser Beziehung mit Recht darauf hingewiesen, daß es ja auch gerade die Staatsregierung ist, die in der Begründung zu der Vorlage über den sog. Großschiffahrtsweg Berlin—Stettin auf die eigenartige Entwickelung einer lebhaften Industrie am Finowkanal hinwies. Auch für Königsberg gilt das oben bei Memel Gesagte, und daher hoffen weite Kreise in der Provinz Ostpreußen noch immer auf ein Entgegenkommen der Staatsregierung, umsomehr, als agrarische Bedenken nicht in Betracht kommen, und es auch hier sich darum handelt, ein altes Kultur- und Verkehrszentrum vor der Verkümmerung zu bewahren.

Die Stadt Königsberg selbst hat im Interesse der Hebung von Seeschiffahrt und Binnenschiffahrt allezeit ihre Pflicht erfüllt.

Das Flußbett im Königsberger Hafenbezirk war bis zum Jahre 1901 so ausgebaut, daß Schiffe bis etwa 4,5 m Tiefgang verkehren und anlegen konnten. Seit der Eröffnung des Königsberger Seekanals — 15. November 1901 — ist das Hafenrevier aber soweit vertieft worden, daß dadurch Schiffe mit 6 m Tiefgang verkehren und anlegen können. Die Stadt hat für den Ausbau des Königsberger Hafens, Errichtung von Ladehallen, Kränen usw. erhebliche Beträge aufgewandt. Für die laufende Unterhaltung und Verbesserung der Hafeneinrichtungen — Baggerungen, Unterhaltung der Ternpfähle, Ringsteine, Bojen, Futtermauern, Bohlwerke, Ladebrücken — sind daneben von ihr in den letzten sieben Jahren folgende Beträge verausgabt worden:

1897/1898	42 749 M.
1898/1899	41 983 „
1899/1900	82 762 „
1900/1901	87 013 „
1901/1902	40 450 „
1902/1903	31 952 „
1903/1904	21 706 „

Nunmehr hat die Stadt den neuzeitlichen Anforderungen entsprechend den Ausbau des Königsberger Hafens in Angriff genommen, der etwa 7 000 000 M. kosten wird. Wenn auch diese Aufwendungen im überwiegenden Interesse der Seeschiffahrt erfolgen, werden sie natürlich auch für den Binnenschiffahrtsverkehr von Nutzen sein, insbesondere den Umschlag vom Binnenschiff ins Seeschiff und umgekehrt erleichtern. Dagegen hat die Binnenschiffahrt — nicht zuletzt auch mit Rücksicht auf den Zusammenhang der Interessen zwischen Binnenschiffahrt und Seeschiffahrt — eine Berücksichtigung dadurch erfahren, daß man in dem neuen städtischen Hafengeldtarife den Binnenschiffs-Güterverkehr gegenüber dem durch Seeschiffe vermittelten Güterverkehr begünstigt hat.

Staatlicherseits sind in den letzten Jahrzehnten für den Königsberger Hafen an sich Aufwendungen nicht erfolgt, weil seit etwa 40 Jahren die Unterhaltung des eigentlichen Hafenreviers im allgemeinen der Stadtgemeinde übertragen ist. Allenfalls könnte man den Bau des Packhof-Kais, der seitens des Fiskus ausgeführt ist, zu dem staatlicherseits geleisteten Hafenverbesserungen rechnen. Die Ufermauern vor den alten drei Packhöfen wurden in den Jahren 1882—1887 mit einem Kostenaufwande von 360 834 M. neu gebaut. Der gesteigerte Schiffsverkehr machte eine Erweiterung notwendig. Es wurde ein den alten Packhöfen benachbartes Kriegsmagazingebäude zu einem vierten Packhofe umgebaut und das Pregelufer vor diesem mit festen Steinkais und Krananlagen ausgerüstet. Die Kosten der Neuanlage belaufen sich auf rund 1 050 000 M., wozu indessen die Stadt einen Beitrag à fonds perdu in Höhe von 235 348 M. und die „Korporation der Kaufmannschaft" einen solchen von 30 000 M. beigesteuert hat.

Der seewärtige Warenverkehr des Königsberger Platzes ist in der nachstehenden Tabelle unter I dargestellt.

Für die Binnenschiffahrt sind die Angaben der Reichsstatistik bis zum Jahre 1901 einschließlich — dem Jahre der Eröffnung des Königsberger Seekanals — wenig brauchbar, weil in ihnen auch der Leichter · Verkehr zwischen Königsberg und Pillau, der früher auch in der Seeschiffahrtsstatistik zur Anschreibung gelangte, mit enthalten ist. Dieser Leichter-Verkehr wird, Ein- und Ausfuhr zusammengerechnet, nach den Angaben des „Vorsteheramtes der Kaufmannschaft" in Königsberg auf 100 000 bis 150 000 t für das Jahr angenommen, hat aber seit Eröffnung des Königsberger Seekanals nahezu vollständig aufgehört.

Von dem seewärtigen Warenverkehr sind es bei der Einfuhr namentlich

Jahr	I. Menge und Wert der seewärtigen Ein- und Ausfuhr von Königsberg-Pillau				II. Seewärtige Ausfuhr von Bau- und Nutzholz von Königsberg	III. Seewärtige Ausfuhr von Zellstoff (Zellulose) *)
	Einfuhr		Ausfuhr			
	Menge Tonnen zu 1000 kg	Wert Millionen M.	Menge Tonnen zu 1000 kg	Wert Millionen M.	Festmeter (= etwa 600 kg)	Tonnen zu 1000 kg
1871	187 921	75	347 957	69	10 022	—
1872	189 458	90	241 212	57	7 777	—
1873	139 789	70	407 373	92	13 670	—
1874	263 778	77	426 687	98	21 987	—
1875	319 582	78	463 058	98	16 580	—
1876	312 949	77	350 280	79	41 407	—
1877	346 270	89	687 701	138	33 776	—
1878	342 245	93	654 661	123	38 225	—
1879	314 082	82	479 332	96	59 615	—
1880	332 668	75	301 386	69	74 566	—
1881	271 153	66	413 344	90	84 709	—
1882	296 964	63	655 609	113	153 174	—
1883	308 635	69	621 809	101	153 781	—
1884	357 004	74	476 853	77	132 678	—
1885	324 871	64	592 184	93	149 231	—
1886	336 641	70	365 593	63	116 348	—
1887	332 667	56	568 968	82	173 193	—
1888	381 770	67	779 923	109	178 958	—
1889	385 739	61	596 443	102	281 482	—
1890	338 962	67	525 494	77	263 375	—
1891	352 257	61	650 182	114	275 357	—
1892	372 778	57	474 348	76	262 958	—
1893	359 500	59	567 892	82	261 522	—
1894	459 021	78	645 528	87	211 278	—
1895	465 285	62	572 920	87	194 433	—
1896	472 451	74	559 715	79	201 845	—
1897	557 964	80	588 070	83	232 480	3 678
1898	614 499	80	556 618	82	228 168	4 243
1899	635 470	122	537 661	82	204 732	6 879
1900	700 137	121	698 283	111	251 910	7 978
1901	610 461	109	617 122	108	218 016	9 831
1902	647 315	123	662 063	103	212 172	13 890
1903	742 999	121	687 815	102	238 178	18 638
1904	714 955	116	601 887	97	255 428	18 940

*) Zur Herstellung einer Tonne Zellstoff werden etwa 4½ Festmeter Rohholz verbraucht.

Steinkohlen, bei der Ausfuhr Holz und Holzerzeugnisse, für welche die Verbindung des Seeweges mit Binnenwasserstraßen von Bedeutung ist. Von der seewärtigen Kohleneinfuhr geht eine beträchtliche Menge flußwärts in die Provinz (1903: 33 599 t und 1904: 33 539 t). Bei der Andauer des Mangels einer Binnenwasserstraßenverbindung mit dem Hinterlande wird Königsbergs Seehandel diesen Teil des Kohlenverkehrs wahrscheinlich mit der Zeit verlieren, weil bei Fortfall der billigen Wasserfracht die schottische Kohle gegenüber der staatlicherseits durch außergewöhnlich billige Eisenbahntarife begünstigten schlesischen Kohle kaum noch wettbewerbsfähig sein würde. Eine ungleich wichtigere Stellung für Seehandel und Seeschiffahrt Königsbergs nimmt aber die Holzausfuhr ein. Die Ausfuhrmengen für Bau- und Nutzholz sind in der Tabelle unter II verzeichnet. Die diesem Verkehr entsprechende Zufuhr von Rohstoffen erfolgt überwiegend auf der Binnenwasserstraße und ist bei der verhältnismäßigen Geringwertigkeit des Rohholzes geradezu abhängig davon, daß dem Rohmaterial der billige Wasserweg des Pregels zur Verfügung steht. — Im übrigen findet in Königsberg auch in Stückgütern ein lebhafter Umschlagsverkehr vom Seeschiff aufs Binnenschiff und umgekehrt statt, der sich aber statistisch nicht erfassen läßt. —

Ein typisches Beispiel über die Wechselbeziehungen zwischen See- und Binnenschiffahrt bildet ferner Elbing, das einst eine bedeutende Stellung im Ostseehandel einnahm. Seit die Schiffbarkeit der Nogat aufgehört hat, hat in Elbing eine Entwickelung in aufsteigender Richtung kaum stattgefunden. Man hofft daher, daß die versandete und darum für den Schiffahrtsverkehr ungeeignete Nogat wieder schiffbar gemacht werde. Da zur zeit auch auf Seiten der Staatsregierung das Projekt der Kanalisierung der Nogat besteht, so wollen die Städte Elbing, Thorn, Graudenz, Marienburg und Königsberg seine Ausführung möglichst beschleunigt wissen, damit die großen Schäden, namentlich finanzieller Art, welche in erster Linie Elbing und Marienburg durch das Aufhören der Schiffbarkeit der Nogat erlitten haben und noch erleiden, baldigst beseitigt werden.

Immerhin ist der Seeverkehr Elbings auch heute nicht unbedeutend. Er findet durch den Seehafen von Pillau statt. Die Unterhaltung der Fahrrinnen durch das Haff nach der Mündung des Elbingflusses wird durch die Ältesten der Kaufmannschaft, welcher die Verwaltung des Hafens unterstellt ist, bewirkt.

An den Unterhaltungskosten (jährlich rund 90 000 M.) beteiligt sich der Staat bis zu 72 000 M. und die Kaufmannschaft aus ihren eigenen Mitteln mit etwa 20 000 M. Ausser der Nogat sind noch einige andere Binnenwasserstrassen vorhanden, die aber ohne erhebliche Bedeutung sind. Nach dem Hinterlande führt so der Kraffohl-Kanal, welcher im 16. Jahrhundert von der Stadt zwecks Herstellung einer neuen Verbindung mit der Stadt Nogat erbaut wurde und die Verbindung durch die Weichsel einerseits nach Danzig und andererseits nach Polen bildet. Die jährlichen Unterhaltungskosten, welche die Stadt Elbing zu tragen hat, belaufen sich auf durchschnittlich etwa 23 300 M.

Endlich stellt der Oberländische Kanal vom Elbingfluß stromaufwärts durch den Drausensee die Verbindung nach den Oberländischen Seen bis Deutsch-Eylau und Osterode her. Die Verwaltung und Unterhaltuug dieses Kanals, der durch die dort eingeführte schiefe Ebene wasserbautechnisch bemerkenswert ist, liegt dem Fiskus ob. Aber die beiden letztgenannten Wasserstraßen vermögen mit ihrem bescheidenen Verkehre Elbings Stellung nicht merkbar zu heben, vielmehr glaubt es diese nur durch den Anschluß an die große Weichselwasserstraße zu erlangen. --

Auch Danzig hat seine Bedeutung, wie das Vorsteheramt der Kaufmannschaft in dem dem Verfasser überreichten Gutachten hervorhebt, von jeher dem Umstande verdankt, daß es an der Mündung des großen Stromes liegt, der aus Polen und Galizien nach der Ostsee läuft, also der Verbindung zwischen See- und Binnenschiffahrt. Diese beinahe monopolistische Stellung in der Vermittelung des Verkehrs seines Hinterlandes mit überseeischen Gebieten ist erst geschwunden, als die Eisenbahnen begannen mit den Flüssen in Wettbewerb zu treten, und dieser Wettbewerb mußte sich für Danzig um so stärker fühlbar machen, als namentlich der Nachbarhafen Königsberg von Rußland aus auf dem Eisenbahnwege schneller zu erreichen ist als Danzig. Es ist daher der früher wichtigste Ausfuhrartikel Danzigs, russisches Getreide, zum größten Teil an Königsberg verloren gegangen. Jetzt, ist es von den wichtigeren russischen Ausfuhrgütern im wesentlichen nur noch Holz, was Danzig erhalten geblieben ist; dieser Artikel ist seiner Natur nach in erster Reihe auf den Wasserweg angewiesen, wenn auch neuerdings namentlich feinere und wertvollere Hölzer sich unter Benutzung der im landwirtschaftlichen Interesse eingeführten Ausnahmetarife in steigendem Maß dem Eisenbahnwege zuwenden.

Für den Danziger Verkehr nach Rußland spielt die große, in Danzig mündende Wasserstraße der Weichsel noch immer eine beträchtliche Rolle. Wenn auch ein großer Teil dieses Verkehrs sich, wie bemerkt, auf dem Bahnwege vollzieht, so gehen doch die Massengüter, die als Rohstoffe für die polnische Industrie ihren Weg über Danzig nehmen, in großem Umfange auf der Binnenwasserstraße nach dem russischen Nachbarlande. Dieser Verkehr würde noch beträchtlicher sein, wenn nicht der jammervolle Zustand, in dem sich die Weichsel jenseits unserer Grenze befindet, ihn häufig völlig lahm legte. Die russische Regierung hat zwar bei der mit der deutschen Weichselstrombau-Verwaltung im Jahre 1903 vorgenommenen amtlichen Bereisung den trostlosen Zustand der Weichsel anerkannt; indessen besteht nur geringe Aussicht, daß jetzt nach Beendigung eines kostspieligen Krieges der russische Staat geneigt sein wird, Hunderte von Millionen aufzuwenden, die erforderlich sind, um eine umfassende Regulierung des Weichselflusses vorzunehmen. Die preußische Staatsregierung und das Deutsche Reich würden unserer Binnenschiffahrt auf der Weichsel, ebenso aber auch dem Seeplatze Danzig den größten Dienst erweisen, wenn es ihnen gelingen sollte, in Verhandlungen mit der russischen Regierung eine Besserung der beklagten Übelstände herbeizuführen. Es darf ohne Übertreibung eine baldige Lösung dieser Frage als eine unserer wichtigsten Aufgaben zur wirtschaftlichen Hebung des deutschen Ostens bezeichnet werden! Trotz aller Rücksichten, welche die russischen Verhältnisse verdienen, muß auf nachdrückliche Vorstellungen gedrungen werden; denn es darf behauptet werden, daß gleicherweise auch die gewerbreichen polnischen Bezirke von einer durchgreifenden Regulierung der russischen Weichselstrecke dauernd Nutzen haben und somit die Interessen der beiden Nachbarstaaten vollständig zusammenfallen. Bei der Aufrechterhaltung des jetzigen Zustandes ist aber anzunehmen, daß die Bestrebungen der Staatsregierung zur Industrialisierung des Ostens und insbesondere auch zur Hebung des gegenüber den Nordseehäfen zurückgebliebenen Seeplatzes Danzig ohne dauernden Erfolg bleiben werden. —

Was die untere Oder anlangt, so hat auch in Stettin ein inniger Zusammenhang zwischen Seeschiffahrt und Binnenschiffahrt von Alters her bestanden; denn einerseits nehmen die hier zur Einfuhr gelangenden Güter hauptsächlich ihren Weg auf den von der Oder ins Binnenland führenden Wasserstraßen Oder, Warthe, Netze und Finowkanal, und andererseits besteht die Ladung der Seeschiffe zum großen Teile aus Gütern, die auf diesen Wasserstraßen aus dem Binnenlande herangebracht werden und seewärts weitergehen. So ist denn schon hierdurch angedeutet, wie auch hier die Seeschiffahrt und die Binnenschiffahrt ganz besonders auf einander angewiesen sind. Stockt der Verkehr bei dem einen, so leidet auch der andere unmittelbar darunter; ist aber der Seeverkehr ein lebhafter, so übt das unmittelbar eine günstige Wirkung auf die Beschäftigung der Binnenschiffahrt aus, und umgekehrt.

Wie in Hamburg wurde auch in Stettin die Flußschiffahrt früher gewissermaßen als minder wichtig betrachtet und erst seit etwa zwei Jahrzehnten ist allgemein die Überzeugung durchgedrungen, daß die Flußschiffahrt für die Entwickelung Stettins keine geringere Bedeutung als die Seeschiffahrt und sie vollen Anspruch auf dasselbe Interesse und dieselbe Fürsorge habe.

So hat denn die Stadt Stettin in den letzten Jahren mit einem Aufwande von über 12 Mill. M. neue, allen Anforderungen entsprechende und umfassende Hafenanlagen geschaffen, um den See- und Flußschiffahrtsverkehr zu beleben und den Verkehr nach beiden Richtungen hin zu fördern.

Und auch die Staatsregierung hat sich nach Jahrzehnte langer Untätigkeit aufgerafft und angesichts des Stillstandes im Stettiner Seehandel die untere Oder zwischen Stettin und Swinemünde auf 7 m vertieft. Es ist aber mit Sicherheit anzunehmen, daß mit Rücksicht auf den Wettbewerb Hamburgs die Vertiefung in absehbarer Zeit bis auf 8 m fortgesetzt wird. Schon jetzt fällt das frühere lästige Ableichtern in Swinemünde fort, da Schiffe mit 6000 t Ladung ohne Ableichterung Stettin erreichen können. Die Kosten für diese Arbeiten bezw. für die Verzinsung des aufgewendeten Kapitals und für die Unterhaltung werden, wie in Bremen, so auch hier durch Gebühren gedeckt, die Schiffe und Güter zu tragen haben. Um für die Staatsregierung jedes Risiko auszuschließen, hat die Stettiner Kaufmannschaft ein jährliches Aufkommen aus dieser Abgabe in Höhe von 235 000 M. garantieren müssen.

Bezüglich des gleichfalls im Interesse Stettins, nach jahrelangen Kämpfen endlich genehmigten sogenannten Großschiffahrtsweges Berlin—Stettin bestehen in manchen Kreisen vielfach falsche Vorstellungen. Es handelt sich hier keineswegs um die Schaffung eines Seeweges bezw. Seekanals, sondern um einen Binnenkanal, der nur für Flußschiffe — und zwar für solche von 600 t Tragfähigkeit — bestimmt ist. Es hat zwar auch eine Zeit gegeben, in welcher die Schaffung eines direkten Seekanals von Berlin—Stettin, wie er von einzelnen Seiten für Paris und in Italien für Turin geplant ist, verfochten wurde, so zuerst von Direktor Strousberg, dann Bartsch (siehe die Kritik im „Zentralblatt der Bauverwaltung" von Geheimrat Germelmann); indessen ist insbesondere von Baurat Contag in seiner ausführlichen Denkschrift[*]) die Unhaltbarkeit eines solchen Projektes nachgewiesen worden. Und auch die preußische Staatsregierung hat es vorgezogen, einen Binnenschiffahrtskanal in den üblichen größten Abmessungen vorzusehen. Unter den Gründen, welche gegen die Schaffung eines Seekanals von Stettin nach Berlin sprachen, haben in erster Linie die Bedenken wegen der Überwindung der Wasserscheide zwischen Oder und Havel (36 m), dann aber auch die rein kommerziellen Erwägungen gestanden, daß die Rückfrachten von Berlin nach Stettin in vielen Fällen fehlen würden und dadurch der Betrieb eines direkten Seeschiffahrtsverkehrs sich wesentlich teurer stellen würde, als bei dem jetzigen Umschlagsverkehr, wie er sich in Stettin vollzieht. Da die Kosten des Umschlages vom Seeschiff zum Binnenschiff und umgekehrt sich je nach der Art der Güter in den mäßigen Grenzen von 25—35 Pf. für die Tonne bewegen, ergeben sich von selbst die Vorteile, die ein Binnenschifffahrtsweg vor dem Seekanal hat.

Der Stettiner Seehandel erwartet von dem sogenannten Großschifffahrtswege nicht nur eine wesentliche Zunahme seines Seeverkehrs, der sich in den letzten Jahrzehnten nur in geringem Maße entwickelt hat, sondern er erblickt in dem neuen Kanal gradezu die Vorbedingung für die Erhaltung seiner Wettbewerbsfähigkeit. Und das mit vollem Recht, wie sich aus der Betrachtung einiger Ziffern ergibt. Das abnorme Jahr 1904 mit seinen ungünstigen Wasserstandsverhältnissen auf Elbe und oberer Oder steigerte den Seeverkehr Stettins in auffallendem Maße und ließ daher dort den Wunsch nach recht häufiger Wiederkehr solcher Schifffahrtsstörungen laut werden.

In der Zeit vom 1. Juni bis 30. September 1904 betrug nun im Stettiner Hafengebiet:

A. der Seeverkehr nach Schiffsraum:

	1904 cbm	1903 cbm	1902 cbm
Segelschiffe	181 816	115 422	132 795
Dampfschiffe	1 578 830	1 273 024	1 353 130
Zusammen	1 760 646	1 388 446	1 485 925

---

[*]) Die Verbesserung der Wasserverbindung Berlins mit dem Meere. Berlin 1895. Wilh. Ernst & Sohn.

	1901 cbm	1900 cbm	1899 cbm
Segelschiffe	142 929	156 259	201 422
Dampfschiffe	1 587 310	1 440 313	1 421 685
Zusammen	1 730 239	1 596 572	1 623 107

B. der gesamte Binnenschiffahrts-(Kahn-)Verkehr nach Tragfähigkeit:

1904 t	1903 t	1902 t	1901 t	1900 t	1899 t
1 070 327	1 102 849	956 241	984 041	845 864	714 904

Davon: I. der Kahn-Verkehr auf der Linie Stettin-Berlin

a) nach der Tragfähigkeit der Schiffe:

	1904 t	1903 t	1902 t
im Eingang	428 661	203 683	232 361
im Ausgang	394 094	223 324	232 168
Zusammen	822 755	427 007	464 529

	1901 t	1900 t	1899 t
im Eingang	329 520	274 552	202 641
im Ausgang	315 341	234 844	161 458
Zusammen	644 861	509 396	364 099

b) nach Gewichtsmengen*):

	1904 t	1903 t	1902 t	1901 t
im Eingang	128 598	126 425	126 433	112 593
im Ausgang . . .	537 548	291 884	333 951	395 309
Zusammen	666 146	418 309	460 384	507 902

Die Verhältnisse des Sommers 1904 haben den unanfechtbaren Beweis geliefert, daß in Jahren mit besonders geringen Niederschlägen die Wasserstraße Stettin-Berlin die einzige zuverlässige Wasserverbindung zwischen Berlin und der See wenigstens mit kleinen Fahrzeugen (bis zu

---

*) Über den Verkehr unter I., b wird erst seit dem Jahre 1901 eine gesonderte Statistik geführt.

170 t) ist. Aber, was wichtiger ist, sie haben auch dargetan, wie der Seeschiffahrtsverkehr unmittelbar von dem Binnenschiffahrtsverkehr beeinflußt und befruchtet wird.

Wenn nun eine solche günstige Wechselwirkung zwischen diesen beiden Transportzweigen und eine derartige Steigerung des Verkehrs schon bei einer so wenig leistungsfähigen Wasserstraße, wie der Finowkanal, zu verzeichnen ist, so darf man mit vollem Rechte hoffen und im Interesse Stettins wünschen, daß auf der neuen Wasserstraße, welche einen Verkehr mit größeren Fahrzeugen zwischen der Reichshauptstadt und der Ostsee ermöglichen wird, die Aufwendungen, welche Staat und Stadt, Parlament und Bürgerschaft für den Hafen von Stettin und den Ausbau der unteren Oder gemacht und bezw. bewilligt haben, reichlichen Lohn finden und Stettins Seehandel einer neuen Blüte entgegenführen mögen. —

Weiter nach Westen finden wir Stralsund, das seine Bedeutung für den Seehandel in früheren Jahrhunderten fast ganz verloren hat und zu neuer Blüte wohl wegen des Mangels einer leistungsfähigen schiffbaren Wasserstraße nach dem Binnenlande, sowie wegen des Überwiegens Stettins und anderer Gründe mehr, vermutlich nie wieder gelangen wird.

Dann folgt Rostock, das vergeblich gegen Stettin und Lübeck ankämpft, die beide durch Wasserverbindungen der bezeichneten Art begünstigt sind. Kein geringerer als Wiggers erkannte bereits vor 40 Jahren die Notwendigkeit einer Kanalverbindung in das Herz Deutschlands hinein, nach Berlin. Und obwohl Berlin selbst, ebenso wie Charlottenburg, Oranienburg und andere Städte der Provinz Brandenburg an diesem Kanalprojekte lebhaft interessiert sind, hat dasselbe seine Ausführung bislang nicht gefunden. In mecklenburgischen Landen ist noch nicht das Verständnis für die Notwendigkeit: die wirtschaftlichen Kräfte zu beleben durch neue Verkehrsanlagen, die Abwanderung der Bevölkerung zu hemmen durch Schaffung neuer Handels- und Industriezentren, so weit verbreitet, um größere Aufwendungen für den Bau moderner Schiffahrtswege seitens der Landstände herbeizuführen. Zwar geschieht auch in Mecklenburg manches im Interesse der Seeschiffahrt, aber an den Zusammenhang zwischen dieser und einer sie befruchtenden Binnenschiffahrt scheint man nicht zu denken, die Vorgänge in anderen benachbarten Ländern nicht genügend zu würdigen.

Dasselbe gilt für Wismar, das mit seinem vorzüglichen Hafen alle natürlichen Vorbedingungen besäße, um auch heute noch einen beachtenswerten Platz im Ostseehandel mit Würde zu behaupten. Der auch hier ersehnte

Anschluß an die Binnenschiffahrt — an die Elbe — ist noch nicht erreicht, und die jahrelangen Bestrebungen Wismars scheiterten auch wieder an der ablehnenden Haltung der Landstände, obwohl nach langem Zaudern die Landesregierung auf Veranlassung Seiner Hoheit des damaligen Regenten ihnen eine Vorlage zur Herstellung eines Schiffahrtkanals von Wismar nach der Elde und Elbe unter warmer Befürwortung des Projektes hatte zugehen lassen.

Das benachbarte Lübeck erfreut sich seit zehn Jahren der von weitblickenden Bürgern für die Erhaltung seiner Wettbewerbsfähigkeit als notwendig erkannten Wasserverbindung nach dem Hinterlande; es hat sich allerdings im Vereine und mit weitgehender Unterstützung Preußens eine Elbmündung geschaffen durch den Elbe-Trave-Kanal, der in sichtlicher Entwickelung begriffen ist und allmählich wohl auch seine Rentabilität finden wird. Die Schwierigkeiten, die Lübeck gegen die benachbarten Hafenplätze, das zähe Wismar, das durch die Kriegsmarine so sehr begünstigte Kiel, das übermächtige Hamburg, zu bestehen hat, haben vorsichtige Wirtschaftspolitiker vor übertriebenen Hoffnungen, welche an den Bau des Kanales geknüpft wurden, geschützt. Aber soviel steht fest, daß seit der Herstellung dieser Wasserstraßenverbindung sich in der alten Hansestadt Lübeck der Unternehmungsgeist neu gekräftigt hat und die Stadt mit Nachdruck und Erfolg ihren Platz zu behaupten sucht. Ein kleiner Freistaat, mit verhältnismäßig geringer Bevölkerung, unternimmt es, wie aus den Vorgängen der letzten Monate bekannt ist, eine eigene Industrie zu schaffen, um See- und Kanalschiffahrt neues Blut zuzuführen.

Aber auch Kiel, das in dem letzten Menschenalter infolge der Anlage des großen Kriegshafens, durch die Errichtung mehrerer bedeutender Werften, durch die Wiederbelebung der alten Universität und Wiederherstellung der Residenz einen ganz außerordentlichen Aufschwung genommen hat, strebt nach Schaffung einer Binnenwasserstraße, da auch hier Seeschiffahrt und Eisenbahnen allein anscheinend eine gedeihliche Weiterentwickelung nicht verbürgen. Der in den weitesten Kreisen bekannte und um die Entwickelung seiner Vaterstadt hochverdiente Geheime Kommerzienrat Sartori war der eigentliche Vater und Träger der Idee der Verbindung von Kiel mit dem Elbe-Trave-Kanal, er ging davon aus, daß es erforderlich sei, auch Kiel an den Segnungen einer schiffbaren Wasserstraße teilnehmen zu lassen, um seine Industrie von den Fährlichkeiten einer Seeblokade, sowie von der Allgewalt der Eisenbahntarifpolitik unabhängig zu machen.

Mit dem Tode Sartoris haben zwar die Bestrebungen Kiels nicht aufgehört, aber es ist in der weiteren Verfolgung des Projektes ein gewisser Stillstand eingetreten. Daß es sich hier aber nicht lediglich um ein Projekt, die Lieblingsidee eines Einzelnen handelt, beweist die Opferwilligkeit der städtischen Verwaltung, welche dem Ministerium der öffentlichen Arbeiten eine Summe von 36 000 M. zur Bestreitung der Kosten für die Vorarbeiten zur Verfügung gestellt hat. Es ist bisher nicht bekannt geworden, ob das Ministerium von diesem Anerbieten Gebrauch gemacht hat. Wir dürfen aber annehmen, daß die Ausführung des Projektes, auch wenn es auf den ersten Blick nicht rentabel erscheinen sollte, doch, wie es die Überzeugung der maßgebenden Kreise in Holstein ist, für eine gedeihliche Weiterentwickelung Kiels nützlich und auch erforderlich ist.

Wenn wir nun Hamburg betrachten, so ist es wohl kaum möglich hier in diesem Kreise über seine Bedeutung als Seeschiffahrtsplatz etwas Neues zu sagen.

Indessen dürften einige statistische Übersichten, welche kürzlich von der Hamburg - Amerika - Linie veröffentlicht worden sind, auch hier interessieren. Wir lassen die wichtigsten Angaben in der Anlage folgen.

Die hervorragende Stellung, welche Hamburg im Seeverkehr und auch in der mitteldeutschen Binnenschiffahrt einnimmt, verdankt es aber, abgesehen von diesen Verbesserungen des Fahrwassers der unteren Elbe, dem Ausbau der Hamburger Hafenanlagen, der Begünstigung durch die preußische Regierung, — insbesondere auch in der Form besonderer Ausnahmetarife, — der fortschreitenden Verbesserung der Oberelbe und der Spree-Oderwasserstrasse, nicht zum geringen Teile dem Umstande, daß es gewissermaßen als Vor- und Zufahrtshafen von Berlin mit seiner großen, ständig wachsenden Bevölkerung, seiner bedeutenden Industrie und seinem umfangreichen Handel, zu betrachten ist.

Aber die Reichshauptstadt selbst hat sich auch ihrerseits im Laufe der letzten Jahrzehnte, da ihre Industrieplätze bezüglich des Bezuges zahlreicher Rohstoffe und auch bezüglich des Versandes der Erzeugnisse zum Teile auf die Wasserstraße angewiesen ist, zu einem bedeutenden Schiffahrtsplatze entwickelt. Negativ wurde dieser Beweis im Jahre 1904 geführt, als infolge der mehrmonatigen Störungen der Elbschiffahrt die sämtlichen Eisenbahnhöfe in Hamburg voll von Eisenbahnwaggons gestopft waren und ein erheblicher Teil der für Berlin und Schlesien bestimmten Waren über Stettin und den Finowkanal bezw. die Oder gehen mußte. Wir haben schon oben erwähnt, was der Eröffnung des Oder-Spree-Kanals zu danken gewesen ist, der einmal den Verkehr durch den Friedrich-Wilhelms-Kanal ablenkte, andererseits aber auch den Verkehr von Stettin abzog und namentlich dem oberschlesischen Kohlenversand nach Berlin einen bedeutsamen Aufschwung brachte.

Wir übergehen hier das Auswanderungswesen, über die in den Tagesblättern allmonatlich und jährlich genaue Angaben veröffentlicht werden und knüpfen nur einige allgemeine Betrachtungen an.

Bemerkenswert ist von unserem Standpunkte aus der große Anteil, welchen grade die Binnenschiffahrt an dem in Hamburg sich vollziehenden Güteraustausche, insonderheit aber auch an der Entwickelung des Hamburger Seeverkehrs hat.

Neben dem Seeschiffahrtsverkehr, der für das Jahr 1904 mit 15,3 Millionen Tonnen angegeben ist, erscheint der Binnenschiffahrtsverkehr, der durch und auf der Elbe vermittelt wird, mit 10,8 Millionen Tonnen; es wurden mithin, wenn man den örtlichen Warenverbrauch von Hamburg und den Weiterversand mit der Bahn einerseits und die verhältnismäßig geringen Mengen von Waren, welche in Hamburg selbst hergestellt oder dorthin mit Eisenbahn oder Flußschiff zur Weiterverladung auf der Elbe gebracht werden, andererseits nicht in Rechnung stellt, mehr als 66 v. H. des gesamten Seeschiffahrtsverkehrs von der Binnenschiffahrt aufgenommen bezw. von ihr der Seeschiffahrt zugeführt.

Eine besondere Beachtung verdienen aber auch u. E. die Beziehungen der See - und Binnenschiffahrt der Hamburg - Amerika - Linie. Wie Kurt Himer in einem Aufsatze*) ausführte, besaß Hamburg nach den Nachweisungen seines handelsstatistischen Bureaus am 31. Dezember 1902 eine Flußschiffsflotte von 6706 Fahrzeugen und 542 117 t Tragfähigkeit; der oberelbische Flußschiffsverkehr von und nach Hamburg-Altona belief sich im gleichen Jahre auf 33 296 Fahrzeuge mit 10,7 Millionen Tonnen Tragfähigkeit, und die auf diesen Flußfahrzeugen stromauf und -ab beförderten Güter stellen ein Gewicht von 59,7 Millionen Doppelzentner brutto dar. Aus diesen Zahlen

---

*) Vergl. „Zeitschrift für Binnenschiffahrt" 1904, Heft 10.

spricht die ganze Bedeutung Hamburgs als Flußschiffhafen. Dennoch ist es eine bekannte Tatsache, daß die weitere Öffentlichkeit von dieser Bedeutung wenig spricht und weiß, obwohl nicht leicht ein Fremder nach Hamburg kommen dürfte, der die Bedeutung Hamburgs als Seehafenplatz ebenso übersähe. Die Ursache dieser Erscheinung ist unschwer in der Überlegenheit der hamburgischen Seehandelsflotte und des hamburgischen Seeverkehrs zu erkennen, die beide den Blick von der bescheideneren Flußschiffahrt abziehen. Ähnlich geht es mit der Flußschiffsflotte und dem Flußschiffsverkehr der größten Hamburger Einzelreederei, der Hamburg - Amerika - Linie, die als Seeschiffsreederei in der ganzen Welt bekannt ist, als Flußschiffsreederei dagegen selten einmal richtig gewürdigt wird.

Nach dem letzten Jahresberichte der Hamburg - Amerika - Linie besteht die Flotte der Gesellschaft zurzeit aus 310 Fahrzeugen, die zusammen 727 948 Brutto-Registertons messen. Dieser gewaltige Schiffspark setzt sich zu reichlich 95 v. H. der Tonnage aus Ozeandampfern, aus Schiffen von 1600—22 500 Registertons Brutto-Raumgehalt, zusammen. Ein Rest von annähernd 5 v. H. hingegen entfällt auf Flußdampfer, Schlepper, Barkassen und Fahrzeuge zu besonderen Zwecken. Im Vergleich zu der stolzen Ozeandampferflotte freilich klein, ist die Hilfsflotte an sich stattlich genug: ihr gehören, der Schiffszahl nach, sogar mehr Fahrzeuge an als der Ozeanflotte: insgesamt 171 Schiffe mit 33 488 Registertons.

Die Hilfsflotte der Hamburg - Amerika - Linie, im Gegensatze zu den Ozeandampfern schlechthin als „Flußflotte" zu bezeichnen, würde nicht ganz berechtigt sein. Wollte man die auf Flüssen beschäftigten Fahrzeuge der Gesellschaft vollzählig zusammenstellen, so würde noch eine Anzahl der als Seedampfer registrierten Schiffe hinzukommen müssen, diejenigen Ozeandampfer nämlich, die viele Tagereisen weit auf den Riesenströmen Asiens und Amerikas verkehren, eine eigenartige Flußschiffahrt allerdings, die mit Seedampfern stattlicher Dimensionen ausgeübt wird, aber unzweifelhaft eine richtige Flußschiffahrt, wie wir nachher zeigen werden. Die obenbezeichnete Hilfsflotte dient und diente von jeher überwiegend im Hafenbetrieb, namentlich in Hamburg und auf der Unterelbe, aber auch in zahlreichen überseeischen Hafenstationen der Gesellschaft.

Die Notwendigkeit einer Hilfsflotte in Hamburg hat sich für die Hamburg-Amerika-Linie aus den Bedürfnissen der Großreederei heraus von selbst entwickelt, geradeso wie auch der hamburgische Flußschiffahrtsverkehr eine notwendige Ergänzung des Ozeanverkehrs darstellt, ohne die der riesenhafte

Ein- und Ausfuhrstrom ins Stocken und in zahlreichen Fällen zum völligen Stillstande kommen würde. Außerdem haben die besonderen Stromverhältnisse der Unterelbe an der frühzeitigen Schaffung und ständigen Vergrößerung der Hilfsflotte der Hamburg-Amerika-Linie mitgewirkt. Ohne eigene Flußschiffe hat sich die Gesellschaft nur während der ersten acht Jahre ihres Bestehens, als sie ausschließlich Segelschiffe in See schickte, behelfen können. In den Juni 1855, das heißt in dasselbe Jahr, welches die Fertigstellung der ersten beiden Ozeandampfer der Gesellschaft brachte, fällt aber bereits der Ankauf eines ersten eisernen Leichters, der den Namen „Norden" erhielt und, wie der Geschäftsbericht des nächsten Jahres bemerkte, gleich in den ersten sieben Monaten nach seiner Indienststellung einen hübschen Gewinn lieferte. Schon im Beginn des folgenden Jahres gab die Gesellschaft Auftrag für einen zweiten eisernen Leichter, „da bei dem bevorstehenden Eintreten der Dampfschiffe in die Linie und bei der sodann erforderlichen raschmöglichsten Entlöschung derselben diese Leichter notwendig seien". Im weiteren Verlaufe des Jahres kamen sodann noch 5 weitere Leichter hinzu, und die folgenden Jahre vermehrten die Leichterflotte in gleichem Maße, wie die Seedampferflotte wuchs. Der Geschäftsbericht über das Jahr 1865 begründet den Ankauf eines bereits 350 Tons großen Leichters damit, daß die „Dampfschiffe, namentlich die größeren und bei östlichem Winde, in der zum Löschen und Laden jedesmal verbleibenden Zeit von nur etwa 6 bis 7 Tagen fast nie werden an die Stadt gelangen können, vielmehr meistens ganz von Stade ab werden expediert werden müssen, was den Transport der ganzen einkommenden wie ausgehenden Ladung per Leichter bedingt". Damals belief sich der Besitzstand der Hamburg-Amerika-Linie auf 7 große und 2 kleinere Leichter für den Waren- und Kohlentransport.

In den angeführten Begründungen der Geschäftsberichte sind im wesentlichen die Gesichtspunkte angedeutet, die heute so gut wie damals für die Beschaffung einer Leichterflotte im Hilfsdienst der Hamburg-Amerika-Linie Geltung haben. Hamburg liegt 105 km von der Nordsee entfernt. Das Seeschiff, das von Cuxhaven nach Hamburg heraufkommt, braucht mindestens sechs Stunden für diese natürlich vorsichtig und mit langsamer Fahrt zurückzulegende Strecke. Muß erst auf Eintritt der Flut gewartet werden, stellt sich Nebel ein oder gerät gar das Schiff auf der Elbe fest, so geht noch mehr Zeit verloren. Die mittleren und kleineren Frachtdampfer der Hamburg-Amerika-Linie dampfen heute zwar alle nach Hamburg hinauf, schon weil ihre Entlöschung und Beladung an den Kais bequemer und billiger ist als mit Leichtern. Gegenüber den riesigen Schnelldampfern aber und den gewaltigen Postdampfern der Gesellschaft, deren Tiefgang beladen rund 10 Meter beträgt, versagt das Fahrwasser der Elbe; nur unter außergewöhnlich günstigen Flutverhältnissen kann ein Dampfer, wie etwa der „Blücher“, vollbeladen von See direkt an die Hamburger Kais gehen. Die Schnelldampfer müssen außerdem bei ihrem ungemein präzisen Dienst die Zeit scheuen, die auch bei einer glücklichen Fahrt bis Hamburg und von Hamburg für sie verloren ginge. Infolgedessen bleiben die Schnelldampfer in Cuxhaven oder bei Brunshausen, zwei Stunden unterhalb Hamburgs, und die großen Postdampfer gehen zunächst bei Brunshausen vor Anker, leichtern hier und kommen erst, wenn ihr Tiefgang sich genügend verringert hat, in den Hamburger Hafen, um dann ebenfalls nur bis zu einem gewissen Tiefgange zu laden, den Rest der Ladung aber auf der Unterelbe durch Leichter zu empfangen. Das Löschen und Laden erleidet durch Stromauf- und -abgehen der Dampfer keine Verzögerung da die längsseit liegenden Leichter die langsame Stromfahrt in voller Tätigkeit mitmachen.

Teils regelmäßig, teils bei besonderen Veranlassungen versehen die Leichter also einen unentbehrlichen Hilfsdienst im Frachtverkehr der Ozeandampfer; sie dienen weiter auch zur Wasser-, Eis-, Kohlen- und Proviantzufuhr.

Heute besitzt die Hamburg-Amerika-Linie insgesamt 113 Leichter der verschiedensten Größe mit einem Gesamtfassungsvermögen von 11 899 Tons brutto. Einzeln messen die Leichter 87—740 Tons. 49 Leichter sind auf der Elbe tätig, 13 in Pará (Nordbrasilien) und 14 im übrigen Brasilien, 7 in Singapore und 4 auf dem Yangtse, 5 in Westindien und 4 in New York. Dazu gehören der Gesellschaft 5 Kastenschuten, 9 offene Schuten und 3 Hulks. Die Leichter sind teils mit Dampfwinden, teils mit elektrischen Winden, mit Handwinden oder mit Benzinmotor ausgerüstet.

Eine Ergänzung der stattlichen Leichterflotte der Hamburg-Amerika-Linie bildet eine Gruppe von 9 Fahrzeugen für besondere Zwecke; sie dienen ebenfalls der Verproviantierung, dem Löschen und Laden der Ozeanschiffe. Es sind eine Eisschute, ein Ölboot, ein Transportleichter und zwei Wasserböte, von denen eins in St. Thomas stationiert ist, ferner ein Schwimmkran und drei Getreideheber. Der schwimmende Kran hebt 30 t Gewicht und erspart den Ozeandampfern, da er überall hingeschleppt werden kann, manches zeitraubende und kostspielige Verholen zu den feststehenden großen Kränen im Hafen bei der Einnahme schwerer Kolli; die Getreideheber löschen je 100—150 t Getreide in einer Stunde.

Alle diese Hilfsfahrzeuge sind nötig, um das ungeheuere Getriebe einer Reederei, die jährlich über 4,8 Millionen Kubikmeter Güter nach allen Teilen der Welt zu befördern hat, in flottem Schwunge zu erhalten und an keiner Stelle störenden Unterbrechungen, unnötigen Geld- und Zeitopfern auszusetzen.

Außer einer größeren Zahl von Passagier-Tendern besitzt die Hamburg-Amerika-Linie noch eine größere Anzahl Schlepper und Barkassen. Die letzteren beziffern sich gegenwärtig auf 24; davon sind in Ostasien 4 und in Kingston 1. Sie finden ihre Verwendung im Inspektions- und Hafendienst der Angestellten. Die Schlepper gelten zum Teil als Fluß-, zum Teil als Seeschlepper: im ganzen besitzt die Gesellschaft 21 Fahrzeuge dieser Gattung. Sie messen 13—528 Registertons und haben Maschinen von 80 bis 600 Pferdestärken. Ein kleiner Schlepper ist in New York stationiert.

Die Beschäftigung der Schleppdampfer regelt sich im allgemeinen nach dem jeweiligen Bedürfnisse verholender, auf Grund geratener, aufkommender oder ausgehender Ozeandampfer und nach dem Bedürfnis des Leichterdienstes. Auch die Seeschlepper sind regelmäßig zu einem Teil im Flußdienst beschäftigt; nur gestattet ihre stärkere Bauart und höhere Maschinenleistung die gleichzeitige Verwendung auf See. Dasselbe gilt von den Leichtern. Eine Anzahl von ihnen ist groß und stark genug, um auch als Seeleichter Verwendung finden zu können und einen gemischten Schiffahrtsverkehr, das heißt Seeschiffahrt in Verbindung mit Flußschiffahrt, zuzulassen. Eine ganz regelmäßige derartige Beschäftigung ist dem Seeschlepper „Krautsand" und den Leichtern „Mosel", „Donau", „Lahn" und „Saale" im Eilschleppdienst der Linie zwischen Hamburg und der Rheinprovinz zugewiesen.

Es ist anzunehmen, daß die Hamburg-Amerika-Linie in Zukunft als Flußschiffs-Reederei noch bedeutend gewinnen kann. Diese Vermutung rechtfertigt sich einmal daraus, daß zurzeit bekanntlich mehrere Seeschiffe neu erbaut werden und eine wachsende Ozeanflotte ein entsprechendes Wachstum der Hilfsflotte verlangt, und ferner daraus, daß die von der Hamburger Schiffahrt berührten gewaltigen amerikanischen und asiatischen Ströme in unseren Tagen erst die Anfänge eines Schiffsverkehrs haben, wie er dem Reichtum der durchflossenen Länder und der möglichen Fahrbarkeit des Strombettes angemessen wäre.

Die Hamburg-Amerika-Linie ist aber nicht das einzige Binnenschiffahrts-Unternehmen Hamburgs. Wir finden hier mehrere Schiffahrtsgesellschaften für den Verkehr nach der Oberelbe und nach Berlin, Zweiggeschäfte von Gesellschaften in Lübeck, **Magdeburg**, Dresden, Breslau und Stettin, wir finden hier bedeutende Kommissionsfirmen, welche das Flußverfrachtungs-Geschäft in ausgedehntem Maße betreiben, Spediteure und Frachtmakler, und an der Hamburger Börse werden fast täglich große Frachtabschlüsse für die Binnenschiffahrt vollzogen.

Der Verkehr in Flußfahrzeugen betrug nach den Aufzeichnungen an der Zollstation Hamburg-Entenwärder nach der Reichs-Statistik:*)

an durchgegangenen Fahrzeugen:

a) zu Berg:

1899: 15 606 beladene, 6 874 unbeladene Fahrzeuge mit 2 959 000 t Gütern
1903: 15 637   „   7 714   „   „   „ 2 956 900 „   „

b) zu Tal:

1899: 19 193 beladene, 7 513 unbeladene Fahrzeuge mit 2 457 800 t Gütern
1903: 18 890   „   7 300   „   „   „ 2 994 500 „   „

Der Verkehr ist in den vier Jahren 1899—1903 ziemlich gleich geblieben, nur 1904 trat infolge des abnormen Niedrigwassers auf der ganzen Elbe ein erheblicher Rückschlag ein.

In welchem Maße einzelne Staaten ihre S e e s c h i f f a h r t zu fördern bestrebt sind, geht daraus hervor, daß z. B. die österreichische Regierung ihre Seehäfen Fiume und Triest durch zolltarifliche Maßnahmen wesentlich unterstützt.

Auch der neue Zolltarif, welcher für Österreich bereits die gesetzliche Genehmigung erhalten hat, sieht solche wesentlichen Vergünstigungen der Seehäfen namentlich für eine Reihe von Kolonialwaren vor.

Bislang ist Hamburg auch für die Versorgung von Österreich-Ungarn der Hauptplatz für überseeische Kolonialwaren gewesen und die Elbschiffahrt hat an ihrer Beförderung einen wesentlichen Anteil genommen.

Nur wenige Ziffern gestatte ich mir anzuführen:

K a k a o b o h n e n u n d K a k a o s c h a l e n zahlen bei der Einfuhr zur See, d. h. in Fiume und Triest, nur 48 Kronen statt 58 Kronen,

r o h e r K a f f e e 88 Kronen statt 95 Kronen,

T e e 217 Kronen statt 240 Kronen.

---

*) Vergl. Statist. Jahrbuch für das Deutsche Reich. XXVI. 1905.

Gewürze genießen allgemein eine Zollermäßigung von 12 Kronen für 100 Kilogramm, Zitronen und Pomeranzen, die früher zollfrei eingingen, jetzt aber mit einem ziemlich erheblichen Zollsatze belegt sind, von 20 bezw. 24 Kronen.

Korn wird bei der Einfuhr über Triest und Fiume 30 v. H. als Scart zollfrei eingelassen.

Am bedeutendsten ist die Vergünstigung für rohen Reis, der allgemein 6 Kronen Eingangszoll kostet, aber bei der Einfuhr stets nur $1/4$ des jeweilig bestehenden niedrigsten Zolles für geschälten Reis zu zahlen hat.

Pflanzen und Pflanzenteile, die getrocknet oder zubereitet zu chemischen, pharmazeutischen oder sonstigem gewerblichen Zweck Verwendung finden und im allgemeinen 12 Kronen Zoll kosten, werden vollständig zollfrei eingelassen.

Endlich nennen wir noch von den Farbstoffen Cochenille, welches 8 Kronen Zoll kostet, bei der Einfuhr zur See aber vollständig zollfrei bleibt.

Diese Begünstigung schließt aber gleichzeitig für die deutsche Elbschiffahrt eine wesentliche Benachteiligung ein. Leider ist es nicht gelungen. bei dem Abschlusse des deutsch-österreichischen Handelsvertrages eine Beseitigung dieser Differentialzölle herbeizuführen.

Das Verhältnis Bremens zur Binnenschiffahrt ist ein eigenartiges. Obgleich Bremen der zweitgrößte deutsche Seehandelsplatz ist, tritt seine Binnenschiffahrt unverhältnismäßig hinter der in Hamburg, den Rheinhäfen und Stettin zurück. Der Grund ist bekanntlich der, daß die fast einzig für Bremen in Betracht kommende Binnenschiffahrtsstraße der Weser kurz (nur etwa 400 km lang), schmal, seicht und von nicht starkem Gefälle ist, und daß an ihr, außer Bremen, nur eine größere Stadt, Kassel, liegt.

Bremens Binnenschiffahrtsverkehr kann daher nur mit verhältnismäßig kleinen Fahrzeugen betrieben werden und der Güterverkehr konnte bislang nach Lage der Verhältnisse einen bedeutenden Umfang nicht wohl annehmen,

Bis vor nicht langer Zeit war denn auch die Belebung und Anregung, welche die Seeschiffahrt an der Weser von ihrer Binnenschiffahrt erfahren konnte, verhältnismäßig gering; eher wird umgekehrt die Binnenschiffahrt durch die Seeschiffahrt gefördert sein. In der letzten Zeit hat sich dieses Bild etwas geändert. Die Schiffahrtsverhältnisse der Oberweser wurden durch Preußen verbessert, wenn auch bei weitem nicht in dem Maße, wie dies für die Seeschiffahrtseinrichtungen in Bremen und an der Unterweser durch Bremen geschah. Es wurden Häfen, Umschlagseinrichtungen, Lagerhäuser gebaut, sodaß der Verkehr sich nicht lediglich auf die Oberweserplätze zu beschränken brauchte, sondern auch ein Umschlagsverkehr sich entwickeln konnte; allerdings reichte aber auch damit die Weserschiffahrt nicht weit ins Hinterland hinein, einmal wegen der erwähnten verhältnismäßigen Kürze des Stromlaufes, dann auch wegen der auf beiden Seiten im Wettbewerbe stehenden mächtigen Rhein- und Elbeschiffahrt. Immerhin ist die Weserschiffahrt in allmählicher Entwickelung begriffen, wenn diese sich auch im Hinblick auf diese schwierigen Verhältnisse in ruhigen Bahnen vollzieht.

Trotzdem kann man sagen, daß die Weserschiffahrt heute schon hinsichtlich der Beförderung einer Reihe von Gütern auf die Seeschiffahrt Bremens und der übrigen Unterweserplätze anregend und fördernd einwirkt, und das gleiche ist in umgekehrter Richtung der Fall.

Der Umschlagsverkehr an der Unterweser vollzieht sich meist auf die denkbar einfachste Weise von Bord zu Bord ohne Vermittelung von Schuten. Die Flußschiffe legen längsseits der Seeschiffe nicht nur in Bremen, sondern auch in Brake, Nordenham, Bremerhaven, Geestemünde an, um Güter an Seeschiffe abzugeben oder aus ihnen überzunehmen.

Da die Oberweser Bremen-Kassel fast ganz innerhalb preußischen und braunschweigischen Gebietes liegt, so war Bremen auch nicht in der Lage, diese Schiffahrtsstraße selbst zu vervollkommnen; Bremen beabsichtigt aber, sich bei der Herstellung des Kanals Rhein-Hannover zu beteiligen.

Wir schließen nun zunächst Bemerkungen über die Flußschiffahrt auf der Weser im allgemeinen an.

Nach den von der Handelskammer zu Bremen herausgegebenen „Statistischen Mitteilungen betreffs Bremens Handel und Schiffahrt" betrug der Bestand der bremischen Flußschiffsflotte auf der Unterweser, d. h. also der ausschließlich auf der Weser verkehrenden Flotte, im Jahre 1904 221 Schiffe mit 36 937 Registertons und die bremische Seeschiffsflotte 635 Schiffe mit 693 892 Registertons, sodaß der Anzahl nach 26 v. H. der bremischen Gesamtflotte auf die Flotte der Flußschiffe auf der Unterweser, der Tonnage nach allerdings nur 5 v. H. entfallen. Die Größe der Flußschiffsflotte steigt im Verhältnis zur Seeschiffsflotte beträchtlich, wenn jener noch die Flotte, die zugleich der Fluß- und Seeschiffahrt dient, mit gerechnet wird.

Außerdem kommen für den Verkehr auf der Weser noch die auf der Weser beheimateten oldenburgischen und preußischen Schiffe, zusammen 110 Fahrzeuge mit 4241 Registertons, in Betracht, ferner die auf der Ober-

weser bis Bremen, teilweise auch bis nach Bremerhaven, verkehrenden Flußschiffe, welche (neben der Bremer Schleppschiffahrts-Gesellschaft) Eigentum
der drei Firmen Mindener Schleppschiffahrts-Gesellschaft zu Minden,
Weser-Mühlen-Aktiengesellschaft zu Hameln und Celler Schleppschiffahrts-
Gesellschaft zu Celle sind.

Im Jahre 1904 wies die Flußschiffahrt auf der Unterweser folgenden
Verkehr auf: In Bremen kamen an 5487 Schiffe mit 882 291 Registertons und
es gingen ab 5443 Schiffe mit 945 485 Registertons. Von der Oberweser
kamen in Bremen an 1893 Schiffe mit 365 121 Registertons und nach der
Oberweser gingen von Bremen ab 1872 Schiffe mit 366 625 Registertons.

Von dem oben erwähnten Bestande der Bremer Unterweser-Flußschiffs-
flotte — 221 Schiffe mit 36 937 Registertons — gehört ein großer Teil dem
Norddeutschen Lloyd, nämlich 75 Schiffe mit 12000 Registertons, das ist der
Zahl nach 34 und der Tonnage nach 32 v. H., da der Norddeutsche Lloyd
schon seit seiner im Jahre 1857 erfolgten Gründung neben der Seeschiffahrt
auch Flußschiffahrt betreibt.

In dem Gründungsstatut der Gesellschaft heißt es:

„Zweck der Gesellschaft ist, regelmäßige Dampfschiffahrts-Ver-
bindungen mit europäischen und transatlantischen Ländern herzustellen, Fluß- und Seeassekuranz zu übernehmen, den bisherigen
Dampferverkehr für Personen und Güter, sowie für den Schleppdienst
von Fluß- und Seeschiffen auf der Weser und deren Neben-
flüssen oberhalb und unterhalb Bremens zu erhalten und zu erweitern.“

Der Schleppdienst auf der Weser wurde von dem Norddeutschen Lloyd
gleichzeitig mit seinem Überseedienste in Betrieb genommen, da er
den ersteren zur Aufrechterhaltung des letzteren unbedingt nötig hat.
Während nämlich der Hauptsitz der Gesellschaft Bremen ist, wo die aus dem
Binnenlande kommenden Passagiere und Frachtmengen zusammentreffen, ist
der Endhafen ihrer Seeschiffe mit Ausnahme einiger weniger, die in den Stadt-
bremischen Hafen heraufkommen, Bremerhaven, sodaß sie also den größten
Teil der Frachten mit Flußschiffen und Leichtern — alle Personen
mit der Eisenbahn — von und nach Bremerhaven bringen lassen muß.

Seinen Flußschiffahrtsbetrieb auf der Weser hat die Gesellschaft
im Laufe der Zeit dahin erweitert, daß sie schon im Jahre 1864 einen Schleppdienst nach Hamburg einrichtete, der sofort gute Ergebnisse aufwies.
Dieser Schleppdienst hat sich seither bedeutend vergrößert und hat inzwischen
einen sehr beträchtlichen Umfang angenommen.

Außer der oben genannten ausschließlich auf der Weser verkehrenden Schiffsflotte besitzt der Norddeutsche Lloyd eine Flotte von 89 Fahrzeugen mit 26 500 Registertons, die zugleich als Fluß- und als Seeschiffe dienen. Der Küstenverkehr zwischen Bremen und Hamburg, der zum größten Teil vom Norddeutschen Lloyd betrieben wird, betrug im Jahre 1903: 666 000 t und stieg im Jahre 1904 auf 721 000 t.

Die Flußschiffahrtsflotte*) des Norddeutschen Lloyds hat sich seit dem Gründungsjahre stetig vergrößert. Im Jahre 1857 besaß er — neben seiner Seedampferflotte — 19 Flußdampfer und 24 Schleppkähne. Zu dem Flußschiffahrtsdienste auf der Weser und demjenigen zwischen Bremen und Hamburg kam später (1899) auch der Flußschiffahrtsbetrieb im Auslande hinzu, zunächst in Asien auf dem Jangtse, später in Bangkok, im Simpson-Hafen u. a. Während sich die Zahl der Flußdampfer bis zum Ende des Jahrhunderts nur um ein geringes vergrößert hat, stieg in den Jahren 1899 bis 1902 — hauptsächlich infolge der Einrichtung der überseeischen Flußschiffahrtsdienste — die Zahl von 24 auf 25, dann auf 44, bis sie jetzt auf 54 angewachsen ist. Rascher nahm die Zahl der Schleppkähne zu: im Jahre 1867 waren es 30 Schleppkähne, im Jahre 1877 42, im Jahre 1887 63, im Jahre 1897 82, im Jahre 1900 116, 1901 146, 1902 155 und beträgt jetzt 165, wozu noch 4 Dampfleichter kommen.

Unter den auf der Weser selbst und im Verkehre von Bremen nach Hamburg verkehrenden Flußdampfern sind 18 Schleppdampfer, 6 Passagierdampfer, 3 Tender, 1 Fährdampfer, 1 Motorboot, 1 Öltankdampfer und 1 Wassertankdampfer und 2 Getreideheber von insgesamt 6417 Registertons. Unter den Kähnen sind 117 Schleppkähne, 12 Kohlenprähme, 1 Proviantkahn und 1 Elevator-Transportkahn von insgesamt 32 100 Registertons, das macht zusammen 164 Fahrzeuge mit 38 517 Registertons.

Eine besondere Aufmerksamkeit hat der Norddeutsche Lloyd dem Schiffstypus der sog. Seeleichter zugewendet, die ihm bei dem eingangs geschilderten Verhältnisse Bremens zu Bremerhaven sehr gute Dienste leisten. Diese Leichterfahrzeuge sind wegen ihrer Bauart imstande, ebensogut die offene See wie die Wasserläufe des Binnenlandes zu befahren, und außerdem können sie, da sie meist in größerer Anzahl durch einen Schleppdampfer geschleppt werden, fast ohne Einschränkung für Frachtzwecke ausgenutzt

---

*) Wir fassen unter diesen Begriff alle diejenigen Schiffe zusammen, die nicht ausschließlich der Seeschiffahrt dienen, also sowohl reine Flußschiffe als auch Fluß- und Seeschiffe.

werden und brauchen zu ihrer Bedienung nur eine geringe Mannschaft. Außer den 131 Leichtern, die der Lloyd in Europa auf der Fahrt zwischen Bremen bezw. Bremerhaven und Hamburg verwendet, um die durch seine Ozeandampfer angebrachte Ladung weiter zu befördern bezw. um ihnen Ladung zuzuführen, beschäftigt er noch 34 weitere Leichter in den Häfen von Hinterindien, wodurch sich die Gesamtzahl derselben auf 165 steigert.

Diese Schleppkähne weisen, entsprechend ihren verschiedenen Zwecken und der verschiedenen Zeit ihres Baues, ganz verschiedene Größenverhältnisse auf. Von den in Bremen und Bremerhaven verwendeten Leichtern haben 5 eine Tragfähigkeit von 130 t, 14 von 200 t, 58 von 300 t, 11 von 400 t, 18 von 600 t, 2 von 700 t und endlich 6 von je 1000 t Tragfähigkeit. Während die kleinsten eine Länge von 30 m und eine Breite von 5 m besitzen, weisen die 26 größten eine Länge von 55 m und eine Breite von 8 und 9 m auf. Die Zahl der Ladeluken schwankt zwischen 1 und 8; die Länge und Breite der Luken geht bis zu 8 bezw. 2,5 m.

Von den 18 Schleppdampfern des Norddeutschen Lloyds, die in Bremen und Bremerhaven stationiert sind und teils für den Fluß- und Hafenverkehr, teils für den Seeverkehr dienen, hat der größte Dampfer etwa 1000, der kleinste etwa 80 I. H. P., die übrigen 200, 350, 400 und 600 Pferdekräfte.

Außerdem beschäftigt der Norddeutsche Lloyd noch in China 4 Flußdampfer, und endlich gehören hierher noch 16 Dampfschaluppen in den verschiedenen auswärtigen Häfen. —

Insgesamt besitzt der Norddeutsche Lloyd zurzeit 223 Fahrzeuge, die der Flußschiffahrt im weiteren Sinne, also dem Flußdienste und dem kombinierten Fluß- und Seedienste dienen, mit einem Raumgehalte von zusammen 52 769 Registertons und neben den 8875 Mann, die er zur Zeit auf seinen Seedampfern beschäftigt, hat er 700 Mann auf seinen Flußschiffen, sodaß die Gesellschaft, die in der breiten Öffentlichkeit fast nur mit ihrem Seeverkehr bekannt ist, mit Recht auch als eine der bedeutendsten Binnenschiffahrtsbetriebe bezeichnet werden kann.

Über die Entwickelung des Fluß- und Seeschiffahrtsverkehrs sowie die in deren Interesse in dem letzten Jahrzehnt gemachten Aufwendungen in Bremen sowie in Vegesack und Geestemünde geben die in der Anlage I zum Abdruck gebrachten ziffermäßigen Aufstellungen näheren Aufschluß.

In besonders bemerkenswerter Weise treten die Beziehungen zwischen Binnenschiffahrt und Seeschiffahrt im Stromgebiete des Rheins hervor.

Zahlreiche Nebenflüsse erschließen hier die Seitentäler und führen der großen Wasserstraße des Rheins Güter aller Art zu. Die erz- und kohlenreichen Bezirke der Sieg, der Lahn, der Dill und der Ruhr auf der einen Seite, die Schiefergebirge mit ihren Steinbrüchen und den Weingebieten auf der linken Seite des Rheins, die waldreichen Landschaften des Schwarzwaldes, des Spessarts und der übrigen mitteldeutschen Gebirge mit ihrem Holzreichtum füllen die Fahrzeuge mit den Erzeugnissen der Heimat. Getreide aus Amerika und Indien, Felle und Häute aus den südamerikanischen Staaten, Farbhölzer und Kolonialwaren aus den verschiedensten Teilen der Welt, Eisenerze aus Schweden, Spanien, Algier, Griechenland und Japan, Kohlen aus England, Hölzer aus Schweden und Norwegen sind die Haupteinfuhrartikel, welche der Rhein an seiner Mündung aufnimmt und den verbrauchenden Städten in Deutschland zuführt. Professor Gothein hat in seiner Geschichte der deutschen Rheinschiffahrt nachgewiesen, wie diese Verkehrsbeziehungen Jahrhunderte alt sind und wie sie sich zum Teil unter dem Einfluß der modernen Fabrikationsmethoden und der gesteigerten Produktion des In- sowohl wie auch des Auslandes entwickelt haben. Die zunehmende Bevölkerung unseres Landes und die Unmöglichkeit, mit unserer Landwirtschaft allein den Bedarf an Zerealien zu decken, lassen mit Sicherheit voraussehen, daß der Rhein als Einfuhrstraße gerade für Getreide in kommenden Zeiten eine stets steigende Bedeutung besitzen wird.

Das gleiche gilt für eine Reihe anderer Güter, wie Holz, Zucker, Petroleum, Kohlen, Koks, Eisen und Stahl, Chemikalien usw.

Die Verbindung von Rheinschiffahrt und Seeschiffahrt, d. h. die Durchführung eines Seeschiffsverkehrs auf dem Rheinstrom neben dem reinen Binnenschiffahrtsbetriebe, hat in den letzten Jahren unter der Führung der Hamburg-Amerika-Linie einen ganz erheblichen Aufschwung genommen. Die genannte Gesellschaft unterhält für diesen Betrieb von Hamburg bis nach Köln eine Reihe von Dampfern.

Die Bedeutung Bremens bedroht in gewissem Maße das alte jetzt verjüngte Emden, für das nach Eröffnung des Dortmund-Ems-Kanals gewaltige Anstrengungen gemacht werden. Handelt es sich doch darum, auch innerhalb Preußens einen Seehafen ersten Ranges an der Nordsee zu schaffen, der der holländischen Rheinschiffahrt gewissermaßen ein Paroli bieten soll. Über die Beziehungen von Seeschiffahrt und Binnenschiffahrt, die der Kanal zeigt, haben wir in den Anlagen eine besondere Zusammenstellung gegeben.

Was den Betrieb auf dem Dortmund-Ems-Kanal selbst anlangt, so liegt dort der Schleppbetrieb fast ausschließlich in den Händen der Westfälischen Transport-Aktien-Gesellschaft mit dem Sitze in Dortmund. Dieselbe besitzt 4 Schleppdampfer, 1 Dampfpinasse, 47 Kähne, zu denen im Laufe dieses Jahres 3 weitere hinzukommen.

Der Verkehr erstreckt sich bislang vorwiegend auf die Ausfuhr von Kohlen und Eisen und auf die Einfuhr von Eisenerzen und Getreide verschiedener Art. Auch hier sehen wir, wie die schwimmenden elektrischen Getreideelevatoren unmittelbar von dem Seeschiff in das Kanalschiff überladen, eine Einrichtung, welche *in* Rotterdam und Genua von den Hafenarbeitern zur Zeit befehdet werden, weil sie die Menschenkraft sozusagen ausschalten.

Wenn sich auch der Verkehr auf dem Dortmund-Ems-Kanale, abgesehen von dem letzten Jahre, wo er bekanntlich durch den Bruch des Oberhauptes der Schleuse zu Meppen mehrere Wochen und zwar grade in der verkehrsreichsten Zeit unterbrochen wurde, sich allmählich steigert, so ist insbesondere der Wettbewerb, welche der Dortmund-Ems-Kanal gegenüber der freien Wasserstraße des Rheins zu bestehen hat, gefährlich. Die holländischen Häfen, welche von dem ungeheuren Rheinverkehre befruchtet werden, ermöglichen eine Niedrighaltung der Hafengebühren, und die holländischen Eisenbahnen durch ihre Refaktien tun das ihrige, um den Verkehr an die Rheinstrecke zu fesseln.

Dazu kommt die Abgabentarifpolitik der Kanalverwaltung.

Wenn auch die preußische Staatsregierung nicht umhin kann, von den künstlichen Wasserstraßen, welche auf Staatskosten gebaut werden, Abgaben zu erheben, so darf billigerweise doch vorausgesetzt werden, daß bei der Bemessung dieser Abgaben nicht allein die starren Grundsätze der Gerechtigkeit, sondern, wie es bei allen Verkehrsmaßnahmen erforderlich ist, der beweglichere Maßstab der Billigkeit und Nützlichkeit zur Anwendung gelange. Eine Verkehrsstraße, welche ursprünglich, trotz aller Ableugnungen, als der Anfang einer deutschen Rheinmündung betrachtet wurde und die infolge des jahrelangen Fehlens des Bindegliedes von Dortmund nach dem Rhein diese Aufgabe allerdings nicht erfüllen konnte, nunmehr unter großen Opfern versucht, einen Verkehr zu entwickeln, so darf doch, ohne daß ein Vorwurf damit verbunden sein soll, das Bedenken ausgesprochen werden, ob nicht die preußische Finanzverwaltung auch auf dem Dortmund-Ems-Kanale mit ihrer Tarifpolitik auf dem falschen Pfade ist. Die erheblichen Aufwendungen, welche insbesondere auch die Städte an dem Kanal, Dortmund, Münster, Leer, Papenburg und Emden gemacht haben und bezw. noch zu machen im Begriffe sind, sind ein Zeugnis dafür, daß auch hier die Überzeugung von der Nützlichkeit einer schiffbaren Wasserstraße für die Hebung der allgemeinen Wohlfahrt, für die Entwickelung der kommunalen Steuerkraft lebendig ist. Wir wollen wünschen, daß diese Hoffnungen nicht durch die von der Staatsregierung eingeschlagene Abgaben-Tarifpolitik enttäuscht werden.

Wenn in den letzten Kanalkämpfen grade einige der Städte am Dortmund-Ems-Kanale und namentlich wieder die Stadt Emden, welche sich unter Leitung einer einsichtsvollen Stadtverwaltung in einem besonders erfreulichen Aufschwunge befindet, in dem Bau des Kanals Rhein-Hannover eine Schädigung ihrer Interessen zu erblicken geglaubt haben, so kann man ihren Bedenken einige Berechtigung wohl nicht absprechen, und ebenso verstehen wir es, wenn im Großherzogtum Oldenburg und an einzelnen Stellen an der unteren Weser, z. B. im Bezirke der Handelskammer zu Geestemünde, dem Mittellandkanal weniger Bedeutung für ihre Interessen beigelegt wird, als dem von manchen Seiten so lebhaft verfochtenen sogenannten Küstenkanal.

Indessen die Verhältnisse sind oft stärker als die Berechnungen der Menschen und auch in Zukunft werden Staat, Kommune, Bürgersinn und industrieller Unternehmungsgeist die größten Gefahren vielleicht auch für das sich bedroht fühlende Emden und den Dortmund-Ems-Kanal abzuwehren wissen.

Die Beziehungen zwischen Seeschiffahrt und Binnenschiffahrt, welche sich grade am Rhein zu bestimmten Unternehmungen verdichtet haben, kommen in markanter Weise durch den Betrieb der Rhein- und Seeschiffahrts-Gesellschaft zu Köln zum Ausdrucke, die fast ausschließlich den durchgehenden Verkehr zwischen Amsterdam-Rotterdam und Mannheim-Ludwigshafen betreibt. Dieses Unternehmen, welches ursprünglich mit einem nicht sehr großen Aktienkapital begründet wurde, hat unter verständiger Leitung gute Erfolge erzielt und dem allgemeinen Zuge der Zeit folgend, eine Verbindung mit anderen am Rheine bestehenden Schiffahrtsunternehmungen angestrebt. Nachdem das Kohlenkontor fast den gesamten Kohlenverkehr am Rheine beherrscht, können, wie es scheint, die reinen Schiffahrtsunternehmungen nur durch eine Vereinigung ihrer Kräfte ihre Wettbewerbsfähigkeit aufrecht erhalten. Die Rhein- und Seeschiffahrtsgesellschaft hat denn auch im Laufe dieses Jahres die Amstel-Rijn-Main Stoomboot-Maatschappy in Amsterdam, welche den Betrieb auf dem Rheine mit 8 Güterschleppbooten und 1 eisernen Leichterschiff betrieb, sowie die Mainzer Reederei-Gesellschaft Thomae, Stenz & van Maetern erworben, die 3 Radschleppdampfer,

Die Entwickelung des Seeverkehrs in den preußischen Ems- und Rheinhäfen in den Jahren 1901 bis 1903 zeigt die nachstehende Tabelle*):

Namen des Hafenplatzes**)		I. Angekommen				II. Abgegangen			
		mit Ladung		in Ballast oder leer		mit Ladung		in Ballast oder leer	
		Zahl der Schiffe	Register-tons	Zahl der Schiffe	Register-tons	Zahl der Schiffe	Register-tons	Zahl der Schiffe	Register-tons
Preußische Häfen überhaupt	1901	66 069	8 120 355	10 068	799 831	53 729	5 847 013	20 364	2 795 340
	1902	66 720	8 437 292	10 026	822 168	55 044	6 213 451	19 858	2 768 083
	1903	68 337	8 656 893	8 379	824 682	56 487	6 183 035	18 530	2 813 768
Davon kamen auf:									
1. Emden ...	1901	1 297	210 162	190	16 813	1 275	112 662	167	111 546
	1902	1 390	291 857	201	44 484	1 397	180 318	191	162 414
	1903	1 501	369 737	271	133 091	1 569	300 493	189	197 161
2. Leer	1901	417	52 026	52	3 666	399	41 277	53	15 154
	1902	355	44 162	57	5 404	334	35 158	44	13 493
	1903	326	40 845	37	3 500	287	25 000	30	10 373
3. Papenburg .	1901	203	34 807	155	2 684	207	8 507	68	12 443
	1902	185	32 129	72	1 620	119	7 233	62	11 733
	1903	246	49 880	62	938	105	6 838	72	20 893
4. Emmerich..	1901	103	28 994	—	—	4	670	—	—
	1902	129	38 273	—	—	117	32 874	—	—
	1903	145	43 696	1	480	209	60 051	—	—
5. Wesel	1901	***)	***)	***)	***)	***)	***)	***)	***)
	1902	104	29 618	—	—	12	3 432	—	—
	1903	128	33 627	—	—	37	11 583	—	—
6. Duisburg ..	1901	233	66 038	—	—	210	62 629	—	—
	1902	246	76 036	—	—	225	71 065	—	—
	1903	290	93 234	2	1 383	257	71 111	2	1 100
7. Uerdingen .	1901	185	49 603	—	—	174	48 875	—	—
	1902	194	52 788	—	—	173	48 345	—	—
	1903	239	68 813	—	—	206	60 115	—	—
8. Düsseldorf .	1901	24	103 916	—	—	293	89 900	1	637
	1902	356	121 887	—	—	304	99 364	6	3 338
	1903	401	139 277	9	3 702	355	113 643	4	2 372
9. Mühlheim (Rhein) ...	1901	99	26 401	—	—	196	64 994	—	—
	1902	97	24 853	—	—	217	73 972	1	689
	1903	126	34 933	—	—	271	89 575	—	—
10. Köln	1901	341	105 106	2	595	339	103 547	1	382
	1902	360	120 983	5	2 145	369	121 963	1	344
	1903	418	146 558	4	1 895	417	142 794	1	196

*) Vergl. „Statistisches Jahrbuch für den Preußischen Staat", 1. Ausgabe von 1903 und 2. Ausgabe von 1904) — **) Aufgeführt sind hier nur diejenigen Häfen, welche einen Verkehr von m e h r als 25 000 Registertons im Jahre aufweisen. — ***) Angaben fehlen.

3 Schraubenschleppboote, 19 Güterschleppboote und 1 Leichterschiff besaß. Endlich ist auch die Flotte der Kölnischen Dampfschiffahrts-Gesellschaft in Köln auf die genannte Gesellschaft übergegangen, so daß das Unternehmen nunmehr als ein außerordentlich bedeutsames erscheint. Es werden demnach für deren Betrieb im ganzen 4 Rheinseedampfer, 17 Güterschraubendampfboote, 4 Radschleppboote, 6 Schraubenschleppboote, 53 Schleppkähne und 6 Betriebskohlentransport- und Leichterschiffe der Gesellschaft zur Verfügung stehen. Sie wird nunmehr einen regelmäßigen Güterverkehr zwischen Köln-London, Köln-Amsterdam, Köln-Antwerpen, Köln-Rotterdam, Ruhrort-Köln-Mannheim-Karlsruhe-Frankfurt a. M., Rotterdam-Mainz-Frankfurt-Mannheim, Antwerpen-Mainz-Frankfurt-Mannheim und Amsterdam-Mainz-Frankfurt-Mannheim unterhalten.

Wir sehen hier, wie das Vorhandensein einer großen allezeit schiffbaren Wasserstraße für die Entwickelung des nationalen und internationalen Güteraustausches auch im Seeverkehr bedingt. —

Wir geben nebenstehend eine statistische Aufstellung des Seeschiffahrtsbetriebes in den preußischen Ems- und Rheinhäfen.

Der direkte Überseeverkehr von Duisburg, Köln und Ruhrort in den Jahren 1898—1903 betrug*):

Jahr	Duisburg	Köln	Ruhrort
	t	t	t
1898	52 757	84 890	—
1899	76 329	98 902	33 457
1900	34 727	95 979	24 524
1901	55 854	94 477	29 204
1902	59 339	94 806	26 880
1903	31 602	97 139	26 112

Der Schiffbau.

In alten Chroniken finden wir Abbildungen von Kriegs- und Handelsschiffen aus früheren Jahrhunderten, die unser Erstaunen erregen wegen ihrer technischen Ausgestaltung, aber auch wegen der Kunst des Menschen, welche mit ihren geringen technischen Hilfsmitteln den Kampf mit Sturm und Wellen

---

*) Siehe Jahresbericht der Handelskammer zu Duisburg für 1904 (ausgegeben 1905).

auf hoher See bestanden. Die Menschenkraft, welche den Wind unterstützen oder ganz ersetzen mußte, ließ naturgemäß einen großen Typus der Fahrzeuge nicht zu. Die Vervollkommnung der Kunst des Segelns ermöglichte die Wahl größerer Maße und endlich brachte die Erfindung der Dampfmaschine, wie bekannt, in der See- und Binnenschiffahrt eine neue ungeahnte Entwickelung in Bezug auf die Ausdehnung des Raumes bei den Fahrzeugen und in Bezug auf die Verkürzung der Zeit bei der Fahrtdauer. Das erste Dampfschiff, welches uns in Abbildungen noch erhalten ist, stellt erst einen schüchternen Versuch dar, die neu entdeckte Kraft auch dem Wasserverkehr dienstbar zu machen. In den letztverflossenen drei Menschenaltern hat aber die Verwendung der Dampfkraft wohl nirgends eine solche Entwickelung genommen wie in der Schiffahrt. Hier beobachten wir ein Wachsen der Körper zu großen Kolossen, die, wie die letzthin vom Stapel gelassene „Auguste Victoria“, uns mit hoher Bewunderung erfüllen.

Die Segelschiffahrt mußte notwendigerweise gegenüber der Dampfschiffahrt immermehr in den Hintergrund treten, wenn sie auch heute noch wie in der Binnen-, so auch in der Seeschiffahrt eine wichtige Aufgabe erfüllt.

Die Schnelligkeit der Beförderung ist heute ein wesentlich wirtschaftliches Moment. In der Zeit des Telegraphen und des Telephons, wo die Waren oft gehandelt werden, ehe man sie in Besitz hat, wo bei der Größe des Schiffsgefäßes die Ladung oft ein ganzes Vermögen darstellt, ist jede Woche, jeder Tag, den sie auf dem Wasser schwimmt, ein bedeutsamer Verlust.

Die zunehmende Größe der Schiffsgefäße ist aber nicht allein durch die Rücksicht auf die Heranziehung von Frachtmengen bedingt, sondern noch weit mehr durch die Rücksicht auf die Rentabilität des Schiffahrtsbetriebes an sich; der größere Raumgehalt, die größere Ladefähigkeit der Fahrzeuge, die somit zu bewältigenden größeren Frachtmengen, die Möglichkeit der Übernahme großer geschlossener Ladungen und die sich daraus meist ergebende schnellere Be- und Entladung sind meist ebenso wichtig wie die geschäftliche Tüchtigkeit des Unternehmers. Gleiches gilt von der Reisedauer. Die Generalunkosten vermindern sich mit der Zunahme der Ladefähigkeit und mit der Beschleunigung der Fahrzeit verhältnismäßig in höherem Grade und so führen die neuzeitlichen Ansprüche des Handels und der Wettbewerb der einzelnen Schiffahrtsunternehmungen unter einander zur steten Veränderung und Vervollkommnung der Betriebsmittel, der Fahrzeuge, ja sogar zu einer besonderen Gestaltung der Schiffstypen.

Wie die gesteigerten Ansprüche an Schnelligkeit und Verkehrssicherheit den Schiffahrtsbetrieb in den letzten dreißig Jahren wesentlich beeinflußt haben, so ist auch der Schiffbau von diesen Einwirkungen nicht unberührt geblieben.

Die älteren und kleineren Fahrzeuge, die wir auf unseren Strömen sehen, bestehen aus Kiefern- und Tannenholz, die Vorderteile aus Eiche.

Eine Eigentümlichkeit in der mittel- und ostdeutschen Binnenschiffahrt sind die noch zahlreich in Gebrauch befindlichen kleineren Fahrzeuge von geringerer Tragfähigkeit (etwa finowmäßiger Größe). Diese werden meistens in Böhmen aus Tannenholz erbaut, wo die Arbeitslöhne niedrig und die Rohstoffe billig sind. Sie kommen meist gelegentlich mit Obstladungen nach Berlin und werden hier nach der Entlöschung zum Verkauf gestellt. Der Unterschied dieser böhmischen Fahrzeuge, sog. Zillen, gegenüber den deutschen Schleppkähnen zeigt sich schon darin, daß eine solche Zille nach drei bis vier Jahren vollständig „verfahren" ist, wie der schiffahrtliche Ausdruck lautet, und durch ein neues Fahrzeug ersetzt werden muß, während ein gutes Fahrzeug, welches nach deutscher Art aus Kiefernholz und mit eichenem Steven gebaut ist, nach Vornahme entsprechender Ausbesserungsarbeiten, die in gewissen Zwischenräumen erforderlich sind, eine Betriebsdauer von 10, 15, ja bis 20 Jahren erreichen kann.

Aber auf den offenen Strömen und für Fahrzeuge von größerer Tragfähigkeit ist diese Bauweise nicht zu verwenden und für die Beförderung hochwertiger Warengüter werden Zillen von 3—4 jährigem Alter von den Transportversicherungsgesellschaften meist schon nicht mehr zugelassen, d. h. klassifiziert.

So ist denn auch in der Binnenschiffahrt am Rhein, auf der Weser, auf Elbe und Oder der Schiffbau allmählich vom Holzschiff zum stählernen Fahrzeug übergegangen. Die Notwendigkeit, den Betrieb möglichst lange auch bei ungünstigerem Wetter aufrecht zu erhalten, die größere Verkehrsdichtigkeit auf unseren Strömen und Kanälen, die Rücksichten auf die größere Ladungsfähigkeit, die höheren Ansprüche der Versicherungsgesellschaften, alle diese Umstände haben dazu geführt, daß die Grundsätze, welche für den Bau der Seeschiffe gelten, schließlich, wenn auch in entsprechend abgeschwächter Form, auch auf die Binnenfahrzeuge übertragen wurden.

Die ersten Flußfahrzeuge, welche die Werft von Caesar Wollheim in Kosel bei Breslau erbaute, sind noch in gemischtem Bau, d. h. mit Holzboden und eisernen Borden ausgeführt. Schon hierbei wurden aber ähnliche Normalien, wie für den Seeschiffbau aufgestellt, angewandt.

Namentlich aber hat sich eine solche Wechselwirkung auch gezeigt in der Entwickelung unserer Flußdampfschleppschiffe, bei denen es sich um die Weiterführung von Transporten handelt, die seewärts einkommen. Hier mußten wir bis vor wenigen Jahren noch Dampfer von 400 bis 450 Pferdekräften als die leistungsfähigsten betrachten. Heute sehen wir Dampfschiffe von 600 bis 700 Pferdekräften, und diese Steigerung der Schleppfähigkeit ist noch nicht abgeschlossen. Je größere Gütermengen das Seeschiff heranbringt, je schneller es entladen werden muß, umso größere Binnenschiffsfahrzeuge sind erforderlich, um das Gut aufzunehmen, und umso leistungsfähigere Dampfschiffe sind wieder notwendig, um diese beladenen Binnenschiffahrzeuge aus dem Seehafen fortzuführen.

Die Oderschiffahrt, die in doppelter Beziehung mit der Seeschiffahrt in Verbindung steht, über die untere Oder mit Stettin und über den Oder-Spree-Kanal, die Havel und die Elbe mit Hamburg, hat ein erhöhtes Interesse daran, sich ihre Leistungsfähigkeit im Wettbewerb mit der Eisenbahn zu bewahren, und zwar, indem sie sich bemüht, der Seeschiffahrt dienend an die Seite zu treten. Je größere Transport- und Bugsiermittel die Oderschiffahrt zur Verfügung stellen kann, umsoweniger wird die Eisenbahn in der Lage sein, auf die Dauer erfolgreich mit ihr zu konkurrieren, wenn nicht durch ausnahmsweise verbilligte Tarifsätze Gewaltmaßregeln angewandt werden. Die Binnenschiffahrt wird bei rationellem Schiffbau vor der Eisenbahn immer den Vorzug voraus haben, daß bei ihr die Entladung mit einer unverhältnismäßig viel größeren Schnelligkeit vor sich gehen kann. Ein großer Seedampfer kann in erheblich kürzerer Zeit seine Ladung in längsseit liegende große Flußschiffe löschen als dies durch Eisenbahnwaggons möglich ist. Es bedarf also die Eisenbahn zur Bewältigung von Massenausladungen eines erheblich größeren Aufwandes als die Flußschiffahrt, sowohl an Zeit als auch an Raum.

Dazu treten noch die Mehrkosten für Kai-, Gleis- und Krananlagen. Nach den Angaben von Direktor Rischowsky-Breslau kann die Oderschiffahrt dank dem heutigen Schleppmaterial gegenüber einer früheren Menge von 600 bis 1000 t heute 2000 t in einem Zuge bis Kosel, dem Endpunkt der Oderschiffahrt,*) hinaufschleppen, ohne die durch die strom-

---

*) Für die Oderschiffahrt kommen von denjenigen Massengütern, welche mit Seeschiffen eingehen und in Stettin und Hamburg in die Flußschiffe übernommen werden, namentlich Kupfer, Petroleum, Mineralöle, Schwefel, Zink und Eisenerze in Betracht, während umgekehrt besonders Zink und Blei aus dem oberschlesischen Hüttenbezirk den Seedampfern zugeführt werden. Auf dem unzulänglichen Klodnitz-Kanal, dessen Ausbau die preußische Staatsregierung leider nicht zu beabsichtigen scheint, betragen diese Gütermengen immerhin zu Tal etwa 20 000 t und zu Berg etwa 12 500 t im Jahre.

polizeilichen Vorschriften begrenzte Anzahl der Anhänge zu überschreiten. Diese Steigerung der Leistungsfähigkeit ist, wie Rischowsky richtig bemerkt, wiederum ein deutliches Zeichen der Wechselwirkung zwischen See- und Flußschiffahrt.

Aber auch abgesehen von dem Material, das bei dem Schiffbau zur Verwendung kommt, zeigt sich auch in der Bauart und in den Verwendungszwecken ein fortschreitendes Hinübergreifen von der Seeschiffahrt zur Binnenschiffahrt. Das hängt insbesondere damit zusammen, daß sich aus den oben dargelegten Gründen für die an den Mündungen unserer großen Ströme gelegenen Seeplätze im Laufe der Zeit die Notwendigkeit ergab, den Seeverkehr durch die Aufsuchung der Binnenschiffahrtsplätze zu ergänzen.

Eine besonders in die Augen fallende Erscheinung ist gerade hier die Herstellung der Petroleumtankschiffe, welche wir auf den deutschen Strömen verkehren sehen, die das Petroleum unmittelbar von den Seestädten ins Binnenland befördern. Auch sie sind vollständig nach dem Muster von Seeschiffen konstruiert.

Weit wichtiger aber sind die Seeleichter, die gewissermaßen die Mitte zwischen Seeschiff und Binnenschiff halten und über die in dem Abschnitt über die Rhein-Seeschiffahrt näheres berichtet wird.

Daß Seeschiffahrt und Binnenschiffahrt bezüglich des Schiffbaues die von Renner*) behauptete Gegensätzlichkeit und Verschiedenartigkeit keineswegs aufweisen, zeigt sich schon äußerlich darin, daß die meisten Schiffswerften des Deutschen Reiches an den Seeplätzen, wo auch eine nennenswerte Binnenschiffahrt besteht, sowohl Seeschiffe als Flußschiffe bauen. So haben sich denn auch in den 37 deutschen Schiffswerften, die sich zum Verein deutscher Schiffswerften zusammengeschlossen haben, Seeschiffbau und Binnenschiffbau zur gemeinsamen Vertretung ihrer Interessen verbunden.

Die in diesem Verein vereinigten Werften erbauten in den letzten Jahren:

1899: 318 Fahrzeuge mit 256 958 t
1900: 314   „   „ 237 181 „
1901: 309   „   „ 254 487 „
1902: 421   „   „ 291 153 „
1903: 341   „   „ 227 124 „

---

*) Seeschiffahrt und Binnenschiffahrt. Berlin 1901. A. Troschel.

Allerdings ist die Produktion der beiden Schichauschen Werften in Danzig und Elbing sowie die einer kleineren Hamburger Werft in dieser Zusammenstellung nicht mit einbegriffen.

Außer diesen 37 in dem Verein deutscher Schiffswerften vereinigten Schiffbauplätzen bestehen in Mitteldeutschland, namentlich am Main, an der Elbe, Oder und im Stromgebiet der Märkischen Wasserstraßen, noch eine Reihe kleinerer Schiffsbauunternehmungen, die von Kahnbaumeistern in handwerksmäßiger Weise betrieben werden. Bei diesen kleineren Anstalten ist der Bau neuer Fahrzeuge allerdings in den letzten Jahrzehnten wegen der gesteigerten Ansprüche, welche an die Binnenschiffahrt gestellt werden, mehr und mehr zurückgegangen; sie führen jetzt vorwiegend nur noch Aus-besserungsarbeiten aus, welche ihnen allerdings als ein dankbares Gebiet ver-blieben sind. —

Bei dem Verbrauche an Schiffsbaumaterialien aus Eisen und Stahl, an Schiffsblechen und an Profilstahl einschließlich Stabeisen ist besonders bemerkenswert, daß der Anteil, den das ausländische Fabrikat an diesen Lieferungen hat, in den letzten Jahren außerordentlich zurückgegangen ist, sodaß wir heute vor der erfreulichen Tatsache stehen, daß der deutsche Schiffbau sich, soweit eiserne und stählerne Schiffe in Betracht kommen, vor-zugsweise deutschen Materials bedient.

In der Zeitschrift Schiffbau ist neulich darauf hingewiesen worden, daß die Engländer zuerst mit dem Bau von eisernen Flußschiffen vorgegangen sind. Die Entwickelung der Eisenerzeugung in Deutschland und unsere Emancipation von England in Bezug auf die Herstellung von Eisen und Stahl hat aber gerade wie im Brückenbau so auch im Schiffbau eine bemerkenswerte Um-wälzung zu Wege gebracht.

Dadurch, daß man das Holz durch Eisen ersetzte, hat man aber zwei wichtige Vorteile erzielt, indem man einmal die tote Last zugunsten der Nutzlast verminderte und dann insbesondere eine große Festigkeit der Ver-bände und damit eine größere Widerstandsfähigkeit des Fahrzeuges herbeiführte.

Wie in der Seeschiffahrt, so gehört auch in der Binnenschiffahrt die Zu-kunft unbestritten dem Eisen in Bezug auf das Material und der möglichst größten Tragfähigkeit in Bezug auf den Raum.

Der Ausbau des Fahrwassers und die Anlage von Häfen in ihrer Einwirkung auf die Entwickelung von See- und Binnenschiffahrt.

Die Vorbedingung für die Ausübung der Schiffahrt ist das Vorhandensein eines geeigneten Fahrwassers und für die Rentabilität des Schiffahrtsbetriebes die Gelegenheit zu möglichst bequemer und ausgiebiger Benutzung desselben.

Diese Gelegenheit bieten an den Hauptverkehrspunkten die Häfen. Während die Herstellung des erforderlichen Fahrwassers auf der freien Binnenstraße in der Regel Sache der Staatsverwaltung ist, liegt die Anlage

Querschnitt durch den Kronprinzen-Kai in Hamburg mit dem Dampfer „Graf Waldersee".

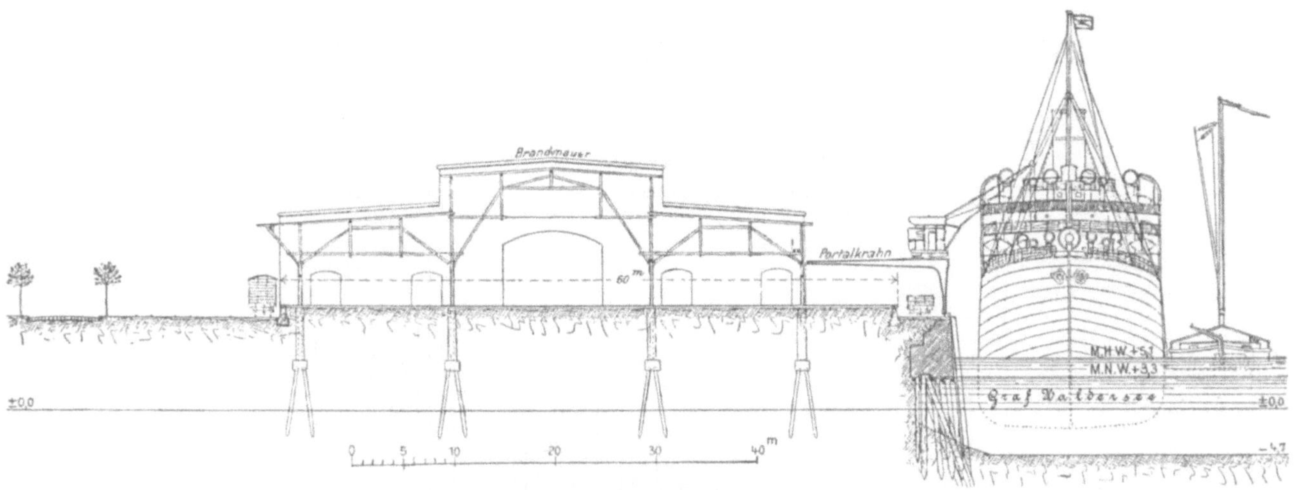

Fig. 1.

der Häfen jetzt durchweg den Gemeinden ob, die zunächst Vorteile aus dem Schiffahrtsverkehr für sich erwarten. In den großen Seeplätzen aber fallen oft beide Aufgaben der Schiffahrt mittelbar oder unmittelbar zu.

Der an anderer Stelle besprochene Wettbewerb der einzelnen Schiffahrtsplätze unter einander hat nun zur Folge, daß die größeren Kommunen sich gegenseitig zu überbieten suchen in der bestmöglichsten Ausgestaltung ihrer Hafen- und Umschlagseinrichtungen.

Aber auch ein anderer Umstand zwingt sie dazu, stets auf der Bresche zu stehen und die Zeichen der Zeit aufmerksam zu verfolgen und im gegebenen Augenblick zu handeln, wenn anders sie nicht von dem klügeren Wettbewerber überholt werden wollen: es ist die zunehmende Größe der Wasserfahrzeuge.

Verhältnis der Baggerungen
zu dem Tiefgang der eingelaufenen Schiffe
in den Jahren 1854–1904
Schiffe
2 500
2 000
1 500
1 000
500
0
Anzahl der Schiffe, welche mit einem Tiefgang von 5,4 m und mehr in den Hafen kamen, ohne zu leichten.
Anzahl der Schiffe, welche geleichtet haben.
1854 | 1866 67 | 1873 74 | 1883 84 | 1893 94 96 97 | 1902
Kubikmeter
3,5 Mill.
3,0 Mill.
2,5 Mill.
2,0 Mill.
1,5 Mill.
1,0 Mill.
0,5 Mill.
0
Umfang der Baggerungen
nach den Jahresmengen.
1854 | 1866 67 | 1873 74 | 1883 84 | 1893 94 96 97 | 1902 | Jahr
0,073 | 0,154 | 0,287 | 0,508 | 0,276 | 1,429 | Mill. Kubikmeter

Fig. 2.

Tiefgang der Schiffe,
welche bei normalen Flutverhältnissen den Hafen erreichen konnten, ohne zu leichten.
Tiefgang.
4 m
5 m
1852 | 1860 | 1870 | 1880 | 1890 | 1900 | 1904
Tiefgang.
4 m
5 m
6 m
7 m
8 m

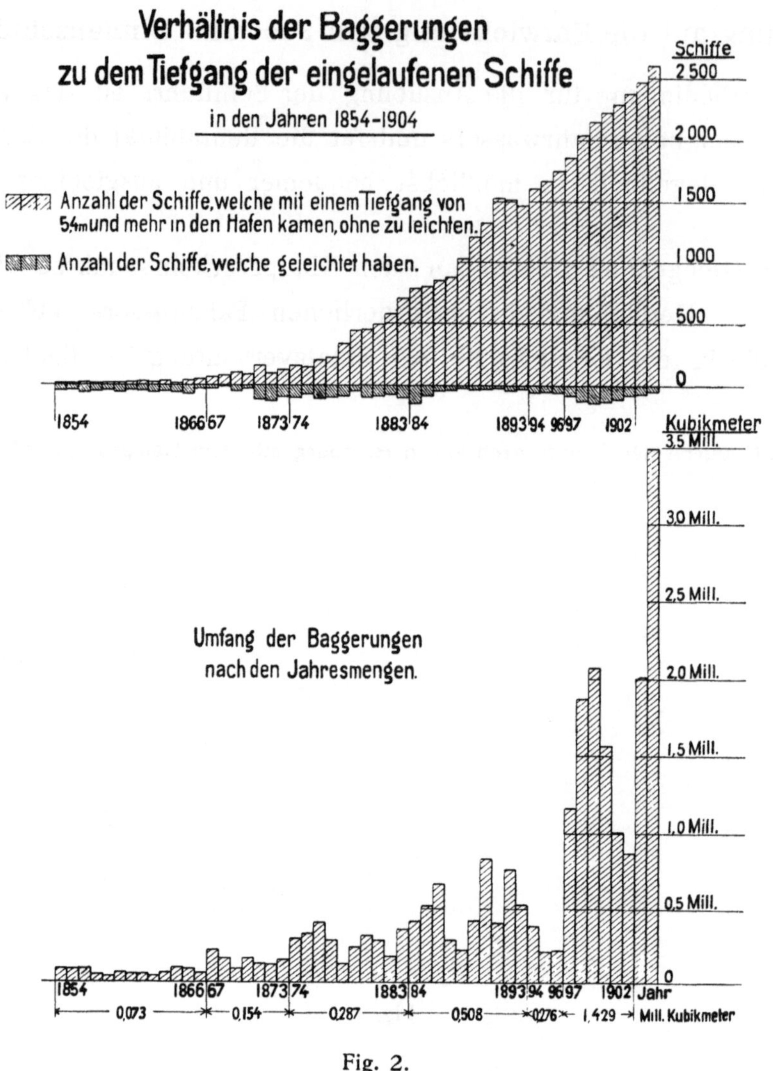

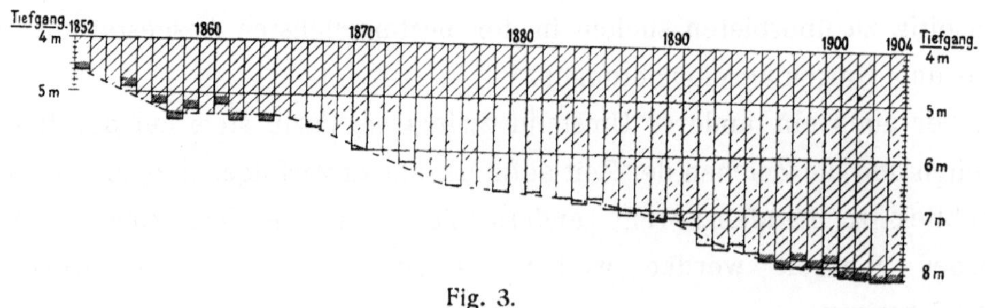

Fig. 3.

Die ständige Vergrößerung unserer großen überseeischen Dampfer setzt voraus, daß die Seehäfen diese Schiffsungetüme aufnehmen können. Während z. B. in Neapel der ganze Umschlagsverkehr und selbst in Genua der größere Teil durch Leichter bewerkstelligt werden muß, ist es das Bestreben unserer großen Seeplätze in Nordeuropa gewesen, das Herankommen der größten Seeschiffe bis an die Ladeplätze selbst zu ermöglichen. Noch kann Bremen trotz andauernder Verbesserungen in den letzten Jahren nicht den gesamten Seeverkehr in seinen eigenen Mauern abwickeln; es ist noch genötigt, in dem über 67 km nördlich gelegenen Bremerhaven die größten Seeschiffe zu laden und zu löschen und die Güter auf Leichtern nach Bremen zu befördern. Da aber in der heutigen Zeit durch den scharfen Wettbewerb Aller gegen Alle, durch den Eintritt zahlreicher neu aufstrebender Länder in der Weltwirtschaft in den meisten Massengütern eine außerordentlich gedrückte Frachtlage herbeigeführt ist, bleibt nur derjenige Betrieb wettbewerbsfähig, der die billigsten Selbstkosten aufweist. Die ungeheure Entwickelung von Hamburg ist nicht zum mindesten darauf zurückzuführen, daß dort die größten Seeschiffe bis zu [8,5 m — Ende dieses Jahres sind es 9,5 m — Tiefgang die Elbe hinaufkommen und sozusagen unmittelbar in die Eisenbahn, das Flußschiff oder den großen Speicher entlöschen bezw. umgekehrt hier ihre Güter empfangen können.

Der Hamburger Wasserbaudirektor Geheimrat Bubendey hat in seinem am 14. März im Zentral-Verein für Hebung der deutschen Fluß- und Kanalschiffahrt gehaltenen Vortrag*) anschaulich dargelegt, wie die fortschreitende Vertiefung des Fahrwassers der unteren Elbe eingewirkt hat auf die Zahl der Seeschiffe, welche, ohne zu leichtern, bis Hamburg herankommen konnten, und ebenso, wie parallel hiermit der Schiffsverkehr überhaupt gewachsen ist. (Fig. 2, 3, 4 und 5.)

Wir lassen noch eine Abbildung folgen (Fig. 6), welche die Zunahme des Seeschiffsverkehrs in den einzelnen Perioden der Hafenvertiefungen und die Zunahme der durchschnittlichen Tragfähigkeit und Ladung der Flußschiffahrtsfahrzeuge in Hamburg erkennen lassen.

Über die Bestrebungen, auch für Stettin, das seit mehr als einem Menschenalter unter dem starken Wettbewerb der glücklicheren Nordseestadt Hamburg empfindlich leidet, die untere Oder durch Vertiefung des Fahrwassers Seeschiffen von 8 m zugänglich zu machen, von D a n z i g, wo die

---

*) Vergl. „Zeitschrift für Binnenschiffahrt". XI. Jahrgang, Heft 10.

Vertiefung der Weichselmündungen für Seeschiffe bis zu einem Tiefgang von 7 m bewerkstelligt ist, und von den in Königsberg in den letzten Jahren vorgenommenen Arbeiten, um das gleiche Ziel zu erreichen, ist oben bereits gesprochen worden.

Für das Hamburg gegenüberliegende preußische Harburg, das gleichfalls einen schwierigen Stand gegenüber dem mächtigen Nebenbuhler hat,

Entwickelung des Seeschiffahrtsverkehrs in den verschiedenen Perioden der Vertiefung des Fahrwassers im Hamburger Hafen.

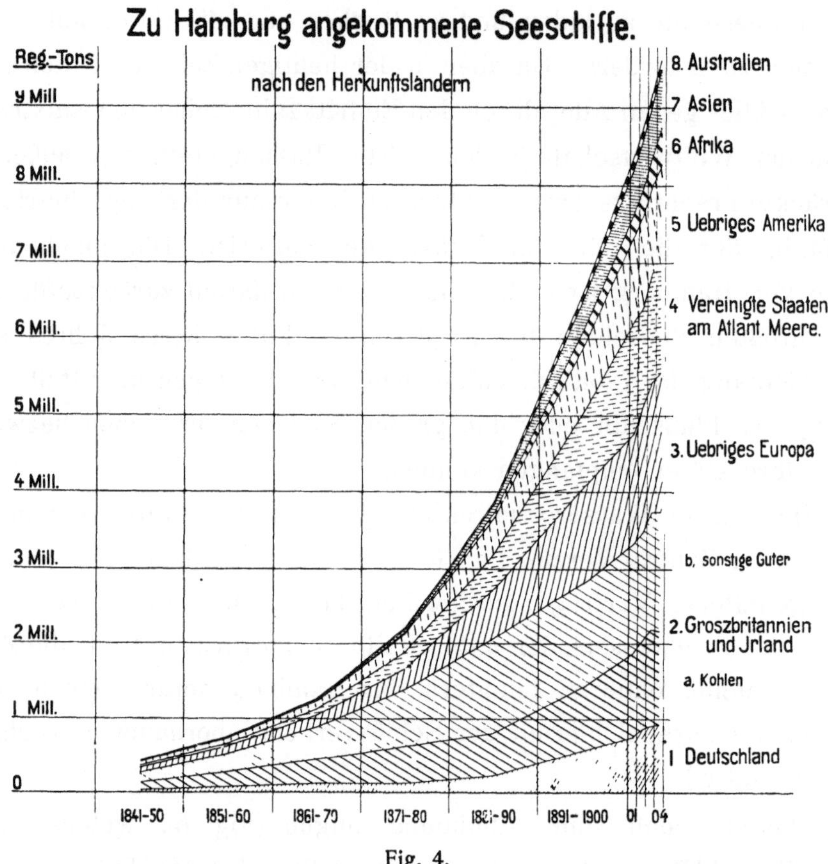

Fig. 4.

werden zurzeit große Anstrengungen gemacht, um ihm seine Stellung in der Elbschiffahrt zu sichern. Die Staatsregierung baut dortselbst einen Tidehafen, welcher durch seine Einheitlichkeit und Zweckmäßigkeit alle vorhandenen Häfen übertreffen zu sollen scheint. Wenn auch das ursprüngliche Projekt wesentlich eingeschränkt worden ist, um erst die Fähigkeit der neuen Anlage zu erproben, so sind doch schon jetzt vier Hafeneinschnitte vorgesehen, von denen der erste Teil im Jahre 1906 bereits dem Verkehr übergeben werden

Entwickelung des Seeschiffahrtsverkehrs in Hamburg in den Jahren 1870—1904.

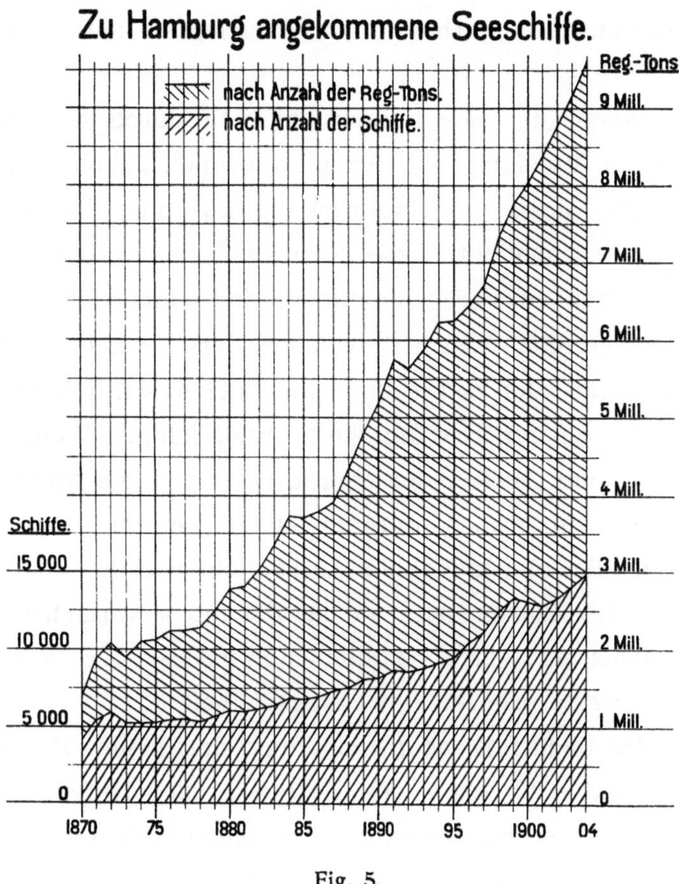

Fig. 5.

Entwickelung der durchschnittlichen Tragfähigkeit und tatsächlichen Ladung der Flußschiffe im Verkehr auf der Hamburger Ober-Elbe.

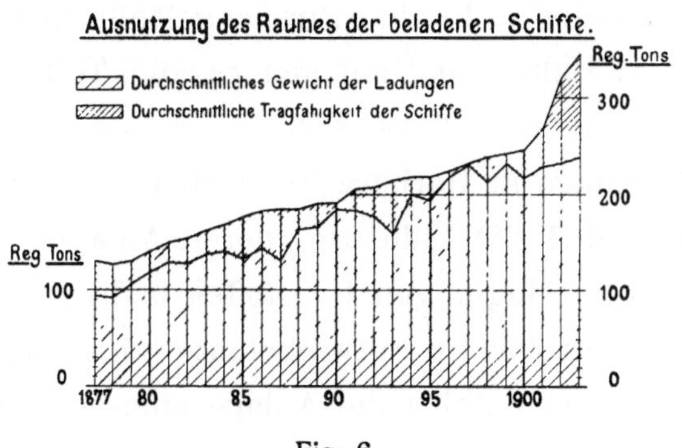

Fig. 6.

soll. Die Staatsregierung hat hier in den letzten 50 Jahren für die Verbesserung der Hafenanlagen im ganzen 5 Millionen Mark aufgewendet, aber diese verschiedenen Hafenverbesserungen genügten dem gesteigerten Bedürfnis nicht.

Aber nicht allein der Seeverkehr hat sich durch die Vertiefung des Fahrwassers an der Mündung der Ströme merklich gehoben, sondern Hand in Hand damit ging auch die Rückwirkung auf die Binnenwasserstraßen. Für Hamburg veranschaulicht diese Entwickelung das Diagramm (Fig. 6). Hierbei ist allerdings zu berücksichtigen, daß einmal im Jahre 1895 der Oder-Spree-Kanal eröffnet wurde, welcher den Verkehr von der oberen Oder nach der Spree, der Havel und der Elbe wesentlich erleichterte und Schiffsgefäße von größerer Tragfähigkeit ermöglichte. Weiter fällt in die letzten Jahre auch der Ausbau der oberen Oder und die Anlage des Hafens zu Kosel, wodurch ein großer, durchgehender Verkehr von Oberschlesien nach der unteren Elbe und umgekehrt ermöglicht wurde.

Nachdem die Bevölkerung sich um das Zehnfache vermehrt hat, erwiesen sich die vorhandenen Anlagen als zu klein und insbesondere die Entwickelung der Industrie erforderte größere Bewegungsfreiheit.

Wie groß das Bedürfnis nach Schaffung der neuen Hafenanlage war, beweist der Umstand, daß nach der letzten großen Hafenerweiterung 1890 bis 1893, gleich nach der Fertigstellung der neuen Hafeneinschnitte, das angrenzende Gelände auf eine lange Reihe von Jahren für Industrie- und Handelszwecke verpachtet wurde und sich hier die Anlagen mit 25 v. H. verzinsten.

Auch für die neuen Hafeneinschnitte, welche in einer Länge von 550 bezw. 650 bezw. 800 und 1000 Meter ausgeführt werden sollen, wird eine vollständige Ausnutzung durch die Zunahme des Verkehrs erwartet. Die gesamte Grundfläche des Hafengeländes wird für den ersten Teil 121 und für den zweiten erst später auszuführenden Teil 64 Hektar umfassen, wobei als nutzbare Fläche, d. h. ohne Straßengelände und Umschlagsanlagen, auf den ersten Teil 54 Hektar und auf den zweiten Teil 32 Hektar Oberfläche entfallen.

Die neue Hafenanlage in Harburg kann aber ohne Zweifel nur dadurch ihren Zweck erfüllen, daß die Industrie, deren Anlagen man erwartet, sich der Flußschiffahrt als Zubringer von Rohstoffen bedient.

Auch Bremen plant behufs Entwickelung seiner Ausfuhrindustrie und zur Hebung der Oberweserschiffahrt die Anlage eines großen Binnenschiffahrts-Kanalshafen, dessen Gesamtkosten 15 Millionen Mark betragen. Nachdem das von dem leider zu früh verstorbenen Franzius entworfene großzügige Projekt jetzt die Genehmigung von Senat und Bürgerschaft gefunden hat, und die bevorstehende Ausführung des Kanals vom Rhein zur Weser und bis Hannover ohne Zweifel auch eine außerordentliche Steigerung des Verkehrs auf der Weser erfahren wird, erweckt das Projekt unser Interesse umsomehr, als Bremen mit dessen Ausführung glaubte dem bewährten Beispiele Harburgs und Hamburgs folgen zu müssen. Wir lassen den Plan (Fig. 7) hier folgen.

Lageplan zu dem Kanalprojekt der Stadt Bremen.

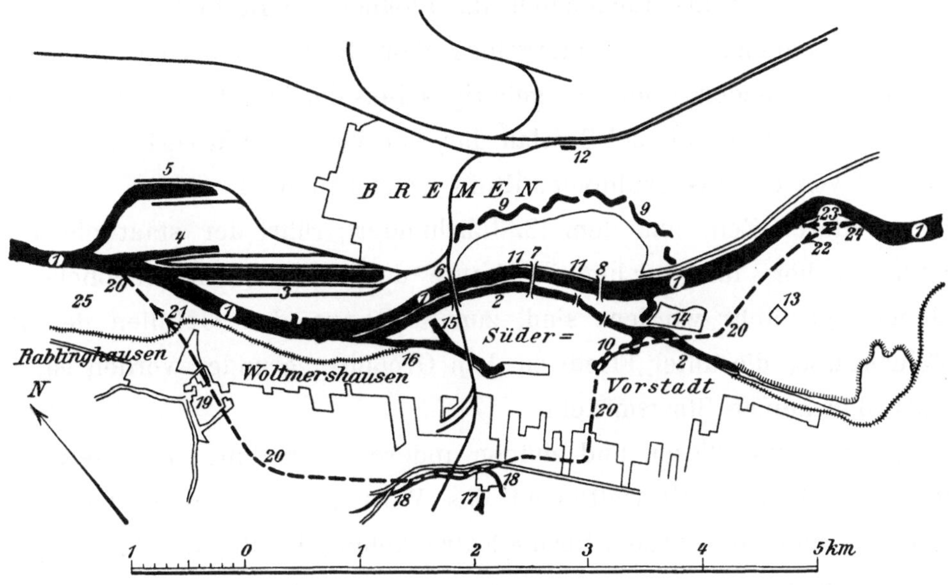

Fig. 7.

Erklärung der Zeichen:

1. Weserstrom. — 2. Alte Weser. — 3. Freihafen I. — 4. Winterhafen, Freihafenbassin II. — 5. Fabrikenhafen. — 6. Eisenbahnbrücke, an die sich auf dem rechten Flußufer nach Westen die Kaianlage des Weserbahnhofes an schließt. — 7. Kaiserbrücke. — 8. Große Weserbrücke. — 9. Stadtgraben. — 10. Reste desselben. — 11. Schlachte. — 12. Bahnhof. — 13. Kuhhirt. — 14. Wasserwerk. — 15. Alter Sicherheitshafen. — 16. Alter Holzhafen. — 17. Hakenburg. — 18. Hakenburger See. — 19. Kamphof. — 20. Projektierte Kanallinie. — 21. Schleuse an der Unterweser. — 22. Schleuse an der Oberweser. — 23. Kanal und Schleuse am Endpunkt der Oberweserkorrektion. — 24. Gemeinsame Mündung in die Oberweser. — 25. Rablinghauser Groden, für Erweiterung der Seehafenanlagen bestimmt.

Auch bezüglich der Binnenschiffahrt haben zu ihrer Entwickelung in erster Linie die von den staatlichen Bauverwaltungen ausgeführten Verbesserungen des Fahrwassers beigetragen, wenn sie auch in vielen Stromgebieten, wie namentlich am Ober- und Niederrhein, an der oberen und mittleren Oder sowie an der Weichsel zumeist und jedenfalls im gleichen Maße im Interesse der anliegenden landwirtschaftlichen Grundstücke erfolgt sind.

Dazu kommt aber die Tätigkeit der Gemeinden, die an einzelnen

Strömen ganz bedeutsame Aufwendungen für die Errichtung von Häfen gemacht haben. Die preußische Staatsregierung hat im Gegensatz zu der Königlich Sächsischen, der Königlich Bayerischen und der Großherzoglich Badischen Staatsregierung den Grundsatz aufgestellt, nur diejenigen Häfen auf ihre Kosten zu bauen, welche der Schiffahrt und Flößerei Schutz vor Eisgang und Hochwasser zu bieten bestimmt sind. Dagegen hat sie den Bau von Häfen, welche dem regelmäßigen Verkehr dienen sollen, seit vielen Jahrzehnten den anliegenden Stadtgemeinden überlassen. Eine Ausnahme ist gemacht bei dem Hafen in Bromberg und dem großen Holzhafen in Thorn, die allerdings auch als Liegehäfen für Floßholz in Betracht kommen und durch die Erhebung eines Lagergeldes dem Staate dauernde Einnahmen einbringen. Ein anderes hierher gehöriges Beispiel bietet der im Jahre 1896 eröffnete Hafen zu Kosel bei Breslau dar, der von der Wasserbauverwaltung erbaut und von der Eisenbahnverwaltung betrieben wird.

Aus älterer Zeit, aus dem 18. Jahrhundert, rührt der staatliche Hafen zu Ruhrort her, für welchen im Laufe der Jahre ganz erhebliche Aufwendungen gemacht worden sind, zum Teil aus den Gefällen der Ruhr schiffahrtskasse, die unter Friedrich dem Großen gegründet worden ist, zum Teil aus allgemeinen Stastsmitteln.

Abgesehen von diesen und einigen anderen Ausnahmen muß gerade am Rhein den städtischen Verwaltungen das Verdienst zuerkannt werden, mit weitem Blick und offener Hand für die Entwickelung der Binnenschiffahrt Sorge getragen zu haben.

Die Städte Karlsruhe, Mainz, Frankfurt a. M., Straßburg, Köln, Düsseldorf, Krefeld und Duisburg haben zur Anlage neuzeitlicher Häfen ganz erhebliche Anleihen aufnehmen müssen. Nach einer Zusammenstellung*) der Handelskammer zu Düsseldorf beziffert sich das Anlagekapital der Hafenanlagen einiger rheinischen Städte auf folgende Werte:

Karlsruhe	. . . .	5 658 000 M.
Worms	. . . .	3 732 000 „
Mainz	. . . .	4 867 000 „
Köln	. . . .	20 000 000 „
Mühlheim a. Rhein	. . .	1 698 000 „
Neus	. . . .	1 500 000 „
Düsseldorf	. . . . . .	10 132 000 „
Duisburg	. . . . . .	13 000 000 „

*) In der Denkschrift „Rheinschiffahrtsabgaben". Mainz 1905. G. Diemer.

Selbst das kleine Ürdingen bei Krefeld hat ein Kapital von über 500000 M. in seine Hafenanlagen gesteckt.

Die hier genannten Häfen haben z. B. im Jahre 1903 fast durchweg ohne jede Verzinsung gearbeitet. Die Häfen zu Duisburg und Uerdingen haben einen Überschuß von 2,3 bezw. 1,78 v. H. des Anlagekapitals ergeben, während Mühlheim a. R., Neuß, Düsseldorf beinahe ohne Gewinn und ohne Verlust abschnitten, andere Häfen endlich wie Köln, Karlsruhe, Worms und Mainz aber einen erheblichen Zuschuß erforderten. Die Einnahmen der städtischen Hafenverwaltungen aus dem Ufergeld sowie aus der Benutzung der Kräne, der Ladeschuppen und der Anschlußbahnen sind fast überall mit Absicht sehr **niedrig bemessen, um den Verkehr zu beleben.** Man darf es getrost als ein **erfreuliches Zeichen deutschen Bürgersinns** betrachten, wenn trotz dieser mangelnden Rentabilität die Stadtverwaltungen in immer höherem Maße dazu übergehen, Verkehrsanlagen zu schaffen, die, wenn auch oft keine direkte Rentabilität angeben, so doch der Allgemeinheit unbestreitbaren Nutzen gewähren.

Wenn man die übrigen Rheinuferstaaten mit Preußen vergleicht, so ergibt sich nach derselben Quelle die folgende Übersicht. Es haben am Rhein für den Ausbau von Häfen Gemeinden und Private in den Jahren 1897 bis 1903 folgende Summen aufgebracht:

in Elsaß-Lothringen . . . . 16 578 000 M.
„ Baden . . . . 16 171 000 „
„ Hessen . . . . 3 836 000 „
„ Preußen (hier für die Zeit
    von 1888 bis 1903) . . . 55 380 000 „

Es ist interessant, wenn man diesen Aufwendungen der Stadtgemeinden und privaten Unternehmer diejenigen des Staates für die Verbesserung des Fahrwassers gegenüberstellt. Es ergeben sich dann für den Zeitraum von 1897 bis 1903 folgende Summen:

für Elsaß-Lothringen . . . . 4 920 000 M.
„ Baden . . . . 23 460 000 „
„ Hessen . . . . 2 615 000 „
„ Preußen (hier für die Zeit
    von 1888 bis 1903) . . . 36 675 000 „

Wir sehen also, daß die städtischen Verwaltungen bei weitem mehr aufgewandt haben als die Staatsregierungen, da sie durch die Förderung des Verkehrs die Heranziehung von Handel und Industrie sowie die Schaffung von Arbeitsgelegenheit und die Verbilligung der Konsumartikel für ihre Einwohner erstreben.

Wir haben in der Anlage I statistische Nachweisungen für eine Reihe von Hafenplätzen gegeben, welche einerseits ihre finanziellen Leistungen und die Entwickelung des Verkehrs, andererseits aber auch den oft nicht ohne Weiteres erklärlichen Unterschied in der Behandlung der einzelnen Häfen seitens der preußischen Staatsregierung bezüglich der Gewährung von Zuschüssen zu den Anlagekosten in die Erscheinung treten lassen; endlich erkennen wir aber auch aus diesen Uebersichten, in wie seltenen Fällen die Gemeinden im allgemeinen einen unmittelbaren Reingewinn aus ihren Hafenanlagen erzielen, wie diese vielmehr fast überall zu den Zuschußanstalten gehören.

Die Reichshauptstadt Berlin.

Eine besondere Beachtung verdient nun aber die Reichshauptstadt selbst. Berlin stellt gewissermaßen den Schnittpunkt dar zwischen dem großen Verkehr von der Ostsee über Stettin und den Finowkanal, von Oberschlesien durch den Oder-Spree-Kanal, von der österreichischen Elbe und vom Königreich Sachsen durch den Plauer-Kanal und von Hamburg durch die Havel-Spree-Wasserstrasse. Berlin erscheint somit nicht allein als einer der wichtigsten Eisenbahnknotenpunkte des ganzen Landes, sondern auch als eine der wichtigsten Durchgangsstellen für die Binnenschiffahrt in dem Viereck Stettin - Kosel - Außig - Hamburg. Berlin ist der Sitz von 7 Dampfergesellschaften, welche einen Eilverkehr von Berlin nach Stettin, Breslau, Magdeburg und Hamburg unterhalten. Die Gesamtzahl ihrer Fahrzeuge darf auf 67 Dampfer geschätzt werden, eine Zahl, die allerdings gering erscheint im Vergleich zu dem bedeutenden Ortsverkehr in Berlin selbst. Hier kommen wir auf eine der eigentümlichsten Erscheinungen in dem Berliner Binnenschiffahrtsverkehr, der eine gewisse Analogie nur im Mannheimer Rheinverkehr findet. Während von Mannheim, dem südlichsten Punkte des Rheinschiffahrtsverkehrs, — die neuen Häfen in Karlsruhe, Kehl und Straßburg sind erst seit wenigen Jahren als Konkurrenzhäfen erfolgreich aufgetreten — ganz Süddeutschland, die Schweiz und ein Teil von Vorarlberg vorwiegend mit Kohlen, Getreide und Petroleum versorgt wird, ist es in Berlin mit seiner wachsenden Bevölkerung die ständig zunehmende Bautätigkeit, welche die hauptsächlichsten Gütermengen beansprucht. So kommt es denn, daß von dem gesamten Ortsverkehr von 9 020 469 t z. B. im Jahr 1904 62 % allein auf Baumaterialien, Erden, Steine, Sand und Mörtel (5 588 234 t) entfallen. Diese Erscheinung beruht einmal auf dem großen Reichtum der Mark Brandenburg an den verschiedensten Baumaterialien und anderenteils darauf, daß bei den teuren Preisen von Grund und Boden in Berlin und

Binnenschiffahrt: Schleppzug auf dem Landwehrkanal in Berlin.

Fig. 8.

seinen Vororten der Bauunternehmer gezwungen ist, den Bau auf die möglichst billigste Weise herzustellen. Wenn der Regierungs- und Baurat Greve in Berlin in seinem Vortrage über die Bedeutung Berlins als Binnenschiffahrtsplatz*) das Wort geprägt hat „Berlin ist aus dem Kahn gebaut", so trifft dieses Wort vollkommen zu. Wenn wir das Leben auf der Spree und den mit ihr zusammenhängenden Wasserläufen betrachten, so fällt uns, im Gegensatze zum Rhein z. B., die große Zahl meist schmuckloser älterer Kähne auf, die sich träge dahinbewegen, gestakt im Schweiße des Schiffers von einer Ladestelle zur anderen, und selten geschleppt von hurtigen kleinen Schleppdampfern. So sehen wir auf dem Bild (Fig. 8) einen Schleppzug auf der Spree zwischen Alsen- und Kronprinzenbrücke.

---

*) Siehe „Zeitschrift für Binnenschiffahrt" 1903.

Es ist ein Dampfer, der 3 Kähne im Anhang hat, die Höchstzahl, die auf der Spree polizeilich zulässig ist*). Die Fahrzeuge, welche sich hier unseren Blicken zeigen, haben meist nur geringe Tragfähigkeit. Wir finden hier Schiffe von dem sogenannten Finowmaß (170 t), dem alten Berlinermaß (250 bis 300 t), und darüber hinaus bis zu 300, 350 bis zu, aber nicht über 600 t.**) Die Hauptverkehrsplätze, welche Berlin mit Baumaterialien versorgen, sind Zehdenick mit seinen 55 Ziegeleien, Rathenow mit einer gleichfalls bedeutenden Ziegeleiindustrie, Nieder-Lehme, Königswusterhausen, Kalkberge-Rüdersdorf und Eberswalde. Die Entladung der äußerst zahlreichen Fahrzeuge, die jahraus, jahrein sich in der Reichshauptstadt einfinden, erfolgt am Charlottenburger Ufer, im Humboldt-Hafen (Lehrter Bahnhof), im Nordhafen, im Urban- und im Potsdamer Hafen. Diese Häfen unterscheiden sich von denjenigen anderer Städte einmal durch ihre außerorgentlich zerstreute Lage. Dieser Umstand kommt zwar dem Verlader und Empfänger insofern zu statten, als er seine Güter dahin legen kann, wo für ihn die Be- oder Entladung am bequemsten erfolgt. Andererseits hat aber dieser Umstand für den Schiffer keineswegs den Vorteil, daß überall und immer etwa eine prompte schnelle Entladung ermöglicht wird. Wenn im Durchschnitt jährlich etwa 8 000 000 Ziegelsteine allein nach Berlin gefahren werden, so ergibt diese Menge, die dem Gewichte nach auf 50—70 Millionen Zentner oder 2,5—3,5 Millionen Tonnen — das sind 250 000 bis 350 000 Eisenbahndoppelwagen — geschätzt werden kann, ein Bild von dem Umfange dieses Verkehrs. Diesen Mengen entsprechen nun aber die Einrichtungen der Berliner Häfen in keiner Weise. Es sind nicht allein die Böschungen an vielen Stellen zu hoch und beanspruchen eine Menge von unwirtschaftlicher Arbeitskraft. Es sei hier nur erinnert an den Nordhafen, den die Schiffer in der Regel „Mordshafen" nennen, an die Entladestellen am Salzufer in Charlottenburg sowie an zahlreiche private Ladestellen. Infolgedessen haben die Schiffer, die nach alter Gewohnheit die Frachtabschlüsse mit den Ziegeleien frei Ufer tätigen, bei der Entladung, die noch auf die primitivste Weise mittelst des Schubkarrens vor sich geht, außerordentlich zu leiden, und sie klagen lebhaft fortgesetzt mit Recht über großen Zeitverlust und große körperliche Strapazen. Der Schiffer wechselt sich bei der Entladung von Ziegelsteinen in der Regel mit seinem Bootsmann bei dieser

---

*) Auf der Strecke von Plötzensee bis zum Beginn der Spree (Humboldt-Hafen) sind allerdings nur 2 Anhänger gestattet.

**) Auf der Oberen Elbe Außig-Hamburg sind Fahrzeuge bis 1300 t zulässig und auf dem Rhein verkehren tatsächlich einzelne Schleppkähne von rund 2200 t.

Binnenschiffahrt: Entladen von Ziegelsteinen am Humboldt-Hafen in Berlin.

Fig. 9.

Binnenschiffahrt: Entladen von Ziegelsteinen am Humboldt-Hafen in Berlin.

Fig. 10.

Arbeit ab, indem entweder er den Karren zieht und der andere schiebt oder umgekehrt. In vielen Fällen sieht man auch die jüngeren und schwächeren Familienangehörigen, die Frau oder einen halberwachsenen Sohn, den Führer der Schubkarre im Rücken stützen, wie dies auf Fig. 9 zu sehen ist; oder die Frau zieht den Schubkarren, während der Mann ihn führt, und der Schiffsjunge oder die halberwachsenen Söhne des Schiffers helfen selbst, indem sie die Schubkarren mit kleineren Mengen beladen, wie Fig. 10 zeigt. Die Mühselig-

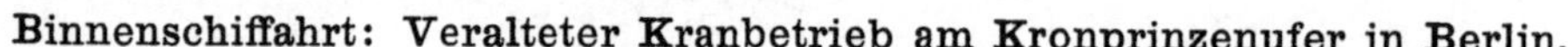

Binnenschiffahrt: Veralteter Kranbetrieb am Kronprinzenufer in Berlin.

Fig. 11.

keiten, die diese Entladungsart mit sich bringt, werden noch dadurch erhöht daß bei dem Mangel an Ladestellen die Fahrzeuge, welche Ziegel und Kies löschen, fast in allen Berliner Häfen stevig d. h. mit dem Vordersteven an der Uferkante anlegen müssen, sodaß der Weg aus dem hinteren Teile des Fahrzeuges bis zum Ufer eine ziemliche Strecke ausmacht.

Allerdings gibt es in den verschiedenen Häfen einige Kräne, die fiskalisches oder privates Eigentum sind. Der Kran am Kronprinzenufer*)

---

*) Er wurde Ende der 50er Jahre errichtet und besitzt nur eine Tragfähigkeit von 90 Zentnern gleich 4,5 t (Fig. 11). Die Krangebühr beträgt 2 Pf. für den Zentner, die Bedienung ist vom Interessenten selbst zu besorgen.

ist aber auch nur für den Handbetrieb eingerichtet. Mit diesem Krane können 3000 Zentner in Fässern höchstens in 3 Tagen, in Säcken in $3^1/_2$ bis 4 Tagen, schwere Eisenwaren, wie Träger, nur in 4 Tagen entladen werden.

Von den wenigen, in Privatbesitz befindlichen Kränen sind besonders zu erwähnen die von der Firma Berliner Mörtelwerke am Potsdamer und am Humboldt-Hafen aufgestellten Kräne. Sie sind für Dampfbetrieb ein-

Binnenschiffahrt: Kran zum Entladen von Mörtel.

Fig. 12.

gerichtet und nehmen in ihren Gefäßen, die lediglich für die Entladung von Mörtel bestimmt sind, jedesmal 40 Zentner auf. Die Mörtelwagen werden unmittelbar an den Kran herangefahren, mit dem Inhalt von 2 Kästen zu je 20 Zentnern Inhalt beladen und dann mit 2 Pferden unmittelbar zur Baustelle abgefahren.

Der auf der folgenden Fig. 12 dargestellte Kran I hat eine Tragfähigkeit von über 100 Zentnern und kann in einem Tage 12 000 Zentner gleich 600 t Mörtel entladen, wenn ungefähr 10 Mann zum Heranschaufeln des Mörtels zur Stelle sind. Es können an einem Tage also auf diese Weise bei flottem Betriebe $2^1/_2$ Kähne nach altem Berliner Maß (von je 5—600 Zentnern) gelöscht werden, wobei allerdings Voraussetzung ist, daß das Fahrzeug längseits des Ufers liegt, im Gegensatz zu den Ziegelkähnen, die im Hintergrunde dieses Bildes stevig angelegt sind.

In der gleich primitiven Weise, wie die Entladung der Ziegelsteine, geht auch fast durchweg in den Berliner Häfen die Entladung von Getreide vor sich. Das Bild (Fig. 13) stellt ein größeres Fahrzeug mit eisernem

Binnenschiffahrt: Entladen von Getreide am Hamburger Speicher in Berlin.

Fig. 13.

losem Deck dar, welches am Hamburger Speicher Getreide löscht. Der Sackträger, der am Rhein lange Jahrzehnte hindurch eine sprichwörtliche Bedeutung hatte, erscheint auch hier als unentbehrlicher Arbeiter zur Beförderung des wertvollen Gutes vom Schiff zum Ufer. Eine elektrische Entladevorrichtung ist, wie auf dem Bilde zu sehen ist, allerdings jetzt im Bau.*)

---

*) Nur die Mühlen von Berlin und der Viktoria-Speicher haben noch Dampfelevatoren, die eine schnellere Entladung ermöglichen.

Dagegen hat am Humboldt-Hafen die Polizeibehörde die Aufstellung von elektrischen Kränen leider nicht gestattet.

Es scheint überhaupt der Stillstand in der Entwickelung unserer Berliner Hafenverhältnisse nicht allein an dem Überwiegen sonstiger Interessen zu liegen, sondern auch daran, daß an der Spitze der Hafenverwaltung, nicht wie in anderen Hafenstädten von gleicher Bedeutung, eine technisch gebildete Kraft steht. Während selbst in den kleineren und schiffahrtlich unbedeutenderen Plätzen, wie Brandenburg und Potsdam, die Ladestellen den Beamten

Binnenschiffahrt: Entladung von Mehl am Humboldt-Hafen in Berlin.
(Hand- und maschineller Betrieb.)

Fig. 14.

der Wasserbauverwaltung unterstehen, hat in Berlin lediglich aus altem Herkommen die Polizei nicht allein die Aufsicht über den Verkehr, sondern sie trifft auch die Anordnungen über die Betriebsweise.

Einen gemischten Betrieb finden wir da (Fig. 14), wo neben dem Handbetrieb, dem Ausfahren der Mehlsäcke aus dem Fahrzeug, auch die allerdings meist nur wenig leistungsfähige Dampfkräne, die sich an Bord der Schiffe befinden, in Tätigkeit sind. Immerhin kann ein solcher Dampfkran, wie er hier auf dem Schiffe „Neu-Strelitz" in Tätigkeit ist, in der Stunde 250 Sack = 25 t entladen, sodaß er in 6 Stunden bei unausgesetztem

Betriebe ungefähr 150 t löschen kann. Da aber die Stapelung der Mehlsäcke am Ufer nur im Freien stattfindet und der Platz beschränkt ist, ergibt sich, daß die Löschung einer Ladung von 350—400 t trotz Benutzung des Dampfkrans immer ungefähr drei Tage in Anspruch nimmt.

Die gekennzeichneten Übelstände in den Berliner Hafeneinrichtungen haben zur Folge, daß fortgesetzt Versuche gemacht werden, Einrichtungen zu schaffen, welche eine schnellere Entladung der Fahrzeuge (Patent Leue z. B.) und damit eine größere Rentabilität des Schiffahrtsbetriebes verbürgen sollen.

Eine mustergültige und eigenartige Einrichtung, welche, was Schnelligkeit und Billigkeit des Entladens anlangt, unsere Aufmerksamkeit verdient, ist die der Firma Kalksandsteinwerke Guthmann & Co. in Charlottenburg. Durch die geschäftliche Verbindung mit den Vereinigten Berliner Mörtelwerken ist hier ein äußerst zweckmäßiger Betrieb eingerichtet worden, der eine prompte Anfuhr, Entladung und Abfuhr gewährleistet. Die Vereinigten Berliner Mörtelwerke betreiben am Landwehrkanal die Herstellung von Mörtel auf einem großen Grundstücke, welches auf der anderen Seite an die schiffbare Spree grenzt und somit von zwei Seiten vom Wasser bespült wird. Die Sandkähne, welche im Bilde (Fig. 15 und 16) vorgeführt werden, legen längsseitig an dem Schöpfwerk an und entladen durch die selbsttätigen Becher ein Fahrzeug von 250 t in 10 Stunden. Die 6 Becher schütten ihren Inhalt auf einen auf einer Welle horizontal laufenden geteerten Hanfgurt, welcher seine Last wiederum auf einen zweiten in steilem Winkel in die Höhe führenden Hanfgurt abwirft. An jedem Elevator ist die Mannschaft zum Heranbringen des Sandes beschäftigt, sodaß bei 12—15 Mann Bedienung die Entladung außerordentlich schnell vor sich geht.

Die Kalksandsteine, welche in Nieder-Lehme hergestellt werden, werden durch besondere Schlepper, die der Firma gehören, in etwa drei Stunden nach Charlottenburg gebracht. Die Schiffe legen dort längsseitig an der Ladestelle an. Jeder der sechs elektrisch betriebenen Elevatoren bringt einen Kasten, der von Trägereisen umgürtet ist, in das Fahrzeug hinunter, in dem bereits bei dem Einladen an 6 Stellen eine dem einzusetzenden Kasten entsprechende Öffnung gelassen wird.

Durch Laufkatzen werden die heraufgezogenen vollen Kästen auf die im Binnenhofe bereitstehenden, hierzu besonders eingerichteten Fuhrwerke hinaufgesetzt und sofort zur Baustelle abgefahren oder aber, wenn Fuhrwerk nicht bereitsteht oder kein Bedarf vorliegt, in den hinteren Laderaum, der ein

Binnenschiffahrt: Maschinelle Entladung von Sand an der Spree in Charlottenburg.

Fig. 15.

Binnenschiffahrt: Entladung von Sand mittels Elevatoren in Charlottenburg.

Fig. 16.

Fassungsvermögen von 3 000 000 Steinen besitzt, gebracht und dort entweder vorläufig abgesetzt oder aber entladen und die Steine hier aufgeschichtet.

Jeder Kasten ist auf einen Inhalt von 1000 Steinen eingerichtet. Da jeder Stein 7, bei nassem Wetter 8 Pfund wiegt, so wird eine Last von 70—80 Zentnern und mit dem Kasten von 90—100 Zentnern gehoben.

Binnenschiffahrt: Maschinelle Entladung von Kalksandsteinen am Landwehr-Kanal in Charlottenburg. (Berliner Kalksteinwerke Guthmann & Co.)

Fig. 17.

Es sind im ganzen auf einem solchen Kahn 9 Mann beschäftigt. Sie erhalten für je 1000 Steine, die sie auf die Kästen laden, 40 Pf., sodaß, da eine Kahnladung von 80 000 Steinen in vier Stunden entladen werden kann, in einem Tage 180 000 Steine zur Abladung gelangen und diese demnach abgesehen von den Kosten des elektrischen Elevatorbetriebes 72 M. Ausladekosten verursachen. (Fig. 17.)

Die Vorzüge dieses Entladeverfahrens bestehen nicht nur in der Promptheit und der großen Billigkeit, sondern auch darin, daß die einzelnen

Steine, da die Gefäße eine bestimmte Menge fassen, von vornherein ordnungs-
mäßig gestapelt und dadurch meistens vor Bruch geschützt werden.

Gegenüber dieser Anlage haben wir in den letzten Monaten von
seiten der aufstrebenden Stadt Charlottenburg eine moderne Entladungsvor-
richtung für Kohlen, Sand, Ziegelsteine usw. errichten sehen, die von der
Firma J. Flohr in Berlin erbaut worden ist. Eine mit senkrechter Böschung
versehene Quaimauer von 102 m Länge ist mit Schienen belegt, und zwei
fahrbare elektrische Kräne sind sowohl mit Greifbaggern für die Entladung

**Binnenschiffahrt: Maschinelle Entleerung von Sand in der Köpenicker Straße
in Berlin.**

Fig. 18.

von Kohle, Sand und Kies als auch mit Kästen für die Entladung von Ziegelsteinen ausgestattet. Indessen hat die letztere Art der Steinentladung sich bei
den Privatschiffern, welche für Einzelunternehmen fahren, noch nicht einbürgern können, einmal, weil die Zahl der vorhandenen Kästen noch zu
gering ist, dann, weil die Leute, mit denen der Fuhrlohn verabredet wird,
die Zurückbringung der leeren Kästen zum Ufer nicht unentgeltlich übernehmen wollen, insbesondere aber auch deshalb, weil die Kästen selbst
unzweckmäßig konstruiert waren. Es werden daher zurzeit vom Magistrat
in Charlottenburg Versuche angestellt mit neueren zweckmäßigeren Kästen,
von denen man hofft, daß sie den Erwartungen entsprechen.

Auch an anderen Stellen in Berlin finden wir die oben geschilderte

Art der Sandentladung, wenn auch in etwas anderer, älterer Konstruktion in der Köpenicker Straße (Fig. 18), während in Nieder-Lehme selbst, woher die Berliner Mörtelwerke ihren Sand beziehen, der Sand mittels Kippwagen zur Ausladung in die Fahrzeuge gebracht wird (Fig. 19).

Anders ist es mit den fiskalischen Einrichtungen in Berlin. Sie genügen keineswegs den Ansprüchen, die der neuzeitliche Verkehr stellt. Es ist zwar ein großer hydraulischer Kran mit einer Tragfähigkeit von 300 Zentnern, der Ende der 90er Jahre aufgestellt wurde, vorhanden. Dieser ist aber einmal

Binnenschiffahrt: Beladen von Flußschiffen mit Sand mittels Kippwagen in Nieder-Lehme.

Fig. 19.

nur für steuerpflichtige Gegenstände bestimmt, und ferner reicht seine Tragfähigkeit keineswegs aus. Es fehlen hier Kräne mit einer Tragfähigkeit von mindestens 1000 Zentnern (= 50 t), da sonst die so bedeutende Berliner Maschinenindustrie z. B. große Kessel überhaupt nicht verladen kann.

Die Beziehungen zwischen See- und Binnenschiffahrt treten im Berliner Verkehr mit besonderer Deutlichkeit in die Erscheinung. Die Rücksichten auf die Ankunfts- und Abfahrtszeiten der Seeschiffe haben neben denjenigen auf den Wettbewerb der Eisenbahnen, wie bemerkt, dazu genötigt, einen besonders lebhaften Eildampferverkehr zwischen Hamburg-Berlin einerseits und Stettin-Berlin einzurichten, der einen namhaften Umfang angenommen hat. Dieser Eildienst wetteifert nämlich mit gutem Erfolge mit den Eisenbahnen, da die besseren Dampfer ohne Schleppkähne im Anhang in 2 Tagen und mit 2 Schleppkähnen in $3^1/_2$ bis 4 Tagen die Strecke Berlin-Hamburg zurücklegen.

Große Mengen von Heu für die Berliner Omnibusgesellschaft, die früher, bevor der elektrische Betrieb auf der Straßenbahn eingeführt war, noch wesentlich umfangreicher waren, große Mengen von Mehlsäcken mußten, ungeschützt gegen die Unbilden der Witterung am Ufer angestapelt werden.

Schwierige Lage der Binnenschiffahrt.

Bezüglich der Beziehungen zwischen Seeschiffahrt und Binnenschiffahrt vergleicht Ingenieur Renner in Köln in seiner oben erwähnten Monographie diese beiden Erwerbszweige mit der menschlichen Energie: Eine langsame und sichere menschliche Tätigkeit stelle die Binnenschiffahrt dar, während die Seeschiffahrt mit einer schnellen und kühnen Tätigkeit zu vergleichen sei. Beide vereinigen sich aber zu einem segensreichen Ganzen.

Beide erfüllen eine wichtige Aufgabe sowohl für sich, als im Verhältnis zu einander.

Mit hoher Freude begrüssen es alle Freunde unserer nationalen Entwickelung, wenn der Seeschiffahrt Aufmerksamkeit und Unterstützung nach jeder Richtung hin zu Teil wird.

Gewiß gönnt die Binnenschiffahrt den Seestädten die Vorzüge ihrer günstigen Lage; wir alle freuen uns ihres Aufschwunges und ihrer Blüte, wir alle werden neidlos denjenigen Maßnahmen in Gesetzgebung und Verwaltung zustimmen, die geeignet sind, ihre Entwickelung zu fördern. Hamburg und Bremen sind neben den übrigen Nord- und Ostseehäfen Sammelpunkte des wirtschaftlichen Lebens, auf die wir Deutsche mit vollem Rechte stolz sind. Aber nicht vergessen darf werden, daß neben dem Meere auch das Binnenland sein Recht fordert, daß das Binnenland den Seestädten den Rücken stärkt, daß es die Nährmutter der Seestädte ist, wie umgekehrt die Seestädte dem Binnenlande Kraft und Nahrung zuführen.

Aber nicht verstanden wird es, wenn bei mancherlei Maßnahmen Licht und Schatten ungleich verteilt, wenn die Binnenschiffahrt als lästiger Konkurrent der Eisenbahnen, als unangenehmer Kostgänger des Staates, die Seeschiffahrt dagegen als die Erhalterin unseres Außenhandels betrachtet wird.

Es ist oben betont worden, daß die Binnenschiffahrt dezentralisierend wirkt und im Umschlagsverkehr der Industrie im Hinterlande die Wettbewerbsfähigkeit oft erst ermöglicht. Dagegen lassen gewisse Maßnahmen, welche der Seeschiffahrt gegenüber getroffen werden, eine Konzentrierung der industriellen und kommerziellen Tätigkeit an den Seeplätzen befürchten.

Wir rühmen es in Deutschland mit Recht als einen großen Vorzug, daß wir in geistiger und künstlerischer Beziehung nicht nur einen Mittelpunkt haben, wie unsere französischen Nachbarn, daß wir vielmehr eine große Zahl von Brennpunkten besitzen, welche Leben empfangen und ausströmen, und wir sollten uns im Interesse der Erhaltung unserer wirtschaftlichen Kraft davor hüten, eine Konzentration in unserem Wirtschaftsleben zu begünstigen, die ohne Zweifel zu nachteiligen Folgen führen muß.

Den Seeplätzen werden Freihafenbezirke gewährt und besondere Ausnahmetarife eingeräumt, um ihre Macht zu steigern, um ihrer Seeschiffahrt neue Impulse zu geben. Beklagt wird aber, daß diese Vergünstigungen der Binnenschiffahrt vorenthalten werden.

Gewiß ist es dankenswert, wenn in einzelnen Fällen die Staats-Eisenbahnverwaltung sich bemüht hat, besonders notleidenden Industrien oder Gegenden durch die Bewilligung von Ausnahmetarifen Hilfe zu gewähren. Diese Ausnahmetarife aber werden fast allgemein denjenigen Eisenbahnstationen vorenthalten, welche als Wasserumschlagsplätze zu betrachten sind, da die Eisenbahnverwaltung von dem Grundsatze ausgeht, daß die Vorteile aus der Frachtvergünstigung nicht etwa auch der Schiffahrt zufallen dürfen, daher knüpft sie die Gewährung der Verbilligung an die Voraussetzung, daß der gesamte Transport auch von der Eisenbahn bewältigt wird. Da nun aber die Staatseisenbahnen nicht Selbstzweck sind, auch nicht bestimmungsgemäß als Finanzquelle des Staates gelten, da die Eisenbahnen vielmehr der Entwickelung der wirtschaftlichen Kräfte des Landes dienen sollen, müssen die Maßnahmen der Eisenbahnverwaltung von höherem Gesichtspunkte aus ausgehen, als von dem des privaten Kaufmanns. Und hinwiederum ist es nicht zu verstehen, wenn dieselbe Eisenbahnverwaltung diese Ausnahmetarife den Seeplätzen zubilligt, die doch selbst Wasserumschlagsplätze für den ozeanischen Verkehr darstellen.

Die großartigen Aufwendungen zahlreicher Städte an den Binnenwasserstraßen um die Schaffung von Hafenanlagen sind erwähnt.

Und wenn gleichzeitig die Wasserbauverwaltung jährlich Millionen aufwendet, um das Fahrwasser der Ströme zu verbessern, sowohl im Interesse der Landesmelioration wie im Interesse der Schiffahrt, wenn die Kommunen mit schweren Opfern, wie wir gesehen haben, großartige Schiffahrtsanlagen schaffen, so muß auf das lebhafteste beklagt werden, daß durch die Konkurrenztarife der Staatsbahnen alle diese Bemühungen paralysiert werden.

Wenn trotzdem, wie Gehcimrat Sympher in seiner bekannten Karte des Wasserstraßenverkehrs uns deutlich vor Augen führt, der Verkehr auf den deutschen Strömen sich in den letzten 35 Jahren außerordentlich gesteigert hat, so liegt hierin zwar der Beweis für den großen Nutzen, den die Stromverbesserungen und die Anlage von Häfen geschaffen haben, und für die großen Vorteile, die die Binnenschiffahrt Handel, Industrie und Landwirtschaft bringt; es liegt aber hierin kein Beweis für die Rentabilität und Ergiebigkeit des Schiffahrtbetriebes selbst. Auch hierin ähnelt die Lage der Binnenschiffahrt der der Seeschiffahrt, wo gleichfalls eine zunehmende Konkurrenz, und die wachsenden Ansprüche an Schnelligkeit und Leistungsfähigkeit der Fahrzeuge die Unkosten außerordentlich gesteigert haben bei gleichzeitigem stetem Heruntergehen der Frachten.

Am lebhaftesten klagt aber die Binnenschiffahrt darüber, daß ihr im Gegensatze zur Seeschiffahrt, deren Lebensbedingungen man nach Möglichkeit günstig zu gestalten sucht, die Ausübung ihres Berufes stetig erschwert wird durch die Eisenbahntarifmaßnahmen im Binnenverkehr, die sie zu steter Ermäßigung ihrer Frachten zwingen.

Auf dem sogenannten Saarkohlenkanal, der von Saarbrücken in den Rhein-Marne-Kanal geht, stellte sich z. B. nach der Statistik über den Verkehr auf den Kanälen Elsaß-Lothringens für das Jahr 1904, herausgegeben vom Ministerium für Elsaß-Lothringen, z. B. die Schiffsfracht für Saarkohle von Saarbrücken nach Straßburg, für welche die Eisenbahn einen Ausnahmetarif im Wettbewerb gegen die Schiffahrt eingeführt hat, für die Tonne in den Jahren 1900 bis 1904 wie folgt:

$$
\begin{aligned}
&1900 \ldots \ldots \ldots 2,40 \text{ Mk.} \\
&1901 \ldots \ldots \ldots 2,30 \text{ „} \\
&1902 \ldots \ldots \ldots 2,20 \text{ „} \\
&1903 \ldots \ldots \ldots 2,20 \text{ „} \\
&1904 \ldots \ldots \ldots 2,25 \text{ „}
\end{aligned}
$$

Für belgische Kohle stellte sich die Fracht von Charleroi nach Straßburg in demselben Zeitraum folgendermaßen:

$$
\begin{aligned}
&1900 \ldots \ldots \ldots 6,90 \text{ Mk.} \\
&1901 \ldots \ldots \ldots 5,90 \text{ „} \\
&1902 \ldots \ldots \ldots 5,70 \text{ „} \\
&1903 \ldots \ldots \ldots 5,50 \text{ „} \\
&1904 \ldots \ldots \ldots 5,90 \text{ „}
\end{aligned}
$$

Für Ruhrkohle, die seit mehreren Jahren im Umschlagsverkehr nach Süddeutschland und der Schweiz besonders ermäßigte Eisenbahnausnahmetarife besitzt, waren die Rheinfrachten bei der Einführung des Ausnahmetarifs ohnehin schon wesentlich gesunken. Indessen hat sich trotzdem im Wettbewerb mit der belgischen und Saarkohle die Schiffahrt genötigt gesehen, in den fünf Jahren von 1900 bis 1904 für den Verkehr von Straßburg nach Mülhausen den außerordentlich mäßigen Satz von 1,50 Mk. auf 1,40 Mk. herabzusetzen. Zieht man in Betracht, daß in diesen Frachtsätzen die Kanalabgabe einbegriffen ist, die für die Saarkohle 0,35 Mk., für die belgische Kohle 0,22 Mk. und für die Ruhrkohle 0,21 Mk. bis nach Mülhausen beträgt, so ergibt sich, mit welchem geringen Nutzen die Rheinschiffahrt zu rechnen hat. Bemerkenswert ist hierbei aber auch weiterhin die Tatsache, daß für die Saarkohle im Verkehr nach Straßburg sich dank jenen Eisenbahntarifen der durchschnittliche Frachtsatz für das Tonnenkilometer auf 1,11 Pf. stellt, dagegen für die belgische Kohle von Charleroi auf 1,02 Pf.

Wenn dann wieder, wie es im Kanalgesetz von 1. April 1905 heißt, bei Inbetriebsetzung des neuen Kanals vom Rhein nach Hannover auf den freien Strömen Schiffahrtsabgaben eingeführt werden sollen, so will ich es unterlassen, hier über die Nützlichkeit und Zweckmäßigkeit dieser Maßregel zu streiten. Wenn aber zur Begründung ihrer Notwendigkeit darauf hingewiesen wird, daß zwischen Schiffsfracht und Bahnfracht vielfach eine beträchtliche Intervalle liege, und daß daher die Schiffahrtsabgaben füglich eingeführt werden könnten, ohne daß irgend ein Schaden entstände, so ist das ein Trugschluß. Die bloße Gegenüberstellung der feststehenden Eisenbahnfrachten mit den schwankenden Schiffsfrachten ist an sich untunlich und muß zu falschen Schlüssen verleiten. Es darf auch hier daran erinnert werden, daß die niedrigen Schiffsfrachten viele Gebiete erst in den Stand gesetzt haben, sich industriell zu entwickeln, und daß bei der geringsten Verteuerung der Frachten, wie sie die Einführung der Schiffahrtsabgaben mit sich bringen würde, die Wettbewerbsfähigkeit dieser Industrien geschwächt werden würde.

Ich will endlich nur andeuten die in letzter Zeit noch herangetretenen Bestrebungen, welche auf Einführung der Sonntagsruhe in der Binnenschiffahrt hinzielen und ihr ohne Zweifel weiteren erheblichen Schaden zufügen, sie in ihrer Wettbewerbsfähigkeit mit den Eisenbahnen einschränken und ihre Lebensbedingungen wesentlich verschlechtern würden.

Schlußbetrachtungen. — Ausblicke und Forderungen.

Wenn über die Bedeutung der Binnenschiffahrt für die Verbilligung der Produktionskosten und der wichtigsten Verbrauchsartikel keinerlei Meinungsverschiedenheit besteht, wenn die Industrie, welche von den Frachten ihre Lebensfähigkeit wesentlich beeinflußt sieht, sich neuerdings vorzugsweise an die schiffbaren Wasserstraßen legt, so ist eine ähnliche Erscheinung in den letzten Jahren auch an unsern Seeplätzen zu beobachten. Während die binnenländische Industrie die zur Ausfuhr bestimmten Fabrikate auf den Strömen zum Seeplatz befördert, wobei Eisenbahn und Schiffahrt in hartem Wettkampf miteinander die Fracht herunterdrücken, hat in der letzten Zeit der verschärfte internationale Wettbewerb vielfach genötigt, zur möglichsten Verbilligung der Herstellungskosten die industriellen Werke an die Seeküste selbst zu legen, wohin einmal die Rohstoffe aus dem Ausland vermittels der billigen Seefrachten herangebracht werden, und von wo wiederum die Fertigfabrikate auf dem schnellsten und billigsten Wege zur Ausfuhr gelangen. Ein markantes Beispiel dieses Entwickelungsganges ist die Freihafenindustrie in Hamburg, das große Eisenwerk „Kraft“ zu Kratzwieck bei Stettin, und neuerdings folgt diesem Vorgang Lübeck mit der erwähnten Anlage eines Hochofenwerkes. Namentlich in Hamburg ist in dem Freihafenbezirk in den letzten 17 Jahren eine mächtige Industrie erstanden, die in den billigen Ausnahmetarifen auf den Eisenbahnen und in den billigen ozeanischen Seefrachten sowohl für den Verkehr mit dem Ausland als auch mit dem Binnenlande die günstigsten Vorbedingungen findet. Diese Entwickelung ist meines Erachtens noch nicht abgeschlossen.

Wenn wir im Binnenlande noch bedeutsame Industriebezirke haben, die der schiffbaren Wasserstraßen entbehren, so ertönen doch aus allen diesen Bezirken, aus der Leipziger, aus der Chemnitzer Gegend wie aus dem aufstrebenden Braunkohlenrevier im Süden der Stadt Brandenburg, von Lothringen und Luxemburg, von Württemberg und Bayern, von überall her laute Klagen über die Bedrohung ihrer Existenz und die dringende Forderung nach einem Anschluß an die schiffbaren Wasserstraßen. Zwar dienen schon heute die großen Ströme und die Kanäle mit ihrem billigeren Verkehr auch dem Hinterlande, und wir haben bedeutsame Umschlagsplätze wie Duisburg-Ruhrort, Frankfurt a. M., Mannheim, Straßburg, Karlsruhe, Dortmund, Magdeburg, Riesa, Kosel, Posen, Bromberg, Thorn, welche vom Strom oder Kanal die Güter empfangen und auf der Eisenbahn weiter bis ins Herz des Landes führen und umgekehrt.

Aber es drohen diesen so wichtigen Verkehrzentren mancherlei Gefahren, Einbußen an Einfluß und Widerstandsfähigkeit gegen Machtfaktoren verschiedener Art. Und zwar ist es sowohl der Wettbewerb der einzelnen Schiffahrtsplätze unter einander wie namentlich der der Eisenbahnen.

Was z. B. den so bedeutsamen Kohlenverkehr anlangt, so befürchtet der Dortmund-Ems-Kanal, der als Ausfuhrstraße für die westfälische Steinkohle besondere Bedeutung erhalten sollte, eine Verminderung seines Verkehrs, wegen der fortschreitenden Ermäßigung der Eisenbahn-Ausnahmetarife, der Erhöhung der Kanalabgaben, der Einführung des staatlichen Schleppmonopols auf dem Dortmund-Rhein-Kanal, endlich und insbesondere auch wegen der Pläne, welche die englischen Kohlengruben bezüglich der Ausgestaltung des Hafens von Genua auszuführen im Begriffe stehen. Während bislang der Verkehr in Genua infolge der mangelhaften Hafeneinrichtungen und ungenügender Eisenbahnanlagen nicht entwickelungsfähig war, werden die jetzt in Angriff zu nehmenden Erweiterungsbauten, für welche die italienische Regierung einen Zuschuß von 60 000 000 Lire bewilligt hat, Genua zu einem Seehafen ersten Ranges ausgestalten. Die Anlage von Kohlenentlade-Einrichtungen, deren elektrische Ausrüstung von den deutschen Siemens-Schuckert-Werken besorgt wird und die von einer englischen Unternehmung gebaut werden, stellen eine wesentliche Vervollkommnung der Hafeneinrichtungen dar. Ohne Zweifel werden somit der englischen Kohle, welche ohnehin einen Vorsprung von etwa 100 Seemeilen hat und den Vorzug größerer Billigkeit besitzt, ganz Oberitalien und große Teile der Schweiz erschlossen werden.

Auch die Rheinschiffahrt hat mit diesen Aussichten ernstlich zu rechnen. Während heute die Rheinschiffahrt für Italien namhafte Kohlentransporte bis Mannheim oder die deutschen Eisenbahnverwaltungen bis Basel befördern ist zu befürchten, daß dieser Verkehr durch den Ausbau des Hafens von Genua wesentlich vermindert werden wird. Dazu kommt, daß die französische Ostbahn, bekanntlich ein privates Unternehmen, durch unkontrollierbare Refaktien in der Lage sein wird, französische und belgische Kohlen billiger auf den italienischen Markt zu werfen, als es den nach einheitlichen Grundsätzen arbeitenden deutschen Eisenbahnen jemals möglich sein wird. Wenn auch die Rheinschiffahrt, wie angedeutet, unter dem Wettbewerbe der Eisenbahnausnahmetarife leidet, so fielen ihr bislang doch, wie die Verkehrsziffern von Frankfurt a. M., Mannheim, Straßburg und Karlsruhe dartun, gerade im Kohlenverkehr gewichtige Mengen im Umschlagsverkehr zu.

Diese Transporte sucht aber die Eisenbahn durch ihre Ausnahmetarife an sich zu ziehen.

Ähnliche Schwierigkeiten bestehen für die oberschlesische Kohle im Verkehr nach Berlin, Stettin, Posen, Bromberg, Danzig und Königsberg, und umgekehrt für die englische Kohle im Verkehr von Hamburg, Danzig, Stettin, Königsberg nach dem Hinterlande.

Eine große Zahl sonstiger Ausnahmetarife, wenigstens auf den preußischen Staatsbahnen wie für Erze, Zucker, Holz, Spiritus, neuerdings sogar für Steine, beeinträchtigen die Aussichten auf eine gedeihliche Weiterentwickelung der Binnenschiffahrt; sie entziehen ihr die Massengüter, die doch gerade nach dem Ausspruche der leitenden preußischen Staatsmänner ihr als naturgemäße Transporte verbleiben sollten.

Bei der zunehmenden Bedeutung eines raschen Umschlages der in den Warensendungen steckenden Werte, bei der zunehmenden Schnelligkeit der Ausführung der Bauten in den großen Städten wird ohnedies der Verbraucher in vielen Fällen den schnelleren Eisenbahnweg der Beförderung auf dem Wasser vorziehen.

Wenn nun auch die Binnenschiffahrt nicht den Anspruch erheben kann, daß ihretwegen alle Tarifermäßigungen auf den Eisenbahnen unterbleiben sollten, daß alle Maßnahmen zur Förderung der Landwirtschaft, des Handels und der Industrie lediglich mit Rücksicht auf die Binnenschiffahrt zu treffen seien, so muß doch billigerweise erwartet werden, daß die Wasserstraßen wenigstens in denjenigen Verkehrs-Beziehungen, in welchen sie ihre wirtschaftliche Aufgabe zu erfüllen in der Lage sind, zum mindesten nicht der Massengüter, für deren Beförderung sie in erster Linie bestimmt sind, beraubt werden.

Es muß aber weiterhin erwartet werden, daß die Ausnahmetarife der Eisenbahnen, die den Seeplätzen eingeräumt werden, auch den Binnenschiffahrts-Umschlagsplätzen zugestanden werden, da, wie oben bemerkt, auch die Seeplätze meist nur einen Umschlagsverkehr vollziehen und daher außer dem äußeren Grunde, daß die Eisenbahn an der Seeküste bezüglich der Wettbewerbsmöglichkeit für den Weiterversandt ihre natürliche Grenze findet, ein innerer Grund für eine verschiedenartige Behandlung nicht vorliegt.

Noch eins fällt dem Unbeteiligten auf und ist aus den obigen Ausführungen ersichtlich: eine allgemeine Begünstigung der Seeschiffahrt, die ihren Grund mehr im Herzen als im Verstande findet, in der Vorstellung von der Unentbehrlichkeit des Seeverkehrs, den man ohne weiteres als etwas von der Binnenschiffahrt ganz losgelöstes, Selbstständiges betrachtet. Weniger geneigt ist man aber, die gleiche Unentbehrlichkeit der Binnenschiffahrt für unsere Seeplätze selbst nicht allein, sondern auch für unser gesamtes Wirtschaftsleben anzuerkennen.

Zahlreiche Industrien selbst im Binnenlande, wenn sie nicht unmittelbar an einer Wasserstraße liegen, sind ohne die billigen Frachten der Binnenschiffahrt überhaupt nicht mehr lebensfähig: Kohlen und Eisen, Zucker und Maschinen, Papier, Baumwollwaren und tausend andere sind größtenteils entweder in ihrem Rohzustande oder in der Verarbeitung, entweder bei der Einfuhr oder bei der Ausfuhr, auf dem Wasserwege, d. h. mittels der Binnenschiffahrt, befördert, verarbeitungs- oder verkaufsfähig geworden.

Und in dieser ausgedehnten Betätigung ihres Zweckes hat die Binnenschiffahrt an Umfang zwar stetig zugenommen, an Rentabilität aber mehr und mehr eingebüßt.

Ähnliches gilt für die Seeschiffahrt.

Wir fassen demnach unsere Darlegungen dahin zusammen:

Soll der Betrieb der See- und Binnenschiffahrt, die beide unter dem freien Spiel der Kräfte leiden, auch für die Folge ihre volkswirtschaftliche so bedeutsame Aufgabe erfüllen können, so erfordern ihre Interessen eine weitere pflegliche Behandlung.

Es sind zu fordern:

A. Für die See- und Binnenschiffahrt.

1. Weiterer Ausbau des Fahrwassers;

2. weitere Vervollkommnung der Hafen- und Umschlags-Einrichtungen für den Umschlag von Seeschiff, Flußschiff und Eisenbahn untereinander;

3. vorsichtige Bemessung der ihnen aufzuerlegenden Abgaben;

4. vorsichtige Prüfung der zulässigen Beschränkung ihrer Bewegungsfreiheit durch sozialpolitische Maßnahmen, und

5. Vermeidung der Konkurrenzierung durch die Ausnahmetarife der Staatseisenbahnen.

B. Für die Binnenschiffahrt im besonderen:

1. eine Gleichstellung mit der Seeschiffahrt in Bezug auf finanzielle Unterstützungen und staatliche Aufwendungen und

2. eine Gleichstellung mit den Seeplätzen und Eisenbahnstationen in Bezug auf die Gültigkeit der Ausnahmetarife.

Eine solche Wasserstraßenpolitik wird dem allgemeinen Staatswohle in vollstem Maße Nutzen bringen. Für die Binnenschiffahrt gilt es nicht nur, Wasserstraßen zu bauen, sondern auch den Verkehr auf ihnen zu ermöglichen, zu heben und zu unterstützen. Die Kanalkämpfe in Preußen liegen gottlob hinter uns. Ein ruhigeres Urteil greift Platz, nachdem der Parteien Gunst und Macht gesiegt. Das Herz darf dem Verstande den Platz wieder einräumen und die Verständigen werden anerkennen:

'Αριστον μὲν ὕδωρ.

Der Vorsitzende, Herr Geheimer Regierungsrat Professor B u s l e y :

Ich stelle den Vortrag des Herrn Generalsekretärs R á g ó c z y zur Diskussion und bitte sich zum Worte zu melden. — Das Wort wird nicht gewünscht. Dann danke ich im Namen der Versammlung Herrn R á g ó c z y für seinen in hohem Maße lehrreichen und erschöpfenden Vortrag, der für uns alle viele neue und ganz bedeutsame Gesichtspunkte gezeigt hat.

<u>**Anlage 1.**</u>

A. See- und Flußschiffahrtsverkehr in einigen wichtigen und zur Unterhaltung der

Seehäfen, auch mit

1. für Altona a. Elbe in den Jahren

Jahr	A. Seeschiffahrt — Die Fahrwassertiefe im Seehafen betrug (Meter)	B. Flußschiffahrt — Das Flußbett der Elbe bei Altona war berechnet für Fahrzeuge von einer Tragfähigkeit bis zu (Tonnen)	Höhe der zur Verbesserung des Hafens und der Hafenanlagen aufgewandten Beträge — a. seitens des Staates, für Neuanlagen (Mark)	b. seitens der Stadt oder sonstiger Körperschaften, für bauliche Unterhaltung (Mark)	für Neuanlagen (Mark)	A. See- a. angekommene Fahrzeuge — Zahl	Raumgehalt (Tonnen)
1860	Angabe fehlt	unbeschränkt	—	9 140	26 650	1578	116 001
1870	„	„	—	34 353	54 895	855	60 198
1880	„	„	—	45 585	18 682	700	69 451
1890		„	—	51 246	397 514	902	271 205
1894		„	340 000	103 994	169 211	930	254 221
1895		„	989 700	119 243	89 324	†087	281 344
1896		„	888 500	128 492	14 700	1285	294 485
1897		„	—	131 833	27 894	1304	284 836
1898	projektierte Hafentiefe —6,55. N. N.	„	—	108 414	468 974	1191	206 587
1899		„	—	110 637	255 731	1395	231 873
1900		„	—	103 207	58 114	1287	219 654
1901		„	—	119 359	304 291	1227	213 841
1902		„	—	102 872	16 850	1085	186 463
1903		„	—	104 546	6 443	1266	223 179
1904		„	—	119 289	3 973	1501	254 018

in- und ausländischen Häfen sowie Umfang der zum Bau Häfen aufgewandten Geldmittel.

Flußschiffahrtsverkehr

1860, 1870, 1880, 1890, sowie 1894 bis 1904.

schiffahrt		B. Fluß- und bezw. Kanalschiffahrt					
b. abgegangene Fahrzeuge		a. angekommene Fluß- bezw. Kanalschiffe			b. abgegangene Fluß- bezw. Kanalschiffe		
Zahl	Raumgehalt	Zahl	Ladungsfähigkeit	Wirkliche Ladung	Zahl	Ladungsfähigkeit	Wirkliche Ladung
	Tonnen		Tonnen	Tonnen		Tonnen	Tonnen
Angabe fehlt	Angabe fehlt	Angabe fehlt	Angabe fehlt	Angabe fehlt	Angabe fehlt	Angabe fehlt	Angabe fehlt
(714) ohne die im Flußverkehr abgegangenen Seeschiffe	(49 869)	„	„	„	„	„	„
(492) ohne die im Flußverkehr abgegangenen Seeschiffe	(43 953)	„	„	„	„	„	„
912	274 463	„	„	„	„	„	„
938	257 603	„	„	„	„	„	„
1083	280 011	„	„	„	„	„	„
1278	289 476	„	„	„	„	„	„
1315	292 726	„	„	„	„	„	„
1187	205 071	„	„	„	„	„	„
1384	230 217	„	„	„	„	„	„
1296	224 637	„	„	„	„	„	„
1235	215 812	„	„	„	„	„	„
1073	184 682	„	„	„	„	„	„
1268	222 679	„	„	„	„	„	„
1490	251 804	rd. 6350*)	rd. 383 500*)	„	rd. 6350*)	rd. 383 500*)	„

*) Hierin sind nicht mit einbegriffen diejenigen Flußfahrzeuge, welche von Seeschiffen laden bezw. an Seeschiffe löschen; ferner alle Schuten, wie überhaupt alle sonstigen Fahrzeuge, die Hafenabgaben nicht zu entrichten haben. — Auch der Lokalverkehr der Personendampfer von und nach Altona ist dabei nicht berücksichtigt.

2. Für Amsterdam in den Jahren

Jahr	A. See-schiffahrt — Die höchste Fahrwassertiefe im Hafen von Amsterdam betrug (Meter)	B. Fluß-schiffahrt — Das Flußbett des Rheins war berechnet für Fahrzeuge von einer Tragfähigkeit bis zu (Tonnen)	Höhe der zur Verbesserung des Hafens und der Hafenanlagen aufgewandten Beträge — a. seitens des Staates[1] (fl.)	b. seitens der Stadt oder sonstiger Körperschaften (rund fl.)	A. See- a. angekommene Fahrzeuge — Zahl	Raumgehalt (Tonnen)
1880	7,70	unbeschränkt	—	563 000	1589	—
1890	8,20	,,	—	3 440 000	1675	4 200 409
1894	8,20	,,	—	200 000	1666	4 986 113
1895	8,20	,,	—	460 000	1676	4 987 295
1896	9,—	,,	—	2 700 000	1848	5 577 529
1897	9,—	,,	—	41 000	1940	6 153 370
1898	9,—	,,	—	2 630 000[2]	1871	6 076 634
1899	9,—	,,	—	27 300	2024	7 004 341
1900	9,—	,,	—	38 600	2111	7 060 055
1901	9,—	,,	—	947 000[3]	2207	7 270 646
1902	9,—	,,	—	390 000	2041	7 341 980
1903	9,—	,,	—	100 000	1977	7 228 385
1904	9,—	,,	—	281 000[4]	2123	7 768 824
1907	10,50	,,	—	—	—	—

[1] Der Staat hat seit dem Jahre 1860 im ganzen 58 000 000 fl. für Anlage und Verbesserung des Nordsee-Kanals und 12½ Millionen fl. für Anlage des Rhein-Mevede-Kanals aufgewandt, Kanäle also, welche den Hafen von Amsterdam mehr zugänglich gemacht haben.

[2] Nach Beendigung der noch unvollendeten Werke 2 701 000 fl.

[3] Nach Beendigung der noch unvollendeten Werke 1 428 000 fl.

[4] Nach Beendigung der noch unvollendeten Werke 1 400 000 fl.

1880, 1890, sowie 1894 bis 1904.

schiffahrt		B. Flußschiffahrt					
		Rheinfahrt				Übrige Fahrt	
b. abgegangene Fahrzeuge		a. angekommene Fluß- bezw. Kanalschiffe		b. abgegangene Fluß- bezw. Kanalschiffe		angekommene Schiffe[5]	
Zahl	Raumgehalt	Zahl	Ladungsfähigkeit	Zahl	Ladungsfähigkeit	Zahl	Ladungsfähigkeit
	Tonnen		Tonnen		Tonnen		Tonnen
1532	2 053 773	\{ Angaben fehlen				—	—
1653	—					*28 588* 50 020	— 5 677 042
1660	4 971 480	550	209 795	—	—	*30 196* 62 045	— 2 755 573
1684	5 030 903	449	197 406	—	—	*29 708* 58 095	— 2 807 382
1850	5 553 072	428	192 677	—	—	*24 077* 61 580	— 3 123 171
1942	6 146 315	420	185 308	656	281 938	*21 796* 59 018	— 3 106 537
1868	6 066 024	624	278 127	884	431 954	*15 373* 53 119	— 2 995 459
2011	6 924 934	583	285 027	838	468 006	*3 697* 41 636	— 2 392 066
2110	7 095 417	541	266 605	718	400 239	*3 035* 45 133	— 2 638 015
2223	7 304 700	505	248 922	741	395 177	*2 762* 41 301	— 2 533 245
2036	7 340 704	615	289 739	807	418 955	*2 270* 39 943	— 2 615 761
1974	7 206 954	564	262 491	742	409 413	*2 236* 41 014	— 2 737 004
2096	7 741 216	715	303 628	838	395 497	*2 716* 39 204	— 2 796 185
—	—	—	—	—	—	—	—

[5] Die Kursiv-Zahlen beziehen sich auf Schiffe mit einer Ladungsfähigkeit unter 4 Tonnen, die anderen Zahlen auf Schiffe mit einer Ladungsfähigkeit von 4 Tonnen und mehr.

Die Zahlen enthalten alle Schiffe, welche Hafengebühren zahlten, jedoch sind diejenigen, welche ein Jahresabonnement haben, nur einmal gerechnet, obgleich sie von 20 bis 300 Mal im Jahr in dem Hafen ankommen. Da die Zahl der Reisen dieser Schiffe nicht bekannt ist, können genaue Angaben nicht gemacht werden.

3. Für Antwerpen in den Jahren

Jahr	A. See-schiffahrt Die Fahr-wassertiefe im Seehafen betrug Meter	B. Fluß-schiffahrt Das Flußbett der Schelde war berechnet für Fahrzeuge von einer Trag-fähigkeit bis zu Tonnen	Höhe der zur Verbesserung des Hafens und der Hafenanlagen aufgewandten Beträge a. seitens des Staates Francs	b. seitens der Stadt oder sonstiger Körper-schaften Francs	A. See- a. angekommene Fahrzeuge Zahl	Raum-gehalt Tonnen
1860		Unbeschränkt	2 000 000	10 800 000	2568	546 444
1870		„	2 000 000	18 200 000	4122	1 386 883
1880		„	2 000 000	31 000 000	4626	3 117 754
1890	Ebbe und Flut durchschnittlich 4 m. Geringste Tiefe auf einem Punkt 6 m unter Ebbe. Zugänglich für Seeschiffe mit einem Tiefgang von 9 m.	„	83 700 000	68 100 000	4532	4 517 693
1894		„	83 700 000	72 400 000	4640	5 008 983
1895		„	83 700 000	73 300 000	4653	5 363 569
1896		„	83 700 000	74 000 000	4951	5 855 111
1897		„	83 700 000	75 300 000	5106	6 215 550
1898		„	83 700 000	77 100 000	5198	6 415 501
1899		„	83 700 000	78 800 000	5420	6 842 163
1900		„	86 200 000	80 300 000	5244	6 691 791
1901		„	90 200 000	82 000 000	5209	7 510 938
1902		„	95 200 000	83 400 000	5607	8 427 779
1903		„	98 700 000	88 800 000	5761	9 131 831
1904		„	98 700 000	91 200 000	5852	9 400 335
1905		„	98 700 000	93 300 000*)	—	—

*) Zur Zeit sind noch Arbeiten für 15 000 000 Francs auf Kosten der Stadt in der Ausführung begriffen, ein Betrag, der in dieser Summe nicht mitenthalten ist.

1860, 1870, 1880, 1890, sowie 1894 bis 1905.

schiffahrt		B. Fluß- und bezw. Kanalschiffahrt					
b. abgegangene Fahrzeuge		a. angekommene Fluß- bezw. Kanalschiffe			b. abgegangene Fluß- bezw. Kanalschiffe		
Zahl	Raumgehalt	Zahl	Ladungsfähigkeit	Wirkliche Ladung	Zahl	Ladungsfähigkeit	Wirkliche Ladung
	Tonnen		Tonnen	Tonnen		Tonnen	Tonnen
3934	1 350 354	24 920	1 030 785	Angaben fehlen			
4667	3 123 382	34 751	1 688 288				
4540	4 520 588	27 655	2 774 856	1 027 552	28 395	2 795 895	1 906 692
4657	5 054 131	29 449	3 447 712	1 289 979	31 304	3 716 631	2 401 700
4645	5 326 122	28 472	3 536 528	1 421 079	30 615	3 862 343	2 552 119
4958	5 868 721	31 339	4 102 654	1 653 234	33 604	4 458 880	2 854 449
5075	6 155 097	31 340	4 241 346	1 889 594	33 103	4 561 739	2 898 537
5246	6 486 503	34 356	4 858 058	1 916 218	35 566	5 025 108	3 226 291
5352	6 747 419	33 134	4 887 599	1 927 097	33 642	5 110 770	3 281 835
5249	6 675 079	32 990	4 994 247	2 091 940	33 881	5 301 918	3 132 773
5252	7 574 941	32 765	5 258 645	2 086 692	34 208	5 552 628	3 516 215
5566	8 357 030	32 120	5 705 731	2 443 783	32 250	5 939 874	3 586 116
5784	9 176 324	33 940	6 319 626	2 835 747	35 577	6 421 507	4 181 653
5831	9 318 805	36 077	7 008 223	2 721 190	35 778	6 755 482	4 590 170
—	—	—	—	—	—	—	—

4. für Bremen in den Jahren 1860, 1870,

Jahr	A. See-schiffahrt — Die Fahrwassertiefe im Seehafen betrug bei mittlerem Niedrigwasser — Meter	B. Fluß-schiffahrt — Die Tiefe des Flußbetts der Weser bei Bremen betrug — Meter	Höhe der zur Verbesserung des Hafens und der Hafenanlagen aufgewandten Beträge — a. seitens des Staates — Mark	b. seitens der Stadt oder sonstiger Körperschaften — Mark	A. See- — a. angekommene Fahrzeuge — Zahl	Raumgehalt — Tonnen
1860	2	2	—	—	—	—
1870	2	2	19 570	—	814	28 299
1880	3	3	111 987	—	993	62 208
1890	6,05	4	837 441	—	1137	173 404
1894	6,33	5	399 963	—	1709	641 382
1895	6,45	5	1 235 022	—	1731	651 976
1896	6,26	5	633 530	—	1729	648 448
1897	6,14	5	1 236 891	—	1855	723 206
1898	6,36	5	3 710 981	—	2090	848 924
1899	5,94	5	1 757 383	—	2048	829 489
1900	6,07	5	2 973 928	—	2108	895 809
1901	6,30	5	2 720 850	—	2140	933 298
1902	6,17	5	4 192 128	—	2273	1 101 279
1903	6,21	5	7 732 886	—	2326	1 114 659
1904	5,94	5	3 369 572	—	2328	1 208 764

1880, 1890, sowie für 1894 bis 1904.

schiffahrt		B. Fluß- und bezw. Kanalschiffahrt					
b. abgegangene Fahrzeuge		a. angekommene Fluß- bezw. Kanalschiffe			b. abgegangene Fluß- bezw. Kanalschiffe		
Zahl	Raum-gehalt	Zahl	Ladungs-fähigkeit	Wirkliche Ladung (nur von der Oberweser)	Zahl	Ladungs-fähigkeit	Wirkliche Ladung (nur nach der Oberweser)
	Tonnen		Tonnen	Tonnen		Tonnen	Tonnen
				brutto:			brutto:
—	—	8912	464 262	174 872	7490	411 470	44 745
—	—	5728	314 640	106 753	5132	295 375	25 705
1051	59 157	6339	444 857	79 351	5947	441 223	54 874
1029	154 488	7016	726 448	185 548	6874	732 395	96 770
1636	606 514	7153	914 286	220 050	7136	944 744	137 578
1656	621 131	6618	868 612	231 170	6485	882 133	149 350
1765	617 715	7148	954 368	282 803	6938	985 882	229 516
1829	698 563	7663	1 077 092	362 790	7472	1 091 045	205 174
2051	811 011	7198	1 091 266	343 147	7054	1 112 896	264 968
				netto:			netto:
2116	833 622	7219	1 140 564	353 410	6891	1 119 311	244 544
2122	862 642	7353	1 140 535	372 929	7204	1 157 951	271 268
2168	904 850	7130	1 162 110	363 640	7095	1 191 260	261 474
2355	1 032 606	7181	1 183 916	368 300	7078	1 243 744	238 649
2398	1 075 475	7825	1 325 379	496 708	7705	1 364 347	274 411
2403	1 152 300	7377	1 247 412	350 034	7306	1 312 110	233 491

5. für Köln a. Rh.

Jahr	A. Seeschiffahrt — Die Fahrwassertiefe im Seehafen betrug (Meter)	B. Flußschiffahrt — Das Flußbett des Rheins war berechnet für Fahrzeuge von einer Tragfähigkeit bis zu (Tonnen)	Höhe der zur Verbesserung des Hafens und der Hafenanlagen aufgewandten Beträge — a. seitens des Staates (Mark)	b. seitens der Stadt oder sonstiger Körperschaften (Mark)	A. See — a. angekommene Fahrzeuge — Zahl	Raumgehalt (Tonnen)
1894	3,83	Die den Rhein befahrenden Flußschiffe stiegen in Tragfähigkeit bis zu 2000 Tonnen. Seit 1899 ist diese Tragfähigkeit bis zu 2340 Tonnen weiter gestiegen.	—	1 150 000	187	63 250
1895	3,97		—	3 000 000	143	46 360
1896	4,70		—	2 000 000	246	88 400
1897	4,09		—	3 800 000	265	87 560
1898	3,67		—	2 500 000	232	85 850
1899	3,70		—	2 500 000	306	102 110
1900	4,06		—	1 150 000	274	96 800
1901	4,27		—	700 000	347	109 660
1902	4,01		—	475 000	386	128 410
1903	3,84		—	450 000	437	145 310
1904	3,80		—	Bis jetzt unbekannt	446	163 220

6. für Danzig in den Jahren

Jahr	A. Seeschiffahrt — Die Fahrwassertiefe im Seehafen betrug (Meter)	B. Flußschiffahrt — Das Flußbett der Weichsel war berechnet für Fahrzeuge von einer Tragfähigkeit bis zu (Tonnen)	Höhe der zur Verbesserung des Hafens und der Hafenanlagen aufgewandten Beträge — a. seitens des Staates (Mark)	b. seitens der Stadt oder sonstiger Körperschaften (Mark)	A. See — a. angekommene Fahrzeuge — Zahl	Raumgehalt (Tonnen)
1860	Angaben fehlen	—	Angaben fehlen	Angaben fehlen	2535	397 250
1870		—			1607	301 280
1880		—			1894	497 054
1890		—			1887	577 099
1894	4,5 m	—	„	92 800	1902	692 355
1895	4,5 m	—	„	240 300	1718	605 261
1896	4,5 m	—	„	117 300	1804	627 172
1897	4,5 m	—	„	76 700	1751	680 407
1898	4,5 m	—	„	62 100	1772	666 019
1899	4,5 m	—	„	75 500	1739	667 140
1900	4,5 m	—	„	83 900	1696	676 435
1901	4,5 m	—	„	*1 233 958*) 1 434 200	1758	655 646
1902	4,5 m	—	„	*1 396 251*) 1 524 600	1858	683 963
1993	4,5 m	—	„	*845 503*) 877 700	1931	688 124
1904	4,5 m	—	„	*147 075*) 305 100	1946	711 917

(In der Spalte B. Flußschiffahrt, quer: „Der neue Kaiserhafen 7,5 m")

*) In den Jahren 1901 bis 1904 verausgabte Beträge für Erweiterung des Hafens (Ausbau des Kaiserhafens), die in den darunterstehenden Zahlen mit enthalten sind.

in den Jahren 1894 bis 1904.

s c h i f f a h r t *)		B. Fluß- und bezw. Kanalschiffahrt					
b. abgegangene Fahrzeuge		a. angekommene Fluß- bezw. Kanalschiffe			b. abgegangene Fluß- bezw. Kanalschiffe		
Zahl	Raumgehalt	Zahl	Ladungsfähigkeit**)	Wirkliche Ladung	Zahl	Ladungsfähigkeit**)	Wirkliche Ladung
	Tonnen		Tonnen	Tonnen		Tonnen	Tonnen
187	63 250	5464	1 194 108	419 650	4504		156 330
143	46 360	4830	1 095 409	402 182	3843		161 870
244	88 040	5876	1 367 553	501 316	4738		173 908
267	88 350	5629	1 210 304	523 845	4498		175 202
232	85 850	5694	1 245 791	557 063	4847	Während dieser Jahre wurde eine Statistik über die Ladefähigkeit der abgegangenen Schiffe nicht geführt	208 444
303	101 600	6224	1 388 241	748 557	4732		258 444
277	97 150	5572	1 201 830	555 388	5366		229 377
348	109 950	4992	1 110 797	460 483	4783		190 220
385	128 050	5425	1 255 611	511 383	4822		188 667
437	145 310	7485	1 641 923	675 668	5242	853 182	200 252
446	163 220	7516	1 530 709	760 583	4963	741 171	184 222

*) Die leer angekommenen bezw. leer abgegangenen Seeschiffe sind in diesen Angaben nicht berücksichtigt.
**) Die Ladefähigkeit der leer angekommenen und der leer abgegangenen Schiffe sowie deren Anzahl ist in diesen Angaben nicht enthalten.

1860, 1870, 1880, 1890 sowie 1894 bis 1904.

s c h i f f a h r t		B. Fluß- und bezw. Kanalschiffahrt					
b. abgegangene Fahrzeuge		a. angekommene Fluß- bezw. Kanalschiffe			b. abgegangene Fluß- bezw. Kanalschiffe		
Zahl	Raumgehalt	Zahl	Ladungsfähigkeit	Wirkliche Ladung	Zahl	Ladungsfähigkeit	Wirkliche Ladung
	Tonnen		Tonnen	Tonnen		Tonnen	Tonnen
2565	406 677	3382	Angabe fehlt	Angabe fehlt	Angabe fehlt	Angabe fehlt	Angabe fehlt
1556	288 345	6026	„	179 945	5826	„	124 628
1876	490 211	6181	„	122 410	6145	„	186 402
1878	572 789	7655	„	112 995	7716	„	196 701
1875	689 532	8074	„	157 104	8096	„	244 921
1727	616 627	7885	„	145 928	7927	„	237 528
1828	633 525	5972	„	168 738	6088	„	264 367
1772	695 092	6181	„	216 033	6218	„	258 029
1778	671 129	6787	370 665	231 376	6912	375 834	265 475
1750	668 502	6531	377 395	227 656	6555	366 597	277 001
1696	685 815	6095	345 408	201 989	6172	319 995	245 428
1761	661 374	5909	329 925	181 072	5957	330 218	222 392
1849	686 328	5835	363 781	187 790	6005	386 523	240 163
1957	707 709	6654	504 224	208 912	6700	500 476	269 710
1946	726 037	6187	433 735	191 929	6219	434 326	225 214

7. für Emden in den

Jahr	A. See-schiffahrt — Die Fahrwassertiefe im Seehafen betrug unter Mittel Hochwasser — Meter	B. Fluß-schiffahrt — Das Flußbett des Dortmund-Ems-Kanals war berechnet für Fahrzeuge von einer Tragfähigkeit bis zu — Tonnen	Höhe der zur Verbesserung des Hafens und der Hafenanlagen aufgewandten Beträge — a. seitens des Staates — Mark	b. seitens der Stadt oder sonstiger Körperschaften — Mark	A. See- — a. angekommene Fahrzeuge — Zahl	Raumgehalt — Tonnen
1860	4	—	—	3 240	Angaben fehlen	
1870	4	—	—	—		
1880	4	—	—	50 000	—	—
1888	—	—	253 5C0	—	490	19 484
1890	7	—	167 900	30 000	572	27 294
1894	7	—	130 300	—	658	34 092
1895	7	—	413 200	—	713	39 765
1896	7	—	788 900	34 000	771	45 369
1897	7	—	496 600		775	44 565
1898	7	—	1 095 600	—	730	41 925
1899	7	700	1 399 600	12 000	931	77 912
1900	10	700	4 956 000	33 570	1143	147 795
1901	11	700	3 386 000	260 190	1218	192 288
1902	11	700	255 700	69 190	1069	305 483
1903	11	700	461 700	3 460	1146	484 529
1904*)	11	700	918 400	25 660	1100	417 190

*) Im Jahre 1904 war der Verkehr durch den Bruch der Schleuse bei Meppen vom 10. 9. bis 20. 10. unterbrochen.

8. für Hamburg in den Jahren

Jahr	A. See-schiffahrt — Die Fahrwassertiefe im Seehafen betrug — Meter	B. Fluß-schiffahrt — Das Flußbett der Elbe war berechnet für Fahrzeuge von einer Tragfähigkeit bis zu — Tonnen	Höhe der zur Verbesserung des Hafens und der Hafenanlagen aufgewandten Beträge — a. seitens des Staates — Mark	b. seitens der Stadt oder sonstiger Körperschaften — Mark	A. See- — a. angekommene Fahrzeuge — Zahl	Raumgehalt
1860	5,50	Es konnten die jeweilig vorhandenen größten Elbschiffe auf der Hamburger Elbe verkehren. Die höchste Tragfähigkeit d. Flußschiffe betrug:	Angaben fehlen		5 029	Last à 6000 Pfd. 420 513
1870	6 00		„	„	4 144	617 684
1880	6,50		„	„	6 024	Reg.-Tons 2 766 806
1890	7,00		„	„	8 176	5 202 825
1894	7,50		„	„	9 165	6 228 821
1895	7,50		„	„	9 443	6 254 493
1896	7,50		„	„	10 477	6 445 167
1897	7,50	1870: 450 t	„	„	11 173	6 708 070
1898	7,50	1880: 600 „	„	„	12 523	7 354 118
1899	7,50	1890: 800 „	„	„	13 312	7 765 950
1900	7,50	1894:} 1898:} 850 „	„	„	13 102	8 037 514
1901	8,00		„	„	12 847	8 383 365
1902	8,00	1899:} 1903:} 1000 „	„	„	13 297	8 727 294
1903	8,00		„	„	14 028	9 155 926
1904	8,00	1904: 1100 „	„	„	14 843	9 610 794

(d. h. Wassertiefe auf dem Blankeneser Barren bei Hochwasser)

Jahren 1894 bis 1904.

schiffahrt		B. Fluß- und bezw. Kanalschiffahrt					
		auf dem Dortmund-Ems-Kanal					
b. abgegangene Fahrzeuge		a. angekommene Fluß- bezw. Kanalschiffe auf dem Dortmund-Ems-Kanal			b. abgegangene Fluß- bezw. Kanalschiffe auf dem Dortmund-Ems-Kanal		
Zahl	Raum-gehalt	Zahl	Ladungs-fähigkeit	Wirkliche Ladung	Zahl	Ladungs-fähigkeit	Wirkliche Ladung
	Tonnen		Tonnen	Tonnen		Tonnen	Tonnen
Angaben fehlen							
—	—						
476	21 526						
522	29 808						
632	39 825		Angaben fehlen				
700	47 238						
838	60 169						
707	50 418						
720	54 366						
718	79 219	4954	169 322	66 420	5043	165 831	97 334
1022	133 258	6589	248 472	121 540	6567	254 694	169 594
1134	186 697	5229	318 196	94 526	5335	321 362	217 934
1042	321 312	5727	402 060	149 470	5737	403 229	362 086
1092	472 495	6066	514 793	271 486	6080	518 195	495 451
1045	419 650	6216	494 129	221 501	6162	494 055	439 867

1860, 1870, 1880, 1890, sowie 1894 bis 1904.

schiffahrt		B. Fluß- und bezw. Kanalschiffahrt					
b. abgegangene Fahrzeuge		a. angekommene Fluß- bezw. Kanalschiffe			b. abgegangene Fluß- bezw. Kanalschiffe		
Zahl	Raum-gehalt	Zahl	Ladungs-fähigkeit	Wirkliche Ladung	Zahl	Ladungs-fähigkeit	Wirkliche Ladung
	Last à 6000 Pfd.		Zollzentner	Zollzentner		Zollzentner	Zollzentner
5 045	423 487	4 250	8 264 262	4 906 412	4 109	8 087 107	6 569 640
4 101	611 635	4 467	9 830 381	5 052 596	4 642	10 154 062	7 800 040
	Reg.-Tons		Tonnen	100 kg		Tonnen	100 kg
6 058	2 762 370	8 017	1 119 375	7 776 868	7 934	1 115 529	7 519 881
8 185	5 214 271	12 469	2 394 215	17 662 143	12 268	2 342 109	17 193 603
9 175	6 248 875	14 629	3 218 173	19 143 198	14 466	3 147 554	23 465 981
9 446	6 279 707	14 110	3 072 461	17 746 865	14 350	3 143 286	23 641 530
10 371	6 300 458	15 945	3 594 676	20 641 243	15 855	3 557 228	29 694 005
11 293	6 851 987	16 573	3 853 308	23 168 336	16 676	3 871 047	32 495 926
12 532	7 393 333	19 750	4 721 900	23 141 709	19 451	4 706 505	37 251 360
13 336	7 779 707	17 578	4 265 887	25 485 874	17 631	4 292 478	35 893 089
13 109	8 050 159	18 714	4 580 237	27 044 722	18 517	4 567 205	35 367 944
12 823	8 351 817	18 524	5 007 718	26 766 900	18 279	4 913 457	35 687 088
13 296	8 704 869	16 432	5 318 754	25 444 226	16 852	5 407 657	34 293 735
14 073	9 221 261	19 424	6 765 686	33 856 478	19 151	6 634 479	38 925 305
14 816	9 610 479	16 050	5 337 260	22 395 535	16 311	5 435 307	30 845 389

9. für Bremerhaven in den Jahren

Jahr	A. Seeschiffahrt — Die Fahrwassertiefe im Seehafen betrug — Meter	B. Fluß-schiffahrt — Die Tiefe des Flußbetts der Weser bei Bremerhaven betrug — Meter	Höhe der zur Verbesserung des Hafens und der Hafenanlagen aufgewandten Beträge — a. seitens des Staates — Mark	b. seitens der Stadt oder sonstiger Körperschaften — Mark	A. See- — a. angekommene Fahrzeuge — Zahl	Raumgehalt — Tonnen
1860	—	10	—	—	1329	283 987
1870	—	10	591 946	—	793	387 606
1880	—	10	348 675	—	1397	852 958
1890	7,86	10	2 028 957	—	1336	1 177 801
1894	7,86	10	3 076 492	—	1831	837 564
1895	7,86	10	3 953 358	—	1751	929 407
1896	7,86	10	3 545 495	—	2208	871 347
1897	10,56	10	3 663 903	—	2067	1 041 099
1898	10,56	10	3 120 460	—	2179	1 276 115
1899	10,56	10	2 352 349	—	1719	1 233 309
1900	10,56	10	1 068 549	—	1407	1 271 896
1901	10,56	10	732 807	—	1534	1 450 740
1902	10,56	10	641 157	—	1577	1 443 790
1903	10,56	10	592 163	—	1513	1 561 423
1904	10,56	10	651 250	—	1650	1 549 088

10. für Geestemünde in den Jahren

Jahr	A. Seeschiffahrt — Die Fahrwassertiefe im Seehafen betrug — Meter	B. Fluß-schiffahrt — Das Flußbett der Weser war berechnet für Fahrzeuge von einer Tragfähigkeit bis zu — Tonnen	Höhe der zur Verbesserung des Hafens und der Hafenanlagen aufgewandten Beträge — a. seitens des Staates — Mark	b. seitens der Stadt oder sonstiger Körperschaften — Mark	A. See- (einschl. — a. angekommene Fahrzeuge — Zahl	Raumgehalt — Tonnen
1894	7,7	—	1 259 000	—	3270	462 551
1895	7,7	—	1 694 000	—	2880	403 224
1896	7,7	—	1 939 000	—	2862	298 050
1897	7,7	—	1 147 000	—	2578	296 710
1898	7,7	—	576 000	—	2813	370 444
1899	7,7	—	302 000	—	2998	371 468
1900	7,7	—	134 000	—	2765	343 229
1901	7,7	—	226 000	—	2739	340 322
1902	7,7	—	196 000	—	3092	429 445
1903	7,7	—	178 000	—	3112	410 037
1904	7,7	—	291 000	—	3368	436 255

1860, 1870, 1880, 1890 sowie für die Jahre 1894 bis 1904.

schiffahrt		B. Fluß- und bezw. Kanalschiffahrt					
b. abgegangene Fahrzeuge		a. angekommene Fluß- bezw. Kanalschiffe			b. abgegangene Fluß- bezw. Kanalschiffe		
Zahl	Raum-gehalt	Zahl	Ladungs-fähigkeit	Größe	Zahl	Ladungs-fähigkeit	Größe
	Tonnen		Tonnen	Tonnen		Tonnen	Tonnen
Angaben fehlen		Angaben fehlen					
1627	874 764						
1478	1 206 414	3986	—	376 976			
1887	845 994	3050	—	332 111	Die amtliche Statistik notiert nur		
1848	965 417	2956	—	383 654	die abgegangenen Fahrzeuge		
2243	879 680	3647	—	443 942			
2281	1 048 880	4129	—	557 448			
2452	1 365 443	4065	—	578 340			
2030	1 283 451	3978	—	581 640			
1723	1 343 067	3579	—	552 057			
1614	1 511 299	3077	—	536 951			
1567	1 517 867	2952	—	477 496			
1634	1 611 582	3521	—	571 392			
1637	1 624 755	3373	—	529 298			

1894 bis 1904.

schiffahrt Fischdampfer)		B. Fluß- und bezw. Kanalschiffahrt					
b. abgegangene Fahrzeuge		a. angekommene Fluß- bezw. Kanalschiffe			b. abgegangene Fluß- bezw. Kanalschiffe		
Zahl	Raum-gehalt	Zahl	Ladungs-fähigkeit	Wirkliche Ladung	Zahl	Ladungs-fähigkeit	Wirkliche Ladung
	Tonnen		Tonnen	Tonnen		Tonnen	Tonnen
3250	456 148	1486	127 824	—	1480	126 619	—
2904	421 169	1220	89 944	—	1218	89 477	—
2853	301 837	1142	50 281	—	1134	51 299	—
2581	203 371	1000	47 815	—	990	47 525	—
2819	358 914	1506	104 755	—	1494	105 144	—
2986	280 104	1468	107 662	—	1463	107 467	—
2766	347 909	1330	101 780	71 282	1326	98 984	108 862
2627	336 722	1398	100 510	—	1393	100 222	—
3074	425 888	1602	144 298	47 177	1595	143 771	172 698
3094	409 174	1763	165 329	90 860	1754	164 638	147 817
3263	442 937	1236	121 420	75 997	1225	120 604	109 133

11. für Harburg an der Elbe

Jahr	A. See-schiffahrt	B. Fluß-schiffahrt	Höhe der zur Verbesserung des Hafens und der Hafenanlagen aufgewandten Beträge		A. See-	
	Die Fahrwassertiefe im Seehafen betrug	Das Flußbett der Elbe war berechnet für Fahrzeuge von einer Tragfähigkeit bis zu	a. seitens des Staates	b. seitens der Stadt oder sonstiger Körperschaften	a. angekommene Fahrzeuge	
					Zahl	Raumgehalt
	Meter	Tonnen	Mark	Mark		Tonnen
bis 1860	—	—	1 530 000	330 298	—	—
1860—1870	—	—	28 380	54 080	—	—
1870—1880	—	—	2 344 643	5 990	—	—
1880—1890	5,5	—	822 696	25 972	—	—
1894	5,5	1200	1 019 488	69 522	630	166 220
1895	5,5	1200	49 785	—	768	184 812
1896	5,5	1200	37 994	—	748	148 165
1897	5,5	1200	52 159	—	694	159 258
1898	5,5	1200	85 407	—	799	176 715
1899	5,5	1200	78 915	—	812	157 834
1900	5,5	1200	112 408	—	798	156 213
1901	5,5	1200	89 462	} 82 771	735	150 118
1902	5,5	1200	125 307		698	140 986
1903	5,5	1200	56 000	—	764	139 103
1904	5,5	1200	{ 67 925 / 128 130	—	992	168 236

12. für Königsberg i. Pr.

Jahr	A. See-schiffahrt	B. Fluß-schiffahrt	Höhe der zur Verbesserung des Hafens und der Hafenanlagen aufgewandten Beträge		A. See-	
	Die Fahrwassertiefe im Seehafen betrug	Das Flußbett des Pregels war berechnet für Fahrzeuge von einer Tragfähigkeit bis zu	a. seitens des Staates	b. seitens der Stadt oder sonstiger Körperschaften	a. angekommene Fahrzeuge	
					Zahl	Raumgehalt
	Meter	Tonnen	Mark	Mark		Tonnen
1890	Angabe fehlt	Angabe fehlt	Angabe fehlt	siehe in Abschnitt B, a Tabelle Nr. 7	1803	—
1891	„	„	„		1380	461 962
1892	„	„	„		1482	762 937
1893	„	„	„		1508	1 140 030
1894	„	„	„		1853	1 420 474
1895	„	„	„		1671	1 227 882
1896	„	„	„		1871	1 061 532 *)
1897	„	„	„		1701	1 020 471
1898	„	„	„		1630	1 091 577
1899	„	„	„		1578	1 070 227
1900	„	„	„		1813	1 133 887
1901	„	„	„		1671	1 118 647
1902	„	„	„		1820	1 270 892
1903	„	„	„		1877	1 362 707
1904	„	„	„		1758	1 385 453

*) Der Rückgang des Tonnengehalts ist nur ein scheinbarer und rechnungsmäßiger, weil die in den Jahren 1895 und 1896 erfolgte Neuvermessung der deutschen Dampfer nach den neuen Vorschriften infolge größerer Abzüge von Bruttoraumgehalt eine wesentliche Verkleinerung des Nettoraumgehalts (14—18%) ergab.

in den Jahren 1894 bis 1904.

schiffahrt		B. Fluß- und bezw. Kanalschiffahrt					
b. abgegangene Fahrzeuge		a. angekommene Fluß- bezw. Kanalschiffe			b. abgegangene Fluß- bezw. Kanalschiffe		
Zahl	Raumgehalt	Zahl	Ladungsfähigkeit	Wirkliche Ladung	Zahl	Ladungsfähigkeit	Wirkliche Ladung
	Tonnen		Tonnen	Tonnen		Tonnen	Tonnen
Angabe fehlt	Angabe fehlt	Angabe fehlt	Angabe fehlt	Angabe fehlt	Angabe fehlt	Angabe fehlt	Angabe fehlt
„	„	„	„	„	„	„	„
„	„	„	„	„	„	„	„
„	„	„	„	„	„	„	„
631	166 113	11 836	1 122 099	811 364	11 738	1 124 056	460 848
758	185 554	12 547	1 149 281	851 561	12 504	1 136 284	488 893
747	147 101	12 300	1 111 021	845 478	12 308	1 124 292	494 295
692	159 075	12 714	1 022 230	825 219	12 693	1 017 614	482 804
791	173 667	13 384	960 966	833 114	13 409	966 237	498 990
811	154 507	13 479	977 142	827 760	13 407	961 959	497 451
794	156 294	14 129	964 107	869 889	14 170	977 082	463 445
731	148 707	13 723	1 004 079	892 004	13 699	1 005 923	466 733
707	142 393	15 214	1 269 409	951 427	15 129	1 245 617	541 211
760	139 442	14 960	1 276 764	999 010	15 015	1 283 198	542 611
993	169 406	16 169	1 313 427	1 113 901	16 167	1 335 685	625 950

in den Jahren 1891 bis 1904.

schiffahrt		B. Fluß- und bezw. Kanalschiffahrt					
b. abgegangene Fahrzeuge		a. angekommene Fluß- bezw. Kanalschiffe			b. abgegangene Fluß- bezw. Kanalschiffe		
Zahl	Raumgehalt	Zahl	Ladungsfähigkeit	Wirkliche Ladung	Zahl	Ladungsfähigkeit	Wirkliche Ladung
	Tonnen		Tonnen	Tonnen		Tonnen	Tonnen
1803	—	Angabe fehlt	Angabe fehlt	Angabe fehlt	Angabe fehlt	Angabe fehlt	Angabe fehlt
1336	452 676	9 509	„	„	9 509	„	„
1448	757 637	12 500	„	„	12 500	„	„
1536	1 166 614	11 738	„	„	11 738	„	„
1888	1 464 624	10 954	„	„	10 954	„	„
1704	1 262 899	10 442	„	„	10 442	„	„
1818	1 078 908 *)	9 646	„	„	9 646	„	„
1700	1 044 845	11 543	„	„	11 543	„	„
1655	1 141 666	11 239	„	„	11 239	„	„
1600	1 140 911	10 456	„	„	10 456	„	„
1880	1 187 018	10 460	518 335	403 833	10 383	365 594	106 846
1752	1 170 695	10 373	502 299	374 552	10 316	310 453	120 206
1921	1 355 990	10 437	430 380	320 642	10 395	243 906	78 952
2000	1 420 641	11 349	513 218	393 038	11 133	489 144	95 083
1853	1 439 643	10 152	495 617	375 965	9 906	450 817	105 212

13. für Leer in den Jahren

Jahr	A. See-schiffahrt	B. Fluß-schiffahrt	Höhe der zur Verbesserung des Hafens und der Hafenanlagen aufgewandten Beträge		A. See-	
	Die Fahrwassertiefe im Seehafen betrug	Das Flußbett der Ems und der Leda war berechnet für Fahrzeuge von einer Tragfähigkeit bis zu	a. seitens des Staates	b. seitens der Stadt oder sonstiger Körperschaften	a. angekommene Fahrzeuge	
					Zahl	Raumgehalt
	Meter	Tonnen	Mark	Mark		Tonnen
1860	4,2	Keine feststehende Tiefe; die Ems wurde befahren durch Punten bis 70 und 80 Tonnen und 1,5 Meter Tiefgang bis Münster und Rheine usw.	21 000	19 377	—	—
1870	5		21 000	4 143	—	—
1880	5		18 000	1 046	—	—
1890	5		12 000	1 955	439	53 377
1894	5		—	3 044	434	46 831
1895	5		—	6 536	438	47 682
1896	5		—	624	618	96 508
1897	5		—	8 046	577	103 838
1898	5	Eröffnung des Dortmund-Ems-Kanals 2 Meter	—	21 050	626	96 278
1899	5		—	40 962	569	103 085
1900	5	2 Meter	—	245 202	549	102 298
1901	5	2 „	—	318 327	575	101 435
1902	5	2 „	—	816 565	458	76 981
1903	5	2 „	—	77 516	403	73 606
1904	5	2 „	—	241 695	387	84 905

14. für Memel in den Jahren

Jahr	A. See-schiffahrt	B. Fluß-schiffahrt	Höhe der zur Verbesserung des Hafens und der Hafenanlagen aufgewandten Beträge		A. See-	
	Die Fahrwassertiefe im Seehafen betrug	Das Flußbett des Memels war berechnet für Fahrzeuge von einer Tragfähigkeit bis zu	a. seitens des Staates	b. seitens der Stadt oder sonstiger Körperschaften	a. angekommene Fahrzeuge	
					Zahl	Raumgehalt
	Meter	Tonnen	Mark	Mark		Tonnen
1894	5,36—6,04	Angabe fehlt	—	—	751	237 362
1895	5,02—6,14	„ „	—	—	714	218 896
1896	4,84—6,40	„ „	377 000	—	786	272 358
1897	4,43—6,18	„ „	366 000	—	762	279 553
1898	4,78—6,50	„ „	495 500	—	761	267 121
1899	3,17—6,15	„ „	534 000	—	587	202 920
1900	4,0 —6,15	„ „	1 256 000	—	759	231 681
1901	5,18—6,05	„ „	1 307 000	—	867	280 819
1902	5,50—6,75	„ „	920 000	—	737	226 343
1903	4,90—6,42	„ „	833 000	—	664	210 926
1904	5,71—6,84	„ „	747 000	—	677	215 772

1890 und 1894 bis 1904.

schiffahrt		B. Fluß- und bezw. Kanalschiffahrt					
b. abgegangene Fahrzeuge		a. angekommene Fluß- bezw. Kanalschiffe			b. abgegangene Fluß- bezw. Kanalschiffe		
Zahl	Raumgehalt	Zahl	Ladungsfähigkeit	Wirkliche Ladung	Zahl	Ladungsfähigkeit	Wirkliche Ladung
	Tonnen		Tonnen	Tonnen		Tonnen	Tonnen
—	—	—	—	—	—	—	—
—	—	—	—	—	—	—	—
—	—	—	—	—	—	—	—
388	52 678	4008	58 341	—	4213	60 369	
378	44 627	4411	71 278	—	4472	75 239	
424	47 969	4005	67 605	—	4021	67 936	
587	95 256	3833	70 925	—	3856	71 120	
522	97 509	3424	59 279	—	3488	64 393	
560	93 214	3499	60 888	—	3567	63 941	Angaben können nicht gemacht werden.
541	100 499	4001	96 038	—	3998	92 189	
511	99 920	3683	102 948	—	3743	110 262	
558	99 646	3507	105 373	—	3503	102 679	
446	83 888	3481	116 574	—	3499	117 089	
406	73 726	2539	87 393	—	2531	86 371	
393	86 693	3082	98 557	—	3088	101 602	

1894 bis 1904.

schiffahrt		B. Fluß- und bezw. Kanalschiffahrt					
b. abgegangene Fahrzeuge		a. angekommene Fluß- bezw. Kanalschiffe			b. abgegangene Fluß- bezw. Kanalschiffe		
Zahl	Raumgehalt	Zahl	Ladungsfähigkeit	Wirkliche Ladung	Zahl	Ladungsfähigkeit	Wirkliche Ladung
	Tonnen		Tonnen	Tonnen		Tonnen	Tonnen
756	236 508	2330	90 762	53 876	2355	93 872	55 776
723	217 351	243	91 236	62 526	2227	89 736	48 235
789	267 132	2569	106 266	77 410	2543	105 366	54 534
792	287 632	2539	104 506	76 992	2545	104 321	55 232
773	270 322	2419	100 944	70 285	2430	97 330	52 280
607	209 746	2345	114 893	70 542	2337	112 776	70 573
731	220 966	2230	110 894	86 795	2240	110 933	56 242
849	271 781	2354	118 157	93 421	2368	119 205	52 507
750	227 894	2414	138 923	76 501	2391	136 354	68 762
678	212 484	2457	185 125	91 371	2443	178 498	66 255
693	219 511	2535	184 586	105 019	2520	183 080	61 844

15. für Stade in den

Jahr	A. Seeschiffahrt — Die Fahrwassertiefe im Seehafen betrug (Meter)	B. Flußschiffahrt — Das Flußbett der Schwinge war berechnet für Fahrzeuge von einer Tragfähigkeit bis zu (Tonnen)	Höhe der zur Verbesserung des Hafens und der Hafenanlagen aufgewandten Beträge — a. seitens des Staates (Mark)	b. seitens der Stadt oder sonstiger Körperschaften (Mark)	A. See- a. angekommene Fahrzeuge — Zahl	Raumgehalt (Tonnen)
1894	Bei normaler Flut 2,49 Meter	Bei normaler Flut ist ein Wasserstand von 4,67 Meter, nach eingetretener Ebbe 2,75 Meter	—	1245	65	7370
1895			—	1292	69	7565
1896			—	615	52	6470
1897			—	1038	54	6350
1898			—	2177	65	6950
1899			—	1133	55	7920
1900			—	1971	53	9001
1901			—	1263	57	6891
1902			—	1992	59	7277
1903			—	957	58	7610
1904			—	1317	45	6502

*) Die wirkliche Ladung der Flußschiffe ist nach der Durchschnittsberechnung angegeben, da sich dieselbe nach den Aufzeichnungen nicht ohne weiteres ergibt.

16. für Vegesack in den

Jahr	A. Seeschiffahrt — Die Fahrwassertiefe im Seehafen betrug bei gewöhnlichem Niedrigwasser (Meter)	B. Flußschiffahrt — Das Flußbett der Weser war berechnet für Fahrzeuge mit einem Tiefgange bis zu (Meter)	Höhe der zur Verbesserung des Hafens und der Hafenanlagen aufgewandten Beträge — a. seitens des Staates (Mark)	b. seitens der Stadt oder sonstiger Körperschaften (Mark)	A. See- a. angekommene Fahrzeuge — Zahl	Raumgehalt (Tonnen)
1899	4	5	—	—	98	16 843
1900	4	5	—	—	93	15 830
1901	4	5	271	—	86	17 134
1902	4	5	22 649	—	96	19 652
1903	4	5	1 256	—	98	17 174
1904	4	5	—	—	78	13 019

Jahren 1894 bis 1904.

schiffahrt		B. Fluß- und bezw. Kanalschiffahrt					
b. abgegangene Fahrzeuge		a. angekommene Fluß- bezw. Kanalschiffe			b. abgegangene Fluß- bezw. Kanalschiffe		
Zahl	Raum-gehalt	Zahl	Ladungs-fähigkeit	Wirkliche Ladung*)	Zahl	Ladungs-fähigkeit	Wirkliche Ladung*)
	Tonnen		Tonnen	Tonnen		Tonnen	Tonnen
65	7370	756	24 948	15 120	24 948	15 120	18 140
69	7565	715	23 595	14 300	23 595	14 300	17 100
52	6470	846	27 918	16 920	27 918	16 920	20 310
54	6350	867	28 611	17 340	28 611	17 340	20 800
65	6950	882	29 106	17 640	29 106	17 640	21 160
55	7920	797	26 301	15 940	26 301	15 940	19 120
53	9001	727	23 991	14 540	23 991	14 540	17 450
57	6891	646	21 318	12 920	21 318	12 920	15 500
59	7277	709	23 397	14 180	23 397	14 180	17 110
58	7610	661	21 813	13 220	21 813	13 220	15 850
45	6502	671	22 143	13 420	22 143	13 420	16 100

Jahren 1899 bis 1904.

schiffahrt		B. Fluß- und bezw. Kanalschiffahrt					
b. abgegangene Fahrzeuge		a. angekommene Fluß- bezw. Kanalschiffe			b. abgegangene Fluß- bezw. Kanalschiffe		
Zahl	Raum-gehalt	Zahl	Ladungs-fähigkeit	Wirkliche Ladung	Zahl	Ladungs-fähigkeit	Wirkliche Ladung
	Tonnen		Tonnen	Tonnen		Tonnen	Tonnen
98	16 843	149	unbekannt	unbekannt	149	unbekannt	unbekannt
93	15 830	139	„	„	139	„	„
86	17 134	92	6 937	—	92	6 937	—
96	19 652	136	10 690	—	136	10 690	—
98	17 174	148	14 717	—	148	14 717	—
78	13 019	140	14 397	—	140	14 397	—

B. Entwickelung des Schiffahrtsverkehrs in einigen wichtigeren deutschen Häfen unter Gegenüberstellung der von den betreffenden Städten im Schiffahrts-Interesse aufgewandten Geldmittel.

a) Häfen mit See- und Flußschiffahrtsverkehr.

1. Die finanziellen Aufwendungen der Stadt Duisburg
im Interesse der Verbesserung der Hafen- und Umschlags-Einrichtungen.

Jahr	Die Fahrwassertiefe im Hafen betrug	Das Flußbett des Rheins war berechnet für Fahrzeuge von einer Tragfähigkeit bis zu	Höhe der zur Verbesserung des Hafens und der Hafenanlagen aufgewandten Beträge		Flußschiffahrt					
			a. seitens des Staates	b. seitens der Stadt oder sonstiger Körperschaften	a. angekommene Flußschiffe			b. abgegangene Flußschiffe		
					Zahl	Ladungsfähigkeit	Wirkliche Ladung	Zahl	Ladungsfähigkeit	Wirkliche Ladung
	Meter	Tonnen	Mark	Mark		Tonnen	Tonnen		Tonnen	Tonnen
1890		—	—	—	5 411	1 719 492 / 28 893	58 706	5 429	1 712 965 / 26 908	1 140 876
1894		2000	—	302 222	6 486	2 865 845 / 37 125	1 058 295	6 609	2 894 409 / 36 053	1 450 022
1895	Bei mittlerem Niedergewässer mindestens 3,0 m	2000	—	1 075 047	5 587	2 416 042 / 40 626	944 485	5 731	2 463 632 / 40 463	1 250 628
1896		2000	—	1 387 400	7 183	3 308 450 / 62 401	1 399 389	7 345	3 342 870 / 59 237	1 775 748
1897		2000	—	1 230 400	7 422	3 196 345 / 70 342	1 387 433	7 371	3 252 616 / 63 124	1 679 405
1898		2000	—	484 000	8 766	4 141 945 / 97 408	1 626 816	8 891	4 201 793 / 97 217	2 065 644
1899		2000	—	208 100	9 517	4 883 275	1 705 799	9 430	4 790 054	2 312 499
1900		2000	—	103 140	11 186	5 219 214	1 890 058	11 363	5 363 303	2 744 977
1901		2000	—	109 000	11 364	5 075 537	1 561 443	11 415	5 104 505	3 069 005
1902		2000	—	752 000	11 087	5 396 255	1 487 355	11 120	5 425 572	3 302 119
1903		2000	—	419 000	12 863	6 734 365	1 949 557	12 844	6 695 657	4 212 745
1904		2000	—	628 000	12 722	6 757 060	2 029 756	12 766	6 818 713	4 093 620

2. Die finanziellen Aufwendungen der Stadt Elbing
im Interesse der Verbesserung der Hafen- und Umschlagseinrichtungen in den Jahren 1894—1904.

Jahr	A. Einmalige Ausgaben — Aufgewendet wurden für					B. Dauernde Ausgaben	C. Einnahmen	D. Gesamt-Verkehr an abgegangenen und angekommenen	
	Baggerungen	sonstige Tiefbauten, Ausgaben zur Unterhaltung des Treideldammes	Hafenbauten (Hochbauten)	Schleusenanlage	Zusammen	Jährliche Betriebs- und Verwaltungs-Ausgaben	aus Schleusen-Gebühren	Schiffen	Gütern
	Mark	Mark	Mark	Mark	Mark	Mark	Mark	Zahl	Tonnen
1860	1 740	450	—	260	2 450	Der Schleusenmeister bezieht 50% der Schleusengeld-Einnahme, sowie freie Wohnung, Dienstland und einige sonstige geringe Naturalbezüge.	5030	Angabe fehlt	Angabe fehlt
1870	1 380	350	—	310	2 040		9210		
1880	3 990	1670	—	900	6 560		7080	„	„
1890	11 380	1540	—	700	13 620		8190	„	„
1894	7 810	1320	—	290	9 420		7640	„	„
1895	7 800	1800	—	12 320 *)	21 920		6780	„	„
1896	10 360	2060	—	35 370 *)	47 790		6500	„	„
1897	10 660	1270 *)	—	4 600	16 530		4520	„	„
1898	8 930	6600 **)	—	1 730	17 260		6890	„	„
1899	12 920	5570	—	700	19 190		7060	„	„
1900	18 350	5610	—	1 200	25 160		6470	„	„
1901	17 730	8160	—	3 690	29 580		5680	„	„
1902	15 260	6230	—	620	22 110		3570	„	„
1903	12 320	5660	—	730	18 710		6260	„	„
1904	11 200	7480	—	1 130	19 810		7670	„	„

*) Die außerordentliche Höhe der Ausgaben war verursacht durch die Arbeiten zur Sicherung der Schleuse gegen Hochwasser und durch Erbauung eines Wohnhauses.

**) In vorstehender Zusammenstellung nicht enthalten ist der in den Jahren 1897/98 mit einem Kostenaufwande von 250 586 Mark ausgeführte Umbau der Kraffohlschleuse; von diesen Kosten hatte der Staat 216 000 Mark übernommen.

3. Die finanziellen Aufwendungen der Stadt Emden
im Interesse der Verbesserung der Hafen- und Umschlagseinrichtungen in den Jahren 1894—1904.

Jahr	A. Einmalige Ausgaben — Aufgewendet wurden für					B. Dauernde Ausgaben	C. Einnahmen	D. Gesamt-Verkehr an abgegangenen und angekommenen	
	Baggerungen	sonstige Hafenbauten (Tiefbauten)	Hafenbauten (Hochbauten)	Geleise- u. Krananlagen usw	Zusammen	Jährliche Betriebs- und Verwaltungs-Ausgaben	aus Ufer-, Hafen-, Kran- usw. Gebühren	Schiffen	Gütern *)
	Mark	Mark	Mark	Mark	Mark	Mark	Mark	Zahl	Tonnen
1860	—	3240	—	—	3 240	20 000	14 250	Angabe fehlt	Angabe fehlt
1870	—	—	—	—	—	20 000	12 530		
1880	—	—	—	—	50 000	16 500	13 280	„	„
1890	—	—	—	—	30 000	3 500	1 820	„	„
1894	—	—	—	—	—	4 500	1 735	4640	5714
1895	—	—	—	—	—	6 500	1 810	5079	6244
1896	—	—	—	—	} 34 000	4 800	1 750	5297	6556
1897	—	—	—	—		5 500	1 860	4543	5775
1898	—	—	—	—	—	5 000	1 845	5023	6286
1899	—	—	—	12 000	12 000	5 200	1 570	5332	6572
1900	28 700	und sonst im ganzen		4 870	33 570	5 800	1 800	7362	8773
1901	—	—	—	—	20 190	5 000	1 815	5815	7302
1902	—	—	—	—	69 190	5 000	1 845	6547	7814
1903	—	—	—	—	3 460	4 500	1 610	7562	8888
1904	—	—	—	—	25 660	4 700	1 790	7732	9049

Anmerkung: Die Beträge unter B und C umfassen:

für 1860, 1870 und 1880 die Ausgaben für den Hafen, die Hafenanstalten und die Binnenkanäle nebst den Zubehörungen sowie die Einnahmen aus dem Seeverkehr und dem Verkehr auf den Binnenkanälen einschließlich einer jährlichen staatlichen Entschädigung zu = 4 500 M. für den Unterhalt des Hafens und der Schiffahrtsanlagen,

für 1890 und Folgezeit infolge des Überganges des Hafens und der dazu gehörigen Anlagen auf den Staat nur noch die Ausgaben für die Binnenkanäle nebst deren Zubehörungen und die Einnahme aus dem Verkehr auf den Binnenkanälen (Kanalgebühren).

) d. h. Raumgehalt der Fahrzeuge in Register-Tonnen.   38

4. Die finanziellen Aufwendungen der Stadt Leer
im Interesse der Verbesserung der Hafen- und Umschlags-Einrichtungen in den Jahren 1894—1904.

	A. Einmalige Ausgaben					B. Dauernde Ausgaben	C. Einnahmen	D. Gesamt-Verkehr	
	Aufgewendet wurden für							an abgegangenen und angekommenen	
Jahr	Bagge-rungen	sonstige Hafen-bauten (Tiefbauten)	Hafen-bauten (Hoch-bauten)	Gleise- u. Kran-anlagen usw.	Zusammen	Jährliche Betriebs- und Verwaltuugs-Ausgaben	aus Ufer-, Hafen-, Kran- usw. Gebühren	Schiffen	Gütern
	Mark	Mark	Mark	Mark	Mark	Mark	Mark	Zahl	Tonnen
1860	—	19 377	—	—	19 377	—	3 000	—	
1870	—	4 143	—	—	4 143	—	8 700	—	
1880	—	1 046	—	—	1 046	—	:8 671	—	
1890	—	1 ⁰55	—	—	1 955	—	10 154	—	Angaben können nicht gemacht werden.
1894	—	3 044	—	—	3 044	—	8 139	4967	
1895	—	6 536	—	—	6 536	—	9 264	5243	
1896	–	624	—	—	624	—	10 290	5658	
1897	5 000	3 046	—	—	8 046	—	6 581	5525	132 787
1898	18 000	3 050	—	—	21 050	—	7 020	5417	164 989
1899	11 494	{ 24 500 / 4 968	—	—	40 962	—	8 921	5876	204 224
1900	—	{ 751 / 244 451	—	—	245 202	—	8 381	5443	199 802
1901	—	{ 316 456 / 1 871	—	—	318 327	—	8 209	5150	177 660
1902	110 553	{ 705 348 / 664	34 104	—	850 669	4355	9 033	5134	195 608
1903	—	{ 75 318 / 2 198	8 804	—	86 320	9637	7 383	3873	142 402
1904	140 723	100 972	795	—	242 490	5000	8 733	4590	182 763

5. Die finanziellen Aufwendungen der Stadt Danzig
im Interesse der Verbesserung der Hafen- und Umschlags-Einrichtungen in den Jahren 1894—1904.

	A. Einmalige Ausgaben					B. Dauernde Ausgaben	C. Einnahmen	D. Gesamt-Verkehr	
	Aufgewendet wurden für							an abgegangenen und angekommenen	
Jahr	Bagge-rungen	sonstige Hafen-bauten (Tiefbauten)	Hafen-bauten (Hoch-bauten)	Gleise- u. Kran-anlagen usw.	Zusammen	Jährliche Betriebs- u. Verwaltungs-Ausgaben**)	aus Ufer-, Hafen-, Kran- usw. Gebühren	Schiffen	Gütern
	Mark	Mark	Mark	Mark	Mark	Mark	Mark	Zahl	Tonnen
1860*	—	—	—	—	—	—	—	5 100	803 427
1870	—	—	—	—	—	26 491	48 540	3 163	589 625
1880	—	—	—	—	—	33 901	40 471	3 770	987 264
1890	—	—	—	—	—	35 376	44 928	2 940	939 932
1894	—	6 506	—	—	6 506	36 837	48 111	3 074	1 237 176
1895	—	6 826	—	—	6 826	32 956	47 084	2 814	1 195 218
1896	—	14 042	43 217	—	57 259	48 911	45 787	3 014	1 394 000
1897	—	32 052	18 393	—	50 445	43 929	49 016	2 811	1 407 115
1898	—	30 439	471	—	30 909	48 640	49 195	2 862	1 445 943
1899	9 600	33 562	—	—	43 162	38 985	48 404	2 772	1 465 523
1900	3 712	44 812	150 045	49 706	248 274	43 939	48 551	2 690	1 510 610
1901	5 290	584 669	—	1 841	591 799	59 187	52 940	2 560	1 375 568
1902	504	555 492	—	47 268	603 264	42 936	50 143	2 708	1 477 692
1908	—	311 360	—	18 600	329 960	46 014	60 289	2 741	1 621 977
1904	—	211 213	—	20 069	231 281	49 293	80 270	2 904	1 390 166

*) Aufzeichnungen für 1860 sind nicht vorhanden.
**) Ausschließlich der Ausgabe für Verzinsung und Tilgung der für einmalige Aufwendungen aus Anleihen entnommenen Mittel.

6. Die finanziellen Aufwendungen der Stadt S t e t t i n
im Interesse der Verbesserung der Hafen- und Umschlags-Einrichtungen in den Jahren 1894—1904.

Jahr	A. Einmalige Ausgaben					B. Dauernde Ausgaben	C. Einnahmen	D. Gesamt-Verkehr	
	Aufgewendet wurden für					Jährliche Betriebs- u. Verwaltungs-Ausgaben	aus Ufer-, Hafen-, Kran- usw. Gebühren	an abgegangenen und angekommenen	
	Bagge-rungen	sonstige Hafen-bauten (Tiefbauten)	Hafen-bauten (Hoch-bauten)	Gleise- u. Kran-anlagen usw.	Zusammen			See-Schiffen	Gütern
	Mark	Mark	Mark	Mark	Mark	Mark	Mark	Zahl	Tonnen
1865	—	—	—	—			Die früheren Angaben sind hier nicht ver-wendbar, da die ganze Berechnung von 1899 ab durch Änderung der Stromführung u. Ein-führung neuer Abgaben auf eine andere Grund-lage gestellt wurden	4 135	—
1870	—	—	—	—				3 875	—
1880	—	—	—	—				7 383	—
1890	—	—	—	—				8 704	—
1894	—	—	—	—				8 398	2 369 601
1895	—	—	—	—	Seit 1. April 1863 20 945 800			7 674	2 431 000
1896	—	—	—	—				8 321	2 725 500
1897	—	—	—	—				8 574	2 987 000
1898	—	—	—	—				8 856	3 178 700
1899	—	—	—	—		1 651 573	1 212 417	8 800	3 116 500
1900	—	—	—	—		1 763 534	1 221 330	9 275	3 281 000
1901	—	—	—	—		2 030 650	1 327 728	9 079	3 213 300
1902	—	—	—	—		2 068 978	1 297 343	8 841	3 083 300
1903	—	—	—	—		2 158 412	1 424 285	8 593	3 668 544
1904	—	—	—	—		2 292 128	1 977 082	10 264	3 870 998

7. Die finanziellen Aufwendungen der Stadt K ö n i g s b e r g i. Pr.
im Interesse der Verbesserung der Hafen- und Umschlags-Einrichtungen in den Jahren 1894—1904.

Jahr	A. Einmalige Ausgaben					B. Dauernde Ausgaben	C. Einnahmen	D. Gesamt-Verkehr	
	Aufgewendet wurden für					Jährliche Betriebs- und Verwaltungs-Ausgaben	aus Ufer-, Hafen-, Kran- usw. Gebühren	an abgegangenen und angekommenen	
	Bagge-rungen	sonstige Hafen-bauten (Tiefbauten)	Hafen-bauten (Hoch-bauten)	Gleise- u. Kran-anlagen usw.	Zusammen			Schiffen **)	Gütern †)
	Mark	Mark	Mark	Mark	Mark	Mark	Mark	Zahl	Tonnen
1890	—	—	—	—	—	30 360	—	3044	1 553 192
1894	—	—	—	—	—	37 990	—	3741	2 112 001
1895	—	—	—	—	—	32 002	—	3375	2 000 528
1896	—	—	—	—	—	30 585	—	3659	1 933 892
1897	—	—	—	—	—	42 749	—	3401	2 295 642
1898	—	—	—	—	—	41 983	—	3285	2 434 927
1899	—	—	—	—	—	70 836	—	3178	2 544 878
1900	—	7 846	—	—	7 846	87 012	—	3693	2 845 662
1901	87 119	297 633	—	13 358	398 111	40 450	—	3423	2 676 943
1902	176 251	290 991	66 986	18 609	552 839	31 951	—	3741	2 832 307
1903	68 453	494 318	368 162	100 289	1 031 224	21 706	—	3877	2 891 452
1904	119 738	32 412	151 800	270 976	574 927	23 082	*)	3611	2 695 737

*) Krangebühren werden seit dem 29. Oktober 1904 erhoben; für den Rest des Jahres 1904/05 sind 3024 M. eingekommen. Hafenabgaben und Bohlwerksgelder werden erst seit dem 1. Juli 1905 erhoben.
**) Nur Seeschiffe, ohne Binnenschiffahrt.
†) Wasser- und Landverkehr zusammen, ohne Holz, Vieh und Pferde.

b) Binnenhäfen lediglich mit Flußschiffahrtsverkehr.

1. Die finanziellen Aufwendungen der Stadt Berlin
im Interesse der Verbesserung der Hafen- und Umschlags-Einrichtungen in den Jahren 1894—1904.

Jahr	A. Einmalige Ausgaben — Aufgewendet wurden für					B. Dauernde Ausgaben	C. Einnahmen	D. Gesamt-Verkehr*) an abgegangenen und angekommenen	
	Baggerungen	sonstige Hafenbauten (Tiefbauten)	Hafenbauten (Hochbauten)	Gleise- u. Kran-anlagen usw.	Zusammen	Jährliche Betriebs- und Verwaltungs-Ausgaben	Aus Ufer-, Hafen-, Kran- usw. Gebühren	Schiffen	Gütern
	Mark	Mark	Mark	Mark	Mark	Mark	Mark	Zahl	Tonnen
1877[1]	—	—	—	—	1219	330	Nicht bekannt.		
1890	Einrichtung der Ladestraße am Halle-schen Ufer zwischen Schöneberger und Möckern-Brücke				[2]) 65 523	rd. 200	Keine. Die Anlege-gelder usw. werden vom Staatsfiskus erhoben.	rd. 400—420 jährlich	rd. 80 000 jährlich
1894	Städtischer Hafen am Urban mit Maschinen- und Krananlagen . . .				[3])2 207 902				
1895									
1896						11 522	15 019	1 797	[4]) 269 550
1897	—	—	—	—	—	10 707	26 149	2 559	383 850
1898	—	—	—	—	—	11 003	27 242	2 476	371 400
1899	—	—	—	—	—	11 259	29 645	1 993	298 950
1900	—	—	—	—	—	14 977	32 291	1 949	292 350
1901	—	—	—	—	—	[5]) 221 621	29 476	1 741	261 150
1902	—	—	—	—	—	121 205	26 149	2 126	318 900
1903	—	—	—	—	—	124 475	35 791	2 817	463 400
1904	—	—	—	—	—	123 009	32 001	2 113	422 600

Außerdem ist die Anlegung einer Ladestraße am Bundesratsufer geplant und sind dafür 25 740 M. für Landerwerb und 788 000 M. für Pflasterung, Ufermauer und Stützmauer veranschlagt. Verausgabt sind von diesen Beträgen bis Ende September 1905 25 740 M. für Landerwerb und 281 149 M. für die Ufer- bezw. Stützmauer.

---

*) Nur an den städtischen Ladestellen. Die Mehrzahl der Berliner Ladestellen sind im Besitze des Staatsfiskus

[1]) Für den demnächst beginnenden weiteren Ausbau der Ladestraße sind die Kosten auf 196 000 M. veranschlagt.

[2]) Ausschließlich der ersten Einrichtung für Entwässerung und Beleuchtung.

[3]) Die Gesamtkosten für die Hafenanlage am Urban stehen noch nicht fest, da noch zwei Prozesse wegen der Entschädigungen für Grundstücke schweben.

[4]) Das Nettogewicht der Güter läßt sich nur schätzungsweise angeben, da die Ladungen — je nach Art — in cbm, Stückzahl, Schock, qm usw. verzeichnet sind. Bis zum Jahre 1902 einschl. ist die Schiffsladung mit 150 t für das Fahrzeug in Ansatz gebracht, von da ab mit 200 t, da seit 1902 fast durchweg Fahrzeuge mit mehr als 200 t Tragfähigkeit zur Verwendung kommen.

[5]) In den Betriebskosten sind vom Jahre 1901 ab auch die Beträge für Verzinsung und Amortisation des Anlagekapitals enthalten.

2. Die finanziellen Aufwendungen der Stadt Breslau

im Interesse der Verbesserung der Hafen- und Umschlags-Einrichtungen in den Jahren 1897—1904.

Jahr	A. Einmalige Ausgaben					B. Dauernde Ausgaben	C. Einnahmen	D. Gesamt-Verkehr	
	Aufgewendet wurden für							an abgegangenen und angekommenen	
	Bagge-rungen	sonstige Hafen-bauten (Tiefbauten)	Hafen-bauten (Hoch-bauten)	Geleise- u. Kran-anlagen usw.	Zusammen	Jährliche Betriebs- und Verwaltungs-Ausgaben	aus Ufer-, Hafen-, Kran-usw. Gebühren	Schiffen	Gütern
	Mark	Mark	Mark	Mark	Mark	Mark	Mark	Zahl	Tonnen
1897									
1898	Kosten des in den Jahren 1897 bis								
1899	1901 erbauten Stadthafens**) . rd.			5 600 000					
1900								nur im	
1901	—	75 000*)	--	—	—	—	—	„Stadthafen"	
1902	645	50 000	—	—	50 645	374 552	220 892	1693	169 264
1903	3033	73 446	815	—	77 294	555 152	290 859	3274	361 366
1904	421	—	5040	15 301	20 762	540 446	281 376	2612	307 571

*) Erste Rate für die Herstellung einer massiven Ufermauer am Packhofe, deren übrige Kosten in den Spalten für 19 2 und 1903 mit nachgewiesen sind.
**) Außer dem Stadthafen sind in Breslau noch umfangreiche staatliche Hafen- und Auslade-Einrichtungen vorhanden.

3. Die finanziellen Aufwendungen der Stadt Charlottenburg

im Interesse der Verbesserung der Hafen- und Umschlags-Einrichtungen in den Jahren 1894–1904.

Jahr	A. Einmalige Ausgaben					B. Dauernde Ausgaben	C. Einnahmen	D. Gesamt-Verkehr	
	Aufgewendet wurden für							am abgegangenen und angekommenen	
	Bagge-rungen	sonstige Hafen-bauten (Tiefbauten)	Hafen-bauten (Hoch-bauten)	Gleise- u. Kran-anlagen usw.	Zusammen	Jährliche Betriebs- und Verwaltungs-Ausgaben	aus Ufer-, Hafen-, Kran-usw. Gebühren	Schiffen	Gütern
	Mark	Mark	Mark	Mark	Mark	Mark	Mark	Zahl	Tonnen
1894	Angabe fehlt	Angabe fehlt	Angabe fehlt	Angabe fehlt	Angabe fehlt	17 917	21 026	1 890	378 000
1895	„	„	„	„	„	18 490	18 559	1 504	300 800
1896	„	„	„	„	„	18 269	15 829	1 394	278 800
1897	„	„	„	„	„	19 144	17 881	1 552	310 400
1898	—	3 998	—	—	3 998	18 293	21 712	1 911	382 200
1899	—	—	—	—	—	21 297	22 641	1 928	385 600
1900	—	—	—	—	—	26 853	23 129	1 931	386 200
1901	—	—	—	—	—	22 649	25 720	2 225	445 000
1902	--	—	—	—	—	23 478	32 103	2 155	431 000
1903	—	—	—	—	—	30 440	33 854	2 206	441 200
1904	—	—	—	66 983	66 983	22 709	37 712	2 622	547 374

4. Die finanziellen Aufwendungen der Stadt Dortmund

im Interesse der Verbesserung der Hafen- und Umschlags-Einrichtungen in den Jahren 1899—1904.

Jahr	A. Einmalige Ausgaben					B. Dauernde Ausgaben	C. Einnahmen	D. Gesamt-Verkehr	
	Aufgewendet wurden für						aus Ufer-, Hafen-, Kran- usw.	an abgegangenen und angekommenen	
	Bagge-rungen	sonstige Hafen-bauten (Tiefbauten)	Hafen-bauten (Hoch-bauten)	Gleise- u. Kran-anlagen usw.	Zusammen	Jährliche Betriebs- und Verwaltungs-Ausgaben	Gebühren	Schiffen	Gütern
	Mark	Mark	Mark	Mark	Mark	Mark	Mark	Zahl	Tonnen
1899*	—	—	—	—	—	70 867	127 902	615	62 323
1900	—	—	42 100	72 030	114 130	103 638	167 986	775	110 875
1901	300	—	—	53 200	53 500	141 512	238 778	955	157 748
1902	—	—	151 076	21 000	172 076	149 230	258 533	1 372	241 067
1903	350	—	—	6 000	6 350	171 151	300 860	2 052	373 180
1904	—	—	155 000	3 000	158 000	184 922	310 339	2 198	356 228

*) Das erste Schiff auf dem Dortmund-Ems-Kanal lief am 9. März 1899 im Hafen Dortmund ein.

5. Die finanziellen Aufwendungen der Stadt Frankfurt a. Oder

im Interesse der Verbesserung der Hafen- und Umschlags-Einrichtungen in den Jahren 1894—1904.

Jahr	A. Einmalige Ausgaben					B. Dauernde Ausgaben	C. Einnahmen	D. Gesamt-Verkehr	
	Aufgewendet wurden für						aus Ufer-, Hafen-, Kran- usw.	an abgegangenen und angekommenen	
	Bagge-rungen	sonstige Hafen-bauten (Tiefbauten)	Hafen-bauten (Hoch-bauten)	Gleise- u. Kran-anlagen usw.	Zusammen	Jährliche Betriebs- und Verwaltungs-Ausgaben	Gebühren	Schiffen	Gütern
	Mark	Mark	Mark	Mark	Mark	Mark	Mark	Zahl	Tonnen
1894	—	—	—	—	—	2 382	4 536	1 227	33 085 592
1895	—	—	—	—	—	2 723	4 260	987	28 397 992
1896	—	—	110 002	—	110 002	2 673	4 509	724	27 253 730
1897	—	—	151 923	858	152 881	4 109	6 615	908	43 740 073
1898	—	311	5 017	—	5 328	6 167	9 931	1 246	51 341 276
1899	—	34	—	—	34	4 891	10 649	1 192	58 617 445
1900	—	—	—	—	—	5 473	10 357	972	50 334 981
1901	—	—	39 871	1 494	41 365	5 527	11 811	878	44 700 883
1902	—	—	4 191	300	4 491	6 114	12 827	882	59 988 267
1903	—	—	—	—	—	5 539	12 594	904	44 079 320
1904	—	—	—	—	—	7 025	9 086	611	38 040 558

6. Die finanziellen Aufwendungen der Stadt Karlsruhe
im Interesse der Erbauung der Hafen- und Umschlags-Einrichtungen in den Jahren 1898—1904.

Jahr	A. Einmalige Ausgaben					B. Dauernde Ausgaben	C. Einnahmen	D. Gesamt-Verkehr an abgegangenen und angekommenen		
	Aufgewendet wurden für						aus Ufer-, Hafen-, Kran- usw. Gebühren			
	Gelände-erwerb	sonstige Hafen-bauten (Tiefbauten)	Hafen-bauten (Hoch-bauten)	Geleise- u. Kran-anlagen usw.	Zusammen	Jährliche Betriebs- u. Verwaltungs-Ausgaben		Schiffen Zahl		Gütern Tonnen
	Mark	Mark	Mark	Mark	Mark	Mark	Mark			
								a. Kies-nachen	b. Schlepp-kähne	
1898	747 993	29 709	—	—	777 702	—	—			—
1899	41	855 599	—	—	855 640	—	—			—
1900	179 589	1 232 914	152 929	—	1 565 432	—	—			—
1901	69	280 451	173 375	586 102	1 039 997	51 083	76 135	—	395	134 372
1902	—	58 994	568 906	295 123	923 023	110 208	157 642	630	1079	280 703
1903	—	57 255	349 026	57 076	463 357	141 925	242 698	2092	1827	545 058
1904	44	39 716	79 776	126 486	246 022	153 813	245 001	1046	1852	499 022

7. Die finanziellen Aufwendungen der Stadt Mannheim
im Interesse der Verbesserung der Hafen- und Umschlags-Einrichtungen in den Jahren 1894—1904.

Jahr	A. Einmalige Ausgaben					B. Dauernde Ausgaben	C. Einnahmen	D. Gesamt-Verkehr an abgegangenen und angenommenen	
	Aufgewendet wurden für						Aus Ufer-, Hafen-, Kran- u. s. w. Gebühren		
	Bagge-rungen	sonstige Hafen-bauten (Tiefbauten)	Hafen-bauten (Hoch-bauten)	Geleise- u. Krahn-anlagen u. s. w.	Zusammen	Jährliche Betriebs- und Verwaltungs-Ausgaben		Schiffen Zahl	Gütern Tonnen
	Mark	Mark	Mark	Mark	Mark	Mark	Mark	Zahl	Tonnen
1860									690 000
1870								Angaben fehlen	709 000
1880			Angaben fehlen						950 000
1890									1 806 000
1894	—	68 000	—	28 000	96 000	315 000	619 000	13 000	2 580 000
1895	—	3 000	1 000	35 000	39 000	317 000	592 000	11 300	2 282 000
1896	—	10 000	—	139 000	149 000	332 000	790 000	14 500	3 285 000
1897	—	4 000	—	33 000	37 000	397 000	845 000	14 600	3 184 000
1898	—	18 500	37 000	28 000	83 500	547 000	1 052 000	17 600	3 806 000
1899	—	23 000	57 000	75 000	155 000	663 000	1 155 000	19 000	4 130 000
1900	—	2 648 000	42 000	1 529 000	4 219 000	656 000	1 240 000	22 500	4 746 000
1901	50 000	11 000	—	19 000	80 000	672 000	1 270 000	22 600	4 725 000
1902	—	133 000	139 000	—	272 000	694 000	1 305 000	22 000	4 866 000
1903	7 000	126 500	71 700	401 000	606 200	841 000	1 600 000	25 600	6 240 000
1904	5 200	1 298 800	22 000	390 000	1 716 000	867 000	1 670 000	25 400	6 217 000

8. Die finanziellen Aufwendungen der Stadt Landsberg a. Warthe

im Interesse der Verbesserung der Hafen- und Umschlags-Einrichtungen in den Jahren 1860, 1870, 1880, 1890 und 1894—1904.

Jahr	A. Einmalige Ausgaben					B. Dauernde Ausgaben*)	C. Einnahmen	D. Gesamt-Verkehr	
	Aufgewendet wurden für						aus Ufer-, Hafen-, Kran- usw. Gebühren	an abgegangenen und angekommenen	
	Baggerungen	sonstige Hafenbauten (Tiefbauten)	Hafenbauten (Hochbauten)	Gleise- u. Krananlagen usw.	Zusammen	Jährliche Betriebs- u. Verwaltungs-Ausgaben		Schiffen	Gütern
	Mark	Mark	Mark	Mark	Mark	Mark	Mark	Zahl	Tonnen
1860					2 232	1198	3994		
1870					694	1198	974		
1880					1 105	1198	1469	Angaben fehlen	
1890	Angaben fehlen				30 509	1198	505		
1894					721	953	2028		
1895					270	1192	2209	6413	
1896					3 595	1501	3697	7463	
1897					139	1388	3077	5615	
1898	—	—	320	8025	8 345	2640	5931	6559	Angaben fehlen
1899					562	2651	5528	6003	
1900					8 473	2965	5228	6595	
1901	Angaben fehlen				2 512	3000	5294	5504	
1902					1 529	2762	4795	6108	
1903					1 706	2614	7992	6091	
1904					1 715	2958	8694	5036	78 538

*) Enthalten sind in den vorstehend aufgeführten Zahlen nicht die Verzinsung und Tilgung der Aufwendungen für die Bollwerksbauten im Jahre 1864, welche rund 108 000 Mark betragen haben.

9. Die finanziellen Aufwendungen der Stadt Posen

im Interesse der Verbesserung der Hafen- und Umschlags-Einrichtungen in den Jahren 1895—1904.

Jahr	A. Einmalige Ausgaben					B. Dauernde Ausgaben	C. Einnahmen	D. Gesamt-Verkehr	
	Aufgewendet wurden für						Aus Ufer-, Hafen-, Kran- u. s. w. Gebühren	an abgegangenen und angekommenen	
	Baggerungen	sonstige Hafenbauten (Tiefbauten)	Hafenbauten (Hochbauten)	Gleise- u. Krahnanlagen u. s. w.	Zusammen	Jährliche Betriebs- und Verwaltungs-Ausgaben		Schiffen	Gütern
	Mark	Mark	Mark	Mark	Mark	Mark	Mark	Zahl	Tonnen
1895	—	4 000*)	—	—	4 000	—	—	—	—
1896	—	—	—	—	—	—	—	—	—
1897	—	—	—	—	—	2 018	6 786	850	74 269
1898	—	180 700	—	—	180 700	2 030	15 841	1 005	91 002
1899	—	—	—	—	—	2 255	18 502	1 204	118 899
1900	—	170 000	—	—	170 000	4 337	10 937	1 019	82 218
1901	39 888	354 824	—	103 176	497 888	6 145	15 153	858	71 199
1902	33 397	18 800	—	33 200	85 357	7 203 †)	18 523	850	79 429
1903	—	31 250	133 800	17 300	262 350	17 058 †)	40 868	1 033	135 256
1904	—	—	—	111 100	111 100	21 944 †)	39 358	827	91 905

*) Für vorbereitende Arbeiten.

†) Ohne Baukostenzinsen.

10. Die finanziellen Aufwendungen der Stadt Thorn
im Interesse der Verbesserung der Hafen- und Umschlags-Einrichtungen in den Jahren 1894—1904.

Jahr	A. Einmalige Ausgaben					B. Dauernde Ausgaben	C. Einnahmen	D. Gesamt-Verkehr	
	Aufgewendet wurden für							an abgegangenen und angenommenen	
	Bagge-rungen	sonstige Hafen-bauten (Tiefbauten)	Hafen-bauten (Hoch-bauten)	Geleise- u. Krahn-anlagen u. s. w	Zusammen	Jährliche Betriebs- und Verwaltungs-Ausgaben	aus Ufer-, Hafen-, Kran- u. s. w. Gebühren	Schiffen	Gütern
	Mark	Mark	Mark	Mark	Mark	Mark	Mark	Zahl	Tonnen
1860	—	4 900	—	—	4 900	280	4 950	—	—
1870	—	—	—	—	—	280	6 645	—	—
1880	—	—	—	—	—	700	4 850	—	—
1890	—	150	—	—	150	11 100	14 760	4486	14 711,17*)
1894	—	286	—	—	286	15 806	18 500	3502	53 735 *)
1895	—	—	—	—	—	15 540	19 058	3138	46 126 *)
1896	—	—	—	—	—	16 641	20 614	3485	61 156,01*)
1897	—	—	—	—	—	16 640	19 695	3380	178 710 **)
1898	—	—	—	5 000	5 000	15 310	20 150	4344	110 422 **)
1899	—	—	—	—	—	17 558	20 450	4316$^{3}/_{4}$	197 937 **)
1900	—	34 728	—	61 053	95 781	22 310	19 930	4092	117 004 **)
1901	—	—	—	—	—	20 644	20 075	4213$^{1}/_{2}$	101 229 **)
1902	—	—	—	—	—	21 090	19 780	3236	93 852 **)
1903	—	—	—	3 820	3 820	24 466	24 102	4368	100 372 **)
1904	—	—	—	—	—	22 853	22 920	3668	81 395 **)

*) Nach Angabe der Handelskammer zu Thorn.
**) Nach Angabe des Magistrats zu Thorn.

11. Die finanziellen Aufwendungen für den Hafen in Torgau
im Interesse der Verbesserung der Hafen- und Umschlags-Einrichtungen in den Jahren 1895—1904.

Jahr	A. Einmalige Ausgaben					B. Dauernde Ausgaben	C. Einnahmen	D. Gesamt-Verkehr	
	Aufgewendet wurden für							an abgegangenen und angekommenen	
	Bagge-rungen	sonstige Hafen-bauten (Tiefbauten)	Hafen-bauten (Hoch-bauten)	Geleise- u. Krahn-anlagen u. s. w.	Zusammen	Jährliche Betriebs- und Verwaltungs-Ausgaben	aus Ufer-, Hafen-, Kran- n. s. w. Gebühren	Schiffen*)	Gütern
	Mark	Mark	Mark	Mark	Mark	Mark	Mark	Zahl	Tonnen
	A. Von der Elbstrombau-verwaltung	B. Von dem Speditions-Verein, Mittelelbische Hafen- und Lagerhaus-Aktien-gesellschaft Wallwitzhafen				Ohne Berück-sichtigung von Ab-schreibungen, also reine Betriebskosten	Einnahmen aus allen Quellen, ein-schließlich Hafenbahn†)		Berg- und talwärts
1895		Grund-stücks-, Kai- und Hoch-bauten	—	—				—	—
1896	Bau der Hafenan-lage = 347 300 M.		—	—				—	—
1897			—	—				—	—
1898			—	—				—	
1899	—	—	1 010 379	237 233		96 750	51 470	202	28 251
1900	—	1060	—	—		102 686	63 353	294	35 448
1901	—	170	—	—	1 247 612	97 715	65 782	407	45 184
1902	—	1580	—	—		96 983	68 187	454	52 182
1903	—	240	—	—		114 689	87 463	514	61 702
1904	—	160	—	—		107 658	83 594	450	52 129

*) Im Verkehrshafen, ohne Berücksichtigung der überwinterten Fahrzeuge
†) Die Verluste wurden von der Pächterin, der Firma Speditions-Verein Mittelelbische Hafen- und Lagerhausgesellschaft in Wallwitzhafen getragen.

Bemerkung: Der Hafen wird im Winter auch als Schutzhafen benutzt.

<u>Anlage II.</u>

Seeschiffahrt und Binnenschiffahrt in Hamburg
nebst
Darstellung seiner Hafenanlagen, Reedereien und Schiffbauwerften.

I. Der Hafen.
(Nach Angaben von Wasserbauinspektor Wendemuth-Hamburg.)

Der Hamburger Hafen für Seeschiffe besteht aus folgenden 13 Einzel-häfen: Sandtor-Hafen (eröffnet 1866), Schiffbauer-Hafen (1872), Grasbrook-Hafen (1872), Strand-Hafen (1879), Baaken-Hafen (1887), Kirchenpauer-Hafen (1891), Segelschiff-Hafen (1888), Hansa-Hafen (1893), India-Hafen (1893), Petroleum-Hafen (1876), Kuhwärder-Hafen (1903), Kaiser Wilhelm-Hafen (1903) und Ellerholz-Hafen (1903).

Die gesamte Wasserfläche des Hafens umfaßt 504,2 ha.

    a) Wasserfläche für Seeschiffe . . . . 220,0 ha

    b)   „   „ Flußschiffe . . . . 99,3 „

    c) Kanäle und Seitenarme . . . . 70,0 „

    d) Freie Elbe und Hafenzugänge . . . . . . 114,9 „

                         Zusammen . . . 504,2 ha

Die Gesamtlänge der Kai- und Uferstrecken beträgt

    a) für Seeschiffe . . . . 29,89 km

    b) für Flußschiffe . . . . 34,11 „

                         Zusammen . . 64,00 km,

davon entfallen auf Kais 19,1 km.

Die Gesamtlänge aller Kaischuppen beträgt 12 499 m, der gesamte überdachte Lagerraum umfaßt 383 000 qm.

Die Zahl der Kräne beläuft sich auf 750 (feste, fahrbare, hydraulische, elektrische und Dampfkräne); sie vermögen insgesamt 1,9 Millionen kg zu heben. Die drei größten Kräne heben 150 000, 75 000 und 50 000 kg.

Die Länge der Hafenbahngleise beträgt 177,5 km, und zwar:

    a) auf dem rechten Elbufer . . . . 65,7 km

    b) auf dem linken Elbufer . . . . 75,7 „

    c) Privatanschlüsse . . . . 14,1 „

    d) in den Kuhwärder-Häfen . . . . 22,0 „

II. Der Schiffsverkehr.

A. Seeschiffahrt.

(Nach den Anschreibungen des Handelsstatistischen Bureaus von Hamburg.)

Der Schiffsverkehr im Hamburger Hafen hat sich in den letzten 20 Jahren, nach der Anzahl der Schiffe gerechnet mehr als verdoppelt, der Größe der Tonnage nach nahezu verdreifacht; er betrug einkommend und ausgehend im Jahre 1904: 29 659 Seeschiffe mit 19,2 Mill. Registertons netto, mithin täglich im Durchschnitt 81 Seeschiffe mit 52 600 Registertons.

Im einzelnen wurden angeschrieben:

a) im einkommenden Verkehr:

Im Jahre	Schiffe	Reg.-Tons Netto	davon beladen		in Ballast oder leer	
			Schiffe	Reg.-Tons Netto	Schiffe	Reg.-Tons Netto
1885	6 790	3,7 Mill.	5 856	3,4 Mill.	934	0,3 Mill.
1895	9 443	6,3 „	7 783	5,8 „	1 660	0,5 „
1904	14 843	9,6 „	10 352	8,7 „	4 491	0,9 „

b) im ausgehenden Verkehr:

Im Jahre	Schiffe	Reg.-Tons Netto	davon beladen		in Ballast oder leer	
			Schiffe	Reg.-Tons Netto	Schiffe	Reg.-Tons Netto
1885	6 798	3,7 Mill.	5 142	2,9 Mill.	1 656	0,8 Mill.
1895	9 446	6,3 „	6 940	4,3 „	2 506	2,0 „
1904	14 816	9,6 „	11 279	6,6 „	3 537	3,0 „

c) im gesamten Verkehr:

Im Jahre	Schiffe	Reg.-Tons Netto	Davon waren			
			a) beladen		b) in Ballast oder leer	
			Schiffe	Reg.-Tons Netto	Schiffe	Reg.-Tons Netto
1885	13 088	7,4 Mill.	10 998	6,3 Mill.	2 590	1,1 Mill.
1895	18 889	12,6 „	14 723	10,1 „	4 166	2,5 „
1904	26 659	19 2 „	21 631	15,3 „	8 028	3,9 „

Der Seeschiffahrts-Verkehr Hamburgs richtet sich nach allen irgend bedeutenden Häfen der ganzen Welt.

Es wurden im Jahre 1904 nach Herkunfts- und Bestimmungsländern folgende Ankünfte und Abfahrten von Seeschiffen im Hamburger Hafen festgestellt:

Es verkehrten mit	Zahl der Schiffe	Reg.-Tons Netto
1. europäischen Häfen	26 665	11,7 Mill
davon: a) deutschen	10 510	1,8 ,,
b) englischen	8 554	6,7 ,,
2. amerikanischen Häfen	1 806	4,8 ,,
davon: Häfen der Vereinigten Staaten	649	2,5 ,,
3. afrikanischen Häfen	607	1,1 ,,
4. asiatischen Häfen	477	1,3 ,,
5. australischen Häfen	104	0,3 ,,

Im Schiffsverkehr herrschten folgende Flaggen vor:

Es zeigten im Jahre 1904	Angekomm. Schiffe	Reg.-Tons Netto	v. Hdt. der Flaggen im Durchschnitt der letzten 4 Jahre nach der Schiffszahl
die deutsche Flagge	8861	5,2 Mill.	58,15
,, englische Flagge	3591	3,4 ,,	25,95
,, norwegische Flagge . . .	525	0,3 ,,	3,59
,, dänische Flagge	569	0.2 ,,	3,64
,, niederländische Flagge . .	727	0,2 ,,	4,66
,, schwedische Flagge . . .	297	0,1 ,,	2,03
,, französche Flagge	113	0,1 ,,	0,64

B. Flußschiffahrt.

(Nach den Anschreibungen des Handelsstatistischen Bureaus von Hamburg.)

Im Jahre 1904 kamen im oberelbischen Verkehr von bezw. gingen nach dem	I. Zu Tal		II. Zu Berg		Zusammen	
	Fahrzeuge	Tonnen	Fahrzeuge	Tonnen	Fahrzeuge	Tonnen
a) Elbe-Gebiet	10 590	3 675 398	10 135	3 610 604	20 725	7 286 002
b) Havel-Gebiet	3 351	1 041 589	4 108	1 209 488	7 456	1 251 077
c) Saale-Gebiet	321	106 423	325	102 174	646	208 597
d) Oder-Gebiet	964	297 769	1 075	345 627	2 039	643 396
e) Elbe-Trave-Kanal . . .	824	216 081	668	167 414	1 492	383 495
Zusammen . . .	16 050	5 337 260	16 311	5 435 307	32 361	10 772 567

C. Kaiverkehr.

(Nach der Statistik der Kaiverwaltung von Hamburg.)

Weit über die Hälfte der im Hamburger Hafen verkehrenden Tonnage ging im Jahre 1904 zum Löschen und Laden an die Kais, und zwar:

a) an die Kais im Staatsbetriebe . . . 4765 Schiffe mit 3 479 000 Reg.-Tons

b) an die Kais im Privatbetriebe
   („Hamburg - Amerika - Linie",
   „Deutsche Levante-Linie" usw.) . . . 644 „ „ 1 855 000 „

Zusammen . . 5409 Schiffe mit 5 334 000 Reg.-Tons

In unmittelbarer Überladung von der Eisenbahn ins Schiff und umgekehrt wurden an Massengütern im Jahr 1904 im ganzen 72 484 t gelöscht und 149 630 t geladen.

III. Die Hamburger Reedereien.

Die Gesamtheit der hamburgischen Reedereien verfügte Ende 1904

a) in der Seeschiffahrt über 611 Dampfer mit 992 670 Reg.-Tons Netto und 553 Segelschiffe mit 277 509 Reg.-Tons Netto einschließlich die Seefischerei-Fahrzeuge und

b) in der Flußschiffahrt über 6 606 Fahrzeuge mit 592 850 Tonnen Tragfähigkeit.

Die erstere Gruppe, die Seeschiff-Flotte, zählte vor 20 Jahren Ende 1885): 481 Schiffe mit 322 135 Reg.-Tons Netto, davon 189 Dampfer mit 188 296 Reg.-Tons Netto; vor 10 Jahren (Ende 1895): 650 Schiffe mit 664 799 Reg.-Tons Netto, davon 360 Dampfer mit 474 348 Reg.-Tons Netto; sie zählt heute (Ende 1904): 1021 Schiffe mit 1 265 842 Reg.-Tons Netto, davon 601 Dampfer mit 992 274 Reg.-Tons Netto, das sind über 50% der gesamten deutschen Handelsflotte.

Weitaus der größte Teil der hamburgischen Seeschiffs-Tonnage entfällt auf große Fahrzeuge von mehr als 2000 Reg.-Tons Netto; es waren nämlich Ende 1904 vorhanden:

Seeschiffe mit einem Netto-Raumgehalt	Zahl der Schiffe		Raumgehalt		
	Segler	Dampfer	Segler	Dampfer	Zusammen
unter 2000 Reg.-Tons .	384	402	176 652	343 538	520 190
über 2000 „ .	36	199	96 916	648 736	745 652

Die regelmäßige Besatzung dieser Seeschiffs-Flotte belief sich auf insgesamt 24 452 Mann.

Die indizierten Maschinenkräfte der Dampfschiffe betrugen rund 836 250 Pferdestärken. —

Die größte Reedereigesellschaft Hamburgs ist die Hamburg-Amerika-Linie.

Ihre Entwickelung innerhalb der letzten 20 Jahre zeigt folgende Zusammenstellung:

Jahr	Aktienkapital Mark	Flotte		Anzahl der Reisen
		Seeschiffe in Fahrt	Br.Register-tons	
1884	15 Mill.	23	60 000	244
1904	100 „	133	615 349	2 022

Jahr	Beförderungs-Leistungen		Bilanz (Schlußsumme) Mark
	Personen	Güter cbm	
1884	78 659	435 460	25 629 475
1904	331 618	4 948 976	198 790 026

Die Gesellschaft verfügt gegenwärtig (Mai 1905) über einen Schiffspark von 333 Fahrzeugen (in Fahrt und in Bau) mit 772 289 Br.-Reg.-Tons, darunter 151 Ozeandampfer mit 733 137 Br.-Reg.-Tons (das sind 58 % der hamburgischen Seeschiffsflotte oder über 30 v. H. der deutschen Handelsflotte). Ihre größten Schiffe sind: „Kaiserin Auguste Viktoria" (25 000 Br.-Reg.-Tons), „Amerika" (22 250 Br.-Reg.-Tons), beide im Bau, „Deutschland" (16 502 Br.-Reg.-Tons, Durchschnittsgeschwindigkeit: 23,51 Seemeilen in der Stunde, kürzeste Überfahrt von New York nach Plymouth: 5 Tage 7$\frac{1}{2}$ Stunden), die großen Dampfer der P-Klasse: „Patricia", „Pennsylvania", „Pretoria" und „Graf Waldersee" (je rund 13 300 Br.-Reg.-Tons).

Das feste Inventar der Gesellschaft setzt sich aus folgenden Stücken zusammen: a) in Hamburg: Hauptverwaltungsgebäude, Verwaltungsgebäude und Betriebsanlagen auf Kuhwärder, Auswandererhallen (Flächeninhalt 25 000 qm; sie beherbergten 1904 72 447 Personen), Trockendock, Ausrüstungsmagazin, Werkstätten; b) außerhalb: Verwaltungsgebäude, Bureaus, Wirtschaftsbetriebe, Magazine, Dock- und Hafenanlagen, Speicher, Schuppen usw. in Cuxhaven, Stettin, Emden, Havre, Cherbourg, Montreal, Hoboken-NewYork, St. Thomas, Kingston (Ja.), Colon, Shanghai, Hongkong, Tsingtau, Wúhu und Hankau.

Der Lösch- und Ladebetrieb der Gesellschaft vollzieht sich in zwei vom Hamburgischen Staate ausschließlich für ihren eigenen Gebrauch gemieteten Häfen (jährliche Pacht: 1,35 Millionen Mark), dem Kaiser Wilhelm-Hafen und dem Ellerholz-Hafen, die zusammen einen Flächenraum von 53,5 ha umfassen. Die Kais: Auguste Viktoria-Kai (1,10 km), Reiherkai (0,2 km), Kronprinzkai (0,9 km) und Mönckebergkai (0,9 km), — zusammen also 3,1 km — sind mit 119 fahrbaren elektrischen Kränen von je 3000 kg Tragkraft, 18 elektrischen Wandkränen von je 2560 kg und je einem elektrischen Kran von 75 000, 20 000 und 10 000 kg, also insgesamt mit 140 Kränen von 508 080 kg Tragkraft besetzt. Die Gesamtlagerfläche der Schuppen beträgt 137 500 qm. Sie sind die größten Lagerhallen des Hamburger Hafens und stellen 50 % aller hamburgischen Anlagen dieser Art dar.

Die Gesellschaft unterhält 50 feste Dampferlinien, die den ganzen Erdball umspannen und dem regelmäßigen Verkehr zwischen rund 300 der bedeutendsten Häfen der Welt dienen. Die Schiffe der Gesellschaft fahren von Hamburg nach England, Frankreich, Belgien, Spanien, Portugal, Italien usw., nach Canada, den Vereinigten Staaten von Amerika, Mexiko, Zentralamerika, Westindien, Columbien, Venezuela, Brasilien, Argentinien, Uruguay, Chile, Peru und die ganze Westküste Amerikas hinauf bis Puget Sound, Vorder- und Hinterindien, China, Japan, Korea usw. — Zahlreiche Küstenlinien werden in Europa, Asien und Amerika unterhalten.

Außer Personen- und Güterbeförderung pflegt die Gesellschaft Seetouristik und Reiseverkehr durch jährlich rund 30 Vergnügungsreisen zur See mit den beiden Sonder-Touristendampfern „Prinzessin Viktoria Luise" und „Meteor" sowie durch etwa 110 kleinere Gesellschaftsreisen.

Die Gesamtbeförderungs-Leistungen seit Gründung der Gesellschaft (1847 bis 1904) betrugen 3,2 Millionen Passagiere und 39,8 Millionen cbm Güter auf rund 20 000 Ozeanreisen.

IV. Der Hamburger Schiffbau.

(Nach der Statistik des Germanischen Lloyd zu Berlin.)

Hamburg hat als Schiffbauplatz nicht die gleiche überragende Bedeutung, die ihm als Haupt-Ein- und Ausgangspforte des deutschen Überseehandels und als Heimatshafen von nahezu 50 % der deutschen Handelsflotte zugesprochen werden muß. Immerhin steht es unter den deutschen Schiffbauplätzen an erster Stelle.

Auf sämtlichen deutschen Werften wurden im Jahre 1904 788 Fahrzeuge mit 575 000 Br.-Reg.-Tons erbaut und zum Teil fertig gestellt. Davon entfielen auf Hamburger Werften:

(Blohm & Voß, Reiherstieg-
    Schiffswerft usw.) . . . . 85 Fahrzeuge mit 91 329 Br.-Reg.-Tons
Kieler Werften 57   „   „ 78 909   „
Stettiner Werften 27   „   „ 67 740   „

V. Der Hamburger Seehandel.

Die hauptsächlichsten Warenartikel des Hamburgischen Seehandels waren im Jahre 1904:

A. in der Einfuhr:

Waren	Wert M.	Hauptbezugsländer
1. Kaffee	154 033 910	Brasilien, Guatemala, Venezuela.
2. Wolle	151 183 380	Argentinien, Australien.
3. Baumwolle.	119 706 980	Brit. Ostindien, Vereinigte Staaten.
4. Getreide.	190 498 360	Rußland, Argentinien.
5. Salpeter	91 596 200	Chile.
6. Gummi	77 236 230	Westafrika, Großbritannien.
7. Ölnüsse und Kopra . .	61 891 790	Westafrika, Brit. Ostindien.

B. in der Ausfuhr:

Waren	Wert M.	Hauptbezugsländer
1. Zucker und Raffinaden	204 836 220	Großbritannien, Verein. St. a. Atl. M., Rheinprovinz, Portugal, Japan, Uruguay.
2. Maschinen und Maschinenteile	75 430 880	Großbritannien, Spanien, Argentinien, China, Chile, Norwegen, Brasilien.
3. Wollen-, Halbwollenwaren	60 257 640	Großbritannien, Norwegen, Argentinien, Chile, Schweden, Türkei, Mexiko.
4. Baumwollen-, Strumpfwaren	115 334 040	Verein. St. a. Atl. M., Großbritannien, Argentinien, Brasilien, Brit. Ostindien, Westafrika, Chile, China.
5. Feine Eisenwaren . . .	69 863 080	Großbritannien, Brasilien, Argentinien, Brit. Ostindien, Verein. St. a. Atl. M., China, Chile.

Die einzelnen Herkunfts- und Bestimmungsländer des Hamburgischen Seehandels hatten im Jahre 1904 folgenden Anteil an dieser Ein- und Ausfuhr:

Aus bezw. nach	A. Einfuhr in Hamburg		B. Ausfuhr aus Hamburg	
	Mill. dz.	Mill M.	Mill. dz.	Mill. M.
1. Europa	59,0	990,2	33,9	1226,3
davon: Deutschland	2,8	83,8	7,3	241,8
Großbritannien	34,2	424,8	12,7	448,4
2. Amerika	34,1	1027,9	12,4	592,1
(Vereinigte Staaten)	14,9	403,1	6,4	265,8
3. Afrika	3,4	133,3	2,9	115,0
4. Asien	10,1	357,4	3,9	179,1
5. Australien	0,8	46,4	0,7	35,0

Der Dortmund-Ems-Kanal.

Der Dortmund-Ems-Kanal verdient wegen seiner Bedeutung für den so wichtigen rheinisch-westfälischen Ruhrbezirk eine besondere Beachtung.

Anläßlich des im vorigen Jahre stattgehabten Unglücksfalles sind Angriffe gegen den Kanal und seine Leistungsfähigkeit erhoben worden, welche von den vorsätzlichen Kanalgegnern noch in letzter Stunde gegen die letzte große preußische Kanalvorlage verwertet wurden. Diese Angriffe fruchteten nichts, und die preußische Wasserbautechnik ist ohne Makel aus diesem Feldzuge hervorgegangen. Wir glauben aber, daß es angebracht ist, zur Beleuchtung des Entwickelungsganges auf dieser Wasserstraße, die gleichmäßig der See- und Binnenschiffahrt dient, aus einer Denkschrift des Herrn Ministers der öffentlichen Arbeiten vom 24. Januar 1905 die folgenden Aufstellungen, welche uns zur Verfügung stehen, hier folgen zu lassen:

1. **Zahl der im Jahre 1904 im Emdener Hafen eingegangenen Fahrzeuge derjenigen Reedereien, welche mit dem Emdener Hafen regelmäßig Verkehr unterhalten:**

		Einfuhr	Ausfuhr
1. Hamburg-Amerika-Linie in Hamburg . .	46 Dampfer	137 762 t	43 553 t
2. Woermann-Linie in Hamburg	7 Dampfer	—	10 219 t
3. Reederei Sloman Mittelmeerlinie in Hamburg	10 Dampfer	13 t	3 708 t
4. Dampfschiff - Gesellschaft „Neptun" in Bremen	76 Dampfer	13 780 t	9 277 t
5. Schleppschiff-Gesellschaft „Unterweser" in Bremen	15 L	759 t	10 230 t
6. Westfälische Transport - Aktien - Gesellschaft in Bremen	32 L	6 695 t	11 869 t
7. Vereinigte Bugsier- und Frachtschiffahrts-Gesellschaft in Hamburg	87 L	18 440 t	40 995 t

2. Umfang des Verkehrs im allgemeinen.

Trotz dieser und anderer ungünstigen Verhältnisse ist der Verkehr gegen das Vorjahr nur um ein geringes Maß zurückgeblieben, wie die nachstehenden Nachweise ergeben. Auf dem Kanale sind 197 576 356 (208 091 530*)) Güter-tonnenkilometer zurückgelegt, von denen 79 349 789 (87 379 385) auf die Tal-fahrt und 118 226 567 (120 712 145) auf die Bergfahrt entfielen.

Von den hauptsächlichsten Massengütern sind im Jahre 1904 befördert:

a) in der Talfahrt:

Kohlen	247 719 (254 173) t
Eisen und Stahl	48 308 (58 027) t

b) in der Bergfahrt:

Erze	228 193 (231 052) t
Holz	47 281 (50 961) t
Getreide	235 355 (257 769) t

806 856 t

3. Ertrag der Kanal-Abgaben.

Die Kanal-Abgaben haben betragen 193 014 (201 361) M., von denen 17 156 (32 687) in Dortmund, 9181 (11 394) in Münster, 74 691 (88 416) in Emden ver-einnahmt wurden.

4. Verkehr in den wichtigen Häfen.

a) Der Hafen Dortmund hatte einen Umschlagsverkehr von

$$308\,001 + 48\,227 = 356\,228 \text{ t}$$
$$(305\,520 + 67\,660 = 373\,180 \text{ t})$$

und eine Einnahme von 295 900 (284 326) M., so daß sich nach Abzug der Aus-gaben das Anlagekapital mit 1,98 (2,04) v. Hdt. verzinste, was auf den Teil des Staates eine Zinseneinnahme von 26 243 (26 980) M. ausmacht.

b) Der städtische Hafen Münster hatte 1904 einen Umschlag von

$$127\,359 + 11\,452 = 138\,811 \text{ t}$$
$$(142\,601 + 11\,528 = 154\,129 \text{ t}),$$

die Hafenverwaltung vereinnahmte 101 562 (106 817) M., der Überschuß ergab eine Zinsung des Anlagekapitals von 2,73 (3,19) v. Hdt., davon Anteil des Staates 6044 (7073) M.

*) Die eingeklammerten Zahlen beziehen sich auf das Jahr 1903.

c) In Emden betrug 1904 der Gesamtraumgehalt

der eingegangenen Schiffe . 911 319 (999 322) Registertons

der ausgegangenen Schiffe . 913 705 (990 690)   „

Gesamtverkehr 1 825 024 (1 990 012) Registertons

oder

$$2\,579\,033 + 2\,585\,785 = 5\,164\,818 \text{ cbm}$$
$$(2\,828\,081 + 2\,803\,653 = 5\,631\,734 \quad „ \quad).$$

Angekommen sind dort 689 387 (773 125) Gewichtstonnen Güter zu 1000 kg

abgegangen . . .   698 256 (778 558) t

zusammen   1 387 643 (1 551 683) t.

Der Eisenbahn-Umschlagsverkehr der Station Emden (Binnenhafen) um-
faßte 55 692 (42 414) t. In Emden-Außenhafen wurden 126 047 (85 080) t umge-
schlagen, darunter 104 467 (37 004) t Steinkohlen, 11 505 (26 088) t Koks und
5 301 (5 875) t Nickelerz.

Die Einnahmen an Hafengeldern betrugen in Emden 80 376 (85 784) M.,
die Einnahmen an Mieten usw. . . . . 64 185 (52 983) „

zusammen 144 561 (138 767) M.)

Die Frachteinnahme der Eisenbahn aus dem Umschlagsverkehr des

5. Detaillierte Verkehrsnachweise

A. Gesamtverkehr und

1	2		3		4	5			6
	Anzahl der Fahrzeuge								Beförderte
	ausgegangen		eingegangen			a) ausgegangen			
Kalenderjahr		davon		davon	insgesamt	davon an Massengütern			insgesamt
	insgesamt	beladene Frachtschiffe	insgesamt	beladene Frachtschiffe		Kohlen	Eisen und Stahl	Andere Güter	
					t	t	t	t	t
1899*)	305	209	309	146	20 981	1 953	6 885	12 053	41 432
1900	387	244	388	233	38 815	13 309	9 131	14 375	74 060
1901	478	251	477	347	46 368	14 587	14 327	17 454	111 380
1902	690	238	682	572	42 063	14 266	12 766	15 031	199 004
1903	1021	315	1031	913	67 660	20 753	24 838	22 069	305 520
1904	1346	257	1342	1005	48 227	12 251	20 054	15 922	308 001

*) Der Betrieb des Dortmunder Hafens wurde erst im Jahre 1899 eröffnet.

Binnenhafens betrug 659 654 (500 236) M., aus dem des Außenhafens 468 100 M. (in 1903 = 327 000 M., in 1902 = 148 250 M., in 1901 = 35 056 M.)

Der Hafen wurde 1904 von 170 (192) großen Seedampfern und 2 (2) großen Seglern von 5—9 m Tiefgang, darunter 75 (57) von 5—6 m, 77 (94) von 6—7 m, 19 (43) von 7—8 m, 1 (0) von 8—9 m Tiefgang, besucht.

Unter diesen waren 74 (97) deutsche, 47 (45) englische, 18 (20) schwedische, 7 (7) norwegische, 1 (5) griechische, 0 (3) russische, 3 (5) spanische, 11 (3) dänische, 2 (2) italienische, 5 (5) österreichische, 2 (1) holländische, 2 (1) französische.

Der Hafen wurde von 11 (10) Linien regelmäßig angelaufen, darunter befanden sich die Hamburg-Amerika-Linie, die Dampfschiffahrts-Gesellschaft „Neptun" in Bremen, die Schleppschiff-Gesellschaft „Unterweser" in Bremen, die Reederei Sloman Mittelmeerlinie Hamburg, die Westfälische Transport-Aktiengesellschaft Dortmund, die Vereinigte Bugsier- und Frachtschiffahrts-Gesellschaft Hamburg, die Reederei W. Kunstmann - Stettin, die Firma E. Th. Lind-Hamburg, de Freitas & Comp.-Hamburg, die Reederei C. Wörmann daselbst und die Emden-Malmö-Linie in Emden.

Der Beweis, daß die Entlöschung der Seeschiffe in Emden eine mindestens ebenso prompte ist als in Rotterdam, ist durch Feststellung der Entlöschungszeiten der großen Erzdampfers der Hamburg-Amerika-Linie „Hoerde" in Emden, im Vergleiche mit denen in Rotterdam, erbracht worden.

für den Emdener Hafen.

Verkehrs-Einnahmen.

7					8		9		10	11	
Güter					Einahmen		Ausgaben		Überschüsse zur Verzinsung und Abtragung des Anlagekapitals		
b) eingegangen											
davon an Massengütern					der Hafenverwaltung						
Erze	Holz	Getreide	Sand und Steine	Andere Güter					insgesamt in %	Anteil des Staates	
t	t	t	t	t	M.	Pf.	M.	Pf.		M.	Pf.
27 357	998	4 769	4 388	3 920	76 138	71	70 834	57	0,093	1 231	89
42 178	1555	13 507	5 011	11 809	162 983	19	122 156	01	0,73	9 714	36
62 053	2354	20 951	12 135	13 887	210 781	50	163 359	36	0,85	11 246	04
135 727	1591	19 160	22 688	19 838	247 527	18	173 287	93	1,30	17 242	07
207 162	4086	27 603	43 464	23 205	284 326	00	165 246	00	2,04	26 980	72
191 330	2837	25 120	64 501	24 213	295 900	00	176 300	00	1,98	26 243	27

B. Verteilung des Verkehrs

Kalenderjahr	Seeschiffe				Flußschiffe				Kanalschiffe			
1	**2**				**3**				**4**			
	Anzahl		Registertons zu 2,83 cbm		Anzahl		Tragfähigkeit in Tonnen zu 1000 kg		Anzahl		Tragfähigkeit in Tonnen zu 1000 kg	
	be-laden	unbe-laden	be-laden	unbe-laden	be-laden	unbe-laden	be-laden	unbe-laden	be-laden	unbe-laden	be-laden	unbe-laden

A. Angekommene Schiffe.

Kalenderjahr	be-laden	unbe-laden	be-laden	unbe-laden	be-laden	unbe-laden	be-laden	unbe-laden	be-laden	unbe-laden	be-laden	unbe-laden
1897	521	150	35 842	5 743	2343	2960	92 619	73 042	.	.	.	.
1898	488	152	34 592	7 462	2437	2691	96 684	65 744	.	.	.	.
1899	485	286	49 025	10 531	2751	2135	99 594	52 087	78	85	56 884	32 073
1900	756	292	109 007	8 952	3844	2338	111 260	65 915	144	263	89 935	83 235
1901	733	380	135 133	19 061	2499	2092	100 911	76 436	244	394	148 727	122 582
1902	653	251	223 362	27 440	2837	1986	103 837	73 627	362	542	197 271	192 169
1903	792	215	304 944	127 044	2765	2297	114 207	93 202	503	501	338 603	179 846
1904	791	194	289 441	82 098	3322	1924	128 020	68 212	499	471	290 272	210 219

Bemerkung: In 1904 war der Verkehr durch den Bruch der Schleuse im Dortmund-

B. Abgegangene Schiffe.

Kalenderjahr	be-laden	unbe-laden	be-laden	unbe-laden	be-laden	unbe-laden	be-laden	unbe-laden	be-laden	unbe-laden	be-laden	unbe-laden
1897	578	129	39 437	10 981	2333	2955	87 444	77 530	.	.	.	.
1898	644	76	45 852	8 514	2743	2422	95 837	48 717	.	.	.	.
1899	542	213	33 986	82 297	2516	2371	94 555	49 739	101	55	84 242	5 286
1900	652	270	44 726	56 998	2956	3192	112 761	70 664	258	161	167 536	8 158
1901	741	296	51 756	99 724	2511	2176	133 715	51 674	396	252	255 766	11 966
1902	611	265	112 349	151 594	2475	2333	129 719	46 584	604	325	371 908	20 342
1903	778	181	224 304	198 653	3037	2001	151 369	51 490	805	237	511 146	16 649
1904	766	162	184 345	188 390	2740	2419	142 043	52 869	746	257	479 515	22 189

Bemerkung zu 2—4. a) Seeleichter und Kanalseeleichter bleiben in den Spalten 2—4
b) Die Angaben über den Raumgehalt der Seeschiffe beziehen
c) Für die Summierung in Spalte 8 sind die Tragfähigkeitstonnen

C. Güterverkehr in

Kalenderjahr	I. Angekommen									
	1	**2**	**3**	**4**	**5**	**6**	**7**	**8**	**9**	**10**
	Kohlen	Eisen und Stahl	Erze	Gru-ben-holz	son-stiges Holz	Getreide	He-ringe	Stück-güter	sonstige Güter	zu-sammen
	t	t	t	t	t	t	t	t	t	t
1897	8 617	905	.	.	10 398	4 227	4 653	2 345	50 365	81 510
1898	3 520	500	.	.	11 853	3 536	7 350	2 015	47 550	76 324
1899	12 091	7 632	29 538	.	26 855	10 441	6 724	14 514	69 044	176 839
1900	33 454	13 355	43 118	100	35 833	40 703	7 022	23 107	93 314	290 006
1901	34 949	22 102	64 235	1520	25 348	123 270	7 123	20 158	72 271	370 976
1902	51 441	31 075	160 815	74	9 969	182 139	11 528	16 901	77 042	540 984
1903	149 552	49 760	217 538	.	14 811	212 552	14 190	20 167	94 555	773 125
1904	106 687	31 407	189 129	.	18 182	203 736	14 203	179	125 864	689 387

nach Schiffstypen.

| 5 Seeleichter | | | | 6 Kanalseeleichter | | | | 7 Insgesamt Schiffe (Spalte 2—6) | | 8 Insgesamt Registertons (Spalte 2—6) | | 9 Gesamtraumgehalt des ganzen Schiffsverkehrs in Reg.-T. | 10 Gesamtraumgehalt des ganzen Schiffsverkehrs in cbm 1 Reg.-T. = 2,83 cbm |
| Anzahl | | Registertons zu 2,83 cbm | | Anzahl | | Registertons zu 2,83 cbm | | | | | | | |
beladen	unbeladen	beladen	unbeladen	beladen	unbeladen	beladen	unbeladen	beladen	unbeladen	beladen	unbeladen		
A. Angekommene Schiffe.													
.	.	.	.	.	.	.	.	2864	3110	101 529	57 546	159 075	450 182
.	.	.	.	.	.	.	.	2925	2843	103 162	54 089	157 251	445 020
61	4	15 207	1 806	.	.	.	.	3375	2510	175 209	72 025	247 234	699 672
73	.	21 665	.	18	.	8 171	.	4839	2893	281 535	114 732	396 267	1 121 436
61	7	19 220	2 427	35	2	15 615	832	3572	2875	347 016	163 468	510 484	1 444 670
74	45	19 612	16 454	46	.	18 615	.	3972	2824	475 141	232 402	707 543	2 002 347
76	48	26 210	19 676	15	.	6 655	.	4151	3061	658 951	340 371	999 322	2 828 081
63	36	20 069	18 526	16	.	7 056	.	4691	2625	613 227	298 092	911 319	2 579 033

Ems-Kanal bei Meppen längere Zeit gestört.

| 5 Seeleichter | | | | 6 Kanalseeleichter | | | | 7 Insgesamt Schiffe (Spalte 2—6) | | 8 Insgesamt Registertons (Spalte 2—6) | | 9 | 10 |
beladen	unbeladen	beladen	unbeladen	beladen	unbeladen	beladen	unbeladen	beladen	unbeladen	beladen	unbeladen		
B. Abgegangene Schiffe.													
.	.	.	.	.	.	.	.	2911	3084	101 454	65 967	167 421	473 801
.	.	.	.	.	.	.	.	3387	2498	113 822	43 065	156 887	443 990
38	25	9 292	7 644	.	.	.	.	3197	2664	170 084	74 966	245 050	693 492
48	32	11 054	11 460	20	.	9 020	.	3934	3655	263 592	124 360	387 952	1 097 904
44	14	10 978	6 705	38	1	17 050	484	3730	2739	356 011	152 048	508 059	1 437 807
106	14	33 466	5 288	46	.	18 615	.	3842	2937	520 194	204 347	724 541	2 050 451
102	16	36 992	5 891	15	.	6 655	.	4737	2435	737 820	252 870	990 690	2 803 653
91	11	37 043	3 234	15	.	6 638	.	4358	2849	668 848	244 857	913 705	2 585 785

außer Berechnung.
sich auf Netto-Registertons.
nach dem Maßstabe 1,41 Tragfähigkeitstonne = 1 Registerton in letztere umzurechnen.

Tonnen zu 1000 kg.

| Kalenderjahr | II. Abgegangen | | | | | | | | | | III. Gesamtbetrag der angekommenen und abgegangenen Güter |
| | 1 Kohlen | 2 Eisen und Stahl | 3 Erze | 4 Gruben-holz | 5 sonstiges Holz | 6 Getreide | 7 Heringe | 8 Stückgüter | 9 sonstige Güter | 10 zusammen | |
	t	t	t	t	t	t	t	t	t	t	
1897	12 055	230	.	.	1 422	7 550	660	7 970	37 925	67 812	149 322
1898	13 470	215	.	.	1 890	8 510	1090	8 275	49 044	82 494	158 818
1899	20 899	5 142	29 538	.	6 743	18 457	495	12 250	70 552	164 076	340 915
1900	8 904	12 356	43 118	100	21 159	51 009	1774	15 704	66 480	220 604	510 610
1901	20 518	20 443	64 107	1520	15 109	122 499	4388	23 637	45 741	317 962	688 938
1902	64 658	31 057	146 028	74	4 404	164 305	5229	15 316	72 733	503 804	1 044 788
1903	194 589	63 008	209 054	.	9 069	214 746	9011	17 202	61 879	778 558	1 551 683
1904	199 100	34 993	182 652	.	7 174	201 295	6671	10 026	5 369	698 256	1 387 643

D. Einnahmen.

Kalender-jahr	Hafen- und andere Verkehrsabgaben		Pachtgelder und sonstige Einnahmen		Insgesamt	
	M.	Pf.	M.	Pf.	M.	Pf.
1897	10623	26	773	71	11 099	97
1898	10 314	74	870	90	11 185	64
1899	17 687	73	2 164	21	19 851	94
1900	32 328	97	5 593	61	37 922	58
1901	45 044	00	22 384	44	67 428	44
1902	64 322	98	41 912	91	106 235	89
1903	85 784	46	52 982	73	138 767	19
1904	80 375	75	64 185	82	144 561	57

E. Ausgaben.

Die laufenden Ausgaben für den Emdener Hafen betragen:

a) sächliche Ausgaben . . . . . . 391 180 M.
b) persönliche Ausgaben . . . . . 46 449 „

Zusammen . . . 437 619 M.

Ferner sind für die Betonnung und Beleuchtung der Unter-Ems von Emden abwärts für preußische Rechnung ausgegeben:

a) sächliche Ausgaben . . . . . . 148 500 M.
b) persönliche Ausgaben . . . . . 3 500 „

Zusammen . . . 152 000 M.

Beiträge.

XXIII. Die allmähliche Entwickelung des Segelschiffes von der Römerzeit bis zur Zeit der Dampfer.

Von **L. Arenhold**-*Kiel*.

Es ist merkwürdig, wie mangelhaft und lückenhaft unsere Kenntnis der Schiffe früherer Jahrhunderte ist. Bis zum Jahre 1500 herunter ungefähr sind wir einigermaßen orientiert, auch Schiffsmodelle reichen bis zu dieser Zeit (Venedig, München), aber vor dieser Zeit werden sowohl Beschreibungen wie Abbildungen sehr selten. Selbst über die Schiffe des Kolumbus ist absolut Genaues schon nicht mehr bekannt, und die gelegentlich der 500-Jahrfeier von einem spanischen Marinemaler rekonstruierten Caravellen dürften von den Originalen beträchtlich abweichen. Dann kommen die dunklen Jahrhunderte, von denen selbst Leute, die sich dafür interessieren, äußerst wenig wissen, und an den Versuchen moderner Künstler, Schiffe damaliger Zeit darzustellen, sieht man, wie groß die Unkenntnis über diesen Gegenstand ist, und wie sehr die Phantasie da hat aushelfen müssen. Erst von den Schiffen Ludwig des Heiligen (1268) gibt es wieder ganz genaue Daten, und der Franzose J a l (1840), einer der intelligentesten und zuverlässigsten Forscher auf diesem Gebiete, hat die Schiffe in sehr glaubwürdiger Weise rekonstruiert.

Vor dieser Zeit sind wir nun fast gänzlich auf alte Siegel der Seestädte angewiesen, die, weil die damaligen Schiffe ja recht einfacher Art waren, auch glaubwürdige Schiffsabbildungen zeigen. Über die Schiffe des XI. Jahrhunderts sind wir durch die berühmte Tapete von Bayeux, die den Zug Wilhelm des Eroberers nach England 1066 darstellt, aufs beste durch die verhältnismäßig guten und sogar farbigen Darstellungen informiert. Sodann haben wir einen sicheren Anhalt in den ausgegrabenen Schiffen in Christiania (Wikingerschiff aus dem X. Jahrhundert) und dem altgermanischen Ruderboot in Kiel (aus dem IV. Jahrhundert).

Bei den Mittelmeervölkern finden sich dann, besonders auf Stein- oder Marmordenkmälern, viele mehr oder minder gute Schiffsabbildungen, die uns über das Aussehen der römischen und griechischen Fahrzeuge bis mehrere Jahrhunderte vor Christi Geburt zurückreichend belehren. Die ältesten Schiffsabbildungen sind wohl diejenigen ägyptischen und assyrischen Ursprungs, die bis über 1000 Jahre vor Christo zurückdatieren und sehr korrekt und genau gezeichnet sind. Dieselben stellen aber nur Flußfahrzeuge dar.

Die Abbildungen auf Münzen sind für die Forschung weniger brauchbar, da sie einesteils gar zu klein, andererseits auch meist gar zu schlecht und undeutlich sind.

Was nun die Beschreibungen von alten Schiffen anbelangt, so sind wir mit wenigen Ausnahmen (Homer, Herodot) auf recht mangelhafte Quellen angewiesen, und zwar weil den Schrifstellern selbst meist das maritime Verständnis mangelte, auch ist es schwer, sich lediglich nach einer Beschreibung das richtige Bild eines Schiffes zu machen. Zudem kommen noch die verschiedenen Auslegungen über die technischen Ausdrücke in den verschiedenen Sprachen, und so kommt es, daß die unglaublichsten Überlieferungen existieren, z. B. Schiffe mit 12, 16, ja 40 Ruderreihen übereinander usw. Das hat denn allmählich zu einem heftigen Kriege zwischen den Gelehrten geführt, denen die Sache selbst wohl unglaubwürdig erschien, und die mit mehr oder weniger Glück ihre Ansicht verfochten. Ohne technische Kenntnisse ist es aber gar nicht möglich, solche Streitfragen, die sich häufig nur um die richtige Deutung eines Ausdruckes drehen, zu erledigen, und das Resultat ist, daß wir trotz der vielen vergossenen Tinte noch ebenso schlau sind wie zuvor, und unseren staunenden Kindern in der Schule noch immer von dem 20-Reihenschiffe des Hiero und dem 40-Reihenschiffe des Ptolemäus Philopater erzählt wird.

Wenige Fachleute haben bisher das Wort ergriffen in dieser Frage. Der schon erwähnte Jal glaubt nicht an Triremen, „da die obersten Riemen zu groß wären und kein Arm stark genug, sie zu rudern", die Schiffsdarstellungen der Trajanssäule nennt er „entgegen der Vernunft und der Wahrheit", die französischen Admirale Serré und Jurien de la Gravière wollen ebenfalls von dem gleichzeitigen Rudern in mehreren Reihen nichts wissen, ebenso der bekannte Dr. Brensing in Bremen, dessen hochinteressante Schrift „Lösung des Trierenrätsels" jedem, der sie liest, einleuchten wird. Auch der Admiral der französischen Galeerenflotte unter Louis XV., der gewiß ein kompetentes Urteil hat, hat es als ganz unmöglich erklärt, mit mehreren Ruderreihen gleichzeitig zu rudern und spricht damit gewiß allen Seeleuten aus der Seele.

Bei der oft zweifelhaften Auslegung der verschiedenen Ausdrücke habe ich es nun für praktischer gehalten, mich bei meinen Forschungen hauptsächlich an bildliche Darstellungen alter Schiffe zu halten und Beschreibungen der Schiffe nur als willkommene Ergänzung zu benutzen.

Ich habe nun seit fast 2 Jahrzehnten keine Gelegenheit versäumt, wo es auch sei, nach Abbildungen alter Schiffe zu forschen, und so ist es mir allmählich gelungen, eine große Menge wertvoller alter Schiffsabbildungen, die in Chroniken, Bibliotheken, alten Handschriften oder auf alten Gemälden — ich kann wohl sagen — vergraben waren, zu entdecken und abzuzeichnen und danach die vorliegenden Bilder anzufertigen. Dieselben sind also nicht etwa als Rekonstruktionen anzusehen, sondern es ist jedes Bild, welches kein spezielles Schiff darstellt, gewissermaßen aus mehreren gleichzeitigen, mir glaubwürdig scheinenden Abbildungen das Mittel aus meinem sehr reichhaltigen gesammelten Material.

Ich kann nur versichern, daß ich mich, wie immer bei ähnlichen Forschungen, stets der größten Gewissenhaftigkeit befleißigt habe. Es gibt so viele Darstellungen moderner Künstler, die von den meinigen abweichen, daß die verehrten Leser dieses Aufsatzes vielleicht zweifelhaft werden, wer denn nun Recht hat. Und da muß ich denn um Vertrauen bitten, da ich ja auch fachmännische Erfahrung habe, die mir in diesem Falle außerordentlich zu Gute kam.

Alle von mir benutzten Quellen anzugeben, ist unmöglich. Ich habe wohl alle besseren in- und ausländischen Werke, die sich mit älteren Schiffen beschäftigen, in Händen gehabt, aber herzlich wenig Neues darin gefunden. Mein Hauptbestreben war immer, die in der Schiffskenntnis zwischen der Wikingerzeit und dem Jahre 1500 bestehende Lücke auszufüllen, und dazu war mir das Studium alter Chroniken und Handschriften in der Lübecker Stadtbibliothek, Hamburgischen Kommerzbibliothek, Königl. Bibliothek Berlin, Königl. Kupferstichkabinett ebendaselbst und hauptsächlich das Germanische Museum in Nürnberg und die großartige Manuskriptsammlung des British Museum am förderlichsten, wo die nach Jahrhunderten geordneten Manuskripte wahre Schätze enthalten. Es ist zwar eine sehr zeitraubende Arbeit, alte Bücher Seite für Seite auf Schiffsabbildungen abzusuchen, aber sie ist doch lohnend gewesen, und ich glaube, die Lücke ist ausgefüllt. Ich hoffe, daß die Herren Schiffbautechniker und Seeleute finden werden, daß die Schiffe auch ganz natürlich und zur Seefahrt wohlgeeignet aussehen.

Ich habe mir hauptsächlich die Schiffstypen unserer nordischen Gewässer als Beispiel ausgesucht und meist die größten Seeschiffe jeder Epoche vorgeführt. Schiffe zu speziellen Zwecken, wie Galeeren und Küstenfahrer, aber nicht gebracht. Es ist zu berücksichtigen, daß es in allen Ländern gleichzeitig die verschiedensten Schiffstypen gab, je nach dem Verwendungszweck der Schiffe, wie auch heute noch. Die Schiffe für weitere Fahrt waren aber bei den verschiedenen Nationen Europas ziemlich derselben Bauart; so weisen z. B. die Coccas italienischen Ursprungs wenig Unterschied gegen die norddeutschen Koggen auf, wie ja auch die modernen großen eisernen Segler der verschiedenen Völker nahezu gleich sind.

Die ältesten bekannten Abbildungen sind, wie ich schon oben sagte, solche ägyptischen Ursprungs, da sie aber nur Nilschiffe darstellen, so haben sie an dieser Stelle kein Interesse. Sie ähneln außerordentlich den noch jetzt auf dem Jrawaddy verkehrenden indischen Reisfahrzeugen.

Von römischen und griechischen Kriegsschiffen gibt es eine ganze Reihe Abbildungen, die aber von Steinhauern gemacht, leider sehr wenig zuverlässig sind und mehr oder weniger die gröbsten Fehler und Unmöglichkeiten enthalten, die dem seemännischen Auge auf den ersten Blick auffallen. Ebenso die auf Münzen enthaltenen Abbildungen, die so viel Wirrwarr in den Köpfen der Gelehrten angerichtet haben. Die Abbildungen zeigen 1—3 Reihen Riemen, die meist in ganz unmöglicher Weise und stets viel zu hoch angebracht sind. Fast alle Abbildungen tragen einen kastenförmigen Ausbau eben unterhalb der Reeling, den einige Forscher Riemenkasten genannt haben. Aus diesem tritt die oberste Riemenreihe, für die er wie ein Outrigger wirkt. Lagert dann noch eine Riemenreihe eben unterhalb des Dollbords und ev. noch eine Lage darunter, deren Riemen durch ovale Löcher, mit Fellen verkleidet, gesteckt wurden, so erhält man 3 Ruderreihen. die das Maximum gewesen sein dürften, was innerhalb der Grenzen der Möglichkeit liegt, da ein Riemen, der von nur einem Mann gehandhabt wurde, die Länge von 10—12 m nicht überschreiten durfte. Die meisten Abbildungen zeigen aber nur eine Reihe Riemen und dürfte dies auch das Normale gewesen sein, sonst hätten die Schiffe ja eine unglaubliche Menge Ruderer an Bord haben müssen, da die Leute doch mit Ablösung arbeiten mußten.

Wie ich schon sagte, sind meines Wissens alte Abbildungen mit mehr wie 3 Reihen Riemenlöcher nicht bekannt. Ich möchte als praktischer Seemann aber aufs allerbestimmteste die Ansicht vertreten, daß das gleichzeitige Zusammenrudern mehrerer übereinanderliegender Reihen, deren Riemen ja dann verschiedene Längen haben mußten, eine absolute Unmöglichkeit ist.

Mit Hilfe des Riemenkastens lassen sich allenfalls 2 Reihen gleichzeitig arbeitender, fast in gleicher Höhe sitzender Ruderer denken, wenn die Löcher diagonal übereinander sitzen. Es wird stets vergessen und ist den Laien auch wohl unbekannt, daß man nur rudern kann, wenn der Riemen möglichst horizontal, also dicht über Wasser liegt, und da auch die Länge der Riemen (die nach allen Berichten bei den antiken Fahrzeugen nur von einem Mann gerudert wurden) eine begrenzte ist, so verbietet sich die Anlage von vielen Ruderreihen übereinander ganz von selbst. Es muß auch nicht vergessen werden, daß es sehr schwierig ist zu rudern, besonders bei bewegtem Wasser, wenn man seinen Riemen und das Wasser nicht sieht; es ist also nicht angängig, einfach Riemenlöcher in die Bordwand zu schneiden und nun loszurudern. Jeder, der in der Marine gedient hat, weiß auch, daß das Rudern in den höher über Wasser liegenden Barkassen schon eine sehr viel anstrengendere Sache ist als in den niedrigeren Kuttern oder Gigs und daß schon ein großer Teil der Kraft damit verbraucht wird, die senkrechte Bewegung des Riemens auszuführen, die für die Vorwärtsbewegung gänzlich verloren geht. Allen Berichten nach waren die antiken Kriegsschiffe lange, niedrige, galeerenartige Schiffe, und die Alten waren gewiß ebenso schlau, wie wir heutzutage, wenn sie mehr Riemen anbringen wollten, die Fahrzeuge einfach länger zu bauen, anstatt Ruderreihen übereinander anzulegen, wodurch die Fahrzeuge kopfschwer wurden durch das Gewicht der Leute und hochbordiger, also mehr Windfang bekamen, beides für Ruderfahrzeuge sehr unangenehme Eigenschaften.

Ich bestreite nicht, daß die Fahrzeuge vielleicht mehrere Reihen Riemenlöcher gehabt haben, die je nach Wind und Seegang oder nach dem ja auch verschieden tief beladenen Schiffe benutzt wurden, aber stets nur von einer Reihe Riemen gleichzeitig. Mit dem besten Erfolge wurde jedenfalls stets die untere Reihe benutzt. Auch im Gefecht war es jedenfalls erforderlich, die sonst freisitzenden Ruderer der obersten Reihe eine Reihe tiefer zu placieren, damit sie geschützt saßen und auch Platz für die Kämpfer machten. Es ist vom seemännischen Standpunkt sehr erklärlich, daß, wenn auf einer Seefahrt Wind und Seegang zunahmen, die Ruderer sich eine Reihe höher setzten und andere Riemen nahmen. Wenn die Löcher auch durch schlauchartige Felle und Pflöcke möglichst wasserdicht gemacht worden waren, so war die große Anzahl so tiefliegender Löcher doch immer eine Gefahr für das Schiff. Auch werden je nach dem Wetter verschieden lange Riemen vorhanden gewesen sein, alles dies mag die verschiedenen Ausdrücke, über die die Gelehrten sich streiten, erklären.

Man sollte also vernünftigerweise alles Grübeln über 5, 10, 12, 16, 20 und 40 Reihenschiffe einstellen, da alle diese Schiffe seemännisch eine Unmöglichkeit sind. Man kann wohl die Ruderer an einem Modell so placieren, daß sie sehr schön und unbehindert in 5 Reihen übereinander sitzen, aber in der Praxis macht sich das ganz anders, und die obersten Ruderer der bekannten Graserschen Pentere im Alten Museum in Berlin würden bei der steilen Riemenhaltung alle Hände voll zu tun haben, die Riemen nur festzuhalten, daß sie ihnen nicht ins Wasser rutschen. (Es sind so ungeheuerliche Fehler an dem besagten Fahrzeuge, z. B. ganz moderne Takelage mit Bramsegel, daß man kaum versteht, daß ein solches Monstrum in einem Königl. Institut Aufstellung gefunden hat.) Es ist vollkommen erwiesen und geht auch aus allen Abbildungen hervor, daß die Takelage der römischen und griechischen Kriegsschiffe, die ja eigentlich reine Ruderschiffe waren, äußerst primitiver Art war. Es stand ein verhältnismäßig kleiner Mast, welcher nur ein Raasegel trug, in der Schiffsmitte. Das Raasegel wurde nur vor dem Winde gebraucht, da man das Fahrzeug ja garnicht viel seitlich neigen durfte, sonst wäre es durch die mangelhaft zu schließenden Riemenlöcher vollgelaufen. Der Mast wurde durch 1 oder 2 Stage nach vorn gestützt und konnte nach hinten niedergefiert werden, und reichte dann nur bis zum Heck. Ein zweiter kleiner bugsprietähnlicher Mast befand sich vorn und trug ein kleines Raasegel, das auch beim Rudern oft stehen blieb (dolon oder artemon), da es das Steuern vor dem Winde wohl erleichterte. Dieser Bugspriet blieb fast immer stehen, da er auch anderen Zwecken diente, Laufbrücken, Übernehmen von Lasten usw., was aus Bildern klar hervorgeht. Zur Kaiserzeit sollen dann noch zwei kleine dreieckige Segel über dem Raasegel dazugekommen sein. Diese sehr einfache Takelung hat sich fast bis Mitte des XIII. Jahrhunderts erhalten, erst der Fortfall der Seitensteuer gestattete die Anbringung einer größeren Segelfläche, die mit den Seitenrudern sonst garnicht zu regieren gewesen wäre. Erst später wuchs sich der Dolon zu einem zweiten Mast aus. Es ist deshalb eine ganz unglaubliche — nennen wir es Kühnheit — von Graser, seine antike Pentere mit 3 Masten und 8 Segeln auszurüsten.

Fig. 1*) zeigt die Ansicht eines römischen Kriegsschiffes um etwa das Jahr 50 nach Christo. Die Fahrzeuge waren ca. 40 m lang, sehr schmal und hatten gewiß nicht über 2 m Tiefgang; die Ruderkraft genügte vielleicht, um das Fahrzeug mit $4^{1}/_{2}$—5 Knoten Fahrt durchs Wasser zu treiben. Der Bug endigt in einer

---

*) Die Originalabbildungen der in diesem Aufsatze enthaltenen Schiffsbilder befinden sich im Besitze des Königl. Instituts für Meereskunde (Marine-Abtlg.).

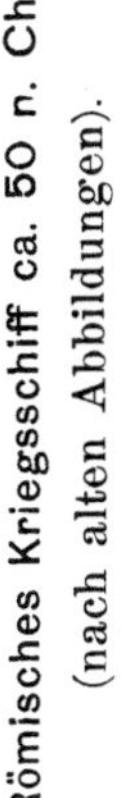

Römisches Kriegsschiff ca. 50 n. Chr.
(nach alten Abbildungen).

Fig. 1.

Ramme, die meist dreispitzig unter Wasser und mit Eisen oder Metall beschlagen war. Darüber ein Stoßbalken, der das zu weite Eindringen in den feindlichen Schiffskörper verhinderte, meist mit einem Tierkopf geschmückt. Vorn und achtern der Raum für die kämpfenden Mannschaften, die außerdem noch zuweilen auf 2 oder 3 Türmen verteilt waren. Die existierenden Abbildungen von Türmen sind aber so zweifelhafter Natur, daß ich nicht gewagt habe, dieselben zu reproduzieren. Es werden jedenfalls nur auf Balkengerüsten ruhende und durch Bollwerk geschützte erhöhte Plattformen gewesen sein, wie sie die Schiffe des XII. und XIII. Jahrhunderts später hatten, leicht aufzubauen und leicht fortzunehmen und wohl nicht allzuhoch, weil sie durch Windfang und Gewicht die gewiß so schon ranken Fahrzeuge sonst behindert hätten. Die kleineren Schiffe hatten 1 Seitenruder, die größeren 2. Die Steuerruder wurden durch einen Taustropp, der um den Schaft griff, ungefähr im oberen Drittel des Blattes, am Herabsinken gehindert. Hinten auf Deck befand sich die Hütte des Befehlshabers, die aber im Gefecht niedergerissen wurde. Die Bug- und Heckverzierung war verschieden, vorn meist ein Knauf, hinten eine blattartige Verzierung, die gewöhnlich noch einen Gänse- oder Schwanenhals trug, da dies glückbringende Vögel waren. Beim Rudern wurde, wie schon erwähnt, der Mast meist gelegt und die Raa längsschiffs festgemacht. Die Segel waren aus dünnem Stoff und zur Verstärkung mit Lederstreifen benäht, wodurch sie ein schachbrettförmiges Aussehen erhielten. Das Oberdeck soll mittschiffs vielfach offen gewesen sein und waren dann nur einige Plankengänge nahe der Bordwand vorhanden. Die um das Heck laufende Galerie diente auch wohl hauptsächlich Gefechtszwecken. Die Steuerruder wurden im Hafen und bei hoher See aufgefangen an einem Heckbalken. Sie hingen infolge ihres großen Gewichtes fast senkrecht und wurden durch einen Querhebel, der nach innen zeigte, gedreht.

Mit der Seetüchtigkeit dieser Schiffe war es, wie man sich wohl denken kann, sehr schlecht bestellt. Sie fuhren nur bei gutem Wetter und womöglich längs der Küste, und liefen bei schlechtem Wetter häufig einfach auf Strand. Damals hatte man erwiesenermaßen schon Rettungsbojen aus Kork, wodurch viele Menschenleben gerettet wurden, da die Schiffe ihres geringen Tiefganges wegen meist dicht am Ufer festkamen. Genauere Angaben über die Dimensionen der Schiffe fehlen leider, doch soll bei Kriegsschiffen das Verhältnis der Breite zur Länge ca. 1 : 6 gewesen sein, bei Frachtschiffen ca. 1 : 3. Diese hatten einen besser befestigten Mast, da sie meist segelten. Sie waren auch ganz gedeckt, hatten mehr Freibord und waren deshalb seetüchtiger.

Einige Reisegeschwindigkeiten fahrender Geschwader sind uns übermittelt (nach Aßmann), und wird eine Durchschnittsfahrt von $2^3/_4$ Knoten als sehr günstig erwähnt. Eine Reise nach Alexandrien mit $4^1/_2$ Knoten Durchschnittsgeschwindigkeit wird als etwas ganz Besonderes gepriesen. Selbst die viel schneidigeren Galeeren des Mittelalters erreichten nur 5—6 Knoten Geschwindigkeit, obgleich sie viel mehr Menschenkraft anwandten. Eine größere Fahrt ist bei den schwerfälligen Riemen auch kaum denkbar, da diese sonst ja ganz kurze schnelle Schläge hätten machen müssen.

Napoleon III. hat in den 50er Jahren in Cherbourg bekanntlich eine Trière bauen lassen. Ein gleichzeitiges Zusammenrudern der verschiedenen Reihen hat sich nach französischen Berichten aber nicht erzielen lassen.

Zur römischen Kaiserzeit hat dann noch die Takelage mehr Bedeutung gewonnen, der Mast blieb auch im Gefecht stehen und war mit festem Mars versehen, der mit Hundefellen verkleidet war. Bogenschützen und Schleuderer belästigten von hier aus die Verdecke der feindlichen Schiffe.

Abbildungen von Kauffahrern sind seltener, die nebenstehende ziemlich glaubwürdige Abbildung (Fig. 2) stellt ein Lastschiff aus dem Jahre 200 n. Chr.

Kauffarteischiff aus dem Jahre 200 n. Chr.

Fig. 2.

vor. Bei anderen gleichzeitigen Bildern steht der Bugspriet noch senkrechter und ist schon mit einem ziemlich großen Raasegel versehen. Mosaikbilder in der Kathedrale zu Ravenna zeigen Fahrzeuge aus dem Jahre 600 n. Chr., die große Ähnlichkeit mit den nordischen Booten haben, nur fehlen die langen Steven.

Abbildungen und Beschreibungen von Schiffen der ersten Jahrhunderte n. Chr. sind spärlich, doch sind überall die Boote vorn und hinten gleich, die Steven wenig überfallend, wenig Sprung und der Mast stets genau in der Mitte.

Ein wertvolles Dokument besitzen wir in dem Ende 1863 im Alsensunde bei Nydam gefundenen altgermanischen Ruderboote, welches nach Schätzung aus dem Jahre 300 n. Chr. stammt. Dieses hochinteressante Fahrzeug (Fig. 3) hat die respektable Länge von 22,67 m und ist 3,33 m breit, Höhe mittschiffs 1,19 m, an den Steven 2,23 m, und hat an jeder Seite 15 Riemen. Hölzerne gewachsene Knie auf der Reeling dienen als Dollen. Das Boot ist klinker gebaut, hat einen außerordentlich eleganten Schnitt mit viel Sprung und wundervoll geformte Steven. Das Seitenruder ist oben durch ein quer über das Boot reichendes Holzstück gesteckt und unten an den Steven gelascht. Es wurde mittels eines Hebels gedreht.

(Diese ganze Anordnung ist jedoch jedenfalls verkehrt und erst bei der Restauration des Bootes gemacht, da man das Ruder, wenn es unten befestigt war, garnicht drehen konnte.) Segel hat das Boot nicht, und die alten römischen Schriftsteller bezeugen auch, daß man damals den Gebrauch der Segel bei uns noch nicht kannte. Das scharfbodige schmale Boot würde auch gar keine Segel haben tragen können. Das Fahrzeug war mit Waffen und Kriegsmaterial gefüllt und ist, wie einige in den Boden geschlagene Löcher bezeugen, absichtlich versenkt worden. Es enthielt auch römische Münzen vom Jahre 69 bis 217 n. Chr.

Das Original befindet sich, was aber wenig bekannt ist, in dem Museum Vaterländischer Altertümer in Kiel und steht dort ganz abgelegen auf dem dunklen Dachboden. Ich möchte bei dieser Gelegenheit darauf hinweisen, daß es geradezu unerhört ist, daß ein so außerordentlich interessantes Objekt, wohl das älteste Fahrzeug der ganzen Welt, eine so wenig seinem Werte entsprechende Aufstellung gefunden hat. Während das Christianiaboot Weltruf hat und in allen Fachschriften Erwähnung findet, ist das Kieler Boot, obwohl es weit wertvoller ist, da es volle 600 Jahre älter ist, so gut wie unbekannt im Auslande und auch in Deutschland, ja in Kiel selbst. Die Ursache liegt zweifellos in seiner abgelegenen Aufstellung. Das Boot, welches den Besucher, der den dunklen Bodenraum betritt, durch seine Größe und elegante Form geradezu verblüfft, sollte notwendig eine seinem Werte entsprechende Aufstel-

Altgermanisches Ruderboot ca. 300 n. Chr.
(nach dem im Kieler Museum für Vaterländische Altertümer befindlichen Originale).

Fig. 3.

lung finden, etwa in einem altnordischen Holzhäuschen an einem günstig gelegenen Platze Kiels. Kein Fremder würde dann versäumen, die interessante Sehenswürdigkeit zu besichtigen und das Boot würde dann erst zur wohlverdienten Geltung kommen.

Hoffentlich trägt diese Anregung dazu bei, das Boot aus seinem Gefängnis zu befreien!

Interessant ist der Vergleich mit dem erwähnten Christianiaboot (Fig. 4), welches 1880 in Gokstad, ebenfalls in einem Moore, gefunden wurde. Dasselbe ist, wie schon erwähnt, ein Boot aus der älteren Wikingerzeit, ca. 900 n. Chr., und hat als Grab' eines Häuptlings gedient.

Dasselbe hat nahezu die Länge des Nydamer Bootes, nämlich 23 m, ist aber 5 m breit, Tiefe der obersten Plankenlage bis zum Kiel 1,20 m und führt 32 Riemen. Das Boot ist zum Segeln eingerichtet und führte 1 Mast mit Raasegel.

Das Fahrzeug ist ebenfalls klinker gebaut, hat in dem 3. Plankengange von oben die Löcher für die Riemen, welche innen durch drehbare Klappen verschlossen werden konnten. Die Planken sind mit Eisen verbolzt und an die Spanten mit Stricken, die von Baumwurzeln gemacht sind, angelascht. Das Fahrzeug hat wenig Sprung, aber sehr hohe Steven, welche reich verziert waren. Die Steven waren häufig mit Eisen oder Kupfer beschlagen und trugen gewöhnlich einen Tierkopf oder ein sonstiges ihrem Namen entsprechendes Emblem.

Ein eigentliches Deck hatte dieses Fahrzeug nicht, sondern einen erhöhten Boden, unter dessen aufnehmbaren Klappen eine Menge Gegenstände verstaut werden konnten.

Das Seitensteuer befindet sich wie immer an Steuerbord. Der Ruderkopf ist an eine Aufklotzung am Dollbord gelascht. Etwas über Wasser befindet sich eine 2. Aufklotzung, durch die ein am Ruder befestigtes Tau führt, das nach Belieben geholt oder gefiert werden kann. Mittels einer querschiffs stehenden hübsch geschnitzten Pinne wurde gesteuert.

Das Segelwerk war sehr einfach. Ein verhältnismäßig niedriger Mast stand in einer Spur in der Schiffsmitte und konnte nach vorn gelegt werden. Er trug nur 1 nicht sehr großes Raasegel, das meistens bunt gestreift war. 2—3 Reffe oder vielmehr abzubindende „bonnets" befanden sich an der Unterkante des Segels. Außer dem Fall, Brassen, Schooten und Buliens war kein laufendes Gut vorhanden. Binnenbords befestigte Wanten stützten den Mast seitlich. Die Ruderer saßen rittlings auf Längsbänken. Die Riemen waren

Wikingerschiff ca. 900 n. Chr.
(nach dem in Christiania befindlichen Originale).

Fig. 4.

5 m lang und hatten oval geformte Blätter. Ein Zelt konnte über das ganze sonst offene Boot gespannt werden. Längs der Reeling waren, übereinandergreifend, die runden Holzschilde angebracht, so daß sie einen guten Schutz für die Ruderer im Gefecht bildeten.

Die größeren Fahrzeuge sollen auch eine feste Hütte hinten für den Befehlshaber gehabt haben, zuweilen auch vorn einen festen Unterschlupf für die Kämpfer, eine Art Halbdeck. Auf diesem standen im Gefecht die tüchtigsten Leute. Die Mannschaften sollen auf den größeren Schiffen über 100 Mann betragen haben. Die Fahrzeuge sollen ganz besonders seetüchtig gewesen sein, es haben die Nordländer ja auch ums Jahr 1000 herum große Reisen unternommen. Auch das dem Christianiaboot nachgebildete Fahrzeug, welches zur Ausstellung nach Chicago ging, soll sich wundervoll in See benommen haben, wie das nach seinen Formen eigentlich auch nicht anders zu erwarten ist. Die Form dieser Boote hat sich an der norwegischen Nordküste bis auf den heutigen Tag erhalten, nur daß sie meist vorn und hinten eine Hütte tragen. Auch die hohen Steven und die primitive Takelage sind geblieben. Charakteristisch ist immer die fast gerade Reelingslinie und die beinahe senkrechten Steven, die nur mit einer Rundung in den Kiel übergehen. Moderne Maler und Bildhauer sündigen daher stark bei der Darstellung von Wikingerschiffen, wenn sie denselben, wie man das jetzt häufig auf Bildern und bei Denkmälern sieht, weit ausladende Steven und sehr geschwungene Reelingslinie geben. Das sind Fahrzeuge einer viel früheren Zeit und eine Verkennung der Charakteristik derselben.

Neuerdings ist noch in Tönsberg in Norwegen wieder ein, wenn auch nicht so großes Boot gefunden worden, das sich ganz besonders durch hübsche und reichhaltige Schnitzereien auszeichnen soll, so daß man fast meint, es mit einem Lustfahrzeug aus der früheren Wikingerzeit zu tun zu haben. Auch das Alter dieses Fahrzeuges schätzt man auf über 1000 Jahre.

Die Fahrzeuge der Normannen, mit denen Wilhelm der Eroberer nach England zog, ums Jahr 1066, waren ähnlicher Art, nur hatten sie nicht den eleganten Schnitt derselben, sondern eine mehr völlige Form. Siehe Fig. 5.

Die sogenannte Tapete in Bayeux in der dortigen Kathedrale, die auf einem 200′ langen Teppichstreifen die Überfahrt des genannten Fürsten nach England darstellt, enthält eine Menge gutgezeichneter Schiffe, alle gleichen Typs, einmastig, mit einem Raasegel versehen, das oft bunt gestreift ist und bei den Schiffen der Befehlshaber schon mit Wappen und Abzeichen verziert ist. Auch diese Schiffe sind sehr geradlinig und haben meist senkrechte, wenig

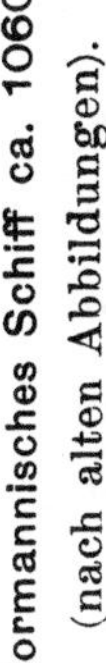

Normannisches Schiff ca. 1060 (nach alten Abbildungen).

Fig. 5.

geschweifte Steven, die die verschiedensten Verzierungen tragen, Löwen und Tierköpfe, einen Knauf usw. Auch auf den Toppen der Masten sind **Kreuze**, fliegende Vögel, Tierfiguren oder sonstige Embleme angebracht. Die Schilder sind längs der Reeling angebracht, und manche Schiffe haben mittschiffs einen Ausschnitt in der Reeling, wohl des bequemeren Beladens wegen. Die Riemen wurden, da die Schiffe schon hochbordiger sind, wie bei dem **Wikinger-schiff**, durch Löcher in den Planken gesteckt. Die Steuerleute haben die querstehende Ruderpinne in der rechten Hand, mit der linken halten sie die Schoot des Raasegels, ein Zeichen, daß die Segel wohl nicht sehr groß waren. Die einzelnen Plankengänge sind oft verschieden gemalt, z. B. blau und gelb, braun und blau, blau und rot. Die Stevenform ist im allgemeinen dieselbe, nur das Schiff des Königs Harald zeigt eigentümlich nach innen gebogenen Steven. Die Lastschiffe sind mit Pferden beladen. Die Masten haben nach vorn und hinten Stage und wurden, sobald die Schiffe an Land kamen, nach vorn gelegt. Die größten Schiffe sollen eine Länge von je 30—35 m gehabt haben.

Die Fortschritte im Schiffbau vom Jahre 1000 bis an 1300 sind ganz merkwürdig gering. Die Form der Fahrzeuge bleibt absolut dieselbe, nur wuchsen die Dimensionen etwas an. So soll Olaf Trygvasons Schiff 38,7 m lang gewesen sein. In der Hauptsache wurde gerudert, da das kleine Segel wohl auch keine große Schnelligkeit verlieh. 1120 soll ein Fahrzeug 50 Riemen gehabt haben, was schon auf eine ziemliche Länge schließen läßt. Die Zahlen-angaben der alten Chronisten sind freilich häufig nicht sehr genau, und so tut man besser, sich auf Abbildungen zu verlassen. Alle Schiffe, die damals über See fuhren, waren bewaffnet, da jedes Fahrzeug einer fremden Nation, dem man begegnete, einfach angefallen und beraubt wurde. Bogen und Pfeile, Armbrüste, Schleudern, Wurfgeschosse und Speere waren wohl die Hauptwaffen für den Fernkampf. Des besseren Fechtens wegen und auch wohl zum Schutze des Steuermanns fing man nun an, zuerst auf dem Hinter-teil Kastelle zu bauen in der Form von erhöhten Plattformen, die auf primi-tiven Balkengerüsten ruhten. Eine Brustwehr verlieh den nötigen Schutz gegen die Wurfgeschosse des Feindes. Ein solches Fahrzeug stellt die Fig. 6 dar, und war ein solches Schiff, da die Ruderer auch ungenierter arbeiten konnten, einem kastellosen Schiffe entschieden überlegen im Kampfe. Kurze Zeit darauf kamen auch die Topkastelle und die Vorderkastelle auf. Erstere waren seitlich vorn an den Mast gelascht, oberhalb des Gutes und so groß, daß sie 2—3 Mann faßten. Die Vorderkastelle waren ganz

Kastellschiff ca. 1150
(nach alten Abbildungen).

Fig. 6.

ähnlich den Hinterkastellen, und scheint es, daß Leitern in der Mitte der Kastelle den Auf- und Abstieg vermittelten.

Von außerordentlichem Werte sind die aus der damaligen Zeit stammenden Siegel der Hafenstädte, besonders die von Sandwich 1238, Dover 1281, Yarmouth 1280, Pampelona 1279 und die interessanten Schiffsabbildungen der Fierabras-Handschrift zu Hannover, die die Einzelheiten der Entwickelung der damaligen Fahrzeuge deutlich erkennen lassen. Schon gegen 1200 hatten die Fahrzeuge einen kleinen Bugspriet, obgleich ein Segel dazu nicht vorhanden war, aber es scheint, daß ein kleinerer Anker oder Draggen, der fürs Gefecht gebraucht wurde, daran hing, indem er an einer Kette hängend dem feindlichen Schiffe aufs Deck geworfen wurde. Das scheint ganz plausibel, da man der Riemen wegen meist nur mit dem Bug angreifen konnte. Aus der Schlacht bei South Foreland zwischen englischen und französischen Schiffen (1217) geht die damals übliche Kampfesweise klar hervor und dürfte eine kurze Schilderung hier interessieren. Schon damals scheinen die Vorteile der Luvposition bekannt gewesen zu sein, denn es heißt, daß die Engländer zuerst dicht beim Winde hielten, bis sie die ebenfalls unter Segel nahenden Franzosen in Lee hatten; dann segelten sie raumschoots auf dieselben los, rammten sie oder gingen längsseit und hielten dieselben mittels übergeworfener Anker oder Haken fest. Abbildungen aus dieser Zeit bestätigen, daß Leute mit Wurfankern beim Gefecht bereit saßen. Die Engländer sollen auch, da sie die Windseite hatten, zerstäubte Kreide über Bord geworfen haben vor dem Entern, die den Franzosen die Augen blendete, und mittels Äxte die Wanten und Fallen der Segel gekappt haben, sodaß die Segel herunterfielen und die Verwirrung bei den Franzosen sehr groß wurde. Die meisten französischen Schiffe wurden auf diese Weise besiegt und genommen. Es scheinen auch galeerenartige Schiffe dabei gewesen zu sein, welche einen Rammbug hatten und verschiedene französische Schiffe durch Anrennen zum Sinken brachten. Diese Schiffe sind wohl durch die Römer in die Nordsee importiert (der lange Schnabel der späteren Galeeren entstand erst nach Einführung der Feuerwaffen).

Daß die Segel damals noch keine Geitaue hatten, geht aus mehreren alten Abbildungen hervor, auf welchen dieselben unten, wenn gerudert wurde, in der auf Fig. 6 sichtbaren Weise um den Mast gewickelt wurden.

Die Größe der Schiffe wuchs naturgemäß mit den weiteren Reisen, und die größten Schiffe in dem von Richard Löwenherz 1190 unternommenen Kreuzzuge sollen schon 40 Pferde gefaßt haben, doch scheinen die Schiffe

Englisches Fahrzeug ca. 1200
(nach alten Siegeln und Abbildungen).

Fig. 7.

meist nur einen Mast gehabt zu haben (Fig. 7). Im Mittelmeer gab es schon früher Schiffe mit mehreren Masten. Eine Abbildung aus dem Jahre 1187 (aus den Jahrbüchern von Genua) stellt einen Zweimaster dar mit 2 Steuerrudern. Mosaikbilder aus Venedig aus ca. 1200 zeigen sogar schon dreimastige Schiffe. Auch von dem obigen Kreuzzuge wird der Kampf mit einem großen dreimastigen Sarazenenschiffe berichtet. Auch zeigten sich zu dieser Zeit die ersten Lateinsegel, zunächst nur auf Galeeren.

Im Jahre 1228 ist auch zum ersten Male von besonderen Kajüten auf englischen Schiffen die Rede. Aus dem Jahre 1240 wird berichtet, daß die größten englischen Schiffe 80 t gewesen seien und 2 Masten mit Raasegeln und 2 Segel gehabt hätten.

Über Schiffe Ludwigs des Heiligen 1268 sind genaue Daten vorhanden, die alten Manuskripten entnommen sind. Die Schiffe waren 33 m über Alles, 11,6 m breit, 11,9 m größte Höhe vom Kiel bis zum obersten Kastell. Dieselben hatten schon ein zweites Deck, das 2,3 m hoch war, vorn und achtern ein bellatorium oder Gefechtsdeck. Die Mannschaft betrug 110 Mann. Die Schiffe hatten 2 Masten, wovon der vordere viel Fall nach vorn hatte und der höhere war; die Segel waren mächtige Lateinsegel.

Aus den Siegeln und Abbildungen des 13. Jahrhunderts geht klar hervor, daß die Kastelle anfangs nur innerhalb der Steven waren, allmählich aber anfingen, über dieselben hinauszureichen, und führte dies nun notwendigerweise dazu, Bug und Heck oben zu verbreitern, um den Kastellen besseren Halt zu geben, und verwuchsen dieselben nun allmählich fest mit der Bordwand, wo man sie ja auch viel besser befestigen konnte. Fig. 8 zeigt ein großes Schiff aus dieser Zeit. Die an den Mast gelaschten Topkastelle sind feste Marsen geworden, in denen Wurfgeschosse, Bogen und Pfeile, Armbrüste ihren festen Aufenthalt hatten. Topjollen dienen zum Aufheißen der Waffen, auch große Steine wurden von dort auf die feindlichen Schiffe geschleudert. Diese wurden zuweilen in kleinen Booten aufgeheißt. Im Germanischen Museum in Nürnberg habe ich in alten Handschriften außerordentlich interessante Abbildungen aus dieser Zeit gefunden, z. B. aus den Kreuzzügen. Zwei einmastige Schiffe sind aneinander gebunden, zwischen den beiden Masten ist ein großes Boot aufgeheißt, welches ganz seemännisch mit Toppnanten aufgehängt ist. Dieses Boot ist voller Ritter. Die Schiffe sind dicht an den Turm einer türkischen Festung herangelegt und kämpfen die Insassen des Bootes nun mit Schwertern, Speeren und Bogen gegen die auf dem Turm stehenden Türken. Gewiß eine wahre Begebenheit. Auch im

Kreuzfahrer ca. 1280
(nach alten französischen Abbildungen).

Fig. 8.

British Museum habe ich in einem alten französischen Geschichtswerke Abbildungen von Seekämpfen gefunden, alles große zweimastige Schiffe, die Masten gleich lang, aber alle ohne Vorderkastell und Bugspriet. Die Hinterkastelle und Marsen mit Bogen- und Armbrustschützen besetzt. Aus den Marsen fliegen große Steine.

Der Ausbau der Hinterkastelle, die allmählich mit der Bordwand verwuchsen, machte nun entschieden das Steuern mit den Seitenrudern unbequem. Dies hat wohl dahin geführt, für dieselben einen anderen Platz zu suchen, und ist man so darauf gekommen, dasselbe am Hintersteven selbst zu befestigen. Es ist noch nirgends hervorgehoben, daß dies eine der wichtigsten Erfindungen im Seewesen war. Fachmänner werden das ohne weiteres verstehen. Das lose über Bord hängende, wenn auch unten irgendwie befestigte Seitenruder war immer ein sehr zerbrechliches Instrument und bei einigermaßen hohem Seegang schon unbrauchbar, da es dann gegen die Bordwand schlug und zerbrach. Das geht aus der großen Anzahl Reservesteuer hervor, die die Schiffe mitbekamen.

Es mußte deshalb, wenn die See zu hoch wurde, aufgeholt werden und trieben die Schiffe dann steuerlos umher, ganz dem Winde und den Wellen preisgegeben. Selbst bei der Fahrt vor dem Winde wird das Steuern sehr schwierig gewesen sein, wenn die Geschwindigkeit der damaligen Schiffe mit der kleinen Segelfläche auch wohl nie 6—6$^1/_2$ Knoten überstieg. Bei größerer Fahrt wären die Schiffe mit dem Seitenruder wohl garnicht zu regieren gewesen. Wenn von Kreuzen auch überhaupt noch nicht die Rede war (halbwinds steuern war wohl das Höchste, was mit dem weit ausbauchenden Raasegel zu erreichen war, auch konnte die Raa der Wanten wegen nur angebraßt werden, wenn sie ganz aufgeheißt war), so muß das Steuern bei stark gekrängtem Schiff überhaupt schon kaum möglich gewesen sein, wenn nur einigermaßen Seegang vorhanden war. Es konnten die Schiffe unter diesen Umständen deshalb meiner Ansicht nach nur mit achterlichem Winde segeln. Es ist deshalb erklärlich, daß der zweite Mast ganz im Bug stand, um das Steuern zu erleichtern und ein „aus dem Ruder laufen" zu verhindern. Abbildungen, auf denen außer dem Großmast, der immer genau in der Mitte steht, der zweite Mast hinten auf dem Heck steht, sind deshalb durchaus unglaubwürdig, da alles darauf ankam, das Anluven zu verhindern.

Einen guten Aufschluß über die Zeit der Einführung des festen Steuerruders geben die alten Siegel (deren Alter man nach den damit gesiegelten ältesten Briefen annimmt). Das älteste Siegel mit festem Ruder ist das Stadtsiegel von Elbing, 1242—1290, dasjenige von Wismar, zuerst 1256, das Kieler Stadtsiegel ungefähr aus derselben Zeit, und alle späteren, von Poole 1325, von Damme 1328, Bergen und Stralsund 1376 usw.

Der interessanteste Beleg für die Zeitfrage findet sich aber in den Revaler Zollbüchern des 14. Jahrhunderts.*)

Es wurde der Pfundzoll in dem Zolltarif für Schiffe nämlich je nach der Art des Steuers bewertet. In den Zollrollen von Damme und Brügge 1252 wurden die Schiffe „met en stierroeder in die zieden hangende" von dem Schiffe „met en stierroeder bachter" getrennt. Letzteres zahlte doppelt soviel Zoll, die Schiffe müssen also größer gewesen sein.

Natürlich geschah die Einführung des festen Ruders erst allmählich und machte dasselbe erst allerlei Wandlungen durch, ehe es die jetzige Form annahm. Ein Freibrief für Holland 1275 unterscheidet 4 Arten von Schiffen nach dem Steuer:

      1. Schiffe mit Kuelroeder,

      2. mit Sleeproeder,

      3. pendulum gubernaculum,

      4. manuale.

Leider gibt es für diese Ausdrücke keine authentische Erklärung. Der Zoll für diese 4 Schiffsarten war verschieden. Die sub 1. bezahlten 16 d, die sub 4. nur 2 d, anno 1340 zahlten nach dem Kampener Zolltarif ostfriesische Schiffe, die kein „Hangroeder" hatten, um die Hälfte weniger Zoll, als die „dy Hangroeder hebben". Hangroeder scheint also das moderne Steuer zu sein, und die Schiffe mit diesem die größeren.

Im Jahre 1252 bezeichnete der Ausdruck „Hegboth" oder „hukbuet" ein Schiff, das hinten eiserne Ringe hatte, das Steuer einzuhängen. Das Schiff mit Ringen zahlte das Doppelte von dem ohne Ringe.

Auch Abbildungen bezeugen, daß noch längere Zeit das Seitenruder in Gebrauch war. Fig. 9, die sehr klar gezeichnet ist und mehrfach im Codex Balduini Trevirensis (1307—1354, Erzbischof Balduin, welcher die Romfahrt Heinrichs VII. mitmachte) vorkommt, gibt einen guten Begriff von dem Seitensteuer, das wohl keiner weiteren Erklärung bedarf. Die Gabel war schräg nach unten geneigt. Der Holzgriff verhinderte wohl das Hinunterrutschen des Ruders, welches aber ja eigentlich schwamm. Unten führt dasselbe durch einen deutlich erkennbaren Taustropp. Das Steuerhebel geht im Gegensatze

------

*) Schrift von Dr. Stieda, Blätter für hansische Geschichte.

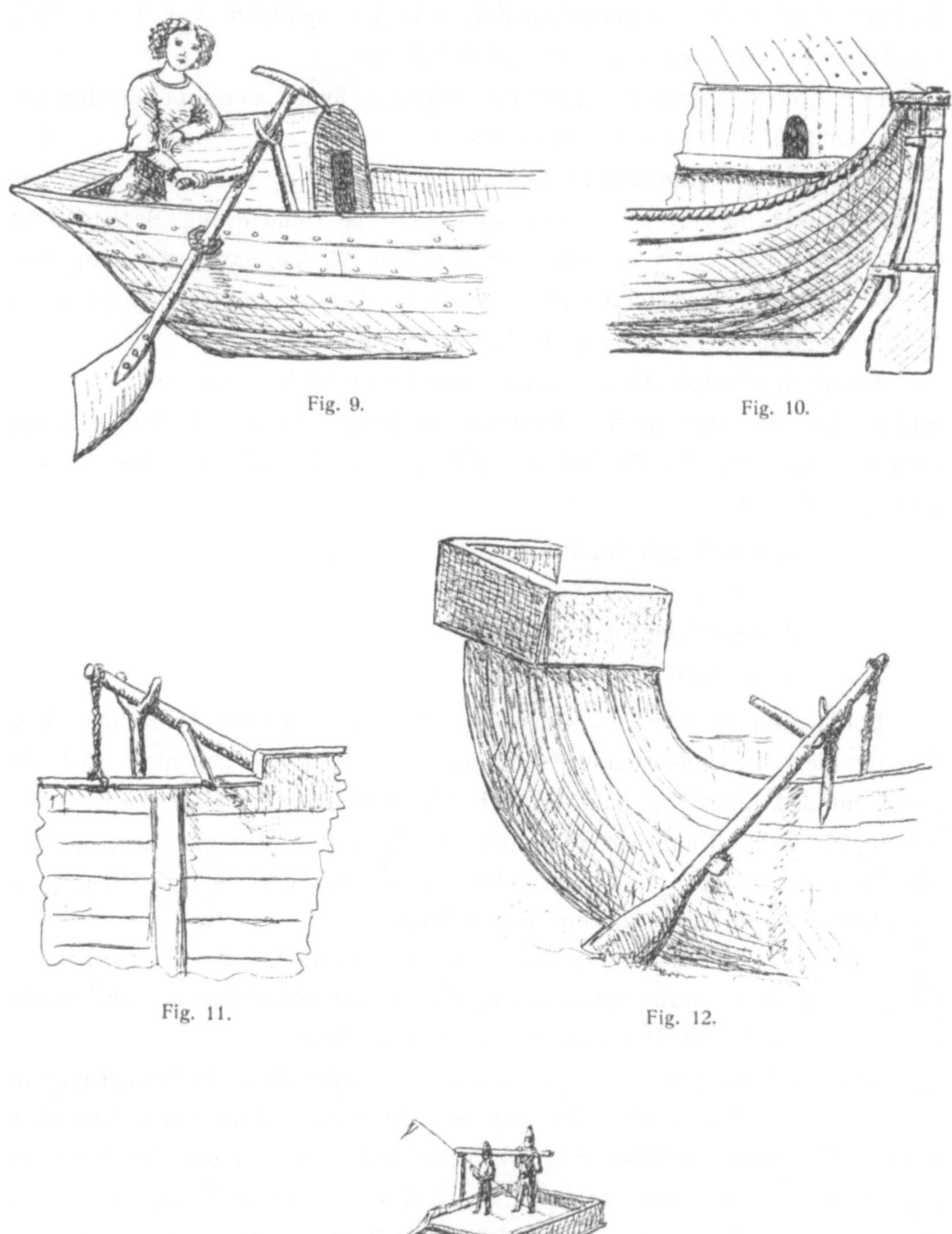

Fig. 9.

Fig. 10.

Fig. 11.

Fig. 12.

Fig. 13.

zu allen anderen Zeichnungen nach außen. Es macht sich hier also schon die Unbequemlichkeit der Hütte bemerkbar. Fig. 10, welche die Arche Noah vorstellen soll, ist einem englischen Werke entnommen und soll aus dem Jahre 1300 stammen. Fig. 11 und 12 stammen aus der Handschrift Rud. v. Ems (Montfort, Argonautenzug und Trojanischer Krieg), die im Jahre 1430 erschien. Hier sehen wir das Steuer ähnlich angebracht, doch ist die ganze Einrichtung vom seemännischen Standpunkte etwas unklar und zerbrechlich. Noch spätere Zeichnungen (Fig. 13, von 1488) zeigen schon das am Steven angebrachte Ruder, das aber seitlich gesteuert wird, eigentlich eine Unmöglichkeit. Dieselbe Zeichnung kommt in verschiedenen Chroniken vor, beruht aber wahrscheinlich auf Unkenntnis der Zeichner.

Von der Erfindung des festen Steuers an werden die Fahrzeuge sofort hochbordiger und seefähiger und wachsen besonders die Kastelle höher an. Auch die Größe der Schiffe nahm rasch zu. So hören wir, daß die größten englischen Schiffe 1324 schon 240 t maßen und 60 Mann Besatzung führten. Auch die größten Hansakoggen messen anno 1340 bis 100 Last = 250 Registertons. Der Name Kogge kommt schon im XIII. Jahrhundert vor, obwohl die Schiffe derzeit vorn und achtern gleich waren und erst das festere Steuerruder den praktischeren Ausbau des Hecks und der Kastelle erlaubte. Um das Jahr 1350 (siehe Fig. 14) sieht man auf den größeren Schiffen schon drei Masten, jedoch Fock- und Besanmast noch sehr klein, da sonst die Kastelle wohl zu sehr durch Segel und Tauwerk im Gefecht behindert worden wären. Mittschiffs waren die Schiffe noch immer sehr niedrig, da die Riemen doch noch sehr häufig gebraucht wurden. Die Schilde wurden nun hauptsächlich auf den Kastellen angebracht, da hier ja die Gefechtsstation der Kämpfenden war. Ein Hinterkastell oder eine Hütte hatten fast alle größeren Schiffe, während das Vorderkastell häufig fehlte und nur solchen Schiffen eingebaut wurde, die zum Kampfe bestimmt waren. Im Germanischen Museum zu Nürnberg habe ich eine ganze Anzahl Schiffsabbildungen aus dieser Zeit gefunden. Einige Schiffe tragen noch lange Steven mit Tierköpfen, auch hinten. Daß die Schiffskenntnis der Zeichner nicht sehr groß war, geht daraus hervor, daß man in jedem der verschiedenen alten Werke eigentlich immer denselben Schiffstyp abgebildet sieht. So enthalten die französischen Werke dieser Zeit meistens Schiffe mit zwei ziemlich gleich hohen Masten, auch ohne Bugspriet.

Neben den nun schon mehr auf das Segeln angewiesenen Schiffen blieben aber noch immer die Ruderfahrzeuge bestehen und zwar in Galeerenform,

Kogge ca. 1350
(nach alten Abbildungen und Beschreibungen).

Fig. 14.

meist einmastig. Natürlich waren dies speziell Fahrzeuge für Kriegszwecke. Aus der Schlacht von Zierikzee 1304 erfahren wir, daß Segler und Galeeren natürlich getrennt operierten. Eine große Rolle spielten hier die Topsgäste, die aus den Marsen mächtige Steine, Wurfgeschosse und auch brennende Holzscheite in die feindlichen Schiffe sandten. Auf mehreren alten Abbildungen sind Leute mit Wurfankern zu sehen, um die Schiffe aneinander zu haken. Es scheint, daß bis zur Mitte des XIV. Jahrhunderts alle Schiffe in Klinkerbau, also mit übereinandergreifenden Planken, gebaut wurden, wenigstens sind auf allen Abbildungen die Nähte stark markiert.

Die ersten Geschütze sollen schon anno 1335 auf Mittelmeerschiffen erschienen sein. Dieselben waren jedoch recht geringen Kalibers, anfangs nur auf der Reeling oder in ganz kleinen Pforten in den Kastellen placiert auf drehbaren Gabeln. Die engen, ganz runden Löcher, durch die sie feuerten, lassen es erklärlich erscheinen, daß die Geschütze Hinterlader waren, da sie von vorne wegen der schon ziemlich langen Läufe ja garnicht geladen werden konnten. In den nordischen Gewässern sollen Geschütze erst gegen Ende des XIV. Jahrhunderts und ganz vereinzelt vorgekommen sein. Die Kammer, die oben halboffen war, wurde durch ein langes, roh bearbeitetes Stück Eisen geschlossen, und dahinter quer ein Eisenkeil eingetrieben, der die Stange vorn gegen die hintere Rohröffnung preßte. Auf die Galeeren hatten die im Bug placierten Geschütze den Einfluß, daß die bis dahin übliche Ramme fortfiel und ein langer Schnabel über Wasser entstand. Die Koggen erreichten besonders in der Ostsee eine ziemliche Größe, und die 1370 Kopenhagen bekämpfenden Fahrzeuge führten 100 Bewaffnete und 20 Pferde. Zwischen dem Fock- und Großmast hatten dieselben die sogenannten „treibenden Werke" aufgestellt, die große Steine und zugespitzte oder eisenbeschlagene Balken gegen die feindlichen Schiffe schleuderten, um deren Bordwand zu durchbohren.

Von dem Zuge, den französische und englische Ritter gegen Tunis im Jahre 1390 unternahmen, existiert in einem Manuskript der Harleyschen Bibliothek eine sehr gute Abbildung, die ein ganzes Geschwader dreimastiger Koggen mit hohen Bugkastellen darstellt. Alle voller Gewappneter, die Topkastelle mit Speeren gefüllt und die Seiten des Schiffes wie der Kastelle mit Schildern behängt. Die Banner hochgestellter Personen wurden auf dem Achterkastell nebeneinander aufgestellt, während im Top oder aus den Marsen breite Wimpel wehten. Die Ritter, die eigene Schiffe stellten, überboten einander im Luxus. Die Segel waren mit Wappen geschmückt, selbst die Masten

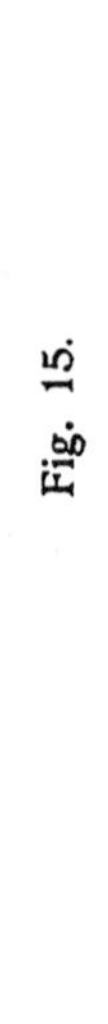

Kogge ca. 1430
(nach alten Abbildungen).

Fig. 15.

waren oft mit blendenden Farben bemalt und vergoldet, Banner und Wimpel wehten von allen Teilen der Takelage. 1400 gab es in England schon 600 t große Schiffe, von denen die größeren zwei oder drei Masten hatten. Man hatte nun auch schon das Bestreben, das Schiff etwas dichter am Winde zu halten und trug der hinterste Mast, wahrscheinlich als Gegengewicht gegen die hohen Vorderkastelle, schon ein Lateinsegel, wenn auch anfangs mit sehr kurzer Raa.

Nach den Danziger Stadtsiegeln von 1400.

Fig. 16.

Nach dem Siegel von John Holland. 1417.

Fig. 17.

Nach dem Siegel von Amsterdam. 1432.

Fig. 18.

Nach dem Siegel von Elbing. 1424.

Fig. 19.

Der Anfang des XV. Jahrhunderts zeigt eine weitere (siehe Fig. 15, 1430) Erhöhung des Buges bei den Schiffen, während das Hinterteil der Schiffe eigentlich nur in einer Plattform mit Schanzkleid besteht. Interessant ist ein Vergleich der Siegel verschiedener Länder aus dieser Zeit. Die Koggen zeigen da eine außerordentliche Ähnlichkeit miteinander. Es ist das ein Zeichen für die Glaubwürdigkeit der dargestellten Schiffe (siehe Fig. 16—19).

Die Schiffe werden nun immer mehr wirkliche Segelschiffe und zeigen fast alle nur noch vereinzelte, meist drei große Riemenlöcher mittschiffs.

Die Riemen wurden also nur noch zu besonderen Manövern, Ein- und Auslaufen in die Häfen usw. gebraucht. Die Schiffe waren auch viel zu massig und schwerfällig geworden, um mit Riemen manövriert zu werden. Zu bedeutender Länge wuchsen aber im Mittelmeer die Galeeren an; es wird von einer solchen berichtet, die 51,5 m lang und 12 m breit war; sie führte fünfzig 13,5 m lange Riemen und bis zu 5 Mann an einem solchen. Sie hatten 2—3 Masten mit Lateinsegeln und im ganzen 549 Köpfe. Als Seefahrzeuge spielten sie, wie alte Berichte melden, eine klägliche Rolle, beim geringsten Winde mußte das große Zelt achtern abgenommen werden. Wegen der vielen Menschen war kein Platz vorhanden, Schlafen unter Deck gab es nicht, Vorratsräume waren knapp. Die Fahrzeuge waren so rank, daß die eine Seite zu Wasser lag, wenn die Mannschaft auf eine Seite trat. Der geringste Seegang spülte über Bord. Sie haben deshalb nur im Küstenkriege eine Rolle gespielt. Die Galeeren hatten, wie bekannt, hauptsächlich Bugarmierung und nur einige leichte Geschütze an den Seiten. Das Hantieren mit den großen oft aus drei Stücken zusammengesetzten Raaen muß eine große Unbequemlichkeit gewesen sein. Dieselben wurden selbst vor dem Winde nicht viel abgefiert.

Sehr gute Detailzeichnungen von Koggen befinden sich in dem von Professor Lehrs herausgegebenen Werk „Der Meister W ⚷" aus der Zeit Karls des Kühnen. Die Fahrzeuge haben nun schon Rüsten, die Püttingseisen vertreten Ketten. Die Kastelle sind bei einigen Fahrzeugen nur von Balken getragene Plattformen, unter denen auf der Reeling die Geschütze auf Gabeln stehen in Brusthöhe der Leute, auch in den Marsen sieht man schon Geschütze neben den sonstigen früheren Waffen. Zwei Davits für Topjollen besorgen das Hinaufschaffen der Munition. An den Jollen sind oft drei Sandsäcken ähnliche Gegenstände angebracht, die das Aufheißen der Waffen durch ihr Gewicht erleichterten. Die Kastelle sind durch die Schilde geschützt. Hinten an jeder Seite des Schiffes befindet sich eine große offene Tonne, die als Kloset für die Bewohner des Achterdecks diente. Gabeln an beiden Seiten des Geländers dienen zur Aufnahme von Spieren und Stangen, hinten eine solche für die niedergefierte Besahnsraa. Einige Schiffe haben auch schon kleine Kajütsfenster hinten. Zeltgerüste auf den Kastellen zeigen, daß man im Hafen hier Schlafplätze schuf, da die Fahrzeuge nun schon häufig über 200 Mann Besatzung hatten, die in dem kurzen, engen Rumpfe, der ja auch Waren trug, nicht alle unterzubringen waren. Bei Handelsschiffen sieht man auch Fässer außenbords hängen. Der Vorsteven, der zur Stütze des dreieckigen Kastells diente, fiel nun notgedrungen

etwas nach vorn aus und trug bisweilen einen Tierkopf oder sonstige Verzierung vorn. Schiffe ohne Vorkastell hatten einen einfach verlaufenden
Steven. Die Kastelle wurden allmählich wirklich abgeschlossene kleine
Festungen. Man konnte nur durch die vom Oberdeck leitende Tür nach
oben gelangen, sodaß eine Verteidigung derselben leicht war. Der Rumpf
der Koggen war meist naturfarbig, die Kastelle, Schanzkleid und Marsen
meist rot; unter Wasser einfach Kohlenteeranstrich, sodaß die Fahrzeuge im
ganzen einen recht düsteren Eindruck gemacht haben müssen. Auf Lübecker
Fahrzeugen findet man einen rot-weißen Streifen um die Kastelle (Fig. 20).*)

Allmählich wurden auch der Fock- und Besahnmast länger, und trugen
gegen Ende des XV. Jahrhunderts oft alle 3 Masten Marsen. Das Großsegel
war aber immer bei weitem das größte und hatte deshalb auch fast stets
3 Schooten, die auch die Bedienung beim Bergen des Segels erleichterten.
Das Segel wurde zum Bergen oder Reffen stets heruntergefiert und die
Bonnets dann abgebunden. Geitaue waren immer noch nicht vorhanden.
Die Wanten waren entweder ausgewebt oder es führte eine senkrechte
Jakobsleiter zum Mars. Auf Bildern vom Jahre 1480 habe ich zum ersten
Male Schiffe mit 4 Masten und einem Segel unter dem Bugspriet gefunden.
Der zweite Besahnmast stand ganz am Heck und diente eine lange aus dem
Heck stehende Spiere zum Anholen der Besahnsschoot. Der Fockmast hatte
stets Fall nach vorn, da das Bugspriet eine schlechte Unterstützung bildete.
Kurze Zeit darauf erscheinen auch die ersten kleinen Marssegel auf den
größeren Schiffen und man merkt das Bestreben, die Segelfläche mehr zu teilen,
da die mächtig-großen Untersegel ja höchst unbequem zu bedienen gewesen
sein müssen. Die großen Entdeckungsreisen nach Amerika 1492 und 1497 nach
Ostindien machte man mit mittelgroßen Schiffen, die bessere Segler und
bessere Seeschiffe als die größeren Schiffe gewesen zu sein scheinen. Über
Columbus' Schiffe ist nichts absolut Genaues bekannt, und die gelegentlich
der Chicagoer Weltausstellung rekonstruierte „Santa Maria" dürfte nur ein
ungefähres Abbild des berühmten alten Schiffes sein, denn so klotzig und
massig waren selbst unsere alten nordischen Koggen nicht, und gerade die
Mittelmeerschiffe hatten vor jenen immer eine gewisse Eleganz voraus. Auch
berichtet der spanische Marineoffizier, der das Fahrzeug nach Amerika hin-
überbrachte, daß die Fahrzeuge früher unmöglich so mit schwerem Holz über-
lastet gewesen sein könnten. Die Kastelle wuchsen zu jener Zeit schon

---

*) Das Modell einer nach meinen Angaben gemachten Hansa-Kogge aus dieser Zeit
befindet sich im Museum für Meereskunde, Berlin.

Hansa-Kogge ca. 1480 (nach alten Abbildungen).

Fig. 20.

mächtig in die Höhe und mußten außenbords durch senkrechte Bänder gestützt werden, um ihnen die nötige Festigkeit zu geben. Auch horizontale
starke Verbände, Berghölzer, zwei oder drei, liefen um die Außenwand der
Schiffe, mittschiffs durch 3—4 senkrechte Scheuerhölzer, die das Aussetzen der
Boote erleichterten, unterbrochen. An den Entdeckungsreisen nahmen oft
unglaublich kleine Schiffe teil, so wurde Drake auf seiner Weltreise von
einem 15 t-Boot, das nur 8 Mann Besatzung hatte, begleitet. Die Strapazen,
die die Leute auszuhalten hatten, sind wohl außerordentlich gewesen.

Gegen 1500 wurden von dem Franzosen Descharges die Kanonenpforten
erfunden, es führten die Schiffe aber anfangs nur ganz vereinzelte schwere
Geschütze, die sehr dicht über Wasser standen. Bei einem der größten
damaligen Schiffe, dem „Great Michael" soll die Geschützhöhe über Wasser nur
0,4 m betragen haben. (Hierzu bemerkt Laird Clowes in seinem Buche „The Royal
Navy", daß der im Krimkriege nach der Ostsee abgehende mächtige Dreidecker
„Duke of Wellington" von 131 Kanonen so voller Extragewicht an Ausrüstung ge-
packt sei, daß seine Pfortenhöhe über Wasser nur wenig mehr betragen hätte.)

Die Franzosen fingen zuerst an, die Geschütze „batterieweise" zu
placieren auf dem unteren Deck der „Charente", und bereits die nächsten
Schiffe „Cordélière" und „Caracou" (800 t) sollen, inkl. der vielen leichten
Geschütze natürlich, 80—100 Geschütze geführt haben. Das 1515 erbaute
englische Kriegsschiff „Harry Grace à Dieu" war etwas ganz Außergewöhn-
liches, jenes Schiff soll 1000 t groß gewesen sein und trug schon zwei ge-
deckte Batterien. Es ist auch das erste Schiff, auf dem Bramsegel zu sehen
sind. Modelle dieses Schiffes, die aber aus einer späteren Zeit stammen und
in der Greenwichschen Sammlung sich befinden, sind leider inkorrekt, indem
sich im Gegensatze zu allen Abbildungen unter dem langen Gallion eine
mächtige Holzaufklotzung befindet, die dem Bug ein ganz modernes Aussehen verleiht. Das Schiff, Fig. 21, nach einer Zeichnung von Brueghel
ca. 1520, läßt erkennen, wie enorm die Kastelle zu jener Zeit angewachsen waren in dem Bestreben, möglichst viele Geschütze unterzubringen. Die Zahl der Geschütze, d. h. die leichten einbegriffen, betrug zuweilen schon über 100. Nur die unterste Reihe hatten Pforten, die
oberen Batterien feuerten durch runde Löcher. Auf den Kastellen und auch
an den Marsen waren Schilde angebracht. Heckgeschütze hatte man oft
bis zu 10 Stück. Die Kastelle waren gänzlich abgeschlossen und hatten sogar Geschütze, welche das Deck bestrichen, sog. „murdering pieces". Das
Gallion fängt an, sich weit herauszustrecken nach vorn, wahrscheinlich zur

Bedienung der „Blinden". Während die Schiffe in der Wasserlinie ziemlich breit waren, liefen sie nach oben ziemlich spitz zu, um das Heck liefen Gallerien, oft bis halb nach vorn. Das obere Schiff war aufs reichste verziert außen- und innenbords. Zu dieser Zeit sieht man zuerst, daß die Schiffe hinten am festen Flagenstock die Nationalflagge führen, während bisher nur Banner aufgesteckt wurden. Außenbords führten die Schiffe häufig noch große Riemen, die in schwierigen Gewässern gebraucht wurden. Die Mannschaft war außerordentlich zahlreich infolge der vielen Geschütze, die größeren Schiffe sollen nicht selten 500—700 Mann gehabt haben.

Die Eigentümlichkeiten der Takelage gehen aus der Zeichnung hervor. Die Segel waren vielfach bunt bemalt. Das Schiften der Besahn geschah, indem man mittels nach dem Großtopp fahrenden Toppnants die Besahnsraa senkrecht holte und die Raa dann nach Lee durchsteckte.

Man ließ aus den Marsen und von den Raanocken, die häufig mit eisernen Haken versehen waren, lange Wimpel flattern, während die Kastelle mit Fahnen und Bannern geschmückt wurden. Es galt dies als ein Zeichen der Herausforderung und des Krieges.

Auch in der Ostsee gab es zu dieser Zeit große Schiffe. Das Schwedische Admiralsschiff „Makalös", welches 1563 in einem Gefecht mit den Lübeckern zu Grunde ging, soll ein wahrer Riese gewesen sein für damalige Zeit, 51 m lang, 13 m breit und im ganzen 148 Geschütze geführt haben. Auch das Lübecker Admiralsschiff „Adler", welches 112 Lüb. Ellen über Deck lang war und 75 Geschütze führte, war eins der größten Schiffe der Ostsee. Eine gute Abbildung davon ist im Schifferhause in Lübeck. Die Masten waren bei ihrer Länge natürlich zusammengesetzt. Das Streichen der Stängen soll erst 1553 durch den Schiffer Kryn Wontersz in Enkhuizen erfunden sein, wie Witsen berichtet. Dies war für die größeren Schiffe der damaligen Zeit eine außerordentlich wichtige Erfindung.

Die Schiffe müssen infolge der hohen Aufbauten ungemein rank gewesen sein und bedurften deshalb einer großen Menge Ballast, der meist aus grobem Seesand oder Steinen bestand und wiederum zur Folge hatte, daß die Schiffe so tief tauchten. Eins der größten englischen Kriegsschiffe, die „Mary Rose", kenterte 1545, indem sie durch die Leepforten vollief, als sie zum Kampfe gegen die Franzosen aus Portsmouth auslief. Das Schiff war 500 t groß und hatte 700 Mann Besatzung. Es wird jetzt allgemein angenommen, daß der „Henry" oder „Harry Grace à Dieu" dasselbe Schiff ist wie der von Holbein sehr gut dargestellte „Great Harry". Letzterer Name war wohl die

Kriegsschiff ca. 1520
(nach Brueghel).

Fig. 21.

volkstümliche Bezeichnung des Schiffes. Auch als Seeschiff müssen diese hochgebauten Schiffe recht mangelhaft gewesen sein, die kleineren Schiffe machten sich viel besser.

Eine englische Schiffsliste 1548 gibt die Größe und Besatzungszahl einiger Kriegsschiffe wie folgt:

„Henry Grace à Dieu" . . .	1000 t	700 Mann	122 Geschütze
„Peter"	600 „	400 „	90 „
„Christopher"	400 „	246 „	53 „
„Unicorn"	240 „	140 „	36 „
„Fluid".	80 „	55 „	28 „
„Cloud in the Sun"	20 „	40 „	9 „
„Subtile" (Galeere)	200 „	250 „	31 „

Abbildungen damaliger Zeit zufolge waren die Schiffe fast stets naturfarben, und nur die Kastelle bunt und verziert, Schanzkleid und Marsen vielfach rot. Unter Wasser wurde zu dieser Zeit schon viel die weiße Farbe verwandt, weil diese am besten vor dem Bewachsen schützte.

Erst ca. Mitte des 16. Jahrhunderts wird die Erfindung des Spills erwähnt. Wie die Schiffe sich früher beholfen haben, die doch schon gewiß sehr dicken Ankertaue einzuholen, wird leider nicht erwähnt.

Die Untersegel, welche ihre Reffe stets noch an der Unterkante führten, wurden zum Festmachen immer an Deck gefiert, während die Marssegel in den kreisrunden Mars gestaut wurden, der vorn kein Geländer trug.

Holländische Schiffe von 1590 (siehe Fig. 22) zeigen, daß die Hecks noch höher und spitzer werden. Die Ostindienfahrer waren bis 7—800 t groß, es hatten die größeren 4—500 Mann Besatzung, wohl wegen der großen Sterblichkeit auf den langen Reisen. Die hohen Hecks mußten die Schiffe wohl recht luvgierig machen, und das hat wohl zur Folge gehabt, daß der 4. Mast zu dieser Zeit vom Heck allmählich verschwindet und dafür auf der Nock des Bugspriets wieder erscheint, wo die „Oberblinde" an ihm gesetzt wurde. Die größeren Galeonen der Armada sind sämtlich Dreimaster, sehr hochbordig und mit einem mächtigen Gallion versehen. Sie führen zwischen den beiden Batterien eine Reihe Riemen, die gelegentlich benützt wurden.

Unter den kleinen Begleitschiffen finden wir jedoch noch viele Caravellen mit 4 Masten. Die größeren Schiffe „San Martin", „San Juan", „Santa Anna", „La Regarona" usw. waren 1000—1250 t groß (im ganzen 7 Schiffe über 1000 t), sie hatten bis zu 50 Kanonen und bis 530 Mann Besatzung. Die Engländer hatten nur 2 Schiffe über 1000 t, „White Bear" und „Triumph", die ungefähr

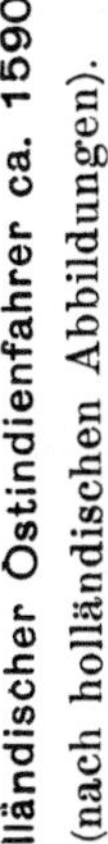

Holländischer Ostindienfahrer ca. 1590
(nach holländischen Abbildungen).

Fig 22.

ebenso stark armiert und besetzt waren wie die Spanier. Auf den bekannten Gobelins im House of Lords sehen wir die größeren englischen Schiffe alle mit Bramsegeln versehen, während sich unter den spanischen kein einziges befindet, das Segel über den Marssegeln führt.

Das im Jahre 1637 erbaute englische Kriegsschiff „Royal Sovereign" (Fig. 23) war der erste Dreidecker und übertraf an Größe alles bisher Dagewesene. Er hatte eine Kiellänge von 42,6 m. Länge des Batteriedecks von 52,7 m, Breite 15,2 m. Tiefgang 6,1 m. Er maß 1637 t, führte 102 Kanonen und 800 Mann Besatzung. Das Schiff hatte anfangs 4 Masten und nach einem Bilde, das von v. d. Velde stammen soll (?), sogar schon Oberbramsegel, was aber wohl nicht recht glaubwürdig ist. Später wurde das Schiff um 1 Deck rasiert und hatte nur 3 Masten und 90 Kanonen. Eine Eigentümlichkeit desselben war sein ca. 12 m langes Gallion, welches nach Art der Galeeren sehr niedrig über Wasser lag. Auf der äußersten Spitze desselben war eine Reiterfigur König Edgars angebracht. Die Verzierungen und Pracht der Schnitzereien sollen alles Bisherige übertroffen haben. Die Höhe vom Kiel bis zur Hecklaterne betrug 22,8 m. Der Fockmast stand mit dem Fuße auf dem sehr schräg ausfallenden Vorsteven und ist es unbegreiflich, wie ein solches Schiff hat hohen Seegang aushalten können; Galion und der tiefliegende Bugspriet müssen stets im Wasser begraben gewesen sein. Das Schiff hat viele der heißen Schlachten gegen die Holländer mitgemacht. Zum Vergleich sei angeführt, daß de Ruyters Flaggschiff „Die 7 Provinzen" 49,6 m lang war zwischen Steven, 13,1 m breit und 5 m Tiefgang hatte. Es führte 80 Kanonen und 475 Mann Besatzung. Das französische Schiff von 74 Kanonen „La Couronne" hatte ungefähr dieselben Dimensionen und dasselbe lange und niedrige Gallion wie der „Royal Sovereign". Zu dieser Zeit fing man in England an, die Schiffe in bestimmte Rangklassen zu teilen, und auch die Geschütze wurden nach dem Gewichte des Vollgeschosses benannt; die ganz leichten Kaliber fielen allmählich fort. Im Gefecht schleppten die Schiffe eine Anzahl Boote hinter sich her, teils zur Befehlsübermittelung, da das Signalisieren noch sehr mangelhaft war; teils um die damals viel gebrauchten Brander, die sich zu luvwärts des feindlichen Schiffes anzuhaken bestrebten, beiseite zu schleppen. Auch wurden die Flotten von kleineren, schnellsegelnden Schiffen begleitet, die den Ausguck und Depeschendienst versahen und ca. 50 t groß waren. Zu selbständigen Operationen konnte man sie aber ihrer geringen Größe wegen nicht verwenden. Dies führte dazu, allmählich größere Fahrzeuge für diesen Dienst zu bauen, und 1649 wurde der „Constant Warwick", den man

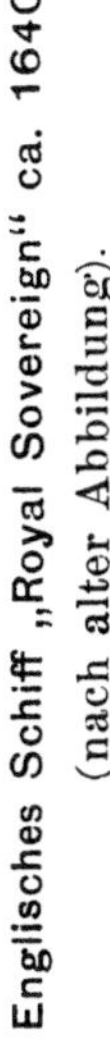

Englisches Schiff „Royal Sovereign" ca. 1640
(nach alter Abbildung).

Fig. 23.

wohl schon als kleine Fregatte bezeichnen kann, erbaut; es soll ein Fahrzeug von wunderbarer Schnelligkeit gewesen sein, das besonders im Kapern außerordentliche Erfolge hatte.

In England hatte man feste Regeln über die Verhältnisse der Takelage zueinander. Die Großstenge war halb so lang wie der Großmast und die Bramstenge $= \frac{1}{2}$ Marsstenge. Der Fockmast war $= \frac{8}{9}$ Großmast. Der Bugspriet war so lang wie der Fockmast. Die Fockraa $= \frac{8}{9}$ Großraa. Die Vormarsraa $= \frac{1}{2}$ Fockraa. Die Spantprofile waren oft sehr wunderbarer Art, der Boden häufig ganz platt und hatten die Schiffe oft doppelte oder 3 fache Kiele. Der Boden setzte dann mit einer scharfen Kante ab und nahm dann erst eine rundliche Form ein.

Grönlandsfahrer führten keine Bramsegel. Der Fockmast hatte immer etwas Fall nach vorn, da er ebenso wie sein Haupthalt, das Bugspriet, schlecht gestützt war. Kriegsschiffe waren oben verhältnismäßig breit, während Kauffahrer oft sehr spitz verliefen, besonders die holländischen Flüten, welche auch vorn und hinten rundlich wie die Kuffen waren. Die Back bildete ein offenes plattes Deck, das lange Gallion war nur mit einer Gräting versehen. Von hier aus wurde die „Blinde“ oder Wassersegel bedient, das gewöhnlich zwei große Löcher vor den Schooten enthielt, damit das Wasser ablief.

Am Gallion trugen die Schiffe meist einen Löwen oder sonstige Figur, am Heck das Landeswappen. Gallion und Hecks waren reich vergoldet. Die Nordfahrer hatten auch häufig einen senkrechten Steven. In Holland liefen die Schiffe von Stapel, wenn sie nur bis zum Kanonendeck beplankt waren. Die Schiffe trugen fast alle 4 Anker am Bug und lagen, wie Abbildungen zeigen, auch häufig vor 4 Ankern. Es muß eine langwierige Arbeit gewesen sein, die Anker zu lichten und die steifen, harten, ungefügen Kabeltaue zu bändigen. Dies wäre im Winter, wenn die Taue gefroren waren, wohl kaum möglich gewesen, deshalb hörte die Schiffahrt im Winter auch gänzlich auf, und wurden die Schiffe in Holland noch im XVI. Jahrhundert sogar stets auf Land gezogen, später überwinterten sie in den Flüssen liegend. Außen um die Schiffe liefen 3 oder 4 Berghölzer. Dieselben wurden aber durch die Geschützpforten unterbrochen, da die Decks, auf denen die Geschütze standen, gradlinig verlaufen, während die Berghölzer dem Sprunge des Schiffes folgen. Die Schiffe waren damals auf $\frac{1}{3}$ von vorn am breitesten. Die Geschützpforten der verschiedenen Batterien lagen bei den Holländern schachbrettförmig übereinander, bei Engländern und Franzosen dagegen senkrecht übereinander. Schließlich nahmen aber alle die holländische Mode an.

Gegen Bohrwürmer half man sich eine Zeitlang damit, daß man das Unterwasserschiff dicht mit plattköpfigen Nägeln beschlug und das Ganze mit einer Mischung von Talg und Harz bestrich. Später „verdoppelte“ man das Schiff mittels einer dünnen Plankenlage. Auch Bleibeschlag wurde angewandt. Der Anstrich der Schiffe außenbords war unterhalb der Kanonenpforten schwarz, darüber gelb, die Reeling und alles darüber wurde meist blau, hell oder dunkel gestrichen, mit viel Goldverzierung, die oberen runden Pforten waren von vergoldeten Kränzen umgeben. Das Schanzkleid innen war meist dunkelrot gemalt, ebenso das Innere der Geschützpforten wie auch die Lafetten. Masten meist gelb mit schwarzen Bändern, Bugspriet und Raaen schwarz. Die großen Hecklaternen, an der Zahl bis zu 5, waren nach innen abgeblendet. Die mittelste des „Royal Sovereign“ soll so groß gewesen sein, daß dieselbe 10 Mann aufnehmen konnte. In der Takelage sehen wir, daß die Masten durch eine Unmenge Hooftaue, oft 10—12, gestützt werden, ebenso die Stengen durch 5–6. Die kreisrunden Marsen, die bei großen Schiffen beinah 4,8—5,4 m Durchmesser hatten, sind durch Lammfelle gegen das Scheuern der Segel geschützt. Stengeparduns gab es nicht, nur ein sogen. Schlingerpardun. Die Segel wurden höher geschnitten wie die Stengen, an denen sie fuhren, da man die Segel recht bauchig haben wollte, damit sie den Wind besser faßten. Die Fahrt wurde durch Fieren und Heißen der Segel reguliert, da man ja eigentlich nur im Convoi resp. Geschwader fuhr. Kreuzmarssegel sowie die Segel des Bugspriets konnten beim Winde nicht gefahren werden. Die Blinde-Raa wurde dann längs des Bugspriets festgemacht. Die Untersegel waren die Hauptsegel. Bei zunehmendem Winde wurden erst Bram- und Marssegel geborgen und in die Marsen oder Sahlings gestaut. Bei mehr Wind wurden die Unterraaen gefiert und die Bonnets abgenommen; zum Festmachen der Segel mußten die Raaen ganz an Deck gefiert werden und drehte man vor Topp und Takel bei.

Im Anfang des XVII. Jahrhunderts kam auch die Sitte auf, daß Kriegsschiffe einen festen Wimpel im Topp führten und zwar unter der Toppflagge. Derselbe war sehr breit und bei Schiffen I. Ranges bis 20 Ellen lang. Der Wimpel wehte in dem Topp, in dem der Admiral, dem man speziell unterstand, seine Flagge führte, die Schiffe des Vizeadmirals also z. B. im Vortopp. Beim Untersegelgehen war es Gebrauch, Flagge und Gösch wehen zu lassen. Die Flaggenetikette war sehr streng und sobald die nötige Ehrfurcht durch Streichen der Segel und Salut nicht erwiesen wurde, setzte es scharfe Schüsse.

Schon in der 2. Hälfte des XVII. Jahrhunderts kamen die langen Gallions

Französischer Dreidecker „Royal Louis" 1690 (nach Modell im Louvre).

Fig. 24.

ab und ein kurzes steiles Schegg, oben mit fast senkrecht stehender Figur geschmückt, trat an dessen Stelle. Der französische Dreidecker „Royal Louis" von 108 Geschützen (siehe Fig. 24) stellt ein Schiff aus jener Zeit dar. Auch das Achterdeck ist niedriger geworden, und die Seeigenschaften müssen bedeutend bessere durch diese Veränderungen geworden sein. Das steile Gallion gestattet schon ein Wasserstagtakel anzubringen, wodurch Bugspriet und Fockmast nun schon etwas besser gestützt sind. Es erscheinen auch Leesegel, die zunächst oben spitz sind. Wenig bekannt dürfte es sein, wie die großen Schiffe der damaligen Zeit gesteuert wurden. Die nachfolgenden Abbildungen (Fig. 25—27) dürften einen Begriff davon geben.

Steuer-Vorrichtung eines alten Linienschiffes.

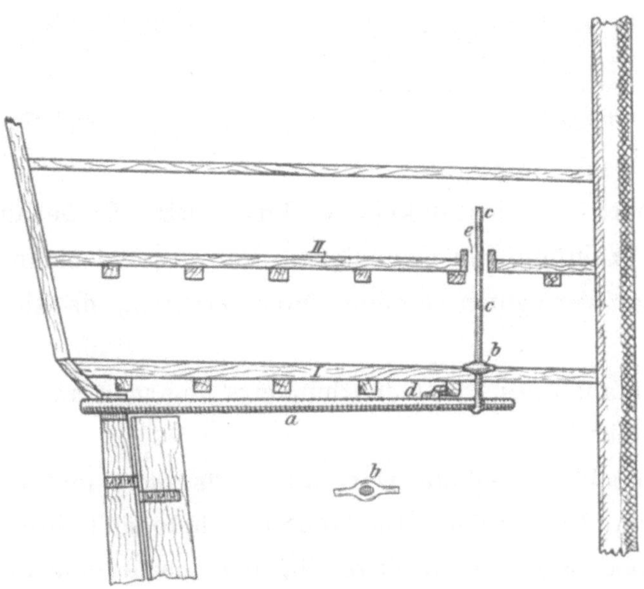

Fig. 25.

Auf Fig. 25 sehen wir die lange hölzerne Ruderpinne a eines Linienschiffes. Dieselbe wird mittels des Klampens d unter Deck geführt. Ziemlich am Ende der Pinne ist der drehbare senkrechte Hebel c angebracht (holländisch „Kolderstock", französisch „Manuelle", englisch „Whip-staff"), der durch Batteriedeck I und II reicht. Deck I enthält eine drehbare Hülse (noix) b, durch welche der Kolderstock führt. Im Deck II fährt derselbe durch einen querschiffs liegenden Schlitz, der auf Fig. 26 von oben gesehen dargestellt ist. Auf Fig. 27 sehen wir von vorn gesehen das Funktionieren des Kolderstocks. Derselbe konnte, soweit der Schlitz e es erlaubte, an seinem oberen Ende ca. 47⁰ gelegt werden; dem entsprach am unteren kleineren Hebelarme, an dem wir uns das Ende der Ruderpinne zu denken haben, ein Ausschlag der Pinne von nur 5⁰. Die Zeichnungen dieser Einrichtung, welche ich benutzt habe, sind absolut zuverlässig und sowohl in dem holländischen Werke von Witsen 1673, wie in dem des Admirals Paris, nach Schiffen von 1688 und 1700 klar erkenntlich. Admiral Paris äußert sich selbst verwundert darüber, daß die Schiffe mit einem so geringen Ruderwinkel ausgekommen

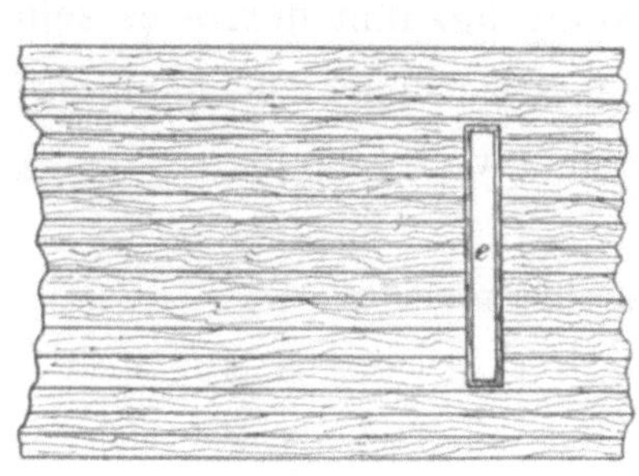

Fig. 26.

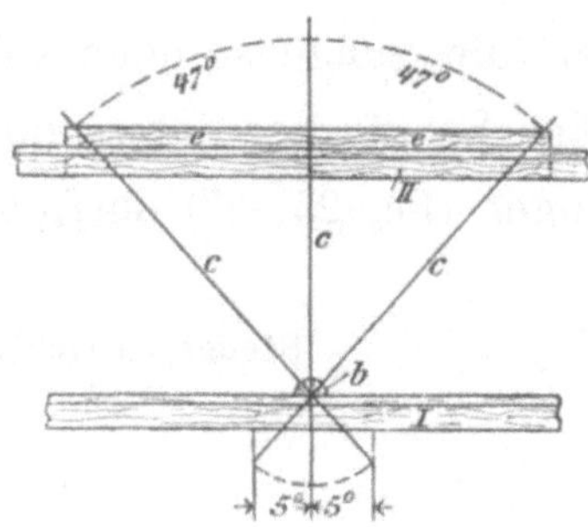

Fig. 27.

sind, zu dem noch die Biegsamkeit der Pinne tritt. Er behauptet aber, man könne an der Wahrheit und Genauigkeit der Originalzeichnungen, die ihm massenweise zur Verfügung standen, nicht zweifeln, da sie durchaus übereinstimmten.

Erst im Anfange des XVIII. Jahrhunderts fing man an, die Schiffe mittels Steuerrad zu steuern.

Das Oberdeck der Schiffe war mittschiffs offen und standen darin die Boote. Etwa um 1700 wurden in England die Schiffe nach ihrer Kanonenzahl in bestimmte Rangklassen (rates) eingeteilt, und hatten die Schiffe derselben Rangklassen auch stets dieselben Dimensionen.

Anno 1706 waren die Abmessungen für Schiffe von:

	90 Kan.	80 Kan.	70 Kan.	60 Kan.	50 Kan.	40 Kan.
Länge d. oberen Decks	49,4 m	47,5 m	45,7 m	43,9 m	39,6 m	36,0 m
Kiellänge	40,2 „	38,7 „	37,1 „	36,3 „	32,9 „	29,5 „
Breite	14,3 „	13,1 „	12,5 „	11,9 „	10,7 „	9,7 „
Tonnengehalt . . .	1551 t	1283 t	1069 t	914 t	704 t	531 t.

Im allgemeinen waren damals die französischen Schiffe den englischen überlegen im Segeln und guten Verhalten in See. Die Engländer benutzten daher häufig die gekaperten Schiffe als Modelle und verbesserten ihre Schiffe danach. Die französischen Schiffe hatten verhältnismäßig größere Dimensionen als die englischen; so waren die französischen 50-Kanonenschiffe größer als die englischen 60-Kanonenschiffe und fast stets bessere Segler und Seeschiffe und auch imstande, ihre schweren Geschütze länger zu gebrauchen wegen größerer Stabilität. Um schneller und billiger zu brauchbaren Schiffen zu kommen, wurde nach dem spanischen Erbfolgekriege 1713 eine ganze Anzahl englischer Dreidecker von 90 Kanonen rasiert, wie man es nannte, und denselben nur 74 Kanonen auf $2^1/_2$ Decks mitgegeben.

Die Veränderungen, die an den Schiffen vor sich gingen in den nächsten Jahrzehnten, sind nicht sehr bedeutend. Gegen 1720 traten die Stagsegel auf zwischen den Masten, große viereckige Lappen, die an besonderen Leitern fuhren; etwas später wurden dieselben auch auf dem Bugspriet gesetzt und verdrängten dort den kleinen Mast, welcher die „Oberblinde" führte; die einzige Erinnerung daran ist heute noch der Göschstock. Es blieben aber trotzdem noch 2 Raasegel unter dem Bugspriet, die Oberblinde fand sich unter dem nun entstandenen Klüverbaum wieder ein. An dem Lateinsegel (Besahn) ließ man die vor dem Mast befindliche Hälfte des Segels fort, behielt aber das vordere Raaende noch bei zum Stellen des Segels. Die Rumpfform blieb, wie Fig. 28 zeigt, fast 100 Jahre genau dieselbe, nur wuchsen die Dimensionen der Schiffe allmählich im Verhältnis zu ihrer Armierung. In England wurde zu dieser Zeit sehr über die mangelhafte Stabilität der Kriegsschiffe geklagt, besonders die Linienschiffe mußten immer viel eher die Pforten ihrer untersten Batterien schließen als die Franzosen, und damit traten die schwersten Geschütze außer Aktion. Im Kriege mit Nordamerika traten die Amerikaner mit sehr überlegenen und schnelleren großen Fregatten auf, die den Engländern viel zu schaffen machten und im Einzelkampfe meist siegreich waren.

Der 1756 abgelaufene Dreidecker „Royal George" von 110 Kanonen war nach den Erfahrungen, die man mit den fremden gekaperten Schiffen gemacht hatte, gebaut. Seine Dimensionen waren: 54,3 m Länge des oberen Decks, Kiellänge 43,6 m, Breite 15,8 m, Tonnengehalt 2046 t. Ein spanisches 74 Kanonenschiff „Princessa" derselben Zeit hatte 50,3 m Deckslänge, 39,6 m Kiellänge, 15,2 m Breite und 1709 t.

1761 wurde auch der erste Versuch des Kupferns bei der englischen Fregatte „Alarm" von 32 Kanonen gemacht, und bürgerte sich dies, nachdem man den zerstörenden Einfluß auf die eiserne Verbolzung durch Anbringen von Metallbolzen im lebenden Werk beseitigt hatte, allgemein ein. Zu dieser Zeit sehen wir auch die Takelage sich weiter vervollkommnen. Bram- und

Spanisches 74 Kanonenschiff
(nach Abbildung).
Fig. 28.

Unterleesegel tauchen auf, und gegen 1770 zeigen sich schon die ersten Oberbramsegel (royals), die zunächst nur an den langen, ungestützten Topp der Bramstengen und nur raumschoots geführt wurden. Eine Unmenge Beisegel führten die Schiffe derzeit und wurde die Takelage deshalb äußerst kompliziert wegen des vielen Segel- und Tauwerks; z. B. hatte jedes Marssegel allein 4 Buggordings und 2 Nockgordings. Die bessere seemännische Bedienung der Schiffe spielte in den Seegefechten deshalb keine kleine Rolle.

Gegen 1790 wurde auch das vordere Ende des Besahnsraa immer kürzer und fiel schließlich ganz fort, sodaß man nun die Gaffel hatte. Eine Folge davon war dann auch die Einführung des Besahnsbaumes, welcher seinerseits wieder den Flaggenstock verdrängte, sodaß die Flagge nun an der Gaffel geheißt werden mußte.

Der französische Dreidecker „Commerce de Marseille“ mit 120 Kanonen (Fig. 29 nach Charnock), der bei der Übergabe von Toulon den Engländern in die Hände fiel, war ein außergewöhnlich großes Schiff für die damalige Zeit. Er hatte eine Länge des oberen Decks von 63,4 m, Kiellänge 52,4 m, breit 16,6 m, tief 7,6 m, einen Tonnengehalt von 2747 t und führte 1098 Mann Besatzung. Die äußere Ansicht zeigt, daß der Schnitt immer moderner wird, die Deckslinien werden, anstatt hinten in die Höhe zu laufen, horizontaler. Die Rüsten sind ein Deck höher, in Oberdeckshöhe angebracht, und auch der Bugspriet ist ein Deck höher gewandert. Das Schanzkleid ist zwischen Fock- und Großmast, wohl wegen der Boote, die dort auf Deck standen, etwas niedriger; es wurden dort die Enternetze angebracht, die in geringerer Höhe auch vorn und achtern um das ganze Schiff liefen. Die „Commerce de Marseille“ war damals ein Wunder in Bezug auf Größe und mächtige Besegelung und erregte allgemeines Aufsehen, und die allgemeine Meinung war, daß damit wohl die Grenze des Möglichen erreicht sei. Es dauert merkwürdigerweise sehr lange, bis die Schiffe Seitenboote an Davits führten, nur am Heck hing ein leichtes Boot in Davits. Erst ca. 1810 kam der Gebrauch auf, auch außenbords Boote in Davits zu führen, und hatten die Linienschiffe später bis zu 10 Booten in den Davits. Die schwereren Boote der Kriegsschiffe waren früher viel größer, weil sie damals oft die häufig geschlippten Anker fischen mußten. Seit Einführung der Ankerketten zu Anfang des XIX. Jahrhunderts ist diese Arbeit jedoch unmöglich geworden. Die größeren Boote waren so gut besegelt und ausgerüstet, daß sie tage- und wochenlang von ihrem Schiffe detachiert wurden zum Beobachtungsdienst oder sonstigen Zwecken.

Französischer Dreidecker „Commerce de Marseille" 120 Kanonen, 1790 nach Charnock).

Fig. 29.

Auch die unter dem Klüverbaum sitzende „Oberblinde" kam bald als unnütz in Fortfall und konnte nun ein kleiner Stampfstock am Eselshaupt des Bugspriets angebracht werden. Das Segel der blinden Raa blieb jedoch noch bis ca. 1815 im Gebrauch, da die Schiffe, wenn im Gefecht entmastet, mittels desselben noch steuerfähig blieben und vor dem Winde flüchten konnten. Aus dem gabelförmigen Stampfstock wurden dann allmählich 2 schrägstehende Stöcke, welche dem Klüverbaum gleichzeitig seitliche Stütze gewährten. Erst in 1820 wurde der lange moderne Stampfstock eingeführt.

In den ersten Jahren des neuen Jahrhunderts wurde auf dem englischen Linienschiff „Namur" zuerst der bisher gebräuchliche oben platte Bug rundlich ausgebaut, da dies eine bedeutend größere Widerstandsfähigkeit gegen Seegang und Schüsse bedeutete, und bekamen die Schiffe dadurch nun ein ganz modernes Aussehen. Anlaß zu dieser Änderung soll die „Victory" gegeben haben. Als sie nach dem Gefecht bei Trafalgar in England repariert wurde, zeigte sich, daß der Bug unten, wo er rund war, kaum ein Geschoß durchgelassen hatte, während er über der damals noch platten Back vollständig zertrümmert war. Anno 1817 wurden die elliptischen Hecks eingeführt, und diese Schiffsform ging dann in das ganz runde Heck über, welches sich bis zum Ende der Segelkriegsschiffe hielt. Ebenso veränderte sich zu Nelsons Zeiten der Anstrich der Kriegsschiffe. Die bisher ganz gelbe Breitseite wurde durch schwarze Bänder in richtige Batteriestreifen geteilt, und das bisher blaue Schanzkleid wurde ebenfalls schwarz gestrichen. Dies nannte man in England „the Nelson mode". Wenige Jahre nach Nelsons Tode wurden die Batteriestreifen dann weiß gemalt, welche Mode sich, solange es Linienschiffe und Fregatten gab, erhalten hat. Als Farbe für das innere Schanzkleid kam anstatt des Rot ein dunkles Grün auf, wie man es auf Schiffsmodellen bis zu den vierziger Jahren sieht; dieses wich dann wieder dem bis heute gebräuchlichen Weiß.

Ankerketten, eine wichtige Neuerung für alle Schiffe, kamen nach 1811 in Gebrauch. Etwas später auch eiserne Wassertanks anstatt der faulen, ungesunden Holzfässer. Dies, sowie die Einführung von Bulleyes im Zwischendeck und zwischen den Pforten der unteren Batterien trug sehr zu einem besseren Gesundheitszustande der Mannschaft bei.

Ganz interessant mag hier die Angabe des Kostenpreises der Schiffe zu Nelsons Zeit sein, fertig getakelt, gekupfert, aber ohne Armierung (nach Robinson):

Ein 100 Kanonenschiff kostete 67 600 £

„   80   „   „   „   53 120 „

„   74   „   „   „   43 820 „

„   50   „   „   „   25 720 „

„   38   „   „   „   20 830 „

„   28   „   „   „   12 480 „

Die Handelsschiffe anfangs des XVIII. Jahrhunderts ähnelten den Kriegsschiffen sehr, da man auch sehr viel tat, sie diesen ähnlich zu machen, um etwaige Kaper und Seeräuber abzuschrecken. So waren die größeren Ostindienfahrer oft wie Linienschiffe gemalt. Die Schiffe waren bis in die 50er Jahre alle sehr hoch getakelt. Selbst kleinere Briggs und Schuner der 40er Jahre führten Ober-Bramleesegel und skysails. Deshalb war es Usus, abends vor Anker stets die Bramstengen an Deck zu nehmen. Dieselben waren häufig geteilt, es fieren die Ober-Bramstengen dann an der Achterkante derselben. Ebenso war der Klüverbaum geteilt und konnte der Außenklüverbaum eingenommen werden. Handelsschiffe waren durchschnittlich etwas schmaler wie Kriegsschiffe.

In der Kriegsmarine waren Fregatten, Korvetten und Briggs die Schiffe für auswärtige Stationen, während man die Linienschiffe zu Hause behielt.

Man baute die Handelsschiffe bis ca. 1840 für ganz bestimmte Fahrten. Die Ostindienfahrer waren die größten, maßen ca. 800—1200 t und glichen fast genau einer großen Fregatte. Sie waren mit 10—30 Kanonen bewaffnet und hatten 150—200 Mann Besatzung. Westindienfahrer waren viel kleiner, ca. 200—600 t, aber meist als Vollschiffe getakelt wie fast alle Schiffe über 300 t damals. Die Australienfahrer waren wieder größere Schiffe zwischen 400—1000 t. Auf schnelles Segeln gab man noch nicht viel, nur die Packetschiffe und Fruchtschuner waren etwas schärfer gebaut. Die schwerfälligsten waren natürlich die Grönlandsfahrer und Walfischfänger, bei denen der Widerstand gegen Eis die Hauptsache war.

In den 30er und 40er Jahren stellte die britische Admiralität interessante Segelversuche an in ihren Geschwadern mit den verschiedensten Schiffstypen. Hierbei zeichnete sich ganz besonders der prächtige Dreidecker „Queen" von 110 Kanonen aus (siehe Fig. 30), der sich den anderen Linienschiffen sehr überlegen zeigte, wohl hauptsächlich weil er bei größeren Dimensionen weniger Geschütze trug. Das Schiff hatte 62,1 m Länge, war 18 m breit und hatte 7,9 m Tiefgang bei 2,0 m Pfortenhöhe über Wasser. Ver-

Englischer Dreidecker „Queen" 110 Kanonen, 1839 (nach Abbildung).

Fig. 30.

hältnis der Länge zur Breite in d. W.-L. ist 3,8 : 1. Größe 3104 t. Die Hauptvorteile dieses Schiffes waren größere Schnelligkeit und Stabilität, größere Breite, höhere Decks und geräumigere Batterien.

Ganz enorm waren die Takelagen dieser letzten Linienschiffe, so war z. B. die Großraa eines französischen 120 Kanonenschiffes 37,2 m lang, der Untermast 39,6 m, die Gaffel 18,3 m usw. Die französischen Schiffe waren im allgemeinen höher getakelt als die englischen, so war beim 120 Kanonenschiff der Untermast volle 3,3 m länger als der englische.

Die „Queen" ist als einer der letzten Repräsentanten des schönen Segellinienschiffes anzusehen. Es folgte nach 1850 noch das mächtige 131 Kanonenschiff „Duke of Wellington" und die noch größeren 121 Kanonenschiffe „Marlborough" und „Howe", mit welchen die Segelflotte Englands ihren Gipfel und ihr Ende erreichte. Zu dieser Zeit dringen die Dampfer schon mächtig in die Flotten der Seemächte ein, sodaß die Rolle der Segelschiffe ausgespielt ist.

Die neueren Segler sind zu bekannt, als daß ihre Darstellung hier Interesse hätte. Es genüge nur zu sagen, daß, seitdem die eisernen Schiffe auftraten, das Verhältnis der Länge zur Breite von 1 : 3 und 1 : 3½ jetzt fast stets 1 : 6,5—1 : 7 und darüber geworden ist. Die Besatzung eines Seglers von 5000 t wie der Fünfmaster „Preußen" ist infolge der vielen Verbesserungen in der Takelage nicht stärker wie eines 500 t-Schiffes vor 100 Jahren. (Noch 1853 fuhren die amerikanischen Klipper mit einer Besatzung von 60—100 Mann.) Es sind also ganz andere Typen geworden, weil in früherer Zeit fast lediglich nur auf Ladefähigkeit gesehen wurde, während heutzutage auch auf die Schnelligkeit der Reisen großer Wert gelegt wird.

Es ist wohl noch nicht abzusehen, ob die Segelschiffe, wie manche behaupten, gänzlich verschwinden werden. Hoffentlich ist das im Interesse unseres seemännischen Nachwuchses nicht der Fall. Jedenfalls werden die kleinen Segler für die Küstenfahrt wohl nie ganz zu verdrängen sein, da es viele Häfen und Gegenden gibt, wo nur kleine Fahrzeuge am Platze sind.

Zum Schluß möchte ich noch darauf hinweisen, wie bedauerlich es ist, daß wir erst jetzt eine Stätte für maritim-historische Sammlungen in Gestalt des Marinemuseums (Museum für Meereskunde, Berlin) im Deutschen Reiche erhalten. Das hätte längst geschehen sollen, denn es wird schwer halten, jetzt noch das nötige Material aus alter Zeit zu sammeln, wie es in anderen Ländern seit langer Zeit geschehen ist. Ich habe auf meinen vielfachen Reisen in Deutschland nur ganz vereinzelt wirklich gute Schiffsmodelle aus früheren Jahrhunderten angetroffen, vor allem die russischen Modelle in Oldenburg und die niederländischen im Hohenzollernmuseum und in der Sammlung der Deutschen Seewarte in Hamburg, welche eine Schöpfung des verdienten Geheimen Rat Neumayer ist, waren einige sehr gute Exemplare, die bereits nach Berlin übergesiedelt sind. In Lübeck, Hamburg, Bremen, Danzig, Emden, Nürnberg, München findet man nur vereinzelt gute Exemplare. Häufig ist bei der Renovierung viel Verkehrtes, besonders in der Takelage, dazu gekommen oder die Modelle sind auch so verkommen, daß sich niemand getraut, dieselben wieder herzustellen. So ist z. B. eines der ältesten existierenden Modelle in München, das aus der Zeit Karls V. stammt, ein vollständiges Wrack!

Hoffentlich findet die neue Schöpfung in allen Kreisen die so nötige Unterstützung, denn nur dann können wir hoffen, etwas Ähnliches wie die großartige Sammlung im Louvre, im Rijksmuseum in Amsterdam, oder die staatlichen Sammlungen in Greenwich, Petersburg usw. zu erreichen. Gute Schiffsmodelle geben aber, besser als alle Zeichnungen und Bilder, einen Begriff von der Entwickelung des Seewesens, welche nötig war, um auf den heutigen hohen Stand zu kommen!

Besichtigungen.

XXIII. Die Besichtigung der Fürstenwalder Werke der Firma Julius Pintsch-Berlin.

Einleitung.

Die im Jahr 1843 von dem späteren Königl. Kommerzienrat Julius Pintsch gegründete gleichnamige Firma hat sich aus kleinen Anfängen heraus allmählich zu einem achtunggebietenden Gliede der deutschen Industrie entwickelt, und ihre Erzeugnisse erfreuen sich seit längerer Zeit weit über die Grenzen des deutschen Vaterlandes hinaus des denkbar besten Rufes.

Die heutigen, an dem Aufblühen des Unternehmens in hervorragendem Maße beteiligten Inhaber der Firma sind die vier Söhne des Begründers: Geheimer Kommerzienrat Richard Pintsch, Oskar Pintsch, Geheimer Kommerzienrat Julius Pintsch und Albert Pintsch.

Der Stamm- und Zentralfabrik in Berlin, Andreas-Straße 72/73, gliedern sich eine Reihe von Zweigfabriken an, deren bedeutendste und umfangreichste Repräsentantin das im Jahre 1872 in Fürstenwalde an der Spree gegründete Werk ist.

Diese beiden Betriebsstätten bilden zusammen eine, unter gemeinsamer Verwaltung stehende Fabrik. Sie bearbeiten die gleichen Aufträge in der Weise, daß Berlin die Herstellung der als Massenartikel zu betrachtenden Armaturen und der feineren Apparate übernimmt, während alle Teile, deren Ausführung größere Räumlichkeiten und ausgedehnte Betriebseinrichtungen bedingen, in Fürstenwalde angefertigt werden.

Im Oktober 1905 verteilte sich die Zahl der Beamten und Arbeiter der Firma in nachstehend angegebener Weise auf die einzelnen Fabriken:

Julius Pintsch, Berlin . . . . 1002 Arbeiter, 176 Beamte
Julius Pintsch, Fürstenwalde, zusammen
   mit der Glühlampenfabrik Gebrüder
   Pintsch . . . . 1832 „ 128 „
Julius Pintsch, Wien . . . . 152 „ 47 „
Gebrüder Pintsch, Frankfurt a. M. . . 219 „ 23 „
Akt.-Ges. Julius Pintsch & Co., Peters-
   burg . . . . 159 Arbeiter und Beamte
Julius Pintsch, Breslau . . . . ⎫
Julius Pintsch, Utrecht . . . . ⎬ 91 Arbeiter und Beamte.
Julius Pintsch, Dresden . . . . ⎭

Die genannten Betriebsstätten beschäftigen demnach zusammen ein Personal von 3819 Arbeitern und Beamten.

Ferner stehen die nachgenannten, seit einer langen Reihe von Jahren zur Verwertung der Pintschschen Systeme im Auslande gebildeten völlig selbständigen Gesellschaften in dauernd enger Fühlung mit der Firma:

The Pintschs Patent Lighting Company Ltd., London,
Société Internationale d'Eclairage par le Gaz d'Huile, Paris,
Safety Car Heating and Lighting Company, New-York,
La Plata Association für Süd-Amerika.

Das Arbeitsgebiet der Firma bildet im großen und ganzen die gesamte Gastechnik. Nachstehend einige der hauptsächlichsten Fabrikationszweige:

Neu- und Erweiterungsbauten von Steinkohlengasanstalten und Lieferung
   aller Einzelapparate für den Gaswerksbetrieb.
Anlagen zur Herstellung reinen Wassergases und ölkarburierten Wasser-
   gases nach dem System Humphreys & Glasgow.
Ölgas- und Azetylen-Mischgasanlagen einschließlich der zugehörigen Kom-
   pressions-Einrichtungen.
Einrichtungen zur Beleuchtung von Eisenbahnfahrzeugen mit komprimiertem
   Gas.
Elektrische Beleuchtungseinrichtungen für Eisenbahnen.
Dampfheizungseinrichtungen für Eisenbahnen.
Generator-Gasanlagen für Gaskraftanlagen, Heizbetrieb und zur Desinfektion
Apparate und Einrichtungen zur Verarbeitung von Ammoniakwasser nach
   Dr. Feldmann, Bremen.

Additional information of this book

(Jahrbuch der Schiffbautechnischen Gesellschaft); 978-3-642-47096-7;

978-3-642-47096-7_OSFO8) is provided:

http://Extras.Springer.com

Bau von festen und schwimmenden Leuchtfeuern jeder Größe und Art für
Petroleum, Gas und Elektrizität. Leuchttürme, Leuchtbojen, Feuerschiffs-
einrichtungen, Nebelsignalstationen.

Apparate für die chemische Industrie, insbesondere Vakuumtrockenapparate
und geschweißte Koch- und Tränkgefäße.

Gasglühlichtbrenner, nasse und trockene Gasmesser, Laternen usw.

Teile für Torpedogeschosse der deutschen Marine.

Elektrische Glühlampen.

Schweißarbeiten jeder Art, auch auf elektrischem Wege vorzunehmende
Reparaturen von fehlerhaften und gerissenen Gußstücken.

Allgemeines.

Das Gelände des Fürstenwalder Werkes, von dem in folgendem ausschließlich die Rede sein soll, grenzt auf eine Länge von ca. 650 m unmittelbar
an die Bahn Berlin-Frankfurt a. O. und hat eine Größe von 138 400 qm. Hiervon sind 34 750 qm mit massiv errichteten Werkstätten, 5895 qm mit ebensolchen
Lagerräumen und mit Schuppen überbaut (Fig. 1 u. 2).

Neben einem Schmalspurgeleise von 2100 m Länge hat das Werk eine
1500 m lange normalspurige Schienenstrecke, die natürlich auch den Anschluß an die Staatsbahn vermittelt.

Im Jahre 1904/1905 führten 3240 Eisenbahnwagen dem Werke 23 205 t
Brennmaterialien, Eisen usw. zu, während 1333 ganze Wagenladungen mit
10 500 t fertiger Waren expediert wurden. Die großen Mengen als Stückgut
bezogener und auf den Weg gebrachter Sendungen sind diesen Zahlen nicht
eingeschlossen. An Arbeitslöhnen wurden im Jahre 1904/05 1 700 000 Mark
ausgezahlt.

Fast sämtliche Gebäude sind in Ziegelrohbau in einfacher, aber solider
Weise errichtet. Die neueren Werkstätten haben Eisenfachwerkwände und
Holzzement- oder Pappdächer auf Eisenkonstruktion. Auch die das ganze
Gelände einschließende Mauer ist zum größten Teile in $\frac{1}{2}$ Stein-Stärke
zwischen T-Eisen hochgeführt.

Die Fußböden der Arbeitsräume, mit Ausnahme der Gießereien und der
Schmieden, sind mit Holz gepflastert. Die ursprünglich auf dem Gelände
stehenden Kiefern sind abgeholzt und die Stämme in ca. 150 mm lange
Pflöcke zersägt worden. Diese runden, unbehauenen Hirnholzenden, in einer
Koksschüttung verlegt, geben einen fußwarmen, sehr dauerhaften und wider-

standsfähigen Fußboden, der zudem den Vorteil hat, daß bearbeitete Gegenstände beim Aufstoßen, Kanten etc. geschont werden.

Alles für industrielle und Speisezwecke gebrauchte Wasser wird mehreren Brunnen entnommen und zum größten Teile dem über der Zentrale befindlichen Hochbehälter zugeführt.

Arbeiterkantine.

Fig. 3.

Die Entwässerung des ganzen Grundstückes ist an die städtische Kanalisation angeschlossen.

Mit Ausnahme von 2 neueren Gebäuden, die eine Gasheißluftheizung besitzen, werden alle Werkstätten und Bureauräume mit Warmwasser geheizt. Wo andere Umstände es nicht verbieten, sind die Heizrohre stets in 3—4 m Höhe über dem Fußboden angeordnet.

Alle Werkstätten haben abgetrennte, mit Wascheinrichtungen und Kleiderschränken ausgestattete besondere Ankleideräume für die Arbeiter, von denen jeder einzelne über ein verschließbares, gut ventiliertes Spinde verfügt. Zudem haben die Arbeiter Gelegenheit, für ein geringes Entgelt die im Kantinengebäude untergebrachten Wannen- und Brausebad-Einrichtungen zu benutzen.

In der geräumigen Kantine, deren ansprechend ausgestatteter Speisesaal etwa 250 Personen aufnehmen kann, erhalten die Arbeiter zu niedrigen Preisen warme und kalte Speisen in bester Qualität, sowie geeignete Getränke (Fig. 3).

Spirituosen werden nicht verabfolgt.

Die Kantine, deren Küche mit allen modernen Dampfkocheinrichtungen, Bratöfen usw. versehen ist, untersteht der Aufsicht der Fabrikleitung, mit welcher der Pächter auch die Preise der Speisen und Getränke vereinbaren muß.

Bei eintretender Feuersgefahr tritt nach dem Abgeben bestimmter Signale mit einem Nebelhorn die Fabrikfeuerwehr in Tätigkeit, die aus Arbeitern besteht und von Beamten organisiert ist und geleitet wird.

Im Nachstehenden sollen die hauptsächlichsten Betriebe des Werkes einer allgemeinen Besprechung unterzogen werden.

Zentralstationen für Kraft und Licht.

Die Werkzeugmaschinen sämtlicher Arbeitsräume werden — meistens in Gruppen zusammengefaßt — von Elektromotoren angetrieben. Nur bei großen oder isoliert stehenden Maschinen und Einrichtungen ist der elektrische Einzelantrieb gewählt. Auch alle Laufkrane sind in den elektrischen Betrieb eingeschlossen.

Soweit es sich um die Hof- und Platzbeleuchtung, sowie um die allgemeine Beleuchtung der Werkstätten handelt, wird sie mit elektrischen Bogenlampen erreicht, während bei der Einzelbeleuchtung der Arbeitsstellen auch die Gasbeleuchtung in weitem Maße und zwar meistens als Gasglühlicht zur Geltung kommt.

Die nahezu im Mittelpunkte des Werkes errichtete Hauptzentralstation zur Erzeugung des elektrischen Stromes ist in eigenartiger Weise den Bedürfnissen des Gesamtbetriebes angepaßt. Sie dient gleichzeitig als Gasanstalt und ist jedenfalls bis heute noch die einzige ihrer Art, obgleich sie wegen ihrer außerordentlichen Vorzüge auch in vielen Fabrikbetrieben am Platze wäre.

Für die umfangreiche Blechschweißerei, zum Hart- und Weichlöten, zum Glasblasen in der Glühlampenfabrik, sowie zum Betriebe aller möglichen Karbonisier-, Brenn-, Glüh- und Heizöfen, außerdem auch zur teilweisen Beleuchtung werden im Werke täglich etwa 5000—7000 cbm Wassergas verbraucht.

Dieses aus nahezu gleichen Volumteilen Wasserstoff und Kohlenoxyd zusammengesetzte Gas hat einen unteren Heizwert von etwa 2400 Kal., und ist wegen seiner Billigkeit und wegen der bei der Verbrennung entstehenden hohen Flammentemperatur nahezu unersetzbar. Ein Teil der vorerwähnten Zentralstation dient zur Herstellung dieses Gases.

Zwei, eine Gruppe bildende, mit feuerfestem Material ausgekleidete Generatoren sind mit glühendem Gaskoks gefüllt. Wird durch diese Koksschicht Wasserdampf geblasen, so zersetzt er sich. Der freiwerdende Sauerstoff verbrennt in den unteren Schichten den Kohlenstoff des Brennmaterials zu Kohlensäure, diese wird während der weiteren Berührung mit dem glühenden Kohlenstoff reduziert und verläßt zusammen mit dem bei der Zerlegung des Wasserdampfes frei gewordenen Wasserstoff in Form von Kohlenoxyd den Generator.

Das abziehende Gemisch aus Kohlenoxyd und Wasserstoff — Wassergas genannt — wird unmittelbar nach dem Verlassen des Generators in sogenannten Skrubbern von dem mitgeführten Staube befreit, gekühlt und dann durch einen Gasmesser in einen Gasbehälter von 1000 cbm Inhalt geschickt, von wo es den einzelnen Verbrauchsstellen zuströmt. Das zum Glasblasen verwendete Wassergas wird noch besonders gereinigt.

Nach der Herstellung einer gewissen Menge Wassergas ist dem Generator soviel Wärme entzogen, daß dieselbe wieder ersetzt werden muß, wenn man zunächst einen hohen Kohlensäuregehalt des Gases und dann ein allmähliches Aufhören des Prozesses vermeiden will. Dieser Wärmeersatz erfolgt in der Weise, daß der Generator nach dem Absperren der Wassergasaustrittsleitung und der Dampfzuführung mit Ventilatorluft durchblasen wird.

Der Generatorinhalt wird also wieder auf hohe Glut gebracht, indem ein teilweises Verbrennen des Kokes unter intensiver Luftzufuhr stattfindet. Während dieses sogenannten Warmblasens wird nur ein Teil der entstehenden Kohlensäure auf dem Wege durch den Generator zu Kohlenoxyd reduziert, und die abziehenden Generator- oder Siemensgas genannten Verbrennungsprodukte sind infolgedessen in der Hauptsache aus Kohlenoxyd, Kohlensäure und Stickstoff zusammengesetzt. Sie werden in gleicher Weise wie das

Wassergas in Skrubbern, dann aber noch in trockenen Reinigern vom Staube befreit und gelangen schließlich in einen Gasbehälter von ca. 300 cbm Inhalt. Nach dem Warmblasen des Generators und nach dem Umstellen der Ventile und Schieber für Gas, Dampf und Luft wird wieder mit der Wassergaserzeugung begonnen.

Im regelmäßigen Betriebe wechselt ein fünf Minuten andauerndes Wassergasmachen mit einem ebensolangen Warmblasens, jedes Generators ab. Alle Abschlußorgane der beiden Generatoren werden von einer Stelle aus bedient und sind zwangläufig mit einander verbunden, um Irrtümer seitens des Betriebspersonals auszuschließen. Während der eine Generator warmgeblasen wird, ist der andere zur Wassergaserzeugung eingeschaltet. Obgleich also der ganze Prozeß aus zwei Perioden besteht, bleibt doch der Generatorgasstrom sowohl als der des Wassergases ein kontinuierlicher, wenn man von den kurzen, während des Umsteuerns entstehenden Unterbrechungen absieht.

Im Generatorraume der Anstalt befindet sich noch eine zweite Gruppe von Generatoren älteren Systems, die nur Versuchen dient und naturgemäß eine Reserve der ersten Gruppe bildet. Das Beschicken der Generatoren mit Koks erfolgt von einer Arbeitsbühne aus, auf der auch die Steuerräder, die Manometer für Gas, Dampf und Luft, der Nebenschlußwiderstand des elektrisch angetriebenen Ventilators und die Anzeigevorrichtungen der Gasbehälterstände untergebracht sind.

Die Bedienung der Gasanlage geschieht von 2 Arbeitern. Das Brennmaterial wird nach dem Passieren eines Koksbrechers von einem Becherwerk auf die Arbeitsbühne gebracht, während die Schlacken zu ebener Erde aus dem Generator entfernt werden.

Ein Dampfkessel von 50 qm Heizfläche, der gleichzeitig zu Heiz- und Kochzwecken sowie zum Betriebe eines Luftkompressors für Preßluftwerkzeuge herangezogen wird, vervollständigt zusammen mit den zugehörigen Kühlwasser- und Speisepumpen usw. den Gasbetrieb der Station.

Das bei der Gewinnung von Wassergas unvermeidliche, also gewissermaßen als Nebenprodukt entstehende Siemens- oder Generatorgas, welches, wie im Vorgesagten erwähnt, in einem Behälter von 300 cbm Inhalt aufgefangen wird, ist ein sehr heizkraftarmes Produkt von durchschnittlich nur 770 bis 780 Kal. Wärmewert pro Kubikmeter. Trotzdem eignet es sich vorzüglich zum Betriebe von Gaskraftmaschinen und wird in seiner ganzen

Zwei Gasmotoren von je 150 PS. der elektrischen Zentralstation.

Fig. 4.

Gasmotor von 450 PS. der elektrischen Zentralstation. 
Fig. 5.

Menge (diese hat man durch Bemessung der Warmblasezeit innerhalb gewisser Grenzen in der Hand) zur Arbeitsleistung herangezogen.

Es sind drei mit dem Generatorgas gespeiste Deutzer Gasmotoren aufgestellt, von denen einer ca. 450 PS. leistet, während die beiden anderen je 150 PS. entwickeln (Fig. 4 u. 5).

Alle drei Maschinen, die mit Preßluft angelassen werden, sind in Zwillingsanordnung ausgeführt, und an jedem Kurbelwellenende mit einer Gleichstrom-Nebenschlußdynamomaschine direkt und elastisch gekuppelt.

Die größere der drei Gasmaschinen treibt mit Riemen außerdem noch zwei Zusatzdynamos an.

Bei Vollbelastung leisten die auf ein und dasselbe Netz arbeitenden Dynamos zusammen ca. 470 Kilowatt bei einer Spannung von $2 \times 220 = 400$ Volt.

Als Pufferbatterie und zum Betriebe einzelner Werkstätten bei Nachtarbeiten dient eine Akkumulatorenbatterie von 256 Zellen mit 400 Ampere-Stunden Kapazität.

Sämtliche Stromleitungen führen von den beiden Schalttafeln nach dem die Zentrale überragenden und als Leuchtturm (ein Fabrikationszweig der Firma) ausgebildeten Wasserturm hinauf. Von einem durchbrochenen Turmabsatz aus werden sie auf Masten nach den ringsum liegenden einzelnen Werkstätten geleitet.

Das Maschinengebäude nimmt außer den schon genannten Einrichtungen im Keller noch die Pumpeneinrichtung für die Wasserversorgung, einen Kompressor für die Anlaßpreßluft, verschiedene Gasstromregler usw. auf.

Alles zum Kühlen der Motorenzylinder bereits verwendete Wasser wird noch zu den Wasserdruckproben von Kesseln und Behältern benutzt. Weil es warm ist, verhindert es das die Kontrolle erschwerende Beschlagen der äußeren Kesselflächen und gefriert nicht bei niedrigen Außentemperaturen.

Die Glühlampenfabrik besitzt eine eigene Kraftstation, in welcher eine 250-pferdige, im Doppelviertakt arbeitende, einzylindrige Nürnberger Gasmaschine zwei auf jedem Wellenende direkt gekuppelte Gleichstrom-Nebenschlußmaschinen antreibt. Dieser Motor wird mit sogenanntem Sauggeneratorgas gespeist. Letzteres entwickelt ein einzelner Koksgenerator, durch dessen Brennstoffschicht der Motor in der bekannten Weise bei jedem Saughub ein Dampfluftgemisch saugt. Auf dem Wege durch die glühende Koksschicht entsteht infolge eines ähnlichen Vorganges wie bei den Wassergasgeneratoren der Hauptzentrale das im großen und ganzen aus Kohlenoxyd, Wasserstoff und Stickstoff zusammengesetzte Kraftgas von etwa 1100 Kal. Heizwert, welches in einem Rieselwäscher und einem trockenen Reiniger entstaubt wird, bevor es in den Motorenzylinder gelangt.

Die Dynamos leisten unter Vollast etwa 190 Kilowatt bei einer Spannung von 440 Volt.

In der großen Zentralstation wird aus 1 kg Gaskoks ganz angenähert eine Pferdekraftstunde und gleichzeitig 1 cbm Wassergas gewonnen. In der Glühlampenfabrik erfordert jede Pferdekraftstunde ca. 0,46 kg Koks.

Die Gaseinrichtungen beider Maschinenstationen hat die Firma, welche den Bau von Wassergasanlagen und Gaskraftstationen als Spezialität betreibt, selbst hergestellt.

Die blanken Leitungen für den elektrischen Strom sind außerhalb der Gebäude auf Masten verlegt. Der in jeder Werkstätte verbrauchte Strom wird von Elektrizitätszählern kontrolliert.

Eisengießerei und Modelltischlerei.

Das Gebäude der Eisengießerei besteht aus einem 71 m langen, hohen Mittelschiff, welches von 2 elektrischen Laufkranen in der ganzen Länge und Breite bestrichen wird, und aus 2 niedrigeren Seitenräumen, welche eben so lang sind und den Arbeitsraum auf 39 m verbreitern (Fig. 6).

Die Gießerei ist um einen Raum von 22 m verlängert, der die Gußputzerei aufnimmt.

Auf dem der Putzerei entgegengesetzten Ende sind 2 Kupolöfen von je stündlich 5000 kg Leistung aufgestellt, die ähnlich den Krigarschen Öfen mit Vorherden versehen sind.

Zu den Kupolöfen gesellt sich noch der Konverter einer sogenannten Kleinbessemerei zum Herstellen von Flußeisenformgußstücken. Auf der rechten Seite der Öfen befindet sich die Maschinenstube mit den elektrischen Antrieben des Gichtaufzuges, den Gebläsen, einer Preßpumpe für die hydraulischen Formemaschinen und einem Luftkompressor für Preßluftwerkzeuge.

Während die Sand- und Lehmformerei für grössere Stücke in dem Mittelschiff untergebracht ist, nimmt der eine Seitenraum die Handformerei für kleine Teile, die meistens mit Metallmodellen arbeitet, auf.

Den auf der anderen Seite gelegenen Nebenraum nehmen eine vom übrigen abgeschlossene Maschinenformerei und ferner die Trockenkammern in Anspruch.

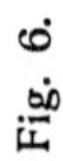

Fig. 6.

Die Maschinenformerei ist mit den modernsten hydraulisch betriebenen Formmaschinen ausgestattet, doch sieht man auch noch die für manche Stücke vorteilhafteren, von Hand bedienten Durchstoßmaschinen.

Einige Maschinen arbeiten ohne Formkästen. Diese sind zwar nur für niedrige Stücke, doch hierfür sehr vorteilhaft anwendbar, weil zwei unge-

Putzräume der Eisengießerei.

Fig. 7.

lernte Arbeiter mit ihnen bis zu 160 Doppelkästen in einer Stunde fertig zu stellen vermögen.

Die Tätigkeit der Laufkrane im Mittelschiff wird noch durch sechs Drehkrane unterstützt.

In der Gießerei wurden im Jahre 1904/05 2 525 000 kg Eisen zu überwiegend kleinen Stücken vergossen. Außer einem guten Maschinenguß wird ein besonders gattiertes Eisen für sehr dünnwandige Gußstücke, die nach dem Guß leicht bearbeitbar, also weich sein müssen, hergestellt.

Modelltischlerei.
Fig. 8.

Roheisen und Fertigguß werden regelmäßig vom Laboratorium auf ihre Zusammensetzung und Festigkeitseigenschaften hin kontrolliert.

Die fertigen Gußstücke gelangen aus der Gießerei in den Putzraum und werden dort von Sand, Angüssen und Grat befreit (Fig. 7). Kleinere Massenartikel werden zunächst auf Schleifscheiben geputzt und kommen dann auf zwei mit rotierenden Tischen versehenen Putzmaschinen, in denen sie mit einem Sandstrahl abgeblasen werden. Die größeren Gußstücke werden der allgemein üblichen Putzarbeit unterzogen, die meistens in der Bearbeitung mit Preßluftwerkzeugen besteht.

Auch die Formsand-Aufbereitungseinrichtung ist in der Gußputzerei untergebracht.

In gleicher Flucht mit der Eisengießerei liegen hinter dieser zwei Modellhäuser und die Modelltischlerei.

Die ersteren befinden sich zu beiden Seiten des die Gießerei mit Tischlerei verbindenden Schienenstranges. Sie sind zweistöckig und massiv errichtet, der Feuersicherheit wegen durch Brandmauern in einzelne Räume geteilt und haben aus diesem Grunde auch Monierzwischendecken und -Dächer, Fenster und Innentreppen sind vermieden. Alle Räume sind nur von außen zugänglich und zwar die oberen mit Hilfe vorgelagerter Galerien, die auf Außentreppen zu erreichen sind.

Auch bei der mit Sheddächern versehenen geräumigen Modelltischlerei ist auf eine möglichst große Feuersicherheit Rücksicht genommen. Sie ist mit allen modernen Holzbearbeitungsmaschinen ausgestattet, weil auf gute saubere Modelle besonderer Wert gelegt wird (Fig. 8).

Die Schlosserei I,

eine in ähnlicher Weise wie die Eisengießerei erbaute, ca. 106 m lange und 30 m breite, in Eisenfachwerk errichtete Werkstatt, dient in der Hauptsache zur Fertigstellung und zum Zusammenbau größerer Gasapparate, wie z. B. Generatoranlagen für Gaskraftbetriebe und Wassergasanlagen, Stationsgasmesser, Gasreinigungseinrichtungen, große Gasdruck- und Gasstromregler, Eisenkonstruktionen usw. (Fig. 9).

Die Werkstatt enthält auch eine Station zum Vorprüfen von großen Gasmessern und eine solche zum Prüfen von Gasdruckreglern unter den gleichen Verhältnissen, unter denen diese Apparate später arbeiten sollen.

44*

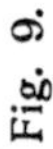

Schlosserei I.

Fig. 9.

Der Mittelraum wird von zwei elektrischen Laufkranen, welche auf halber Gebäudelänge übereinanderlaufen können, bestrichen.

Nach dem Hinausschieben eines auf den Kranschienen rührenden Teils der vorderen Giebelwand kann einer der beiden Krane bis über das am Giebel vorbeigeführte Normalgeleise fahren und Arbeitsstücke ohne Umladung auf die zum Versand bestimmten Eisenbahnwagen laden.

Neben drei großen Plandrehbänken, von welchen eine Stücke bis zu 6 m Durchmesser zu drehen vermag und die auch zur Bearbeitung von großen gebördelten Kesselböden bestimmt sind, sind in der Werkstätte meistens große Spezialbänke aufgestellt. Besonders in die Erscheinung tritt eine Fräsmaschine zum Bearbeiten von Gußeisenplatten für Reinigerkästen, Gasmessergehäuse, gußeiserne Leuchttürme usw., ferner eine größere, sechsspindelige Horizontal-Bohrmaschine zum Bohren von Rohrflanschen.

Zur Zeit der Besichtigung befand sich unter anderem in der Werkstatt ein besonders großer Gasmesser für die Gasanstalt Kopenhagen im Bau, dessen Trommel einen Rauminhalt von 72 cbm hat, während das gußeiserne Gehäuse 5500 mm im Durchmesser und 6300 mm in der Länge mißt.

Die Schlosserei II

bildet gewissermaßen eine Verlängerung der vorgenannten Werkstätte und ist von dieser nur durch einen Weg getrennt. Auch sie ist in Eisenfachwerk erbaut und nimmt eine Grundfläche von ca. 1300 qm ein (Fig. 10).

Über dem hohen Mittelraum läuft ein elektrischer Laufkran. Die beiden für kleinere Arbeiten bestimmten Seitenräume sind mit Galerien versehen. Von diesen nimmt eine die allgemeine Werkzeugmacherei auf, während auf der anderen Galerie Metallfenstereinrichtungen für Eisenbahnwagen in großen Mengen namentlich für die deutschen Bahnen hergestellt werden.

Das Parterre dient fast ausschließlich zum Zusammenbau von Leucht-Apparaten und den äußeren Laternen für Leuchttürme und Leuchtschiffe sowie zur Anfertigung der feineren Apparate für Nebelsignalstationen.

Auch in dieser Werkstätte sind noch einige größere Werkzeugmaschinen, unter diesen ein großes Horizontalbohr- und Fräswerk, aufgestellt.

Schlosserei II.

Fig. 10.

Das sogenannte Linsenhaus, das schräg hinter der Schlosserei II liegt, gehört insofern zu dieser letztgenannten Werkstätte, als es einen besonders wichtigen Teil der Leuchtfeuerfabrikation enthält.

Der aus Lagerraum, Prüfraum und Packraum gebildete Bau dient zum Einbau und Justieren der die sogenannte Optik bildenden Teile der Leuchtfeuerapparate.

Im fensterlosen Prüfraum werden die von den Glasschleifereien kommenden Glasringe, Prismen und Spiegel in den zugehörigen Fassungen befestigt und so einjustiert, daß die beabsichtigte Brechung, Reflektion und Verdichtung der Lichtstrahlen auch tatsächlich erreicht wird.

Gleichzeitig werden die im Gebäude befindlichen Apparate von einer davor liegenden freien, 270 m langen Geleisestrecke aus auf ihre Lichtwirkung und Lichtstärke hin untersucht und gemessen.

Bei der Besichtigung wurde unter anderem ein neuartiges, für die preußische Regierung bestimmtes elektrisches Blitzleuchtfeuer von sehr großer Leuchtkraft im Betriebe vorgeführt und durch Aufstellung von verschiedenen anderen Einrichtungen Gelegenheit geboten, ein ungefähres Bild von dem vielseitigen Gebiete der Leuchtfeuertechnik zu gewinnen.

Die Kesselschmiede,

ganz ähnlich wie die Schlosserei I in Eisenfachwerk gebaut, hat eine Länge von 50 m und eine Breite von 45 m (Fig. 11).

Sie ist zur Anfertigung aller genieteten Blecharbeiten und zum Fertigstellen der aus der Blechschweißerei kommenden Gegenstände bestimmt, soweit diese Arbeiten nicht, wie z. B. Gasometer, wegen der großen Platzbeanspruchung auf dem Hofe erledigt werden müssen.

Auf einer Seite des Raumes ist die Hammerschmiede mit einem Friktionshammer, einem Lufthammer und 15 Schmiedefeuern, auf der anderen Seite ein ähnlicher Raum zum Reinigen, Prüfen und Anstreichen von geschweißten Behältern aller Art durch ca. 2 m hohe Wände abgetrennt.

Auch in der Kesselschmiede wird das Mittelschiff von dem üblichen elektrischen Laufkran beherrscht.

Die hier behandelten Gegenstände sind Leuchtbojen, Blechapparate für Steinkohlen- und Wassergasanstalten, Gasbehälter, Vakuumtrockenschränke, Muldentrockner, Rohrleitungen, Generatoren usw.

Kesselschmiede.

Fig. 11.

Die Nietarbeiten erfolgen mit Rücksicht darauf, daß es sich fast nur um verhältnismäßig schwache Bleche handelt, meistens mit Preßlufteinrichtungen. Auch zum Verstemmen, zum Abklopfen des Blechzunders vor dem Anstrich und zu ähnlichen Arbeiten sind pneumatische Werkzeuge in ausgedehntem Gebrauch.

Die Maschinen wie Scheeren, Stanzen, Blechkantenhobelmaschine, Winkeleisenbiegemaschine usw. sind die bekannten. Ein überdeckbares tiefes Wasserbassin im Arbeitsraum dient zum Prüfen von Leuchtbojen auf ihre Stabilität.

Die Blechschweißerei

ist eine der wichtigsten Werkstätten des Werkes (Fig. 12). Über 27 Feuerstätten werden Kessel und Kesselteile, Gasbehälter für Preßgas, Druckluftbehälter, Leuchtbojen, Zellulosekocher, Kabeltränkgefäße, Rohre, Verzinkpfannen, Behälter für Tankwagen und viele andere Gegenstände in der Weise hergestellt, daß die Nähte der einzelnen Bleche miteinander verschweißt werden.

Die Größe der Stücke ist nur durch die Transportmöglichkeit auf den Eisenbahnen beschränkt.

Zwei fertige Gastransportkessel für einen Probedruck von 20 Atm. mit 2500 mm Durchmesser, 10 000 mm Länge sowie Leuchtbojen mit einem Durchmesser von 3000 mm ließen erkennen, bis zu welchen Größen diese Arbeiten heute hergestellt werden (Fig. 13).

Die Leistungsfähigkeit der Firma auch auf diesem Gebiete zeigt schon der Umstand, daß im laufenden Jahre schon ein einzelner Auftrag auf 100 komplette Leuchtbojen für Südamerika erledigt wurde, und daß trotz der auswärtigen Konkurrenz und trotz hoher Seefrachten und Zölle große Mengen der geschweißten Arbeiten für überseeische Aufträge bestimmt sind.

Das Gebäude für die Schweißerei hat zusammen mit einer vorgebauten offenen Halle in Schmiedeeisenkonstruktion eine Grundfläche von ca. 3000 qm.

In beiden Räumen erfolgt der Transport der Gegenstände mit elektrischen Laufkranen.

Die Vorhalle ist mit drei Blechbiegemaschinen und sonstigen Einrichtungen versehen und dient in der Hauptsache zum Biegen und Zusammenheften, überhaupt zum Vorbereiten der Arbeitsstücke.

Nur vier Schweißfeuer sind in der Vorhalle, die übrigen im Hauptbau untergebracht.

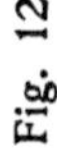

Fig. 12.

Fig. 13.

Zum Erhitzen der Schweißstellen spielt das in dem bisher Gesagten schon öfter erwähnte Wassergas neben den Koksfeuern eine wichtige Rolle. Das auf höheren Druck gebrachte Wassergas wird in großen Brennern unter Zufuhr von Druckluft verbrannt und entwickelt eine Flamme von hoher Temperatur, unter welcher die Bleche schnell, genau an den beabsichtigten Stellen und leicht übersehbar auf Schweißhitze erwärmt werden.

Die beim Schweißen mit möglichster Schnelligkeit und Sicherheit auszuführenden Bewegungen der Arbeitsmittel erfolgen meist mit hydraulischen Vorrichtungen.

Eine angebaute Maschinenstube enthält die elektrisch angetriebenen Pumpen für Druckwasser, Preßluft und Druckgas.

Das Material für die zu schweißenden Gegenstände ist ohne jede Ausnahme ein erstklassiges, weiches Siemens-Martin-Flußeisen, fast immer vom Borsigwerk hergestellt.

Bei allen mit höherem Druck beanspruchten Kesseln werden die Nähte überlappt geschweißt und auch bei anderen Gegenständen wird nur selten die Stumpf- und Keilschweißung angewendet.

Selbstverständlich finden dauernde Prüfungen der Schweißnähte statt, um etwa eingeschlichene Material- und Fabrikationsfehler sofort erkennen zu können.

Zwei vor der Schweißerei gelagerte zylindrische Gaskessel, für einen Betriebsdruck von 10 Atm. bestimmt, hatten z. B. zur Untersuchung der nur unsicher zu berechnenden Übergangsstellen an den Bodenbördelungen gedient.

Die Kessel hatten Durchmesser von 1270 und 2500 mm, in den verschiedenen Teilen Blechstärken von 10, 16, 19 und 28 mm und waren unter sorgfältiger Beobachtung und Messung der elastischen und bleibenden Deformationen mit Wasserdruck gesprengt worden. Der kleinere der beiden Kessel hatte bis zum Aufreißen 48, der größere 53 Atm. Druck ertragen. Beide waren aus der Fabrikation willkürlich herausgegriffen.

Dreherei und Maschinenbau

nehmen einen älteren Bau von 52 m Länge und 50 m Breite in Anspruch. Eine große Anzahl von Spitzenplan- und Karussell-Drehbänken, Hobel- und Shaping-Maschinen, Fräs- und Bohrwerken, Zahnräderfräsmaschinen, Stoß-

Maschinenbau.

Fig. 14.

Teil der Dreherei.

Fig. 15.

maschinen, mehrspindeligen Schraubenbänken und viele Spezialbänke ergänzen die in der Berliner Fabrik befindlichen Drehereieinrichtungen.

Die im gleichen Raume befindliche Maschinenschlosserei baut Kompressionspumpen, kleinere Dampfmaschinen, Wegeschranken, große Ventile und Schieber, Dampfläutewerke, rotierende Gassauger, Pumpen, Ammoniakeinrichtungen, Vakuumtrockenapparate, Verschlüsse für Generatoren, alle maschinellen Vorrichtungen für Gasanstalten, Apparate für chemische Fabriken usw.

Auch alle Reparaturen an den Elektromotoren und anderen Betriebsmitteln der Fabrik werden in dieser Werkstätte erledigt (Fig. 14 u. 15).

Die Klempnerei,

ein neuerer Bau mit Kellerräumen, dient hauptsächlich zur Herstellung von nassen und trockenen Gasmessern, Laternen und sonstigen Klempnerarbeiten. Sie hat Arbeitsräume von ca. 2300 qm Bodenfläche (Fig. 16). Alle Löteinrichtungen werden mit Wassergas betrieben. In einem besonderen Raume werden die fertiggestellten Gasmesser geprüft und amtlich geeicht.

Zugehörig ist eine an anderer Stelle gelegene Verzinnerei, in welcher namentlich Gasmesserteile für nasse Uhren erst nach dem Stanzen aus dekapiertem Eisenblech verzinnt werden.

Im Jahre 1904/05 gingen aus der Klempnereiwerkstätte an neuen Gasmessern 10 896 Stück hervor. Außerdem lieferte sie die Teile für 28 082 weitere in den Filialen fertiggestellte Gasuhren.

Die Stanzerei,

eine Werkstatt von ca. 942 qm Bodenfläche, ist mit verschiedensten Maschinen zum Schneiden, Ausstanzen, Pressen und Ziehen von Teilen für Gasmesser, Waggonlaternen und andere Massenartikel ausgestattet (Fig. 17).

Außer gewöhnlichen Balanciers sind Friktionspressen in allen Größen, stehende und liegende Exzenterpressen verschiedenen Systems und hydraulische Pressen in Gebrauch. Auf den letzteren werden auch die bis zu 12 mm starken gewölbten Böden für Eisenbahnwagengasbehälter getieft. Besonderes Interesse erregten die mit den liegenden Zugpressen hergestellten Teile, die in mehreren Operationen aus Eisenblechscheiben besonders tief durchgezogen

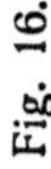

Klempnerei. Fig. 16.

Fig. 17.

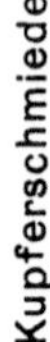

Kupferschmiede.

Fig. 18.

werden, und die ebenso sehr auf eine sorgfältige Arbeit als auf ein vorzügliches Material schließen lassen.

Stücke, welche beim Pressen große Beanspruchungen erleiden, werden natürlich in mehreren Stufen fertiggestellt und nach jeder Operation in einem der Stanzerei angebauten Ofen geglüht.

In der sogenannten

Kupferschmiede,

einem Sheddachbau von ca. 864 qm Grundfläche (Fig. 18), ist hauptsächlich die Fabrikation von Gasbehältern und Dampfheizeinrichtungen für Eisenbahnfahrzeuge untergebracht. Bekanntlich wird das zur Beleuchtung von Eisenbahnen benutzte Ölgas oder Mischgas in Behältern mitgeführt, die mit 6 Atm. Überdruck gefüllt werden.

Die Dimensionen dieser schmiedeeisernen Behälter gehen bis zu 550 mm Durchmesser und 8500 mm Länge. Sie werden in geschweißter Ausführung für einige süddeutsche Bahnen im übrigen aber fast ausschließlich mit hartgelöteten Nähten ausgeführt.

In einer an anderem Orte gelegenen Werkstätte werden die Bleche nach dem Blankschleifen der zu verlötenden Flächen gerollt und mit Nieten zusammengeheftet (Fig. 19). Sie gelangen dann in einen anderen Arbeitsraum, in der die so gehefteten Längsnähte mit Wassergas hart verlötet werden.

Die Kupferschmiede erweitert nun die Enden der Blechschüsse, bördelt sie nach dem Einsetzen der an den Kanten gedrehten Böden über diesen um und schickt sie nach der Hartlöterei zurück, die nun auch die Rundnähte an den Böden verlötet. Sehr lange Behälter werden aus mehreren Schüssen zusammengesetzt.

Von Zeit zu Zeit unternommene Sprengversuche zeigen stets, daß die so hergestellten Gefäße den genieteten und selbst den viel schwereren geschweißten in Bezug auf Dichtheit und Festigkeit überlegen sind. Sie werden ausnahmslos erst bei 60 bis 65 Atm. Druck zerstört, während sie im Betriebe nur mit 6 Atm. beansprucht werden, und werden nie undicht.

Die Heizkörper der Eisenbahnwagen sind in ähnlicher Weise hergestellt und auch die in den Wagen liegenden Heizleitungen werden, soweit sie in der Werkstatt fertiggestellt werden können, durch Hartlötung miteinander und mit den Rohrarmaturen verbunden.

Alle Löteinrichtungen werden mit Wassergas betrieben.

Fig. 19.

Fig. 20.

Ein Teil der Werkstätte, in der z. Z. auch eine Vorrichtung im Bau ist, mit der man den einen dauerhaften Anstrich hindernden Zunder von der Blechoberfläche der Behälter mit Sandstrahlgebläsen zu entfernen gedenkt, ist für die Druckproben mit angewärmtem Wasser reserviert, die meistens durch höhere Eisenbahnbeamte erfolgen.

Im Jahre 1904/05 liefert die Firma 10 822 Stück der erwähnten Gas- und Luftbehälter und 25 400 ebenfalls hartgelötete Heizkörper.

Natürlich werden auch die eigentlichen Kupferschmiedearbeiten in dieser Werkstätte ausgeführt.

Torpedowerkstätte.

Schon seit einigen 30 Jahren wird die Firma Julius Pintsch von der Torpedowerkstätte in Friedrichsort mit der Lieferung von Teilen für Torpedogeschosse betraut. Diese Aufträge, die zum großen Teile auf Geschoßmäntel erteilt werden und in der Ausführung ganz besondere Sorgfalt erfordern, müssen aus erklärlichen Gründen streng von den übrigen Arbeiten getrennt erledigt werden. Aus diesem Grunde konnte auch eine Besichtigung der Werkstätte (Fig. 20), die einen Raum von ca. 1317 qm einnimmt, nicht stattfinden.

Die Metallgießerei

beansprucht, da ein großer Teil der für die Lieferungen erforderlichen Messing-Rotguß- und Bronzearmaturen in der Berliner Fabrik gegossen und fertiggestellt wird, nur ein kleines Gebäude (Fig. 21). Sie vergießt mit 10 Tiegelöfen, die meist in einer der Firma patentierten Konstruktion für 100 kg-Tiegel ausgeführt sind und mit Koks gefeuert werden, täglich etwa 1000 kg der verschiedensten Kupferlegierungen und Weißmetalle.

Auch die großen Mengen Schlaglot, die zu den Hartlötungen erforderlich sind, werden hier in der üblichen Weise so hergestellt, daß das flüssige Metall durch rotierende Besen in ein Wasserbad gegossen wird.

In der Formerei wird meistens nach Metallmodellen und unter teilweiser Benutzung von Formmaschinen gearbeitet. Die Formkästen werden in Trockenkammern mit direkter Koksfeuerung getrocknet.

Glühlampenfabrik.

Die unter der Firma Gebr. Pintsch betriebene Fabrik für elektrische Glühlampen besitzt große Komplexe aus 3 stöckigen Gebäuden (Fig. 22), deren Arbeitsräume insgesamt eine Bodenfläche von ca. 6450 qm aufweisen. Die Arbeiter- und Arbeiterinnenzahl beträgt etwa 400.

Metallgießerei.

Fig. 21.

Die Fabrikation, bei welcher die Arbeitsteilung ihre höchste Enwickelung erreicht hat, wurde von der Fadenstation, in welcher die aus nitrierter Zellulose bestehenden Glühfäden hergestellt werden, bis zur fertigen Lampe verfolgt nnd erregte allgemeines Interesse. Eine Beschreibung der vielen sinnreichen Vorrichtungen und Maschinen, welche die Lampe passieren muß,

ehe sie in der bekannten Form zur Verpackung reif ist, würde an dieser
Stelle zu weit führen.

Außer der bereits zu Anfang genannten Maschinenstation zur Erzeugung
des elektrischen Stromes enthält die Fabrik noch einen besonderen Maschinen-

Fabrik für elektrische Glühlampen.

Fig. 22.

raum mit Vakuumpumpen zum Evakuieren der Lampen. Die Karbonisier-
öfen zur Verkohlung der Fäden und die ganze Glasbläserei werden mit
Wassergas betrieben.

Im Jahre 1904/05 wurden etwa 250 000 je nach Zweck, Lichtstärke,
Spannung und Ausstattung verschiedene Lampen von der Fabrik geliefert.

Laboratorium.

Die erste Etage des Kantinengebäudes nimmt ein chemisches Laboratorium (Fig. 23) ein, in dem dauernd drei Chemiker beschäftigt sind.

Die Arbeitsräume sind mit allen modernen Einrichtungen zur Untersuchung gastechnischer Vorgänge, zum Analysieren von Gasen, Roh- und Abfallprodukten, Metallen, Brennmaterialien usw. ausgestattet. Auch für Heizwert- und Lichtstärkenbestimmungen sind alle Apparate, für letztere in einem besonderen Photometerraum, vorhanden.

Den einzelnen Leitungen kann jederzeit elektrischer Strom, Steinkohlengas, reines und karburiertes Wassergas, Ölgas, Azetylen, Mischgasen usw. entnommen werden.

Zur Verdichtung dieser und anderer Gase ist ein kleine, elektrisch angetriebene Kompressionseinrichtung im Laboratorium selbst aufgestellt.

Die Werkstatt für elektrisches Schweißverfahren

dient zum Ausbessern fehlerhaft gegossener oder im Betriebe beschädigter und gesprungener Gegenstände nach den Verfahren von Slawianoff und Benardos.

Die defekten, vorher erweiterten und eingeformten Stellen der Arbeitsstücke werden nach dem Anwärmen unter Benutzung des elektrischen Lichtbogens wieder vollständig mit Metall ausgefüllt.

Besonderen Vorteil bietet das Verfahren bei Gegenständen aus Gußeisen, Flußeisenformguß und Stahl, sofern die Stellen zugänglich und die Gußeisenstücke nicht zu komplizierter Natur sind.

Durch die Wahl der Eisenzusammensetzung, der Polanschlüsse und der Formmaterialien hat man es in der Hand, dem eingeschmolzenen Eisen die Eigenschaften zu geben, die dem Zwecke der Stücke und den Anforderungen an die spätere Bearbeitbarkeit entsprechen.

Den Strom für das Schmelzen, der auch zum Ausschmelzen von Kesselmannlöchern, zum Abbrennen von Kesselschüssen usw. verwendet wird, liefert eine gegen Stromstöße und Kurzschlüsse gut gesicherte Dynamomaschine, welche von der einzigen Betriebsdampfmaschine des Werkes, einer früheren Torpedobootmaschine, angetrieben wird.

Teil des chemischen Laboratoriums.

Fig. 23.

Bureaugebäude, Wohnhäuser für Beamte, Lager für fertige Apparate, Verpackungsräume, Magazine für Gußteile, eine Lackiererei usw. bilden die Ergänzung der besprochenen Werkstätten. Den Besuchern wurden noch eine selbsttätige Schranke für Eisenbahnübergänge, verschiedene fertig zusammengestellte und teilweise mit automatischen Läuteeinrichtungen versehene Leuchtbojen, eine neuartige Sauggasanlage zur Verarbeitung bituminöser Brennstoffe usw. im Betriebe vorgeführt.

Namentlich die Wegeschranke erregte allgemeines Interesse. Der nahende Zug löst auf elektrischem Wege zunächst ein Läutewerk und die Zündvorrichtung einer Gasflamme als Warnungszeichen aus, und setzt dann den mit komprimiertem Gas betriebenen Mechanismus, durch den die Schranke geschlossen wird, in Tätigkeit. Hat der Zug den Weg passiert, so wird der Apparat in ähnlicher Weise wieder in den früheren Zustand versetzt und ist von neuem bereit, den Weg über die Geleise zu sperren, sobald sich wieder ein Zug von der einen oder anderen Seite dem Wegübergange nähert. Eine Anzahl der Apparate wird z. Z. bei den preußischen Bahnen versuchsweise eingeführt.

Das ganze Fürstenwalder Werk der Firma Julius Pintsch hat bei den Besuchern den Eindruck eines auf das Vorzüglichste geordneten Betriebes hinterlassen, in dem man durch Anwendung rationeller und zweckentsprechender Mittel mit Erfolg bestrebt ist, die Fabrikation auf eine möglichst hohe Stufe zu heben.